LEÇONS

SUR

LA CELLULE

MORPHOLOGIE ET REPRODUCTION

FAITES AU COLLÈGE DE FRANCE PENDANT LE SEMESTRE D'HIVER 1893-1894

PAR

L. FÉLIX HENNEGUY

CHARGÉ, COMME REMPLAÇANT, DU COURS D'EMBRYOGÉNIE COMPARÉE

RECUEILLIES PAR FABRE - DOMERGUE DOCTEUR ÈS-SCIENCES

DIRECTEUR ADJOINT DU LABORATOIRE DE ZOOLOGIE MARITIME DE CONCARNEAU, CHEF DE LABORATOIRE

A LA FACULTÉ DE MÉDECINE DE PARIS

REVUES PAR LE PROFESSEUR

Avec 362 figures noires et en couleurs

PARIS

GEORGES CARRÉ, ÉDITEUR

3, RUE RACINE, 3

1896

LEÇONS

SUR

LA CELLULE

MORPHOLOGIE ET REPRODUCTION

LEÇONS

sur

LA CELLULE

MORPHOLOGIE ET REPRODUCTION

Faites au Collège de France pendant le semestre d'hiver 1893-1894

PAR

L. FÉLIX HENNEGUY

Chargé, comme remplaçant, du Cours d'Embryogénie comparée

Recueillies par FABRE - DOMERGUE Docteur ès-sciences

Directeur adjoint du Laboratoire de zoologie maritime de Concarneau, Chef de Laboratoire

a la Faculté de médecine de Paris

Revues par le Professeur

Avec 362 figures noires et en couleurs

PARIS

GEORGES CARRÉ, ÉDITEUR

3, Rue Racine. 3

1896

AVANT-PROPOS

Ce livre n'est pas un traité de cytologie. Comme son titre l'indique, il ne renferme que ce qui peut être dit en une trentaine d'heures sur une partie de l'histoire de la cellule, c'est-à-dire relativement peu de chose.

La cytologie, malgré son importance, ne compte malheureusement en France qu'un petit nombre de représentants ; elle n'est encore enseignée spécialement dans aucun de nos grands établissements scientifiques. A peine, en effet, dans certains cours d'histologie, le professeur consacre-t-il quelques leçons à traiter de la cellule en général, en se plaçant à un point de vue tout à fait schématique. L'absence de tout enseignement et le manque d'ouvrages spéciaux sont probablement les causes qui éloignent les travailleurs de l'étude de la cytologie.

Depuis l'ouvrage classique de FLEMMING (1), paru en 1882, et la tentative de CARNOY (2), qui n'a publié que la première partie de sa « *Biologie cellulaire* », nous ne possédons, comme vue d'ensemble sur la cellule, que le petit livre élémentaire de J. CHATIN (3) et le traité de O. HERTWIG (4) dans lequel on trouve de précieux renseignements sur la physiologie de la cellule, mais qui ne renferme sur la morphologie de cet élément que des données par trop succinctes.

Si les cytologistes ont hésité jusqu'ici à rédiger un traité didactique sur la cellule, c'est qu'une semblable entreprise demande des connais-

---

(1) FLEMMING, W. — *Zellsubstanz, Kern und Zelltheilung.* — Leipzig, 1882.

(2) CARNOY, J.-B. — *La Biologie cellulaire*, Fasc. 1. — Lierre, 1884.

(3) CHATIN, J. — *La Cellule animale, sa structure et sa vie.* — Paris, 1892.

(4) HERTWIG, O. — *Die Zelle und die Gewebe.* — Iena, 1892. — *La Cellule et les tissus.* Traduction de Ch. Julin. — Paris, 1894.

sances générales très étendues et une somme de travail considérable, étant donnés les nombreux mémoires parus sur la matière. Ce que n'ont pas fait les maîtres de la science, il eût été téméraire à un disciple de l'entreprendre.

En publiant mes leçons, faites pendant le semestre d'hiver de l'année 1893-94, je n'ai donc pas eu la prétention de combler une lacune de la littérature cytologique ; mais j'ai pensé que, en dehors des auditeurs peu nombreux qui fréquentent les cours spéciaux du Collège de France, les documents que j'avais réunis et condensés pourraient être de quelque utilité aux étudiants en sciences biologiques.

Ces leçons constituent simplement une sorte d'introduction à l'étude de l'histologie et de l'embryogénie comparée dont les plus brillantes conquêtes, dans ces dernières années, sont dues aux progrès de la cytologie. Elles ont été fidèlement recueillies et rédigées au jour le jour par mon excellent ami, M. Fabre-Domergue, envers qui je suis profondément reconnaissant d'avoir bien voulu se charger de cette tâche ingrate.

Je me suis attaché surtout à exposer des faits, aussi bien ceux qui paraissent être définitivement acquis à la science que ceux qui sont encore controversés et demandent de nouvelles recherches. J'ai naturellement insisté sur les points que j'ai étudiés par moi-même et sur lesquels j'ai pu me former une opinion personnelle ; pour les autres, je me suis borné à résumer les travaux des savants les plus compétents. Les nombreuses théories qui tiennent une si large place dans la plupart des travaux récents sur la cellule, ont été reléguées au second plan. Les théories pour être acceptables ne devant être, selon la définition de Claude Bernard, que des idées formulées par des faits, j'estime qu'en cytologie, comme dans beaucoup d'autres sciences biologiques, l'état de nos connaissances est encore trop peu avancé pour qu'on puisse établir des théories générales. Seules les hypothèses sont permises ; elles sont légitimes et utiles, car elles provoquent pour leur confirmation des recherches amenant la découverte de faits nouveaux ; mais elles sont nécessairement provisoires, ces faits nouveaux les réduisant le plus souvent à néant.

Je n'ai pu dans cet exposé citer tous les auteurs qui se sont occupés de la morphologie et de la reproduction de la cellule. Je n'ai pu également me procurer ni lire tous leurs travaux et, pour plusieurs d'entre eux, j'ai dû me contenter des consciencieuses analyses de FLEMMING, BÜTSCHLI, A. ZIMMERMANN, etc. L'index bibliographique, qui termine ce volume et qui renferme les travaux mentionnés dans mes leçons, contient en outre l'indication de beaucoup de mémoires dont je n'ai pu parler. Malgré son développement, cet index ne doit pas être considéré comme complet : mais, tel qu'il est, il rendra, je pense, service aux travailleurs.

En terminant, je tiens à exprimer toute ma gratitude à mon cher maître, M. le professeur BALBIANI, dans l'enseignement duquel j'ai largement puisé pour la préparation de mes leçons et qui m'a communiqué un certain nombre de dessins inédits que j'ai fait reproduire. Je remercie également MM. FABRE-DOMERGUE, KUNSTLER et POIRAULT pour les clichés qu'ils ont bien voulu me prêter, M. O. CASSAS pour le soin avec lequel il a reproduit mes dessins, et M. G. CARRÉ, mon éditeur, dont la libéralité m'a permis de multiplier dans cette publication les figures en noir et en couleurs qui facilitent singulièrement l'intelligence du texte et donnent à cet ouvrage une partie de sa valeur.

Paris, novembre 1895.

L. F. H.

ERRATA

Page 25 ligne 16 *au lieu de* $C^{60}H^{100}A^{16}$ *lisez* $C^{60}H^{100}Az^{16}$
» 32 — 12 — **Stilling** (1856) — **Stilling** (1859)
» 48 — 1 — **Moniez** et **Vogt** — **Monnier** et **Vogt**
» 51 Explication de la fig. 34. supprimer B devant Petit.
» 68 ligne 20 *au lieu de* *Stenobotrus* — *Stenobothrus*
» 72 — 33 — *id.* — *id.*
» 97 — 35 — **Schotländer** — **Schottländer**
» 107 — 13 — **Meckel** (1840) — **Meckel** (1846)
» 110 — 41 — **Gruber** (1888) — **Gruber** (1881)
» 124 — 7 — Bizzozzero — Bizzozero
» 141 — 18 — **Vejdowski** — **Vejdovsky**
» 145 — 4 — **Meves** (1892) — **Meves** (1891)
» 149 en marge — Noyau accessoire — Noyaux accessoires
» 160 — 11 — **Götte** — **Jatta**
» 180 — 4 Expli. de la fig. 113, nucléaire — cellulaire
» 189 — 5 — **Claude Bernard** (1880) — **Claude Bernard** (1878)
» 190 — 23 — **Elwing** — **Elving**
» 201 — 12 — **Schmidt** — **Schmitz**
» 211 — 24 — **Maxwell** — **Maxewell**
» 245 — 12 **Camillo Schneider**; (1892) **Camillo Schneider** (1892);
» 255 — 41 — **Marschal** — **Marchal**
» 305 — 6 — **Vejdowsky** — **Vejdovsky**
» 336 — 32 — **Wildemann** — **Wildeman**
» 443 — 53 — **F. E. Schultz** — **F. E. Schulze**
» 418 — 25 — **Macferlan** — **Macferlane**

TABLE DES MATIÈRES

PREMIÈRE LEÇON

HISTOIRE DE LA CYTOLOGIE

Objet du Cours. — L'embryogénie comprend l'étude de la cellule. — Cytologie : son importance. — Historique : première période (1665-1835). — Découverte de la cellule. — Constitution cellulaire des végétaux. — Individualité des cellules. — Contenu de la cellule. — Découverte du noyau. — Genèse des cellules. — Théorie cellulaire. — Deuxième période (1835-1865). — Sarcode, protoplasma, utricule primordial. — Définitions de la cellule. — Découverte de la division cellulaire. — *Omnis cellula e cellula.* — Troisième période (1865 à nos jours). — Importance des méthodes techniques. — Découvertes récentes. — Théorie granulaire. — La cellule unité morphologique et physiologique.   1

DEUXIÈME LEÇON

CONSTITUTION PHYSIQUE ET CHIMIQUE DU PROTOPLASMA

Aspect variable des cellules. — Parties essentielles de la cellule. — Protoplasma. Synonymie du protoplasma. Difficulté de le définir. — Il existe une infinité de protoplasmas. — Caractère essentiel du protoplasma. — Caractères physiques du protoplasma. — État d'agrégation du protoplasma. — Caractères chimiques du protoplasma. — Action des matières colorantes sur le protoplasma vivant. — Action des sels d'argent sur le protoplasma. — Protéosomes. — Pouvoir réducteur du protoplasma. — Réactions chimiques du protoplasma mort. — Constitution chimique du protoplasma. — Teneur en eau du protoplasma. — Analyse de l'*Æthalium septicum.* — Analyse de la laitance du Saumon. — Analyse des globules du pus. — Analyse microchimique. — Propriétés physiologiques du protoplasma. — Nutrition. — Irritabilité. — Motilité 15

TROISIÈME LEÇON

CONSTITUTION MORPHOLOGIQUE DU PROTOPLASMA

Opinions anciennes. — Structure fibrillaire. — Striation. — Structure réticulée. — Structure alvéolaire. — Théorie de Heitzmann (1873). — Structure tubulaire. — Structure vacuolaire. — Structure filamenteuse. — Théorie de Klein (1878-79. — Théorie de Hanstein (1880). — Théorie de Flemming (1882). — Théorie granulaire. — Théorie sphérulaire de Kunstler (1882). — Théorie alvéolaire de Bütschli. — Partisans de la théorie réticulaire. — Théorie du spongioplasma de Leydig. — Partisans de la théorie filaire. — Théorie spirofibrillaire de Fayod. — Théorie des bioblastes d'Altmann. — Recherches de Bütschli. — Imitation des structures organiques 31

QUATRIÈME LEÇON

CONSTITUTION MORPHOLOGIQUE DU PROTOPLASMA (*Suite*)

Tendance fâcheuse à une généralisation trop hâtive. — La structure du protoplasma doit être étudiée à l'état vivant. — Action différente des réactifs sur un
même élément cellulaire. — Liquides dits indifférents. — Animaux favorables
à l'étude du protoplasma vivant. — Méthodes d'observation. — Structure
filamenteuse. — Structure réticulée. — Structure vacuolaire. — Protoplasma
homogène avec granulations. — Le protoplasma possède une structure
variable. — Critique des diverses théories. — Opinions éclectiques. — Méthodes
techniques pour étudier le protoplasma mort. — Liquides fixateurs. —
Colorations. — Collage des coupes sur le porte-objet...................... 50

CINQUIÈME LEÇON

STRUCTURE DU NOYAU

L'histoire du noyau présente les mêmes phases que celles du protoplasma. —
Coloration du noyau par le carmin. — Mouvements des nucléoles. — Réticulum du noyau. — Nucléine. — Recherches d'Eimer. — Conception et rôle
du noyau, d'après Auerbach, 1874. — La nucléine considérée comme partie
essentielle du noyau. — Travaux de Flemming. — Chromatine, substance
colorable du noyau. — Noyau du *Chironomus*, Balbiani, 1881. — Constitution
du noyau d'après Strasburger. — Théories en présence, en 1882. — Opinion
de Leydig, 1883. — Opinion de Ed. van Beneden. — La chromatine envisagée comme un pigment. — Constitution du noyau suivant Rabl, 1884. —
Structure compliquée du noyau. — Théorie de Carnoy, 1884. — Nucléoles
noyaux.............. 63

SIXIÈME LEÇON

CONSTITUTION CHIMIQUE DU NOYAU

Composition chimique de la nucléine. — Nucléines diverses. — Constitution
des nucléines. — Importance du phosphore pour la croissance de la cellule.
— Recherches microchimiques de Zacharias. — Recherches de Schwarz, 1887 :
réaction alcaline du protoplasma ; constitution des grains de chlorophylle ;
substances albuminoïdes du noyau et du protoplasma. — Réactifs microchimiques. — Caractères microchimiques des substances albuminoïdes :
chloroplastine et cytoplastine ; linine et paralinine ; pyrénine et amphipyrénine ; métaxine ; chromatine. — Richesse des noyaux en chromatine. —
La microchimie appliquée à l'étude des cellules animales. — Travaux récents
sur la constitution du noyau. — Granulations du suc nucléaire ; lanthanine ;
œdématine. — Cyanophilie et érythrophilie. — Membrane du noyau 83

SEPTIÈME LEÇON

CONSTITUTION DU NOYAU (*Suite*)

Étude du noyau à l'état vivant. — Réactifs employés pour l'étude du noyau. —
Structure variable du noyau. — Quantité variable de chromatine contenue

dans les noyaux. — Nucléoles vrais. — Mouvements des nucléoles ; observations de Balbiani et de Hæcker. — Membrane et réticulum protoplasmique
du noyau. — Noyaux présentant une structure particulière ; noyaux de certaines glandes de Crustacés ; nucléoles-noyaux. — Noyaux des Protozoaires ;
Rhizopodes ; Radiolaires ; Péridiniens ; Infusoires ciliés : *Loxophyllum*,
Balbiani (1890) : *Loxodes* ; Acinétiens................................... 99

HUITIÈME LEÇON

CONSTITUTION DU NOYAU (*Suite*)

Noyau de l'œuf. — Évolution de l'œuf ovarien ; trois périodes. — Oocyte, métoocyte, époocyte. — Constitution variable de l'œuf relativement à sa richesse
en éléments vitellins. — Vésicule germinative des Najades. — Vésicule germinative des œufs riches en vitellus. — Les taches germinatives sont de vrais
nucléoles. — Transformations de la vésicule germinative pendant la période
d'accroissement de l'œuf. — Cellules plurinucléées. — Existe-t-il des cellules
dépourvues de noyau ? — Monériens de Hæckel. — Plasson. — Bactériacées ;
opinion de Bütschli (1890) ; *Achromatium oxaliferum* ; recherches de
Mitrophanow (1893). — Cyanophycées ; recherches de Zacharias (1890). —
Levûres. — Membrane cellulaire. — Protoblastes. — Fusion des cellules ;
plasmodium ou syncytium... 120

NEUVIÈME LEÇON

SPHÈRES ATTRACTIVES ET CENTROSOMES. NOYAUX ACCESSOIRES

Centrosomes et sphères attractives. — Centrosomes dans les cellules à l'état de
repos, Flemming, 1891. — Centrosomes des cellules végétales, Guignard, 1891.
— Centrosomes des leucocytes, M. Heidenhain, 1892. — Recherches de
Meves. — Microcentre, M. Heidenhain, 1893. — Recherches personnelles :
couche lymphoïde du foie des Urodèles. — Noyaux accessoires ou Nebenkerne.
— Cellules testiculaires ; corpuscule céphalique. — Cytozoaires, Gaule, 1880.
— Cellules pancréatiques. — Formations nucléoïdes. — Corps d'Eberth et
Müller — Recherches personnelles : pancréas de la Salamandre ; foie de
l'Écrevisse..... 139

DIXIÈME LEÇON

CORPS VITELLIN DE BALBIANI

Vésicule embryogène ou vésicule de Balbiani. — Sa découverte. — Observations
anciennes. — Recherches de Balbiani. — Corps vitellin de Balbiani chez les
Araignées. — Préparations permanentes du corps vitellin. — Corps vitellin
de Balbiani chez les Vertébrés. — Action des matières colorantes. —
Constitution du corps vitellin de la Grenouille. — Origine du corps vitellin
chez les Araignées, chez les Poissons. — Sort du corps vitellin ; sa persistance
chez les jeunes Araignées. — Signification du corps vitellin. — Le corps
vitellin envisagé comme centrosome de l'œuf. — Éléments figurés de l'œuf
autres que le corps vitellin. — Noyaux vitellins des Insectes. — Corps fusiformes de l'œuf des Amphibiens.. 158

ONZIÈME LEÇON

NUTRITION DE LA CELLULE

Synthèse organique. — Hypothèse de Brass sur la constitution de la cellule. — Importance du noyau pour la nutrition de la cellule. — Pénétration des substances solides dans la cellule. — Phagocytose. — Absorption des substances liquides. — Élection de la cellule pour certaines substances. — Absorption des matières colorantes. — Suc cellulaire. — Vacuoles ; tonoplastes (de Vries) ; hydroleucites (van Tieghem). — Physodes. — Suc cellulaire des cellules animales. — Tension intracellulaire. — Plasmolyse. — Coefficient isotonique. — Sensibilité des cellules vis-à-vis des solutions salines. — Action du changement de milieu. — Substances contenues dans le suc cellulaire des cellules végétales et animales. — Absorption des gaz...................... 173

DOUZIÈME LEÇON

PRODUITS DE L'ACTIVITÉ CELLULAIRE

Transformation des substances alimentaires dans la cellule. — Produits figurés de l'activité formatrice de la cellule. — Leucites ou trophoblastes. — Chromoleucites. — Pigments chlorophylliens. — Matières colorantes des Algues. — Hypochlorine. — Végétaux dépourvus de chlorophylle. — Chlorophylle animale. — Opinions anciennes. — Les corps verts des animaux considérés comme Algues parasites. — Pigments verts des animaux ; leur action physiologique. — Animaux à chlorophylle diffuse. — Morphologie des grains verts des animaux. — Opinion de Ray-Lankester. — Multiplication des corps chlorophylliens des animaux ; expériences d'inoculation. — Véritable nature des corps chlorophylliens des animaux. — Symbiose. — Flagellés à chromoleucites... 188

TREIZIÈME LEÇON

PRODUITS DE L'ACTIVITÉ CELLULAIRE (*Suite*)

Leucites de réserve : grains d'aleurone. — Globoïdes et cristalloïdes. — Amidon. — Formation des grains d'amidon : leur constitution chimique. — Paramylon. — Formation de l'amidon dans les cellules dépourvues de chlorophylle. — Autres produits internes de la cellule. — Produits externes de l'activité cellulaire. — Membrane de cellulose ; sa structure ; sa constitution chimique ; son mode d'accroissement. — Transformations de la membrane de cellulose. — Cellulose animale. — Chitine. — Origine des membranes secondaires de la cellule.. 193

QUATORZIÈME LEÇON

PRODUITS DE L'ACTIVITÉ CELLULAIRE (*Suite*)

Productions chitineuses. — Coquille des Mollusques. — Substances intercellulaires. — Éléments figurés des cellules animales. — Glycogène ; graisse. — Éléments vitellins de l'œuf des Oiseaux. — Lécithine. — Éléments vitellins de l'œuf des Téléostéens. — Constitution de l'endoderme ombilical des Mammifères. — Tablettes vitellines; leur développement. — Éléments vitellins des Hydrozoaires. — Corps de réserve des Sporozoaires et des Infusoires ciliés. — Pigment. — Substances minérales intracellulaires. — Plasmazellen et Mastzellen. — Clasmatocytes. — Réactions des granulations colorables. — Granulations des cellules glandulaires........................... 216

QUINZIÈME LEÇON

DIFFÉRENCIATIONS FONCTIONNELLES DE LA CELLULE

Corps figurés produits par l'activité cellulaire (suite). — Grains de Paneth. — Absorption de la graisse dans l'intestin. — Cellules caliciformes. — Métachromasie.— Parasites intracellulaires. — Productions dérivées du protoplasma présentant une structure compliquée. — Chorion de l'œuf des *Phyllium*. — Squelette externe et interne des Protozoaires. — Cellules urticantes. — Capsules polaires des Myxosporidies. — Trichocystes. — Rhabdites des Turbellariés. — Canal excréteur des glandes unicellulaires. — Organes segmentaires des Vers.................................. ...;............ 237

SEIZIÈME LEÇON

DIFFÉRENCIATIONS FONCTIONNELLES DE LA CELLULE (Suite)

Organes de mouvement. — Flagellums. — Cils vibratiles. — Membranelles. — Cellules à plateau ; bordure en brosse. — Cellules hautement différenciées. — Organismes unicellulaires. — Ectoplasma. — Éléments contractiles. — Trichocystes. — Organes de locomotion. — Organes de digestion; bouche, anus, tube digestif, vacuoles alimentaires. — Organes excréteurs : vésicules contractiles ; réseau contractile. — Organes reproducteurs.................... 251

DIX-SEPTIÈME LEÇON

MODES DE REPRODUCTION DE LA CELLULE

Conditions de l'accroissement de la cellule. — Théorie de Spencer sur la cause de la division cellulaire. — La croissance n'a pas toujours pour conséquence la division. — Opinions anciennes sur la genèse des cellules. — Théorie de Schleiden et de Schwann. — Modes de reproduction de la cellule : division ; rajeunissement; rénovation totale ou partielle ; conjugaison. — Fusion. — Syncytium. — Anastomoses entre cellules......... 267

DIX-HUITIÈME LEÇON

HISTORIQUE DE LA DIVISION CELLULAIRE

La division est le seul mode de multiplication de la cellule. — Schéma de Remak. — Karyolyse (Auerbach). — Observations anciennes de division indirecte. — La division indirecte chez les Protozoaires (Balbiani, 1861). — Relation entre les figures nucléaires et la division cellulaire. — Recherches de Strasburger. — Découverte du phénomène intime de la fécondation (O. Hertwig, 1875). — Recherches de Bütschli, de Balbiani, etc. — Karyokinèse (Shleicher, 1878). — Phases de la division cellulaire indirecte (Flemming). — Confirmation des recherches de Flemming........................ 280

DIX-NEUVIÈME LEÇON

DIVISION CELLULAIRE INDIRECTE

Principales découvertes relatives à la karyokinèse depuis 1870. — Terminologie de la division indirecte : cytodiérèse, mitose. — Synonymie des différentes phases de la division indirecte. — Dédoublement longitudinal des chromosomes. — Manières dont s'opère le dédoublement. — Divisions homœotypiques et hétérotypiques. — Fixité du nombre des chromosomes dans une même espèce de cellules. — *Ascaris megalocephala* var. *univalens* et *bivalens*. — Sphères attractives et centrosomes ; ces corps figurés considérés comme éléments permanents de la cellule. — Plaque cellulaire et corps intermédiaire....... 294

VINGTIÈME LEÇON

CYTODIÉRÈSE DES CELLULES EMBRYONNAIRES

Choix des matériaux pour l'étude de la division indirecte. — Procédés de fixation et de coloration. — Cellules du germe de la Truite. — Constitution de la sphère attractive. — Formation du fuseau achromatique. — Plaque équatoriale. — Dédoublement de la plaque équatoriale. — Transformation du fuseau ; filaments connectifs. — Dédoublement des sphères attractives. — Constitution de l'aster. — Différence entre l'aster et la sphère attractive. — Reconstitution des noyaux-filles. — Plaque cellulaire et plaque fusorielle.................. 309

VINGT-UNIÈME LEÇON

CYTODIÉRÈSE CHEZ LES ANIMAUX ET LES VÉGÉTAUX

Cytodiérèse chez l'*Ascaris megalocephala*. — Constitution de la figure achromatique, d'après Ed. van Beneden. — Division des cellules pauvres en protoplasma. — Cellules épithéliales et testiculaires. — Cytodiérèse des cellules végétales. — Cellules-mères du pollen. — Plaque cellulaire ou phragmoplaste. — Cloisonnement centrifuge. — Cloisonnement centripète. — Division du noyau du *Spirogyra*. — Division de la cellule du *Spirogyra*....................... 324

VINGT-DEUXIÈME LEÇON

DIVISIONS CELLULAIRES INDIRECTES ANORMALES

Cloisonnement multiple ; cellules-mères des grains de pollen et des spores ; sac embryonnaire des Phanérogames ; cellules parablastiques des Poissons. — Formation du blastoderme chez les Arthropodes. — Sporulation chez les Sporozoaires. — Indépendance de la division du noyau et de la division du corps cellulaire. — Divisions multipolaires. — Divisions anormales des cellules embryonnaires de la Truite. — Démonstration de l'action des centrosomes sur les chromosomes. — Polycaryocytes et mégacaryocytes. — Cellules hyperchromatiques et hypochromatiques. — Division indirecte du micronucléus des Infusoires ciliés. — Centrosome chez les Protozoaires... 341

VINGT-TROISIÈME LEÇON

POINTS CONTROVERSÉS DE LA CYTODIÉRÈSE

Opinions des cytologistes sur l'origine de la figure achromatique. — Origine protoplasmique du fuseau. — Discontinuité des filaments du fuseau. — Origine nucléaire du fuseau et continuité de ses filaments. — Fuseau central (Hermann). — Opinion de Strasburger. — Trophoplasma et kinoplasma. — Apparence variable de la figure achromatique. — Fuseau central primaire et fuseau secondaire. — Disparition de la membrane nucléaire pendant la karyodiérèse. — Sort des nucléoles dans la karyodiérèse. — Colorabilité des noyaux en voie de division. — Modifications du cytoplasma. — Durée de la division indirecte d'une cellule. — Causes qui influent sur la cytodiérèse. — Action de la température, des gaz et des agents chimiques. — Résultats contradictoires de Demoor et des Hertwig.................................... 355

VINGT-QUATRIÈME LEÇON

CENTROSOMES ET SPHÈRES ATTRACTIVES

Constitution des centrosomes et des sphères attractives. — Microcentre. — Modifications du centrosome et de la sphère attractive pendant la division. — Faits à l'appui de la théorie de Strasburger sur le kinoplasma. — Constitution des spermatocytes; filaments kinoplasmiques. — Origine des Nebenkerne dans les cellules testiculaires. — Restes du fuseau achromatique; union des cellules entre elles. — Télophase. — Transformation de la spermatide en un spermatozoïde; mitosoma. — Transformations de la sphère attractive dans les cellules à noyaux polymorphes. — Origine des centrosomes considérés comme organes indépendants. — Origine oospermatique; origine spermatique. — Origine nucléaire ou nucléolaire. — Centrosome et sphères attractives considérés comme simple modification physique du cytoplasma.............. 371

VINGT-CINQUIÈME LEÇON

DIVISION DIRECTE OU AMITOSE

Division directe ou amitose. — Fragmentation. — Division directe des leucocytes et des cellules épithéliales. — Recherches récentes sur la division directe. — Rôle des sphères attractives dans la division directe. — Signification physiologique de l'amitose. — Relations entre la division directe et la division indirecte. — Noyaux annulaires ou troués. — Genèse des noyaux annulaires. — Cellules à noyaux polymorphes. — Division du macronucléus des Infusoires ciliés. — Origine de la division directe et de la division indirecte............. .. 388

VINGT-SIXIÈME LEÇON

GEMMATION. SPORULATION. CONJUGAISON

Gemmation ou bourgeonnement. — Formation des globules polaires. — Globules polaires dans les œufs parthénogénésiques. — Réduction nucléaire pendant la formation des globules polaires. — Division réductionnelle dans la spermatogenèse et dans les cellules sexuelles des végétaux. — Gemmation du

Spirochona gemmipara. — Gemmation chez les Acinétiens. — Gemmation de la vésicule germinative de l'œuf. — Sporulation. — Sporulation chez les Thalassicoles. — Conjugaison. — Cellules sexuelles et cellules somatiques. — Divers modes de conjugaison : conjugaison égale et conjugaison inégale. — Éléments sexuels différenciés.. 405

VINGT-SEPTIÈME LEÇON

CONJUGAISON DES INFUSOIRES — FÉCONDATION

Confusion et interfusion (Rolph). — Conjugaison des Infusoires ciliés. — Conjugaison des Vorticelles. — Conjugaison des Noctiluques et des Clostéries. — Fécondation chez les Métazoaires. — Pénétration du spermatozoïde dans l'œuf. — Quadrille des centres (Fol). — Fécondation de l'œuf de l'*Ascaris megalocephala.* — Fécondation chez les végétaux. — Formation du noyau mâle. — Oosphère ; synergides ; cellules antipodes. — Union du noyau mâle et du noyau femelle.. 423

VINGT-HUITIÈME LEÇON

LOIS DE LA DIVISION. RAPPORTS DES CELLULES ENTRE ELLES

Segmentation de l'œuf fécondé. — Lois de la division cellulaire : loi de position du noyau ; loi de bipartition ; principe de l'intersection perpendiculaire des plans de division ; loi des intervalles entre deux divisions successives. — Rapports des cellules entre elles. — Union des cellules épithéliales. — Filaments d'union. — Ponts intercellulaires. — Cellules grillagées et tubes criblés. — Communications protoplasmiques. — Rôle des communications protoplasmiques.. 438

VINGT-NEUVIÈME LEÇON

RELATIONS ENTRE LE PROTOPLASMA ET LE NOYAU

Recherches expérimentales sur le rôle du protoplasma et du noyau dans la cellule. — Mérotomie des Infusoires. — Recherches de Balbiani sur les Stentors. — Infusoire coupé transversalement en deux ou trois fragments. — Mérozoïte dépourvu de noyau. — Mérotomie pendant la scissiparité et la conjugaison. Mérotomie des Paramœcies. — Résultats fournis par l'étude de la mérotomie. — Observations sur le rôle du noyau dans les cellules végétales et animales. — Solidarité entre le noyau et le protoplasma. — Énergide. — Organismes non cellulaires. — Conception de la cellule. — Objections faites à la théorie cellulaire.. 451

TRENTIÈME LEÇON

MORT ET DÉGÉNÉRESCENCE PHYSIOLOGIQUE DE LA CELLULE

Dépérissement et mort de la cellule. — Durée de la vie de la cellule. — Prétendue immortalité des Protozoaires. — Vie latente. — Vie oscillante. — Cellules en état de sommeil : théorie de Grawitz. — Sénescence de la cellule. — Globules sanguins des Mammifères. — Dégénérescence physiologique des ovules; régression des follicules de Graaf. — Chromatolyse. — Dégénérescence par fragmentation. — Dissociation entre la division du noyau et celle du vitellus. — Chromatolyse des noyaux parablastiques. — Glandes mérocrines et holocrines. — Hystolyse.................................... 456

TRENTE-UNIÈME LEÇON

QUESTIONS THÉORIQUES RELATIVES A LA CELLULE

Constitution hypothétique du protoplasma. — Théorie des micelles de Nægeli. — Unité physiologique, hypothétique. — Idioblastes : idioplasma. — Arguments en faveur des idioblastes. — Isotropie de l'œuf. — Plasmas ancestraux de Weismann. — Différenciation spécifique des cellules. — Théorie de Bard. — Théorie de Hansemann. — Théorie de Nægeli et de Hertwig. — État actuel et conquêtes futures de la cytologie................................ 479

Bibliographie.......................... 499
Appendice.. 529
Table analytique des matières................. 533

LEÇONS
SUR LA CELLULE

MORPHOLOGIE ET REPRODUCTION

PREMIÈRE LEÇON

HISTOIRE DE LA CYTOLOGIE

Objet du Cours. — L'embryogénie comprend l'étude de la cellule. — Cytologie : son importance. — Historique : première période (1665-1835). — Découverte de la cellule. — Constitution cellulaire des végétaux. — Individualité des cellules. — Contenu de la cellule. — Découverte du noyau. — Genèse des cellules — Théorie cellulaire. — Deuxième période (1835-1865). — Sarcode, protoplasma, utricule primordial. — Définitions de la cellule. — Découverte de la division cellulaire. — *Omnis cellula e cellula*. — Troisième période (1865 à nos jours). — Importance des méthodes techniques. — Découvertes récentes. — Théorie granulaire. — La cellule unité morphologique et physiologique.

MESSIEURS,

Mon savant maître, M. le professeur Balbiani, a bien voulu me charger de le remplacer pendant le premier semestre de cette année. Cette nouvelle marque de confiance me touche profondément. C'est à lui que je dois le périlleux honneur de prendre la parole, depuis sept ans, dans cette chaire illustrée par son enseignement et par celui de son éminent prédécesseur M. Coste. Je tiens avant tout à l'en remercier publiquement.

Je me propose de traiter cette année de la morphologie et de la repro-Objet du cours.
duction de la cellule.

Si l'on s'en tient à l'étymologie des mots *embryologie* et *embryogénie*, ce sujet pourra paraître à quelques-uns d'entre vous étranger à l'enseignement de cette chaire.

L'embryologie n'a été, en effet, primitivement qu'une partie accessoire, une subdivision de l'anatomie ; elle ne s'occupait que de la description des embryons des animaux, et on peut donner le nom d'*embryographes* aux premiers anatomistes tels que Fabricius d'Aquapendente, Spigelius, Needham qui intitulaient leurs travaux « *de formato fœtu* ». Avec Swammerdam, Malpighi et surtout avec Wolff, le cadre de l'embryologie s'élargit. On ne se contente plus de constater les différentes phases de la formation d'un embryon, on cherche à voir comment apparaissent ses organes et comment ils se transforment jusqu'à leur complet achèvement. Wolff (1759) démontra le premier que les animaux et les plantes sont, aux débuts de leur développement, formés par la réunion de petits corps élémentaires, d'*utricules* comme on les appelait alors, qui se disposent en lames, en feuillets, d'où dérivent les organes définitifs.

La notion de la constitution cellulaire des êtres organisés, établie par Schleiden pour les végétaux et par Schwann pour les animaux, a suffi pendant longtemps aux embryogénistes comme point de départ de leurs recherches sur le développement des êtres. Le premier état, la forme la plus simple sous lesquels se présente un végétal ou un animal étant un œuf, c'est-à-dire une cellule, on a étudié comment cette forme organique primitive se multiplie en se divisant, comment ses produits de division se groupent pour constituer des organes et se différencient pour donner tous les éléments histologiques.

L'observation attentive des êtres inférieurs microscopiques a montré que ces organismes sont réductibles à un élément cellulaire unique. Cette cellule, par la modification de ses différentes parties, réalise les formes diverses de ces êtres et réalise aussi les rudiments d'appareils qui remplissent chez eux les grandes fonctions des êtres supérieurs. Meyen (1839), le premier, avait été frappé de la ressemblance des Infusoires avec des cellules et Siebold (1845), les considérant comme des êtres unicellulaires, leur donna le nom de *Protozoaires*.

Ces êtres unicellulaires se multiplient, se reproduisent : à ce titre ils appartiennent au domaine de l'embryogénie comparée.

Les phénomènes si curieux qui ont pour siège les éléments nucléaires des Infusoires ciliés pendant la scissiparité, phénomènes décrits, en 1861, par M. Balbiani, sont identiques à ceux qui ont été plus récemment reconnus dans les cellules animales et végétales en voie de division, et ne sont devenus compréhensibles que depuis la découverte de la karyokinèse. D'un autre côté, l'investigation des phénomènes qui se passent dans l'œuf, avant et pendant son union avec l'élément mâle, a permis d'assimiler la conjugaison des Infusoires à la fécondation de l'œuf chez les êtres pluricellulaires.

Ces découvertes sont dues à une étude approfondie de la structure intime de la cellule, qui, depuis une vingtaine d'années, a fait des progrès considérables. Une nouvelle branche de l'anatomie générale, et l'une des plus importantes, la *cytologie*, qui est devenue la base des études biologiques, a pris naissance. La connaissance de la cytologie est aujourd'hui indispensable, aussi bien à l'histologiste qui cherche la fine structure des tissus, qu'à l'embryogéniste pour qui l'élément cellulaire est le point de départ de la genèse des êtres organisés. Elle n'est pas moins indispensable au physiologiste, qui, selon l'expression de Claude Bernard, « doit arriver à expliquer et à régler les phénomènes de la vie en se fondant sur la connaissance des propriétés des éléments histologiques, » et à l'anatomopathologiste, qui retrouve dans les altérations de la cellule la cause d'un grand nombre de maladies.

Ce sont ces considérations qui m'ont engagé, après avoir passé en revue dans mes cours précédents le développement des Invertébrés et des Vertébrés, à m'occuper cette année de la cellule et de son importance au point de vue embryologique.

Ce sujet a été traité, en 1881, par M. le professeur Balbiani. De combien de faits nouveaux la cytologie ne s'est-elle pas enrichie depuis cette époque ! Les sciences biologiques réalisent aujourd'hui en dix ans plus de progrès qu'elles n'en faisaient naguère en un demi-siècle. Il m'a donc paru utile de reprendre l'étude de la constitution et de la reproduction de la cellule, en vous faisant connaître l'état actuel de la science sur la question, et de vous exposer le résultat de mes recherches personnelles.

Ainsi que j'en ai l'habitude, je consacrerai cette première leçon à un court résumé historique de notre sujet. *Historique.*

Les éléments cellulaires étant pour la plupart invisibles à l'œil nu, l'histoire de la cellule ne date que de l'invention du microscope et les progrès de la cytologie sont intimement liés aux perfectionnements de cet admirable instrument. *Première période 1665-1835.*

Ce n'est cependant que cinquante ans après la découverte du microscope que les cellules furent vues pour la première fois. *Découverte de la cellule.*

Un physicien anglais, Robert Hooke, qui apporta d'importants perfectionnements au microscope composé de Hans et Zacharias Janssen, examinant, en 1665, une petite tranche de liège, y vit des cavités qu'il nomma *cellules*, et dont il compara l'assemblage à un gâteau d'Abeilles. Dans sa *Micrographia*, parue en 1667, il donna la description et le dessin de la texture du liège (fig. 1 et 2), et représenta beaucoup d'autres objets vus au microscope. Hooke était physicien, mathématicien, architecte (1), ses observations n'avaient d'autre but que de prouver l'utilité de son microscope. Il ne se douta pas de l'importance de sa découverte et n'en tira aucun profit pour l'étude de l'anatomie végétale.

---

(1) Après l'incendie qui détruisit, en 1666, une partie de la ville de Londres, **Hooke** dressa un plan de la reconstruction des quartiers incendiés, et ce plan fut adopté.

Constitution
cellulaire
des végétaux.

C'est à **Nehemia Grew** et à **Marcello Malpighi** que revient véritablement l'honneur d'avoir saisi toute la portée de la découverte de **Hooke**. Ils communiquèrent le résultat de leurs recherches à la Société royale de Londres, dans une note préliminaire : le premier, le 11 mai 1671 ; le second, le 7 décembre de la même année. L'ouvrage de **Grew** parut en 1672 ; celui de **Malpighi** en 1675 et 1679. Ces anatomistes reconnurent que les divers organes des végétaux sont composés de parties élémentaires, dont les unes ont la forme de sacs pourvus d'une paroi rigide et remplis de liquide, *utricules* et *vésicules*, et de tubes parcourant le tissu fondamental, tubes

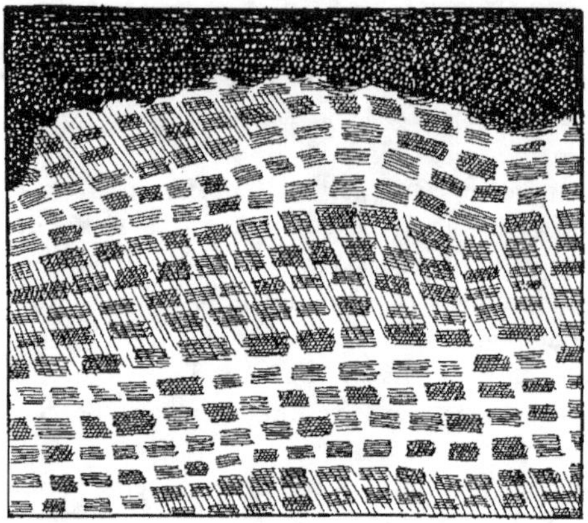

Fig. 1. — Fac-simile d'un fragment d'une planche de Hooke, représentant une coupe de liège (1667). Les cellules sont vues en section longitudinale. Cette figure et la fig. 2 sont les premières qui aient été données d'une structure cellulaire.

que nous désignons aujourd'hui sous le nom de *vaisseaux*. Les termes de vésicule et d'utricule furent employés pendant tout le xviiie siècle, pour désigner les cellules de Hooke, et ce fut seulement en 1800 que **Brisseau-Mirbel** reprit dans ses ouvrages la dénomination de *cellule*, qui finit par prévaloir.

Les contemporains et les successeurs de **Malpighi**, entre autres **Leeuwenhoek** qui observa tant d'objets divers au microscope, ne firent pas progresser nos connaissances sur les cellules. **Leeuwenhoek**, ainsi que le dit **Carus**, fut, en effet, en quelque sorte « le premier de ces amateurs qui ne demandent au microscope qu'un tranquille amusement. » **Swammerdam**, qui fut au contraire l'un des plus grands savants du xviie siècle, n'était pas un micrographe. Aussi ne trouvons-nous dans ses ouvrages aucune observation précise sur les éléments constituants des plantes et des animaux (1).

------

(1) **Swammerdam** observa cependant, le premier, la segmentation de l'œuf de Grenouille.

Wolff, le premier, observa les îlots sanguins dans l'aire vasculaire de l'embryon de Poulet, reconnut que le germe est formé de globules, et essaya d'expliquer l'apparition du tissu cellulaire dans les végétaux. Il pensait que les parties jeunes des plantes sont constituées par une substance gélatineuse qui se rassemble en gouttelettes, lesquelles se transforment ensuite en cellules.

Brisseau-Mirbel, au commencement de ce siècle, adopta cette théorie ; pour lui, le tissu cellulaire était constitué par des vacuoles creusées dans une substance fondamentale homogène. Si l'idée que **Mirbel** se faisait de la

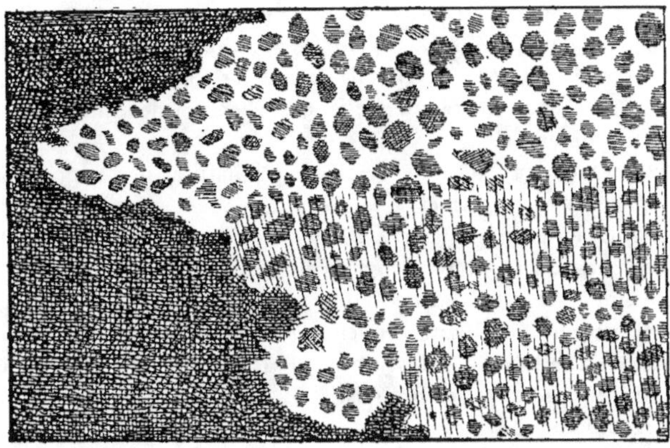

Fig. 2. — Fac-similé d'un fragment d'une planche de HOOKE, représentant une coupe de liège (1667) ; les cellules sont vues en section transversale.

cellule était fausse, ce botaniste eut le mérite de prouver que les différents éléments qu'on observe dans les tissus des plantes, entre autres les tubes et les vaisseaux, ne sont que des cellules très allongées. A la même époque, **Treviranus** (1808) arrivait à une conclusion identique.

L'erreur de **Mirbel**, qui considérait le tissu végétal comme un tout continu, creusé de cavités, s'explique jusqu'à un certain point, car, dans les tissus tels que ceux qu'il examinait, les cellules étant contiguës paraissent avoir des parois communes.

Moldenhawer (1812) s'éleva contre la théorie de **Mirbel**. Il réussit, en dissociant les éléments des tissus par macération, à prouver que les cellules ont une paroi propre, et que, par conséquent, elles ne peuvent naître comme des cavités dans une substance homogène.

Quelques années plus tard, en 1826, la première notion de l'individualité de la cellule apparaît nettement dans un remarquable mémoire de **Turpin** intitulé : *Organographie microscopique élémentaire et comparée des* Individualité de la cellule.

végétaux. Observations sur l'origine et la formation primitive du tissu cellulaire, sur chacune des vésicules composantes de ce tissu, considérées comme autant d'individualités distinctes ayant leur centre vital particulier de végétation et de propagation, et destinées à former par agglomération l'individualité composée de tous les végétaux dont l'organisation de la masse comporte plus d'une vésicule. Ce titre est un peu long, mais il résume les idées de l'auteur.

Meyen, dans son Traité de Botanique, paru en 1830, exprime les mêmes vues que **Turpin**. « Les cellules végétales, dit-il, ou bien sont isolées et chacune d'elles constitue alors un individu, comme c'est le cas pour des Algues et des Champignons, ou bien elles sont réunies en un amas plus ou moins volumineux pour constituer un végétal plus hautement organisé. Mais, dans ce cas aussi, chaque cellule forme en soi un tout séparé ; elle se nourrit elle-même, se forme elle-même, et transforme la substance brute qu'elle a absorbée en des substances et des organes très divers. »

Contenu
de la cellule. Si dès le premier quart de ce siècle les naturalistes et principalement les botanistes étaient arrivés à se faire une idée exacte de l'importance de la cellule en tant que partie élémentaire morphologique et physiologique des plantes, ils ne savaient à peu près rien sur la constitution et le développement de cette cellule. Toute leur attention s'était portée sur ses parois membraneuses, ils ne s'étaient pas occupés de son contenu.

Meyen, en 1828, étudie les grains de fécules, de chlorophylle et les cristaux renfermés dans les cellules.

Découverte
du noyau. **Robert Brown** (1831), examinant l'épiderme des Orchidées et des Asclépiadées, discerne dans l'intérieur des cellules un petit corps rond auquel il donne le nom de *noyau*. Ce corps avait déjà été figuré par **Leeuwenhoek** dans les globules sanguins des Poissons et par **Cavolini** (1787) dans les ovules de ces mêmes animaux ; **Fontana** (1781) l'avait vu dans les cellules épithéliales de l'Anguille, et il avait appelé ce noyau, un *corps rond, oviforme, pourvu d'une tache au milieu*. **Brown** reconnut que ce noyau est un élément normal de la cellule. **Mirbel** appelait le noyau *sphérule* et le figurait très exactement dans ses recherches sur le *Marchantia* (1831-1832). Cinq ans plus tard, **Valentin** décrivait ce même élément sous le nom de *nucleus*, dans les cellules de la conjonctive et signalait dans son intérieur un corpuscule rond, le *nucléole*, formant « une espèce de second nucléus » dans le noyau.

A cette époque, on considérait la cellule comme une vésicule close par une membrane solide, renfermant un liquide dans lequel se trouve un noyau, pourvu lui-même d'un nucléole, et pouvant contenir d'autres corps figurés tels que grains d'amidon, de chlorophylle, etc.

Genèse
des cellules. **Schleiden**, en 1838, dans un travail publié dans les Archives de Müller, et intitulé *Beiträge zur Phytogenesis*, en se basant sur les recherches de ses

prédécesseurs et en constatant la présence constante du noyau dans les
jeunes cellules, chercha à résoudre la question d'origine des cellules. Il
attribua au noyau une grande importance, en fit le générateur de la cellule
et lui donna pour cette raison le nom
de *cytoblaste*. D'après lui, dans une
substance fondamentale, *cytoblastème*,
apparait d'abord un nucléole, autour
duquel se forme un cytoblaste ; à la
surface de ce dernier, se différencie une
membrane, qui se soulève comme un
verre de montre, grandit, s'écarte du
noyau, laissant un espace dans lequel
pénètre par filtration la substance fondamentale (fig. 3).

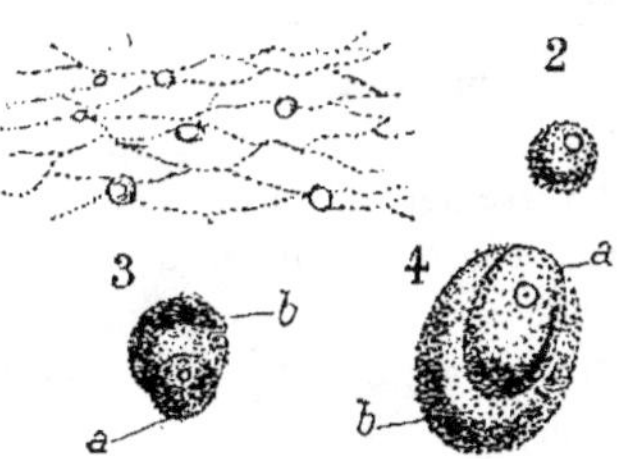

Fig. 3. — Genèse des cellules par formation libre. 1, fragment de cytoblastème
de l'albumen de *Chamædorea schiedeana*,
renfermant des cytoblastes libres. 2, un
cytoblaste libre plus grossi. 3 et 4 *a*
cytoblastes autour desquels s'organise
une cellule *b*. (D'après SCHLEIDEN 1838).

Schwann étendit la nouvelle théorie
de **Schleiden** aux animaux. En s'appuyant sur les travaux antérieurs de
Turpin, de **Purkinje**, de **Valentin**, de
J. Müller, et de **Henle**, qui avaient signalé l'analogie de structure de
certains tissus animaux (corde dorsale, épithéliums, cartilage, tissu glandulaire) avec les tissus végétaux, il admet que les cellules animales prennent
naissance comme les cellules végétales, par formation libre de noyaux dans
un cytoblastème. Il démontre que l'embryon est d'abord constitué par des
cellules semblables qui en restant sphériques, en s'aplatissant, en s'allon-
geant ou en se ramifiant, se transforment en les divers éléments histologiques de l'adulte.

L'idée que **Schleiden** et **Schwann** se faisaient de la genèse des cellules,
qu'ils comparaient à une sorte de cristallisation dans une eau-mère organique, le cytoblastème, est, comme nous le verrons, absolument erronée,
mais leur hypothèse de la métamorphose des cellules a été féconde en résultats et confirmée par les recherches ultérieures des histologistes.

C'est l'ensemble de ces données, concernant la constitution des animaux et des plantes par des parties élémentaires analogues, et la manière
dont, par leur évolution, elles arrivent aux états qu'elles présentent chez
l'individu adulte, qu'on a désigné sous le nom de *théorie cellulaire*. Cette
expression de théorie cellulaire a été employée, pour la première fois, par
Valentin, en 1839, à propos de l'analyse qu'il donna du travail de
Schwann.

Si **Schwann** est considéré à juste titre avec **Schleiden** comme le fondateur
de la théorie cellulaire, parce que par ses recherches sur la structure
et le développement des différents tissus, il apporta de nombreuses preuves
à l'appui de la métamorphose et de l'évolution de la cellule, il ne faut pas
cependant oublier qu'il fut précédé dans cette voie par un savant français,

dont le nom est un peu trop oublié aujourd'hui, par Dutrochet, qui, dès 1824, émit l'idée que les animaux et les végétaux sont organisés sur le même type, se développent de la même manière et que les uns et les autres dérivent de cellules. « Tout dérive évidemment de la cellule, dit-il, dans le tissu organique des végétaux, et l'observation vient nous prouver qu'il en est de même chez les animaux. » En 1837 il ajoutait : « Tous les tissus, tous les organes des animaux, ne sont véritablement qu'un tissu cellulaire diversement modifié. » Malheureusement Dutrochet n'avait pas à sa disposition des moyens d'investigation suffisants ; ses descriptions, en ce qui concerne les tissus animaux, sont souvent inexactes et il était réservé à Schwann, plus habile anatomiste, de faire fructifier l'idée du physiologiste français.

Nous avons vu jusqu'ici les botanistes occuper une place prépondérante dans l'histoire de nos connaissances sur la cellule. C'est que, en effet, les éléments anatomiques des végétaux, pourvus d'une membrane épaisse et résistante, sont d'un examen beaucoup plus facile que ceux des tissus animaux. L'objet vu par les premiers observateurs, la cellule de Hooke, l'utricule de Malpighi et de Grew, n'était que la membrane épaissie de vieux éléments, quelque chose, ainsi que le fait remarquer Strasburger, comme leur squelette. Abstraction faite du noyau, la partie essentielle de la cellule, la matière vivante qu'elle renferme était encore à peu près inconnue alors que la théorie cellulaire était déjà fondée.

Avec les travaux de Dujardin et de Hugo Mohl, commence une nouvelle période de l'histoire de la cellule. Son contenu acquiert une importance capitale et sa membrane d'enveloppe se trouve réléguée au second plan.

Mirbel, qui admettait que les cellules ne sont que des vacuoles creusées dans une substance homogène, donnait à cette substance organisatrice le nom de *cambium ;* Schleiden lui donna plus tard celui de *mucus* et de *mucilage.*

Dujardin, dès 1835, en étudiant les Foraminifères et les Rhizopodes, reconnut qu'ils étaient constitués par une sorte de gelée pouvant changer de forme, émettre des pseudopodes, des filaments servant à la préhension des aliments et au déplacement de l'être. « Je propose, dit-il, de nommer *sarcode* ce que d'autres observateurs ont appelé gelée vivante, cette matière glutineuse, diaphane, homogène, élastique et contractile. » En même temps qu'il faisait connaître les propriétés physiologiques du sarcode, Dujardin indiquait la manière dont il se comporte vis-à-vis des réactifs chimiques et il ajoutait : « Les animaux les plus simples, Amibes, Monades, etc., se composent uniquement, au moins en apparence, de cette gelée vivante. Dans les Infusoires plus élevés, elle est renfermée dans un tégument lâche qu'on aperçoit comme un réseau à sa surface et d'où l'on peut la faire sortir dans un état d'isolement presque parfait... On retrouve le sarcode dans les œufs, les Zoophytes, les Vers et les autres animaux ; mais il est capable de recevoir avec l'âge un degré d'organisation plus complexe que dans les animaux du bas de l'échelle. »

Purkinje, en 1840, désigna sous le nom de *protoplasma* la matière vivante formative des embryons des animaux. C'est ce nom qui fut adopté par Mohl, en 1846, pour désigner la substance, reconnue de nature azotée par Nægeli, contenue dans les cavités cellulaires des plantes. Le terme de protoplasma a prévalu depuis dans la science.

Mohl attacha au protoplasma un rôle important dans la cellule : ce protoplasma est accumulé autour du noyau et forme à la face interne de la membrane de cellulose une couche mince, l'*utricule primordial* ou *utricule azoté* qui est le siège des mouvements particuliers vus par Corti, en 1772, et par Treviranus, en 1807. Enfin, il distingua nettement le *suc cellulaire* du protoplasma, et admit que ce dernier est la partie essentielle de la cellule, celle qui préexiste aux autres, à la membrane et au noyau.

Pendant que Mohl établissait la véritable constitution de la cellule végétale, Cohn, Thuret et Pringsheim montraient que les zoospores des Algues sont dépourvues de membrane, se meuvent spontanément, et ces auteurs signalaient la ressemblance du protoplasma végétal avec le sarcode des animaux inférieurs. Bientôt Max Schultze et de Bary établissaient que le protoplasma des plantes et des animaux est une substance identique au sarcode de Dujardin.

D'un autre côté, Bergmann, Kœlliker et Bischoff (1841-1844), par leurs recherches sur les sphères de segmentation des œufs des Batraciens, des Mammifères, des Nématodes et des Céphalopodes, et sur certains éléments histologiques des animaux adultes, montraient qu'il existe beaucoup de cellules sans enveloppe.

Brücke, Beale et Max Schultze arrivent presque simultanément à cette conclusion que la membrane n'est pas un attribut nécessaire de la cellule, qu'elle lui fait probablement défaut d'une manière générale dans les premiers temps de son existence, et que, là où elle existe, elle ne se forme que plus tard par une condensation graduelle.

Leydig, dès 1856, définissait une cellule, une *masse de protoplasma munie d'un noyau*, et Max Schultze, en 1861, un *amas ou un grumeau de protoplasma doué de propriétés vitales*.

C'est ainsi que le mot cellule, du latin *cellula*, diminutif de *cella*, qui signifie petite chambre, est arrivé, par une acception toute différente de celle que lui avait attribuée Hooke, à désigner le contenu de la cavité dont ce micrographe n'avait aperçu que les parois.

De même que la notion de la constitution de l'élément cellulaire s'était complètement transformée pendant cette seconde période que nous venons de considérer, de même la question de l'origine des cellules changea totalement d'aspect par suite des recherches attentives des histologistes et des embryogénistes.

La théorie de la formation libre des cellules, formulée par **Schleiden** et par **Schwann**, fut attaquée et ruinée de bonne heure par leurs contemporains.

Déjà en 1835, **Mohl** décrivait très exactement le mode de division des cellules d'une Algue filamenteuse, le *Cladophora*. Au milieu de la cellule apparaît un repli annulaire formé par l'utricule primordial ; ce repli s'avance de plus en plus dans la cellule de manière à constituer une cloison dans l'épaisseur de laquelle se dépose une couche de cellulose. Un peu plus tard, **Mohl** observait la division cellulaire dans les grains de pollen, dans les spores de l'*Anthoceros lævis*, et pendant la formation des stomates ; il constatait, fait important à noter, la division préalable du noyau avant celle de la cellule.

Unger (1841), le premier, s'éleva contre la théorie de **Schleiden** et s'assura qu'au point végétatif des tiges en voie d'accroissement, les cellules se forment par division de cellules préexistantes. Bientôt **Nægeli**, dans un important travail, montrait que la division est le mode le plus général de production de la cellule et n'admettait la formation libre que dans l'endosperme du sac embryonnaire. En 1846, il formulait cette loi : les cellules mères donnent naissance à deux ou plusieurs cellules filles par un processus de division observé pour la première fois par **Mohl**.

De leur côté, les zoologistes arrivaient à une conclusion identique, **Bergmann**, **Siebold**, **Vogt**, **Kœlliker**, **Bischoff**, **Reichert**, **Coste**, **Remak** montraient que l'œuf se transforme en un amas de sphères de segmentation par divisions successives de son vitellus, et que finalement les sphères de segmentation se transforment en cellules. **Remak** constatait, en 1841, la division des globules sanguins chez l'embryon, et admettait que la division est le seul mode de multiplication de la cellule animale. Enfin **Virchow**, dont les recherches, ainsi que celles de **John Goodsir** (1845), permirent d'étendre aux productions pathologiques la théorie cellulaire, prouvait que dans toutes les circonstances où se manifeste un produit morbide, son apparition résulte de la production de cellules, par division et transformation de tel à tel élément cellulaire des tissus normaux. Il formulait le fameux axiome *omnis cellula e cellula* qui résume avec la définition de **Leydig** et de **Max Schultze**, « la cellule est une masse de protoplasma pourvue d'un noyau », l'état de la cytogénie et de la cytologie il y a une trentaine d'années.

Cependant la formation libre des cellules, c'est-à-dire l'apparition spontanée de noyaux dans un *blastème*, masse de protoplasma indivise, et la différenciation de cellules autour de ces noyaux, fut encore acceptée par les botanistes, pour expliquer le développement de l'endosperme dans l'ovule des Phanérogames, jusqu'en 1879, époque à laquelle **Strasburger** démontra que les noyaux de l'endosperme proviennent de noyaux préexistants ; il compléta l'axiome de Virchow en ajoutant *omnis nucleus e nucleo*.

Une troisième période de l'histoire de la cellule, qu'on peut appeler la période moderne, commence vers 1865 et s'étend jusqu'à nos jours. Elle est caractérisée par une étude plus approfondie de la structure et du rôle des différentes parties de la cellule. On ne connaissait encore que la grosse anatomie de la cellule, on commence à en faire l'histologie, si l'on peut s'exprimer ainsi.

Troisième période, de 1865 à nos jours.

Ce sont les travaux exécutés pendant cette période qui devront nous occuper dans le cours de ces leçons ; leur nombre est tellement considérable qu'il serait même impossible dans ce court historique de n'indiquer que les plus importants. Je me bornerai pour aujourd'hui à vous signaler les principaux résultats des recherches entreprises depuis une vingtaine d'années et à établir par conséquent le programme que nous aurons à développer.

Importance des méthodes techniques.

Les méthodes nouvelles de l'anatomie microscopique qui permettent de saisir la matière vivante aux différentes périodes de son évolution, de la fixer dans sa forme, de différencier, au moyen de réactifs chimiques, les éléments qui entrent dans sa constitution, les perfectionnements apportés aux objectifs des microscopes qui font apercevoir des détails qui devaient fatalement échapper aux anciens observateurs, ont montré que la structure et la vie d'une cellule sont plus complexes qu'on ne le pensait. Nous sommes loin aujourd'hui du temps où l'on considérait la cellule comme une petite masse de substance homogène, sarcode ou protoplasma, entourée ou non d'une membrane d'enveloppe et renfermant un petit corps réfringent, le noyau, contenant lui-même un corps plus petit, le nucléole.

Nous aurons d'abord à étudier la constitution du protoplasma au point de vue chimique et au point de vue morphologique, à décrire les corps nouveaux, centrosomes, noyaux accessoires, qui, avec l'ancien noyau, connu depuis Robert Brown, paraissent jouer un rôle important dans l'évolution de la cellule.

Découvertes récentes.

Le noyau lui-même, formé de substances différentes de celles qui constituent le protoplasma et qui offre dans certaines cellules une structure des plus compliquées, devra nous arrêter longuement.

La cytologie, qui jusqu'ici n'était qu'une science d'observation, entre aujourd'hui dans la voie expérimentale et la physiologie de la cellule s'enrichit chaque jour de faits nouveaux. Nous devrons étudier son mode de nutrition, ses sécrétions, le rôle de ses différentes parties, et enfin sa reproduction.

Tous les phénomènes si curieux, découverts depuis 1874, qui accompagnent la division du noyau et du corps protoplasmique de la cellule, constituent une partie spéciale de la cytologie qui, à elle seule, a provoqué un nombre considérable de recherches. Enfin la cellule, comme tout être vivant, a une durée limitée : elle se détruit, elle meurt ; après avoir traité de la vie de la cellule, nous devrons nous occuper de sa dégénérescence et de sa mort.

Dans cette étude de la cellule en général nous considérerons l'élément organique élémentaire, aussi bien dans le règne végétal que dans le règne animal, chez les êtres pluricellulaires et les êtres unicellulaires. Pour être complet notre exposé devrait comprendre les transformations et les différenciations de la cellule, c'est-à-dire l'histogénèse végétale et animale, ainsi que ses altérations morbides, c'est-à-dire la pathologie cellulaire. Mais ce sont là des questions spéciales formant le complément nécessaire de l'étude de la cellule, que je n'aurai pas le temps de traiter et dont heureusement la connaissance n'est pas indispensable pour établir la constitution et la reproduction de la cellule.

Après avoir exposé les faits nouveaux que l'observation et l'expérience ont révélés relativement à l'anatomie et la physiologie de la cellule, nous aurons à examiner les considérations théoriques qu'on peut tirer de ces faits, et en premier lieu nous devrons nous demander si la théorie cellulaire formulée par **Schwann** est encore aujourd'hui compatible avec les connaissances que nous possédons sur la structure de la cellule.

Nous avons vu que la théorie cellulaire repose essentiellement sur cette donnée que les êtres organisés, animaux et végétaux, sont constitués par des parties élémentaires analogues, les cellules, qui sont, selon l'expression de **Turpin**, autant d'individualités distinctes, isolables, douées d'une vie propre, les propriétés vitales de l'être n'étant qu'une manifestation des propriétés mêmes de chacun des éléments réunis pour le constituer. Comme l'a dit **Claude Bernard** : « La cellule est l'image de tout l'organisme si élevé qu'on veuille le choisir. »

Brücke, en 1861, admettait déjà théoriquement que la cellule peut être décomposée en parties élémentaires plus petites.

Kœlliker dans la 5ᵉ édition de son Traité d'Histologie (1868) s'exprimait ainsi : « l'état actuel de la science histologique durera aussi longtemps qu'il ne nous sera pas donné de pénétrer plus profondément dans la structure des êtres vivants, telle que nous la concevons aujourd'hui, et de découvrir les éléments dont se compose ce que nous tenons aujourd'hui pour simple. S'il était possible un jour de voir les molécules qui composent la membrane des cellules, les fibrilles musculaires, l'axe des tubes nerveux, etc., si l'on pouvait pénétrer les lois de la juxtaposition de ces molécules, celles du développement, de l'accroissement, du fonctionnement enfin, de ce qu'on appelle aujourd'hui les parties élémentaires, alors une nouvelle ère s'ouvrirait pour l'histologie et le fondateur de la loi de formation des cellules ou d'une théorie moléculaire serait célébré autant et même plus que le créateur de la doctrine d'après laquelle tous les tissus animaux se composent de cellules. »

Plus d'un savant s'est efforcé de réaliser le rêve de **Kœlliker**. Les *molécu-*

les organiques de Buffon, les *plastidules* de Hæckel, les *microʒymas* de Béchamp marquent autant d'essais dans cette voie.

On a admis que les granulations ou les vacuoles qui s'observent dans le protoplasma sont des unités élémentaires pouvant s'accroître, se multiplier, ayant par conséquent une vie propre et que ces *bioblastes*, c'est le nom qu'on a donné à ces granulations, sont les unités morphologiques de toute matière organisée. A la théorie cellulaire on a opposé la théorie granulaire ; à l'axiome *omnis cellula e cellula* on a ajouté le suivant *omne granulum e granulo*.

Nous discuterons ces théories, lorsque nous nous occuperons de la structure du protoplasma, et nous verrons si elles s'appuient sur des observations fondées ou si elles ne reposent que sur des hypothèses. En supposant *a priori* qu'elles soient acceptables, elles n'infirment en rien la théorie cellulaire.

Il ne faut pas, en effet, demander à cette dernière plus qu'elle ne renferme.

Personne ne conteste que la nature organisée ne soit constituée de molécules, de même que les corps inorganiques, molécules que nous concevons mais que nous ne pouvons démontrer. La cellule n'est plus regardée aujourd'hui comme simple, puisque chaque jour nous trouvons dans son intérieur des organes nouveaux. Il est évident que la conception que nous avons actuellement de la cellule est bien différente de celle qu'en avaient Schwann et ses contemporains, mais toutes les découvertes modernes sur l'organisation de la cellule, loin de diminuer la théorie cellulaire, ne font que la confirmer davantage.

C'est que cette théorie, bien différente en cela de beaucoup d'autres, est absolument simple et n'est que l'expression même des faits démontrés par l'observation et l'expérience.

Aujourd'hui, de même qu'il y a soixante ans, la cellule nous apparaît comme l'unité morphologique de la matière vivante, c'est-à-dire la forme élémentaire la plus simple sous laquelle puisse se présenter la matière organisée, de manière à manifester les propriétés vitales qui caractérisent les êtres vivants.

Après la découverte du noyau cellulaire, quelques histologistes ont été tentés de considérer cet élément comme la partie essentielle de la cellule et comme l'élément organique élémentaire; on se basait, en effet, sur la formation libre des cellules autour des noyaux agissant comme centres organisateurs.

Plus tard, au contraire, Brücke (1861), Hæckel et quelques autres auteurs regardèrent le noyau comme une partie accessoire de la cellule, pouvant manquer de même que la membrane d'enveloppe. On admit que la cellule-œuf avant la fécondation et la segmentation perd son noyau, et qu'il existe des êtres inférieurs, des *Monères*, dépourvus de noyaux.

Nous savons maintenant que les cellules ne prennent pas naissance par formation libre, que l'œuf ne perd à aucun moment son noyau, qu'il n'existe pas de masses protoplasmiques indépendantes, jouissant d'une vie propre et privées de noyaux ou tout au moins de substance nucléaire. Les belles recherches de Nussbaum, de Gruber et de M. Balbiani sur la mérotomie des Infusoires ont prouvé que la celulle est constituée par deux éléments fondamentaux, le protoplasma et le noyau. La vie cellulaire résulte des rapports réciproques qui s'établissent entre ces deux éléments; isolé de l'autre, aucun d'eux n'est capable de vivre par lui-même. La cellule est donc un tout complexe indivisible; si au point de vue morphologique on doit la définir aujourd'hui : un amas de protoplasma renfermant un élément figuré spécial, le noyau; au point de vue physiologique nous devons la considérer comme la masse de matière organique, ou l'organite le plus simple pouvant manifester les propriétés vitales des êtres vivants; ou plus simplement comme « le premier représentant de la vie. » (Claude Bernard).

Comme d'un autre côté l'anatomie comparée démontre que la cellule animale et la cellule végétale ont la même constitution et sont le siège des mêmes phénomènes physiologiques, qu'en outre l'embryogénie prouve que le point de départ de tout être vivant est une cellule, que l'histologie établit que tous les éléments anatomiques de l'être adulte proviennent de la transformation des cellules embryonnaires, nous voyons que la théorie cellulaire est encore aujourd'hui l'axiome fondamental de la biologie des êtres organisés.

La réalité de cette assertion ressortira, je l'espère, de l'étude de la cellule que nous commencerons dès notre prochaine leçon, en examinant les propriétés et la constitution du protoplasma.

Je ne voudrais pas dans cette exposition me borner à vous résumer les travaux publiés sur la matière ainsi que mes observations personnelles, je voudrais que vous puissiez voir par vous-mêmes une grande partie des faits dont je vous entretiendrai.

Je me propose donc, comme les années précédentes, de consacrer de temps en temps une partie de la leçon à des démonstrations pratiques, où je mettrai sous vos yeux, en vous les expliquant, des préparations relatives à la structure des cellules.

Enfin les divergences d'opinion qui existent entre les auteurs qui ont traité un même sujet ne provenant souvent que des méthodes qu'ils ont employées dans leurs recherches, j'aurai soin de vous indiquer, à propos de chaque question que nous étudierons, la technique qui selon moi conduit aux meilleurs résultats en faisant la critique raisonnée des procédés qui me paraissent défectueux.

6 Décembre 1893.

DEUXIÈME LEÇON

CONSTITUTION PHYSIQUE ET CHIMIQUE
DU PROTOPLASMA

Aspect variable des cellules. — Parties essentielles de la cellule. — Protoplasma. — Synonymie du protoplasma. — Difficulté de le définir. — Il existe une infinité de protoplasmas. — Caractère essentiel du protoplasma. — Caractères physiques du protoplasma. — État d'agrégation du protoplasma. — Caractères chimiques du protoplasma. — Action des matières colorantes sur le protoplasma vivant. — Action des sels d'argent sur le protoplasma. — Protéosomes. — Pouvoir réducteur du protoplasma. — Réactions chimiques du protoplasma mort. — Constitution chimique du protoplasma. — Teneur en eau du protoplasma. — Analyse de l'*Æthalium septicum*. — Analyse de la laitance du Saumon. — Analyse des globules du pus. — Analyse microchimique. — Propriétés physiologiques du protoplasma. — Nutrition. — Irritabilité. — Motilité.

MESSIEURS,

Nous avons, dans la leçon précédente, résumé brièvement l'histoire du développement de nos connaissances sur la cellule, histoire que nous avons divisée en trois périodes. Nous avons vu que pendant la dernière période, depuis une vingtaine d'années, l'étude de la morphologie et de la reproduction de la cellule a pris une très grande importance et tend à fournir des résultats de jour en jour plus nombreux et plus précis. C'est en réalité à l'exposé de ces résultats que nous allons consacrer les leçons qui vont suivre et pour cela nous commencerons par examiner la cellule au point de vue morphologique.

Rien n'est plus variable que l'aspect sous lequel se présentent les cellules lorsqu'on les considère dans l'ensemble des êtres vivants. A première vue, on ne constate généralement entre elles que des différences et ce n'est que par un examen approfondi qu'on arrive à saisir les caractères communs qui les rapprochent, et à établir quelles sont les parties essentielles et les parties accessoires qui entrent dans leur constitution. Quoi de plus dissemblable, en effet, qu'un Micrococcus mesurant à peine un millième de millimètre et un volumineux jaune d'œuf d'Oiseau dont le diamètre atteint quatre centimètres; quelle analogie peut-on trouver entre un petit globule blanc incolore du sang d'un Mammifère et les immenses thalles unicellulaires verts des Siphonées (*Valonia, Udotea, Caulerpa, Acetabularia*) (fig. 4)? Nous verrons cependant que ces corps, en apparence si différents, possèdent un certain nombre de propriétés communes qu'ils doivent à la présence dans leur intérieur d'une substance spéciale, la matière vivante, et que les particularités qui nous frappent lorsque nous ne les regardons que d'une manière superficielle, ne tiennent qu'à l'existence de matières accessoires, qui masquent leur unité de constitution. Aussi dans l'étude de la cellule, au point de vue qui nous occupera ici, c'est-à-dire en tant qu'organisme le plus simple, la considération de la forme extérieure et des dimensions de cet élément ne doit-elle pas nous arrêter ; et par morphologie de la cellule nous n'entendrons que la description de ses parties constitutives.

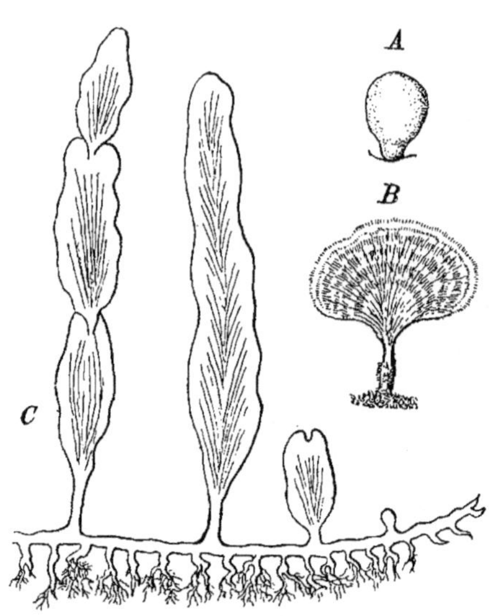

Fig. 4. — Trois Algues à structure simple, unicellulaires. A : *Valonia utricularis*, forme simple. — B : *Udotea flabellata*, forme ramifiée, peu différenciée. — C : *Caulerpa prolifera*, forme ramifiée, très différenciée. (D'après Reinke, fig. empruntée à Van Tieghem).

Parties essentielles de la cellule. Toute cellule se compose de deux parties fondamentales et essentielles, le protoplasma et le noyau, auxquelles viennent se surajouter la membrane et les produits dérivés du protoplasma.

Protoplasma. C'est Purkinje, ainsi que nous l'avons vu, qui proposa, en 1840, de donner le nom de *protoplasma* à la substance vivante formative des embryons des animaux, comme l'indique son étymologie (πρότον premier, πλάςμα ouvrage façonné). Dans l'esprit de son auteur, ce terme semblait indiquer que le protoplasma est l'origine même de la matière vivante. Plus tard Mohl (1846) adopta la même expression pour désigner la substance azotée demi-fluide contenue dans la cavité des cellules végétales. La plupart des auteurs qui citent Mohl, interprètent cependant sa pensée d'une façon absolument erronée en disant qu'il désigna sous le nom de protoplasma ce qu'il avait d'abord appelé *l'utricule primordial*. Pour Mohl, le protoplasma était la matière fondamentale constitutive des cellules jeunes et encore peu différenciées. Plus tard dans ce protoplasma apparaissaient d'abord le noyau, puis à la périphérie du corps cellulaire une partie plus dense, un utricule primordial ou azoté. Pour lui par conséquent ce dernier n'est que le produit du protoplasma et non son synonyme. Plus tard le terme de protoplasma a été pris dans le sens assigné par Dujardin à son sarcode et aujourd'hui il est devenu définitivement synonyme de matière organisée vivante.

Certains auteurs trouvant cependant au terme de protoplasma une signification trop étendue, ont proposé de lui substituer des expressions, à leur avis, plus précises. Beale 1862 par exemple, veut donner à la matière vivante le nom de *bioplasma*. Kœlliker, en 1862, et plus tard Hæckel proposent celui de *cytoplasma*, Ed. van Beneden (1871 celui de *plasson*. Mais pour cet auteur, ainsi que nous le verrons plus tard, le plasson est un protoplasma primordial dans lequel l'élément nucléaire n'est pas encore différencié.

Robin (1873 en traçant l'histoire de la cellule, s'élève contre l'emploi du mot protoplasma sans d'ailleurs pour cela le définir ni le nommer autrement ; il propose de réserver le terme de protoplasma pour désigner la partie liquide du contenu cellulaire, qu'il distingue de la partie semi-fluide ou utricule azoté. D'ailleurs chacun sait que Robin a été un des derniers et des plus ardents champions de la théorie des blastèmes de Schwann et de Schleiden et que la constitution cellulaire, déformée et dénaturée par cette conception fondamentalement erronée, lui est toujours apparue sous un jour naturellement faux.

Il faut reconnaître qu'en raison même de la complexité et de la variabilité du protoplasma, l'on éprouve les plus grandes difficultés à en formuler une bonne définition. Les uns, l'envisageant surtout au point de vue fonctionnel, en ont donné une définition physiologique ; pour Huxley, par exemple, c'est la *base physique de la vie;* pour Claude Bernard, *l'agent des manifestations vitales de la cellule.*

D'autres auteurs renonçant à le définir, proposent de supprimer le terme de protoplasma. Flemming lui donne tantôt le nom de *corps cellulaire* tantôt celui de *substance cellulaire,* et c'est sous ces deux termes qu'il désigne le protoplasma, tant dans ses nombreux travaux que dans son grand ouvrage sur la cellule et la division cellulaire. C'est tourner la difficulté sans la résoudre.

Nous ne pouvons définir un corps qu'autant qu'il présente des caractères constants dans des circonstances données. Si nous considérons, par exemple, un corps tel que le chlorure de sodium, nous pouvons dire qu'il résulte de la combinaison en proportions définies de sodium et de chlore, qu'il présente telle densité à une température donnée, qu'il cristallise dans un système bien déterminé, qu'il est soluble dans l'eau, en telle et telle proportion, suivant la température, qu'il se comporte de telle ou telle manière vis-à-vis des réactifs. Chaque fois que nous nous trouverons en présence d'un corps offrant ces caractères, nous saurons que nous avons affaire à du chlorure de sodium. Il n'en est malheureusement pas de même du protoplasma. Lorsque **Max Schultze** et **de Bary** démontrèrent que le protoplasma des végétaux et celui des animaux sont deux substances identiques, ils entendaient par là qu'elles jouissent des mêmes propriétés morphologiques et physiologiques générales, mais ils ne pouvaient en conclure légitimement que ces deux protoplasmas ont une constitution identique. En réalité, il existe autant de protoplasmas qu'il y a d'êtres différents et d'organes remplissant, dans chacun de ces êtres, des fonctions différentes.

Il existe une infinité de protoplasmas. — Des cellules, qui avec nos moyens d'investigation actuels nous paraissent composées d'un protoplasma identique, sont pourtant douées de propriétés fonctionnelles bien différentes. Les cellules des diverses glandes salivaires et du pancréas d'un Chien, par exemple, se ressemblent tellement, lorsqu'on les considère isolément, qu'il est impossible de les distinguer, et cependant chacune d'elles a une fonction spéciale. Le plus habile embryologiste serait incapable de reconnaître un ovule de Vache d'un ovule de Chienne, ovules qui évolueront pour donner deux animaux bien différents. La chimie organique nous apprend que certains corps de composition chimique absolument semblable, peuvent présenter des caractères très différents ; on les a désignés sous le nom de *corps isomères* et l'on admet aujourd'hui que la diversité de leurs propriétés tient à une diversité correspondante du groupement de leurs atomes, dont le nombre et la proportion relative sont cependant les mêmes. Peut-être en est-il ainsi des protoplasmas et peut-être leur variabilité relève-t-elle du phénomène connu en chimie organique sous le nom d'*isomérie*.

Nous pouvons donc voir par là que l'idée de protoplasma est en réalité une idée abstraite, générale, et ne correspond pas à un corps déterminé ; elle présente dans la terminologie la même signification que celle que nous attachons, par exemple, à l'expression de Mammifère ou d'Oiseau. De même que nous employons l'un de ces termes, pour désigner toute une catégorie d'êtres, qui présentent des caractères communs, de même nous appelons protoplasma les substances vivantes, contenues dans les cellules.

La définition la plus simple que l'on puisse donner des protoplasmas est une définition physiologique. Les protoplasmas sont des matières organiques vivantes. Nous appellerons souvent *cytoplasma* le corps cellulaire, abstraction faite du noyau qui y est contenu. Pour **Strasburger**, le protoplasma comprend toute la cellule, moins cependant le suc cellulaire; il nomme *nucléosplasma* la substance constitutive du noyau. C'est là une expression impropre, dérivée d'un mot latin et d'un mot grec, qu'il vaut mieux remplacer par le terme plus grammatical de *karyoplasma*. Nous admettrons donc, avec **Strasburger**, un cytoplasma et un karyoplasma, chacun de ces corps comprenant lui-même des substances différentes.

Caractère essentiel du protoplasma. — Le caractère essentiel du protoplasma est d'être vivant et de perdre ses propriétés avec sa vie. Le protoplasma qui ne vit plus n'est plus du protoplasma. Nous devons le considérer dans l'état actuel de nos connaissances, malgré sa complexité, comme une sorte de corps simple dont nous ne pouvons faire la synthèse et dont nous ignorons l'origine. Nous savons seulement, depuis l'éclatante réfutation qu'ont faite **Pasteur** et **Tyndall** de la génération spontanée, que le protoplasma ne peut provenir que d'un protoplasma préexistant. Outre ce caractère, il en offre d'autres de nature physique ou chimique, mais qui n'ont qu'une valeur secondaire, parce qu'ils ne lui sont pas exclusivement propres.

Le protoplasma se présente à nous sous forme d'une substance visqueuse, demi-fluide, incolore, insoluble dans l'eau, plus réfringente que ce liquide, douée parfois de double réfraction. **Engelmann**, en effet, a observé la double réfraction dans la partie axiale des filaments protoplasmiques qui sont le siège d'une circulation s'effectuant dans une direction constante ; mais il importe ici de faire une réserve et de se demander si des corps inclus, étrangers au protoplasma ou sécrétés par lui, ne sont pas intervenus pour fausser l'observation.

L'état d'agrégation dans lequel se trouve le protoplasma vivant est encore discuté ; la plupart des auteurs le considèrent cependant comme se rapprochant plus de l'état liquide que de l'état solide. **Hofmeister et Berthold** ont montré que lorsque le protoplasma au repos est abandonné à lui-même, sans être renfermé dans une membrane cellulaire, il prend une forme telle que sa surface soit de moindre étendue. Cette loi de moindre surface caractérise précisément les corps liquides. En outre, les courants internes qu'on observe à l'état vivant dans le protoplasma supposent une mobilité de ses molécules qu'on ne trouve que dans les liquides.

Le protoplasma est doué d'une cohésion assez grande. **Pfeffer** (1890) a montré que pour déformer une petite masse de protoplasma provenant d'une plasmodie de *Chondrioderma difforme* (fig. 6), il faut exercer sur elle une pression de 80 milligrammes par millimètre carré. Le même auteur a fait des expériences pour déterminer la résistance à la traction de cordons protoplasmiques de la même plasmodie ; il a reconnu que ces cordons se rompaient quand on exerçait sur eux un effort de 120 à 300 milligrammes par millimètre carré. Certains protoplasmas, comme ceux des Infusoires ciliés et des spermatozoïdes, ont une cohésion encore plus grande que celui des Myxomycètes.

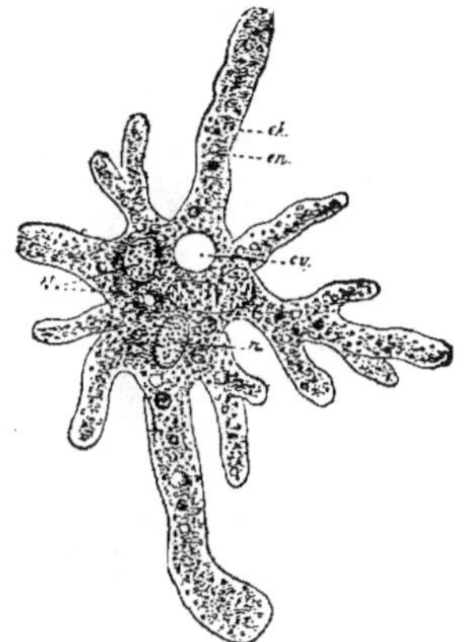

Fig. 5. — *Amœba Proteus* ; *n*, noyau ; *cv*, vacuole contractile ; N, ingesta ; *en*, protoplasma granuleux ; *ck*, ectoplasma. (D'après LEYDY, fig. empruntée à O. HERTWIG).

A part ces propriétés physiques, le protoplasma présente plutôt des propriétés d'ordre physiologique : l'osmose, la contractilité, l'irritabilité dont je vous dirai quelques mots à la fin de cette leçon.

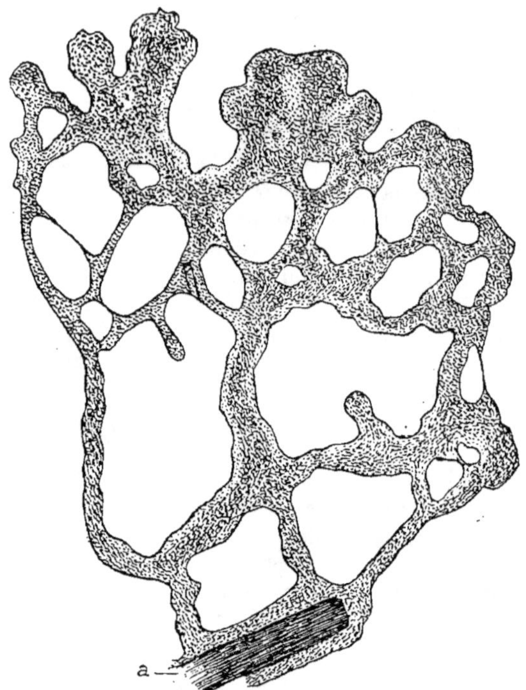

Fig. 6. — Fragment d'un plasmodium de Myxomycète, *Chondrioderma difforme*; *a*, corps étranger englobé dans la masse protoplasmique. (D'après ZOPF, 1885).

Caractères chimiques du protoplasma. Les caractères chimiques du protoplasma sont très difficiles à établir; cette substance meurt, en effet, dès qu'on la soumet à l'action des réactifs usités en chimie analytique, et en mourant elle perd une partie de ses caractères propres. L'on a pu cependant constater quelques-unes des réactions chimiques du protoplasma vivant. C'est ainsi que Schwarz (1887) a pu déceler la réaction alcaline du protoplasma en faisant agir sur lui la teinture de tournesol, et la matière colorante du chou rouge. Cependant, A. Meyer (1890) a contesté l'alcalinité du protoplasma vivant, et affirmé que la réaction observée par Schwarz est due le plus souvent au traitement qu'on fait subir au protoplasma pendant l'expérience.

Signalons toutefois la possibilité de trouver la réaction acide dans le protoplasma, si l'on n'a soin d'écarter le suc cellulaire dont la réaction

serait, d'après **Schwarz**, souvent acide à l'encontre de celle du protoplasma.

Si l'on cherche à voir comment se comporte le protoplasma en présence des matières colorantes, on peut constater qu'il ne les absorbe pas en général tant qu'il est vivant, et pendant longtemps on a considéré cette propriété comme caractéristique.

Toutefois, dès 1879, **Brandt**, puis **Certes** et moi-même (1881) avons découvert d'une façon simultanée et indépendante la possibilité de colorer le protoplasma vivant par certaines couleurs d'aniline. Mes recherches n'ont pas seulement porté sur des cellules isolées et sur des Infusoires ; je les ai étendues aux tissus animaux et végétaux. J'ai reconnu alors qu'une solution de brun Bismarck, à la condition qu'elle fût convenablement neutralisée par une addition de craie, puis filtrée, colorait la substance vivante sans la tuer, tandis que la mort survenait avant la coloration, si l'on faisait agir la substance en lui laissant l'acidité qu'elle présente en solution aqueuse normale.

Lorsqu'on place un Infusoire, un *Paramæcium aurelia* par exemple, dans une solution faible de brun Bismarck, on voit que les vacuoles que renferme l'animal prennent d'abord une teinte jaune, puis la coloration envahit le protoplasma lui-même, mais le noyau reste d'abord généralement incolore et devient alors plus visible qu'à l'état normal. J'ai pu conserver pendant près de quinze jours, dans un verre de montre, des Infusoires ainsi colorés ; à la longue le noyau se chargeait également de matière colorante et prenait une teinte plus foncée que le protoplasma. Cette coloration intense du noyau peut s'observer d'emblée chez certains Infusoires, tel que le *Nyctotherus cordiformis*.

En injectant sous la peau du dos de Grenouilles une assez forte dose de brun Bismarck, j'ai constaté qu'au bout de quelques heures tous les tissus étaient teints uniformément en jaune foncé, la substance musculaire avait surtout une teinte très marquée. Les Grenouilles ne paraissaient nullement incommodées. Celles sous la peau desquelles j'avais injecté d'autres couleurs d'aniline, de la fuschine, du rouge ponceau, du bleu soluble à l'eau, du vert de méthyle, du noir d'aniline, avaient la peau, les muqueuses et la plupart des tissus vivement colorés. Mais en examinant avec soin ces tissus au microscope, j'ai pu me convaincre que la substance fondamentale du tissu conjonctif était seule colorée, et que les cellules, ainsi que la substance musculaire, restaient tout à fait incolores.

Depuis ces premiers travaux, on a beaucoup étendu les recherches dans la voie de la coloration du protoplasma vivant (1). **Pfeffer** (1886) a publié

---

(1) **Certes** a trouvé que les Infusoires étaient colorés à l'état vivant par de faibles solutions de cyanine, de dahlia, de violet 5 B, de chrysoïdine, de nigrosine, de bleu de méthylène, de vert malachite, de vert d'iode, d'hématoxyline, etc. ; les solutions doivent

sur ce sujet un travail étendu, et chacun connait la méthode de coloration des nerfs vivants par le bleu de méthylène, si heureusement employée pour l'étude des terminaisons nerveuses par Ehrlich (1886), Retzius et d'autres.

Quelle est la cause de cette élection du bleu de méthylène pour certaines fibres nerveuses et leurs terminaisons? Ehrlich a montré que l'influence de l'oxygène est nécessaire pour que l'élection se produise; mais cette condition n'est pas suffisante; il faut en outre que les fibres nerveuses présentent une réaction alcaline. Suivant lui, il y aurait des fibres acides, des fibres neutres et des fibres alcalines; ces dernières seules se coloreraient par le bleu de méthylène. Si cette hypothèse était reconnue exacte, nous aurions là une nouvelle preuve de la multiplicité des protoplasmas, puisque des éléments, en apparence absolument identiques et jouissant des mêmes propriétés, auraient des réactions différentes dues à une constitution différente.

Toute autre est la façon de se comporter du protoplasma mort en présence des matières colorantes. Il les absorbe alors facilement et l'on utilise journellement cette propriété lorsque l'on fait agir sur les cellules, dans le but d'en mieux différencier les diverses parties, le carmin, l'hématoxyline, les couleurs d'aniline, etc.

Action des sels d'argent sur le protoplasma. Lœw et Bokorny (1881), en se basant sur la propriété que présentent beaucoup de cellules végétales de réduire à l'état vivant l'argent contenu dans des solutions alcalines (1), ont conclu que le protoplasma vivant renferme des substances de nature aldéhydique et que le nitrate d'argent pouvait être employé comme réactif du protoplasma vivant. Bien que ces auteurs, dans des recherches ultérieures, aient reconnu que seule « l'albumine active non organisée » réduise les sels d'argent, ils admettent que l'albumine organisée contient aussi des groupes aldéhydiques, mais que cette albumine organisée se détruit rapidement en subissant des modifications dans sa constitution moléculaire, ce qui empêche la réduction de l'argent.

Protéosomes. Suivant Lœw et Bokorny, lorsqu'on soumet le protoplasma vivant à l'action des alcalis et des alcaloïdes, l'albumine active se sépare sous forme

---

être très diluées et varier entre 1 : 10,000 et 1 : 100,000 ; pour la cyanine, une solution à 1 : 500,000 suffit.

(1) Les solutions d'argent doivent être très diluées et préparées de la manière suivante : on fait une solution de nitrate d'argent à 1 °/₀ et un mélange de 13 cent. cubes d'une solution de potasse caustique d'une densité de 1,33, avec 10 cent. cubes d'ammoniaque d'une densité de 0,964, et avec 77 cent. cubes d'eau distillée. On prend 1 cent. cube de la solution d'argent et 1 cent. cube du mélange alcalin et on les étend de 998 cent. cubes d'eau. On met dans un demi-litre ou un litre de cette solution à 1 : 100,000 quelques cellules végétales, de *Spirogyra* par exemple, et on les y laisse de 6 à 12 heures; au bout de ce temps le protoplasma est coloré en noir par réduction de l'argent.

de petites sphérules auxquelles ils ont donné le nom de *protéosomes*. Les protéosomes, obtenus sous l'influence de solutions étendues de caféine ou d'antipyrine, réduisent fortement les sels d'argent. Des cellules peuvent rester plusieurs jours à l'état vivant dans une solution d'alcaloïde à 0,5 % et montrer des protéosomes dans leur intérieur ; mais si l'on met ensuite les cellules dans l'eau pure, les protéosomes disparaissent et elles reviennent à leur état primitif. Si la cellule est tuée avant d'être mise dans la solution d'alcaloïde, les protéosomes ne se forment pas. Les protéosomes apparaissent soit dans le protoplasma, soit le plus souvent dans le liquide contenu dans la cellule, c'est-à-dire dans le suc cellulaire. **Zimmermann**, dans les Crassulacées, n'a pu les voir que dans le suc cellulaire.

La nature chimique des protéosomes n'est pas encore bien connue ; sélon **Pfeffer** les substances tanniques contenues dans le suc cellulaire joueraient un grand rôle dans leur formation ; mais suivant **Klemm** ces sphérules apparaitraient chez les *Spirogyra* dans des cellules dépourvues de tannin. Du reste **Lœw** et **Bokorny** ont indiqué une différence entre les protéosomes et les précipités obtenus en traitant des substances tanniques par la caféine ; ces derniers sont solubles dans une solution d'ammoniaque à 0,1 % ou dans l'acide acétique, tandis que les protéosomes ne le sont pas.

Tout en admettant que les protéosomes sont des formations caractéristiques du protoplasma vivant, qui apparaissent sous l'influence des solutions alcalines très étendues, **Lœw** et **Bokorny** reconnaissent que ces corps contiennent d'autres substances que des matières albuminoïdes, entre autres du tannin et de la lécithine. Il est très vraisemblable que ces prétendus protéosomes ne sont pas des formations homogènes et qu'ils sont dus à une altération du protoplasma ; ce sont probablement des précipités colloïdes de substances protéiques et de tannin. **Büttner** (1890) a démontré en effet que les différentes espèces de *Spirogyra* sur lesquelles ont porté principalement les recherches de **Lœw** et **Bokorny** renferment du tannin dans leurs cellules, ce qui est contraire à l'assertion de **Klemm** (1).

Quoi qu'il en soit, l'hypothèse donnée par **Pflüger** en 1875, soutenue depuis par **Detmer** (1880) et par **Lœw** et **Bokorny**, à savoir que le protoplasma vivant est un corps différent du protoplasma mort, que l'albumine active, vivante, a une autre constitution moléculaire que l'albumine passive ou morte, cette hypothèse me paraît très acceptable.

Le pouvoir réducteur du protoplasma vivant des cellules animales a été démontré par M. **Gautier** (1881) et par **Ehrlich** (1890). Si l'on injecte dans

Pouvoir
réducteur du
protoplasma

---

(1) **Hoppe-Seyler** et **Würster** avaient pensé que la réduction des sels d'argent par le protoplasma vivant pouvait être due à la présence d'une petite quantité d'eau oxygénée dans ces cellules. **Bokorny** et **Pfeffer** n'ont pu trouver traces ni d'eau oxygénée ni d'ozone dans les cellules vivantes.

le sang d'un animal des substances colorées, telles que l'indigo, le bleu
d'alizarine ou de céruléine, qui se décolorent en absorbant de l'hydrogène,
on constate que, tandis que certains organes se colorent en bleu, d'autres
restent absolument incolores; telles sont les parties blanches du cerveau, de
la moelle et des nerfs, les muscles, les cartilages, le foie, la partie corticale
des reins, le parenchyme pulmonaire, tandis que le sang, la lymphe, les
nerfs périphériques, les synoviales, les glandes lymphatiques, les glandes
salivaires, le pancréas, les glandes à mucus, la glande mammaire, la partie
centrale des reins sont colorés. Ce pouvoir réducteur varie donc avec
les éléments et paraît être lié aux phénomènes d'assimilation dont ils sont
le siège.

Réactions chimiques du protoplasma mort. — Le protoplasma mort, soumis à l'action d'une solution aqueuse d'iode,
additionnée d'iodure de potassium, prend une teinte jaune brune plus foncée
que celle de la solution colorante employée. Traité par l'acide nitrique,
lavé à l'eau, puis mis en présence de la potasse, il revêt une teinte d'un
jaune foncé, réaction découverte d'abord par **Sachs** sur les végétaux et qui
a été également reconnue sur les cellules animales. Traité successivement
par le sulfate de cuivre et la potasse, ou par l'acide sulfurique et une solution sucrée, il prend une teinte violette parfois très accentuée.

Le réactif de Millon ou liqueur azoto-mercurique colore le protoplasma
en rouge surtout après intervention de la chaleur.

Les acides agissent de façon différente sur le protoplasma selon leur
degré de concentration. Dilués, ils le rendent opaque et granuleux. Concentrés, ils le dissolvent au moins en partie. L'acide sulfurique, par exemple,
rend d'abord le protoplasma homogène puis il le dissout.

L'alcool, la chaleur produisent le même effet que les acides faibles; ils
rendent le protoplasma opaque et granuleux. La chaleur néanmoins possède une influence fort variable, puisque nous voyons la plupart des tissus
vivants périr quand elle dépasse 48°-50° tandis que les spores de certaines espèces de Bactériacées résistent à des températures de 100° et au
delà.

Les alcalis dilués dissolvent le protoplasma ou tout au moins le gonflent
et le rendent invisible. Les alcalis concentrés, au contraire, la potasse
à 30-40 % par exemple, laissent au protoplasma sa forme et son aspect;
mais si l'on étend d'eau la solution où il baigne il ne tarde pas à disparaître.

Toutes ces réactions qui, ainsi que vous pouvez le voir, ne sont pas
très nombreuses, ne sont pas spéciales au protoplasma; il partage ces
propriétés avec d'autres substances organiques comme l'albumine, la
fibrine, la caséine.

Constitution chimique du protoplasma. — Si maintenant nous cherchons à nous faire une idée de la constitution
chimique du protoplasma, nous constatons que nos connaissances à ce
sujet sont encore très imparfaites, ce qui provient de ce que la substance

que nous étudions ici n'est point un corps défini, mais un mélange de substances diverses, impossibles à analyser séparément. L'analyse chimique doit, en effet, s'effectuer forcément sur des tissus ou sur des éléments qui ne sont pas constitués uniquement par du protoplasma pur. Analysées en bloc, ces substances se montrent formées de carbone, d'hydrogène, d'azote, d'oxygène, de soufre, de phosphore, de fluor, de chlore, et de silicium, auxquels s'ajoutent des métaux, le sodium, le potassium, le calcium, le magnésium et le fer.

Ce sont les substances dites albuminoïdes qui entrent pour la majeure partie dans la constitution du protoplasma.

On a pu isoler et étudier quelques-uns de ces corps, l'albumine, la fibrine, la lécithine, la globuline, la plastine, la nucléine, etc. Ces substances albuminoïdes sont les plus complexes parmi toutes les matières organiques connues ; on n'est pas encore exactement fixé sur la constitution de quelques-unes d'entre elles ; leur poids moléculaire est très élevé. Le professeur Schutzenberger attribue à l'albumine la formule $C^{60} H^{100} A^{16} O^{20} = 1364$, qui vous montre la complexité de sa molécule (1). D'après **Reinke**, **Zacharias** et **Schwarz** ce serait une substance particulière, la *plastine*, qui caractériserait principalement le protoplasma ; ils n'ont pu isoler cette substance, mais ils en ont indiqué quelques réactions. Elle est insoluble dans le chlorure de sodium et le sulfate de magnésie à 10 %, soluble dans l'acide acétique dilué, précipitable par l'acide chlorhydrique concentré, mais, ce qui la caractérise surtout et la distingue de toutes les substances similaires, c'est sa résistance à l'influence dissolvante de la pepsine et de la trypsine même à chaud. Cette dernière propriété permet de l'étudier à l'état pur. Enfin elle ne se colore pas par les couleurs d'aniline basiques et se colore au contraire par les couleurs acides (éosine, fuchsine acide) (2).

---

(1) La formule développée de l'albumine serait de la forme :

$$
\begin{aligned}
&C^2 O^3 \Big\langle {}^{Az}_{\;} \Big\langle
\begin{array}{l}
CO.\,C^a\,H^{2a}.\,AzH \times C^b\,H^{2b} \times Az.H\;.\,C^d\,H^{2d}\,CO\,.\,OH \\
CO.\,C^{a'}\,H'^{2a'}.\,AzH \times C^{b'}\,H^{2b'} \times Az\;\;\;.\,C^d\,H^{2d}\,CO
\end{array} \\[2pt]
&\qquad\quad {}^{Az}\Big\langle
\begin{array}{l}
CO.\,CH^3 \\
{}^{CO}_{CO}\Big\rangle C^n\,H^{2n-2} \Big\langle
\begin{array}{l}
AzH \times C^p\,H^{2p}\,AzH\,.\,C^q\,H^{2q-1}\,CO\,.\,OH \\
AzH \times C^p\,H^{2p}\,AzH\;\;C^q\,H^{2q-1}\,CO\,.\,OH
\end{array}
\end{array} \\[6pt]
&CO \Big\langle {}^{Az}_{Az} \Big\langle H \\
&\qquad\qquad
\begin{array}{l}
CO\,.\,C^a\,H^{2a}\,.\,AzH \times C^b\,H^{2b} \times Az\qquad C^d\,H^{2d}\,.\,CO \\
CO\;\;C^{a'}\,H^{2a'}\,.\,AzH \times C^{b'}\,H^{2b'} \times AzH\,.\,C^d\,H^{2d}\,.\,CO\,.\,OH
\end{array}
\end{aligned}
$$

en posant $a = 5$ $b = 2$ $d = 2$
$a' = 4$ $b' = 1$
$n = 7$ $p = 1$ $q = 2$
la formule se réduit à
$$C^{60}\;\;H^{100}\;\;Az^{16}\;\;O^{20} = 1364$$

(2) **Ehrlich** (1879), a divisé les couleurs d'aniline en deux classes : l'une renfermant les couleurs basiques, dans lesquelles la matière colorante joue le rôle de base et est unie à un acide incolore, l'autre contenant les couleurs acides, dans lesquelles la matière

Teneur
en eau du
protoplasma.

Les matières albuminoïdes du protoplasma vivant sont unies à une grande quantité d'eau et de matières inorganiques. Elles sont en outre très instables, et le moindre changement dans la proportion d'eau ou de sels qu'elles renferment modifie considérablement leurs propriétés physiques et chimiques. Le protoplasma possède, indépendamment de son eau d'absorption, une certaine proportion de ce corps que l'on pourrait appeler son eau de cristallisation, eau que l'on peut séparer mécaniquement du protoplasma mais non sans lui faire perdre certaines de ses propriétés.

Analyse
de l'Æthalium
septicum.

Reinke et Rodewald (1881) qui ont analysé le receptacle fructifère de l'*Æthalium septicum* ont trouvé les proportions suivantes :

Eau...   71,6.
Matières sèches.............. ....   28,4.

Par pression de ces masses protoplasmiques, ils en ont extrait 66,7 % d'un liquide d'une densité de 1, 209 et qui renfermait entre autres substances solubles 7-8 % d'albumine soluble.

L'analyse des matières sèches leur a donné :

Matières azotées........   30
Matières ternaires........................   41
Matières minérales...........................   29

Les matières azotées sont : la plastine, la vitelline, la myosine, des peptones, la pepsine, la lécithine, la guanine, la sarcine, la xanthine et le carbonate d'ammoniaque.

Les matières ternaires sont : la paracholestérine, une résine spéciale, une matière colorante jaune, l'amylodextrine, un sucre non réducteur, des acides gras (oléique, stéarique, palmitique) et des corps gras neutres.

Les substances minérales sont : la chaux combinée aux acides gras et aux acides lactique, acétique, formique, oxalique, phosphorique, sulfurique et carbonique ; les phosphates de potasse, de magnésie, le chlorure de sodium.

Remarquons en passant que l'*Æthalium septicum* est constitué par un protoplasma spécial, qui renferme des corps étrangers et notamment des sels en assez grande abondance ; l'on ne peut donc considérer cette analyse comme donnant la constitution du protoplasma type.

---

colorante joue le rôle d'acide vis-à-vis d'une base incolore ; un troisième groupe moins important renferme les couleurs neutres. Les colorants basiques ont en général une grande affinité pour la chromatine et peuvent être désignées sous le nom de colorants nucléaires ; ils colorent également les Bactéries. Les colorants acides ont au contraire de l'affinité pour le protoplasma et ses dérivés.

Les principales couleurs basiques, sont : le vert de méthyle, ou vert lumière, le brun Bismarck, la safranine, le violet de gentiane ; les principales couleurs acides sont : l'éosine, le congo, l'orange G, l'induline : d'autres, telles que le bleu de méthylène, sont neutres.

D'autres auteurs ont cherché à établir la composition chimique du protoplasma, mais leurs analyses ont porté sur des cellules. Or, nous avons vu que la cellule se compose d'un noyau et d'un corps cellulaire dont la constitution chimique paraît différente. L'analyse variera donc selon que l'un ou l'autre de ces éléments dominera. Miescher, en 1874, a analysé la laitance du Saumon, substance qui se trouve formée presque exclusivement de spermatozoïdes et où par conséquent l'élément nucléaire domine énormément. Il a trouvé :

Nucléine...................................	48.68 %
Protamine (subst. album. assez mal définie)	26.76 «
Albumine..................................	10.32 «
Lécithine........	7.47 «
Cholestérine..	2.24 «
Graisse.............................	4.53

Hoppe Seyler, en 1871, avait déjà analysé les globules du pus séparés, du liquide qui les contient et ici, contrairement à ce que nous venons de voir pour la laitance du Saumon, c'est le cytoplasma qui prédomine. Il a obtenu p. c.

Substance albuminoïde indéterminée.......	13,762
Nucléine.........................	34,257
Substances insolubles.....	20,566
Lécithine et graisses.....	14,383
Cholestérine..........................	7,400
Cérébrine............................	5,100
Substances extractives....................	4,433

Dans les cendres, il a trouvé du sodium, du potassium, du fer, du magnésium, du calcium, de l'acide phosphorique et du chlore.

Voilà à quoi se bornent nos connaissances sur la constitution chimique du protoplasma. Tout au plus nous est-il permis d'en conclure que le protoplasma est une substance albuminoïde associée à d'autres substances ternaires et minérales auxquelles il faut ajouter des matières telles que le sucre, l'amidon, la graisse, les ferments, qui sont des produits dérivés du protoplasma lui-même et qui résultent de sa nutrition ou de sa sécrétion.

Depuis quelques années, on s'est occupé à rechercher les propriétés micro-chimiques du protoplasma : **Zacharias** (1881) et **Schwarz** (1887) ont étudié avec soin de cette manière les cellules végétales. Les procédés employés sont très simples : on transporte la substance à étudier sur une lame porte-objet, et l'on fait agir le réactif sur la platine même du microscope de façon à en suivre l'action *de visu*. L'on arrive de la sorte à se faire une idée un peu plus nette de la nature chimique des diverses parties de la cellule. Comme l'étude de celle-ci comprend aussi celle du noyau, je reviendrai plus longuement sur ce point lorsque nous étudierons ce dernier. Disons tout de suite cependant que **Schwarz** est arrivé à reconnaître dans la cellule végétale huit substances présentant des réactions chimiques différentes : la cytoplastine, particulière au cytoplasma, la chloroplastine et la métaxine spéciales aux grains de chlorophyle, la chromatine, la linine, la paralinine, la pyrénine et l'amphipyrénine qui sont propres à l'élément nucléaire ; mais, je le répète, cette étude sera reprise beaucoup plus fructueusement après que nous aurons acquis des connaissances précises sur la morphologie du noyau.

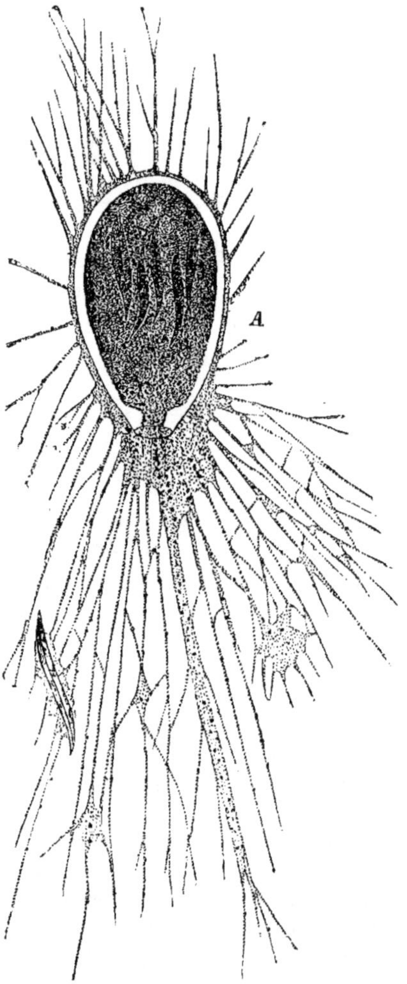

En outre de ses propriétés physiques et chimiques, le protoplasma présente des propriétés physiologiques qui correspondent aux fonctions essentielles des êtres vivants : leur étude ressort du domaine de la physiologie générale et je me bornerai ici à vous les rappeler brièvement. **O. Hertwig** a consacré à l'exposition de ces propriétés une partie importante de son ouvrage sur « la cellule » où vous trouverez une série d'observations et d'expériences intéressantes sur la physiologie du protoplasma.

Le protoplasma est constamment en voie de rénovation; sa substance se détruit et s'organise à nouveau aux dépens de substances étrangères qu'elle incorpore, qu'elle absorbe et qu'elle transforme; c'est ce qui constitue la nutrition du protoplasma. Nous étudierons spécialement les modifications morphologiques qui se manifestent sous l'influence de la nutrition, et la manière dont se fait l'absorption des matériaux nutritifs. Non seulement le protoplasma se renouvelle, mais encore il s'accroît, il augmente de volume, et cet accroissement a pour

Propriétés physiologiques du protoplasma.

Nutrition.

Fig. 7. — *Gromia oviformis* montrant de nombreux pseudopodes. (D'après M. Schultze; fig. empruntée à O. Hertwig).

résultat sa reproduction que nous envisagerons dans la seconde partie de ce cours.

Le protoplasma est doué d'irritabilité, qui, d'après la définition de **Sachs**, est la façon propre aux seuls organismes vivants de réagir de telle ou telle manière sous les influences les plus diverses du monde extérieur. Cette irritabilité se manifeste par des réactions spécifiques en rapport avec la nature propre de tel et tel protoplasma. Une même excitation extérieure, telle que celle produite par la lumière par exemple, peut donner sur deux protoplasmas différents une réaction absolument contraire ; ainsi certains organismes unicellulaires sont attirés tandis que d'autres sont repoussés par la lumière.

L'une des réactions du protoplasma les plus répandues, celle que nous constatons le plus nettement, c'est la motilité, c'est-à-dire la propriété que possède un corps protoplasmique de changer de forme, et de se déplacer par rapport aux corps extérieurs.

Les mouvements exécutés par le protoplasma sont très variés. Tantôt ce sont des prolongements ou pseudopodes (fig. 7) constitués d'abord par la couche périphérique du corps protoplasmique, et dans lesquels pénètrent ensuite les granulations protoplasmiques. Les pseudopodes s'avancent en rampant sur les corps étrangers, et entraînent ainsi toute la masse qui semble attirée dans leur intérieur. Ces pseudopodes s'effacent, tandis que d'autres se forment dans des points voisins. Tantôt le corps protoplasmique possède des prolongements permanents, flagellums (fig. 8) ou cils, qui exécutent des mouvements d'oscillation, ou de rotation, et agissent comme organes propulseurs de la masse protoplasmique.

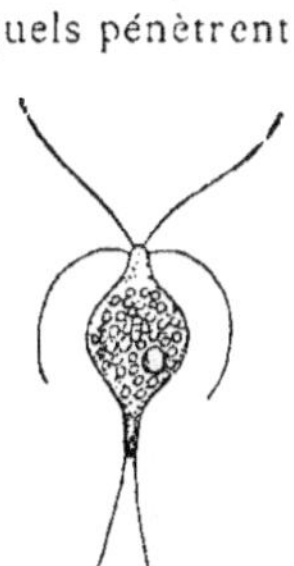

Fig. 8. — *Hexamitus inflatus*, présentant six flagellums. (D'après **Stein**, fig. empruntée à O. **Hertwig**).

Enfin en outre de ces mouvements qui se traduisent par un changement de forme et par un déplacement du corps protoplasmique, les corps figurés que celui-ci renferme, granulations, matériaux nutritifs, etc., sont animés d'un mouvement de translation, qui constitue ce qu'on désigne sous le nom de *rotation* et de *circulation* du protoplasma. Ce phénomène, découvert, en 1774, par **Corti**, puis découvert à nouveau par **Treviranus**, s'observe dans beaucoup de cellules végétales et dans quelques cellules animales. Il consiste essentiellement dans l'existence de courants plus ou moins réguliers, qui se produisent tantôt dans un sens, tantôt dans un autre, et qui ont pour résultat le brassage continuel du corps protoplasmique. Ces mouvements internes, surtout visibles dans les cellules à membrane rigide qui s'oppose au changement de forme externe du corps protoplasmique, existent aussi dans les masses protoplasmiques libres et se constatent très facilement dans les pseudopodes des Amibes et des Myxomycètes.

Irritabilité.
Motilité.

Il est très probable que ce déplacement continuel des diverses molécules du protoplasma, les unes par rapport aux autres, qui se traduit par la production de courants qu'on ne constate facilement que dans certains cas particuliers, est un fait général, et une des conditions mêmes de la vie du protoplasma. Si nous ne le constatons pas généralement, c'est qu'il se produit avec une extrême lenteur et échappe à nos moyens d'investigation.

9 Décembre 1893.

TROISIÈME LEÇON

CONSTITUTION MORPHOLOGIQUE DU PROTOPLASMA

Opinions anciennes. — Structure fibrillaire. — Striation. — Structure réticulée. — Structure alvéolaire. — Théorie de Heitzmann (1873). — Structure tubulaire. — Structure vacuolaire. — Structure filamenteuse. — Théorie de Klein (1878-79). — Théorie de Hanstein (1880). — Théorie de Flemming (1882). — Théorie granulaire. — Théorie sphérulaire de Kunstler (1882). — Théorie alvéolaire de Bütschli. — Partisans de la théorie réticulaire. — Théorie du spongioplasma de Leydig. — Partisans de la théorie claire. — Théorie spiro-fibrillaire de Fayod. — Théorie des bioblastes d'Altmann. — Recherches de Bütschli. — Imitation des structures organiques.

MESSIEURS,

Nous avons vu dans notre dernière leçon que le protoplasma ne pouvait être défini au point de vue chimique, que sa constitution était extrêmement variable et variait non seulement d'une cellule à l'autre, mais même d'un instant à l'autre dans une même cellule. La même remarque peut s'appliquer à ses caractères physiques. Voyons aujourd'hui si nous trouvons au point de vue morphologique des caractères suffisants pour le déterminer.

Je suivrai, dans l'exposé des théories qui se sont succédé sur la constitution du protoplasma, l'ordre chronologique jusqu'en 1882. Cette méthode historique aura l'avantage de mieux mettre en lumière la manière dont sont nées ces théories, dont elles se sont développées, et de démontrer comment elles ont conduit aux doctrines modernes admises actuellement.

Pendant longtemps, et jusqu'en 1865, les histologistes ont considéré le protoplasma comme une substance homogène, transparente, demi-fluide, ne renfermant comme éléments figurés que de fines granulations plus ou moins abondantes. C'est de cette manière que Dujardin 1841 envisageait son sarcode, ainsi que le prouve d'ailleurs la définition suivante qu'il en a donnée : « Substance glutineuse, parfaitement homogène, élastique, contractile, diaphane... On n'y distingue absolument aucune trace d'organisation, ni fibres, ni membranes, ni apparence de cellulosité. Le sarcode est une forme de passage à la chair proprement dite, et est destiné à le devenir elle-même. »

Structure
fibrillaire.

On connaissait cependant déjà des éléments cellulaires présentant des structures protoplasmiques spéciales. Dès 1837, par exemple, **Remak** avait montré que la partie centrale des fibres nerveuses d'origine médullaire des Vertébrés renferme un cordon qu'il appela *Primitivband* (cordon primitif) et qui présente une structure fibrillaire. Quelques années plus tard il retrouvait la même structure dans les gros troncs nerveux de la chaîne ganglionnaire ventrale de l'Écrevisse et la signalait, en 1844, dans les cellules ganglionnaires du même animal. La même année, **Will** indiquait dans les cellules ganglionnaires de l'*Helix pomatia* une structure à peu près analogue.

Pour ne pas étendre outre mesure cet aperçu historique, disons enfin que de 1852 à 1871, **Remak** (1852), **Stilling** (1856), **Leydig** (1862 et 64), **Walter** (1863), **Deiters** (1865) et surtout **Max Schultze** (1868 et 1871) viennent successivement ou simultanément apporter la confirmation des faits énoncés par leurs prédécesseurs en y ajoutant de nouveaux exemples.

Striation.

D'un autre côté, en étudiant les cellules de la face interne de l'intestin d'un Isopode, l'*Oniscus*, **Leydig**, en 1854, y constata l'existence d'une fine striation rayonnée, plus fortement marquée vers la périphérie. **Friedreich** trouvait, en 1859, que les cellules à cils vibratiles de la surface de l'épendyme ventriculaire des Vertébrés possèdent une striation périphérique qui s'étend dans l'intérieur du protoplasma. **Eberth**, en 1866, constatait le même fait dans les cellules intestinales de l'Anodonte, et il admettait que la striation qu'on y aperçoit dérive d'une différenciation du protoplasma. A la même époque, **Marchi** faisait une observation analogue sur les cellules épithéliales des tentacules buccaux et des branchies de la Moule.

Depuis lors, beaucoup d'observateurs, entre autres **Arnold** (1865 et 67), **Eimer** (1877), **Klein** (1878), **Engelmann** (1880), **Frenzel** (1886) ont confirmé les découvertes de **Friedreich**, d'**Eberth** et de **Marchi**. En 1866, **Henle** et **Pflüger** signalèrent la striation protoplasmique dans les cellules des canalicules excréteurs des glandes salivaires des Vertébrés. **Heidenhain** (1868, 1875) étudia aussi les mêmes organes et étendit ses observations aux cellules des *tubuli contorti* du rein. En se servant de méthodes de coloration spéciales, il parvint à mieux mettre en évidence les striations protoplasmiques, à les différencier du reste de la cellule, et les considéra pour cette raison comme des canalicules intraprotoplasmiques.

Structure
réticulée.

Frommann, dans une série de travaux publiés de 1864 à 1866, reconnaît dans les cellules nerveuses, dans certaines cellules épithéliales et conjonctives, l'existence d'un réseau de filaments entrecroisés formant une sorte de feutrage. Ce réseau est visible à l'état frais et après l'action des réactifs. **Pflüger**, en 1869, constate la même disposition dans les cellules du foie fixées par l'action de l'acide osmique ; il signale en outre ce fait que la striation et le réseau sont surtout visibles vers la partie périphérique de la cellule. De plus, étudiant les ramifications les plus fines des fibres nerveuses du foie, il découvre que les filaments du cylindre-axe se mettent directement en rapport avec ceux des cellules propres du foie.

Kupffer, en 1870, observe à l'état vivant les cellules folliculaires qui entourent l'œuf de *l'Ascidia canina* et trouve que leur corps protoplasmique est constitué par un réticulum, dont les filaments sont disposés radiairement à la périphérie et autour du noyau

Bütschli (1873) retrouve la même disposition dans les cellules épidermiques du *Pilidium ;* il constate que, en faisant varier la mise au point, le contenu de la cellule paraît être formé de la réunion de petites vacuoles, et présenter, ce qu'il a appelé depuis, une *structure alvéolaire.*

Structure alvéolaire.

Tous ces faits ne constituaient cependant que des observations isolées et n'avaient été jusqu'alors l'objet d'aucune tentative de généralisation. Il faut, pour trouver la première théorie sur la constitution du protoplasma, arriver à Heitzmann (1873). Cet auteur, après avoir étudié la structure des Amibes, des globules blancs de l'Écrevisse, du Triton et de l'Homme, arrive à une conception d'ensemble sur la nature morphologique du protoplasma. Celui-ci serait composé de fins filaments anastomosés entre eux et constituant sa portion contractile. Les points d'entrecroisement de ces filaments représentent les granulations intraplasmiques. Enfin baignant ce réseau fibrillaire et interposée entre ses mailles, se trouve une substance plus liquide, semi-fluide, qui contribue avec lui à former le corps cellulaire.

Théorie de Heitzmann 1873.

Aux yeux d'Heitzmann, le noyau présente la même structure que le protoplasma cellulaire, dont il constitue, pour ainsi dire, le nœud central ; ses nucléoles reconnaissent la même origine que les granulations cellulaires : ce sont les points d'entrecroisement plus ou moins épaissis du réticulum nucléaire. Heitzmann a étendu ses observations non seulement aux cellules, mais aussi aux matières amorphes intercellulaires. C'est ainsi que, d'après lui, la substance fondamentale du cartilage possède un système de filaments, reliés à ceux des cellules cartilagineuses contenues dans cette substance. Les observations d'Heitzmann ont été, pour la plus grande partie, effectuées sur des pièces traitées par les sels d'or et d'argent, d'après les méthodes d'imprégnation encore usitées aujourd'hui.

Velten (1873), un botaniste, étendant les observations de Heitzmann aux cellules des végétaux et examinant celles du *Cucurbita pepo*, propose une autre explication aux faits observés par son prédécesseur. D'après lui, la masse protoplasmique serait creusée d'un grand nombre d'utricules allongés, ou de canalicules, remplis d'une matière homogène semi-fluide, et la coupe optique des parois de ces utricules donnerait seule l'apparence d'une structure réticulée. Les deux substances, contenu et parois des utricules, ne différeraient en réalité l'une de l'autre que par leur teneur en eau. Les granulations intracellulaires seraient contenues dans l'épaisseur des parois utriculaires. L'opinion émise par Velten constitue, comme on

Structure tubulaire.

le verra plus loin, la première ébauche de la théorie vacuolaire du protoplasma.

*Structure
vacuolaire.* La même structure a été vue par **Rouget** (1873), dans les cellules formatives des capillaires des têtards de Grenouille, dans l'épiderme des Batraciens, enfin dans les cellules de l'appareil électrique de la Torpille.
Il donne même à ces éléments le nom générique qu'on leur imposera
plus tard et les nomme *cellules à vacuoles*. Nous devons d'ailleurs, pour
être complet, ajouter ici qu'**Heitzmann** reconnaît que les cellules peuvent
présenter, à un certain degré de leur évolution, la structure vacuolaire. Le
protoplasma jeune serait d'abord homogène, plus tard il se creuserait de
vacuoles et enfin celles-ci, par leur rupture, contribueraient à la formation
du réticulum protoplasmique.

En 1874 et 1875, **Kupffer**, en se servant comme objets d'étude des
cellules glandulaires de la Blatte (*Periplaneta orientalis*) et des cellules
hépatiques de la Grenouille, arrive aux mêmes conclusions que **Heitzmann** ;
le protoplasma serait formé de petites mailles de 2 μ de diamètre, d'une
substance fondamentale fibrillaire ou *protoplasma* proprement dit dans les
mailles duquel se trouverait une autre substance plus liquide, le *paraplasma*.
Les observations de **Kupffer** sont confirmées, en 1876, par **Schwalbe**
sur les cellules des ganglions spinaux de la Grenouille, les globules
blancs du Triton et de l'Écrevisse. **Strasburger**, étudiant, la même année,
le protoplasma en apparence homogène de la couche membraneuse de
l'*Æthalium septicum*, décrit une structure analogue à celle que l'on avait
reconnue dans les cellules de l'*Oniscus*, apparence striée, plus marquée
vers la périphérie de la masse protoplasmique (1). Il remarque, en outre,
une striation analogue dans la région périphérique des zoospores de
Vaucheria [qui sont, comme on le sait, des cellules couvertes de cils
vibratiles, et constate que chaque cil semble être en continuité directe
avec une strie protoplasmique ; mais ne pouvant, sur des organismes de
constitution fort analogue, les spores d'*Ulothrix* et d'*Œdogonium*,
retrouver la même structure, **Strasburger**, tout en admettant la théorie de
Kupffer, conclut que la structure du protoplasma varie selon les organes
et les végétaux.

*Structure
filamenteuse.* Dans un mémoire fort important paru en 1878, **Flemming** étudie la
structure cellulaire chez les larves de la Salamandre (*Salamandra maculosa*). Sa méthode consiste surtout à étudier sur le vivant l'action des réactifs et à constater les modifications qui peuvent en résulter. Pour **Flemming**,
la plupart des aspects décrits par les auteurs seraient dus à l'action des
réacifs, et, dans ce premier travail, il était plutôt porté à admettre la nature

---

(1) Cette striation avait déjà été vue, par **Hoffmeister** (1867) et **de Bary** (1864), dans
la plasmodie et le capillitium de l'*Æthalium septicum*.

amorphe du protoplasma. En examinant, cependant, les cartilages branchiaux de la Salamandre, il avait reconnu, dans les cellules, la présence
de petits filaments disposés en couches concentriques autour du noyau
(fig. 9). Ce qui distingue l'observation de Flemming de toutes les précédentes, c'est qu'elle le conduisit à admettre l'indépendance complète des
filaments protoplasmiques. Les granulations qui existent dans la substance

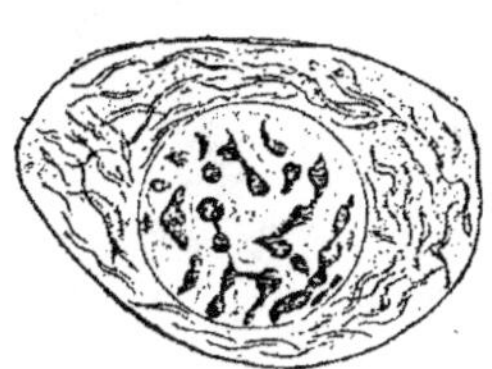 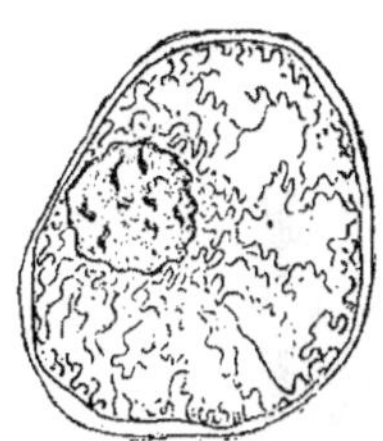 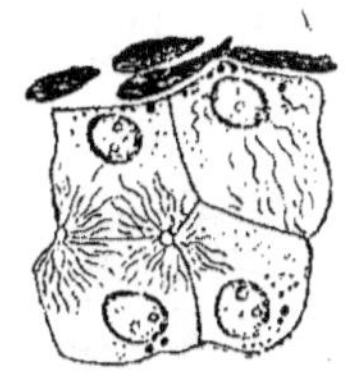

Fig. 9. — Cellule cartilagineuse de la tête du fémur de la Salamandre, examinée à l'état frais dans l'humeur aqueuse du même animal. Le corps protoplasmique est rempli de filaments onduleux. (D'après Flemming 1882).

Fig. 10. — Cellule cartilagineuse, d'une larve de Salamandre traitée par l'acide osmique. (D'après Flemming 1882).

Fig. 11. — Fragment d'une coupe mince du foie de Grenouille, traité par l'acide osmique, montrant la disposition des filaments dans les cellules. À la partie supérieure de la figure se trouve un vaisseau sanguin. (D'après Flemming 1882).

fondamentale, sont libres et animées même de mouvements browniens.
Les fibres cellules de la vessie présentent à l'état vivant une striation
longitudinale. Dans les cellules du cartilage fixées par l'acide osmique,
la disposition parallèle des filaments disparaît, pour faire place à un pelotonnement ressemblant à un réseau, sur lequel on aperçoit des coagula-
tions représentant les nodosités décrites par les auteurs précédents (fig. 10).
En étudiant les cellules hépatiques de la Grenouille, Flemming reconnut
que les filaments se trouvent surtout à la périphérie de la masse protoplasmique, formant des faisceaux qui rayonnent vers le noyau, sans
l'atteindre, et paraissent souvent s'anastomoser entre eux pour déterminer
la formation de mailles; entre les filaments se trouve une substance
hyaline, se montrant granuleuse à un fort grossissement (fig. 11). Ces
mêmes cellules hépatiques, fixées par l'alcool ou une solution d'acide
chromique à 0,2 et 0,4 pour 100, changent d'aspect. La zone périphérique
est constituée par une couche dense, homogène, de laquelle partent des
filaments dirigés dans tous les sens et convergeant vers le noyau; entre
les filaments se trouve un liquide granuleux. Les cellules hépatiques du
Porc se comportent comme celles de la Grenouille, mais les granulations
y sont plus abondantes.

Klein, en 1878 et 1879, publie ses observations sur les cellules de la
muqueuse stomacale du *Triton cristatus*, de l'intestin, du foie, des glandes
salivaires du Lapin, du Cobaye, du Chien, du Porc, etc. Comme réactif

fixateur, il se sert tantôt de bichromate d'ammoniaque, à 5 %, pendant vingt-quatre heures, tantôt d'un mélange d'acide chromique et d'alcool ; comme réactif colorant, il emploie l'hématoxyline. Dans les cellules de la muqueuse stomacale et intestinale, il décrit un réseau longitudinal de filaments reliés entre eux par de fines trabécules transversales (fig 12). Les points de croisement de deux systèmes de filaments constituent les granulations protoplasmiques. La substance interfibrillaire hyaline peut absorber une quantité d'eau plus ou moins grande et se transformer en mucine.

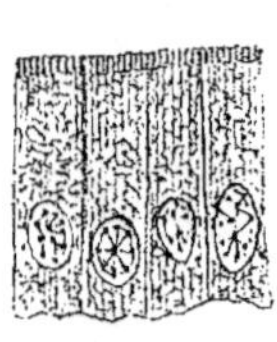  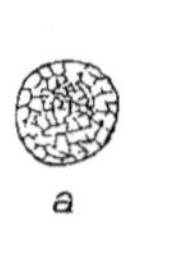  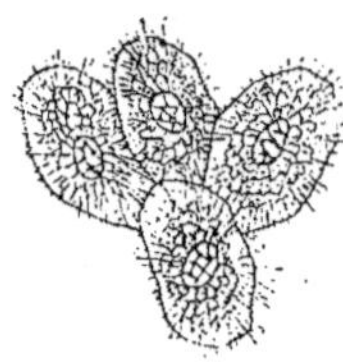

Figure 12. — Cellules épithéliales de l'intestin grêle du Porc. (D'après KLEIN 1879).

Figure 13. — Cellules épithéliales, à cils vibratiles, d'un tube de l'épididyme du Chien adulte. (D'après KLEIN 1879).

Figure 14. — Cellule à mucus du gros intestin du Porc : *a*, vue par son extrémité libre : *b*, vue de côté. (D'après KLEIN 1879).

Fig. 15. — Cellules du réseau de Malpighi de la peau du Mouton. (D'après KLEIN 1879).

Les mailles du réseau s'écartent alors et la cellule se transforme en cellule caliciforme (fig. 14) ; l'aspect du réticulum change donc selon l'état d'activité ou de repos de la cellule, et selon la teneur en eau de la substance contenue dans ses mailles. Signalons en passant ce fait que, comme Heitzmann et Frommann, Klein admet une continuité entre le réseau nucléaire et le réseau du corps protoplasmique.

Arnold, en 1879, et Frommann (1879) confirment la théorie de Klein ; le second l'étend même aux végétaux et décrit une structure réticulée dans les cellules épidermiques du *Rhododendron*, du *Dracæna* et de la Jacinthe. L'année suivante, Schmitz admet d'une manière générale que le protoplasma est formé par un réseau de fines fibrilles.

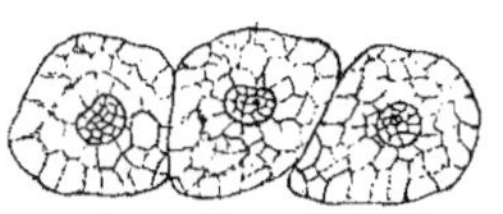

Fig. 16. — Cellules interstitielles du testicule du Chat adulte. (D'après KLEIN 1879).

En 1880, dans un travail d'ensemble, Hanstein fait remarquer que le protoplasma vivant est constamment en mouvement. Dans une cellule végétale examinée à l'état frais, on voit les granulations circulant dans les travées ou rubans protoplasmiques qui relient le noyau à la couche périphérique et qui traversent le suc cellulaire; les granulations sont entraînées par des courants qui les conduisent constamment du centre à la périphérie

et *vice versa*, fait fort anciennement connu et signalé antérieurement par
Corti, en 1774, et par Treviranus, en 1806. Pour Hanstein, les rubans protoplasmiques ont la forme de tubes dont la partie périphérique molle et
hyaline est plus dense que le centre demeurant plus ou moins fluide. La
partie dense est constituée par une substance qu'il nomme *hyaloplasma*,
la partie liquide interne est l'*enchylema*, dans lequel se trouvent les granulations ou *microsomata*. Le hyaloplasma et l'enchylèma ne sont que deux
formes d'une substance, la *protoplastine*, et ne diffèrent entre elles que
par leur teneur en eau. Les rubans protoplasmiques n'ont d'ailleurs pas de
forme définie; ils peuvent s'allonger, se raccourcir, modifier en un mot
leur aspect.

Hanstein insiste avec raison sur la différence qui existe entre l'enchylèma et le suc cellulaire proprement dit interposé entre les rubans
protoplasmiques. Ce suc est un liquide dont la composition se rapproche plus ou moins d'une dissolution sa-
line chargée des produits d'excrétion et de
sécrétion cellulaire. Hanstein admet bien
qu'il se produit un réticulum, dans certains
cas, analogue à celui d'**Heitzmann**, mais ce
n'est point un réticulum à mailles hyaloplasmiques avec l'enchylèma interposé. Le hyaloplasma est alors creusé de nombreuses petites
vacuoles, remplies de suc cellulaire, qui
donnent au corps protoplasmique de la
cellule une apparence mousseuse.

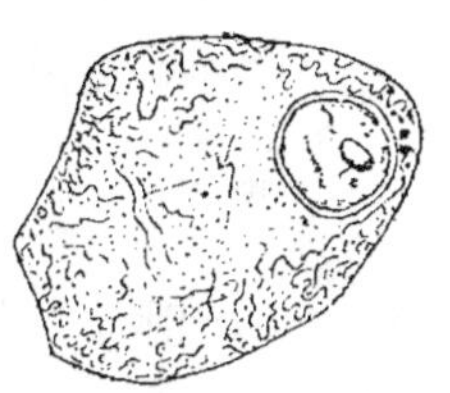

Fig. 17. — Cellule hépatique de la
Grenouille traitée par l'acide os-
mique, fortement grossie. (D'après
FLEMMING 1882).

En 1882, **Flemming**, dans son remarquable
ouvrage sur la cellule, étudie la structure des cellules ganglionnaires,
cartilagineuses, hépatiques, épithéliales, conjonctives, celles des leucocytes
et de l'œuf de différents animaux; il revient sur ses premiers travaux et
donne une vue d'ensemble de sa théorie de la constitution protoplasmique. Il observe avec soin les éléments à l'état vivant; il insiste encore
sur l'emploi des réactifs et montre que leur action varie suivant la nature
des cellules. L'acide osmique conserve bien la structure des œufs des
Mammifères (fig. 18), et des cellules cartilagineuses, mais il rétracte la
charpente fibrillaire des cellules hépatiques (fig. 17), et altère la forme
et le rapport des filaments dans les cellules de *Spirogyra*. Celles-ci, qui
à l'état vivant montrent des granulations animés de mouvements browniens et se deplaçant suivant un trajet sinueux, laissent voir après l'action
de l'acide osmique un réticulum dû à l'effet coagulant du réactif.

L'acide chromique et l'acide picrique conservent d'une façon satisfaisante la charpente fibrillaire et la substance interfibrillaire des cellules
animales, des œufs d'Échinodermes et de Mollusques, mais altèrent les
ovules des Mammifères, bien conservés au contraire par l'acide osmique.

Le protoplasma des cellules de la glande salivaire du *Chironomus* se compose de petits filaments courts, formés de granululations juxtaposées. Dans les cellules ganglionnaires du Chien (fig. 19), on constate aussi l'existence de filaments courts, indépendants les uns des autres.

Se fondant sur ces diverses observations, Flemming conclut que le protoplasma se compose d'une substance ayant une forme figurée et ordonnée en filaments granuleux, ou en bâtonnets indépendants et non anastomosés, et d'une substance homogène, interposée à ces filaments et présentant des granulations. Il donne à la première substance les noms de *substance filamenteuse*, *masse filaire* ou *mitome*, (de μίτοσ, fil de la trame d'une étoffe), et à la seconde ceux de *substance intermédiaire*, *masse interfilaire* ou *paramitome*. Flemming n'est pas très catégorique sur la nature des filaments qui forment son mitome ; il admet que les filaments sont libres, mais, que peut-être il

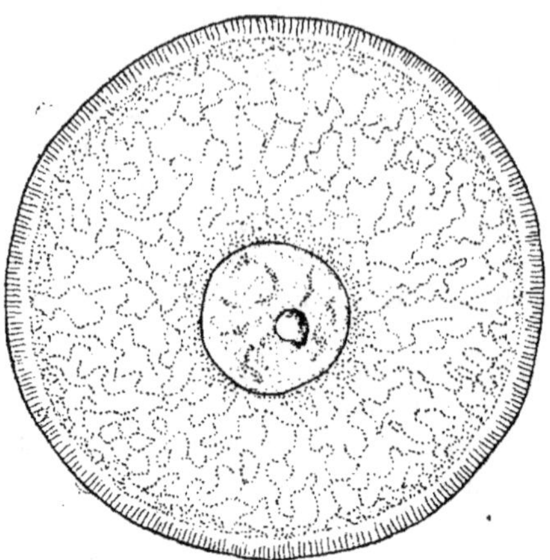

Fig. 18. — Ovule presque mûr de Lapine, examiné à l'état frais dans l'humeur aqueuse. (D'après FLEMMING 1882).

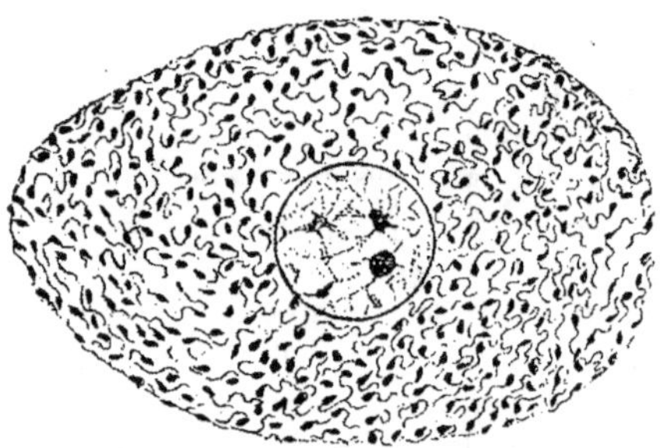

Fig. 19. — Cellule nerveuse d'un ganglion spinal du Chien, traité par l'acide chromique et l'hématoxyline, et montrant la structure du corps protoplasmique. (D'après FLEMMING 1882).

peut exister aussi un filament unique qui, en se pelotonnant sur lui-même, forme un feutrage et peut donner l'apparence d'un réseau.

Nous nous trouvons donc, en 1882, en présence de deux théories : l'une, la *théorie réticulaire*, admet que le protoplasma est constitué par une substance homogène, se présentant sous forme de filaments anastomosés, pour constituer un réseau dont les mailles sont remplies d'une substance demi-liquide ; l'autre, la *théorie filaire*, considère le protoplasma comme un mélange de filaments indépendants contenus dans une matière amorphe. A la même époque, nous voyons surgir deux nouvelles théories sur le même sujet.

Déjà en 1874, **Arndt**, en examinant les globules rouges des Batraciens, avait admis que le protoplasma est formé de granulations plongées dans une masse fondamentale homogène, et qui vont en augmentant de volume

Théorie
granulaire.

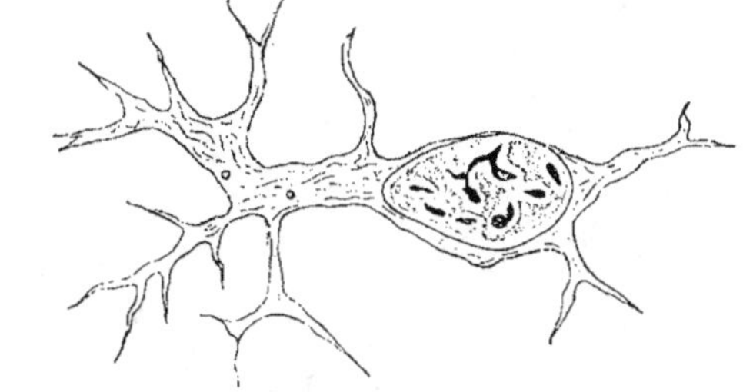

Fig. 20. — Jeune œuf ovarien de *Toxopneustes lividus*, traité par l'acide chromique et le carmin. La structure radiée du protoplasma a été représentée dans la partie supérieure de la figure. Les filaments paraissent être formés de granulations disposées en séries. (D'après FLEMMING 1882).

Fig. 21. — Cellule conjonctive d'une branchie de larve de Salamandre, montrant la structure fibrillaire du protoplasma. État frais. (D'après FLEMMING 1882).

du noyau vers la périphérie. Ces granulations se composaient, d'après lui, de globules, entourés d'une membrane plus dense, et constituant de véritables petits organites indépendants, qui représenteraient la partie essentielle du protoplasma. En 1881, il chercha à étendre cette théorie à toutes les cellules. Or, en 1882, un savant français, **H. Martin**, arrive à des conclusions analogues : il considère le contenu des cellules comme formé par une substance fondamentale, gangue protoplasmique contractile, contenant des granulations qu'il compare à des Micrococcus, et qui sont disposées sans ordre ou en série comme les disques des fibres musculaires. Il résume sa théorie dans la proposition suivante : « La granulation protéique du protoplasma est peut-être un élément vivant, une cellule dont la vie et la fonction régulariseraient et spécifieraient dans un sens physiologique déterminé l'être complexe que nous désignerons encore sous le nom de cellule simple ou primitive. » **Martin** tend donc, se fondant sur les travaux antérieurs de **Béchamp** (1867), sur les microzymas, à substituer à la notion de cellule celle de granulation. C'est la théorie qui sera développée plus tard par **Altmann** et ses élèves.

La même année, **Kunstler** arrivait à une conception à peu près semblable du protoplasma. Celui-ci serait, d'après sa manière de voir, constitué par des sphérules protéiques de très petite taille, à enveloppe dense et à contenu semi-fluide. Ces sphérules peuvent être, soit très rapprochées, soit espacées par une matière intermédiaire, plasma ou sérosité. Dans les Amibes dont le protoplasma est extrêmement fluide, les sphérules seraient séparées par beaucoup de sérosité ; elles sont, au contraire, en contact dans les éléments plus denses et plus solides. **Kunstler** tend à généraliser sa

Théorie
sphérulaire
de Kunstler
1882.

constitution sphérulaire. « Comme, d'après mon hypothèse, non seulement les muscles mais tous les tissus des êtres vivants sont formés par la réunion de sphérules protéiques à individualité plus ou moins bien conservée, je suis porté à croire que ce sont ces corpuscules et non les cellules qui constituent les individualités élémentaires de la substance du corps de tous les organismes, si toutefois cette idée ancienne, que ceux-ci sont constitués par des organites de ce genre, répond à la réalité des faits. » Les fibres musculaires de la Mouche ne seraient, d'après cette théorie, qu'une agglomération de sphérules correspondant aux *sarcous éléments* de **Bowmann**. Ces théories tendent en somme à ruiner la théorie cellulaire et à lui substituer la théorie sphérulaire. Les Protozoaires, par exemple, ne seraient, d'après **Kunstler**, ni des organismes unicellulaires, ni des organismes pluricellulaires : « ces orga-

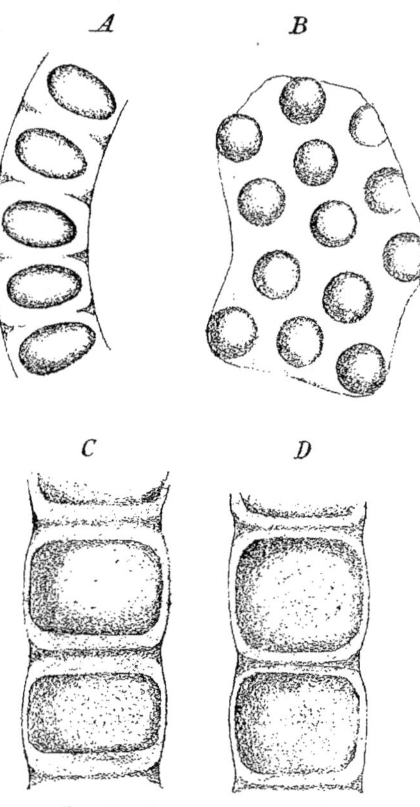

Fig. 22. — Constitution sphérulaire du protoplasma : *A*, paroi de la vésicule contractile d'un Flagellé, *Heteromitus olivaceus*, vue sur la tranche et très grossie. *B*, même paroi vue de face. *C*, fragment d'un flagellum *Trachelomonas hispida*, très grossi. *D*, fibrille musculaire de Mouche domestique (fig. demi-théorique). (D'après **Kunstler** 1882).

nismes sont formés par la réunion de sphérules protéiques ne présentant pas le mode de groupement en corpuscules qu'ils affectent chez des êtres différents (1) ».

---

(1) **Peytoureau** (1891) a résumé dans un mémoire spécial la manière de voir plus récente de **Kunstler**, sur la constitution du protoplasma. **Kunstler** admet que le protoplasma peut présenter des aspects différents résultant d'une transformation de l'état sphérulaire ou alvéolaire primitif. Tantôt les vacuoles se transforment en vastes cavités polyédriques, contenant un liquide clair, et séparées par des cloisons d'une grande

Nous avons donc à enregistrer à côté de la théorie granulaire une quatrième théorie, la *théorie sphérulaire* de **Kunstler**. Il ne me reste plus pour terminer cette vue d'ensemble sur les différentes manières d'envisager

Théorie alvéolaire de Bütschli.

la structure du protoplasma, qu'à vous indiquer brièvement une cinquième théorie, la *théorie alvéolaire* de **Bütschli**. Pour **Bütschli**, qui se fonde en cela, soit sur des observations directes faites sur le protoplasma, soit sur des expériences en vue de reproduire artificiellement une structure analogue, le protoplasma est formé d'alvéoles semblables à des bulles d'air contenues dans l'écume de savon. Le protoplasma serait, en d'autres termes, spumeux. La théorie de **Bütschli** appartient d'ailleurs à la deuxième période de l'histoire du protoplasma ; nous n'en parlons ici que pour compléter notre exposé, et nous y reviendrons tout à l'heure.

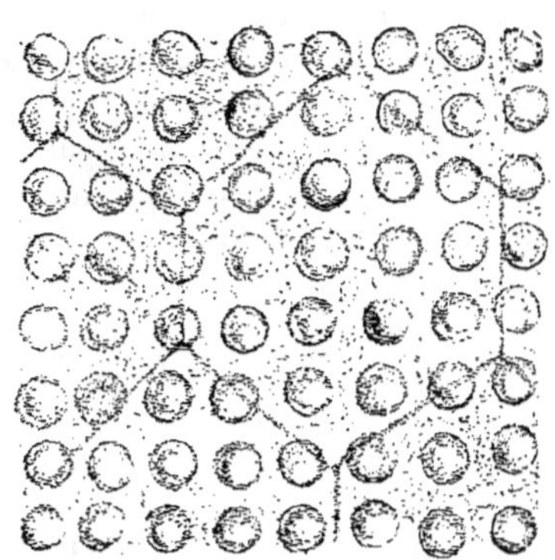

Fig. 23. — Première couche sous-cuticulaire des téguments d'un Flagellé, *Heteromitus olivaceus*, vue de face et très grossie, montrant la structure sphérulaire du protoplasma. (D'après **Kunstler** 1882).

minceur fig. 24). Tantôt les cavités vacuolaires deviennent encore plus grandes et les cloisons présentent des renflements indépendants de toute confluence des parois (fig. 25).

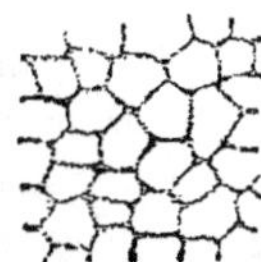

Fig. 24. — Protoplasma à vacuoles relativement vastes, polyédriques, à parois minces. (D'après **Kunstler**, fig. empruntée à **Peytoureau**).

Fig. 25. — Protoplasma à grandes alvéoles avec renflements sur les parois. (D'après **Kunstler**, fig. empruntée à **Peytoureau**).

Fig. 26. — Téguments de l'*Ambliophis viridis* vus de face et montrant des fils de logettes rectangulaires, séparées par des fibrilles spirales en forme de bandes. (D'après **Kunstler**, fig. empruntée à **Peytoureau**).

Enfin, dans les téguments de certains Flagellés, on observe une structure fibro-réticulaire, constituée par les lames épaisses protoplasmiques, réunies par de minces trabécules (fig. 26). Dans son travail **Peytoureau** réclame pour **Kunstler** la découverte de la structure alvéolaire du protoplasma.

Cinq théories principales ont donc été émises jusqu'en 1882, pour expliquer la structure du protoplasma : les théories réticulaire, filaire, granulaire, sphérulaire et alvéolaire ; de ces diverses théories sont nées celles qui depuis cette époque ont été émises et sont encore soutenues, ou plutôt ces dernières ne sont que le développement de celles qui les ont précédées et dont nous venons de donner l'historique.

Partisans de la théorie réticulaire. **Freud** (1882), **Paladino** (1883), **Schmidt** et **Ed. van Beneden**, en général, sont partisans de la théorie réticulaire et admettent que le protoplasma est constitué, par un réticulum contractile, dans les mailles duquel se trouve une substance semi-fluide non contractile. Pour les végétaux, **Schmitz** (1880), **Reinke**, **Rodewald** (1881), **Krätschmer**, **Strasburger** soutiennent la même manière de voir.

Enfin, toute une école, celle de l'université de Louvain, sous l'impulsion de **Carnoy**, admet aussi la théorie réticulaire du protoplasma et l'existence de deux substances, dont l'une, le *réticulum plastinien,* correspond au hyaloplasma, et l'autre, *l'enchylème,* se rapporte au paraplasma des auteurs précédents. Il faut remarquer ici que presque tous les histologistes, appartenant à cette école, se sont servis du sublimé comme réactif fixateur. Or, ce corps, qui constitue dans quelques cas un excellent réactif, se distingue par une certaine brutalité d'action et un pouvoir coagulateur très marqué à l'égard des substances albuminoïdes. Ce qui frappe lorsque l'on parcourt les planches qui accompagnent les mémoires du recueil, publié sous la direction de **Carnoy**, « *la Cellule* », c'est l'uniformité de structure que revêtiraient les cellules les plus diverses, et l'on se trouve naturellement amené à se demander si celle-ci n'est point due à l'uniformité de la méthode employée. Nous reviendrons d'ailleurs plus tard sur cette question de l'action des réactifs fixateurs sur le protoplasma.

Parmi les auteurs qui se sont occupés de la structure des Protozoaires, **M. Balbiani**, en 1881, admet chez ces êtres, une structure réticulée. **Schuberg** (1886), dans son travail sur l'organisation de la *Bursaria truncatella*, croit aussi à l'existence d'une structure réticulée de la portion centrale de cet organisme, mais en même temps, il décrit une couche corticale, creusée d'alvéoles, la *couche alvéolaire* de **Bütschli**. Dans son travail sur les Infusoires ciliés, paru en 1888, **Fabre-Domergue** admet également la structure réticulée de ces êtres, dont le protoplasma est constitué par un réseau de matière contractile solide, le hyaloplasma, et une matière intermédiaire liquide, le paraplasma. Les deux substances ne sont pas miscibles à l'eau, mais jouissent au plus haut degré de propriétés osmotiques. C'est le hyaloplasma qui, par sa différenciation, donne les fibrilles contractiles, formant des organes moteurs rudimentaires chez quelques Ciliés. Le paraplasma n'est pas contractile, mais il possède les mêmes propriétés chimiques que l'hyaloplasma.

On range généralement parmi les adeptes de la théorie réticulaire, Leydig (1883, 1885) et ses élèves. Cette opinion n'est pas rigoureusement exacte, car l'école de Leydig modifie légèrement la théorie réticulaire et n'envisage pas tout à fait la structure protoplasmique de la même façon que ceux qui admettent un réticulum hyaloplasmique et un paraplasma. Pour Leydig (1883-85), le réticulum protoplasmique est plutôt un squelette de soutien ; c'est un réseau de fibrilles anastomosées entre elles, non contractiles, le *spongioplasma*, qui jouerait, dans le corps cellulaire, un rôle un peu analogue à celui du squelette calcaire ou siliceux des Spongiaires et dans les mailles duquel se trouverait un hyaloplasma homogène et contractile. Ainsi qu'on peut le voir, dans l'esprit de Leydig et de ses élèves, la contractilité serait dévolue non plus au réticulum protoplasmique, mais à son contenu. De plus, les mêmes auteurs admettent que le spongioplasma présente à la périphérie de la cellule des pores, analogues aux oscules des Éponges, par lesquels pourraient sortir des pseudopodes de nature hyaloplasmique et même des cils. Nansen (1886 après Leydig a soutenu cette opinion pour les cellules nerveuses ; dans celles-ci, les fibrilles, décrites par ses prédécesseurs et considérées comme les parties essentielles, sont formées de spongioplasma et ne sont que des fibres de soutien, la portion active du protoplasma étant la substance homogène interfibrillaire ou hyaloplasma ; tout récemment Griesbach, en 1891, étudiant les globules sanguins de l'Anodonte et de l'Écrevisse, s'est encore fait le défenseur de la théorie de Leydig et a admis que les pseudopodes de ces éléments sont des expansions hyaloplasmiques. Les granulations que l'on y observe seraient, d'après Griesbach, des fragments du spongioplasma, détachés du réticulum et flottant dans le hyaloplasma.

E. A. Schäfer (1891 se range à la manière de voir de Griesbach ; en fixant, par l'action rapide d'un jet de vapeur, des leucocytes déposés sur une lame, il n'observe la structure réticulée que dans la portion centrale de ces éléments, tandis que les pseudopodes restent clairs; il en conclut que ceux-ci ne sont que des expansions hyaloplasmiques et étend même cette explication aux cils vibratils. Ces derniers, cependant, seraient formés de tubes spongioplasmiques dans lesquels circulerait le hyaloplasma, dont les courants rhytmiques et alternatifs, du centre à la périphérie et de la périphérie au centre de la cellule, détermineraient les mouvements. Il s'agit là évidemment d'une pure hypothèse qui n'a pour elle l'appui d'aucune observation, car aucun histologiste, que je sache, n'a jamais vu de courant dans les cils vibratiles.

Nous nous trouvons donc en présence, pour ainsi dire, de deux sous-théories émanant de la théorie primitive de Frommann et Heitzmann. Dans l'une, le protoplasma serait formé d'un réticulum contractile, avec un contenu plus liquide non contractile, dans l'autre au contraire, celle de **Leydig**, le réticulum ne serait que le soutien non contractile d'une substance contractile interposée entre ses mailles.

Partisans
de la théorie
filaire.

La théorie filaire de **Flemming** a été aussi adoptée par quelques auteurs, **H. Schultze** (1878), **Pfeffer** (1886), et **Pflüger** (1889). Dans un petit travail d'ensemble sur la contractilité du protoplasma, **Ballowitz**, en 1889, admet que toutes les parties contractiles de la cellule sont représentées par des fibrilles. Cet anatomiste a démontré, par ses recherches, sur un très grand nombre d'animaux, que la queue des spermatozoïdes est constituée par un faisceau de fibrilles intimement unies. **Ballowitz** établit trois types de structure fibrillaire qu'on peut rencontrer dans les cellules : la *structure fibrillaire*, proprement dite, dans laquelle les fibrilles sont très allongées et parallèles comme dans les queues des spermatozoïdes; la *structure fibrilloïde*, dans laquelle les fibrilles sont courtes et parallèles entre elles; la *structure filamento-réticulée*, dans laquelle les fibrilles courtes, se croisent et même s'anastomosent entre elles.

Camillo Schneider (1891), dans des recherches sur les œufs d'Oursins, d'*Ascaris megalocephala*, certains Infusoires ciliés et les cellules testiculaires de l'Écrevisse, se montre partisan de la théorie filaire. L'on peut reprocher à **Schneider** la technique qu'il a suivie; il a employé, en effet, tantôt l'acide acétique pur, tantôt un mélange d'acide acétique et d'alcool absolu ou d'acide picrique et d'alcool absolu ; ces réactifs gonflent beaucoup le protoplasma et ne conviennent guère à l'étude de sa fine structure. Quoi qu'il en soit, pour **Schneider**, le protoplasma est parcouru par de nombreux filaments, épais, réfringents, présentant un trajet serpentin, paraissant constituer un réseau parce qu'ils se croisent en tous sens, mais ne s'anastomosant pas entre eux. Ces filaments seraient en continuité directe avec les cils dans les cellules à cils vibratiles.

L'année dernière **Martin Heidenhain** (1892) a admis que les éléments contractiles du protoplasma se présentent sous la forme filamenteuse; mais, d'après lui, la structure de ces filaments n'est pas homogène : on observe sur leur trajet de nombreuses granulations ou nodosités. L'auteur les compare volontiers à des fibrilles musculaires qui se composent de disques contractiles empilés.

Théorie
spiro-fibrillaire
de Fayod.

Je dois aussi vous dire un mot d'une théorie assez bizarre récemment émise par **Fayod** (1891). En injectant des cellules végétales avec du mercure ou en faisant germer des graines dans une solution d'indigo, cet auteur a découvert dans les cellules des tubes creux spiralés, qu'il nomme *spiro-fibrilles* ou *spiro-spartes*. Ces tubes, formés de substance solide, seraient remplis de matière semi-fluide. C'est un peu en somme la théorie de **Velten**. M. **Fayod**, dont la bonne foi ne peut être mise en doute, a soumis ses préparations à l'examen de la Société de Biologie et il nous a été donné de les étudier sans pouvoir y distinguer les détails décrits par leur auteur. De plus, M. **Guignard** (1891), essayant de vérifier et de confirmer les observations de Fayod, n'a pas été plus heureux que nous. Il est donc très propable qu'il s'agit là d'accidents de préparation dus peut-être à la décomposition des tissus ou à toute autre cause.

La troisième théorie, ou théorie granulaire, indiquée par Arndt (1881) et Martin, a été développée par Altmann dans une série de travaux publiés depuis 1886. Altmann s'est servi de la méthode employée par Ehrlich pour étudier les *Plasmazellen,* grosses cellules, bourrées de granulations, que nous étudierons plus tard en détail. Ces granulations se mettent facilement en évidence par les couleurs d'aniline; or, tandis qu'Ehrlich considère ces Plasmazellen comme des éléments spéciaux à structure particulière, Altmann y voit l'indication plus fortement accentuée d'une constitution commune à toutes les cellules. Pour colorer ces granulations, il fixe d'abord les cellules au moyen d'un mélange de bichromate de potasse à 5 % et d'acide osmique à 2 %. Il traite ensuite les coupes par une solution de fuschine acide, chauffée jusqu'à production de vapeurs, puis il lave dans une solution alcoolique saturée d'acide picrique additionnée de 2 volumes d'eau distillée. Les granulations seules présentent la coloration rouge.

Théorie des bioblastes d'Altmann.

Dans des recherches plus récentes, Altmann a employé comme fixateur une solution à 30 % d'azotate de potasse saturée d'oxyde de mercure, à laquelle il ajoute trois volumes d'eau et un volume d'acide formique à 50 %, ou un mélange de parties égales d'une solution de molybdate d'ammoniaque à 2,5 %, et d'une solution d'acide chromique de 0.5 à 1 %. En traitant ainsi les tissus, Altmann arrive à mettre en évidence, dans les cellules, soit des granulations isolées, soit des filaments qui semblent eux-mêmes constitués par des granulations, et ont par conséquent la même origine.

Pour Altmann, les granulations, qu'il appelle des *bioblastes,* sont les éléments vraiment vivants du protoplasma, et les parties de celui-ci qui n'en possèdent point ne sont pas des parties vivantes. Il définit le protoplasma, une colonie d'organismes élémentaires de bioblastes réunis par une substance fondamentale indifférente, et le compare à une zooglée de microrganismes; ceux-ci ne sont, en effet, que des bioblastes libres, et Altmann les désigne sous le nom d'*autoblastes.* Une association de bioblastes constitue une monère qui, par différenciation interne, donne une métamonère, puis une cellule dans laquelle les bioblastes se distinguent en *caryoblastes* (bioblastes du noyau), et *somatoblastes* (bioblastes du corps cellulaire). Bien qu'il admette que les bioblastes sont des unités indépendantes, susceptibles de vivre et de se multiplier par division — hypothèse qu'il n'a jamais vérifiée d'ailleurs, — il est bien obligé de reconnaître que, séparés de la cellule, ils ne peuvent continuer à vivre. Altmann va même jusqu'à soutenir que dans les cellules qui contiennent des grains de pigment, ceux-ci en constituent la partie vivante. Il faudrait donc admettre que quand, ainsi que cela arrive fréquemment, la cellule perd son pigment, elle cesse également de vivre.

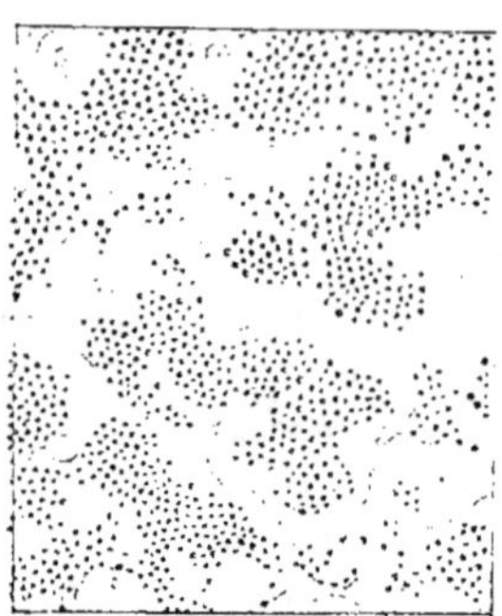

Fig. 27. — Fragments d'une coupe de pancréas de Souris, fixé par un mélange d'oxyde de mercure, d'azotate de potasse et d'acide acétique. Les bioblastes, sous forme de granulations, sont seuls colorés. (D'après Altmann 1890).

Fig. 28. — Fragment d'une coupe de pancréas de Souris, fixé par un mélange d'oxyde de mercure, d'azotate de potasse et d'acide formique. Les bioblastes sont réunis en filaments colorés. (D'après Altmann 1890).

Les frères **L.** et **R.** Zoja, en 1891, tout en cherchant à démontrer l'existence des granulations dans les cellules considérées dans la série animale, ne sont pas aussi affirmatifs qu'Altmann relativement au rôle de ces granulations. Ces auteurs font remarquer qu'avant **Altmann**, leur maître **Maggi** était arrivé dans une série de recherches, faites de 1867 à 1878, à des vues se rapprochant beaucoup de celles de l'auteur allemand. Pour **Maggi**, aux dépens de la substance plastique primitive, vivante, qu'il appelle *glia* ou *autoplasson*, substance encore dépourvue de forme, se sont individualisées quelques petites parties, les *plastidules*, de l'association desquelles est résultée la monère et ensuite la cellule. Ces plastidules ont donc la même valeur que les bioblastes d'**Altmann**. **L.** et **R.** Zoja les désignent sous le nom de *plastitdules fuchsinophiles*, et assurent en avoir constaté la présence constante dans toutes les cellules qu'ils ont examinées chez les Protozoaires, Cœlentérés, Vers, Échinodermes, Mollusques, Arthropodes, Tuniciers et Vertébrés, après les avoir traitées par la première méthode d'Altmann. La disposition et la forme des plastidules dans les différentes cellules des tissus animaux présentent de nombreuses diversités, liées aux différentes phases d'activité de la cellule et de la plastidule. Les plastidules, dans certains cas, augmentent considérablement de nombre dans une cellule donnée, mais les frères **Zoja** n'ont pu déterminer si elles se multiplient par division, comme le veut Altmann, ou si elles résultent de l'individualisation d'une substance fondamentale, ou bien si les plastidules qui apparaissent ne résultent pas simplement de l'augmentation de volume d'éléments primitivement invisibles. Enfin, ces auteurs admettent que les plastidules fuchsinophiles ont une fonction nutritive dans la cellule, mais ils pensent qu'entre ces éléments le protoplasma renferme d'autres éléments doués d'activité vitale, qui se présentent soit à l'état figuré, soit à l'état amorphe.

La théorie d'Altmann a été étendue aux végétaux par Zimmerman, en 1890.

Ce serait le lieu de parler ici d'autres théories sur la nature du protoplasma, telles que celle des *plasomes*, de Wiesner (1892); des *micelles*, de Nægeli (1884), et des *tonoplastes* de de Vries (1889. Mais aucun fait d'observation ne vient les étayer, et on doit jusqu'à présent les considérer comme de simples vues de l'esprit. La théorie d'Altmann, pour si hasardeuse qu'elle puisse être, se fonde au moins sur la constatation de faits réels, et ce n'est pas le cas de celles que nous mentionnons.

Nous avons maintenant à nous occuper de la *théorie alvéolaire* de Bütschli (1892). L'auteur a étudié à l'état vivant le protoplasma d'un grand nombre de cellules animales et y a retrouvé la structure alvéolaire qu'il avait constatée dans la couche périphérique, la couche alvéolaire, des Rhizopodes et des Infusoires. Il admet aujourd'hui que d'une manière générale le protoplasma se présente sous la forme d'un réseau très délicat, dont les mailles mesurent à peine 1 µ de diamètre, mais que cette apparence réticulée est due à une illusion d'optique ; il s'agit en réalité d'une fine vacuolisation d'une substance homogène. C'est surtout au moyen d'expériences sur l'imitation artificielle du protoplasma que Bütschli a édifié sa théorie alvéolaire.

L'idée de chercher à imiter des structures organiques au moyen de substances inorganiques ou de substances organiques amorphes n'est pas nouvelle. Il y a longtemps déjà, Dutrochet (1824) avait vu se former des globules en soumettant à l'action de la pile des solutions d'albumine ou une émulsion de jaune d'œuf.

Plus tard, en 1840, Ascherson, en mélangeant des corps gras à de l'albumine liquide, constata que les gouttelettes graisseuses s'entourent d'une fine membrane et constituent des vésicules closes.

Traube, en 1864 et 1867, obtint ces mêmes vésicules par un autre procédé : il versait goutte à goutte un liquide colloïde dans un autre liquide colloïde pouvant donner avec le premier une combinaison insoluble, une solution de gélatine dans une solution de tannin, par exemple. Chaque goutte s'entourait d'une mince enveloppe insoluble, amorphe, et devenait une vésicule close, susceptible de s'accroître et de présenter des phénomènes osmotiques.

Rainey, en 1868, produisit artificiellement des cellules à vacuoles, en mélangeant des solutions de gomme avec des solutions saturées de chlorure de zinc.

Plus récemment, Moniez et Vogt, en 1882, à l'aide de solutions siru-
peuses de sucrate de chaux ou de silicate de soude, dans lesquelles ils
versaient des sels minéraux finement pulvérisés, tels que du sulfate de
cuivre, de fer, de zinc, de nickel, sont arrivés à produire artificiellement
des formations vésiculeuses ou tubuleuses qui rappellent jusqu'à un
certain point des éléments anatomiques bien différenciés, ainsi que l'examen de quelques-unes des figures de leurs planches permet aisément de
s'en convaincre. Ces cellules artificielles étaient douées de propriétés
osmotiques et renfermaient des granulations.

Les tentatives des auteurs que je viens de citer avaient eu pour but de
chercher à reproduire artificiellement des formes cellulaires et à expliquer
leur genèse par des forces purement physi-
ques. Bütschli est allé plus loin, et il a
essayé d'imiter la structure même du protoplasma. Il a eu recours, ainsi que
l'avaient fait ses prédécesseurs, à des substances grasses mélangées à des substances
salines ou albuminoïdes. Il s'est servi
notamment d'une vieille huile d'olive
épaissie et conservée depuis longtemps
dans son laboratoire, et l'a mélangée à du

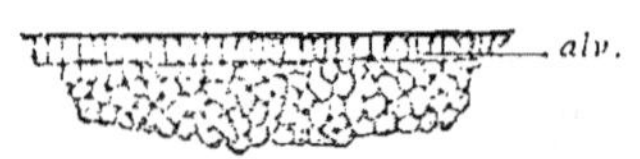

Fig. 29. — Coupe optique de la partie
corticale d'une gouttelette d'une émulsion d'huile d'olive et de sel marin,
montrant une couche alvéolaire (*alv*)
très nette et relativement épaisse.
Grossissement 1250 diamètres. (D'a-
près Bütschli, fig. empruntée à O.
Hertwig).

chlorure de sodium, à du sucre de canne, à du carbonate de potasse.
Voici exactement le procédé employé par le professeur d'Heidelberg. On
broye très finement une petite quantité de la substance soluble, du sel
marin par exemple, puis on la mélange avec une goutte d'huile et on
continue à broyer jusqu'à ce qu'on obtienne une bouillie épaisse et bien
homogène. On prend une parcelle de la pâte ainsi préparée et on la
dépose sur un couvre-objet portant à ses angles une petite boulette de
cire. Celui-ci est porté sur une lame ou se trouve une goutte d'eau ou
mieux d'eau et de glycérine. Après un certain temps, la masse se creuse
de vacuoles ou d'alvéoles par suite de la pénétration osmotique de l'eau
à travers la couche huileuse qui entoure les cristaux microscopiques de
sel. Sur les bords de la masse on observe une structure alvéolaire régulière, comme celle que l'on peut voir dans un grand nombre de cellules
animales.

Bütschli a observé dans ses émulsions huileuses beaucoup de faits intéressants de nature à jeter évidemment du jour sur la structure du protoplasma. Ainsi quand trois vacuoles viennent à se trouver en contact, on voit

---

(1) **Bütschli** a répété les mêmes expériences en variant les substances : il s'est servi
d'huile de foie de morue, d'huile de lin, d'huile d'amandes douces, etc. et il a émul-
sionné ces corps gras avec de l'albumine, du sucre ou même de l'eau pure. Mais c'est avec
l'huile d'olive et le chlorure de sodium qu'il a obtenu les meilleurs résultats.

à leur point de réunion commun une nodosité rappelant absolument les granulations protoplasmiques. Si, au moment de faire l'émulsion, on mélange à l'huile un peu de poudre inerte, comme de la suie, l'on voit celle-ci venir se loger aux points nodaux des vacuoles.

Voici des préparations faites suivant la méthode de **Bütschli** ; n'ayant pas de vieille huile d'olive, je me suis servi d'huile de pied de bœuf qui est dans le laboratoire depuis plus de dix ans. Cette huile avec du sel marin m'a donné une émulsion qui, si elle n'est pas aussi parfaite que celle de **Bütschli**, montre cependant en certains endroits une structure nettement vacuolaire. L'une de ces préparations a été colorée par une faible solution de violet 5 B, les parois des alvéoles sont fortement teintées, tandis que leur contenu paraît incolore. Vous pouvez constater que certaines gouttelettes détachées des bords de la petite masse d'émulsion,

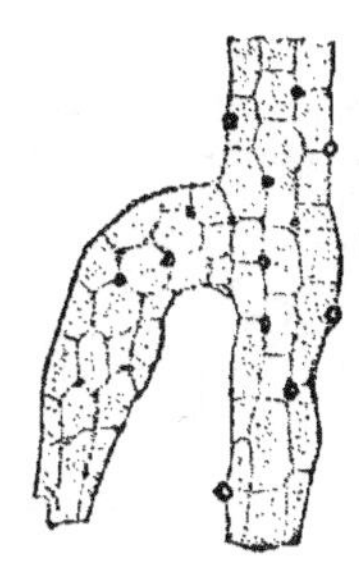

Fig 3o. — Deux cordons protoplasmiques vivants d'un poil de Mauve. Grossissement : 3ooo diamètres environ. (D'après Bütschli, fig. empruntée à O. Hertwig).

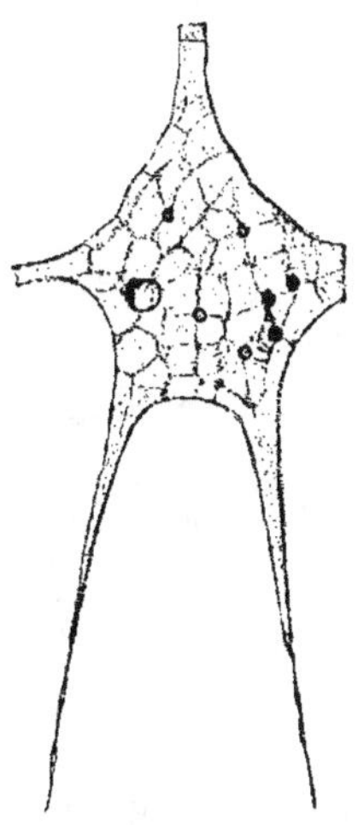

Fig. 3i. — Expansion palmiforme d'un réseau pseudopodique d'une Miliolide, examinée à l'état vivant. Grossissement : 3ooo diamètres environ. (D'après Bütschli, fig. empruntée à O. Hertwig).

placée sous cette lamelle, ressemblent à s'y méprendre à un petit Rhizopode ; au centre se trouvent de grandes vacuoles arrondies ou polyédriques ; à la périphérie, les vacuoles sont beaucoup plus petites, pressées les unes contre les autres, et la gouttelette est limitée extérieurement par une zône de petites cavités allongées, parallèles entre elles, et perpendiculaires à la surface ; c'est la *couche alvéolaire*.

Se fondant sur ces expériences, **Bütschli** conclut de la ressemblance d'aspect des émulsions huileuses avec les masses protoplasmiques à la similitude absolue de leur constitution.

Nous verrons plus tard si la manière de voir de **Bütschli** n'est pas passible de certaines objections. Nous verrons aussi s'il n'existe pas d'autres théories plus éclectiques tenant compte davantage des faits réellement observés par les auteurs dont nous avons exposé les recherches, et nous examinerons, enfin, si toutes leurs théories au lieu d'être considérées comme contradictoires ne peuvent se concilier les unes avec les autres.

13 décembre 1893.

QUATRIÈME LEÇON

CONSTITUTION MORPHOLOGIQUE
DU PROTOPLASMA (*Suite*)

Tendance fâcheuse à une généralisation trop hâtive. — La structure du protoplasma doit être étudiée à l'état vivant. — Action différente des réactifs sur un même élément cellulaire. — Liquides dits indifférents. — Animaux favorables à l'étude du protoplasma vivant. — Méthodes d'observation. — Structure filamenteuse. — Structure réticulée. — Structure vacuolaire. — Protoplasma homogène avec granulations. — Le protoplasma possède une structure variable. — Critique des diverses théories. — Opinions éclectiques. — Méthodes techniques pour étudier le protoplasma mort. — Liquides fixateurs. — Colorations. — Collage des coupes sur le porte-objet.

MESSIEURS,

Tendance fâcheuse à une généralisation trop hâtive.

Les théories relatives à la constitution morphologique du protoplasma que nous avons considérées jusqu'ici sont à peu près exclusives. Leurs partisans, d'après un certain nombre d'observations faites sur des éléments qui présentent plus ou moins nettement une apparence donnée, réticulée, filamenteuse, granulée, alvéolaire, généralisent le résultat de leurs observations et tendent à admettre que tous les protoplasmas ont une structure uniforme. Si, disent-ils, l'on n'observe pas partout la même structure, cela tient à des conditions plus défavorables et qui dépendent soit de la petitesse des éléments, soit des moyens imparfaits d'investigation dont nous disposons actuellement. Cette tendance à une généralisation trop hâtive se développe chaque jour davantage, surtout chez les naturalistes à qui cependant la nature même de leurs études devrait enseigner plus de prudence. Ils oublient trop les principes posés par notre grand maître **Claude Bernard** qui, dans son *Introduction à la médecine expérimentale*, définit excellemment les théories de la façon suivante : « Les théories ne sont que des hypothèses vérifiées par un plus ou moins grand nombre de faits ; celles qui sont confirmées par le plus grand nombre de faits sont les meilleures, mais encore ne sont-elles jamais définitives et ne doit-on jamais y croire d'une façon absolue. » Or l'hypothèse, qui doit être l'idée directrice des recherches, tend à prendre aujourd'hui dans le domaine scientifique la place de la théorie qui ne doit être que l'idée formulée par les faits.

Cette tendance tient, je crois, à la multiplicité des travaux qui s'effectuent en même temps sur le même sujet. Alors qu'anciennement toute recherche donnait facilement des résultats importants, de nos jours, au contraire, il devient de plus en plus difficile de trouver des faits nouveaux susceptibles de généralisation. Dès qu'on a découvert un fait particulier, reposant sur quelques observations, quelquefois sur une seule, on se hâte de le publier aussitôt, dans la crainte qu'un autre travailleur ne le trouve de son côté. Si l'on se contentait de le faire connaître, ce serait apporter une donnée nouvelle, destinée plus tard à édifier une loi générale. Mais ce serait un rôle trop modeste ; pour donner plus d'importance au fait constaté, on en tire des conclusions générales, on le prend pour point de départ d'une théorie nouvelle, qui, tout au plus, ne devrait être regardée que comme une simple hypothèse. Une autre cause vient aussi accentuer cette fâcheuse tendance. Dans certaines écoles, on s'attache plutôt à faire connaître aux jeunes travailleurs les faits nouveaux encore controversés ; on oublie un peu trop les travaux classiques, confirmés par des observations nombreuses et réitérées. On prive ainsi les futurs observateurs d'une base solide et sûre.

Ces réflexions me sont suggérées par la lecture des nombreux travaux que j'ai dû consulter au cours de la préparation de ces leçons, mémoires parfois volumineux, remplis de vues théoriques et dont on ne peut extraire que bien peu de données certaines.

Avant de critiquer les théories que nous venons d'exposer sur la structure du protoplasma, nous avons à nous demander quel sera le critérium qui devra nous guider dans cette étude. **Flemming** fait observer avec raison que l'on ne doit retenir comme véritables et certains que les faits fournis par l'observation du protoplasma vivant. Ce critérium, en ce qui concerne la structure du protoplasma est, en effet, un des meilleurs et on ne doit accepter les données fournies par l'action des réactifs qu'autant qu'elles confirment les résultats obtenus par l'examen à l'état vivant. Certes, l'emploi des méthodes actuelles de fixation et de coloration constitue un de nos moyens d'investigation les plus précieux pour l'étude des tissus, de la cellule, du noyau cellulaire et de sa division ; j'ai moi-même tiré trop souvent parti de ces précieux auxiliaires pour en méconnaître l'utilité, et peut-être même ai-je contribué dans une assez large mesure à en provoquer et à en généraliser l'emploi en France ; mais cela ne m'empêchera pas de reconnaître que, dans le cas particulier que nous traitons en ce moment, l'action des réactifs constitue un mode de recherches souvent imparfait et parfois mauvais. Pour s'assurer de cette vérité, il suffit de prendre des globules blancs du sang ou de la lymphe de Vertébrés ou d'Invertébrés, d'Amphibiens, de Mollusques, ou de Crustacés, ainsi que des cellules libres de la cavité du corps des Vers, du Lombric ou de l'*Enchytræus*, par exemple, de placer ces éléments sur une lame et de les observer au microscope pendant qu'on fait agir sur eux les réactifs. L'on peut suivre de la sorte les modifications qui se produisent et en mesurer l'importance.

Prenons par exemple les cellules libres de la cavité du corps de l'*Enchy-thræus albidus* et étudions-les d'abord à l'état vivant. Dans cet état, elles présentent la forme d'éléments ovoïdes, constitués par un protoplasma très nettement vacuolaire (fig. 32, *a*). Les vacuoles sont bien limitées, et leurs parois sont constituées par un protoplasma finement granuleux; elles contiennent un liquide clair et incolore. Au centre de la cellule le noyau apparaît sous forme d'un espace clair. Voici quelques-unes des modifications que subissent ces cellules sous l'action des réactifs : l'eau pure les gonfle et les rend complètement homogènes avec des granulations animées de mouvements browniens (fig. 32, *b*); le noyau lui-même disparaît tout à fait. Sous l'influence de l'acide acétique la cellule augmente beaucoup de volume, le protoplasma prend l'aspect réticulé le

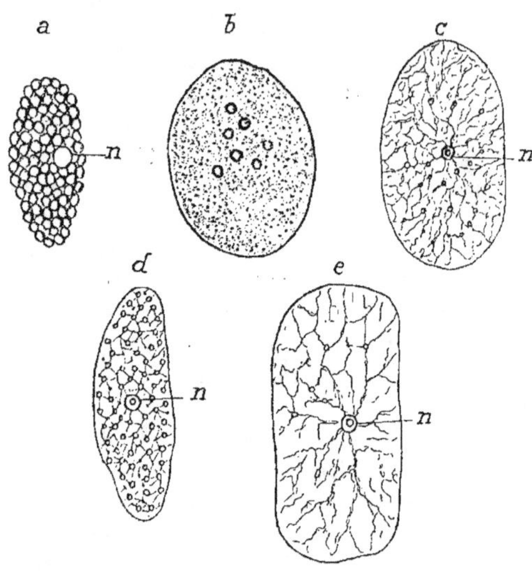

Fig. 32. — Cellules de la cavité du corps de l'*Enchythræus albidus* ; *a* : à l'état vivant dans le liquide de l'animal ; *b* : après l'action de l'eau pure ; *c* : après l'action de l'acide acétique dilué ; *d* : après l'action d'une solution d'alun à 1 °/₀ ; *e* : après l'action de l'alcool au tiers ; *n*, noyau.

plus net avec des granulations dans l'épaisseur des filaments (fig. 32, *c*) ; les mailles du réseau sont remplies d'une substance homogène, le noyau est plus visible. Une solution d'acide chromique à 1 °/₀ ou d'alun contracte au contraire la cellule et y fait apparaître un réticulum plus serré à mailles plus fines avec des granulations (fig. 32, *d*). L'alcool au tiers produit un gonflement considérable (fig. 32, *e*); le noyau, qui d'ailleurs change peu d'aspect sous l'influence des réactifs, devient plus visible, mais le protoplasma montre un réseau lâche, formé de quelques filaments dans l'épaisseur desquels on voit des amas assez volumineux de grosses granulations. En somme le protoplasma de la seule et même cellule libre de l'*Enchythræus* présente, selon le réactif employé, des structures diffé-rentes, qui correspondent à celles que les auteurs ont voulu généraliser pour toutes les cellules animales et végétales. Il est bien sûr que, si l'on ne suivait ces modifications sous l'objectif même du microscope, on ne pourrait, dans les figures si diverses obtenues après l'action des réactifs, reconnaître même à quel élément l'on a affaire..

Beaucoup d'autres cellules nous fourniraient des exemples analogues : les cellules du corps adipeux de la larve de Mouche, avant qu'elles ne soient chargées de graisse, les globules blancs du Lombric, de la Grenouille, se comportent à peu près de la même façon que celles de l'*Enchytræus*. Les globules blancs du Lombric sont des cellules amiboïdes dont les pseudopodes sont homogènes, mais dont la partie centrale est formée d'un protoplasma nettement vacuolaire. Ces vacuoles disparaissent sous l'action des réactifs. Il n'y a guère qu'un réactif qui conserve à peu près la structure des cellules vivantes, c'est l'acide osmique ; il en fixe parfaitement la forme, mais les rend malheureusement parfois aussi homogènes et noirâtres. Souvent même il en altère la structure. Le sublimé, ainsi que nous l'avons vu plus haut, coagule fortement le contenu cellulaire et lui donne un aspect fibrillaire, réticulé. C'est un mauvais réactif pour l'étude de la structure protoplasmique.

On emploie, souvent, pour l'étude des éléments vivants, des liquides auxquels on donne le nom de liquides indifférents, parce qu'on suppose qu'ils n'exercent aucune action nocive sur les éléments. De ce nombre sont le sérum iodé, l'eau salée, l'humeur aqueuse, la sérosité péritonéale etc. En réalité ces liquides ne sont véritablement pas dépourvus de toute action sur les cellules. Ils les altèrent moins vite et voilà tout. On ne peut guère les considérer comme réellement indifférents, car presque toujours les cellules qui y sont plongées deviennent le siège de phénomènes osmotiques anormaux qui en altèrent la structure. Le seul liquide indifférent pour un élément cellulaire vivant, c'est le liquide dans lequel il est baigné durant sa vie ; par conséquent c'est dans ce liquide seul que doivent être observées les cellules que l'ont veut étudier dans toute leur intégrité. Et encore faut-il, pour augmenter la durée utile de l'observation, border la préparation, ainsi que le recommande M. Ranvier, avec de la paraffine et s'opposer ainsi soit à l'oxydation du milieu au contact anormal de l'air, soit à sa concentration par l'évaporation. Cette précaution n'empêche pas le liquide, ainsi même conservé, de s'altérer spontanément au bout d'un certain temps.

Il existe des animaux transparents qui se prêtent aussi fort bien à l'étude des éléments cellulaires vivants. Sans parler des Rhizopodes, des Infusoires et autres organismes unicellulaires, l'on peut s'adresser pour cela à un grand nombre d'espèces qui, à l'état adulte ou à l'état larvaire, vivent dans l'eau. Telles sont les *Corethra*, et d'autres larves de Diptères, certaines larves de Crustacés, la queue des larves de Salamandre, d'Axolotl et de Triton. Il suffit de prendre un de ces animaux, une larve d'Axolotl par exemple et de la maintenir humide sur le porte objet pour découvrir dans les cellules de la queue certains détails de structure.

Méthodes d'observation. Mais certains tissus sont à un tel point transparents que l'examen direct sur le vivant ne permet point d'en étudier les cellules. L'on peut dans ce cas faire agir lentement un réactif, l'eau acidulée par l'acide acétique par exemple, et en suivre l'action au microscope. Ce réactif qui n'est pas très favorable pour l'étude des cellules de l'*Enchytræus* réussit assez bien au contraire sur la queue des têtards. Pour tirer parti de cet artifice il faut, pour ainsi dire, saisir, sur le vif, les détails qui apparaissent, et souvent disparaissent aussitôt, sous l'influence du réactif; l'observation ne dure ainsi qu'un instant.

Il est un réactif qui m'a donné d'assez bons résultats, c'est la liqueur de **Ripart** et **Petit** employée comme milieu d'observation pour les éléments vivants. Ce réactif dont la composition est la suivante :

Chlorure de cuivre............................	o.3o
Acétate de cuivre............................	o.3o
Acide acétique crist............................	1
Eau camphrée............................	75
Eau distillée............................	75

coagule lentement les éléments et en fait apparaître les détails.

Je me suis servi aussi avec succès d'un réactif préconisé par **Pictet** pour l'étude des spermatozoïdes des Invertébrés. C'est une solution aqueuse de chlorure de manganèse à 1-3 % additionnée d'un peu de violet dahlia. L'on ne peut en donner une formule mieux définie, car la concentration du liquide doit varier avec les éléments et l'on doit déterminer le degré de cette concentration au moyen de quelques tâtonnements, soit en ajoutant de l'eau à la solution, soit en la renforçant avec une solution plus forte de chlorure de manganèse. L'on peut avec ce réactif mettre en évidence et colorer sur le vivant les filaments cellulaires décrits par **Flemming**.

Il va sans dire, enfin, que toutes ces recherches, ayant trait à des détails de structure extrêmement délicats, s'effectuent d'autant mieux que l'on est muni de systèmes optiques plus perfectionnés.

Structure filamenteuse. En se servant des méthodes que nous venons d'examiner, l'on peut observer dans le protoplasma d'un certain nombre de cellules une structure définie. Si l'on étudie le cartilage de la queue d'une larve d'Axolotl, on voit, colorés en violet par le liquide de **Pictet**, des filaments très fins parcourant la substance fondamentale. Dans les spermatocytes des *Pyrrhocoris*, de l'*Helix pomatia* étudiés à l'état vivant, l'on constate également l'existence de fins filaments orientés concentriquement autour du noyau (fig. 33 et 34). La fixation de la cellule provoque immédiatement l'apparition dans son protoplasma d'un réticulum. Il en est de même des ovules des Mammifères.

Chez les Infusoires, Stentors et Opalines, M. **Balbiani** a vu des filaments, constitués par des granulations, librement suspendus dans le protoplasma. R. Greeff, (1890) sur des Amibes, Bütschli, sur l'*Amœba blattæ* ont fait des observations analogues.

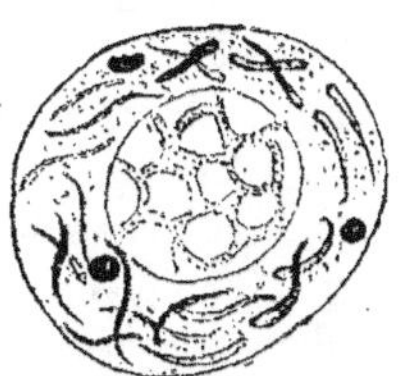

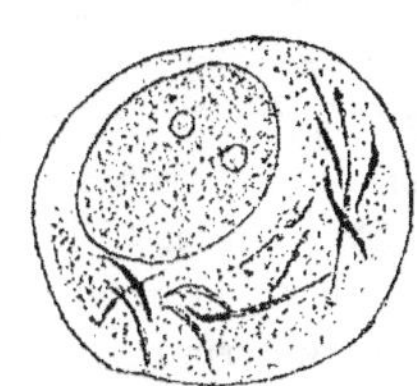

Fig. 33. — Spermatocyte de *Helix pomatia* examiné dans le liquide de Pictet. Le protoplasma renferme des bâtonnets et des granules colorés par le violet dahlia : le noyau reste incolore.

Fig. 34. — Deux spermatocytes de *Helix pomatia* fixés par les vapeurs d'acide osmique et examinés dans le liquide de Ripart et B Petit, additionné de violet 5 B.

Dans d'autres éléments, enfin, on peut voir un véritable réticulum. Cette structure a été décrite par **Fabre-Domergue** (1888) dans le protoplasma d'un Infusoire cilié, le *Cyrtostomum leucas*. Moi-même (1891) chez un autre Infusoire, la *Fabrea salina*, j'ai trouvé un réseau dont les travées sont remplies de granulations pigmentaires qui communiquent à l'organisme une couleur bleuâtre assez accentuée. En écrasant un individu de façon à désorganiser son protoplasma, l'on pouvait faire sourdre des travées du réseau de petites vacuoles claires, visibles pendant la vie, parfaitement isolables et constituant par conséquent de véritables petites sphérules protoplasmiques.

Structure réticulée.

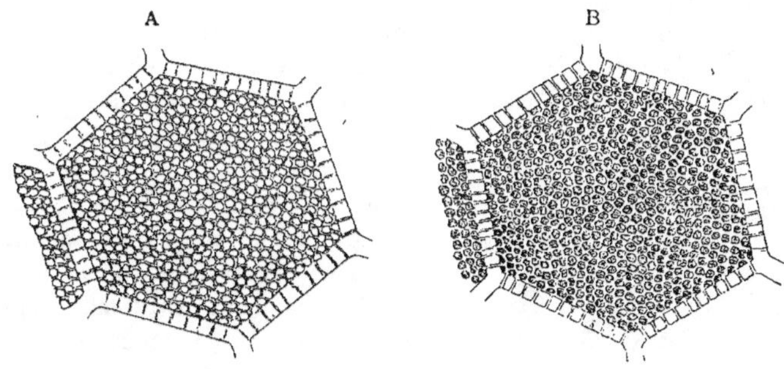

Fig. 35. — Cellule épithéliale de la queue d'une larve d'Axolotl, examinée sur l'animal vivant. *A* : vue de la surface, mise exactement au point ; *B* : vue d'un plan un peu plus profond.

En examinant les cellules épithéliales des larves d'Axolotl vivantes, on voit que leur protoplasma superficiel est creusé d'une foule de petites vacuoles qui communiquent à l'élément un aspect analogue à celui que

Structure vacuolaire.

l'on observe dans les émulsions de **Bütschli**. En mettant exactement au point la surface de la cellule, les vacuoles, à peu près régulières et à contour polyédrique, paraissent réfringentes et sont entourées de lignes sombres (fig. 35 A). En examinant un plan un peu plus profond l'aspect change et on a sous les yeux une image pour ainsi dire négative de la première, dans laquelle les vacuoles sont sombres et les lignes qui les entourent deviennent réfringentes (fig. 35 B). S'agit-il ici d'une structure alvéolaire ? Est-ce au contraire un réticulum très fin et régulier ? C'est ce qu'il est impossible de discerner. Ces cellules épithéliales sont garnies de cils vibratiles très courts, les vacuoles correspondent simplement à l'implantation des cils dans la couche périphérique du protoplasma ; dans la profondeur de la cellule, on ne voit, à l'état frais, qu'une substance en apparence homogène. On trouve une structure nettement alvéolaire dans les cellules des glandes salivaires de l'*Helix*. Dans la partie périphérique du corps des Infusoires l'on observe souvent une série de petites cavités closes, radiairement disposées et qui sont manifestement une couche corticale alvéolaire. Chez les Rhizopodes enfin on trouve tantôt un aspect réticulé, tantôt un aspect alvéolaire.

Chez la *Sphæromyxa Balbianii*, Myxosporidie nouvelle étudiée par Thélohan, le corps protoplasmique présente des caractères très particuliers. Il a la forme d'un disque à peu près régulièrement arrondi dont le diamètre peut atteindre $0^{mm}5$ à $0^{mm}7$ et dont l'épaisseur ne dépasse pas $0^{mm}08$. En examinant un de ces organismes à un grossissement suffisant, on constate à la périphérie l'existence d'une zone ectoplasmique d'aspect homogène, à granulations excessivement fines, ne produisant pas de véritables pseudopodes mais donnant seulement naissance à de larges expansions lobées.

L'endoplasma est surtout intéressant. Il se montre formé d'alvéoles dont les dimensions vont en croissant de la périphérie vers le centre et qui peuvent atteindre 15 à 18 μ de grand diamètre ; leur forme est assez variable ; elles sont remplies par une substance liquide, incolore, d'aspect homogène ; les cloisons qui les séparent sont constituées par le protoplasma proprement dit. Celui-ci forme çà et là des amas, dépourvus de vacuoles, qui renferment des noyaux et dans lesquels se forment les spores. Dans le protoplasma, on remarque en outre de nombreux globules

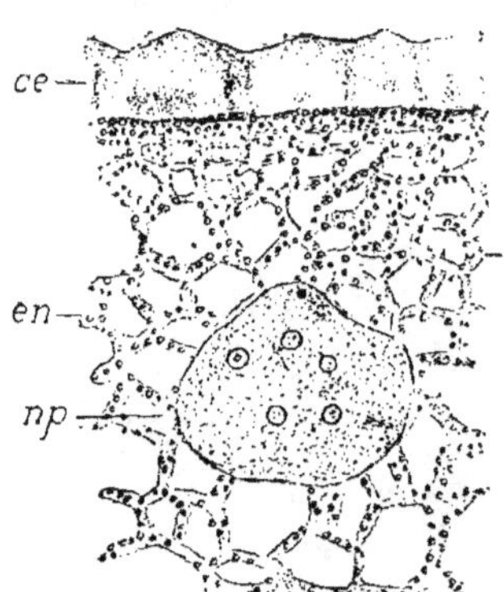

Fig. 36. — Fragment de la masse protoplasmique d'une Myxosporidie, *Sphæromyxa Balbianii* ; *ce* : ectoplasma ; *en* : endoplasma ; *np* : amas protoplasmique homogène renfermant des noyaux. (D'après Thélohan).

réfringents de nature graisseuse, irrégulièrement distribués dans les parois des alvéoles et surtout nombreux à la périphérie, dans la région de l'endoplasma qui est en contact avec la zone externe (fig. 36).

Si l'on passe à l'étude d'un autre genre de structure et qu'on examine, par exemple, les cellules conjonctives migratrices de la partie profonde de la queue d'une larve vivante d'Axolotl, on voit que ces cellules sont constituées par une masse homogène dans laquelle se trouvent suspendues de fines granulations animées d'un mouvement brownien très vif. L'on peut observer ce mouvement brownien dans un grand nombre d'autres cellules; nous avons déjà vu précédemment que **Flemming** l'avait observé, et avait même déterminé le sens de la direction des granulations mobiles, dans la cellule des *Spirogyra*. En examinant sur le vivant les globules sanguins d'une larve d'Axolotl, j'ai moi-même vu l'un de ces globules parfaitement intact, contenu dans un capillaire assez profondément situé, et qui était constitué par un protoplasma homogène renfermant des granulations animées de mouvements browniens. Ces granulations ne dansaient pas seulement sur place mais se déplaçaient dans tout l'intérieur de la cellule. L'observation est surtout facile à faire sur une larve encore assez jeune et non complètement débarrassée de ses tablettes vitellines. Or **Bütschli**, étudiant après fixation les mêmes éléments, y décrit toute une couche périphérique alvéolaire. Si cette couche existe à l'état vivant, peut-on concilier sa présence avec le fait du déplacement des granulations dans toute l'étendue du corps cellulaire ?

Protoplasma homogène avec granulations.

Je n'insisterai pas davantage ici sur tous ces faits; vous voyez qu'on peut constater sur le vivant les structures les plus diverses, des vacuoles, des fibres, des réticulums, une substance homogène avec des granulations libres. La théorie réticulaire me paraît donc une théorie un peu trop exclusive, qui s'accorde mal avec un grand nombre de faits et qui repose d'ailleurs en majeure partie sur des observations faites avec des réactifs fixateurs. Ceux-ci, comme nous le savons, déterminent l'apparition de réseaux dans des cellules qui n'en possèdent pas, et, mieux encore, des observateurs, tels que **Schwarz**, ont pu, en traitant ainsi des solutions d'albumine, de gomme, de peptone, y faire naître de véritables réticulums.

Le protoplasma possède une structure variable.

La théorie fibrillaire qui, elle, repose sur des observations faites à l'état vivant, a été trop généralisée. Il y a beaucoup de cellules, et entre autres celles où l'on observe le plus nettement le mouvement brownien, qui ne présentent pas de fibrilles, soit à l'état frais, soit après fixation. Bien souvent aussi, on ne peut observer la structure fibrillaire qu'après l'action des réactifs et nous savons ce qu'il faut penser de la portée des observations faites dans ces conditions.

Critique des diverses théories.

La théorie granulaire, qui admet l'existence, dans une substance fondamentale, de granulations constituant la partie vivante élémentaire de la

cellule, se base évidemment sur des faits bien observés ; mais elle repose en
partie aussi sur des observations effectuées sur des tissus, fixés par de mauvaises méthodes de coagulation. Ce qui le prouve, c'est que deux fragments d'un même tissu, fixés par deux réactifs différents, peuvent montrer
dans leurs cellules, l'un, des granulations distribuées irrégulièrement, l'autre,
des bâtonnets ou des fibrilles entrecroisés dans tous les sens. Il est très
probable que souvent ces granulations résultent d'une précipitation de certaines substances protéiques du protoplasma. Aussi un certain nombre
d'auteurs, qui ont répété les observations d'**Altmann**, considèrent-ils avec
raison les granulations, qui se voient nettement dans beaucoup de cellules au
milieu d'une masse fondamentale homogène ou fibrillaire, comme des produits de différenciation de la cellule. **Nicolas** (1892), entre autres, est arrivé
aux conclusions suivantes : « Les granulations ne constituent pas à elles
seules le protoplasma et représentent plutôt à mon avis un produit de l'activité de celui-ci dont la formation est liée étroitement aux phénomènes de
nutrition. » Après lui, **Mitrophanow** (1889), que **Bütschli** range à tort
parmi les partisans de la théorie granulaire, exprime la même idée en termes à peu près identiques : « Il faut considérer, dit-il, les granulations
non comme des parties constitutives élémentaires dont la vie forme celle
des cellules, mais comme des signes morphologiques du processus de la
vie qui a lieu dans la cellule. »

Reste enfin la théorie alvéolaire. Nous avons vu qu'en réalité l'on constate dans un très grand nombre de cellules une structure analogue à celle
des émulsions huileuses sur lesquelles **Bütschli** s'est fondé pour construire
sa théorie. Il est cependant assez difficile dans bien des cas de se prononcer
sur la question de savoir si l'on a bien affaire à un tissu d'alvéoles ou à un
réseau. De plus, **Hertwig** a fait à la théorie de **Bütschli** deux objections qui
ne sont point sans valeur. Il a fait remarquer d'abord que la structure
alvéolaire ne s'applique point, malgré les assertions de **Bütschli**, au noyau,
puis que pendant la division indirecte, il se produit des lignes de stries,
des figures en un mot, qui ne se peuvent expliquer à l'aide de la théorie
alvéolaire. En deuxième lieu enfin, **Hertwig** fait observer que dans une
émulsion d'huile les parois des alvéoles sont constituées par une substance
non miscible à l'eau, tandis que les substances albuminoïdes le sont
à un haut degré. Comment, dans ce cas, les vacuoles ne se détruisent-
elles pas ?

Pour répondre à cette deuxième objection, **Bütschli** a dit que la couche
corticale alvéolaire ne serait point formée d'albuminoïdes à l'état pur, mais
d'un mélange de ces derniers avec des acides gras dont la présence diminue
la miscibilité du protoplasma à l'eau. On pourrait discuter longtemps sur
cette question et je pense devoir admettre que la théorie alvéolaire n'est
pas plus que les précédentes d'une application générale.

Opinions
éclectiques. A côté de ces théories exclusives, il en est d'autres plus éclectiques et

qui s'efforcent davantage de se mettre en harmonie avec les données de l'observation. Ainsi Berthold (1886) admet que le protoplasma est un mélange de deux ou plusieurs substances non miscibles entre elles. Schwarz (1887) émet la même opinion. Pour ces auteurs il n'existe dans le protoplasma aucun réseau, aucune charpente ; mais ce protoplasma peut, en certains points de la cellule, se différencier pour donner naissance à des formations qui présentent la forme de cordons, de filaments, de réseaux, de granulations, etc.

Apathy (1891) considère le protoplasma comme un mélange nullement homogène de plusieurs substances, qui, bien que possèdant des caractères communs, diffèrent entre elles par certaines propriétés chimiques et physiques; les unes sont presque liquides, les autres à peu près solides. Les éléments figurés du protoplasma dérivent de la forme granuleuse.

Si nous voulons enfin trouver sur la structure du protoplasma une notion juste, en harmonie avec les faits, c'est dans la dernière édition de l'ouvrage du doyen des histologistes, Kœlliker (1889), qu'il convient de la chercher. Kœlliker, ayant beaucoup vu et ayant une grande expérience, ne se laisse pas entraîner à des conceptions théoriques et il émet une opinion à laquelle je me rallie entièrement. D'après lui, on trouve dans les cellules jeunes un protoplasma absolument homogène, sans aucune structure ; ce protoplasma est formé d'un mélange de substances diverses, molles, semi-fluides qui peuvent se distinguer : 1° en substances albuminoïdes proprement dites : 2° en plastines. Aux albuminoïdes est dévolue la contractilité; ce sont des substances solubles dans les acides ; leur ensemble constitue la matière amorphe contractile analogue au sarcode de Dujardin. Les plastines au contraire sont dépourvues de contractilité et insolubles dans les acides forts.

Dans un protoplasma ainsi constitué apparaissent plus tard des vacuoles contenant une sorte de suc cellulaire. Si les vacuoles sont très petites, on aura une structure alvéolaire. Les vacuoles peuvent se rompre, se fusionner et donner lieu à une formation vacuolaire ; elles peuvent devenir plus grandes encore, communiquer entre elles et donner au protoplasma l'aspect réticulaire. Dans certains cas, enfin, le réticulum peut se rompre et donner naissance à des filaments libres.

Kœlliker distingue trois sortes de réseaux cellulaires. Les uns, formés de matières albuminoïdes et contractiles, s'observent dans les cellules amiboïdes. Les autres, que l'on trouve dans les cellules des glandes sébacées et des oviductes, sont constitués par de la plastine et ne présentent aucune contractilité. Enfin il peut exister une troisième forme mixte de réticulum composée d'un mélange de plastine et d'albuminoïdes.

Quant aux microsomes, dont l'étude est encore bien incomplète, ils se composent probablement de granulations, soit albuminoïdes, soit plastiniennes.

Ainsi que l'on peut s'en convaincre, l'opinion de **Kœlliker** est éminemment éclectique : elle ne force point les faits, mais cherche à se conformer aux données qu'ils fournissent. C'est cette théorie que nous adopterons et nous dirons que le protoplasma est une substance très complexe, formée d'un certain nombre de substances différentes qui peuvent se présenter sous divers états.

On peut, je crois, comparer la constitution du protoplasma à celle du plasma sanguin qui, liquide pendant la vie, se compose de deux substances l'albumine et la fibrine. La coagulation du plasma sanguin, privé de vie, fait apparaître, sous forme de filaments, la fibrine qui y était dissoute. L'on doit, jusqu'à un certain point, considérer aussi la plastine comme une sorte de fibrine, susceptible de se séparer du protoplasma sous forme d'un réseau de filaments ou d'amas de granulations, par la coagulation *post mortem* spontanée ou due à l'action des réactifs.

Si, comme je vous l'ai dit au début de cette leçon, nous devons nous défier des aspects que prend le protoplasma sous l'influence des réactifs et n'admettre comme à peu près certains, relativement à sa structure, que les faits que nous révèle l'examen à l'état frais, nous devons nous demander cependant quels sont parmi les nombreux agents fixateurs, employés aujourd'hui en histologie, ceux qui altèrent le moins la constitution morphologique du protoplasma. Je ne m'occuperai, ici, que des réactifs qui permettent d'obtenir des préparations permanentes, de pratiquer des coupes fines à travers des cellules, afin de mieux étudier leur structure intime, et non de ceux qui, comme les solutions faibles d'acides acétique, formique, chlorhydrique, etc., ne sont généralement employés que pour des examens extemporanés.

Flemming a montré, vous vous le rappelez, que des réactifs qui convenaient pour certaines cellules donnaient au contraire de mauvais résultats pour d'autres. Il n'y a pas, en effet, de fixateurs dont l'emploi puisse être général, et il faut varier les réactifs selon les éléments qu'on étudie et les particularités qu'on cherche à y mettre en évidence.

L'acide osmique conserve bien la forme de la cellule entière, mais il rend le plus souvent le protoplasma homogène. Ce réactif rend de grands services pour fixer les cellules amiboïdes, les cellules à cils vibratiles, les infusoires, dans lesquels les structures alvéolaire et réticulée sont respectées.

Associé à l'acide chromique et à l'acide acétique, comme dans le liquide de Flemming, l'acide osmique garde ses propriétés et perd en même temps l'inconvénient de rendre homogènes les structures protoplasmiques, inconvénient qu'il présente lorsqu'il est employé seul. Comme d'un autre côté le liquide de Flemming fixe très bien les noyaux, je le considère comme un des réactifs les plus utiles en cytologie.

Il en est de même du liquide de Lindsay que j'emploie depuis quelque temps et qui m'a donné de très bons résultats ; ce liquide a la composition suivante :

Bichromate de potasse à 25 °/₀............	65 parties.
Acide osmique à 2 °/₀.................	15 —
Chlorure de platine à 2 °/₀.............	15 —
Acide acétique ou formique.............	5 —

Il convient de n'ajouter l'acide acétique ou l'acide formique qu'au moment de se servir du liquide, car souvent il se produit une réduction spontanée de l'osmium et du platine, et le mélange devient absolument noir.

Le liquide de Lindsay contracte moins les protoplasmas spongieux que ne le fait le liquide de Flemming, et ne fait pas apparaître des fibrilles là où il n'y en a pas, ce qui arrive souvent avec le mélange chromo-acéto-osmique.

Le sublimé seul en solution aqueuse ou alcoolique, ou bien associé à des acides, employé principalement par l'école de Carnoy, ne m'a jamais donné de résultats aussi satisfaisants que les mélanges précédents, et je vous ai déjà indiqué de quelle manière il altère le protoplasma. Le sublimé ainsi que l'acide picrique sont de bons fixateurs pour les études histologiques ; ils conservent bien la forme et les rapports des éléments, et permettent ensuite de bonnes colorations, mais pour ma part je les emploie peu dans les recherches sur la structure du protoplasma.

Je n'insisterai pas ici sur les méthodes employées pour durcir, inclure et couper les pièces destinées aux études cytologiques ; ces méthodes sont les mêmes que celles mises en usage en histologie. Les différentes phases de la déshydatation, les traitements par les alcools gradués de plus en plus forts, puis par les essences et la paraffine demandent seulement à être effectués avec encore plus de précaution que pour les simples pièces histologiques, afin d'éviter le ratatinement des cellules. Les coupes devront être aussi minces que possible, pour pouvoir être examinées avec profit à l'aide des objectifs les plus puissants.

Le choix des méthodes de coloration n'est pas sans importance ; pour les coupes montées dans les milieux réfringents, baume du Canada ou résine dammar, il faut que le protoplasma soit assez fortement coloré pour qu'on puisse en apercevoir les détails de structure. L'emploi des couleurs d'aniline acides, (éosine, rouge-Congo, orange G, induline etc.), qui ont plus d'affinité pour le cytoplasma qne pour le noyau, est ici tout indiqué ; il en est de même de l'hématoxyline employée suivant la méthode de M. Heidenhain, et des mélanges de Benda, d'Ehrlich-Biondi, et autres analogues, dont je vous parlerai quand je m'occuperai de la coloration des noyaux.

Colorations.

Enfin, il y a un point qui demande une attention particulière, c'est le collage sur le porte-objet des coupes faites dans la paraffine. La tempéra-

Collage des coupes sur le porte-objet.

ture à laquelle on est obligé de porter la lame de verre pour coaguler l'albumine, quand on se sert du mélange de Mayer, peut quelquefois nuire à la conservation des cellules délicates, aussi vaut-il mieux coller les coupes sans les chauffer. Certains auteurs, tels que **Gulland**, **M. Heidenhain**, se contentent de mettre les coupes sur de l'eau distillée, légèrement chauffée, pour que les coupes s'étalent, puis, de laisser évaporer cette eau ; les coupes adhèrent suffisamment à la lame de verre pour subir les traitements ultérieurs. Pour que cette méthode réussisse il faut que les lames de verre soient absolument propres et débarrassées de toute trace de graisse ; on y parvient en les lavant pendant longtemps dans de l'eau de savon chaude.

J'ai quelquefois perdu des coupes intéressantes en employant cette méthode, parce qu'elles se détachaient pendant les lavages, aussi ai-je adopté un autre procédé qui réussit toujours et n'altère jamais les cellules.

Je dispose mes coupes sur un porte-objet après y avoir placé une petite quantité d'une solution très diluée de gélatine à 1 : 5000 environ, additionnée, au moment de s'en servir, d'une trace de bichromate de potasse ; je porte la lame de verre à une température suffisante pour que les coupes s'étalent, puis je fais écouler le liquide, je laisse sécher les porte-objets à la lumière ; au bout de quelques heures, la couche imperceptible de gélatine est devenue insoluble et les coupes peuvent subir tous les traitements ultérieurs sans se détacher.

16 décembre 1893.

CINQUIÈME LEÇON

STRUCTURE DU NOYAU

L'histoire du noyau présente les mêmes phases que celles du protoplasma. — Coloration du noyau par le carmin. — Mouvements des nucléoles. — Réticulum du noyau. — Nucléine. — Recherches d'Eimer. — Conception et rôle du noyau, d'après Auerbach, 1874. — La nucléine considérée comme partie essentielle du noyau. — Travaux de Flemming. — Chromatine, substance colorable du noyau. — Noyau du Chironomus, Balbiani, 1881. — Constitution du noyau d'après Strasburger. — Théories en présence, en 1882. — Opinion de Leydig, 1883. — Opinion de Ed. van Beneden. — La chromatine envisagée comme un pigment. — Constitution du noyau suivant Rabl, 1884. — Structure compliquée du noyau. — Théorie de Carnoy, 1884. — Nucléoles noyaux.

MESSIEURS,

Nous avons, dans les leçons précédentes, examiné les diverses théories ayant trait à la structure du corps cellulaire et défini morphologiquement la cellule, une masse de protoplasma renfermant une partie différenciée, le noyau. Nous avons également démontré que la plupart des théories émises sur la constitution du protoplasma n'étaient pas susceptibles de généralisation et que la seule opinion rationnelle, la seule que nous pouvions adopter, était celle de Kœlliker qui, se basant sur la totalité des faits observés, s'efforce de les expliquer, de les concilier entre eux et considère le protoplasma comme une substance homogène, constituée par le mélange d'un certain nombre de substances et susceptible de se différencier en réticulum, en filaments ou en granulations. Nous devons maintenant nous occuper de l'autre partie essentielle de la cellule, du noyau.

L'histoire du noyau présente les mêmes phases que celles du protoplasma.

En traçant l'histoire de la cellule, je vous ai dit que le noyau avait été vu déjà par Leeuwenhoek dans les globules sanguins des Poissons, par Cavolini, dans l'œuf des Poissons, et par Fontana, en 1781, dans les cellules épithéliales. Ce dernier auteur avait même entrevu le nucléole. Mais ces observations restèrent à l'état de faits isolés jusqu'en 1831, époque à laquelle Robert Brown établit le premier l'importance du noyau et sa présence constante dans toutes les cellules.

L'histoire du noyau présente exactement les mêmes phases que celle du protoplasma. Les premiers auteurs qui ont étudié ce noyau le décrivent comme une petite vésicule close, limitée par une membrane, contenant une substance semi-liquide, dans laquelle se trouvent suspendus un ou deux corps plus denses, le ou les nucléoles. Cette manière de voir demeure à peu près constante durant toute la première période de l'histoire de la cellule, celle qui s'étend de 1831 à 1859 environ.

Certains même considèrent le noyau comme formé simplement d'un protoplasma plus condensé que celui du corps cellulaire et contenant un ou plusieurs globules, plus denses encore, les nucléoles.

Coloration du noyau par le carmin. Peu à peu cependant l'on arrive à une conception plus élevée de la constitution du noyau. L'ère des progrès s'ouvre avec la découverte du botaniste Hartig qui, le premier, constata, en 1854, l'affinité que présente le noyau pour une solution de carminate d'ammoniaque. Quelques années plus tard, en 1858, Gerlach, qui ne paraît pas avoir connu la découverte d'Hartig, injectant des centres nerveux au moyen de solutions de carmin, s'aperçut que les cellules les plus voisines des vaisseaux avaient leurs noyaux colorés en rose. La matière injectée, diffusant à travers les parois des capillaires, venait imbiber les cellules et, grâce aux propriétés spéciales de la matière nucléaire, la colorait plus fortement que le reste du corps cellulaire. De là à ériger cet heureux hasard de préparation en un procédé méthodique d'investigation il n'y avait qu'un pas. Gerlach le fit. Les premiers essais de coloration nucléaire furent réalisés par lui, au moyen d'une solution ammoniacale de carmin dont l'action se prolongeait de 10 à 15 minutes, suivie d'un lavage à l'eau pure puis à l'acide acétique. Après ce traitement, la matière colorante était fixée sur les noyaux et les coupes déshydratées par l'alcool absolu, étaient ensuite montées dans le baume.

En 1859, Stilling étudiant les cellules ganglionnaires du Bœuf, décrit des filaments contournés dans le noyau.

Mouvements des nucléoles. M. Balbiani, en 1865, en se servant comme matériaux d'étude d'œufs de divers Invertébrés, et en particulier des Myriapodes, reconnaît que le nucléole est animé de mouvements particuliers, qu'il se déforme, se creuse de vacuoles. En même temps, sur l'œuf du Géophile, il observe des prolongements qui, partant du noyau, s'étendent dans le protoplasma cellulaire sous forme de tubes dans l'intérieur desquels il décrit même un prolongement du nucléole.

M. Balbiani considérait à cette époque le nucléole comme une sorte d'organe central de la circulation, un cœur cellulaire chargé de faire circuler le suc protoplasmique dans l'intérieur de la cellule. Examinant aussi l'œuf des Poissons, il reconnaît que, dans l'intérieur de la vésicule germinative, les taches germinatives (nucléoles) sont reliées entre elles par des tubes formant un réseau.

Réticulum du noyau. Vers le même temps, Frommann (1865), dans les travaux dont je vous ai déjà parlé, étudiant les cellules fraîches de la moelle du Bœuf, décrit un réticulum dans le noyau et admet l'existence de tubes qui partent du noyau et rayonnent dans le protoplasma. Il croit même apercevoir, dans ces tubes, un prolongement du nucléole qui se continuerait jusque dans le cylindre-axe.

La connaissance de la constitution chimique du noyau tend aussi à faire quelques progrès. En 1871, Miescher, dont je vous ai cité les analyses de globules du pus, isole de ceux-ci une substance particulière qu'il croit exister en majeure partie dans le noyau, quoique répandue aussi en moindre proportion dans le corps cellulaire. Il donne à cette substance le nom de *nucléine*.

A partir de cette époque, les travaux sur le noyau cellulaire se multiplient rapidement.

Eimer (1871-1872) fait paraître un travail qui produit au moment de sa publication une grande sensation, à cause de la nouveauté des faits qui y étaient annoncés. Etudiant les cellules épidermiques du museau de la Taupe, Eimer distingue dans leurs noyaux deux zones distinctes : l'une, centrale, claire, homogène, entourant le nucléole, la *zone hyaloïde*, et l'autre foncée, granuleuse, concentrique à la première. Entre ces deux zones, se trouve un cercle de granulations réfringentes qui en marque la ligne de séparation. Un peu plus tard, dans des travaux ultérieurs (1875-1877), il décrit des filaments qui, partant du nucléole à travers la couche hyaline, se rendent chacun à une granulation correspondante de la zone granuleuse intermédiaire. De plus, dans la couche granuleuse périphérique, il croit voir un réseau plus ou moins net, formé de filaments anastomosés. Chaque nucléole serait, d'après Eimer, dans les noyaux présentant plusieurs de ces corps, entouré d'une zone hyaline propre et de sa zone de granulations. Une zone granuleuse périphérique commune réunirait ensuite toutes ces zones hyaloïdes. Ces faits si curieux, annoncés par Eimer, n'ont pu être confirmés. D'ailleurs il se servait, pour l'étude de ses éléments, de bichromate d'ammoniaque, et nous savons que les bichromates en général constituent de très mauvais fixateurs pour le noyau dont ils gonflent et disloquent les éléments chromatiques.

En 1872, Kleinenberg, dans les œufs de l'Hydre d'eau douce, remarque autour de leur nucléole une masse granuleuse d'où partent des prolongements, également granuleux, s'étendant jusqu'à la couche périphérique du noyau qui, elle aussi, présente la même constitution granuleuse. Le reste du noyau est rempli de liquide. Cette structure, qui correspond d'ailleurs parfaitement à la réalité, s'explique par le fait que le noyau de l'œuf plus jeune se compose d'une masse granuleuse homogène, que cette masse se creuse de vacuoles et que celles-ci déterminent la structure réticulée décrite par Kleinenberg.

Dans ses travaux sur la cellule, Heitzmann (1873) décrit pour le noyau une structure analogue à celle du protoplasma : un réseau de filaments dans les mailles duquel se trouve une substance semi-liquide. Pour lui, les nucléoles ne sont que des points d'entrecroisement du réseau nucléaire.

Heitzmann s'est servi pour cette étude d'imprégnations métalliques, de chlorure d'or et aussi de bichromates alcalins.

En 1874, Auerbach publie un travail très étendu sur le rôle du noyau et sa constitution. Il admet dans le noyau quatre parties principales : la membrane, le suc nucléaire, les nucléoles et les granulations. Les nucléoles ne constituent pas une formation constante du noyau, et Auerbach cite à l'appui de son dire les ovules mûrs des Insectes et d'autres animaux qui présentent ce qu'il a appelé l'*état énucléolaire* du noyau. Pour lui, le noyau n'est qu'une vacuole, creusée dans le protoplasma cellulaire, dont le contour se différencie de façon à former une membrane et dont l'intérieur se condense pour constituer les nucléoles. C'est en somme, comme on peut le voir, un retour vers l'ancienne théorie de la constitution vésiculaire du noyau.

Auerbach admettait aussi que dans l'intérieur du nucléole pouvait exister souvent un autre petit corps central, déjà signalé par **Schrön**, appelé pour cette raison *corpuscule de* **Schrön**, et auquel il donne le nom de *nucléolule*. L'existence du nucléolule avait été contrôlée et contredite, avant même l'apparition du travail d'Auerbach, par **La Valette Saint-George** (1866). M. **Balbiani** était arrivé au même résultat presque à la même époque et avait admis que le nucléolule n'est qu'une vacuole formée à l'intérieur du nucléole.

Relativement au nombre de nucléoles qui peuvent être réunis dans un noyau, Auerbach classe ceux-ci en trois groupes : les noyaux à 1-2 nucléoles ou noyaux *paucinucléolaires ;* ceux qui en possèdent 3-5 ou noyaux *plurinucléolaires*, et enfin les noyaux *multinucléolaires* qui peuvent renfermer de 5 à 100 nucléoles. Il cite comme exemples du premier groupe les noyaux des tissus des Reptiles ; comme exemples du second groupe, ceux des Mammifères et des Oiseaux ; et comme exemples du troisième groupe, les noyaux des Batraciens adultes. Ces règles souffrent cependant de nombreuses exceptions ; ainsi les cellules nerveuses des Mammifères n'ont qu'un seul nucléole, et il en est de même de celles de la corde dorsale des larves de Batraciens. D'après lui, tout noyau ne possède d'abord à l'état jeune qu'un seul nucléole, qui, par ses divisions ultérieures, en produit un certain nombre à peu près constant pour une même sorte de cellules.

Auerbach signale aussi des variations curieuses dans le rapport qui existe entre l'âge de la cellule et le nombre de ses nucléoles. D'après lui, par exemple, les cellules du corps adipeux de la larve de la Mouche présenteraient un accroissement du nombre de leurs nucléoles jusqu'au cinquième jour. Après cette période de multiplication, en surviendrait une autre pendant laquelle les nucléoles cessent de se multiplier : ils se fusionnent, diminuent par conséquent de nombre, mais subissent une augmentation de volume. Tous ces faits sont intéressants ; ils sont tous à noter en passant, mais ils n'ont point encore été confirmés et méritent d'être l'objet de nouvelles recherches.

Si Auerbach s'était borné à exposer et à décrire les faits que je viens de résumer, son travail aurait été par là même suffisamment intéressant. Malheureusement il a voulu baser sur ses observations toute une théorie sur le rôle des nucléoles dans la multiplication cellulaire. Les nucléoles sont à ses yeux de véritables petits noyaux qui, à un moment donné, sortent du noyau principal, émigrent dans le protoplasma, et, s'entourant d'une couche indépendante, constituent de nouvelles cellules. Cette manière de voir se rapproche de celle émise, en 1842, par Vogt, à la suite de ses recherches sur le développement de l'œuf des Salmonides. Il croyait que les taches germinatives, autrement dit les nucléoles, émigraient hors de la vésicule germinative, ou noyau de l'œuf, se répandaient dans la substance du germe et contribuaient ainsi à former les premières cellules du blastoderme.

Ce sont là des vues purement théoriques qui sont en contradiction avec tous les faits d'observation.

En 1875, Flemming, dans la vésicule germinative des Najades, O. Hertwig, dans celle des Echinodermes et de la Souris décrivent un réseau visible sur le vivant et qui, partant du nucléole, rayonne vers la membrane du noyau. D'un autre côté, Frommann confirme les observations d'Heitzmann sur la structure réticulée du noyau.

Schwalbe (1876), étudiant les cellules ganglionnaires de la rétine des Mammifères, constate que le noyau des cellules jeunes est presque homogène et ne possède ni nucléoles, ni membrane. Plus tard apparaissent d'abord dans la substance nucléaire des vacuoles, puis des nucléoles et une membrane d'enveloppe résultant de la condensation de cette substance nucléaire devenue réticulaire par la présence des vacuoles.

La même année, Strasburger s'élève contre la théorie d'Auerbach sur la nature et le rôle des nucléoles ; il s'occupe des modifications du noyau pendant la division cellulaire, mais on ne trouve dans son travail aucune notion précise sur la structure de cet élément à l'état de repos ; à cette époque d'ailleurs, le célèbre cytologiste n'avait pas encore d'opinion bien établie sur la constitution du noyau, qu'il considérait comme une masse de protoplasma homogène, renfermant des vacuoles et des granulations.

Ed. van Beneden (1876) constate dans la vésicule germinative des Mammifères et de l'*Asteracanthion* un réseau partant du nucléole et allant à la périphérie du noyau. Bütschli décrit la même disposition dans le noyau des globules sanguins des Amphibiens après l'action de l'acide acétique.

R. Hertwig (1876), dans un petit travail intitulé : *Essai d'une conception unique des diverses formes de noyau*, cherche à démontrer que la forme du noyau n'a aucune importance et que l'activité vitale de cet élément réside dans les substances qu'il contient. Dans tous les noyaux des cellules végétales et animales, aussi bien que des Protistes, il distingue deux substances, la substance nucléaire ou nucléine et le suc nucléaire. La nucléine est la partie essentielle et caractéristique du noyau ; elle est en grande partie représentée par les nucléoles et souvent par une couche pariétale du noyau : dans les noyaux homogènes, le suc nucléaire et la nucléine sont mélangés ou il n'existe que de la nucléine (1).

Travaux de Flemming. **Flemming** (1876), cherchant à retrouver dans le noyau le réticulum décrit par **Frommann**, **Heitzmann** et d'autres auteurs, s'adresse aux cellules de la Salamandre. Il constate, en effet, l'existence d'un réseau avec une substance liquide interposée entre ses mailles, mais, à son avis, les nucléoles loin de représenter les points d'entrecroisement du réticulum, comme le veulent **Frommann** et **Heitzmann**, sont des éléments indépendants, formés peut-être d'une substance spéciale. De plus, il étudie l'action des réactifs sur le noyau, trouve que certains d'entre eux conservent bien la forme du réticulum nucléaire et que, dans le noyau, seuls le réticulum et les nucléoles retiennent les substances colorantes, l'hématoxyline et les couleurs d'aniline.

Enfin **Arndt** (1876) étend au noyau sa conception de la structure du protoplasma. Pour lui, le noyau est formé d'une substance fondamentale homogène dans laquelle se trouvent plongées des granulations.

A la même époque, M. **Balbiani** (1876), dans un travail sur la division cellulaire chez le *Stenobotrus*, annonçait que le réseau chromatique est formé de granulations disposées en séries ou en chapelets.

En 1878, **Flemming** publie un travail important sur le noyau, dans les différents tissus de la Salamandre. Ce Batracien qui a servi à la plupart des recherches de l'éminent professeur de Kiel, constitue un objet d'étude extrêmement précieux, à cause de la grande taille de ses éléments (2).

---

(1) — **O. Hertwig**, en 1878, a donné le nom de *paranucléine* à la substance qui constitue la majeure partie du noyau, le reste étant de la *nucléine*.

(2) — La Salamandre tachetée ou terrestre, *Salamandra maculosa*, est rare dans les environs de Paris, où il est extrêmement difficile de s'en procurer ; elle est, au contraire, très commune dans certaines régions, entre autres en Champagne et en Franche-Comté. On conserve très facilement les Salamandres, en captivité; il suffit de les mettre dans une caisse ou un aquarium dont le fond est formé d'une couche de terre de 10 centimètres environ d'épaisseur; dans la couche de terre est enfoncé un vase contenant de l'eau, un cristallisoire ou mieux une cuvette photographique. On recouvre la terre de mousse ou de quelques pierres. Les Salamandres se tiennent toute la journée cachées et ne vont guère à l'eau que pour y déposer leurs petits. On les nourrit facilement avec des Vers de terre qu'on leur donne de temps en temps ; les Vers, qui ne sont pas saisis immédiatement par les Salamandres, s'enfoncent dans la terre, continuent à y vivre, et sont mangés plus tard lorsqu'ils sortent pendant la nuit, et quand la terre est humide.

Les jeunes larves de Salamandre qui rendent, comme l'adulte, les plus grands services dans les recherches cytologiques, s'obtiennent en ouvrant des femelles en état de gestation. Celles-ci peuvent aussi pondre spontanément en captivité. Des Salamandres, qui m'ont été données par M. le Professeur Nicolas de Nancy, et qui ont été capturées au mois d'avril 1893, ont mis au monde, au mois d'avril 1894, de petites larves bien vivantes et mesurant 2 cent. 5 de longueur.

Dans les cellules de la queue de la larve de la Salamandre à l'état vivant, Flemming a pu, avec un bon éclairage, apercevoir le noyau sous forme d'un corps transparent à peine visible, présentant des aspects divers et souvent des incisures sur sa surface ; il y a constaté aussi des mouvements spontanés qui en modifient constamment la forme. Dans les cellules de Leydig qui constituent de véritables glandes à mucus unicellulaires s'ouvrant à la surface des téguments, Flemming a constaté aussi, à l'état vivant, un réticulum nucléaire très net. Il en est de même également dans les cellules cartilagineuses des arcs branchiaux. Mais quand les cellules commencent à mourir, le réticulum tend à disparaître, en même temps que les nucléoles deviennent plus visibles. Le contraire a lieu dans les cellules des autres tissus ; ici c'est le réticulum qui devient plus apparent au moment de la mort et les nucléoles qui tendent à disparaître.

Flemming insiste longuement dans son travail sur l'emploi des réactifs et préconise pour l'étude du noyau l'acide picrique et l'acide chromique à 0,1 ou 0,5 pour o/o. L'alcool rend bien visible le réticulum lorsqu'on traite ensuite les cellules par une huile essentielle, l'essence de girofle, par exemple. Les éléments du réseau imbibés d'alcool le retiennent plus longtemps que les autres parties du noyau. Il en résulte une différence de réfringence qui facilite beaucoup l'observation, en faisant trancher en sombre le réticulum sur la substance cellulaire et le reste du noyau éclaircis par l'essence. Les meilleurs colorants sont les couleurs d'aniline. Elles montrent que le noyau, qui se colore fortement, est formé d'une substance différente de celle qui constitue le corps cellulaire. Dans le noyau, ce sont les nucléoles qui retiennent le plus fortement la matière colorante, puis le réseau et la membrane ; le suc nucléaire présente peu d'affinité pour elles.

Les travaux de Flemming sont suivis d'un certain nombre d'autres moins importants que nous ne ferons que signaler ici. Klein (1878-1879) admet la structure nucléaire décrite par Heitzmann. Prudden et Schleicher, en 1879, se rangent au contraire à l'opinion de Flemming.

En 1880, Flemming publie un nouveau mémoire dans lequel il distingue plusieurs éléments constitutifs du noyau : une *charpente nucléaire* (Kerngerust) ou *réticulum nucléaire* (Netzwerk), qui présente des points nodaux ou *pseudonucléoles ;* en deuxième lieu les *nucléoles,* puis le *suc nucléaire* ou *substance intermédiaire* et enfin la *membrane* du noyau. Pour la première fois alors, il donne le nom de *chromatine* à la substance colorable du noyau, mais sans toutefois en définir la constitution physique ou chimique : la substance non colorable est *l'achromatine.* La chromatine ne serait pourtant pas identique à la nucléine de Miescher, mais elle en constituerait la majeure partie. Le noyau des cellules végétales, auxquelles il a étendu ses observations, présente la même structure que celui des cellules animales. Enfin, s'adressant aux spermatozoïdes, il en étudie le développement, constate, fait déjà connu, que la tête de ces éléments se développe aux

Chromatine, substance colorable du noyau.

dépens du noyau, mais démontre de plus que c'est par la condensation de la chromatine que s'effectue cette différenciation.

Schmitz (1880), confirme les recherches de Flemming sur les végétaux, mais admet que le réticulum nucléaire est composé d'une substance très voisine de celle qui forme les trabécules du protoplasma cellulaire ; l'une et l'autre ne diffèrent que par leur degré de condensation plus ou moins considérable ; cette différence est quelquefois presque nulle. Dans le réticulum sont englobés des éléments sous forme de granulations ou de bâtonnets et constitués par de la chromatine.

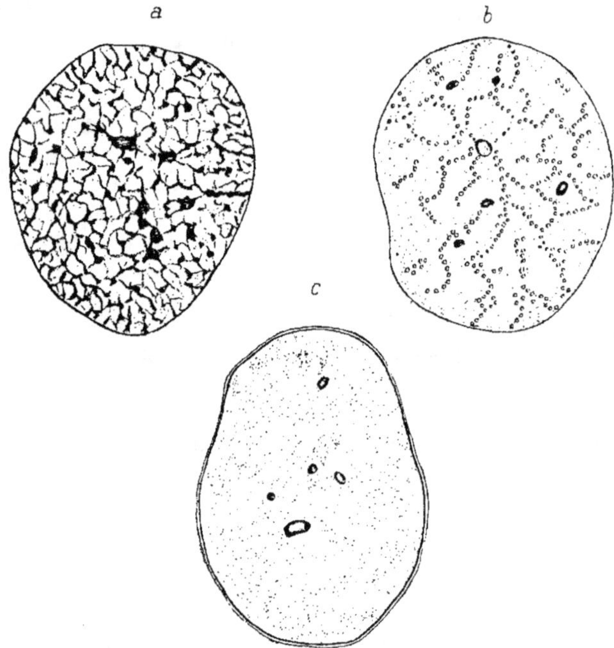

Fig. 37. — Noyaux de cellules épithéliales des branchies de larve de Salamandre ; *a* : noyau traité par l'acide chromique et fortement coloré ; *b* : noyau traité par l'acide osmique, coloré et examiné dans la glycérine ; *c* : noyau fixé par l'acide osmique, non coloré, examiné dans l'eau. (D'après Flemming, 1882).

Baranetsky (1880) fait une intéressante observation sur le noyau des cellules polliniques du *Tradescantia*. Il voit le noyau se disloquer en anses constituées par des filaments striés transversalement. Par l'action de l'eau, il observe qu'un de ces filaments se déroule en un fil enroulé en spirale autour d'une substance claire formant l'axe du filament et que c'est le fil qui est l'élément colorable de la substance du noyau.

Pfitzner (1881) étudiant de plus près le réticulum nucléinien retrouve la structure indiquée par M. Balbiani, en 1876 ; il montre que ce réticulum n'est pas homogène, mais qu'il est formé de granulations colorées plongées dans une substance incolore qui forme, elle, le réseau. C'est un pas en avant dans la connaissance de la structure du réticulum dans lequel il faut distinguer deux substances, l'une granuleuse, l'autre homogène enveloppant la première.

Très peu de temps après M. Balbiani (1881), trouve un objet d'étude extrêmement favorable et qui lui fournit la matière d'observations très intéressantes pour l'histoire du noyau. Ce sont les cellules de la glande salivaire de la larve du *Chironomus*, vulgairement appelé Ver rouge de vase, communément employé pour la pêche et la nourriture des animaux d'aquarium. Rien n'est plus facile que d'obtenir ces glandes salivaires isolées ; il suffit pour cela de détacher ou mieux d'arracher la tête de la larve avec des pinces, les glandes restent attachées à la tête sous forme de deux petites masses transparentes que l'on isole facilement dans le sang de la larve. Les cellules apparaissent alors comme des corps arrondis faisant saillie dans une cavité commune, pleine d'une substance visqueuse résultant de leur sécrétion. Les noyaux qui atteignent jusqu'à 1/10 de millimètre de diamètre sont presque visibles à l'œil nu.

Noyau du
Chironomus,
Balbiani 1881

Fig. 38. — Noyau de la glande salivaire de la larve du *Chironomus plumosus*. (D'après BALBIANI 1881 ; fig. empruntée à O. HERTWIG).

Examiné à l'état vivant, le noyau des cellules salivaires du *Chironomus* se présente sous forme d'une vésicule close contenant deux gros nucléoles

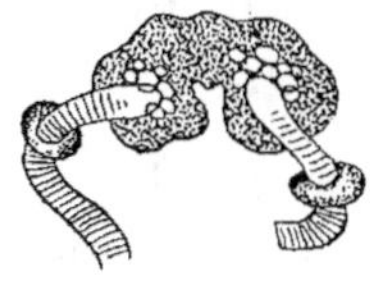

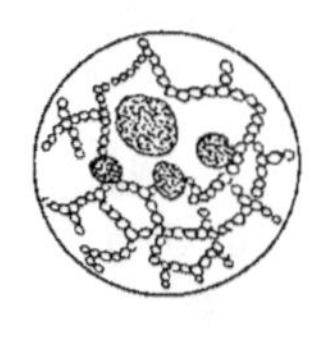

Fig. 39. — Nucléole d'un noyau de glande salivaire du *Chironomus*, dans lequel se terminent les deux extrémités du cordon chromatique. A une faible distance de chaque extrémité, le cordon présente un renflement discoïde. (D'après BALBIANI, 1881).

Fig. 40. — Nucléole d'un noyau de glande salivaire du *Chironomus*, formé par un amas de petits globules clairs. (D'après BALBIANI, 1881).

Fig. 41. — Fragments de cordons nucléaires du *Chironomus*, montrant les disques sombres colorables, alternant avec les disques clairs non colorables. (D'après BALBIANI, 1881).

Fig. 42. — Vésicule germinative d'un ovule de Lapine. (D'après BALBIANI, 1881).

parfois accolés et un gros filament dont les extrémités viennent se souder aux nucléoles (fig. 38). Ceux-ci irréguliers, et larges de 0,03 et 0,04 mm., bombés à leur surface, sont formés d'une substance réfringente, granuleuse et creusée d'un plus ou moins grand nombre de vacuoles isolées ou confluentes. Le filament ou, pour mieux dire, le cordon nucléaire a la forme d'un tube dont le diamètre mesure en moyenne 0.015 mm. Quelquefois l'on peut sur son trajet, à une petite distance des nucléoles, apercevoir un ou deux petits renflements granuleux en forme d'anneaux qui paraissent constitués de la même substance que celle des nucléoles (fig. 38, 39, 40). Le cordon nucléaire, examiné à un fort grossissement, présente une striation transversale tout à fait analogue à celle d'une fibre musculaire (fig. 41).

La structure du noyau ne change pas sous l'action des réactifs fixateurs, mais la coloration de ses parties constitutives varie avec les réactifs colorants. Ainsi le vert de méthyle colore intensément les cordons, en laissant incolore les nucléoles et les renflements granuleux que l'on trouve sur le cordon. Avec le carmin, ce sont au contraire les nucléoles qui se colorent, le cordon restant à peu près incolore. L'hématoxyline teint les deux éléments mais plus intensément les nucléoles que le cordon. Cette différence de coloration des nucléoles et du cordon nucléaire est importante à retenir ; elle a été signalée, ainsi que vous le voyez, pour la première fois par M. Balbiani.

Le cordon nucléaire se montre après coloration, composé d'une alternance de disques pâles et de disques réfringents ; on peut constater que ces derniers seuls absorbent et retiennent la matière colorante. La chromatine semble donc condensée dans les disques réfringents. Lorsque l'on comprime fortement la préparation pour tâcher d'écraser les éléments nucléaires, on peut parfois obtenir une dislocation du cordon en plaquettes plus ou moins détachées les unes des autres. M. Balbiani n'a pu discerner s'il s'agissait d'un fil enroulé en spirale ou de véritables plaquettes empilées, mais il penche vers cette deuxième opinion. Il est à remarquer que toutes les cellules de la larve du *Chironomus* présentent une structure nucléaire analogue, quoique moins nettement indiquée.

M. Balbiani étendant ses observations aux cellules du grand sympathique de la Grenouille, à la vésicule germinative du Lapin (fig. 42), aux cellules du *Stenobotrus* est arrivé à y constater des structures analogues, mais moins hautement différenciées. Dans ces éléments la chromatine tend aussi à s'organiser en cordons. M. Balbiani est porté à conclure, d'après toutes ces observations, que, dans le plus grand nombre des noyaux cellulaires, il existe un cordon unique pelotonné sur lui-même. Le réticulum véritable y serait, au contraire, très rare.

Viennent ensuite des travaux de Henle (1880), Retzius (1881), Freud (1882), qui n'ajoutent point de faits nouveaux à ceux que nous venons d'examiner.

En 1882, paraît l'important ouvrage de Flemming sur la cellule, dans lequel il résume toutes ses observations antérieures et en donne un grand nombre de nouvelles. D'après lui, le noyau cellulaire se compose d'un réseau à mailles continues remplies d'un suc nucléaire et contenant des nucléoles indépendants du réseau. Il nomme *karyomiton* la substance constitutive du réseau, et substance achromatique le liquide interposé dans les mailles de celui-ci. Il admet bien que dans les noyaux du *Chironomus*, qu'il a lui-même étudiés, il existe un véritable cordon, mais il s'agirait là d'un fait exceptionnel; le réticulum nucléaire constituerait au contraire le cas le plus fréquent. Je n'insisterai pas davantage sur les autres faits relatés par **Flemming** car nous les avons déjà exposés plus haut.

Strasburger (1882) émet sur la structure des noyaux des cellules végétales une opinion identique à celle de M. **Balbiani** et pense par conséquent que les éléments chromatiques ont la forme d'un cordon continu, pelotonné sur lui-même. Si ce cordon donne l'illusion d'un réseau c'est parce que d'une part il présente souvent des renflements sur son trajet, que d'autre part il se croise en tous sens en revenant sur lui-même. Quant à la constitution intime du cordon, **Strasburger** partage la manière de voir de **Pfitzner** et de **Balbiani**. Il admet dans le noyau deux substances, un suc nucléaire et un *nucléoplasma*. Ce dernier qui forme le cordon nucléaire comprend lui-même un *nucléohyaloplasma* homogène et incolore contenant des *nucléomicrosomas* seuls colorables par les réactifs.

Constitution
du noyau
d'après Stras-
burger.

Vous voyez qu'en 1882 nous nous trouvons en présence de diverses théories sur la structure du noyau. Tous les cytologistes admettent à cette époque l'existence d'un élément figuré et d'un suc nucléaire, mais ils divergent d'opinion quand il s'agit de s'entendre sur la manière dont ces deux éléments se combinent entre eux. Pour les uns l'élément figuré affecte la forme d'un réticulum à mailles continues ; c'est l'opinion de **Frommann**, **Heitzmann**, **Flemming**, **Klein** et **Pfitzner**. Pour les autres il s'agit d'un filament continu enroulé sur lui-même et non anastomosé ; ainsi pensent **Balbiani** et **Strasburger**.

Théories en
présence
en 1882.

Relativement à la constitution intime de la substance figurée du noyau, les uns, comme **Flemming**, y voient des filaments homogènes, imprégnés de chromatine, tandis que pour **Pfitzner**, **Balbiani**, **Strasburger**, l'élément figuré comprend une substance homogène contenant des granulations chromatiques.

Relativement enfin à la nature des nucléoles, les uns, **Heitzmann**, **Frommann**, **Klein**, **Retzius**, y voient des portions renflées d'un réseau, les autres, **Flemming**, **Balbiani** et **Strasburger**, des formations nucléaires indépendantes.

Peut-être l'énumération que nous venons de commencer des théories émises par les auteurs sur la constitution du noyau paraîtra-t-elle fastidieuse à quelques-uns. C'est pourtant la manière la plus commode et la plus intéressante de faire voir comment se sont étendues et développées nos connaissances sur le sujet. De l'analyse de travaux qui se complètent toujours, se contredisent aussi parfois, naîtra peu à peu, et pour ainsi dire d'elle-même, la conception la plus juste que nous devrons nous faire de la structure et du rôle du noyau cellulaire.

Nous ne considérons bien entendu ici que la structure du noyau à l'état de repos, à l'*état quiescent*, selon l'expression employée par quelques auteurs; l'on verra, en effet, plus loin que sa constitution change avant, pendant et après la division, pour passer par des phases transitoires que nous étudierons longuement, quand nous nous occuperons de la division cellulaire.

Après les recherches si importantes de Flemming, paraît toute une série de travaux qui complètent ou confirment ceux de cet auteur.

Opinion de
Leydig 1883. En 1883, Leydig, étudiant les noyaux d'un grand nombre d'espèces animales, et notamment du *Chironomus*, du *Bombus terrestris*, de la *Nepa cinerea* de la *Musca vomitoria*, du *Bombyx neustria*, de Mollusques, *Limax cinereus*, *Cyclas*, etc., admet aussi dans l'intérieur du noyau une charpente ténue, analogue au tissu squelettique d'une éponge, à laquelle il donne le nom de *Schwammwerk* et qui correspond au réticulum de Flemming, et une substance intermédiaire plus molle, *Zwischenmaterie;* mais, d'après Leydig, cette charpente ne serait pas homogènement distribuée dans toute la substance du noyau; dans ceux des cellules testiculaires du *Lithobius*, par exemple, elle constituerait seulement une zone périphérique et la cavité intérieure, limitée par elle, serait remplie par le suc cellulaire. Il considère les nucléoles comme une partie du réseau. Leydig s'est livré aussi à l'étude du noyau du *Chironomus*, mais arrive à ce sujet à des interprétations un peu différentes de celles que nous avons vu émises par M. Balbiani et par Flemming. D'après lui, le boyau nucléaire ne serait pas continu, mais serait constitué par des tronçons qui se souderaient les uns aux autres sous l'influence des réactifs et seraient reliés aux parois du noyau par des tractus ou des filaments. De plus, les stries que l'on remarque sur le boyau nucléaire correspondraient non point à une alternance de structure interne, mais à une simple modification de la surface. Le boyau serait creux, rempli d'une substance homogène et la striation résulterait d'épaississements de sa paroi. Leydig admet même que dans les cellules jeunes du *Chironomus* il existe des fragments de cordons séparés les uns des autres, composés d'une substance spongieuse, dans laquelle certaines parties seules se colorent sous l'action des réactifs, parties qui, par leur disposition même, donnent au boyau nucléaire son aspect strié. Les nucléoles seraient simplement des parties de boyau plus condensées.

La manière de voir de Leydig paraît assez difficile à admettre, car elle n'est point en harmonie avec les observations que l'on peut faire sur le noyau à l'état vivant. Dans cet état, en effet, et sans l'aide d'aucun réactif, l'on peut vérifier la plupart des détails de structure décrits par M. Balbiani et par Flemming.

Opinion de
Ed. van Beneden. A la même époque, Ed. van Beneden (1883) publie un travail considérable sur l'œuf de l'*Ascaris megalocephala* dans lequel il émet quelques idées nouvelles sur la structure du noyau à l'état de repos. Celui-ci se compose de deux substances principales : une charpente réticulée à laquelle il donne le nom de *nucléoplasma* et une substance liquide, le suc nucléaire. Le nucléoplasma comprend lui-même deux substances : la substance achromatique et la substance chromatique. La substance achromatique se présente sous la forme de filaments de dimensions variables, moniliformes, constitués par de petits éléments figurés, auxquels il donne le nom de *nucléomicrosomes*, et qui sont réunis les uns aux autres par des fibrilles ou *nucléofils*.

Pour **van Beneden**, la substance chromatique est une sorte de pigment qui peut imbiber soit les nucléofils, soit les nucléomicrosomes, ainsi que la membrane du noyau. Les filaments moniliformes et leurs microsomes peuvent se fusionner en faisceaux pour donner de gros cordons qui, à leur tour, peuvent se résoudre ultérieurement en microsomes et en fibrilles fasciculées. La proportion de chromatine varie dans les éléments du noyau, selon l'âge de la cellule et selon le stade évolutif dans lequel elle se trouve. La chromatine peut même cesser d'être présente dans le réticulum nucléaire et se répandre dans le protoplasma cellulaire. Cette opinion, qui tendrait à faire considérer la chromatine comme une substance imbibante, n'est pas propre à **van Beneden**. J'avais moi-même, en étudiant les sphères de segmentation des Poissons osseux, émis la même idée. Dès 1882, j'avais remarqué que si l'on colore les jeunes sphères de segmentation, alors qu'elles sont encore peu nombreuses, leur protoplasma se colore intensément, et qu'il perd graduellement cette propriété au fur et à mesure que le nombre des sphères, et par conséquent des noyaux, augmente dans l'œuf. J'en concluais, en me basant sur ces observations, que j'avais étendues également à l'œuf des Amphibiens, que la chromatine est non pas une substance figurée, mais une substance diffusible dans le corps cellulaire lui-même.

Korschelt, en 1884, reprend l'étude du noyau du *Chironomus*, et conclut, à peu près comme l'avait fait **Leydig**, que la striation du boyau nucléaire résulte des replis de sa surface et non de la présence de couches différenciées. Ce travail n'a, du reste, qu'une faible importance.

Nous en trouvons un autre plus considérable de **Brass** (1883-84) portant sur la constitution de la cellule tout entière, mais dont nous ne retiendrons ici que ce qui a trait à la structure du noyau. La chromatine serait, d'après **Brass**, une substance pouvant revêtir des formes très variables, et tranchant par ses propriétés physiques et chimiques sur la substance semi-fluide, fondamentale du noyau, qu'il appelle le *plasma nucléaire actif*. Elle se présente tantôt sous forme de granulations, tantôt de filaments reliés entre eux en manière de réticulum ou de filament unique pelotonné ; tantôt, enfin, elle peut être à l'état amorphe en solution dans les noyaux homogènes. Outre cette substance colorable, **Brass** admet l'existence probable d'une autre substance fondamentale, formée aux dépens du plasma nucléaire et servant de substratum à la chromatine. Il partage l'opinion qui avait été émise par **van Beneden** et par moi, à savoir que la chromatine peut diffuser dans le protoplasma cellulaire. Enfin, comme nous le verrons plus tard, il considère la chromatine comme constituant un matériel nutritif du noyau.

Constitution du noyau suivant Rabl.

Rabl (1884), dans un important mémoire sur la division cellulaire, expose sa manière de voir sur la constitution du noyau à l'état du repos. Ses recherches ont porté sur différentes cellules du *Proteus* et sur les cellules épidermiques et les glandes cutanées du *Triton cristatus*. Il admet, avec **Flemming**, dans le noyau, un réseau chromatique et un suc nucléaire interposé. Mais la disposition et surtout la finesse de ce réseau peuvent être fort variables selon la nature des cellules. Dans les cellules épidermiques, le réseau peut être très fin, tandis que dans celles du tissu musculaire ou du tissu conjonctif, il présente des mailles beaucoup plus lâches et plus grossières. **Rabl** tend à établir, d'après ces différences, une diversité de structure pour les cellules d'origine ectodermique et pour celles d'origine mésodermique. Se basant sur ce fait que, pendant les premiers stades de la

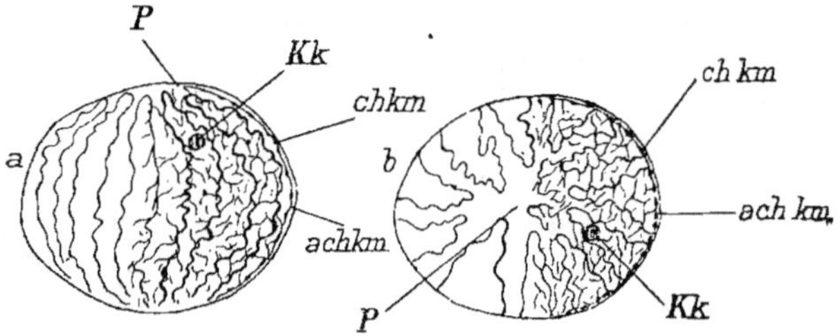

Fig. 43. — Schéma de la disposition du réseau nucléaire d'après RABL. *a*, noyau vu de côté avec le champ polaire en haut; *b*, noyau vu par sa partie supérieure; *achkm*, membrane achromatique; *chkm*, membrane chromatique; *Kk*, nucléole; P, champ polaire. (Fig. empruntée à SCHIEFFERDECKER).

division du noyau et ceux de la reconstitution des noyaux-filles, l'élément chromatique se présente sous la forme d'un filament pelotonné, il admet également, dans le noyau au repos, l'existence de ce filament qui constitue ce qu'il nomme le *filament primaire*. De ce filament primaire, pelotonné sur lui-même, partent latéralement des filaments plus grêles, les *filaments secondaires*, qui relient entre elles les anses du peloton (fig. 43). Des filaments secondaires peuvent se détacher aussi des *filaments tertiaires*, encore plus fins. Le réticulum du noyau résulterait donc des anastomoses de ces trois ordres de filaments; la matière chromatique en s'accumulant dans certains nœuds de ce réticulum donne naissance à des formations nucléoliformes. Les vrais nucléoles seraient des parties de la charpente nucléaire plus nettement délimitées, et ayant acquis plus d'indépendance. **Rabl** cherche à étendre ce schéma à tous les noyaux connus jusqu'alors. Il admet que dans les cellules à développement rapide, où il ne se forme point, dans l'intervalle des divisions karyokinétiques, des filaments secondaires, il existe un filament nucléaire continu, simple, tandis que dans les cellules passées depuis un certain temps à l'état quiescent, le réticulum nucléaire apparaît par formation de filaments secondaires. Il cherche donc à relier l'un à l'autre les deux types de noyaux établis par ses prédécesseurs celui dans lequel l'élément chromatique revêt la forme d'un cordon pelotonné, et dont le noyau des glandes salivaires du *Chironomus* est le plus bel exemple, et celui dans lequel cet élément chromatique prend un aspect nettement réticulé.

Guignard (1884), dont les recherches ont porté sur le noyau des cellules polliniques et du sac embryonnaire des Liliacées, principalement du *Lilium martagon*, se range à l'opinion de Strasburger, à savoir, l'existence dans le noyau d'un filament continu enroulé en peloton ; mais, moins exclusif que ce dernier, il admet que les anses du peloton peuvent se souder les unes aux autres et former ainsi un réticulum. Guignard considère les nucléoles comme des productions absolument indépendantes du réticulum nucléaire, et fait remarquer avec raison que souvent ces productions se colorent d'une façon différente que le reste de la substance chromatique du noyau ; le vert de méthyle ne les colore que très faiblement, tandis qu'il teint fortement le filament ; le carmin les colore un peu plus fortement. Dans certaines phases de la vie cellulaire, dans la division indirecte, par exemple, les nucléoles disparaissent complètement.

Jusqu'ici, les auteurs dont nous venons de résumer les travaux n'admettent dans le noyau que deux parties essentielles : un suc nucléaire et une substance figurée diversement disposée. Nous arrivons maintenant à des observateurs qui y décrivent une structure beaucoup plus compliquée. *Structure compliquée du noyau.*

E. Zacharias, dans une série de travaux publiés de 1881 à 1883, a étudié au point de vue chimique les noyaux d'un certain nombre de cellules végétales (*Tradescantia, Ranunculus, Phajus grandifolius*, etc). Il est arrivé à distinguer dans le noyau plusieurs sortes de substances : une nucléine soluble dans les solutions faibles de soude et l'acide chlorhydrique, analogue à celle de Miescher, et une autre nucléine, la *plastine*, difficilement soluble dans la soude et l'acide chlorhydrique concentré. La chromatine serait formée d'un mélange de nucléine et de plastine. L'on peut, en effet, en traitant des noyaux par les réactifs appropriés, dissoudre la nucléine soluble et laisser la plastine sous forme d'un réticulum nucléaire. Le suc nucléaire serait une substance albuminoïde soluble dans l'alcool et le suc gastrique.

Fol (1884), dans le premier fascicule, le seul paru, de son Traité d'anatomie microscopique, fait une remarque intéressante : la coloration que prennent les noyaux dans une substance tinctoriale neutre est celle que prend la solution quand on y ajoute une petite quantité de substance basique. Ainsi le carmin aluné traité par une solution alcaline prend une teinte lilas ; il communique également aux noyaux une teinte lilas. L'hématoxyline donne, dans les deux cas, une teinte bleue, la ribésine une teinte bleu-verdâtre, la matière colorante du Chou rouge une teinte verte, etc. D'où Fol conclut que la nucléine se comporte en présence des colorants comme un corps faiblement alcalin.

Parmi les auteurs qui reconnaissent plusieurs substances dans la matière constitutive du noyau, nous trouvons Pfitzner (1883) dont les recherches ont porté sur les cellules de l'Hydre grise. Pfitzner admet dans le noyau un réticulum très fin, formé de chromatine et présentant des nodosités. Dans le suc nucléaire ou la substance achromatique, il distingue, à côté de la substance amorphe, une substance figurée la *parachromatine*, invisible à l'état quiescent, mais qui se dispose en filaments faiblement colorables pendant la division. Les nucléoles seraient des parties indépendantes du réticulum se colorant d'une manière spéciale, formés d'une substance particulière, la *prochromatine*, pouvant se transformer en chromatine. Pour Pfitzner, il entre donc quatre substances dans la constitution du noyau : la chromatine, la substance achromatique, la parachromatine et enfin la prochromatine.

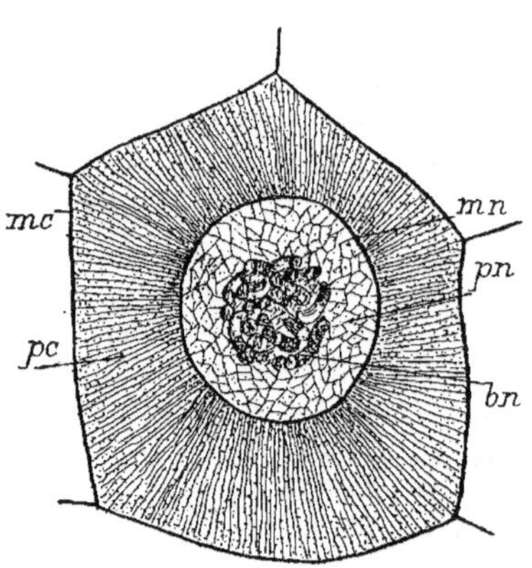

Fig. 44. — Cellule et noyau de l'épithélium intestinal d'un Asticot, exposé aux vapeurs de l'acide osmique ; *mc*, membrane cellulaire ; *pc*, protoplasma cellulaire : on y distingue le réticulum rayonnant et l'enchylèma renfermé dans ses mailles ; *mn*, membrane du noyau ; *p n*, plasma du noyau, on y voit également un réticulum et un enchylèma plasmatiques ; *bn*, boyau nucléinien continu, contracté au centre du noyau et montrant des anses nombreuses. (D'après Carnoy, 1884).

Théorie de Carnoy, 1884. Dans son ouvrage resté jusqu'ici inachevé, et qui ne comprend que des généralités sur la cellule et l'étude du noyau, Carnoy (1884) expose sa manière de voir sur la constitution du noyau ; il le définit : une sorte de petite cellule logeant un noyau ou filament tortillé de nucléine. De même que dans la cellule nous avons une substance figurée et un liquide cellulaire, de même aussi nous trouvons dans le noyau un réticulum et son contenu, mais il entre de plus dans ce dernier un troisième élément, qui est le boyau nucléinien (fig. 44). Il convient donc de distinguer dans le noyau un protoplasma qui lui est propre, le *caryoplasma*, un *suc nucléaire* et un *boyau nucléinien*. Le caryoplasma comme le cytoplasma est constitué par un réticulum et un enchylèma granuleux. L'élément nucléinien serait un filament continu et pelotonné sur lui-même, mais qui pourrait, sous l'influence des réactifs, s'agglutiner par endroits de façon à donner l'illusion d'un réticulum ; toutefois il admet qu'exceptionnellement, et dans certaines cellules seulement, celles des Batraciens notamment, l'on peut observer la présence d'un véritable réticulum. Le filament nucléinien présente lui-même de nombreuses variations de forme ; il peut se segmenter en fragments qui constituent autant de tronçons séparés, se diviser même en sphérules qui formeraient, d'après **Carnoy**, les nombreuses taches germinatives qu'on observe dans l'œuf des Poissons, des Amphibiens, des Reptiles et des Oiseaux. D'autres fois, comme dans la tête des spermatozoïdes, le boyau peut se condenser et former une masse complètement homogène.

La structure du boyau nucléinien est très compliquée. Suivant **Carnoy**,

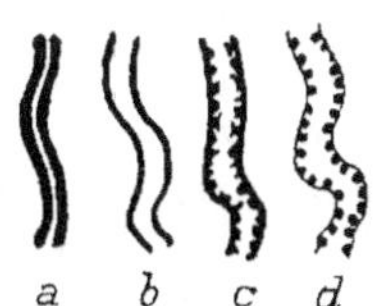

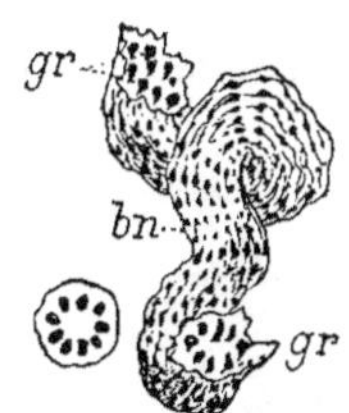

Fig. 45. — Noyau de l'endosperme de *Paris quadrifolia*; c, le réticulum apparent se montre formé de circonvolutions indépendantes dans la partie blessée par l'aiguille. Sous l'action du vert du méthyle le boyau se décompose en disques alternativement colorés (noirs) et hyalins (blancs). Au milieu du noyau, les trois nucléoles plasmatiques ; x, tronçon du boyau plus grossi. Les disques (noirs) de nucléine ne portent aucune trace de structure granuleuse. L'étui a été rendu visible par le violet de Paris sur les bouts qui sortent du noyau. (D'après Carnoy, 1884).

Fig. 46. — Coupes optiques longitudinales de divers boyaux; a, boyau nucléinien de Cloporte. Le manteau de nucléine est très épais et le canal central est à peine visible: b, boyau de l'organe sexuel larvaire d'un Bourdon. Le manteau de nucléine est mince et le canal central très large ; c, boyau de l'organe sexuel larvaire d'une Mouche parasite de *Liparis dispar*. Le manteau de nucléine n'est plus uniforme, il s'est épaissi à des endroits régulièrement espacés. d : portion striée du boyau précédent. Le manteau de nucléine s'est découpé en disques séparés des portions hyalines. (D'après Carnoy, 1884).

Fig. 47. — Coupe du boyau nucléinien strié de la glande filière d'une larve de Némocère ; bn, boyau couché ; gr, les deux sections opérées par le rasoir. On y voit un cercle de granules réfringents entourant l'orifice central. Les espaces interposés, laissés en blanc, représentent la masse plasmatique dans laquelle ils seraient enrobés. Ce sont ces granules qui donnent aux stries, vues de profil, l'aspect ponctué qu'elles présentent. (D'après Carnoy, 1884).

il constituerait un véritable tube formé d'une membrane d'enveloppe composée de plastine et renfermant un contenu liquide, de nature analogue à celle de la nucléine, ou plutôt d'un mélange mal défini de nucléine et d'une sorte de plasma hyalin. La disposition tubulée du boyau se démontre par le fait que l'on peut en dissoudre le contenu au moyen des réactifs alcalins faibles ou de l'acide chlorhydrique concentré qui laissent la plastine insoluble. Tantôt la nucléine remplit complètement le tube lorsqu'il est mince, tantôt il existe un tube de nucléine accolé à la membrane extérieure de plastine et lui formant un manteau de revêtement intérieur (fig. 46. *a, b*). D'autre fois la nucléine de ce manteau de revêtement présente des épaississements, ou bien elle se coupe en segments annulaires séparés par des espaces clairs, dispositions qui ont pour résultat de donner toutes deux au boyau une apparence striée (fig. 46, *c, d*). Il peut aussi enfin se faire que la substance nucléinienne se présente sous forme de granulations plongées dans des disques clairs (fig. 47). C'est là, comme on peut le voir, une structure des plus compliquées.

En dilacérant avec des aiguilles le boyau de certaines cellules volumineuses, Carnoy a observé une sorte d'étirement du boyau qui semble composé alors d'un fil spiral dont les tours s'écarteraient les uns des autres (fig. 48). Toutefois il considère cette apparence comme résultant d'une illusion et d'un accident de préparation. L'on pourrait, en effet, se demander s'il ne s'agit pas aussi bien de disques plus ou moins disjoints et réunis seulement par leurs bords que d'un filament spiral. Carnoy ne pense pas pouvoir considérer comme réelle la présence de ce filament.

En général, le boyau nucléaire n'occupe pas, dans le noyau, de position déterminée ; dans certains cas, cependant, il peut se condenser au centre du noyau.

L'on observe alors dans celui-ci une membrane d'enveloppe, une masse protoplasmique et une masse centrale colorable. Cette disposition, déjà signalée par Strasburger et d'autres auteurs, se trouve dans les cellules de *Spirogyra* ; elle constitue le *nucléole noyau* de Carnoy. Un certain nombre de Protozoaires ont des formes de noyau à peu près analogues. Les Grégarines, par exemple, ont un gros noyau clair, au centre duquel apparaît une masse colorable ; il en est de même de certains Rhizopodes. Dans un œuf d'Annélide, le *Nephtis scolopendroïdes*, on peut voir plusieurs vésicules réunies entre elles par des filaments et contenant à leur centre des parties colorables.

Nucléoles noyaux.

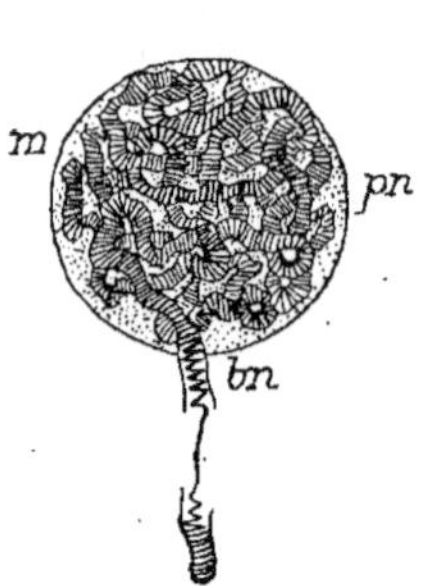

Fig. 48. — Noyau d'un tube de Malpighi d'une nymphe d'Hyménoptère ; *m*, membrane ; *pn*, plasma nucléaire ; *bn*, boyau nucléinien, dont la partie intérieure se déroule sous la forme d'un fil spiralé, uniformément coloré par le vert de méthyle. (D'après Carnoy, 1884).

Ce sont là des faits encore peu connus et dont l'étude mériterait d'être reprise avec soin.

Le caryoplasma est très difficile à voir sur les noyaux vivants ; Carnoy aurait cependant réussi à le discerner sur les éléments de l'Asticot, les spermatoblastes de la Taupe, les cellules nerveuses de l'*Arion rufus*, les cellules de la glande filière des Némocères. En pratiquant des coupes de tissus végétaux à l'état frais, le rasoir pourrait, dans certains cas, enlever du noyau l'élément nucléinien et laisser le réticulum protoplasmique. Mais c'est surtout après l'action des réactifs qu'il apparaît avec netteté.

Or nous avons déjà parlé plus haut de la technique suivie par l'auteur dans ses recherches ; nous avons déjà signalé la brutalité d'action du sublimé sur les substances albuminoïdes qu'il coagule fortement en y faisant apparaître des filaments réticulés ; il est donc permis de se demander si le réticulum observé par **Carnoy** n'est pas dû à l'action du réactif dont cet auteur fait habituellement usage.

Quoi qu'il en soit, continuons à nous rendre compte de quelle façon le cytologiste belge comprend la structure du noyau. Dans les vésicules germinatives on voit très facilement un réticulum incolore, l'élément nucléinien étant localisé dans les taches germinatives. Mais, comme nous le verrons plus tard, la structure de la vésicule germinative dans les œufs méroblastiques est bien différente de celle que décrit **Carnoy**.

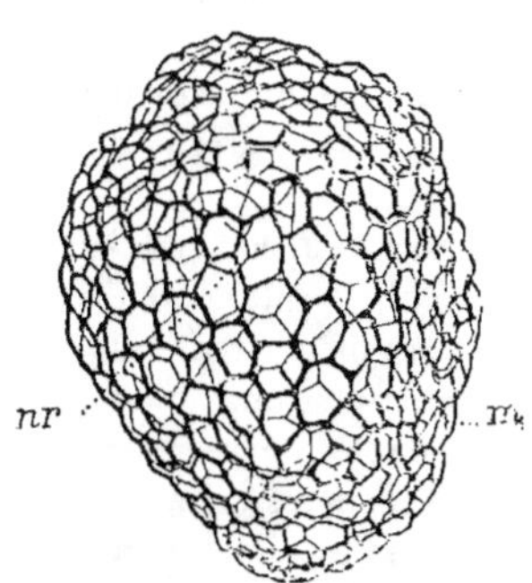

Fig. 49. — Noyau d'une cellule testiculaire de Cloporte, traité par le cyanure de potassium et le carbonate de potasse. *m* : membrane du noyau ; *nr* : réticulum plasmatique, formé de plastine ou d'une substance analogue. (D'après CARNOY, 1884).

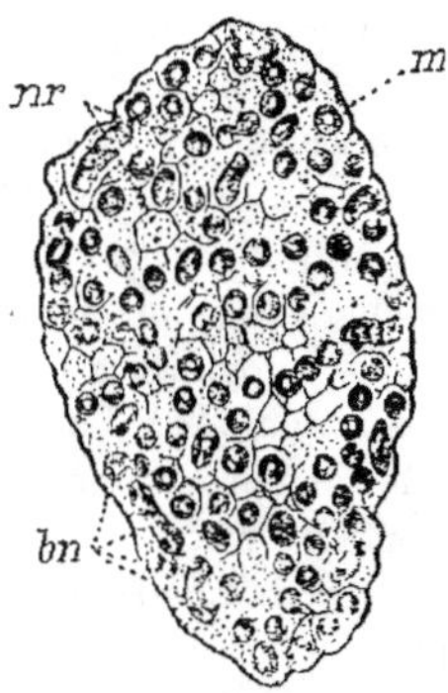

Fig. 5o. — Coupe microtomique d'un noyau de Cloporte. *m* : membrane du noyau : *nr* : réticulum de plastine visible sur presque toute la coupe ; *bn* : sections du boyau nucléinien ; le boyau passe dans la plupart des mailles du réseau précédent. La nucléine y est renfermée sous la forme d'un manteau périphérique qui laisse libre la portion centrale du tube. (D'après CARNOY, 1884).

Après l'action des acides, le réticulum devient très apparent ; on arrive surtout à le mettre en évidence en dissolvant le boyau nucléaire, ainsi que l'a fait l'auteur, en traitant des cellules intestinales du Cloporte par le cyanure de potassium ou le carbonate de potasse à 40 ou 5o %. Il ne reste plus du noyau, après l'action de ces réactifs, qu'une masse spongieuse représentant le réticulum plastinien (fig. 49).

Sur des coupes très fines, **Carnoy** a pu observer dans les noyaux un réticulum dans les mailles duquel se trouvaient des disques arrondis, colorés représentant les coupes des anses du boyau nucléinien (fig. 5o).

La partie plasmatique du noyau, ou le réticulum, renferme souvent sous forme d'enclaves des particules étrangères. Déjà **Strasburger** dans des noyaux cellulaires de *Tradescantia*, **Frommann** dans des noyaux dé *Cereus speciosus* avaient reconnu et décrit des grains d'amidon. **Carnoy** y a trouvé aussi des cristaux et admet que l'on peut rencontrer dans le protoplasma du noyau les mêmes substances que celles que l'on trouve dans le protoplasma cellulaire, matière glycogène, graisse, tannin, pigments, etc.

Quant aux nucléoles, il en distingue plusieurs variétés : les *nucléoles noyaux*, les *nucléoles plasmatiques* et les *nucléoles nucléiniens*. Ces derniers ne sont que des parties renflées du boyau. Les nucléoles plasmatiques, ou nucléoles proprements dits, bleuissent par l'action successive du cyanure de potassium et du perchlorure de fer ; ils disparaissent en partie par la digestion artificielle et laissent à leur place un réticulum plasmatique. Ils seraient formés d'un réticulum plastinien renfermant dans ses mailles un enchylèma protéique dense. Pour lui, les nucléoles plasmatiques seraient résorbés et utilisés par la cellule au moment de la division karyokinétique.

Carnoy s'est occupé aussi de la structure de la membrane du noyau, mais nous aurons à revenir plus loin sur ce sujet et nous verrons alors quelle est son opinion.

La même année que paraissait le livre de **Carnoy**, **Jickeli** publiait un petit travail sur le noyau des Infusoires ciliés. Celui-ci renfermerait une substance achromatique se colorant faiblement, parce qu'elle renferme de petites particules de chromatine, et une substance colorable constituant un réticulum très délié avec des nodosités ; dans les mailles de ce réseau se trouverait une troisième substance plus avide des matières colorantes, se présentant sous forme de granulations, de grains et de petits fragments.

Il ne me reste plus qu'à vous parler d'un travail de **van Bambeke** paru en 1886. Dilacérant dans le sang même des animaux des tissus vivants d'Arthropodes, *Oniscus*, *Asellus*, larves de Diptères et d'Hyménoptères, l'auteur a obtenu des étirements de noyaux s'effectuant de diverses façons et qui l'ont conduit à observer deux sortes de noyaux, des noyaux déroulés et des noyaux étirés. D'après lui, le noyau serait formé d'un boyau nucléinien pelotonné sur lui-même et constitué par une membrane d'enveloppe de plastine, une substance achromatique et une substance chromatique. Quant au réticulum plastinien de **Carnoy**, il n'a pu en constater la présence. Les nucléoles plasmatiques seraient d'après **van Bambeke** des corps d'une constitution différente de celle du boyau nucléaire ; ils résistent à la traction, ne peuvent être dilacérés et ont une densité beaucoup plus considérable.

20 décembre 1893.

SIXIÈME LEÇON

CONSTITUTION CHIMIQUE DU NOYAU

Composition chimique de la nucléine. — Nucléines diverses. — Constitution des nucléines. — Importance du phosphore pour la croissance de la cellule. — Recherches microchimiques de Zacharias. — Recherches de Schwarz, 1887 : réaction alcaline du protoplasma ; constitution des grains de chlorophylle ; substances albuminoïdes du noyau et du protoplasma. — Réactifs microchimiques. — Caractères microchimiques des substances albuminoïdes : chloroplastine et cytoplastine ; linine et paralinine ; pyrénine et amphipyrénine ; métaxine ; chromatine. — Richesse des noyaux en chromatine. — La microchimie appliquée à l'étude des cellules animales. — Travaux récents sur la constitution du noyau. — Granulations du suc nucléaire ; lanthanine ; œdématine. — Cyanophilie et érythrophilie. — Membrane du noyau.

MESSIEURS,

J'ai insisté un peu longuement dans la dernière leçon sur la théorie de **Carnoy** à cause de l'influence qu'ont eu ses idées sur les travaux de toute son école. Ces travaux, comme vous le savez, publiés presque tous dans la *Cellule,* sont très nombreux. Il me reste pour compléter cette étude à vous parler aujourd'hui des recherches microchimiques faites en vue de déterminer les caractères distinctifs des substances qui constituent le noyau.

Nous avons vu que **Miescher,** en 1871, en analysant les globules du pus était parvenu à en isoler une substance albuminoïde qu'il considérait comme particulière au noyau et qu'il avait dénommée pour cette raison *nucléine.* Ce corps est particulièrement riche en phosphore et **Miescher** en recherchant sa composition chimique, l'a établie de la façon suivante pour la laitance du Saumon :

Carbone 36,11
Hydrogène 5,15
Azote 13,09
Oxygène 36,06
Phosphore 9,59

Composition chimique de la nucléine.

De ces proportions centésimales, il déduit comme formule de la nucléine : $C^{29}, H^{49}, O^{22}, Az^{9}, Ph^{3}$.

Kossel, en 1884, analysant la nucléine extraite de la Levure de bière arrive à des résultats un peu différents.

La teneur en phosphore est un peu plus faible, mais par contre il s'y trouve une petite quantité de soufre que Miescher n'a pu déceler dans la nucléine des spermatozoïdes du Saumon ; voici le résultat de l'analyse de Kossel :

Carbone	40,81
Hydrogène	5,38
Azote	15,98
Oxygène	31,26
Phosphore	6,19
Soufre	0,38

Nucléines diverses. A la même époque, Miescher en faisant agir sur les globules du pus des solutions faibles de soude caustique dédouble la nucléine en deux substances ou plutôt arrive à distinguer deux nucléines. La première est très soluble dans la solution de soude, c'est la *nucléine facilement soluble* de Miescher, la seconde l'est un peu, mais à un degré beaucoup moindre, c'est la *nucléine difficilement soluble ;* la première est plus riche en phosphore que la seconde.

Les deux nucléines résistent également à l'acide acétique, mais sont dissoutes par l'acide chlorhydrique concentré. Il ne s'agirait point là toutefois de deux corps ayant une composition chimique nettement définie, car Miescher a reconnu entre eux de nombreux intermédiaires et admet l'existence de plusieurs espèces de nucléines, souvent assez différentes dans des éléments de structure en apparence identique. Ainsi la nucléine des spermatozoïdes du Taureau ne se comporte pas tout à fait de la même façon que celle de la laitance du Saumon.

Enfin dans les globules du pus et dans les spermatozoïdes, Miescher a trouvé une troisième substance qui est digérée par la pepsine et renferme du phosphore et du soufre.

Constitution des nucléines. Pour Miescher, ces nucléines ne seraient que des combinaisons faibles d'une substance protéique avec d'autres substances particulières qui lui impriment des caractères distincts. Pour d'autres chimistes au contraire, Hoppe Seyler, Vorm Müller, Lubavin, Lœw, ces nucléines seraient des corps réellement différents les uns des autres. En faisant agir pendant longtemps sur eux des alcalis ou des acides dilués, ces auteurs ont reconnu qu'ils se décomposent en acide phosphorique, en albumine et en bases riches en azote, mais privées de phosphore : *l'adénine* $C^{5}H^{5}Az^{5}$, *l'hypoxanthine* $C^{5}H^{4}Az^{4}O$, la *guanine* $C^{5}H^{5}Az^{5}O$ et la *xanthine* $C^{5}H^{4}A^{4}zO^{2}$ (Kossel).

Généralement ces bases sont associées deux à deux et suivant certaines règles. Ainsi l'adénine et l'hypoxanthine, la xanthine et la guanine forment deux groupes de bases qui se rencontrent isolément dans certaines nucléines (1).

Les recherches les plus récentes de **Kossel** (1891) ont montré qu'il faut distinguer deux groupes de nucléines : 1° les *paranucléines*, qui, sous l'action des acides étendus, se dédoublent en albumine et acide phosphorique ; à ce groupe appartiennent la vitelline et la caséine ; 2° les *nucléines proprement dites*, qui, dans les mêmes conditions, se dédoublent en albumine, acide phosphorique et bases nucléiniennes ou corps xanthiques (xanthine, hypoxanthine, adénine et guanine).

D'un autre côté, **Altmann** (1889) en soumettant les nucléines à l'action des alcalis étendus, les a décomposées en albumine et en une substance qu'il désigne sous le nom d'*acide nucléique*. En traitant les solutions par l'acide acétique, l'albumine seule est précipitée, et, après filtration, on précipite l'acide nucléique par l'acide chlorhydrique et l'alcool. En combinant cet acide avec de l'albumine, on obtient une substance protéique présentant les réactions de la nucléine.

Liebermann (1888-89), en combinant de l'albumine et de l'acide méta-phosphorique, a préparé aussi un corps ayant une grande analogie avec la nucléine, mais présentant, comme **Malfatti** l'a montré, une grande variabilité dans sa teneur en phosphore.

Kossel a analysé l'acide nucléique retiré de la Levure de bière d'après la méthode d'**Altmann** et a trouvé qu'il avait à peu près la même composition que la nucléine du sperme du Saumon analysée par **Miescher**. Il a vu, en outre, que cet acide nucléique, traité par l'acide sulfurique étendu donne de l'acide phosphorique, des composés xanthiques (guanine et adénine) et un hydrate de carbone encore mal défini.

Pour **Kossel** (1892) la substance colorable du noyau, la chromatine de **Flemming**, serait une combinaison d'acide nucléique avec des proportions variables d'albumine suivant l'état physiologique dans lequel se trouve le noyau.

Malfatti et Zimmermann (1893) pensent qu'entre les substances albuminoïdes et l'acide nucléique très riche en phosphore, il existe toute une série de corps nucléiniens contenant plus ou moins de phosphore. La

---

(1) **Kossel** (1886) a étudié la constitution chimique de la nucléine des noyaux et l'a comparée à celle de la nucléine retirée du jaune d'œuf par **Miescher** et par **Bunge**, et à celle de la nucléine du lait. Il a reconnu que la nucléine de l'œuf et celle du lait ne sont pas identiques avec la nucléine des noyaux ; celles de l'œuf et du lait se décomposent avec les acides étendus bouillants en ne formant pas de bases riches en azote ; celle du noyau donne au contraire de la guanine et de l'hypoxanthine.

Il existe un rapport entre la nucléine et ses produits de dédoublement et la formation des tissus. Les bases riches en azote n'existent pas dans les œufs non couvés, elles se développent quand les organes du Poulet commencent à se former.

nucléine insoluble de **Miescher** et la plastine de **Reinke** et de **Zacharias** appartiendraient au groupe de ces corps nucléiniens et seraient des combinaisons d'albumine et de nucléine.

Toutes ces nucléines présentent des caractères particuliers qui les distinguent des autres substances protéiques renfermant du phosphore telles que la lécithine. Elles sont insolubles dans l'alcool à chaud et à froid et dans le suc gastrique artificiel, tandis que la lécithine y est soluble. Leur teneur en phosphore est assez variable et oscille entre 2 et 9 %

La décomposition, artificiellement obtenue, des nucléines en bases alcalines et acide phosphorique paraît pouvoir se produire spontanément dans les cellules vivantes. Ainsi, dans les cellules frappées de nécrobiose, on trouve parfois à la place du noyau la base libre qui entrait dans la composition de sa nucléine, la xanthine ou l'hypoxanthine.

Tout récemmemt, en 1891, **Lœw**, à l'appui de cette manière d'envisager la nucléine comme une combinaison de matière albuminoïde avec de l'acide phosphorique, a démontré l'importance du phosphore pour la croissance et la multiplication cellulaires. En faisant végéter des filaments de *Spirogyra nitida* et *Sp. Weberi* dans une eau contenant 0,1 % de phosphate de potasse, et en plaçant comme témoins d'autres filaments des mêmes plantes dans l'eau pure, il a reconnu que les cellules nourries au phosphate doublaient de longueur par rapport à celles qui baignaient dans l'eau pure. Leur diamètre n'augmentait par contre presque pas. Leurs bandes de chlorophylle et leurs grains d'amidon ne subissaient aussi aucune modification. De plus, la multiplication cellulaire rapide des filaments nourris au phosphate a conduit **Lœw** à admettre chez eux une teneur plus considérable en nucléine.

C'est en se basant sur les recherches des chimistes, dont nous venons de résumer les travaux, que **Zacharias** (1887) a repris l'étude chimique du noyau chez les végétaux qu'il avait commencée en 1884. Il admet dans celui-ci deux substances, la *nucléine* et la *plastine*. La nucléine se trouve dans l'élément figuré du noyau; elle résiste à l'action du suc gastrique et de l'acide chlorhydrique dilué tout en se gonflant seulement un peu. La plastine est une partie essentielle du protoplasma cellulaire et nucléaire; elle devient pâle et se gonfle sous l'influence du suc gastrique et de l'acide chlorhydrique dilué, mais elle résiste à un mélange de 4 volumes d'acide chlorhydrique et de 3 volumes d'eau; elle se dissout à la longue dans l'acide chlorhydrique concentré, et se dissout, moins facilement que la nucléine, dans les alcalis.

La nucléine absorbe facilement le vert de méthyle, tandis que soumise à l'action de ce réactif la plastine se colore à peine. La plastine correspond à la nucléine difficilement soluble, la nucléine à la nucléine facilement soluble de **Miescher**.

Zacharias a poussé également ses recherches dans le domaine des cellules animales et a étudié la nucléine dans les sphères de segmentation de la Grenouille, du *Scyllium canicula*, de la Poule. Dans ces éléments, la nucléine se comporterait un peu différemment de celle des noyaux végétaux et ne renfermerait ni guanine ni hypoxanthine; elle se rapprocherait de celle retirée du lait. Cette règle ne peut toutefois être considérée comme absolue, puisque l'œuf du *Pinus sylvestris* présenterait des réactions analogues à celles des cellules animales. Le réseau des noyaux au repos serait composé de nucléine, le suc nucléaire de plastine, les nucléoles d'un mélange de plastine et d'une substance albuminoïde : en dissolvant la nucléine par la soude, et l'albumine par la digestion, il reste un réseau plastinien. Enfin **Zacharias** a étudié les cellules reproductrices de divers animaux, les spermatozoïdes et les ovules, et il a reconnu que les cellules mâles étaient beaucoup plus riches en nucléine que les cellules femelles.

Nous arrivons maintenant à un travail très important publié par **Frank Schwarz**, en 1887, et consacré à l'étude microchimique du noyau, du protoplasma et des grains de chlorophylle. Pour ne pas avoir à revenir sur ce travail et pour éviter les redites, je dirai quelques mots ici de l'ensemble des résultats obtenus par l'auteur sur la chlorophylle, bien que l'étude plus complète de cet élément doive être abordée plus loin.

Recherches
de Schwarz,
1887.

C'est en faisant agir sous l'objectif du microscope différents réactifs, dont plusieurs avaient déjà été employés par **Zacharias** et **Carnoy**, que **Schwarz** est arrivé à différencier dans les cellules végétales diverses substances albuminoïdes. Je vous ai déjà dit qu'il avait décelé la réaction alcaline du protoplasma, tandis qu'au contraire, et sauf de rares exceptions, le contenu des vacuoles cellulaires avait présenté la réaction acide. Voici la technique employée par **Schwarz** pour établir ce fait.

Réaction
alcaline du
protoplasma.

Après avoir essayé le tournesol, le curcuma etc, il a reconnu que la matière colorante du chou rouge constituait le réactif le plus sensible aux acides et aux bases. On prépare ce réactif de la manière suivante : les feuilles du chou rouge, *Brassica oleracea* var. *crispa* Goerke, coupées en fragments sont mises à digérer dans l'eau chauffée à 45°-55° pendant quelques heures, pour précipiter les matières albuminoïdes. La matière colorante reste en dissolution et on filtre pour séparer les substances coagulées.

La solution colorante ainsi préparée offre une couleur violacée et présente les changements suivants par l'addition des acides ou des bases : les acides faibles lui donnent une teinte rouge, plus forts, une teinte pourpre, très concentrés, une couleur jaune rougeâtre. Les alcalis faibles la font virer au bleu, forts, au vert, concentrés, ils lui donnent la même teinte jaune orangée que les acides concentrés.

Mais la solution colorante ne pénètre pas dans l'intérieur des cellules vivantes et il faut par conséquent tuer les éléments, avant d'en étudier la réaction. **Schwarz** a essayé dans ce but l'alcool, la chaleur, puis, ayant reconnu que par ces agents, certaines substances diffusaient dans le plasma cellulaire et troublaient les réactions, il s'est servi de l'électricité. Pour cela, au moyen du dispositif bien connu, consistant en un porte-objet sur lequel sont collées deux lames d'étain séparées l'une de l'autre et entre lesquelles se place l'élément à étudier recouvert d'une lamelle, il a fait agir un courant provenant d'une bobine d'induction sur les cellules vivantes, placées dans la solution colorante. Dès que la mort a frappé ces cellules, la solution colorante commence à les pénétrer et l'on suit alors les réactions qui s'y produisent. Le protoplasma se colore en bleu, tandis que le plus souvent le contenu des vacuoles prend une teinte rouge, indice d'une réaction acide.

Pour étudier la composition chimique des différentes parties de la cellule, **Schwarz** a, comme ses prédécesseurs, fait agir directement les réactifs sur la cellule vivante disposée sous l'objectif du microscope. En procédant ainsi, voici à quelles conclusions il est arrivé.

Constitution des grains de chlorophylle. Les grains de chlorophylle ne sont point homogènes mais formés de plusieurs filaments juxtaposés. Ces filaments ne sont pas enroulés en pelotons et sont simplement accolés plus ou moins parallèlement les uns aux autres. De plus, ils sont indiscernables à l'état frais. L'alcool, qui est, comme vous le savez, le dissolvant par excellence de la chlorophylle, les décolore rapidement. Indépendamment de leur substance colorante verte, ces filaments sont constitués par de la *chloroplastine*, insoluble dans les alcalis et dans le suc gastrique. Ils présentent dans leur épaisseur des globules (*grains de Meyer*) qui retiennent plus fortement la chlorophylle. L'eau gonfle les grains de chlorophylle, écarte leurs fibrilles les unes des autres et finit par les mettre en liberté. Cette réaction démontre qu'entre les fibrilles se trouve une substance unissante, soluble dans l'eau, la *métaxine* (μεταξὺ au milieu, intermédiaire). Il y aurait donc dans chaque grain chlorophyllien deux substances, la chloroplastine en filaments ou fibrilles et la métaxine, substance unissante de ces filaments, soluble dans les alcalis et digérable par la pepsine.

Substances albuminoïdes du noyau. Dans le noyau, **Schwarz** distingue cinq substances différentes présentant chacune des réactions particulières. Ce sont : 1º la *linine* (λίνον fil, filament) qui correspond au nucléoplasma de **Strasburger**, à la parachromatine de **Pfitzner**, et qui constitue la matière constitutive des filaments ou boyaux nucléaires ; 2º dans l'épaisseur des filaments de linine, se trouve une deuxième substance formant des granulations colorables et qui est la *chromatine* : ces granulations correspondent aux microsomes de **Strasburger** ; 3º entre les filaments de linine, une substance intermédiaire, unissante, la *paralinine* ; 4º la *pyrénine* (πυρὴν noyau) qui compose les *nucléoles vrais* de **Carnoy** ; 5º l'*amphipyrénine* (ἀμφὶ autour, πυρὴν noyau) qui compose la membrane du noyau et présente des réactions particulières qui la rapprochent de la pyrénine.

Dans le protoplasma du corps cellulaire ou cytoplasma, **Schwarz** n'admet aucune structure; mais ce corps cellulaire peut présenter des microsomes et des filaments résultant de la condensation sous une forme particulière du cytoplasma lui-même; ce cytoplasma renferme aussi des substances dissoutes dans le suc cellulaire. On peut en outre y distinguer une substance albuminoïde particulière, la *cytoplastine*. La couche qui limite le corps cellulaire en dedans de la membrane de cellulose ne peut se différencier du protoplasma; elle parait formée de cytoplastine.

Substances albuminoïdes du protoplasma.

Je vais résumer ici, avec quelques détails, les réactions microchimiques des différentes substances observées par **Schwarz** dans la cellule, et j'indiquerai les principaux réactifs dont il s'est servi. Son travail constitue en effet, à mon avis, un important essai, fait dans une voie encore complètement neuve, et il serait intéressant de reprendre les données qui y sont exposées en les appliquant aux cellules animales.

Schwarz a employé d'abord l'eau pure, la solution de sel marin à 10 ou 20 %, les sulfates de magnésie et d'ammoniaque en solutions à 1, 5, 20 % et concentrées, le biphosphate de soude et le monophosphate de potasse à 1, 5, 20 %; l'eau de chaux, la potasse à 0,1 ou 1 % et concentrée, l'acide acétique à 0,2 %, 1, 3, 50 % et concentré; l'acide chlorhydrique à 0,1, 1, 20 % et concentré; la solution concentrée du sulfate de cuivre, le fer dyalysé soluble, substance pharmaceutique dont il n'indique pas la composition, et sur la nature de laquelle je n'ai pu me renseigner exactement; une solution de :

Réactifs microchimiques.

> Ferrocyanure de potassium, sol. 0,1 %..   1 vol.
> Eau................................   2 —
> Acide acétique..................... ... 1/2 —

Comme suc gastrique artificiel, il s'est toujours servi d'une solution préparée de la façon suivante :

> Pepsine glycérinée.............. ... 1 vol.
> Acide chlorhydrique à 0,2 %..... ... 3 —

Pour préparer une solution de trypsine, il prend : 1 partie en poids de pancréas desséché, et 5 à 10 parties d'acide salycilique à 1/1000. Il fait macérer le pancréas dans la solution salycilique, à l'étuve à 40°, pendant trois ou quatre heures, passe le tout sur un linge, et, après refroidissement, filtre sur du papier.

Les substances constitutives du protoplasma, dont j'ai donné plus haut l'énumération, ne présentent pas des caractères extrêmement tranchés, mais diffèrent plutôt les unes des autres par des nuances dans la modification physique que leur impriment les réactifs, et par leur degré plus ou moins grand de solubilité, ou de gonflement.

Caractères microchimiques des substances albuminoïdes.

La chloroplastine est à l'état vivant colorée en vert par le pigment chlorophyllien. Elle se distingue de la cytoplastine, parce qu'elle se dissout beaucoup moins bien dans le phosphate de soude à 5 et 10 %, et qu'elle se

Chloroplastine et cytoplastine.

gonfle seulement dans la potasse faible, qui dissout totalement la cytoplastine. Elle se gonfle plus que la cytoplastine dans l'acide acétique à 3 % et
à 1 %, tandis que, dans l'acide chlorhydrique, la cytoplastine est détruite,
précipitée.

Linine et paralinine. — La linine et la paralinine se distinguent en ce que la première est insoluble dans le sulfate de magnésie en solution saturée, tandis que la para-
linine s'y gonfle et s'y dissout en partie. La linine résiste à l'action de la
pepsine qui digère la paralinine.

Pyrénine et amphi-pyrénine. — La pyrénine et l'amphipyrénine sont solubles dans le chlorure de sodium
à 10 % ; dans la potasse diluée, la pyrénine l'est un peu plus que l'amphi-
pyrénine. Les nucléoles jeunes ne se comportent pas tout à fait de la même
façon que ceux qui sont déjà âgés : ils sont plus solubles dans la potasse.
Schwarz admet que dans les nucléoles âgés il se produit accessoirement
et en dernier lieu de l'amphipyrénine. La pyrénine se colore facilement
par certains colorants du noyau ; l'amphipyrénine ne se colore que peu ou
pas du tout. Si l'on a parfois décrit autour des noyaux une membrane
colorée continue, c'est que leur membrane d'amphipyrénine est alors
tapissée intérieurement d'une couche de chromatine qui seule absorbe la
couleur. La pyrénine et la chromatine seules sont aptes à se colorer.

Métaxine. — Les réactions de la métaxine sont assez bien marquées et permettent de
la discerner assez facilement. Elle présente une grande solubilité dans l'eau,
le chlorure de sodium, l'acide acétique, la pepsine et la trypsine. Dans les
grains de chlorophylle, on trouve souvent des cristaux protéiques qui présentent toutes ces réactions et paraissent être formés de métaxine.

Chromatine. — La chromatine est soluble dans tous les sels neutres, dans les phosphates,
dans l'eau de chaux, les chromates alcalins. Cette dernière propriété explique le fait bien connu de l'action perturbatrice intense qu'exercent les
fixateurs au bichromate de potasse sur les noyaux cellulaires. Elle résiste
aux acides, se dissout dans la solution de ferrocyanure de potassium, et de
sulfate de cuivre concentrée. Enfin elle est digérée très rapidement par la
trypsine et plus lentement par la pepsine. La chromatine se distingue de la
pyrénine par les caractères suivants : elle est soluble, et la pyrénine est
insoluble, dans le chlorure de sodium à 20 %, la solution concentrée
de sulfate de magnésie, le monophosphate de potasse à 1 %, le ferrocyanure de potassium, le sulfate de cuivre.

La chromatine est insoluble, la pyrénine se gonfle seulement dans l'acide
acétique à 3 %, l'acide chlorhydrique à 1 %.

La chromatine se distingue de la linine par sa plus grande solubilité
dans le chlorure de sodium à 20 %, le phosphate de potasse, le ferrocyanure de potassium, qui respectent la linine. Enfin l'un des caractères les
plus importants de la chromatine, c'est sa grande affinité pour les matières
colorantes.

D'une façon générale, les corps chlorophylliens sont surtout caractérisés par la chloroplastine, substance très analogue à la cytoplastine. Ces deux plastines ne sont dissoutes ni par l'acide chlorhydrique, ni par la potasse; les substances nucléaires le sont. Elles ne sont modifiées non plus ni par la pepsine, ni par la trypsine.

Je n'insiste pas davantage sur toutes ces diverses réactions et je me borne à renvoyer ceux qui voudraient reprendre les expériences de **Schwarz** au travail très complet dans lequel il les a exposées.

Pour terminer ce qui a trait aux recherches de **Schwarz**, je dirai ici qu'il a cru constater que le noyau des cellules embryonnaires serait beaucoup plus grand et plus riche en chromatine que celui des éléments adultes. La richesse de la cellule en chromatine serait proportionnelle à son activité vitale. Cette manière de voir n'est pas admise par tous les auteurs. **Zacharias, Pfitzner, Strasburger** admettent au contraire que les noyaux jeunes sont pauvres en chromatine. Les opinions diffèrent beaucoup sur ce point. Certains faits tendraient à prouver que dans les cellules jeunes, la chromatine peut se répandre dans le cytoplastma et que c'est ce qui cause, par exemple pour les œufs au début de la segmentation, la difficulté de mettre en évidence leur noyau.

Richesse des noyaux en chromatine.

Il me reste maintenant à vous exposer quelques-uns des résultats que j'ai obtenus en essayant d'appliquer les réactions de **Schwarz** aux cellules animales. Ici intervient une difficulté spéciale qui vient fausser ou même souvent empêcher l'observation, c'est la contraction qu'imprime aux éléments cellulaires le contact du réactif. Nous n'avons plus affaire comme **Schwarz** à des cellules maintenues dans leur forme [par des cloisons de cellulose; la cellule animale subit au plus haut degré et immédiatement l'influence osmotique du milieu qui la baigne et il en résulte des ratatinements ou des gonflements très gênants. Il y a là, par conséquent, une nouvelle technique à trouver et l'on n'y arrivera sans doute qu'après un assez grand nombre de tâtonnements. Mes recherches ont porté sur les jeunes ovules de Batraciens et sur les cellules salivaires du *Chironomus*.

Microchimie appliquée à l'étude des cellules animales.

Si l'on traite le noyau des glandes du *Chironomus* par le chlorure de sodium à 10 °/₀, les nucléoles deviennent invisibles. Dans le même réactif, les taches germinatives de l'œuf de la Grenouille disparaissent également et on observe dans la vésicule germinative un réseau qui se colore peu.

Le ferrocyanure de potassium fait disparaître le cordon nucléaire de la glande du *Chironomus*, et les nucléoles restent intacts en présentant des parties claires correspondant aux points d'implantation du boyau nucléaire dans leur masse.

Le biphosphate de soude fait disparaître le noyau et les nucléoles; mais, si l'on traite ensuite ces éléments par le vert de méthyle acétique, le cordon redevient apparent, en présentant une légère coloration verte.

La vésicule germinative de l'œuf de la Grenouille se comporte de même, et l'on peut, par le vert de méthyle, y mettre en évidence un réticulum faiblement coloré. Les nucléoles ou taches germinatives demeurent toujours invisibles.

Löwit (1891) a étudié aussi l'action des réactifs de **Schwarz** et de **Zacharias** sur les globules blancs de l'Écrevisse et des Vertébrés; il a constaté que le noyau des leucoblastes renferme surtout de la pyrénine ou une substance très voisine, tandis que celui des érythroblastes contient principalement de la chromatine ou nucléine; mais il admet que la pyrénine et la chromatine ne sont que des modifications d'une seule et même substance. Il croit en outre que les noyaux riches en pyrénine se multiplient surtout par voie directe, et que ceux qui sont formés presque exclusivement de chromatine se divisent par voie indirecte, c'est-à-dire par karyokinèse.

La nomenclature de **Schwarz** a été adoptée par un certain nombre d'auteurs, parmi lesquels il convient de citer **Strasburger et Kœlliker**, qui se servent couramment des termes de linine, paralinine, pyrénine, etc., pour désigner les parties constitutives du noyau.

Il est bien évident que les substances distinguées par **Schwarz** dans le cytoplasma et dans le noyau ne sont pas des espèces chimiques définies : ce sont des matières albuminoïdes probablement complexes, dont nous ignorons la constitution, qui ne diffèrent entre elles que par des caractères souvent peu nets, mais suffisants cependant pour qu'il soit permis d'admettre dans la cellule l'existence de substances diverses qu'on arrivera, sans doute un jour, à différencier au point de vue chimique.

Pour terminer ce qui a trait à la constitution du noyau, il me reste encore à vous citer quelques travaux récents sur ce sujet.

En 1891, **Camillo Schneider**, dont je vous ai déjà résumé les travaux relatifs à la structure du corps cellulaire, admet que le noyau présente une constitution analogue à celui-ci : un squelette fibrillaire identique à celui du protoplasma et en communication avec lui par ses filaments. La membrane du noyau n'est point formée d'une matière spéciale, mais résulterait simplement d'une agglutination de fibrilles marquant la limite des portions chromatique et achromatique de la cellule. La matière chromatique, dispersée entre les filaments sous forme de granulations, peut subir certaines modifications. Les granulations peuvent se souder entre elles, englober les filaments comme une sorte de gaîne, et constituer ainsi des éléments chromatiques ayant pour axe un filament. Les nucléoles seraient aussi formés d'un feutrage de filaments entouré d'une membrane due à la condensation périphérique de ce feutrage et munie de granulations chromatiques.

Nous avons vu plus haut que **Camillo Schneider** s'était servi de matériaux fixés par l'acide acétique pur, et que, pour cette raison, on ne pouvait avoir grande confiance dans les résultats annoncés par lui.

Altmann, qui a étendu au noyau sa théorie sur la structure granulaire du protoplasma, a coloré par la cyanine, entre les mailles du réseau chromatique des auteurs, de nombreuses granulations qui pour lui sont les éléments essentiels du noyau, la linine et la chromatine n'étant que des substances intergranulaires sans importance. Cette manière de voir, contraire à ce qui est admis par l'universalité des cytologistes et aux données fournies par l'étude de la karyokinèse, est une conclusion logique, pour ainsi dire nécessaire, de la théorie d'Altmann, et me parait, mieux que tout autre argument, en démontrer la fausseté (1).

D'autres observateurs ont décrit dans le noyau une structure granulaire. *Lanthanine* Martin Heidenhain (1892) admet qu'il existe dans le noyau un réseau chromatique grossier intriqué dans un réseau beaucoup plus fin, formé par des filaments de linine. Dans les mailles de ces réseaux se trouve une « substance albuminoïde du suc nucléaire » qui, sur les pièces fixées au sublimé, se montre remplie de granulations d'égale grosseur se colorant fortement par la fuchsine acide. Ce seraient ces granulations qui s'organiseraient en séries pour former, au moment de la division, les filaments achromatiques du noyau. Il propose de donner à cette substance granuleuse le nom de *lanthanine* (λανθάνω, être caché). Cette substance correspond sans doute à la paralinine.

Krasser (1892), qui a examiné un grand nombre de noyaux à l'état de repos de Monocotylédones et de Dicotylédones ainsi que ceux du *Pteris serratula* et des *Spirogyra*, aussi bien à l'état vivant qu'après l'action des réactifs, admet que les éléments figurés s'y présentent toujours sous la forme de granulations distinctes, généralement disposées en séries ; facilement visibles dans l'intérieur des noyaux, elles sont très difficiles à mettre en évidence dans la membrane et dans le nucléole. Il existe aussi dans le suc nucléaire des granulations colorables par la cyanine.

Enfin F. Reinke (1893), en traitant par le lysol des noyaux de tissus *Œdématine* vivants, a vu que le réseau chromatique devient invisible et qu'entre les mailles du réseau apparaissent de nombreuses granulations qu'il consi-

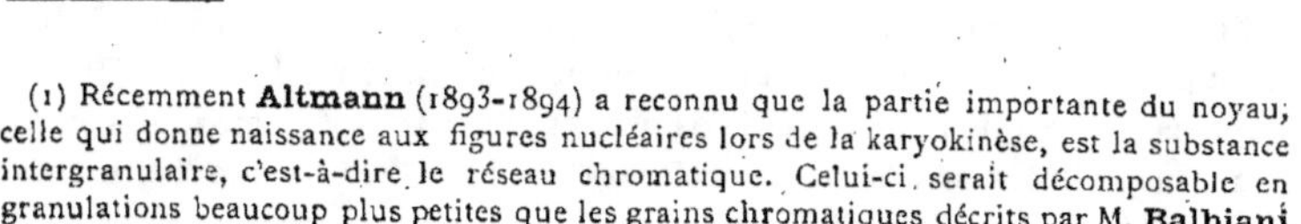

Fig. 51. — Leucocyte de la Salamandre, fixé par le sublimé, coloré par un mélange de fuchsine acide, de vert de méthyle et d'orange G, montrant, dans le noyau, la lanthanine colorée en rouge entre les mailles du réseau chromatique, coloré en vert. (D'après M. Heidenhain, 1892).

---

(1) Récemment Altmann (1893-1894) a reconnu que la partie importante du noyau, celle qui donne naissance aux figures nucléaires lors de la karyokinèse, est la substance intergranulaire, c'est-à-dire le réseau chromatique. Celui-ci serait décomposable en granulations beaucoup plus petites que les grains chromatiques décrits par M. Balbiani et par Pfitzner.

dère comme identiques à celles décrites par **Altmann** et aux granulations de lanthanine de **M. Heidenhain**. Ces granulations seraient formées d'une substance particulière, l'*œdématine*, pouvant se gonfler considérablement et n'ayant pas la même consistance dans tous les noyaux.

A côté de ces travaux ayant trait à la constitution du noyau, je dois vous signaler toute une série de recherches récentes sur la manière dont se comportent les différents noyaux vis-à-vis des réactifs colorants.

En 1890 et 1891, paraissent deux mémoires assez intéressants d'**Auerbach**, qui, en faisant agir les matières colorantes sur les tissus animaux et végétaux, remarque que les noyaux ne se comportent pas tous et dans toutes leurs parties de la même façon, en présence des réactifs. Il admet dans le noyau deux substances : l'une, qu'il nomme *cyanophile*, possède une grande affinité pour les matières colorantes bleues, le vert de méthyle, le bleu de méthylène, l'hématoxyline ; l'autre, qu'il appelle *érythrophile*, se colore au contraire par les matières colorantes rouges, la fuschsine, l'éosine, l'aurantia, le carmin. Dans la plupart des noyaux, ces deux substances se trouvent contenues en proportions à peu près égales. Ce sont, d'après **Auerbach**, des noyaux hermaphrodites, car, selon lui, la substance cyanophile serait propre à l'élément mâle, la substance érythrophile constituerait l'élément femelle. Examinant un grand nombre de glandes sexuelles, il a vu que dans ces organes les éléments mâles ou spermatozoïdes retiennent le bleu. La tête des spermatozoïdes prend une teinte bleue intense ; le segment moyen et la queue ont une coloration plus ou moins rouge. Les noyaux des cellules femelles, au contraire, se colorent fortement en rouge, et leurs nucléoles surtout présentent cette propriété. Dans les œufs qui comprennent dans leur masse des corps inclus étrangers, comme les tablettes vitellines, celles-ci prennent aussi la coloration rouge. Le phénomène de la fécondation résulterait donc, d'après **Auerbach,** d'un mélange de substances cyanophiles et érythrophiles.

Cette différence de coloration des éléments avait été vue déjà, en 1879, par M. **Balbiani** qui, étudiant la spermatogénèse des Plagiostomes et des Mammifères, avait remarqué que certaines cellules se coloraient en bleu par le vert de méthyle, que d'autres absorbaient plus vivement le carmin ; il pensait que les éléments jeunes présentaient pour le vert de méthyle une affinité qu'ils perdaient ensuite en avançant en âge.

En 1881, M. **Balbiani** et moi avions remarqué la faible affinité des vésicules germinatives des œufs pour le vert de méthyle. Le fait a depuis été confirmé par **Wielowiejski** (1884-85) et par **van Bambeke** (1886). Nous avions constaté aussi que, dans une coupe de glande hermaphrodite d'*Helix* traitée par le vert de méthyle et l'éosine, les têtes des spermatozoïdes et le noyau des cellules séminales se colorent en bleu, tandis que les jeunes ovules et leurs vésicules germinatives sont teints en rose.

Enfin **Ogata** (1883), **Lukjanow** (1887) et **Hermann** (1889), avaient aussi, avant **Auerbach**, démontré que dans les noyaux des cellules se trouvent ordinairement des substances chromatophiles diverses.

D'autres auteurs ont cherché à étendre et à vérifier la théorie d'**Auerbach**. **Rosen**, en 1892, a étudié les tissus de la *Scilla siberica*, du *Hyacinthus orientalis*, de la *Fritillaria imperialis*. Il durcissait par l'alcool, coupait et traitait les coupes pendant une demi-heure par la fuchsine acide, lavait, traitait par le bleu de méthylène à 2 $/_{1000}$ pendant 1/2 — 1 minute, puis passait à l'alcool et montait dans le baume. Il arriva à discerner ainsi dans les noyaux des cellules végétatives deux sortes de nucléoles. Des nucléoles bleus ou cyanophiles et des nucléoles rouges qu'il appelle *eunucléoles*. Les nucléoles bleus correspondent à de simples renflements du réseau chromatique, ainsi que l'avait déjà enseigné **Flemming**. **Rosen** a étudié aussi de la même manière les cellules sexuelles des végétaux et en particulier les grains de pollen. Ceux-ci se composent de deux cellules l'une sexuelle, l'autre végétative. Le noyau végétatif se colore en rouge, l'autre en bleu. Dans les oosphères le noyau est érythrophile, il en est de même de ceux des cellules du sac embryonnaire. Les recherches de **Rosen** confirment donc en grande partie celles d'**Auerbach**.

· **P. Schottländer** (1892) étudie aussi le noyau au même point de vue; il se sert comme liquide fixateur d'une solution d'acide chromique à 0,33 % additionnée de quelques gouttes d'acide formique. Les coupes sont colorées d'après la méthode de **Rosen**. Le protoplasma et toutes les substances qu'il contient sont colorés en rouge; les noyaux se montrent formés de deux substances, l'une se colorant en bleu, l'autre en rouge. La substance bleue forme un réseau dont les mailles sont très étroites. Le noyau des œufs qui ne contient pas de substance bleue possède un réseau à larges mailles et renferme des nucléoles et une membrane qui se colorent en rouge.

P. Schottländer est arrivé à peu près aux mêmes résultats que ses prédécesseurs. Dans les anthérozoïdes de *Aneura pinguis*, *Chara fœtida*, *Marchantia polymorpha*, *Gymnogramma chrysophylla*, qui présentent tous une forme plus ou moins spiralée, l'on voit une matière fondamentale rouge autour de laquelle se trouve enroulée une bande spirale bleue dont les spires sont souvent serrées au point de masquer la substance rouge. Il s'est assuré que dans les noyaux des cellules de développement des anthérozoïdes il n'existait que de la matière cyanophile. **Guignard** (1889) avait déjà sur les *Chara* constaté le même fait.

Strasburger (1892) admet que les caractères érythrophiles et cyanophiles des différents noyaux dépendent de leurs conditions de nutrition. Si les noyaux sont bien nourris ils sont érythrophiles. S'il se produit un arrêt dans l'absorption des substances nutritives par le protoplasma, ils deviennent cyanophiles. Les noyaux sexuels des Gymnospermes possèdent une érythrophilie directement proportionnelle à la masse de protoplasma qui les entoure ; ainsi les noyaux des petites cellules du prothalle sont surtout cyanophiles ; ceux des grains de pollen sont érythrophiles.

R. Zoja (1893) a étudié les substances chromatophiles du noyau de quelques Infusoires ciliés ; il a vu que généralement la substance cyanophile en constitue pour ainsi dire la trame, et que dans cette dernière sont plongés des corps érythrophiles sous forme de granulations arrondies ou de forme complexe. Le micronucléus est tantôt entièrement cyanophile, tantôt totalement érythrophile.

Nous avons réservé dans cet exposé une partie importante du noyau, la membrane, sur laquelle nous devons arrêter un instant notre attention.

Tous les auteurs anciens qui ont étudié le noyau, y ont admis une **membrane d'enveloppe**.

Pfitzner et Retzius, en 1881, nient cependant la réalité de cette membrane. Pour eux, le contour précis du noyau tiendrait à ce que la trame nucléaire est plus dense à la périphérie, et à ce que le plasma cellulaire est également plus condensé autour du noyau.

Brass (1884) arrive à la même conclusion ; selon lui la membrane serait tantôt le résultat de l'action des réactifs, tantôt une illusion d'optique. **Strasburger** est à peu près du même avis ; le noyau serait logé dans une partie plus condensée du protoplasma cellulaire qu'il appelle avec **Hanstein** le « *nid du noyau* » ; il n'admet toutefois pas de prolongements protoplasmiques passant de l'intérieur du noyau à la masse protoplasmique de la cellule. **Guignard** (1885), admet une membrane de nature cytoplasmique. Suivant **Heuser** cette membrane cytoplasmique est poreuse.

Pour **Ed. van Beneden** (1883) la membrane du noyau serait, comme la substance de celui-ci, composée de nucléofils et de nucléomicrosomes. Ces éléments seraient à la periphérie du noyau très condensés, rapprochés les uns des autres et imbibés de chromatine tout comme ceux qui forment le reste du noyau. Il admet qu'il existe des intervalles entre eux et que, par conséquent, la membrane du noyau présente des perforations. La chromatine peut abandonner la membrane, comme le réseau intranucléaire, et celle-ci passe alternativement par un stade chromatique et un stade achromatique.

D'après **Carnoy**, il existe réellement autour du noyau une membrane formée de plastine comme le réticulum protoplasmique du noyau. Cette membrane, qui appartient en propre au noyau, présente souvent un double contour continu et une structure réticulée.

Flemming, dans son travail de 1882, admet l'existence d'une membrane pour la plupart des noyaux et il y distingue deux couches, l'une chromatique interne, l'autre achromatique externe. Ces deux couches sont très nettement visibles dans les vésicules germinatives des œufs, mais il n'en est pas de même pour les noyaux des autres cellules, et **Flemming** se demande si cette structure est générale. Il considère cependant cette question comme peu importante et ne décide pas non plus si la membrane achromatique dépend du noyau ou du plasma cellulaire. La membrane chromatique, qui correspond à la *couche corticale* de **R. Hertwig** et de **Soltwedel**, serait formée par l'épanouissement, à la face interne de la membrane achromatique, des travées du réticulum chromatique nucléaire. Elle est fréquemment perforée.

Leydig (1883) considère la délimitation du noyau comme variable. Le plus souvent, soit pendant la vie, soit après l'action des réactifs, le contour du noyau serait limité par des granulations qui représenteraient la coupe optique de l'extrémité des travées du réticulum nucléaire. La membrane du noyau serait donc poreuse et traversée par des filaments protoplasmiques passant du protoplasma cellulaire dans le noyau. Souvent, en dehors de cette membrane, il en existerait une seconde de nature cuticulaire et également poreuse.

Rabl (1884), bien que n'ayant pu constater autour du noyau une membrane chromatique continue ni une membrane achromatique, admet comme probable l'existence de cette dernière. La membrane achromatique se voit surtout autour du noyau à une certaine phase de sa vie, lorsqu'il s'apprête à entrer en état de division ; puis elle devient complètement invisible.

Rabl ne peut se prononcer sur la porosité de cette membrane.

Mais l'auteur qui a émis les idées les plus extraordinaires et les plus compliquées sur la structure de la membrane du noyau, c'est **Pfitzner**, qui, en étudiant à ce point de vue les cellules de l'Hydre grise et de la Salamandre, distingue jusqu'à quatre membranes autour du noyau : 1° une membrane chromatique perforée, formée par la partie périphérique du réticulum chromatique ; 2° une membrane achromatique dont la couche externe est souvent différenciée et constitue alors, d'une part, une 3ᵉ membrane parachromatique et une 4ᵉ membrane nucléaire, correspondant à la membrane de **Strasburger** de nature cytoplasmique.

Auerbach (1891) distingue deux membranes au noyau, l'une externe d'origine protoplasmique, la membrane *cytogène*, l'autre interne, d'origine nucléaire, la membrane *karyogène* qui est cyanophile. Dans beaucoup de noyaux il n'a pu voir nettement, tantôt qu'une seule de ces membranes, tantôt aucune d'elles. De même **Schotländer** (1892) a constaté, autour de différents noyaux, une membrane érythrophile qui souvent manquait complètement.

O. Hertwig, dans son ouvrage sur la cellule, déclare que la présence d'une membrane autour du noyau est souvent très difficile à démontrer. Elle est très nette dans les vésicules germinatives des œufs, où elle permet de pratiquer facilement l'énucléation, c'est-à-dire de faire sortir en entier et sans déformation le noyau du protoplasma ovulaire. **Hertwig**, d'accord

avec **Flemming**, regarde les noyaux des globules sanguins des Amphibiens, comme dépourvus de membrane, et il admet que celle-ci manque absolument autour du noyau des cellules testiculaires des Nématodes à certains stades de leur développement.

23 décembre 1893.

SEPTIÈME LEÇON

CONSTITUTION DU NOYAU (*Suite*).

Etude du noyau à l'état vivant. — Réactifs employés pour l'étude du noyau. — Structure variable du noyau. — Quantité variable de chromatine contenue dans les noyaux. — Nucléoles vrais. — Mouvements des nucléoles ; observations de Balbiani et de Häcker. — Membrane et réticulum protoplasmique du noyau. — Noyaux présentant une structure particulière ; noyaux de certaines glandes de Crustacés ; nucléoles-noyaux. — Noyaux des Protozoaires ; Rhizopodes ; Radiolaires ; Flagellés ; Péridiniens ; Infusoires ciliés : *Loxophyllum*, Balbiani 1890 : *Loxodes ;* Acinétiens.

MESSIEURS,

Après avoir passé en revue les opinions émises par les auteurs qui se sont occupés de la constitution du noyau, je dois maintenant, comme je l'ai fait pour le protoplasma, vous donner un aperçu de la technique nécessaire pour cette étude et vous faire connaître le résultat de mes recherches personnelles.

Les méthodes employées pour mettre en évidence la structure du noyau sont à peu près les mêmes que celles qui servent à décéler les détails d'organisation du protoplasma. Le plus souvent, en effet, le noyau est peu visible sur le vivant et n'apparaît alors, sauf de rares exceptions, que sous la forme d'une tache claire au centre du cytoplasma. Aussi certains auteurs tels que **Auerbach** prétendent-ils que les détails de structure que l'on voit après l'action des réactifs ne correspondent point à des réalités, mais sont des productions artificielles *post mortem,* dues à l'action des agents que l'on a fait pénétrer dans le noyau.

Flemming (1892, 2) a réfuté avec juste raison cette opinion d'**Auerbach** en se basant sur de nombreux faits d'observation. Il a fait remarquer notamment que, quand on observe les noyaux du *Chironomus* et d'autres larves de Diptères à l'état vivant, l'on y distingue parfaitement le boyau nucléaire et les nucléoles aussi nettement et sous la même forme qu'après l'action des fixateurs, et qu'il en est de même pour les cellules testiculaires. Pour constater le fait, il conseille l'emploi des réactifs sous le champ même du microscope. Si par exemple on prend des fragments très petits de la glande testiculaire des Urodèles, des Axolotls, et qu’on les examine à l’état vivant sans l’aide d’aucun réactif, on ne discerne d’abord aucun détail dans le noyau, qui se présente sous l’aspect d’une tache claire ; mais si l’on fait ensuite passer sous la lamelle de l’acide acétique dilué, les détails apparaissent peu à peu aux yeux de l’observateur. On y voit la charpente nucléaire se dessiner ; dans certaines cellules, qui vont bientôt entrer en division, les anses chromatiques se montrent sous forme de filaments parallèles. Tous ces détails, qui sont visibles immédiatement et qui sont toujours les mêmes dans les mêmes conditions, ne peuvent évidemment provenir de l’action des réactifs.

Flemming conseille aussi pour cette étude les ovules de certaines Ascidies. Sur le vivant, les noyaux sont dépourvus de structure, aussitôt après l’action du réactif on voit un réseau filamenteux qui, partant du nucléole, rayonne vers la phériphérie du noyau jusqu’à la membrane nucléaire. De plus, **Flemming** a fait des observations sur la manière dont se comportent les noyaux selon l’action plus ou moins rapide des réactifs. Ainsi un fragment d’ovaire, comprimé entre la lame et le couvre-objet, présente des bords immédiatement soumis à l’effet du réactif et un centre où l’action de celui-ci ne se fait sentir que d’une façon affaiblie et graduelle par suite de la lenteur de sa pénétration. Dans ce cas, les cellules du bord sont bien fixées et montrent des détails qui apparaissent immédiatement et toujours les mêmes : les noyaux des ovules du centre, au contraire, présentent des mouvements de leurs filaments, un va et vient de granulations animées de mouvements browniens qui s’éteignent peu à peu au fur et à mesure de la pénétration du réactif. **Flemming** en conclut que l’action lente des fixateurs fait naître dans le noyau cellulaire des courants osmotiques qui en disloquent la structure et peuvent induire en erreur sur la véritable nature de celle-ci. Il est donc nécessaire de prendre, pour l’étude cytologique, de très petits fragments de tissus dans lesquels le réactif puisse pénétrer rapidement.

J’ai fait moi-même des observations analogues sur des ovules de Rats ; en prenant ces ovules vivants dans l’ovisac et en les plaçant entre une lame et un couvre-objet, puis faisant agir le réactif, j’ai observé dans la vésicule germinative des mouvements de granulations, à la suite desquels quand le réactif a pénétré, apparaît alors le réseau nucléaire. Souvent aussi celui-ci se trouve disloqué. Ce résultat est dû à ce que l’œuf étant comprimé entre deux surfaces planes, la surface libre se trouve considérablement réduite et, par là même, la pénétration du liquide fixateur très ralentie. Ce fait ne se produirait pas si l’on fixait directement les ovules dans une masse liquide sans les comprimer.

Il faut toutefois reconnaître que le noyau résiste beaucoup mieux que le protoplasma à l’action des réactifs. Dans ce dernier, on voit souvent apparaître des vacuoles qui se fusionnent et donnent au corps cellulaire une

Réactifs employés pour l’étude du noyau.

fausse apparence de réticulation. Dans le noyau, au contraire, la charpente se conserve intacte si l'on a soin de ne faire agir sur elle que des substances acides. Nous avons vu, en effet, que la nucléine est soluble dans les substances neutres ou alcalines, le chlorure de sodium, les chromates, etc. Il faut donc employer, de préférence, dans l'étude du noyau, les acides chromique, osmique, picrique, acétique, etc. Nous avons d'ailleurs un excellent critérium de l'efficacité des fixateurs ; c'est la conservation des figures de division indirecte, dites *karyokinétiques*. Nous verrons en effet que, dans cet état, la chromatine du noyau se dispose en anses, en filaments qui subissent des modifications particulières. Quand les dispositions de ces anses chromatiques sont bien conservées, on peut admettre que les noyaux au repos du tissu avoisinant sont également fixés dans leur véritable constitution.

La coloration joue aussi un rôle très important dans l'étude du noyau, car, seul, dans la cellule, celui-ci possède la propriété de retenir certaines substances colorantes.

Là, également, il convient de n'avoir recours qu'à des réactifs acides. Les réactifs alcalins continuent à agir sur la substance chromatique pour la désorganiser, même lorsqu'on les fait intervenir après l'action d'un fixateur acide. Il faut donc choisir, parmi les carmins, le carmin aluné acide, le carmin borique, le carmin acétique. Le vert de méthyle, acidulé par l'acide acétique, rend également de très grands services pour l'étude des noyaux, soit frais, soit fixés préalablement. Il en est de même de la fuchsine acide, de la safranine, du violet gentiane.

Depuis quelques années, on fait agir simultanément ou successivement sur le noyau deux ou plusieurs substances colorantes, dans le but d'obtenir des colorations combinées. Par ce moyen, le réseau chromatique se teinte d'une couleur, tandis que la membrane et le nucléole, qui sont constitués par l'amphipyrénine et la pyrénine, revêtent des nuances différentes. L'on se sert dans ce but de la safranine et du violet gentiane, de la fuchsine acide et du bleu de méthylène, du carmin et du vert de méthyle ; ou enfin on associe trois couleurs différentes : safranine, violet de gentiane et orange G (**Flemming**) ; fuchsine acide, vert de méthyle, orange G (**Biondi**), safranine, vert de méthyle, violet acide (**Benda**), etc.

En ce qui concerne la constitution chimique du noyau, les données de **Schwarz** qui, comme vous l'avez vu, y admet cinq substances constitutives, me paraissent, jusqu'à plus ample confirmation, très acceptables. J'ai pu, ainsi que je vous l'ai dit, vérifier plusieurs des réactions de **Schwarz** dans diverses cellules animales.

Au point de vue de la structure, nous devons admettre que la présence d'éléments figurés dans le noyau est un fait indiscutable, mais que la disposition de ces éléments peut varier de façons les plus diverses. Tantôt, comme dans le noyau du *Chironomus*, la substance figurée prend la forme

Structure
variable
du noyau.

d'un filament pelotonné. J'ai pu constater une structure identique dans les glandes salivaires de l'Asticot. **Viallanes** a confirmé cette observation, **Carnoy** l'a étendue à un grand nombre d'Arthropodes mais il a le tort de trop généraliser ses observations. Cette disposition est d'ailleurs, comme je l'ai constaté depuis, commune à toutes les larves de Diptères, et **J. Chatin** l'a trouvée aussi dans les cellules des tubes de **Malpighi** du *Gryllotalpa*.

D'autres fois, le filament nucléaire, quoique simple, présente une très grande longueur et fait sur lui-même un nombre considérable de tours. Dans certains noyaux de Crustacés, dans ceux de l'intestin de l'*Oniscus*, l'on trouve des séries de granulations réfringentes remplissant le noyau et séparées par des espaces clairs. Sous l'influence de l'acide acétique et du vert de méthyle, ces granulations apparaissent colorées et rangées en séries régulièrement parallèles. En comprimant les noyaux de façon à déterminer la sortie de leur contenu, comme l'a fait **van Bambeke**, on voit apparaître des filaments clairs, homogènes, remplis de granulations, et il est impossible de décider si ces filaments enchevêtrés sont dus au pelotonnement d'un seul ou de plusieurs éléments. La même disposition se retrouve dans les cellules des canaux déférents de l'*Oniscus*.

Quelques auteurs, parmi lesquels **Strasburger**, **Rabl**, **Waldeyer**, **van Gehuchten**, admettent dans le noyau plusieurs tronçons nucléaires, en d'autres termes plusieurs filaments chromatiques. Cette disposition peut évidemment exister.

D'autre part, l'existence, dans certains noyaux, d'un véritable réticulum chromatique est un fait aussi indiscutable. Dans ce cas se trouvent les noyaux cellulaires des Vertébrés et en particulier des Amphibiens. S'il y existe un filament unique pelotonné, les tours de ce peloton se soudent les uns aux autres pour former un réseau. Il convient donc d'admettre, avec **Flemming**, **Strasburger** et **Hertwig**, dans le noyau cellulaire, l'existence soit d'un filament unique, soit de filaments multiples, soit enfin d'un réticulum.

Parmi les noyaux, les uns sont très riches en chromatine, les autres au contraire en contiennent une très petite quantité. Les noyaux pauvres en chromatine ne possèdent plus de filaments, mais des grains chromatiques. Dans le noyau végétatif des *Chara*, par exemple, l'on trouve des granulations colorées dépourvues de toute striation et dont chacune peut être considérée comme l'homologue d'un filament. Dans certaines cellules animales, les spermatocytes de l'*Ascaris megalocephala*, les noyaux renferment huit petits bâtonnets, ordinairement associés en deux groupes de quatre, un peu flexueux, réunis les uns aux autres par des filaments de linine incolores. De même, dans certaines cellules épithéliales, soit animales, soit végétales, la chromatine apparaît sous forme de filaments très irréguliers, ainsi qu'on l'observe dans l'épiderme des larves d'Axolotl. Au moment de la division cellulaire, la quantité de chromatine augmente beaucoup ; cette substance apparaît alors sous forme d'un réseau d'abord, puis d'un filament continu qui se segmente. Nous pouvons donc constater ici dans une même espèce de cellule tous les termes du passage entre les divers types de constitution nucléaire.

Il est des noyaux qui, au lieu de renfermer un filament ou un réseau, se composent d'une masse homogène colorable. La tête des spermatozoïdes en est un exemple et peut être considérée comme une masse chromatique fortement condensée. Mais, ainsi que le fait observer **Hertwig**, aussitôt que le spermatozoïde a pénétré dans l'œuf, cette masse chromatique qui constitue sa tête se remplit de vacuoles qui en augmentent le volume, disloquent la substance chromatique et la transforment en un véritable réticulum. Au moment où le noyau mâle va se conjuguer avec le noyau femelle soit, comme nous le verrons plus tard, par fusion, soit par juxtaposition, il présente un filament continu, puis des anses chromatiques. C'est encore là un cas où l'on peut observer, dans un même noyau, plusieurs formes de passage appartenant à des types différents.

Outre la substance chromatique dont nous venons de passer en revue les diverses dispositions, il existe encore, dans le noyau, des filaments incolores qui, d'après l'opinion de **Schwarz**, seraient formés par de la linine. Ces filaments nucléaires ne sont pas toujours visibles ; et certains noyaux ne renferment qu'un réseau entièrement colorable. D'autres noyaux présentent, ainsi que l'a reconnu **Strasburger**, des filaments incolores qui contiennent des granulations colorables. Dans ce cas, il faut admettre que la linine contient des granulations de chromatine, tandis que, dans d'autres cas, elle peut contenir cette chromatine à l'état d'imbibition.

La plupart des noyaux possèdent en outre, en proportion plus ou moins abondante, un suc nucléaire, substance albuminoïde, correspondant à la lanthanine de **Heidenhain**, coagulable par les réactifs et colorable par certaines couleurs d'aniline.

En me plaçant dans les conditions indiquées par **Heidenhain**, c'est-à-dire en fixant par le sublimé et en colorant par le mélange d'Ehrlich-Biondi, j'ai vu très nettement, dans l'intérieur du noyau des divers tissus de la Salamandre, une substance finement granuleuse, fortement colorée en rouge, tandis que le réseau chromatique était teinté en vert. Je n'ai retrouvé cet aspect qu'après fixation par le sublimé ; avec les liquides de Flemming ou de Lindsay, je n'ai jamais pu voir la substance granuleuse, quel que fût le mode de coloration employé ; je suis donc porté à considérer la lanthanine comme un précipité produit par le sublimé et analogue à celui qu'on détermine en fixant par le même réactif des liquides albumineux, tels que celui des follicules de Graaf. Dans ce cas, le précipité est aussi colorable par la fuchsine acide.

Parmi les nucléoles qui se rencontrent dans l'intérieur du noyau, il faut distinguer les vrais nucléoles et les faux nucléoles qui ne sont que des nœuds du réseau. La présence des vrais nucléoles n'est pas constante, mais elle est parfois, comme dans les noyaux du *Chironomus*, absolument indiscutable ; elle paraît manquer dans d'autres cellules, dans les cellules épithéliales par exemple. Ce sont des organes qui semblent jusqu'à un certain point accessoires et qui disparaissent au moment de la division. Quand les nucléoles vrais existent, ils se comportent autrement que les faux nucléoles, ou nœuds du réseau de **Flemming**, qui se colorent comme le reste du réticulum chromatique. Le nombre des vrais nucléoles est variable ; tantôt il n'y en a qu'un, deux ou trois ; dans les vésicules germinatives des œufs d'Amphibiens, l'on peut en compter jusqu'à deux ou trois cents.

Mouvements des nucléoles. M. **Balbiani** (1864), il y a déjà longtemps, a appelé l'attention sur les mouvements particuliers qui s'observent dans certains nucléoles. Il a vu que le nucléole ou tache germinative de l'œuf du *Phalangium opilio* présente une structure écumeuse et est creusé de vacuoles. Parmi ces vacuoles, celles qui sont situées à la périphérie font souvent saillie à la surface du nucléole sous forme d'ampoules. Si l'on observe pendant longtemps, dans un œuf vivant, l'une de ces ampoules, on voit que sa paroi extérieure s'amincit de plus en plus et qu'à un moment donné elle crève, comme sous la pression d'un liquide intérieur (fig. 52, *a*, *b*). Il ne reste plus à sa place, à la surface du nucléole, qu'une dépression, une encoche qui ne tarde pas à

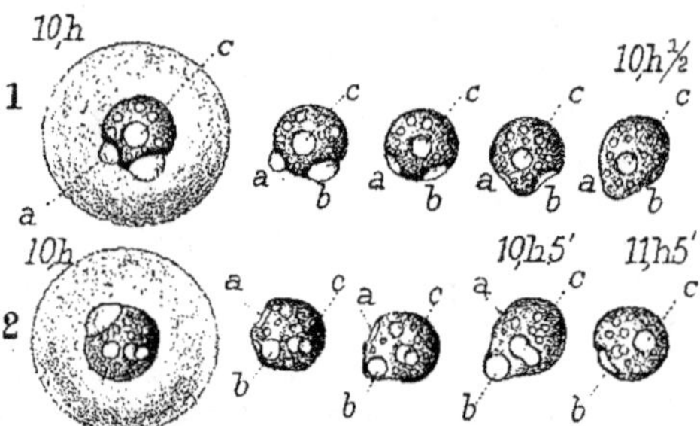

Fig. 52. — Vésicules et taches germinatives de *Phalangium opilio* montrant les transformations des vacuoles *a*, *b*, *c*, qui se sont effectuées, dans la série 1, en l'espace d'une demi-heure ; dans la série 2, en l'espace d'une heure et cinq minutes. (Dessin inédit de M. Balbiani).

se combler, à s'effacer et à disparaître complètement. Pendant ce temps une autre vacuole de petite dimension (*c*), située dans la profondeur du nucléole, grossit, se rapproche de la surface et constitue une nouvelle ampoule qui se comportera comme la première. On voit ainsi constamment une série de cavités prendre naissance dans le nucléole, se remplir de liquide et venir expulser ce liquide à la surface dans l'intérieur de la vésicule germinative. Il n'est pas rare de voir deux vacuoles voisines au lieu de gagner isolément la périphérie, arriver à se toucher, puis par suite de la rupture de la cloison de séparation, se fondre en une seule vacuole plus grande qui vient faire saillie à l'extérieur.

M. **Balbiani** a rapproché ces faits de ceux qu'on observe dans la masse protoplasmique des Rhizopodes, entre autres des *Actinophrys,* où il se produit de nombreuses vacuoles contractiles. « De même, dit-il, que chez les *Actinophrys,* les contractions de la tache germinative sont loin de se faire d'une manière régulière et rythmique et l'on constate souvent des intervalles assez longs, d'un quart d'heure, d'une demi-heure et même davantage entre deux pulsations successives. » Mais chez les Rhizopodes les vacuoles contractiles se forment à l'endroit même où elles ont disparu et expulsé, dans le parenchyme de l'animal, le liquide qui s'est accumulé dans leur intérieur, tandis que dans la tache germinative, les vacuoles se forment en un point quelconque et évacuent au dehors le liquide qui les distend.

Chez la plupart des Araignées et chez le Géophile, M. **Balbiani** a constaté aussi la présence de ces vacuoles contractiles dans la tache germinative (fig. 53). Souvent la vacuole n'arrive pas jusqu'à la surface du nucléole pour expulser son liquide ; il se produit entre elle et la surface, un petit canal en forme d'entonnoir par lequel le contenu est évacué dans la vésicule germinative. Plusieurs fois, M. **Balbiani** a même vu se produire à la surface de la vésicule germinative un entonnoir semblable, dans lequel était emboîté celui provenant de la tache germinative, de sorte que le contenu de la vacuole en rapport avec ce dernier était déversé dans la substance même de l'œuf.

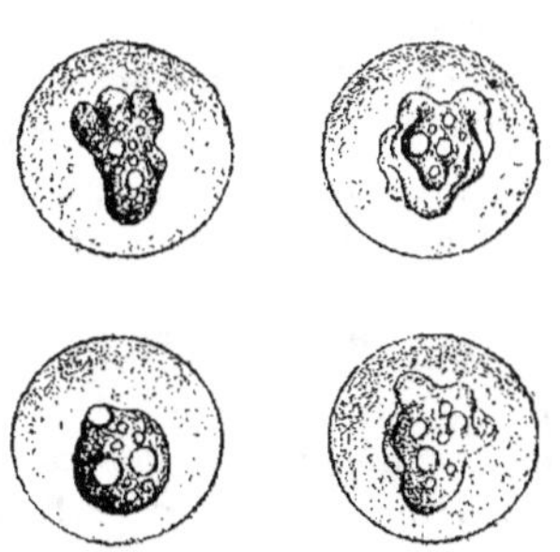

Fig. 53. — Vésicule germinative d'un œuf d'*Epeira diadema,* montrant les changements de forme successifs du nucléole. (Dessin inédit de M. BALBIANI).

A la suite de ces observations, M. **Balbiani** a été amené à considérer le nucléole comme une sorte d'organe central de la circulation, de cœur de la cellule, jouant avec le noyau un rôle important dans la nutrition et la conservation de la cellule.

Häcker (1893, 1) a fait aussi récemment des recherches intéressantes sur la formation des vacuoles dans les nucléoles des œufs d'Étoiles de mer et d'Oursins. Il distingue d'une manière générale, dans les vésicules germinatives, des nucléoles accessoires et un nucléole principal. Chez les Échinodermes le nucléole principal présente une grande vacuole centrale et de petites vacuoles périphériques. Les deux sortes de vacuoles sont le siège d'un rythme périodique qui dure de quatre à huit heures ; pendant la diastole de la vacuole centrale, on voit les vacuoles périphériques diminuer de nombre et de volume ; durant la systole, les vacuoles périphériques augmentent. D'après **Häcker** les parties périphériques du nucléole absorbent du suc nucléaire, lui font subir une certaine élaboration ; une partie de ce suc transformé se fixe dans la substance du nucléole, l'autre sous forme liquide s'accumule dans les petites vacuoles et passe ensuite dans la vacuole centrale, d'où il est expulsé dans le noyau. Les pulsations rythmiques des vacuoles jouent donc un rôle important dans la nutrition du nucléole, du noyau et de la cellule entière.

Enfin, d'autres auteurs, tels que **Auerbach** (1874) dans les taches germinatives du Brochet, **Eimer** (1875) dans celles du *Silurus glanis*, **La Valette St.-George** (1866) dans celle de la Libellule, **Brandt** (1873) dans celle de la Blatte, **Metchnikoff** (1867) dans les nucléoles des glandes salivaires de la Fourmi, **Kidd** (1875) dans ceux des cellules épithéliales de la muqueuse buccale de la Grenouille, etc., ont constaté à l'état vivant des mouvements amiboïdes.

Membrane du noyau. Je passe maintenant à la membrane du noyau. Pour ma part, je serais assez porté à admettre sa présence dans tous les cas. En effet, même dans les noyaux où elle n'est point visible ceux-ci conservent leur forme lorsque par l'énucléation on les sépare du corps cellulaire. La membrane est tantôt colorable, tantôt non colorable. Il en est qui se colorent par la safranine. J'incline à croire avec **van Beneden** que cette partie du noyau est formée d'une substance incolore qui peut s'imbiber de chromatine mais qui, aussi, au moment de la division, peut en être complètement dépourvue.

La membrane est-elle continue ? Si, comme je le crois, elle possède cette propriété, elle jouit aussi en tout cas d'une certaine perméabilité. Elle peut laisser sortir du noyau des corps solubles puisqu'on a observé et que j'ai constaté moi-même dans les cellules embryonnaires, la diffusion de la chromatine dans le corps cellulaire. Elle peut même, à la façon d'une lame de caoutchouc, s'ouvrir momentanément pour laisser passer des granulations chromatiques, que l'on trouve souvent dans le cytoplasma. Nous nous occuperons plus longuement de ces faits, en parlant de la division cellulaire et nous verrons alors que certains phénomènes tendent à prouver que la membrane résulte d'une modification du réseau chromatique.

Réticulum protoplasmique du noyau. Quant au réticulum protoplasmique de **Carnoy**, jamais je n'ai pu en constater la présence à l'état vivant. Si, dans quelques noyaux, riches en suc nucléaire et fixés par les réactifs, on peut apercevoir un réticulum, cela tient, je pense, à une coagulation, due à l'action du réactif, coagulation reticulée que l'on peut observer sur le liquide pourtant homogène de l'ovisac.

Noyaux présentant une structure particulière. Nous avons maintenant à considérer un certain nombre de noyaux particuliers et qui s'écartent plus ou moins du type dont nous venons de tracer les principaux traits.

Disons d'abord quelques mots de l'aspect général du noyau. Le plus souvent il présente la forme d'une masse arrondie ou ovoïde, mais dans les cellules allongées nous le voyons suivre l'allongement de celles-ci et devenir lui-même plus ou moins étiré. Tels sont les noyaux des fibres musculaires, des tubes nerveux, des cellules conjonctives etc.

D'autres fois, le noyau présente des lobes, des incisures. Nous avons déjà constaté cette disposition dans les cellules épithéliales des larves d'Amphibiens ; on admettait autrefois que les noyaux qui présentaient ces incisures étaient sur le point de se diviser, mais on les voit modifier incessamment leur forme à l'état vivant et l'on doit, par conséquent, renoncer à cette interprétation. Dans les cellules de la moelle des os, dans les leucocytes, on trouve des noyaux tout à fait lobés et qui permettent alors d'admettre l'existence d'une sorte de bourgeonnement. Ces lobes peuvent s'allonger, se ramifier et prendre l'aspect signalé il y a déjà longtemps, par **Meckel** (1840) puis par **Leydig**, dans les cellules des glandes séricigènes et des tubes de Malpighi d'un grand nombre d'Insectes. Ces ramifications constituent un véritable réseau qui peut se disloquer et donner naissance à un noyau fragmenté dans chacune des parties duquel on observe des granulations chromatiques, souvent dispersées.

En 1878, **Mayer** a trouvé dans les pattes d'un Crustacé, le *Phronima*, des glandes formées de quatre cellules dont les noyaux, ovoïdes chez les jeunes individus, se transformaient avec l'âge de l'animal en noyaux lobés puis ramifiés (fig. 54).

On peut donc suivre ici sur un même noyau les formes de passage entre le noyau ovoïde et le noyau ramifié.

Dans les glandes cutanées du céphalothorax, d'un autre Crustacé, le *Lernanthropus*, **Heider**, a observé, en 1879, des noyaux formés de secteurs chromatiques, disposés en rayons suivant plusieurs plans et qui ne présentaient ni réticulation ni filaments. **Korschelt** (1889) a trouvé, dans les cellules épithéliales des gaînes ovariques de certains Insectes, des noyaux à contours déchiquetés, tout à fait irréguliers. Mais ces formes correspondent à un état passager du noyau,

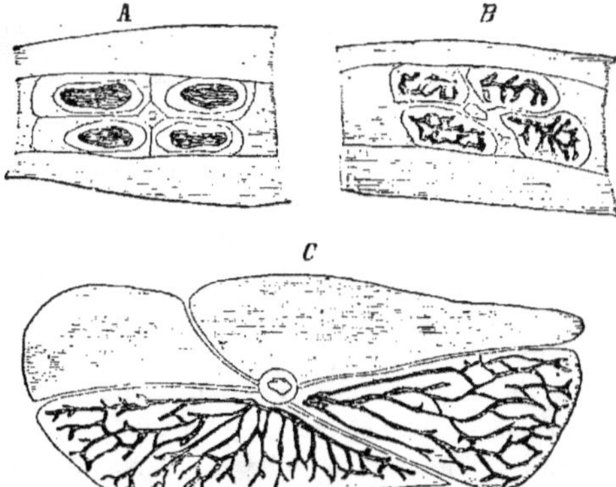

Fig. 54. — A, fragment de la septième patte d'un jeune *Phronima* long de 5 mill., gross. de 90 diam. B, fragment de la sixième patte d'un *Phronimella* demi adulte, même grossissement. C, un groupe de cellules de la glande de la sixième patte du *Phronimella*. Le noyau n'est représenté que dans deux cellules. Même grossissement. (D'après P. MAYER, figure empruntée à O. HERTWIG).

dans ces cellules au moment de leur sécrétion, ainsi que nous le verrons plus tard.

En 1890, **vom Rath**, étudiant les glandes céphaliques de l'*Anilocra mediterranea*, glandes qui sont très probablement des glandes salivaires, a observé des cellules à noyaux particuliers répandues parmi d'autres cellules dont les noyaux, qui mesurent de 3o à 5o μ, possèdent le type ordinaire. Ces noyaux renferment un certain nombre de petits systèmes en forme de rosettes, constitués par une globule central, colorable, et par un certain nombre de chromosomes en bâtonnets, disposés radiairement autour de lui (fig. 55). D'autres fois le corps central a la forme d'un axe allongé, de chaque côté duquel rayonnent les chromosomes. Le nombre de ces chro-

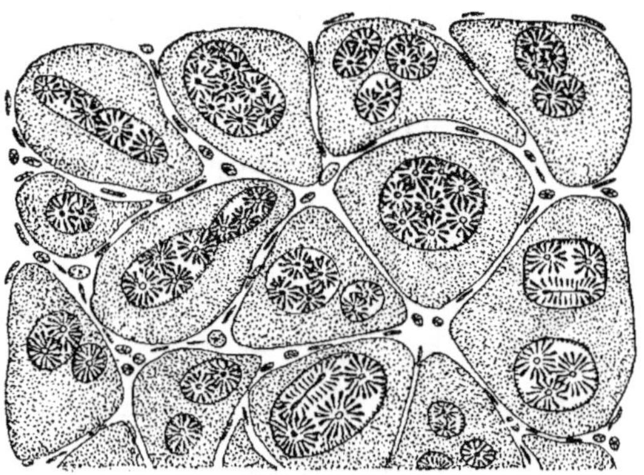

Fig. 55. — Disposition polycentrique de la chromatine dans les cellules des glandes salivaires de l'*Anilocra mediterranea*. (D'après O. vom Rath, 189o).

mosomes, assez variable, oscille entre 10-20, et celui des petits systèmes rayonnants varie d'un noyau à l'autre ; tantôt on en voit une dizaine, tantôt trois ou quatre seulement. J'ai pu vérifier l'observation de **vom Rath**, mais pas plus que lui, je ne puis expliquer la signification et le mode de formation de ces singuliers noyaux. Peut-être le globule central est-il un nucléole vrai, car j'ai pu constater qu'il présentait une coloration différente de celle des chromosomes. En se servant de forts grossissements, **vom Rath** a vu les filaments chromatiques réunis par des filaments clairs, incolores, très délicats. La même disposition a été retrouvée, en 1892, par **Manille Ide** dans les noyaux des cellules cutanées de l'*Ione thoracica*. Il est impossible actuellement de donner une signification physiologique à ces sortes de noyaux. Dans toutes les glandes que j'ai observées je n'ai pas vu de divisions cellulaires, et il est curieux de constater qu'à côté de ces cellules à noyaux en rosette se trouvent d'autres cellules typiques à noyaux réticulés.

Une autre forme de noyau doit nous arrêter aussi un instant. Je veux parler des *nucléoles noyaux* de **Carnoy** dont le type, le plus anciennement connu, se trouve dans les *Spirogyra*. Ce noyau se présente comme un corps allongé, entouré d'une membrane renfermant une substance claire, homogène à l'état frais, réticulée après fixation, au centre de laquelle se trouve un globule qui est seul colorable par les réactifs. Le reste du noyau demeure absolument incolore. **Strasburger et Flemming** considèrent le corps central colorable comme un nucléole et admettent qu'il existe une petite quantité de chromatine dans le réticulum qui l'entoure. Pour **Carnoy**, toute la partie chromatique du noyau serait localisée dans l'intérieur du corps central, sous forme d'un boyau nucléinien constituant un peloton très serré. La partie incolore, comprise entre le corps central et la membrane, serait le réticulum caryoplasmique. **Zacharias** (1885) soutient, au contraire, que le corps central est un vrai nucléole exclusivement plasmatique ne renfermant pas de nucléine. En 1887, **Meunier** arrive aux mêmes conclusions que son maître **Carnoy**. Il a examiné une quinzaine d'espèces de *Spirogyra* dans lesquelles le noyau présente le même aspect. A l'état frais, il a distingué la membrane d'enveloppe contenant un corps protoplasmique garni de filaments rayonnés rattachant la membrane au nucléole. Si on blesse un peu la cellule en la comprimant pour y faciliter l'accès de l'eau, on voit paraître autour du nucléole une membrane et dans son intérieur un filament pelotonné. En soumettant la cellule à l'action de l'alcool, des acides, des alcalis, du suc gastrique, des matières colorantes, **Meunier** est arrivé à mettre ces détails plus en évidence et n'a trouvé aucune matière colorable dans le

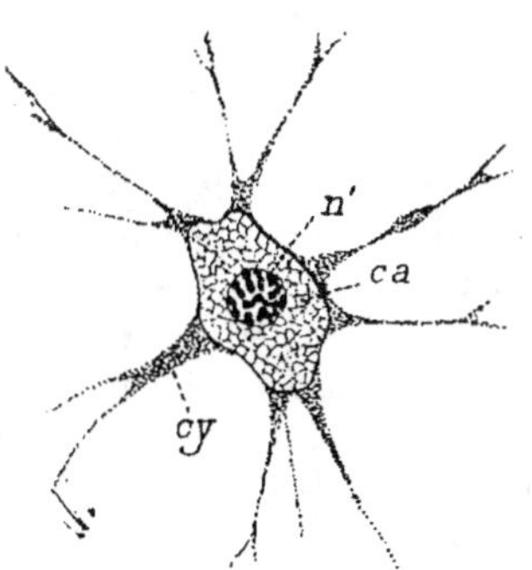

Fig. 56. — Noyau de *Spirogyra* traité par l'acide nitrique dilué à 2-4 °/₀. *cy* : cytoplasma ; *ca* : caryoplasma reticulé ; *n'* nucléole avec le corps réfringent et chromatique qu'il renferme. (D'après **Meunier**, 1887).

reste du noyau. Il admet donc que le nucléole est un vrai noyau ayant une membrane propre, contenant un élément nucléinien pelotonné, seul colorable, dont l'étui plastinien résiste aux acides et à l'action du suc gastrique ; mais, ne s'explique pas sur la nature de la zone protoplasmique qui l'entoure.

Sur des préparations déjà anciennes de *Spirogyra*, j'ai pu constater dans le nucléole des parties plus colorables, une membrane d'enveloppe, le réseau achromatique autour du nucléole et enfin la membrane extérieure. Nous aurons à revenir sur cette structure quand nous nous occuperons de la division de ce noyau. Elle n'est d'ailleurs point particulière au *Spiro-*

gyra, **Carnoy** l'a retrouvée dans les cellules testiculaires du *Lithobius*, dans la Grégarine de la *Nepa cinerea*. Je l'ai observée moi-même dans la Grégarine du Lombric, le *Monocystis agilis*. Chez cette Grégarine, le noyau affecte la forme suivante : un globule incolore renfermant un ou plusieurs corpuscules qui seuls se colorent. Après l'action des réactifs on constate la présence de filaments réunissant ces corps colorés à la membrane périphérique. Toute la matière chromatique dans la division provient de ces corps et prend la forme de grains qui viennent se ranger sur les filaments achromatiques. **Carnoy** admet l'existence d'une membrane autour de ces corps centraux du noyau des Grégarines, mais je n'ai pu la voir comme dans le *Spirogyra*.

Kultschitzky (1888) a vu aussi que, dans les œufs de l'*Ascaris marginata* non encore mûrs, toute la chromatine se trouve concentrée dans le nucléole, comme chez le *Spirogyra*.

Noyaux des
Protozoaires. Chez les Protozoaires, le noyau est tantôt unique tantôt multiple et, dans ce dernier cas, il peut soit être formé d'articles indépendants, soit, au contraire, n'être constitué en réalité que par un chapelet de grains maintenus en connexion par une commune membrane d'enveloppe et susceptibles de se fusionner à certaines phases de l'évolution nucléaire.

Rhizophodes. Les Rhizopodes, les Amœbiens surtout, possèdent un noyau extrêmement simple. C'est une vésicule formée d'une paroi de chromatine, d'une zone claire et d'un corps central colorable. La nature de ce corps central n'a pas encore été exactement définie et son étude microchimique permettra de décider s'il s'agit ici d'un véritable nucléole. Chez certaines formes il est remplacé par un nombre variable de granulations disposées en couronne. D'après **Bütschli**, le noyau de certains Rhizopodes présente une structure alvéolaire et son corps central est formé de vacuoles pressées les unes contre les autres. Chez l'*Amœba princeps*, le noyau est parfois rempli de granulations colorables qui lui donnent un aspect tout différent de celui qu'on a l'habitude de constater. Il se pourrait que l'on ait affaire, dans ce cas, à une affection parasitaire encore indéterminée et l'on retrouve les mêmes apparences chez des Arcelles dont le noyau présente habituellement la constitution plus simple des autres Rhizopodes.

Chez certaines espèces on peut voir apparaître dans le noyau un véritable réseau chromatique, analogue à celui que nous avons décrit plus haut dans les cellules des organismes pluricellulaires, **Schewiakoff** (1888) par exemple a décrit une structure de ce genre chez l'*Euglypha alveolata*.

Le nombre des noyaux est très variable chez les Rhizopodes ; unique, chez un grand nombre d'espèces, il peut, chez d'autres, être représenté par une quantité variable d'éléments, quantité qui semblerait cependant présenter une fixité relative chez chaque espèce, puisque **Grüber** (1888), qui a fait du noyau des Amœbiens une étude approfondie, propose de prendre pour base de leur classification le nombre de leurs noyaux.

Les Héliozoaires ont un noyau constitué à peu près comme celui des Rhizopodes ; il est le plus souvent unique ; mais, chez l'*Actinosphærium* cependant où les noyaux sont multiples, on trouve, au centre de chaque

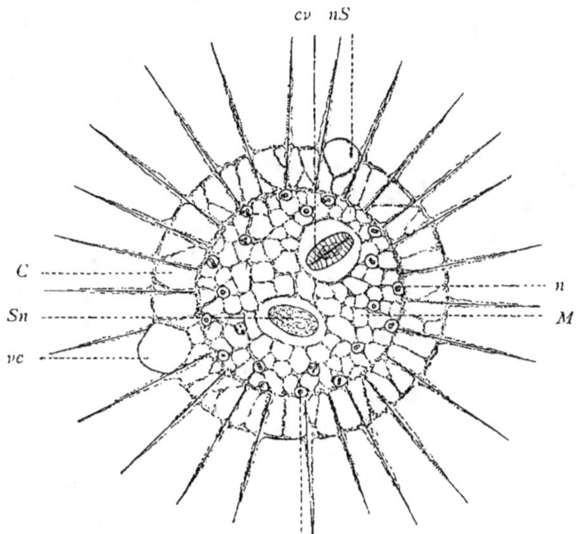

Fig. 57. — *Actinosphærium Eichornii. M:* substance médullaire avec noyaux (*n*). *C:* substance corticale avec vacuoles contractiles (*vc*). *Sn* : substances nutritives. (D'après R. Hertwig, figure empruntée à O. Hertwig).

élément, une série de petits globules chromatiques au lieu d'une seule granulation centrale (fig. 57).

Les Radiolaires possèdent un noyau très variable, mais dont la struc- Radiolaires ture est, en général, plus compliquée que chez les Rhizopodes ; il a été étudié surtout par **R. Hertwig** (1876) et par **Brandt** (1890). Chez les Thalassicoles, on le voit entouré d'une membrane assez épaisse, parfois même finement radiée et dont le contenu figuré varie avec l'âge du noyau. Constitué d'abord par des granulations chromatiques disposées en cercle, il peut se montrer plus tard formé de granulations associées en filaments moniliformes. Le fait le plus curieux des transformations nucléaires chez les Radiolaires a été observé par **Hertwig**. Il a vu les granulations chromatiques s'allonger en rayonnant autour d'un centre clair et se disposer en une sorte d'aster d'où partent des filaments divergents ter- minés parfois par des empâtements (fig. 58). Ces filaments se détachent quelquefois du noyau, s'isolent dans le protoplasma et sont le siège de transformations qui aboutissent à la production de véritables zoospores. Chez les Acanthomètres, on trouve aussi un noyau vésiculeux entouré d'une membrane d'enveloppe très dense présentant des épaississements ; à l'intérieur du noyau, un gros nucléole et en rapport avec celui-ci une invagination de la membrane d'enveloppe parfois plissée et striée.

Flagellés.

Si maintenant nous considérons d'autres Protozoaires très simples comme les Flagellés, nous voyons que leur noyau se compose d'une vésicule dont le centre présente une et parfois deux granulations colorables.

Cependant, d'après **Kunstler** (1882), ce noyau présenterait une structure alvéolaire et serait constitué par une accumulation de petites vacuoles fortement pressées les unes contre les autres et séparées par une masse homogène peu colorable.

Péridiniens.

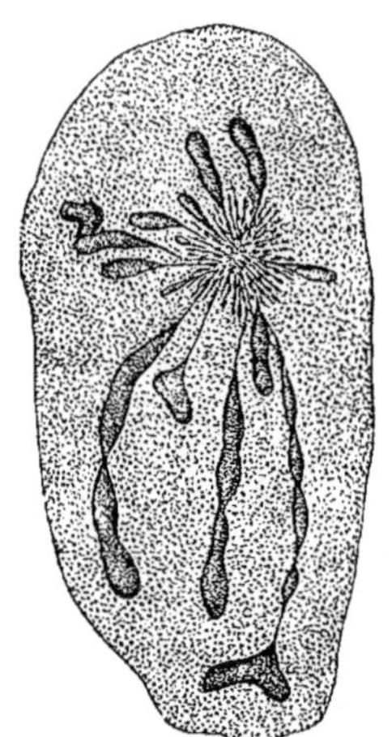

Fig. 58. — Fragment d'une coupe pratiquée à travers le grand noyau vésiculeux ou vésicule interne du *Thalassicola nucleata* ; les corps internes, corps nucléaires ou nucléoles, en forme de cordons s'irradient d'un point central (D'après R. Hertwig, figure empruntée à O. Hertwig).

Le noyau des Péridiniens est assez volumineux et présente souvent, chez les grandes espèces surtout, une structure compliquée intéressante à étudier et qui tantôt se rapproche de la structure alvéolaire, tantôt, au contraire, de la structure réticulée ou filamenteuse. D'après Bütschli (1885), par exemple, chez le *Ceratium tripos*, le noyau présente un réticulum contenant dans sa masse des points plus fortement colorables (fig. 59). Si on l'examine

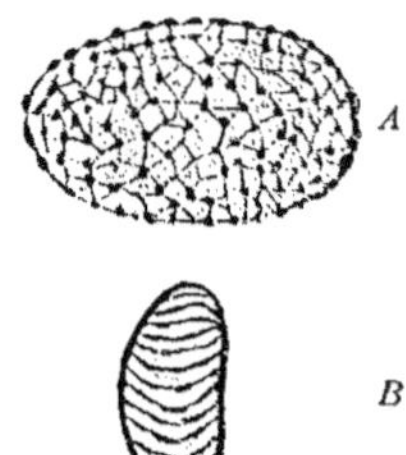

Fig. 59. — Noyau à structure alvéolaire très nette de *Ceratium tripos*. A, le *Ceratium* étant examiné par sa face ventrale : B, le *Ceratium* étant examiné de profil. Ces deux figures ne montrent que des coupes optiques. (D'après Bütschli, figure empruntée à O. Hertwig).

de côté, on voit que les alvéoles qui le constituent sont parallèles entre eux et ne forment qu'une seule couche de loges empilées les unes sur les autres. Chez d'autres Péridiniens, chez le *Gymnodinium crassum*, d'après **Pouchet** (1885), le noyau se compose d'une membrane d'enveloppe très épaisse dans laquelle est enroulé un paquet de filaments très réguliers qui composent la masse entière du noyau.

Chez les Noctiluques qui, par certains détails de leur organisation, se rapprochent assez des Péridiniens, le noyau est beaucoup plus simple. Cependant **Pouchet**, en étudiant ces êtres après fixation par l'alcool, a cru distinguer dans le noyau une partie colorable en forme de cône dont la base repose sur un des points de la membrane d'enveloppe, tandis que le sommet plonge dans la matière homogène incolore qui remplit l'intérieur du noyau. M. **Kunstler**, ni moi, n'avons pu retrouver cette structure.

En étudiant des Noctiluques fixées à l'état frais et conservées dans le liquide de Ripart et Petit, après coloration par le vert de méthyle, j'ai constaté que leur noyau se compose d'une membrane d'enveloppe à l'intérieur de laquelle se trouvent éparses des particules en forme de bâtonnets entourés d'une auréole claire. Après une action prolongée du réactif, ces bâtonnets eux-mêmes se laissent décomposer en fines granulations chromatiques réunies bout à bout. Il est donc très probable que les aspects observés par Pouchet chez ces êtres sont dus à des altérations provoquées par l'action de l'alcool.

Les Infusoires ciliés sont de tous les Protozoaires ceux qui présentent les formes nucléaires les plus intéressantes. Un grand nombre de ces êtres contiennent, en effet, deux sortes de noyaux. L'un, le plus volumineux et le plus apparent, a reçu les noms de *noyau*, d'*endoplaste,* de *macronucléus,* l'autre, beaucoup plus petit et plus difficile à mettre en évidence, a été d'abord faussement appelé *nucléole, endoplastule,* puis, avec Maupas, *micronucléus.* A l'état de repos, le macronucléus et le micronucléus se trouvent généralement accolés l'un à l'autre, et souvent même le second se trouve comme enclavé dans une petite encoche du macronucléus.

Infusoires ciliés.

La forme et la constitution du macronucléus des Infusoires ciliés sont extrêmement variables. Dans la plus grande majorité des cas cet élément se présente comme une masse régulière, ovalaire ou sphérique; les Paramœcies, les Chilodons ont des noyaux de cette forme. Chez d'autres espèces, les Vorticelles, les Euplotes, certains *Prorodon,* le macronucléus prend la forme d'un ruban ou plutôt d'un boudin cylindrique, recourbé en croissant ou irrégulièrement sinueux. Enfin, chez les Stentors, les Stylonichies il présente la forme de grains ou de sphérules réunis en chapelet ; mais ces grains ne constituent point des noyaux isolés ; ils peuvent, ainsi que l'a démontré M. Balbiani, n'être considérés que comme des parties segmentées et arrondies d'un seul et même macronucléus, réunies dans une commune membrane d'enveloppe et susceptibles de se fusionner au moment de la division de l'individu qui les porte. Le tube formé par la membrane s'étire entre chaque article du macronucléus de façon à devenir souvent complètement invisible et à donner véritablement l'illusion d'articles nucléaires indépendants. Cela se voit surtout chez les Ciliés à macronucléus très fragmenté, comme les *Urostyla* par exemple, dont une espèce étudiée par M. Balbiani possède, à l'état de repos, un très grand nombre d'articles en apparence isolés et confusément répartis dans tout le protoplasma (fig. 60). Ce n'est qu'au moment de la division que l'on voit ces articles, coulant pour ainsi dire dans le tube contourné qui les renferme, se fusionner lentement entre eux pour former des masses de plus en plus grosses, de moins en moins nombreuses, jusqu'à ne plus constituer, à la fin, qu'un grand macronucléus ovoïde, analogue à celui des autres espèces. Après la division, le phénomène se produit en sens inverse ; le tube s'allonge, les masses nucléaires se fragmentent et l'individu semble de nouveau rempli d'articles nucléaires isolés.

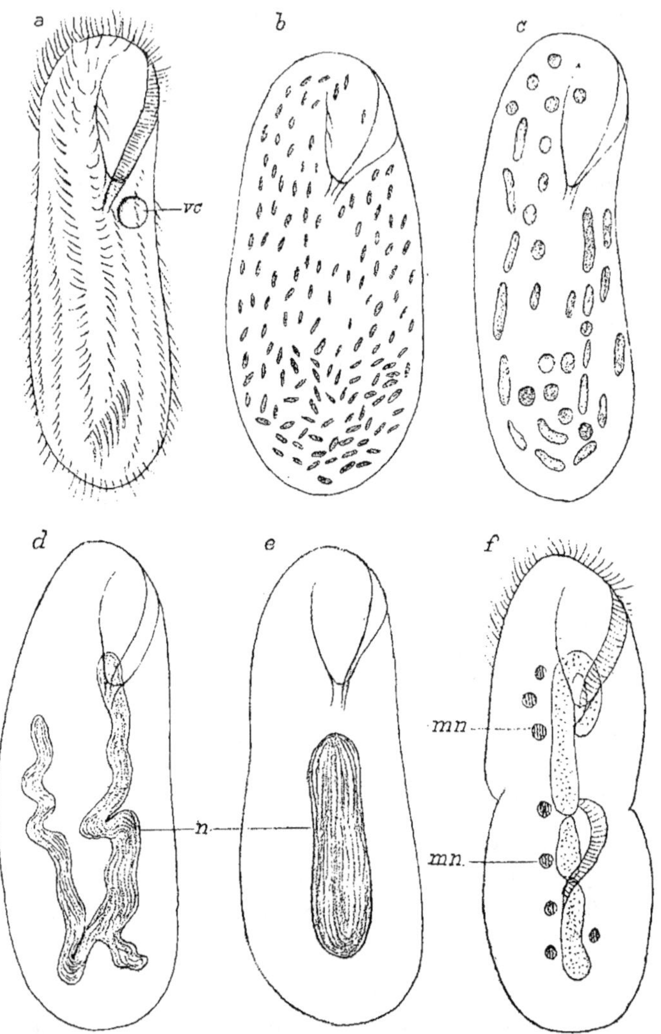

Fig. 60. — *Urostyla grandis. a,* individu vu à l'état vivant, dans lequel le noyau n'est pas visible; *b,* le même traité par le vert de méthyle acidulé, montrant les fragments nucléaires sous forme de bâtonnets; le tube qui contient les fragments nucléaires n'est pas visible; *c, d, e,* individus montrant la concentration graduelle des fragments nucléaires en un gros noyau, *n,* strié; *f,* individu en voie de division; *mn,* micronucléus (Dessin inédit de M. BALBIANI).

Que le macronucléus composé soit formé comme chez les Stylonichies de deux articles seulement, qu'il en ait près d'une centaine comme chez l'*Urostyla*, le processus de la condensation du macronucléus demeure absolument identique.

La forme du macronucléus, constante chez une même espèce, varie beaucoup dans un même genre et ne possède, au point de vue taxonomique, qu'un caractère purement spécifique. Des espèces très voisines morphologiquement peuvent avoir des macronucléus de forme extrêmement différente.

Beaucoup moins variable est la forme du micronucléus qui s'offre toujours sous l'aspect d'une petite masse ovoïde ou sphérique, le plus souvent extrêmement petite. Sa constitution est généralement simple et l'on n'y peut déceler aucun corps figuré, du moins pendant l'état de repos. Bergh (1889) aurait vu cependant dans les micronucléus de l'*Urostyla* un petit peloton de filaments enroulés sur eux-mêmes et constituant un réseau.

Sur le vivant, le macronucléus des Infusoires ciliés, présente l'aspect d'une masse claire compacte, tantôt homogène, tantôt finement granuleuse. Par l'action du vert de méthyle, cependant, l'on parvient presque toujours à y déceler une structure figurée. Sous l'influence de certains réactifs, notamment de l'acide osmique, suivi de la coloration par le carmin de

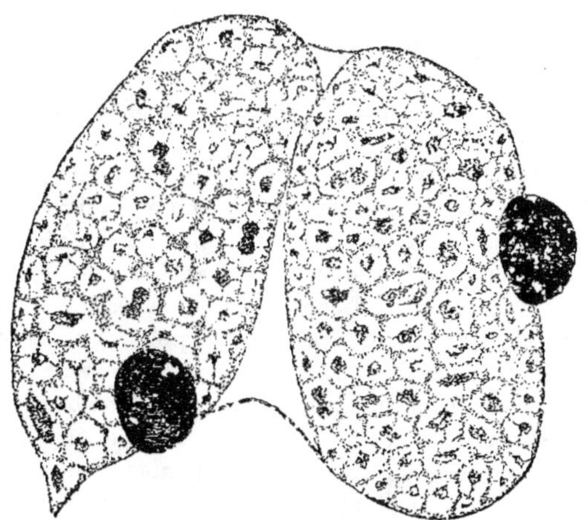

Fig. 61. — Noyau de *Stylonichia mytilus* (D'après KUNSTLER, fig. empruntée à PEYTOUREAU).

Beale, le noyau des *Bursaria*, des Vorticelles, des *Amphileptus*, présente l'aspect d'une masse fondamentale homogène, faiblement colorable avec des grains isolés, plus colorés. Mais, dans le moment qui précède la division, on voit les mêmes noyaux constitués par des faisceaux de filaments parallèles entre eux. Certains auteurs admettent même comme constante cette structure filamenteuse du macronucléus des Ciliés ; Carnoy la décrit dans celui des Stentors et des Vorticelles. Pour Jickeli il s'agirait d'une structure réticulée ; pour Leydig d'une structure spongieuse ; Bütschli enfin y voit une structure alvéolaire.

Dans un travail publié par un des élèves de Kunstler, Peytoureau donne pour le noyau de la Stylonichie la description et la figure d'une structure plus complexe. Chaque fragment nucléaire renfermerait une série de vacuoles contenant chacune un grain colorable (fig. 61). A un fort grossissement on verrait la paroi de chaque vacuole constituée par une série d'alvéoles ; le corps central serait lui-même formé d'alvéoles et réuni aux parois des vacuoles par des filaments rayonnants extrêmement fins (fig. 62).

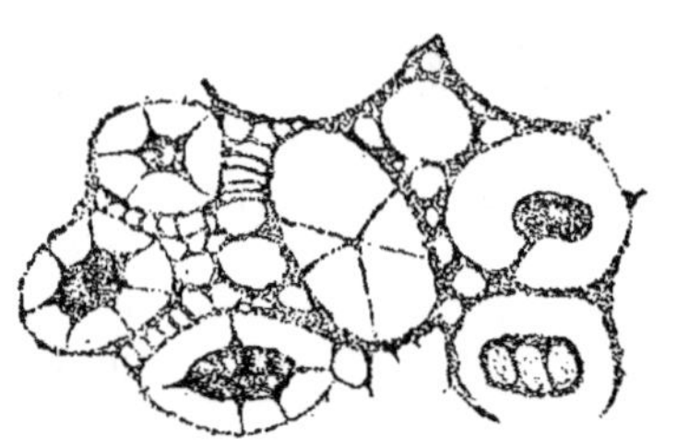

Loxophyllum Balbiani 1890.

Fig. 62. — Fragment de noyau de *Stylonichia mytilus* (D'après Kunstler, fig. empruntée à Peytoureau).

Les observations les plus intéressantes sur le macronucléus des Infusoires ciliés ont été faites, en 1890, par M. Balbiani sur le *Loxophyllum meleagris*, grande espèce d'eau douce appartenant à la famille des Trachélides. Le macronucléus du *Loxophyllum* appartient au type moniliforme et se compose d'un nombre variable de grains pouvant s'élever jusqu'à 20 ou davantage, réunis par des filaments formés par l'étirement de la membrane d'enveloppe (fig. 63).

Si l'on fixe simplement l'Infusoire par une solution d'acide osmique à 1 %, et qu'on le colore par le vert de méthyle, on voit apparaître dans chaque article des détails de structure qu'un examen minutieux sur le vivant permettait déjà de soupçonner. Dans une masse granuleuse homogène, faiblement colorable par le réactif, on aperçoit un ou plusieurs boyaux plus fortement colorés, contournés sur eux-mêmes (fig. 63, 1). Ces boyaux présentent une striation transversale plus ou moins nette qui rappelle beaucoup celle que M. Balbiani a constatée dans le noyau des *Chironomus* (fig. 63, 2).

En faisant agir sur le macronucléus, fixé et coloré comme il vient d'être dit précédemment, une solution très faible d'ammoniaque (1 goutte pour 20 gr. d'eau) et en recolorant ensuite par une solution aqueuse non acétique de vert de méthyle, M. Balbiani a pu pénétrer encore plus avant dans la constitution de ces articles nucléaires. Sous l'influence de l'ammoniaque les éléments se gonflent et se décolorent, puis ils reprennent ensuite leur aspect primitif après l'action du vert de méthyle, mais les choses sont alors légèrement modifiées. Le boyau nucléaire s'est segmenté en un certain nombre de tronçons courts et épais, droits ou flexueux, entrecroisés dans tous les sens dans la cavité de l'article et séparés les uns des autres par des intervalles remplis de granulations. Chacun de ces tronçons est formé à

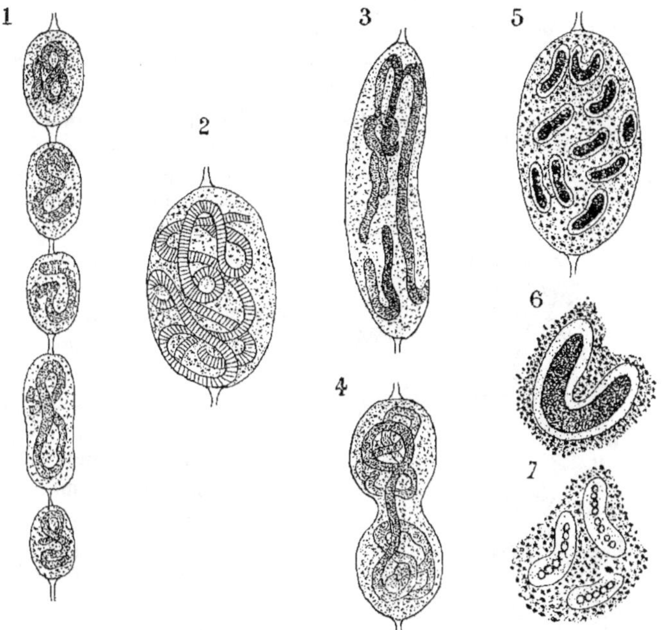

Fig. 63. — Noyau du *Loxophyllum meleagris*. 1 : cinq grains nucléaires après fixation par l'acide osmique et coloration par le vert de méthyle acétique. 2 : un grain nucléaire isolé montrant la striation du boyau nucléaire pelotonné. 3 et 4 : divisions en deux par étranglement d'un grain nucléaire. 5 : grain nucléaire coloré comme précédemment, puis traité par l'ammoniaque et par une solution aqueuse de vert de méthyle. 6 et 7 : tronçons nucléaires des grains ci-dessus vus à un plus fort grossissement pour montrer les divers aspects que revêt le filament chromatique (D'après BALBIANI, 1890).

l'intérieur d'un filament homogène, coloré en vert assez vif, ou d'une rangée de petits granules également colorés et à l'extérieur d'une couche claire, homogène, relativement épaisse, colorée en vert pâle ou presque incolore (fig. 63, 5, 6, 7). D'après M. **Balbiani**, le filament central coloré des tronçons nucléaires ou la rangée de granulations correspondent aux disques de chromatine du boyau primitif qui, sous l'influence de l'ammoniaque, se sont gonflés et soudés les uns aux autres en un filament homogène ou granuleux.

Les faits observés par M. **Balbiani** sur le macronucléus du *Loxophyllum* ont été retrouvés par **Schewiakoff**, et **Fabre-Domergue** chez un grand nombre d'autres espèces. J'ai pu moi-même, soit par la méthode de M. **Balbiani**, soit sur des coupes, constater l'existence d'une structure analogue chez une grande espèce d'Infusoire hétérotriche, la *Fabrea salina.*

D'autres Infusoires possèdent un macronucléus d'une forme et d'une constitution tout à fait spéciales qui s'écartent du type que nous venons de décrire.

Chez le *Chilodon cucullus,* par exemple, soit à l'état frais, soit après l'action de l'acide acétique, on peut voir que le macronucléus présente la forme d'une masse ovalaire constituée par une partie périphérique dense, une zone interne claire et un corpuscule central. D'après Bütschli, la couche périphérique serait inégalement répartie et présenterait, de place en place, des épaisissements ; de plus, il partirait du corpuscule central de fins fila-ments rayonnants qui le rattacheraient aux parois externes de la zone claire. Cette constitution du macronucléus des *Chilodon,* qui rappelle en petit celle d'une cellule complète, se retrouve plus ou moins semblable chez un grand nombre d'espèces voisines, les *Phascolodon,* les *Chlamydodon.* Elle est aussi fort analogue dans le macronucléus du *Spirochona gemmipara* étudié par R. Hertwig et par M. Balbiani ; les phénomènes qui accompagnent la division, et qui ont été bien suivis chez cette espèce, sont des plus complexes et seront exposés lorsque nous serons parvenus à l'étude de la division cellulaire.

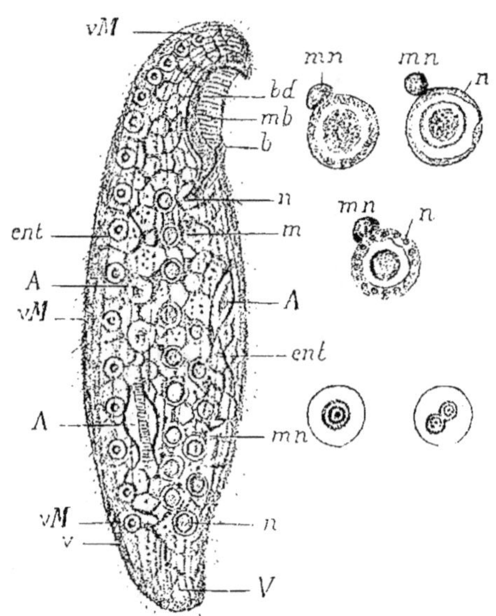

Fig. 64. — *Loxodes rostrum,* individu de grande taille vu par la face ventrale. *a* : anus ; *b* : bouche ; *bd* : bord droit de la fossette préorale ou péristome ; *ent* : entoplasma réticulé ; *m b* : membrane buccale ; *m n* : micronucléus ; *n* : nucléus ; *vM* : vésicules de Müller ; V : vésicule contractile ; A. bol alimentaire.
Les trois figures supérieures de droite montrent les nucléus (*n*) et les micronucléus (*m n*) après traitement par divers réactifs qui séparent la masse des nucléus en une ou deux couches annulaires et une masse globuleuse centrale.
Les deux figures inférieures montrent les vésicules de Müller isolées avec un ou deux globules centraux (D'après Balbiani, 1890).

Des espèces qui, comme les *Stentor,* les *Glaucoma,* présentent un macronucléus de structure normale peuvent accidentellement en posséder qui rappellent l'aspect de celui du *Chilodon.* Enfin, les jeunes macronuléus des Paramœcies après la conjugaison se présentent également sous le même aspect.

Il nous reste à dire quelques mots des Infusoires qui possèdent un nombre considérable d'articles nucléaires très petits, difficilement visibles, et que l'on considérait anciennement comme dépourvus de noyaux, et à examiner ceux dont les noyaux multiples constituent de véritables noyaux cellulaires isolés. Au premier groupe appartiennent des espèces de genres très différents, mais dont le type de macronucléus se rapporte toujours à celui que nous avons étudié, d'après M. **Balbiani**, chez l'*Urostyla*. Chez ces espèces (*Holophrya oblonga*, *Trachelius phenicopterus*, *minor*, etc.), les articles nucléaires, quelque nombreux qu'ils soient, se condensent toujours en une masse unique au moment de la division.

Il existe toutefois un autre groupe de Ciliés réellement multinucléaires *Loxodes.* dont les noyaux se multiplient isolément à chaque division de l'individu et ne se condensent jamais en une masse unique et homogène. De ce nombre sont le *Loxodes rostrum*, le *Dileptus anser*, le *Chœnia teres*, l'*Opalina ranarum* et quelques rares autres formes. Chez le *Loxodes*, le noyau présente la forme d'une petite vésicule claire avec une granulation centrale et il est toujours accompagné d'un micronucléus. Chaque macronucléus se divise en deux avec son micronucléus au moment de la division (fig. 64).

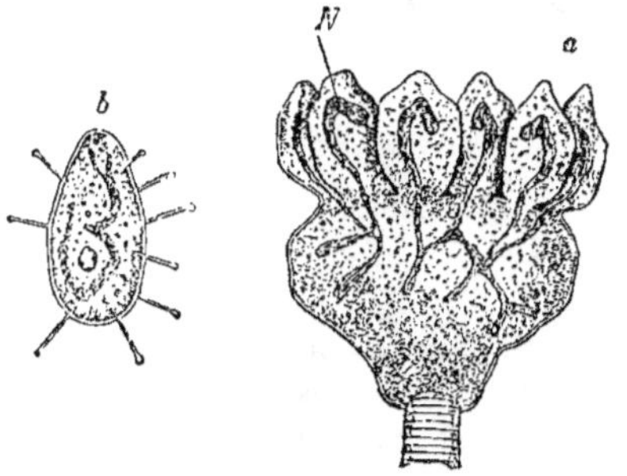

Les noyaux de l'*Opalina ranarum* se rapprochent plus qu'aucun autre de celui des Métazoaires, et l'on peut les considérer comme les homologues de véritables noyaux cellulaires. M. **Balbiani** (1881) et **Pfitzner** (1886), qui en ont fait une étude très complète, décrivent, en effet, chez cette espèce, toutes les phases de la division indirecte.

Fig. 65. — Bourgeonnement cellulaire. *Podophrya gemmipara* avec bourgeons. *a* : bourgeons qui se détacheront et se transformeront en jeunes individus libres, *b*. *N* : noyau (D'après R. HERTWIG, fig. empruntée à O. HERTWIG). *Acinétiens.*

Le noyau des Acinétiens présente surtout des phénomènes intéressants lors de sa division; à l'état de repos, il est ordinairement arrondi ou ovoïde sans structure. Chez le *Podophrya gemmipara* et l'*Hemiophrya*, il a une forme ramifiée, et cette forme est d'autant plus accentuée que la reproduction de l'individu est plus prochaine (fig. 65). Ces Acinétiens se multiplient, en effet, par bourgeonnement, et dans chaque bourgeon du protoplasma pénètre un bourgeon nucléaire destiné à former celui du nouvel être.

27 décembre 1893.

HUITIÈME LEÇON

CONSTITUTION DU NOYAU (*suite*).

Noyau de l'œuf. — Évolution de l'œuf ovarien ; trois périodes. — Oocyte, métoocyte, époocyte. — Constitution variable de l'œuf relativement à sa richesse en éléments vitellins. — Vésicule germinative des Najades. — Vésicule germinative des œufs riches en vitellus. — Les taches germinatives sont de vrais nucléoles. — Transformations de la vésicule germinative pendant la période d'accroissement de l'œuf. — Cellules plurinucléées. — Existe-t-il des cellules dépourvues de noyau ? — Monériens de Hæckel. — Plasson. — Bactériacées ; opinion de Bütschli (1890) ; *Achromatium oxaliferum* ; Recherches de Mitrophanow (1893). — Cyanophycées ; recherches de Zacharias (1890). — Levûres. — Membrane cellulaire. — Protoblastes. — Fusion des cellules ; plasmodium ou syncytium.

MESSIEURS,

Noyau de l'œuf.

Dans la dernière leçon, nous nous sommes occupés de la constitution que revêt le noyau dans certaines cellules et chez les Protozoaires ; aujourd'hui, nous allons envisager le noyau de l'œuf que l'on désigne habituellement sous le nom de *vésicule germinative*.

Évolution de l'œuf ; trois périodes.

Il faut distinguer dans la vie de l'œuf trois périodes pendant lesquelles il subit des modifications et des différenciations importantes. Dans la première ou période indifférente, la cellule sexuelle ne se distingue guère des autres cellules de l'organisme ; elle se multiplie comme celles-ci et est susceptible d'évoluer soit dans le sens d'élément mâle, soit dans celui d'élément femelle : c'est la période de *prolifération ovulaire*. A cette période succède une deuxième, dite de *croissance*, pendant laquelle l'élément sexuel, différencié en élément femelle, cesse de se multiplier pour s'accroître seulement en volume ; il devient alors un *oocyte* et son noyau subit des modifications qui lui donnent l'aspect particulier auquel il doit son nom de *vésicule germinative*. Enfin, dans la troisième période, période de *maturation*, la vésicule subit encore d'importants changements que nous étudierons à propos des phénomènes qui accompagnent la fécondation.

Pendant la période de croissance, la vésicule germinative est constituée par un réticulum chromatique plus ou moins lâche. Sa teneur en chromatine semble en rapport avec le plus ou moins d'abondance des éléments nutritifs dans les œufs. Il y a lieu en effet de distinguer ceux qui sont pauvres en éléments vitellins et ceux, au contraire, qui en sont abondamment pourvus.

J'ai établi, dans mes cours précédents (1892), que l'œuf des animaux peut traverser trois états successifs distincts :

1° L'état d'*oocyte*, ou de cellule-œuf, dans lequel l'œuf se présente sous forme d'une cellule, constituée par une masse protoplasmique, pourvue ou non de membrane cellulaire et renfermant un noyau, la vésicule germinative. *Oocyte,*

2° L'état de *métoocyte*, ou d'œuf ovarien, dans lequel l'oocyte renferme des éléments nutritifs, vitellins, qui se sont déposés dans son protoplasma en plus ou moins grande abondance, et s'est généralement entouré d'un chorion produit par les cellules de l'ovisac, ou d'une membrane vitelline spéciale, différenciée à la surface du protoplasma. *Métoocyte.*

3° L'état d'*époocyte*, dans lequel le métoocyte s'est entouré en traversant les voies génitales de la femelle, les oviductes, de matériaux nutritifs ou d'enveloppes secondaires, albumine et coquille. *Époocyte.*

Lorsque l'oocyte se transforme en métoocyte, les matériaux nutritifs que contient son protoplasma et dont l'ensemble constitue le vitellus nutritif, le *deutoplasma* d'**Ed. van Beneden**, ou le *paralécithe* de **His**, peuvent être en quantité variable et occuper, dans le métoocyte, des positions différentes. On sait l'influence considérable que la présence et la distribution du vitellus nutritif exerce sur le mode de segmentation de l'œuf.

Au point de vue de la distribution du vitellus, on peut diviser les œufs en plusieurs catégories : les œufs *alécithes* ne renfermant pas de vitellus nutritif ; les œufs *homolécithes* (**Hallez**) ne renfermant qu'une petite quantité d'éléments nutritifs intimement mélangés au protoplasma ; les œufs *bradylécithes* (**Hallez**) dans lesquels le deutoplasma intimement mélangé au protoplasma, ne s'en sépare que pendant la segmentation ; les œufs *myxolécithes* dans lesquels le protoplasma et le deutoplasma abondant sont mélangés mais répartis inégalement ; les œufs *amictolécithes*, dans lesquels le protoplasma et le deutoplasma sont nettement distincts ; enfin les œufs *ectolécithes* (**Hallez**) dans lesquels le vitellus de nutrition, produit par un organe spécial, est surajouté à l'oocyte et placé à côté de lui sous une enveloppe commune. *Constitution variable de l'œuf.*

Dans les œufs pauvres en éléments vitellins, la vésicule germinative ne subit pas de grandes transformations ; son volume n'augmente pas ; l'on y constate la présence d'un gros nucléole autour duquel se trouvent des filaments chromatiques.

Cependant, parmi les œufs homolécites il en est, comme ceux de Lamellibranches, des Najades, chez lesquels **Lacaze-Duthiers** (1854), **Leydig** (1855), **Hessling** (1859), **Flemming** (1882) ont signalé une structure particulière. A l'état frais, l'on y voit un réticulum fin, facilement colorable et un gros nucléole qui comprend lui-même une petite portion et une grosse *Vésicule germinative des Najades.*

accolées ; sous l'influence de l'eau acidulée, on y distingue deux parties l'une la petite, très colorable, l'autre se gonflant beaucoup et ne présentant pas d'affinité pour les réactifs (*Unio*). Chez l'Anodonte ces deux parties se trouvent séparées et on en ignore la signification.

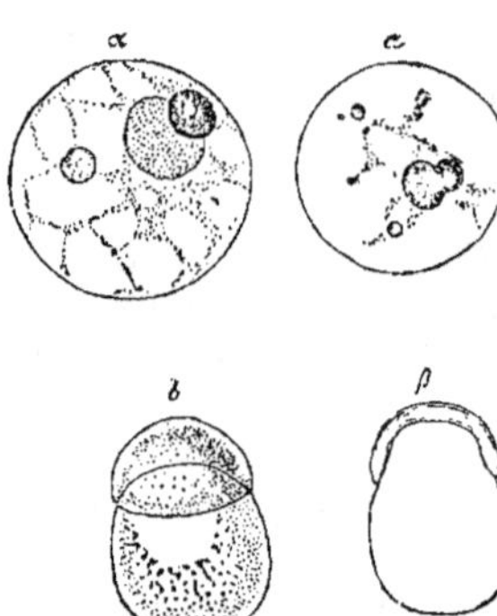

Fig. 66. — *a*, noyau d'un œuf ovarien d'*Unio*, expulsé de l'œuf et examiné sur le frais dans le liquide de l'ovaire. Nucléole bilobé. On distingue une faible partie du réseau nucléaire. α, noyau semblable après l'action de l'acide acétique à 5 %/o : les cordons du réseau nucléaire se montrent plus nettement ; la partie plus volumineuse et plus pâle du nucléole principal, ainsi que les nucléoles accessoires, sont gonflés et pâlis ; la partie moins volumineuse du nucléole principal est également gonflée mais à un degré moindre. *b*, nucléole principal d'un œuf de *Tichogonia polymorpha* ; la partie réfringente est disposée en forme de coiffe sur l'autre partie, plus volumineuse et pâle. β, le même nucléole, à la coupe optique (schématique) (D'après Flemming, fig. empruntée à O. Hertwig).

Chez les *Dreissena*, la partie colorable du nucléole constitue une calotte qui enveloppe la portion incolore comme d'une coiffe. Hertwig a trouvé une structure anologue chez la *Tellina* et chez l'*Asteracanthion*, mais dans l'œuf de ce dernier cet aspect n'apparaît que pendant la troisième période et de plus c'est la masse non colorable qui embrasse et coiffe la masse colorable (1).

Lönnberg (1892) a retrouvé la disposition des éléments nucléolaires de l'œuf des Lamellibranches, signalée par **Flemming**, dans les cellules hépatiques de Mollusques, *Polycera ocellata*, *Æolidia papillosa*, *Doris proxima*. Le nucléole principal est arrondi, fortement réfringent et se colore en rouge foncé par la safranine ; le nucléole accessoire est irrégulier, vésiculeux, et se colore en rose pâle par la safranine, en violet gris, par le mélange de safranine, de violet de gentiane et d'orange G.

Enfin **Häcker** (1893) dans des travaux récents a fait une bonne étude de la vésicule germinative de l'œuf des Cyclopides. Chez ces êtres, dans la première période de croissance, les ovules possèdent un seul nucléole et des filaments chromatiques. Pendant la deuxième période, le nucléole principal disparaît, les filaments

---

(1) **Giard** (1881) a fait une observation intéresssante sur l'œuf d'une Annélide *(Spio crenaticornis)*. La vésicule germinative, qui mesure à peu près un tiers du diamètre de l'œuf, renferme un gros nucléole clair central. Avant la maturation, on voit dans la vésicule germinative un élément d'apparence cellulaire à distance variable du nucléole. Cet élément se rapproche progressivement du nucléole, s'applique à la surface, comme une calotte, perd son corps central, représentant une sorte de noyau, puis se réduit à une double membrane entourant le nucléole, et finit par se confondre avec ce dernier. **Giard** a quelquefois vu cet élément pseudocellulaire dans le vitellus. Il ignore son origine. Il y aurait lieu de faire de nouvelles recherches à ce sujet et de rapprocher cette observation de celles faites sur les Najades.

chromatiques perdent leur colorabilité; il se fait un transport de chromatine des filaments dans les nucléoles qui augmentent de nombre et dont la colorabilité devient plus grande.

Chez la plupart des Échinodermes, le nucléole principal persiste : chez les Vertébrés au contraire il se forme des nucléoles secondaires en grande quantité et les filaments chromatiques perdent leur colorabilité.

Dans les œufs mixolécithes et amictolécithes, seuls les noyaux des œufs, parvenus à la deuxième période de leur développement, c'est-à-dire à leur différenciation complète en éléments sexuels femelles, devront retenir ici notre attention. La vésicule germinative des œufs jeunes a, en effet, la constitution d'un noyau ordinaire et c'est seulement plus tard que l'on voit apparaître les changements qui lui donnent son aspect particulier. Quand l'œuf commence à grossir, le réseau chromatique du noyau se raréfie et perd de plus en plus la propriété de retenir les matières colorantes ; le nucléole, primitivement unique, se multiplie de façon à en donner plusieurs et la diminution de colorabilité du réseau coïncide avec cette multiplication des nucléoles. Enfin, ceux-ci s'accroissent dans des proportions considérables au point d'atteindre le chiffre d'une centaine et même davantage. Leur volume varie beaucoup ; souvent l'on trouve, dans l'intérieur des plus gros, des vacuoles qui semblent elles-mêmes contenir des granulations. A ce moment, le réticulum de la vésicule germinative n'est plus colorable et semble à peu près entièrement formé par de la linine.

Les taches germinatives, que l'on trouve abondamment groupées surtout à la périphérie du noyau, se colorent au contraire par la safranine, le violet gentiane, la fuchsine, etc. **Hertwig** les considère comme différentes des vrais nucléoles et pense qu'elles ne contiennent pas de pyrénine ou de paranucléine, mais il avoue cependant qu'il n'est pas démontré qu'elles soient formées de nucléine identique à celle du réseau. Ces nucléoles disparaissent, comme nous l'avons nous-même constaté, presque immédiatement dans une solution de chlorure de sodium à 10 %, qui dissout également les nucléoles vrais. Ils sont érythrophiles, comme l'a constaté **Auerbach** et comme j'ai pu le vérifier très souvent. Ainsi que nous l'avons reconnu M. **Balbiani** et moi, et ainsi que l'ont admis depuis, en confirmant nos observations, **Wielowiejski** (1885) et van **Bambeke** (1886) les taches germinatives n'ont que très peu d'affinité pour le vert de méthyle comme les vrais nucléoles.

Au moment où la vésicule germinative va subir sa première division, pour donner naissance au premier globule polaire, les taches germinatives disparaissent complètement ; or, nous savons que les nucléoles vrais se comportent, au moment de la karyodiérèse, exactement de la même façon. Les taches germinatives se résorbent ou sont expulsées dans le vitellus.

Tous ces faits me portent à considérer les taches germinatives comme des nucléoles vrais.

Il est très intéressant de suivre la vésicule de l'état jeune à l'état de différenciation complète. Déjà, en 1887, j'avais pu, sur des coupes d'ovaires de *Rana temporaria* et de divers Poissons osseux fixés par le liquide de Flemming, après coloration par le violet de gentiane suivant la méthode de Bizzozzero, constater un certain nombre de faits que je n'avais pas publiés et qui ont été plus tard l'objet d'un mémoire de **Rückert** (1892, 1, 3) où cet auteur a complété et étendu les observations que j'avais pu recueillir.

Si l'on prend un ovaire de Grenouille vers cette époque-ci de l'année, en janvier par conséquent, et que l'on choisisse sur une coupe de cet ovaire convenablement fixé et coloré, un ovule encore jeune, on voit dans l'intérieur de son noyau une série de petits filaments en forme d'S, constitués eux-mêmes par un chapelet de granulations rangées en série et présentant déjà peu d'affinité pour les matières colorantes. Sur un ovule plus âgé, comme Hertwig l'avait déjà signalé en 1876, on voit la membrane du noyau se plisser et les taches germinatives se grouper vers le centre de la vésicule, pour circonscrire une aire circulaire dans l'intérieur de laquelle sont groupés de petits éléments chromatiques. Plus tard, au moment où la vésicule germinative va donner le premier globule polaire, tous les nucléoles disparaissent et il ne reste plus que les petits éléments chromatiques, aux dépens desquels se formera le premier fuseau de direction.

Je n'avais observé que quelques phases de la transformation de la vésicule germinative ; plus heureux que moi, **Rückert** (1892), en étudiant les jeunes ovules de divers Sélaciens, de *Torpedo, Scyllium, Pristiurus*, a pu en suivre tous les stades (1). Il distingue dans les jeunes ovules trois périodes.

Dans la première période, qui comprend des ovules de 28 μ à 2 millim., la vésicule germinative augmente de volume en même temps que les nucléoles. On constate à ce stade dans son intérieur de petits chromosomes, dont le nombre varie, d'après **Rückert**, entre 28 et 36, mais dont la moyenne est d'une trentaine environ. Ces chromosomes présentent très peu d'affinité pour les matières colorantes.

Dans la deuxième période, sur les œufs de 2 à 16 mm. de diamètre, apparaissent, dans le noyau, des filaments en barbe de plume, très allongés et qui peuvent atteindre jusqu'à 120 μ de longueur. **Rückert**

––––––––––

(1) **Rückert** a fixé les ovaires qu'il a étudiés par le liquide d'Hermann ou par une solution saturée de sublimé, additionnée de 5 o/o d'acide acétique : ses coupes ont été colorées par le carmin au borax alcoolique.

admet que ce sont les petites granulations des chromosomes qui se sont orientées et allongées dans le sens transversal, perpendiculairement à l'axe des filaments et qui leur donnent ainsi cet aspect barbelé. En même temps, ces filaments ou chromosomes se dédoublent longitudinalement et forment souvent deux séries parallèles, tandis que les nucléoles se multiplient à la périphérie du noyau.

Plus tard, les chromosomes se raccourcissent et tendent à revenir à leur état primitif, en même temps, ils se réunissent vers le centre de la vésicule germinative, et, à un moment donné, on ne trouve plus dans celle-ci que de petits bâtonnets souvent réunis par groupes de quatre. Il est probable que les chromosomes se fusionnent alors latéralement. Enfin, lorsque la cellule-œuf s'apprête à se diviser et que se forme le fuseau de direction, tous les bâtonnets se réunissent pour constituer la plaque équatoriale.

Born (1892) a constaté des faits semblables chez le Triton. Moi-même, sur d'anciennes préparations, datant de 1887 et ayant pour objet des ovules de Grenouille, j'ai pu, après avoir lu le travail de **Rückert**, retrouver la plupart des détails qui y sont relatés. A aucun moment, la vésicule germinative ne perd son réseau chromatique. **Rückert** considère les nucléoles comme des corps bien distincts des chromosomes ; il a bien constaté que le nombre des premiers s'accroît en même temps que diminue le nombre des seconds, mais il considère ces corps comme indépendants les uns des autres. Nous reviendrons plus tard sur tous ces faits, et je vous parlerai alors des théories que **Rückert** a cru devoir fonder sur ses observations.

Nous avons jusqu'ici considéré les différentes parties constitutives de la cellule d'une façon abstraite et pour ainsi dire en elles-mêmes, il nous faut maintenant envisager la cellule dans son ensemble et en tant que tout organisé.

Une première question s'impose tout d'abord à notre attention. Existe-t-il des cellules sans noyau et, au contraire, des cellules à plusieurs noyaux ?

Le deuxième point de la question a été abordé plus haut, et nous avons vu que chez les Rhizopodes et les Infusoires l'on trouvait des espèces à noyaux excessivement nombreux.

Pour les botanistes, cependant, l'unité absolue du noyau a été pendant longtemps un caractère fondamental de la cellule. Bien que **R. Brown** et **Meyer** eussent observé dans certains éléments deux ou plusieurs noyaux, **Næegeli**, en 1844, **Strasburger** bien plus tard, en 1875, admettaient ce principe, et ce dernier auteur, critiquant les observations de **Schmitz** qui décrivait des noyaux multiples dans le *Cladophora*, disait que le grand nombre des corps sphériques colorables, décrits dans les filaments de cette Algue, suffisait pour démontrer que ces corps n'étaient pas des noyaux. Aujourd'hui, grâce aux travaux de **Schmitz**, **Treub**, **Johow**, **Prilleux**. **Guignard**,

Strasburger lui-même, etc., on sait qu'il peut exister des cellules multinucléées, et le perfectionnement des méthodes employées dans l'étude de la cellule est venu faciliter cette constatation et la rendre indiscutable. C'est d'abord chez les Cryptogames qu'on a décrit des cellules à plusieurs noyaux : chez les *Cladophora* (fig. 67), des Siphonocladées, le *Valonia*, des Saprolégniées et dans les Champignons. Depuis on a signalé un grand nombre de cellules végétales plurinucléées : fibres libériennes du Houblon, de l'Ortie, de la Pervenche, etc., cellules à latex ramifiées des Euphorbiacées, des Urticées, des Asclépiadées, des Apocynées, les cellules de l'albumen du *Corydalis cava*, celles du suspenseur des Légumineuses et en particulier des Viciées (Guignard), de l'épiderme des *Cactus*, etc. A.-E. **Grant** (1885) a trouvé enfin de nombreux noyaux dans les fibres ligneuses de beaucoup de plantes.

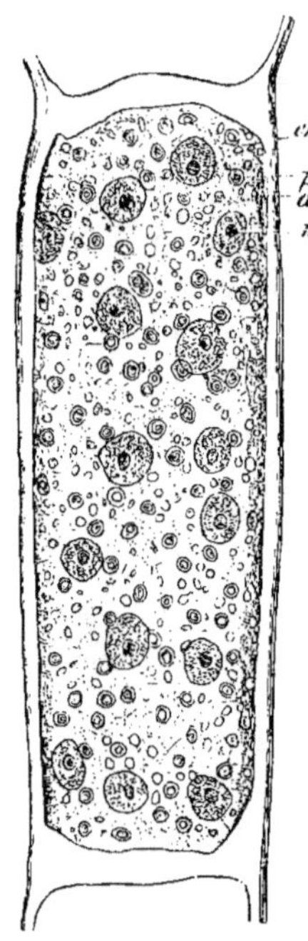

Fig. 67. — *Cladophora glomerata*. Une cellule du filament traité par l'acide chromique et le carmin. *n* : noyau cellulaire; *ch* : chromatophores; *p* : amyloplaste; *a* : grain d'amidon. Gross. 540 (D'après Strasburger, fig. empruntée à O. Hertwig).

Parmi les cellules animales, on connaît également, comme ayant plusieurs noyaux, les cellules géantes de la moelle des os (*myéloplaxes* de **Robin** ou *ostéoplastes* de **Kœlliker**), les cellules hépatiques, celles du cartilage crânien du *Petromyzon marinus*. **Flemming** admet même que chez le Cobaye le tiers des cellules qui entrent dans la constitution de l'animal possèdent deux noyaux.

Bien plus intéressante est la question de savoir s'il existe des cellules réellement dépourvues de noyaux. L'on sait, à n'en pas douter, que certaines cellules vieilles, parvenues au terme de leur évolution, peuvent voir disparaître leur noyau; tels sont, par exemple, les globules rouges des Mammifères; telles sont aussi un très grand nombre de cellules végétales. Mais il s'agit là d'éléments nucléés qui, par dégénérescence, ont perdu certains de leurs caractères et qui, par conséquent, ne rentrent point dans le cadre de la question. Ce qu'il importe de savoir, c'est s'il existe des cellules pouvant vivre et se multiplier sans noyau.

Il y a de cela une vingtaine d'années, on admettait qu'un certain nombre d'organismes inférieurs pouvaient exister sans présenter de noyau. Tels étaient les Monériens de **Hæckel** (1868). Pour **Hæckel**, il existerait des organismes rudimentaires formés d'un protoplasma homogène, dans lequel le noyau ne s'est pas encore différencié et auxquels il donna le nom de *monères*, de *cytodes*, réservant celui de *cellules* aux organismes plus élevés dans lesquels s'était déjà effectuée la différenciation. Parmi les Monériens, **Hæckel** rangeait le *Bathybius*, les *Protamœba*, *Protogenes*, *Protomonas*, *Myxodiction*, *Protomyxa*, *Vampyrella*.

Tous ces êtres sont assez rarement observés et ont été peu étudiés au moyen des méthodes de coloration si perfectionnées aujourd'hui. Ceux d'entre eux dont l'étude a pu être reprise, à l'aide des nouveaux procédés techniques, ont laissé au contraire déceler, dans leur protoplasma, des noyaux souvent très nombreux. Tels les *Vampyrella* étudiées par **Zopf**, les *Myxastrum* par **Gruber**, l'*Actinophrys sol*, qui étaient rangés par **Hæckel** parmi les organismes dépourvus de noyaux. Il est donc probable qu'il en est ainsi pour tous les organismes compris par **Hæckel** dans son groupe des Monériens. **Bütschli** assure n'avoir jamais observé d'organisme chez lequel il ne soit parvenu à déceler l'existence d'éléments nucléaires.

Certains Infusoires normalement nucléés peuvent, ainsi que l'a constaté M. **Balbiani**, manquer accidentellement de noyau ; mais il s'agit alors de cas pathologiques, d'individus mutilés et pouvant vivre pendant quelque temps dans cet état sans se multiplier.

Il existe, toutefois encore aujourd'hui, un certain nombre d'organismes inférieurs dans lesquels la présence du noyau est très contestée. De ce nombre sont les Bactériacées, les Cyanophycées et les Saccharomycètes.

Hæckel considérait les Bactériacées comme de petites monères formées d'un protoplasma peu différencié, assimilable par conséquent au *plasson* de **Ed. van Beneden**, mélange intime du noyau et du protoplasma en une masse homogène et formant le passage des corps inorganiques aux corps organisés. **Van Beneden** (1871), en effet, étudiant la multiplication de la Grégarine du Homard, avait observé les formes jeunes de cet organisme et les avait décrites comme de petites amibes qu'il nommait *cytodes générateurs*. Ces cytodes émettaient des prolongements qui s'allongeaient, se séparaient de l'être qui leur avait donné naissance et prenaient alors le nom de *pseudofilaires*. Dans les pseudofilaires seulement l'on voyait apparaître des granulations qui s'agençaient peu à peu pour constituer le noyau, comme par une sorte de cristallisation interne du protoplasma. Les observations de **van Beneden** ont été presque toutes confirmées par **Ray Lankester** (1872) qui n'a pu déceler la présence du noyau dans les cytodes générateurs de la Grégarine du Homard. Cependant, il n'était guère admissible que ces formes jeunes fussent privées de noyau. Lorsque les Grégarines s'enkystent pour constituer des spores, on sait que chacune de celles-ci renferme une partie du noyau primitif émanant de la division de ce dernier, ainsi que je l'ai constaté (1888) pour le *Monocystis* du Lombric (fig. 68 à 73). Il

Plasson

était donc fort probable que les jeunes amibes de la Grégarine géante dussent obéir à la même règle et que des erreurs d'observation avaient seules pu conduire à des conclusions en désaccord avec les faits généralement observés.

En effet, **Léger** (1892), en reprenant l'étude de la Grégarine du Homard, a constaté que ce Sporozoaire présente les mêmes phases de développement que les autres Polycistidées ; ses spores renferment des corpuscules falciformes munis chacun d'un noyau, et à aucun moment de son évolution elle n'est dépourvue de noyau. Il est plus que probable que les phases de monère et de pseudofilaire se rapportent à un autre organisme, une Amibe vivant en parasite dans le tube digestif du Homard, et quand on étudiera cet organisme avec les procédés actuels, mis en usage pour la recherche des noyaux, on trouvera qu'il est, comme les autres Rhizopodes pourvu, d'un élément nucléaire.

Bactériacées. Mais revenons à l'étude des Bactériacées. On peut ranger en trois catégories les opinions qui ont été émises sur leur constitution.

D'après la première manière de voir, soutenue par **Hüppe** et **Klebs**, en se basant sur des analogies de coloration, on admet que ce sont des éléments nucléaires libres. **Vahrlich** en 1891, a considéré les Bactéries comme des noyaux entourés d'une membrane d'enveloppe sans protoplasma.

La deuxième manière de voir est celle de **Hæckel** que nous avons déjà exposée plus haut et qui voit dans la Bactérie un protoplasma homogène non encore différencié en noyau et corps cellulaire.

Enfin, d'après la troisième opinion, soutenue par **Altmann** et par ses élèves, les Bactéries ne seraient que des bioblastes libres. Vous vous rappelez qu'**Altmann** compare la cellule à une zooglée de Bactéries.

Dans ces dernières années un grand nombre de biologistes ont porté leurs efforts sur la recherche du noyau dans les Bactéries. En 1885, **Künstler** étudiant un organisme parasite du Cobaye, le *Bacterioidiomonas sporifera* y découvre un noyau ; il faut dire toutefois que l'organisme en question n'est pas à proprement parler une Bactérie, mais une forme de passage entre ces êtres et les Infusoires flagellés. En 1888, **Schottelius**, colorant divers microbes par des solutions faibles de couleurs d'aniline, parvient à déceler dans les grandes formes trois zones concentriques : une zone périphérique, une zone moyenne et enfin une zone centrale, qui apparaît comme une délicate ligne sombre et qui représenterait le noyau. **Babès**, en 1888, réussit à colorer des granulations dans le Bacille du choléra et dans quelques autres microbes à certains stades du développement ; la même année, **Ernst** retrouve ces granulations dans plusieurs Bactéries et les considère comme des *corps sporogènes* destinés à devenir les centres de formation de spores.

Steinhaus (1889) montre que les granulations sont très fréquentes dans

les microbes, mais qu'elles n'existent pas pendant toute la vie de ces organismes; il se borne à les rapprocher des granulations qu'on trouve dans
les cellules; il les nomme simplement *granula*.

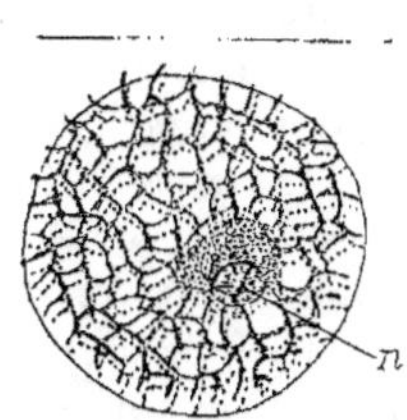

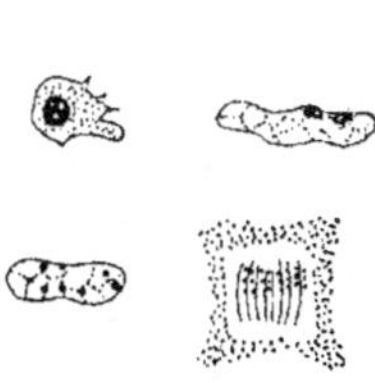

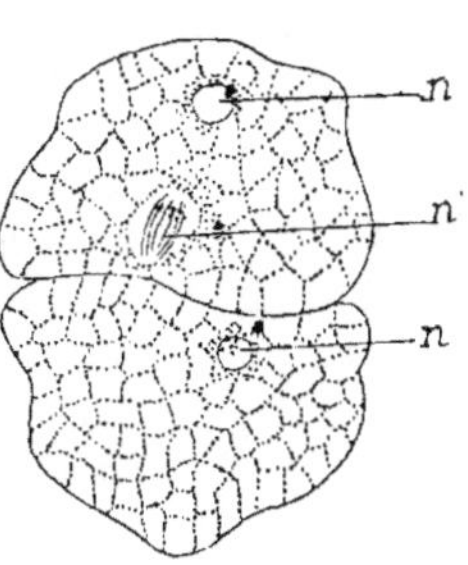

Fig. 68. — *Monocystis* du Lombric récemment enkysté, coloré par le carmin au borax. Le réseau protoplasmique est seul visible; *n* : noyau dont la substance chromatique est réunie en un globule chromatique central. (D'après HENNEGUY, 1888).

Fig. 69. — Quatre stades de la transformation du noyau du *Monocystis* enkysté, avant sa division. (D'après HENNEGUY, 1888).

Fig. 70. — Kyste de *Monocystis* du Lombric, divisé en deux parties et renfermant des noyaux au repos, *n*, et un noyau en voie de division, *n'*. En dehors des noyaux on voit des grains de chromatine colorés en rouge. (D'après HENNEGUY, 1888).

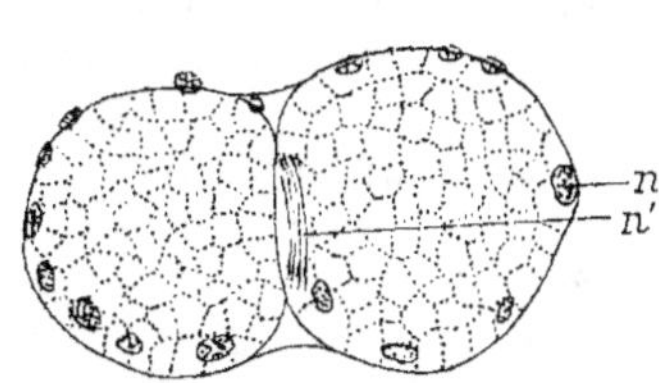

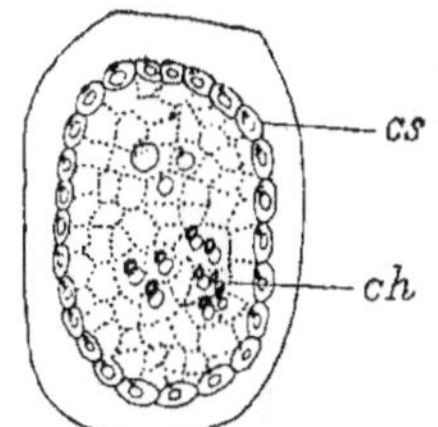

Fig. 71. — Kyste de *Monocystis* du Lombric divisé en deux moitiés. Dans chaque moitié les noyaux ont émigré à la périphérie; *n* : noyau; *n'* : noyau en voie de division. (D'après HENNEGUY, 1888).

Fig. 72. — Kyste de *Monocystis* du Lombric présentant à sa périphérie une couche de cellules dont chacune, *cs*, deviendra une spore. Dans l'intérieur du kyste se trouvent des fragments de chromatine, *ch*, en chromatolyse. (D'après HENNEGUY, 1888).

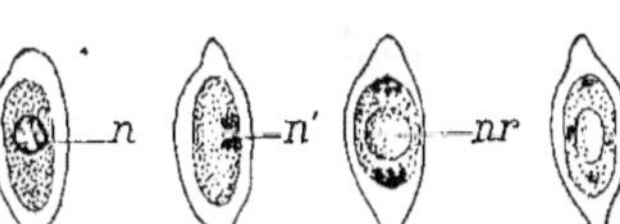

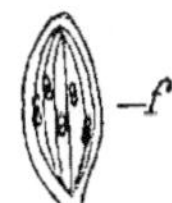

Fig. 73. — Stades successifs de la formation des corpuscules falciformes, *f*, dans les spores du *Monocystis* du Lombric. *n*, noyau; *n'*, noyau en voie de division; *nr*, noyau de reliquat. (D'après HENNEGUY, 1888).

Dans un travail important paru en 1890, **Bütschli** étudiant de grandes formes de Sulfobactériacées y a distingué une partie interne et une couche externe. La couche externe a peu d'affinité pour les matières colorantes et peut présenter une structure alvéolaire; le corps central renferme des grains de chromatine colorables par l'hématoxyline et la safranine, grains qui seraient renfermés dans un réseau de linine. En écrasant des *Chromatium* et des *Ophidomonas*, on peut isoler les granulations et constater que les unes se colorent par le vert de méthyle et que les autres restent incolores. Mais, dans les petites formes de Bactéries, **Bütschli** n'a pu retrouver la même structure, aussi admet-il qu'elles sont constituées par des noyaux nus qu'il compare à des têtes de spermatozoïdes. Il conclut de ses recherches que le noyau est une formation primitive sous l'influence de laquelle apparaît et se développe le protoplasma (1).

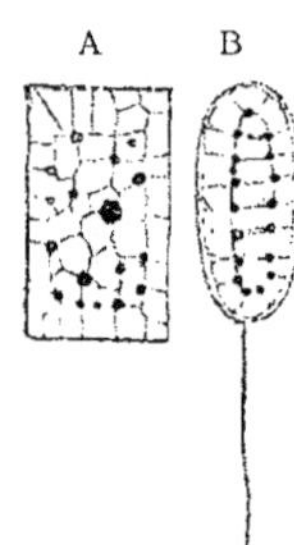

Fig. 74. — A, *Oscillaria* : coupe optique d'une cellule d'un filament tué par l'alcool et coloré par l'hématoxyline. B, *Bacterium lineola* (Cohn), tué par l'alcool et coloré par l'hématoxyline. Coupe optique. (D'après **Bütschli**, fig. empruntée à O. **Hertwig**).

Plus récemment un auteur suédois **Nils-Sjöbring** (1892) a publié un travail sur la constitution du *Bacillus anthracis*. En colorant ces organismes par le « Carbol-magenta-roth » et le « Carbol methylen blau », il y a vu deux sortes de granulations, les unes externes rouges, les autres internes, bleues, réunies en un petit amas ovoïde ressemblant à un noyau. Les figures qu'ils en donne sont si démonstratives qu'on est conduit à douter de leur exactitude.

Enfin, **Trambusti** et **Galeotti** (1892) constatent dans les Bactéries l'existence de grains colorés. Au moment où les articles vont se diviser, leur matière colorante se porte aux deux extrémités de chaque article et prend l'apparence d'un noyau en voie de division indirecte. Séduits par cette apparence, les auteurs admettent que les Bactéries sont pourvues d'un noyau se divisant par karyodiérèse.

Schewiakoff (1893) a fait porter ses recherches sur une espèce particulière, découverte par lui dans le « Neuhofer Altrhein » près de Mannheim et à laquelle il a donné le nom d'*Achromatium oxaliferum*. A l'état frais, cet organisme contient dans son protoplasma des concrétions abondantes d'acide oxalique (fig. 75, A). Après fixation et coloration, il se montre constitué par une couche périphérique alvéolaire et une partie interne réticulée dont les mailles contiennent dans leur épaisseur des grains

---

(1) Cette idée tout-à-fait singulière vient d'être reprise par **Pérez** (*Protoplasme et noyau*, Bordeaux 1894) qui admet que le noyau est primitif et qu'il a produit secondairement le protoplasma.

colorables par le bleu de méthylène et l'hématoxyline de Delafield (fig. 75.
B. C. D). Ces grains sont insolubles dans l'eau, l'alcool, l'éther, le sulfure

de carbone, dans les acides forts et les alcalis faibles, voire même dans le suc gastrique. Ils sont solubles dans la soude à 10 %, se colorent en rouge par le réactif de Millon et en brun-jaune par l'iode. Malgré leur insolubilité dans le suc gastrique, **Schewiakoff** les regarde comme formés de chromatine, et constituant par conséquent un élément nucléaire diffus. Il a constaté de plus qu'ils augmentent de nombre pendant la division de l'organisme et qu'ils se multiplient en se divisant directement par étranglement (fig. 75).

Mitrophanow (1893) a étudié aussi récemment de grandes formes de Bactéries des *Chromatium*, *Rhabdochromatium*, des *Beggiatoa*, des *Cladothrix*, des *Crenothrix*, des *Ophidomonas*, et quelques Spirilles et Bactéries.

Il prend les organismes vivants et les place dans la solution suivante :

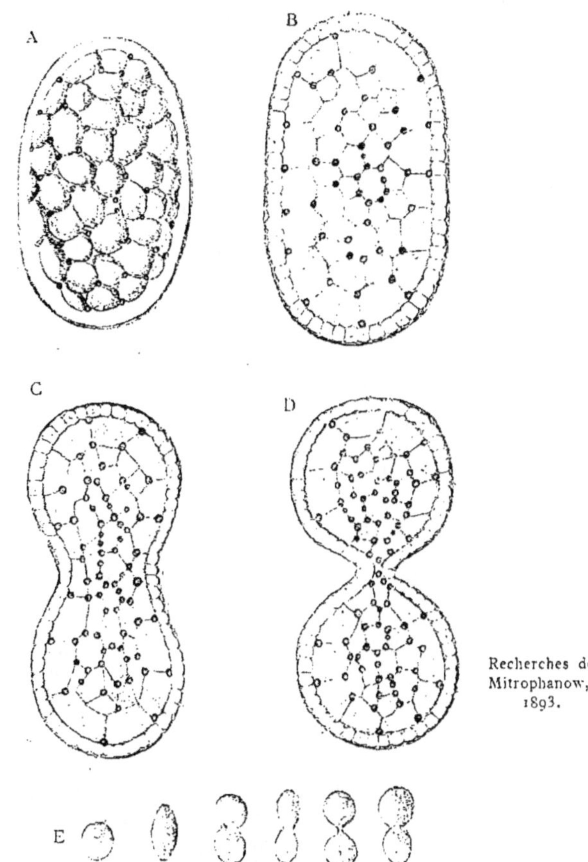

Recherches de Mitrophanow, 1893.

Fig. 75. — *Achromatium oxaliferum*. A, individu vivant. B, C, D. individus tués et colorés par l'hématoxyline ; ils montrent une couche alvéolaire périphérique et des graines chromatiques dans leur intérieur. C et D sont en voie de division. E. États successifs des grains chromatiques en voie de division, fortement grossis. (D'après SCHEWIAKOFF, 1893).

Bleu de méthylène à 1 p. 400................. 1 gtte
Eau .... 20 gr.

Dans ce liquide les Infusoires et les Amibes continuent à vivre tandis que les Bactéries y meurent très rapidement. Au bout de quelques heures, on constate dans l'intérieur de celles-ci la présence de parties colorées. On remplace alors la substance colorante par une solution de sublimé à 0,75 °/₀ qui fixe la coloration et la fait aussi souvent virer de teinte; puis enfin on monte dans la glycérine. **Mitrophanow** a aussi employé la safranine.

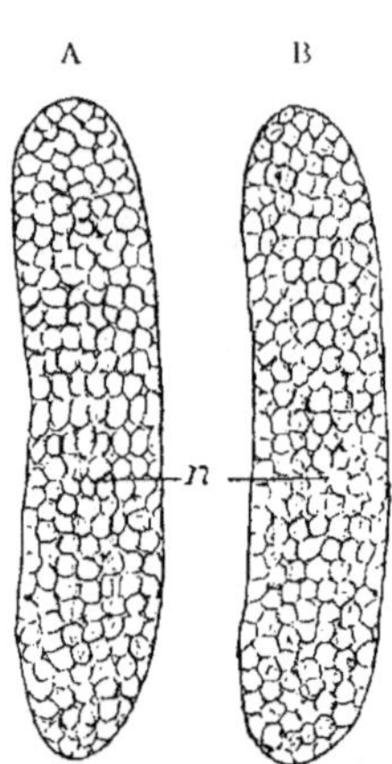

Fig. 76. — *Rhabdochromatium* de 30 μ à peu près de longueur. *a*, coloration graduelle durant 7 heures dans le bleu de méthylène. *b*, le même exemplaire après l'action du sublimé corrosif. *n*, noyau. (D'après Mitrophanow, 1893).

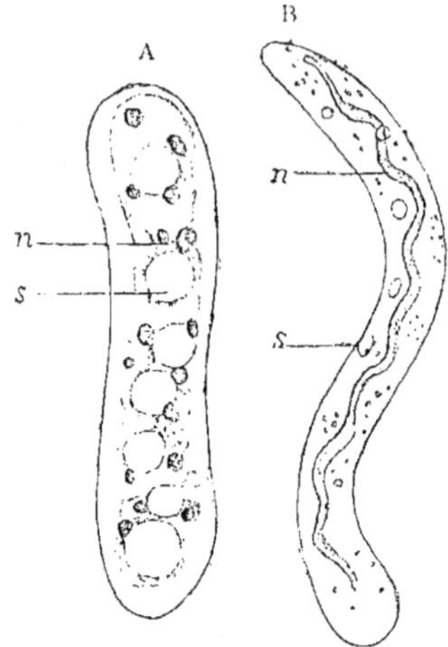

Fig. 77. — A, *Rhabdochromatium* de 19 μ de long. Liquide de Perenyi ; pendant une demi-heure ; safranine ; baume du Canada ; *n*, grains de chromatine; *s*, vacuoles qui contenaient du soufre. — B, *Ophidomonas jenensis* après coloration graduelle avec le bleu de méthylène, sublimé corrosif, alcool, glycérine. *n*, noyau ; *s*, grains de soufre. (D'après Mitrophanow, 1893).

Dans les *Rhabdochromatium*, il a constaté la présence d'une partie axiale, bleue présentant tantôt la forme d'un filament, tantôt celle d'un chapelet et rappelant alors la disposition du noyau de certains Infusoires, des Stentors, par exemple (fig. 77). D'autres fois on voyait un filament spiral ou des granulations arrondies. Sous l'influence de la safranine, la matière colorable se montre répandue sous forme de granulations centrales isolées.

Outre ces filaments chromatiques et les granulations de soufre qu'on observe dans les Sulfobactéries, l'auteur a mis en évidence, au moyen du bleu de méthylène, à 1 p. 100 000, des granulations parfois très nombreuses, qu'il considère comme des granulations protoplasmiques colorables, et qui occupent une situation superficielle.

Mitrophanow conclut de ses observations, que les corps colorables des Bactéries, sont formés de chromatine, et, comme il a retrouvé ces granulations dans toutes les espèces, il admet donc un noyau ou mieux des éléments nucléaires diffus.

Suivant lui, les Bactériacées ne peuvent être considérées comme des organismes sans noyau, et on ne peut non plus leur attribuer un noyau véritable. Ce sont des cellules qui atteignent des dégrés différents de complication, se traduisant par une séparation plus ou moins complète des éléments nucléaires du reste du protoplasma. L'apparition de ces éléments nucléaires, dans une forme déterminée, paraît être en rapport avec l'état physiologique dans lequel se trouve l'organisme.

Contrairement à la manière de voir de **Bütschli**, **Mitrophanow** regarde le noyau comme un produit de différenciation du protoplasma. Suivant lui le protoplasma des Bactériacées, dans lequel le noyau n'est pas encore morphologiquement séparé, ou ne l'est qu'en partie, correspond donc au plasson d'**Ed. van Beneden**. Telle est aussi l'opinion professée aujourd'hui par M. **Van Tieghem**.

J'ai essayé de vérifier les observations de **Mitrophanow**, en répétant ses expériences de coloration au moyen des solutions faibles de couleurs d'aniline et j'ai pu, en effet, retrouver les aspects décrits par lui chez un certain nombre de Bactériacées dont je n'ai point déterminé l'espèce. Pas plus que lui, je n'ai pu arriver à constater, dans ces organismes, l'existence de véritables noyaux, et je suis conduit à me ranger à son opinion sur ce point et à admettre que les Bactéries sont des organismes chez lesquels la substance nucléaire existe plus ou moins diffusément mélangée au protoplasma.

Pour terminer ce qui a trait aux cellules dépourvues de noyau, il nous reste à examiner les Cyanophycées et les Saccharomycètes.

Les Cyanophycées sont des Algues inférieures qui comprennent les familles des Nostocacées, Oscillariées, Rivulariées, Scytonémées, Mérismopédiées et Chroococcées. Elles sont formées de filaments, composés eux-mêmes de petits articles réunis bout à bout. Les filaments peuvent être libres ou réunis dans une gangue commune, et les articles qui les constituent sont tantôt tous semblables entre eux, tantôt séparés de distance en distance par des corps particuliers, les *hétérocystes*, cellules dont le protoplasma a disparu en laissant vide sa membrane d'enveloppe.

Parmi les auteurs qui ont étudié ces Algues au point de vue de leur constitution cellulaire, les uns comme MM. **Bornet**, **Flahaut**, **Tangl**, **Lagerheim**, **Gomont**, n'y ont jamais rien vu qui ressemblât à un noyau.

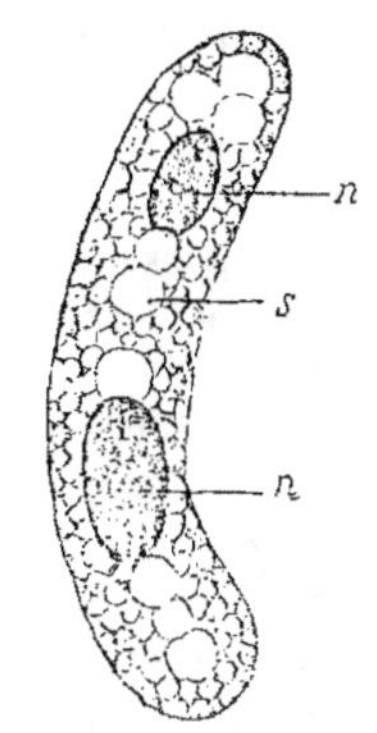

Fig. 78. — *Chromatium* de 20,6 μ de long. sur 3,3 μ de large. Liquide de Perenyi, hématoxyline de Kleinenberg ; baume du Canada ; *n*, noyau ; *s*, vacuoles qui contenaient du soufre. (D'après MITROPHANOW, 1893).

Cependant **Schmitz**, en 1879, avait cru trouver chez le *Gleocaspa poly-desmatica*, un noyau excentrique, arrondi, colorable par l'hématoxyline, mais en cherchant à retrouver le noyau chez d'autres Cyanophycées, les Chroococcées, les Oscillaires et les Nostocs, il n'a pu parvenir à le mettre en évidence et il n'a trouvé qu'une substance finement granuleuse dans laquelle il y a de gros et de petits corpuscules colorables. Chez quelques individus d'Oscillaires, il a pu apercevoir une petite masse centrale plus dense et plus colorable, renfermant des granules retenant plus fortement les matières tinctoriales. **Schmitz** a été contraint de conclure qu'il peut exister un noyau chez ces êtres, mais que généralement ils en sont dépourvus.

En 1883, **Wille** étudiant le *Tolypothrix lanata*, y aurait décélé la présence d'un noyau et aurait même, dans deux cas, observé des figures de division rappelant celles que l'on trouve habituellement au moment de la division indirecte des cellules nucléées.

Reinhardt, la même année, aurait vu dans de jeunes cellules d'Oscillaires des masses arrondies, qu'il considère comme les noyaux ; il aurait même dans un *Glauconema* observé un nucléole au centre du noyau.

En 1887, **Scott** a cherché à mettre en évidence le noyau dans *Oscillaria* et *Tolypothrix*. Pour cela, il traitait des filaments par l'éther méthylique pendant cinq minutes, puis par l'hématoxyline de Kleinenberg, ou la picronigrosine pendant deux heures et enfin pendant deux minutes par une solution concentrée d'hydrate de chloral, et montait dans la glycérine. Après l'action des réactifs on pouvait voir dans les cellules un noyau arrondi et à structure fibrillaire.

La même année, **Strasburger** admet également dans les Oscillaires la présence de granulations colorables, qui présentent la réaction de la nucléine et qu'il considère comme des grains nucléaires. **Hansgirg** (1885) a observé des noyaux dans quelques Oscillaires, mais dans les Lyngbiaciées, Calotrichiacées et Scytonémacées, il n'a pu mettre en évidence de formations nucléaires nettement différenciées. **Ernst** (1888) est arrivé, comme **Strasburger**, à colorer des grains isolés dans les Oscillaires.

Recherches de
Zacharias. Le travail le plus important sur le sujet est celui qu'a publié **Zacharias**, en 1890, et qui a porté sur des *Oscillaria*, des *Nostoc*, des *Cylindrospermum*, des *Tolypothrix* et des *Scytonema*. Sur les cellules vivantes de ces organismes, **Zacharias** a observé une partie centrale non colorée et une partie périphérique contenant la cyanophycine, matière colorante particulière à ce groupe d'Algues. La couche périphérique, constituée par de la plastine, contient des granulations colorables par les réactifs, mais ne donnant pas les réactions ordinaires des substances albuminoïdes. Dans la partie centrale, on trouve souvent aussi une ou deux petites masses ayant l'apparence et les réactions chimiques des nucléoles des autres cellules végétales. Dans d'autres cas, chez les *Oscillaria* et les *Tolypothrix*, la partie centrale renferme un réseau ayant les réactions de la nucléine. A la suite de recherches plus récentes, **Zacharias**, a vu que la partie centrale peut manquer, ou que les filaments qu'elle renferme peuvent perdre leur nucléine suivant les conditions dans lesquelles se trouvent les cellules. Aussi pense-t-il qu'il est actuellement difficile de se prononcer sur la valeur morphologique de la partie centrale et de la comparer à un véritable noyau. D'après lui, l'absence de réseau nucléaire chez les Cyanophycées serait en rapport avec leur mode de reproduction non sexuelle. La reproduction sexuelle n'aurait lieu que chez les organismes pourvus d'un noyau différencié.

Vous voyez, par l'exposé que je viens de vous faire, que la question du noyau des Cyanophycées est encore à l'étude et exige de nouvelles recherches. Il faut très probablement admettre que, comme pour les Bactéries, il existe chez ces êtres un protoplasma diffus, un plasson ainsi que le désignent **Hæckel** et **van Beneden**, dans lequel les éléments cellulaires sont intimement mélangés.

Si des Cyanophycées nous passons aux Levûres ou *Saccharomyces*, nous voyons que ces organismes ont été aussi l'objet d'un grand nombre de travaux relatifs à la recherche et à la démonstration d'un noyau.

Les premiers auteurs qui se sont occupés de la question, **Nægeli**, **Schleiden**, **Schmitz**, **Strasburger**, **Zalenski**, **Zacharias**, **Zimmermann**, **Hansen**, admettaient l'existence d'un noyau dans les cellules de la Levûre de bière. La présence de ce noyau se trouvait indirectement démontrée d'ailleurs par l'analyse de **Kossel**, qui, comme vous le savez déjà, avait trouvé une assez forte proportion de nucléine dans la Levûre. **Brücke** et **Krasser** ont été les premiers à nier l'existence des noyaux dans le *Saccharomyces cerevisiæ*.

Il y a deux ans, en 1891, **Raum** a publié un travail important sur ce sujet. Il n'a pu décéler dans les cellules de Levûre un véritable noyau, mais il décrit de petites granulations colorables, auxquelles il donne le nom de *granulations sporogènes*, et qui, d'après lui, prennent part à la formation des spores.

Möller, l'année suivante (1892), dans un travail étendu, étudie la Levûre par la technique suivante : il fixe les cellules par une solution à 1 °/₀ d'iodure de potassium saturée d'iode, les lave avec soin par l'eau puis par l'alcool faible et enfin par l'alcool absolu. Il colore à l'hématoxyline et à l'acide picrique. Pour cela, il place les cellules pendant 1/2 heure à 3 heures dans une solution saturée d'acide picrique, les lave à l'eau jusqu'à ce que la teinte jaune disparaisse à peu près, et les porte, enfin dans une solution alcaline d'hématéine. Il a aussi employé la fuchsine ou le violet de la gentiane, par la méthode de Gram. Par ces moyens, **Möller** prétend avoir toujours pu observer dans les cellules de Levûre un noyau. Celui-ci présenterait de grandes variations de grandeur et de position, il serait dépourvu de membrane d'enveloppe et de nucléole ; il serait formé d'une masse visqueuse, mal limitée, douée de mouvements amiboïdes. D'après cet observateur, les bourgeons émis par les cellules, et que l'on considérait comme des spores, ne seraient que des gouttelettes exsudées du protoplasma, dépourvues de membrane et de noyau (1). Mais pour lui l'existence du noyau serait un fait bien démontré.

Ce travail de **Möller** a été attaqué par **Krasser**, qui a constaté qu'en soumettant la Levûre à l'action de la pepsine le prétendu noyau de **Möller** ne montre pas les réactions de la nucléine. D'après **Krasser**, il existerait dans la cellule de Levûre un grand nombre de granulations colorables et formées de nucléine, distribuées dans toute la masse protoplasmique.

Il donne le nom d'*archiplasma* au protoplasma constituant les cellules de *Saccharomyces*, protoplasma dans lequel les éléments nucléaires sont diffus : cet archiplasma correspond donc au plasson.

Très peu de temps après, **Hieronymus** admet dans la Levûre la présence d'une substance colorable, elle se présenterait sous forme de granulations constituées probablement par de la nucléine et toujours disposées en série au milieu d'un protoplasma fibrillaire. Les chapelets colorables sont tantôt contournés en spirale tantôt pelotonnés en boule.

Dangeard (1893), en fixant des cellules de Levûre par l'alcool absolu et en les colorant par l'hématoxyline, a constaté qu'elles renferment un noyau bien caractérisé. Chaque cellule montre sous sa membrane une couche épaisse de protoplasma dense, homogène, se colorant assez fortement ; ce protoplasma entoure une grande vacuole interne. Le noyau se trouve logé dans l'épaisseur de cette couche protoplasmique, et, à l'état de repos, il est sphérique, limité par une membrane nucléaire très nette ; au centre, se trouve un gros nucléole également sphérique, très coloré. La couche claire qui se trouve entre le nucléole et la membrane reste incolore mais elle présente souvent un ou plusieurs arcs de chromatine au contact de la membrane nucléaire. Pendant le bourgeonnement de la cellule, après la formation d'une protubérance à sa surface, le noyau se divise par étranglement; le nucléole se partage en deux moitiés entourées chacune d'une zone claire. L'un des noyaux est accolé au pédicelle qui rattache le bourgeon à la cellule mère; il s'y prolonge bientôt en un mince filet chromatique qui atteint la cellule fille, s'y renfle, acquiert une membrane nucléaire et reprend sa structure ordinaire.

Enfin, **Janssens** (1893) a étudié plusieurs formes de *Saccharomyces*, les *S. Ludwigii, cerevisiæ, pastorianus*. Dans les jeunes cellules de *S. Ludwigii* et de *S. cerivisiæ* on voit nettement un noyau avec une

---

(1) **Hansen** (1893) a combattu cette manière de voir de **Möller** ; pour lui la Levûre produit de véritables spores, pourvues d'une membrane, et dont on peut suivre la formation sous le microscope.

membrane d'enveloppe et un nucléole. Ce noyau se diviserait même par karyokinèse pendant le bourgeonnement. C'est là un fait qui paraît tout au moins douteux, mais les observations de l'auteur sont seulement consignées dans une note préliminaire, brève et sans figures ; il convient donc d'attendre qu'il ait fait paraître son travail complet pour le juger. Il admet également que le protoplasma des cellules de Levûre est formé d'un réticulum présentant des nodosités correspondant aux granulations de **Raum·**

Je n'ai pas étudié la Levûre de bière au point de vue de sa constitution nucléaire, mais j'ai retrouvé, dans mes notes, quelques observations faites par moi, en 1886, sur une petite espèce de Levûre rose, développée accidentellement dans une culture de pus blennorhagique. Cette Levûre, examinée à l'état frais aussi bien qu'après l'action des réactifs, présentait de la façon la plus nette un noyau entouré d'une membrane d'enveloppe et contenant un nucléole. J'avais donc admis à cette époque l'existence d'un noyau dans les cellules de Levûre. L'espèce sur laquelle j'ai fait ces observations n'a pas encore, que je sache, été décrite. **Fresenius**, en 1850, avait bien, sous le nom de *Cryptococcus glutinis* décrit une Levûre rose, mais son espèce ne correspond point à la mienne. Il en est de même de celles observées plus tard par **Schröter et Cohn** et par **Hansen** (1878).

Il existe encore un certain nombre d'organismes chez lesquels l'existence d'un noyau n'a pas été démontrée. Des moyens plus parfaits d'investigation permettront sans doute de le déceler chez certains ; mais il en est probablement d'autres chez lesquelles il existe réellement un protoplasma encore mal différencié et contenant la substance nucléaire à l'état extrêmement divisé ou en dissolution.

Nous passons maintenant à une autre question concernant un point important de la morphologie cellulaire ; je veux parler de la membrane d'enveloppe de la cellule.

Existe-t-il une membrane autour du corps cellulaire? L'existence de cette membrane est-elle constante?

Les premiers auteurs qui ont étudié la cellule et en ont reconnu l'importance morphologique avaient été frappés surtout par l'existence de sa membrane d'enveloppe. Leurs observations portaient, en effet, sur des cellules végétales autour desquelles il se forme de bonne heure une couche cellulosique parfois très épaisse, et qui, ainsi que nous le verrons plus tard, constitue une formation secondaire. Des formations secondaires peuvent d'ailleurs se rencontrer aussi autour de certaines cellules animales, et les œufs, par exemple, possèdent souvent un chorion d'une structure très compliquée.

Toutes ces formations secondaires ne constituent pas la membrane cellulaire proprement dite. Lorsque celle-ci existe, elle s'offre à nous sous l'aspect d'une très fine pellicule à laquelle nous donnerons le nom de *membrane primaire*. Et c'est autour de la membrane primaire que nous voyons se former comme sur un moule les membranes secondaires dont nous parlerons plus tard.

L'existence de la membrane primaire a donné lieu à de nombreuses controverses, il y a une cinquantaine d'années, les uns admettant avec **Reichert** que cette formation ne fait jamais défaut, les autres la considérant avec **Kœlliker** comme une partie accessoire et non indispensable de la cellule. Nous savons aujourd'hui que la membrane primaire peut manquer dans un certain nombre de cellules telles que les Rhizopodes, les globules blancs des Vertébrés, etc. Cependant en examinant avec soin une Amibe on constate sur toute sa périphérie l'existence d'une zone de protoplasma différenciée, souvent vacuolaire et qui correspond à la couche alvéolaire de **Bütschli**. Cette couche est mal limitée et n'est pas séparable du plasma sous-jacent. Elle n'est constituée, en somme que, par une condensation du protoplasma à la surface de la cellule et laisse à celle-ci la faculté de se déformer et de prendre les aspects les plus variés.

L'on trouve une structure à peu près semblable dans les jeunes sphères de segmentation de certains œufs. J'ai pu, cependant, après un traitement convenable par les réactifs, découvrir à leur surface une membrane très fine qui persiste après l'écrasement de la cellule et l'écoulement au dehors de son contenu. Cette membrane n'empêche nullement les changements de forme des cellules pendant la vie.

Protoblastes. **Kœlliker** propose de distinguer les cellules nues, dépourvues de membrane d'enveloppe, et de les nommer *protoblastes*, en réservant le nom de cellules aux formes entourées d'une membrane. Je crois que, d'une façon générale, il existe autour de toute cellule une couche plus dense, correspondant à la membrane élémentaire, à la *couche limitante* des auteurs. Cette couche limitante, qui, dans les cellules végétales jeunes, n'est autre que l'utricule primordial de **Mohl**, est imperméable à l'eau, tant qu'elle est continue, et, si l'on en brise les parois par une pression ménagée, on voit aussitôt le protoplasma se contracter par suite de la pénétration du liquide à l'intérieur de la cellule.

Fusion de cellules. La plupart des cellules animales présentent cette couche sans différenciation. Certaines d'entr'elles, les cellules épithéliales, les cellules du cartilage, possèdent pourtant une membrane fortement épaissie avec parfois des couches concentriques. D'autres cellules, au contraire, ne présentent même pas de couche limitante, et semblent entièrement nues. Les cellules testiculaires sont dans ce cas ; si on les dissocie dans l'eau salée, qui est censée être pour elles un liquide indifférent, elles gardent leur contour arrondi, mais se soudent souvent les unes aux autres quand elles se trouvent en contact. L'on peut assister directement à ce phénomène en observant une préparation de cellules testiculaires dissociées. On voit, en effet, deux, trois, quatre cellules, après s'être légèrement gonflées par absorption du liquide ambiant, se rapprocher, se fusionner et ne plus former qu'une masse protoplasmique arrondie, renfermant deux, trois ou quatre noyaux. Cette fusion des éléments avait même induit en erreur **Kœlliker** sur la vraie constitution de ces cellules. Sur les coupes des testicules convenablement fixés, on constate que toutes les cellules conservent leur individualité, et on n'observe jamais des cellules plurinucléées. Pour que la fusion des cellules puisse se produire aussi facilement dans les dissociations, il faut admettre que leur protoplasma est nu ou très faiblement différencié à leur périphérie.

Il est très probable qu'un grand nombre de formations, décrites sous les noms de *plasmodium* ou de *syncytium*, sont dues à la fusion accidentelle des cellules primitivement indépendantes qui les constituaient ; c'est ainsi que **Roule** (1888) dans l'embryon d'un Oligochète, *Enchytreoides Marioni* et **J. Chatin** (1890) chez les larves de certains Insectes et chez l'Anguillule, ont décrit des couches protoplasmiques étendues contenant des noyaux libres, et qui ne me paraissent être que des productions artificielles dues à l'action des réactifs employés par ces auteurs. Je ne dis pas que tous les syncytiums proviennent toujours de fusions accidentelles de cellules, je ne nie pas qu'il puisse exister de vrais syncytiums, mais je crois qu'il sont rares et que, de même que les blastèmes de **Robin**, ils disparaîtront pour la plupart de l'histologie, à mesure que la technique fera plus de progrès ; ainsi il nous est permis de nous demander si l'acide acétique, employé par exemple par **Roule** dans ses recherches et qui jouit à un si haut degré de la propriété de gonfler les éléments, n'aurait pas pu déterminer la fusion de cellules peu différenciées à leur périphérie.

Plasmodium ou syncytium.

La constitution chimique de la membrane des cellules animales est très peu connue. L'on sait seulement qu'elle se dissout dans les alcalis concentrés, les acides forts et le suc gastrique lorsqu'elle est mince, et qu'elle gonfle seulement dans ces réactifs, sans se dissoudre, lorsqu'elle est plus épaisse. La membrane kératinisée des cellules épidermiques présente la plupart des caractères du tissu élastique.

Outre la membrane externe, certains auteurs en admettent une autre interne, autour du noyau. Nous avons vu que son existence était encore fort discutée, qu'elle n'était pas admise par tous les observateurs et nous devons par conséquent la considérer comme beaucoup plus douteuse que celle de la membrane externe.

30 décembre 1893.

NEUVIÈME LEÇON

SPHÈRES ATTRACTIVES ET CENTROSOMES

NOYAUX ACCESSOIRES

Centrosomes et sphères attractives. — Centrosomes dans les cellules à l'état de repos ; Flemming, 1891. — Centrosomes des cellules végétales, Guignard, 1891. — Centrosomes des leucocytes, M. Heidenhain, 1892. — Recherches de Meves. — Microcentre, M. Heidenhain, 1893. — Recherches personnelles : couche lymphoïde du foie des Urodèles. — Noyau accessoire ou Nebenkern. — Cellules testiculaires ; corpuscule céphalique. — Cytozoaires, Gaule, 1880. — Cellules pancréatiques. — Formations nucléoïdes. — Corps d'Eberth et Müller. — Recherches personnelles : pancréas de la Salamandre ; foie de l'Écrevisse.

MESSIEURS,

Nous n'avons considéré jusqu'ici que les parties essentielles de la cellule, le protoplasma et le noyau, et une formation secondaire, la membrane, qui existe le plus souvent mais qui n'est pas nécessaire à la constitution d'une cellule. Outre ces parties essentielles on peut rencontrer dans une cellule des éléments figurés dont la présence serait constante d'après certains auteurs, et qui, suivant d'autres, n'apparaîtraient qu'à un certain moment de la vie cellulaire, lorsqu'elle s'apprête à se multiplier par voie de division.

Je ne pourrai, aujourd'hui, vous parler de ces éléments que d'une façon assez sommaire parce que leur étude complète sera mieux placée lorsque nous nous occuperons de la reproduction de la cellule.

Centrosomes et sphères attractives.

Ces éléments figurés sont ceux auxquels on a donné le nom de *sphères attractives* et de *centrosomes*. Nous ne les considérerons que dans la cellule à l'état de repos.

Les sphères attractives avec leurs centrosomes ont été aperçues d'abord pendant la division indirecte ou karyokinétique, à laquelle elles semblent présider pour donner la direction aux filaments achromatiques ; ce n'est que plus tard qu'on les a retrouvées dans la cellule, à côté du noyau, à l'état de repos.

La partie la plus importante d'une sphère attractive est le centrosome. Celui-ci se présente le plus généralement sous la forme d'un granule réfringent de taille excessivement petite, atteignant parfois la limite de la visibilité, et se colorant plus fortement que le protoplasma sous l'influence des réactifs qui colorent ce dernier. Quant à la sphère attractive, elle est constituée par une petite zone claire, mal délimitée, présentant souvent une réfrangibilité un peu différente de celle du reste du corps cellulaire, zone de laquelle rayonnent généralement de petits filaments clairs, qui peuvent aussi retenir les matières colorantes un peu plus énergiquement que le protoplasma. Dans certaines cellules on ne voit que le centrosome, dans d'autres c'est le système radié qui l'entoure qui seul est visible. Ces différences ne paraissent tenir en partie qu'aux réactifs fixateurs et colorants employés pour la recherche des centrosomes.

Ed. van Beneden, en 1887, s'appuyant sur ses observations dans l'œut de l'*Ascaris megalocephala* et voyant les centrosomes se diviser lors de la division du noyau, admit que ces corps constituaient des organes permanents de la cellule, qui persistaient après la division du noyau et demeuraient en rapport avec lui.

Après **van Beneden**, **Boveri** (1887) chez l'*Ascaris*, **Vialleton** (1888) chez les Céphalopodes, **Garnault** (1888) chez les Mollusques, **Vejdowsky** (1888) chez le *Rhynchelmis*, **Kœlliker** (1889) chez les Amphibiens, moimême chez les Poissons osseux (1890), avons démontré que toujours, dans la cellule au repos, on trouvait des centrosomes au voisinage du noyau. Ces observations n'avaient été faites que dans des œufs en voie de segmentation, et il restait à démontrer que les centrosomes existent ailleurs que dans les cellules embryonnaires.

Rabl (1889) aperçut ces corps dans des tissus chez le Triton et la Salamandre, dans les cellules voisines de l'état de division; mais il ne put parvenir à les décéler dans celles où le contenu du noyau s'est déjà réorganisé en réseau chromatique.

En étudiant les cellules pigmentaires de la peau du Brochet et de l'Épinoche,

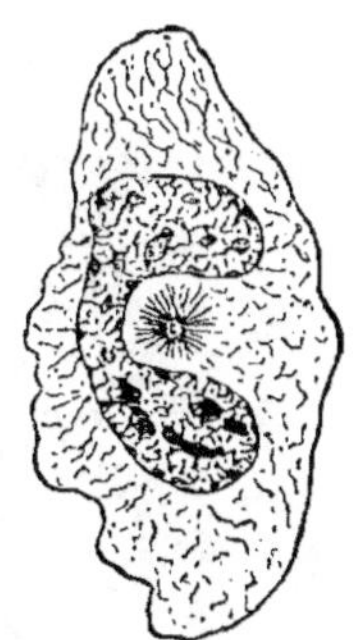
Fig. 80. — Leucocyte du péritoine d'une larve de Salamandre. Afin de rendre la figure plus nette, on a dû entourer le corpuscule central dans la sphère radiée d'un halo clair qui en réalité n'existe pas. (D'après FLEMMING, fig. empruntée à O. HERTWIG).

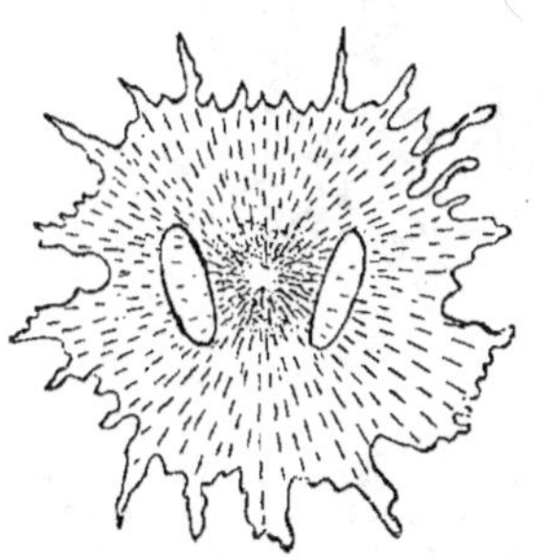
Fig. 79. — Cellule pigmentaire du Brochet montrant deux noyaux et un corpuscule polaire dans une sphère radiée. (D'après SOLGER, fig. empruntée à O. HERTWIG).

Solger (1891) observa que ces cellules contiennent une tache claire centrale de laquelle rayonnent des stries pigmentées, constituées par des granulations. Il regarda cette tache comme une sphère attractive, située près du noyau, ou entre les deux noyaux, lorsque la cellule est plurinucléée, mais il ne put voir le centrosome (fig. 79).

Hermann (1891) a vu une sphère attractive avec son centrosome dans les cellules spermatiques au repos de la Salamandre, mais il convient de

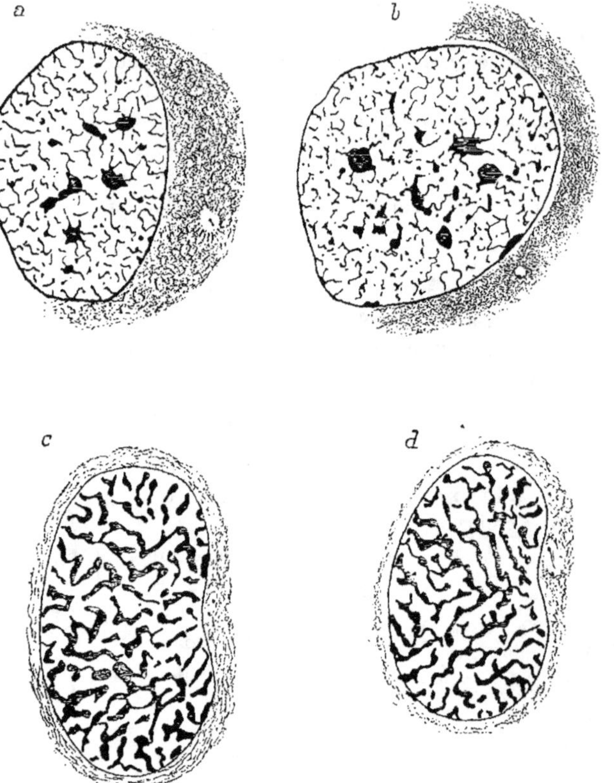

Fig. 81. — Noyaux de cellules endothéliales du péritoine de larves de Salamandre ; une partie seulement du cytoplasma (en noir) a été représentée. *a* et *b* : à côté du noyau, on voit un centrosome au milieu d'une petite tache claire ; dans la fig. *a* le centrosome est dédoublé. *c* et *d* : noyaux au commencement de la division ; les deux centrosomes sont réunis par des filaments, origine du fuseau central. (D'après FLEMMING, 1891).

remarquer ici que ces éléments, de même que les cellules embryonnaires, sont le siège d'une division extrêmement active et que par conséquent les centrosomes peuvent persister entre deux divisions nucléaires.

En 1891, **Flemming** s'est attaché à trouver les centrosomes dans les cellules à l'état quiescent de la Salamandre. Avant de vous dire à quels résultats il est arrivé, permettez-moi d'abord de vous résumer sa technique.

Il fixe les tissus bien vivants par son liquide chromo-acéto-osmique. Pour colorer, il se sert d'une solution aqueuse ou hydro-alcoolique de safranine pendant vingt-quatre heures, puis il lave rapidement avec de l'alcool légèrement acidulé par l'acide chlorhydrique. Après cela, il passe les coupes dans une solution de violet gentiane dans l'eau, pendant deux ou trois heures, il lave à l'eau et colore par l'orange G de Grübler. Le choix de ce colorant est important et il faut se servir de la couleur fabriquée par Grübler, car, en cherchant à appliquer la méthode de **Flemming** avec une couleur de provenance quelconque, je n'ai obtenu aucun résultat et je n'ai pu vérifier ses observations qu'en me servant de l'orange G qu'il indique. La solution d'orange G enlève une partie du violet et localise la coloration de la safranine. Son action ne doit pas être trop prolongée; au bout d'un quart d'heure ou d'une demi-heure, on lave à l'alcool et on monte dans le baume.

Dans les cellules endothéliales du péritoine, **Flemming** a vu au voisinage du noyau de petits corps colorés, si petits qu'ils sont presque à la limite de la visibilité (fig. 81). Ces corps sont entourés d'un espace clair, dont partent des lignes rayonnées ; quelquefois, ces rayons peuvent manquer. Dans le même espace clair il existe tantôt un, tantô deux centrosomes ; c'est dans ce dernier cas un indice de la prochaine division du noyau. Généralement alors les deux centrosomes se trouvent réunis par un filament, qui plus tard deviendra encore bien plus nettement visible. **Flemming** a trouvé les centrosomes dans les cellules endothéliales du poumon, et dans les cellules conjonctives du péritoine et du mésentère des jeunes larves.

A la même époque, **Guignard** (1891) découvrait les sphères attractives et les centrosomes dans les cellules mères primordiales et définitives du pollen des Liliacées, des Orchidées, dans les cellules de l'albumen de diverses plantes, dans les microsporanges des *Isoetes*, et les sporanges des Fougères (fig. 82). Il en a toujours trouvé deux, fait qui concorde avec ce que j'avais de mon côté observé dans les cellules embryonnaires de la Truite, tandis que **Kœlliker**, chez les Amphibiens en signale tantôt un, tantôt deux. Quelque temps après **Guignard**,

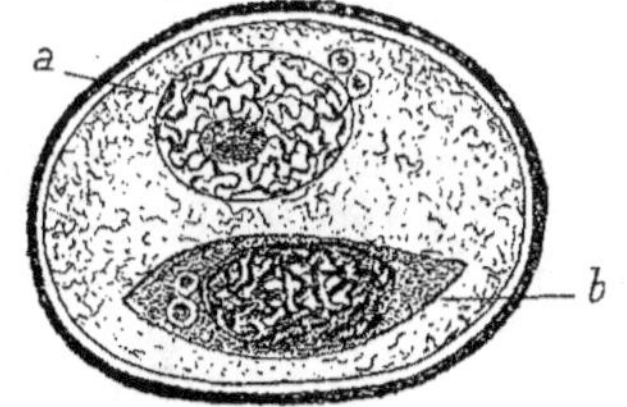

Fig. 82. — Grain de pollen adulte de *Lilium Martagon*, avec son noyau végétatif, *a*, pourvu d'un nucléole assez volumineux et d'une charpente chromatique délicate, et sa cellule germinative, *b*, fusiforme, dont le noyau est fortement colorable, sans nucléole apparent, et recouvert seulement par une mince couche d'un protoplasma propre sur les faces latérales aplaties. A côté de chaque noyau, on voit deux sphères attractives avec leurs centrosomes. (D'après GUIGNARD, 1891).

Bütschli constate dans une Diatomée (*Surirella*) l'existence d'un centrosome, situé dans le hile d'un noyau réniforme ; autour de ce centrosome rayonnent des filaments très nets, qui s'étendent à une certaine distance dans le protoplasma environnant.

Centrosomes des leucocytes; M. Heidenhain 1892. **M. Heidenhain** (1892), étudiant les leucocytes de la paroi intestinale de la Salamandre, a retrouvé des centrosomes dans ces éléments au repos. Ils sont constitués par un corps central entouré d'une masse protoplasmique homogène d'où rayonnent des filaments granuleux. Parfois, il n'y en a qu'un, d'autres fois, on en trouve deux qui sont alors réunis par des filaments granuleux, constituant entre eux une sorte de petit fuseau achromatique. Voici qu'elle est sa technique. Il fixe en général par une solution aqueuse concentrée de sublimé, et colore de diverses manières, par la solution d'Ehrlich-Biondi par exemple, pendant 24 heures, puis lave à l'alcool et monte dans le baume.

La méthode de coloration, à laquelle **Heidenhain** donne pourtant la préférence, est celle dont il est l'inventeur et qui donne des préparations fort démonstratives. Cette méthode est connue aujourd'hui sous le nom d'hématoxyline au fer et s'emploie de la façon suivante.

On traite d'abord les coupes par une solution d'iode qui a pour effet de dissoudre les granulations noirâtres, dues souvent à la précipitation du bichlorure de mercure dans les tissus, et que l'on pourrait confondre avec les centrosomes, et on lave ensuite pendant deux ou trois heures à l'eau acidulée par l'acide acétique à 1 °/₀₀. L'on traite par une solution à 1 °/₀ de sulfate double de fer et d'ammoniaque pendant deux ou trois heures. On lave à l'eau et l'on porte les coupes dans une solution aqueuse d'hématoxyline pendant un laps de temps qui varie selon le résultat à obtenir, de une demi-heure à douze heures. Les coupes y prennent une teinte noirâtre. On lave à l'eau et l'on verse de nouveau sur la préparation de la solution ferrique. On voit alors la matière colorante se localiser sur le noyau ; mais le protoplasma prend une teinte bleue plus pâle et les centrosomes apparaissent comme de petits points colorés en noir bleuâtre.

Par cette méthode, **Heidenhain** a pu mettre en évidence les centrosomes, non seulement dans les leucocytes de la Salamandre, mais aussi dans les cellules géantes de la moelle des os, ainsi que dans les leucocytes du produit d'expectoration d'un Homme atteint de pneumonie infectieuse.

A la même époque, **Burger** (1891), en examinant les cellules libres du rhynchocœlome des Némertes a vu des centrosomes dans ces éléments au repos. Il a étudié, à ce point de vue, les cellules libres des *Amphiporus pulcher, latifloreus, reticulatus*. Leur aspect est un peu variable selon l'espèce ; ainsi chez *l'Amphiporus reticulatus* les rayons qui entourent le centrosome s'étendent dans toute la cellule. Il a vu au centre de la sphère attractive un élément coloré tantôt punctiforme, tantôt réniforme.

Dans deux cas seulement il a observé deux centrosomes à côté d'un seul noyau.

Bürger n'a pas vu une seule de ces cellules libres en voie de division.

Un élève de **Flemming, Meves,** (1892) étudiant les grandes cellules à noyaux polymorphes du testicule de la Salamandre a fait une série d'observations des plus intéressantes. Ces cellules, qui doivent leur nom à

Recherches
de Meves.

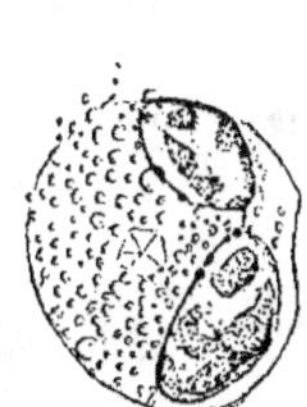

Fig. 83. — Cellule éosinophile de Salamandre, montrant, au milieu des granulations colorées, une sphère attractive avec son centrosome. (D'après M. HEIDENHAIN, 1892).

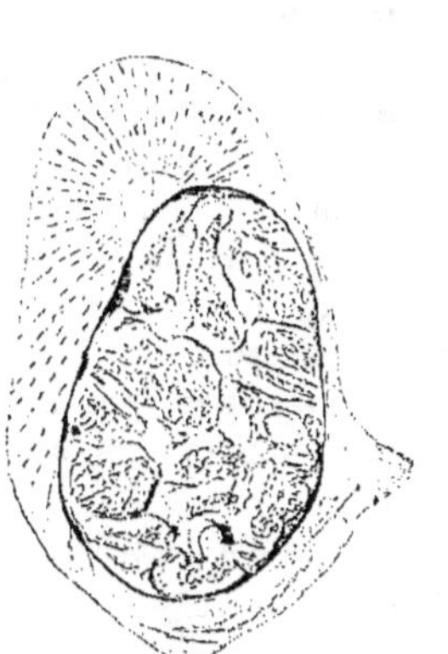

Fig. 84. — Leucocyte de Salamandre à un seul noyau, avec une grosse sphère attractive de laquelle partent en rayonnant de nombreux filaments granuleux. (D'après M. HEIDENHAIN, 1892).

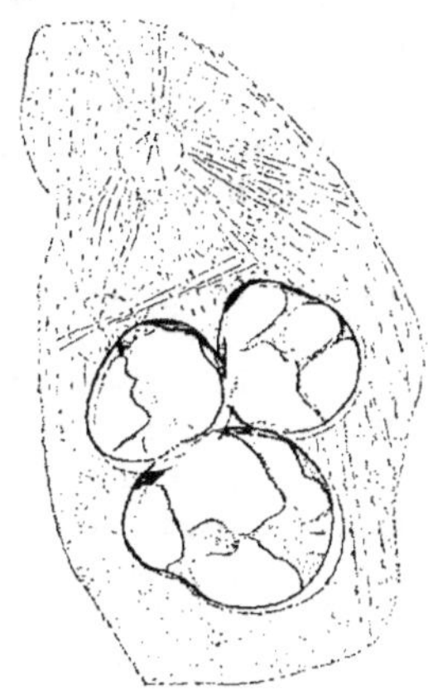

Fig. 85. — Leucocyte de Salamandre plurinucléé, renfermant deux sphères attractives réunies par un fuseau achromatique. La sphère attractive supérieure renferme deux centrosomes; la sphère inférieure n'en renferme qu'un seul. (D'après M. HEIDENHAIN, 1892).

Bellonci, sont abondantes dans le testicule pendant l'hiver et offrent des noyaux, d'aspect variable, incisés ou lobés; au printemps et en été elles deviennent beaucoup plus rares et se transforment en cellules à noyaux arrondis, qui ne sont autre chose que des spermatogonies. Dans les cellules à noyaux polymorphes d'hiver on ne trouve pas de sphère attractive, mais le noyau est entouré, en totalité ou en partie, par une substance granuleuse qui se condense au printemps pour donner une masse unique, dans laquelle apparaît un centrosome et autour de laquelle rayonnent des filaments achromatiques. Dans ce cas, par conséquent, le centrosome n'aurait qu'une existence temporaire et ne serait visible qu'au printemps.

Dans un travail d'ensemble sur la question, **Flemming** (1892, 1), tout en admettant l'importance du rôle des centrosomes, émet l'opinion qu'ils peuvent n'avoir pas une existence constante et qu'on peut les voir dégénérer et disparaître.

D'après les travaux récents de certains auteurs et en particulier d'**Hert-**

wig et de ses élèves, les centrosomes n'existeraient pas dans la cellule à l'état de repos; ils seraient alors contenus dans l'intérieur du noyau d'où ils sortiraient au moment de la division. Cette assertion est purement gratuite et ne repose sur aucun fait d'observation. Pour ma part, je ne pense point qu'on puisse la considérer comme exacte.

Dans les cellules à noyaux lobés d'une tumeur cérébrale de l'Homme **Hansemann** (1892) a observé les centrosomes avec les sphères attractives et les rayons qui en émanent. Il les a observés aussi dans les leucocytes des jeunes tissus de granulation et dans les cellules conjonctives du carcinome du sein; dans ces dernières, ces éléments extrêmement petits sont à peu près de la taille d'un Microccocus et présentent des rayons achromatiques divergents. Il faut remarquer ici que l'auteur n'a pu voir les centrosomes dans les cellules épithéliales constitutives du tissu néoplasique. Par contre il les a rencontrés aussi, soit simples soit doubles, dans les cellules du mésentère du Lapin et du Chat nouveau-nés.

Hansemann pense que les controsomes sont des éléments constitutifs constants des cellules, mais que le plus souvent, à l'état de repos, ils sont contenus dans le noyau.

Lustig et **Galeotti** (1893) étudiant aussi les cellules du carcinome à l'état de repos, chez l'Homme, ont trouvé les sphères attractives et admettent qu'elles existent dans toutes les cellules. Il n'y aurait dans chaque cellule qu'un seul centrosome entouré de sa sphère, et le tout se trouverait logé dans une petite dépression du noyau. Si, d'après eux, l'on n'observe pas le centrosome dans toutes les cellules cela tient uniquement à la situation défavorable d'un grand nombre de celles-ci dans la préparation.

Microcentre.   **Martin Heidenhain** (1893) a étudié avec plus de soin qu'il ne l'avait fait dans son premier travail les centrosomes des cellules lymphatiques de la Salamandre; il s'est occupé du nombre de ces éléments dans les cellules à l'état de repos. Sur 1000 cellules, il en a trouvé 74,6 % avec deux centrosomes inégaux, et 19,1 % avec deux centrosomes égaux. Il admet donc que la duplicité des centrosomes est la règle. Ils sont quelquefois tellement rapprochés qu'ils semblent ne former qu'un seul corpuscule, ou bien l'un des deux peut se décolorer à tel point qu'il cesse d'être facilement visible. Dans un assez grand nombre de cellules, il a vu, à côté des deux centrosomes, un corpuscule accessoire plus petit, moins coloré. Les trois corpuscules paraissent être réunis par une substance particulière, prenant une teinte brunâtre et grisâtre par l'hématoxyline au fer, et qui s'étend de l'un à l'autre sous forme de filament. **Heidenhain** donne le nom de *microcentre* au système triangulaire constitué par les deux centrosomes et le corpuscule accessoire. Quelquefois, dans l'intérieur de ce microcentre se trouve un quatrième corpuscule, et l'ensemble de la figure représente alors un tétraèdre.

Dans une communication préliminaire toute récente, le même auteur annonce qu'il a trouvé, dans les cellules géantes de la moelle osseuse des Mammifères, des microcentres constitués par un nombre considérable de centrosomes, de 40 à 60 et même plus.

Nous reviendrons sur ces faits quand nous nous occuperons du rôle des centrosomes dans la division cellulaire.

Je me suis attaché à rechercher les centrosomes dans les cellules à l'état de repos en variant les objets d'étude et les méthodes d'investigation. Jusqu'ici, je dois l'avouer, je ne les ai vus nettement que dans un petit nombre de cellules. Dans les cellules conjonctives de jeunes larves d'Axolotl, fixées par le liquide de Flemming et colorées par la méthode de cet auteur avec la safranine, le violet de gentiane et l'orange G, j'ai pu retrouver des figures identiques à celles données par le professeur de Kiel dans son mémoire de 1891. Tout à côté du noyau, on voit un ou deux petits corpuscules colorés, entourés d'une petite zone claire; lorsqu'il y a deux corpuscules, ils sont réunis par un filament coloré qui donne à l'ensemble du système l'aspect d'un haltère. Certains de ces noyaux étaient complètement à l'état de repos, avec un réseau chromatique irrégulier et peu abondant, les autres au contraire présentaient un indice de division prochaine et renfermaient un réseau plus riche en chromatine sous forme de filaments onduleux. Je n'ai pu observer les centrosomes dans les cellules épithéliales à l'état de repos, tout au moins d'une façon assez nette pour affirmer leur existence ; j'ai vu, en effet, plusieurs fois dans le voisinage du noyau, une granulation colorée, mais qui ne différait pas des autres granulations contenues dans le protoplasma et je n'oserais dire qu'il s'agissait dans ce cas d'un centrosome.

Le foie de la Salamandre adulte m'a fourni un matériel d'étude des plus favorables pour la recherche des centrosomes, ainsi que vous pouvez en juger par les préparations que je mets sous vos yeux.

La surface du foie des Amphibiens Urodèles présente une couche d'un tissu lymphoïde spécial, situé entre le revêtement péritonéal et le tissu hépatique. Cette couche est presque exclusivement formée de cellules lymphatiques, pressées les unes contre les autres, et au milieu desquelles sont interposées quelques rares cellules conjonctives. On trouve une couche lymphoïde semblable dans la région dorsale du rein de la Grenouille.

Des coupes très minces de foie de Salamandre, fixé soit par le liquide de Flemming, soit par le liquide de Lindsay, ont été colorées soit par l'hématoxyline au fer d'Heidenhain, soit par le fuschine acide, puis par le bleu de méthylène, suivant la méthode de Rosen, soit par la méthode de Benda. Dans presque toutes les cellules de la couche lymphoïde, le centrosome est visible sous forme d'un point coloré, entouré d'un petit aster ; il occupe généralement la région située dans la concavité du noyau (fig. 86).
Dans quelques cellules, il y a deux centrosomes plus ou moins éloignés l'un

de l'autre ; mais, dans ce cas, le noyau présente plus ou moins des signes
d'une prochain division. J'ai pu, dans quelques cas où le centrosome paraissait unique, entrevoir la disposition indiquée par **Heidenhain**, c'est-à-dire
l'existence d'un microcentre formé de la réunion de deux ou trois granulations ; malheureusement les objectifs dont je puis disposer, le 1/12 à immersion de Leitz et l'ancien 1/18 de Zeiss, ne m'ont pas permis de résoudre ce
système de granulations ; toutefois, d'après le peu que j'ai vu, je suis tout
porté à considérer comme exactes les observations de **Heidenhain**. J'ai

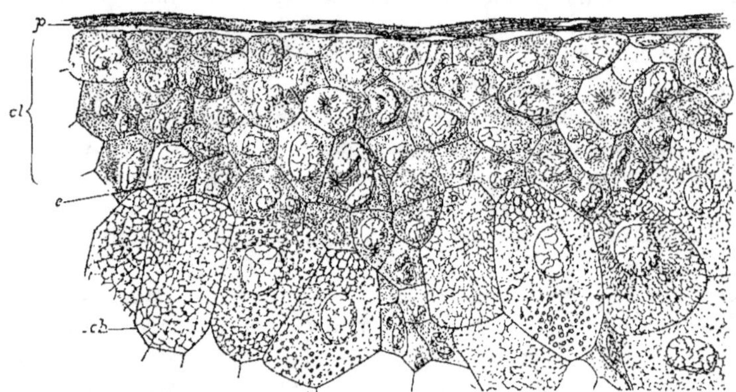

Fig. 86. — Coupe de la région superficielle, lymphoïde du foie de la Salamandre. Fixation par le
liquide de Lindsay, coloration par l'hématoxyline au fer et le safranine Les centrosomes avec leurs
sphères attractives sont visibles dans beaucoup de cellules. *p* : couche péritonéale ; *cl* : couche lymphoïde ; *ch* : cellules hépatiques ; *e* : cellule d'Ehrlich, remplie de granulations colorées.

vérifié également la description donnée par cet auteur des leucocytes
remplis de grosses granulations colorables, qu'on trouve de distance en
distance dans la couche lymphoïde, leucocytes que nous décrirons plus tard
sous le nom de *Mastzellen* ou de *cellules d'Ehrlich*. Au milieu des granulations fortement colorées par la safranine et la fuchsine acide, il existe
un espace clair occupé par un centrosome entouré de son aster (fig. 86, *e*).

J'ai vu, aussi très souvent, un centrosome très net dans les cellules migratrices de la queue des larves d'Axolotl, où il se présente avec le même
aspect que dans les cellules de la couche lymphoïde du foie. Enfin le centrosome est aussi très facile à observer dans les cellules testiculaires, à l'état
de repos, de la Salamandre et du Triton. Dans ces cellules le centrosome est
plus volumineux que dans les leucocytes et entouré d'une zone protoplasmique granuleuse, plus colorable que le reste du cytoplasma. Les centrosomes les plus nets accompagnent les noyaux dans lesquels le réseau chromatique est sous forme de cordons dentelés et orientés vers la région où

se trouve le centrosome, c'est-à-dire, comme nous le verrons, des noyaux qui ne tarderont pas à se diviser. Quand le noyau est tout à fait à l'état de repos, le centrosome est plus difficile à voir, souvent même on ne le trouve pas du tout. Peut-on conclure que dans ce cas, comme dans toutes les autres cellules où on ne l'a pas encore vu, le centrosome n'existe pas, ou qu'il est contenu dans le noyau ? Je crois qu'il serait actuellement tout à fait prématuré de se prononcer d'une manière catégorique sur cette question.

Voici une série de préparations d'un même foie de Salamandre : elles proviennent de fragments fixés soit par le sublimé, soit par le liquide de Lindsay, soit par le liquide de Perenyi ; les unes ont été colorées par la safranine, les autres par l'hématoxyline d'Heidenhain, d'autres par différentes méthodes ; les coupes sont restées dans les matières colorantes un temps variable. Si vous examinez avec soin une douzaine de ces préparations, sur trois ou quatre, surtout celles qui ont été fixées par le liquide de Lindsay et colorées par l'hématoxyline au fer, vous verrez admirablement les centrosomes, dans les autres il vous sera impossible de les apercevoir, pas plus que le système radié qui les entoure. Pouvons-nous dire que les centrosomes n'existent pas dans ces dernières préparations ? Evidemment non, puisque nous avons la certitude de leur présence. Ne peut-il en être de même dans les cellules où les centrosomes ont échappé jusqu'ici à l'observation ? Nous savons déjà qu'une même technique n'est pas applicable à toutes les cellules ; de plus, ainsi que nous le verrons, les centrosomes subissent des modifications au moment de la division cellulaire, ils deviennent plus apparents et plus facilement colorables, il n'y a donc aucune impossibilité à admettre, avec **Flemming**, jusqu'à preuve du contraire, que les centrosomes peuvent devenir invisibles dans certaines cellules à l'état de repos.

J'arrive maintenant à d'autres éléments figurés, connus depuis longtemps dans certaines cellules, et appelés *noyaux accessoires* ou *Nebenkerne*. Les corps qu'on a désignés sous ces termes sont les formations les plus diverses, et présentent comme caractère commun d'avoir avec les noyaux des ressemblances plus ou moins lointaines et notamment une certaine affinité pour les matières colorantes nucléaires. Il est encore aujourd'hui assez difficile de se faire une idée exacte sur leur véritable nature.

Dans son bel ouvrage sur la cellule, **Hertwig** ne fait aucune mention de ces corps, considérant sans doute leur rôle et leur constitution comme trop mal établis. Mais ici nous n'avons pas à nous occuper seulement des faits acquis ; nous devons au contraire faire connaître les points douteux de l'histoire de la cellule, poser les problèmes qu'ils soulèvent et signaler, en les discutant, les solutions qui ont été proposées à leur sujet.

Je ne considérerai pas ici comme des noyaux accessoires, les petits noyaux qui, chez les Infusoires ciliés, accompagnent toujours le noyau principal bien qu'ils aient été assez souvent désignés sous ce terme. Leur rôle est aujourd'hui bien connu depuis les travaux de M. **Balbiani**, de **Bütschli** de **Maupas**, de **R. Hertwig**, et, sous le nom de *nucléole*, de *micronucléus*, les auteurs s'accordent aujourd'hui à les considérer comme de véritables noyaux d'attente, destinés à prendre plus tard la place du macronucléus.

Cellules testiculaires. C'est dans les cellules testiculaires que pour la première fois **La Valette Saint-George** (1867), étudiant les spermatides du Cobaye et de quelques Mollusques a signalé un noyau accessoire. Il vit, en effet, dans le voisinage du noyau, un globule réfringent, arrondi ou ovale, qu'il nomma *corpuscule brillant* ou *réfringent* et qu'il considéra d'abord comme devant s'appliquer sur le noyau, pour donner le capuchon céphalique (*Kopfkappe*) du spermatozoïde. Plus tard, il crut que le corpuscule réfringent était destiné à former la tête même de l'élément mâle.

Corpuscule céphalique. En 1868, **Metchnikoff** le décrit également dans les cellules spermatiques des Mollusques. L'année suivante, M. **Balbiani** (1869), étudiant la spermatogenèse des Pucerons, vit dans les cellules spermatiques de ces animaux un petit corps brillant qu'il considéra comme devant former la tête du spermatozoïde et auquel il donna pour cette raison le nom de *corpuscule céphalique* et aussi celui de *vésicule spermatogène*, par assimilation à la vésicule embryogène des éléments femelles, des œufs.

En 1871, **Bütschli** retrouve le même élément dans les cellules testiculaires de diverses espèces de Coléoptères et d'Orthoptères et lui applique le premier le nom de *Nebenkern*.

D'après **Merkel** (1874), qui étudia le noyau accessoire de la cellule testiculaire des Vertébrés, cet élément ne donnerait pas naissance à la tête du spermatozoïde, mais viendrait s'appliquer sur le noyau pour former la pointe de la tête (*Spitzenkopf*) de celui-ci.

Grobben, en 1878, chez les Crustacés, M. **Duval** (1879), chez la *Paludina vivipara* et d'autres Mollusques, soutiennent la même opinion que M. **Balbiani**.

Enfin **von Brunn**, **Nussbaum**, **Platner**, **Bolles Lee**, **Prenant**, **Renson**, **Henking**, **Hermann**, **Benda**, **Voigt**, ont retrouvé également ce corps dans les cellules spermatiques d'un grand nombre d'animaux.

On a bientôt reconnu que les noyaux accessoires présentaient souvent une structure compliquée et qu'il pouvait même en exister plusieurs dans la même cellule, ainsi que l'ont vu **Platner**, **Henking** et **Hermann**.

Nous reviendrons plus tard sur le sort du Nebenkern. Son origine n'est pas encore exactement déterminée ; pour les uns elle serait protoplasmique, pour les autres au contraire elle relèverait du noyau. D'après une opinion qui tend à s'accréditer aujourd'hui, et qui a pour principaux défenseurs **Platner** et **Henking**, les Nebenkerne proviendraient du fuseau achromatique au moment de la division cellulaire.

J'arrive maintenant à une serie de corps figurés intracellulaires qui ont donné lieu à un grand nombre de recherches et dont la nature est loin d'être connue.

En 1880, **Gaule**, en chauffant à 30-32° du sang de Grenouille dilué au moyen d'une solution de chlorure de sodium à 0,6 % et défibriné, vit se produire, dans l'intérieur des globules, de petits corps allongés en forme de bâtonnets, qui pouvaient se mouvoir et même sortir du globule pour se répandre dans le plasma sanguin. Il leur donna le nom de *vermicules*.

Au moment où il découvrit ces corps, **Gaule** se demandait s'il avait affaire à des parasites ou à des productions intracellulaires ; cependant il

Cytozoaires.

Fig. 87. — Spermatocytes de *Caloptenus italicus*, avec leur noyau accessoire à côté du noyau, renfermant des filaments chromatiques.

Fig. 88. — Groupe de spermatocytes de *Caloptenus italicus* montrant chacun un noyau accessoire dans l'angle interne de la cellule.

donnait la préférence à la deuxième hypothèse. L'année suivante, il reconnut que ces vermicules, qu'il nommait aussi *cytozoaires*, provenaient du noyau ; il retrouva des éléments analogues dans le pancréas, les cellules de la moelle des os, le tissu conjonctif du foie de la Grenouille, et proposa, en raison de leur origine nucléaire, de leur donner le nom de Nebenkern. D'après lui, ces corps pouvaient passer d'une cellule à l'autre et tomber dans le plasma sanguin.

Les recherches de **Gaule** ont été poursuivies par un certain nombre d'auteurs, **Ray Lankester** (1882), **Arndt** (1881), **Wallenstein** (1882), **Danilewsky** (1886-87), qui ont retrouvé ces corps dans le

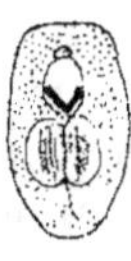

Fig. 89. — Trois spermatides de *Pyrrhocoris apterus* à divers états de développement ; ou voit dans le cytoplasma, à côté du noyau, un gros noyau accessoire divisé en deux parties, et un autre plus petit accolé au noyau.

sang de la Grenouille et d'autres Vertébrés et qui tous se rangèrent à l'opinion que ces corps ne pouvaient être que des parasites. **Danilewsky** surtout a fait une étude fort complète et très intéressante de ces éléments dans le sang de la Tortue, et j'ai pu pour ma part retrouver, dans le sang d'une Cistude d'Europe, toutes les formes décrites par lui et en reconnaître la nature parasitaire.

Voilà donc toute une série de prétendus Nebenkerne qui doivent être rapportés à des parasites.

En 1881 et 1882, **Nussbaum**, étudiant les cellules de diverses glandes de *Rana esculenta*, d'Écrevisse, de Salamandre, d'Orvet, de Triton, d'*Argulus*, y découvre de petits Nebenkerne, qui se présentent sous la forme de masses irrégulières ou condensées, douées d'une certaine affinité pour les matières colorantes. La même année, **Gaule** croit trouver dans ces corps un véritable réseau nucléaire.

Cellules pancréatiques. — En 1883, **Ogata** fit des recherches sur la constitution du noyau accessoire, mais il ne se contenta pas de l'étude morphologique et fit précéder celle-ci d'expériences physiologiques. Il étudia en effet le pancréas de la Grenouille à l'état de repos et à l'état d'activité. Pour obtenir ce dernier état il donnait à manger aux animaux en expérience, ou il leur faisait une injection de pilocarpine dont la propriété est d'exciter la sécrétion du liquide pancréatique, ou bien encore il soumettait la moelle épinière à l'action d'un courant électrique.

Dans le noyau des cellules pancréatiques au repos, il distingue d'abord deux sortes de nucléoles, les *plasmosomes* et les *karyosomes*. Sous l'influence de l'activité sécrétoire apparaissent les Nebenkerne et ceux-ci peuvent affecter aussi deux aspects différents. Tantôt ils prennent la coloration du protoplasma, tantôt ils prennent celle du noyau. **Ogata** admettait qu'un grand nombre de noyaux accessoires ne sont que de jeunes noyaux destinés à prendre la place du vieux noyau qui dégénère et se résorbe. Il cherchait à rapprocher l'organisation des cellules pancréatiques de celle des Infusoires chez lesquels, ainsi qu'on le sait depuis longtemps, le macronucléus disparaît peu à peu après la conjugaison pour faire place à un noyau jeune émanant du micronucléus.

La même année, **Leydig** (1883), dans les cellules des glandes salivaires de la *Nepa cinerea*, observe à la périphérie de ces cellules plusieurs corps qui se comportent vis-à-vis des matières colorantes de la même façon que le nucléole.

En 1884, **Flemming** trouve aussi des corps colorables (*tingible Körper*) dans les leucocytes des glandes lymphatiques du Bœuf et du Lapin. Après lui, **Drews** (1884) dans les amygdales du Cobaye, du Bouc, du Chat et du Lapin, **Mœbius** (1884) dans le pancréas du Lapin et du Cobaye, **Schedel** (1884) dans le thymus du Veau, du Bouc, du Chat et du Lapin constatent des productions cellulaires à peu près analogues.

Platner a aussi repris, en 1885, l'étude des cellules du pancréas de la Salamandre. Pour lui les noyaux accessoires proviendraient d'un bourgeonnement du noyau cellulaire, puis ils disparaîtraient par chromatolyse et deviendraient peu à peu des granulations zymogènes ; mais, contrairement à l'opinion émise par **Ogata**, il ne pense point que ces corps soient destinés à prendre à un moment donné la place du noyau.

Formations nucléoïdes. — **Lukjanow**, en 1887, décrit, sous le nom de *formations nucléoïdes*, des noyaux accessoires dans les cellules de l'épithélium et des glandes de l'estomac de la Salamandre, ainsi que dans les cellules musculaires du même animal.

Steinhaus (1888), l'année suivante, publie un travail important sur le sujet. Il fixe l'intestin de la Salamandre par une solution concentrée de sublimé, puis produit par l'action de réactifs combinés, une quadruple coloration : hématoxyline et safranine pour le noyau, éosine et ni-grosine pour les productions intraprotoplasmiques. A l'état normal le noyau se colore en violet ; il absorbe par conséquent la safranine et l'hématoxyline en proportions à peu près égales. Ce noyau renferme un ou plusieurs nucléoles qui sont de deux sortes : les uns se colorent en bleu, ce sont les *nucléoles hématoxylophiles* (karyosomes d'**Ogata**), les autres se colorent en rouge, ce sont les *nucléoles safranophiles* (plas-mosomes d'**Ogata**). Généralement, suivant **Steinhaus**, les karyosomes et les plasmosomes sont associés par paires. Toutefois on peut aussi les rencontrer isolément. Lorsque la cellule entre en activité, on voit d'abord ces corps se multiplier ; puis, en un point de la périphérie du noyau, il se produit un espace clair dans lequel pénètrent un plasmosome et un karyosome. Bientôt la *hyalosphère* ainsi formée se sépare du noyau et forme dans le protoplasma une zone claire qui grandit. Les corps colorés qui y étaient contenus augmentent aussi de volume, et en même temps le karyosome tend à perdre sa colorabilité en bleu pour devenir safranophile et entoure le plasmosome. Dans la sphère safrano-phile ainsi produite, apparaît plus tard un réseau et le noyau accessoire se transforme alors en un noyau véritable, complet, qui vient ensuite prendre la place du noyau de la cellule. **Steinhaus** confirme donc en la partageant la manière de voir d'**Ogata** relativement au rôle du Nebenkern. Il donne le nom de *gemmation indirecte* à ce mode de formation de nouveaux noyaux.

Nous devons ajouter que, depuis lors, **Steinhaus** a fait de nouvelles re-cherches sur ces Nebenkerne et qu'il a reconnu qu'ils se rapportaient en partie à des parasites.

En 1890, deux auteurs grecs, **Nicolaïdes** et **Melissinos** ont repris l'étude des cellules du pancréas du Chien par le procédé d'**Ogata**, c'est-à-dire en provoquant la sécrétion de la glande, soit en alimentant l'animal, soit en lui injectant de la pilocarpine. Ils y ont distingué deux sortes d'enclaves intraprotoplasmiques, les unes de nature nucléaire, les autres de nature protoplasmique. Ils admettent aussi l'existence des plasmosomes et des karyosomes qui émigrent du noyau pour former des noyaux accessoires. Tantôt il existe des corps homogènes qui se colorent en violet, tantôt au contraire, ils observent des corps colorés en rose avec des granulations bleues à leur intérieur, granulations dont la disposition est assez variable. Elles peuvent exister sous forme d'un point central ou d'une couronne de points périphériques. Pour eux, toutes ces productions viennent du noyau mais ne sont nullement déstinées à le remplacer. Outre ces formations d'o-rigine nucléaire, ces auteurs trouvent dans le protoplasma des enclaves qu'ils considèrent, soit comme des leucocytes, soit enfin comme des noyaux dégénérés.

Nicolaides et Melissinos ont vu que les formations extranucléaires sont plus abondantes pendant la période d'activité que pendant la période de repos de l'organe, qu'elles arrivent à leur maximum de fréquence trois heures après l'ingestion de nourriture et qu'à partir de ce moment leur nombre diminue. Après l'intoxication par la pilocarpine, les phénomènes sont les mêmes mais encore plus accusés.

Corps d'Eberth et Müller.

Dans un travail plus récent sur le pancréas de la Salamandre, de la Grenouille et du Brochet, **Eberth et Karl Müller** (1892), se sont servis comme fixateurs des liquides de Flemming et de Hermann et d'un mélange de chlorure de platine à 1 °/₀ et de liquide de Kleinenberg dans les proportions de 1/3 du premier pour 2/3 du second. Ils ont employé les méthodes de coloration d'**Ogata** et de **Steinhaus**. Ces auteurs distinguent deux sortes de corps paranucléaires. Les uns sont formés de petits filaments protoplasmiques qui se pelotonnent pour former des masses en croissant ou en fuseau et qui peuvent se souder entre eux pour donner des grains homogènes. Les autres sont constitués par des masses colloïdales, homogènes, qui ne présentent jamais de filaments à leur intérieur. **Eberth et Müller**, ne se prononcent ni sur l'origine, ni sur le sort de ces corps qu'ils se bornent à décrire, en admettant néanmoins que jamais ils ne prennent part à la constitution d'un noyau ou à l'activité sécrétoire de la cellule.

Le travail le plus récent sur les Nebenkerne est celui de **Ver Ecke** paru en 1893. L'auteur a étudié le pancréas de la Grenouille et du Chien après nutrition et pilocarpinisation. Il a employé des méthodes assez variées de fixation (sublimé, liquide de Flemming et de Hermann) et de coloration. **Ver Ecke** a constaté que, dans les cellules à l'état de repos, on trouve des granulations zymogènes qui disparaissent au moment de la sécrétion. Deux heures après la pilocarpinisation, on les voit tomber dans les acini. Peu à peu les cellules augmentent de volume et les noyaux commencent à se ratatiner, en même temps ils sont repoussés vers le centre de la cellule et en sont même expulsés. Pendant que se passent ces phénomènes, on voit le plasmosome émigrer du noyau, et celui-ci entre en régression, s'atrophie et est éliminé de la cellule. Le plasmosome émigré et associé à un karyosome, devient un noyau accessoire, qui finit par se transformer en noyau véritable.

Outre les Nebenkerne, **Ver Ecke** admet aussi dans la cellule l'existence d'enclaves protoplasmiques, accumulations de matériaux nutritifs qui se transforment en protoplasma ou donnent naissance aux granulations zymogènes. Enfin, de même que **Steinhaus**, il admet que les leucocytes peuvent pénétrer dans l'intérieur des cellules. Ce travail de **Ver Ecke** n'apporte en somme aucun fait bien nouveau pour l'histoire des Nebenkerne.

Pour terminer ce qui a trait aux Nebenkerne, je dois vous citer une observation de M. le Professeur **Ranvier** sur les cellules du nodule sésamoïde du tendon d'Achille de la Grenouille. Il a vu que toutes ces cellules soit à l'état frais, soit après fixation par l'iode, contenaient un petit amas granuleux brun qui doit être un Nebenkern.

Ces productions sont d'ailleurs beaucoup plus fréquentes qu'on ne le croit généralement et beaucoup d'entre elles correspondent probablement à des parties condensées du protoplasma cellulaire.

J'ai étudié les prétendus noyaux accessoires dans les cellules du pancréas et de l'intestin de la Salamandre, ainsi que dans les cellules hépatiques de l'Ecrevisse.

Dans les cellules du pancréas fixé par le liquide de Flemming et pris sur une Salamandre qui avait mangé depuis quelques jours, j'ai pu trouver, après la triple coloration de Flemming, des éléments figurés de nature très différente. Les uns, sous forme de gros globules et de granulations isolées ou groupées en amas, se coloraient fortement par la safranine. Ces corps, constitués par de la chromatine condensée, étaient soit dans le voisinage du noyau, soit disséminés dans le protoplasma. Presque toujours les cellules qui renfermaient ces éléments colorables avaient un noyau altéré dans lequel le réseau chromatique était disloqué, et remplacé par des amas irréguliers de

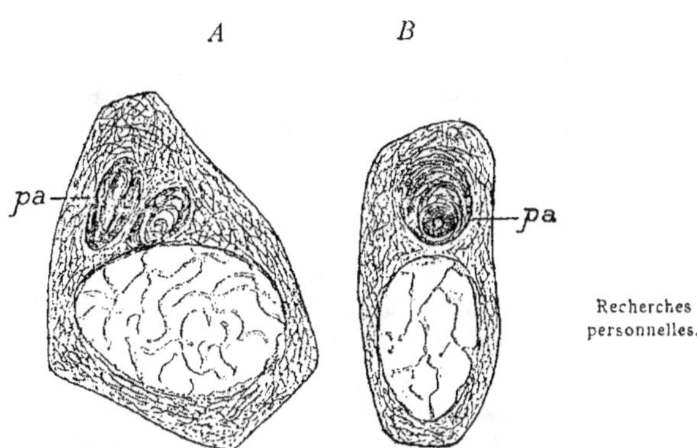

Recherches personnelles.

Fig 90. — Cellules pancréatiques de Salamandre, fixées par le liquide de Flemming et colorées par la safranine. On voit à côté du noyau des plasmosomes *pa* constitués par une partie centrale claire, entourée d'une zone granuleuse, autour de laquelle le protoplasma est disposé en couches concentriques fibrillaires.

Pancréas de la Salamandre.

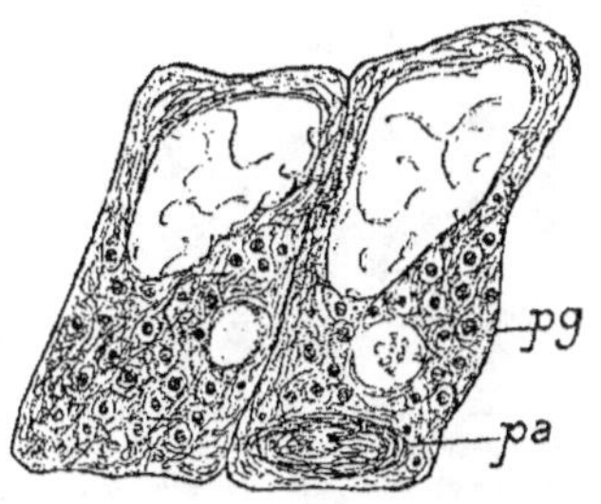

Fig. 91. — Cellules pancréatiques de Salamandre. Liquide de Flemming, safranine. Le corps protoplasmique renferme des parasomes de diverse nature: des plasmosomes incolores *pa* et des pyrénosomes, *pg*, colorés.

chromatine, caractère d'une dégénérescence particulière du noyau que nous étudierons plus tard sous le nom de *chromatolyse*. Quelquefois le globule chromatique était contenu dans une vacuole à parois assez denses, et dans le voisinage du noyau, comme **Steinhaus** en a donné quelques figures.

Les corps figurés les plus répandus que j'ai observés dans les cellules pancréatiques étaient de nature protoplasmique et tout à fait semblables à ceux décrits par **Eberth** et **Müller**. Ces éléments sont formés d'une partie centrale vésiculaire et d'une partie périphérique fibrillaire (fig. 90 et 91). Dans leur état primordial et typique, on observe au centre de chacun d'eux une vacuole claire remplie de liquide, ou contenant un ou plusieurs corpuscules colorables; autour de cette vacuole se trouvent de nombreuses fibrilles protoplasmiques, disposées en couches concentriques et d'autant plus pressées les unes contre les autres qu'elles sont plus rapprochées de la vacuole (fig. 90. B, *pa*). Ces fibrilles sont de même nature que celles qui sont distribuées irrégulièrement dans le reste du protoplasma cellulaire, elles sont peut-être cependant un peu plus développées et un peu plus colorables que ces dernières. L'aspect de ces corps figurés rappelle d'une manière frappante celui de la vésicule embryogène de l'œuf des Araignées que nous étudierons dans notre prochaine leçon.

Le plus généralement la forme typique est plus ou moins altérée; l'ensemble de l'élément, au lieu d'être sphérique, est allongé, et prend une forme ovoïde, en bissac, en fuseau ou contournée. La vésicule centrale peut disparaître; les fibrilles peuvent se rapprocher considérablement, se souder et constituer alors une couche entièrement ou en partie homogène. On trouve tous les stades de passage entre la disposition normale et ces formes diverses. On peut rencontrer dans une même cellule plusieurs de ces corps figurés à divers états de développement.

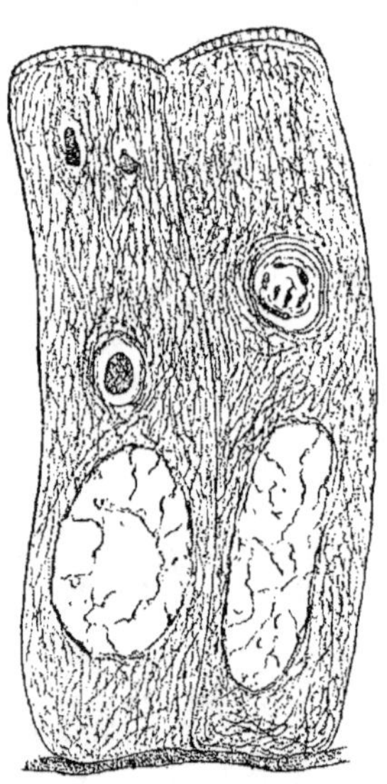

Fig. 92. — Cellules hépatiques d'Écrevisse fixées par le liquide de Lindsay, et colorées par la safranine. Elles renferment des parasomes à divers états de développement.

Foie de l'Écrevisse.

Les cellules hépatiques de l'Écrevisse présentent presque toutes, à l'état frais, entre le noyau et leur surface libre, une tache arrondie ou ovalaire, qui se détache en clair sur le reste de la cellule. Sur des coupes de pièces fixées par le liquide de Flemming ou celui de Lindsay, on observe à la place de cette tache, une vacuole plus ou moins nette autour de laquelle les fibrilles protoplasmiques ont une tendance à se disposer en couches concentriques, et qui renferme dans son intérieur un corps homogène ou plusieurs corpuscules en forme de bâtonnets, prenant une teinte plus foncée que celle du protoplasma, sous l'influence des colorants de ce dernier, mais ne se colorant pas par les colorants nucléaires (fig. 92). Ces productions sont de même nature que les corps protoplasmiques des cellules pancréatiques, mais dans un état d'évolution moins avancé. Il faut aussi les rapprocher des enclaves intraprotoplasmiques qu'on a décrites dans beaucoup d'autres cellules, formations dont j'aurai à vous entretenir bientôt, et qui paraissent être liées à la sécrétion ou l'absorption des éléments cellulaires.

3 janvier 1894.

DIXIÈME LEÇON

CORPS VITELLIN DE BALBIANI

Vésicule embryogène ou vésicule de Balbiani. — Sa découverte. — Observations
anciennes. — Recherches de Balbiani. — Corps vitellin de Balbiani chez les Araignées.
— Préparations permanentes du corps vitellin. — Corps vitellin de Balbiani chez les
Vertébrés. — Action des matières colorantes. — Constitution du corps vitellin de la
Grenouille. — Origine du corps vitellin chez les Araignées, chez les Poissons. —
Sort du corps vitellin ; sa persistance chez les jeunes Araignées. — Signification du
corps vitellin. — Le corps vitellin envisagé comme centrosome de l'œuf. — Éléments
figurés de l'œuf autres que le corps vitellin. — Noyaux vitellins des Insectes. — Corps
fusiformes de l'œuf des Amphibiens.

MESSIEURS,

A côté des prétendus noyaux accessoires observés dans les cellules testiculaires, et dans celles de différents tissus, nous devons placer des formations encore énigmatiques, mais cependant très répandues, qui ont été
signalées dans le protoplasma ovulaire.

Vésicule embryogène, ou vésicule de Balbiani.

Dès 1864, mon savant maître, M. le professeur **Balbiani**, avait appelé
l'attention des embryogénistes sur un corps intraovulaire, bien distinct de
la vésicule germinative, autour duquel se déposent les granulations vitellines, corps auquel **H. Milne Edwards**, en 1867, a donné le nom de *vésicule
de Balbiani* ou de *vésicule embryogène* (*Dotterkern* de Carus, 1850).

Depuis cette époque, l'existence de ce corps a été tour à tour niée ou
affirmée par différents observateurs et sa signification morphologique a été
très diversement interprétée.

Sa découverte.

La vésicule embryogène a été découverte, en 1845, par **von Wittich**
qui signala, le premier, dans l'œuf ovarien de certaines Araignées (*Lycosa,
Tegenaria, Thomisus,* etc), un corps particulier, formé de couches concentriques, périphériques, entourant une cavité centrale, et bien distinct
de la vésicule germinative. **Von Wittich** observa également ce corps dans
les œufs pondus.

Observations anciennes.

En 1848, **Siebold** retrouva ce corps qu'il considéra comme un noyau,
dans les œufs des *Lycosa, Thomisus, Dolomedes, Salticus* et *Tegenaria*.
« Ce noyau, dit-il, qui semble contenir encore un nucléole central, se
distingue à la lumière directe par sa couleur d'un jaune sale, et il m'a toujours paru qu'il se détache successivement de sa surface plusieurs couches

de granules qui se mêlent à l'albumen, sans que le noyau diminue à la suite de cette perte de substance. En tout cas, ce noyau joue un rôle important dans le développement des œufs, car il se montre de très bonne heure et ne disparaît que fort tard. »

Des formations semblables furent signalées par **Cramer** (1848), **Carus** (1850) et **Leuckart** (1858) dans les ovules de la *Rana temporaria*, par **Gegenbaur** (1861) dans l'œuf du Torcol, *Yunx torquilla*, par **Lubbock** (1861) dans les ovules des Myriapodes.

M. **Balbiani**, en 1864, étudia avec plus de soin que ne l'avaient fait ses prédécesseurs le noyau vitellin; ses observations portèrent principalement sur l'œuf du *Geophilus longicornis*, et de la *Tegenaria domestica;* il trouva le noyau vitellin chez plusieurs genres d'Araignées (*Clubiona, Attus, Argus, Lycosa*, etc.), chez un Crustacé, le Cloporte (*Oniscus*) et chez un Mollusque (*Helix*). Il montra que ce corps apparaît dans les jeunes ovules sous forme d'une vésicule très délicate et transparente. Cette vésicule grossit, sans atteindre cependant les dimensions de la vésicule germinative; son intérieur est rempli d'une substance claire et limpide, moins transparente que celle renfermée dans la vésicule germinative; elle contient souvent un noyau central et des granulations plus ou moins grosses. Autour de la vésicule, dans une couche protoplasmique condensée, apparaissent des globules qui grossissent et se résolvent en petits amas de granulations, qui se répandent en se désagrégeant à la périphérie de l'œuf pour constituer la couche plastique, ou germe.

Recherches de Balbiani, 1864.

Puis **Cramer** (1868), indiqua l'existence du noyau vitellin dans l'œuf ovarien de la Poule, où il avait déjà été figuré par **Coste** (1853).

Dans la première édition française du *Traité d'Histologie* de Frey, M. **Ranvier**, en 1871, dans une note au bas de la page 103, reproduisait trois dessins origaux de M. **Balbiani**, représentant la vésicule embryogène dans les ovules de *Rana temporaria*, de *Geophilus longicornis* et d'une Femme de trente-deux ans ; et relativement à l'existence de cet élément, il s'exprimait ainsi : « il résulte des recherches de **Balbiani** que dans la série animale, depuis les Insectes jusqu'à l'Homme, à côté de la vésicule germinative, on rencontre constamment un deuxième noyau, cellule embryogène ou de Balbiani ». M. **Balbiani** avait pu, en effet, communiquer à M. **Ranvier** un grand nombre d'observations inédites, faites sur des animaux appartenant à toutes les classes des Invertébrés et des Vertébrés.

Van Bambeke (1873) et M. **Balbiani** (1873) montrèrent la présence du noyau vitellin dans les œufs ovariens de beaucoup de Poissons osseux.

Enfin, en 1879, dans ses *Leçons sur la génération des Vertébrés*, M. **Balbiani**, après avoir rappelé les observations de ses prédécesseurs et ses recherches personnelles antérieures, signalait l'existence de la cellule embryogène dans les œufs des Psyllides, Cicadides, Aleurodes, Coccides, de quelques Ichneumoniens (*Pimpla*, *Tryphon*, *Ophion* etc.), dans ceux des Poissons cartilagineux, Raie, *Squatina angelus*, dans les ovules de l'organe de Bidder du Crapaud mâle, dans les ovules de la Poule, du Moineau, de la Cresserelle, du Vanneau parmi les Oiseaux, dans ceux de la Chienne, de la Chatte, de l'Écureuil, de la Vache et de la Femme parmi les Mammifères.

A partir de ce moment un grand nombre d'auteurs ont retrouvé le noyau vitellin soit chez des espèces animales où il avait déjà été signalé, soit chez des espèces nouvelles : **Schäfer** (1880) chez le Lapin, **Ed van Beneden** (1880) chez le *Vespertilio mystacinus*, **Emery** (1882) chez le *Fierasfer*, de **Gasparis** (1881) chez la Comatule, **Götte** (1882) chez l'*Asteracanthion glaciale*, **Henking** (1882) chez le *Trombidium fuliginosum*, **Iijima** (1882), chez les *Nephelis*, **Iwakawa** (1882) chez le *Triton pyrrhogaster*, **Valaoritis** (1887) chez la *Salamandra maculata*, **Rein** chez le Lapin, etc.

Des formations de nature différente ont été décrites, comme pour les *Nebenkerne* des cellules pancréatiques et intestinales, sous le nom de noyau vitellin. Avant de discuter les opinions qui ont été émises sur la nature et l'origine de ces éléments figurés, nous devons établir quelle est la constitution du véritable noyau vitellin ou mieux *corps vitellin de Balbiani*, comme j'ai récemment proposé de l'appeler (1893).

C'est dans les jeunes ovules de certaines Araignées, entre autres de la *Tegenaria domestica*, que la vésicule de Balbiani s'observe le plus facilement. Il suffit, en effet, d'examiner un fragment d'ovaire dans le sang

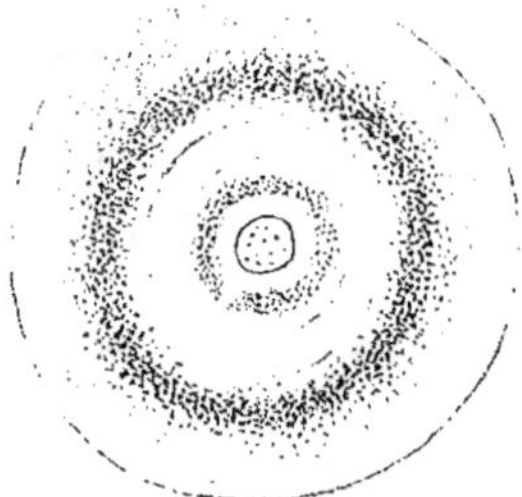

Fig. 93. — Corps vitellin de Tégénaire domestique dont la vésicule centrale est entourée de couches emboîtées de substance vitelline diversement constituées, les unes homogènes, les autres granuleuses en forme de minces lamelles concentriques. (D'après Balbiani, 1893).

Fig. 94. — Corps vitellin de *Lycosa campestris*, dans l'œuf ovarien. (D'après Balbiani, 1893).

même de l'animal, ou dans un liquide indifférent, pour apercevoir immédiatement le noyau vitellin, qui, par son aspect réfringent et sa structure spéciale, est plus apparent que la vésicule germinative. Dans la plupart des œufs des autres animaux, cet élément, à peine visible comme une petite tache claire, lorsqu'on examine la préparation à l'état frais, n'apparaît nettement qu'après l'action des réactifs coagulant le protoplasma, tels que l'eau acidulée par l'acide acétique.

Voici comment M. **Balbiani** (1892), décrit le corps vitellin chez les Araignées. « Celui de la Tégénaire se compose essentiellement d'une partie centrale, formée par une vésicule délicate plus ou moins volumineuse, et d'une partie périphérique, constituée par des lamelles concentriques minces et homogènes, emboîtées les unes dans les autres, et entourant à la manière d'une capsule la vésicule centrale. On observe souvent à l'intérieur de cette dernière un gros globule pâle, contenant quelques granulations inégales, situé tantôt au centre, tantôt près de la paroi de la vésicule (fig. 96 A). Par l'effet d'une forte compression, les lamelles de la capsule externe se séparent les unes des autres, soit isolément, soit sous forme de couches plus ou moins épaisses, et quelquefois aussi de la vésicule, qu'elles laissent à nu dans une plus ou moins grande étendue de sa surface (fig. 96 B). » Les lamelles concentriques résulteraient de la condensation successive de couches vitellines autour de la vésicule centrale, condensation s'opérant par une sorte d'attraction que la vésicule exercerait sur le vitellus ambiant.

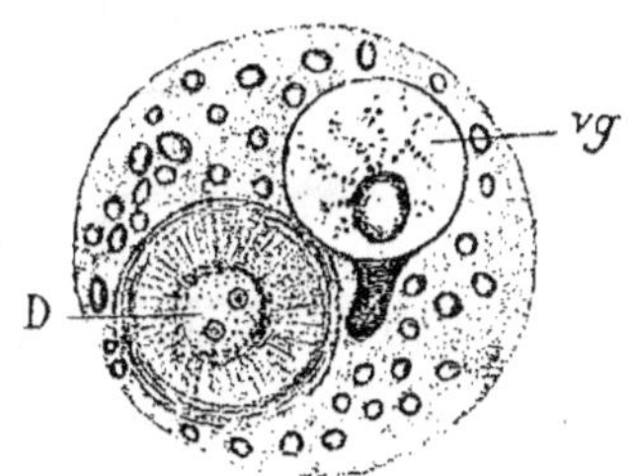

Fig. 95. — Ovule de *Geophilus longicornis*, montrant le corps vitellin, D, entouré d'une zone radiée à stries très fines, et d'une couche externe à stries concentriques. *vg*, vésicule germinative. (D'après BALBIANI, 1893).

Chez d'autres Araignées (*Lycosa, Salticus, Clubiona*, etc.), ce dépôt du vitellus autour de la vésicule se produit tantôt sous forme de lamelles concentriques, tantôt sous celle d'une couche homogène, ou de dépôts alternatifs lamelleux et homogènes. Ajoutons, pour compléter les variations d'aspect du noyau vitellin, qu'il apparaît souvent entouré de masses granuleuses plus ou moins abondantes, qui sont les premières granulations vitellines se déposant d'abord autour du noyau vitellin avant de se répandre dans le reste de l'œuf.

Chez les Myriapodes (*Geophilus*), le corps vitellin a à peu près la même constitution que chez les Araignées ; M. **Balbiani** l'a vu parfois entouré d'une radiation très nette, figurant un véritable aster, entouré lui-même, dans certains cas, de cercles granuleux concentriques plus ou moins nombreux (fig. 95).

Pendant longtemps, le noyau vitellin n'a pu être étudié que sur des préparations extemporanées qui ne pouvaient être conservées. Cependant, M. **Balbiani** avait pu garder plusieurs années de jeunes ovules de *Cottus*

Préparations permanentes du corps vitellin.

lævigatus dans le liquide de Müller, et les ovules montés ensuite dans la glycérine montraient encore distinctement la vésicule embryogène. M. **Ranvier**, dans son *Traité d'histologie*, a donné une figure de jeune ovule de Souris, fixé par l'acide osmique, et dans lequel le noyau vitellin est visible.

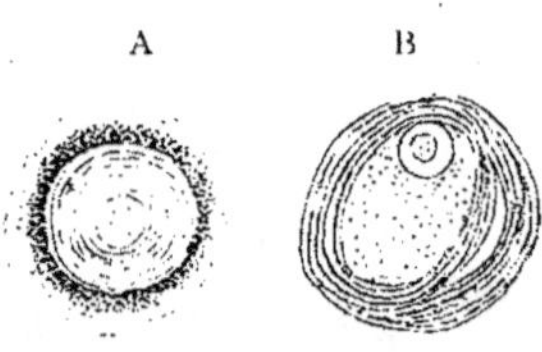

Fig. 96. — A. Corps vitellin de Tégénaire domestique. — B. Corps vitellin de Tégénaire domestique, soumis à la compression, qui, en produisant l'écartement ou même la rupture des couches de la capsule striée, montre la structure lamelleuse de cette couche. (D'après BALBIANI, 1893).

L'emploi du liquide de Flemming, comme fixateur pour des pièces fraîches prises sur des animaux très peu de temps après la mort, m'a permis d'obtenir de bonnes préparations du noyau vitellin chez certains Mammifères et quelques autres Vertébrés, préparations qui, colorées soit par l'hématoxyline, soit par la safranine, soit simultanément par le violet de gentiane et l'éosine, puis montées dans le baume, se sont conservées depuis cinq ans aussi nettes qu'au premier jour.

Parmi les nombreux Vertébrés que j'ai étudiés, ce n'est que chez quelques animaux que je suis arrivé à trouver le corps vitellin de Balbiani d'une manière constante dans tous les jeunes ovules ; chez d'autres je n'ai pu l'observer qu'exceptionnellement ; chez beaucoup enfin je n'ai pu le voir, du moins dans mes préparations permanentes, faites à l'aide d'ovaires fixés par le liquide de Flemming.

Corps vitellin chez les Vertébrés.

Je décrirai d'abord la disposition que j'ai toujours rencontrée chez le Rat ou le Cochon d'Inde, qui sont les Mammifères les plus favorables pour l'étude de cet intéressant élément.

Fig. 97. — Corps vitellin de *Lithobius forficatus*. (D'après BALBIANI, 1893).

Chez les Rats, âgés de quelques semaines, dont les ovaires ne renferment que des ovules peu avancés, on constate, après fixation par le liquide de Flemming, que tous les jeunes ovules contiennent, à côté de la vésicule germinative, un petit corps arrondi, nettement circonscrit, et un peu plus coloré que le reste du protoplasma ovulaire. Ce corps, mesure en moyenne 6 à 7µ de diamètre. Sur les coupes son aspect rappelle celui des globules sanguins contenus dans les vaisseaux ; il est cependant un peu plus petit et un peu moins réfringent que ces derniers (fig. 98).

Le corps vitellin de Balbiani ne s'observe plus dans les ovules entourés d'une granulosa constituée par trois ou quatre couches de cellules. On le voit au contraire nettement dans les autres ovules plus jeunes et même dans les ovules primordiaux contenus encore dans l'épithélium germinatif qui recouvre la surface de l'ovaire.

Je n'ai jamais trouvé qu'un seul corps dans un ovule. Sa position est à peu près constante; il est toujours rapproché de la vésicule germinative; le plus souvent même en contact avec elle. Tantôt il est nettement arrondi, tantôt de forme ovalaire, rarement il présente des contours un peu irréguliers.

Examiné à un fort grossissement, avec le 1/18 à immersion homogène de Zeiss, ou le 1/12 de Leitz, le corps vitellin de Balbiani se montre formé de deux parties distinctes ; une partie périphérique plus claire et une partie centrale plus condensée et plus fortement teintée par l'acide osmique. Le diamètre de ce noyau central mesure à peu près la largeur de la zone périphérique (fig. 98, *cv*).

L'action des réactifs colorants sur le corps vitellin est intéressante à considérer. La safranine le colore en rose pâle, le noyau central étant un peu plus foncé que la zone périphérique ; la teinte des deux parties est uniforme. Dans la vésicule germinative et les noyaux des cellules de la granulosa ou des cellules du stroma ovarique, la safranine ne colore que le réseau chromatique en rouge vif.

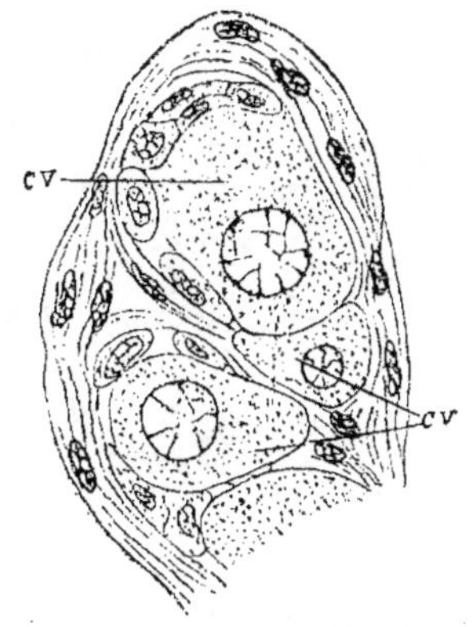

Action des matières colorantes.

Fig. 98. — Jeunes follicules de Graaf d'un jeune Rat ; dans chaque ovule le corps vitellin, *cv*, montre nettement son corps central.

Le vert de méthyle et le violet de gentiane, employés suivant la méthode de Bizzozzero, sont sans action sur le corps vitellin ; si l'on fait une double coloration avec ces réactifs associés à l'éosine, le corps vitellin se colore en rose, le réseau chromatique de la vésicule germinative et des noyaux étant vert ou bleu violet.

L'hématoxyline a une grande affinité pour le corps vitellin ; dans les coupes traitées par cette matière colorante, ce corps est plus visible que la vésicule germinative, dont le réseau chromatique reste pâle. La picronigrosine et en général toutes les matières colorantes qui colorent le protoplasma, sans présenter une grande affinité pour la chromatine, font apparaître nettement le corps vitellin.

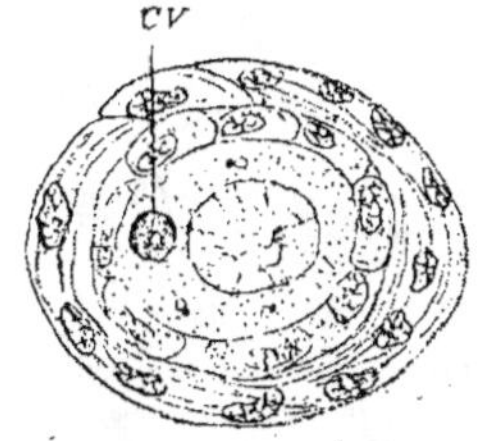

Fig. 99. — Jeune follicule de Graaf de Pipistrelle. Le corps vitellin, *cv*, noirci par l'acide osmique, est en voie de dégénérescence. Le vitellus renferme des graines chromatiques (pyrénosomes).

Dans un ovaire de Pipistrelle, le corps vitellin était noirci par l'acide osmique et paraissait en voie de dégénérescence graisseuse (fig. 99).

Chez les autres Vertébrés que j'ai examinés et dont les ovules m'ont présenté le noyau vitellin, ce corps n'a pas une structure aussi nette que celui des Mammifères. Le corps central est souvent très difficile à voir; il est masqué par une masse granuleuse, arrondie, en forme de croissant ou irrégulière qui l'entoure.

Constitution du corps vitellin chez la Grenouille.

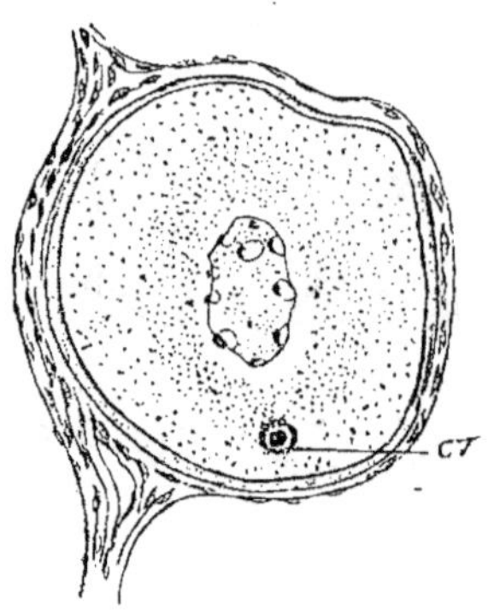

Fig. 100. — Jeune follicule ovarien de Truite dont l'ovule renferme un corps vitellin, *cv*.

La masse granuleuse du corps vitellin, dans un ovule de *Rana temporaria*, examinée à un fort grossissement, sur de bonnes préparations traitées par le liquide d'Hermann, le permanganate de potasse et la safranine offre une structure assez complexe (fig. 103). Elle est constituée par une substance homogène très finement ponctuée, assez fortement colorée par l'acide osmique; dans l'intérieur de cette substance sont renfermées de nombreuses vacuoles claires, se présentant sous forme de vésicules arrondies ou allongées, dont le centre est occupé par des granulations safranophiles, disposées en chapelet. Les vésicules arrondies ne sont très probablement que des vacuoles allongées, vues par l'une de leurs extrémités. En faisant, en effet, varier la mise au point, on constate que les vacuoles ont une tendance à s'enrouler en spirales et sont enchevêtrées les unes dans les autres. Cette structure est identique à celle découverte par M. **Balbiani** dans le noyau du *Loxophyllum meleagris*, et que je vous ai déjà fait connaître.

Origine du corps vitellin chez les Araignées

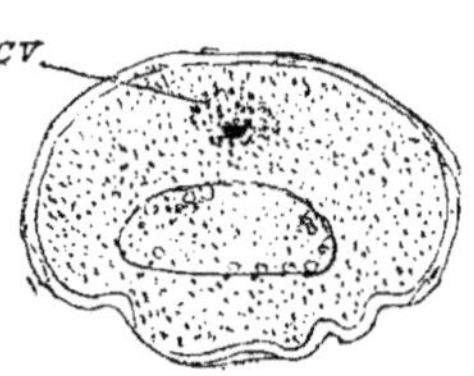

Fig. 101. — Jeune follicule ovarien de *Rana temporaria*, dont l'ovule renferme un corps vitellin, *cv*.

Fig. 102.—Jeune ovule de *Rana esculenta* montrant à côté de la vésicule germinative le corps vitellin sous forme de croissant, avec un corps central coloré.

Examinons maintenant ce que nous savons de l'origine du corps vitellin. Lors de ses premières recherches M. **Balbiani** le considérait comme une véritable cellule, provenant de l'épithélium folliculaire, immigrée dans l'œuf, et y jouant le rôle d'un élément mâle. Le germe se serait formé dans l'œuf sous l'influence d'une sorte de fécondation exercée par la vésicule embryogène. Plus tard, en 1883, il reconnut que ce corps ne dérive pas de l'épithélium folliculaire, mais provient, au contraire, de la vésicule germinative. Ses nouvelles observations chez les Araignées lui ont confirmé l'exactitude de cette manière de voir. Dans les très jeunes ovules de *Tegenaria domestica*, se différenciant des cellules de la couche germinative, il a vu se séparer de la vésicule germinative un petit bourgeon sphérique à contenu granuleux. Un peu plus tard, ce petit bourgeon nucléaire s'éloigne de la vésicule germinative et se trouve entouré de toutes parts de substance vitelline pâle et transparente. Bientôt cette substance se condense autour du bourgeon sous forme d'une zone dense et homogène, réfringente, dans laquelle apparaissent des stries concentriques (fig. 106 et 107). Le corps vitellin ainsi formé s'accroît ensuite en même temps que l'ovule lui-même.

J'ai pu de mon côté chez un Téléostéen, le *Syngnathus acus*, voir apparaître, dans les jeunes ovules, en contact avec la vésicule germinative, un corpuscule colorable comme les taches germinatives, qui ensuite s'éloigne dans le vitellus, grossit, se désagrège en partie en granulations, puis s'entoure de granulations vitellines, et devient le corps vitellin (fig. 104 et 105). L'origine nucléaire de cet élément paraît donc aujourd'hui bien établie ; sa signification et son mode de disparition sont moins bien connus et ont donné lieu à de nombreuses hypothèses.

La disparation précoce du corps vitellin de Balbiani, me paraît être un fait général chez les Vertébrés ; il persiste plus longtemps dans les œufs riches en vitellus, les œufs mixolécithes et amictolécithes, comme chez la Grenouille et les Poissons osseux. Exceptionnellement cependant on peut le retrouver encore dans l'œuf avancé en développement, comme l'ont vu M. **Ranvier** chez la Souris, **Ed. van Beneden** chez la Chauve-souris et **Rein** chez le Lapin.

Il n'en est pas de même chez les Invertébrés, principalement chez les Araignées. L'auteur de la découverte du corps vitellin, **von Wittich**, avait observé cet élément dans les œufs pondus. M. **Balbiani** l'a retrouvé chez *Tegenaria* non seulement dans l'œuf pondu, mais encore dans l'embryon et chez la jeune Araignée éclose, où on peut le voir encore à la partie postérieure et dorsale de la région abdominale. Malgré les assertions de **Schimkewitsch** (1887) qui prétend que le corps vitellin disparaît complète-

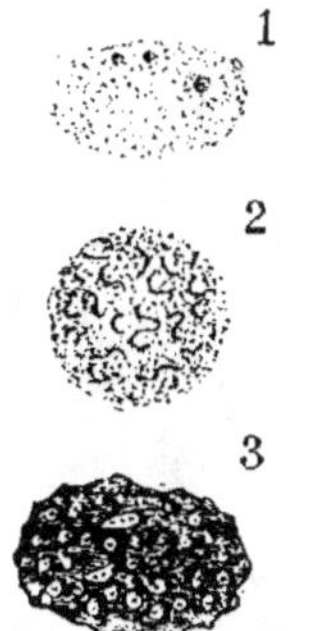

Chez les Poissons.

Fig. 103. — Corps vitellin de *Rana temporaria*. 1, Traité par le liquide de Ripart et Petit et coloré par la safranine. 2, Examiné à l'état frais dans la solution de Pictet. 3, Traité par le liquide d'Hermann, le permanganate de potasse et la safranine.

Sort du corps vitellin.

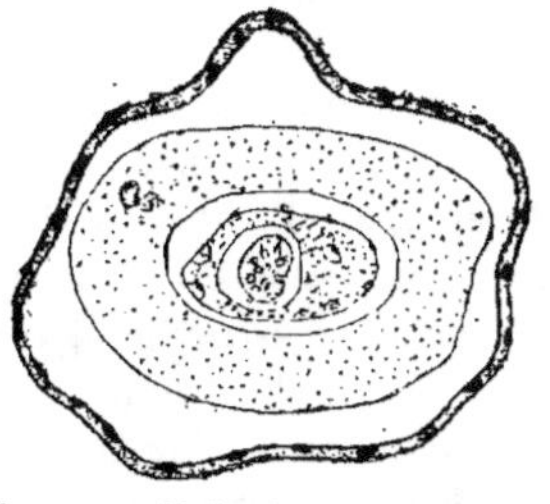

Persistance du corps vitellin chez les Araignées.

Fig. 104. — Follicule ovarien de Syngnathe avec un ovule renfermant le corps vitellin, constitué par un amas de granulations colorées, accolé à un amas de granulations incolores.

ment dans l'œuf de la Tégénaire domestique, il ne peut y avoir de doute sur la persistance de cet élément jusqu'au terme du développement embryon-

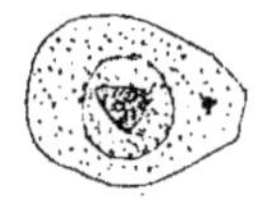

naire. Par ses dimensions et sa constitution spéciale, le corps vitellin de la Tégénaire est, en effet, facile à retrouver au milieu des cellules embryonnaires et des vésicules vitellines et ne saurait être confondu avec aucun autre élément (fig. 108, D).

Fig. 105. — Jeunes ovules de Syngnathe montrant la genèse du corps vitellin sous forme d'un globule chromatique d'abord au contact de la vésicule germinative, puis à une certaine distance dans le vitellus.

Un grand nombre d'auteurs en signalant dans les œufs des animaux qu'ils étudiaient la présence d'un corps vitellin, ou de formations qu'ils considéraient comme telles, se sont bornés à en donner une description, sans formuler aucune appréciation sur son rôle et son mode de développement; ils l'ont désigné souvent sous le nom de *corps énigmatique*.

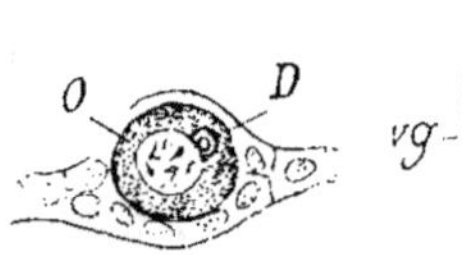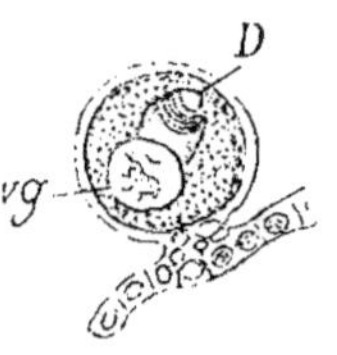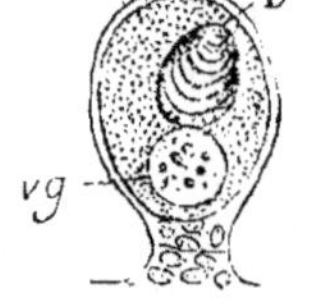

Fig. 106. —Jeunes follicules ovariens de Tégénaire domestique, montrant le développement du corps vitellin, D. Dans la figure de droite le corps vitellin commence à s'entourer de couches concentriques de substance vitelline. *vg*, vésicule germinative ; O, ovule. (D'après BALBIANI, 1893).

Fig. 107. — Follicule ovarien de Tégénaire domestique, montrant le corps vitellin, D, de l'ovule entouré d'une couche de substance vitelline en partie stratifiée et en partie homogène, s'étendant jusqu'à la vésicule germinative. (D'après BALBIANI, 1893).

L'hypothèse la plus ancienne, émise par **Siebold** (1848), adoptée par **Carus** et par M. **Balbiani**, est que le corps vitellin est le centre de formation des éléments plastiques de l'œuf. Autour de lui se disposeraient des globules, qui se résoudraient plus tard en granulations pour constituer le germe, aux dépens duquel se développera l'embryon, d'où le nom de *vésicule embryogène* donné à ce corps par **Milne-Edwards**.

Une autre hypothèse, inverse de la précédente, consiste à considérer le corps vitellin comme le centre de formation des éléments nutritifs du vitellus ; elle est due à **Allen Thomson**.

Pour **Lubbock** (1861), **von Ihering** (1877), **Schütz** (1882), **Schimkewitsch** (1887) et **Monticelli** (1892), le corps vitellin ne serait autre chose qu'une portion épaissie du vitellus de l'œuf, une accumulation de matériaux de réserve qui seraient résorbés, assimilés, pendant la croissance de l'œuf. Cet élément ne jouerait aucun rôle important dans la formation de l'embryon, ni dans la constitution du vitellus.

Je vous ai déjà indiqué la première opinion de M. **Balbiani** qui regardait le corps vitellin comme un élément mâle exerçant une sorte de préfécondation de l'œuf, pour la production du germe, et pouvant, dans la parthénogenèse, amener le développement complet de l'œuf et produire un animal parfait.

Sabatier (1883) attribue aussi au corps vitellin un rôle dans la sexualité de l'œuf. Pour lui, ce corps prend naissance au contact de la vésicule germinative mais sans en dériver directement. Il représente un élément mâle qui émigre vers la périphérie de l'œuf, et finit par disparaître absorbé par le vitellus. L'œuf devient alors un élément exclusivement femelle qui se complètera plus tard, au moment de la fécondation, en s'unissant au spermatozoïde.

Ayant constaté que le corps vitellin n'est ni une cellule, ni un noyau, mais un élément figuré, qui, bien que présentant d'assez nombreuses variations, consiste en un corps central d'origine nucléaire, entouré d'une zone de protoplasma plus ou moins modifiée, ce qui donne à l'ensemble l'apparence d'un élément cellulaire, j'ai émis récemment une nouvelle hypothèse sur la signification de cet élément, en me basant sur ses réactions vis-à-vis des matières colorantes, qui sont à peu près les mêmes que celles que présentent les nucléoles et les taches germinatives.

Nous savons que dans un Infusoire cilié il existe deux sortes de noyaux : le noyau proprement dit, ou macronucléus, et un autre noyau plus petit improprement appelé nucléole, ou

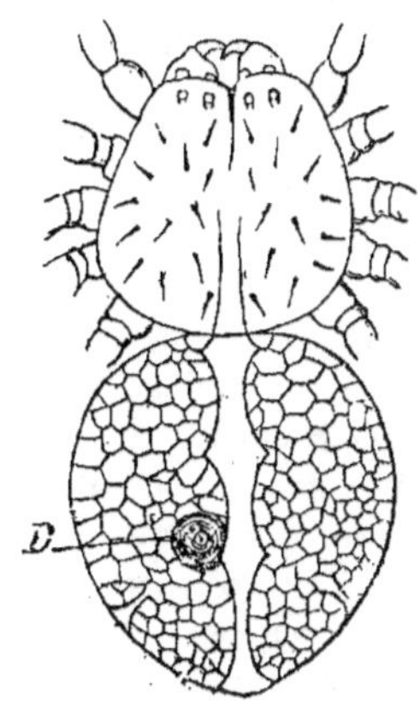

Fig. 108. — Jeune Tégénaire au 7ᵉ jour de l'éclosion, rendue transparente par une immersion prolongée dans l'huile grasse et une légère compression. On voit distinctement le noyau vitellin, D, vers la partie postérieure de l'abdomen, au côté gauche du vaisseau dorsal. (D'après **Balbiani**, 1893).

micronucléus, ou encore endoplastule. Le premier tient sous sa dépendance les phénomènes de la vie organique de l'Infusoire, le second intervient pendant la conjugaison, véritable reproduction sexuelle, aussi **Bütschli** le désigne-t-il sous le nom de *noyau sexuel (Geschlechtskern)*. Dans les cellules qui constituent les différents tissus des animaux et des végétaux, il n'existe qu'un seul élément nucléaire, le noyau, qui régit à la fois les phénomènes reproducteurs, lesquels ont toujours lieu par division ou gemmation, c'est-à-dire par voie non sexuelle. Ce noyau renferme deux sortes d'éléments figurés bien distincts, le réseau chromatique formé de microsomes et les nucléoles. Ceux-ci ont été considérés comme des matériaux de réserve pour le noyau (**Strasburger, Carnoy**), mais leur rôle dans la physiologie de la cellule est encore inconnu. Ils ne paraissent pas pren-

dre une part active à la cytodiérèse et cessent d'être visibles quand se prépare la division indirecte du noyau. Dans la vésicule germinative de l'œuf
des animaux, il existe toujours un ou plusieurs gros nucléoles, situés à la
périphérie de la vésicule, plus rapprochés par conséquent du protoplasma
ovulaire que le réseau chromatique qui occupe généralement le centre du
noyau, surtout dans les ovules voisins de la maturité. Ces taches germinatives disparaissent quand la vésicule germinative se transforme en globules
polaires et en noyau femelle ; elles sont résorbées soit dans la vésicule
germinative, soit dans le vitellus après y avoir pénétré, lorsque la membrane de la vésicule germinative a disparu.

Si, avec la plupart des embryogénistes, on considère l'œuf comme représentant la stade Protozoaire des Métazoaires, et les phénomènes de la
fécondation comme correspondant aux phénomènes de conjugaison des
Infusoires, on doit se demander ce qui, dans l'œuf, est l'homologue du macronucléus et du micronucléus des Ciliés.

De même que chez les Infusoires ciliés le micronucléus intervient seul
dans la conjugaison, le macronucléus disparaissant par résorption, de
même dans la fécondation, le réseau chromatique de la vésicule germinative entre seul en jeu, les taches germinatives étant résorbées. De
même que, dans les Infusoires conjugués, il y a fusion d'un micronucléus de l'un des individus avec un micronucléus provenant de l'autre
individu, pour donner naissance à un nouveau noyau, qui se dédouble
en macronucléus et micronucléus ; de même, dans l'œuf, le noyau
femelle s'unit au noyau mâle, pour former un nouveau noyau qui jouera
simultanément dans les cellules provenant de la division de l'œuf, le
rôle de macronucléus et de micronucléus. Dans les cellules ordinaires le
macronucléus, représenté par le nucléole, et le micronucléus, représenté
par le réseau chromatique, sont confondus dans un même élément ; il
en est de même dans l'œuf. Cependant le corps reproducteur femelle se
rapprochant plus du type ancestral Infusoire que les autres éléments
cellulaires de l'organisme, on conçoit qu'il puisse manifester une tendance à la disjonction des deux éléments nucléaires de l'Infusoire. Cette
tendance se traduit, au moment où la cellule génitale prend le caractère
ovulaire et s'accroit sans se multiplier, par la sortie d'une portion de la
substance nucléolaire, sous forme d'un corps vitellin de Balbiani.
Celui-ci tantôt continue à jouer dans le plasma ovulaire le rôle d'un
macronucléus, dirige les phénomènes d'assimilation des matériaux nutritifs accumulés dans l'œuf, et devient le centre de formation du germe,
ainsi que l'a constaté M. **Balbiani** chez beaucoup d'animaux ; tantôt il
n'a qu'une existence tout à fait transitoire et disparaît peu de temps après
sa formation, par résorption et dégénérescence ; tantôt enfin, comme cela
s'observe souvent dans l'ontogénie des animaux, il y a accélération des
phénomènes embryogéniques, certaines phases de l'évolution sont sup-

primées : dans l'œuf, le corps vitellin, organe ancestral, n'apparaît à aucune phase de l'oogenèse.

M. **Balbiani** (1893) a interprété récemment le corps vitellin d'une manière absolument différente et nouvelle. Pour lui, cet élément figuré est le centrosome de l'œuf. Il exerce sur le protoplasma ovulaire une action analogue à celle que le centrosome exerce sur le protoplasma des cellules ordinaires ; la couche périphérique condensée du corps vitellin serait comparable à la sphère attractive. De même que le centrosome, la partie centrale du corps vitellin peut se dédoubler soit seule, soit avec la couche vitelline qui l'entoure.

Ce centrosome de l'œuf aurait perdu ses propriétés physiologiques et serait destiné à disparaître. Le grand développement qu'il présente dans les œufs de certaines Araignées constituerait une véritable dégénérescence hypertrophique, déterminée par l'effet d'une nutrition surabondante sur un élément passé à l'état d'inactivité, comme le noyau de l'œuf lui-même, la vésicule germinative, prend des dimensions considérables dans les gros œufs mixolécithes et amictolécithes des Vertébrés.

M. **Balbiani** s'appuie, pour établir l'homologie du corps vitellin avec le centrosome, sur ce fait que jusqu'ici on n'a pas signalé dans les œufs un corps quelconque, hormis le corps vitellin, qui puisse être considéré comme centrosome. Il adopte la théorie de **Boveri**, que je vous exposerai plus tard, d'après laquelle le centrosome des cellules de segmentation de l'œuf proviendrait uniquement du centrosome du spermatozoïde, celui de l'œuf ayant disparu, ou étant frappé de déchéance physiologique.

La signification attribuée au corps vitellin par M. **Balbiani** est évidemment très séduisante, car elle a l'avantage d'homologuer cet élément énigmatique à un corps déjà connu ; mais, outre les dissemblances assez considérables qui existent entre le corps vitellin et une sphère attractive au point de vue des dimensions, de la constitution, et de la manière dont ils se comportent vis-à-vis des réactifs colorants, cette homologie, pour être absolument acceptable, suppose tranchées deux questions encore très controversées, l'origine nucléaire du centrosome dans les cellules ordinaires et la disparition ou la déchéance physiologique du centrosome femelle au moment de la fécondation, théorie absolument en désaccord avec les faits observés par **Fol** et **Guignard**, ainsi que nous le verrons plus tard.

Dans l'état actuel de nos connaissances je ne puis donc considérer l'interprétation de mon savant maître que comme une nouvelle hypothèse, plus rationnelle et plus acceptable que celle que j'ai moi-même formulée, mais qui demande à être appuyée par de nouvelles recherches.

Mertens (1892), **Janosik** (1893) et **Julin** (1893) considèrent également le corps vitellin comme un centrosome. Ce dernier auteur vient de se livrer tout récemment à une critique acerbe de l'hypothèse que j'ai émise dans mon mémoire de 1893, relativement à l'assimilation du corps vitellin avec le macronucléus des Infusoires. Je ne retiendrai ici que les arguments reposant sur des faits matériels qu'il invoque pour combattre ma manière de voir. Suivant lui, et il partage en cela l'opinion de **Hertwig**, les taches germinatives ne sont pas des nucléoles, formés de pyrénine, mais bien des éléments de la charpente chromatique. Or, vous vous rappelez que les taches germinatives se dissolvent très rapidement dans l'eau salée à 10 %, ou le biphosphate de soude à 5 %, absolument comme les nucléoles vrais, comme ceux des glandes salivaires du *Chironomus*, par exemple, et des cellules végétales. C'est là un fait qu'il est facile de vérifier. De plus, les taches germinatives ne se colorent pas par le vert de méthyle comme les vrais nucléoles. En second lieu, **Julin** admet dans la vésicule germinative, indépendamment des taches germinatives, un nucléole vrai apparaissant au début de la période d'accroissement de l'oocyte (1). Je n'ai pas étudié l'oogenèse des Ascidies, suivie par cet auteur; mais dans aucun œuf de Vertébré, en voie d'accroissement je n'ai trouvé, à part les éléments chromatiques, de corps pouvant se distinguer des taches germinatives; je ne puis, en effet, considérer comme éléments figurés normaux de la vésicule germinative des amas inconstants, irréguliers, plus ou moins faiblement colorables, que j'ai vus souvent dans les vésicules fixées par le liquide de Flemming, mais que je n'ai jamais rencontrés à l'état frais, et qui ne sont pour moi que des coagulums de substances dissoutes dans le suc nucléaire (fig. 104). Pour **Julin**, ce nucléole vrai serait l'origine du corps vitellin ou centrosome, et représenterait en même temps le macronucléus des Ciliés. Je me borne à vous signaler cette nouvelle hypothèse, ne pouvant suivre l'auteur dans les vues théoriques assez confuses sur lesquelles il s'appuie pour l'établir.

En somme, vous voyez que nous sommes encore réduits à de simples hypothèses sur la signification du corps vitellin de Balbiani.

Outre le corps vitellin de Balbiani, qui possède une constitution bien définie, on trouve souvent dans les œufs d'autres éléments figurés dont la nature et la signification n'ont pas encore été très bien élucidées.

Blochmann, en 1884, a fait connaître un curieux processus qui accompagne l'oogenèse chez certains Hyménoptères, *Camponotus ligniperda*, *Formica*, *Myrmica*, *Vespa*. La vésicule germinative bourgeonne et

---

(1) M. **Julin** insinue d'une façon assez malveillante que l'hypothèse que j'ai émise m'aurait été suggérée par une conversation tenue par lui au laboratoire de Wimereux, en avril 1892. M. **Julin** sait fort bien que dans cette conversation, à laquelle assistaient d'autres de nos collègues, il nous avait seulement annoncé que ses recherches sur les Ascidies le conduisaient à établir des rapprochements entre la vésicule germinative et le noyau des Infusoires. Ainsi qu'il le reconnaît lui-même, il n'avait pas été question du corps vitellin, et à ce sujet il est arrivé à des conclusions absolument opposées aux miennes.

produit un grand nombre de petites vésicules renfermant une partie du réseau chromatique du noyau de l'œuf; ces vésicules se transforment en noyaux assez volumineux qui se dispersent dans le vitellus et subissent plus tard une dégénérescense. **Stuhlmann** (1886) a retrouvé ces noyaux dans les œufs de différents Insectes, *Aphrophora*, *Musca*, *Periplaneta*, *Gryllotalpa*, *Locusta*, *Pieris*, *Sphynx*, et plusieurs espèces de Coléoptères et d'Hyménoptères; il les a vu apparaître dans le voisinage de la vésicule germinative, puis entrer en dégénérescence. Il leur donna le nom de *Reifungsballen* et les considéra comme remplaçant les globules polaires chez les Insectes. **Korschelt** (1890) et **Lameere** ont confirmé les observations de **Blochmann**, le premier chez la Mouche, le second chez *Camponotus*, et font également dériver ces noyaux intravitellins de la vésicule germinative. J'ai pu moi-même les observer dans les œufs ovariens d'une reine d'Abeille; je ne puis me prononcer relativement à leur origine, mais je serais cependant porté à penser qu'ils proviennent de cellules épithéliales émigrées dans l'œuf.

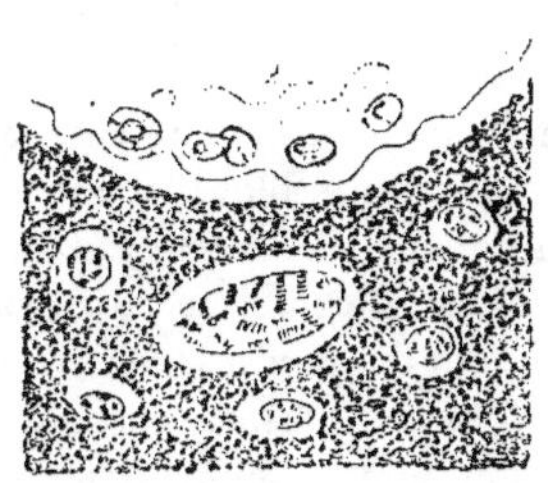

Fig. 109. — Fragment de la coupe d'un ovule de *Rana temporaria* montrant la genèse des tablettes vitellines dans des amas nettement circonscrits de protoplasma. A la partie supérieure de la figure, on voit une portion de la vésicule germinative avec les nucléoles et des chromosomes, formés de granulations disposées en séries. Liquide de Ripart et Petit; safranine.

Dans le même ordre d'idées, **O. Hertwig**, en 1884, constata dans les jeunes œufs ovariens des Amphibiens l'existence de productions vitellines, fusiformes, hyalines, tantôt rapprochées de la vésicule germinative, tantôt situées dans la couche corticale. Ces corps de forme variée, généralement allongés, mesurent en moyenne o mm, 08, de long, et sont en nombre très variable. Ils manquent dans les très jeunes ovules; à leur place on trouve, dans le protoplasma ovulaire, des corpuscules ovales ou sphériques, ayant l'apparence des taches germinatives. Les corps fusiformes intravitellins sont très répandus dans les œufs de *Rana temporaria*; ils sont plus rares et plus petits chez *R. esculenta* et manquent chez le Crapaud, la Rainette et *Bombinator*. **Hertwig** ne se prononce pas sur le mode de formation et la signification de ces productions.

J'ai rencontré souvent les productions intravitellines signalées par **Hertwig** et je suis porté à admettre que ces corps ne sont que des parties de plasma ovulaire plus condensées dans lesquelles se formeront plus tard les premières tablettes vitellines (fig. 109).

Enfin beaucoup d'auteurs, tels que **Jatta** (1882) chez l'*Asteracanthion*, **Scharff** (1888) et **van Bambeke** (1893) chez les Poissons osseux, ont vu dans les œufs des corps fortement colorables par la safranine ou d'autres réactifs, constitués par de la chromatine et provenant de la vésicule germinative. On peut se demander si la présence de ces éléments chromatiques dans l'œuf n'indique pas un commencement de dégénérescence, phénomène très répandu et pour ainsi dire normal dans l'ovaire de la plupart des animaux.

En résumé, nous voyons que les éléments figurés, décrits soit dans les cellules, soit dans les œufs, sous le nom de noyaux accessoires ou de Nebenkerne, peuvent avoir une origine et une constitution très différentes, mais que dans aucun cas, sauf pour le micronucléus des Infusoires ciliés, ces éléments n'ont la valeur d'un noyau. Aussi vaut-il mieux les appeler simplement *corps accessoires* ou *parasomes*. Parmi eux, les uns sont formés de chromatine et proviennent du noyau, nous pourrons leur donner le nom de *pyrénosomes* (1). Les autres sont de nature protoplasmique, ce seront des *plasmosomes;* d'autres, tels que le corps vitellin de Balbiani ayant une origine mixte, et étant constitués d'une partie provenant du noyau, et d'une partie protoplasmique, rentreront dans le groupe des *pyrénoplasmosomes ;* à ceux enfin, qui s'observent dans les cellules testiculaires, et qui proviennent, ainsi que nous le verrons, de la figure achromatique de division, nous conserverons le nom de *mitosomes*, que leur a donné **Platner**, nom qui indique leur formation au moment de la division indirecte de la cellule, ou *mitose* d'après la terminologie de **Flemming.**

____

(1) Le terme de *karyosome* ayant été employé quelquefois pour désigner des éléments chromatiques du noyau, je préfère lui substituer celui de *pyrénosome.*

6 janvier 1894.

ONZIÈME LEÇON

NUTRITION DE LA CELLULE

Synthèse organique. — Hypothèse de Brass sur la constitution de la cellule. — Importance du noyau pour la nutrition de la cellule. — Pénétration des substances solides dans la cellule. — Phagocytose. — Absorption des substances liquides. — Election de la cellule pour certaines substances. — Absorption des matières colorantes. — Suc cellulaire. — Vacuoles ; tonoplastes (de Vries) ; hydroleucites (van Tieghem). — Physodes. — Suc cellulaire des cellules animales. — Tension intracellulaire. — Plasmolyse. — Coefficient isotonique. — Sensibilité des cellules vis-à-vis des solutions salines. — Action du changement de milieu. — Substances contenues dans le suc cellulaire des cellules végétales et animales. — Absorption des gaz.

MESSIEURS,

Nous avons jusqu'à présent envisagé les parties qui entrent dans la constitution de la cellule. Nous devons maintenant considérer celle-ci en tant qu'être vivant, étudier ses propriétés vitales et surtout les modifications morphologiques qui résultent de la manifestation de ces propriétés.

La matière organique vivante est le siège de phénomènes incessants de désorganisation et de régénération. Cette mutation continuelle des molécules du protoplasma constitue l'essence même de sa nutrition ; sans elle les manifestations de la vie sont impossibles, et c'est avec raison que **Claude Bernard** a pu dire que vivre et se nourrir sont deux expressions synonymes.

Le protoplasma emprunte au monde extérieur les éléments nécessaires à la synthèse organique, aussi peut-on dans la nutrition du protoplasma, comme dans celle de tout être vivant, distinguer trois phases principales qui sont : l'incorporation des matières alimentaires, leur transformation chimique au sein du protoplasma et l'élimination des déchets qui résultent de leur transformation et de leur destruction. Les substances nutritives nécessaires à la vie doivent nécessairement renfermer les corps simples qui entrent dans la constitution du protoplasma et dont les principaux sont le carbone, l'azote, l'oxygène, l'hydrogène, le phosphore, le fer etc. Ces substances peuvent y être introduites à l'état solide, liquide ou même gazeux comme l'oxygène et l'acide carbonique. Or nous savons que, chez les êtres élevés en organisation, il existe des appareils spéciaux auxquels sont

dévolues les fonctions essentielles de la nutrition. Ce sont les organes de
la digestion et de la respiration. On s'est demandé si l'on ne pourrait également
ment distinguer dans la cellule des parties différenciées à un point de vue
fonctionnel unique, s'il n'y aurait point par exemple un plasma respiratoire, un plasma digestif. La plupart des auteurs n'admettent point cette
hypothèse et pensent que toute la masse du protoplasma jouit de propriétés
identiques.

En 1884, cependant, **Brass** a voulu distinguer dans les cellules une série
de couches concentriques différenciées chacune dans un but fonctionnel
différent et il a admis six couches dans la cellule. Il distingue d'abord
dans celle-ci deux portions principales, une centrale et une périphérique,
chacune de celles-ci comprenant elle-même trois couches différentes.
1º Au centre de la cellule existe le plasma nucléaire ou noyau ; 2º autour
du noyau se trouve une couche qui constitue le plasma nourricier ;
3º vient ensuite le plasma alimentaire. Ces trois premières parties contribuent à former la portion centrale de la cellule. Puis viennent : 4º le
plasma respiratoire ; 5º le plasma locomoteur et 6º le plasma limitant ou
enveloppant. C'est surtout d'après ses études sur les Amibes que **Brass** a
fondé sa théorie de la constitution du corps cellulaire. Il prétend l'avoir
constatée aussi sur des Infusoires, sur des œufs et d'autres cellules.

Le plasma nucléaire renferme une partie fondamentale, le suc nucléaire
ou *Kernsaft,* qui en est la partie vraiment active. Les parties figurées, filaments ou cordons pelotonnés, les éléments chromatiques, n'en sont que
des parties accessoires et secondaires. **Brass** fonde cette conception sur le
fait que la teneur en chromatine du noyau peut diminuer avec l'affaiblisse-
ment de la nutrition. Dans les Infusoires, le noyau se colorerait d'autant
plus que les animaux sont dans un liquide plus riche en substances nutritives. Chez les animaux soumis à un jeûne prolongé, les noyaux perdraient
une grande partie de leur chromatine. Les noyaux seraient, d'après **Brass**,
de véritables organismes doués de mouvements amiboïdes qui émettraient
des pseudopodes dans le plasma nourricier pour y puiser la substance
nécessaire à leur nutrition, et pourraient même absorber des particules
solides. **Knappe** (1886), par exemple, aurait vu les noyaux des cellules de
l'organe de Bidder du Crapaud absorber des granulations.

Le plasma nourricier pourrait lui aussi émettre des prolongements dans
le plasma alimentaire qui l'entoure pour lui soustraire les matériaux assimilables. Cette couche prend un plus ou moins grand développement suivant que la cellule est à l'état d'activité ou de repos. Il en est de même du
plasma alimentaire qui renferme de nombreuses granulations, matériaux
nutritifs de réserve : ce serait lui qui, dans les œufs, constituerait le vitellus
nutritif. Le plasma alimentaire peut manquer dans les cellules qui se nourrissent facilement.

Quant au plasma respiratoire il serait constitué par une petite couche

Hypothèse
de Brass sur la
constitution
de la cellule.

autour du plasma alimentaire et ce serait dans cette couche qu'aurait lieu la production de chaleur et, chez les organismes phosphorescents, de la lumière propre à ces êtres.

Le plasma locomoteur serait un plasma homogène d'où émaneraient les cils et les flagellums. Enfin le dernier plasma, ou plasma enveloppant ne serait pas constant et ne serait qu'une partie périphérique condensée du plasma locomoteur.

Brass insiste beaucoup sur le rôle de la chromatine comme matière nutritive de réserve, emmagasinée dans la cellule. Cette chromatine proviendrait de l'assimilation et du dépôt des matières nutritives. Sa manière de voir n'a pas été confirmée par les expérimentateurs qui ont voulu la vérifier. C'est ainsi que M. **Balbiani** et **Korschelt**, en soumettant au jeûne prolongé des larves de *Chironomus*, n'ont jamais vu diminuer chez elles la teneur en chromatine de leurs éléments si remarquables.

Quant à la différenciation en couches du protoplasma, l'hypothèse n'est pas nouvelle et n'appartient pas seulement à **Brass**. Déjà, en 1880, **Ed. van Beneden** avait cru reconnaître dans les œufs de la Lapine et de la Chauve-souris trois zones; une périphérique, une centrale et une moyenne. La couche moyenne serait la plus granuleuse, et contiendrait les granulations vitellines. Mais, tandis que **Brass** loge le noyau dans le centre de la cellule et en fait sa première portion centrale ou nucléaire, d'après **van Beneden** au contraire il serait contenu dans la zone moyenne ou alimentaire de **Brass**.

Il est incontestable que l'on peut très fréquemment observer plusieurs zones concentriques dans les cellules. Est-ce une raison pour admettre avec **Brass** l'existence de couches différenciées au point de vue fonctionnel? Certes sa théorie est très séduisante; mais elle est basée sur un petit nombre d'observations superficielles et ne peut aisément se vérifier.

Berthold (1885), en se fondant sur ce fait que, dans les cellules végétales, certaines productions protoplasmiques, telles que les grains de chlorophylle, les gouttelettes de résine, de tannin, etc., siègent de préférence dans des régions déterminées, a admis avec **Brass** qu'il existe dans la cellule des couches physiologiquement différenciées. Mais **Zimmermann** (1892) fait justement remarquer que la localisation des productions intraprotoplasmiques n'est pas constante et que les grains de chlorophylle, par exemple, changent de place dans l'intérieur de la cellule, sous l'influence de causes extérieures, telles que l'action de la lumière; on ne peut donc pas admettre que cette localisation soit en rapport avec une différenciation fonctionnelle du protoplasma.

Il convient pourtant de signaler un fait relaté par **Haberlandt** (1887) et par **Korschelt** (1889) et qui viendrait corroborer sinon l'hypothèse de **Brass**, du moins celle qui admet que le noyau intervient dans les phéno-

Importance du noyau pour la nutrition de la cellule.

mènes de nutrition et d'activité formative. Dans toutes les cellules soit animales soit végétales, le noyau se porte toujours du côté où la nutrition est la plus active (fig. 110). Dans les cellules limitées d'un côté par un plateau et chez lesquelles l'absorption a lieu du côté de ce plateau, le

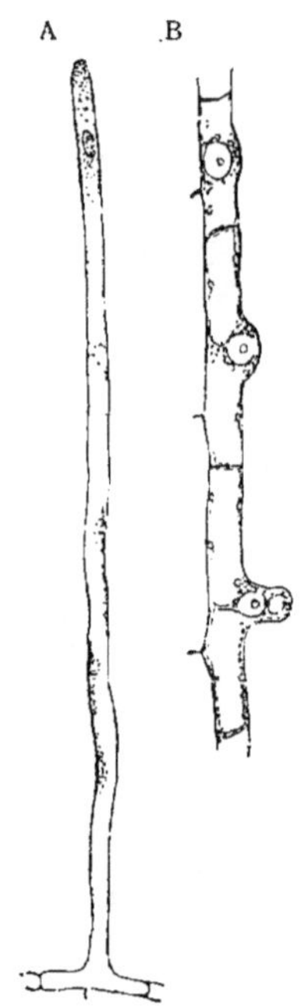

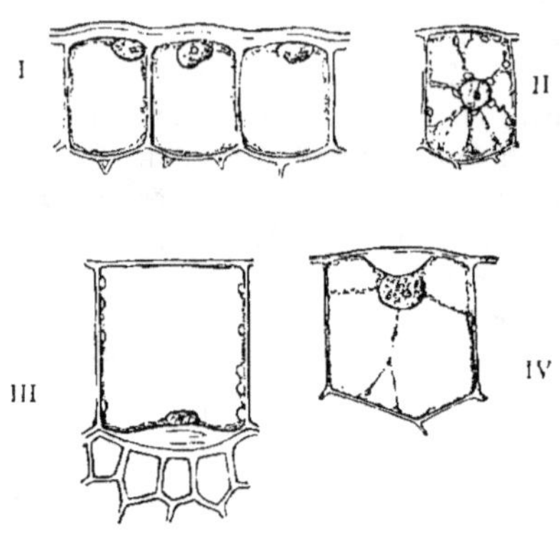

Fig. 111. — I. Cellules épidermiques d'une feuille de *Cypripedium insigne*. II. Cellule épidermique de *Luzula maxima*. III. Cellule épidermique du tégument séminal de *Carex panicea*. IV. Jeune cellule épidermique d'une feuille d'*Aloe verrucosa*. (D'après HABERLANDT, figure empruntée à O. HERTWIG).

Fig. 110. — A. Poil radical de *Cannabis sativa*, B. Formation des poils radicaux de *Pisum sativum*. (D'après HABERLANDT, fig. empruntée à O. HERTWIG).

noyau vient se loger contre lui (fig. 111). C'est le seul fait qui indiquerait qu'il existe dans une même cellule des régions ayant une activité fonctionnelle différente, mais il ne vient nullement à l'appui de l'hypothèse de **Brass**. Nous aurons du reste à nous occuper plus tard, d'une manière toute spéciale, du rôle du noyau et du protoplasma dans la cellule.

Avant d'aborder l'étude des phénomènes dont la cellule est le siège pendant sa nutrition, nous devons faire quelques observations sur sa physiologie envisagée d'une manière générale. La plupart du temps la physiologie cellulaire a été étudiée non sur des cellules prises isolément, mais sur des ensembles de tissus. On prend par exemple un végétal ou une de ses parties que l'on place dans un espace confiné ; on analyse les produits gazeux qu'il a exhalés et l'on en conclut que les cellules qui composent ce végétal dégagent soit de l'oxygène, soit de l'acide carbonique suivant les circonstances. Il en est de même des observations faites sur les animaux et nous ne possédons qu'un très petit nombre de faits relatifs à la physiologie de la cellule considérée isolément.

Les substances nutritives pénètrent dans la cellule sous l'un des trois états solide, liquide ou gazeux.

L'absorption par la cellule des substances solides ne peut naturellement s'observer que chez des éléments nus ou à couche périphérique très faiblement différenciée. On la voit s'effectuer très souvent chez les Amibes, les Rhizopodes en général et chez certains Héliozoaires. L'on sait en effet que ces êtres émettent des pseudopodes qui peuvent englober dans leur masse les particules solides qu'ils rencontrent et les digérer. Ces êtres n'absorbent pas seulement ainsi les substances assimilables. Lorsque l'on répand, dans l'eau où se trouvent des Amibes, des grains de carmin ou de cinabre, des globules de lait ou de graisse, des grains d'amidon, on les voit absorbés en grand nombre par ces organismes, puis rejetés, après un séjour plus ou moins prolongé, dans leur protoplasma.

Certaines cellules nues des animaux supérieurs peuvent, comme on l'a reconnu depuis longtemps, s'emparer des granulations solides et les faire pénétrer dans leur protoplasma. M. **Balbiani** a pu, il y a bien des années, faire absorber des grains de carmin aux globules sanguins du Lombric. Les recherches de **Metchnikoff** ont montré que cette propriété est commune à tous les leucocytes du sang des animaux. Bien avant lui, cependant, les observateurs avaient accumulé sur ce sujet des faits demeurés isolés. Ainsi **Preyer**, **Kœlliker**, **Virchow**, **Rouget**, avaient constaté que les globules blancs pouvaient absorber des globules rouges. **Rouget** (1874) a vu, chez les larves d'Amphibiens, les globules blancs ingérer les globules rouges pour se transformer ensuite en cellules pigmentaires. Le phénomène a lieu toutes les fois que l'on provoque, par une plaie ou une irritation quelconque, la congestion d'un point du corps. **Virchow** et **Kœlliker** avaient observé des phénomènes identiques dans les foyers hémorrhagiques des animaux supérieurs. **Hæckel**, en injectant de l'indigo à un Mollusque nudibranche (*Tethys*), avait retrouvé les grains colorés dans les globules sanguins.

Metchnikoff a étendu ces observations à un très grand nombre d'éléments et a reconnu le pouvoir absorbant non seulement chez les globules blancs, mais aussi chez d'autres cellules de l'économie, celles de l'ectoderme et de l'endoderme des Cœlentérés, celles des tentacules des jeunes Actinies par exemple, qui peuvent aussi faire pénétrer dans leur intérieur des grains de carmin.

Kowalevsky, en 1885 et 1887, et **Van Rees**, en 1888, s'appuyant sur les recherches de **Metchnikoff** relatives au rôle des leucocytes dans la destruction des muscles de la queue des larves des Batraciens lors de la métamorphose, se sont attachés à démontrer que, chez les Insectes, les globules sanguins sont également les agents de l'histolyse qui se produit

pendant la période nymphale, et qui amène la disparition de certains organes de la larve. Or, cette destruction s'effectue sous l'action des globules
sanguins ou *phagocytes*, qui se comportent comme de véritables Amibes,
pénètrent dans les tissus, les désagrègent, en absorbent les fragments et les
digèrent. Le même phénomène a lieu pendant la métamorphose des larves
de Némertes.

Metchnikoff a fait aussi d'intéressantes observations sur l'absorption des
microbes par les globules blancs ou phagocytes (fig. 112) ; il a basé sur ses
observations toute une théorie de l'immunité et a
donné au phénomène en général le nom de *phagocytose*. Je n'insisterai pas d'avantage ici sur sa théorie
et je me borne à vous renvoyer à son bel ouvrage sur
l'inflammation (1892) où elle se trouve exposée dans
tous ses détails.

Chez les végétaux, l'absorption des substances à
l'état solide s'observe beaucoup plus rarement que
chez les animaux, pour la raison fort simple que la
plupart de leurs cellules sont entourées d'une épaisse
membrane de cellulose. Toutefois l'on peut constater
le phénomène chez certaines cellules nues d'organismes végétaux inférieurs et surtout dans le plasmodium des Myxomycètes.

Chez les Infusoires ciliés, qui sont les êtres unicellulaires les plus élevés en organisation, il existe,
pour la pénétration des aliments solides dans la
cellule, un orifice préformé auquel on a pour cette
raison donné le nom de bouche, et par lequel peuvent
être ingérées des masses presqu'aussi volumineuses
que l'organisme lui-même.

C'est généralement à l'état liquide que sont absorbées la plupart des substances nutritives qui vont
servir à l'alimentation de la cellule. Ces substances
sont dissoutes soit dans l'eau, soit dans le liquide

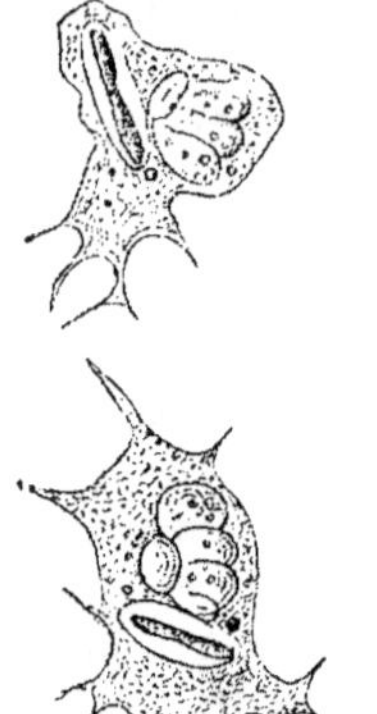

Fig. 112. — Leucocyte de
la Grenouille contenant
une Bactérie en partie
digérée. La Bactérie est
colorée par la vésuvine.
Les deux images repré-
sentent deux stades du
mouvement d'une même
cellule. (D'après Met-
chnikoff, fig. emprun-
tée à O. Hertwig).

qui baigne les éléments et qui peut être la sève, le sang, la lymphe, le
chyle, liquides qui constituent le milieu interne duquel la cellule tire les
substances nécessaires à son existence.

Il est à remarquer que des cellules en apparence identiques, quant à
leur constitution, n'absorbent pas toutes de la même manière lorsqu'elles
sont placées dans un même milieu. On est donc forcé d'en conclure que
chaque sorte de cellule est adaptée à un mode d'absorption qui lui est
propre.

Les Radiolaires, par exemple qui vivent dans l'eau de mer, ont les uns
un squelette siliceux, les autres un squelette calcaire dont ils extraient les

matériaux du milieu commun qui les baigne ; et pourtant leur protoplasma semble fondamentalement constitué de la même manière.

Il en est de même pour les Algues prises sur un même point d'une côte baignée par la même eau. **Pfeffer** (1881) s'est livré, sur un certain nombre d'espèces d'Algues, très voisines les unes des autres, à des recherches très intéressantes et qui lui ont donné par l'analyse des cendres de ces végétaux les résultats suivants :

	Fucus vesiculosus.	*Fucus serratus.*	*Laminaria digitata.*
Potasse	5.23	4.51	22.40
Chaux	9.78	16.36	11.86
Acide phosph.	1.36	4.40	2.56
Iode	0.31	1.13	3.08

La proportion relative de ces différentes substances varie, comme vous pouvez le voir, de 1 à 4, d'une espèce à une autre et toutes ces espèces vivent cependant dans la même eau.

Des expériences très intéressantes ont également été instituées en vue d'étudier l'absorption des substances colorantes par les éléments cellulaires vivants. **Brandt**, **Certes** et moi avons simultanément constaté, ainsi que je vous l'ai déjà dit, le pouvoir qu'avaient les Infusoires d'absorber certaines couleurs d'aniline en solution neutre et de prendre une coloration assez intense. Depuis cette époque, des recherches assez nombreuses ont été faites. Dans un travail spécial sur ce sujet, **Pfeffer** (1886) a constaté que certaines substances colorent le protoplasma, d'autres le suc cellulaire, que d'autres enfin ne pénètrent pas dans la cellule ; et cela sans qu'on puisse l'expliquer par leur constitution chimique. Ainsi le bleu de méthylène, le violet de méthyle, la cyanine, la fuchsine, la safranine, etc., sont absorbées par les cellules ; au contraire la nigrosine, le bleu d'aniline, le congo, l'éosine ne le sont pas. Relativemement à l'absorption du bleu de méthylène, **Pfeffer** a vu, que dans une solution très faible de cette substance, les cellules végétales d'*Azolla*, de *Spirogyra*, de *Lemna* prennent une teinte beaucoup plus foncée que celle de la solution elle-même, mais la coloration reste limitée au suc cellulaire. Si au lieu de végétaux on place des larves d'Amphibiens dans la même solution elles prennent au bout de quelques jours une coloration intense. Certaines granulations, seules par leur coloration, contribuent à donner aux tissus leur teinte bleue. Quand les larves sont replacées dans l'eau pure, les éléments colorés par le bleu de méthylène deviennent au bout de quelque temps parfaitement incolores.

Cette propriété du bleu de méthylène a été utilisée par **Ehrlich** pour la coloration des tissus nerveux qui ont la propriété d'absorber et de retenir la matière colorante beaucoup plus intensément que les autres tissus de l'organisme.

En injectant dans le sang de certains animaux du carmin d'indigo,

Absorption des matières colorantes.

Heidenhain a constaté que cette matière se localisait exclusivement dans les tubes contournés du rein, et dans les cellules hépatiques. **Hertwig**, en traitant les embryons d'Échinodermes par le bleu de méthylène, a remarqué que seules les cellules de l'endoderme retiennent la matière colorante, d'où il en a conclu que celle-ci se comporte à la façon d'une substance nutritive.

Les liquides absorbés par la cellule peuvent s'accumuler en plus ou moins grande quantité dans les cavités cytoplasmiques, de manière à former de simples *vacuoles*, ou à remplir presque entièrement la cellule d'un liquide auquel les botanistes ont donné le nom de *suc cellulaire*.

Comment se forme le suc cellulaire dans les cellules ?

Dans les cellules jeunes on peut aisément constater que le protoplasma présente une constitution parfaitement homogène, qu'il ne renferme pas de vacuoles (fig. 113, A). Plus tard, celles-ci apparaissent dans sa masse, grandissent en nombre et en volume, puis finissent souvent par se fusionner (fig. 113, B). Il en résulte tantôt la formation d'un réseau à mailles protoplasmiques tenant en suspension le noyau vers le

Suc cellulaire.

Fig. 113. — Cellules prises dans la zone moyenne du parenchyme cortical de la racine du *Fritillaria imperialis*. Coupe longitudinale ; gross. 550. A. — Très jeunes cellules encore dépourvues de suc nucléaire et situées immédiatement au-dessus du sommet de la racine. B. — Les mêmes cellules à deux millim. de la pointe de la racine : le suc cellulaire se forme dans le protoplasma par des gouttelettes isolées séparées par des parois de protoplasma. C. — Les mêmes cellules à environ 7-8 millim. de la pointe : les deux cellules inférieures de droite sont vues par leur face antérieure ; la grande cellule inférieure de gauche est vue en coupe optique ; la cellule supérieure de droite a été ouverte par le rasoir et son noyau présente, sous l'influence de l'eau qui a pénétré par l'ouverture, un phénomène particulier de gonflement. (*xy*) *k*, noyau ; *kk*, nucléole ; *h*, membrane. (D'après Sachs ; fig. empruntée à O. Hertwig).

centre de la cellule, tantôt au contraire celle d'une couche pariétale protoplasmique avec le noyau accolé contre la paroi cellulaire et une grande vacuole centrale unique (fig. 113, C). Cette formation de vacuoles s'observe chez tous les végétaux, sauf chez les Cyanophycées, et les Bactériacées. Nous avons vu que chez ces êtres, il n'existait pas de noyau nettement différencié; il en est de même des vacuoles et leur protoplasma semble compact et homogène. Tout au plus peut-on y admettre l'existence de vacuoles extrêmement petites.

Chez certains végétaux inférieurs, les vacuoles sont contractiles et douées de contractions rhythmiques. De telles vacuoles se rencontrent dans les plasmodies de certains Myxomycètes, dans les Volvocinées, les Desmidiées. Elles sont assez rares en somme chez les végétaux. Chez les Infusoires, au contraire, les vacuoles contractiles constituent des organes fixes et constants dont le rôle et la nature ont été assez bien étudiés et sur lesquels nous reviendrons plus tard.

Jusqu'à ces derniers temps, on admettait que les vacuoles constituaient des accumulations de liquide dans l'intérieur du protoplasma cellulaire. Deux auteurs hollandais, cependant, de **Vries** (1885) et **Went** (1886) ont émis, il y a quelques années, une théorie nouvelle d'après laquelle les vacuoles doivent être considérées comme de vraies formations indépendantes, des organes spéciaux de la cellule. Suivant ces auteurs, en traitant certaines cellules riches en vacuoles par une solution d'azotate de potasse à 10 %, additionnée d'éosine, on voit survenir une contraction du protoplasma et le liquide pénètre dans la cellule. Au niveau des vacuoles il se produit alors une sorte de déchirement du protoplasma qui isole celles-ci et les fait paraître comme entourées d'une paroi propre; d'après de **Vries** et **Went** les vacuoles, auxquelles ils donnent le nom de *tonoplastes*, sont donc pourvues d'une membrane propre. Elles proviennent toutes les unes des autres ; dans une cellule jeune, il n'existe d'abord qu'une seule vacuole qui, par ses divisions successives, donnera les autres vacuoles de la cellule. Toutes les vacuoles des cellules d'un végétal proviendraient de la division de la première vacuole contenue dans l'oosphère. Ces auteurs donnent ainsi aux vacuoles une importance morphologique comparable à celle du noyau, mais ils sont obligés d'admettre cependant que toutes les vacuoles n'ont pas la même valeur.

M. le Professeur **Van Tieghem**, dans la seconde édition de son Traité de Botanique (1891), s'est rangé à la manière de voir de de **Vries** et de **Went** et il donne le nom d'*hydroleucites* aux tonoplastes de ces auteurs. Nous reviendrons prochainement sur le rôle que M. **Van Tieghem** fait jouer aux hydroleucites. **Bokorny** (1893) admet aussi l'existence des tonoplastes. En examinant surtout les cellules colorées des pétales de Tulipes, de *Cyclamen*, de *Primula sinensis*, et en faisant agir sur ces cellules une solution de caféine à 1 % qui provoquait la contraction du protoplasma, il a constaté l'existence d'une paroi propre autour des vacuoles et a admis que la vacuole est entourée d'un protoplasma plus dense, analogue à celui qui entoure la cellule elle-même.

Enfin, outre ces vacuoles, il existe, d'après **Crato** (1892), dans le protoplasma des Algues, d'autres éléments vésiculaires qu'il nomme des *physodes*. L'on verrait, de distance en distance, des corps brillants, situés dans les travées protoplasmiques, et constitués par une gouttelette d'une substance réfringente. Ces corps, nombreux surtout au voisinage du noyau, seraient doués de mouvements amiboïdes et de pulsations ; ils pourraient augmenter et diminuer de volume. Toutefois, ils ne se multiplient point par division. L'auteur leur assigne un rôle important dans la vie de la cellule. Dans un travail récent, où il a repris l'étude chimique de ces physodes des Algues brunes, il a montré qu'ils contiennent des corps de la famille des phénols et principalement de la phloroglucine. Ce travail encore trop récent pour être jugé demande confirmation.

Suc cellulaire des cellules animales. Chez les animaux, la production du suc cellulaire à l'intérieur de la cellule est beaucoup plus rare. On observe des vacuoles chez les Rhizopodes, les *Actinophrys*, les *Orbitolites*. Elles apparaissent et disparaissent, mais ne semblent point avoir la constitution des tonoplastes de de Vries et Went. On les observe aussi dans certaines cellules des tissus des Cœlentérés, des Hydraires ; dans les cellules de la corde dorsale des embryons des Vertébrés on trouve de grandes vacuoles pleines d'un suc cellulaire abondant, ce sont les seules cellules animales qui possèdent une quantité aussi grande de liquide localisé dans des vacuoles. Les cellules du foie et du rein des Mollusques en contiennent aussi parfois un assez grand nombre, mais leur présence n'est pas constante.

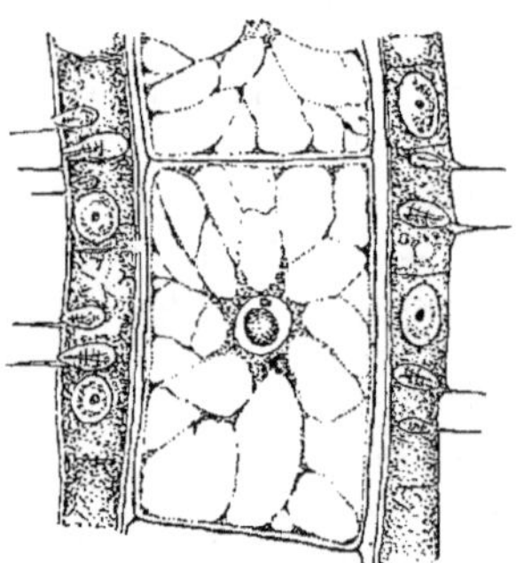

Fig. 114. — Fragment d'un tentacule de *Cordylophora lacustris*. Au milieu se trouve une grande cellule axiale présentant de grandes vacuoles remplies de suc cellulaire. De chaque côté, les cellules ectodermiques contiennent des capsules à filaments urticants avec leurs cnidocils. (D'après F. E. Schulze).

Tension intracellulaire. Le suc cellulaire contenu dans les vacuoles possède une tension considérable qui peut être évaluée à plusieurs atmosphères, et produit une turgescence qui donne une grande résistance à des tissus en apparence très délicats. Suivant de Vries (1877-1884), la pression interne des cellules du pédoncule floral du *Plumbago amplexicaulis* est de 6,5 atmosphères ; elle est de 9 atmosphères dans les cellules des jeunes baies du *Sorbus aucuparia*, et d'après C. Müller cette pression atteindrait 13,5 atmosphères dans les cellules de la moelle des *Helianthus*.

L'observation suivante de Nægeli en est la preuve. Lorsque, sur un filament de *Spirogyra*, on blesse une cellule de façon à provoquer l'écoulement de son contenu et que l'on supprime ainsi la tension intérieure dans cette cellule, on voit aussitôt les parois limitantes des deux cellules voisines tomber dans l'intérieur de la cellule vide comme si elles cédaient

à une grande pression du liquide qu'elles contiennent. On a pu mesurer
directement la tension de la sève des végétaux et constater qu'elle s'élevait
à plusieurs atmosphères. La corde dorsale elle-même, qui est un organe de
soutien, doit sa rigidité à la turgescence des cellules qui la constituent.
C'est donc par un phénomène osmotique de pénétration continue de
liquide dans l'intérieur de la cellule que cette pression se maintient. De
même que la cellule plongée dans une solution colorante peut absorber
une proportion de matière colorante plus considérable que n'en contient,
à volume égal, la solution, de même aussi la cellule peut présenter une
tension interne supérieure à celle du liquide qui la baigne.

De Vries (1884) a vu que des solutions salines contenant un même
poids de sel ou ayant une même densité à l'aréomètre exercent une action
différente sur une même cellule. Une cellule qui est plasmolysée, c'est-
à-dire dont la couche protoplasmique se détache de la membrane de
cellulose, dans une solution de chlorure de sodium à 1 %, ne l'est pas

Plasmolyse.

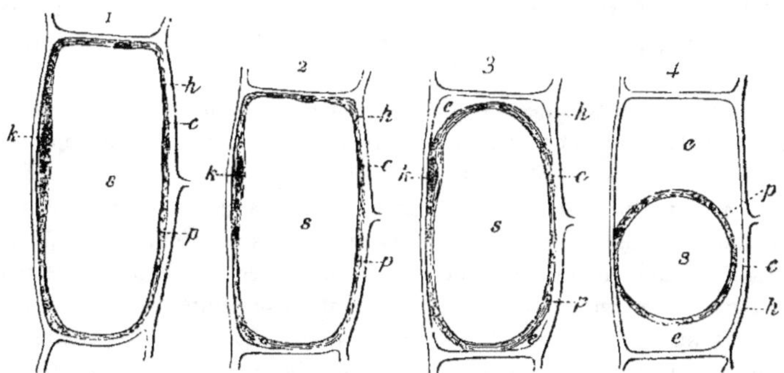

Fig. 115. — *1*. Jeune cellule à moitié développée du parenchyme cortical du pédoncule floral de
Cephalaria leucantha. *2*, La même placée dans une solution de nitrate sodique à 4 %. *3*, La même
dans une solution à 6 %. *4*, La même dans une solution à 10 %. Les figures 1 et 4 sont dessinées
d'après nature ; les figures 2 et 3 sont schématiques. Toutes sont représentées à la coupe optique
longitudinale. *h*, membrane cellulaire. *p*, utricule primordial. *k*, noyau de la cellule. *c*, corps chlorophyllien, *s*, suc cellulaire, *e*, solution saline. (D'après DE VRIES, fig. empruntée à O. HERTWIG).

dans des solutions d'iodure de potassium, de sulfate de magnésie, de
phosphate de potasse, au même degré de concentration. Le pouvoir plasmolysant paraît être en rapport avec la grosseur et la structure de la
molécule du corps en dissolution dans l'eau. Ainsi une solution de
0 gr. 746 % de chlorure de potassium est, suivant l'expression de de Vries,
isotonique, c'est-à-dire ayant un même pouvoir plasmolysant, avec une
solution de 1 gr. 661 d'iodure de potassium, le poids moléculaire du
premier de ces sels étant 74,6 et celui du second 166.1. La constitution
chimique, la complication de la molécule modifient également le pouvoir
plasmolysant ; ainsi le sulfate d'ammoniaque a une action double de celle

de l'Asparagine, bien que le poids moléculaire de ces deux substances soit égal à 132.

Coefficient isotonique. Par une série d'expériences, **de Vries** a établi, pour un certain nombre de corps, leur *coefficient isotonique*, c'est-à-dire leur pouvoir plasmolysant ou la valeur de l'attraction exercée par eux sur l'eau contenue dans le suc cellulaire.

Sensibilité des cellules vis-à-vis des solutions salines. **Pfeffer** (1884-1888) et **Massart** (1889) ont fait des recherches intéressantes sur la sensibilité des cellules vivantes aux solutions concentrées. Ils ont expérimenté, le premier sur les anthérozoïdes des Cryptogames, sur des Bactéries et des Flagellés, le second sur des Bactéries, des Flagellés, des Infusoires ciliés, des Hydres, des Grenouilles, et sur la cornée de l'Homme. Ces auteurs plaçaient les Bactéries ou les Infusoires dans une goutte d'eau suspendue à un couvre-objet dans une chambre humide, puis dans la goutte ils introduisaient des tubes capillaires renfermant la solution dont ils voulaient essayer l'action. **Massart** ajoutait au liquide contenu dans le tube capillaire du carbonate de potasse à 0 gr. 00691 %, ce sel attirant les Bactéries et les faisant pénétrer dans le tube ; cette attraction était diminuée ou abolie suivant la nature et la quantité du sel contenu dans le liquide expérimenté.

Dans les expériences de **Massart**, les Bactéries et les Flagellés se sont comportés de trois façons différentes vis-à-vis des solutions concentrées.

Les uns fuyaient la solution (*Spirillum undula, Bacillus megatherium, Chilomonas paramœciun, Bodo saltans*), d'autres y pénétraient et étaient immédiatement plasmolysés (*Polytoma uvella*), d'autres, enfin, y entraient, s'adaptaient rapidement à la concentration et y restaient mobiles (*Bacterium termo, Tetramitus rostratus*). L'excitation produite par les solutions salines et autres est variable suivant le poids moléculaire et suivant la structure moléculaire de la substance considérée ; la répulsion exercée sur les microrganismes est inversement proportionnelle au poids moléculaire et proportionnelle au coefficient isotonique. Les substances qui pénètrent facilement dans les cellules, telles que l'azotate de potasse, l'urée, la glycérine, paraissent faire exception à cette loi.

Action du changement de milieu. Les phénomènes exosmotiques qui déterminent la plasmolyse des cellules végétales s'observent également pour les cellules animales. Celles-ci perdent aussi de leur eau quand elles sont placées dans des solutions salines plus ou moins concentrées. C'est à ce phénomène qu'il faut attribuer la mort des animaux d'eau douce placés dans de l'eau de mer, ainsi qu'il résulte des expériences d'**Emery** (1869), de **P. Bert** (1871-1883), de **Plateau** (1870-1883), de **H. de Varigny** (1883). **P. Bert** a montré, en effet, qu'une Grenouille plongée dans l'eau de mer meurt après avoir perdu le quart ou le tiers de son poids. **Plateau** a constaté que des animaux placés dans des solutions au même titre de chlorure de sodium, de chlorure de magnésium, et de sulfate de magnésie, résistent plus longtemps dans les solutions de ces deux derniers sels, ce qui s'explique par leur coefficient isotonique plus faible.

Les microrganismes, les cellules et les êtres pluricellulaires peuvent s'habituer assez rapidement à vivre dans un milieu plus dense ou moins dense que celui dans lequel ils vivent ordinairement.

On peut par exemple, en opérant d'une façon graduelle et avec beaucoup de précautions, faire vivre, dans l'eau douce, des Amibes d'eau de mer et *vice versa*. Si l'on opère trop brusquement, l'on voit survenir des phénomènes osmotiques qui déterminent, suivant le cas, la contraction ou le gonflement des organismes. On a fait des expériences analogues sur le plasmodium de l'*Æthalium septicum*, et **Stahl** (1884) est arrivé, en se servant de solutions de sucre de raisin, graduellement plus riches, à le faire vivre dans une solution renfermant 7 °/₀ de sucre.

L'accoutumance à vivre dans un milieu plus riche en sel est due à l'absorption d'une certaine quantité de ce sel par le protoplasma et à l'accroissement de la teneur en sel du suc cellulaire ou du millieu intérieur, suivant qu'il s'agit d'une cellule isolée ou d'un animal supérieur. Ainsi **Frédéric** (1884) a constaté que le sang d'un *Carcinus mœnas*, pris dans la mer à Roscoff, contenait 3.07 °/₀ de sels, tandis que celui d'un individu de la même espèce, provenant de l'embouchure de l'Escaut, ne renfermait que 1.48 °/₀ de sels. La teneur en sels du sang des *Maja* de la Méditerranée est plus forte que celle du sang des *Maja* de l'Océan.

J'ai fait aussi des observations sur la résistance au changement de milieu à propos d'un Infusoire marin qui vit dans les marais salants du Croisic et que j'ai décrit sous le nom de *Fabrea salina* (1890). En raison de son genre d'habitat, cet Infusoire subit des changements de milieu assez brusques. L'eau des marais salants est, en effet, très chargée de sel, puisqu'elle possède une densité de 1,055 correspondant à 8 °/₀ de sels, tandis que l'eau de mer, qui a pour densité 1,024, n'en contient que 4 °/₀. Mais quand vient la pluie, les marais salants, dont la surface est très grande par rapport à leur profondeur, voient la densité de leur eau diminuer rapidement. Ces Infusoires sont donc adaptés aux modifications brusques du milieu et j'ai pu arriver à les faire vivre dans une solution de sel presque saturée, à 26 °/₀. Transportés brusquement dans un tel milieu, ils semblent seulement gênés et mettent un certain temps à recouvrer leur état normal.

Il y a donc des cellules qui sont beaucoup moins sensibles que d'autres aux changements de densité du milieu qui les baigne.

Les substances contenues en dissolution dans le suc cellulaire sont de nature très diverse ; très importantes au point de vue de leur rôle physiologique, elles ne doivent pas nous arrêter longtemps, car leur étude appartient au domaine de la chimie biologique et de la physiologie. Elles sont de deux catégories : les unes proviennent de l'extérieur comme les sels dont nous venons de voir l'action dans les phénomènes de plasmolyse

Substances
contenues
dans le suc
cellulaire chez
les végétaux.

et d'absorption cellulaire. Les autres ont une origine intracellulaire et sont dues à l'activité chimique du protoplasma. Je me bornerai ici à vous indiquer les principales de ces dernières substances.

Dans les cellules végétales, le suc cellulaire contient en dissolution des substances albuminoïdes particulières, précipitables en général par l'alcool et qui ont la propriété de dédoubler, en les hydratant, des matières organiques complexes et de les transformer en composés plus simples. On désigne ces substances sous le nom collectif de *diastases*.

Telles sont, par exemple, la *diastase* proprement dite ou *amylase*, qui dédouble l'amidon en dextrine et en maltose ; l'*invertine*, qui dédouble le sucre de canne en glucose et en lévulose ; la *pepsine*, trouvée dans certaines Bactéries, et certains Myxomycètes, dans les graines de Chanvre, de Vesce, dans les poils des plantes carnivores, dans les latex du Figuier et du Papayer, et qui transforme les matières albuminoïdes insolubles en peptones solubles ; la *saponase*, qui existe dans certaines Levûres et dans les Champignons et qui dédouble les graisses en glycécine et acides gras ; la *myrosine*, contenue dans les graines de Moutarde et que **Guignard** a retrouvée chez toutes les Crucifères, les Tropéolées et les Résédacées, qui transforme le myronate de potasse en glucose et essence de Moutarde.

Outre ces substances actives, le suc cellulaire peut en refermer d'autres de nature quaternaire, telles que l'*asparagine*, la *leucine*, la *tyrosine*, la *glutamine*, etc. ; des *alcaloïdes*, morphine, quinine, strychnine, etc. ; des matières colorantes dont la plus répandue est l'*anthocyanine*, qui est bleue ou rouge suivant la réaction basique ou acide du suc cellulaire.

Les matières ternaires dissoutes dans le suc cellulaire sont aussi très nombreuses et bien connues ; il me suffit de citer l'*inuline*, la *dextrine*, les *gommes*, les *sucres*, les *mannites*, les *glucosides*, tels que la *salicine*, l'*alizarine*, l'*amygdaline*, etc., les *tannins*, la *phloroglucine*, les différents *acides organiques*, tels que les acides *gallique*, *malique*, *tartrique*, *acéti-que*, *oxalique*, etc.

Substances
contenues
dans le suc
cellulaire chez
les animaux. Le suc cellulaire des cellules animales, très peu abondant en général et contenu dans des vacuoles excessivement petites, n'a pas été étudié au point de vue de sa constitution comme celui des cellules végétales. Cependant un grand nombre de cellules animales contiennent des substances solubles, de même nature que celles qu'on trouve chez les végétaux. Vous connaissez les ferments si importants qu'on retire des glandes salivaires, de la muqueuse stomacale, du pancréas, etc., la *ptyaline*, la *pepsine*, la *trypsine*, etc., et qui sont contenus dans les cellules mêmes de ces organes ; il en est de même des peptones, des toxines, des leucomaïnes, des sucres, etc.

Un certain nombre d'auteurs, **Engelmann**, (1879), **Fabre-Domergue**, **Meissner** (1888), **Metchnikoff** (1889), **Le Dantec** (1891) ont examiné la réaction du contenu des vacuoles alimentaires des Protozoaires, afin de déterminer si tout le protoplasma, ou seulement certaine partie de ces êtres sécrétait, d'une manière continue ou intermittente, des sucs digestifs, attaquant et transformant les aliments ingérés. Le procédé consiste à faire ingérer aux Infusoires des substances qui changent de couleur avec les acides ou les bases, tels que des grains de tournesol, ou mieux de l'alizarine sulfoconjuguée, dont la solution jaune passe au bleu avec les alcalis et au rose avec les acides. **Le Dantec** a trouvé que les vacuoles alimentaires présentent toujours une réaction acide, que celles-ci contiennent ou non des substances nutritives.

Il nous reste à étudier l'absorption des substances nutritives qui pénètrent dans la cellule à l'état gazeux. Cette absorption pour n'avoir jamais été observée sur la cellule isolée n'en est pas moins indiscutable. L'on sait en effet que l'oxygène est indispensable à la vie des animaux aussi bien que des végétaux ; les expériences faites sur le tissus de ces êtres le prouvent surabondamment et il paraît certain que l'oxygène peut pénétrer dans la cellule pour se dissoudre dans son protoplasma. L'on sait aussi d'autre part que les cellules libres recherchent l'oxygène et se dirigent vers le lieu où elles peuvent le rencontrer.

Stahl (1880) a démontré cette propriété pour la plasmodie des Myxomycètes, en plaçant ces organismes dans un tube plein d'eau bouillie recouverte d'une mince couche d'huile et dans lequel plongeait une languette de papier buvard. Il vit alors la plasmodie quitter l'eau bouillie, traverser la couche d'huile en rampant le long du papier et venir se placer au contact de l'air. En variant un peu l'expérience, en mettant la plasmodie dans un tube plein d'eau bouillie, fermé par un bouchon percé d'un trou et renversé dans un vase également plein d'eau, la masse protoplasmique ne tarde pas à passer par le trou du bouchon pour gagner la surface du liquide qui se trouve en contact avec l'air.

Engelmann (1881) et **Verworn** (1889) ont constaté qu'en mettant dans une goutte d'eau, sous une lamelle, des brins d'Algues vertes et des Bactéries et en soumettant la préparation à l'action de la lumière, les Bactéries se groupaient autour des brins d'Algues qui exhalaient de l'oxygène en vertu de leur fonction chlorophyllienne.

Des Paramœcies placées dans un tube avec de l'eau bouillie tombent, ainsi que l'a vu **Verworn**, en état de mort apparente, mais reviennent à la vie sitôt que l'on met la surface du liquide en contact avec une bulle d'air.

Ces faits, qui démontrent bien l'action de l'oxygène sur la cellule, ne nous donnent point encore le mécanisme de cette action et nous ignorons sous quelle forme le gaz pénètre dans la cellule pour s'y dissoudre dans le protoplasma ou dans le suc cellulaire.

10 janvier 1894.

DOUZIÈME LEÇON

PRODUITS DE L'ACTIVITÉ CELLULAIRE

Transformation des substances alimentaires dans la cellule. — Produits figurés de
de l'activité formatrice de la cellule. — Leucites ou trophoblastes. — Chromoleucites.
— Pigments chlorophylliens. — Matières colorantes des Algues. — Hypochlorine. —
Végétaux dépourvus de chlorophylle. — Chlorophylle animale. — Opinions anciennes.
Les corps verts des animaux considérés comme Algues parasites. — Pigments verts
des animaux ; leur action physiologique. — Animaux à chlorophylle diffuse. —
Morphologie des grains verts des animaux. — Opinion de Ray Lankester. —
Multiplication des corps chlorophylliens des animaux ; expériences d'inoculation. —
Véritable nature des corps chlorophylliens des animaux. — Symbiose. — Flagellés à
chromoleucites.

MESSIEURS,

Transformation des substances alimentaires dans la cellule.
Quand les substances alimentaires, solides, liquides ou gazeuses ont
pénétré dans la cellule, elles y subissent diverses transformations chimiques importantes ; les unes sont destinées à entretenir les fonctions vitales
de la cellule, à remplacer les éléments qui se détruisent, qui sont brûlés
par l'oxygène pour donner la force vive nécessaire au travail de la cellule ;
d'autres servent à l'accroissement de la masse protoplasmique ; d'autres
sont transformées en matières de réserve susceptibles d'être utilisées, plus
tard, par le protoplasma; d'autres enfin sont sécrétées en dedans ou en dehors de la cellule pour y remplir une fonction déterminée. Mais tous les
processus chimiques qui président à ces transformations nous sont encore
presque complètement inconnus. On sait seulement, d'après les expériences faites sur les êtres pluricellulaires, que, sous l'influence de certaines
conditions, la matière inorganique peut être transformée par la cellule en
matière organique, et l'on distingue deux groupes d'êtres selon qu'ils contiennent ou non de la chlorophylle. Les premiers peuvent, sous l'action de
la lumière, absorber de l'acide carbonique et de l'eau, produire par synthèse
des composés ternaires, comme le sucre et l'amidon. Ces substances ternaires peuvent à leur tour être reprises par la cellule même qui les a produites et transformées en substances quaternaires. Le second groupe renferme les êtres dépourvus de chlorophylle qui sont obligés de prendre aux
êtres du premier groupe les matières ternaires et quaternaires dont ils ont

besoin pour leur nutrition. Ils sont incapables de les fabriquer eux-mêmes de toutes pièces, aux dépens d'éléments minéraux.

Je ne m'étendrai pas davantage ici sur tous ces faits qui appartiennent au domaine de la physiologie générale et qui ont été magistralement traités par **Claude Bernard** (1880) dans son ouvrage sur « *les Phénomènes de la vie communs aux animaux et aux végétaux.* »

Produits figurés de l'activité formatrice de la cellule.

Parmi les substances qui prennent naissance dans la cellule pendant que s'accomplissent les phénomènes chimiques de la nutrition, les unes restent en dissolution dans le protoplasma, les autres se présentent sous forme d'éléments figurés et peuvent être étudiées morphologiquement. Ces produits figurés, beaucoup plus nombreux et plus importants dans les cellules végétales que dans les cellules animales, peuvent être rangés sous deux catégories : les uns, que nous appellerons, avec **Hertwig**, les *produits internes*, se trouvent dans le corps cellulaire, les autres, les *produits externes*, se forment à la périphérie de la cellule.

Nous étudierons d'abord les produits internes du protoplasma végétal.

Leucites ou trophoblastes

Le protoplasma de la plupart des cellules végétales renferme, outre le noyau, de petits corps réfringents auxquels on a donné le nom de *leucites* (**Van Tieghem**) ou de *trophoblastes*. Ces corps affectent une forme plus ou moins arrondie ou ovalaire, mais parfois prennent l'aspect de bâtonnets, de fuseaux (*Phajus*, *Melandryum*). L'eau les gonfle et les fait disparaître, l'alcool les contracte. L'iode les colore en une teinte brune foncée, plus accentuée que celle du protoplasma environnant. Ils ont enfin pour une matière colorante d'aniline, la nigrosine, une affinité toute particulière et prennent sous l'action de ce réactif une couleur gris d'acier foncée. On les trouve soit autour du noyau, soit dans les travées protoplasmiques, soit dans les couches pariétales de la cellule, mais jamais dans le noyau ni dans le suc cellulaire. Ces corps, dont le mode de genèse n'est pas encore connu et qu'on regardait comme des parties différenciées, devraient être assimilés, d'après M. **Van Tieghem**, aux tonoplastes de **de Vries** ; ce seraient des éléments constitutifs de la cellule, et, pas plus que le noyau, ils ne naîtraient jamais directement du protoplasma. A mesure que la cellule grandit ses leucites se

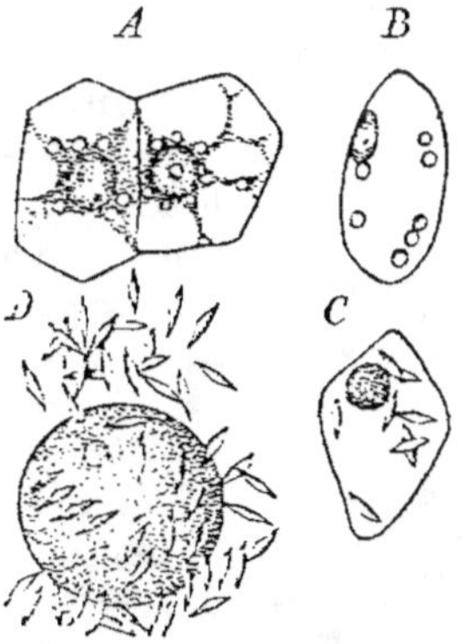

Fig. 116. — Leucites incolores, sphériques dans A et B, fusiformes dans C et D. A : cellules périphériques de la tige du *Philodendron grandifolium* ; B et C : de la graine du *Melandryum macrocarpon* ; D : de la racine du *Phajus grandiflorus* : les leucites sont amassés autour du noyau. (D'après SCHIMPER, fig. empruntée à VAN TIEGHEM).

multiplient par division. **Schmitz, Schimper, Meyer**, les ont vus s'allonger, s'étrangler par le milieu et donner naissance à deux leucites.

Ebardt (1890) cependant n'admet pas que les leucites soient des organes permanents de la cellule, pour lui ces corps sont des produits de différenciation du protoplasma et constitués par la substance fondamentale des grains d'amidon. Enfin **E. Belzung** (1891) n'admet pas même l'existence des leucites ; il n'a pu les observer dans les cellules des embryons en voie de formation.

Il convient de distinguer deux sortes de leucites ; les uns se trouvent dans les cellules des végétaux en état de vie active, les autres dans celles des tissus en état de vie latente, des graines par exemple. Les premiers sont les leucites actifs, les seconds les leucites passifs ou de réserve. La nature de ces deux espèces de leucites semble assez différente.

Chromoleucites. Les leucites actifs sont primitivement incolores et on peut voir apparaître, dans leur intérieur, d'autres corps qui sont des grains d'amidon, des cristaux, etc. Le phénomène le plus important, dont il sont le siège, est la formation, dans leur substance même, de pigments particuliers qui s'y développent sous l'influence de la lumière. Les leucites qui contiennent ces pigments prennent le nom de *chromoleucites* ou de *chromoplastes*.

Au moment où le pigment prend naissance dans les leucites il présente une coloration jaune et porte le nom d'*étioline* ou de *xanthophylle*. Seul ce pigment se développe et persiste dans les cellules des plantes qui croissent à l'abri de la lumière. **Elfwing** (1880) a montré qu'une température inférieure à 10° c. et les rayons rouges ou jaunes du spectre activent la formation de l'étioline. Sous l'influence de la lumière blanche, un pigment vert, le *pigment chlorophyllien* vient se surajouter au pigment jaune : les *xantholeucites* se transforment alors en *chloroleucites* ou *chloroplastes*.

Fig. 117. — Corps chlorophylliens de la feuille de *Funaria hygrometrica* au repos et en voie de division; gross. 340 (D'après STRASBURGER, fig. empruntée à O. HERTWIG).

Les corps chlorophylliens présentent une forme très variable selon les espèces. Chez les *Spirogyra*, ils forment des rubans transversaux, longitudinaux ou spiralés. Chez les *Zygnema* on trouve deux corps chlorophylliens en forme d'étoiles dont le centre est généralement occupé par un grain d'amidon. La plupart du temps cependant ce sont des corps arrondis, ovalaires ou en forme de tablettes. Leur nombre varie beaucoup. Nous avons déjà vu quelle était, d'après **Schwarz**, la constitution chimique des grains de chlorophylle. Vous vous rappelez qu'ils se composent de deux substances, l'une fondamendale, la *chloroplastine* formée de filaments juxtaposés et contenant souvent des grains réfringents *ou grains de Meyer*, l'autre interposée aux filaments, soluble dans l'eau, la *métaxine*. Dans certains cas ces leucites paraissent homogènes.

D'après **Pringsheim, Tschirch** et **Chodat** les grains de chlorophylle auraient une structure lacuneuse. Pour **Belzung**, certains grains résulteraient d'une transformation des grains d'amidon ; ceux-ci s'uniraient à des substances azotées du suc cellulaire et deviendraient ainsi le substratum du pigment chlorophyllien. Les grains de chlorophylle dans les cellules vivantes, par suite même de leur activité, subiraient, pendant le jour, une dégénérescence amylacée ; ils se dédoubleraient en amidon et en substance azotée se redissolvant dans le suc cellulaire ; durant la nuit, la combinaison de la substance protéique et de l'amidon se reformerait. Les corps chlorophylliens, d'après cette manière de voir, seraient constamment en voie de transmutation.

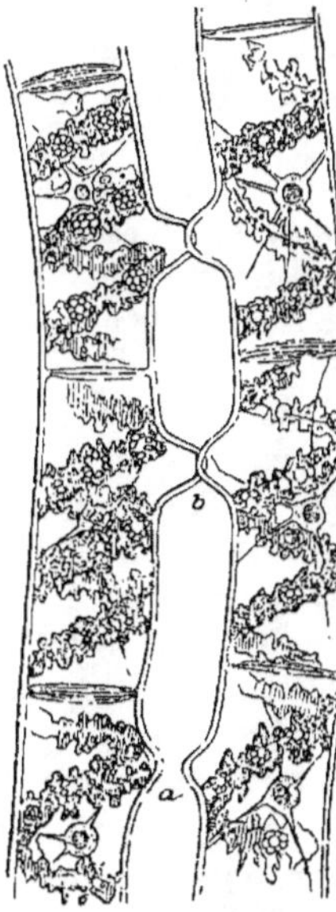

L'alcool et l'éther dissolvent le pigment chlorophyllien et prennent alors une belle couleur verte, dichroïque, verte par transparence et rouge par réflexion. Si l'on additionne la solution alcoolique de chlorophylle de son volume de benzine et qu'on agite le mélange, la couche de benzine, qui surnage lorsqu'on laisse reposer le liquide, prend une belle coloration verte et l'alcool devient jaune ; la benzine s'est emparée de la *chlorophylle*, l'alcool a retenu la *xanthophylle*. L'on démontre ainsi que le pigment chlorophyllien se compose de deux substances.

En traitant la benzine chargée de chlorophylle par des procédés appropriés, on arrive à faire cristalliser celle-ci sous forme d'aiguilles vertes, aplaties, insolubles dans l'eau, solubles dans l'alcool, l'éther, le chloroforme la benzine, le sulfure de carbone et surtout dans l'huile depétrole. La chlorophylle ainsi purifiée est légèrement acide et peu donner des sels avec les bases. Sous l'action de l'acide chlorhydrique elle se dédouble en deux substances l'*acide phyllocyanique* vert bleuâtre, et la *phylloxanthine* jaune, brune.

La xanthophylle peut aussi cristalliser sous forme de cristaux jaunes appartenant au système rhombique.

M. **Gautier** (1886) a montré que le pigment chlorophyllien varie sensiblement d'une plante à l'autre ; celui des Monocotylédones n'a pas la même composition que celui des Dicotylédones. La chloro-

Pigments chlorophylliens.

Fig. 113. — *Spirogyra longata.* Quelques cellules de deux filaments qui se préparent à la conjugaison. Elles montrent les rubans chlorophylliens enroulés en spirale et dans lesquels sont plongés des grains d'amidon disposés en cercles ; on y voit aussi disséminées de petites gouttes d'huile. Dans chaque cellule, le noyau est entouré d'une couche de protoplasma, de laquelle partent des filaments protoplasmiques qui se rendent à la paroi cellulaire. (D'après SACHS, fig. empruntée à O. HERTWIG).

phylle de l'Épinard a pour formule $C^{40}\ H^{66}\ Az^2\ O^4$, celle de la Mauve, d'après **Moirot**, $C^{18}\ H^{20}\ Az^2\ O^3$.

Les chloroleucites peuvent disparaître dans les cellules et se dissoudre dans le protoplasma ; c'est ce que l'on observe dans les cellules des feuilles caduques à l'approche de l'automne ; en même temps, le pigment chlorophyllien disparaît et s'altère : à sa place on ne trouve plus dans la cellule que des granules jaunes brillants, et souvent aussi une substance rouge dissoute dans le suc cellulaire.

Il se passe aussi des changements intéressants dans les cellules des végétaux à feuilles persistantes dont la couleur claire pendant l'été devient brunâtre pendant l'hiver. Chez le Buis, les Conifères, la xanthophylle persiste tout le temps ; la chlorophylle au contraire devient brune durant l'hiver.

Matières colorantes des Algues. — Pour terminer ce qui a trait aux chromoplastes, je dirai quelques mots des pigments surajoutés à la chlorophylle dans certains groupes d'Algues. Chez les Floridées, par exemple, la teinte du thalle est d'un beau rouge, mais si l'on place ces Algues dans l'eau douce, on voit au bout d'un certain temps la matière colorante rouge se rassembler dans la cellule sous forme de gouttelettes, se dissoudre dans l'eau et l'Algue prendre alors une coloration verte. La matière rouge surajoutée à la chlorophylle dans les Floridées prend le nom de *phycoérythrine*. Chez les Algues brunes, telles que les Fucacées, c'est la *phycophéine*, chez les Oscillaires le pigment surajouté est bleu, c'est la *phycocyanine*. Chez les Diatomées, enfin, où il est jaune, il prend le nom de *phycoxanthine* ou *diatomine*.

Hypochlorine. — Les chloroleucites adultes peuvent renfermer dans leur intérieur des grains d'amidon, des gouttelettes huileuses et, chez beaucoup d'Algues, des cristaux. En 1879, **Pringsheim** a retiré de la chlorophylle une substance particulière, l'*hypochlorine*, d'apparence huileuse, cristallisant à la longue en aiguilles d'un rouge-brun et résultant du traitement des grains de chlorophylle par l'eau chaude ou l'acide chlorhydrique étendu de quatre fois son volume d'eau. Il est à remarquer que cette substance ne prend jamais naissance dans les cellules des Algues ayant des pigments surajoutés.

Végétaux dépourvus de chlorophylle. — Si la chlorophylle existe dans un grand nombre de végétaux, il en est cependant qui en sont complètement dépourvus. Tels sont les Champignons, quelques Cyanophycées (*Beggiatoa, Leuconostoc*) ; et parmi les Phanérogames, les Orobanches, la Cuscute, le *Neottia nidus-avis*, le *Limodorum abortivum* sont incolores : on a pu cependant trouver des traces de chlorophylle dans les leucites de quelques-unes de ces espèces. A côté de ces exceptions, je vous rappellerai que, si les Bactériacées sont généralement incolores, quelques espèces renferment des pigments, et que le *Bacillus virens* et le *Bacterium viride* renferment de la chlorophylle ; mais dans ces espèces, on ne voit pas de chromoleucites et le pigment vert paraît imprégner tout le corps cellulaire.

La chlorophylle est-elle un pigment exclusivement propre aux cellules végétales ou peut-elle se développer aussi dans les cellules animales ? C'est une question qui a vivement intéressé les biologistes depuis quelques années et qui, comme vous allez le voir, n'est pas encore résolue à l'heure actuelle. Chlorophylle animale.

On connait, depuis longtemps, des animaux colorés en vert. Beaucoup d'Infusoires, les Spongilles, l'Hydre verte, des Turbellariés, des Vers, la Bonellie, présentent au plus haut degré la coloration verte. Cette coloration est-elle due, dans les cellules animales, à un pigment spécial, à la chlorophylle, ou à des corps parasites ?

Bouvier (1893) a récemment analysé avec soin, dans un mémoire spécial, les travaux publiés sur ce sujet, et je ne puis mieux faire ici que de vous résumer son mémoire.

L'idée d'attribuer la coloration des animaux verts à la présence de parasites végétaux n'est pas nouvelle ; déjà en 1824, **Bory de Saint-Vincent** admettait que la couleur verte des Spongilles était due à une Algue parasite qu'il nomma *Anabænia impalpabilis*. Opinions anciennes.

Cette manière de voir ne fut pas adoptée et **Siebold**, en 1849, attribue la coloration verte des Infusoires, de l'Hydre et des Turbellariés à la présence d'un pigment très voisin de la chlorophylle sinon identique.

Max Schultze et **Cohn** (1851), en étudiant comparativement à l'aide de l'analyse chimique le pigment contenu dans les plantes et celui que renferment les grains verts du *Stentor,* du *Vortex viridis*, de l'*Hydra viridis*, etc. arrivèrent à la conclusion que les deux substances étaient identiques.

Stein (1854) adopte la même manière de voir ; il en est de même de **Claparède** et **Lachmann** (1857) et de **Ray Lankester** (1868) qui examine le pigment chlorophyllien au moyen de l'analyse spectroscopique.

Cohn (1872) analysant l'extrait alcoolique de l'*Ophrydium versatile* conclut à la présence de la chlorophylle dans cet Infusoire.

Cependant **Sorby**, en 1873, en étudiant par des procédés chimiques la substance colorante des animaux verts, montra que le pigment vert de la Bonellie diffère de la chlorophylle par plusieurs caractères importants. La solution alcoolique de ce pigment traitée par les acides, puis neutralisée, ne change pas, tandis que la solution de chlorophylle, dans les mêmes conditions, est modifiée et donne un spectre différent. **Sorby** trouve au contraire que le pigment de la Spongille d'eau douce se comporte comme la chlorophylle.

D'un autre côté, **Max Schultze** (1851), **Schneider** (1871), M. **Balbiani** (1873), en examinant la morphologie des corps verts des Infusoires et du *Vortex*, avaient constaté qu'ils se multiplient par division, comme les chloroleucites des végétaux. En outre, les expériences déjà anciennes de **Hogg** (1840), qui avait vu des spécimens verts de Spongille émettre des bulles de gaz à la lumière solaire, comme une partie verte de végétal submergée, et les recherches plus récentes de **Geddes** (1878), qui démontraient que la *Con-*

voluta roscoffensis dégage de l'oxygène lorsqu'on l'expose au soleil, permettaient d'admettre que les animaux colorés en vert renfermaient de la chlorophylle, et que la fonction chlorophyllienne n'était pas spéciale aux végétaux. Aussi jusqu'en 1881 tous les naturalistes partagèrent à peu près unanimement cette manière de voir.

Les corps verts des animaux considérés comme Algues parasites.

Mais vers cette époque **Geza Entz** et **Brandt**, étudiant séparément les corps verts qui se trouvent dans certains Infusoires, annoncèrent que ces corps étaient de véritables Algues parasites, confirmant en cela l'idée anciennement émise par **Bory de Saint-Vincent**. **Brandt** donna à ces Algues les noms de *Zoochlorella*, *Zooxanthella*, suivant qu'elles sont colorées en vert ou en jaune (dans les Radiolaires par exemple).

La question de savoir s'il existe dans la cellule animale un pigment chlorophyllien qui lui appartient en propre se trouvait donc entièrement remise à l'étude, et elle a provoqué, depuis 1881, de nombreux travaux aux points de vue chimique, zoologique et morphologique.

Pigments verts des animaux.

Un auteur anglais, **Mac Munn**, qui a beaucoup étudié le pigment vert des animaux dans une série de mémoires parus de 1883 à 1890, distingue deux sortes de chlorophylles. La première, qu'il a surtout étudiée chez une Actinie riche en grains bruns ou *Zooxanthella*, l'*Anthea cereus*, et chez les Spongilles, serait absolument et chimiquement identique à la chlorophylle végétale. Les animaux qui la présentent sont appelés par l'auteur animaux à chlorophylle.

Dans ce groupe l'auteur range dix espèces d'Éponges appartenant aux genres *Halichondria*, *Halina*, *Grantia*, *Leuconia*, et *Pachymastina*.

La deuxième sorte de pigment vert, qu'il nomme *entérochlorophylle* ou *pigment chlorophylloïde*, se trouve dans le foie des Mollusques, des Échinodermes, de certains Arthropodes.

Cette entérochlorophylle, généralement associée à un pigment jaune difficilement séparable, présente avec la chlorophylle des différences dans les bandes d'absorption du spectre. Mais, des élytres et de diverses parties du corps la Cantharide, **Mac Munn** a retiré un pigment qui présente toutes les réactions de la chlorophylle.

Action physiologique des pigments verts.

En 1883, **Geddes** reprend l'étude des pigments chlorophylliens au point de vue physiologique. Il aurait vu les animaux tels que l'*Anthea cereus*, le *Ceriactis* dégager de l'oxygène grâce aux grains verts qu'ils contiennent et qu'il considère avec **Brandt** comme parasites. Au contraire la Bonellie, dont le pigment est diffus dans le protoplasma, l'*Idotea viridis*, le *Chætopterus insignis*, Annélide dans laquelle **Mac Munn** avait trouvé de la chlorophylle, ne semblent point renfermer de la chlorophylle, car ils ne donnent lieu à aucun dégagement de gaz.

D'autres observateurs tels qu'**Engelmann**, en utilisant la méthode dont je vous ai déjà parlé et fondée sur l'attraction qu'exerce sur les Bactéries l'oxygène, dégagé par les organismes verts sous l'influence de la lumière, ont mis des animaux verts en présence de ces microrganismes et ont pu les voir entourés par eux de la même façon qu'un brin d'Algue verte. **Engelmann** a pu ainsi démontrer la décomposition de l'acide carbonique par la *Vorticella campanula*, le *Paramœcium bursaria* et l'*Hydra viridis*. **K. Brandt** a obtenu les mêmes résultats avec les Radiolaires jaunes.

Ces faits démontrent bien l'existence de la chlorophylle chez les animaux, mais ils ne permettent pas de décider si cette substance leur appartient en propre ou est contenue dans des organismes parasites.

Il existe cependant certains animaux très intéressants, malheureusement rares, qui présentent une teinte verte uniforme et chez lesquels la chlorophylle existe à l'état diffus. Telle est par exemple la *Vorticella campanula* signalée pour la première fois, en 1883, par **Engelmann**. Les exemplaires verts de cet Infusoire ne sont pas communs, et l'intensité de leur coloration est très variable. Le pigment vert est localisé dans l'ectoplasma, et présente des caractères physiologiques et physicochimiques identiques à ceux de la chlorophylle. Dans certaines conditions ce pigment se résout sous forme de gouttelettes, phénomène qui s'observe aussi quelquefois dans les cellules végétales. **Engelmann** a trouvé aussi de la chlorophylle diffuse chez la *Cothurnia crystallina*. D'autres auteurs, **Sallitt** chez la *Vorticella chlorostigma*, **Ryder** chez le *Stentor Mülleri* et la *Freya producta*, prétendent avoir également constaté la chlorophylle à l'état diffus; mais, suivant **Ryder**, la *Vorticella chlorostigma* présenterait des corps chlorophylliens différenciés.

Ces faits seraient très importants à constater et à vérifier; ils permettraient de trancher définitivement la question de la production de la chlorophylle par les cellules animales.

La forme des grains verts que l'on trouve chez les animaux est assez variable. Le plus souvent ils sont arrondis, sphériques ou ovalaires, ils sont un peu allongés chez l'*Acanthocystis pectinata*, réniformes chez l'*Hydra viridis*, et ils deviennent irréguliers chez l'*Elysia viridis*.

Delage (1886) et **Haberlandt** (1891), chez la *Convoluta roscoffensis*, ont constaté qu'ils se déforment facilement et présentent une grande plasticité. Leur diamètre varie de 1,5 à 12 μ, cependant il est à peu près constant chez une même espèce. Chez les Infusoires, ils siègent presque toujours dans l'ectoplasma ; mais ils peuvent se rencontrer dans l'endoplasma. **Schuberg**, chez le *Stentor polymorphus*, **Sallitt**, chez le *Paramœcium bursaria* et le *Stentor polymorphus*, **Schewiakoff**, chez le *Frontonia leucas*, **Dangeard**, chez l'*Acanthocystis viridis*, les placent dans l'endoplasma. Ils sont logés dans le mésoderme des Spongilles. Dans l'Hydre verte on les trouve surtout à la base des cellules endodermiques. **Nussbaum** dit cependant les avoir observés dans toutes les cellules du corps chez les Hydres dont la coloration verte était très accentuée. Chez la *Convoluta*, c'est dans un parenchyme lâche situé au-dessous de la couche musculaire périphérique qu'on les observe. Enfin, dans les Tridacnes, d'après **Brock**, on les trouverait dans le sang des lacunes palléales, ou localisés dans les tissus qui entourent les organes hypocratériformes du manteau.

Passons maintenant à l'étude de la structure des corps chlorophylliens différenciés que l'on trouve chez les animaux. Ces corps ont été d'abord étudiés par **Brandt** (1882) et par **Geza Entz** (1882), puis par **Nussbaum** (1887), **Famintzin** (1889-91), **Penard** (1890), **Beyerinck** (1890), **Haberlandt** (1891) et **Le Dantec** (1892).

Pyrénoïde.

Lorsqu'on écrase un Infusoire cilié contenant des grains verts, un *Paramœcium bursaria* par exemple, on met facilement en liberté dans le liquide ambiant un grand nombre de petits corps arrondis, analogues aux chloroleucites. Ceux-ci présentent toutefois une constitution spéciale qui les différencie des grains de chlorophylle dont nous avons étudié plus haut la structure chez les végétaux. Ils se composent d'un chromoleucite vert recourbé en forme de calotte, contre la paroi du grain qui le contient. Le reste de ce grain incolore et transparent contient en outre souvent des grains d'amidon et un corps particulier, auquel on a donné le nom de *pyrénoïde* (1). Enfin autour du grain on constate l'existence d'une membrane d'enveloppe bien différenciée qui l'isole du protoplasma de l'Infusoire. Le pyrénoïde semble présenter la composition chimique des substances chromatiques ; il se colore à la façon d'un noyau. Chez beaucoup d'espèces d'Infusoires (Paramœcies, Stentors) il est très facile à mettre en évidence en raison de son volume. On peut en trouver plusieurs dans un même grain. Le corps chlorophyllien peut présenter des formes un peu différentes de celle que nous venons de décrire, ainsi, chez la Tridacne, **Brock** a vu dans chaque grain un grand nombre de petits corps verts au lieu d'une calotte hémisphérique, mais c'est là une exception : il en serait de même chez le *Vortex viridis* d'après **Geddes**.

Noyau.

C'est **Brandt** qui, pour la première fois, a signalé l'existence d'un noyau dans les grains verts des Infusoires et l'a mis en évidence au moyen de l'hématoxyline ou du rouge de Magdala ; c'est lui aussi qui y a décélé une membrane cellulosique, prenant une coloration violette par l'iode et l'acide sulfurique.

Depuis **Brandt**, la plupart des auteurs ont constaté l'existence du noyau, mais celle de la membrane est encore contestée par beaucoup d'entre eux. Une membrane de cellulose est admise par **Mac Munn** et par **Dangeard**, tandis que, suivant **Hamann, Nussbaum, Brock, Famintzin**, les grains chlo-

---

(1) Des pyrénoïdes existent dans les chloroleucites chez la plupart des Algues vertes, des Diatomées, des Némaliées et des Bangiées parmi les Floridées, de l'*Anthoceros* parmi les Hépatiques. C'est autour de ces corps, colorables par le carmin et quelques autres matières colorantes, que se forment les grains d'amidon.

rophylliens seraient bien entourés d'une membrane différenciée, mais celle-ci serait dépourvue de cellulose. **Haberlandt** n'a vu autour des grains de la *Convoluta* qu'une enveloppe plasmatique incolore.

Outre les organes que je viens de vous signaler, **Geza Entz** aurait observé dans certaines formes de ces grains une vacuole contractile et **Kessler** (1887) aurait fait la même observation sur les grains d'une Planaire d'eau douce. D'après **Bütschli** cependant, qui critique les observations de ces auteurs, ceux-ci auraient confondu avec les véritables grains de l'individu en expérience des Flagellés récemment avalés par lui, et contenant une vésicule contractile. L'on sait que chez les Infusoires la proie contenue dans une vacuole temporaire du protoplasma continue à y vivre et à s'y mouvoir pendant quelques minutes. Ce serait la vacuole d'un Flagellé et non celle d'un véritable grain que **Geza Entz** et **Kessler** auraient aperçue. *Vacuole contractile*

Enfin on trouve très souvent, dans le centre des corps verts, un ou plusieurs grains d'amidon.

Haberlandt a vu, dans les corps verts de la *Convoluta*, un autre petit grain réfringent sur la signification duquel il ne se prononce pas. Sa forme est irrégulière et il paraît lui-même composé d'une agrégation de granules plus petits. Ces grains réfringents disparaissent assez rapidement sur les corps verts isolés et sont d'ailleurs solubles dans l'eau distillée.

Signalons enfin l'observation de **Famintzin** qui, dans les grains verts du *Stentor*, aurait constaté l'existence d'une tache rouge analogue au point oculiforme des Flagellés, mais différente de celui-ci par le fait que la substance qui la compose est insoluble dans l'alcool absolu.

Tous ces caractères tendent déjà à prouver que l'on se trouve en présence, non point de véritables chromoleucites, mais d'Algues parasites appartenant probablement à la famille des Palmellacées.

Ray Lankester (1882-83) continue cependant à combattre énergiquement cette manière de voir. Ses arguments sont les suivants : 1° les grains seraient constitués uniquement par un chloroleucite et le protoplasma incolore qui les entoure ne serait qu'un fragment de celui de l'hôte entraîné au dehors avec le chloroleucite ; 2° dans un même individu, la forme et la grandeur des grains peuvent varier ; 3° ces grains ne possèdent ni noyau, ni membrane. *Opinion de Ray Lankester.*

Ryder, Girod, Sallitt soutiennent aussi la même opinion. **Ray Lankester** se base également sur le mode de genèse des grains verts. Ceux-ci apparaissent d'après lui sous forme de grains incolores qui ensuite se chargent peu à peu de pigment vert, exactement comme les chloroleucites des végétaux. Il cite à l'appui de sa manière de voir les observations de **Kleinenberg** sur l'Hydre d'eau douce. **Kleinenberg** (1872) en étudiant l'œuf de l'Hydre verte y a vu des corps incolores qui, sous l'influence d'une trace d'acide sulfurique, prennent une légère coloration verdâtre, réaction identique à celle de certains leucites végétaux, ceux du *Neottia nidus-avis* par exemple.

Au fur et à mesure que l'œuf se développe les grains incolores se chargent peu à peu de pigment chlorophyllien. Il convient toutefois de faire remarquer que, chez l'Hydre brune, où il n'existe jamais de grains verts, on retrouve aussi les mêmes corps, que l'on considère alors comme des matériaux de réserve. En outre, les observations de **Hamann** (1882) et de **Nussbaum** (1887) ont montré que les corps verts du corps de l'Hydre pénètrent en grand nombre dans l'œuf alors que celui-ci est encore renfermé dans les tissus de l'animal.

Graff (1884) a observé que des œufs de *Vortex viridis* abandonnés à eux-mêmes dans un aquarium donnent des embryons incolores. C'est donc seulement plus tard qu'ils verdissent, probablement après la pénétration des Algues parasites.

Multiplication des corps chlorophylliens des animaux.

Il est un autre caractère qui tend à prouver l'individualité des grains de chlorophylle que l'on trouve chez les animaux ; je veux parler de leur mode de multiplication par scissiparité. Les grains de chlorophylle eux aussi se multiplient de cette façon mais d'une manière différente : ils se divisent simplement en deux par étranglement. Les corps verts des animaux forment au contraire, par leur division, des groupes de quatre et rappellent ainsi beaucoup le mode de division des Algues inférieures. Ce fait avait été constaté par **Max Schultze**, en 1851, et par **Schneider**, en 1871, puis par M. **Balbiani**, en 1873, chez le *Stentor* ; il a été également signalé par **Geza Entz** chez l'Hydre verte où les grains verts se divisent simultanément en quatre parties.

Mais, il y a d'autres faits encore plus importants en faveur de l'individualité de ces corps. **Cienkowsky**, en 1871, constata que les corps jaunes des Radiolaires, extraits de ces organismes, pouvaient vivre isolément pendant un certain temps. **Brandt**, en répétant la même expérience sur les corps verts des Infusoires, vit ces grains conserver leur vitalité pendant trois à quatre semaines et reconnut même qu'ils étaient alors susceptibles de former des grains d'amidon dans leur intérieur. Depuis lors, **Hamann**, **Schewiakoff** et **Bütschli**, **Beyerinck**, **Famintzin** ont réussi à isoler, à conserver et à faire multiplier les grains verts de différentes espèces animales. **Famintzin** a pu cultiver les corps verts de *Paramœcium bursaria* dans un milieu artificiel composé de : eau 1000, phosphate acide de potasse 2, sulfate d'ammoniaque 1, avec traces de carbonate de magnésie et de sulfate de chaux en poudre. Il a cultivé également ceux du *Stentor* dans une solution d'agar-agar à 1,5 pour 100. **Beyerinck** a fait se développer les corps verts de l'Hydre dans de l'eau gélatinisée à 8 % additionnée de peptone (0,8 %) d'asparagine (0,2 %) et de sucre de canne (1 %), ou dans de l'eau de mer additionnée de quelques gouttes d'une décoction de malt.

Chaque variété de ces êtres exige d'ailleurs pour vivre et se multiplier un milieu artificiel spécial qu'il est assez difficile de déterminer et à la composition duquel on n'arrive que par tâtonnement.

Depuis longtemps déjà M. **Balbiani** puis M. **Dangeard** avaient constaté la possibilité de faire vivre les grains verts après leur isolement du corps de l'hôte. Mais ce n'est que plus tard que l'on est arrivé à les faire se multiplier.

Haberlandt, en étudiant les corps verts de la *Convoluta roscoffensis*, a constaté cependant qu'ils meurent après leur sortie du corps de la Planaire. Il convient de remarquer à ce propos que ces corps diffèrent un peu des autres par leur caractère plus prononcé d'adaptation, dénoncé d'ailleurs par l'absence d'une membrane d'enveloppe, et qu'on peut admettre ici que l'adaptation a détruit chez ces êtres la possibilité de mener une existence indépendante.

Enfin on a cherché à inoculer les corps verts extraits d'un organisme à d'autres organismes de même espèce ou d'espèce différente qui en étaient dépourvus. **Brandt** et **Geza Entz** s'étaient livrés à des expériences dans ce sens qui n'avaient donné que des résultats incertains ou peu probants. **Schewiakoff** (1891) puis **Le Dantec** (1892) sont arrivés à des conclusions plus rigoureuses. Le premier a réussi à infester avec des corps verts émanant du *Frontonia vernalis* une espèce incolore, le *Frontonia leucas*, qui n'en différait que par l'absence de corps verts et à démontrer ainsi l'identité des deux formes.

En écrasant dans de l'eau, où se trouvaient des *Paramœcium putrinum* incolores, quelques *Paramœcium bursaria* pourvus de grains verts, **Le Dantec** a vu les premières ingérer ces grains. Parmi ceux-ci les uns étaient digérés, puis rejetés, d'autres au contraire demeuraient dans le corps de l'hôte et s'y multipliaient.

Vous voyez que ces expériences tendent à montrer quelle est la vraie nature des corps chlorophylliens que l'on trouve chez les animaux. Dans une même espèce, ces grains peuvent manquer selon les individus, et s'ils étaient simplement des grains de chlorophylle, on ne comprendrait pas pourquoi ils se trouveraient chez certains individus et pourraient manquer chez d'autres. M. **Balbiani** (1888) a constaté que les *Frontonia vernalis*, qu'il rencontrait chaque année dans une mare de la forêt de Fontainebleau, deviennent régulièrement incolores vers le mois de septembre.

Certains animaux ne se montrent jamais dépourvus de corps verts ; on prétend qu'ils n'absorbent jamais de nourriture et vivent aux dépens de la chlorophylle qu'ils contiennent par un mécanisme analogue à celui de la nutrition des végétaux. C'est du moins ce qui se passerait chez la *Convoluta* d'après **Haberlandt** et il s'agirait alors, dans ce cas, d'une véritable symbiose.

Il parait donc nettement établi que les corps verts des animaux ne sont autre chose que des Algues parasites. **Famintzin** range ces Algues parmi les *Protococcus*, **Dangeard**, **Penard**, **Van Tieghem** les placent dans la famille des Palmellacées.

Beyerinck, ayant trouvé une petite Algue qui vit à l'état libre dans l'eau, la *Chlorella vulgaris*, et qui présente des dimensions variant entre 3-8 μ, est parvenu à la faire vivre dans le milieu de culture où se multipliaient les *Zoochlorella* de l'Hydre et il a constaté l'identité absolue des deux formes. Au point de vue morphologique, il range les *Zoochlorella*, comme sous genre, dans le genre *Chorella* (*Pleurococcus* Artazi) à côté des *Pleurococcus* et dans la famille des Palmellacées.

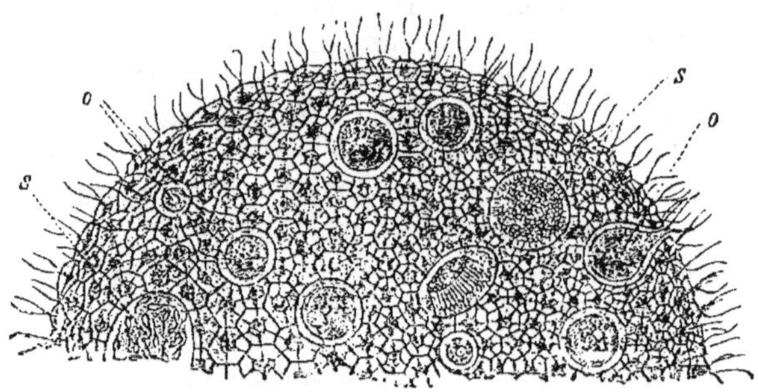

Fig. 119. — *Volvox globator*. Fragment d'une colonie sexuée hermaphrodite. Figure combinée d'après Cienkowsky et Bütschli et un peu schématisée. *s*; gamètes mâles (anthérozoïdes): *o*; gamètes femelles (œufs). (D'après Lang, fig. empruntée à O. Hertwig).

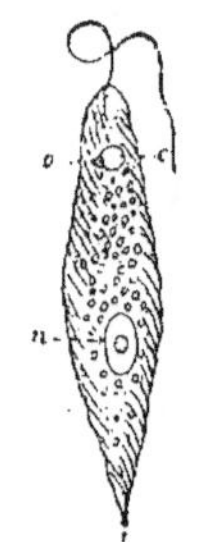

Fig. 120. — *Euglena viridis. n*, noyau ; *c*, vésicule contractile; *o*, tache oculiforme. (D'après Bütschli, fig. empruntée à O. Hertwig).

Symbiose

L'association de deux organismes tels qu'une Algue et un Infusoire est en tous points comparable à celle que l'on observe chez les Lichens, entre une Algue et un Champignon, et à laquelle on a donné le nom de *symbiose* (**de Bary**), de *consortium* (**Entz**), d'*association à bénéfices réciproques* (**Klebs**).

L'Algue produit de l'oxygène et de l'amidon et peut même donner à son hôte des éléments albuminoïdes figurés, ainsi qu'Haberlandt l'a constaté chez la *Convoluta*, où il a vu les corps verts émettre des bourgeons qui se dissolvent dans le protoplasma. De plus, à l'obscurité elle peut être digérée par l'hôte, et devenir alors un véritable aliment. Par contre, l'animal fournit à l'Algue un abri, de l'acide carbonique et les matières azotées dont elle a besoin pour sa nutrition. Dans certains cas, comme chez un grand nombre d'Infusoires ciliés, la symbiose est facultative ; dans d'autres, elle est constante ainsi que nous l'avons vu pour la *Convoluta*, chez laquelle l'association est si intime que l'hôte et le parasite ne peuvent plus vivre isolément.

Nous pouvons donc conclure que dans les cellules animales, il existe :

1° des pigments pseudo-chlorophylliens ; 2° peut-être un véritable pigment chlorophyllien à l'état diffus et 3° enfin des Algues vertes ou jaunes parasites.

Je ne vous ai pas parlé de certains Flagellés, les Euglènes, les *Chlamydomonas*, les Volvocinées, que les uns rangent parmi les animaux, les autres parmi les végétaux et qui renferment de véritables leucites chlorophylliens analogues à ceux des végétaux. Dans ces leucites on ne trouve ni noyau ni masse protoplasmique différenciée, mais on y a démontré la présence de pyrénoïdes. Si l'on prend des *Euglena viridis*, qu'on les fixe par l'acide osmique, qu'on les lave à l'alcool pour en extraire le pigment chlorophyllien, et qu'on les colore ensuite par le carmin, on constate, en outre du noyau, l'existence d'un certain nombre de petits corps colorés en rouge, plus pâles que le noyau. **Schmidt** et **Klebs** (1883), qui ont étudié ces corps, ont reconnu que c'étaient des pyrénoïdes, entourés de grains d'amidon, et occupant le centre de chromatophores aplatis.

Flagellés à chromoleucites.

13 janvier 1894.

TREIZIÈME LEÇON

PRODUITS DE L'ACTIVITÉ CELLULAIRE (suite).

Leucites de réserve : grains d'aleurone. — Globoïdes et cristalloïdes. — Amidon. — Formation des grains d'amidon : leur constitution chimique. — Paramylon. — Formation de l'amidon dans les cellules dépourvues de chlorophylle. — Autres produits internes de la cellule. — Produits externes de l'activité cellulaire. — Membrane de cellulose ; sa structure ; sa constitution chimique ; son mode d'accroissement. — Transformations de la membrane de cellulose. — Cellulose animale. — Chitine. — Origine des membranes secondaires de la cellule.

Messieurs,

Leucites de réserve ; grains d'aleurone.

Nous avons encore à parler des leucites de réserve que l'on trouve dans les cellules de l'albumen et de l'embryon des graines, qui passent à l'état de vie latente avant la germination. Ces leucites ont aussi reçu le nom de *grains d'aleurone*. Ils se présentent sous la forme de petits grains arrondis, ovoïdes, polyédriques, de grandeur variable, incolores, parfois bleuâtres, jaunâtres, rougeâtres ou verdâtres. Ils sont insolubles dans l'alcool, l'éther la glycérine et les huiles grasses, très solubles en totalité ou en partie dans l'eau, sauf de rares exceptions (*Cynoglossum, Empetrum*), et dans la potasse. Il faut donc, quand on les étudie, éviter soigneusement de les mettre en contact avec l'eau.

Ces grains sont généralement dépourvus de structure ; mais, si sur les plus gros d'entre eux on fait agir d'abord l'alcool, puis un peu d'acide sulfurique, on y décèle l'existence de couches concentriques. Le plupart du temps ils renferment dans leur intérieur des enclaves constituées par des corps de nature organique, qu'on a désignés sous les noms de *globoïdes* et de *cristalloïdes*, et par des cristaux.

Jusque dans ces dernières années on considérait les grains d'aleurone comme constitués par des parties différenciées du corps protoplasmique de la cellule, analogues aux leucites proprement dits. M. **Van Tieghem** (1888), en se basant sur les observations de **Went** et de **Wakker** (1888) ainsi que sur ses propres recherches, les regarde aujourd'hui comme des hydroleucites albuminifères desséchés. Lorsque la cellule passe à l'état de vie latente et perd la plus grande partie de son eau, les vacuoles ou hydroleucites se contractent, leur contenu albuminoïde renfermant souvent un cristalloïde se soli-difie, et elles constituent alors autant de grains d'aleurone. Les leucites de réserve auraient donc une origine et une constitution différente des leucites actifs.

Les globoïdes sont, comme leur nom l'indique, généralement arrondis, *Globoïdes.* et de très petite taille; ils sont souvent en nombre considérable dans un grain d'aleurone. Insolubles dans l'eau, l'alcool et la potasse étendue, ils se dissolvent dans les acides minéraux et les acides organiques. L'analyse microchimique y démontre, d'après M. **Van Tieghem**, la présence de la magnésie, de la chaux et de l'acide phosphorique copulé avec un acide organique, qui paraît être l'acide glycérique ou l'acide saccharique. La substance des globoïdes serait donc un phosphate copulé (glycéro-phosphate, ou saccharo-phosphate) de chaux et de magnésie, où la magnésie prédomine.

Les cristalloïdes, de nature protéique, *Cristalloïdes.* se montrent sous forme de corps d'apparence cristalline, les uns monoréfringents présentant l'hémiédrie tétraédrique du système cubique, les autres biréfringents à un axe et présentant l'hémiédrie rhomboédrique du système hexagonal. Ces deux formes ne se trouvent jamais associées dans une même espèce végétale; la première est plus rare que la seconde. Les cristalloïdes se gonflent dans l'eau; ils sont solubles dans l'eau salée, dans les acides et la potasse étendus; ils présentent les réactions des substances albuminoïdes. **Zimmermann** a constaté qu'ils sont érythrophiles.

Stock (1892) a récemment étudié le mode de formation et la distribution

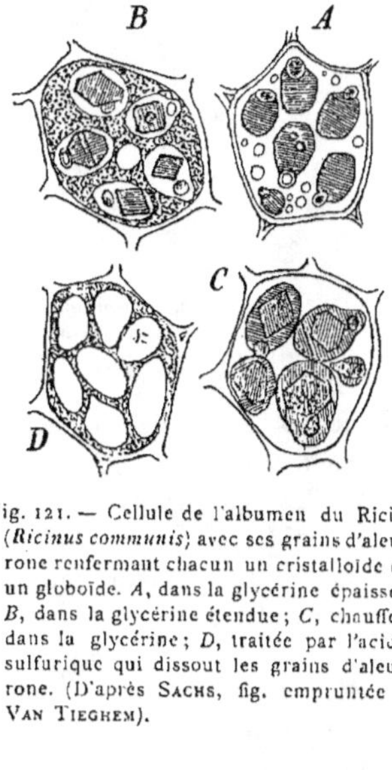

Fig. 121. — Cellule de l'albumen du Ricin (*Ricinus communis*) avec ses grains d'aleurone renfermant chacun un cristalloïde et un globoïde. *A*, dans la glycérine épaisse; *B*, dans la glycérine étendue; *C*, chauffée dans la glycérine; *D*, traitée par l'acide sulfurique qui dissout les grains d'aleurone. (D'après SACHS, fig. empruntée à VAN TIEGHEM).

des cristalloïdes chez diverses plantes; il les a observés dans le noyau, les chromatophores, le protoplasma et le suc cellulaire, dans les cellules en activité. Ces corps apparaissent sous leur forme cristalline, et ne peuvent être considérés comme des produits de sécrétions; ils se dissolvent avant la mort de l'organe qui les renferme. La lumière ne paraît pas exercer une influence notable sur leur production. Ceux du noyau et des chromatophores disparaissent quand la quantité d'azote diminue dans les aliments fournis à la plante; l'absence de sels de chaux dans ces aliments amène au contraire une production plus grande de cristalloïdes. Chez beaucoup d'espèces d'Oléacées, ces corps sont très nom-

breux dans les écailles des bourgeons ; **Stock** les considère comme des
matériaux de réserve.

Poirault(1894) dans ses recherches sur les Cryptogames vasculaires a
examiné environ 60 espèces de Polypodiacée s et de Cyathacées et a trouvé
très souvent des cristalloïdes dans des noyaux. Une des formes les plus

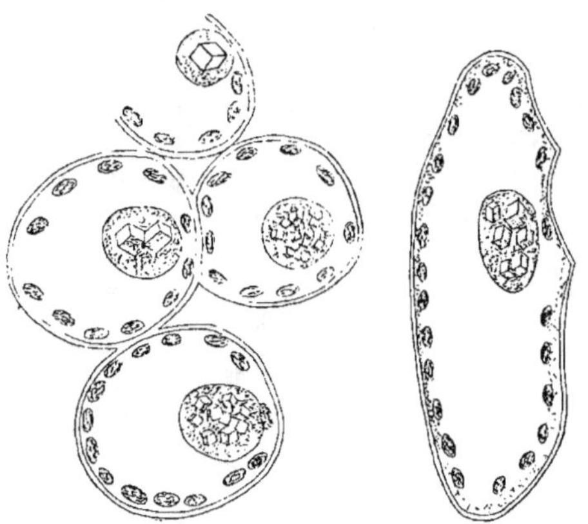

Fig. 122. — *Polypodium venosum.* Cristalloïdes intranucléaires dans les cellules de l'écorce de la feuille. Gross.
55o. (D'après Poirault, 1894).

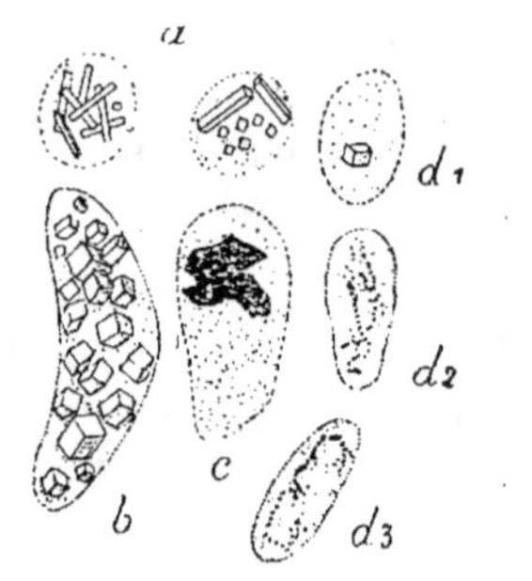

Fig. 123. — Cristalloïdes intranucléaires dans la feuille des Fougères. — *a, Polypodium appendiculatum ; b, Polypodium loriceum ;
c, Achrosticum flagelliferum ; d¹,
d², d³, Dicksonia adiantoides.*
Gross. 55o. (D'après Poirault,
1894).

fréquentes est celle du cube (fig. 122 et 123,*b*), mais ces cristalloïdes
intracellulaires sont parfois très irréguliers, on peut les observer dans
toutes les régions de la feuille, ou seulement dans un tissu déterminé,
dans l'épiderme par exemple.

Quelle que soit leur nature morphologique, les grains d'aleurone, de
même que les cristalloïdes qu'ils contiennent, disparaissent quand la cellule
entre en activité, au moment de la germination de la graine par exemple ;
on doit donc les envisager au point de vue physiologique, comme des
matériaux nutritifs de réserve, utilisés par la cellule lorsqu'elle s'accroît et
se multiplie.

Amidon.　　Il nous reste, pour terminer l'étude des produits internes du protoplasma,
à considérer les corps ternaires figurés, contenus dans la cellule et ayant
pour formule générale $(C^6H^{10}O^5)^n$. Ces hydrates de carbone restent à l'état
de dissolution dans la cellule tant que n est inférieur à 5. Ceux dont la
molécule est condensée se présentent sous forme figurée, et parmi eux
vient en première ligne l'amidon.

L'amidon est en effet un hydrate de carbone qui peut se présenter sous
des formes très variables. Tantôt il paraît imprégner en partie ou en totalité le protoplasma cellulaire qui se colore alors entièrement en bleu foncé
par l'iode. C'est ce qui s'observe dans le *Bacillus amylobacter* et le *Monas*

Dunali. Tantôt et le plus souvent l'amidon se présente sous forme de grains dont le volume varie entre 2 et 170 µ, et qui sont sphériques, ovoïdes, triangulaires, lenticulaires, polyédriques ou allongés en bâtonnets. Généralement les grains restent isolés, mais ils peuvent s'accoler, se souder intimement et constituer alors des grains composés, formés de la réunion de 2 à 30,000 grains élémentaires.

Les grains d'amidon étudiés d'un peu près montrent tous une structure identique, formée de couches concentriques entourant un centre. Les couches sont de deux sortes, alternativement brillantes et sombres. Les couches brillantes sont denses et ont un aspect réfringent ; les couches sombres sont au contraire plus molles. La proportion d'eau qu'elles contiennent augmente de la périphérie au centre. Elles se gonflent fortement au contact de ce liquide. Dans un grain d'amidon, la couche externe est la plus dense et la plus pauvre en eau, le corps central est au contraire la partie la plus hydratée. Si on dessèche le grain, ou si on le traite par l'alcool absolu, toutes les différentes couches étant également déshydratées, le grain devient homogène et perd sa structure concentrique ; on obtient le même résultat en hydratant fortement le grain, par l'action d'alcalis étendus.

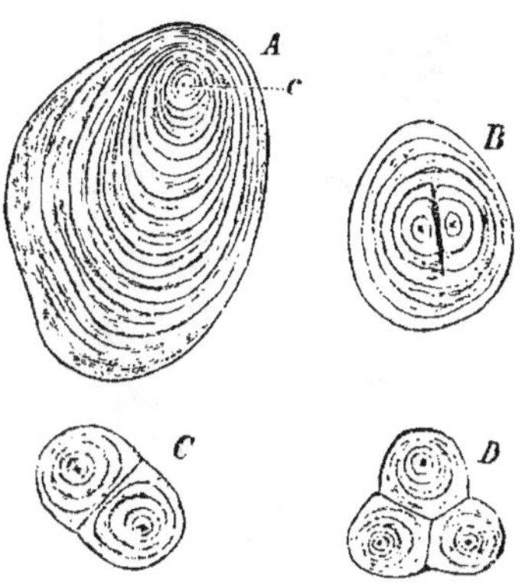

Fig. 124. — Grains d'amidon d'un tubercule de pomme de terre. A, grain d'amidon simple. B, grain d'amidon semi-composé. C et D, grains d'amidon composés, *c*, noyau organique. Gross. 540. (D'après STRASBURGER, fig. empruntée à O. HERTWIG).

L'amidon jouit de la double réfraction et ses grains présentent sous les nicols croisés une croix noire, ayant pour centre le corps central du grain.

Le mode de formation des grains d'amidon a été étudié par **Schimper** (1881), **Meyer** et d'autres auteurs. Tantôt ils apparaissent spontanément dans le protoplasma cellulaire. Mais le plus généralement ils se forment dans les leucites, soit incolores, soit colorés. Les leucites incolores dans lesquels se développe de l'amidon sont pour M. **Van Tieghem** des *amyloleucites*. Les grains d'amidon prennent naissance soit à l'intérieur des amyloleucites soit à leur périphérie. Dans ce dernier cas ils font saillie au dehors, à la manière de bourgeons qui pousseraient sur la surface du leucite, et celui-ci disparaît peu à peu en raison même de l'accroissement des grains auxquels il a donné naissance. La partie la plus épaisse du grain est tournée du côté du leucite (fig. 125).

Le développement des grains d'amidon dans les chloroleucites est le même que dans les amyloleucites; il se fait à leur intérieur ou dans leur couche périphérique.

On admettait anciennement avec **Nægeli** que les grains d'amidon s'accroissaient par intussusception. Ils étaient, d'après cet auteur, constitués par des particules solides comparables à des cristaux, des *micelles*, susceptibles de s'accroître isolément et séparées les unes des autres par des espaces remplis d'eau. **Schimper** a démontré que cette manière de voir n'était pas exacte et que les grains d'amidon s'accroissent par leur périphérie. Il a pu constater en effet que, dans certains cas, des grains, corrodés par l'action de la diastase cellulaire et retrouvant ensuite des conditions de croissance plus favorables, se recouvrent de nouvelles couches qui se superposent à celles qui avaient été corrodées.

Nous avons admis jusqu'ici que les grains d'amidon se composaient d'une substance unique. Il n'en serait pas ainsi en réalité d'après **Nægeli** qui, dans un grain d'amidon, distingue deux substances différentes quant à leurs réactions chimiques.

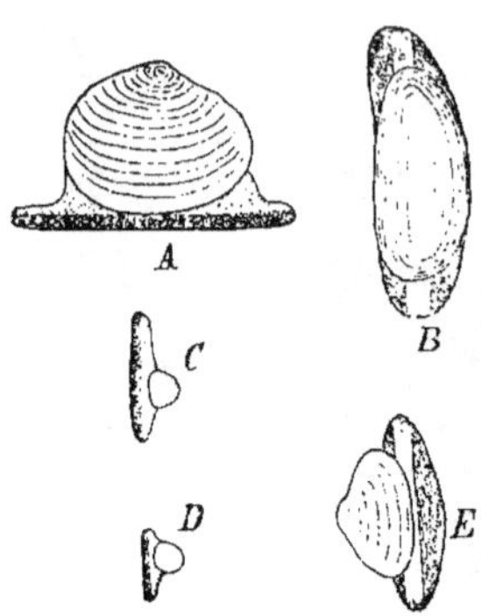

Constitution chimique de l'amidon.

Fig. 125. — *Phajus grandifolius.* Amyloplastes du pseudo-bulbe. A, C, D, E, vus de profil. B, vu d'en haut. E, coloré en vert. Gross. 540. (D'après STRASBURGER, fig. empruntée à O. HERTWIG).

Quand on prend un gros grain d'amidon et qu'on le traite par la salive, à 45° c., l'acide sulfurique étendu, le chlorure de sodium additionné de $\frac{1}{100}$ d'acide chlorhydrique, l'hypochlorite de chaux etc, le grain garde sa forme mais perd la propriété de bleuir par l'iode. On lui a enlevé la *granulose* et laissé en place l'*amylose* qui constitue le squelette du grain. L'amylose jaunit par l'iode et se dissout dans la solution ammoniacale d'oxyde de cuivre.

L'amylose est en proportion beaucoup plus faible que la granulose dans la plupart des grains d'amidon. La teneur moyenne est de 11 % d'amylose pour 94 % de granulose. Il n'y a jamais plus de 12-13 % d'amylose et la proportion de cette substance descend même à 2 %.

A. Meyer n'admet pas la manière de voir de **Nægeli** qui était généralement adoptée. Suivant lui, les agents employés par **Nægeli** transforment l'amidon en amylodextrine, et le squelette d'amylose serait une production artificielle, due à l'hydratation de l'amidon qui est devenu de l'amylodextrine. Pour **Bourquelot** (1887), au contraire, le grain d'amidon ne serait pas constitué par une seule substance, mais bien par un grand nombre d'hydrates de carbone, qui se distinguent les uns des autres par leur différence de résistance aux agents d'hydratation.

Vous voyez que la constitution chimique du grain d'amidon est encore en discussion ; quant à son origine chimique, **Meyer** (1886) a montré que l'amidon se produit dans les organes des végétaux par polymérisation et déshydratation des sucres. En plaçant des feuilles pendant plusieurs jours à l'obscurité pour qu'elles ne renferment plus d'amidon, puis en les faisant flotter sur une solution de sucre, cet auteur a constaté la formation d'amidon dans leur intérieur au bout de quelque temps. L'expérience réussit avec la saccharose, la dextrose, la lévulose, la maltose, la dulcite, la mannite et la glycérine. La lactose, l'inosite, la dextrine, la formose, l'érythrite, etc. ont au contraire donné des résultats négatifs.

Dans certains cas on trouve des grains d'amidon formés uniquement par un hydrate de carbone présentant les réactions de l'amylose de **Nægeli**. Tels sont ceux qui existent dans les Floridées ; tels sont aussi les grains des Euglènes, auxquels **Klebs** a donné le nom de *paramylon*, qui se présentent sous la forme de tablettes rectangulaires ou ovales et qui ne sont autre chose que de l'amylose.

Nous devons nous poser la question de savoir si le protoplasma cellulaire est susceptible de produire l'amidon ou si cette faculté n'est dévolue qu'aux chloroleucites. Cette dernière opinion est soutenue par **Hertwig** et par **Sachs**, qui pensent que l'amidon ne peut être engendré que par synthèse dans les parties vertes. Suivant eux, les leucites incolores ne peuvent être considérés comme les véritables lieux de formation de l'amidon ; ils doivent recevoir cette substance dissoute des points où s'accomplit l'assimilation. Leur rôle consiste alors exclusivement à transformer de nouveau la substance dissoute en produit solide.

Certains observateurs n'admettent point cette manière de voir et il existe des faits qui la contredisent absolument. Ainsi, en 1881, M. **Balbiani** et moi avons observé des *Polytoma uvella*, espèce de Flagellé incolore, développés dans une macération d'eau pure et de chair de Morue et qui étaient tous bourrés de grains d'amidon. En 1885, **Fisch** a fait des observations semblables sur le *Chilomonas paramœcium* et a observé des grains d'amidon assez volumineux, à couches concentriques, qui se développaient sur de petits leucites incolores comme cela a lieu dans les végétaux.

Outre l'amidon, on trouve encore dans la cellule des corps ternaires tels que les *corps gras*. Ceux-ci se présentent soit en dissolution, soit sous la forme d'éléments figurés, d'aiguilles, de cristaux, de granules, de gouttelettes dans le protoplasma, dans les leucites, les chloroleucites et même dans le noyau.

Les corps gras sont tantôt des éléments de réserve, comme dans les graines oléagineuses, tantôt des produits d'élimination du protoplasma comme l'huile d'olive.

Signalons encore dans la cellule des corps binaires, formés de carbone et d'hydrogène, les *essences*, masses liquides ou concrètes qui, en s'oxydant, peuvent donner lieu au dépôt de masses résineuses solides dans les cellules.

Enfin on trouve dans les cellules des corps figurés de nature minérale : l'oxalate de chaux, le carbonate de chaux, la silice, le soufre chez les Sulfobactériacées, les *Beggiatoa*.

Produits externes de la cellule.

Nous avons jusqu'à présent considéré les produits figurés qui prennent naissance dans l'intérieur des cellules et qui constituent les leucites, les grains d'amidon, etc. Nous devons maintenant nous occuper des produits dérivés de la cellule qui se déposent à l'extérieur de celle-ci et nous commencerons par étudier la production de la membrane d'enveloppe chez les végétaux.

Dans presque toutes les cellules végétales, en effet, il existe en dissolution dans le protoplasma des substances hydrocarbonées susceptibles de traverser l'utricule primordial pour aller se déposer à la surface externe et former une paroi de cellulose accolée à cette surface.

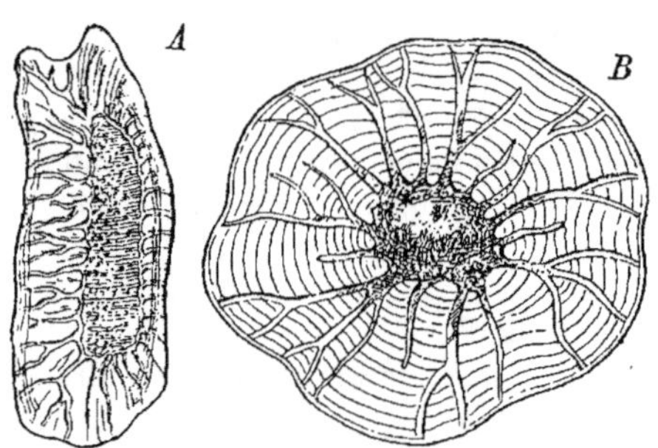

Fig. 126. — *A* : Cellule sous-épidermique du rhizome de *Pteris aquilina* isolée par macération ; à droite. les canalicules sont simples ; à gauche, ils sont ramifiés (d'après Sachs). — *B* : cellule du péricarpe ligneux de la Noisette. (D'après Reinke, fig. empruntée à Van Tieghem).

Membrane de cellulose.

L'existence de la membrane cellulosique se démontre aisément en faisant agir de l'alcool sur la cellule vivante. Le protoplasma de celle-ci se contracte alors et abandonne la membrane qui apparaît isolée avec son double contour.

Sa constitution chimique se met en évidence au moyen des réactifs habituels de la cellulose. Elle bleuit si on la traite successivement par une solution iodo-iodurée et par l'acide sulfurique (2 d'acide pour 1 d'eau). Le chlorure de zinc iodé produit le même résultat.

La membrane cellulosique s'accroît en même temps que le corps protoplasmique et on la voit non seulement s'étendre en surface mais aussi s'épaissir. Cet épaississement peut s'effectuer de différentes manières, il peut être centripète, centrifuge ou mixte.

Lorsque les cellules sont serrées les unes contre les autres, lorsqu'elles entrent par exemple dans la constitution d'un tissu dense, l'accroissement de leur membrane s'effectue surtout de dehors en dedans : il est centripète. Lorsqu'au contraire la cellule végétale est libre, l'accroissement de la membrane s'effectue plutôt vers la surface : il est centrifuge. Enfin il peut être à la fois centrifuge et centripète, c'est-à-dire s'effectuer aussi bien au dehors qu'au dedans de la membrane.

Si, sur beaucoup de cellules, on observe un accroissement régulier de la membrane de cellulose sur toute la périphérie de l'élément, sur d'autres cellules, cependant, on peut constater des épaississements, des prolongements de cellulose allant vers l'intérieur. Ainsi dans les cellules du thalle d'une sorte d'Algue unicellulaire, du *Caulerpa*, ces prolongements prennent un développement tel qu'ils pénètrent dans tout le protoplasma cellulaire, s'y anastomosent et s'y enchevêtrent au point de former un véritable feutrage de cellulose dans l'intérieur de la cellule. Dans certaines cellules,

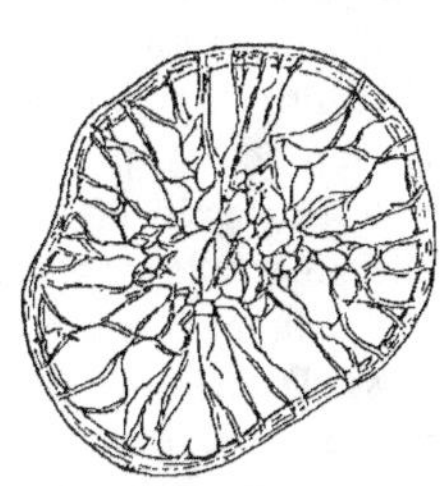

Fig. 127. — Section transversale d'un thalle unicellulaire de *Caulerpa prolifera*, montrant le lacis de cordons cellulosiques. (D'après Reinke, fig. empruntée à Van Tieghem).

telles que celles du tégument de la graine des Lythrariées, étudiées par **Grütter** (1893) on observe un prolongement contourné, une invagination en forme de poil, dans l'intérieur de la cellule et ce prolongement peut s'évaginer à un moment donné pour former un appareil de fixation.

Fig. 128. — Coupe transversale du rhizome de *Caulerpa prolifera* au point d'insertion d'une travée. (D'après Strasburger, fig. empruntée à O. Hertwig).

Vous connaissez tous les formes si variables des épaississements de la membrane cellulosique des cellules végétales. Selon que cette membrane s'épaissit en anneaux, en points, en spirales, elle produit les cellules annelées, ponctuées, spiralées dont l'histoire est du domaine de l'anatomie végétale et que nous n'avons pas à étudier ici.

Les épaississements de la membrane peuvent également s'effectuer dans un sens centrifuge tout comme son accroissement. Ainsi les formes diverses d'ornements qui couvrent certains grains de pollen sont des productions centrifuges.

Tous ces faits ne doivent pas nous arrêter dans notre étude de la membrane cellulaire car ce qui nous intéresse ici c'est sa structure, son mode de formation et sa constitution chimique.

On constate que cette membrane est formée de couches concentriques alternativement brillantes et sombres comme celles qu'on observe dans les grains d'amidon. La première et la dernière couche, celles qui limitent extérieurement et intérieurement la membrane, sont toujours brillantes. Comme pour les grains d'amidon, on admet que cette différence de densité des couches concentriques provient d'une différence correspondante de leur teneur en eau.

Structure de la membrane de cellulose.

Tel est l'aspect de la membrane cellulaire lorsqu'on l'examine en coupe optique, mais, si on la regarde de face, on y voit une autre disposition. Elle présente alors une série de stries dirigées dans des sens différents et se croisant suivant un certain angle; souvent un des systèmes est plus marqué que l'autre et la surface paraît alors simplement striée. Cet aspect est plus ou moins visible selon le degré d'hydratation de la membrane, il tend à s'affaiblir et à disparaître aussi bien lorsque celle-ci est gorgée d'un excès d'eau que quand elle présente une trop grande raréfaction de ce liquide.

On a interprété de diverses manières la striation croisée de la membrane de cellulose. D'après une première hypothèse, émise par **Nægeli**, adoptée par **Van Tieghem** et d'autres botanistes, il existerait dans la membrane deux systèmes de bandes alternativement

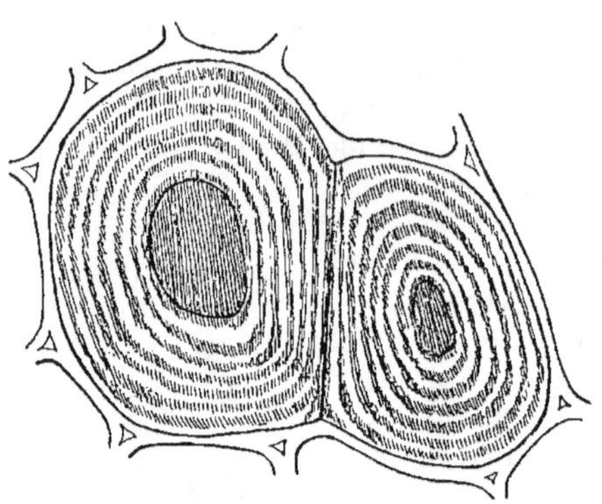

Fig. 129. — Section transversale de deux fibres libériennes de *Dioon edule*. La membrane est uniformément épaissie et composée de couches concentriques, alternativement plus denses (ombrées) et plus molles (laissées en clair). (D'après REINKE, fig. empruntée à VAN TIEGHEM).

claires et sombres qui se croiseraient. Toute l'épaisseur de la couche ainsi constituée serait formée d'une mosaïque d'éléments prismatiques accolés les uns aux autres, de densités différentes et perpendiculaires à la surface. Ces éléments seraient de trois sortes. Les éléments les plus denses seraient déterminés par le croisement des lignes sombres sur les lignes sombres; les éléments de densité moyenne du croisement des lignes sombres d'un système sur les lignes claires de l'autre; enfin aux points d'intersection des lignes claires entre elles correspondraient les prismes les plus clairs et les moins denses.

D'après une deuxième hypothèse, celle de **Strasburger**, il existerait dans la membrane deux lames parcourues chacune par un système de stries allant à l'encontre les unes des autres et donnant ainsi par leur superposition l'impression d'un quadrillage. Les stries ne seraient pas, d'après **Strasburger**, le résultat d'une différence de densité, mais correspondraient à de vraies lignes d'impression sur les lames de la membrane.

Il est assez difficile d'opter entre ces deux hypothèses. Toutefois en se basant sur les propriétés optiques et sur la nature de la membrane cellulosique, qui est élastique et biréfringente, on est plutôt porté à admettre l'opinion de **Nægeli**.

La constitution chimique de la membrane de cellulose a été étudiée par des botanistes et par des chimistes. L'on est d'accord aujourd'hui pour la considérer comme un hydrate de carbone, analogue à la dextrine ou à l'amidon, ayant la même constitution atomique que ce dernier, $C^6 H^{10} O^5$, mais offrant des molécules plus denses et ayant par conséquent des exposants plus forts.

La cellulose n'a pas toujours d'ailleurs une composition chimique identique.

Par l'ébullition dans les acides étendus, on arrive à la dédoubler en maltose et en cellulose moins condensée. Si l'on soumet successivement les produits d'une première opération à une seconde, à une troisième ébullition on obtient des dédoublements en maltose et en celluloses de moins en moins condensées.

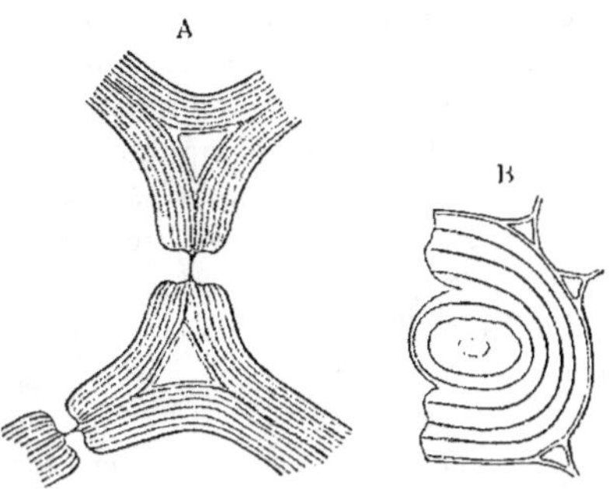

Fig. 130. — A. Fragment d'une vieille cellule médullaire du *Clematis vitalba*. B. Cellule semblable gonflée par l'acide sulfurique. (D'après STRASBURGER, fig. empruntée à O. HERTWIG).

Finalement on n'a plus comme résidu que de la granulose. Il en résulte que l'on peut considérer la cellulose comme une granulose fortement condensée.

E. Schulze, Maxwell et **Steiger** (1890) ont montré que la membrane cellulaire renferme différents hydrates de carbone devant être considérés comme anhydrides de plusieurs glucoses, dextrose, galactose, arabinose, xylose, mannose. Ces auteurs distinguent les *celluloses vraies* qui résistent à l'ébullition dans les acides, et les *hémi-celluloses* qui s'y dissolvent assez rapidement.

Entre les cellules végétales, il existe une couche particulière, connue, depuis longtemps, sous le nom de *membrane moyenne* et qui paraît chimiquement distincte de la membrane cellulaire. Elle ne se dissout point comme celle-ci dans le réactif de Schweitzer, dissolution d'oxyde de cuivre dans l'ammoniaque ; elle résiste aux acides ; elle renferme des matières pectiques, solubles dons les alcalis ; enfin elle présente une grande affinité pour certaines matières colorantes d'aniline, telles que la safranine et le bleu de méthylène ; cette substance est la *callose* de **Mangin.**

Jusqu'à ces derniers temps, on avait considéré la cellulose de la membrane cellulaire comme une substance amorphe. Mais récemment, **Gilson** (1893) serait parvenu à l'obtenir à l'état cristallin. Pour cela, il prend des coupes de Betteraves ou d'autres racines et les laisse dans la solution cupro-ammoniacale pendant 5-12 heures ; il lave ensuite à l'ammoniaque à 5 - 10 o/o pendant une demi-heure, puis ensuite à l'eau distillée. On trouve alors dans les coupes des sphéro-cristaux ou des arborisations cristallines, qui présentent toutes les réactions de la cellulose, bleuissent par l'iode et l'acide sulfurique, se dissolvent par le réactif de Schweitzer et se colorent par le rouge Congo.

Cette cellulose cristallisée n'existe pas dans toutes les parties de la membrane ; elle semble résider surtout dans sa portion la plus externe. **Gilson** l'a constatée dans un grand nombre de plantes sauf dans les Champignons. On croyait depuis longtemps que la membrane cellulaire des Champignons ne contient pas de cellulose. **Richter** (1881) cependant est parvenu à l'y décéler. En laissant pendant trois ou quatre semaines macérer des *Agaricus campestris* dans une solution de potasse et en les soumettant ensuite à l'ébullition, il a pu obtenir la dissolution des membranes cellulaires par le réactif de Schweitzer.

Accroissement
de
la membrane
de cellulose. Comment s'accroît la membrane de cellulose ? Nous avons vu que, relativement au mode d'accroissement des grains d'amidon, il existait deux théories, celle de l'intussusception et celle de la juxtaposition. Nous retrouvons les deux théories en présence à propos de l'accroissement de la membrane cellulosique. **Strasburger** admet l'apposition de nouvelles couches entre le protoplasma et la membrane. Pour **Nægeli**, au contraire, celle-ci verrait sa masse s'augmenter par l'adjonction de nouvelles molécules qui viendraient s'intercaler entre les premières.

Il existe un certain nombre d'arguments en faveur de la première théorie. On a d'abord fait remarquer que les épaississements locaux de la membrane se trouvaient toujours en contact avec le protoplasma. Des expériences de plasmolyse faites par **Klebs** plaident aussi en sa faveur.

En plaçant une cellule végétale dans une solution saline concentrée, son protoplasma se sépare de la membrane cellulosique contre laquelle il était acccolé. Si l'on met la cellule dans des conditions d'existence plus favorables, le protoplasma contracté sécrète autour de sa masse une nouvelle membrane de cellulose, puis, continuant à s'accroître, il remplit de nouveau la cellule ; les deux membranes, l'ancienne et la nouvelle, viennent alors s'accoler et se souder l'une à l'autre.

Cependant la théorie de la juxtaposition ne suffit pas à expliquer certains faits et c'est avec raison qu'**Hertwig** admet la possibilité de l'existence des deux modes d'accroissement. Quand en effet une cellule grandit elle augmente parfois, comme c'est le cas pour les cellules du *Chara*, de cent ou deux cents fois en volume ; il est difficile de ne pas admettre l'interposition d'éléments nouveaux dans sa membrane d'enveloppe. De plus, l'on comprend mal pour les cellules étoilées en voie d'accroissement, qu'il puisse y avoir à la fois simple distension de la membrane et conservation de la forme. Enfin, l'on voit, chez les *Glœocapsa* et d'autres petites Algues unicellulaires, une cellule se diviser d'abord en deux, dans sa membrane d'enveloppe primitive. Chaque cellule-fille ainsi formée se divise à son tour dans sa nouvelle membrane d'enveloppe ; il en résulte que la première finit par contenir 4, 8 et même 16 cellules qui se sont accrues avant de se diviser. Il faut admettre que la membrane cellulosique commune qui les réunit, et qui est séparée de tout protoplasma cellulaire par d'autres membranes de cellulose, subit un accroissement dans sa masse pour s'agrandir sans s'amincir.

Suivant **Wiesner** (1892), la membrane de cellulose, tant qu'elle est en voie d'accroissement, renfermerait dans son intérieur un protoplasma spécial destiné à l'élaborer et auquel il a donné le nom de *dermatoplasma*. Dans cette manière de voir, la cellulose ne serait pas un produit excrété en dehors de la cellule, mais bien une formation intraprotoplasmique, puisqu'elle se déposerait dans une couche protoplasmique. **Wiesner** s'appuie surtout pour défendre son hypothèse sur des faits que je vous exposerai quand nous traiterons de la division cellulaire; nous verrons, en effet, que dans l'intérieur du protoplasma, il se forme une cloison de cellulose qui séparera les deux cellules-filles, cloison qui résulte de la transformation en cellulose de petits grains, *dermatosomes* de **Wiesner**, entre lesquels persistent des dermatosomes non transformés.

Baranetzki (1886) a fait des observations intéressantes qui viennent corroborer la manière de voir de **Wiesner**.

La cloison de séparation de deux cellules serait constituée par trois couches, deux couches de cellulose finement granuleuses comprenant entre elles une mince lamelle protoplasmique. Les grains de cellulose se disposent en séries linéaires, entrecroisées, et formant un réseau dont les mailles sont remplies de dermatoplasma. L'épaississement de la membrane se fait par apposition de nouvelles molécules élaborées par le dermatoplasma, et par la formation de nouveaux filaments qui s'ajoutent au réseau. **Wiesner** et **Baranetzki** sont donc partisans de l'accroissement par intussusception. Leur théorie basée sur des faits d'observations me paraît pouvoir être acceptée dans un grand nombre de cas, peut-être même est-elle applicable à tous.

Dans beaucoup de membranes cellulaires, il se fait un dépôt interstitiel de substances minérales. Les Prêles, les Graminées, les Diatomées sont dans ce cas, et il est alors évident que les matières minérales s'intercalent par intussusception entre les molécules de leur membrane de cellulose. Ce dépôt peut se faire d'une façon soit uniforme, soit locale. Ainsi l'on trouve des amas de carbonate de chaux dans la membrane cellulaire des Corallines, et, chez les Conifères, il se forme dans l'épaisseur même de la membrane des cristaux d'oxalate de chaux.

La *lignine*, ou *vasculose*, qui renferme plus de carbone et d'hydrogène que la cellulose, imprègne la paroi des éléments ligneux. La lignine se colore fortement en rouge par la phloroglucine additionnée d'acide chlorhydrique. Elle ne bleuit pas par l'iode et l'acide sulfurique mais on peut, par un traitement convenable, en traitant les éléments par la potasse à chaud, ou par un mélange d'acide azotique et de chlorate de potasse, dissoudre la lignine et faire réapparaître la réaction de la cellulose. La *subérine* également se trouve dans la membrane de certaines cellules.

Enfin la cellulose de la partie externe des cellules épidermiques perd généralement une partie de son oxygène et se transforme en une substance, la *cutine*, $C^6 H^{10}O$, qui présente une grande ressemblance avec la subérine; elle jaunit par l'iode, est insoluble dans le réactif de Schweitzer, soluble dans la potasse concentrée et bouillante, et présente beaucoup d'affinité pour les couleurs d'aniline.

La cutinisation est ordinairement limitée à la surface externe des cellules épidermiques et l'ensemble de ces surfaces transformées constitue une *cuticule ;* mais elle peut quelquefois envahir aussi les parois latérales de ces cellules (feuilles de Houx, d'Agave, d'Aloès, etc.).

La membrane cellulosique des végétaux peut subir des modifications régressives, s'imbiber d'eau et se gélifier. Tantôt le processus atteint la membrane tout entière, tantôt il n'intéresse que sa zone externe et alors les cellules se séparent les unes des autres. Tel est le mécanisme de la libération des grains de pollen. Quand c'est la zone moyenne seule qui se gélifie, il se forme un mucilage autour de chaque cellule. Enfin, quand c'est la zone interne, la cellule se remplit de substances visqueuses qui l'envahissent souvent entièrement et qui donnent lieu à la production des gommes.

Les cellules animales peuvent-elles produire de la cellulose? En général, elles n'en produisent pas. Cependant le manteau des Ascidies se trouve composé d'une matière gélatineuse, contenant des cellules étoilées, qui offre toutes les réactions de la cellulose et à laquelle on a donné le nom de *tunicine*. En étudiant cette substance chez la *Phallusia mamillata* de la même façon que la cellulose végétale, **Gilson** est arrivé à l'obtenir, comme celle-ci, sous forme de cristaux. Nous voyons par conséquent que la cellulose n'est pas seulement propre aux membranes des cellules végétales.

Il est une autre substance d'origine animale, la *chitine* qui paraît présenter beaucoup d'analogies avec celle que nous venons d'étudier. C'est cependant une substance azotée, mais dans laquelle l'azote est dans une très faible proportion. Sa formule serait $C^{18} H^{15} O^{12} Az$, d'après **Stadler**, **Lehmann** et **Schmidt**, $C^{15} H^{24} Az^2 O^2$, d'après **Gautier**. Elle est insoluble dans la potasse, mais se dissout à la longue dans l'acide sulfurique bouillant et peut donner alors naissance à un peu de sucre. M. **Berthelot** la considère comme une sorte de combinaison de tunicine et d'une matière azotée analogue aux substances cornées.

Comment s'accroît la membrane chitineuse? Sur des coupes de membranes épaisses ou peut constater l'existence de couches concentriques. La plupart des auteurs s'accordent à considérer la chitine comme un produit d'excrétion du protoplasma. Toutefois Anton **Schneider** et J. **Chatin** pensent qu'elle résulte d'une sorte de différenciation périphérique de celui-ci et non d'une véritable sécrétion. D'après **Chatin**, quand on observe les cellules épidermiques d'une jeune larve de Libellule, on voit qu'elles renferment des filaments protoplasmiques rayonnant autour du noyau. Peu à peu ces filaments s'orientent parallèlement à la surface libre de la cellule et se fusionnent entre eux de cellule à cellule; cette partie protoplasmique filamenteuse se différencierait progressivement en couche chitineuse ou cuticulaire. Je dois dire que sur les coupes d'Insectes que j'ai étudiées, j'ai

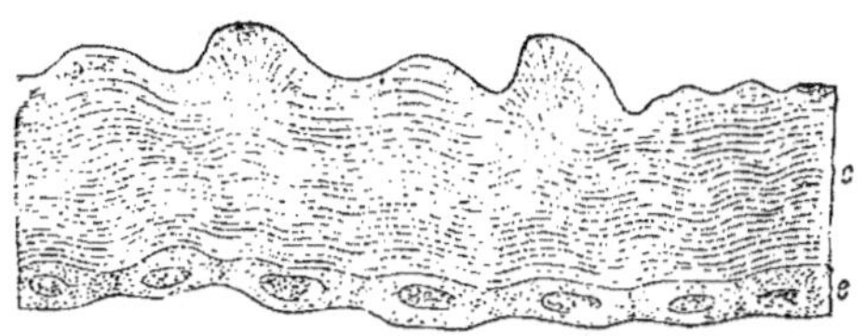

Fig. 131. — Épithélium avec cuticule du *Cimbex coronatus*. (D'après R. Hertwig, figure empruntée à O. Hertwig.)

toujours vu les cellules épidermiques conserver leur indépendance sur toute leur hauteur et ne jamais se fusionner au-dessous de la couche de chitine.

Pour quelques auteurs la production de la cellulose serait également un phénomène de différenciation protoplasmique et non d'excrétion. Telle est du moins l'opinion de **Strasburger**. Pour d'autres, au contraire, elle serait contenue dans le protoplasma cellulaire qui pourrait l'excréter à un moment donné.

Certains faits viennent à l'appui de la théorie de l'excrétion des membranes secondaires.

Les grains de pollen qui présentent souvent une membrane cellulosique extérieurement hérissée de pointes ou d'autres ornements doivent évidemment s'accroître par l'apport de substances nouvelles traversant la membrane pour venir se déposer au dehors.

La formation des kystes des Infusoires ciliés, étudiée par **Fabre-Domergue** (1888), apporte également une preuve en faveur de la théorie de la sécrétion. Ici, en effet, nous assistons à la production d'une membrane chitineuse indépendante de la couche périphérique de la cellule. Quand l'Infusoire va s'enkyster, il se ramasse en boule et se met à tourner sur lui-même. Peu à peu, l'on voit apparaître autour de l'être une fine pellicule qui l'enveloppe de toutes parts et dans l'intérieur de laquelle il continue à tourner en conservant ses cils vibratiles. L'épaisseur du kyste augmente progressivement et, pour certaines espèces, **Fabre-Domergue** a vu se produire, à sa face externe, des membranes, des aspérités qui indiquent clairement le transport de la substance excrétée de l'intérieur à l'extérieur, à travers la paroi du kyste. En étudiant la constitution chimique des kystes il a vu que ceux-ci présentaient la plus grande analogie avec la chitine. Ils sont insolubles dans la potasse et dans les acides faibles, difficilement solubles dans les acides forts.

Une autre observation qu'il m'a été donné de faire, en suivant le développement d'un curieux Chalcidien qui pond ses œufs dans les larves de *Stratiomys*, démontre aussi qu'une membrane de chitine peut s'accroître, comme une membrane de cellulose, sans être directement en rapport avec le protoplasma. Les œufs du Chalcidien, *Smicra clavipes*, sont très petits, et mesurent $0^{mm},15$ de long sur $0,05$ de large. Le développement commence, la segmentation a lieu, et au fur et à mesure le chorion, qui est séparé de l'œuf par un espace périvitellin rempli de liquide, augmente de surface. A un moment donné, le volume de l'œuf est devenu 300 fois plus grand et pourtant le chorion a conservé la même épaisseur qu'auparavant. Or il est baigné d'un côté par le sang même de la larve de *Stratiomys* et de l'autre côté par le liquide périvitellin ; il faut donc admettre qu'il a augmenté de volume par intussusception.

L'on pourrait trouver bien d'autres faits analogues dans l'histoire du développement de l'œuf des Insectes et des Poissons.

17 janvier 1894.

QUATORZIÈME LEÇON

PRODUITS DE L'ACTIVITÉ CELLULAIRE (*suite*).

Productions chitineuses. — Coquille des Mollusques. — Substances intercellulaires. — Éléments figurés des cellules animales. — Glycogène ; graisse. — Éléments vitellins de l'œuf des Oiseaux. — Lécithine. — Éléments vitellins de l'œuf des Téléostéens. — Constitution de l'endoderme ombilical des Mammifères. — Tablettes vitellines ; leur développement. — Éléments vitellins des Hydrozoaires. — Corps de réserve des Sporozoaires et des Infusoires ciliés. — Pigment. — Substances minérales intracellulaires. — Plasmazellen et Mastzellen. — Clasmatocytes. — Réactions des granulations colorables. — Granulations des cellules glandulaires.

MESSIEURS,

La chitine ne se trouve pas seulement à la surface du corps des Arthropodes dont elle constitue la plus grande partie des téguments. Elle existe aussi dans l'intérieur de leur tube digestif auquel elle forme un revêtement analogue au revêtement externe. Toutes ces membranes chitineuses sont, à un moment donné de la vie de l'animal, susceptibles de se détacher des tissus sous-jacents et de les abandonner complètement ce qui constitue le phénomène de la mue.

Ce phénomène présente, dans quelques cas, des particularités intéressantes qui ont été mises en lumière par **Verson** et **Bisson** (1891) sur le Ver à soie. Près de chaque stigmate existent une ou deux paires de petites glandes unicellulaires associées, qui sécrètent chez le Ver jeune des cristaux d'acide oxalique, et chez le Ver plus âgé des cristaux d'acide urique. Le canalicule excréteur de ces glandes traverse l'hypoderme, mais s'arrête au niveau de la cuticule d'où il résulte que les produits de leur sécrétion sont rejetés non pas au dehors mais bien entre l'hypoderme et la cuticule. L'apport de ces produits et leur accumulation sous cette dernière contribuent à la détacher du corps et à provoquer le phénomène de la mue.

La chitine peut se présenter aussi sous la forme d'écailles ou de poils dont le mode de développement a été l'objet de travaux déjà anciens de **Semper** (1857), **Landois** (1871), **Weissmann** (1878) et d'autres auteurs, et se rattache par certains côtés à la sécrétion chitineuse extracellulaire. Dans la couche des cellules qui forment l'hypoderme, on en distingue de plus grandes qui s'enfoncent assez profondément dans les tissus sous-jacents.

Ces grandes cellules sécrètent des expansions membraneuses lorsqu'il s'agit d'écailles, filiformes lorsqu'elles doivent donner naissance à des poils et ces expansions continuent à s'accroître par leur périphérie en présentant peu à peu des stries, des prolongements, en un mot toutes les variétés d'aspect si nombreuses que l'on rencontre dans ces organes. Souvent même lorsque la cellule produit une écaille, celle-ci s'isole, par un pédicule chitineux, du protoplasma cellulaire bien avant d'avoir revêtu tous ses caractères et terminé sa croissance. Force est donc bien de reconnaître dans ce cas une sécrétion chitineuse en dehors du protoplasma.

Coquille des
Mollusques

La formation de la coquille des Mollusques est une question de même ordre que celle de la production de la chitine. On admet généralement, depuis **Réaumur** (1709), que la coquille est un produit de sécrétion, mais une opinion aussi ancienne, émise par **Méry** (1710) et soutenue récemment par **von Nathusius Kœnigsborn** (1877) et **O.-F. Müller** (1885), considère la coquille comme une formation indépendante des tissus sous-jacents, constituée par une matière vivante s'accroissant par intussusception. Je ne puis ici entrer dans la description de la structure histologique de la coquille et des tissus aux dépens desquels elle se forme ; c'est une question trop spéciale qui sort du cadre de ces leçons ; je me bornerai à vous dire que **Moynier de Villepoix** (1892), qui vient de publier un long et intéressant travail sur ce sujet, arrive à cette conclusion que la coquille des Mollusques est, en toutes ses parties fondamentales, comme dans ses annexes, uniquement le produit de sécrétion des tissus sous-jacents. Le calcaire qui incruste la coquille existerait probablement à l'état de bicarbonate, dissous dans le sang des Mollusques par l'acide carbonique provenant des combustions organiques, et serait, en cet état, sécrété au dehors sous forme de mucus en présence de matière organique, par les cellules épithéliales. Les produits de sécrétion n'ont plus, après leur sortie des cellules, aucun rapport avec l'organisme de l'animal, et la calcification du test n'est que le résultat d'actions moléculaires réglées par les lois de la physique et auxquelles la biologie cellulaire est étrangère.

Substances
intercellu-
laires.

Nous avons admis, contrairement à l'opinion de **A. Schneider** et de **Chatin**, que la chitine est un produit de sécrétion et je vous ai cité, à l'appui de cette manière de voir, la formation du kyste des Infusoires, le chorion des œufs d'Insectes. A côté de ces produits de sécrétion qui sont constitués par de la chitine, nous en avons d'autres qui appartiennent à la catégorie des substances intercellulaires. Telle est la substance fondamentale qui sépare les cellules du cartilage, de l'os, du tissu conjonctif. Si l'on peut admettre que chaque élément contribue pour sa part de sécrétion à la formation de la matière fondamentale, on ne peut reconnaître autour de lui la limite de ce que **Virchow** a appelé le *territoire cellulaire* de la cellule, c'est-à-dire la partie de substance intercellulaire qui entoure une cellule et est soumise à l'action du protoplasma de cette cellule.

La substance intercellulaire est très variable dans sa composition, mais ce qu'il y a d'intéressant c'est que dans sa masse peuvent se produire non seulement des dépôts de substances inorganiques, des sels comme dans le tissu osseux, mais aussi des éléments figurés. Chacun connaît les fibrilles qui existent dans le tissu conjonctif. Les anciens histologistes, **Schwann**, **Robin** pensaient que ces fibrilles dérivaient de la transformation même des cellules. Cette manière de voir adoptée par **Boll** et d'autres auteurs a été combattue par **Henle** qui admettait au contraire qu'elles provenaient d'une différenciation de la substance fondamentale. Suivant **Flemming**, les fibrilles conjonctives résulteraient d'une différenciation du corps protoplasmique des cellules. M. **Ranvier**, qui s'est livré à une étude approfondie du tissu conjonctif, a reconnu que les fibres apparaissaient réellement dans la substance intercellulaire, qui se trouve par conséquent douée d'une certaine vitalité propre.

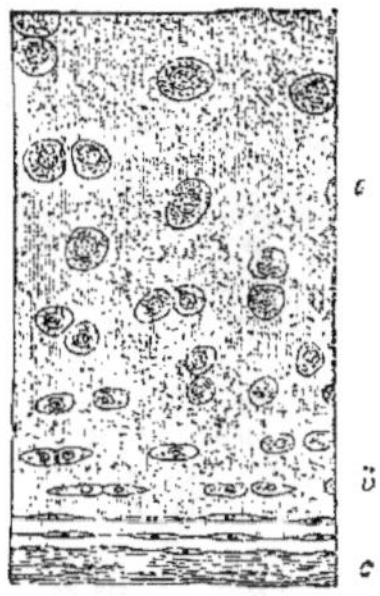

Ces faits sont à rapprocher de l'accroissement des membranes en dehors du corps protoplasmique.

Il faut enfin ranger très probablement parmi les substances intercellulaires, bien que leur origine soit encore controversée, les membranes propres, ou *membranes basales,* qu'on observe au-dessous d'un grand nombre d'épithéliums.

Fig. 132. — Cartilage. *c*, lamelle perichondrale ; *b*, transition au cartilage typique *a*. (D'après GEGENBAUR, fig. empruntée à O. HERTWIG).

Passons maintenant à l'étude des corps figurés qu'on peut trouver à l'intérieur des cellules animales et commençons par ceux de nature ternaire comme le glycogène.

Le *glycogène*, découvert par **Claude Bernard** dans les cellules hépatiques, se présente souvent sous forme de petites granulations susceptibles de se colorer en rouge vineux par l'iode ; toutefois il paraît quelquefois imprégner complètement le protoplasma cellulaire sans affecter la forme d'éléments figurés et dans ce cas il communique à la cellule sa réaction caractéristique en présence de l'iode. Le glycogène peut, dans certaines circonstances, être digéré par la cellule et se transforme alors en glucose qui est assimilé. Il se comporte en ce cas comme l'amidon végétal, dont il est chimiquement très voisin.

La *graisse* est aussi très répandue dans les cellules animales; elle y apparaît sous forme de fines granulations dispersées dans le protoplasma, ou rassemblés autour du noyau; ces granulations noircissent fortement par l'acide osmique et tous les réactifs qui renferment de l'osmium; elles se colorent également par une solution de bleu de quinoléine. Les granulations graisseuses se réunissent peu à peu les unes aux autres et arrivent, par leur confluence, à donner une gouttelette unique qui remplit toute la cellule en refoulant vers sa périphérie le noyau et le protoplasma (fig. 133). C'est là un phénomène qui s'observe toujours dans les cellules adipeuses proprement dites. L'on peut aussi trouver des gouttelettes de graisse très fines qui demeurent telles sans confluer dans le vitellus de certains œufs, dans celui de la Chatte notamment.

La graisse constitue également une matière de réserve qui peut être reprise et utilisée par la cellule pour sa nutrition après dédoublement en acides gras et en glycérine.

La constitution des gros œufs mixolécithes et amictolécithes est très variable et l'origine des corps figurés qu'ils renferment a été jusqu'ici peu étudiée. Si nous considérons, par exemple, un œuf ovarien mûr d'Oiseau, au moment où il se détache de l'ovaire, nous trouvons au-dessous de la mince membrane qui l'entoure, abstraction faite du germe ou cicatricule formé de protoplasma granuleux, une masse volumineuse, le jaune ou vitellus, constituée par des vésicules à parois minces,

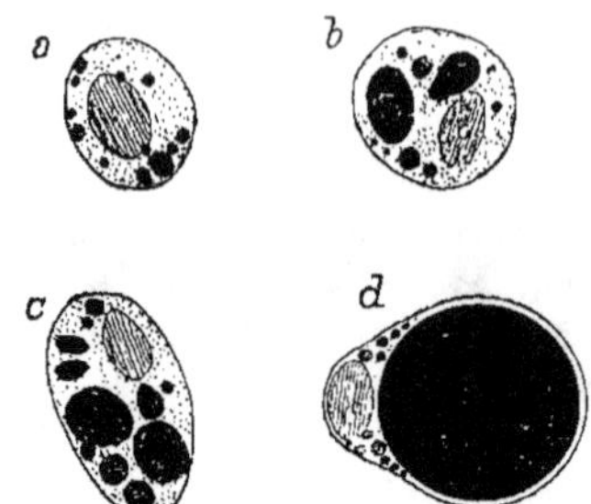

Éléments vitellins de l'œuf des Oiseaux.

Fig. 133. — Cellules adipeuses du tissu conjonctif sous-cutané d'un embryon de Bœuf de 45 centimètres, après injection interstitielle d'acide osmique. Conservation dans la glycérine. — a, cellule adipeuse au début de la formation de la graisse ; b et c, cellules présentant des stades intermédiaires de développement ; d, cellule adipeuse presque complètement développée, dans laquelle on voit une boule de graisse colorée en noir par l'osmium, un noyau et des granulations graisseuses dans la masse de protoplasma qui l'entoure. (D'après Ranvier).

de forme sphérique mais de dimensions très différentes. A la surface du jaune les vésicules sont petites et renferment un corpuscule réfringent ; celles qui sont un peu plus grosses contiennent plusieurs corpuscules de nature albuminoïde (fig. 134, B). Dans les couches plus profondes, les vésicules deviennent de plus en plus grandes et se remplissent de granulations qui finissent par occuper toute leur cavité. Cette partie superficielle du jaune de couleur blanchâtre constitue le *vitellus blanc*, surtout abondant au-dessous de la cicatricule, dans la *latébra*. Le jaune proprement dit est formé de grandes vésicules, pouvant mesurer jusqu'à $0^{mm},1$ de diamètre, et entièrement remplies de granulations très fines de nature albuminoïde (fig. 134, A). On trouve toutes les transitions entre les petites vésicules périphériques à gros corpuscules, et les grandes vésicules à fines granulations.

Lécithine.

Quand on examine, à l'aide d'un microscope polarisant, un peu de vitellus d'œuf d'Oiseau ou de Reptile, écrasé, on observe, dans le champ noir, des corpuscules qui brillent comme des croix lumineuses. **Dareste** (1866) pensa que ces corpuscules, doués de la double réfraction, étaient de l'amidon, et les ayant retrouvés dans certains organes de l'embryon (canaux séminifères, vésicule ombilicale, foie, capsules surrénales) il admit que les différents tissus pouvaient produire de la matière amylacée. **Claude Bernard** et **Ranvier** ne purent trouver d'amidon dans les œufs, en employant les méthodes microchimiques.

Dastre (1876) a montré que les corps biréfringents, observés par **Dareste**, ne sont qu'un état particulier d'une substance très abondante dans le vitellus, la *lécithine*. Il a vu qu'il suffit de laisser se dessécher lentement du vitellus pour faire apparaître une grande quantité de globules

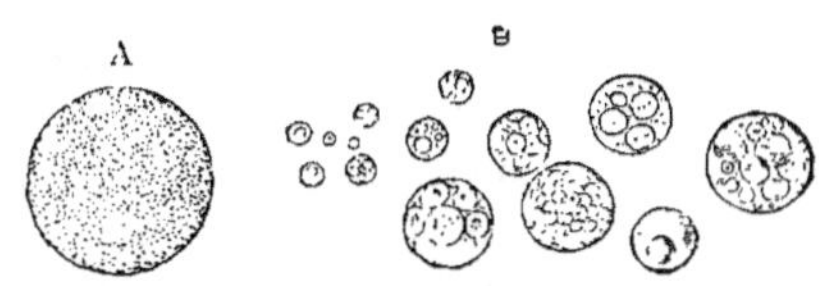

Fig. 134. — Éléments vitellins de l'œuf de Poule. A. Vitellus jaune. B. Vitellus blanc. (D'après Balfour, fig. empruntée à O. Hertwig).

biréfringents, qui n'existent pas à l'état frais. La lécithine subit dans ce cas une sorte de cristallisation qui lui fait prendre un état convenable pour se manifester optiquement.

Outre la lécithine, qui constitue environ 10 °/₀ du poids du vitellus, on trouve, dans l'œuf d'Oiseau, de la graisse, de la cérébrine, de la cholestérine et une matière colorante qui serait de l'hématoïdine, d'après **Stadler**.

Chez la plupart des Poissons osseux, chez la Truite, par exemple, l'œuf ovarien mûr a une constitution tout à fait différente de celle de l'œuf pris dans la cavité abdominale. Si l'on examine, en effet, un œuf ovarien quelque temps avant la rupture du follicule, on voit, dans la région micropylaire, la vésicule germinative située très près de la surface de l'œuf. Cette vésicule est entourée de petits globules, à contenu finement gra-

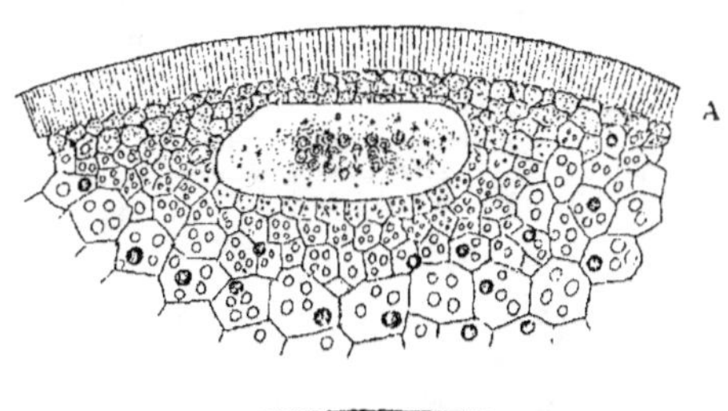

Éléments vitellins de l'œuf des Téléostéens.

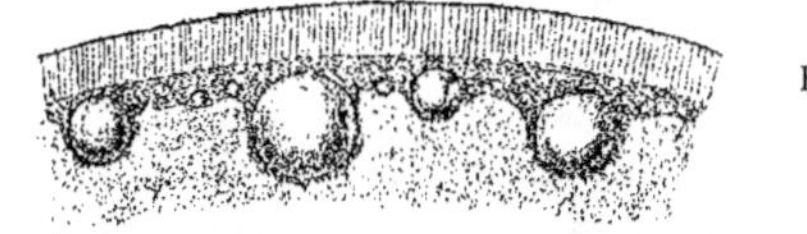

Fig. 135. — Fragments de coupes d'œufs de Truite. A. Œuf ovarien : région du germe. Au-dessous du chorion se trouvent les globules plastiques finement granuleux entourant la vésicule germinative, au centre de laquelle sont réunies les taches germinatives. Au bas de la figure sont les globules vitellins renfermant des gouttelettes huileuses de couleur noire. — B. Œuf pondu. Au-dessous du chorion se trouve la couche corticale finement granuleuse avec de gros globules graisseux. (D'après Hennéguy, 1888).

nuleux, qui augmentent de volume à mesure qu'on s'éloigne de la vésicule germinative (fig. 135, A).

Les éléments granuleux sont bientôt remplacés par des vésicules plus grosses, transparentes, renfermant quelques vacuoles et de petits globules réfringents se colorant en noir par l'acide osmique. Les globules granuleux sont les éléments plastiques de l'œuf et les vésicules transparentes constituent la partie nutritive : les éléments plastiques sont donc, dans l'œuf ovarien, distincts des éléments nutritifs et rassemblés autour de la vésicule germinative : on n'en trouve pas dans le reste de l'œuf.

Les œufs ovariens de Gymnote présentent une structure des plus intéressantes et permettent de saisir la formation des éléments plastiques et vitellins. Leur contenu est formé de petites vésicules de volume et d'aspect variable (fig. 136). Les unes ont un double contour brillant et renferment dans leur intérieur une vésicule plus petite, brillante, ne remplissant pas toute la cavité. D'autres vésicules contiennent trois ou quatre petites vésicules secondaires pressées les unes contre les autres et remplissant toute la cavité limitée par le double contour. A côté de ces éléments, il y a des vésicules plus pâles, à simple contour, remplies de granulations très fines et présentant quelquefois un ou deux globules réfringents. Ces derniers éléments ressemblent aux vésicules du jaune de l'œuf des Oiseaux.

Hoffmann (1881-83) a également constaté que les œufs ovariens du Hareng et de quelques autres Poissons de mer renferment des grains et des sphères vitellines simples ou composées, formées aux dépens du protoplasma de l'œuf.

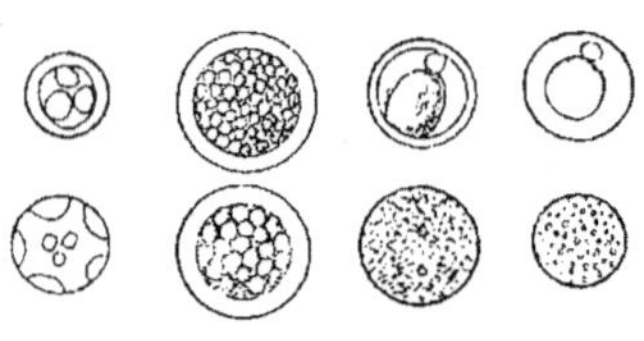

Fig. 136. — Globules vitellins d'un œuf ovarien de Gymnote à différents états de développement examinés à l'état frais par dissociation. (D'après Henneguy, 1888).

Après la déhiscence du follicule ovarien, l'œuf de Truite tombé dans la cavité abdominale présente un tout autre aspect. La vésicule germinative a disparu, les vésicules constituant la partie nutritive se sont fusionnées et ne forment plus qu'une masse visqueuse homogène. Les globules huileux se sont rassemblés à la périphérie de l'œuf et constituent de grosses gouttelettes réfringentes de volume variable, plus nombreuses dans la région micropylaire que dans le reste. Enfin les éléments plastiques se sont aussi fusionnés en une masse finement granuleuse, irrégulièrement étalée au-dessous du micropyle : c'est le germe (fig. 135, B).

Les éléments vitellins des Poissons osseux ne se fusionnent pas toujours au moment de la chûte de l'œuf pour constituer, comme chez la Truite, une masse vitelline homogène. **Hoffmann** a vu, en effet, que le vitellus du Hareng conserve son aspect vésiculeux pendant tout le développement de l'œuf. J'ai observé le même fait dans l'œuf du *Lepadogaster ;* le vitellus de cet œuf renferme des vésicules transparentes, de volume variable, de forme polygonale par suite de la pression réciproque qu'elles exercent les unes sur les autres et contenant souvent de petits globules huileux dans leur intérieur; mais il y a aussi de gros globules huileux libres au centre du vitellus, sous le disque germinatif. Les œufs de Clupéidés ont une structure analogue.

Les œufs des Mammifères, à part quelques fines granulations graisseuses, plus ou moins abondantes, suivant les espèces, ne contiennent pas d'éléments figurés, pouvant être assimilés à ceux contenus dans les œufs méroblastiques, mais j'ai montré récemment (1892) que des matériaux de réserve, qui manquent dans l'œuf au moment de la fécondation et pendant les premiers stades du développement, peuvent apparaître cependant plus tard dans les cellules de l'endoderme. J'ai constaté, en effet, que chez l'embryon de Lapin, à partir du huitième jour, dans la région de l'aire embryonnaire où apparaîtront les ilots de Wolff, l'endoderme épaissi, ainsi que l'ont vu tous les embryogénistes, présente des cellules ayant un aspect tout particulier.

Ed. van Beneden et Julin (1884) ont donné le nom de *membrane ombilicale* à la membrane formée par l'endoderme uni à la splanchnopleure, dans les limites de l'aire vasculaire. On peut appeler *endoderme ombilical* la partie du feuillet interne épaissi qui suit l'extension de l'aire vasculaire. Cet endoderme ombilical se transforme insensiblement en une couche de cellules aplaties sur le bord distal de l'aire vasculaire et sur le bord proximal qui entoure la zone proamniotique. Il n'en est pas de même à l'union de l'aire vasculaire et de l'aire transparente périembryonnaire. Sur des coupes transversales intéressant la région moyenne d'un embryon de huit jours, on constate que l'endoderme ombilical s'étend à une certaine distance au-dessous de l'endoderme aplati de la zone transparente.

Il existe à ce niveau une zone dans laquelle on trouve au-dessous de la splanchnopleure, en passant de la zone transparente à la zone opaque : 1° une couche de cellules endodermiques aplaties; 2° cette même couche au-dessous de laquelle sont de grosses cellules polyédriques; 3° une couche de grosses cellules polyédriques disposées en une ou deux assises. Cette disposition rappelle celle du bourrelet endodermo-vitellin des Oiseaux, l'endoderme ombilical correspondant à l'endoderme vitellin, et la couche des cellules aplaties à l'endoderme définitif.

La ressemblance entre l'endoderme ombilical et l'endoderme vitellin des Oiseaux devient encore plus frappante aux stades suivants.

Au neuvième jour, les îlots de Wolff ont apparu dans l'aire vasculaire, et les premiers vaisseaux se sont développés. Les cellules de l'endoderme ombilical se sont allongées et sont devenues prismatiques, principalement dans la partie distale de l'aire vasculaire. Leur extrémité externe, en rapport avec la splanchnopleure est aplatie; leur extrémité interne est arrondie. Il en résulte que la face interne de l'endoderme, tournée vers la cavité du blastocysse, présente un aspect festonné.

Le protoplasma des cellules de l'endoderme ombilical est rempli de grosses granulations réfringentes, brunissant sous l'influence de l'acide osmique; dans beaucoup de cellules, il est creusé de vacuoles irrégulières, qui refoulent le noyau vers la paroi externe.

Au douzième jour, les vacuoles protoplasmiques ont augmenté en nombre et en dimension ; elles renferment presque toutes des corps réfringents dont les uns peuvent atteindre le volume du noyau de la cellule. Ces corps sont identiques, par leur aspect et leurs réactions, aux grosses granulations intraprotoplasmiques (fig. 137). Les cellules de l'endoderme ombilical sont devenues, à ce stade, absolument semblables à celles de l'endoderme vitellin des

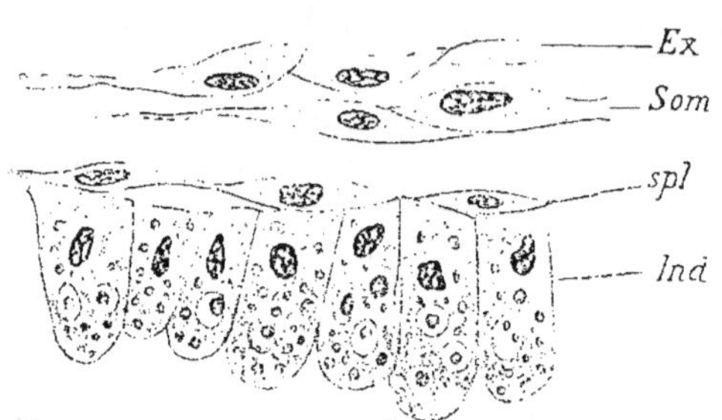

Fig. 137. — Fragment d'une coupe de la partie extra-embryonnaire d'un œuf de Lapine de 12 jours. *Ex.* exoderme ; *som*, somatopleure ; *spl*, splanchnopleure ; *ind*, endoderme. Les cellules endodermiques sont remplies d'inclusions et ont l'aspect des cellules endodermo-vitellines de l'embryon du Poulet.

Oiseaux ; elles ne s'en distinguent que par leurs dimensions plus petites et par le volume moindre des éléments vitellins qu'elles renferment.

Dans les œufs méroblastiques des Sauropsides les éléments vitellins préexistent à l'embryon; dans les œufs des Mammifères ces éléments n'apparaissent qu'à un stade déjà avancé du développement de l'embryon, un peu avant la formation des vaisseaux, et seulement au niveau de l'aire vasculaire.

Les éléments vitellins de l'endoderme ombilical résultent vraisemblablement d'une transformation du liquide albumineux du blastocyste, absorbé par les cellules endodermiques. Ce sont des matériaux de réserve que les cellules restituent progressivement, après les avoir rendus assimilables, à l'embryon, par l'intermédiaire des vaisseaux avec lesquels elles sont en contact (1).

____

(1) L'endoderme ombilical joue donc, chez les Mammifères, le rôle du parablaste des œufs méroblastiques, interposé entre les vaisseaux et le vitellus nutritif.

Après la fixation de l'œuf sur la muqueuse utérine, et l'établissement du placenta, l'endoderme ombilical est en grande partie suppléé, dans son rôle physiologique, par la couche plasmodiale qui sépare les villosités fœtales du sang de la mère, couche plasmo-

L'on trouve aussi, dans les œufs des Amphibiens, de certains Reptiles et des Poissons cartilagineux, des corps particuliers auxquels on a donné le nom de *tablettes vitellines* et qui doivent, de même que les substances que nous venons d'étudier, être considérées aussi comme constituant des matériaux nutritifs de réserve. Ce sont des corps d'apparence cristalline, réfringents, affectant le plus souvent la forme de tablettes, souvent parcourues par des stries transversales et qu'une pression convenable parvient à décomposer en lamelles juxtaposées. **Remak, Vogt, Leydig,** les considéraient comme formées de stéarine. **Virchow** (1852) pensait qu'elles étaient constituées par une substance albuminoïde particulière, intermédiaire entre les vrais albuminoïdes et les acides gras. **Valenciennes** et **Frémy,** qui ont étudié les tablettes vitellines des œufs de Poissons et de Tortues, y ont reconnu deux substances un peu différentes auxquelles ils donnent le nom d'*ichthine* et d'*émydine*, selon leur provenance. Ces substances sont solubles dans la potasse ; sous l'influence de l'iode, elles prennent une teinte jaune, puis rouge lie de vin ; elles présentent une grande affinité pour le carmin et les couleurs d'aniline. **Radlkofer** a montré que les tablettes vitellines jouissent de la double réfraction, et il les a comparées aux cristalloïdes des cellules végétales.

Le développement des tablettes vitellines n'a pas encore été étudié d'une manière suffisante. **Gegenbaur, Cramer, Waldeyer** prétendent que les tablettes vitellines proviennent des granulations du protoplasma qui s'allongent, grossisent et présentent ensuite des stries dans leur masse. En 1884, **Will** a émis une hypothèse bizarre sur leur provenance. D'après lui, dans les jeunes œufs ovariens des Amphibiens, les taches germinatives feraient saillie hors de la vésicule, se pédiculiseraient et s'isoleraient dans le protoplasma ovulaire. Ces bourgeons se résoudraient ensuite en granulations auxquelles, par une confusion de termes regrettable, il donne le nom de *noyaux vitellins ;* ce seraient ces granulations qui grossiraient et se transformeraient ensuite en tablettes vitellines.

L'opinion de **Will** n'a pas été adoptée, et pour ma part je la repousse absolument. Ainsi que je vous l'ai dit dans une précédente leçon, j'ai

Tablettes
vitellines.

Développe-
ment des
tablettes
vitellines.

---

diale qui peut encore être assimilée à une sorte de parablaste situé entre le milieu nutritif et les vaisseaux embryonnaires.

L'existence, chez les Mammifères, d'un endoderme ombilical comparable à l'endoderme vitellin des Oiseaux, tant au point de vue de sa constitution histologique qu'au point de vue de sa fonction physiologique, me paraît être un argument en faveur de la distinction, établie par **Ed. van Beneden,** entre le lécithophore et l'endoderme définitif, et en faveur de l'opinion généralement admise aujourd'hui qui fait dériver les Mammifères d'ancêtres dont les œufs renfermaient un vitellus, qui a disparu progressivement pendant que s'établissaient des rapports de plus en plus intimes entre l'embryon et la mère, durant le développement intra-utérin.

bien pu constater dans certains jeunes ovules de *Rana temporaria*, les productions signalées par O. Hertwig (1884) et présentant tous les aspects décrits et figurés par cet auteur. Dans des œufs plus avancés en développement, j'ai rencontré des corps intravitellins, fusiformes ou arrondis, occupant la même situation que les corps d'Hertwig et se colorant alors plus fortement par la safranine que le reste du plasma ovulaire. Examinés à un fort grossissement, ces corps se montraient remplis de jeunes tablettes vitellines disposées en séries. Ces tablettes, orientées parallèlement à leur grand axe et placées les unes à côté des autres, constituent des chapelets enchevétrés, plongés au sein d'une substance très finement granuleuse. Chaque groupe de chapelets est entouré d'une zone claire, hyaline, due probablement à une rétraction de la masse plasmique sous l'influence du liquide fixateur, qui, pour les œufs, dans lesquels j'ai

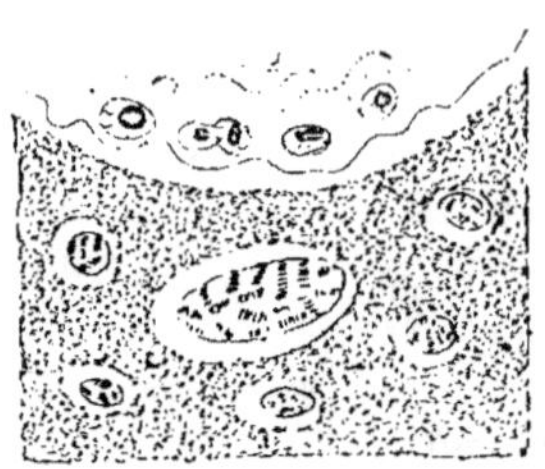

Fig. 138. — Fragment de la coupe d'un ovule de *Rana temporaria* montrant la genèse des tablettes vitellines dans des amas nettement circonscrits de protoplasma. A la partie supérieure de la figure, on voit une portion de la vésicule germinative avec les nucléoles et des chromosomes, formés de granulations disposées en séries. Liquide de Ripart et Petit ; safranine.

observé le plus nettement cette disposition, était le liquide de Ripart et Petit. Je suis porté à admettre que les corps intravitellins d'Hertwig ne sont que des parties du plasma ovulaire plus condensées dans lesquelles se formeront plus tard les premières tablettes vitellines (fig. 138).

On retrouve les tablettes vitellines dans les sphères de segmentation, mais, au fur et à mesure que l'embryon se développe, ces matières de réserve diminuent, sont résorbées et finalement disparaissent complètement.

Les œufs de beaucoup d'Hydrozoaires, et en particulier de l'Hydre, contiennent des corps figurés, auxquels **Kleinenberg** (1872) a donné le nom de *pseudocelles*. Ils apparaissent sous forme de petites granulations réfringentes dans lesquelles se creuse une cavité centrale, qui devient, pendant l'accroissement du corpuscule, excentrique et est repoussée vers un côté par la formation d'un prolongement conique de la paroi de la vésicule.

Chez les Sporozoaires, il existe des corps de réserve d'une nature particulière qui ont été étudiés tout d'abord chez les Grégarines et les Coccidies par **Henle, Stein** et **Bütschli. Henle** les considérait comme des grains calcaires, **Stein** comme des globules de graisse, **Bütschli** enfin comme une substance amyloïde. Leur étude a été reprise avec plus de soin par **Frenzel** (1885) qui les regarda comme formés par une substance albuminoïde, par **Bütschli** (1885) qui donna à la substance dont ils sont formés le nom de *paraglycogène*. **Maupas** (1886) a reconnu que les corps réfringents des Grégarines présentent une croix de polarisation, que leur diamètre varie de 1 à 20 μ, qu'ils prennent avec l'iode une teinte jaune brune, et deviennent violet lilas, si l'on ajoute de l'acide sulfurique à 40 o/o. Solubles dans l'eau chaude, la solution réduit la liqueur cupropotassique. **Maupas** appelle *ζooamyline* la substance qui forme ces corps, pour rappeler sa parenté étroite avec les grains d'amidon végétal.

J'ai observé et décrit, en 1888, les grains de paraglycogène chez le *Monocystis* du Lombric, où ils présentent un développement fort remarquable. Leur volume est très variable. Examinés à la lumière polarisée et sous un fort grossissement, ils montrent une croix noire et jouissent par conséquent de la double réfraction. Les grains les plus petits montrent seulement un point noir à leur centre. J'ai pu constater que ces corps se comportent d'une façon très curieuse en présence du violet de gentiane. Ils se colorent en bleu par ce réactif et présentent à leur centre une croix incolore qui correspond à celle qu'on y observe sous l'influence de la lumière polarisée (fig. 139, B). Tel est du moins l'aspect que l'on obtient si l'on ne laisse agir la matière colorante que peu de temps sur la préparation ; mais si, au contraire, on surcolore celle-ci et qu'on la décolore ensuite, selon les procédés usités pour la coloration des coupes par les couleurs d'aniline, l'image est renversée et c'est une croix bleue que l'on observe dans un grain incolore (fig. 139, A). Cette donnée nous permet de conclure que nous nous trouvons en présence d'une structure réellement différenciée et qu'il existe dans les grains du *Monocystis* une croix formée d'une substance dense, difficilement pénétrable par les réactifs, mais par ce fait même plus difficilement décolorable une fois qu'elle a été imbibée par la substance colorante.

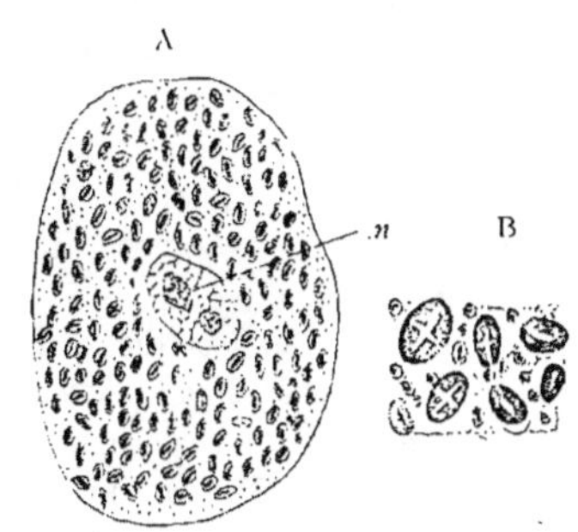

Fig. 139. — A. Kyste de *Monocystis* du Lombric, traité par le violet de gentiane montrant les grains amylacés, colorés et présentant une ligne ou une croix foncée; *n*, noyau. — B. Fragment d'un autre kyste montrant des grains amylacés colorés et présentant une ligne ou une croix claire. (D'après HENNEGUY, 1888).

Chez les Myxosporidies, **Thélohan** a aussi observé des différenciations particulières de l'endoplasma qui semblent généralement constituer des matériaux de réserve. La graisse est très répandue chez ces organismes et se présente sous forme de globules très réfringents, de volume variable, que l'acide osmique colore en noir intense. Une des espèces qui en renferme le plus est le *Myxidium Lieberkühni*. Chez d'autres, ces substances contenues dans l'endoplasma présentent un aspect et des caractères différents : elles se montrent souvent sous forme de globules colorés en jaune d'or ou un peu verdâtre ; par exemple chez le *Chloromyxum Leydigi*, où ils sont très nombreux et communiquent leur coloration à l'organisme tout entier. Leur diamètre peut varier de 2 μ à 5 μ ; ils sont solubles dans l'acide acétique, l'acide nitrique et tous les dissolvants des graisses ; mais, traités par l'acide osmique, ils prennent seulement une teinte grisâtre. Chez d'autres Myxosporidies, le même auteur a signalé des formations du même genre : globules réfringents, incolores, insolubles dans l'alcool et les essences, très répandus chez *Ceratomyxa arcuata*, *Leptotheca agilis*, etc.

On trouve enfin chez les Infusoires ciliés et flagellés des corps particuliers qui ont été étudiés par **Maupas** (1885), **Khawkine** (1885), **Fabre-Domergue** (1888), et que ces auteurs s'accordent à considérer comme des substances de réserve. Ils ont, en effet, pour caractère commun de se former chez les individus qui vivent dans de bonnes conditions de nutrition et d'aération et de disparaître par résorption, quand surviennent des conditions de vie défavorables. Très probablement cependant ces corps ne présentent pas tous la même constitution et peuvent affecter une consistance soit solide comme chez l'*Astasia ocellata* étudiée par **Khawkine**, soit liquide comme les globules de réserve observés par **Fabre-Domergue** chez des *Prorodon* et l'*Ophryoglena flava*. Dans un travail spécialement consacré aux substances contenues dans ces dernières espèces, **Fabre-Domergue** (1888), a émis l'opinion qu'elles se trouvent en dissolution dans le paraplasma même de l'Infusoire et que le paraplasma ainsi chargé de matières solubles se différencie du hyaloplasma pour former des globules

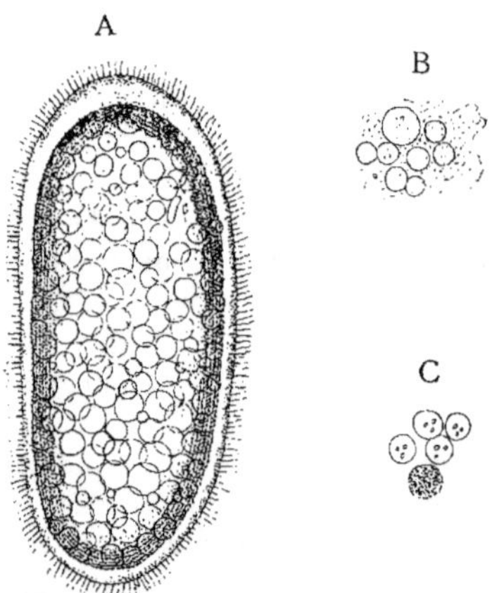

Fig. 140. — A. *Ophryoglena flava* bourrée de sphères paraplasmiques imbibées de substance de réserve. B. Les mêmes sphères isolées et flottant dans l'eau. C. Les supérieures traitées par l'acide acétique, l'inférieure par l'iode. (D'après Fabre-Domergue, 1888).

qui participent toujours cependant des propriétés physiques de leur substratum. Ils diffluent en présence de traces d'ammoniaque, éclatent brusquement au contact de l'eau et se dissolvent aisément dans la potasse à l'état frais. L'auteur compare ces productions aux globules que l'on trouve dans les cellules glandulaires en voie de sécrétion.

Outre les corps de nature ternaire dont nous venons d'étudier les principaux, il peut y en avoir d'autres de nature quaternaire qui se trouvent aussi dans le protoplasma cellulaire. Tels sont les grains de *pigment* si répandus dans certains éléments normaux et pathologiques, où ils présentent parfois une disposition radiée autour du noyau. Leur couleur est très variable et peut aller du jaune au noir pur en passant par toutes les teintes intermédiaires.

Ils peuvent apparaître et disparaître ensuite par résorption dans le protoplasma cellulaire. Leur composition paraît très variable. On les trouve surtout dans les éléments dérivés de l'ectoderme, mais cette règle souffre pourtant de nombreuses exceptions.

Certains grains de pigment sont constitués uniquement par des cristaux de guanine; tels sont par exemple ceux que l'on rencontre dans la peau des Poissons.

De même que dans les cellules végétales, on peut trouver, à l'état normal, dans les cellules animales des corps figurés de nature minérale.

Le foie des Pulmonés terrestres renferme une grande quantité de phosphate de chaux, et les cellules de leur tissu conjonctif du carbonate de chaux, sous forme de grains très fins ou de concrétions réfringentes, composées de couches concentriques et enveloppées de couches organiques à striation radiée. Chez les Pulmonés aquatiques, le foie ne renferme pas de phosphate de chaux, mais le tissu conjonctif contient une grande quantité de carbonate.

Dans le rein des Mollusques, les cellules possèdent une grande vacuole dans laquelle on voit une grosse concrétion de guanine, de xanthine ou d'acide urique.

Il existe encore une importante catégorie de granulations dont nous devrions nous occuper ici et qui, par certains côtés, touchent un peu aux granulations d'**Altmann**, au sujet desquelles nous nous sommes suffisamment étendus en parlant de la constitution du protoplasma. Nous en ferons donc abstraction pour l'instant.

En 1875, **Waldeyer** a trouvé entre les faisceaux de tissu conjonctif, entre les cellules interstitielles du testicule, dans des capsules surrénales, à côté des éléments habituels de ce tissu, de grandes cellules arrondies, situées dans le voisinage des vaisseaux, renfermant de grosses granulations et auxquelles il donna le nom de *Plasmazellen*. Quelque temps après **Ehrlich** (1877) reprit l'étude de ces cellules et reconnut qu'elles n'avaient pas toutes la même constitution. Parmi elles, il distingua celles dont les granulations ont une grande affinité pour les couleurs d'aniline et il les nomma *Mastzellen*.

Toutes ces granulations possèdent une affinité supérieure à celle du noyau pour certaines matières colorantes et les retiennent fortement quand celui-ci les a déjà abandonnées par la méthode habituelle de décoloration.

Un élève d'**Ehrlich**, **Westphal** (1880) a étudié ces cellules et les a recherchées chez un grand nombre d'espèces animales.

Chez la Grenouille, il a pu distinguer trois sortes de cellules à granulations colorables, des cellules plates, des cellules sphériques et des cellules fusiformes présentant un, deux ou plusieurs prolongements par lesquels elles peuvent s'anastomoser. Les cellules d'Ehrlich sont rares chez le Lapin, le Lièvre, le Cobaye, le Pigeon et le Dindon ; elles sont abondantes, au contraire, chez la Chèvre, le Chien, le Veau, les Chauve-souris, le Rat, la Grenouille et le Triton. Leur nombre et leur répartition sont constants dans un même organe pris sur des animaux de même espèce, de même âge et à une même époque de l'année ; ils diffèrent suivant l'âge des individus, et sont très variables suivant les espèces animales. **Westphal** n'attache pas une importance fonctionnelle aux cellules d'Ehrlich ; il a constaté, en effet, que la langue du Lapin n'en renferme pas, tandis que celle de la Chauve-souris en est abondamment pourvue. De même que les cellules plasmatiques de Waldeyer, c'est généralement dans le tissu conjonctif, au voisinage des épithéliums et des vaisseaux, que se trouvent les cellules

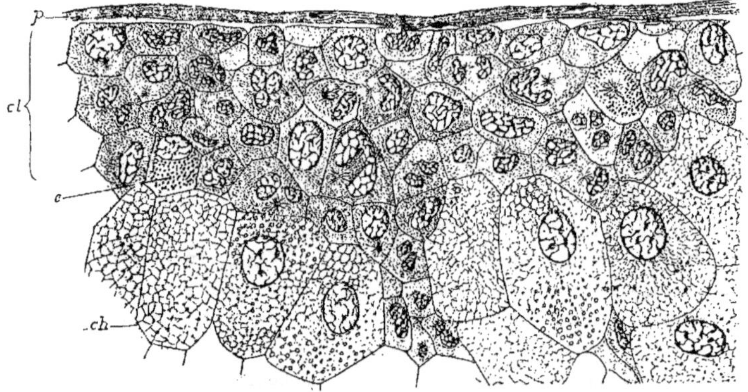

Fig. 141. — Coupe de la région superficielle, lymphoïde, du foie de la Salamandre. Fixation par le liquide de Lindsay, coloration par l'hématoxyline au fer et la safranine Les centrosomes avec leurs sphères attractives sont visibles dans beaucoup de cellules. *p* : couche péritonéale ; *cl* : couche lymphoïde ; *ch* : cellules hépatiques ; *e* : cellule d'Ehrlich, remplie de granulations colorées.

d'Ehrlich ; on les rencontre non seulement dans les tissus normaux, mais aussi dans le voisinage des tumeurs. **Neumann** (1885) les a observées en abondance dans l'induration brune du poumon ; dans les tissus de nouvelle formation au voisinage des plaies. **Ackermann** (1883) les a signalées autour des sarcomes, mais jamais elles ne pénètrent dans le tissu propre de la tumeur. **Rosenheim** (1886) les a vues dans les nerfs périphériques en dedans de la gaîne de Schwann ; il a remarqué qu'on ne commence à les trouver, chez l'enfant, qu'à partir de la cinquème année et qu'elles sont beaucoup plus nombreuses chez les vieillards. Dans la névrite aiguë ou infectieuse, les cellules d'Ehrlich augmentent de nombre. A l'état normal on n'en trouve pas dans le système nerveux central de l'Homme, mais on les trouve autour des foyers apoplectiques et dans la sclérose. **Rosenheim** les fait dériver du tissu conjonctif.

La nature de ces granulations cellulaires est peu connue ; elles sont insolubles dans l'alcool, solubles dans l'acide acétique fort. **Ehrlich** les considère comme des éléments de réserve destinés à être employés plus tard par la cellule lorsqu'elle se trouve dans de mauvaises conditions. Les Mastzellen sont des éléments conjonctifs engraissés, dans un état de nutrition exagéré, et se rencontrent surtout là où il y a inflammation et néoformation. Certains auteurs ont voulu vérifier le fait et s'assurer s'il existait une relation entre la présence de ces grains et les conditions de nutrition. **Korybutt-Daszkiewicz** (1878) a vu que, chez les Grenouilles long-temps privées de nourriture, les cellules granuleuses augmentent de nombre quand on donne aux animaux une bonne alimentation. **Ballowitz** (1891) a entrepris des expériences à ce sujet sur un animal hibernant, le *Vesperugo noctula*. Il a conservé des individus à jeun pendant six mois et il en a tué successivement un certain nombre après un temps variable de sommeil hibernal. Il a constaté que, en automne, les cellules d'Ehrlich sont très nombreuses dans les différents organes. Dans le courant de l'hiver, ces cellules paraissent diminuer de nombre ; leurs granulations sont souvent plus petites qu'à l'état normal et se colorent plus difficilement, mais plus tard, vers le printemps et après cinq ou six mois d'hibernation, leur nom-bre était sensiblement le même que pendant la période de vie active, excepté peut-être dans l'intestin grêle. **Ballowitz** en conclut que ce ne sont pas des cellules chargées de matières nutritives. **Westphal** avait reconnu, de son côté, que, chez les individus morts de maladies chroniques et par conséquent fort affaiblis, on trouvait tout autant de cellules d'Ehrlich que chez les individus sains, morts d'accident.

Westphal et **Raudnitz** (1883), avaient vu dans leurs recherches que souvent les granulations colorables se trouvent en dehors de la cellule ; **Ballowitz** a observé des faits semblables, mais pour lui, les granulations ne sont pas en dehors du corps cellulaire, elles sont dans des prolonge-ments protoplasmiques très déliés de la cellule.

En 1890, M. **Ranvier** a décrit sous le nom de *clasmatocytes* des cellules Clasmatocytes. granuleuses du tissu conjonctif qui paraissent avoir les plus grandes affi-nités avec les cellules d'Ehrlich et de Waldeyer. Il les a rencontrés et étu-diés surtout dans le mésentère des Amphibiens et dans le grand épiploon des Mammifères. Fixés par l'acide osmique, puis colorés par le violet 5 B, ces éléments se présentent sous forme de grandes cellules fusiformes ou arborisées pouvant atteindre 1^{mm} de longueur, colorées fortement en violet tirant sur le rouge et bourrées de granulations (fig. 142). Les clasma-

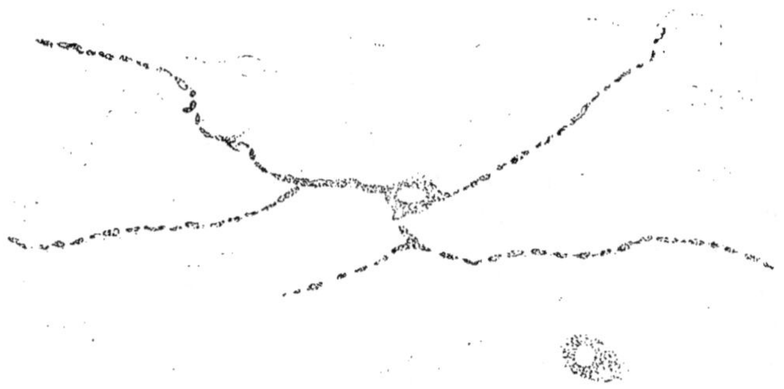

Fig. 142. — Fragment du mésentère de *Triton cristatus*, traité par l'acide osmique et le violet 5 B, dans lequel on voit un clasmatocyte avec ses prolongements en voie de fragmentation et un autre clasmatocyte non ramifié.

tocytes présentent des prolongements simples ou ramifiés, moniliformes et qui ne s'anastomosent pas entre eux. Des portions de ces prolongements peuvent se détacher et constituer des îlots de granulations, de volume variable, répandus dans les mailles du tissu conjonctif. M. **Ranvier** considère cette sorte de sécrétion par effrittement du protoplasma comme un caractère essentiel des clasmatocytes, et il a donné le nom de *clasmatose* à ce mode particulier de sécrétion.

Le nombre des clasmatocytes est variable; dans la membrane très mince qui entoure l'œsophage de la Grenouille rousse on en compte une centaine par millimètre carré. Dans le tissu conjonctif des Mammifères il y en a plusieurs milliers par millimètre cube.

Les clamatocytes arrivés au terme de leur développement sont dépourvus de mouvement, ainsi qu'on peut le constater en examinant à l'état vivant le mésentère du Triton; ils proviennent cependant de leucocytes qui, après être sortis des vaisseaux sanguins, ont émigré dans les interstices du tissu conjonctif. On trouve, en effet, toutes les formes de passage entre les leucocytes et les clasmatocytes. De plus, M. **Ranvier** a pu suivre directement sous le microscope la transformation des cellules lymphatiques en clasmatocytes, en conservant de la lymphe péritonéale de Grenouille dans une cellule de verre fermée.

Les clasmatocytes présentent une étroite parenté avec les *Mastzellen* d'**Ehrlich**, mais ils s'en distinguent par leurs plus grandes dimensions, et par leur mode particulier de fragmentation, les *Mastzellen* se désagrégeant en totalité au terme de leur évolution. Pour M. **Ranvier** ces deux sortes d'éléments dérivent des leucocytes, tandis que pour **Ehrlich**, les *Mastzel-len* proviennent de cellules fixes du tissu conjonctif.

Les recherches récentes d'**Ehrlich** et de ses élèves montrent que les granulations colorables qui existent dans les cellules, principalement dans les leucocytes, sont de nature très différente, variable suivant les tissus et les espèces animales.

Réactions des granulations colorables.

Ehrlich, en traitant par de nombreuses matières colorantes les cellules renfermant des granulations, est arrivé à distinguer cinq espèces de granulations se colorant différemment avec les colorants acides ou les colorants basiques et il les a désignées par les premières lettres de l'alphabet grec : 1° les α-granulations, ou granulations éosinophiles, qui se colorent fortement dans les colorants les plus acides ; 2° les β.-granulations, ou granulations amphiphiles, qui, dans un mélange de colorants basiques et acides, retiennent en même temps les deux matières colorantes ; 3° les γ-granulations, ou granulations basophiles, qui se colorent par les colorants basiques ; 4° les δ-granulations qui sont également basophiles, mais prennent une coloration différente ; 5° les ε-granulations, ou granulations neutrophiles, qui se colorent dans les colorants neutres, tels que le bleu de méthylène. Les *Mastzellen* renferment des γ-granulations basophiles.

Bergonzini (1891), en colorant des coupes de différents organes, fixés soit par l'alcool, soit par le sublimé, dans un mélange de vert de méthyle, de fuchsine acide et d'orange G, ayant une composition un peu différente de celui d'Ehrlich-Biondi, a pu, dans une même préparation, colorer les cellules à granulations basophiles en vert, et les cellules à granulations acidophiles en rouge ; il a trouvé d'autres cellules dont les granulations plus acidophiles prennent une teinte brune-orangée. Les cellules à granulations vertes basophiles sont répandues dans les différents organes de la Souris blanche : les cellules à granulations rouges acidophiles dominent dans le mésentère de la Grenouille : les cellules de la troisième catégorie se trouvent dans le mésentère du Cobaye. Des coupes, pratiquées à travers la base du pavillon de l'oreille de la Souris blanche, montrent associées des cellules à grains verts et des cellules à grains rouges.

Bergonzini a recherché aussi les cellules à granulations dans les tissus pathologiques : il a trouvé des cellules basophiles dans des lipomes et des tubercules de la peau, et des cellules acidophiles dans le tissu conjonctif interstitiel d'un épithélioma de l'anus et dans une tumeur lymphoïde de la conjonctive.

Enfin, **Weiss** (1891), en se basant sur une réaction de l'albumine trouvée par **Reicht** et **Mikosch**, pense avoir démontré que les granulations éosinophiles sont de nature albumineuse. Pour cela il traite ses préparations par une solution alcoolique de vanilline à 1 %, puis par une petite quantité d'un mélange d'acide sulfurique et d'une solution de sulfate de fer ; les granulations se colorent en violet bleuâtre, comme le fait l'albumine dans les mêmes conditions.

Martin Heidenhain (1892) a étudié aussi les cellules d'Ehrlich dans l'épithélium intestinal et le foie de la Salamandre et a pu distinguer, dans le tissu conjonctif de ce dernier organe, certaines cellules remplies de granulations souvent radiées ou contenant dans d'autres cas des granulations plus fines. Ces granulations se colorent surtout par le vert de méthyle. Enfin il a vu aussi des cellules qui contenaient des corps allongés en forme de bâtonnets

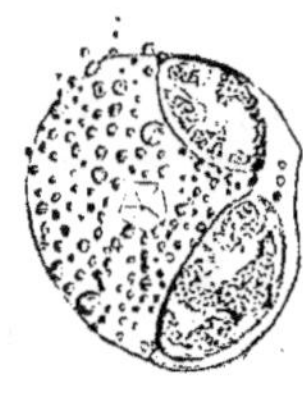

Fig. 143. — Cellule éosinophile de Salamandre, montrant, au milieu des granulations colorées, une sphère attractive avec son centrosome. (D'après M. Heidenhain, 1892).

Fig. 144. — Leucocyte de Salamandre renfermant de fines granulations et des corps en bâtonnets, *. (D'après M. Heidenhain, 1892).

et dont la signification lui a échappé ; l'on pourrait se demander s'il ne s'agissait point dans ce cas de parasites appartenant à l'ordre des Sporozoaires, mais les spores ce ces êtres ont un noyau et les petits bâtonnets en question en étaient dépourvus (fig. 144).

On trouve également chez les Invertébrés des cellules analogues aux Mastzellen des Vertébrés ; Cuénot (1892) a signalé chez les Mollusques pulmonés, *Helix*, *Limnea*, dans le tissu conjonctif, au milieu des cellules vésiculeuses, dites *cellules de Leydig*, des éléments remplis de granules réfringents se colorant par les couleurs basiques, safranine et dahlia.

Brock (1883) avait désigné ces éléments sous le nom de *Körnchenzellen*, mais sans les rapprocher des cellules d'Erhlich.

Les cellules glandulaires présentent aussi des granulations sur lesquelles **R. Heidenhaim** a le premier attiré l'attention, en 1868, en étudiant la glande sous-maxillaire du Lapin. Ce savant physiologiste montra que les cellules glandulaires subissent des modifications selon leur état fonctionnel.

Pflüger (1871) constata également que les cellules des glandes salivaires sont remplies d'un nombre considérable de granulations. **Von Ebner** (1873) retrouva de semblables granulations dans les glandes séreuses annexes des papilles de la langue du Cobaye, et vit qu'elles se coloraient par le carmin. **Nussbaum**, dans une série de travaux parus de 1877 à 1882, a étudié un grand nombre de glandes, glandes salivaires, stomacales, œsophagiennes, pancréas, etc., et y a décrit, dans toutes, des granulations qu'il considère comme le produit de la secrétion des cellules servant de support aux ferments élaborés par ces glandes.

Depuis cette époque, un assez grand nombre d'histologistes ont confirmé l'existence de corps figurés, sous forme de granulations, dans le proto-

plasma des cellules glandulaires, mais ils ne sont pas d'accord sur la
nature et la signification de ces granulations. C'est ainsi que **Flemming**
(1882), pense que les grains qu'on aperçoit dans les cellules de la parotide
du Chat, ne sont autre chose que l'expression des coupes optiques d'une
charpente filamenteuse serrée, et il donne la même interprétation pour
toutes les glandes séreuses pourvues, dit-il, de soi-disant cellules secré-
tantes granuleuses.

Suivant **Altmann**, dont nous connaissons déjà la théorie relativement à
la constitution du protoplasma, les granulations des cellules glandulaires
ne sont que des bioblastes transformés en produit de sécrétion, ayant perdu
la propriété de se colorer par la fuchsine acide. Ces grains sont excrétés de
la cellule, et d'autres se reforment aux dépens des bioblastes fuchsinophiles
qui, d'après **Altmann**, ont la propriété de se multiplier par division.

Pour **Klein** et **Heidenhain** les granulations seraient simplement les renflements ou les nœuds du réseau protoplasmique. Leur existence serait
donc aux yeux de ces observateurs purement virtuelle.

Au contraire **Langley** (1884) après avoir observé un grand nombre de
glandes au point de vue morphologique et physiologique est arrivé à une
conclusion absolument différente et qui concorde avec celle des premiers
auteurs que je viens de citer. Pour lui,
le corps cellulaire se compose d'une
charpente de substance vivante, de
protoplasma, dont la périphérie est
entourée par une couche continue de
protoplasma modifié. La charpente a
l'aspect d'un réseau de petits filaments,
à peu près égaux. Dans les mailles de la
charpente se trouvent une substance
hyaline et des granulations sphériques.
Ces granulations représentent le produit
destiné à être excrété. Suivant **Langley**,
à un accroissement de granulations
correspond une diminution de la substance hyaline interfibrillaire ; aussi
suppose-t-il que le réseau protoplasmique sécrète ou produit la substance

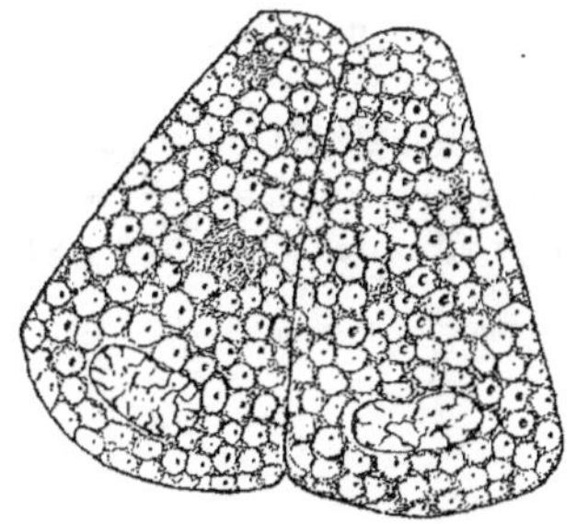

Fig. 145. — Cellules de la glande à venin
de la Vipère, fixées par le liquide de
Lindsay et colorées par la safranine. Le
corps protoplasmique est vacuolaire, et
chaque vacuole renferme une granulation
se colorant fortement par la safranine.

hyaline d'où dérivent les granulations, qui se retrouvent à l'état de corpuscules dans le liquide sécrété par la glande. Les granulations des cellules
glandulaires seraient donc des formations secondaires, résultant d'une
différenciation protoplasmique.

Nicolas (1892) a repris récemment l'étude de la constitution des cellules
glandulaires en examinant la glande lacrymale et la parotide d'un suppli-
cié. Pour lui, le protoplasma de ces cellules est formé d'une substance

fondamentale homogène ; les granulations se trouvent renfermées dans des vacuoles à contenu liquide et sont par conséquent absolument indépendantes du protoplasma. Contrairement à l'observation d'**Altmann**, **Nicolas** a toujours vu les granulations se colorer par la fuchsine acide ; certaines cellules renfermaient de très petites granulations, d'autres des grains volumineux, résultant soit de la fusion de petites granulations, soit de l'apposition de nouvelle substance différenciée. **Nicolas** pense que les granulations se dissolvent dans les vacuoles au moment de la sécrétion de la glande ; car il est très rare de retrouver des grains dans le liquide des canaux excréteurs.

Saint-Remy (1892), après **Dostoiewsky** (1886), **Lothringer** (1886), **Rogowitsch** (1889) et **Stieda** (1890), a examiné avec soin la constitution des cellules chromophiles de l'hypophyse chez plusieurs Vertébrés, Amphibiens, Oiseaux et Mammifères, en employant soit la méthode d'Altmann, soit la fixation par le liquide de Flemming. Il a constaté que dans l'hypophyse il n'existe en réalité qu'une seule sorte de cellules glandulaires, se présentant sous des aspects différents, correspondant à des stades d'évolution d'éléments identiques ; on y trouve, en effet, des cellules à grosses granulations et ne renfermant plus qu'une petite quantité de protoplasma, d'autres cellules dans lesquelles les granulations sont à peine distinctes, et enfin des éléments à protoplasma réticulé avec quelques grosses granulations roses. **Saint-Rémy** pense que les grains fuchsinophiles apparaissent d'abord dans le protoplasma sous forme de fines granulations, puis grossissent aux dépens de la masse protoplasmique en présentant une affinité de moins en moins marquée pour la fuchsine, et disparaissent enfin sous forme de produit de sécrétion ; mais il ignore le processus de cette disparition.

20 janvier 1894.

QUINZIÈME LEÇON

DIFFÉRENCIATIONS FONCTIONNELLES DE LA CELLULE.

Corps figurés produits par l'activité cellulaire *(suite)*. — Grains de Paneth. — Absorption de la graisse dans l'intestin. — Cellules caliciformes. — Métachromasie. — Parasites intracellulaires. — Productions dérivées du protoplasma présentant une structure compliquée. — Chorion de l'œuf des *Phyllium*. — Squelette externe et interne des Protozoaires. — Cellules urticantes. — Capsules polaires des Myxosporidies. — Trichocystes. — Rhabdites des Turbellariés. — Canal excréteur des glandes unicellulaires. — Organes segmentaires des Vers.

Messieurs,

Outre les granulations colorables que nous avons passées en revue dans notre dernière leçon, et dont toute une catégorie paraît être en rapport avec la production des ferments, d'où le nom de *granulations zymogènes* qu'on leur a donné, on observe encore dans certaines cellules animales, des corps figurés particuliers que **Paneth**, en 1888, **R. Heidenhain**, en 1888, et **Nicolas**, en 1891, ont décrit dans les cellules des glandes de Lieberkühn de quelques animaux. Ce sont des granulations souvent volumineuses, des boules réfringentes, homogènes, se colorant fortement par les réactifs, tels que l'éosine, le safranine, l'hématoxyline, le vert d'iode, etc., sans que la couleur soit modifiée, insolubles dans l'eau et la potasse, mais solubles lentement dans l'alcool et rapidement

Grains de Paneth.

Fig. 146. — Noyau d'une cellule de glande de Lieberkühn de la Souris avec enclave extra-nucléaire compliquée. (D'après Nicolas, 1891).

Fig. 147. — Cellules du fond d'une glande de Lieberkühn de la Souris, renfermant des enclaves à corps safranophiles, qui déforment le noyau. (D'après Nicolas, 1891).

dans les acides faibles. Ce dernier caractère les distingue des autres corps que nous avons étudiés précédemment. **Paneth** considère les cellules qui renferment ces corps comme des éléments destinés à disparaître par le mécanisme même de la sécrétion ; d'après **Nicolas**, au contraire, ce phénomène ne serait pas constant. **Nicolas** a étudié ces cellules

chez le **Rat**, la **Souris**, le **Cobaye**, la **Chauve-souris**, l'**Homme**, l'**Écureuil**,
parmi les Mammifères, la **Grenouille** et le **Triton**, parmi les Amphibiens, et chez le **Lézard**. Elles joueraient d'après lui un rôle essentiel
dans l'absorption des graisses.

*Absorption de
la graisse dans
l'intestin.* L'absorption de la graisse est une question encore très controversée. La
plupart des auteurs admettent que la graisse, émulsionnée par les sucs
digestifs, pénètre en nature sous forme de fines gouttelettes dans l'intérieur
des cellules épithéliales. Telle est par exemple
la manière de voir de M. **Ranvier**, qui a pu

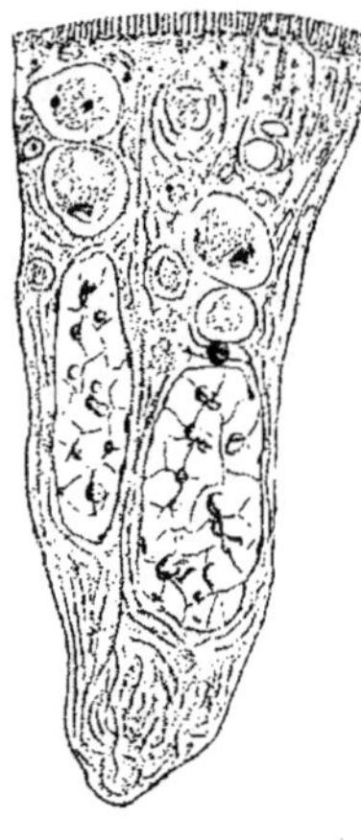

Fig. 148. — Cellules de l'intestin
du Triton à jeun. Liquide de
Flemming : safranine et krystall
violet. Le protoplasma renferme des enclaves, sous forme
de boules, incolores ou colorées par la safranine. (D'après
Nicolas, 1891).

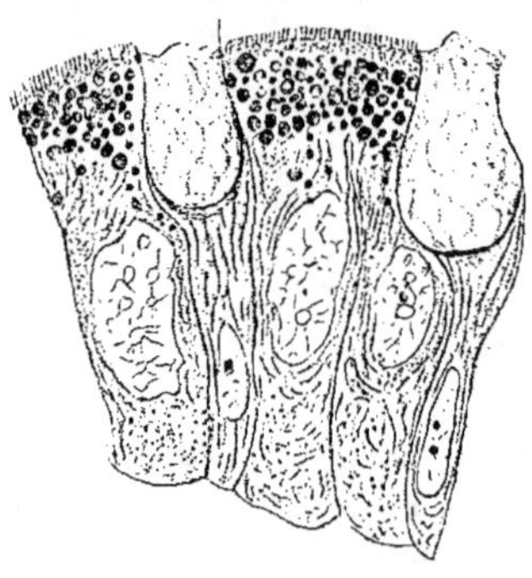

Fig. 149. — Cellules de l'intestin d'un Triton
10 h. après avoir mangé des larves de Phriganes. Liquide de Flemming, safranine et
krystall violet. La partie superficielle des cellules est remplie de grains et de gouttelettes
noires. Intégrité du plateau basal et de la
zone protoplasmique sous-jacente. Entre les
cellules à plateau, deux cellules caliciformes
dont le contenu est coloré en violet. (D'après
Nicolas, 1891).

obtenir des préparations montrant des globules de graisse en voie de pénétration directe dans les cellules. En faisant ingérer à des Rats du lait
ou de la graisse et en les sacrifiant quelque temps après, il a, sur des
coupes de leur intestin, trouvé des globules de graisse à moitié engagés
dans le plateau des cellules épithéliales. Au contraire, d'après les recherches chimiques de **Perewoznikoff** (1876), **Will** (1879), **Ewald** (1883),
Walther (1890), **Munk** et **Rosenstein** (1890) et d'après les observations
histologiques de **Cash** (1880), **Krehl** (1890) et **Nicolas** (1891), la graisse
serait décomposée dans le tube digestif en ses éléments, acides gras,
glycérine, savons, qui, dissous, pénétreraient par endosmose dans le
protoplasma des cellules. Là, ces substances dissoutes seraient fixées
par des éléments figurés du protoplasma, granulations d'Altmann et
grains de Paneth, qui, agissant probablement comme ferment, opéreraient

la synthèse de la graisse. Les granulations graisseuses, qu'on trouve dans les cellules épithéliales, ne seraient donc que des produits de synthèse des éléments de la graisse dédoublée dans l'intestin.

Les arguments invoqués par les partisans de cette théorie sont les suivants. On ne trouve jamais, disent-ils, de gouttelettes graisseuses dans le plateau strié, ni dans la zone protoplasmique sous-jacente : les gouttelettes de graisse qu'on observe dans l'intestin ne sont jamais aussi fines que celles qui se voient dans les cellules épithéliales ; on n'a jamais pu faire pénétrer des substances solides dans les cellules épithéliales quel que soit le degré de leur division ; enfin les acides gras et les savons absorbés sous forme de solution donnent, à l'examen microscopique et après traitement par l'acide osmique, des images identiques à celles qu'on obtient après l'absorption des graisses neutres.

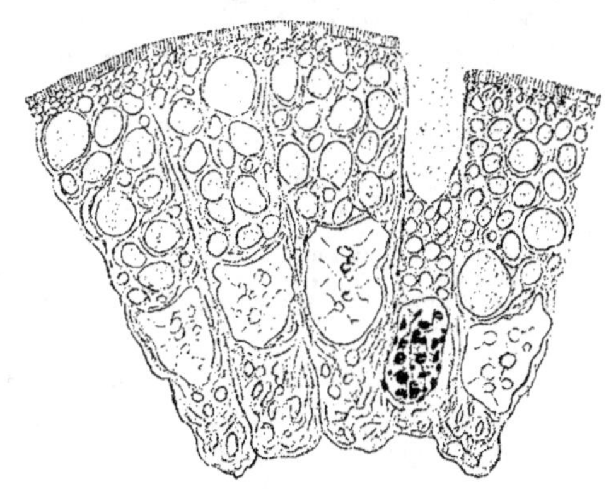

Fig. 150. — Cellules de l'intestin d'un Triton, 20 h. après avoir mangé des larves de Phriganes. Liquide de Rabl, safranine. Les gouttelettes graisseuses ont été dissoutes, on n'aperçoit plus que la coupe des cavités dans lesquelles elles se trouvaient logées. La substance que renferment ces cavités est indistincte. Les noyaux sont déformés. (D'après NICOLAS, 1891).

En présence d'opinions aussi contradictoires, il y a lieu, comme vous le voyez, de faire de nouvelles recherches sur l'absorption de la graisse, et sur la fonction des enclaves protoplasmiques des cellules épithéliales de l'intestin. N'ayant sur cette question aucune observation personnelle, je me borne à vous indiquer le problème, sans vous en donner une solution.

Pour terminer les notions générales que je désirais vous donner sur la nature des produits dérivés de l'activité cellulaire, je dois vous dire encore quelques mots d'éléments particuliers, très répandus chez les Métazoaires, les *cellules à mucus* ou *cellules caliciformes*, qui constituent de véritables glandes unicellulaires. Ces cellules se composent d'une partie protoplasmique basilaire contenant le noyau, surmontée d'une sorte de sac, la *theca*, rempli d'un produit de sécrétion et s'ouvrant au dehors par une ouverture, le *stoma*, par laquelle est expulsé le produit de sécrétion (fig. 149). Étudiées par un grand nombre d'auteurs, entre autres par **F. E. Schulze** (1867), **List** (1886), **M. Ranvier** (1889), les cellules caliciformes encore jeunes montrent dans l'intérieur de leur théca une masse filamenteuse réticulée dans les mailles de laquelle sont de nombreux petits globules réfringents, formés d'une substance moins dense, la *substance mucigène*. La substance filamenteuse est très avide des matières colorantes, tandis que les granules de mucigène présentent en général moins d'affinité pour celles-ci.

Dans les cellules chez lesquelles le travail sécrétoire est plus avancé, les globules réfringents ont disparu ; les mailles du réseau filamenteux sont distendues, elles ont en grande par-

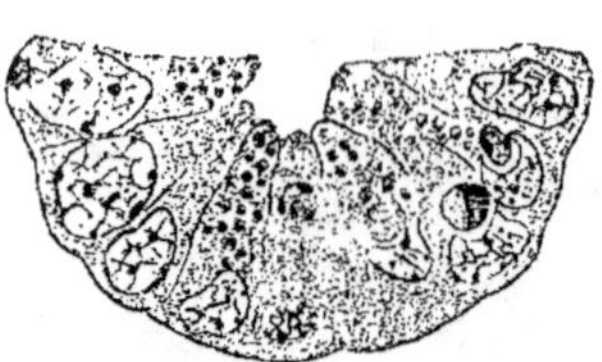

Fig. 151. — Fond d'une glande de Lieberkühn de Souris. Liquide de Flemming, safranine. Cellules à grains : ceux-ci sont plus ou moins volumineux et plus ou moins abondants. A droite, on voit une cellule dans laquelle ils sont très petits. Grosses boules à corps safranophile affectant ou non des rapports avec le noyau. (D'après Nicolas, 1891).

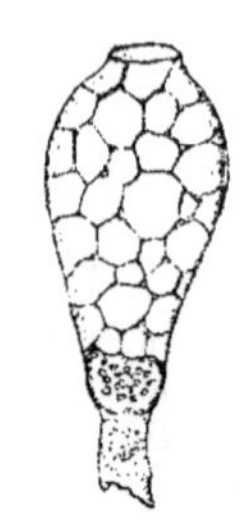

Fig. 152. — Cellule caliciforme de l'épithélium de la vessie du *Squatina vulgaris* durcie par la liqueur de Müller. (D'après List, fig. empruntée à O. Hertwig).

tie disparu, et la théca est remplie d'une substance homogène, creusée de vacuoles irrégulières. M. **Ranvier** a mis nettement en évidence les

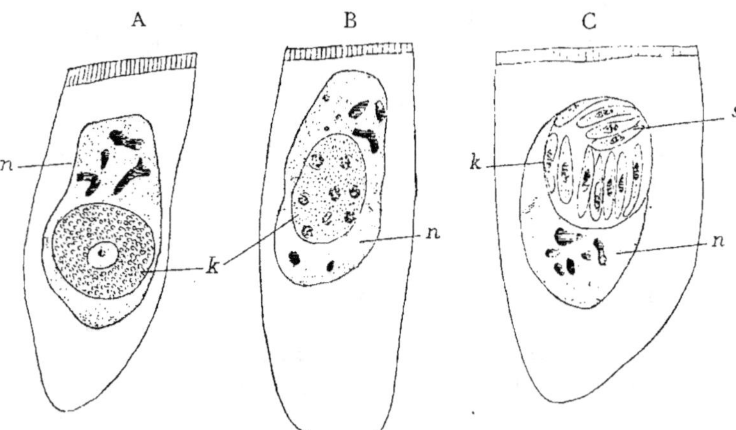

Fig. 153. — Trois cellules de l'intestin de la *Salamandra maculosa*, dont le noyau renferme le *Karyophagus Salamandra* à trois stades différents de son évolution. Le protoplasma des cellules n'a pas été représenté. Dans les noyaux, *n*, le réseau chromatique est altéré. — A. Le *Karyophagus*, K, est à l'état de cellule avec un seul noyau. — B. La masse protoplasmique du *Karyophagus* renferme huit noyaux. — C. La masse protoplasmique s'est convertie en spores, *s*.

vacuoles en fixant les cellules par l'acide osmique, puis en les traitant par l'acide perruthénique en présence de l'étain métallique qui colore en noir le mucigène et laisse les vacuoles incolores. Il a constaté également que les vacuoles, dans les cellules examinées à l'état vivant, sont animées de mouvements, qu'elles changent de forme, grandissent, disparaissent, tandis que d'autres prennent naissance dans leur voisinage. Les vacuoles ne renfermeraient que de l'eau contenant en dissolution des sels inorganiques.

Les cellules glandulaires des oviductes des Amphibiens, des Sauropsides et des Sélaciens, qui sécrètent l'albumine qui entoure l'œuf de ces animaux, ont une structure à peu près semblable à celle des cellules caliciformes. C'est aussi sous forme de globules réfringents que se présente, dans leur théca, la matière qui constituera l'albumine excrétée. **Bœttcher** (1866) a montré que, chez les Amphibiens, les globules réfringents des cellules de l'oviducte se gonflent considérablement dans l'eau ; 1 gramme de substance sèche de l'oviducte, immergée dans l'eau, se transforme en 624,28 grammes de gelée.

Hoyer (1890) a étudié avec soin l'action des matières colorantes sur le mucigène et le mucus. Il a montré que seules les couleurs d'aniline basiques colorent la mucine. Il a expérimenté sur des muqueuses de différents animaux, fixées par le sublimé, une série de couleurs basiques, bleu de méthylène, brun Bismarck, safranine, thionine ou violet de Lauth. Cette dernière substance est celle qui lui a donné les meilleurs résultats ; elle colore les noyaux des cellules en bleu et la substance mucigène en violet rougeâtre.

Notons en passant cette différence de coloration que la thionine, qui est violette, donne d'une part aux noyaux et de l'autre au mucigène. Ce n'est pas là un fait isolé. La safranine colore les noyaux en rouge et donne à la substance fondamentale du cartilage une belle couleur orangée, à la mucine une teinte brune rougeâtre, au tissu élastique, principalement à la tunique élastique des vaisseaux sanguins, une coloration bleue d'acier ; le bleu de méthylène, qui colore en bleu les noyaux, donne une couleur rouge violette aux granulations des Mastzellen ; le vert de méthyle, qui colore les noyaux en vert-bleuâtre, teint en violet intense la matière amyloïde des tissus en voie de dégénérescence, etc. Le changement de coloration que subit une même matière colorante, en présence d'éléments histologiques ou de tissus différents, constitue ce que les histologistes ont appelé la *métachromasie*. C'est un phénomène très important, qui ne s'observe encore que dans un petit nombre de cas, mais dont l'étude, poursuivie simultanément par les chimistes et les physiologistes, rendra, je crois, les plus grands services à la cytologie et à l'histologie. La métachromasie deviendra dans quelques années la base de l'analyse microchimique du protoplasma et de ses dérivés.

Les corps figurés, produits internes du protoplasma ne sont pas les seuls qu'on puisse observer dans les cellules ; on trouve souvent d'autres éléments qu'on confondrait aisément avec ceux-ci, mais qui sont de nature bien différente : ce sont des organismes inférieurs vivant en parasites dans le cytoplasma ou dans le noyau. De ce nombre sont les Algues vertes ou jaunes, *Zoochlorella* et *Zooxanthella*, dont nous avons parlé longuement à propos de la chlorophylle animale, et qui se trouvent normalement dans certains animaux. Il faut ajouter à ces parasites symbiotiques d'autres parasites qui existent accidentellement dans la cellule : les Bactériacées qui ont été signalées par plusieurs auteurs, entre autres par M. **Balbiani** et par **Bütschli** dans le noyau des Infusoires ciliés et des Amœbiens; les Chitridinées qui envahissent souvent les Flagellés, tels que les Euglènes, les *Pandorina*, les Conjuguées etc.; des Sporozoaires, tels que le curieux parasite découvert par **Steinhaus** (1889) dans le noyau des cellules de l'intestin de la Salamandre, le *Karyophagus Salamandræ*, dont j'ai pu suivre aussi l'évolution, et qui embarrasserait fort le plus habile histologiste, si l'on ne trouvait dans une même préparation tous les stades de son développement, depuis sa pénétration dans le noyau jusqu'à la formation de ses

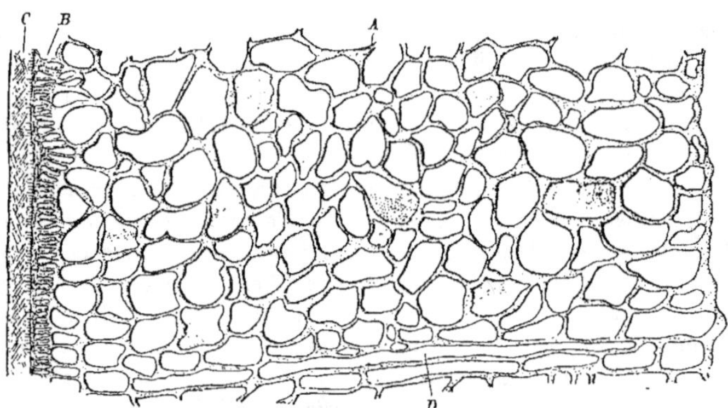

Fig. 154. — Fragment d'une coupe longitudinale de la capsule d'un œuf de *Phyllium crurifolium*, au niveau de sa plus grande largeur. — A, zone externe; B, zone moyenne, C, zone interne; D, alvéoles allongées. Gross. 100. (D'après **Henneguy**, 1890).

spores (fig. 153); tel aussi le *Cytophagus Tritonis*, trouvé par le même auteur (1891) dans les cellules intestinales du Triton, mais qui est dans le protoplasma, tandis que le précédent siège exclusivement dans le noyau; le parasite découvert par **Thélohan** (1892) dans les cellules intestinales ou cutanées des Poissons; les Coccidies pendant les premières phases de leur développement; les Hémosporidies, étudiées par **Laveran** et **Danilewsky** dans les globules sanguins de divers Vertébrés, etc. Enfin il ne faut pas oublier que les leucocytes renferment souvent des corps étrangers qu'ils ont ingérés, et que les leucocytes peuvent eux-mêmes pénétrer dans certains éléments cellulaires et s'y comporter comme de véritables parasites.

Tous ces parasites peuvent être confondus par les observateurs peu expérimentés avec les parasomes, les graines de Paneth, les divers produits de l'activité protoplasmique, de même que, par contre, ces derniers corps figurés ont été souvent pris pour des parasites intracellulaires.

Le protoplasma animal, comme le protoplasma végétal, peut donner naissance à des produits externes qui s'accumulent en dehors de la cellule. Je vous ai déjà parlé de la chitine, du chorion des œufs, des différentes substances intercellulaires qui, par leur mode de formation, peuvent être assimilées à la membrane de cellulose de la cellule végétale. Parfois ces produits externes présentent une complexité de structure vraiment extraordinaire, qui les font ressembler à de véritables tissus composés de cellules, bien qu'en réalité ils résultent uniquement d'une sécrétion ou d'une différenciation du protoplasma. Un des exemples les plus

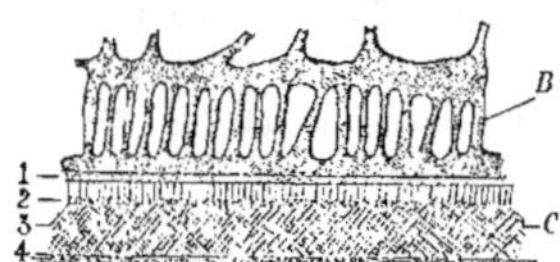

Fig. 155. — Fragment plus grossi de la fig. 154. — B, zone moyenne; 1, 2, 3, 4, couches de la zone interne. (D'après HENNEGUY, 1890).

curieux que je connaisse à cet égard nous est fourni par le chorion de l'œuf des *Phyllium,* ces curieux Orthoptères dont la ressemblance avec les feuilles des arbres sur lesquels ils vivent est bien connue.

Le chorion de l'œuf du *Phyllium crurifolium,* qui a la forme d'un akène d'Ombellifère, présente trois régions ayant chacune un aspect différent : 1° une zone externe (fig. 154, A) constituée par de larges alvéoles irrégulières; 2° une zone moyenne (fig. 154, B), mesurant 0^{mm} o3 de largeur et formée de fibres épaisses, parallèles, dirigées perpendiculairement à la surface interne; 3° une zone interne (fig. 154, C) à peu près de même épaisseur que la précédente et présentant une structure compacte striée. Cette zone interne est constituée elle-même par quatre couches distinctes, formées de fibrilles de grosseurs différentes et intriquées de diverses manières (fig. 155). L'ensemble de la coupe du chorion de l'œuf du *Phyllium* ressemble à s'y méprendre à une coupe de tissu végétal, de telle sorte que le mimétisme si intéressant de l'Insecte adulte et de son œuf se retrouve dans la structure même de l'enveloppe de cet œuf.

Nous ignorons de quelle manière se fait la sécrétion d'un tissu aussi compliqué, constitué uniquement par de la chitine, et comment des couches aussi différenciées prennent naissance aux dépens soit du protoplasma ovulaire, soit plus probablement du protoplasma des cellules de la gaîne ovarique.

Le même problème se pose pour les productions squelettiques externes ou internes si variées des Protozoaires.

Certains de ces êtres comme les Arcelles, les Difflugies, etc., sont logés dans une coque chitineuse qui peut dès lors être considérée comme un produit de sécrétion de l'ectoplasma, au même titre que les membranes secondaires dont nous avons déjà parlé. Mais il est d'autres productions qui apparaissent au sein même de l'organisme cellulaire et peuvent présenter tous les termes de transition entre une condensation protoplasmique et un véritable squelette de soutien inorganique. De ce nombre sont les baguettes rigides des *Actinophrys* et des *Actinosphærium*, les roues dentées et les disques adhésifs des Trichodines, les squelettes des Radiolaires.

Chez les *Actinophrys* nous trouvons dans les rayons protoplasmiques qui émanent du corps de l'être des tiges rigides, mais élastiques, susceptibles de diffluer en même temps que le protoplasma et pouvant être considérées, par conséquent, comme une simple condensation de celui-ci.

Dans un travail d'ensemble sur les Urcéolaires, en 1889, **Fabre-Domergue** a montré que les élégantes roues dentées des Trichodines participaient également de toutes les propriétés du protoplasma et n'en différaient que par une condensation plus grande de leur substance.

A côté de ces productions protoplasmiques pures, nous en trouvons d'autres, très différenciées, qui se rapprochent un peu de la chitine, mais s'en écartent cependant par certains côtés. Chez plusieurs Radiolaires, par exemple, le squelette est formé d'une substance à laquelle on a donné le nom d'*achantine*, mais qui est soluble dans les acides et les alcalis et disparaît lentement dans une solution de soude à 1 %, ou de chlorure de sodium à 10 %. D'autres Radiolaires, enfin, possèdent un véritable squelette incrusté de matières minérales, de silice ou de carbonate de chaux et présentant les formes les plus variées.

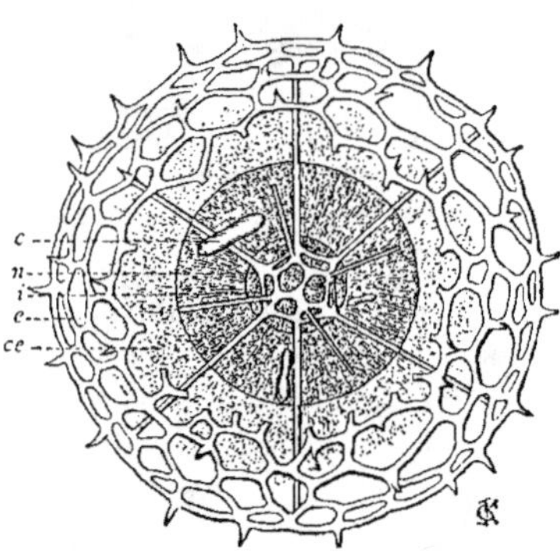

Fig. 156. — *Haliomma erinaceus*; *e*, sphère treillissée externe; *i*, sphère treillissée interne; *c*, capsule centrale ; *ce*, corps mou extra-capsulaire; *n*, vésicule interne (noyau). (D'après R. HERTWIG, fig. empruntée à O. HERTWIG).

Tout récemment **Dreyer** (1892) a publié un mémoire volumineux, contenant un grand nombre de vues théoriques sur les formations squelettiques des Protozoaires, des Spongiaires, etc. D'après lui, chez les Rhizopodes testacés, la coquille ne naît pas à l'extérieur mais dans l'épaisseur même de l'exoplasma. Chez les Gromies et la plupart des Foraminifères, la coquille est revêtue d'un manteau externe de protoplasma d'où émanent les pseudopodes, mais ce revêtement protoplasmique n'est pas toujours visible; la plupart des auteurs admettent qu'il émane des pores de l'enveloppe et peut rentrer dans l'intérieur de celle-ci. La membrane chitineuse peut s'épaissir; il s'y dépose, chez les Foraminifères, du carbonate de chaux et elle présente souvent des formes très compliquées, des loges multiples, des pores, des canaux. De même chez les Radiolaires l'on voit apparaître des spicules ou une charpente fort complexe.

Nous sommes impuissants à expliquer la formation au sein du protoplasma d'éléments squelettiques de forme si régulière et de nature si diverse. **Dreyer** a bien essayé de tirer des lois géométriques de ses observervations, mais nous ne pouvons le suivre dans ses déductions plus hypothétiques que réelles. La même observation s'applique aux productions cornées, calcaires ou siliceuses, aux *scléroblastes*, aux *spicules* des Spongiaires.

D'autres formes de différenciations intracellulaires plus curieuses encore nous sont offertes par les cellules à *nématocystes* ou *cellules urticantes*. Ces cellules ont été étudiées par **Chun** (1881) et par **Camillo Schneider** ; (1892) avant ce dernier, **M. Bedot** (1888) en avait bien décrit la structure et le développement. Dans le corps de la cellule se trouve une capsule d'où peut sortir, sous l'influence d'une excitation quelconque, un long filament. **Bedot** fait remarquer avec raison que l'on confond souvent les termes *nématocystes*, *cnidoblastes* et *cellules urticantes*. Le nématocyste est la capsule qui renferme le filament, le cnidoblaste est la cellule dans laquelle sont contenus la capsule et son filament. A l'état de repos la capsule, tangente au bord libre de la cellule, contient, plongé dans un liquide hyalin, un filament creux, en spirale, terminé par une partie renflée. En rapport avec le bord supérieur de la capsule on voit un petit prolongement filiforme qui fait saillie au-dessus de la cellule et que l'on nomme le *cnidocil* (fig. 157). Un corps étranger vient-il à toucher le cnidocil, le filament se détend comme un ressort et fait saillie hors de sa capsule. En même temps le liquide de la capsule sort par le filament et, par ses propriétés irritantes, détermine chez l'être, qui en est atteint, une douleur assez vive.

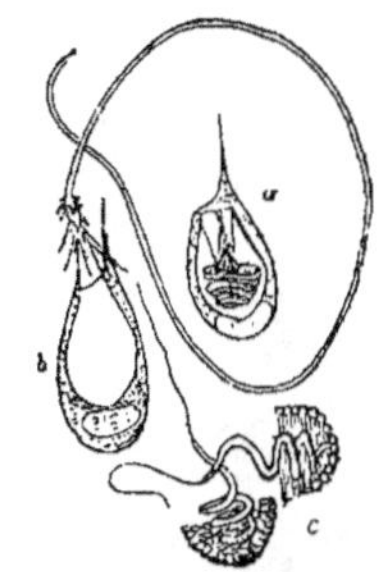

Fig. 157. — Cellules urticantes des Cnidaires. *a*, cellule avec cnidocil et un filament urticant enroulé dans la capsule. *b*, le filament urticant est projeté hors de la capsule : sa base est hérissée de crochets. *c*, cellules préhensiles d'un Cténophore. (D'après LANG, fig. empruntée à O. HERTWIG).

Voici, d'après **Bedot**, comment s'effectue le développement des diverses parties de cet appareil. Les cellules urticantes, jeunes, possèdent primitivement un protoplasma homogène. Sur leur bord libre apparaît d'abord une vacuole (*nématoblaste*) également homogène, puis, dans l'intérieur de cette vacuole, se forme un bourgeon qui se pédiculise et dans l'intérieur duquel naît, en commençant par le pédicule, un canalicule en spirale. Peu à peu la substance de ce bourgeon se condense autour du canalicule pour en constituer les parois et il se trouve enfin que la vacuole ou la capsule ne contient plus qu'un filament à la place de son bourgeon (fig. 158).

Des productions intracellulaires du même genre existent chez des organismes appartenant à des groupes bien différents : chez certains Gastéropodes nudibranches (*Acolis*), la région dorsale porte de nombreuses papilles

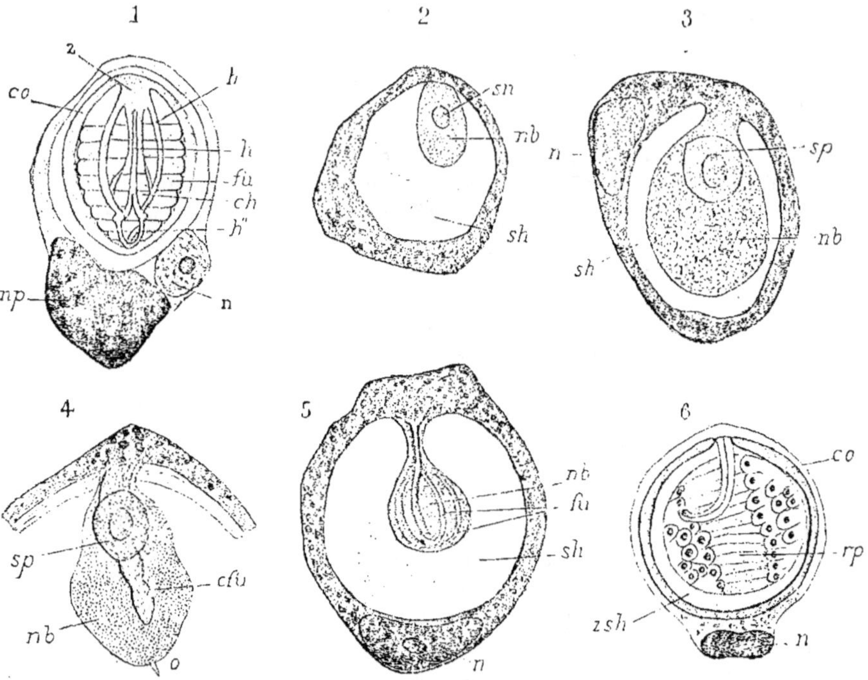

Fig. 158. — Développement des cnidoblastes. — 1. Gros cnidoblaste sans tige de *Velella*. — 2. Cnidoblaste de *Velella* en voie de développement. — 3. Stade plus avancé du développement· — 4. Nématoblaste de *Velella*. — 5. Cnidoblaste de *Physalia*, montrant le développement du filament. — 6. Coupe d'un cnidoblaste de *Physalia*. — *cfu* : ébauche du filament urticant. *ch* : crochets de la hampe du filament urticant. *co* : coque du nématocyste. *fu* : fil utricant. *h" h' h*. parties de la hampe du filament utircant. *n* : noyau. *nb* : nématoblaste. *np* : résidu protoplasmique du cnidoblaste. *o* : extrémité et pointe du nématoblaste. *rp* : reste du protoplasma à l'intérieur du nématocyste. *sh* : substance hyaline qui formera la coque du nématocyste. *sh, sp* : sphère qui donnera naissance à la première partie de la hampe du fil urticant. ꝗ : épaississement de la coque du nématocyste. ꝗ*sh* : résidu de la substance hyaline après la formation de la coque du nématocyste. (D'après Bedot, 1888).

tégumentaires en forme de sacs ouverts communiquant avec le cœlome, dont chacune renferme un cœcum hépatique et dont les cellules épithéliales produisent des cnidoblastes urticants. Ceux-ci peuvent se trouver plusieurs dans la même cellule; lorsqu'il sont expulsés ils se dévaginent en faisant saillir un filament souvent barbelé sur une assez grande longueur, depuis sa base.

Dans les spores des Myxosporidies, on observe des éléments très analogues aux véritables capsules urticantes. Ils se montrent sous forme de petits corps piriformes, très réfringents, placés tantôt à une seule extrémité de la spore, (*Myxobolus, Chloromyxum*), tantôt aux deux (*Myxidium*) d'où le nom de *capsules polaires* que leur a donné **Bütschli**. Leur nombre varie de 1 à 4. Ce n'est que rarement et chez quelques espèces à grandes spores que l'on peut, à l'état frais, constater dans ces capsules la présence d'un filament enroulé en spirale. C'est surtout en provoquant sa sortie qu'on peut mettre ce dernier en évidence (**Balbiani**) (fig. 160). On peut y parvenir en les soumettant à l'action de différents réactifs, variables suivant les espèces : potasse caustique, éther, glycérine, etc.

D'après les recherches de **Thélohan**, le développement de ces capsules polaires s'effectue à peu près de la même façon que celui des véritables cnidoblastes. A un moment donné, on voit le sporoblaste se diviser en deux masses sporogènes, dont chacune donnera une spore. La spore elle-même se divise bientôt en trois cellules ; l'une fournira la masse protoplasmique qui représente le germe, les deux autres vont donner naissance aux capsules polaires (fig. 159, A). Dans le voisinage de leur noyau on constate l'apparition, au sein du protoplasma, d'une vacuole claire sur la paroi de laquelle se forme un petit bourgeon protoplasmique qui, croissant peu à peu, proémine de plus en plus dans la vacuole (fig. 159, B). Il devient piriforme ; son extrémité amincie finit par se rompre et on a finalement une capsule à filament autour de laquelle les divers restes de la cellule capsulogène peuvent persister pendant un temps plus ou moins long.

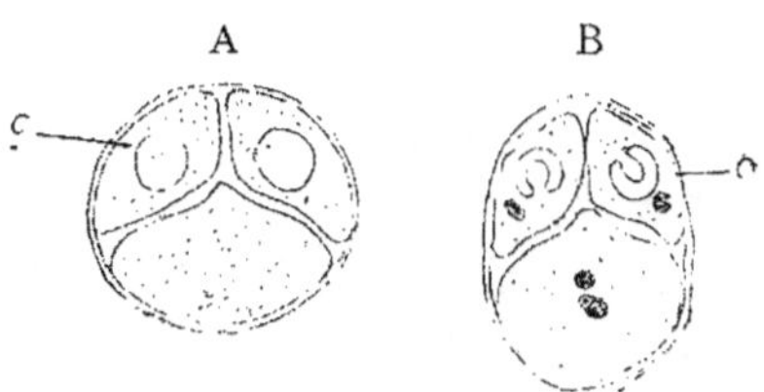

Fig. 159. — Deux masses sporogènes de *Myxobolus Peifferi* à deux états différents de développement. — A: la masse protoplasmique s'est divisée en trois cellules dont l'inférieure donnera le protoplasma de la spore, et les deux supérieures sont les cellules capsulogènes, renfermant chacune une vacuole, c, qui est le premier stade de la formation des capsules polaires. — B: état plus avancé: dans chacune des trois cellules le noyau est visible; dans les cellules capsulogènes on voit un petit bourgeon protoplasmique piriforme faisant saillie dans la vacuole claire. (D'après **Thélohan**).

Enfin, chez quelques Infusoires, on trouve des corps semblables à ceux que nous venons de décrire. Chez l'*Epistylis umbellaria*, **Claparède** et **Lachmann** décrivent des capsules à filaments. En 1873, **Bütschli**, chez un Dinoflagellé, le *Polykrikos Schwarzi*, retrouve des éléments à peu près semblables et les figure dans un travail paru dans le T. IX de l'*Archiv für mikr. Anat.*, puis, plus tard, dans les *Protozoa*. Pl. 55; fig. 8 *a b c.*

Il ne faut pas confondre ces capsules à filaments peu répandues chez les Infusoires avec d'autres corps très communs chez ces êtres et auxquels on a donné le nom de *trichocystes*. En dépit des observations d'**Allmann** qui décrivit dans les corps en bâtonnets de la couche ectoplasmique du *Frontonia leucas* un filament spiral, aucun observateur n'a pu, après lui, constater une telle organisation, et l'on doit considérer ces formations comme des alvéoles ectoplasmiques hautement différenciées, susceptibles d'émettre au dehors leur contenu sous forme d'un fin filament.

Ainsi que l'a démontré **Fabre-Domergue**, beaucoup de Ciliés, dépourvus de trichocystes et présentant seulement un ectoplasma alvéolaire différencié, peuvent néanmoins au moment de la fixation émettre des filaments en tout semblables à des trichocystes mais beaucoup plus courts. **Kunstler** a observé également

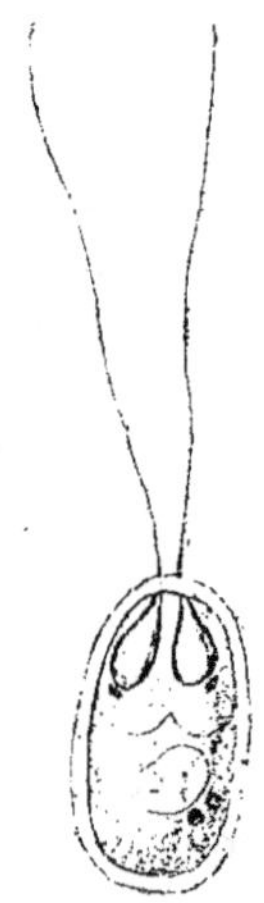

Fig. 160. — Spore de *Myxobolus ellipsoides* complètement développée, montrant les filaments polaires sortis des capsules. (D'après THÉLOHAN).

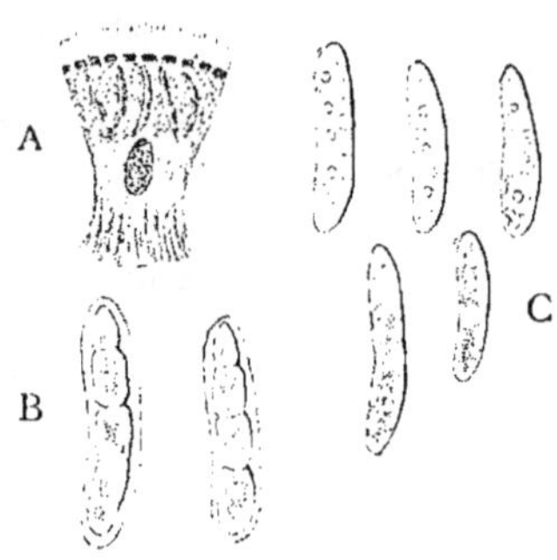

Fig. 161. — A. Cellule épidermique isolée de *Planaria montana*, renfermant des rhabdites. — B. Rhabdites de *Planaria lactea*, isolés par suite du traitement de l'animal vivant par la liqueur de Müller, et montrant des cloisons transversales. — C. Les mêmes rhabdites montrant les pores de la membrane. (D'après CHICHKOFF, 1892).

l'émission chez les Flagellés d'un grand nombre de filaments rigides auxquels il donne le nom de *nosopseudopodes*.

Rhabdites des Turbellariés. Les cellules épidermiques de presque toutes les régions du corps des Turbellariés renferment des éléments particuliers en forme de bâtonnets, observés pour la première fois par **Ehrenberg** et auxquels **Graff** (1882) a donné le nom de *rhabdites*. Bien que ces bâtonnets aient été étudiés par un grand nombre d'auteurs, on n'est pas fixé sur leur nature, leur origine et leur rôle physiologique. Leur siège même est encore discuté ; si la majorité des observateurs les placent dans les cellules épithéliales, d'autres tels que **Braun** (1881), **Kennel** (1882) et **Woodworth** (1891), prétendent que les rhabdites se trouvent entre les cellules épithéliales. **Chichkoff** (1892), un des derniers auteurs qui se soient occupés de cette question, a toujours vu les rhabdites, chez les Triclades, dans les cellules elles-mêmes. Les rhabdites sont de petits corps fusiformes, quelquefois un peu arqués, présentant, du reste, des variations considérables de forme et de dimension d'un type à l'autre. Ils sont constitués par une membrane assez épaisse, garnie d'un petit nombre de pores, et délimitant une cavité divisée en plusieurs petites chambres par des cloisons transversales (fig. 161). L'acide acétique les gonfle et finit par les faire éclater; l'hématoxyline et beaucoup d'autres substances colorantes les colorent fortement.

Relativement à l'origine des rhabdites, deux théories sont actuellement en présence. L'une, soutenue par la plupart des histologistes, admet que ces corps naissent dans les cellules du mésenchyme, et émigrent ensuite dans les cellules épithéliales; l'autre, émise par **Hallez** et **Woodworth**, assigne aux rhabdites une origine ectodermique. **Chichkoff** se range à la première manière de voir, et place les cellules de formation des bâtonnets immédiatement au-dessous de la musculature tégumentaire; mais il admet que ces cellules formatrices émigrent, pendant le développement embryonnaire, de l'ectoderme dans le mésenchyme. Une fois constitués, les rhabdites émigreraient à travers la couche musculaire et la membrane basilaire, dans les cellules épidermiques.

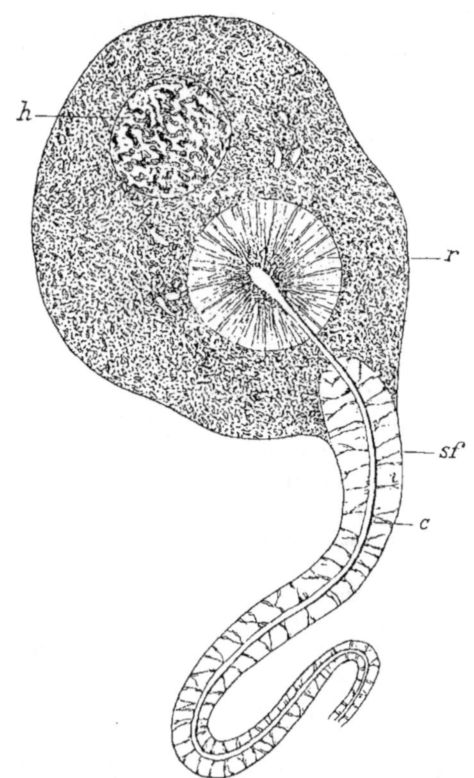

Fig. 162. — Cellule de l'appareil odorifère du *Blaps mortisaga*, obtenue par dissociation dans le vert de méthyle osmiqué. *n*: noyau; *r*: vésicule radiée; *c*: conduit excréteur; *sf*: gaîne du conduit excréteur. (D'après Gilson, 1889).

Les rhabdites étaient considérés généralement autrefois comme des corps analogues aux nématocystes des Cœlentérés, mais aujourd'hui on les regarde comme des produits de sécrétion des cellules. Les uns tels que **Max Schultze** pensent que les rhabdites sont des organes du tact; d'autres, avec **Woodworth** et **Kennel**, qu'ils sont expulsés des téguments, à la volonté de l'animal pour se dissoudre autour de lui et former une couche visqueuse, destinée à retenir les êtres dont il fait sa proie ; enfin beaucoup attribuent aux bâtonnets le rôle d'organes de soutien, procurant à la peau une certaine résistance. Vous voyez que nos connaissances sur ces curieux éléments sont encore peu avancées.

Canal excréteur des glandes unicellulaires. Pour terminer ce qui a trait aux diverses différenciations intracellulaires, il me reste à vous parler de celles que l'on observe dans les glandes unicellulaires et qui ont fait l'objet des travaux de **Leydig** (1850-59), **Claus** (1875), **Forel** (1878), **Nussbaum** (1882), **Schiemenz** (1883) et dernièrement enfin de **Gilson** (1889).

En étudiant les glandes anales du *Blaps mortisaga*, **Gilson** a reconnu que chacune des cellules de la glande possède un canal excréteur propre, qui prend naissance dans le protoplasma cellulaire et se prolonge considérablement sous forme d'un fin canalicule plus ou moins sinueux.

La cellule glandulaire elle-même présente une différenciation très accusée ; en effet, dans sa partie centrale, au voisinage du noyau, l'on aperçoit une zone striée qui entoure une ampoule et c'est de cette ampoule que part le canalicule excréteur de la cellule (fig. 162). Ce canalicule est entouré, sur une partie de son trajet, d'une gaîne hyaline, formée d'une substance réticulée et la gaîne se prolonge en suivant le canalicule bien en dehors de la cellule à laquelle ses parois extérieures sont intimement unies. Les éléments fibrillaires de l'ampoule et les parois du canalicule sont d'une réfringence supérieure à celle du protoplasma et présentent une grande résistance à l'action des réactifs dissolvants. Peut-être faut-il y voir un commencement de chitinisation. Chez le *Carabus catenulata* et chez d'autres Coléoptères, **Gilson** a retrouvé des dispositions à peu près analogues, un peu moins compliquées, mais essentiellement identiques. Les différenciations de cette nature ne sont d'ailleurs pas rares dans les glandes unicellulaires des Arthropodes (Fourmis, Crustacés, etc.).

Organes segmentaires des Vers. Il faut rapprocher de ces formations celles qu'on observe dans les organes segmentaires de certains Vers, entre autres des Hirudinées et des Oligochètes. Sans entrer ici dans la description du développement de ces organes, ce qui nous éloignerait trop de notre sujet, je vous rappellerai que **Bourne** (1880) a reconnu le premier l'origine intracellulaire des néphridies, confirmée par **Lang** (1881), **O. Schultze** (1883), **Vejdovsky** (1884), **Bolsius** (1889-91) etc. L'entonnoir cilié se forme dans l'intérieur d'une cellule unique, et le canal qui lui fait suite résulte de la superposition de cellules placées bout à bout et perforées ; la partie glandulaire est constituée ainsi par des cellules perforées, pourvues en outre de canalicules ramifiés dans l'intérieur de leur protoplasma. Nous aurons à revenir plus tard sur ces curieuses formations parce qu'on a voulu en tirer des arguments contre la théorie cellulaire.

24 janvier 1894.

SEIZIÈME LEÇON

DIFFÉRENCIATIONS FONCTIONNELLES DE LA CELLULE

(*Suite*)

Organes de mouvement. — Flagellums. — Cils vibratiles. — Membranelles. — Cellules à
plateau ; bordure en brosse. — Cellules hautement différenciées. — Organismes unicellulaires. — Ectoplasma. — Éléments contractiles. — Trichocystes. — Organes
de locomotion. — Organes de digestion ; bouche, anus, tube digestif, vacuoles alimentaires. — Organes excréteurs : vésicules contractiles ; réseau contractile. — Organes
reproducteurs.

MESSIEURS,

Nous arrivons maintenant à des organes très importants pour l'histoire Organes du
mouvement.
de la morphologie cellulaire; je veux parler des organes du mouvement.
Vous savez déjà que le protoplasma possède lui-même la faculté de
se mouvoir, d'émettre des pseudopodes, de présenter en un mot des
mouvements amiboïdes et je me suis assez étendu sur ces propriétés
pour n'être pas obligé d'en reparler ici. Nous ne nous occuperons
donc aujourd'hui que des organes permanents de mouvement, des *cils
vibratiles*, des *flagellums*, des *membranes vibratiles*. Toutes ces productions sont liées les unes aux autres par des formes de transition et ne représentent par conséquent que des états différents d'une seule et même
modification protoplasmique. On peut même, sur une seule espèce d'organisme unicellulaire, asssister à la transformation des pseudopodes en
cils vibratiles ou flagellums. Les Rhizoflagellés présentent souvent ces caractères ; Cienkowski les a mis en évidence sur le *Ciliophrys infusionum* et
moi-même, en 1886, j'ai fait des observations analogues sur un organisme
non déterminé.

La constitution des flagellums a été pendant longtemps considérée Flagellums.
comme homogène. Kunstler, qui a fait de ces organes une étude spéciale,
dit au contraire y avoir observé une structure assez compliquée. Chaque
flagellum présente deux parties ; une basilaire plus épaisse et une terminale extrêmement fine, difficilement visible sans l'aide de certains réactifs.
La portion basilaire offre à considérer une zone axiale formée d'assises
alternativement claires et sombres, et une zone corticale ordinairement
festonnée. Fisch a trouvé chez le *Chilomonas paramæcium* une structure

moins compliquée et décrit son flagellum comme formé de granulations sombres dans une masse hyaline.

La queue des spermatozoïdes, qui peut être considérée comme un véritable flagellum, présente aussi, d'après les nombreuses recherches de **Ballowitz**, une structure des plus compliquée. Je n'entrerai pas ici dans les détails de cette structure et vous rappellerai seulement qu'elle est formée d'un filament axial et d'une membrane ondulante bordée d'un filament marginal, susceptible de se décomposer en fibrilles très fines qui seraient, d'après **Ballowitz**, des fibres contractiles. Nous avons pu M. **Balbiani** et moi vérifier la plupart de ses observations.

Les cils vibratiles ont été surtout étudiés dans ces dernières

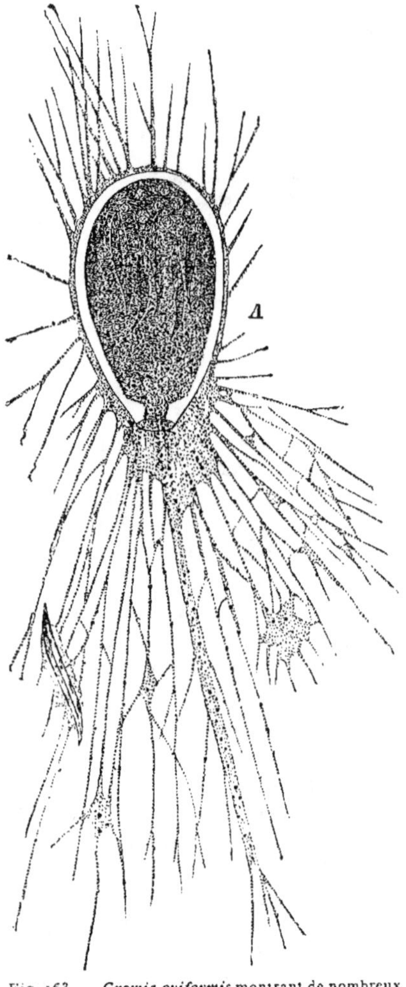

Fig. 163. — *Gromia oviformis* montrant de nombreux pseudopodes. (D'après M. Schultze, fig. empruntée à O. Hertwig).

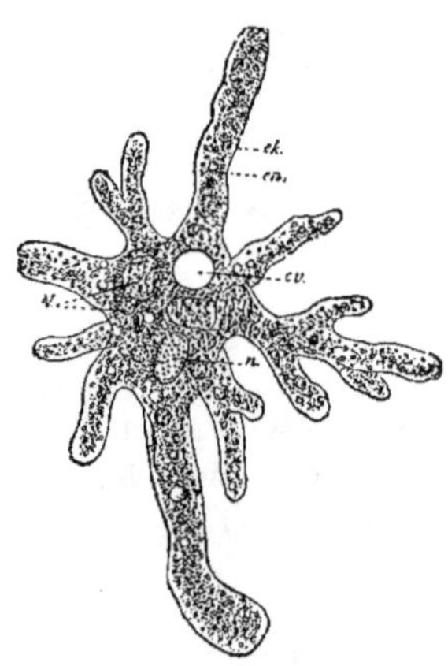

Fig. 164. — *Amœba Proteus. n*, noyau ; *cv*, vacuole contractile ; *N*, ingesta ; *en*, protoplasma granuleux ; *ek*, ectoplasma. (D'après Leydy, fig. empruntée à O. Hertwig).

années par **Nussbaum** (1877) et **Engelmann** (1880), sur les branchies ou l'intestin des Mollusques lamellibranches et sur le pharynx de la Grenouille.

Sur une cellule garnie de cils vibratiles et munie d'un plateau, ainsi qu'en possèdent toujours ces sortes de cellules, on constate à la partie libre du plateau une série de points formant une zone noduleuse. Au-dessous de cette zone se trouve le corps du plateau et à la limite du protoplasma une deuxième zone granuleuse, puis enfin le contenu strié de la cellule (fig. 165).

En traitant les cellules vibratiles de l'Anodonte par le bichromate de potasse à 4 % ou le chlorure de sodium à 10 %, **Engelmann** put les dissocier en éléments simples comprenant chacun une partie du protoplasma cellulaire, une partie du plateau et un cil vibratile. Il est arrivé par conséquent à reconnaître dans ces éléments : 1° une tige qui constitue la partie mobile et libre, le cil ; 2° un

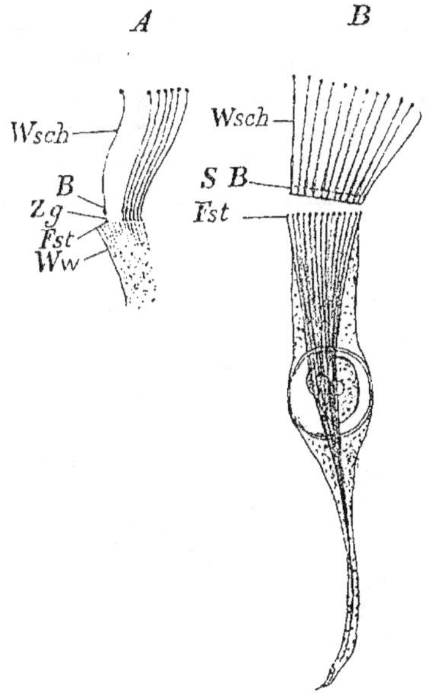

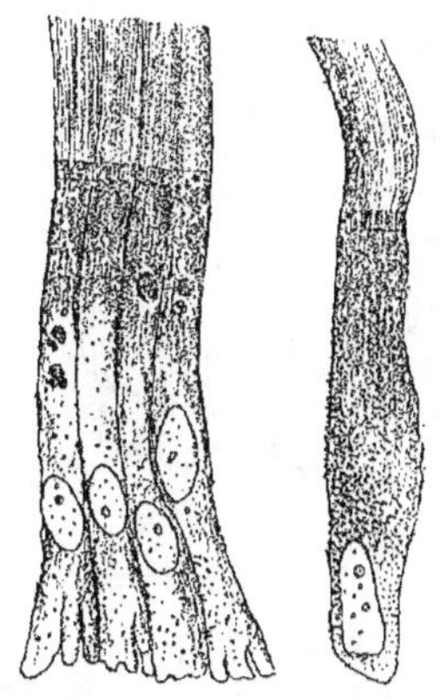

Fig. 165. — Cellules épithéliales à cils vibratiles de l'intestin de l'*Anodonta*, traitées pendant quelques instants par une solution d'acide osmique à 0,5 % et dilacérées dans l'eau. La striation intraprotoplasmique se voit dans la partie supérieure des cellules au-dessous du plateau portant les cils. (D'après Schiefferdecker).

Fig. 166. — Constitution d'une cellule à cils vibratiles d'après Engelmann. — A. Fragment d'une cellule ciliée de la muqueuse nasale de *Rana temporaria*, après 24 heures de traitement par le liquide de Müller. — B. Cellule ciliée de l'intestin d'*Anodonta*, isolée dans une solution de bichromate de potasse à 4 %. B : bulbe ; Fst : pièce basilaire ; Wsch : tige vibratile terminée par un petit renflement à son extrémité libre ; Ww : racine du cil ; Zg : segment intermédiaire. Le rapprochement des segments intermédiaires produit le plateau, SB. (Fig. empruntée à Schiefferdecker).

bulbe qui par sa réunion avec les bulbes voisins constitue la zone noduleuse externe ; 3° un segment intermédiaire formant avec les autres segments le corps du plateau ; 4° une pièce basilaire constituant la zone granuleuse interne ; et enfin 5° une racine du cil, plongée dans le protoplasma cellulaire (fig. 166).

D'après **Engelmann**, les cils seraient simplement rapprochés les uns des autres; **Schiefferdecker** (1891), au contraire, admet une substance unissante entre les segments intermédiaires.

Il est évident que cette structure n'est pas également facile à mettre en évidence sur toutes les variétés de cellules à cils vibratiles ; il en est même chez lesquelles on ne parvient pas à distinguer le plateau.

On peut détacher toute la partie de la cellule qui sert de point d'insertion aux cils et alors cette partie se contracte en boule et se meut librement dans le liquide. Dans la plupart des cellules vibratiles, la racine des cils ne se voit bien qu'à la périphérie, dans le voisinage du plateau, mais d'après **Engelmann**, dans les cellules ciliées de l'Anodonte, ces racines formeraient un véritable faisceau qui se prolongerait jusque dans la queue de la cellule (fig. 166, B). L'on n'est pas encore bien fixé sur le rôle et la nature de ces racines ciliaires ; pour les uns ce seraient de véritables fibrilles contractiles, pour les autres des fibres de soutien.

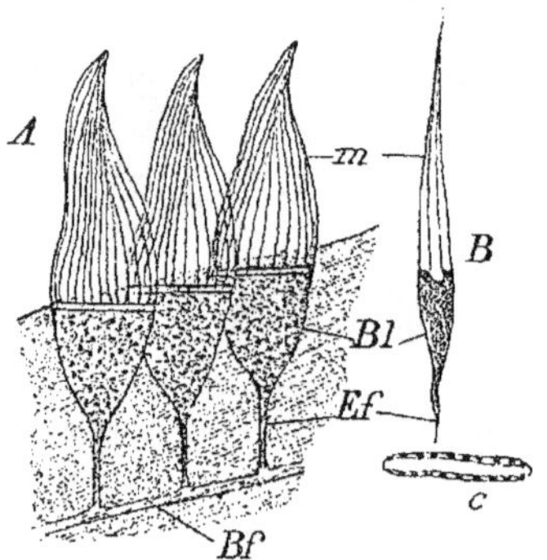

Fig. 167. — *A*. Trois membranelles de Stentor. *B*. Une membranelle vue de côté (fig. schématique). *m*, membranelle ; *Bl*, lamelle basilaire ; *Ef*, filament terminal ; *Bf*, fibrille basilaire sur laquelle sont insérées les membranelles. *c*, coupe optique de la base d'une membranelle. (D'après Schuberg).

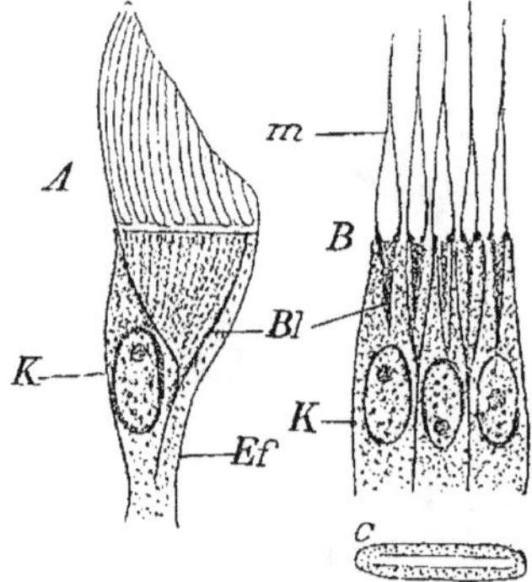

Fig. 168. — Cellules à cils vibratiles de *Cyclas cornea*. *A* : cellule vue en surface. *B* : trois cellules vues de côté. *m*, membranelles. *Bl*, lamelle basilaire ; *Ef*, filament terminal ; *K*, noyau. *C* : coupe de la base d'une membranelle. (D'après Engelmann, fig. empruntée à Gruber).

Quoi qu'il en soit, les cils vibratiles peuvent exister et remplir leurs fonctions sans présenter de racines intracellulaires. Chez les Infusoires ciliés, les cils ne dépassent point la zone ectoplasmique sur laquelle ils sont implantés. Vous savez que chez un grand nombre de ces êtres il existe dans l'épaisseur de la couche ectoplasmique des bandes granuleuses, séparées par des espaces clairs; c'est au niveau des espaces clairs que se trouvent fixées les rangées de cils, et j'ai pu, en traitant la *Fabrea salina* par l'eau de Javel, isoler un filament auquel se trouvaient annexés des cils réunis deux à deux.

Si le filament qui réunit et supporte les cils n'a pas été aperçu avant moi, il n'en est pas de même pour les *membranelles* qui, depuis longtemps, ont été vues réunies les unes aux autres à leur base par un filament commun. Le fait a été constaté par **Schuberg** (1890) sur le *Stentor cæruleus* chez lequel les membranelles, formées de filaments accolés, sont fixées dans le protoplasma par une racine triangulaire et sont toutes réunies entre elles par une base commune. Les gros cirrhes des Stylonychies présentent également des racines intraprotoplasmiques.

Certains groupes de Flagellés et de Spongiaires offrent enfin une différenciation particulière; leur partie antérieure est munie d'un gros cil autour duquel s'implante une collerette hyaline, circonscrivant autour du cil une zone circulaire qui serait, d'après quelques auteurs, la zone par où la cellule absorberait les matières solides, nutritives, nécessaires à son entretien.

Je vous ai parlé tout à l'heure du plateau des cellules épithéliales; on trouve dans l'intestin des Mammifères, des cellules qui offrent cette particularité mais ne portent aucun revêtement ciliaire. La plupart des auteurs admettaient jusqu'ici l'existence, dans l'épaisseur de leur plateau, de fins canalicules destinés à l'absorption des substances contenues dans l'intestin. Depuis quelques années cependant l'on est porté à considérer ce plateau comme formé de bâtonnets accolés. **Tornier** (1887), a décrit sous le nom de *bordure en brosse* une série de bâtonnets implantés par leur extrémité sur les cellules de l'estomac et du rein des Amphibiens et des Mammifères, bâtonnets assez denses, rigides, libres à leur extrémité distale. D'autres auteurs, **Frenzel**, **Grobben**, **Leydig** avaient observé cette bordure en brosse sur les cellules intestinales et rénales d'Insectes, de Crustacés et de Mollusques; **Frenzel** (1882) lui avait donné le nom de *bordure de poils*.

Cellules à plateau.
Bordure en brosse.

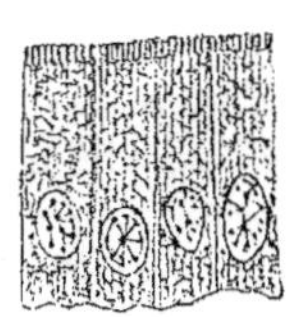

Fig. 169. — Cellules épithéliales de l'intestin grêle du Porc. (D'après **Klein**, 1879).

Cette disposition paraît être assez généralement répandue et il se pourrait que beaucoup de cellules à plateau fussent en réalité des cellules à bordure en brosse. Cette constatation présente un grand intérêt parce qu'elle prouve l'identité de forme des cellules intestinales de tous les animaux. On peut admettre que chez les Arthropodes, par exemple, qui ne possèdent jamais de cellules à cils vibratiles, les cellules à plateau ne sont que des cellules à cils vibratiles dans lesquelles la partie libre des cils est atrophiée, et dans lesquelles il n'existe que le segment intermédiaire de ces cils. **Marschal** (1893) a constaté l'existence des bordures en brosse chez les Crustacés; **Van Gehuchten** (1890) chez les Insectes; **Nicolas** (1892) les a trouvées dans le corps de Wolff.

Pour ma part, je serais assez disposé à admettre l'existence des bordures en brosse dans toutes les cellules à plateau, et à croire que le mucus coagulé par les réactifs à la surface des cellules vient souvent en masquer la vraie structure.

Cellules hautement différenciées.

Dans l'étude très sommaire que nous avons faite jusqu'ici de la morphologie de la cellule, nous avons envisagé successivement les diverses parties essentielles qui entrent dans sa constitution, ainsi que les productions accessoires auxquelles elle peut donner naissance, en considérant isolément chacune de ces parties, tant dans les cellules des tissus des végétaux et des animaux que dans les êtres unicellulaires. Avant d'aborder la seconde partie de ce cours, la reproduction de la cellule, je dois vous dire un mot de quelques cellules hautement différenciées dans lesquelles les parties accessoires prennent une grande importance et donnent à ces cellules une structure si compliquée que certains biologistes se refusent à les considérer comme de simples éléments cellulaires.

Toute cellule vivante accomplit fatalement des fonctions nécessaires au maintien de son existence et à son accroissement. Ces fonctions, dans les cellules aggrégées en tissus et en organes, se bornent à peu près exclusivement, ainsi que nous l'avons déjà vu, à un échange osmotique continu avec les liquides ambiants et c'est l'organisme qu'elles contribuent à former qui se meut, absorbe les aliments, les digère, se charge en un mot de pourvoir aux besoins de ses propres éléments.

Nous savons également toutefois que, même chez les êtres pluricellulaires, la cellule n'est pas partout identique à elle même, que tantôt elle se différencie en éléments du mouvement comme les cellules musculaires, en éléments sécréteurs et excréteurs comme les cellules glandulaires, et l'on ne saurait trouver un exemple plus démonstratif et plus complet de cette différenciation que dans les glandes du *Blaps* dont il a été parlé plus haut, où l'on peut voir chaque cellule pourvue d'un système excréteur propre, mi-partie interne et mi-partie externe.

Organismes unicellulaires.

Nous ne pouvons nous étendre ici sur ces différenciations fonctionnelles simples, chez les êtres pluricellulaires, dont l'étude appartient au domaine de l'histologie et nous ne nous occuperons uniquement aujourd'hui que de celles que l'on peut observer chez les êtres unicellulaires à vie libre et indépendante, chez les Protophytes et les Protozoaires. Tous ces êtres, en effet, doivent accomplir par eux-mêmes l'ensemble des fonctions dévolues à l'individu pluricellulaire. Contraints de chercher leur nourriture, ils doivent se mouvoir pour aller à sa rencontre, ils doivent s'en emparer et l'absorber. Cette nourriture a besoin d'être digérée, assimilée et enfin rejetée sous forme de résidus, soit solides, soit liquides. A tous ces besoins correspondent autant de différenciations morphologiques, comparables ou plutôt homologables, jusqu'à un certain point, aux organes des êtres pluricellulaires et que l'on a proposé de désigner pour cette raison sous le nom d'*organules*.

L'isolement du corps cellulaire, sa protection contre le milieu ambiant se trouvent réalisés chez les organismes dont nous nous occupons par une différenciation périphérique de leur protoplasma en une couche plus ou moins épaisse, plus ou moins dense, l'ectoplasma, qui entoure le reste du corps cellulaire ou endoplasma. Ces deux régions ne se distinguent point seulement par leur densité ; à la première semble dévolue plus particulièrement la contractilité volontaire ; à la seconde, au contraire, la faculté d'assimilation. Chez certains Infusoires ciliés les plus hautement différenciés, tels que les *Stentor*, les Vorticellides, la *Fabrea salina*, la différenciation est poussée plus loin encore et la contractilité de l'ectoplasma est localisée dans un système de fibrilles transparentes, plus denses que le reste du corps et l'entourant complètement ainsi qu'une enveloppe à claires-voies plongée dans l'ectoplasma. *[Ectoplasma.]*

La notion de cette différenciation de l'élément contractile des Infusoires ciliés n'a pas été sans subir d'ailleurs de nombreuses fluctuations. Pour **Schmidt, Stein, Rouget** l'élément contractile se trouve représenté, non par les bandes claires et étroites de la couche ectoplasmique mais par les lignes granuleuses qui les séparent et qui sont homologables à une fibre musculaire striée. L'opinion contraire était soutenue par **Lieberkühn, Greeff, Engelmann.** Aujourd'hui, la question semble définitivement résolue dans le sens que lui donnaient ces derniers observateurs et les travaux plus récents de **Bütschli** (1887-89), **Fabre-Domergue** (1888), les miens (1890) ne permettent plus de considérer les bandes granuleuses interfibrillaires comme des éléments musculaires. **Bütschli** a décrit chez *Stentor polymorphus* et *Holophrya discolor* une structure fort compliquée des fibres contractiles (*myonèmes*). Celles-ci sont logées dans un canal rempli d'une masse fluide (*canal du myonème*) et c'est l'ensemble de ce système qui apparaît en réalité comme une ligne claire tranchant sur le fond granuleux du reste de l'ectoplasma. Chaque myonème est lui-même constitué par un filament clair finement strié transversalement (fig. 170). *[Éléments contractiles.]*

Beaucoup d'autres Infusoires ciliés nous offrent cependant une structure beaucoup plus simple et nous laissent voir, dans certaines régions de leur corps tout au moins, la substance contractile à l'état à peu près pur. Telles sont par exemple les Vorticelles dont le pédoncule n'est formé que par une tige claire, susceptible de se contracter brusquement en forme de spirale. Or, si l'on s'attache à suivre les rapports qui existent entre cette tige contractile et le corps de l'organisme, on voit que ce dernier est entouré complètement par l'épanouissement des fibrilles contractiles émanant de la tige et se prolongeant dans tout l'ectoplasma sous forme de lignes claires extrêmement fines.

Se basant sur l'ensemble de ces diverses dispositions structurales, **Fabre-**

Domergue a été amené à conclure que la substance contractile des Infusoires ciliés est en réalité formée de hyaloplasma fortement condensé et doué, par conséquent au plus haut degré, de ses propriétés de contractilité.

Trichocystes.

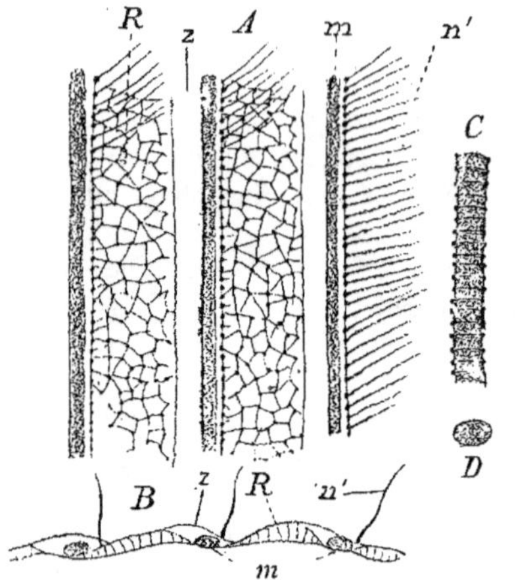

Fig. 170.— Fragment de la surface d'un *Stentor cæruleus*. *A*, vue de surface ; *B*, coupe optique. *R*, côtes colorées en bleu ; *z*, bandes intermédiaires incolores ; *m*, fibrilles musculaires ; *n'*, cils vibratiles. *C*, portion de fibrille musculaire plus grossie ; *D*, coupe de la fibrille musculaire. (D'après O. Bütschli).

Cette propriété de contractilité se traduit par un raccourcissement longitudinal en raison même de la forme de ces fibres ; tout corps étroit et long produit en se contractant plus d'effet dans le sens longitudinal que dans le sens transversal.

L'ectoplasma peut présenter encore d'autres différenciations fonctionnelles que l'on tend à considérer comme des organes de défense pour l'organisme, les trichocystes, dont j'ai déjà parlé. Ce sont de petits bâtonnets allongés, logés dans son épaisseur, perpendiculairement à la surface du corps et susceptibles, sous l'influence de certaines excitations, de saillir au dehors sous forme de longs filaments.

Il est à remarquer toutefois que, entre les trichocystes considérés comme tels et les vacuoles ectoplasmiques, il existe toutes les transitions et que certains Infusoires à ectoplasma vacuolaire, dépourvu de trichocystes, peuvent, ainsi que l'ont constaté **Fabre-Domergue**, pour le *Prorodon niveus*, et **Kunstler**, pour un grand nombre de Flagellés, présenter, au moment de la fixation par l'acide osmique, un véritable hérissement de trichocystes artificiels dus à l'expression du contenu des vacuoles de leur couche corticale.

Peut-être donc conviendrait-il de réserver ce nom aux éléments à filaments spiralés, morphologiquement analogues aux nématocystes des Cœlentérés, que je vous ai signalés chez une Vorticelle, l'*Epistylis flavicans*, et chez un Infusoire cilioflagellé, le *Polykrykos*, et aux capsules à filaments des spores des Myxosporidies.

Tandis que l'ectoplasma est de consistance à peu près fixe, l'endoplasma, au contraire, présente chez un grand nombre de Protophytes et de Protozoaires un mouvement de cyclose continu qui le met continuellement en contact avec les aliments solides ingérés par l'individu et en active l'assimilation.

La locomotion peut s'effectuer chez ces êtres au moyen de diverses diffé-
renciations que nous avons déjà vu se produire, quoiqu'à un moindre de-
gré, chez certains éléments des êtres pluricellulaires. C'est ainsi que nous retrouvons, chez tous les Rhizopodes, la reptation, par production des pseudopodes vers un point déterminé, que nous avons constatée dans les globules blancs du sang ou cellules migratrices des animaux pluricellulaires.

Les flagellums de tout un groupe d'Infusoires qui tirent leur nom de la présence de ces organes, les Flagellés, ne sont autre chose que des organes locomoteurs analogues à la queue des spermatozoïdes. Ce sont de longues expansions, soit uniques, soit multiples, selon les espèces, qui, par leurs mouvements, permettent à l'individu de se déplacer dans le milieu ambiant. Enfin, chez les Infusoires ciliés, le corps cellulaire se recouvre d'un manteau ciliaire plus ou moins complet tout à fait comparable à celui qui garnit le plateau des cellules vibratiles.

De la coalescence des cils locomoteurs peuvent naître, chez certaines espèces, soit des membranes vibratiles, soit des appendices plus épais que l'on désigne sous le nom de *cirrhes*.

Toutes ces différenciations ne se distinguent pas essentiellement de celles que nous venons de décrire dans les cellules des organismes pluricellulaires et je n'ai donc pas besoin d'y insister plus longuement ici.

Les organes locomoteurs des Protophytes et des Protozoaires sont soumis à la volonté de l'être qui les porte et qui les meut selon son gré. Le phénomène est surtout facile à constater chez les Infusoires hypotriches, tels que les Stylonychies, dont les cirrhes ventraux se conduisent à la façon de véritables pieds permettant à l'organisme de se promener sur les Algues en quête de sa nourriture. Un des faits les plus frappants de cette indépendance des organes locomoteurs chez les Protozoaires nous est fourni par le *Didinium nasutum*, gros Infusoire cilié pourvu seulement de deux couronnes ciliaires, l'une antérieure et l'autre postérieure. Ainsi que l'a constaté M. Balbiani (1873), l'Infusoire peut avancer en mouvant simultanément ses cils en arrière ; il peut reculer en les portant en avant et tourne, au contraire, rapidement sur place en produisant un véritable mouvement hélicoïdal lorsqu'il agite en sens inverse ses cils antérieurs et ses cils postérieurs.

Nous retrouvons des organes locomoteurs analogues à ceux des Flagellés et des Ciliés chez un grand nombre de zoospores et d'oospores d'Algues pluricellulaires.

Les différenciations les plus intéressantes des êtres unicellulaires sont celles qui sont nées de leurs besoins de nutrition. Tandis que les cellules associées en colonies, aussi bien que beaucoup de Protozoaires parasites, se nourrissent uniquement au moyen d'échanges osmotiques avec le liquide qui les baigne, les organismes indépendants, au contraire, sont le siège de véritables phénomènes de déglutition et de digestion.

Chez les plus simples, tels que les Rhizopodes, les Foraminifères, les Héliozoaires, quelques Flagellés, la déglutition des aliments solides s'opère par la pénétration pure et simple de ceux-ci en un point quelconque de leur corps. L'organisme englobe la particule solide qu'il veut absorber, son ectoplasma s'ouvre pour lui donner passage et les résidus de la digestion sortent de la même façon sans que l'on puisse constater en aucun point d'ouverture préformée. L'être unicellulaire se comporte encore ici de la même façon que les cellules migratrices en présence des grains de carmin ou des microbes (phagocytose).

Chez les Choanoflagellés, cette faculté de déglutition se trouve localisée en un point unique du corps à l'intérieur de la collerette, mais sans toutefois qu'il existe encore là de bouche proprement dite.

Bouche et anus.   Les Flagellés supérieurs et les Infusoires ciliés présentent, par contre, presque tous une bouche et un anus en des points déterminés de leur corps. Nous n'avons pas à entrer ici dans la description détaillée de ces organes dont la complexité est parfois très grande, surtout chez les Infusoires ciliés. Bornons-nous à dire que chez ces êtres la bouche est constituée par une invagination de l'ectoplasma, qui s'étend parfois assez loin dans l'intérieur du corps pour constituer une sorte de pharynx rudimentaire souvent pourvu de cils ou de baguettes chitineuses, et qu'elle est parfois entourée d'organes préhenseurs très compliqués. Chez quelques formes, telles que les *Balantidium* par exemple, on remarque aussi une invagination du tégument au niveau de l'anus et la formation d'une sorte de rectum rudimentaire.

Tube digestif.   Existe-t-il entre la bouche et l'anus des Infusoires les plus hautement différenciés un tube digestif complet ? En dépit des observations de **Kunstler** (1882), observations corrigées, d'ailleurs, plus tard, en partie par l'auteur lui-même (1889), il ne semble pas que l'on ait jamais décelé tout au moins une continuité parfaite entre le tube ectoplasmique buccal et le tube ectoplasmique anal. Toutefois, certains faits observés par M. **Balbiani** chez le *Didinium nasutum*, par **Fabre-Domergue** chez le *Monodinium Balbianii* et le *Balantidium elongatum*, permettent de supposer que, s'il n'existe point chez ces êtres un tube digestif à parois différenciées, ils n'en possèdent pas moins un trajet préformé, une sorte de canal virtuel qui s'ouvre devant les aliments suivant une direction toujours constante. M. **Balbiani**, en effet, a pu voir, chez le *Didinium nasutum*, la formation d'un espace triangulaire clair en arrière de la proie déglutie par cet Infusoire, et qui paraît provenir de la séparation des parois d'un tube sous la poussée du liquide qui y est refoulé. Il a pu constater, en outre, la formation de ce tube par rétraction de l'endoplasma sur un Infusoire fixé. D'autre part, **Fabre-Domergue**, chez le *Monodinium Balbianii* a signalé l'existence de filaments axiaux allant de la bouche à l'anus et visibles sur les individus fixés par l'eau iodée iodurée. Chez le *Balantidium elongatum* il a vu également, après fixation par l'acide osmique, une ligne claire, se rendant de la bouche à l'anus.

La plupart des organismes unicellulaires qui se nourrissent de particules alimentaires solides les reçoivent dans des vacuoles ou vésicules temporaires, suspendues dans l'endoplasma et soumises aux fluctuations et aux mouvements de celui-ci. Les aliments sont digérés dans ces vacuoles et, lorsque leur masse se trouve réduite à l'état de corps excrémentitiels, celle-ci est poussée vers l'anus et brusquement expulsée. Il est évident que dans ce cas la cavité digestive de l'être est représentée par les vacuoles temporaires qui se creusent dans sa masse.

Vacuoles alimentaires.

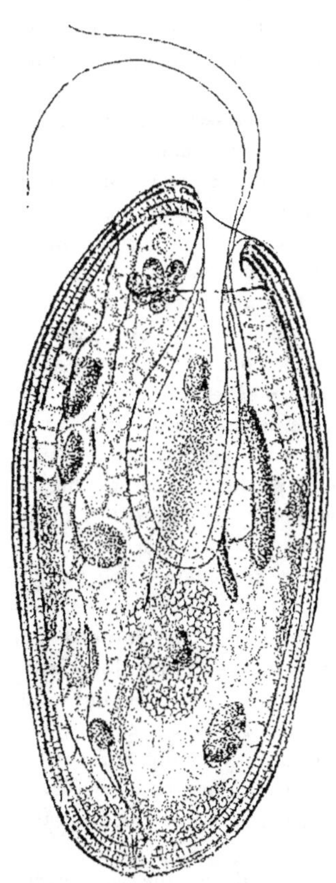

Fig. 171. — *Cryptomonas Giardi* présentant diverses différenciations fonctionnelles. (D'après KUNSTLER).

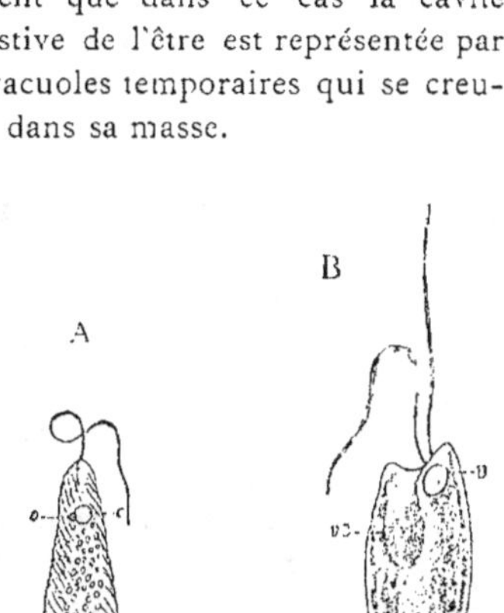

Fig. 172. — A, *Euglena viridis*; *n*, noyau; *c*, vacuole contractile; *o*, tache pigmentaire. (D'après STEIN). — B, *Chilomonas paramœcium*; *a'*, cyrtostome; *v*, vacuole contractile; *n*, noyau. (D'après BÜTSCHLI, fig. empruntée à O. HERTWIG).

Les matières solides, résidus de la digestion, sont, ainsi que nous l'avons dit, expulsées au dehors; les substances assimilables servent à la nutrition du protoplasma et celui-ci doit également se débarrasser des produits résultant de la transformation de ces substances, des produits liquides

Organes excréteurs.

d'excrétion. Chez quelques formes d'organismes unicellulaires, cette excrétion semble s'effectuer par simple exosmose, mais, chez la plupart de ces êtres, nous voyons se différencier un véritable appareil excréteur, la *vésicule contractile*.

Vésicules contractiles. — On a beaucoup discuté sur le rôle de la vésicule contractile. D'après M. Balbiani qui en a fait l'historique dans son cours, en 1881, il y aurait eu à ce sujet jusqu'à six opinions différentes. La vésicule contractile a été prise pour une vésicule séminale (**Ehrenberg**) pour un cœur (**Wiegmann, Siebold, Claparède**) pour un organe de respiration aquatique (**Spallanzani, Dujardin, Zenker**) pour un appareil d'excrétion urinaire (**Schmidt, Stein, Bütschli**) pour un organe respiratoire et excréteur (**Hæckel**) enfin pour un organe d'impulsion chez le *Chilodon propellens* (**Engelmann**).

Les divergences de vue, émises par les observateurs précédents, provenaient uniquement de ce fait que beaucoup d'entre eux ignoraient l'existence du pore excréteur de la vésicule contractile et le sort de son contenu liquide au moment de la systole. Aujourd'hui que l'on admet généralement l'existence d'un pore excréteur, faisant communiquer la vésicule avec l'extérieur, et que l'on a bien étudié le fonctionnement de cet organe, on ne peut guère se rattacher qu'à l'une des opinions qui en font un appareil excréteur, c'est-à-dire à celle de **Bütschli** ou de **Hæckel**.

La nature et le fontionnement de la vésicule contractile se démontrent d'ailleurs d'une façon aussi simple qu'élégante par l'expérience suivante. Il suffit de prendre des Paramœcies avec aussi peu d'eau que possible, de les transporter sur une lame dans une goutte d'encre de Chine liquide ou de bleu de diphénylamine (**Certes**) et de les observer au microscope après les avoir couvertes d'une lamelle. Les Infusoires tranchent en clair sur le fond noir ou bleu du liquide qui les baigne. Or, si l'on observe attentivement un de ces individus convenablement immobilisé, on voit à chaque contraction de ses vésicules une petite fusée transparente, incolore, jaillir du pore excréteur dans le milieu coloré ambiant. La marche du liquide contenu dans la vésicule est donc centrifuge et non centripète, ce qui exclut l'hypothèse d'un cœur ou d'un organe de respiration aquatique. En ce qui concerne l'opinion d'**Engelmann,** qui veut en faire un organe d'impulsion, c'est là une généralisation hâtive d'une observation isolée faite sur une seule espèce.

Dans sa forme la plus simple, la vésicule contractile est une petite cavité arrondie, logée dans la région périphérique du corps entre l'ectoplasma et l'endoplasma, soumise à des mouvements rhythmiques de systole et de diastole et communiquant avec l'extérieur au moyen d'un petit pore excréteur. C'est ainsi qu'on l'observe chez les Rhizopodes, les Flagellés et la plupart des Ciliés.

On s'est demandé pendant longtemps si la vésicule contractile possédait des parois propres ou si elle ne constituait qu'une cavité arrondie, occasionnée par l'apport du liquide au point du corps qui la voit naître. La croyance à une paroi différenciée se basait surtout sur ce fait que la vésicule naît toujours au même endroit et que, par conséquent, il doit exister en cet endroit une différenciation particulière.

D'autre part, après la systole et au moment où la vésicule va commencer à se garnir de liquide, il est souvent impossible, à la place où elle se forme, d'observer la moindre différenciation. Tout porte donc à croire que, semblable en cela aux estomacs temporaires et au tube digestif rudimentaire de certaines espèces, la vésicule contractile n'est qu'une cavité creusée dans le protoplasma.

Mais de ce que cette cavité n'est pas limitée par une couche périphérique structurée, il ne faudrait pas en conclure qu'elle se forme au hasard et ne correspond point à une modification spéciale du protoplasma. Aucun des détails anatomiques, particuliers aux Protozoaires, ne présente plus de fixité que la vésicule contractile. Elle est toujours semblable à elle-même chez une même espèce ; sa place est constante et nous fournit un des meilleurs caractères taxinomiques pour les organismes unicellulaires. Il semblerait même résulter des observations de **Rossbach** (1872) et

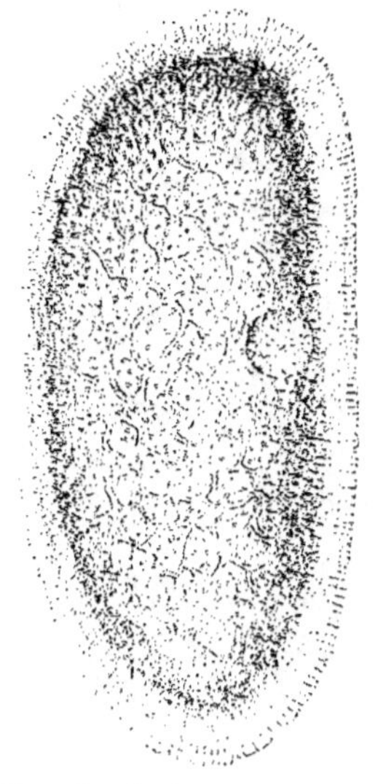

Fig. 173. — Système contractile excréteur du *Cyrtostomum leucas*. (D'après Fabre-Domergue, 1888).

de **Maupas** (1883) que le nombre de ses contractions demeure rhythmique et ne varie que sous l'influence de la température, c'est-à-dire en raison de l'intensité des échanges nutritifs de l'organisme.

L'étude des formes plus compliquées de vésicules contractiles contribuera d'ailleurs à nous éclairer sur leur véritable nature. En effet, chez quelques Infusoires ciliés, tels que l'*Enchelyodon farctus* étudié par **Wrzesniowski** (1869), le *Prorodon niveus* observé par **Fabre-Domergue** (1888), la vésicule présente un aspect un peu différent de celui que nous venons de décrire. Au point où elle va apparaître, nous voyons se former une accumulation de petites vacuoles secondaires qui se fusionnent peu à peu en vacuoles plus grandes et finissent par constituer une grande vésicule unique, laquelle se trouve déjà au moment de sa systole entourée d'une foule de petites vésicules secondaires, rudiments de la prochaine vacuole. Il est difficile de concilier ce mode de formation avec l'existence d'une paroi différenciée puisque nous voyons les cloisons des vésicules disparaître et se fondre dans le protoplasma environnant, à mesure qu'elles se fusionnent entre elles.

La différenciation la plus curieuse et la plus complète du système contractile nous est offerte par un gros Infusoire cilié, le *Cyrtostomum leucas*. Chez cet être, ainsi que l'ont constaté simultanément MM. **Balbiani** (1888) et **Fabre-Domergue** (1888), le corps entier se trouve entouré d'un réseau contractile sous-ectoplasmique en communication avec une vésicule contractile s'ouvrant à l'extérieur par un pore excréteur. Ce réseau contractile n'est pas visible en même temps dans toute son étendue, puisqu'il disparaît par places (fig. 173).

Étudiant une disposition analogue chez le *Trachelius ovum*, Infusoire cilié pourvu de vésicules multiples et d'un réseau contractile, **Fabre-Domergue** a été amené à exposer une conception générale du système contractile des Protozoaires. D'après lui, « au fur et à mesure que le liquide combiné au protoplasma tend à se séparer de sa substance et à devenir pour lui un corps étranger et nuisible, ses propriétés physiques se modifient ; sa réfringence cesse d'être la même que celle du protoplasma et s'en éloigne d'autant plus que la décombinaison s'accentue davantage. En même temps, au fur et à mesure que se fait cette décomposition, le liquide excrété se sépare plus complètement de la substance du protoplasma ; il tend à former dans sa masse des inclusions temporaires ; les échanges continuant toujours, le liquide devient de plus en plus visible, les inclusions de plus en plus nettes. Plus le processus s'accentue et plus le liquide perd de ses propriétés primitives pour devenir nuisible à l'organisme qui tend à s'en débarrasser. L'irritabilité du protoplasma, excitée par la présence de ces corps excrétés, détermine des contractions dans sa masse, le liquide s'accumule vers les points de plus faible résistance qui sont les vacuoles et finalement, parvenu à son dernier terme de différenciation, devenu liquide d'excrétion parfait, il est expulsé au

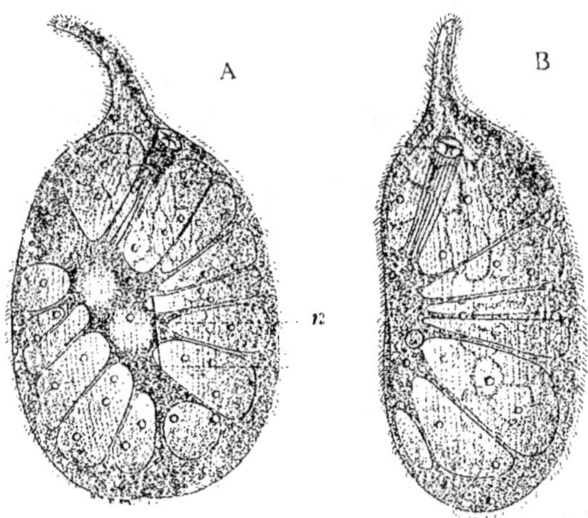

Fig. 174. — *Trachelius ovum*. A, individu vu par la face ventrale. B, individu vu par la face latérale gauche. A la base du tentacule se voit la bouche conduisant par des tractus protoplasmiques à la masse centrale du corps où est logé le noyau. Nombreuses vésicules contractiles dans la couche ectoplasmique (D'après FABRE-DOMERGUE, 1891).

dehors. Les vésicules contractiles sont les points les plus visibles du système excréteur parce qu'elles contiennent le liquide le plus complètement différencié du protoplasma ». Cette manière d'envisager le système contractile des organismes unicellulaires est basée sur l'observation, faite par **Fabre-Domergue** chez le *Trachelius ovum*, de tout un réseau vasculaire formé de canalicules de plus en plus fins et de moins en moins visibles.

Bütschli(1887-89) et **Schewiakoff** n'admettent cependant pas la réalité de cette structure réticulée du système contractile

Fig. 175. — Vue en surface d'une région du corps du *Trachelius ovum*, montrant trois vésicules contractiles, V, et les canaux excréteurs, C, qui s'y abouchent. (D'après Fabre-Domergue, 1891.)

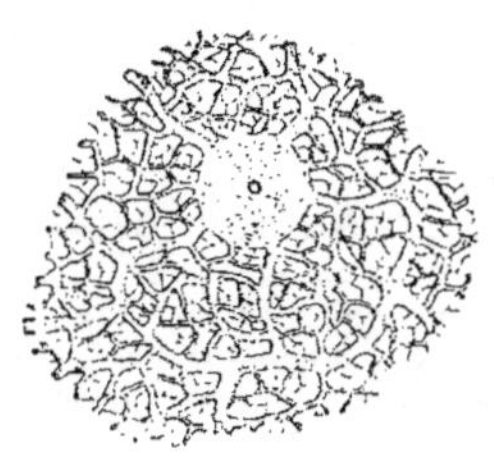

Fig. 176. — Schéma de la formation du système contractile des Infusoires ciliés. (D'après Fabre-Domergue, 1891).

excréteur des ciliés. Cela tient sans doute à la difficulté de mettre en évidence une telle structure sur des Infusoires fraichement récoltés et encore gonflés de matières nutritives. MM. **Balbiani**, et **Fabre-Domergue** n'ont constaté ces détails qu'après avoir débarrassé les organismes qu'ils étudiaient de tout bol alimentaire par une jeûne prolongé sur une lame en chambre humide.

Telles sont aussi brièvement résumées que possible les principales différenciations fonctionnelles que l'on peut observer chez les êtres unicellulaires. Il nous resterait encore à parler ici des modifications imprimées au noyau cellulaire chez les Infusoires ciliés pour constituer des organes sexuels rudimentaires, mais nous nous occuperons prochainement de ce sujet lorsque nous traiterons de la reproduction de la cellule.

Organes reproducteurs.

27 janvier 1894.

DIX-SEPTIÈME LEÇON

MODES DE REPRODUCTION DE LA CELLULE.

Conditions de l'accroissement de la cellule. — Théorie de Spencer sur la cause de la
division cellulaire. — La croissance n'a pas toujours pour conséquence la division. —
Opinions anciennes sur la genèse des cellules. — Théorie de Schleiden et de
Schwann. — Modes de reproduction de la cellule ; division ; rajeunissement ; rénovation totale ou partielle : conjugaison. — Fusion. — Syncytium. — Anastomoses
entre cellules.

Messieurs,

Conditions de l'accroissement de la cellule. — Le protoplasma vivant de la cellule est le siège incessant de phénomènes
d'organisation et de désorganisation. Tant que ces deux sortes de phéno-
mènes se balancent, se font équilibre, la vie de la cellule se maintient avec
toutes ses manifestations. Si la désorganisation est plus active que l'organisation, une certaine quantité de matière vivante disparaît, la masse totale
de protoplasma diminue et, finalement, lorsque le processus de désorganisation s'est prolongé pendant un certain temps, la cellule meurt. C'est ainsi
que, chez les végétaux, nous voyons un grand nombre de cellules dont le
protoplasma disparaît et qui ne sont plus représentées que par leur membrane de cellulose. Ces éléments réduits à l'état de squelette n'en continuent pas moins à jouer un rôle important dans le végétal, un rôle
purement mécanique, et constituent des appareils de soutien, de protection ou de conduction.

Si, au contraire, l'organisation l'emporte sur la désorganisation, la
quantité de matière vivante augmente, la cellule s'accroît (1).

---

(1) Les biologistes anglais, entre autres **Geddes** et **Thomson**, désignent sous le nom
de *métabolisme* les transformations moléculaires internes du protoplasma. Ils appellent
anabolisme la série ascendante, synthétique, constitutive des changements intraprotoplasmiques, aboutissant à la formation de matière vivante, et *catabolisme* la série descendante,
destructive, amenant sa désorganisation. L'ensemble des processus d'anabolisme et de
catabolisme constituent le métabolisme.

Le besoin de nourriture, la faim, est le caractère dominant de la matière vivante. Quand
une masse protoplasmique ou un agrégat de cellules a accompli un travail quelconque,
sa substance est chimiquement altérée et moins capable de fournir d'autre travail avant
que la nutrition lui ait rendu une nouvelle énergie.

Spencer (1864-67) a fait très justement remarquer que, dans la croissance d'un corps arrondi ou polyédrique, forme que revêtent en général les cellules, à mesure que le volume du corps augmente sa surface diminue proportionnellement.

La géométrie nous apprend, en effet, que les rapports des volumes sont entre eux comme les cubes de leurs dimensions linéaires, tandis que les rapports des surfaces sont entre eux comme les carrés de ces mêmes dimensions. Si nous désignons par V et S le volume et la surface d'un cube dont le côté est *a*, V' et S' le volume et la surface d'un autre cube dont le côté est *a'*, nous pouvons poser les relations suivantes :

$$\frac{V}{V'} = \frac{a^3}{a'^3} \qquad \frac{S}{S'} = \frac{a^2}{a'^2}$$

Pour mieux préciser, un cube de 1 m. de côté a un volume de 1 m. cube et une surface de 6 mètres carrés; un cube de 2 mètres de côté, avec un volume de 8 m. cubes a une surface de 24 m. q., c'est-à-dire que tandis que le volume du second cube est 8 fois plus grand que celui du premier, sa surface est seulement quatre fois plus étendue que celle du premier.

Or la désorganisation, l'usure de la matière vivante qui résulte de la manifestation de ses propriétés vitales, porte sur la masse totale du corps cellulaire, c'est-à-dire sur son volume ; les échanges avec le milieu extérieur, la pénétration des matériaux nécessaires à la synthèse organique, c'est-à-dire à l'organisation, se font par la périphérie du corps, par la surface de la cellule. Ainsi que l'a dit **Spencer**, l'usure de la matière vivante croît comme le cube de ses dimensions, sa réparation comme le carré.

Considérons une cellule de dimensions données dans laquelle l'usure et la réparation se balancent, si sa masse vient à augmenter, les matériaux nutritifs seront introduits en quantité insuffisante par sa surface devenue trop petite, et le corps protoplasmique dépérira. On peut donc admettre que, pour une constitution de protoplasma donnée, il existe une dimension optimum de cellule, et la limitation de taille doit être regardée comme un corollaire de la grande loi qui régit la matière vivante.

Or, lorsqu'une masse protoplasmique, par suite de la prépondérance de l'organisation sur la désorganisation, vient à dépasser sa taille optimum, si cette masse se divise en deux parties égales, la somme des volumes de ces deux masses nouvelles reste égale au volume de la masse primitive, mais leur surface se trouve augmentée et l'équilibre des échanges est

------

La provision que réclame la faim du protoplasma est souvent fournie en plus grande abondance que ne l'exigent les nécessités du moment. Il reste un excédent pour une construction ultérieure, après que la réparation a été faite. Cet excédent est la condition même de la croissance. Il y a croissance quand l'anabolisme ou la construction l'emporte sur le catabolisme ou la destruction.

rétabli. Nous voyons par conséquent qu'une nutrition exagérée amène l'accroissement du protoplasma et conduit à la division, c'est-à-dire à la reproduction de la cellule. Le phénomène général et fondamental de la reproduction ou de la multiplication des unités morphologiques vivantes, est donc la conséquence immédiate de leur nutrition et de leur accroissement, mais ne se manifeste que lorsque cet accroissement devient préjudiciable à l'entretien de la vie de la matière organisée.

D'après cette manière de voir, plus les dimensions d'une masse protoplasmique, d'une cellule, sont réduites, plus son activité vitale se manifestera avec intensité, plus elle se divisera et se multipliera rapidement. C'est précisément ce que nous montrent les êtres les plus inférieurs, les Micrococcus, les Bactéries, les Levûres, les petites espèces de Flagellés et de Ciliés, les leucocytes, etc.

La croissance n'a pas toujours pour conséquence la division.

Bien que la division doive être considérée comme la conséquence de la croissance, elle n'est cependant pas toujours fatale ; la cellule peut compenser la diminution de sa surface par rapport à l'accroissement de son volume par un autre procédé que la scission. Elle peut émettre des prolongements, se ramifier, s'allonger en fuseau ou en cylindre, s'aplatir, prendre en un mot une forme telle que sa surface soit très grande par rapport à sa masse protoplasmique. Tel est le thalle unicellulaire et relativement gigantesque des *Caulerpa* (fig. 177), des *Acetabularia*, les longs tubes des *Vaucheria*, les grosses Amibes, etc.

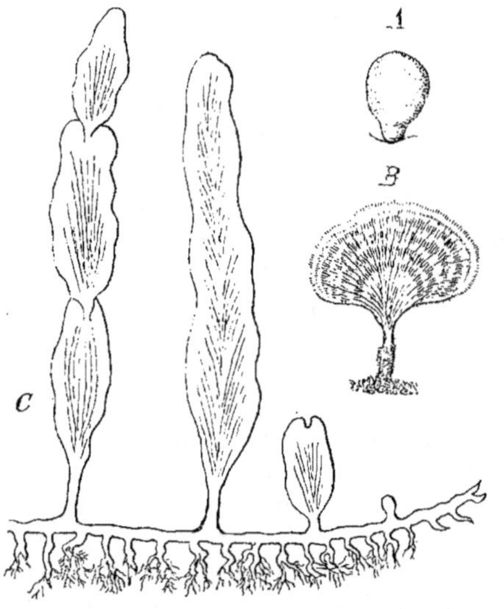

D'un autre côté, les dimensions de la cellule peuvent dépasser de beaucoup la taille optimum lorsque, dans son intérieur, se produisent des cavités dans lesquelles s'accumule un liquide constituant un milieu nutritif interne, et étalant le protoplasma à la périphérie de l'élément (fig. 178). Dans ce cas, la masse protoplasmique peut s'accroître en conservant toujours une grande surface d'absorbtion. Ce processus accom-

Fig. 177. — Trois Algues à structure simple, unicellulaires. *A: Valonia utricularis,* forme simple. — *B: Udotea flabellata,* forme ramifiée, peu différenciée. — *C: Caulerpa prolifera,* forme ramifiée, et différenciée. (D'après REINKE, fig. empruntée à VAN TIEGHEM).

pagne généralement l'étalement et l'allongement de la cellule, comme dans les *Caulerpa*, les *Acetabularia* par exemple ; mais il s'observe aussi lorsque la cellule conserve une forme sphérique ou polyédrique, comme c'est le cas pour la plupart des cellules végétales.

Il faut se rappeler aussi que, dans les grandes cellules renfermant beaucoup de suc cellulaire, ou dans les masses protoplasmiques étendues et compactes, telles que les plasmodies des Myxomycètes, le protoplasma est constamment en mouvement, de sorte que toutes ses parties peuvent successivement se mettre en rapport avec le milieu nutritif soit externe, soit interne.

Enfin, il y a des cas où la cellule peut atteindre un volume considérable, tout en conservant une forme ramassée, généralement sphérique, avec une surface relativement peu développée. Les œufs méroblastiques sont un exemple frappant de ce dernier cas et paraissent faire exception à la loi de **Spencer**.

Cette exception n'est qu'apparente. L'œuf, pendant sa période d'accroissement, peut être comparé à un animal à l'engrais, qui ne produit aucun travail. La cellule-œuf accumule dans son intérieur des matériaux nutritifs de réserve, qui occupent la plus grande partie de sa masse ; le corps protoplasmique augmente peu de volume ; il se trouve réparti en majeure partie à la périphérie de la cellule, possède par conséquent une grande

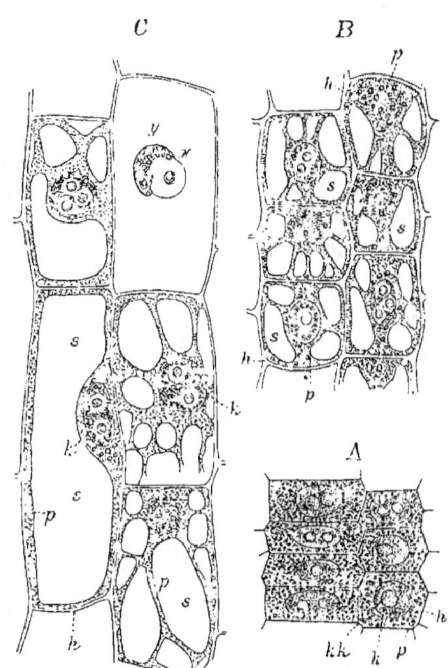

Fig. 178. — Cellules prises dans la zone moyenne du parenchyme cortical de la racine de *Fritillaria imperialis*. Coupe longitudinale ; gross. 550. — A. Très jeunes cellules encore dépourvues de suc cellulaire et situées immédiatement au-dessus du sommet de la racine. — B. Les mêmes cellules à deux millim. de la pointe de la racine : le suc cellulaire se forme dans le protoplasma par des gouttelettes isolées séparées par des parois de protoplasma. — C. Les mêmes cellules à environ 7-8 millim. de la pointe. Les deux cellules inférieures de droite sont vues par leur face antérieure ; la grande cellule inférieure de gauche est vue en coupe optique ; la cellule supérieure de droite a été ouverte par le rasoir et son noyau présente, sous l'influence de l'eau qui a pénétré par l'ouverture, un phénomène particulier de gonflement. (*xy*) *k*, noyau ; *kk*, nucléole ; *h*, membrane. (D'après SACHS, fig. empruntée à O. HERTWIG),

surface et se trouve dans d'excellentes conditions pour assimiler et faire des synthèses.

La théorie de **Spencer** sur la cause de la division cellulaire est, comme vous le voyez, très séduisante ; elle a le mérite d'être simple et de cadrer avec la plupart des faits d'observation ; mais elle ne peut tout expliquer, car elle ne tient compte que d'un seul facteur du phénomène. Les cellules ne se comportant pas toutes de même et pouvant atteindre des dimensions très variables avant de se diviser, il faut admettre que tous les protoplasmas qui les constituent ne sont pas identiques, que chaque cellule, comme chaque être, commence son évolution avec un capital physiologique différent. Certains protoplasmas ont une activité vitale plus intense que d'autres, et les cellules qu'ils constituent conservent de petites dimensions. Je vous ai déjà cité à ce propos les Bactéries et les Levûres ; on peut en dire autant des éléments des tissus ; ainsi, d'une manière générale, chez les Vertébrés, les cellules des animaux à sang chaud sont beaucoup plus petites que celles des animaux à sang froid.

Opinions anciennes sur la genèse des cellules. — Avant d'aborder l'étude de la reproduction de la cellule, nous passerons rapidement en·revue, comme nous l'avons fait pour sa morphologie, les opinions des anciens histologistes sur sa genèse.

Wolff, l'un des premiers auteurs qui se sont occupés de cette question, pensait que les cellules apparaissent au milieu d'une substance fondamentale, sous forme de gouttelettes, déposées par la sève. Il compare un tissu cellulaire en voie de formation à une pâte qui fermente, et dans laquelle se creusent des vacuoles remplies de gaz ; dans le tissu cellulaire, les cavités sont remplies de liquide. Ces cavités s'agrandissent et ne sont plus séparées les unes des autres que par de petites lames de substance fondamentale qui constituent les parois des cellules. Quand de nouvelles cellules prennent naissance, c'est dans l'intervalle des cellules déjà formées que se déposent des gouttelettes de sève qui grossissent et se transforment en cellules.

Bien que cette opinion de **Wolff** soit absolument erronée, elle est cependant plus rationnelle que celle de ses successeurs immédiats. **Sprengel** et **Trevianus** faisaient, en effet, provenir les cellules de granulations existant dans des cellules déjà formées, et **Kaiser** considérait les globules de latex comme des germes cellulaires. **Turpin**, en 1826, admet la même manière de voir ; pour lui, il se formerait, contre la paroi interne des cellules primitives, de petits globules, qui se transforment en vésicules-filles, lesquelles sont ensuite expulsées et vont se loger entre les cellules anciennes.

Brisseau-Mirbel, dans une série de mémoires publiés de 1822 à 1842, établit trois modes de développement de la cellule ; le *développement intra-utriculaire* ou *endogène* par lequel il y a formation successive de cloisons dans l'intérieur d'une cellule-mère, qui se trouve ainsi divisée en cellules-filles ; le *développement super-utriculaire*, ou *gemmation*, c'est-à-dire formation de bourgeons à la surface de la cellule-mère, bourgeons qui se détachent et se transforment en cellules-filles, comme dans la Levûre de bière; enfin le *développement inter-utriculaire* ou par *formation libre*, dans lequel on voit apparaître dans la substance mucilagineuse, qui sépare des cellules préexistantes, de petites loges, des méats qui grandissent et deviennent des cellules. **Mirbel** considérait ce troisième mode de formation des cellules, la formation de toutes pièces, qui n'est autre que le mode de genèse admis par **Wolff**, comme propre à tous les végétaux supérieurs, chez lesquels le cambium, c'est-à-dire la sève, est abondant. Les recherches ultérieures ont confirmé les deux premiers modes de développement de **Mirbel**; malheureusement ce savant botaniste regardait, ainsi que **Wolff**, les cellules comme de simples vacuoles creusées dans une substance fondamentale, de là son erreur sur la formation interutriculaire.

Schleiden (1838), frappé de la présence constante du noyau dans les jeunes cellules végétales, regarda cet élément, auquel il donna le nom de *cytoblaste*, comme le générateur de la cellule. Suivant lui, dans une substance fondamentale homogène, le *cytoblastème*, apparaît d'abord un nucléole, autour duquel se condense le cytoblaste. A la surface de celui-ci, se forme la membrane de la cellule qui le coiffe comme un verre de montre ; la membrane grandit, s'écarte du noyau, et il se produit, entre le noyau et la membrane, une cavité vésiculaire, dans laquelle pénètre peu à peu la substance fondamentale, en filtrant, pour ainsi dire, à travers la membrane (fig. 179).

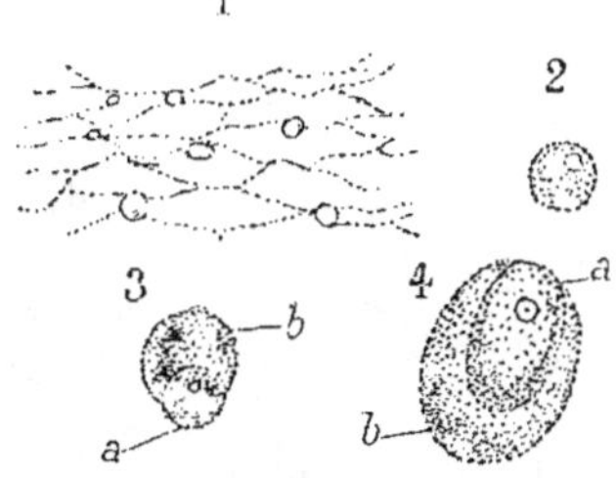

Fig. 179. — Genèse des cellules par formation libre 1, Fragment de cytoblastème de l'albumen du *Chamædorea schiedeana*, renfermant des cytoblastes libres. 2, Un cytoblaste libre plus grand. 3 et 4, *a*, cytoblastes autour desquels s'organise une cellule, *b*. (D'après SCHLEIDEN, 1838).

La manière de voir de **Schleiden** sur la formation libre des cellules fut, peu de temps après, adoptée par **Schwann** pour les cellules animales. Nous avons vu, lorsque je vous ai exposé, au début de ce cours, l'histoire générale de nos connaissances sur la cellule, comment les observations précises de **Hugo Mohl**, de **Unger** et de **Nægeli**, suivies de celles de nombreux zoologistes, tels que **Siebold**, **Vogt**, **Kœlliker**, **Bischoff**, **Reichert**, **Coste**, **Remak**, sur la division des cellules, ruinèrent de bonne heure la théorie de **Schleiden** et de **Schwann**. Vous vous rappelez que, dès 1841, **Remak**, considérait la division comme le seul mode de multiplication des cellules, et que la formation libre, admise encore, il y a quelques années, dans certains cas particuliers, tels que pour le développement de l'endosperme dans l'ovule des Phanérogames et le développement du blastoderme des Insectes, est devenue aujourd'hui une théorie qui appartient au domaine de l'histoire et ne compte plus aucun défenseur.

Si la division est le mode de multiplication de la cellule le plus généralement répandu, et si la gemmation doit être regardée comme dérivée de la division, la reproduction de la cellule présente cependant à considérer d'autres phénomènes qui souvent précèdent sa division ; ces phénomènes sont ceux qu'on désigne sous le nom de *conjugaison* et de *rénovation*.

Le phénomène de rénovation auquel **A. Braun** a donné, en 1851, le nom de *rajeunissement (Verjüngung)* et que **Strasburger** a désigné, depuis, sous celui de *formation pleine*, n'a été observé jusqu'ici que chez les végétaux et encore chez les végétaux inférieurs.

Une observation déjà ancienne de **Pringsheim**, sur la formation des zoospores de l'*Œdogonium* nous montre en quoi consiste le phénomène de la rénovation. A un moment donné, on voit toute la masse protoplasmique d'une cellule ordinaire, appartenant à un filament de cette Algue, se détacher de la membrane de cellulose, et se contracter en expulsant une partie de son suc cellulaire qui s'accumule entre elle et la membrane. Sur le côté de cette masse protoplasmique contractée, apparaît une tache claire dépourvue de chlorophylle, autour de laquelle se développent des cils vibratiles. Bientôt la membrane de cellulose, qui sépare la cellule de la cellule voisine, se rompt en deux moitiés inégales, par une fente circulaire, et la masse protoplasmique allongée est mise en liberté. Au moment de sa sortie, elle se déforme et s'allonge perpendiculairement à sa direction primitive, de telle sorte que la tache claire occupe maintenant l'extrémité antérieure du grand axe du corps protoplasmique. Après s'être déplacée durant quelque temps dans l'eau, la couronne ciliaire étant dirigée en avant, pendant le mouvement, la zoospore se fixe par sa partie claire antérieure, qui perd ses cils, émet des pseudopodes, jouant le rôle de crampons, puis s'entoure d'une membrane de cellulose. Plus tard cette zoospore, ainsi fixée, donnera naissance, par une série de divisions successives, perpendiculaires à son grand axe, à un nouveau filament d'*Œdogonium*.

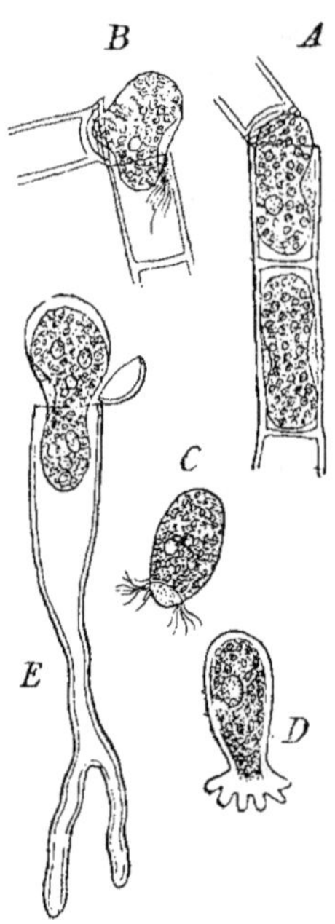

Fig. 180. — Formation des zoospores de l'*Œdogonium* par rénovation totale. A, formation des zoospores ; B, sortie de la zoospore ; C, la même en mouvement avec sa couronne de cils ; D, la même fixée par un crampon et germant ; E, rénovation totale d'un jeune *Œdogonium* tout entier, sous forme d'une zoospore. (D'après Pringsheim, fig. empruntée à Van Tieghem).

Nous voyons, par cet exemple, le corps protoplasmique d'une cellule subir une série de modifications importantes, une diminution de volume, un changement dans la distribution de son pigment chlorophyllien, un changement de forme, son axe longitudinal devenant son axe transversal, et constituer par conséquent une cellule nouvelle revêtant des caractères morphologiques et physiologiques différents. Il faut donc admettre que pendant la rénovation il se produit, dans le corps cellulaire, une transformation dont la nature nous échappe et qui consiste probablement dans un groupement nouveau des molécules. Le noyau de la cellule ne paraît subir aucune modification.

Le développement des zoospores des *Vaucheria* se fait à peu près de la même manière que chez les *Œdogonium*. Mais ici nous trouvons suivant les espèces, des degrés pour les changements qui s'opèrent dans la

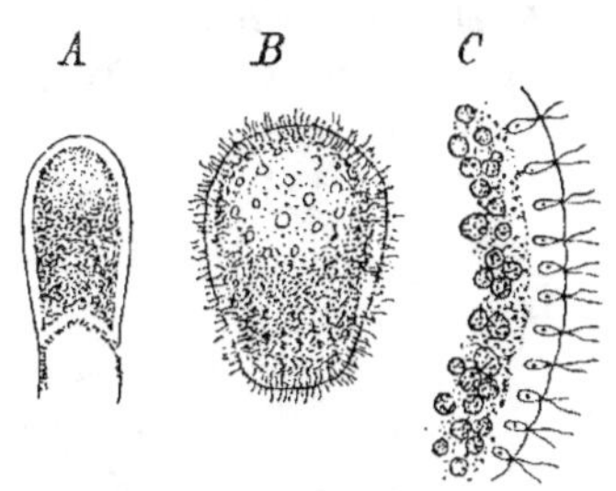

Fig. 181. — Formation de la zoospore de *Vaucheria sessilis* par rénovation totale. A, formation de la zoospore dans la cellule terminale d'une branche; B, zoospore libre toute couverte de cils; C, une portion de sa périphérie plus fortement grossie, montrant les nombreux noyaux piriformes avec un nucléole rangés côte à côte dans la couche protoplasmique périphérique; en face de chaque noyau, sur un petit bouton saillant, s'attachent deux cils. (D'après STRASBURGER, fig. empruntée à VAN TIEGHEM).

cellule-mère de la zoospore. Chez la *Vaucheria sessilis*, le contenu de la cellule terminale d'un filament se contracte, en offrant cependant une diminution de volume moins marquée que chez l'*Œdogonium*. Une zone claire, dépourvue de chlorophylle et contenant les nombreux petits noyaux de la cellule, apparaît tout autour du corps protoplasmique ; en face de chaque noyau, se développent deux cils vibratiles. La zoospore sort par une fente terminale étroite, qui se produit dans la membrane de cellulose, et souvent une partie de la zoospore reste emprisonnée dans la cellule-mère. Chez la *Vaucheria humata*, le contenu de la cellule-mère se contracte, puis s'entoure d'une nouvelle couche de cellulose et est expulsé plus tard, sous forme de spore immobile. Enfin chez la *Vaucheria tuberosa*, l'extrémité d'un rameau se détache simplement et germe immédiatement, sans que le contenu de sa cellule ait présenté des modifications apparentes.

La formation des zoospores et des spores immobiles par rénovation est très répandue chez les Algues ; les zoospores des *Coleochœte* pourvues de deux cils, celles des *Cladophora*, des *Ulothrix*, des *Chœtophora* qui ont quatre cils, se développent chacune dans une cellule du thalle et sortent par un orifice latéral. La spore de la *Padina pavonia* résulte de la condensation du contenu d'une cellule ; elle sort par un orifice circulaire de la membrane, et s'entoure elle-même d'une nouvelle membrane immédiatement après sa sortie.

C'est encore par rénovation que se développent les oosphères des *Himanthalia*, des *Cystosira* parmi les Fucacées, celles des *Œdogonium*, des *Vaucheria*, de certaines Saprolégniées, des Mousses et des Fougères, les corps reproducteurs des *Spirogyra*, etc.

Rénovation partielle.

Dans les exemples que nous venons de considérer, toute la masse protoplasmique de la cellule-mère est employée à la formation de la nouvelle cellule, la rénovation est dite alors *totale;* mais il arrive souvent qu'une partie du contenu de la cellule-mère n'entre pas dans la constitution de la nouvelle cellule ; on dit en ce cas qu'il y a *rénovation partielle.* Telle est la formation de l'oosphère des Péronosporées étudiée par de **Bary** et de certaines Saprolégniées (*Rhipidium*) observées par **Max. Cornu.** Le contenu de la cellule-mère se sépare en deux couches ; une zone externe pauvre en granulations, et une masse centrale, globuleuse, foncée, riche en graisse : c'est l'oosphère, qui après la fécondation s'entoure d'une membrane. Enfin, lorsque les Bactériacées produisent des spores, celles-ci résultent également de la condensation d'une partie du contenu de la cellule.

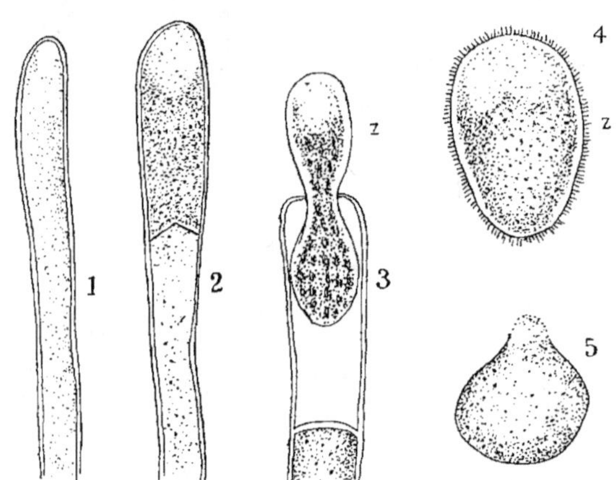

Fig. 182. — Formation de la zoospore de *Vaucheria Ungeri* par rénovation. 1, extrémité d'une branche du thalle; 2, la même renflée et cloisonnée; 3, zoospore, *z*, s'échappant par l'ouverture terminale; 4, zoospore libre avec ses nombreux cils vibratiles; 5, zoospore fixée et germant. (D'après Thuret, fig. empruntée à Van Tieghem).

On pourrait, dans bien des cas, comparer la rénovation à une sorte de mue, le corps cellulaire se séparant de son enveloppe de cellulose, pour en produire ensuite une nouvelle ; mais cette comparaison n'est pas exacte. La mue véritable est, en effet, toujours suivie d'une augmentation de volume, la rénovation au contraire s'accompagne toujours d'une diminution de volume. Ce qui caractérise surtout ce phénomène, c'est que le contenu de la cellule acquiert des propriétés nouvelles, devient un corps reproducteur capable de donner un nouvel individu, soit directement s'il s'agit d'une spore, soit après son union avec une autre cellule, si la cellule rajeunie est une oosphère. La rénovation n'est donc qu'un phénomène précurseur de la multiplication cellulaire par division, mais qui ne s'observe que dans des cas particuliers.

La conjugaison, beaucoup plus générale et plus répandue que la rénovation, consiste dans la réunion de deux ou de plusieurs cellules pour n'en former qu'une seule.

Il ne faut pas confondre la *conjugaison* avec la *fusion* ; ces deux phénomènes bien que semblables en apparence sont essentiellement différents.

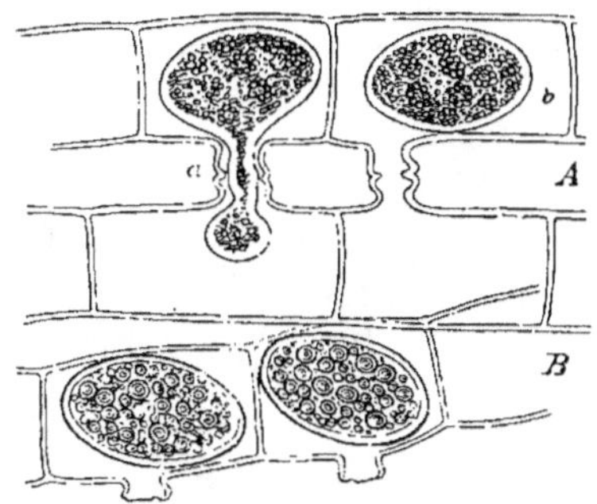

Fig. 183. — *Spirogyra longata.* A gauche quelques cellules de deux filaments qui se préparent à la conjugaison ; elles montrent les rubans de chlorophylle enroulés en spirale et dans lesquels sont plongés des grains d'amidon disposés en cercles ; on y voit aussi disséminées de petites gouttelettes d'huile. Dans chaque cellule, le noyau est entouré d'une couche de protoplasma de laquelle partent des filaments protoplasmiques qui se rendent à la paroi cellulaire. En *a* et *b*, les protubérances qui se forment avant la copulation. A droite, en A, la conjugaison est en voie d'accomplissement : en *a*, le corps protoplasmique d'une cellule pénètre dans l'autre cellule ; en *b*, les deux cellules sont déjà fusionnées. En B, les grosses zygotes sont déjà revêtues d'une membrane. (D'après SACHS, figure empruntée à O. HERTWIG).

Dans la conjugaison, deux cellules, plus rarement plusieurs cellules, de taille égale ou inégale, se réunissent pour n'en former qu'une seule ; leurs corps protoplasmiques se fusionnent et leurs noyaux se réunissent pour n'en constituer qu'un seul. En outre, pendant la conjugaison, il se produit une contraction de la masse protoplasmique, comme pendant la rénovation, de telle sorte que le volume de la nouvelle cellule est inférieur à la somme des volumes des cellules composantes. Ce phénomène est très nettement visible dans les oospores des Algues et les œufs d'un grand nombre d'animaux, au moment de la fécondation : il a été signalé par presque tous les observateurs. On constate facilement la contraction du vitellus, après la pénétration des spermatozoïdes, lorsqu'on féconde artificiellement des œufs d'Échinodermes par exemple, sous le champ même du microscope.

 Dans la fusion, seuls les corps protoplasmiques de deux ou de plusieurs cellules se réunissent, les noyaux restent indépendants; il se produit alors une cellule plurinucléée, une masse protoplasmique à laquelle on donne le nom de *plasmode*, de *symplaste* ou de *syncytium*. De plus, pendant la fusion, il ne se produit pas de contraction du protoplasma; le volume du symplaste est égal à la somme des volumes des cellules composantes.

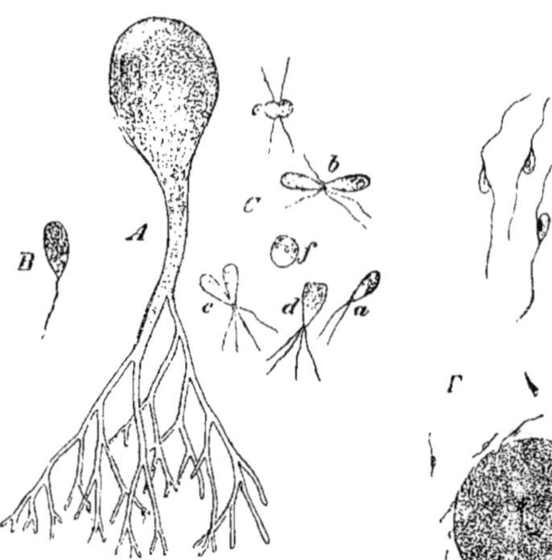

Fig. 184. — *Botrydium granulatum*. A, une petite plante de taille moyenne, gross. 28; B, zoospore fixée par l'iode, gross. 540; C, isogamètes : *a* une isogamète isolée; *b*, deux isogamètes au moment ou elles se mettent en contact; *c*, *d*, *e*, deux isogamètes en voie de fusionnement; *f*, zygospore résultant du fusionnement complet de deux isogamètes, gross. 540. (D'après Strasburger, fig. empruntée à O. Hertwig).

Fig. 185. — G. Anthérozoïdes de *Fucus platycarpus*, gross. 540. F. Anthérozoïdes fixés sur un œuf, gross. 240. (D'après Strasburger, fig. empruntée à O. Hertwig).

Nous pouvons donc résumer les lois de la fusion et de la conjugaison dans les deux formules suivantes :

<table>
<tr><td>Fusion</td><td>Conjugaison</td></tr>
</table>

$$(p+n)+(p'+n') = P+n+n' \qquad (p+n)+(p'+n') > P+N$$

dans lesquelles p, p' et n, n' représentent les protoplasmas et les noyaux des cellules composantes, P le protoplasma et N le noyau de la nouvelle cellule.

L'un des meilleurs exemples de fusion de cellules nous est fourni par la formation de la plasmodie des Myxomycètes. On sait, en effet, que lorsque les spores de ces Champignons germent de chacune d'elles sort une petite amibe, qui acquiert bientôt un flagellum, se transforme en zoospore et mène une vie libre, se déplaçant en rampant ou en tournant autour de son axe. Ces zoospores grossissent et se multiplient par division. Au bout de quelque temps, les zoospores perdent leur flagellum, reprennent la forme amiboïde, se transforment en myxamibes, qui se rapprochent, s'accolent et se fusionnent en une masse unique, une plasmodie renfermant autant de noyaux qu'il y avait de myxamibes (fig. 187). La plasmodie s'agrandit en se fusionnant avec de nouvelles myxamibes ou d'autres plasmodies.

Les Rhizopodes peuvent aussi se fusionner dans certains cas, au moins temporairement. M. **Balbiani** a vu souvent des *Actinosphærium*, conservés dans un verre de montre avec un peu d'eau, se rassembler au fond et se réunir en une masse unique, qui se désagrégeait ensuite, lorsqu'on la plaçait dans une plus grande quantité d'eau et

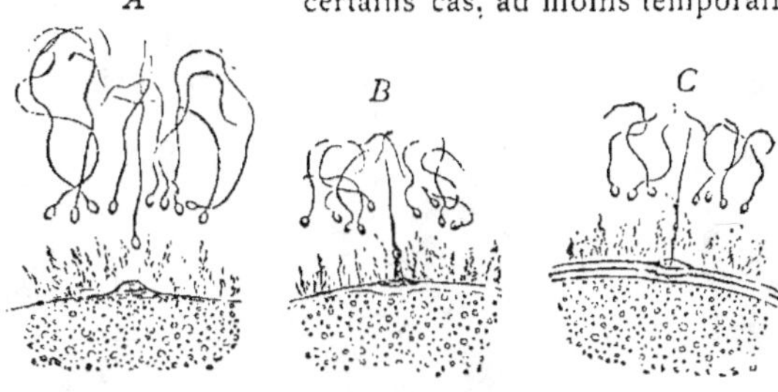

Fig. 186. — *A, B, C,* Fragments d'œufs d'*Asterias glacialis*. Les spermatozoïdes sont déjà engagés dans l'enveloppe muqueuse qui revêt la surface de l'œuf. En A, l'œuf commence à émettre une saillie à la rencontre du spermatozoïde le plus profondément engagé. En B, cette saillie est au contact du spermatozoïde. En C, le spermatozoïde a pénétré dans l'œuf. Il s'est maintenant formé une membrane vitelline avec un orifice cratériforme. (D'après H. FOL, fig. empruntée à O. HERTWIG).

sur une lame de verre. **Kœlliker, Brandt, Bütschli, Penard, Gruber** ont observé des faits semblables chez les *Actinophrys*.

Je vous ai déjà parlé à plusieurs reprises des syncytiums décrits par plusieurs observateurs, soit dans les tissus adultes de certains animaux, soit surtout pendant le développement embryonnaire, et je vous ai dit que j'étais porté à considérer la plupart de ces syncytiums comme des formations artificielles produites par l'action des réactifs. On trouve cependant, chez les

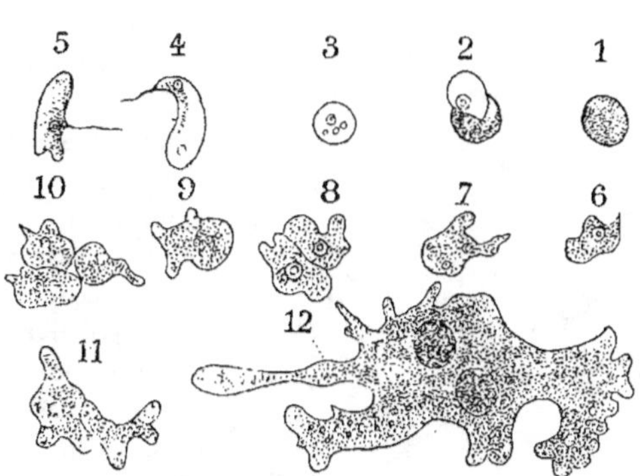

Fig. 187. — *Chondrioderma difforme.* 1, spore ; 2, 3, sortie du corps protoplasmique ; 4, 5, il devient une zoospore à un cil ; 6, 7, perd son cil et devient amiboïde ; 8, 9, 10, fusion progressive des myxamibes ; 11, jeune plasmodie ayant englobé des corps étrangers. (D'après CIENKOWSKI).

animaux, de véritables fusions de cellules, qui ne constituent alors qu'une masse protoplasmique plurinucléée. Telle est la couche ectodermique du placenta des Rongeurs, signalée par **Laulanié**, étudiée avec soin par **M. Duval** qui lui a donné le nom d'*ectoplacenta* ; j'ai pu constater moi-même la réalité de ce syncytium, en examinant des pièces convenablement fixées, entre autres celles traitées par le liquide de Flemming, mais il convient de remarquer que l'ectoplacenta est une formation destinée à disparaître, qui n'a qu'une durée transitoire, et que les cellules fusionnées qui le constituent sont des éléments en voie de régression, comme le prouvent les altérations chromatolytiques de leurs noyaux. Il faut donc considérer ici la fusion des cellules comme le premier stade de leur dégénérescence.

La fusion entre différentes cellules n'est pas toujours aussi complète que dans les exemples précédents, et elles peuvent se réunir par de simples anastomoses. Chez les

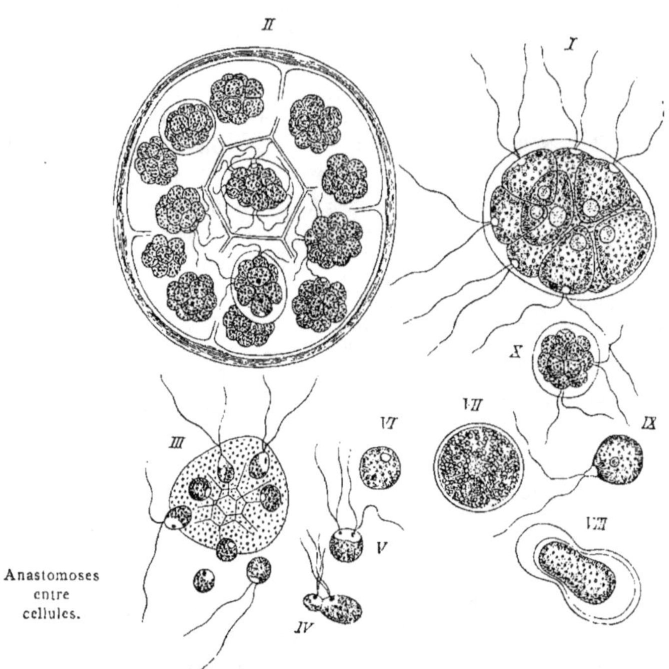

Anastomoses
entre
cellules.

Fig. 188. — Développement du *Pandorina morum*. I, une famille mobile; II, une famille mobile divisée en seize familles filles; III, une famille sexuée dont les diverses cellules sortent de l'enveloppe gélatineuse; IV, V, conjugaison des zoospores; VI, une zygote qui vient de se former; VII, zygote complètement développée; VIII, transformation du contenu d'une zygote en une grande zoospore; IX, grande zoospore libre; X, jeune famille issue d'une grande zoospore. (D'après PRINGSHEIM, fig. empruntée à O. HERTWIG).

Champignons il n'est pas rare de voir les longues cellules, possédant une membrane cellulosique, qui constituent leur thalle, s'anastomoser entre elles, la membrane se résorbant au point de contact de deux cellules voisines. Le même phénomène s'observe pour les laticifères de certaines plantes vasculaires, des Aroïdées et des Composées. Les anastomoses sont aussi très fréquentes dans les tissus animaux. Telles sont, par exemple, les cellules conjonctives étoilées dont les nombreux prolongements se réunissent les uns aux autres par leurs extrémités. Ici chaque cellule conserve son individualité, mais il n'y a pas de limite nette entre les cellules ; elles constituent par leur ensemble un véritable réseau.

Je devrais vous parler, à propos de ces anastomoses entre cellules, du mode d'union spécial observé depuis longtemps entre certaines cellules, telles que celles du corps muqueux de Malpighi (fig. 189), qui ont suscité de nombreuses controverses, et les communications décrites depuis quelques années entre de nombreuses cellules végétales. Mais comme quelques auteurs font intervenir, dans la formation de ces communications, des phénomènes qu'on observe dans la division cellulaire, je préfère renvoyer cette étude après celle de la multiplication des cellules.

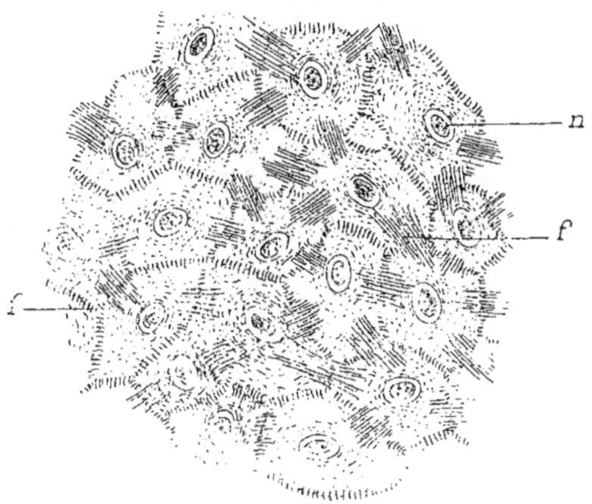

Fig. 189. — Coupe perpendiculaire à la surface de l'épiderme de la plante du pied de l'Homme, faite après durcissement des tissus par l'action successive du bichromate d'ammoniaque à 2 p. 100, de la gomme et de l'alcool, conservée dans l'eau phéniquée ; *f*, filaments d'union entre les cellules ; *n*, noyau. (D'après RANVIER).

Nous ne nous occuperons aussi de la conjugaison et de la fécondation, qui n'en est qu'un cas particulier, que lorsque nous aurons établi les transformations du noyau qui accompagnent la division cellulaire, ces transformations jouant un rôle important dans le phénomène de la conjugaison.

31 janvier 1894.

DIX-HUITIÈME LEÇON

HISTORIQUE DE LA DIVISION CELLULAIRE

La division est le seul mode de multiplication de la cellule. — Schéma de Remak. — Karyolyse (Auerbach). — Observations anciennes de division indirecte. — La division indirecte chez les Protozoaires (Balbiani, 1861). — Relation entre les figures nucléaires et la division cellulaire. — Recherches de Strasburger. — Découverte du phénomène intime de la fécondation (O. Hertwig, 1875). — Recherches de Bütschli, de Balbiani, etc. — Karyokinèse (Schleicher, 1878). — Phases de la division cellulaire indirecte (Flemming). — Confirmation des recherches de Flemming.

MESSIEURS,

La division est le seul mode de multiplication de la cellule.

La rénovation ou rajeunissement et la fusion que nous avons considérées dans notre précédente leçon sont des modes de genèse cellulaire qui n'aboutissent directement qu'à la formation d'une seule cellule nouvelle. On ne peut donc regarder ces deux processus comme des modes de reproduction proprement dite ou de multiplication de la cellule. La division, au contraire, qui amène la production de deux cellules nouvelles est un véritable phénomène de reproduction, et l'on peut même dire le seul qu'on observe pour la cellule, le bourgeonnement n'étant qu'un cas particulier de la division.

Schéma de Remak.

Jusqu'en 1875, on admettait que la cellule se divise par simple étranglement, d'après le schéma établi par **Remak**, en 1841 ; c'est-à-dire que le nucléole s'étire et se divise en deux parties égales, puis que le noyau s'allonge, prend une forme de bissac, s'étrangle en deux parties renfermant chacune un nucléole, et que finalement le corps protoplasmique s'étrangle lui-même et se scinde en deux parties contenant chacune un noyau. A côté de ce mode de *division par étranglement*, le plus répandu, on considérait la *division endogène*, dans laquelle la membrane ne prend pas part à l'étranglement, de sorte que les cellules-filles restent contenues dans la cellule-mère, mais peuvent être séparées l'une de l'autre par une cloison de nouvelle formation.

Karyolyse (Auerbach).

Contrairement à l'opinion de **Remak**, beaucoup de botanistes et quelques zoologistes, tels que **Reichert** (1847) et **Auerbach** (1874), pensaient qu'au moment de la division le noyau disparaît et que le noyau des cellules-filles se régénère à nouveau dans leur protoplasma. **Auerbach**, d'après des observations faites à l'état vivant sur des œufs en voie de segmentation de deux Nématodes, l'*Ascaris nigrovenosa* et le *Strongylus auricularis*, formula une théorie de la division cellulaire à laquelle il donna le nom de *karyolyse*. Il avait observé qu'aux deux extrémités du premier noyau de segmentation apparaissent deux figures claires sous forme d'étoiles ou d'asters, constituées par de nombreux et fins rayons s'irradiant autour d'un centre clair : il pensait que ces figures étaient produites par l'expulsion du liquide du noyau comprimé par le protoplasma. Le noyau devient ensuite invisible ; et les deux nouveaux noyaux se forment de toutes pièces, par *reconstitution palingénétique* au centre de chaque aster. L'observation d'**Auerbach** renfermait des faits exacts à côté d'erreurs, dues à son mode d'investigation ; n'ayant employé aucun réactif, il n'avait pu suivre les transformations du noyau, et avait été ainsi conduit à admettre qu'il disparaît complètement.

Ce n'est qu'à partir de 1875 que les histologistes commencèrent à avoir des idées un peu nettes sur les phénomènes de la division cellulaire et distinguèrent dans le protoplasma et le noyau les figures particulières qui accompagnent généralement cette division.

La découverte du processus de la division cellulaire, comme la plupart des grandes découvertes dans les sciences d'observation, n'est pas l'œuvre d'un seul savant, elle résulte de l'ensemble d'une quantité considérable d'observations, faites pendant une période de plusieurs années, par un grand nombre d'histologistes, zoologistes et botanistes, et, dans l'historique que je vais essayer de vous tracer aussi brièvement que possible, je m'efforcerai de vous montrer comment, peu à peu, s'est édifiée la théorie actuelle de la division cellulaire.

Observations anciennes de division indirecte.

Beaucoup des faits aujourd'hui bien établis, qui ont servi de base à cette théorie, avaient été aperçus par d'anciens observateurs qui n'en avaient pas saisi la signification ni l'importance, et qui s'étaient bornés à les signaler, ou même quelquefois à les figurer sans appeler autrement l'attention sur eux. Il est intéressant, comme l'ont fait **Mark** (1881) et quelques autres auteurs, de rechercher dans les travaux antérieurs à 1875 les observations relatives aux figures protoplasmiques et nucléaires de la division cellulaire.

Des figures claires, radiées, en forme d'étoiles ou d'asters, situées dans le voisinage du noyau, et souvent visibles à l'état frais, sans le secours d'aucun réactif, dans les cellules riches en protoplasma granuleux, principalement dans les œufs, avaient été observées depuis longtemps par différents auteurs. C'est ainsi que **Grube**, en 1844, a figuré une disposition radiée du protoplasma autour des noyaux des sphères de segmentation de la Clepsine. **Derbès** (1847) a représenté un aster très net dans un œuf d'Oursin (*Echinus esculentus*), après la disparition de la vésicule germinative et avant la segmentation. **Reichert** (1847), dans les cellules de formation des spermatozoïdes, chez l'*Ascaris acuminata*, a vu une radiation élégante autour des noyaux. **De Quatrefages** (1848) a fait allusion à une figure étoilée dans les œufs d'Hermelle. **Krohn** (1852) a décrit dans les œufs de la *Phallusia mamillata*, une double figure étoilée, claire, qui apparaît au milieu du vitellus granuleux de chaque sphère de segmentation, après la disparition des noyaux. Cette figure n'est autre que celle qui a été désignée depuis sous le nom d'*amphiaster*.

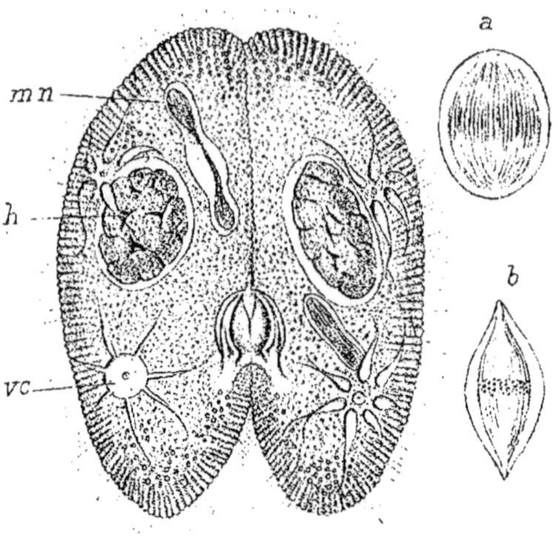

Il convient de citer les observations de **Meissner** (1854 et 1856) sur les cellules spermatiques de Nématodes et sur les œufs d'Oursin, celles de **Gegenbaur** (1857), sur les œufs de *Sagitta*, celles de **Munk** (1858) sur les œufs d'Ascarides, celles de **Walter** (1858) et de **Claparède** (1859) sur les cellules testiculaires des Nématodes, observations relatives à l'existence de figures protoplasmiques radiées.

Fig. 190. — *Paramœcium aurelia*. Deux individus en état de conjugaison, légèrement comprimés. Chaque individu renferme un noyau, *n*, lobé, et un micronucléus, *mn*, en voie de division. Dans l'individu de gauche, la vésicule contractile inférieure, *vc*, est en diastole ; dans l'individu de droite, la vésicule correspondante est en systole. — *a*, *b*, deux stades de la division du micronucléus, moins avancés que dans les individus conjugués, et montrant un fuseau achromatique avec une plaque équatoriale. (Cette figure de même que la figure 191, est empruntée à des planches inédites, de M. Balbiani, qui ont été gravées en 1861, mais qui n'ont jamais été publiées ; ces planches reproduisaient, à une plus grande échelle et avec plus de détails, les figures de M. Balbiani, qui accompagnent son mémoire paru en 1861).

Parmi les botanistes, **Schacht** (1856), dans le premier volume de son Traité de botanique, a représenté (Pl. I, fig. 41) une cellule de *Spirogyra* en voie de division, dans laquelle les deux noyaux-filles sont réunis par des filaments de protoplasma. Cette figure est à peu près identique à celle que donnait vingt ans plus tard **Strasburger**, pour le même stade de la division. **H. Mohl** (1839) et **Hofmeister** (1850) avaient déjà vu les noyaux-filles réunis par des filaments ; **Russow** (1872) décrivit dans les cellules-mères des spores de Polypodiacées, d'*Ophioglossum*, et d'Équisétacées, ainsi que dans les cellules-mères du pollen du *Lilium bulbiferum,* un disque composé de bâtonnets, qui est très probablement ce qu'on a désigné depuis sous le nom de *plaque équatoriale* ; enfin **Sachs** (1874) a vu des filaments entre les jeunes noyaux et la plaque cellulaire.

Les auteurs que je viens de citer, n'avaient observé que des figures protoplasmiques. **Virchow** (1857) paraît avoir constaté le premier une figure nucléaire ; lorsqu'il a décrit dans un carcinome un noyau présentant un grand nombre d'incisions, il est très probable qu'il avait sous les yeux un noyau en voie de division indirecte avec ses éléments chroma-

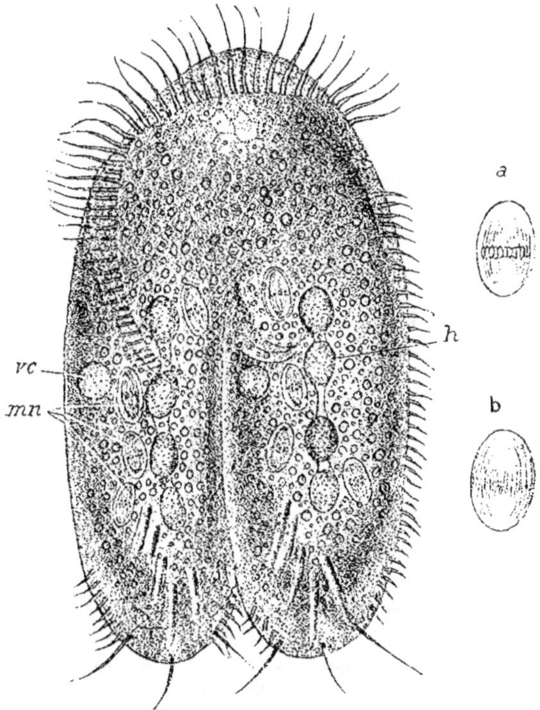

Fig. 191. — *Stylonychia mytilus*. Deux individus en état de conjugaison, vus par la face ventrale. Chaque individu renferme un noyau, *h*, en chapelet, constitué par quatre grains chromatiques réunis par une membrane commune, et quatre micronucléus, *m n*, en voie de division. *vc*, vésicule contractile. — *a*, *b*, deux micronucléus plus grossis montrant un fuseau avec une plaque équatoriale. (D'après **Balbiani**, 1861, voir l'explication de la fig. 190).

tiques, disposés en étoile. Il en est de même de **Remak** (1858) qui a représenté des globules sanguins d'embryon de Poulet en division, dont les noyaux, au lieu d'avoir leur aspect vésiculaire ordinaire, étaient ridés et dépourvus de nucléoles. **Flemming** voit avec raison, dans quelques unes des figures de **Remak,** des formes de noyaux en voie de division indirecte.

La division indirecte chez les Protozoaires (Balbiani, 1861).

Les premières observations les plus complètes, relatives à la division indirecte du noyau, ont été faites par M. **Balbiani,** en 1861. Mon savant maître, en étudiant les phénomènes de reproduction des Infusoires ciliés, décrivit des transformations très remarquables du nucléole ou micronucléus ; il vit apparaître à un certain moment dans cet élément des filaments parallèles, présentant un renflement dans leur milieu ; la rangée de renflements se divisait en deux moitiés qui se portaient vers les extrémités du nucléole, tandis que celui-ci s'allongeait et s'étranglait (fig. 190 et 191). M. **Balbiani** avait donc constaté les différentes phases de la division indirecte du nucléole ; malheureusement, guidé par des idées théoriques, et ne connaissant aucun phénomène semblable dans les noyaux des cellules, soit animales, soit végétales, il considéra les filaments du nucléole comme les éléments mâles, les spermatozoïdes, des Infusoires. Si son interprétation était erronée, les faits qu'il décrivait étaient absolument vrais et ses figures représentaient exactement les divers stades de la division du micronucléus tels qu'ils ont été observés depuis par **Bütschli.**

Pour terminer l'énumération des principaux auteurs qui ont aperçu des figures particulières dans les cellules en voie de bipartition, pendant la période qu'on peut appeler la période préhistorique de la division cellulaire indirecte, je vous citerai encore **Kowalevsky, Leuckart et Kupffer,** qui, le premier dans les œufs de la *Phallusia mamillata* (1866) et dans ceux de l'*Euaxes* (1871), le second dans les œufs de l'*Ascaris* (1867-1876), le troisième dans les œufs de l'*Ascidia canina* (1870), ont vu les granulations vitellines prendre une disposition radiée autour des noyaux des sphères de segmentation.

Enfin, M. **Balbiani** (1873) appela l'attention sur cette même disposition dans les cellules blastodermiques des Araignées.

Relation entre les figures nucléaires et la division cellulaire.

Anton Schneider (1873) le premier, dans ses observations sur l'œuf d'été du *Mesostomum Ehrenbergi* et dans les cellules séminales du même animal, ainsi que sur les œufs du *Distomum cygnoides,* découvrit les rapports qui existent entre les modifications du noyau, entrevues par ses prédécesseurs et la division cellulaire. Il vit qu'après la fécondation le noyau se transforme en un amas de filaments onduleux, qui apparaissent nettement après l'action de l'acide acétique ; ces filaments se soudent pour constituer un cordon flexueux, formant une figure en rosette. Quand la division du noyau commence, le cordon se fragmente en bâtonnets qui se disposent parallèlement en deux groupes se dirigeant chacun vers un des pôles de l'œuf. Celui-ci s'étrangle pour se diviser ; les bâtonnets nucléaires disparaissent ; à la place qu'ils occupaient se constituent, par nouvelle formation, les noyaux des deux sphères de segmentation (fig. 192). **Schneider** considéra les faits qu'il avait observés

comme constituant une anomalie de la division cellulaire et ne se douta
pas de leur importance.

La même année que **Schneider, Fol.** (1873) chez les Géryonides et **Flemming** (1873) chez les Anodontes, observèrent dans les sphères de segmentation une figure claire en double étoile occupant la place du noyau ; ils

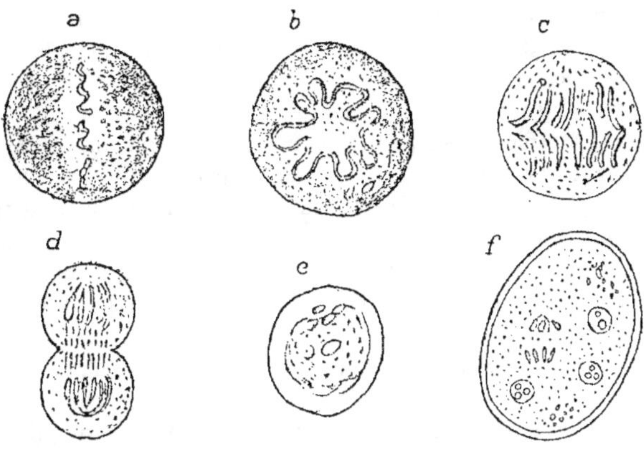

Fig. 192. — Œuf d'été du *Mesostomum Ehrenbergi. a*, première sphère de segmentation ; *b*, vue
polaire de la même ; *c, d*, différents stades de division ; *e*, cellule embryonnaire avec noyau granuleux.
f, œuf de *Distomum cygnoides*. (Reproduction des fig. de A. Schneider, 1873).

pensèrent que le noyau subissait une véritable dissolution, et que les nouveaux noyaux se formaient au centre des étoiles. **Bütschli** (1873) attira également l'attention sur les figures étoilées qu'il vit dans les œufs de *Rhab-
ditis dolichura* en voie de segmentation ; contrairement aux deux auteurs
précédents, il admit que le noyau persistait au centre de la double étoile,
et se divisait par étranglement pour donner les noyaux-filles.

C'est ici que prend place chronologiquement le travail d'**Auerbach** (1874)
sur le fractionnement de l'œuf des Nématodes, travail dont je vous ai déjà
parlé et dans lequel cet auteur a exposé sa théorie de la karyolyse.

Quelque temps après **Auerbach, Bütschli** (1874) dans une note préliminaire sur la conjugaison des Infusoires et la division cellulaire, décrit pour
la première fois, dans les œufs de Nématodes et de Gastéropodes pulmonés,
entre les deux étoiles observées par ses prédécesseurs, une structure particulière qu'il nomme *corps fusiforme* et constituée par des filaments longitudinaux présentant chacun sur le milieu de leur longueur un petit grain
ou renflement. Ces petits grains se divisent tous en même temps en
deux moitiés. Chaque rangée de grains glisse en sens inverse le long des
filaments et se porte à l'une des extrémités du fuseau. **Bütschli** retrouve
ces séries de grains dans les globules polaires des Gastéropodes pulmonés
et en conclut que ces globules résultent probablement de la division du

corps fusiforme : il fait provenir le corps fusiforme des nucléoles seulement et considère le globule polaire comme une tache germinative expulsée.

Strasburger, dans un important ouvrage paru en 1875 et traduit en français dès l'année suivante, expose l'état des connaissances sur la formation et la division des cellules, et le résultat de ses propres recherches sur le même sujet, aussi bien chez les végétaux que chez les animaux. Cet ouvrage enrichit la science d'un grand nombre de faits nouveaux de la plus haute importance et marque le début d'une ère nouvelle pour l'histoire de la cellule.

Strasburger retrouve dans les cellules végétales le corps fusiforme découvert par **Bütschli**, et donne le nom de *plaque nucléaire* (Kern-platte) à l'ensemble des grains ou renflements, situés sur le milieu des filaments longitudinaux. Cette plaque nucléaire a été plus tard appelée, par **Fol**, *plaque équatoriale*. La plaque nucléaire se divise en deux demi-plaques ; chacune d'elles se porte au pôle du fuseau, et donne naissance aux nouveaux noyaux. **Strasbuger** établit donc que les noyaux-filles dérivent exclusivement de l'ancien noyau ; celui-ce ne disparaît pas et se divise simplement comme on l'admettait autrefois, mais cette division ne se fait pas par étranglement : elle s'accompagne de changements du noyau dont l'ensemble constitue un processus assez compliqué. Les nouveaux noyaux, une fois formés, restent reliés entre eux par des filaments que **Strasburger** nomme les *filaments cellulaires* (Zellfäden), que **Fol** a appelés les *filaments connectifs* ou *internucléaires*. Ces filaments sont souvent plus nombreux que ceux du corps fusiforme auxquels ils sont homologues ; sur le milieu de leur longueur ils se renflent, et l'ensemble de ces renflements constitue une couche protoplasmique à laquelle l'auteur donne le nom de *plaque cellulaire* (Zellplatte). Dans l'épaisseur de cette plaque, se dépose une cloison de cellulose, qui devient la paroi de séparation des nouvelles cellules et qui apparaît à la fois dans toute son étendue. Dans les cellules végétales, peu riches en protoplasma, qu'il avait étudiées, **Strasburger** n'avait pas constaté l'existence des figures radiées qui avaient frappé avant lui les zoologistes, aussi n'y attache-t-il pas une grande importance, et, s'il a observé les figures étoilées dans les œufs des Ascidies, il les regarde comme dues à une simple polarité des molécules vitellines.

Dans son mémoire sur la fécondation de l'œuf du *Toxopneustes lividus*, O. **Hertwig** (1875) établit que les deux noyaux observés par **Warneck**, en 1850, dans les œufs fraîchement pondus de *Limnæus* et de *Limax*, puis retrouvés par **Bütschli et Auerbach** chez les Nématodes, résultent l'un de la transformation du spermatozoïde, l'autre de celle de la vésicule germinative. Il montre que dans la maturation de l'œuf, son noyau, c'est-à-dire sa vésicule germinative, ne disparaît pas, et que le premier noyau de segmentation résulte de l'union de deux noyaux. Le travail de **Hertwig**, doit être considéré comme la base de la théorie actuelle de la fécondation, de même que celui de **Strasburger** a été le point de départ de la théorie de la division cellulaire indirecte.

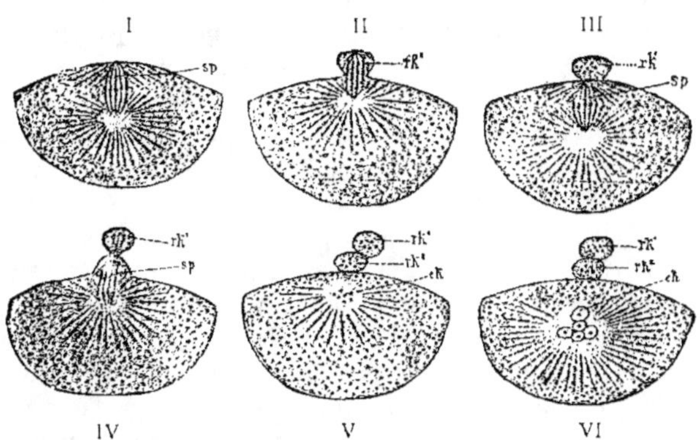

Fig. 193. — Formation des cellules polaires chez l'*Asterias glacialis*. Dans la fig. I, le fuseau nucléaire (*sp*) a atteint la surface de l'œuf. Dans la fig. II, il s'est formé à la surface de l'œuf un petit mamelon (*rk'*), renfermant la moitié du fuseau. Dans la fig. III, ce mamelon s'est séparé par étranglement et constitue une cellule polaire (*rk'*). Aux dépens de la moitié interne du fuseau nucléaire primitif s'est formé un nouveau fuseau complet (*sp*). Dans la fig. IV, nous voyons la première cellule polaire soulevée par un second mamelon qui, dans la fig. V, s'est à son tour séparé de l'œuf par étranglement et constitue la seconde cellule polaire (*rk'*). Le restant du second fuseau s'est transformé, dans la fig. VI, en noyau ovulaire (*ek*). (Fig. empruntée à O. HERTWIG).

Mayzel (1875) dans les cellules épithéliales des larves d'Amphibiens et dans celles de la cornée des Mammifères, décrit, dans les noyaux se préparant à la division, un cordon se repliant sur lui-même de manière à former un peloton ; il constate à un stade plus avancé l'existence d'une plaque nucléaire, et, contrairement à l'opinion de **Bütschli**, il regarde les grains qui la constituent comme des éléments du noyau et non comme de simples renflements des filaments.

Ed. van Beneden (1875) observe les phases de la division cellulaire dans les cellules blastodermiques du Lapin. Suivant lui, le contenu du noyau, qui a pris une forme irrégulière, se divise en un *suc cellulaire* qui s'accumule vers les pôles et une *essence nucléaire* qui forme la plaque équatoriale, constituée par des globules. Le noyau devient fusiforme, puis rubané, et à ses deux extrémités se forment des amas polaires entourés d'une figure étoilée, qui se développe dans le protoplasma de la cellule se colorant plus fortement qu'à l'état normal par le carmin ou l'hématoxyline. La plaque équatoriale se divise en deux disques qui s'éloignent ou restent réunis par des filaments. Ceux-ci disparaissent et entre les deux noyaux-filles apparaît une rangée de granulations qui forme la cloison de séparation des deux nouvelles cellules. La description d'**Ed. van Beneden** se rapproche beaucoup, comme vous le voyez, de celle de **Strasburger** pour les cellules végétales.

Recherches de Bütschli.

En 1876, paraît un grand mémoire de **Bütschli**, dans lequel l'auteur résume ses précédentes observations et expose les résultats de ses nouvelles recherches sur la disparition de la vésicule germinative, la formation des globules polaires, et la division des sphères de segmentation chez les *Nephelis, Cucullanus, Limnæus, Succinea, Brachionus, Notommata,* sur la division des cellules-mères des spermatozoïdes de *Blatta germanica,* et la division des globules rouges du sang d'embryons de Poulet du 4ᵉ au 5ᵉ jour. **Bütschli** donne de bonnes figures des faits qu'il a observés, mais n'a pas des idées très nettes sur leur signification. Il fait provenir les noyaux-filles tantôt des renflements du fuseau, tantôt de la partie centrale des asters ; il pense que les filaments du fuseau se coupent par leur milieu et vont se joindre aux noyaux-filles. Adoptant en partie la manière de voir d'**Auerbach,** **Bütschli** croit que le noyau peut prendre la forme d'un fuseau qui se réduit au tiers de son volume primitif par expulsion d'une partie du liquide qu'il contient, que ce liquide s'accumule à ses pôles pour former le centre clair et les rayons des asters. La partie la plus importante du mémoire de **Bütschli** est celle qui est relative à la conjugaison et à la reproduction des Infusoires ciliés. Il confirme les observations anciennes de M. **Balbiani,** mais il montre que les figures particulières qu'on observe dans les nucléoles des Infusoires conjugués ne sont que des figures de division nucléaire. En même temps il établit que le nucléole est un noyau destiné à remplacer le noyau proprement dit après la conjugaison. Nous reviendrons du reste plus tard sur cette intéressante question, lorsque nous nous occuperons de la fécondation.

Recherches de Balbiani.

La même année que paraissait le mémoire de **Bütschli,** M.**Balbiani**(1876) étudiait la division du noyau dans les cellules épithéliales de l'ovaire de la larve d'un Orthoptère le *Stenobothrus pratorum.* Il constatait que le noyau de ces cellules renferme des corpuscules en forme de bâtonnets étroits, inégaux entre eux, paraissant formés de petits globules réunis en série. Les cellules qui vont se diviser augmentent de volume, perdent leur contour polygonal et deviennent plus ou moins arrondies. Les bâtonnets du noyau, devenus plus volumineux, présentent des flexuosités, des courbures en sens divers. Lorsque la cellule et le noyau ont pris une forme ellipsoïdale, les bâtonnets constituent dans l'intérieur de ce dernier un faisceau lâche, parallèle à son grand axe. Chaque bâtonnet se coupe en son milieu, de sorte que le faisceau primitif se trouve divisé en deux faisceaux secondaires plus petits. Ceux-ci s'éloignent, mais restent réunis par de fins filaments, provenant de l'étirement des bâtonnets ; en même temps les contours du noyau ont disparu. Les bâtonnets de chaque demi-faisceau se rapprochent et se fusionnent par leurs extrémités, dirigées vers les pôles de la cellule, de manière à constituer une sorte de coupole. La cellule

s'étrangle; les filaments unissant les deux nouveaux noyaux se coupent et
rentrent dans la masse des bâtonnets, qui se sont complètement fusionnés
et forment un amas homogène. Celui-ci se creuse de vacuoles, s'entoure
d'une membrane et son contenu se résout en corpuscules bacillaires,
semblables à ceux que renfermait le noyau primitif avant sa division. Les
observations de M. **Balbiani** précisaient celles de **Bütschli** et établissaient
nettement que les noyaux-filles proviennent directement de la substance
du noyau-mère, qui ne disparaît à aucun moment de la division. Malheureusement M. **Balbiani** ne publia pas les dessins qu'il avait faits d'après ses
observations et qui montraient toutes les phases de la division cellulaire,
telles qu'elles ont été, depuis, figurées par d'autres auteurs, entre autres par
Schleicher.

Les travaux que je viens d'analyser très rapidement avaient appelé
l'attention des histologistes sur l'importance des phénomènes qui accompagnent la division cellulaire. Aussi, à partir de cette époque, les publica-
tions sur ce sujet se multiplient, se succèdent rapidement et je ne vous
indiquerai que celles qui renferment des faits nouveaux et qui ont contribué
à faire avancer la question.

Bobretzki (1876) dans son embryogénie de la *Nassa mutabilis*, constate
que, contrairement à l'opinion de **Bütschli**, la formation des asters précède
la transformation du noyau. Une partie des rayons de ces asters pénètrent
dans l'intérieur du noyau pour former le fuseau, et la membrane nucléaire
disparaît de très bonne heure.

Schleicher (1878) étudie la division du noyau à l'état vivant dans les
cellules cartilagineuses des larves de Grenouille, de Crapaud et de Pélobate.
Dans le noyau primitivement homogène de ces cellules apparaissent des
granulations et des bâtonnets qui se multiplient. Le noyau prend une
forme irrégulière, sa membrane se fragmente et ses débris se mêlent à la
substance du noyau. Les nucléoles cessent d'être visibles. C'est alors
qu'on voit se dessiner à la place du noyau une série de figures n'ayant pas
un ordre de succession régulier, mais dont quelques-unes sont plus fréquentes que les autres. Les bâtonnets nucléaires se disposent en étoile, en
cercle ou en faisceau. Ce qui frappe surtout **Schleicher** se sont ces changements d'aspect du noyau s'accompagnant de mouvement de totalité de
celui-ci, qui se déplace dans la cellule en paraissant tourner autour de son
axe; aussi donne-t-il le nom de *karyokinèse* à l'ensemble de ces mouvements qui lui semblent caractériser la division du noyau. Les mouvements du noyau et de ses éléments durent environ deux heures. Puis les
bâtonnets se disposent parallèlement entre eux, de manière à figurer une
sorte de *tonneau*, dont les douves seraient représentées par les bâtonnets.
Le tonneau se coupe transversalement, et ses deux moitiés s'éloignent en
restant unies par des filaments. Les bâtonnets se soudent dans leur partie
distale et donnent une figure en forme de corbeille ou de peigne,

Karyokinèse
(Schleicher,
1878).

puis se fusionnent complètement pour donner un noyau homogène, dans lequel apparaissent plus tard de nouveaux bâtonnets ; une partie de ceux-ci se soudent pour constituer la membrane, les autres deviennent les nucléoles.

Schleicher a observé quelquefois dans le protoplasma cellulaire un aster ou un amphiaster. Pour lui, la seule figure constante pendant la division nucléaire c'est le tonneau. Le corps cellulaire se divise par la formation d'une cloison résultant de la disposition parallèle de filaments protoplasmiques, qui, dans la cellule à l'état de repos, se trouvent disséminés irrégulièrement dans le protoplasma. **Schleicher** ayant fait ses observations sur des matériaux vivants, dans lesquels, comme nous le savons, il est très difficile de voir le noyau, n'a pu se faire qu'une idée très imparfaite du processus de la division cellulaire ; son travail renferme beaucoup d'erreurs. Ses recherches n'en étaient pas moins très importantes parce qu'elles démontraient que les figures nucléaires observées par ses prédécesseurs ne sont pas dues aux réactifs employés et correspondent en réalité à des changements de constitution du noyau. Elles méritent enfin une mention spéciale puisque le nom de karyokinèse, proposé par l'auteur pour désigner les transformations du noyau pendant la division, a persisté dans la science et a été adopté par la majorité des histologistes.

Phases de la division indirecte (Flemming).

En même temps que le mémoire de **Schleicher**, paraît dans le même recueil, *Archiv für mikroskopische Anatomie*, un travail capital de **Flemming** (1878) sur la division cellulaire chez la larve de *Salamandra maculata*, travail dont je vous ai déjà entretenu au sujet de la constitution du protoplasma et du noyau, dans lequel il établit définitivement la succession des phases de la division du noyau.

Flemming divise en neuf phases les transformations du noyau des cellules épithéliales de la queue et des branchies de la Salamandre :

Première phase. Le noyau s'agrandit, perd ses contours nets et présente à l'état frais un aspect granuleux ; sous l'influence des réactifs on y voit apparaître, à la place du réseau lâche de l'état de repos, un réseau beaucoup plus serré, formé par le pelotonnement sur lui-même d'un cordon chromatique (fig. 194, A). **Flemming** pense que ce nouveau réseau résulte d'une transformation de l'ancien, qui a absorbé toute la substance chromatique contenue dans les nucléoles et la membrane du noyau. Pendant que le noyau subit ce changement, les granulations protoplasmiques, granulations graisseuses et pigmentaires, se groupent en deux amas aux pôles de la cellule, généralement à chacune des extrémités du grand axe du noyau.

2e phase. Le cordon nucléaire s'épaissit et constitue un peloton plus lâche dont les circonvolutions sont plus écartées les unes des autres qu'au stade précédent, et tendent à se placer perpendiculairement au grand axe du noyau. La membrane nucléaire perd ses contours nets (fig. 194, B).

3ᵉ *phase.* Le cordon chromatique est encore plus condensé qu'au stade précédent et forme à la phériphérie du noyau une couronne festonnée dont les replis, disposés radialement, donnent à l'ensemble de la figure l'aspect

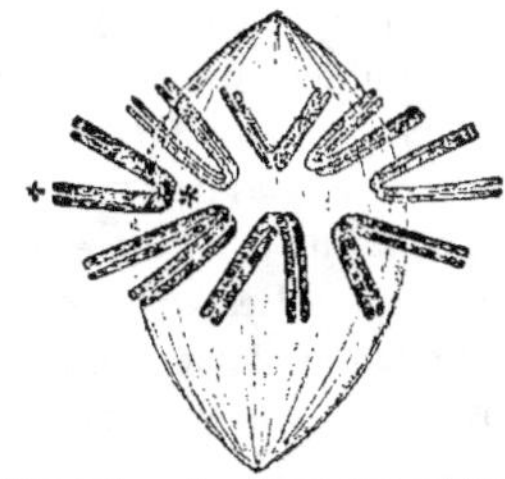

Fig. 194. — A : noyau au repos d'une spermatomère de *Salamandra maculata.* B : même noyau au stade de peloton; le filament nucléaire montre déjà la scission longitudinale. (D'après Flemming, fig. empruntée à Hatschek).

Fig. 195. — Représentation schématique de la division nucléaire indirecte. Stade pendant lequel les segments nucléaires sont disposés à l'équateur du fuseau. (Fig. empruntée à Hatschek).

d'une étoile. Le cordon est continu; mais bientôt les replis externes de la couronne se coupent et on voit à la périphérie du noyau une série de fragments du cordon en forme de V ou d'anses, dont les sommets sont tous dirigés vers le centre du noyau (fig. 195). Souvent le filament chromatique, avant ou après sa segmentation, se dédouble longitudinalement; dans ce cas, chaque anse est double, et les deux filaments parallèles qui la constituent se séparent pour former deux anses indépendantes. Les anses libres du cordon subissent alors une série de mouvements alternatifs de diastole et de

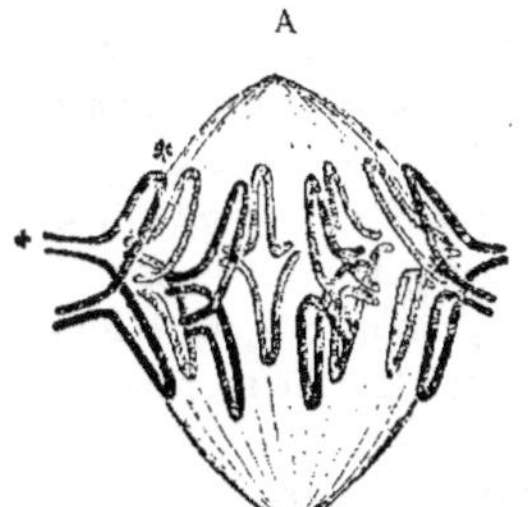
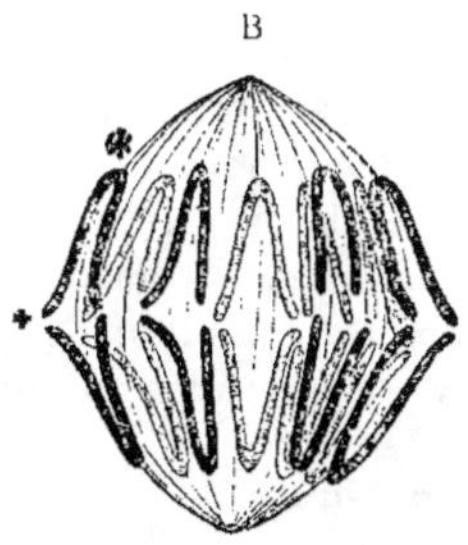
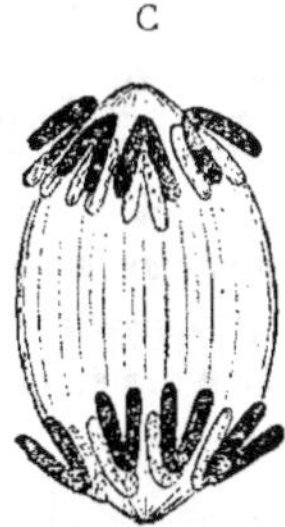

Fig. 196. — Représentation schématique de la division nucléaire indirecte. — Les segments chromatiques s'écartent en deux groupes vers les pôles du fuseau. (D'après Flemming, figure empruntée à Hatschek).

systole, qui éloignent et rapprochent leurs sommets de l'équateur du noyau. **Flemming** suppose qu'il existe dans le centre du noyau un centre attractif qui attire les sommets des anses chromatiques. A un moment donné, ce centre se dédouble et chacune de ses moitiés se porte vers les pôles du noyau. Les mouvements de diastole et de systole des anses s'expliqueraient par des tentatives infructueuses et plusieurs fois répétées de dédoublement du centre attractif.

4ᵉ *phase*. Le dédoublement du centre attractif a eu lieu, les anses sont alors groupées à l'équateur du noyau, les unes ayant leur sommet dirigé vers l'un des pôles, les autres vers le pôle opposé : ce groupement constitue la *plaque équatoriale* (fig. 196, A).

5ᵉ *phase*. Les deux moitiés de la plaque équatoriale se séparent et s'éloignent l'une de l'autre en se dirigeant vers les pôles du noyau. (fig. 196, B).

6ᵉ *phase*. Les deux demi-plaques équatoriales sont arrivées aux pôles du noyau et deviennent les ébauches des noyaux-filles ; les anses chromatiques sont alors disposées en étoile comme à la fin de la troisième phase du noyau-mère (fig. 196, C). On voit quelquefois, entre les deux noyaux, des filaments achromatiques, mais beaucoup moins nets que dans les cellules riches en protoplasma. C'est à ce stade qu'apparaît le premier indice de l'étranglement du corps cellulaire.

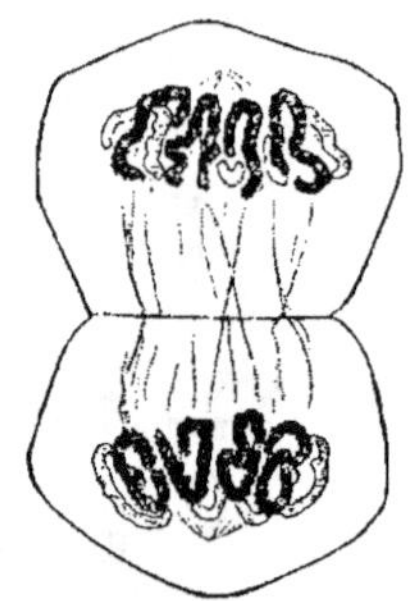

Fig. 197. — Représentation schématique de la division nucléaire. Aux dépens des segments-filles commence à se former le noyau au repos. (D'après FLEMMING, figure empruntée à HATSCHEK).

7ᵉ *phase*. Les anses se soudent dans chaque noyau-fille pour reconstituer la figure en couronne du noyau-mère ; le corps cellulaire continue à se diviser par une contraction graduelle de la couche protoplasmique corticale.

8ᵉ et 9ᵉ *phases*. Les noyaux-filles repassent à l'état de repos en présentant un peloton chromatique lâche, puis plus dense, qui se transforme finalement en un réseau identique à celui du noyau-mère avant le commencement de sa division.

Flemming insiste sur ce fait que les noyaux-filles traversent en sens inverse les mêmes phases que le noyau-mère, depuis l'état de repos jusqu'au stade de plaque équatoriale ; il donne le nom de *progressives* aux phases de transformation du noyau-mère et le nom de *régressives* à celles des noyaux-filles. On peut représenter la correspondance des états du noyau-mère et des noyaux-filles par le schéma suivant :

<table>
<tr><td align="center">Phases progressives
du noyau-mère</td><td align="center">Phases régressives
des noyaux-filles</td></tr>
<tr><td align="center">Réseau (état de repos)</td><td align="center">Réseau (état de repos)</td></tr>
<tr><td align="center">↕</td><td align="center">↕</td></tr>
<tr><td align="center">Peloton</td><td align="center">Peloton</td></tr>
<tr><td align="center">↕</td><td align="center">↕</td></tr>
<tr><td align="center">Étoile</td><td align="center">Étoile</td></tr>
<tr><td colspan="2" align="center">Plaque équatoriale</td></tr>
</table>

Flemming a donné le nom de *division indirecte* au mode de division de la cellule qui s'accompagne des transformations du noyau que nous venons de voir, pour le distinguer de la division directe dans laquelle le noyau s'étrangle simplement suivant l'ancien schéma de **Remak** (1).

Bien que **Flemming** dans ses premières recherches n'ait pas observé les figures achromatiques et n'ait pu par conséquent établir les relations qui existent entre ces figures et les figures chromatiques nucléaires, on peut dire cependant que, dès 1878, il avait pour ainsi dire formulé ce qu'on peut appeler les lois de la karyokinèse. Ses recherches ultérieures, ainsi que celles des nombreux savants qui se sont occupés de la division cellulaire, ont complété et rectifié sur plusieurs points les résultats de l'éminent professeur de Kiel, sans cependant les amoindrir.

Les observations de **Peremeschko** (1879) sur les cellules des tissus des larves de Triton et de Salamandre s'accordent généralement avec celles de **Flemming**, mais il considère à tort les phases successives de la division du noyau comme pouvant se produire sans ordre.

Klein (1879) confirme les données de **Flemming** et donne le nom de *monaster* à la figure chromatique en étoile de cet auteur, et celui de *dyaster* aux deux étoiles constituant les ébauches des noyaux-filles.

Enfin, dans le courant de l'année 1879, trois mémoires importants viennent compléter les résultats obtenus jusqu'ici dans l'étude de la division cellulaire. **Strasburger**, par de nouvelles recherches sur le sac embryonnaire des Phanérogames, démontre que la formation libre des cellules, qu'il admettait encore en 1875, n'existe pas, et que tous les noyaux de l'endosperme résultent d'une série de divisions indirectes successives d'un premier noyau. **Arnold** trouve, dans les tissus pathologiques, des noyaux en voie de division indirecte présentant souvent des figures particulières, aboutissant à la production de noyaux multiples dans une même cellule. **Fol** publie son beau mémoire sur la fécondation et le commencement de l'hénogénie, dans lequel, profitant des recherches antérieures de **Bütschli** et d'**O. Hertwig**, et des ses propres investigations, il expose magistralement les phénomènes de la maturation, de la fécondation et de la segmentation de l'œuf chez les Invertébrés. Nous reviendrons sur les travaux de ces auteurs en exposant les divers phénomènes auxquels ils se rapportent.

---

(1) **Ed. van Beneden** avait proposé de réserver le terme de *division* pour désigner la division indirecte ou karyokinèse, et d'appeler *fragmentation* la division directe.

3 février 1894.

DIX-NEUVIÈME LEÇON

DIVISION CELLULAIRE INDIRECTE.

Principales découvertes relatives à la karyokinèse depuis 1879. — Terminologie de la division indirecte : cytodiérèse, mitose. — Synonymie des différentes phases de la division indirecte. — Dédoublement longitudinal des chromosomes. — Manières dont s'opère le dédoublement. — Divisions homœotypiques et hétérotypiques. — Fixité du nombre des chromosomes dans une même espèce de cellules. — *Ascaris megaloce-phala* var. *univalens* et *bivalens*. — Sphères attractives et centrosomes; ces corps figu-rés considérés comme éléments permanents de la cellule. — Plaque cellulaire et corps intermédiaire.

MESSIEURS,

Principales découvertes relatives à la karyokinèse, depuis 1879.

Si, à la fin de l'année 1879 la division indirecte de la cellule, ou la karyokinèse, était un fait définitivement acquis à la science, et considéré comme un phénomène normal, constaté dans le règne animal et le règne végétal, aussi bien que chez les Protozoaires, il restait à démontrer que ce mode de reproduction de la cellule est le plus général et peut s'observer dans toutes les cellules et chez tous les êtres. Il restait aussi à établir que le processus de la division est partout le même dans son essence, et que les différentes formes de divisions indirectes, observées jusqu'alors, pouvaient rentrer dans un schéma général. Enfin, on ne connaissait encore le phénomène que dans ses traits les plus saillants ; beaucoup de points de détail, sur lesquels les opinions des auteurs étaient en contradiction, demandaient à être étudiés de plus près. Ces désidérata expliquent facile-ment le nombre considérable de travaux qui ont été publiés sur la matière, depuis 1880.

En présence d'une telle multiplicité de documents, je ne puis continuer à vous donner une analyse succincte même des plus importants d'entre eux; je me bornerai à vous indiquer les découvertes qui sont venues, dans ces dernières années, compléter nos connaissances sur la division cellulaire, et à mettre en lumière les points encore controversés qui demandent de nouvelles recherches.

Flemming (1880) en reprenant l'étude de la division indirecte chez la Salamandre, d'autres Batraciens, des Mammifères et quelques plantes, trouva les figures achromatiques qu'il n'avait pu voir lors de ses premières recherches. Il reconnut aussi que les cellules des testicules des Urodèles se multiplient par karyokinèse et que la tête du spermatozoïde résulte de la condensation de la chromatine du noyau.

Strasburger (1882) complète ses recherches précédentes et appelle l'attention sur la figure achromatique que, contrairement à **Flemming**, il fait dériver du protoplasma cellulaire et à laquelle il fait jouer un rôle prépondérant dans la division du noyau et de la cellule : il montre en même temps que la division du noyau et celle de la cellule sont deux phénomènes, qui, bien que généralement liés l'un à l'autre, peuvent néanmoins être indépendants.

Mes propres recherches sur la division des cellules embryonnaires du germe de la Truite (1882) me conduisirent à adopter la manière de voir de **Strasburger**. Je constatai, en effet, que dans ces cellules, très favorables pour l'étude de la karyokinèse à cause de leur grande taille et de leur protoplasma abondant et finement granuleux, le processus de la division cellulaire se manifeste d'abord dans le protoplasma par l'apparition de lignes radiées autour du noyau, avant aucune modification de celui-ci. De même que l'avaient déjà indiqué **Bobretzki** et **Fol**, je vis se dessiner aux deux pôles du noyau un aster, la membrane du noyau disparaître vis-à-vis des asters et les rayons de ceux-ci pénétrer dans le noyau, pour constituer le fuseau achromatique. Je suivis également la formation des cellules aux dépens du parablaste, c'est-à-dire de la couche protoplasmique sous-jacente au germe qui ne prend pas part directement à la segmentation, et je vis que, ainsi que dans le sac embryonnaire des végétaux, les noyaux se multiplient d'abord dans cette couche par division indirecte, puis que certains d'entre eux deviennent le centre de formation de cellules qui s'ajoutent au germe segmenté.

Terminologie de la division indirecte. Cytodiérèse.

Enfin, critiquant le terme de karyokinèse, proposé par **Schleicher** pour désigner la division indirecte, terme qui implique que c'est le noyau qui joue le rôle le plus important pendant la division de la cellule et que le phénomène est sous sa dépendance, je proposai d'appeler *cytodiérèse* (χύτος, cellule, διαίρεσις division) le processus de la division cellulaire accompagné des transformations caractéristiques du noyau, fuseau, plaque équatoriale, etc., en réservant le mot de *division* pour la division directe de la cellule avec étranglement du noyau.

Le mot de cytodiérèse fut repris, en 1885, par **Carnoy**, pour désigner la division cellulaire en général ; il distingua la *caryodiérèse*, division du noyau, de la *plasmodiérèse*, division du protoplasma ; il opposa la *division cinétique*, ou indirecte, à la *division acinétique* ou *sténose* c'est-à-dire la division directe. Conservant le terme de *caryocinèse* pour la division indirecte du noyau, il proposa celui de *caryosténose* pour désigner l'étranglement simple du noyau.

Mitose.

Flemming, en 1882, emploie des dénominations nouvelles pour désigner la division indirecte. Afin de rappeler l'aspect filamenteux de la partie chromatique du noyau et de la figure achromatique durant la karyokinèse, il désigne celle-ci sous les noms de *division mitotique*, de *mitose* ou de *mitoschisis* (μίτος, fil de la trame d'une étoffe, et σχίσις, division), réservant les noms de *division amitotique*, *amitose*, *holoschisis* à la division directe. En même temps, il donne le nom de *spirem* (σπείρεμα, repli) à la phase de peloton du noyau-mère et celui de *dispirem* à la phase correspondante des noyaux-filles ; il appelle *aster* et *dyaster* la forme en étoile du noyau-mère et des noyaux-filles, enfin, il désigne par le terme de *métakinèse* le stade de plaque équatoriale.

Pour ne pas revenir sur cette terminologie relative à la division indirecte, disons de suite que **Strasburger** (1884) a groupé d'une manière plus synthétique les différentes phases de la cytodiérèse. Il désigne par *prophase* les premiers stades de la division du noyau, depuis la formation du peloton jusqu'à ce que le dédoublement longitudinal du filament chromatique ou de ses anses soit terminé. Il appelle *métaphase*, les phénomènes qui président à la formation de la plaque équatoriale et de sa séparation en deux demi-plaques ; il désigne enfin par *anaphase* l'ensemble des différents stades de reconstitution des noyaux-filles.

Fol ayant reproché avec raison à **Flemming** d'avoir employé pour désigner le stade d'étoile du noyau le terme d'*aster*, qui servait déjà à désigner la figure achromatique terminant les deux pôles du fuseau, ce qui prête à confusion, **Flemming**, en 1892, a proposé de substituer aux mots *aster* et *dyaster* ceux de *astroïde* et *dyastroïde* qui ne s'appliqueraient qu'aux stades en étoile du noyau.

Synonymie
des différentes
phases.

En tenant compte des appellations de **Carnoy** (1) et de quelques autres auteurs, nous pouvons résumer la synonymie un peu embrouillée des différentes phases de la division indirecte du noyau dans le tableau suivant :

Division indirecte = *karyokinèse* (Schleicher) = *cytodiérèse* (Henneguy) = *mitose* (Flemming) = *cinèse* (Carnoy) = *segmentation nucléaire* (Hertwig).

---

(1) **Carnoy** (1885), n'admet que deux phases fondamentales de la cytodiérèse : « La première s'étend depuis les premiers mouvements qui se manifestent dans le noyau jusqu'à la formation complète de la couronne équatoriale de **Flemming**. Cette première phase coïncide avec la prophase de **Strasburger**. »

« La seconde comprend : *a*, la dislocation de la couronne équatoriale et le nouvel arrangement des éléments qui s'en dégagent : *Umordung* ou *Metakinesis* de **Flemming**, métaphase de **Strasburger** ; *b*, retour des éléments vers les pôles, leur disposition en couronnes polaires et la reconstitution des nouveaux noyaux : anaphase de **Strasburger**, dyaster et dispirem de **Flemming**. »

Prophase (Strasburger)	Forme en peloton, *peloton-mère*, Mutterknäuel = *spirem* (Flemming). Forme en étoile, *étoile-mère*, Mutterstern = *monaster* (Klein) = *aster* (Flemming) = *astroïde* (Flemming) = *couronne équatoriale* (Carnoy).
Métaphase (Strasburger)	Disposition en cercle de la figure chromatique, *plaque équatoriale*, equatorial Platte = *métakinèse* (Flemming) = *ascension polaire* (Carnoy).
Anaphase (Strasburger)	Forme en étoile des noyaux-filles, *étoile-fille*, Tochterstern = *dyaster* (Klein-Flemming) = *dyastroïde* (Flemming) = *couronne polaire* (Carnoy). Forme en peloton des noyaux-filles, *peloton-fille*, Tochterknäuel = *dispirem* (Flemming) = *figure pectiniforme*.

J'ajouterai que les fragments du cordon nucléaire, ou anses chromatiques de l'astroïde ou de la plaque équatoriale, ont reçu les noms de *karyomitomes* (**Flemming**), de *chromosomes* (**Waldeyer**), de *segments nucléaires* (Hertwig) ; quant aux appellations de la figure achromatique, *l'amphiaster* qui comprend les *asters* et le *fuseau*, nous y reviendrons ultérieurement quand nous aurons étudié d'un peu plus près la constitution de cette figure.

Lorsque **Flemming** publia, en 1882, son grand ouvrage sur la cellule, dans lequel il exposait l'état de nos connaissances sur la division indirecte, on pouvait croire qu'il restait bien peu à glaner après lui sur le terrain des découvertes relatives à la karyokinèse. Depuis cette époque cependant, un certain nombre de faits sont venus s'ajouter à ceux déjà connus et montrer que le phénomène de la division cellulaire est encore plus compliqué qu'on ne le pensait. Parmi ces découvertes, les plus importantes sont celles du dédoublement et de la répartition égale des chromosomes entre les deux noyaux-filles, celle du nombre constant des chromosomes dans une même espèce de cellules, et enfin celle des sphères attractives et des centrosomes dont nous connaissons déjà l'existence dans la cellule à l'état de repos.

Fig. 198. — *Ascaris megalocephala*. — A. Quatre segments nucléaires-mères, vus par le pôle de la figure nucléaire. — B. Scission longitudinale des quatre segments nucléaires-mères en huit segments nucléaires-filles. (D'après Van Beneden et Neyt, fig. empruntée à O. Hertwig).

Le dédoublement longitudinal du cordon ou des anses chromatiques avait déjà été vu, vous vous le rappelez, par **Flemming**, en 1878, puis par **Retzius** (1881) et, dès 1882, **Flemming** avait reconnu que ce dédoublement est un phénomène normal, aussi bien dans les cellules animales que dans les cellules végétales où il l'avait constaté chez le *Nothoscordon fragrans* et le *Lilium tigrinum*. **Strasburger** (1882) cependant niait ce dédoublement ; il admettait que, après la segmentation transversale du cordon chromatique, chaque fragment en forme de bâtonnet se repliait sur lui-même et que ses deux moitiés s'accolaient l'une à l'autre pour se séparer ensuite, à un stade plus avancé. D'après lui, le filament chromatique subissait une double segmentation transversale, s'opérant en deux temps.

A peu près simultanément et d'une manière indépendante, **Guignard** (1883) et **Heuser** (1884), pour les végétaux, **Ed. van Beneden** (1884) et **Rabl** (1884) montrent que le dédoublement longitudinal des chromosomes est un fait général et qu'au moment de la séparation de la plaque

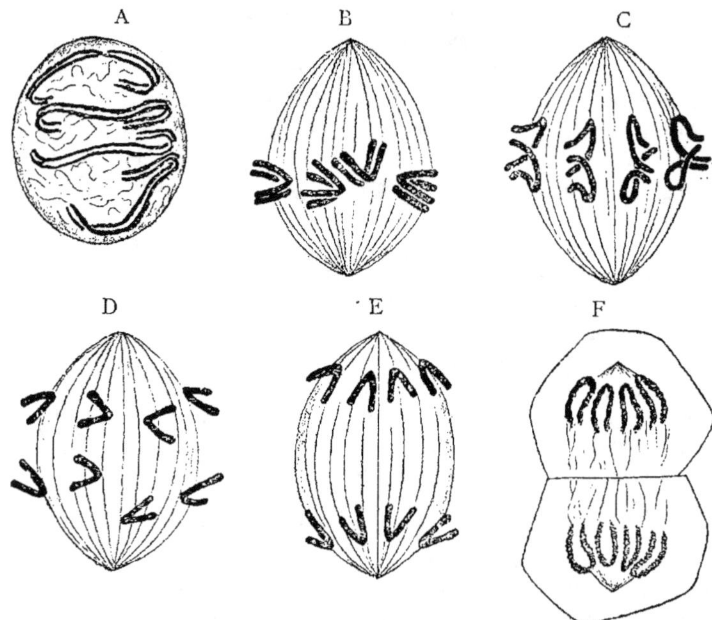

Fig. 199. — Schéma de la division homœotypique. — A. Stade de peloton : les chromosomes sont divisés longitudinalement. — B, C. Stades de métakinèse : séparation des anses chromatiques. — D, E. Stades de dyastroïde. — F. Reconstitution des noyaux-filles. (D'après FLEMMING, 1887).

équatoriale en deux demi-plaques, chaque moitié d'un chromosome se dirige en sens opposé vers l'un des pôles du noyau. **Strasburger** (1884) étudie de nouveau la question et reconnaît le bien fondé des observations de **Guignard** et de **Heuser**. Le dédoublement longitudinal des chromosomes, pendant la division normale du noyau, les deux moitiés d'un même chromosome étant destinées chacune à un des noyaux-filles, est donc aujourd'hui un fait acquis, et c'est à juste titre qu'**Ed. van Beneden** et **Gui-**

gnard le considèrent comme un phénomène fondamental de la division indirecte. C'est grâce, en effet, à ce processus que toute la matière chromatique du noyau-mère se trouve également répartie entre les deux noyaux-filles.

La manière dont se produit la division longitudinale des filaments nucléaires se ferait d'après **Pfitzner** (1881) de la façon suivante. Le cordon nucléaire et ses segments (chromosomes) sont constitués, comme M. **Balbiani** l'avait admis dès 1876, par une série de granulations ou microsomes placés bout à bout. Au moment du dédoublement, chaque microsome se

Manière dont se fait le dédoublement.

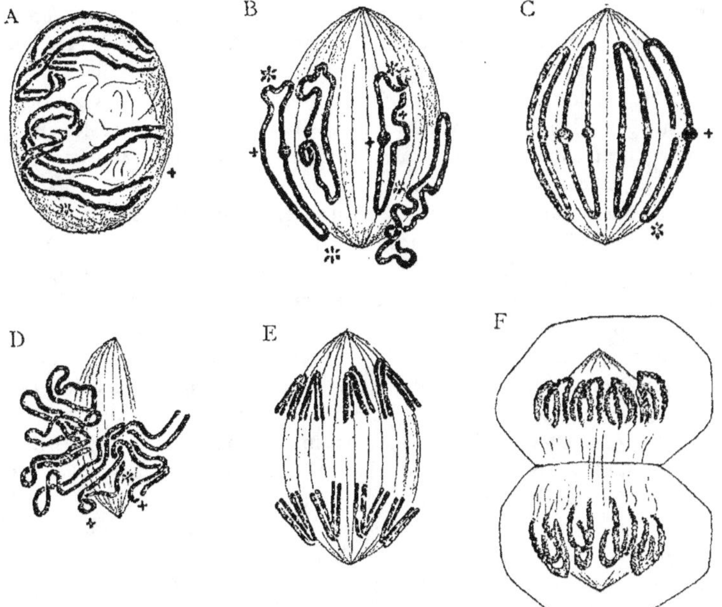

Fig. 200. — Schéma de la division hétérotypique. — A. Stade de peloton : les chromosomes sont divisés longitudinalement. — B, C. Figures doliformes de la métakinèse. — D. Métakinèse irrégulière. — E, Stade de dyastroïde : seconde division longitudinale des anses chromatiques. — F. Reconstitution des noyaux-filles. (D'après FLEMMING, 1887).

divise dans le sens longitudinal et ses deux moitiés s'écartent l'une de l'autre. Cette division ayant lieu simultanément pour tous les microsomes qui forment un filament, il en résulte que chaque filament est remplacé par deux nouvelles séries parallèles de microsomes.

Le moment où a lieu le dédoublement longitudinal des chromosomes est variable ; le plus généralement il se produit à la fin de la prophase, et la séparation complète des deux moitiés a lieu pendant la métakinèse ;

mais il peut se faire à une phase moins avancée de la division, quand le
filament du peloton se segmente transversalement, ou même encore beaucoup plus tôt pendant la formation du peloton, surtout au stade de peloton
lâche. Quand le dédoublement est précoce, les deux filaments-filles conservent leur parallélisme pendant la segmentation transversale.

Rabl (1884)a trouvé la manière dont se séparent les deux chromosomes-
filles durant la métakinèse. Chaque anse chromatique, constituée par les
deux chromosomes accolés, a son sommet dirigé vers le centre de la figure
nucléaire, et reposant sur un filament achromatique du fuseau. Les deux
anses-filles commencent à s'écarter l'une de l'autre par leur sommet tout
en restant adhérentes par leurs branches libres. Les deux sommets s'écartent l'un de l'autre en glissant sur le filament achromatique et ce n'est que
plus tard que les extrémités libres se séparent à leur tour (fig. 199, C).

Le processus de séparation des chromosomes-filles ne suit pas toujours
exactement le schéma tracé par **Rabl** : dans beaucoup de noyaux, les chromosomes sont courts, en forme de bâtonnets épais et ne se courbent pas
en anses au niveau de la plaque équatoriale : ils restent droits et se placent
alors plus ou moins perpendiculairement au grand axe du fuseau. Dans ce
cas, **Guignard**(1885) a vu, dans le sac embryonnaire des *Lilium* par exemple,
que la séparation des deux moitiés d'un chromosome commence toujours
à l'extrémité qui est appuyée sur un des filaments du fuseau (fig. 201).

Divisions
homœoty-
piques
et hétéro-
typiques.

On peut du reste observer de grandes variations relativement à l'instant
où a lieu le dédoublement longitudinal des éléments chromatiques, et à la
façon dont les produits du dédoublement se séparent. C'est ainsi que
Flemming (1887) a distingué à ce point de vue, dans les cellules testiculaires de la Salamandre, deux modes de mitose différents, auxquels il a
donné les noms de *mitose homœotypique* et de *mitose hétérotypique*. Au
printemps, lors de la formation des spermatocytes, on observe la forme
homœotypique ; dans la première génération de spermatocytes, la forme
hétérotypique domine avec de rares formes homœotypiques ; dans la
seconde génération, la forme hétérotypique est encore plus fréquente que
l'autre forme ; dans la troisième génération, on trouve à peu près un nombre égal des deux formes.

Dans la mitose homœotypique les chromosomes se divisent de bonne heure
longitudinalement et leurs moitiés se séparent avant de former la plaque
équatoriale (fig. 199). Dans la mitose hétérotypique le dédoublement a lieu
déjà au stade du peloton ; mais les deux anses-filles se séparent incomplètement, restant unies par leurs extrémités libres ; elles constituent une série
de losanges autour du fuseau achromatique dont l'ensemble a l'aspect d'une
figure doliforme. Les anses se séparent tardivement, et, arrivées aux extrémités du fuseau, elles subissent une seconde division longitudinale (fig. 200).

Carnoy (1884) avait déjà observé des faits semblables chez les Arthropodes
et admettait que les phénomènes caractéristiques de la caryocinèse sont

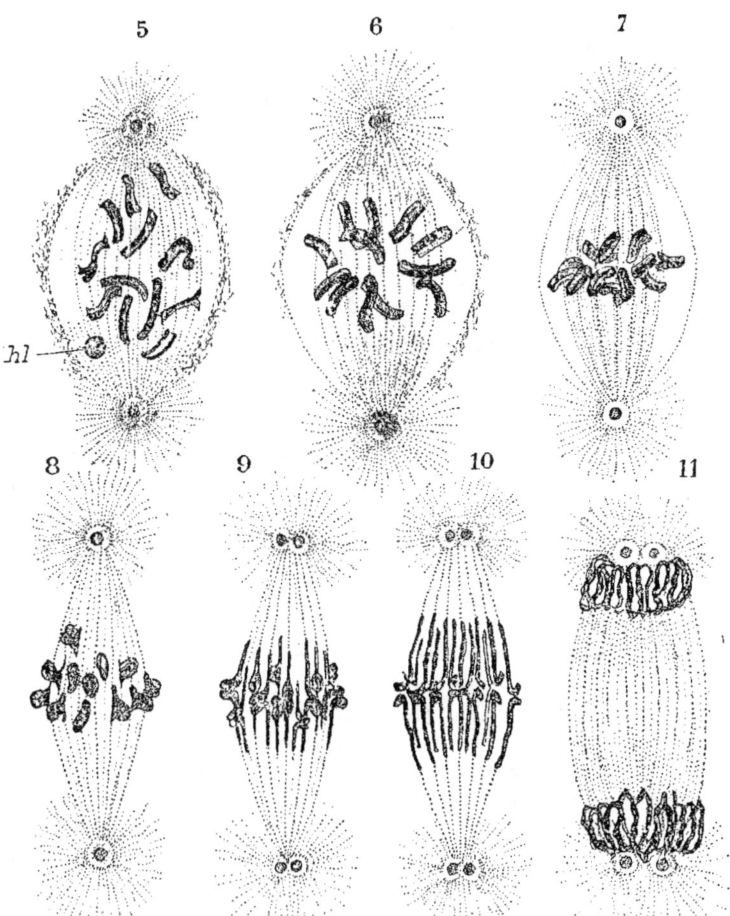

Fig. 201. — Division indirecte du noyau primaire du sac embryonnaire du *Lilium Martagon*. —
5. Formation des fils du fuseau à partir des sphères attractives. La membrane nucléaire s'est résorbée au voisinage des pôles seulement ; les segments chromatiques commencent à s'orienter ; il n'y a
plus qu'un petit globule, *hl*, peu colorable, de substance nucléolaire. — 6. Stade plus avancé : les 12
segments sont plus rapprochés de l'équateur du fuseau encore incomplètement constitué. La membrane nucléaire n'a pas encore disparu. — 7. Fuseau complètement formé. Les 12 segments chromatiques adhèrent, par leur bout interne, à un même nombre de fils achromatiques très marqués, entre
lesquels on en voit d'autres beaucoup plus grêles. — 8. Un fuseau montrant l'un des 12 segments
chromatiques assez éloigné de l'équateur, bien que la plaque semble définitivement constituée. —
9. Séparation et transport aux pôles des segments secondaires, encore unis partiellement à l'équateur
du fuseau ; sphères dédoublées à chaque pôle. — 10. Stade plus avancé où les segments secondaires
ne sont plus unis qu'à l'extrémité tournée vers la périphérie. — 11. Arrivés au pôle, les segments
secondaires se raccourcissent et se pelotonnent pour reconstituer le noyau. Les sphères occupent
la dépression correspondant au pôle. Bien qu'il ne doive pas se former de cloison cellulosique entre
les noyaux, ils n'en sont pas moins unis par des fils connectifs. (D'après GUIGNARD, 1891).

variables et qu'aucun d'eux n'est essentiel. Cette manière de voir est évidemment erronée; **Ed. van Beneden** et **Neyt** (1887) qui ont retrouvé dans l'œuf de l'*Ascaris megalocephala* des figures analogues à celles que **Flemming** a signalées dans ses deux formes de mitose, font remarquer avec juste raison que ce sont de simples variations qui n'altèrent en rien le schéma général de la division indirecte.

Nous verrons plus tard, lorsque nous nous occuperons de la division nucléaire dans les éléments sexuels, que le dédoublement longitudinal manque à une certaine période de leur évolution et que ce phénomène est un caractère de leur sexualité.

Fixité du nombre des chromosomes. Une question très intéressante et qui se rattache précisément à la sexualité, est celle de la fixité du nombre des chromosomes dans une même espèce de cellules.

Selenka (1878) paraît être le premier observateur qui ait compté les chromosomes dans les figures nucléaires de la cytodiérèse. Dans les cellules de segmentation de l'œuf de *Toxopneustes variegatus* il avait remarqué que le nombre des chromosomes, au niveau de la plaque équatoriale était de 14 à 24, que ces chromosomes se fusionnaient entre eux pendant leur cheminement vers les pôles du fuseau, et finissaient par se répartir à chacun de ces pôles en un groupe de 6 chromosomes, de sorte que chaque noyau-fille renfermait un nombre égal et constant d'éléments chromatiques.

Depuis cette première observation, plusieurs auteurs ont porté leur attention sur ce point. **Flemming** et **Rabl** ont compté 24 chromosomes primaires, c'est-à-dire non encore dédoublés, dans les cellules des tissus de la Salamandre; **Schottländer** 24 dans l'endothélium de la cornée de la Grenouille; **E. Schwarz** également 24 dans les cellules embryonnaires de la Truite; **Guignard** a trouvé, dans les cellules-mères du pollen, 12 chromosomes chez le *Lilium*, 8 chez l'*Allium* et l'*Alstrœmeria*, 16 chez le *Listera*.

Ascaris megalocephala var. univalens et bivalens. Un fait des plus curieux nous est fourni par l'*Ascaris megalocephala*, ce Nématode qui a donné lieu à de si nombreux travaux et dont l'étude a contribué si fortement à nous faire connaître les phénomènes intimes de la division cellulaire et de la fécondation. Lorsque **Ed. van Beneden** fit ses premières recherches sur la fécondation de l'œuf de cet animal, il avait trouvé dans les cellules sexuelles un seul chromosome primaire. **Carnoy**, plus tard, en vit deux. **Boveri** découvrit la cause de la divergence existant entre ces deux observations. Il montra qu'il y a deux variétés d'*Ascaris megalocephala*, l'une, qu'il appelle *univalens*, correspondant au type Van Beneden, dont les cellules sexuelles ne contiennent qu'un seul chromosome, et dont les cellules des autres tissus en renferment deux; l'autre, qu'il nomme *bivalens,* constituant le type Carnoy, ayant deux chromosomes dans ses cellules sexuelles et quatre dans ses cellules somatiques. Nous reviendrons, ainsi que je vous l'ai dit tout à l'heure, sur cette différence qui existe entre le nombre des chromosomes des cellules sexuelles et celui des cellules somatiques.

En se basant sur les observations que je viens de vous citer, **Boveri** (189o) a admis comme un fait général que les chromosomes sont en nombre constant dans les cellules homologues.

J'arrive maintenant à une découverte des plus importantes pour la cytologie et en particulier pour la division indirecte, je veux parler de ces éléments figurés dont nous nous sommes déjà occupés dans la cellule à l'état de repos et qu'**Ed. van Beneden** a appelés, en 1883, les *sphères attractives*. Ces éléments avaient déjà été observés par le même auteur, dès 1874, dans les sphères de segmentation des œufs des Dicyémides ; il avait vu, au centre de chaque figure radiée qui termine le fuseau achromatique, un petit corpuscule auquel il avait donné le nom de *corpuscule polaire*. Quelque temps après, **Flemming** (1875), dans l'œuf des Najades, **Hertwig** (1875-76), dans celui de l'Oursin, **Bütschli**(1876) dans ceux de *Nephelis* et de Limnée, **Fol** (1879), dans des œufs d'Échinodermes et de Mollusques, **Mark** (1881), dans celui de *Limax agrestis*, décrivaient et figuraient également ce corpuscule central des asters sans en comprendre la signification.

Fol admettait bien, à chacune des extrémités du fuseau achromatique, des centres d'attraction qu'il décrit de la manière suivante : « Le noyau s'allonge quelque peu, ses pôles deviennent saillants, puis ils perdent leur contours, et sa substance nucléaire passe sans interruption au sarcode vitellin dans ces endroits. Il y a donc rencontre et alliage de ces substances en un point circonscrit qui devient bientôt le centre d'un aster. » Pour lui, l'amas central sarcodique des asters, c'est-à-dire le corpuscule polaire de **Van Beneden**, provenait du noyau et entrait dans la constitution des noyaux-filles. « Les noyaux se constituent aux dépens des renflements intranucléaires (chromosomes) de l'ancien noyau et des amas centraux qui peuvent aussi provenir, au moins en partie, de la substance de l'ancien noyau. » Vous voyez, d'après ces citations, que l'idée que **Fol** se faisait des centres d'attraction diffère notablement de la manière de voir actuelle des cytologistes.

Dans l'œuf de l'*Ascaris megalocephala*, **Ed. van Beneden** (1883) ne constata les sphères attractives qu'au stade de plaque équatoriale. Il décrivit ces sphères comme des corps sphéroïdaux, formés d'une substance plus homogène que le vitellus ambiant, possédant une plus grande affinité pour le carmin, et présentant à leur centre un globule ou un groupe de globules différenciés. Lorsque les sphères attractives ont apparu dans la cellule-mère, elles dirigent la division des anses chromatiques du noyau. « A mon avis, dit-il, l'apparition des sphères attractives, du corpuscule polaire et des rayons qui en partent, y compris les fibrilles achromatiques du fuseau, sont le résultat de l'apparition de deux centres d'attraction comparables à deux pôles magnétiques dans le protoplasma ovulaire. Cette apparition entraîne un arrangement régulier des fibrilles treillisées du protoplasma et de la substance nucléaire achromatique par rapport à ses centres, de la même manière qu'un aimant provoque l'arrangement stellaire de la limaille de fer sur une feuille de papier sous laquelle se trouve placé l'aimant. » Les noyaux-filles se reconstituent aux dépens des amas chromatiques ; les sphères attractives ne prennent aucune part à leur formation et finissent par disparaître dans le corps protoplasmique de la cellule.

Bellonci (1884) avait remarqué de son côté que, dans les sphères de segmentation de l'Axolotl, les asters qui apparaissent aux deux pôles des noyaux, encore à l'état de repos, se colorent en rouge par le carmin et se différencient par conséquent du reste du protoplasma cellulaire.

La même année que Bellonci, et d'une manière tout à fait indépendante, j'étais arrivé au même résultat. J'avais communiqué mes observations à la 13ᵉ session de l'Association française pour l'avancement des sciences (Congrès de Blois), et elles se trouvent résumées de la manière suivante, dans le procès-verbal de la section de zoologie (séance du 10 septembre 1884) : « M. **Henneguy** expose les faits nouveaux qu'il a observés dans les cellules en voie de division sur des œufs de Triton et d'Axolotl. Dans les sphères de segmentation, au stade de blastula, il existe, à chaque extrémité du noyau, possédant encore sa membrane et un réseau complet, un espace clair qui se colore facilement par les réactifs colorants ; chacun de ces espaces est le centre d'un aster à rayons faiblement colorés..... »

Bellonci et moi nous avions donc constaté, dès 1884, l'existence des sphères attractives aux deux pôles du noyau avant le commencement de sa division.

Sphères attractives considérées comme éléments permanents de la cellule.

C'est seulement en 1887, dans un second travail publié en collaboration avec **Neyt**, qu'**Ed. van Beneden** reconnut la véritable nature des sphères attractives et fut amené à les considérer comme des éléments constituants de la cellule. Il insista sur la différence qui existe entre l'aster et la sphère attractive ; celle-ci a une existence propre, elle préexiste à l'aster et persiste après sa disparition. L'aster apparaît autour de la sphère attractive pendant la division du noyau, ses radiations sont plus ou moins apparentes durant les phases de la cinèse. Au moment où les noyaux se reconstituent aux dépens des anses chromatiques du noyau-mère, chacune des sphères attractives, en rapport avec l'un des nouveaux noyaux, se divise et son *corpuscule central* se dédouble. « Cette division de la sphère, qui débute par le dédoublement du corps central, précède la division du noyau ; elle débute même avant l'achèvement de la division cellulaire antérieure. »

La découverte d'**Ed. van Beneden** fut pleinement confirmée par **Boveri** (1887) chez l'*Ascaris megalocephala*. Cet auteur a donné le nom de *centrosome* au corpuscule central de **Van Beneden**, et celui d'*archoplasma* à la sphère attractive ; pour lui le centrosome est le véritable agent de la division nucléaire et cellulaire. **Vialleton** (1888) a observé également, dans les cellules de segmentation de la Seiche, les corpuscules centraux qu'il désigne sous le nom de *taches polaires* et qu'il a vus se diviser avec les noyaux de segmentation, puis devenir les centres de formation des asters.

A la même époque, **Garnault** (1888) dans les œufs de *Helix*, et **Vejdowski** (1888) dans ceux du *Rhynchelmis limosella* démontrent l'existence et le rôle des sphères attractives pendant la division cellulaire.

Nous aurons à revenir sur ces différents travaux, lorsque nous nous occuperons de la constitution et de l'origine des sphères attractives.

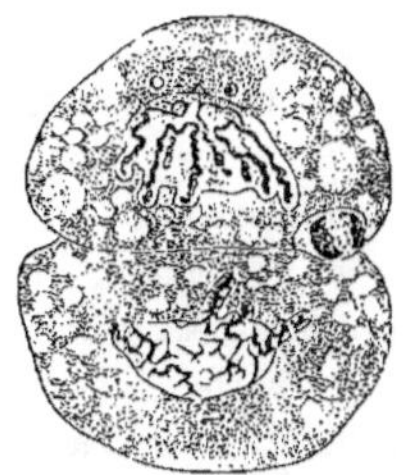

Fig. 202. — Œuf d'*Ascaris megalocephala* segmenté en deux. Les noyaux sont au repos et les centrosomes sont encore simples. (D'après Boveri, fig. empruntée à O. Hertwig).

Fig. 2o3. — Œut d'*Ascaris megalocephala* segmenté en deux. Les noyaux se préparent à la division, les centrosomes sont divisés. (D'après Boveri, fig. empruntée à O. Hertwig).

Les observations que je viens de vous citer se rapportent toutes, sauf celles de **Bellonci** et les miennes à des Invertébrés. En 1889, **Rabl** et **Kœlliker** étendirent aux Vertébrés la découverte d'**Ed. van Beneden**. Le premier de ces auteurs, dans les cellules des tissus du Triton et de la Salamandre, le second, dans les sphères de segmentation de l'Axolotl démontrèrent l'existence des sphères attractives comme éléments essentiels et persistants de la cellule.

A partir de ce moment les recherches sur les sphères attractives et les centrosomes se multiplient. En 1890, j'ai constaté que ces corps, dans les cellules embryonnaires de la Truite, se comportent exactement

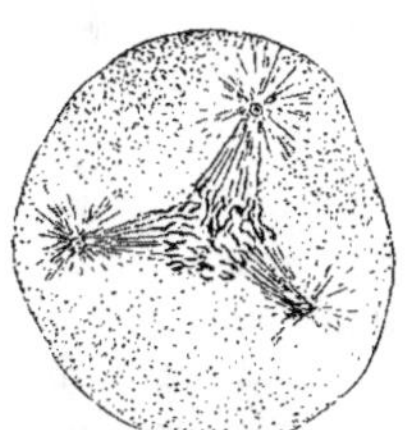

Fig. 2o4. — Cellule du germe de la Truite montrant une figure tripolaire. (D'après Henneguy, 1891).

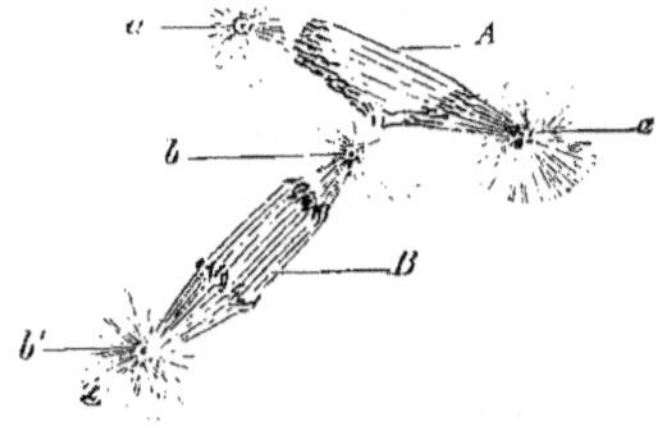

Fig. 2o5. — Deux fuseaux nucléaires du parablaste d'un disque germinatif de Truite. Le centrosome, *b*, de l'un des fuseaux exerce une influence perturbatrice sur la disposition et la répartition des chromosomes-filles de l'autre fuseau. (D'après Henneguy, 1891).

de la même manière que ceux de l'Ascaride du Cheval, et se divisent de très bonne heure au stade de dyaster du noyau-mère ; j'ai montré en outre leur rôle dans la formation des noyaux multiples, et établi, par des observations précises, l'action réellement attractive exercée par les centrosomes sur les éléments chromatiques du noyau (fig. 204 et 205).

O. **Schultze** (1890) signale la division de sphères attractives dans les blastomères de l'Axolotl. **Hermann** (1890) les trouve dans les spermatocytes de la Salamandre. **Flemming** (1891) dans les leucocytes, les cellules épithéliales et conjonctives de la larve du même animal.

Guignard (1891) découvre les sphères attractives, auxquelles il donne le nom de *sphères directrices*, dans les cellules végétales, cellules-mères du pollen des *Lilium, Fritillaria, Najas, Listera*, sporanges des Fougères et des *Isoetes*, découverte confirmée depuis par **Strasburger** (1892) chez différents végétaux, entre autres chez les Algues, par **Bütschli** et **Lauterborn**, chez une Diatomée.

Platner, Henking, Benda, Prenant, etc., trouvent les sphères attractives et leurs centrosomes dans les cellules testiculaires de divers animaux, Invertébrés et Vertébrés ; **Ishikawa**, chez les Noctiluques. **Van der Stricht** (1892) confirme chez le Triton et dans les cellules cartilagineuses, mes observations sur les cellules de la Truite ; enfin **Fabre-Domergue** (1891) signale les centrosomes dans les cellules de carcinome en voie de division : **Lustig** et **Galeotti** (1893) étudient également ces éléments dans les tissus pathologiques.

Comme vous le voyez, l'existence des sphères attractives ou des centrosomes, car souvent ceux-ci sont seuls visibles, a été démontrée dans un grand nombre de cellules animales et végétales, soit normales soit pathologiques, en voie de division. Vous vous rappelez en outre que ces corps ont été observés dans beaucoup de cellules à l'état de repos. Nous pouvons donc, avec **Ed. van Beneden** regarder les sphères attractives comme des éléments figurés de la cellule, ayant une existence générale et constante au même titre que le noyau. Cette manière de voir n'est pas adoptée, comme je vous l'ai dit, par tous les cytologistes : je vous exposerai, à propos de l'origine des centrosomes, les objections qui ont été faites à la théorie de **Van Beneden**.

Pour terminer ce qui est relatif à l'historique des sphères attractives, je devrais vous donner, comme je l'ai fait pour les différentes phases de la division indirecte, la synonymie des termes qui ont été employés par les auteurs pour désigner ces éléments. Cette synonymie est assez difficile à établir, vu que les cytologistes ne comprennent pas tous la sphère attractive de la même manière, aussi n'aborderons-nous cette question que lorsque nous nous occuperons de la constitution de ces éléments.

Nous avons vu que **Strasburger** avait montré que sur le milieu des filaments qui réunissent les deux noyaux-filles, en voie de reconstitution, apparaissent de petits grains réfringents, dont l'ensemble forme la plaque cellulaire ; celle-ci est l'ébauche de la cloison de cellulose qui séparera les deux nouvelles cellules. L'apparition de cette plaque cellulaire pendant l'anaphase, et son rôle ultérieur ont été reconnus par tous les observateurs qui ont étudié la division indirecte des cellules végétales. Dans les cellules animales, la présence d'une disposition semblable à celle de la plaque cellulaire de **Strasburger** avait été déjà signalée par plusieurs auteurs.

Fol (1875) avait vu, entre les deux parties d'une sphère de segmentation de l'œuf de *Cymbulia Peroni*, une ligne de démarcation sur le milieu du fuseau formée par des renflements ou des varicosités des filaments et il retrouva plus tard cette disposition dans les œufs d'Échinodermes.

Ed. van Beneden (1876), dans les cellules en voie de division de l'embryon des Dicyémides, observe aussi ces renflements équatoriaux des filaments unissant les deux noyaux-filles.

M. **Balbiani** (1876) dans les cellules épithéliales des gaînes ovariques des *Stenobothrus*; **Bütschli** (1877) dans les œufs de *Nephelis*, *Limnæus* et *Succinea*; **Mayzel** (1876-77) dans les cellules épithéliales de la cornée du Moineau; **Schleicher** et **Strasser** dans les cellules cartilagineuses des Amphibiens, retrouvèrent et ont vu, pendant l'anaphase, une série de renflements sur le milieu du fuseau, représentant une sorte de plaque équatoriale.

Mark (1881), dans les œufs de *Limax agrestis*, constata que, après la formation des noyaux-filles et l'étranglement du corps cellulaire, les deux nouvelles cellules peuvent rester unies pendant quelque temps par un faisceau de filaments, reste du fuseau achromatique qui persiste comme un pont entre les deux cellules.

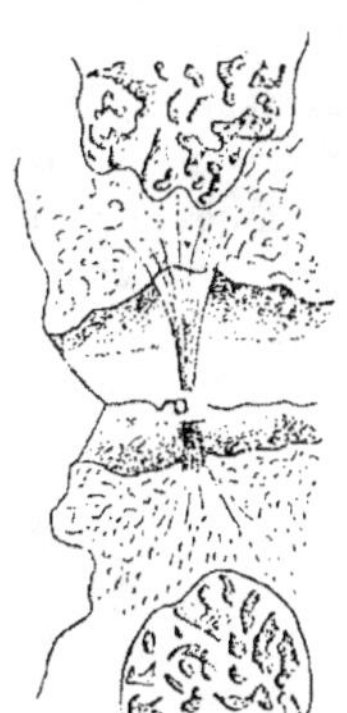

En 1884, j'indiquais, dans les sphères de segmentation du Triton et de l'Axolotl l'existence d'une plaque cellulaire entre les deux noyaux-filles, avant l'étranglement du corps cellulaire, et j'ajoutais que

Fig. 206. — Corps intermédiaire d'une cellule en voie de division du tissu conjonctif pulmonaire d'une larve de Salamandre, coloré par la safranine. (D'après Flemming, 1891).

Fig. 207. — Corps intermédiaire d'une cellule péritonéale en voie de division, coloré par la safranine, chez une larve de Salamandre. (D'après Flemming, 1891).

ce fait prouvait une fois de plus l'identité du processus de la division cellulaire, chez les animaux et les végétaux.

Carnoy (1885) qui avait observé dans beaucoup de cellules d'Arthropodes des figures semblables à celles de ses prédécesseurs, distingue dans la plaque cellulaire deux parties : la *plaque fusoriale* constituée par les renflements des filaments unissants, et la *plaque complétive* qu'il appelle aussi *plaque marginale* ou *cytoplasmique*, apparaissant en dehors de la région du fuseau, et unissant la plaque fusoriale à la membrane de la cellule. Suivant **Carnoy**, cette plaque équatoriale, tantôt se dédoublerait pour compléter la la membrane des deux nouvelles cellules, tantôt disparaîtrait sans avoir joué aucun rôle avant l'étranglement du corps cellulaire.

Dans les éléments séminaux de la Scolopendre, **Prenant** (1887) a retrouvé l'aspect décrit par **Mark** chez la Limace, deux cellules réunies par un reste de fuseau ; il en conclut que la régression du fuseau se fait de telle sorte que c'est la partie moyenne qui persiste le plus longtemps.

Flemming (1891) a attiré l'attention sur des corpuscules colorables qui se trouvent au milieu du pédicule reliant deux cellules-filles, avant leur séparation complète. Ces corpuscules se colorent de la même manière que les centrosomes dans les préparations traitées successivement par la safranine, le violet de gentiane et l'orange G. Lorsque la constriction du pédicule est plus avancée, les corpuscules se fusionnent en un corps unique, allongé, *le corps intermédiaire* (Zwischenkörper) (fig. 206 et 207).

L. Gerlach, Solger, Geberg, Van Bambeke et **Van der Stricht, Prenant, Kostanecki**, ont étudié ce corps intermédiaire dans différentes cellules. Les observations de **Kostanecki**, sur lesquelles j'insisterai plus tard, sont intéressantes au point de vue de la reconstitution des noyaux-filles ; il en est de même de celles de **Lustig** et **Galeotti** qui confirment celles de **Kostanecki**.

7 février 1894.

VINGTIÈME LEÇON

CYTODIÉRÈSE DES CELLULES EMBRYONNAIRES

Choix des matériaux pour l'étude de la division indirecte. — Procédés de fixation et de coloration. — Cellules du germe de la Truite. — Constitution de la sphère attractive. — Formation du fuseau achromatique. — Plaque équatoriale. — Dédoublement de la plaque équatoriale. — Transformation du fuseau ; filaments connectifs. — Dédoublement des sphères attractives. — Constitution de l'aster. — Différence entre l'aster et la sphère attractive. — Reconstitution des noyaux-filles. — Plaque cellulaire et plaque fusorielle.

MESSIEURS,

En commençant l'étude de la division cellulaire j'ai cherché, par l'ordre même que j'ai adopté, à vous indiquer la marche suivie par la science dans cette importante question et vous avez vu comment, peu à peu, le processus de la division indirecte nous est apparu de plus en plus compliqué. Je vous ai, dans mes précédentes leçons, exposé brièvement les faits décrits par les divers observateurs qui se sont succédé, sans les critiquer, m'efforçant seulement, autant que possible, d'attribuer à chacun la part qui lui revient dans les découvertes faites depuis une vingtaine d'années. Avant de passer à la discussion des différentes opinions émises relativement aux divers points sur lesquels les auteurs sont en désaccord, je dois mettre sous vos yeux les pièces du procès et vous montrer ce qu'un observateur non prévenu peut voir, en se plaçant dans les meilleures conditions possibles, dans les cellules en voie de division indirecte.

Le choix des matériaux convenables pour cette étude n'est pas indifférent. Il faut tout d'abord examiner des tissus animaux ou végétaux qui contiennent des cellules en état de multiplication ; il faut en outre que ces cellules ne soient pas trop petites pour que leurs différents éléments figurés puissent être observés facilement. A ce double point de vue, les sphères de segmentation des différents œufs, les cellules des divers tissus des larves d'Amphibiens, qui, comme nous le savons, présentent de grandes dimensions, les ovules des végétaux sont des objets d'étude très favorables.

Parmi ces cellules, les unes, telles que les sphères de segmentation, possèdent un protoplasma abondant et un noyau relativement petit, peu riche en chromatine ; les autres, au contraire, telles que les cellules épithéliales, ont un noyau volumineux et ne contiennent qu'une petite quantité de protoplasma. Cette différence de constitution donne aux cellules en division un aspect différent. Dans les premières, les figures protoplasmiques, les asters et le fuseau achromatique sont bien développés, et les figures nucléaires résultant des transformations des éléments chromatiques sont difficiles à étudier ; dans les secondes, au contraire, les figures nucléaires sont très nettes, et les figures achromatiques à peine visibles. On comprend facilement que, suivant que les cytologistes ont étudié la première ou la seconde espèce de cellules, ils se soient fait une opinion différente de l'importance des figures protoplasmiques ou nucléaires.

De même que pour la constitution morphologique du protoplasma et des noyaux, l'examen de la cellule vivante ne nous apprend généralement pas grand chose relativement aux phénomènes de la division. Cet examen ne doit cependant pas être négligé ; il a permis à **Schleicher**, à **Flemming**, et à quelques autres auteurs, d'établir la succession des phases de la cytodiérèse, et de prouver que les figures observées sur les pièces fixées ne sont pas dues à l'action des réactifs.

Procédés de fixation.   Je n'insisterai pas ici sur les procédés de fixation usités pour l'étude de la cellule en division ; ce sont les mêmes que ceux dont je vous ai parlé à propos de la cellule à l'état de repos. Pour ne vous donner que le résultat de mon expérience personnelle, je vous dirai que les liquides de Flemming, d'Hermann et de Lindsay sont ceux qui m'ont donné les plus belles préparations pour les cellules animales. Les cellules végétales sont beaucoup plus difficiles à conserver dans leur intégrité, et pour elles un bon liquide fixateur est encore à trouver.

Méthodes de coloration   Quant aux méthodes de coloration, elles sont multiples, et nous devons distinguer parmi elles les procédés employés pour mettre en évidence les figures chromatiques de ceux qui montrent avec netteté les figures achromatiques. Pendant longtemps, les histologistes se sont contentés d'étudier les cellules en division au moyen des colorants ordinaires pour lesquels la chromatine a le plus d'affinité, tels que le carmin, l'hématoxyline, le vert de méthyle, la safranine, le violet de gentiane, etc., employés isolément ; on cherchait à obtenir une coloration élective des éléments chromatiques du noyau. Certaines méthodes, telles que celles de Gram, de Bizzozzero, qui consistent à décolorer graduellement par l'alcool et l'acide chromique, après traitement par le violet de gentiane et l'iode, donnaient des préparations très instructives dans lesquelles les noyaux en voie de division tranchaient sur les autres éléments par l'intensité de coloration de leurs chromosomes. On avait, en effet, remarqué que dans les cellules en karyokinèse les parties chromatiques du noyau retiennent beaucoup plus fortement les matières colorantes que dans les cellules à l'état de repos.

L'association de plusieurs substances colorantes, de substances acidophiles colorant le protoplasma et de substances basophiles ayant de l'affinité pour la chromatine, les méthodes de Flemming, d'Ehrlich-Biondi, de Benda, ou bien l'action successive de mordants et de colorants comme dans ma méthode au permanganate de potasse et à la safranine, ou à l'hématoxyline ou fer de M. Heidenhain, méthode dont je vous ai déjà entretenu, ont permis de voir nettement, dans une même cellule en division, les éléments chromatiques du noyau en même temps que les figures achromatiques, fuseau, sphères attractives, centrosomes, corps intermédiaire.

Aujourd'hui ce sont ces méthodes qui doivent être employées pour l'étude de la cytodiérèse ; nous devons nous appliquer à les perfectionner et à en chercher de nouvelles ; car, si elles ont amené la découverte de faits importants, dans bien des cas elles sont encore insuffisantes et je suis persuadé que si, dans beaucoup de cellules, certains détails de structure, tels que la présence des centrosomes, n'ont pu être jusqu'ici reconnus, c'est que les méthodes de fixation et de coloration ont été défectueuses. Nous ne devons pas oublier, comme Flemming l'a montré dans ses premiers travaux sur la cellule, que tel réactif, fixateur ou colorant, qui réussit très bien pour un élément donné, ne donne que de mauvais résultats si l'on cherche à l'appliquer à un autre élément.

Les méthodes actuelles de coloration des cytologistes ne donnent pas des préparations aussi agréables à l'œil que celles dont se servent ordinairement les histologistes pour différencier simplement entre eux les divers éléments d'un tissu ; le protoplasma cellulaire ayant en général une coloration presque aussi intense que celle des éléments chromatiques, quoique de teinte différente, la préparation, dans son ensemble, est sombre et demande, pour être étudiée avec profit, un bon éclairage au moyen du condensateur Abbe, et des objectifs à immersion. De plus, les coupes doivent être aussi minces que possible pour conserver une certaine transparence. Aussi ces méthodes sont-elles difficilement applicables aux cellules de grande taille, examinées en totalité, comme par exemple les œufs des Échinodermes, des Vers et des Mollusques, qui ont été l'objet des premières recherches sur la cytodiérèse. C'est pour cette raison que je préfère les sphères de segmentation des œufs relativement volumineux des Poissons osseux et des Amphibiens, dans lesquels on peut obtenir des coupes en séries aussi minces que dans n'importe quel autre tissu, et qui peuvent être facilement colorées par les méthodes que je vous ai indiquées.

Le germe de la Truite, pendant les cinq ou six premiers jours après la fécondation, m'a fourni un objet d'étude des plus favorables pour la division des cellules. Il a l'avantage sur les œufs des Amphibiens de ne pas renfermer de tablettes vitellines qui gênent souvent l'observation.

Voici une série de préparations de germes de Truite aux différents stades de la segmentation, sur lesquels vous pourrez suivre tous les faits que je vais vous exposer.

Les œufs ont été traités pendant quelques minutes par du liquide de Kleinenberg additionné d'une petite quantité d'acide osmique à 1 %, qui pénètre à travers la coque de l'œuf et solidifie la surface du germe et du vitellus ; ils ont été ensuite ouverts très rapidement dans de l'eau acidulée par l'acide acétique qui dissout le vitellus, et le germe isolé a été fixé par le liquide de Flemming. Les coupes en séries ont été colorées par la safranine, après l'action de l'hématoxyline et du permanganate de potasse.

Pour observer les diverses phases de division d'une cellule à un même stade de la segmentation, surtout aux premiers stades, il faut examiner des coupes provenant de germes différents. Le plus souvent, en effet, toutes les cellules d'un même germe se trouvent au même stade de division ; ce fait est bien connu des embryologistes et s'observe dans tous les œufs à segmentation égale.

Dans un germe arrivé à peu près au stade XVI, le noyau des sphères de segmentation mesure environ $0,^{mm}02$ de diamètre. Les divisions des sphères se succédant rapidement, il est rare de trouver un noyau à l'état de repos. Généralement le noyau est allongé, sa partie chromatique se présente sous forme de peloton constitué par plusieurs chromosomes indépendants moniliformes et diversement contournés. A chaque extrémité du noyau se trouve un aster, ou sphère attractive. Celle-ci est constituée par une petite masse de protoplasma très finement granuleux, et plus fortement coloré

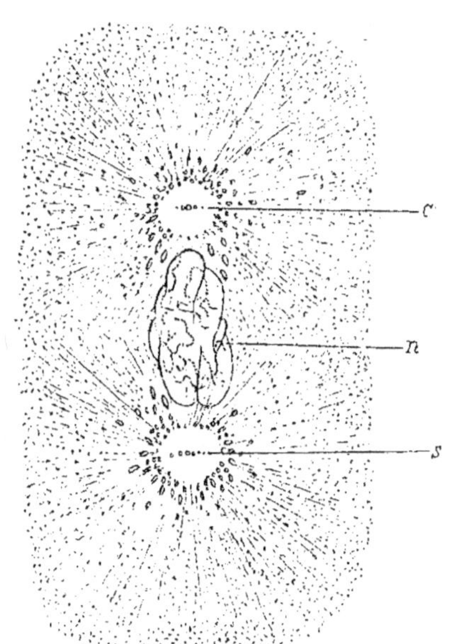

Constitution des sphères attractives.

Fig. 208. — Fragment d'une sphère de segmentation de germe de Truite au stade XVI. Le noyau, *n*, allongé et lobé, renferme des chromosomes en chapelets indépendants. Les sphères attractives, *s*, sont très développées ; leur centrosome, *c*, est allongé et forme plusieurs grains en série ; chaque sphère attractive est entourée de rayons clairs, dont plusieurs présentent sur leur trajet de gros corpuscules vitellins. (C'est par erreur que la sphère attractive est représentée en blanc, elle devrait être plus teintée que le reste de la figure). (D'après HENNEGUY, 1891).

que le reste de la cellule. Au centre de cette masse on voit le centrosome qui tantôt est un simple corpuscule arrondi, tantôt présente une forme allongée suivant une ligne perpendiculaire au grand axe du noyau, et se compose, dans ce cas, d'une granulation centrale accompagnée d'une ou ou deux granulations plus petites de chaque côté (fig. 208).

Le contour de la sphère attractive n'est pas très bien délimité : il est indiqué par une zone de grosses granulations de laquelle partent les rayons de l'aster qui s'étend d'autant plus loin dans le protoplasma cellulaire que la division du noyau est plus avancée. Souvent sur le trajet des rayons de l'aster on observe de grosses granulations allongées se colorant plus fortement que celles qu'on trouve dans le reste du protoplasma.

Bientôt la membrane du noyau se plisse aux deux pôles du noyau : elle paraît être repoussée vers l'intérieur par les rayons des asters développés autour des sphères attractives. Elle ne tarde pas à disparaître en ces deux points. Les rayons des asters pénètrent dans le noyau et arrivent en contact avec les chromosomes. Le reste de la membrane disparaît à son tour. Les rayons des asters qui ont pénétré dans le noyau sont plus épais, plus réfringents, et prennent sous l'influence des réactifs colorants une teinte de plus en plus foncée que les rayons demeurés en dehors du noyau et constituant le reste des asters. Pendant cette pénétration des rayons, les

Formation du fuseau achromatique.

1

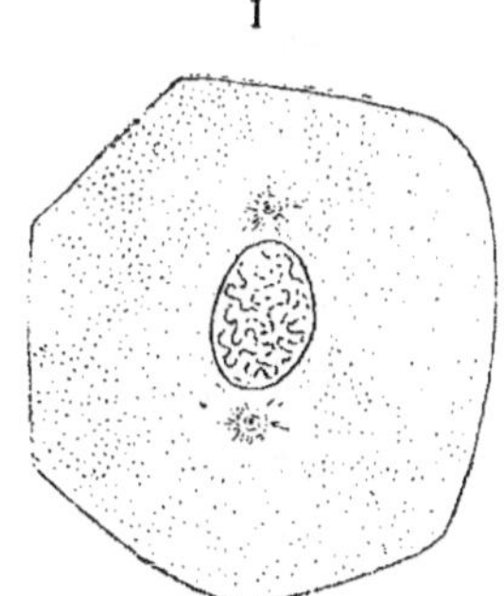

Fig. 209. — Cellule de germe de Truite; première phase de la division. Le noyau, dont la membrane est encore intacte, renferme un peloton chromatique. A chacun de ses pôles se trouve une sphère attractive.

2

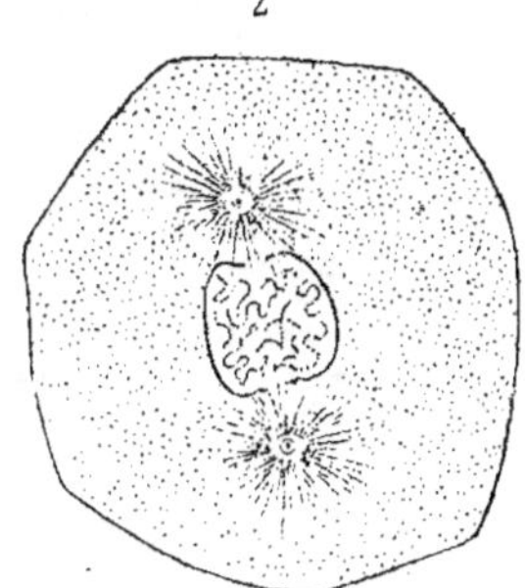

Fig. 210. — Cellule de germe de Truite deuxième phase de la division. La membrane du noyau a disparu aux deux pôles. Les rayons des asters pénètrent dans l'intérieur du noyau et sont plus étendus qu'au stade précédent.

filaments moniliformes du noyau se sont fragmentés et ont donné naissance à un certain nombre de chromosomes en bâtonnets, dont je n'ai pas réussi à compter exactement le nombre qui, d'après **Schwarz** (1888), serait de 24. Les chromosomes sont repoussés vers la région équatoriale du noyau par la pénétration des rayons des asters (fig. 210).

Les chromosomes étant très petits, il est difficile de constater leur dédoublement longitudinal ; il a lieu probablement pendant la métaphase. La

Plaque équatoriale.

plaque équatoriale présente, dans les cellules embryonnaires de la Truite, le même aspect que dans les œufs d'Invertébrés. Les chromosomes, pressés les uns contre les autres sont disposés à peu près parallèlement et dirigés suivant l'axe des filaments achromatiques ; ceux qu'on voit sur les bords du fuseau sont souvent inclinés et forment un angle aigu avec les filaments achromatiques (fig. 212).

Lorsque la cellule est orientée suivant une direction permettant de voir la plaque équatoriale par l'un des pôles du fuseau, on constate que les chromosomes sont à peu près également répartis dans le centre, mais qu'ils sont plus nombreux à la périphérie.

Dédoublement de la plaque équatoriale. — La plaque équatoriale se dédouble en deux demi-plaques qui se séparent pour se rendre aux deux extrémités du fuseau.

3

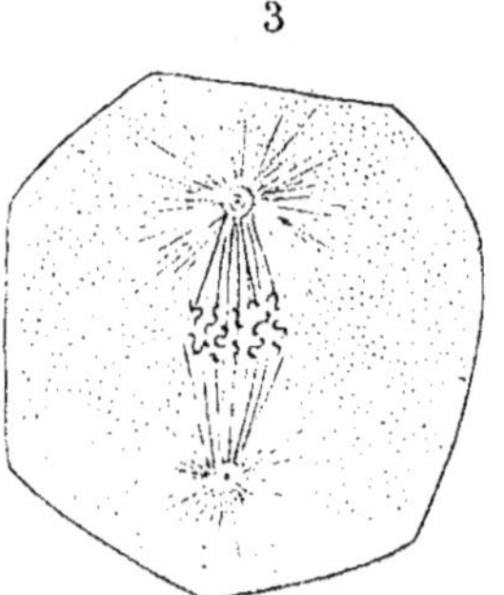

4

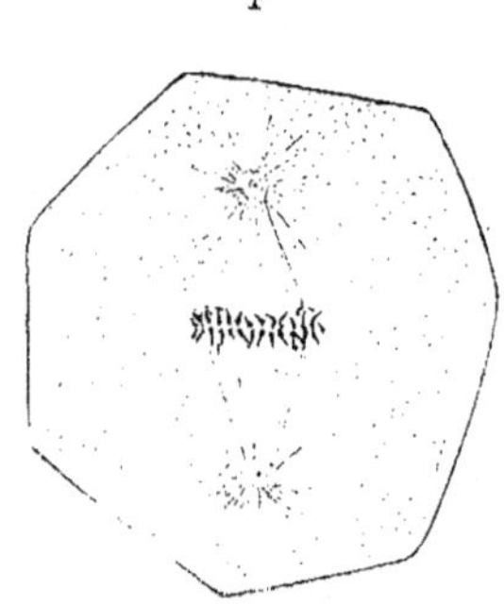

Fig. 211. — Cellule de germe de Truite ; troisième phase de la division. La membrane du noyau a entièrement disparu. Le fuseau achromatique est déjà à peu près constitué ; les chromosomes du noyau commencent à se disposer à l'équateur du fuseau.

Fig. 212. — Cellule de germe de Truite ; quatrième phase de la division. Stade de plaque équatoriale. Le fuseau achromatique est entièrement constitué. Les chromosomes sont disposés dans un seul plan, à l'équateur du fuseau.

Jusque-là, le fuseau achromatique se composait de deux cônes opposés par leurs bases occupant la région de la plaque équatoriale. Quelle relation existe-t-il à ce niveau entre les filaments constituant les deux cônes, et entre ces filaments et les chromosomes ? Ce sont des questions difficiles à résoudre et dont nous nous occuperons plus tard, lorsque je vous exposerai les divergences d'opinion qui existent à ce sujet entre les auteurs. Je me borne pour le moment à vous décrire les faits faciles à observer.

Transformation du fuseau. Filaments connectifs. — Dès que les deux demi-plaques équatoriales se séparent, le fuseau achromatique change d'aspect. Il est encore formé de deux cônes ayant chacun pour sommet un aster, et pour base la série des chromosomes, mais ces deux cônes sont réunis entre eux par des filaments achromatiques parallèles, identiques à ceux qui entrent dans la constitution des cônes. Le fuseau est donc composé d'une partie centrale cylindrique et de deux cônes occupant les extrémités de celle-ci. A mesure que les deux séries de chromosomes s'éloignent, la partie cylindrique augmente tandis que les cônes diminuent : finalement quand les chromosomes ont atteint les deux pôles, les cônes ont disparu, et il ne reste plus entre les deux parties chromatiques que des filaments parallèles, *filaments connectifs* ou *unissants* (fig. 214).

Pendant que s'accomplit cette transformation du fuseau achromatique

5

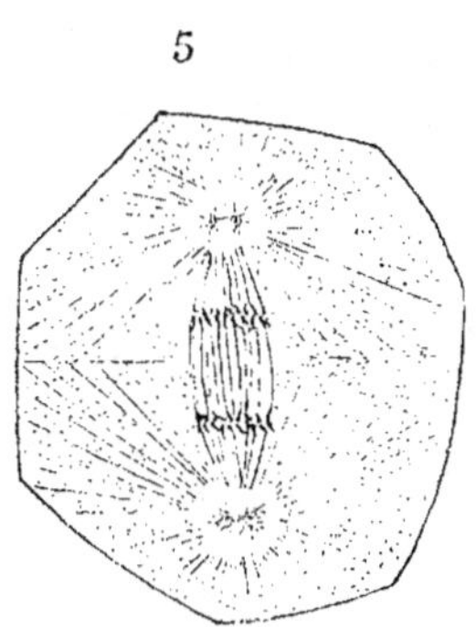

Fig. 213. — Cellule de germe de Truite ; cinquième phase de la division. Les asters se sont dilatés, et contiennent chacun deux sphères attractives-filles ; leurs rayons s'étendent jusqu'à la périphérie de la cellule. La plaque équatoriale s'est dédoublée en deux séries de chromosomes qui se dirigent vers les pôles du fuseau achromatique.

6

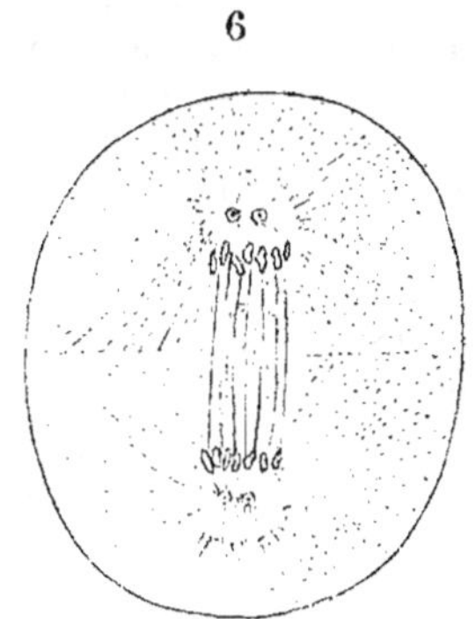

Fig. 214. — Cellule de germe de Truite ; sixième phase de la division. Les sphères attractives-filles sont plus développées qu'au stade précédent. Les chromosomes sont parvenus aux extrémités du fuseau et sont devenus vésiculeux. Le fuseau achromatique s'est transformé en un faisceau de filaments connectifs parallèles.

les asters et les centrosomes sont aussi le siège de changements importants.

A partir du moment où la plaque équatoriale est constituée, les asters prennent un plus grand volume et continuent à s'accroître pendant l'anaphase. Lorsque la plaque équatoriale s'est dédoublée, chaque centrosome s'allonge perpendiculairement à l'axe du fuseau, et se divise en deux corpuscules colorés. Ceux-ci s'entourent chacun d'un petit système de lignes claires et deviennent par conséquent les centres de formation de sphères attractives-filles ; les nouvelles sphères s'éloignent l'une de l'autre en restant unies pendant quelque temps par des filaments achromatiques très déliés, puis deviennent indépendantes.

Dédoublement des sphères attractives.

Le système achromatique, constitué par les deux centrosomes-filles entourés de leurs sphères attractives, est contenu dans l'aster dilaté au milieu duquel viendra se reconstituer le noyau-fille, aux dépens des chromosomes. A ce moment, les rayons des asters se sont étendus dans tout le protoplasma cellulaire, et leurs rayons se rencontrent obliquement au milieu de la zone équatoriale de la cellule, leurs points d'intersection étant situés dans un plan au niveau duquel le corps cellulaire se divisera (fig. 213).

Constitution de l'aster. Relativement à la constitution de l'aster, **Ed. van Beneden**, dans les sphères de segmentation de l'*Ascaris megalocephala*, distingue au stade de plaque équatoriale, dans chaque moitié de la cellule : 1° le *corpuscule central* ou centrosome, entouré d'une petite zone claire, ou *zone médullaire* de la sphère attractive ; 2° une région annulaire à structure finement radiée, ou *zone corticale* de la sphère attractive ; 3° une troisième région externe, plus claire, dans laquelle les rayons de la région astéroïde se prolongent (fig. 218). Il admet donc que la sphère attractive se compose d'une zone médullaire et d'une zone corticale différenciées. Suivant lui, lorsque la sphère attractive se divise pendant l'anaphase, chaque nouvelle sphère présente la même constitution ; la zone médullaire et la zone corticale se divisent après la séparation des deux moitiés du corpuscule polaire.

Dans les cellules embryonnaires de la Truite, il n'en est pas tout à fait de même. Au début de la prophase, surtout dans les grosses sphères de segmentation, on peut bien distinguer autour du centrosome deux zones, l'une interne très finement granuleuse et faiblement colorée par la safranine, l'autre externe, moins finement granuleuse et plus colorée, de laquelle partent les rayons divergents

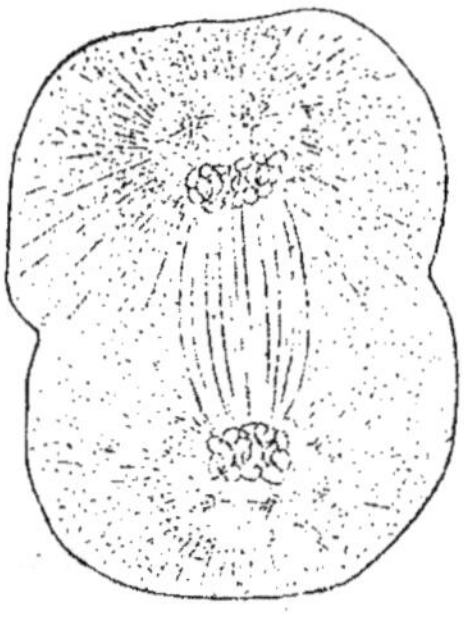

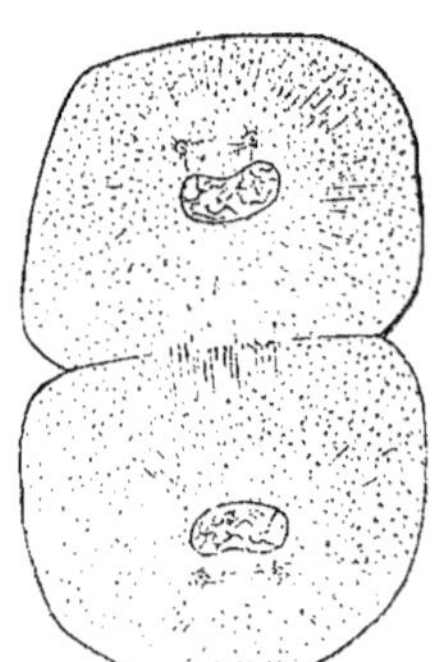

Fig. 215. — Cellule de germe de Truite; septième phase de la division. Les sphères attractives-filles se sont éloignées l'une de l'autre et sont encore réunies par des filaments. Les noyaux-filles sont formés de vésicules chromatiques commençant à se fusionner. Le corps cellulaire commence à s'étrangler à l'équateur.

Fig. 216. — Cellule de germe de Truite; huitième phase de la division. Les noyaux-filles sont reconstitués et pourvus d'une membrane. Leurs sphères attractives, devenues indépendantes, sont encore situées d'un même côté du noyau. Les filaments connectifs n'existent plus que dans la région médiane de la cellule; chacun d'eux présente sur son milieu un renflement dont l'ensemble constitue la plaque cellulaire.

de l'aster, encore peu développé. Mais plus tard, au stade de plaque équatoriale et pendant l'anaphase, la zone interne entourant le centrosome a pris une grande extension, et c'est dans son intérieur même qu'apparaissent les deux nouvelles sphères attractives. La zone externe ou corticale reste indivise, s'élargit considérablement et ne prend aucune part à la formation des sphères attractives-filles. Je ne puis donc considérer la zone corticale de **Van Beneden** comme appartenant à la sphère attractive.

Différence entre l'aster et la sphère attractive.

Il faut distinguer l'aster de la sphère attractive. Dans la cellule à l'état de repos, dans les leucocytes par exemple, nous avons vu que la sphère attractive est constituée par le centrosome et par une petite zone de protoplasma, de laquelle partent des rayons courts et divergents dans tous les sens. Le premier indice de l'entrée en activité de la sphère attractive est la différenciation autour d'elle d'une zone protoplasmique granuleuse, ayant plus d'affinité pour les matières colorantes que le reste du protoplasma cellulaire. Cette zone s'accroît petit à petit, en s'éloignant de la sphère attractive; il en résulte la formation autour de celle-ci d'un espace clair, qui devient la partie centrale de l'aster, au centre de laquelle le corps de la sphère attractive a cessé d'avoir des contours nets et n'est plus représenté que par une petite tache claire renfermant le centrosome. L'aster, bien constitué, se substitue donc petit à petit à la sphère attractive. C'est dans l'intérieur de l'aster que le centrosome continue à évoluer et se divise pour donner naissance à deux petits systèmes radiés qui sont les deux sphères attractives de la future cellule-fille (fig. 215).

9

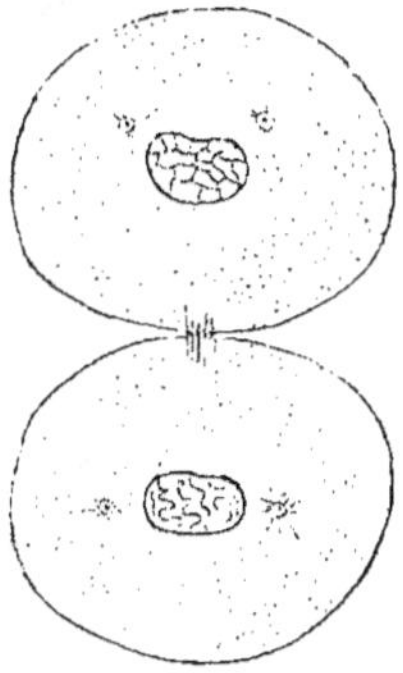

Fig. 217. — Cellule de germe de Truite; neuvième phase de la division. Les deux cellules-filles ne sont plus réunies que par un petit faisceau de filaments connectifs présentant une plaque cellulaire. Dans la cellule inférieure, les sphères occupent leurs positions définitives aux pôles du noyau qui se prépare à une nouvelle division.

Cette distinction entre la sphère attractive et l'aster n'est possible que dans les grandes cellules riches en protoplasma granuleux. Dans les cellules embryonnaires devenues plus petites, la partie centrale de l'aster reste très réduite, et paraît se confondre avec la sphère attractive primitive.

Reconstitution des noyaux-filles.

J'arrive maintenant à la reconstitution des noyaux-filles que nous avons laissés au stade de dyastroïde de Flemming. Dans les sphères de segmentation de la Truite, comme dans celles de l'œuf de beaucoup d'autres animaux, les noyaux-filles ne se comportent pas exactement selon le schéma établi par **Flemming**, en 1878, pour les cellules en général, d'après ses observations sur les éléments des tissus de la Salamandre.

Déjà **Œllacher** (1872) avait vu, chez la Truite, que les noyaux de segmentation étaient constitués par un amas de vésicules ; avant lui **Remak** (1850-55) avait décrit une disposition semblable du noyau dans les blastomères des Batraciens; **Trinchese** (1875) dans les globules polaires des

Éolidiens ; **Hertwig** (1876) chez la Grenouille ; **Fol** (1879) chez le *Toxopneustes lividus;* moi-même (1882) chez la Truite, **Bellonci** (1884) chez l'Axolotl, nous avions reconnu que les jeunes noyaux résultent du gonflement des chromosomes, qui se transforment en vésicules et cons-

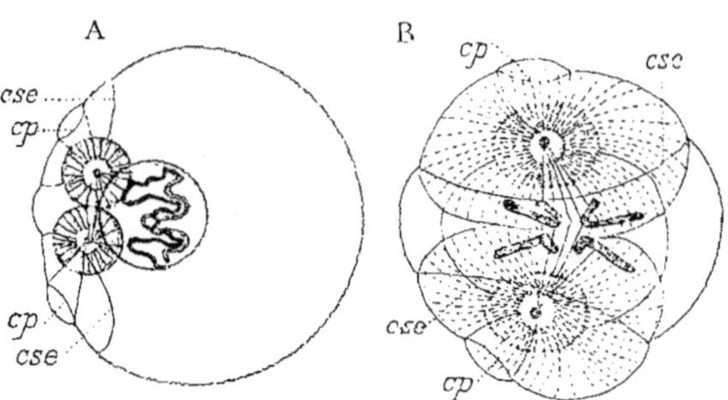

Fig. 218. — Constitution des asters et des sphères attractives dans l'œuf de l'*Ascaris megalocephala*, d'après Ed. van Beneden ; figures demi-schématiques. — A, les sphères attractives voisines de la surface sont situées d'un même côté des pronucléus. La droite qui unit leurs centres est perpendiculaire à celle qui réunit entre eux les centres des pronucléus, mais ces droites se trouvent dans des plans différents, parallèles entre eux. Un seul pronucléus a été représenté ; l'autre se trouve derrière celui qui a été figuré. *cp*, cercles polaires ; *cse*, cercles subéquatoriaux. L'œuf est vu de profil. — B, Stade de la métakinèse ; l'œuf est vu de profil.

tituent un amas prenant plus tard l'aspect d'un noyau à l'état de repos. Ces observations, confirmées depuis par **Ed. van Beneden** chez l'*Ascaris megalocephala*, par **Kœlliker** chez l'Axolotl, par **E. Schwarz** chez la Truite, par **Van der Stricht** chez le Triton, ont été critiquées par **Flemming**, qui attribue l'état vésiculeux du noyau-fille, vers la fin de l'anaphase, à l'action des réactifs employés, qui gonfleraient les chromosomes et altéreraient la véritable constitution du noyau.

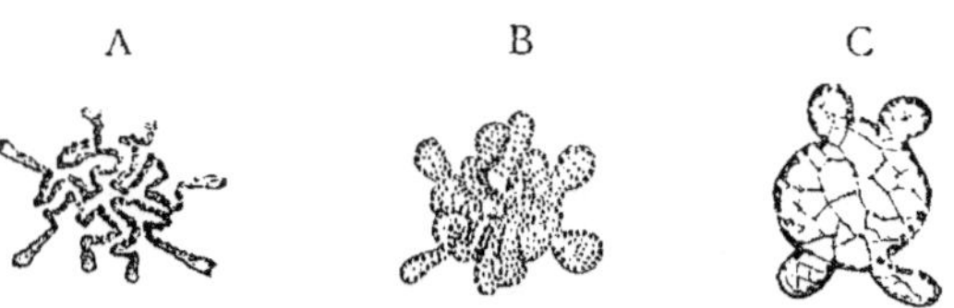

Fig. 219. — A. Un groupe de quatre chromosomes-filles vu du pôle. Les renflements terminaux des anses sont très nettement marqués. B. Reconstruction du noyau au dépens des quatre chromosomes-filles (schématique). C, Stade de repos du noyau, vue du pôle. (D'après Van Beneden et Neyt, fig. empruntée à O. Hertwig).

Malgré la grande compétence du professeur de Kiel, je ne puis me ranger à son avis. Il faut remarquer, en effet, que cet état particulier des noyaux-filles a été surtout constaté dans des blastomères, en employant les mêmes réactifs qui, dans les autres cellules plus âgées, conservent aux figures nucléaires leur intégrité, et qui n'altèrent également en rien les chromosomes de ces blastomères pendant la prophase et la métaphase. En admettant comme fondée la critique de **Flemming**, on est obligé d'admettre que les chromosomes sont modifiés pendant la fixation, uniquement au stade de reconstitution des noyaux-filles, et cela dans les recherches déjà nombreuses de plusieurs auteurs différents. On ne pourrait expliquer cette action nocive des réactifs, ainsi limitée à un stade donné de la cytodiérèse, que par une constitution différente des chromosomes à ce même stade, ce qui évidemment est en désaccord avec l'opinion de **Flemming**, à savoir que dans toute cellule les noyaux-filles traversent en ordre inverse les mêmes phases que le noyau-mère. Qu'il s'agisse d'une exception à la loi générale ou d'une altération, en rapport avec une différence de constitution chimique des chromosomes pendant l'anaphase, voici les faits tels que je les ai observés, et tels que vous les constaterez sur mes préparations.

Les chromosomes, pendant la métaphase, se montrent formés, lorsqu'on les examine à l'aide d'un fort grossissement, sur des pièces bien fixées, par une série de grains fortement colorés, placés bout à bout. Ils conservent cette constitution pendant l'anaphase jusqu'au moment où ils arrivent à la limite de la zone centrale de l'aster. En ce point, ils augmentent de volume; leurs granulations cessent d'être visibles. Chacun d'eux se transforme, très probablement par absorption de liquide cellulaire, en un petit boyau dont la partie centrale est claire et homogène et dont la périphérie, fortement colorée,

Chromosomes vésiculeux.

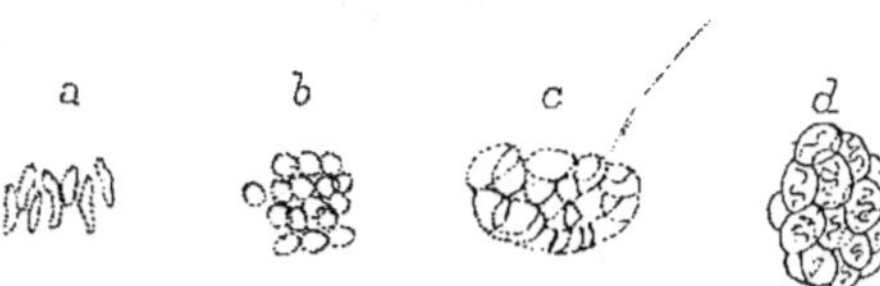

Fig. 220. — *a*, *b*, *c*, trois stades successifs de la reconstitution d'un noyau-fille aux dépens des chromosomes, dans les sphères de segmentation de la Truite. — *d*, noyau de grosse sphère de segmentation conservant sa structure vésiculeuse; chaque vésicule renferme un chromosome. (D'après HENNEGUY, 1891).

présente une série de petites granulations distantes les unes des autres et faisant saillie dans l'intérieur du boyau; au fur et à mesure que ces boyaux se rapprochent du centre de l'aster, ils prennent une forme vésiculeuse arrondie (fig. 220, a b c). Les vésicules ayant la même constitution que les boyaux, c'est-à-dire formées d'une partie claire entourée de granulations colorées, se groupent en un amas arrondi qui est le noyau-fille. Bientôt les vésicules augmentent de volume, deviennent polyédriques par pression réciproque et paraissent se souder. Leurs parois disparaissent dans l'intérieur du noyau et les granulations colorées qu'elles renfermaient se disposent en séries linéaires, entrecroisées et anastomosées pour former le réseau chromatique du noyau à l'état de repos. Les parois externes des vésicules situées à la périphérie du noyau persistent au contraire pour donner la membrane nucléaire. Pendant quelque temps après la fusion des vésicules, le noyau conserve son aspect mamelonné, qui indique son état vésiculeux primitif.

Dans les grandes sphères de segmentation, dont les divisions se succèdent rapidement, la réédification des noyaux-filles est généralement incomplète. Les noyaux commencent déjà à entrer en division avant d'être revenus à l'état de repos. Ces noyaux présentent toujours à leur surface des saillies arrondies, séparées les unes des autres par des sillons plus ou moins profonds, saillies correspondant aux vésicules qui ne se sont pas complètement fusionnées; souvent même le noyau n'est encore qu'un amas de vésicules, pressées les unes contre les autres, lorsque les sphères attractives commencent à entrer en action (fig. 220, d). Dans ce cas, on distingue dans l'intérieur du noyau les parois des vésicules qui ne se colorent plus que faiblement par les matières colorantes. Dans chaque vésicule on trouve un petit chapelet de granulations chromatiques. Le noyau est alors constitué par une réunion de petits noyaux élémentaires, formés chacun par une vésicule contenant un ou deux chromosomes indépen-

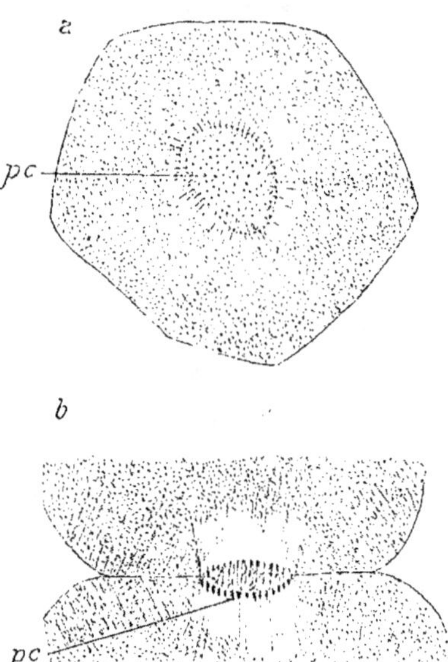

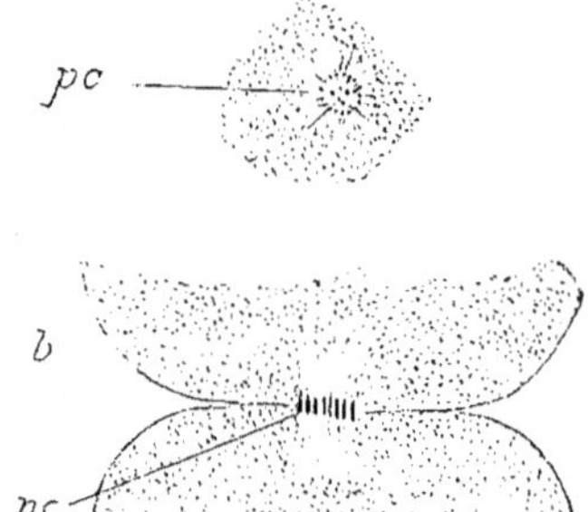

Fig. 221. — Coupes de gros blastomères du germe de la Truite. — *a*, coupe parallèle au plan de séparation de deux cellules-filles, au niveau de la plaque cellulaire, *pc*. Les renflements des filaments connectifs se montrent sous forme de points colorés; à la périphérie, les renflements, vus obliquement, se montrent en continuité avec les filaments connectifs. — *b*, coupe perpendiculaire au plan de séparation de deux cellules-filles; la plaque cellulaire, *pc*, est vue un peu obliquement.

Fig. 222. — Coupes de gros blastomères du germe de la Truite. — *a*, fragment d'une coupe parallèle au plan de séparation de deux cellules-filles, montrant une plaque cellulaire. *pc*, beaucoup plus réduite qu'au stade de la fig. 221. — *b*, coupe perpendiculaire au plan de séparation des deux cellules-filles et passant par la plaque cellulaire, *pc*.

dants. A un stade plus avancé, les parois des vésicules disparaissent et leurs chromosomes devenus libres forment le peloton du premier stade de la prophase. Dans ces noyaux à division rapide, il n'existe donc, à aucun moment, un réseau chromatique continu.

Van der Stricht (1892) considère, comme moi, qu'il ne peut y avoir aucun doute concernant l'existence d'un stade final, spécial, des noyaux-filles, pendant lequel ceux-ci sont formés par une agrégation de petites vésicules. Il dit même avoir observé de semblables noyaux dans les cellules de la peau de larves de Salamandre et de Triton, dans les mégacaryocytes, les leucoblastes et les érythroblastes du foie embryonnaire des Mammifères.

Jusqu'ici nous n'avons considéré que les transformations que présente le noyau des cellules embryonnaires durant la cytodiérèse; il nous reste à voir comment se divise le corps cellulaire lui-même.

Division du corps cellulaire.

Nous savons déjà qu'au commencement de l'anaphase les rayons des deux asters, qui n'ont pas pris part à la formation du fuseau, se sont étendus à travers tout le protoplasma de la cellule, et qu'un certain nombre d'entre eux, se rejoignant au niveau de la zone équatoriale, déterminent un plan par leurs intersections. C'est à la périphérie de ce plan que se montre la première ébauche de l'étranglement de la cellule, sous forme d'un sillon circulaire, perpendiculaire au grand axe de la cellule.

Aux stades plus avancés de l'anaphase, ce sillon devient de plus en plus profond et s'enfonce vers le centre de la cellule. Les blastomères étant généralement pressés les uns contre les autres, les deux moitiés de la cellule en division ne peuvent s'écarter librement; le corps cellulaire conserve un contour irrégulièrement polyédrique. Il en résulte que le sillon de séparation des

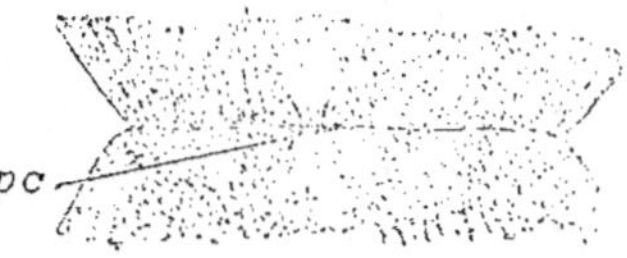

Fig. 223. — Fragment d'une coupe de gros blastomères, du germe de la Truite, perpendiculaire au plan de séparation des deux cellules-filles, montrant une plaque cellulaire, *pc*, encore plus réduite qu'au stade de la fig. 222.

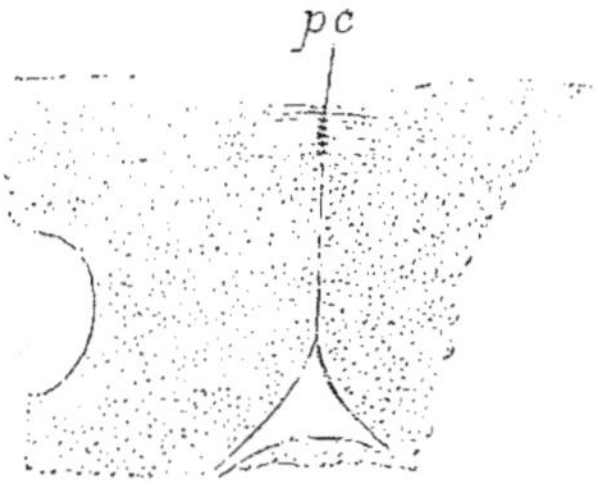

Fig. 224. — Fragment d'une coupe de blastomères superficiels du germe de la Truite, montrant les deux cellules-filles encore réunies par une plaque cellulaire, *pc*, située excentriquement, à la surface libre du germe.

deux cellules-filles se réduit à une fente linéaire, pour ainsi dire virtuelle, située dans un plan perpendiculaire au grand axe de la cellule-mère; les parois des cellules-filles restent accolées. Ceci s'observe surtout pour les gros blastomères, car, à mesure qu'ils diminuent de volume, il se produit entre eux des lacunes, et ils prennent alors une forme plus ou moins sphérique. Dans ce cas, les deux cellules-filles s'écartent l'une de l'autre, pendant que le sillon de séparation suit sa progression centripète.

Cette progression du sillon s'effectue de moins en moins vite, à mesure
que le fond de celui-ci se rapproche du centre de la cellule, et rencontre les
faisceaux des filaments connectifs qui unissent encore entre eux les deux
noyaux-filles, déjà à peu près complètement reconstitués. La manière dont
se comportent les filaments connectifs pendant la division du corps protoplasmique n'est pas la même pour toutes les cellules, mais le processus qu'on
observe dans les cellules embryonnaires est le plus répandu et doit être
considéré, par conséquent, comme typique pour les cellules animales.

Dans les blastomères de la Truite, les filaments connectifs, lorsque les
noyaux-filles sont représentés par un amas de vésicules, ont perdu leurs
connexions avec ces noyaux (fig. 216). Les filaments plus réfringents et présentant pour les colorants du protoplasma plus d'affinité que n'en ont ceux
du fuseau achromatique pendant la prophase et la métaphase, se terminent
librement à une petite distance
des noyaux ; ils sont parallèles
entre eux. Quelques-uns cependant ont souvent un trajet sinueux. Lorsque le sillon de séparation des deux cellules-filles
atteint le faisceau des filaments
connectifs, chacun de ceux-ci
montre nettement sur le milieu
de sa longueur, exactement dans
le plan du sillon, un renflement
très allongé qui se colore plus
fortement que le reste du filament. L'ensemble de ces renflements correspond à la *plaque
cellulaire* des cellules végétales,
et constitue ce que **Carnoy** a ap·
pelé la *plaque fusoriale* ou *plaque fusorielle* (fig. 217).

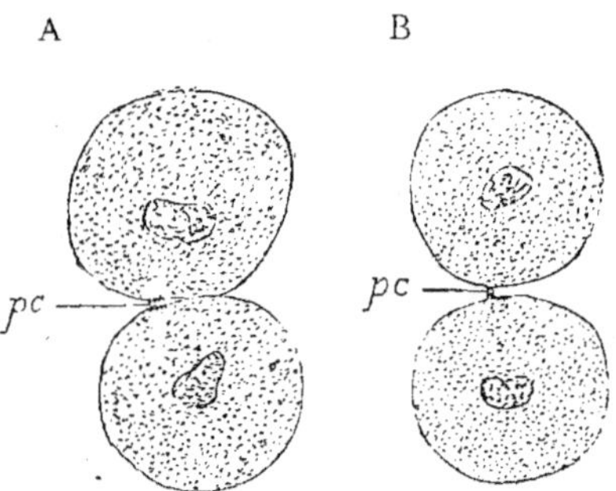

Fig. 225. — Cellules-filles du germe de la Truite
réunies par une plaque cellulaire, *pc*, très réduite.
En A, la plaque cellulaire est formée de deux séries
de granulations réunies entre elles par les filaments
connectifs. Chaque série est dans l'épaisseur de la
membrane cellulaire correspondante. En B, les deux
cellules sont séparées et ne sont réunies que par un
petit pédicule présentant en son milieu une grosse
granulation.

Examinée sur une coupe de la
cellule parallèle au plan de séparation et passant à une petite distance au-
dessus de ce plan, la plaque fusorielle se montre formée d'un cercle de
petits bâtonnets colorés très nombreux et pressés les uns contre les autres
à la périphérie, tandis que dans l'intérieur ils sont plus lâchement et
irrégulièrement distribués (fig. 221 *a*). En faisant varier la mise au point,
on s'assure que ces bâtonnets se continuent avec les filaments connectifs et
n'en sont que des renflements. Si l'on examine la plaque fusorielle obliquement, on constate qu'elle est entourée complètement par le fond du
sillon de séparation des deux moitiés de la cellule-mère (fig. 221 *b*).

Le sillon étrangle petit à petit la plaque fusorielle, dont les éléments diminuent de nombre et paraissent en partie se fusionner : en même temps la longueur des filaments connectifs diminue également. Bientôt les deux cellules-filles ne sont plus réunies que par un petit faisceau très court, fortement coloré, plus large à ses extrémités qu'à son milieu, et formé d'un petit nombre de filaments. L'ombilic constitué par le fond du sillon se rétrécit toujours d'avantage et finit par couper le faisceau. Au point de section, on voit souvent, sur la membrane de chacune des cellules, un point coloré qui représente la moitié du dernier vestige de la plaque fusorielle. En rapport avec ces points on trouve, dans l'intérieur de la cellule, quelques petits filaments très courts qui finissent par disparaître.

La plaque fusorielle et les filaments connectifs sont généralement situés au milieu du plan de division de la cellule ; mais il n'est pas rare de les voir occuper une situation excentrique et quelquefois même tout à fait périphérique (fig. 224) (1).

Flemming (1892) a fait des observations à peu près identiques à celles que je viens de vous décrire, dans les cellules endothéliales du péritoine et les cellules conjonctives, chez les larves de Salamandre. Il n'a vu cependant qu'un petit nombre de corps colorables, quatre environ, au niveau de la plaque fusorielle, tandis que les filaments connectifs étaient beaucoup plus nombreux.

Nous étudierons prochainement la manière dont disparaissent les filaments connectifs dans d'autres éléments cellulaires, les cellules du testicule par exemple ; pour le moment nous devons retenir que dans les cellules embryonnaires de la Truite, comme dans les cellules de larve de Salamandre, le faisceau des filaments connectifs subit une régression centrifuge, c'est-à-dire que les filaments s'atrophient du noyau vers le plan de division du corps cellulaire, que ces filaments diminuent de nombre à mesure que les cellules-filles se séparent l'une de l'autre, et qu'enfin, après cette séparation, il ne reste plus trace de ces filaments dans la cellule.

20 février 1894.

---

(1) **Nicolas** (1892) a signalé un fait semblable entre deux cellules de l'épithélium du rein primitif de l'embryon de Porc.

VINGT-UNIÈME LEÇON

CYTODIÉRÈSE CHEZ LES ANIMAUX ET LES VÉGÉTAUX

Cytodiérèse chez l'*Ascaris megalocephala*. — Constitution de la figure achromatique, d'après Ed. van Beneden. — Division des cellules pauvres en protoplasma. — Cellules épithéliales et testiculaires. — Cytodiérèse des cellules végétales. — Cellules-mères du pollen. — Plaque cellulaire ou phragmoplaste. — Cloisonnement centrifuge. — Cloisonnement centripète — Division du noyau du *Spirogyra*. — Division de la cellule du *Spirogyra*.

Messieurs,

Cytodiérèse chez l'Ascaris megalocephala

Les cellules de segmentation de la Truite, comme vous l'avez vu dans notre dernière réunion, montrent de la façon le plus nette l'origine et les transformations de la figure achromatique de la cytodiérèse, mais elles sont peu favorables pour l'étude des phénomènes qui ont pour siège les chromosomes. Un objet des plus propices pour cette étude est l'œuf de l'*Ascaris megalocephala* qui a donné lieu à de si nombreux et importants travaux. Dans les œufs de cet animal, les chromosomes sont, en

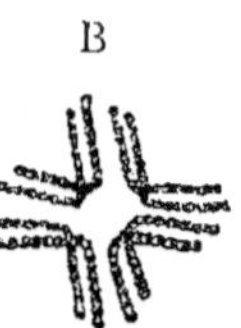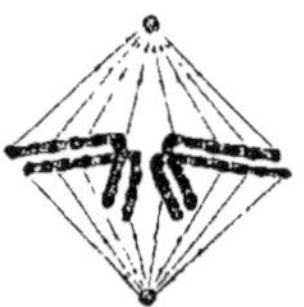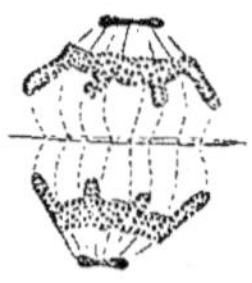

Fig. 226. — *Ascaris megalocephala*. — A. Quatre segments nucléaires-mères, vus par le pôle de la figure nucléaire. — B. Scission longitudinale des quatre segments nucléaires-mères en huit segments nucléaires-filles. (D'après Van Beneden et Neyt, fig. empruntée à O. Hertwig).

Fig. 227. — Composition du fuseau en deux demi-fuseaux dont les fibres se fixent sur les segments nucléaires-filles. (D'après Van Beneden et Neyt, fig. empruntée à O. Hertwig).

Fig. 228. — Deux noyaux-filles au début de la reconstruction, avec prolongements lobulés. Les corpuscules polaires se multiplient par division. (D'après Van Beneden et Neyt, fig. empruntée à O. Hertwig).

effet, volumineux et seulement au nombre de quatre ou de deux suivant que l'on a affaire à la variété *bivalens* ou à la variété *univalens*.

La processus de la division des sphères de segmentation de l'Ascaride étant le même que celui des blastomères de la Truite, je ne vous indiquerai que les particularités signalées par les auteurs qui se sont occupés de la cytodiérèse chez cet animal, entre autres **Ed. van Beneden** (1887) et **Boveri** (1888). Prenons l'œuf au moment où les deux premiers blastomères sont constitués.

La chromatine du réseau que renferme le noyau à l'état de repos se condense en quatre anses allongées, dont les sommets sont dirigés du côté où se trouvent les deux sphères attractives encore rapprochées, tandis que les extrémités légèrement renflées de leurs branches sont tournées vers le plan de séparation des deux premiers blastomères.

Les deux sphères attractives s'écartent l'une de l'autre et viennent se placer aux deux extrémités du grand axe du noyau, parallèle au premier plan de segmentation. La membrane nucléaire disparaît, et le fuseau se forme aux dépens des rayons des sphères attractives. Les quatre anses se placent à l'équateur du fuseau, en donnant naissance à une figure en croix, par suite de la convergence de leurs sommets vers le centre du fuseau (fig. 226 et 227). Chaque anse se divise longitudinalement. Les huit anses-filles se séparent en deux groupes de quatre, qui s'éloignent vers les extrémités du fuseau pour reconstituer les noyaux-filles. Relativement à cette reconstitution, **Ed. van Beneden** (1887) a reconnu les mêmes faits que **Bellonci** et moi avons observés chez l'Axolotl et chez la Truite.

« Le noyau, dit **Ed. van Beneden**, se reconstitue exclusivement aux dépens des éléments chromatiques du dyaster, qui s'imbibent à la façon d'une éponge ; aucune portion du corps protoplasmique de la cellule n'intervient directement dans la réédification du noyau. Certes les

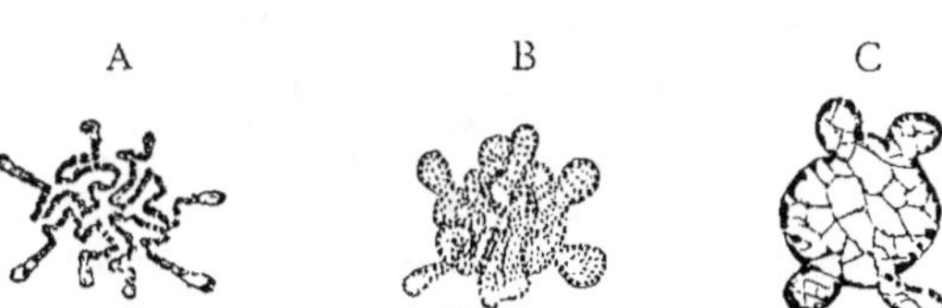

Fig. 229. — A. Un groupe de quatre chromosomes-filles vu du pôle. Les renflements terminaux des anses sont très nettement marqués. — B. Reconstruction du noyau aux dépens des quatre chromosomes-filles (schématique). — C. Stade de repos du noyau, vue du pôle. (D'après Van Beneden et Neyt, fig. empruntée à O. Hertwig).

liquides dont s'imbibent les cordons chromatiques sont soutirés au protoplasma cellulaire ; mais le noyau se reconstitue exclusivement aux dépens des cordons chromatiques gonflés, qui finissent par se toucher entre eux, de façon à donner naissance à une masse réticulée, unique en apparence, mais en réalité constituée de quatre parties distinctes, juxtaposées entre elles et organiquement liées en un tout unique en apparence, qui est le noyau au repos (fig. 229). »

Constitution
de la figure
achromatique
d'après
Ed. van Bene-
den.

La figure achromatique, chez l'Ascaride du Cheval, serait, d'après **Van Beneden**, plus compliquée que celle que je vous ai fait connaître dans les cellules embryonnaires des Vertébrés. Il existerait constamment, au moment de la métaphase, en deux points opposés de la cellule, deux saillies siégeant non pas aux deux extrémités du grand axe du corps protoplasmique, mais en deux points voisins de ces extrémités d'un même côté de l'axe. Ces deux saillies, *zones polaires*, formées par une accumulation de protoplasma hyalin, sont délimitées par une ligne claire, suivant laquelle règne souvent un léger sillon, *cercle polaire*. Chaque zone polaire est la base d'un faisceau de rayons convergents vers le corpuscule central ou centrosome,

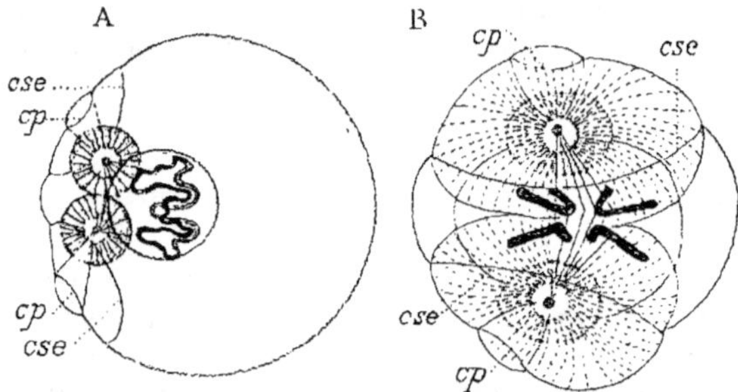

Fig. 230. — Constitution des asters et des sphères attractives dans l'œuf de l'*Ascaris megalocephala*, d'après ED. VAN BENEDEN ; figures demi-schématiques. — A. Les sphères attractives voisines de la surface sont situées d'un même côté des pronucléus. La droite qui unit leurs centres est perpendiculaire à celle qui réunit entre eux les centres des pronucléus, mais ces droites se trouvent dans des plans différents, parallèles entre eux. Un seul pronucléus a été représenté ; l'autre se trouve derrière celui qui a été figuré. *cp*, cercles polaires ; *cse*, cercles subéquatoriaux. L'œuf est vu de profil. — B. Stade de la métakinèse ; l'œuf est vu de profil.

et constituant le *cône antipode*, opposé au *cône principal*, qui n'est autre que la partie du fuseau achromatique reliant la sphère attractive à la plaque équatoriale. La région médiane de la cellule, dans laquelle est située la plaque équatoriale, est renflée en un *bourrelet équatorial*, limité de chaque côté des asters par un *cercle subéquatorial* (fig. 230).

Les zones polaires et les cercles subéquatoriaux s'observeraient dès que s'est produit le dédoublement du centrosome et de la sphère attractive pendant la reconstitution du noyau-fille. Les zones polaires se déplaceraient à la surface de la cellule, en suivant la migration des sphères attractives vers les deux pôles du noyau, de manière à venir se placer près des extrémités du grand axe de la cellule.

Ed. van Beneden a observé des reliefs semblables de la surface de la cellule, qu'il attribue à l'action des sphères attractives, pendant la division des spermatogonies de l'Ascaride, et dans les sphères de segmentation de la

Claveline et du Lapin. **Henking** a vu aussi les cônes antipodes dans les spermatocytes du *Pyrrhocoris*. Pour ma part, sans mettre en doute les observations de **Van Beneden**, je n'ai jamais réussi à trouver les dispositions qu'il indique, aussi bien dans les cellules embryonnaires des Vertébrés, que dans l'œuf même de l'*Ascaris megalocephala*. Aucun autre obser-

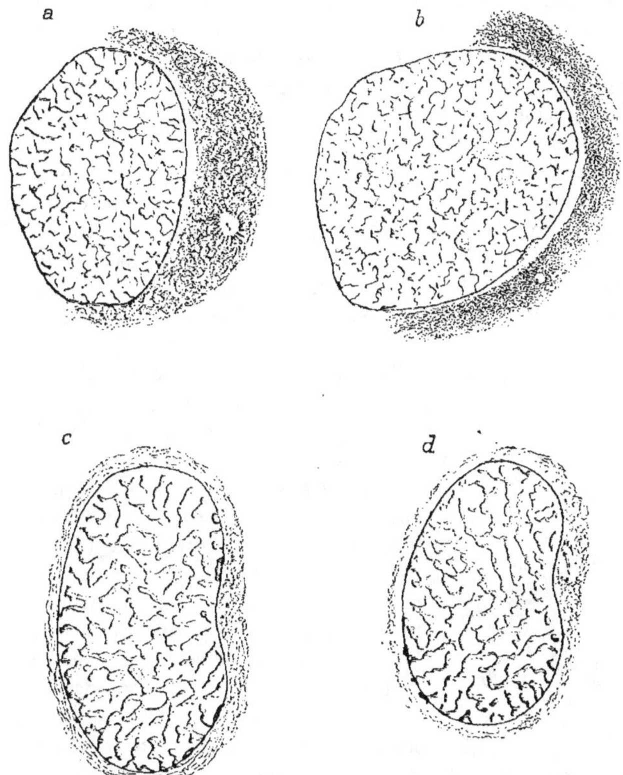

Fig. 231. — Noyaux des cellules endothéliales du péritoine de larves de Salamandre ; une partie du cytoplasma (en noir) a été représentée. *a* et *b* : à côté du noyau on voit un centrosome au milieu d'une petite tache claire ; dans la fig. *a*, le centrosome est double ; *c* et *d* : noyaux au commencement de la division ; les deux centrosomes sont réunis par des filaments, origine du fuseau central. (D'après FLEMMING, 1891).

vateur que je sache, à part **Henking**, n'a été plus heureux que moi. Il y a évidemment de nouvelles recherches à faire sur ce sujet intéressant.

Les œufs de l'Ascaride du Cheval et les blastomères des Vertébrés, qui nous ont présenté le type de la cytodiérèse dans les cellules riches en protoplasma ne peuvent être étudiées qu'après l'action des réactifs ; à l'état frais, on n'y distingue aucun détail. Les œufs de l'Ascaride nécessitent en particulier un traitement un peu brutal ; la double enveloppe qui entoure le vitellus, au stade qui nous intéresse, c'est-à-dire au moment de la segmentation, est tellement dense et épaisse, qu'elle ne se laisse pénétrer que par l'acide acétique pur, ou mélangé à de l'alcool ou du chloroforme. Les petits œufs de certains Invertébrés, des Échinodermes par exemple, permettent au contraire d'observer, à l'état vivant, la figure achromatique, les asters et le fuseau ; en les soumettant, sous le microscope, à l'action des réactifs, on y voit apparaître alors les chromosomes et on peut constater que les figures cytodiérétiques sont identiques à celles que je vous ai décrites précédemment.

Division des cellules pauvres en protoplasma.Nous devons considérer maintenant comment se comportent, pendant la division indirecte, les cellules qui ne renferment qu'une petite quantité de protoplasma, et dont le noyau est volumineux par rapport au corps cellulaire. Nous prendrons comme exemple les cellules épithéliales et les cellules spermatiques de Salamandre, objets devenus absolument classiques pour l'étude de la cytodiérèse, depuis les belles recherches de **Flemming**.

Cellules épithéliales et testiculaires.Nous savons que, dans les cellules endothéliales du péritoine et les cellules épithéliales du poumon, à l'état du repos, **Flemming** (1892) a réussi à voir les centrosomes ; mais autant ces corps sont aisés à mettre en évidence dans les blastomères, autant ils sont difficiles à voir dans les cellules épithéliales. Dans les cellules épidermiques de la queue des larves d'Axolotl, de Triton et de Salamandre, je n'ai pu réussir à voir les centrosomes en employant les méthodes les plus variées de coloration ; ils deviennent au contraire très apparents pendant la division. Je les ai, par contre, retrouvés dans les cellules, à l'état de repos, du tissu conjonctif et dans les leucocytes, et je suis persuadé que, si on ne les pas encore vus dans les cellules épidermiques, cela tient à leur petitesse et aux méthodes jusqu'ici employées, insuffisantes pour les colorer. Dans les cellules du testicule, au contraire, la sphère attractive est le plus souvent visible ; nous étudierons plus tard sa constitution et ses transformations.

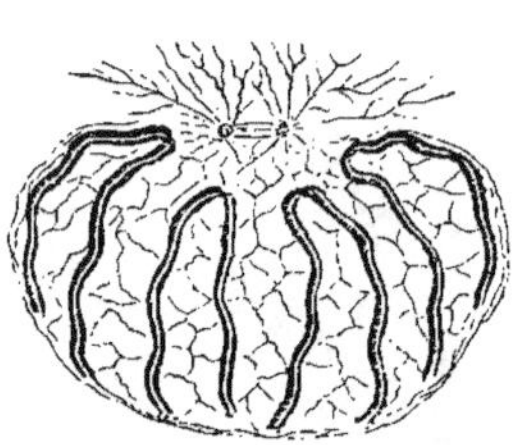

Fig. 232. — Représentation schématique d'un noyau avec champ polaire dans lequel naissent deux corpuscules polaires et le fuseau. (D'après FLEMMING, fig. empruntée à O. HERTWIG).

Le noyau quiescent des cellules épithéliales renferme un réseau chromatique irrégulier, constitué par des filaments grêles, variqueux, anastomosés et présentant un ou plusieurs nucléoles, ou pseudo-nucléoles, qui souvent ne paraissent être qu'une portion renflée du réseau. La membrane du noyau se colore par les colorants de la chromatine, mais plus faiblement que le réseau. Le premier indice de la division du noyau consiste dans l'augmentation de sa chromatine. Les filaments du réseau deviennent plus gros, plus colorables, et prennent une apparence plus régulière, par suite de la disparition d'un grand nombre des anastomoses qui les reliaient entre eux. La membrane nucléaire perd peu à peu de sa colorabilité.

Bientôt, le réseau chromatique se trouve remplacé par un enchevêtrement de filaments fins, onduleux, décrivant de nombreuses sinuosités dans l'intérieur du noyau et constituant ce que **Flemming** a appelé le *peloton* ou *spirem*. A ce moment les nucléoles ont généralement disparu. Dans les cellules spermatiques, le peloton est plus lâche, et les filaments plus épais (fig. 233, A).

Le noyau présente bientôt en un point de sa surface une petite dépression, dans laquelle se trouve la sphère attractive; c'est le *champ polaire* de **Rabl**, vers lequel commencent à converger les tours de spire du peloton. Ceux-ci se coupent du côté opposé au champ polaire, ou *antipode polaire*, et forment vingt-quatre anses, dont les sommets sont tournés vers le champ polaire (fig. 232).

Pendant ce temps la sphère attractive et son centrosome se sont dédoublés et entre les deux moitiés apparaissent les filaments achromatiques du

Fig. 233. — A : noyau au repos d'une spermatomère de *Salamandra maculata*. B : même noyau au stade de peloton; le filament nucléaire montre déjà la scission longitudinale. (D'après FLEMMING, fig. empruntée à HATSCHEK).

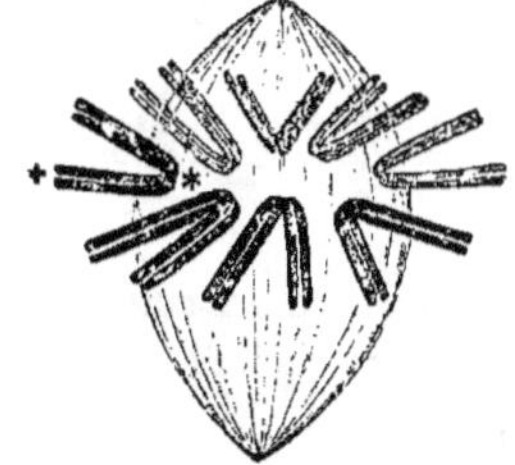

Fig. 234. — Représentation schématique de la division nucléaire indirecte. Stade pendant lequel les segments nucléaires sont disposés à l'équateur du fuseau. (Fig. empruntée à HATSCHEK).

fuseau. Celui-ci est d'abord très petit et situé parallèlement au grand axe du noyau. La membrane du noyau disparaît, le fuseau s'allonge par suite de l'écartement des centrosomes, il augmente en même temps de volume par l'adjonction de filaments achromatiques, et à ses extrémités se développe un petit aster.

Les anses chromatiques prennent alors dans la région équatoriale du fuseau la disposition régulière, décrite par **Flemming** sous le nom d'*étoile-mère*, chaque sommet de l'anse étant dirigé vers l'axe du fuseau. Bientôt commence le dédoublement des anses chromatiques dont nous connaissons déjà le mécanisme et la constitution des deux *étoiles-filles*, qui se dirigent en sens inverse vers les extrémités du fuseau (fig. 234 et 235).

La reconstitution des noyaux-filles a lieu par rapprochement des anses chromatiques de l'étoile qui s'épaississent et prennent un contour dentelé. Le sommet des anses est alors tourné vers le sommet du fuseau, c'est-à-dire vers le futur champ polaire du noyau. Une membrane délicate se forme autour du groupe des anses ; ce nouveau noyau grossit par absorption du liquide cellulaire, et reprend peu à peu l'aspect du noyau quiescent avec sa charpente chromatique plus ou moins irrégulière.

La division du corps cellulaire se fait par étranglement au début de la reconstitution des noyaux-filles ; suivant **Flemming**, le sillon commence à

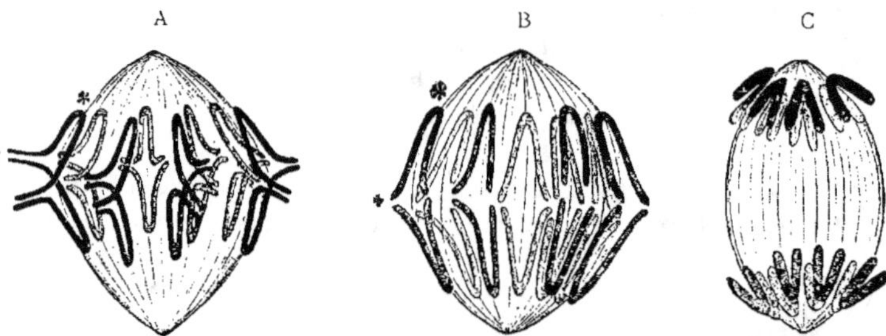

Fig. 235. — Représentation schématique de la division nucléaire indirecte. — Les segments chromatiques s'écartent en deux groupes vers les pôles du fuseau. (D'après FLEMMING, figure empruntée à HATSCHEK).

se montrer d'un côté seulement ; il entoure ensuite peu à peu l'équateur tout entier, mais il reste plus profond du côté où il a débuté que du côté opposé.

La figure achromatique disparaît peu à peu pendant la reconstitution des noyaux ; les fibres unissantes persistent plus longtemps que les filaments tendus entre les centrosomes et les noyaux-filles. Sur le milieu des fibres unissantes se montrent, vers la fin de la division du corps protoplasmique, les granulations colorées ou *corpuscules intermédiaires* que **Flemming** considère comme représentant une plaque cellulaire.

En somme, la division indirecte de ces cellules peu riches en protoplasma suit la même marche que celle des éléments embryonnaires ; elle est surtout caractérisée par le mode de formation de la figure achromatique et son peu de développement par rapport à la figure chromatique.

De même que pour les cellules animales nous avons choisi comme type de la cytodiérèse la division des sphères de segmentation, de même nous prendrons comme type de division des cellules végétales celle de la cellule-mère du sac embryonnaire. L'ovule des Liliacées, particulièrement celui du *Lilium Martagon*, est un objet des plus favorables pour cette étude, à cause des grandes dimensions de ses éléments. Je suivrai ici la description donnée par Guignard (1891) dans ses nouvelles recherches sur la fécondation.

La cellule-mère du sac embryonnaire se distingue des autres cellules apicales du nucelle, par son volume plus considérable, son gros noyau et son protoplasma dense, dépourvu de vacuoles. La partie chromatique du noyau se présente sous forme d'un peloton à replis nombreux et enchevêtrés, mais bientôt s'écartant les uns des autres, par suite de la condensation de la chromatine, dont les granulations se rapprochent et se fusionnent. Le filament chromatique paraît être alors unique dans le noyau. Celui-ci renferme un gros nucléole accompagné parfois d'autres nucléoles plus petits ; au contact de la membrane nucléaire, on aperçoit dans le protoplasma deux sphères attractives avec leurs centrosomes (fig. 237, 1).

La tendance au dédoublement longitudinal du cordon chromatique se manifeste de bonne heure, par l'apparition dans son substratum achromatique de deux séries de granulations parallèles. A ce stade, le protoplasma présente autour du noyau une striation radiaire sans rapport avec les sphères attractives (fig. 237, 2).

Le cordon chromatique se coupe transversalement en 12 segments qui deviennent libres dans la cavité cellulaire et se raccourcissent de plus en plus, tandis que les nucléoles perdent peu à peu leur colorabilité. A ce moment, les sphères attractives entrent en activité ; elles s'entourent de rayons et s'écartent l'une de l'autre pour se porter aux deux extrémités du grand axe du noyau qui coïncide avec celui du sac embryonnaire. Les sphères sont encore en contact avec le noyau, et les stries rayonnantes qui entouraient le noyau ont disparu (fig. 237, 3). Dans les noyaux fixés par l'acide chromique, l'acide picrique ou l'alcool absolu, Guignard signale l'existence de granulations ayant les mêmes réactions que celles du protoplasma et des nucléoles : il ne sait si elles résultent de la précipitation du suc nucléaire ou de la pénétration d'une certaine quantité de protoplasma à travers la membrane nucléaire (fig. 237, 4).

La membrane du noyau se résorbe aux deux pôles en face des sphères attractives dont les radiations s'avancent dans la cavité du noyau, se rejoignant pour constituer les filaments du fuseau continus d'une sphère à l'autre. Les chromosomes, devenus encore plus épais et plus courts que

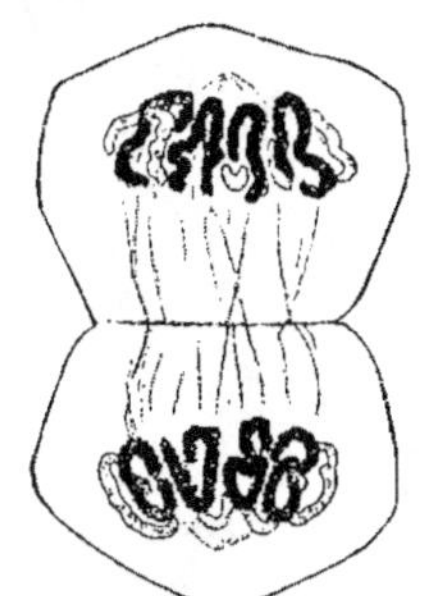

Fig. 236. — Représentation schématique de la division nucléaire. Aux dépens des segments-filles commence à se former le noyau au repos. (D'après Flemming, figure empruntée à Hatschek).

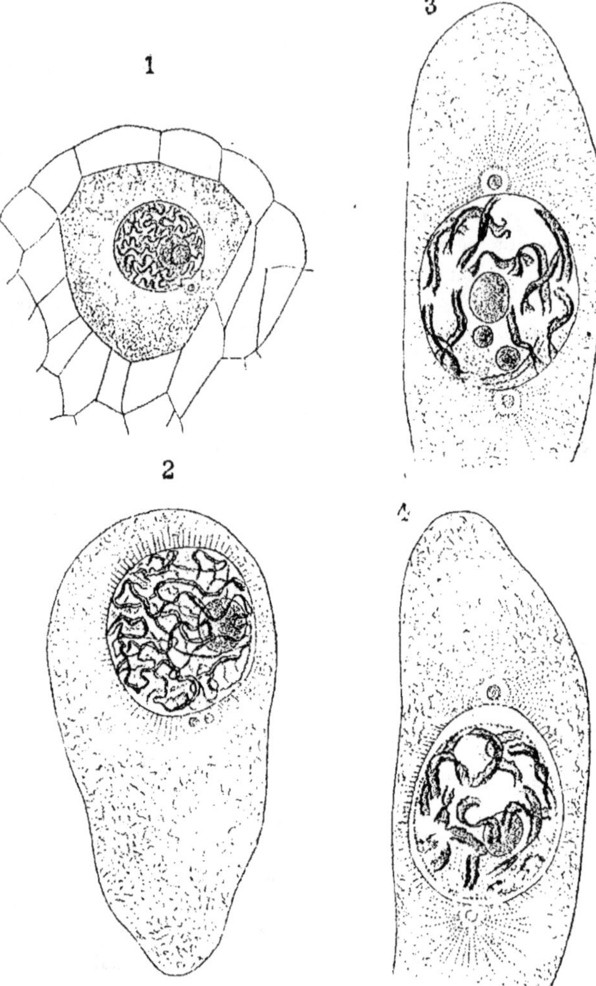

Fig. 237. — *Lilium Martagon*. — 1. Coupe passant par l'axe du nucelle, au moment de l'apparition du tégument interne de l'ovule; sous l'épiderme, au sommet, la cellule axile s'est agrandie et différenciée en cellule-mère du sac embryonnaire. — 2. Sac embryonnaire d'un ovule complètement recouvert par les téguments. Le noyau primaire accompagné des sphères attractives en occupe le sommet. Des stries cytoplasmiques radiaires partent du noyau, qui pourtant n'offre aucun symptôme apparent de modification interne. — 3. Les sphères attractives occupent la place des pôles du fuseau futur; autour d'elles, sauf du côté de la membrane nucléaire, les stries cytoplasmiques radiaires sont nombreuses, tandis qu'elles ont presque disparu autour du noyau. Celui-ci renferme un gros nucléole et deux autres plus petits. Le peloton chromatique s'est segmenté en 12 chromosomes. — 4. Même stade, dans un sac embryonnaire ou la membrane nucléaire a été contractée par l'action de l'alcool absolu. (D'après GUIGNARD, 1891).

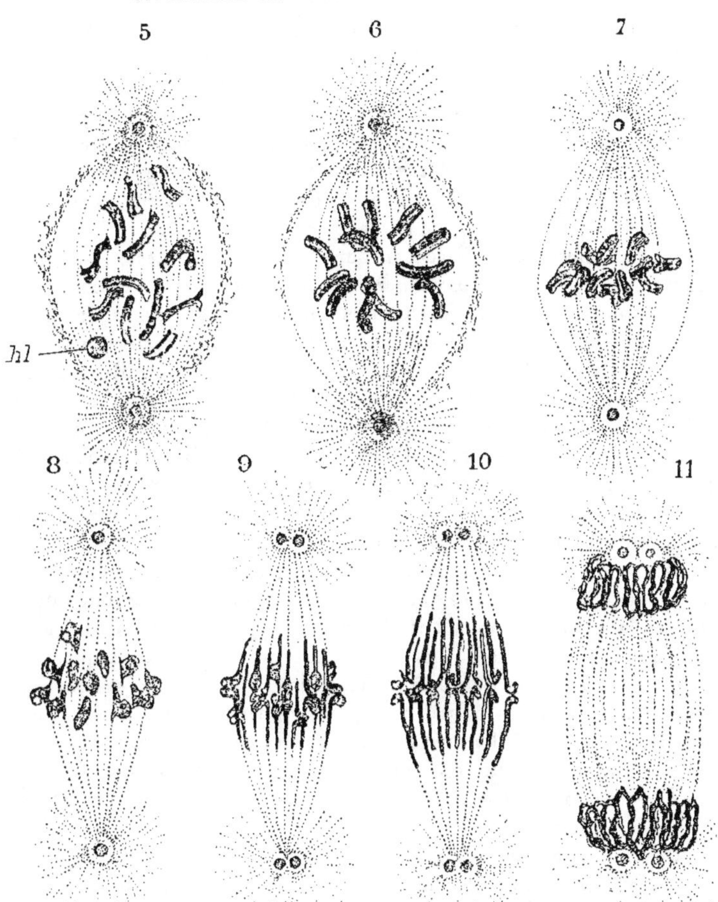

Fig. 238. — Division indirecte du noyau primaire du sac embryonnaire du *Lilium Martagon*. —
5. Formation des fils du fuseau à partir des sphères attractives. La membrane nucléaire s'est résorbée au voisinage des pôles seulement ; les segments chromatiques commencent à s'orienter ; il n'y a plus qu'un petit globule, *hl*, peu colorable, de substance nucléolaire. — 6. Stade plus avancé : les 12 segments sont plus rapprochés de l'équateur du fuseau encore incomplètement constitué. La membrane nucléaire n'a pas encore disparu. — 7. Fuseau complètement formé. Les 12 segments chromatiques adhèrent, par leur bout interne, à un même nombre de fils achromatiques très marqués, entre lesquels on en voit d'autres beaucoup plus grêles. — 8. Un fuseau montrant l'un des 12 segments chromatiques assez éloigné de l'équateur, bien que la plaque semble définitivement constituée. — 9. Séparation et transport aux pôles des segments secondaires, encore unis partiellement à l'équateur du fuseau ; sphères dédoublées à chaque pôle. — 10. Stade plus avancé où les segments secondaires ne sont plus unis qu'à l'extrémité tournée vers la périphérie. — 11. Arrivés au pôle, les segments secondaires se raccourcissent et se pelotonnent pour reconstituer le noyau. Les sphères occupent la dépression correspondant au pôle. Bien qu'il ne doive pas se former de cloison cellulosique entre les noyaux, ils n'en sont pas moins unis par des fils connectifs. (D'après GUIGNARD, 1891).

précédemment, sont repoussés vers le plan équatorial où ils se rassemblent (fig. 238, 5 et 6).

Quand la plaque équatoriale est constituée, le fuseau est formé, d'après Guignard, de deux sortes de filaments achromatiques ; les uns épais, en même nombre que les segments chromatiques, et correspondant à ces derniers (12 dans le cas actuel) et les autres grêles et délicats (fig. 238, 7). Ces filaments principaux proviendraient de la fusion de filaments également tous grêles avant la formation de la plaque équatoriale.

Chaque chromosome, appuyé par l'une de ses extrémités sur un filament principal du fuseau, commence à se dédoubler par cette extrémité, et chaque moitié se recourbe en sens inverse le long du filament (fig. 238, 8).

Au moment de la formation du fuseau, les sphères attractives sont en contact avec la membrane nucléaire ; elles s'éloignent ensuite l'une de l'autre, de sorte que le fuseau constitué est plus long que le grand diamètre du noyau. Pendant la séparation des deux moitiés de chaque chromosome, au niveau de la plaque équatoriale, les sphères attractives se dédoublent comme nous l'avons vu pour les cellules embryonnaires, c'est-à-dire que les centrosomes se divisent et que chaque moitié devient le centre d'une sphère attractive-fille (fig. 238, 9 et 10).

Les deux moitiés de la plaque équatoriale, arrivées aux extrémités du fuseau, sont reliées entre elles par un faisceau de filaments achromatiques à peu près parallèles, et c'est à leurs dépens que se reconstituent les noyaux-filles. Pour cela les chromosomes au nombre de 12, par conséquent en même nombre que ceux du noyau-mère, deviennent flexueux, se courbent en anses, puis se soudent bout à bout pour donner naissance à un cordon pelotonné (fig. 238, 11). La membrane nucléaire apparaît presque aussitôt après la soudure : les nucléoles ne se montrent que plus tard. Chaque noyau-fille est pourvu de deux sphères attractives qui entreront en action à la prochaine division.

Dans le sac embryonnaire, la division des premiers noyaux n'est pas suivie d'une division du protoplasma, aussi n'observe-t-on pas la formation d'une plaque cellulaire sur le trajet des filaments connectifs, qui disparaissent après la reconstitution des noyaux-filles. Cette plaque cellulaire apparaît, au contraire, chaque fois que la division du corps protoplasmique de la cellule suit immédiatement celle du noyau, ce qui a lieu normalement dans les tissus en voie d'accroissement.

Cellules-mères du pollen.

Si nous considérons par exemple la division des cellules-mères du pollen du *Lilium Martagon*, nous constatons que le noyau passe par des stades identiques à ceux que présente le noyau du sac embryonnaire, mais pendant la reconstitution des noyaux-filles, nous voyons apparaître sur le milieu des filaments connectifs de petits renflements en forme de grains réfringents, situés tous dans le plan équatorial de la cellule-mère et dont l'ensemble constitue la *plaque cellulaire* (fig. 239, 8). Les filaments con-

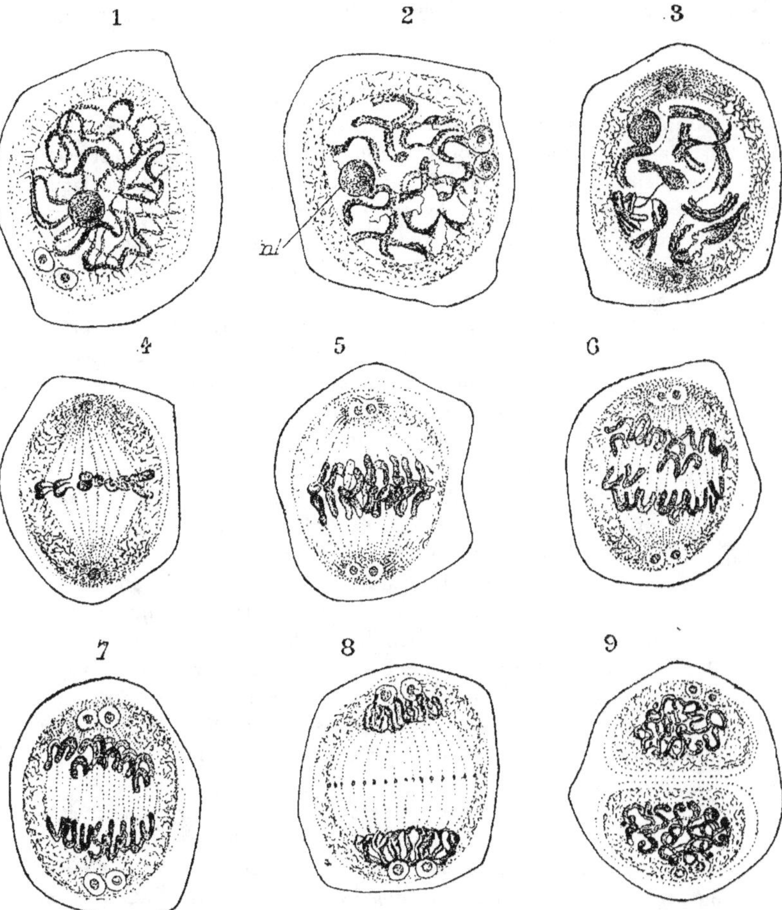

Fig. 239. — *Lilium Martagon.* — 1. Cellule-mère pollinique au début de la division du noyau. On n'aperçoit
pas encore de segments libres et distincts. Le filament nucléaire, épaissi et contracté, offre, au premier plan
surtout, deux séries de granulations chromatiques. — 2. Les segments chromatiques, au nombre de 12,
sont libres dans la cavité nucléaire; les deux moitiés qui constituent chacun d'eux sont devenues très
apparentes; *nl*, nucléole. — 3. Stade un peu plus avancé. Les deux sphères directrices se sont placées en
opposition aux deux pôles du fuseau futur; des stries radiaires les entourent, surtout sur les faces latérales.
Quelques fils achromatiques très délicats se voient entre les segments chromatiques à travers la cavité
nucléaire. — 4. Disposition des segments chromatiques orientés en plaque nucléaire, vue de côté. Le contour
des sphères se montre sous l'aspect d'un cercle de granulations; les stries radiaires existent, mais peu
apparentes. — 5. Séparation des deux moitiés de chaque segment chromatique, s'effectuant d'abord à
l'extrémité tournée vers le centre de figure; ces moitiés, ou segments secondaires, sont encore unies à
l'autre extrémité. Les sphères sont dédoublées à chaque pôle du fuseau. — 6. Transport des segments
secondaires aux pôles. Des fils connectifs s'étendent entre les deux groupes chromatiques. — 7. Stade un
peu plus avancé. Augmentation des fils connectifs. — 8. Reconstitution des noyaux-filles aux pôles; contraction des segments chromatiques. La plaque cellulaire apparaît sous forme d'une ligne granuleuse, en
coupe optique, à l'équateur des fils connectifs. — 9. Aspect des deux cellules-filles après leur séparation; les
sphères occupent la face externe des noyaux correspondant aux pôles du fuseau aux stades antérieurs
(D'après GUIGNARD, 1891).

nectifs ont augmenté de nombre, les plus extrêmes ont un trajet curviligne, et arrivent à peu près à la périphérie du corps protoplasmique. Il en résulte que la plaque cellulaire s'étend dans toute la surface du plan équatorial de la cellule : ses corpuscules réfringents grossissent, se fusionnent et forment une cloison qui divise la cellule-mère en deux cellules-filles, sans qu'il se produise un étranglement du corps protoplasmique, comme on l'observe le plus généralement dans les cellules animales. Dans l'épaisseur de la plaque cellulaire, résultant de la fusion des grains réfringents, apparaît une membrane de cellulose qui va se souder à la membrane cellullosique de la cellule-mère. Dans le cas particulier des cellules-mères du pollen, cette cloison ne se soude pas à la membrane de la cellule-mère ; elle se dédouble rapidement et chaque moitié se continue par ses bords avec une membrane très mince qui s'est différenciée autour de toute la partie de la cellule-fille, qui était libre, de telle sorte que les deux cellules-filles, contenues dans la membrane de la cellule-mère, sont chacune entourées d'une membrane cellulosique de nouvelle formation (fig. 239, 9).

Plaque cellulaire ou phragmoplaste. — La plaque cellulaire, que certains auteurs désignent avec **Errera** sous le nom de *phragmoplaste*, joue donc dans les cellules végétales un rôle important, puisque c'est à ses dépens que se constitue la cloison qui sépare les deux cellules-filles. La formation analogue que nous avons trouvée, dans les cellules animales, paraît au contraire n'avoir aucun rôle dans la division du corps cellulaire, et n'être pour ainsi dire qu'une production atavique ayant perdu ses fonctions d'élaborer de la cellulose. Dans les cellules animales, la division du corps protoplasmique est active, et s'opère par une contraction du protoplasma qui tend à se distribuer également autour du noyau ; dans les cellules végétales, cette division est passive et résulte de la scission du corps protoplasmique par une formation secondaire, la cloison cellulosique.

La plaque cellulaire n'existe pas du reste dans toutes les cellules végétales ; on ne l'a pas encore observée chez les végétaux inférieurs, les Champignons et les Algues. **Johow** (1881) l'a signalée chez les *Chara*, **Strasburger** chez une Hépatique, l'*Anthoceros lævis ;* suivant **Wildemann**, elle apparaîtrait d'abord chez les Mousses.

Cloisonnement centrifuge. — On peut donner le nom de *cloisonnement centrifuge* à la division de la cellule par formation d'une plaque cellulaire puis d'une cloison cellulosique dérivant de cette plaque. En effet, cette cloison commence à se former au centre du plan équatorial, pour arriver à se réunir plus tard par sa périphérie à la membrane de la cellule-mère. Ce cloisonnement ne peut se produire qu'autant que le protoplasma de la cellule est assez abondant pour constituer une masse compacte occupant toute l'étendue du plan équatorial de la cellule-mère, et renfermant les deux noyaux-filles réunis par les filaments connectifs. Ces conditions sont parfaitement réalisées dans les cellules embryonnaires ou encore jeunes, qui ne contiennent qu'une très petite quantité de suc cellulaire. Lorsque les cellules sont plus âgées, et plus riches en suc cellulaire, le protoplasma se rassemble en grande partie, au moment de la division, dans la région médiane de la cellule et la production d'une plaque cellulaire est encore possible.

Dans les végétaux inférieurs dont les grandes cellules, remplies de suc cellulaire, ne sont tapissées intérieurement que par une couche très mince de protoplasma, le cloisonnement centrifuge est remplacé par un autre mode de division du corps cellulaire qu'on peut appeler le *cloisonnement centripète*. Un bon exemple de ce processus de cloisonnement nous est fourni par les *Spirogyra*, chez lesquels la division indirecte du noyau présente des particularités très intéressantes qui doivent nous arrêter un instant.

Nous connaissons déjà la structure du noyau du *Spirogyra* et les discussions auxquelles ce noyau a donné lieu. Vous vous rappelez que la chromatine est rassemblée au centre du noyau sous forme d'un nucléole, qu'elle est entourée d'une membrane qui la sépare d'une masse protoplasmique, qui elle-même est séparée du corps cellulaire par une membrane.

La division de ce noyau a été étudiée par plusieurs auteurs, entre autres par **Strasburger** (1876-1880-1882), **Macfarlane** (1881), **Flemming** (1882), **Tangl** (1882), **E. Zacharias** (1885), **Meunier** (1887), **Decagny** (1893) et **Moll** (1893). Suivant **Strasburger**, le noyau s'agrandit et change de forme ; il devient quadrangulaire, puis biconcave ; en même temps aux deux extrémités du diamètre du noyau, parallèle au grand axe de la cellule, il se produit une accumulation de protoplasma et les cordons protoplasmiques qui relient le noyau à l'utricule azoté prennent plus d'importance.

La partie chromatique du noyau, que **Strasburger** considère comme un nucléole, disparaît dans la substance nucléaire qui s'organise en un peloton serré, à replis à peu près parallèles et perpendiculaires aux surfaces terminales du noyau. Aux dépens des deux masses protoplasmiques, condensées contre le noyau, se constitue le fuseau achromatique dont les filaments pénètrent dans le noyau. La plaque équatoriale (plaque nucléaire de Strasburger), formée par les replis du peloton chromatique devenus indépendants, se dédouble ; les deux moitiés s'écartent et les noyaux-filles se reconstituent, comme à l'ordinaire, en un peloton continu, qui s'entoure d'une membrane. Le long des filaments nucléaires du noyau se montrent des amas de substance réfringente qui par leur fusionnement donnent naissance au nucléole.

Flemming partage l'opinion de **Strasburger** relativement à l'apparition des éléments de la plaque équatoriale, mais, pour lui, les fils achromatiques du fuseau existent déjà dans le noyau avant la disparition de la membrane de ce dernier.

Pour **Meunier**, les éléments chromatiques de la plaque équatoriale dérivent uniquement du nucléole, dont il a pu suivre pas à pas les transformations, depuis le noyau au repos jusqu'à la reconstitution des noyaux-filles. Quant au fuseau achromatique, il provient en partie des masses

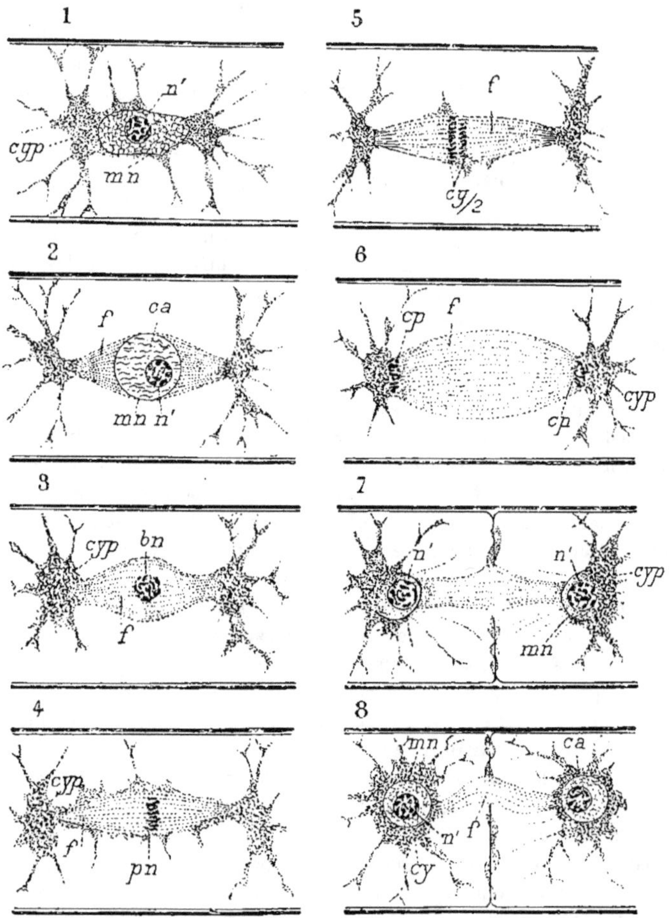

Fig. 240. — Stades successifs de la division du noyau d'un *Spirogyra*. — *ca*, caryoplasma ; *cy*, cytoplasma ; *cyp*, cytoplasma polaire ; *n'*, nucléole-noyau ; *mn*, membrane du noyau ; *f*, fuseau ; *bn*, éléments chromatiques ; *pn*, plaque équatoriale ; *cp*, éléments chromatiques des noyaux-filles. (D'après MEUNIER, 1887).

protoplasmiques accumulées aux pôles du noyau, et en partie du protoplasma nucléaire, caryoplasma, qui, avant la transformation du nucléole,

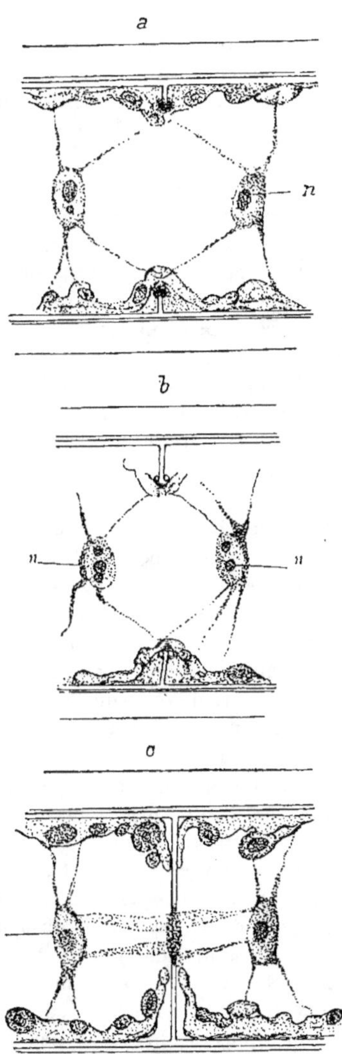

Fig. 241. — *Spirogyra orthospira*. — Développement centripète de la cloison cellulosique entre deux noyaux-filles, *n*. — *a*. Sur la paroi latérale de la cellule apparaît un anneau protoplasmique qui refoule la couche chlorophyllienne, et dans l'épaisseur duquel se forme une lame de cellulose. — *b*. Stade plus avancé. — *c*. L'anneau protoplasmique est fondu en une plaque centrale; la cloison cellulosique est presque terminée. (D'après STRASBURGER).

s'est disposé en filaments parallèles (fig. 240, 2). Ceux-ci se mettent en rapport avec les masses polaires après la disparition de la membrane nucléaire aux pôles. La partie chromatique des noyaux-filles, provenant de la demi-plaque équatoriale, se condense en un prétendu nucléole, qui s'entoure d'une membrane; puis à une certaine distance de ce nucléole se forme une autre membrane apparaissant d'abord du côté du fuseau, et qui finit par circonscrire autour du nucléole une certaine quantité de protoplasma, comme on l'observe dans le noyau-mère quiescent (fig. 240, 7 et 8).

Moll est arrivé à une conclusion à peu près identique à celle de **Meunier**. J'ai retrouvé dans mes notes des observations datant de 1881, et qui n'ont pas été publiées, dans lesquelles j'avais constaté, comme ces deux derniers auteurs, que les éléments de la plaque équatoriale proviennent du nucléole qui seul se colore par le vert de méthyle. Je n'avais pas trouvé tous les stades de la karyodiérèse, mais j'avais noté que lorsque se constitue le fuseau achromatique, la membrane du noyau a disparu vis-à-vis des masses plasmiques polaires, et que le reste de la membrane persiste très longtemps jusqu'après la formation de la plaque équatoriale. Ayant, depuis cette époque, reconnu l'existence d'une membrane autour du nucléole à l'état de repos, et la présence de chromosomes en forme de bâtonnets dans son intérieur, je suis porté à considérer le nucléole colorable comme le véritable noyau d'une cellule de *Spirogyra* et la masse protoplasmique qui l'entoure, ainsi que la membrane qui délimite cette masse, comme une partie accessoire surajoutée au noyau, et lui constituant une sorte de loge au milieu de la cellule. La formation secondaire et tardive de cette seconde membrane, observée par **Meunier**, vient à l'appui de ma manière de voir.

Si l'on envisage le prétendu nucléole comme le véritable noyau, la karyodiérèse chez le *Spirogyra* rentre dans le schéma général. Il existe très probablement dans les masses protoplasmiques polaires des centrosomes, qui n'ont pas encore été vus jusqu'ici ; ces centrosomes sont le centre de formation d'asters dont les rayons se dirigent vers la loge nucléaire ; dans l'intérieur de celle-ci, sous l'action des centrosomes, le protoplasma se dispose également en filaments achromatiques ; la membrane de la loge se résorbe d'abord vis-à-vis des asters, et le fuseau achromatique se constitue finalement aux dépens du protoplasma entourant le noyau, y compris celui contenu dans la loge. A partir de ce moment la division du noyau, improprement appelé nucléole, suit la marche ordinaire de la karyodiérèse.

Division de la cellule du *Spirogyra*.

Si les auteurs ne sont pas encore d'accord sur l'interprétation du processus de la division nucléaire, le cloisonnement centripète de la cellule, qui suit la bipartition du noyau, a été bien observée par **Strasburger**. A la moitié de la longueur de la cellule, entre les deux noyaux-filles, quelquefois même plus tôt, dès le stade de la plaque équatoriale, on remarque un épaississement de la couche protoplasmique qui revêt la face interne de la cellule, épaississement sous forme d'un anneau circulaire. Dans l'intérieur de cet anneau apparaît une petite cloison de cellulose. L'anneau protoplasmique avec la cloison qu'il renferme s'avance de plus en plus vers le centre de la cellule, refoulant les filaments connectifs, qui relient encore les noyaux-filles, et la spirale chlorophyllienne. L'anneau protoplasmique finit par se transformer en une plaque dans laquelle se complète la cloison cellulosique qui a pris naissance à la périphérie de la cellule-mère (fig. 241).

Un semblable cloisonnement centripète s'observe chez les *Cladophora*, où il a été vu par **Hugo Mohl**, dès 1835, et lors de la séparation du sporange chez les *Bryopsis, Codium, Valonia, Derbesia*, etc. On le rencontre aussi chez les Mucorinées, les Saprolégniées, les Champignons. Enfin chez beaucoup de Floridées, la formation de la cloison centripète s'arrête dans son développement, et les cellules ne sont plus séparées que par des diaphragmes perforés, de sorte que les cellules communiquent entre elles.

14 février 1894.

VINGT-DEUXIÈME LEÇON

DIVISIONS CELLULAIRES INDIRECTES ANORMALES

Cloisonnement multiple ; cellules-mères des grains de pollen et des spores ; sac embryonnaire des Phanérogames ; cellules parablastiques des Poissons. — Formation du blastoderme chez les Arthropodes. — Sporulation chez les Sporozoaires. — Indépendance de la division du noyau et de la division du corps cellulaire. — Divisions multipolaires. — Divisions anormales des cellules embryonnaires de la Truite. — Démonstration de l'action des centrosomes sur les chromosomes. — Polycaryocytes et mégacaryocytes. — Cellules hyperchromatiques et hypochromatiques. — Division indirecte du micronucléus des Infusoires ciliés. — Centrosomes chez les Protozoaires.

MESSIEURS,

Nous n'avons jusqu'ici envisagé que les cytodiérèses dans lesquelles la division du corps protoplasmique suit celle du noyau, ce qui est le cas le plus général. Nous avons vu cependant que, dans le sac embryonnaire des Phanérogames, les deux noyaux-filles résultant de la division du noyau de la cellule-mère, s'éloignent l'un de l'autre vers les deux extrémités du sac, et y subissent deux bipartitions successives pour former les deux tétrades, aux dépens desquelles se constitueront les synergides de l'oosphère, le noyau secondaire du sac embryonnaire et les vésicules antipodes. La cellule-mère renferme donc à un moment donné huit noyaux libres, dans un corps protoplasmique indivis. Le même phénomène s'observe plus tard lors de la multiplication du noyau secondaire du sac, pour la production de l'endosperme. Vous vous rappelez que pendant longtemps on a cru que ces noyaux prenaient naissance par formation libre dans le protoplasma du sac embryonnaire, et que **Strasburger**, le premier, prouva qu'ils proviennent tous de bipartitions successives, par voie indirecte, du noyau secondaire du sac. A un stade plus avancé du développement, chacun de ces noyaux devient le centre de formation de cellules qui se séparent de la masse protoplasmique commune par un *cloisonnement multiple*.

Avant d'examiner le développement de ces cloisons multiples dans le sac embryonnaire, je dois vous dire un mot des faits qui ont été découverts par **Strasburger** dans les cellules-mères des grains de pollen des Phanérogames, des spores des Cryptogames vasculaires, et de certaines Muscinées.

Tandis que chez la plupart de Monocotylédones les cellules de la tétrade prennent
naissance par deux bipartitions successives
de la cellule-mère qui s'opèrent normalement, c'est-à-dire par la formation entre les
noyaux-filles d'une plaque cellulaire, dans
laquelle se produit une cloison de cellulose,
chez les Dicotylédones et quelques Monocotylédones, telles que l'Asphodèle, la plaque
cellulaire de la première bipartition se résorbe avant d'avoir produit une cloison de
cellulose. Après la seconde bipartition des
noyaux, apparaissent entre les quatre noyaux,
que contient alors la cellule-mère indivise,
des filaments achromatiques unissants, sur le
milieu desquels se forment quatre plaques
cellulaires qui donnent naissance simultanément à quatre cloisons de cellulose. Les deux
bipartitions successives de la cellule-mère se
trouvent donc remplacées par une quadriparti-
tion simultanée. Le même processus a été
constaté dans la formation des spores en
tétrade des *Equisetum*, des *Psilotum*, des
Ophioglossum et des *Pellia*.

Sac embryon-
naire des
Phanérogames　Dans le sac embryonnaire peu développé
et étroit de certaines Phanérogames, telles
que les Labiées, les Scrophularinées, les
Campanulacées et les Plombaginées, chez le
Monotropa et le Gui, les bipartitions successives du noyau secondaire sont suivies de la
division du corps protoplasmique, de sorte
que l'albumen est dès le début formé de
cellules. Mais le plus souvent, chez les autres
Angiospermes et chez les Gymnospermes,
le sac embryonnaire prend un grand développement, se creuse d'une cavité et le protoplasma se trouve refoulé à la périphérie.
C'est dans cette couche pariétale assez mince
que les noyaux se multiplient rapidement par
karyodiérèse. Notons en passant un fait intéressant, constaté par **Strasburger** et par
Guignard, fait dont je vous ai déjà parlé à
propos des cellules embryonnaires, à savoir

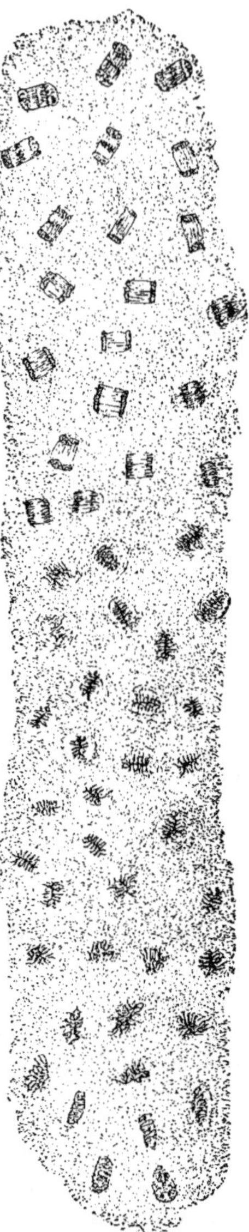

Fig. 242. — *Fritillaria imperialis*
Couche protoplasmique pariétale
du sac embryonnaire montrant des
noyaux à toutes les phases de la
segmentation nucléaire. Gross. 90
(D'après STRASBURGER, fig. empruntée à O. HERTWIG).

que presque tous les noyaux, pendant leur multiplication, présentent simultanément les mêmes stades de division (fig. 242).

Quand le sac a terminé sa croissance, on voit alors apparaitre autour de
chaque noyau des filaments achromatiques, rayonnants, qui en se rejoignant
constituent des systèmes de filaments connectifs, reliant entre eux tous les
noyaux. Sur le milieu de ces systèmes se forment des plaques cellulaires
dans l'intérieur desquelles se produisent des cloisons de cellulose, qui
divisent ainsi la couche protoplasmique en autant de cellules qu'elle renfermait de noyaux (fig. 243). Quelquefois une plaque cellulaire ne se formant
pas entre deux noyaux voisins, ceux-ci seront inclus dans une même cellule.
Chez les *Corydalis*, *Pulmonaria*, *Galanthus*, etc., les plaques cellulaires
apparaissent par places, irrégulièrement, de sorte qu'il se forme de grandes
cellules plurinucléées. Chez le *Co-*
rydalis, plusieurs de ces noyaux
peuvent ultérieurement se fusionner entre eux, et finalement la
cellule ne renfermera plus qu'un
ou deux noyaux.

Enfin, dans le Haricot et la
Fève, le cloisonnement multiple
n'a pas lieu, et le sac embryonnaire
ne renferme plus qu'un albumen
plurinucléé dans lequel ne se différencie aucune cellule.

C'est par une série de bipartitions successives du noyau, non
suivies de division du corps cellulaire, que prennent naissance ces
cellules renfermant un grand nombre de petits noyaux telles que
celles des *Cladophora*, des *Valonia*,
des *Vaucheria*, etc. et très probablement aussi les fibres libériennes et
les laticifères à noyaux multiples.

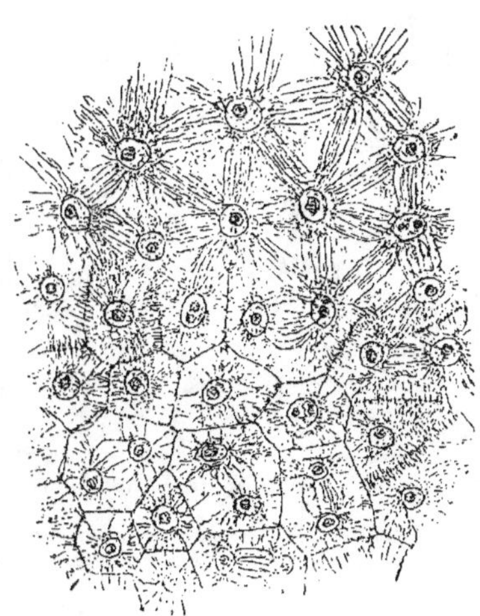

Fig. 243. — *Reseda odorata*. Couche protop'as-
mique pariétale du sac embryonnaire au début
de la formation libre des cellules. Gross. 240.
(D'après STRASBURGER, fig. empruntée à O. HERT
WIG).

A. Lister (1893) a vu que dans le plasmodium des Myxomycètes (*Badhamia
utricularis*, *Trichia*) et dans les jeunes sporanges les noyaux se multiplient
aussi par division indirecte.

L'indépendance de la division du noyau et de celle du protoplasma
n'est pas un phénomène propre aux végétaux; on l'observe fréquemment
chez les animaux.

Kupffer (1868) avait remarqué, dans les œufs de l'Épinoche, que la
couche protoplasmique sous-jacente au germe segmenté, couche à laquelle
Klein a donné le nom de *parablaste*, il existe des noyaux libres, autour

desquels à un moment donné s'organisent des cellules par formation libre. **Ed. van Beneden** (1877) décrivit autour de ces noyaux des stries rayonnantes claires qui apparaissent lorsque se différencient les cellules. **Balfour** (1878) reconnut que les noyaux du parablaste des Sélaciens se multiplient par division indirecte. **Hoffmann** (1881) et moi-même (1882) avons montré que, chez les Téléostéens, les noyaux, de même que dans le sac embryonnaire des Phanérogames, présentent simultanément les mêmes stades de la karyodiérèse, et j'ai pu suivre, sur le vivant, la formation de cellules aux dépens des noyaux du parablaste par un cloisonnement multiple simultané, identique à celui que je viens de vous décrire dans l'endosperme.

Formation du blastoderme chez les Arthropodes. On a pensé pendant longtemps que le blastoderme des œufs centrolécithes des Arthropodes, et en particulier des Insectes, se formait par apparition spontanée de noyaux libres dans la couche protoplasmique qui entoure le vitellus nutritif de ces œufs. La théorie des blastèmes était

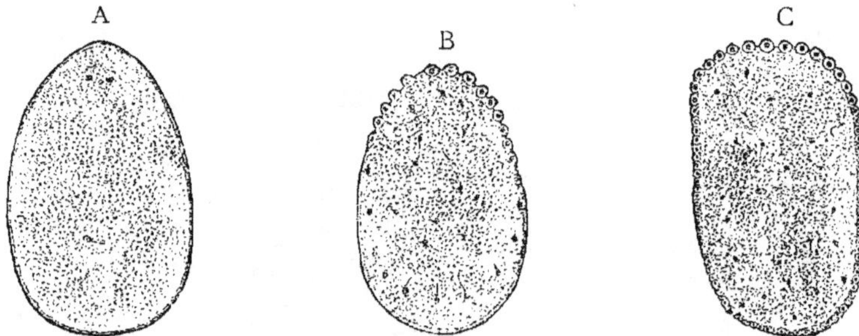

Fig. 244. — Segmentation superficielle de l'œuf d'un Insecte (*Pieris cratægi*). A, division du noyau de segmentation. B, un certain nombre de noyaux ont émigré à la surface de la partie supérieure de l'œuf pour contribuer à former la membrane germinative ou blastoderme. C, la membrane germinative recouvre toute la surface de l'œuf. (D'après Bobretzky, fig. empruntée à O. Hertwig).

encore admise pour le premier développement des Insectes. **Bobretzki** (1878) porta le dernier coup à cette théorie surannée en montrant, dans l'œuf du *Pieris cratægi*, que les noyaux libres du blastoderme proviennent de la multiplication d'un premier noyau de segmentation, situé au centre de l'œuf et dont les descendants émigrent à la périphérie, dans la couche protoplasmique, pour s'y multiplier à leur tour et devenir plus tard des centres de formation de cellules (fig. 244). Les recherches de **Blochmann, Heider**, etc. ont confirmé entièrement les observations de **Bobretzki**, et l'on sait aujourd'hui que dans tous les œufs centrolécithes les noyaux blastodermiques résultent de bipartitions successives, par voie indirecte du premier noyau de segmentation, et que les premières cellules blastodermiques se différencient autour de ces noyaux, comme dans le parablaste des Poissons, comme dans l'endosperme des Phanérogames.

Les spores des Grégarines comme celles des autres Sporozoaires se forment par le même processus, ainsi que je l'ai montré, en 1888, pour le *Monocystis* de Lombric. Le noyau se divise par karyodiérèse dans l'intérieur de la Grégarine enkystée : les noyaux-filles

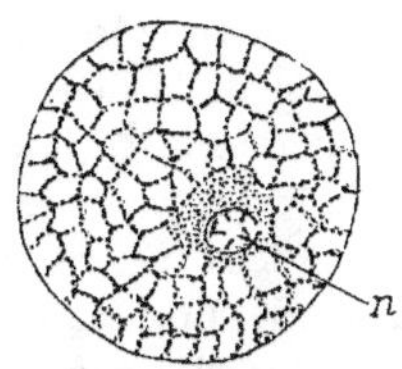

Fig. 245. — *Monocystis* du Lombric récemment enkysté, coloré par le carmin au borax. Le réseau protoplasmique est seul visible; *n*, noyau dont la substance chromatique est réunie en un globule chromatique central. (D'après HENNEGUY, 1888).

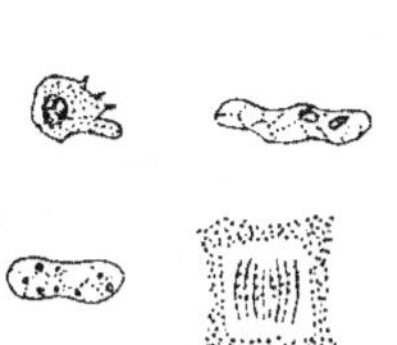

Fig. 246. — Quatre stades de la transformation du noyau du *Monocystis* enkysté, avant sa division. (D'après HENNEGUY, 1888).

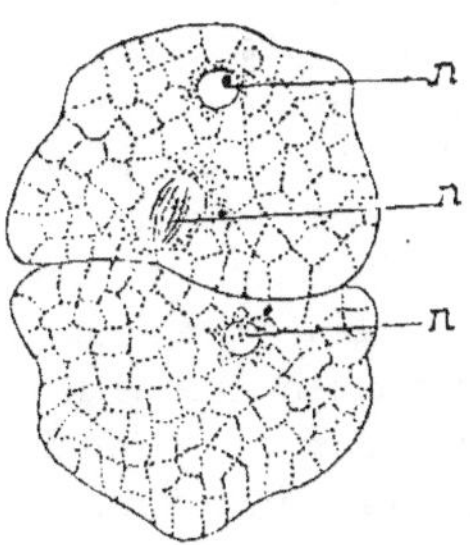

Fig. 247. — Kyste de *Monocystis* du Lombric, divisé en deux parties et renfermant des noyaux au repos, *n*, et un noyau en voie de division, *n'*. En dehors des noyaux on voit des grains de chromatine colorés en rouge. (D'après HENNEGUY, 1888).

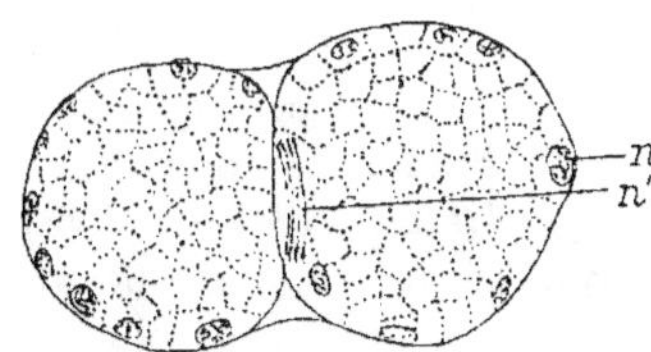

Fig. 248. — Kyste de *Monocystis* du Lombric, divisé en deux moitiés, dans chaque moitié les noyaux ont émigré à la périphérie; *n*, noyau; *n'*, noyau en voie de division. (D'après HENNEGUY, 1888).

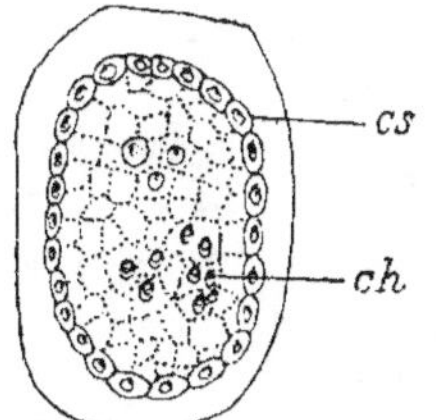

Fig. 249. — Kyste de *Monocystis* du Lombric présentant à sa périphérie une couche de cellules dont chacune, *cs*, deviendra une spore. Dans l'intérieur du kyste se trouvent des fragments de chromatine, *ch*, en chromatolyse. (D'après HENNEGUY, 1888).

se multiplient à la périphérie également par division indirecte, et autour d'eux s'organisent plus tard les spores. Dans la spore elle-même, le noyau subit quatre bipartitions successives pour donner les noyaux des *corps falciformes* (fig. 245 à 260). Enfin,

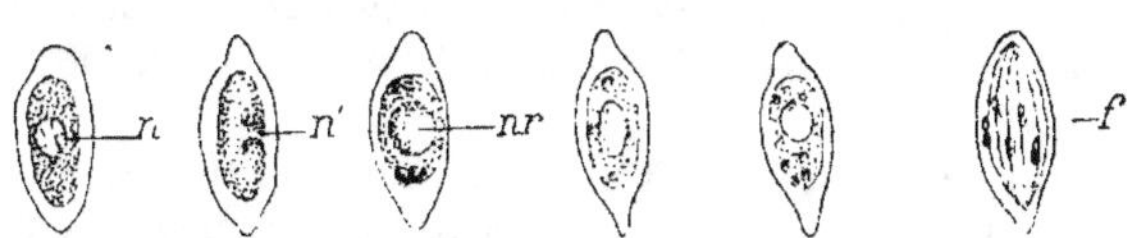

Fig. 250. — Stades successifs de la formation des corpuscules falciformes, *f*, dans les spores du *Monocystis* du Lombric; *n*, noyau; *n'*, noyau en voie de division; *nr*, noyau de reliquat. (D'après HENNEGUY, 1888).

Pfitzner et **Nussbaum** ont montré que dans les Opalines, Infusoirs ciliés à noyaux multiples, ces noyaux se multiplient aussi par voie indirecte, sans que le protoplasma subisse aucune division.

Indépendance de la division du noyau et de la division du corps cellulaire. — Tous les faits que je viens de vous signaler prouvent donc que la division du noyau peut être absolument indépendante de celle de la division de la cellule, et que d'un autre côté le protoplasma peut être le siège de phénomènes de division ou de cloisonnement alors que les noyaux qu'il renferme sont à l'état de repos. L'indépendance de ces deux ordres de phénomènes n'implique pas cependant que le noyau et le protoplasma n'exercent aucune action réciproque l'un sur l'autre pendant la manifestation de ces phénomènes. J'ai pu voir que dans le parablaste les noyaux libres sont, comme ceux des cellules embryonnaires, accompagnés de centrosomes qui entrent en action au moment de leur division; **Guignard** a constaté qu'il en est de même pour les noyaux du sac embryonnaire. D'un autre côté c'est entre les noyaux libres, et autour d'eux qu'apparaissent les filaments protoplasmiques, au moment de la différenciation des cellules, et on ne voit pas se former de ces filaments là où il n'y a pas de noyau. Mais ici, il reste un point à élucider; les sphères attractives jouent-elles un rôle dans la formation de ces filaments unissants, ou les noyaux interviennent-ils seuls? c'est une question qui demande de nouvelles recherches.

Divisions multipolaires. — La formation de noyaux libres dans une masse protoplasmique indivise, et celle de cellules multinucléées peuvent se produire par un autre processus qu'une série de bipartitions successives du noyau non suivies de la division du corps cellulaire. On observe assez souvent des divisions indirectes anormales dans lesquelles le noyau, au lieu de subir une simple bipartition, se partage simultanément en trois, quatre ou un plus grand nombre de noyaux-filles; c'est à ce phénomène qu'on a donné le nom de *division indirecte multipolaire*. La considération de ce mode de division est très intéressante parce qu'elle met bien en relief le rôle des centrosomes dans la karyodiérèse.

La première observation de division multipolaire est due à **Eberth** (1876) qui vit dans la membrane de Descemet un noyau se divisant en quatre parties et présentant des figures nucléaires de division indirecte. **Arnold** (1879) trouva dans les tumeurs, sarcomes et carcinomes, à côté de divisions nucléaires normales, des formes anormales irrégulièrement étoilées, des plaques équatoriales à trois ou quatres branches, et il admit que ces figures étaient en relation avec la formation de noyaux multiples.

Depuis cette époque, un grand nombre d'auteurs : **Martin** (1881), **Waldstein** (1883), **Podwyssozky** (1884), **Schottländer** (1888), **Cornil** (1887), **Demarbaix** (1889), **Klebs** (1889), **Hess** (1890), **Kostanecki** (1890), **Nauwerck** (1890), **Hansemann** (1890), **Ströbe** (1891), **Galeotti** (1893), dans les tissus

pathologiques, **Arnold** (1883), **Rabl** (1884), **Mayzel** (1884), **Flemming** (1887).
Tizzoni et **Poggi** (1886) **Denys** (1886), **Reinke** (1891), **Van Bambeke** et
Van der Stricht (1891), dans les tissus animaux, **O. Hertwig** (1887), et
moi-même (1891), dans les œufs, **Treub** (1879), **Hegelmaier** (1880), **Strasburger** (1880), **Soltwedel** (1881), et **Guignard** (1891), dans les tissus végétaux ont retrouvé et étudié les divisions multipolaires.

Le germe de la Truite, qui est un objet si favorable pour l'étude de la
cytodiérèse normale, l'est également pour celle de ces divisions anormales
et irrégulières.

Lorsque les noyaux du parablaste se divisent, chacun d'eux présente
normalement dans son voisinage deux sphères attractives qui se comportent absolument comme celles des cellules du germe. Aussi bien que dans
ces dernières, on peut observer dans le parablaste la formation des asters

Divisions
anormales des
cellules
embryonnai-
res de la
Truite.

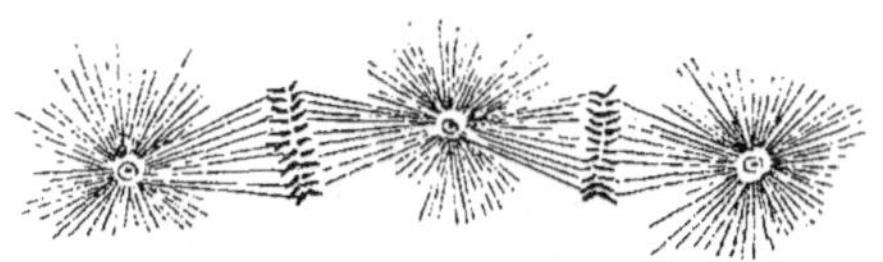

Fig. 252. — Karyodiérèse dans le parablaste de la Truite. Deux
fuseaux ayant une sphère attractive commune. (D'après
Henneguy, 1891).

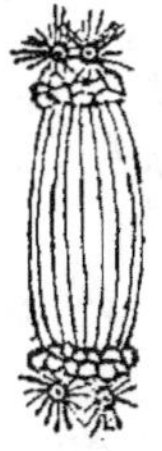

Fig. 251. — Karyodié-
rèse dans le para-
blaste de la Truite.
Division indirecte
normale, suivie d'un
dédoublement des
sphères attractives.
(D'après Henneguy,
1891).

autour des sphères attractives et celle du fuseau achromatique, le dédoublement des centrosomes et la reconstitution des noyaux-filles aux dépens des chromosomes
(fig. 251). Les différentes phases de la division du noyau
évoluent normalement quand les noyaux sont isolés,
mais il arrive fréquemment que plusieurs noyaux se
trouvent rapprochés, et le processus de la division est
alors altéré.

Un cas qui se présente souvent est celui où une sphère attractive est
commune à deux noyaux différents, pourvus chacun en outre d'une sphère
propre (fig. 252); un semblable système donne naissance à deux fuseaux
achromatiques divergents à partir d'un centre unique, et à trois noyaux-
filles, dont l'un, celui qui se forme en rapport avec le centre unique est
plus riche en chromosomes que les deux autres, puisqu'il renferme deux
dyasters appartenant à des fuseaux différents.

Il n'est pas rare d'observer trois et même quatre fuseaux achromatiques
ayant une sphère attractive commune; chacun de ces fuseaux présente une
plaque équatoriale indépendante. J'ai pu constater que, dans ce cas, les
plaques équatoriales n'occupent pas exactement le milieu des fuseaux, mais

sont plus rapprochées de leur extrémité libre, pourvue d'une sphère attractive propre (fig. 253). On conçoit aisément qu'il doit en être ainsi, la sphère attractive commune à trois ou quatre fuseaux étant moins active que les sphères isolées, puisque sa force d'attraction est divisée.

On trouve également dans le parablaste des noyaux isolés, pourvus de trois ou quatre sphères attractives ; lors de leur division, il se forme alors trois ou quatre demi-fuseaux à sommets indépendants et aboutissant à une plaque équatoriale commune, disposée généralement en étoile à trois ou quatre branches.

Nous savons qu'aux dépens du parablaste s'organisent, autour des noyaux-filles, des cellules qui viennent s'ajouter aux cellules de segmenta-

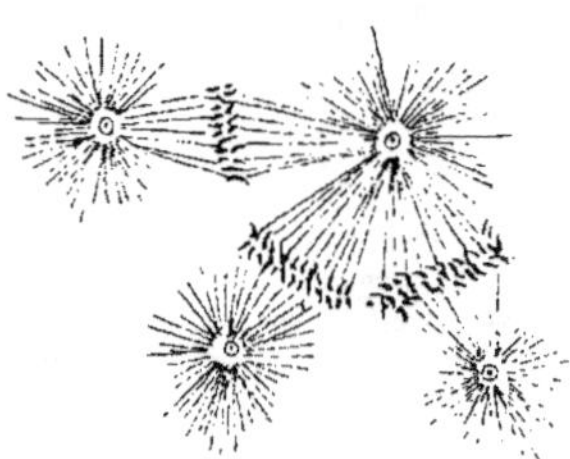

Fig. 253. — Karyodiérèse dans le parablaste de la Truite. Trois fuseaux ayant une sphère attractive commune ; les plaques équatoriales sont plus rapprochées des sphères attractives libres que de la sphère commune. (D'après Henneguy, 1891).

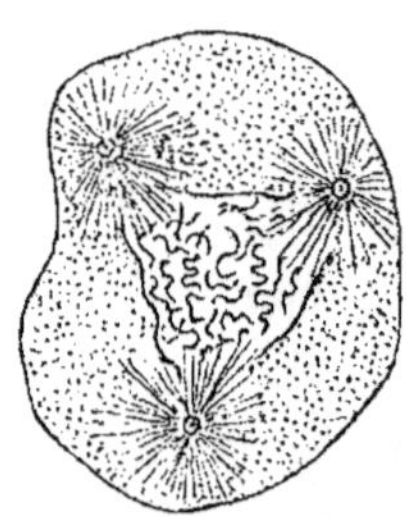

Fig. 254. — Cellule de germe de Truite dans laquelle trois sphères attractives exercent leur action sur le noyau. La membrane de celui-ci a disparu vis-à-vis des trois sphères. (D'après Henneguy, 1891).

tion. Les cellules parablastiques sont généralement plus volumineuses que les autres et situées à la face profonde ou à la périphérie du germe, en contact avec le parablaste. Leurs noyaux présentent souvent trois ou quatre sphères attractives situées à peu près à égale distance les unes des autres au sommet d'un triangle ou d'un tétraèdre équilatéral circonscrit au noyau. Lorsque ces noyaux entrent en division, un aster se constitue autour de chaque sphère attractive ; la membrane du noyau disparaît vis-à-vis de ces asters, dont les rayons pénètrent dans l'intérieur pour former les filaments achromatiques des demi-fuseaux, qui vont se fixer aux chromosomes, disposés en plaque équatoriale en étoile. L'anaphase des systèmes multipolaires ainsi formés est très irrégulière ; la séparation des chromosomes, pour constituer le dyaster, a lieu en plusieurs temps, de sorte que les chromosomes sont échelonnés à différentes hauteurs sur le trajet des filaments achromatiques. Finalement, la division du noyau-mère aboutit à la formation de trois ou quatre noyaux-filles, comme dans le parablaste, noyaux composés d'abord de vésicules qui se fusionnent petit à petit suivant le processus normal. J'ignore ce que deviennent ces cellules pluri-nucléées; on ne les retrouve pas dans le germe vers la fin de la segmentation ; il est probable qu'elles se segmentent ultérieurement, sans division préalable de leurs noyaux, en cellules à un seul noyau, et deviennent alors identiques aux autres éléments du germe.

On doit se demander comment il se fait qu'un noyau puisse être accompagné de plus de deux sphères attractives. L'observation directe ne nous renseigne pas sur cette question et l'on est réduit à émettre des hypothèses. On peut admettre que, au moment où une cellule se différencie autour d'un noyau du parablaste, le protoplasma de cette cellule englobe, en outre des deux sphères attractives propres à son noyau, une ou deux sphères attractives des noyaux voisins. Les noyaux, privés de l'une de leurs sphères attractives ou des deux ne pourraient plus se diviser ; on sait, en effet, que les

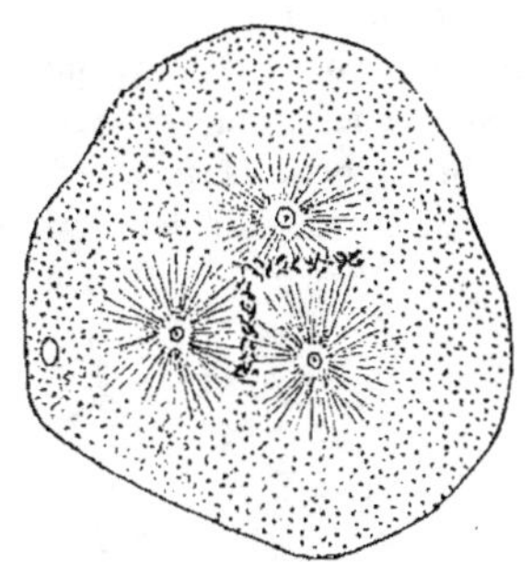

Fig. 255. — Cellule de germe de Truite présentant trois sphères attractives et deux plaques équatoriales; cette disposition correspond à la métaphase de la cellule représentée, fig. 254. (D'après HENNEGUY, 1891).

noyaux libres qui persistent dans le parablaste après la formation des cellules parablastiques ne se segmentent plus que par division directe. On peut aussi supposer que, pendant l'anaphase d'un noyau parablastique, une ou deux sphères attractives-filles ont subi deux bipartitions successives, de sorte que le noyau-fille est pourvu de trois ou quatre sphères. Enfin il ne serait pas impossible que, les sphères attractives étant des éléments indépendants des noyaux, leur nombre fût à l'origine, dans le parablaste, de beaucoup supérieur à celui des noyaux, et que par conséquent plusieurs noyaux possédassent plus de deux sphères attractives.

L'existence, dans le parablaste ou dans les grandes cellules qui en dérivent, de figures de divisions nucléaires anormales, dans lesquelles on voit soit

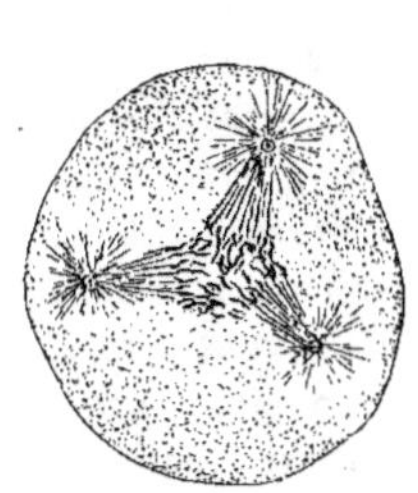

Fig. 256. — Cellule de germe de Truite dans laquelle trois sphères attractives agissent sur le même noyau. (D'après HENNEGUY, 1891).

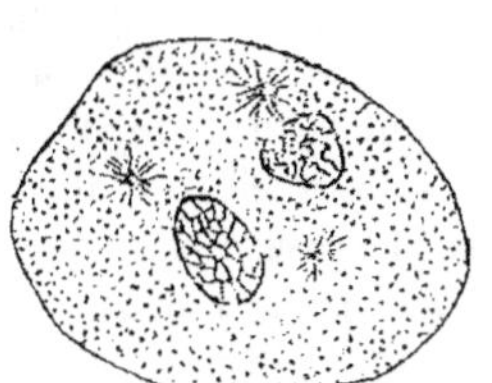

Fig. 257. — Cellule de germe de Truite, pourvue de deux noyaux à l'état de repos et de trois sphères attractives dont l'une est commune aux deux noyaux. (D'après HENNEGUY, 1891).

une même sphère attractive agir sur plusieurs noyaux à la fois, soit trois
ou quatre sphères attractives diriger la division d'un même noyau, démontre d'une manière évidente l'indépendance de ces sphères attractives
vis-à-vis des noyaux; elle prouve, en outre, que le nombre des sphères
attractives peut être variable par
rapport au noyau, et que de ce
nombre dépend la forme de division du noyau ; si deux, trois ou

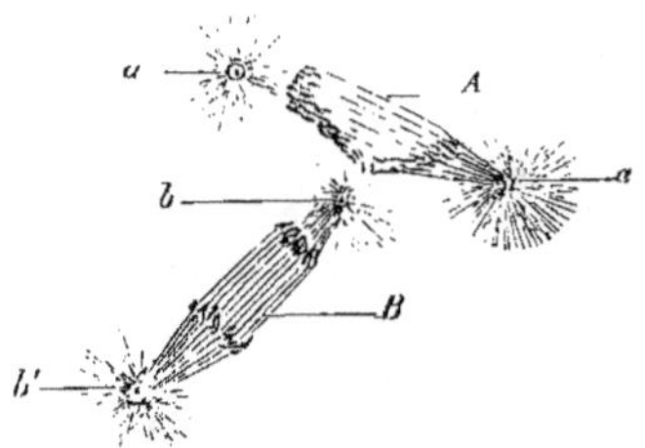

Fig. 259. — Noyaux parablastiques de la Truite
en voie de division. Le fuseau B exerce une
action perturbatrice sur la formation des
dyasters du fuseau A ; la sphère attractive *b*,
exerce une action sur les chromosomes de A.
(D'après HENNEGUY, 1891).

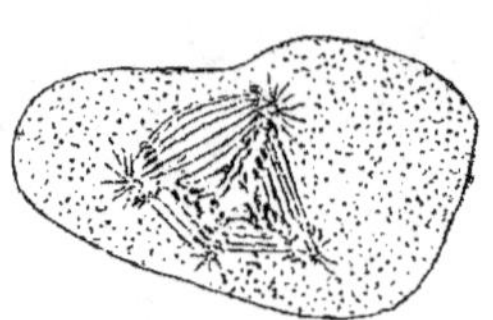

Fig. 258. — Cellule de germe de
Truite montrant l'anaphase d'un
noyau à division quadripolaire.
(D'après HENNEGUY, 1891).

quatre sphères attractives exercent leur action sur un noyau, celui-ci se
divise en deux, trois ou quatre noyaux-filles.

Je signalerai en terminant une observation que j'ai faite dans le parablaste et qui démontre une fois de plus que les sphères attractives agissent
bien, ainsi que leur nom l'indique, comme de véritables centres d'attraction sur les noyaux et leurs chromosomes. La figure 259 représente deux
systèmes nucléaires du parablaste pendant l'anaphase. Le fuseau B forme
avec le fuseau A un angle d'environ 60°; l'une de ses sphères attractives
est située à peu de distance du milieu du fuseau A. Tandis que les dyasters
du fuseau B sont réguliers et que leurs chromosomes sont situés à égale
distance des extrémités, ceux du fuseau A sont tout à fait irréguliers. Les
chromosomes de ces dyasters, situés du côté opposé à la sphère attractive
b occupent une position normale. Mais ceux voisins de cette sphère attractive occupent encore le milieu du fuseau et quelques-uns d'entre eux, au
lieu d'être dirigés, suivant leur grand axe, vers les sphères attractives du
fuseau A, sont tournés vers la sphère *b*. Celle-ci agit comme centre pertur-
bateur sur le cheminement des chromosomes vers les pôles du fuseau A ;
son action attractive est d'autant plus marquée sur ces chromosomes que
ceux-ci sont plus rapprochés d'elle. Il est impossible de dire si c'est par
les filaments achromatiques que la sphère *b* envoie vers le fuseau A et
qui se fixeraient sur les chromosomes, que ceux-ci sont retardés dans leur
marche ou s'il s'agit simplement d'une force attractive, semblable à celle
qu'exercerait le pôle d'un aimant ; cette dernière hypothèse me semble la

plus probable. Il est permis de supposer que, si le système composé des fuseaux A et B avait continué à évoluer, la sphère attractive *b* aurait enlevé un certain nombre de chromosomes au fuseau A et que le système entier aurait donné naissance à cinq noyaux-filles.

Denys (1886) dans les cellules géantes de la moelle osseuse (*polycaryocytes* de Howell, (1890), **Van der Stricht** et **Van Bamkeke** (1892) et **Kostanecki** (1892), dans les cellules géantes du foie embryonnaire des Mammifères *mégacaryocytes*), ont observé des divisions multipolaires encore plus complexes que celles que j'ai trouvées dans le parablaste et les cellules embryonnaires (fig. 260 et 261). Il se forme autour du noyau une dizaine d'asters qui déterminent un stade de métakinèse des plus compliqués ; les chromosomes se concentrent au niveau de plusieurs plans qui s'entrecroisent dans divers sens et constituent une véritable charpente de plaques équatoriales. Pendant l'anaphase, les chromosomes-filles se portent par groupes vers les différents pôles de la figure achromatique multipolaire, où ils forment de nombreuses petites couronnes qui se

Polycaryocytes et mégacaryocytes.

Fig. 260. — Figure nucléaire multipolaire montrant de nombreux groupes de chromosomesmères. Cellule géante du foie d'un embryon de Mammifère. (D'après Kostanecki, fig. empruntée à O. Hertwig).

Fig. 261. — Figure nucléaire d'une cellule géante du foie d'un embryon de Mammifère. Les chromosomes-filles forment de nombreux groupes écartés les uns des autres vers les nombreux pôles de la figure. (D'apres Kostanecki, fig. empruntée à O. Hertwig).

transforment en noyaux-filles. Dans les polycaryocytes ces noyaux restent libres, dans les mégacaryocytes ils se fusionnent et donnent naissance à des noyaux lobés ou annulaires. Suivant **Van Bambeke** et **Van der Stricht** cette division multipolaire aboutit à une augmentation de la masse nucléaire du mégacaryocyte qui se divise plus tard par division directe.

A côté de ces divisions multipolaires, qui déterminent la formation de noyaux multiples généralement égaux dans une même cellule, il faut ranger les divisions irrégulières, asymétriques, observées par **Hansemann** (1891) et par **Galeotti** (1893) dans les éléments des tumeurs et qui produisent souvent des noyaux-filles inégaux. **Hansemann** distingue des cellules *hyperchromatiques* et *hypochromatiques*, dans lesquelles le noyau renferme une quantité de chromatine supérieure ou inférieure à celle qu'il contient normalement. Les cellules hyperchromatiques sont très répandues dans les carcinomes ; ces cellules résultent souvent d'une division inégale du noyau. Il peut arriver, en effet, qu'au moment du dédoublement du centrosome, pendant l'anaphase ou plus tard à l'état de repos, les deux moitiés de ce centrosome soient inégales. Lorsque le noyau pourvu de ces centrosomes inégaux se divise, le fuseau nucléaire possèdera, à l'un

Cellules hyperchroma tiques et hypochromatiques.

de ses pôles, un centrosome ayant une puissance attractive plus forte que celle du centrosome du pôle opposé ; au moment du dédoublement de la plaque équatoriale un plus grand nombre de chromosomes se portent du côté du pôle le plus puissant, et les deux noyaux-filles renferment une quantité de chromatine inégale ; l'une des cellules-filles sera hyperchromatique et l'autre hypochromatique.

Enfin, l'un de ces centrosomes peut se diviser d'une manière précoce pendant la prophase. Au moment de la formation du fuseau, les deux centrosomes-filles s'écartant l'un de l'autre, donnent naissance à deux fuseaux ayant pour pôle commun le centrosome resté indivis ; dans ce cas, il se produira encore une division asymétrique ; on aura un gros noyau en rapport avec le centrosome unique et deux petits noyaux vis-à-vis des deux demi-centrosomes. On comprend qu'on puisse observer une variété infinie de ce ces divisions irrégulières.

L'étude comparée de la division indirecte des cellules chez les animaux et chez les végétaux nous a montré que le phénomène suit une marche

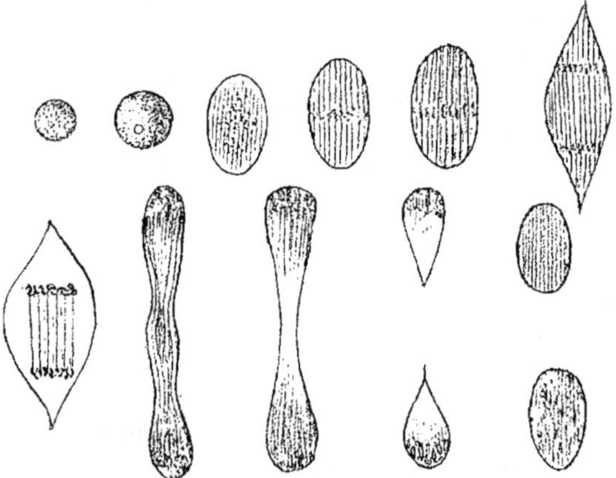

Fig. 262. — Stades successifs de la division indirecte d'un micronucléus de *Paramœcium aurelia*. (D'après BALBIANI, fig. empruntée à GILIS).

identique, quant à ses traits essentiels, dans les deux règnes. Avant d'aborder les différentes questions encore controversées relatives à la cytodiérèse, nous devons examiner rapidement comment s'effectue la division indirecte du noyau chez les êtres unicellaires.

Division indirecte de micronucléus des Infusoires ciliés.

Chez les Infusoires ciliés, seul le micronucléus se divise par voie indirecte ; le macronucléus se divise, en effet, par étranglement, mais en présentant des modifications très intéressantes dont je vous parlerai quand je m'occuperai de la division directe.

Vous vous rappelez que M. **Balbiani** avait, dès 1861, très bien décrit et figuré la division indirecte du micronucléus, mais qu'il avait mal interprété les faits qu'il avait observés. Les recherches ultérieures de **Bütschli**, de **Maupas**, d'**Engelmann**, de **R. Hertwig**, de **Gruber**, etc., n'ont pu que confirmer les observations de mon savant maître, en leur attribuant leur véritable signification.

Aussi suivrons-nous la description donnée par M. **Balbiani** de la division du micronucléus au moment de la fissiparité et au moment de la conjugaison.

Chez le *Paramœcium aurelia*, par exemple, quelque temps avant la fissiparité, le micronucléus augmente de volume, prend un aspect strié et s'allonge ; il renferme des granulations colorables par le vert de méthyle. Le micronucléus continue à s'accroître ; les filaments incolores qu'il contient forment un faisceau dirigé suivant son grand axe et les granulations colorables se disposent en une plaque équatoriale sur le mileu du faisceau. Fait important à noter, la membrane du micronucléus, ou tout au moins son contour, conserve son intégrité, et on ne voit en dehors du noyau aucune disposition rayonnante du protoplasma. Le micronucléus s'effile à ses

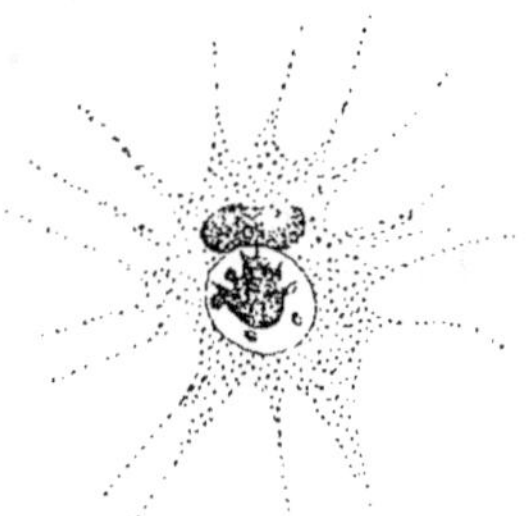

Fig. 263. — Fragment de Noctiluque, quelque temps avant la production de bourgeons, montrant, à côté du noyau, un centrosome double, entouré d'une masse archoplasmique. (D'après Ishi-kawa, 1893).

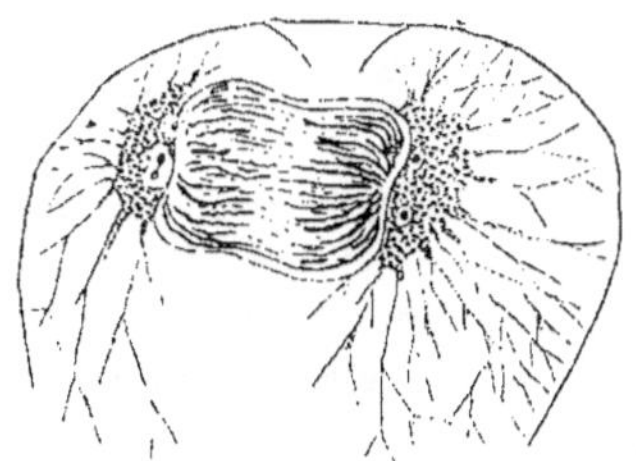

Fig. 264. — Noyau d'un bourgeon de Noctiluque en voie de division. À droite, l'un des centrosomes est en train de se diviser. Fixation par l'acide picrique et l'acide acétique ; coloration par le bleu de méthylène. (D'après Ishikawa, 1893).

deux extrémités, prend la forme d'un fuseau ; en même temps la plaque équatoriale s'est dédoublée et ses deux moitiés se sont rapprochées des pôles du fuseau. L'ensemble de la figure nucléaire s'allonge encore davantage et prend la forme d'un boudin renflé à ses deux extrémités. Les filaments achromatiques qui s'étendaient dans toute la longueur du micronucléus se rompent dans leur partie moyenne ; en ce point, il se produit un étranglement de la membrane et le micronucléus se trouve alors divisé en deux parties égales, piriformes, renfermant à leur grosse extrémité des grains colorés, le reste étant occupé par les filaments achromatiques. Finalement les deux micronucléus-filles reprennent peu à peu la constitution du micronucléus-mère après avoir traversé une phase striée avec des granulations colorées, irrégulièrement distribuées (fig. 262).

Ainsi que vous le voyez, le micronucléus des Ciliés traverse pendant sa division les mêmes phases que les noyaux cellulaires durant la karyodiérèse,

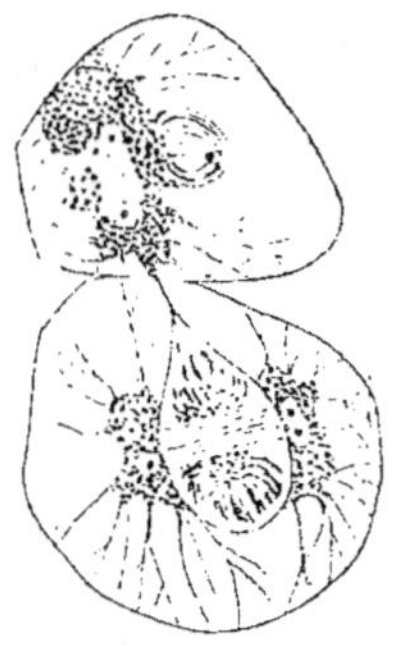

Centrosomes chez les Protozoaires.

Fig. 265. — Division d'un bourgeon de Noctiluque. Coloration par le vert d'iode. (D'après Ishikawa, 1893).

mais ce qui les caractérise, c'est qu'ils conservent leur membrane pendant toute la durée du phénomène.

Jusqu'ici on n'a pu constater l'existence de centrosomes en rapport avec le micronucléus, soit à l'état de repos, soit en division.

Cependant, chez d'autres Protozoaires que les Ciliés, ces corps ont été observés. **Schewiakoff** (1887) dans un Rhizopode, l'*Euglypha alveolata*, a constaté, aux deux extrémités du noyau en voie de division, la présence d'une petite figure radiée de nature protoplasmique, accolée extérieurement à la membrane du noyau.

Tout récemment **Ishikawa** (1893) a trouvé des centrosomes très nets, entourés d'une masse protoplasmique bien différenciée en rapport avec le noyau, chez les Noctiluques. Le noyau, pendant la division, conserve sa membrane, comme chez les autres Protozoaires, et renferme des chromosomes allongés et des filaments achromatiques : à chaque pôle on peut voir deux centrosomes. La position de ces centrosomes varie du reste avec les noyaux et les phases de la division. En lisant la description d'**Ishikawa** et en examinant ses figures (fig. 263, 264 et 265), il est difficile de se faire une idée exacte du processus de la division : l'auteur n'a pas vu évidemment tous les stades du phénomène. Ses observations n'en sont pas moins intéressantes puisqu'elles démontrent l'existence des centrosomes chez les Protozoaires et en outre l'existence de ces corps en dehors du noyau.

17 février 1894.

VINGT-TROISIÈME LEÇON

POINTS CONTROVERSÉS DE LA CYTODIÉRÈSE

Opinions des cytologistes sur l'origine de la figure achromatique. —Origine protoplasmique du fuseau. — Discontinuité des filaments du fuseau. — Origine nucléaire du fuseau et continuité de ses filaments. — Fuseau central (Hermann). — Opinion de Strasburger. — Trophoplasma et kinoplasma. — Apparence variable de la figure achromatique. — Fuseau central primaire et fuseau secondaire. — Disparition de la membrane nucléaire pendant le karyodiérèse. — Sort des nucléoles dans la karyodiérèse. — Colorabilité des noyaux en voie de division.— Modifications du cytoplasma. — Durée de la division indirecte d'une cellule. — Causes qui influent sur la cytodiérèse. — Action de la température, des gaz et des agents chimiques. — Résultats contradictoires de Demoor et de Hertwig.

Messieurs,

J'arrive à l'exposé des diverses interprétations qui ont été données jusqu'ici des faits que nous avons considérés dans les dernières leçons.

Un premier point sur lequel les cytologistes n'ont pas réussi à se mettre d'accord est la constitution et l'origine de la figure achromatique nucléaire.

En vous décrivant la division des cellules embryonnaires et des cellules végétales, je vous ai dit que le fuseau était formé par les filaments protoplasmiques qui rayonnent autour des centrosomes, et qui pénètrent dans l'intérieur du noyau, après la disparition de sa membrane aux pôles. Dans cette manière de voir, défendue par **Fol, Bobretzki, Strasburger, Guignard, Juranyi, Tangl, Went, O. Schultze, Van der Stricht** et par moi, la figure achromatique tout entière a une origine protoplasmique, de plus les filaments du fuseau sont continus d'un pôle à l'autre et les filaments connectifs ou unissants, qui réunissent les deux noyaux-filles, sont identiques à ceux qui constituent le fuseau ; les chromosomes se déplacent à la surface de ces filaments qui leur servent pour ainsi dire de guide.

Une autre opinion, qui se rapproche de celle-ci, est soutenue par **Ed. van Beneden, Platner, Boveri.** Ces auteurs font provenir le fuseau achromatique des sphères attractives, par conséquent du cytoplasma, mais pour eux les filaments ne sont pas continus d'un pôle à l'autre. Le fuseau se compose en réalité de deux demi-fuseaux ou de deux cônes, dont les filaments partent de la sphère attractive et s'insèrent sur les chromosomes de la plaque équatoriale (fig. 266). Ces filaments sont contractiles et, après

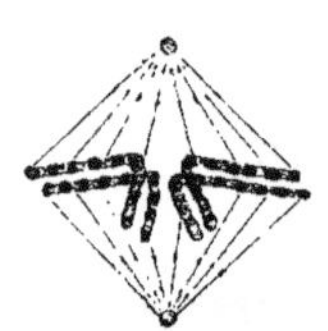

Fig. 266. — Constitution du fuseau achromatique, d'après Ed. Van Beneden. Il se compose de deux demi-fuseaux dont les filaments se fixent sur les chromosomes-filles. (Fig. empruntée à O. Hertwig).

le dédoublement longitudinal des chromosomes, ils attirent, en se rétractant, les chromosomes-filles vers chacun des pôles. Pendant la séparation des chromosomes, chaque moitié de l'un d'eux reste réunie à l'autre moitié par un filament de linine qui s'étire et constitue un filament connectif (fig. 267). Les filaments du fuseau ont donc une origine cytoplasmique, tandis que les filaments connectifs ont une origine nu-

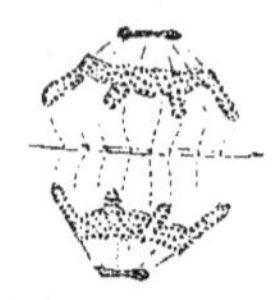

Fig. 267. — Deux noyaux-filles au début de la reconstitution, réunis par les filaments unissants. Les filaments du fuseau raccourcis unissent chaque noyau-fille au centrosome en train de se dédoubler. (D'après Van Beneden et Neyt, fig. empruntée à O. Hertwig).

cléaire.

Origine nucléaire du fuseau.

Continuité des filaments.

Suivant **Rabl**, dont nous connaissons déjà l'opinion relativement à l'orientation des éléments chromatiques du noyau quiescent par rapport à ce qu'il appelle le *champ polaire*, la membrane n'existerait pas au niveau de ce pôle et il y aurait un rapport constant entre les centrosomes et la substance achromatique du noyau (fig. 268 et 269). Des centrosomes

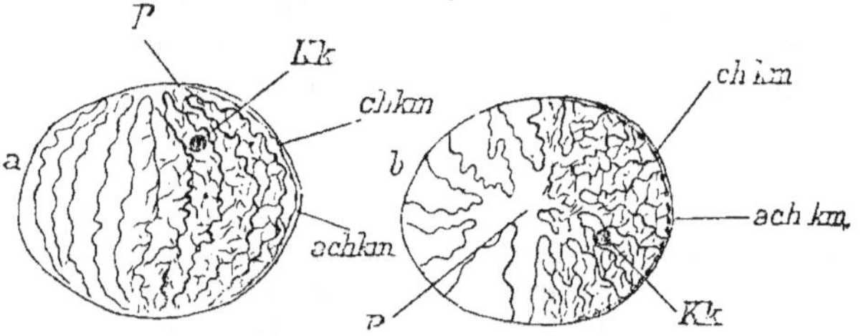

Fig. 268. — Schéma de la disposition du réseau nucléaire d'après Rabl. *a*, noyau vu de côté avec le champ polaire en haut ; *b*, noyau vu par sa partie supérieure. *achkm*, membrane achromatique ; *chkm*, membrane chromatique ; *Kk*, nucléole ; *P*, champ polaire. (Figure empruntée à Schieffer-decker)

rayonnent des filaments protoplasmiques très fins, dont les uns vont s'insérer sur les chromosomes, et les autres sont en continuité avec la charpente achromatique. Ces filaments en se dédoublant provoquent le dédoublement des chromosomes ; lorsque les centrosomes s'éloignent l'un de l'autre, ils exercent une action sur la charpente achromatique du noyau qu'ils orientent pour donner naissance au fuseau (fig. 270). Celui-ci est formé en majeure partie de substance nucléaire ; ses extrémités seules sont de nature cytoplasmique.

Flemming et **O. Hertwig** soutiennent une idée à peu près identique à celle de **Rabl** ; pour eux les filaments du fuseau sont continus d'un pôle à l'autre ; la figure achromatique dérive des substances du noyau et de sa membrane, abstraction faite des radiations polaires qui sont de nature cytoplasmique.

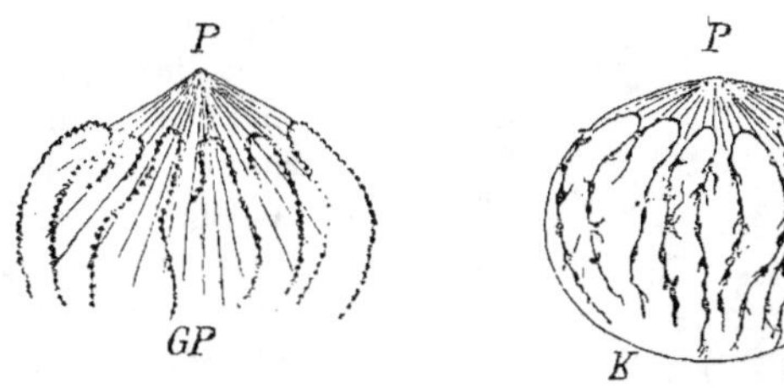

Fig. 269. — Schéma de la disposition des chromosomes et de la figure achromatique dans les noyaux-filles, d'après RABL. *a*, stade peu avancé de la reconstitution du noyau. *b*, stade plus avancé. *P*, champ polaire ; *GP*, champ antipolaire ; *K*, membrane nucléaire. (Fig. empruntée à SCHIEFFERDECKER).

Une quatrième catégorie d'auteurs, tels que **Carnoy, Zacharias, Pfitzner, Brauer, Schwarz,** font provenir le fuseau tout entier du noyau ; ils s'appuient surtout pour défendre cette théorie sur la persistance de la membrane nucléaire après la formation du fuseau, chez les Protozoaires, les *Spirogyra*, et quelques autres cellules.

Enfin, **Hermann** (1891), d'après ses recherches sur les cellules testiculaires de la Salamandre, a émis une nouvelle hypothèse sur la constitution de la figure achromatique. Il a constaté que, lorsque le centrosome se dédouble, des filaments persistent entre les deux centrosomes-filles, et que, quand ceux-ci s'éloignent, les filaments prennent plus d'importance, s'étirent et constituent un fuseau continu. Tandis que les chromosomes du noyau deviennent indépendants et que la membrane nucléaire se résorbe, de chaque centrosome s'irradient de nombreux filaments protoplasmiques qui se dirigent vers les chromosomes et paraissent se fixer à leur surface (fig. 271). En même temps, le fuseau qui relie les deux centrosomes s'allonge et se rapproche des chromosomes, qui se disposent autour de lui en plaque équatoriale. Pour **Hermann**, le fuseau se compose donc de deux parties :

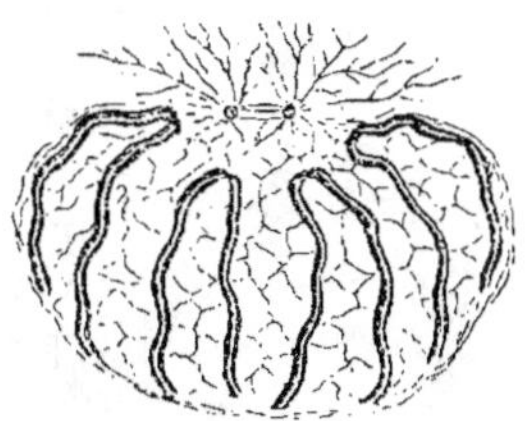

Fig. 270. — Représentation schématique d'un noyau dans le champ polaire duquel le fuseau achromatique est en voie de formation, après le dédoublement du centrosome. (D'après FLEMMING, fig. empruntée à O. HERTWIG).

une partie centrale, à laquelle il donne le nom de *fuseau central*, formée de filaments s'étendant sans discontinuité d'un pôle à l'autre, et qui dérive des filaments réunissant les centrosomes ; l'autre périphérique, répondant

Fuseau central

aux demi-fuseaux de **Van Beneden** et de **Boveri**, constituée de filaments se rendant de chaque centrosome aux chromosomes. Bien que la figure achromatique ait une double origine, elle dérive cependant du cytoplasma ;

mais **Hermann** n'ose pas se prononcer catégoriquement sur la nature protoplasmique de la figure achromatique et pense que les substances du noyau prennent part à sa formation.

Lustig et **Galeotti** (1893) admettent la distinction faite par **Hermann** entre la partie centrale et la partie périphérique du fuseau, mais ils croient en outre que les filaments unissant les deux noyaux-filles sont d'origine nucléaire.

Fig. 271. — Noyau d'une spermatomère de *Salamandra maculata*, se préparant à se diviser. Ébauche du fuseau entre les deux corpuscules polaires. (D'après Hermann, fig. empruntée à O. Hertwig).

Tout récemment **Strasburger** (1893), en se fondant sur ses observations anciennes et nouvelles ainsi que sur les recherches des autres cytologistes, a exposé, dans un travail très intéressant, la manière dont il conçoit la constitution de la cellule, l'origine et la nature de la figure achromatique. Sa première opinion, relative à la nature protoplasmique du fuseau nucléaire dans les cellules végétales, n'a pas changé, et il a pu constater des faits nouveaux qui ne font que la corroborer. Dans le sac embryonnaire du *Galanthus nivalis* et dans les cellules-mères du pollen du *Lilium bulbiferum*, il a vu, dans quelques cas anormaux, le fuseau se former entièrement en dehors du noyau, dont la membrane était demeurée intacte. A l'état normal le fuseau est constitué par les radiations des centrosphères (sphères attractives) qui pénètrent par les pôles du noyau, là où la paroi nucléaire disparaît d'abord. Les radiations opposées se rencontrent à l'équateur du noyau et se soudent pour former des filaments continus de pôle à pôle : ces radiations peuvent se rencontrer et se souder sous un certain angle et produire des fuseaux obliques ou coudés, qui se redressent plus tard. Suivant **Strasburger**, le fuseau serait formé d'un nombre de filaments achromatiques égal à celui des chromosomes, 12 chez le *Lilium*. Après le dédoublement des chromosomes de la plaque équatoriale, chaque moitié d'un même chromosome glisse en sens inverse sur

Fig. 272. — A. Œuf fraichement pondu de *Phyllirhoe* : vésicule germinative en voie de transformation en fuseau.— B. Le même dont le fuseau est vu en coupe optique transversale. Préparations à l'acide acétique. (D'après O. Hertwig).

un même filament achromatique vers les pôles ; pendant ce transport, les filaments achromatiques ne changent pas d'aspect : on ne peut donc admettre, avec **Ed. van Beneden** et **Boveri**, que les chromosomes sont attirés par une contraction des filaments ; il faut penser que les chromosomes sont animés de mouvements propres et qu'ils sont dirigés par une excitation chimiotaxique particulière partant des sphères attractives.

Strasburger distingue théoriquement dans le protoplasma cellulaire deux parties : l'une, le *trophoplasma* , constituée par le protoplasma granuleux et l'hyaloplasma et qui est le siège des phénomènes nutritifs de la cellule, l'autre, le *kinoplasma,* protoplasma homogène, entourant les centrosomes, et aux dépens duquel se constituent le fuseau, les stries radiées polaires, et les filaments connectifs qui interviennent pendant le cloisonnement de la cellule. Les centrosomes avec leurs sphères attractives sont des éléments individualisés de la cellule, indépendants du kinoplasma. Le kinoplasma joue dans la cellule un rôle important sur lequel nous reviendrons plus tard; pour le moment, je ne veux retenir de l'hypothèse de **Strasburger** que ce qui est relatif à la constitution de la figure achromatique.

[marge : Trophoplasma et kinoplasma.]

Si **Strasburger** est très affirmatif sur l'origine protoplasmique du fuseau dans les cellules végétales, il se montre plus réservé pour les cellules animales. Il reconnaît que, chez les Protozoaires, le fuseau se forme dans le noyau, qui conserve ses contours nets. Il tend à penser que dans les noyaux animaux il existe, outre la linine et la chromatine, de la substance formative du fuseau, c'est-à-dire du kinoplasma. Il se fonde sur les observations de **Kostanecki** (1892) qui a vu que, pendant la reconstitution des noyaux-filles, une partie des filaments connectifs peut entrer dans le noyau, pour admettre que, si dans les cellules végétales le kinoplasma se rassemble après la division autour du noyau, dans les cellules animales, le kinoplasma peut entrer en union intime avec le noyau.

D'après le court résumé que je viens de vous donner des opinions des cytologistes sur la nature de la figure achromatique, vous voyez qu'il existe entre eux de nombreuses divergences. Ces divergences tiennent-elles uniquement à des interprétations différentes, ou correspondent-elles en réalité à des faits de nature différente ? Il est difficile de se prononcer actuellement entre ces deux hypothèses et il est probable qu'elles sont également fondées l'une et l'autre.

Il y a d'abord un fait certain c'est que l'apparence de la figure achromatique est très variable suivant les cellules. L'observateur qui examine une cellule riche en protoplasma, telle qu'un blastomère, est, à première vue, frappé de l'importance de la figure achromatique par rapport à la figure chromatique, et il ne peut avoir l'idée de faire provenir du noyau, relativement petit, le grand fuseau qu'il a sous les yeux ; tout au plus pourrait-il admettre que la substance achromatique nucléaire prend part à la formation de la partie moyenne du fuseau pour relier entre eux les deux demifuseaux émanés des sphères attractives. Celui, au contraire, qui n'observe

[marge : Apparence variable de la figure achromatique.]

que des cellules dans lesquelles le noyau présente une masse relativement plus grande que celle du cytoplasma, n'aperçoit qu'une figure achromatique très réduite, paraissant prendre naissance à la place même occupée par le noyau quiescent, et il pourra légitimement en conclure que cette figure se forme aux dépens du noyau. Or, les cellules à noyau volumineux et à protoplasma peu abondant dérivent des cellules embryonnaires pour lesquelles l'origine cytoplasmique du fuseau me paraît incontestable, et qui présentent une cytodiérèse type primitive. Je ne puis croire pour ma part que le processus de la division indirecte change dans la succession de générations de cellules, depuis l'œuf jusqu'à la différenciation des divers éléments des tissus.

Si l'essence même de la cytodiérèse ne se modifie pas avec la différenciation de plus en plus marquée des cellules, l'importance de la figure achromatique diminue à mesure qu'on s'éloigne de l'état embryonnaire. Contrairement à l'opinion de **Van Beneden** et de **Boveri**, je partage la manière de voir de **Strasburger**, qui admet que les chromosomes sont dirigés vers les pôles du fuseau, non par une contraction des filaments achromatiques, mais par une attraction exercée par les centrosomes. Je vous ai déjà fait connaître une série de faits démonstratifs à cet égard. Les filaments achromatiques jouent donc le rôle de fils conducteurs suivant lesquels se déplacent les chromosomes. Lorsque la cellule est volumineuse, le chemin que devront parcourir les chromosomes des noyaux-filles, pour arriver au centre des cellules-filles, est plus long que dans une petite cellule à gros noyau, où les deux noyaux-filles s'éloigneront très peu l'un de l'autre. Dans une cellule ayant un cytoplasma abondant et un petit noyau, les centrosomes seront plus gros et posséderont une force attractive plus grande que dans une petite cellule, puisque leur attraction s'exercera à une plus grande distance : pour la même raison, les filaments achromatiques seront plus développés. C'est ce que prouve l'observation ; autant les centrosomes sont faciles à mettre en évidence dans les cellules embryonnaires, autant ils sont difficiles à voir à cause de leur petitesse et de leur rapprochement du noyau dans les cellules des tissus. On comprend donc que l'importance des centrosomes et de la figure achromatique soit en raison directe de la masse du cytoplasma et en raison inverse de celle du noyau, ce qui, au premier abord, peut paraître extraordinaire. Il semblerait plus logique d'admettre que l'importance des centrosomes est en raison directe de la masse du noyau sur lequel leur action devra s'exercer.

Les observations de **Hermann** sur l'origine du fuseau, dans les cellules testiculaires de la Salamandre, ne sont nullement en désaccord avec la théorie de la cytodiérèse basée sur l'étude des cellules embryonnaires. Je n'ai pu retrouver, chez la Salamandre, tous les stades vus par cet auteur, mais je les ai rencontrés dans les testicules du Forficule ; je ne saurais donc mettre en doute les faits avancés par cet habile observateur, mais ils constituent une exception et ne peuvent être généralisés.

Nous avons vu que, dans les cellules embryonnaires, la division du centrosome, à chaque pôle du fuseau, se produit en général de très bonne heure, dès le dédoublement de la plaque équatoriale ; j'ai pu même quelquefois l'observer encore plus tôt. Lorsque les deux centrosomes-filles s'écartent l'un de l'autre, ils sont réunis par des filaments achromatiques qui constituent un petit fuseau central temporaire, qu'on pourrait appeler *fuseau primaire*, disparaissant quand la distance entre les deux centrosomes est devenue plus considérable. **Van der Stricht** (1892) a vu la division du centrosome avoir lieu beaucoup plus tard, dans les blastomères du Triton, lorsque les noyaux-filles sont à l'état vésiculeux, ou à l'état quiescent ; dans ce cas il se produit un fuseau central plus développé que lorsque le dédoublement des centrosomes est très précoce, mais ce fuseau disparaît, comme chez la Truite, quand le noyau se prépare à la division et quand les centrosomes se sont portés à chacun de ses pôles. A ce moment, prend naissance le fuseau de division, formé d'abord de deux demi-fuseaux ; la continuité des filaments achromatiques n'est que secondaire, et tout le fuseau est constitué en réalité par ce que **Hermann** appelle la partie centrale : les filaments périphériques rayonnant des asters et ne se rejoignant pas n'ont aucune relation avec les chromosomes.

Les cellules testiculaires, bien que différenciées, possédant peu de cytoplasma et un gros noyau, conservent cependant un caractère embryonnaire : elles ne sont pas arrivées au terme de leur évolution et se divisent plusieurs fois de suite. Dans les cellules observées par **Hermann**, la division du centrosome est tardive, lorsque le noyau est déjà au stade de peloton ; le cordon chromatique s'est segmenté transversalement, les chromosomes sont devenus libres et la membrane du noyau s'est résorbée, alors que les centrosomes sont encore réunis par le fuseau primaire et n'ont pu se rendre aux pôles du noyau. Les centrosomes peuvent alors exercer leur action directrice sur les chromosomes libres, sans être obligés de devenir indépendants pour aller se placer aux deux extrémités du grand axe du noyau ; le fuseau primaire persiste et devient le fuseau définitif. On peut dire que, dans ce cas, il se produit une abréviation dans le processus karyodiérétique, la phase de l'indépendance des centrosomes manque.

La formation d'un fuseau central primitif, et en dehors de l'espace occupé par le noyau quiescent, n'est donc qu'un cas particulier du schéma général de la division indirecte du noyau.

Il nous resterait à examiner maintenant les arguments invoqués par les partisans de l'origine exclusivement nucléaire du fuseau, arguments principalement tirés de la division du noyau des Protozoaires, mais auparavant nous devons nous occuper de quelques autres points de la cytodiérèse encore controversés.

La grande majorité des cytologistes admettent que, dans les cellules animales et végétales, la membrane nucléaire disparaît au moment de la division indirecte. Un petit nombre cependant, tels que **Pfitzner**, **Waldeyer**, **Sattler**, **Zacharias**, **E. Schwarz**, prétendent que le noyau ne cesse jamais de présenter des contours nets.

Pfitzner (1885) a cru démontrer la persistance de la membrane du noyau en traitant les cellules par une méthode spéciale. Il fixe une larve de Salamandre par l'acide osmique à 0,1 %, la lave durant un jour ou deux dans l'eau, puis il la place pendant plusieurs jours dans le liquide de Müller. En examinant les cellules des cartilages branchiaux, par exemple, ainsi fixées, il constate qu'elles renferment toutes un noyau homogène à contours nets. Il dessine à la chambre claire les contours de ces noyaux, puis il colore la préparation par l'hématoxyline de Delafield, et examine de nouveau les mêmes cellules. Dans un certain nombre de noyaux à contours nets, il observe alors des figures colorées karyodiérètiques (fig. 273 et 274). Cette observation ne prouve absolument rien, la technique de **Pfitzner** étant des plus mauvaises.

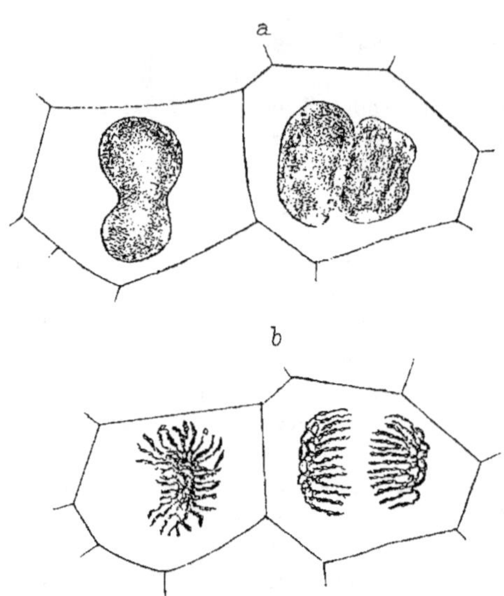

Fig. 273.— Cellules épidermiques de Salamandre en voie de division. *a*, après fixation par l'acide osmique : le contour du noyau paraît conservé. *b*, après coloration par l'hématoxyline : les chromosomes sont visibles. (D'après Pfitzner).

Nous savons que l'acide osmique tend à rendre homogènes les structures protoplasmiques ou nucléaires, et que le liquide de Müller altère considérablement les noyaux. Au moment de la disparition de la membrane nucléaire, il se produit tout autour du noyau un mélange du suc nucléaire avec le cytoplasma, et on voit apparaître une zone claire sur laquelle **Flemming** a insisté, tandis que le protoplasma périphérique de la cellule devient au contraire plus compact et se trouve pour ainsi dire tassé contre la membrane cellulaire. Sous l'influence de la solution faible d'acide osmique, qui n'amène qu'une fixation lente et incomplète de la cellule, il se produit des phénomènes osmotiques au niveau de la zone claire, qui déterminent

une accumulation de liquide dans la région nucléaire, tandis que le protoplasma se condense en une couche limitante accusant nettement les
contours de cette région. Il se produit, en un mot, une grande vacuole
artificielle renfermant les
éléments chromatiques du
noyau, et dont les contours
font croire à l'existence d'une
membrane.

Dans les préparations convenablement fixées par les liquides de Flemming, de
Hermann, de Lindsay, etc,
on ne trouve en général plus
trace de la membrane nucléaire à la fin de la métaphase.
Comme d'un autre côté on
observe cette membrane pendant la prophase et qu'on la
voit disparaître graduellement

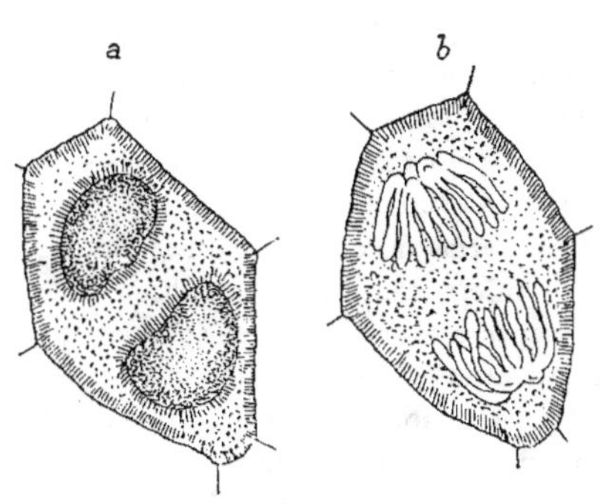

Fig. 274. — Cellule épithéliale de Salamandre en voie de
division. *a*, traitée par l'acide osmique ; *b*, la même
colorée par l'hématoxyline. (D'après Pfitzner).

des pôles vers l'équateur, on ne peut admettre que sa disparition soit due
à une action des réactifs. Il y a cependant certains noyaux, chez les
Arthropodes par exemple, dans lesquels la membrane peut persister assez
longtemps, sauf aux pôles, pendant la métaphase, mais elle finit par se
résorber vers la fin de l'anaphase. **Strasburger** a trouvé exceptionnellement
de semblables noyaux chez les végétaux.

Le sort des nucléoles vrais pendant la division indirecte du noyau n'a pas
encore été élucidé d'une manière très satisfaisante. Ces éléments disparaissent à un stade plus ou moins précoce de la karyodiérèse, dès le début de
la formation du peloton, au plus tard après la division transversale du
cordon chromatique en chromosomes indépendants. La plupart des botanistes, entre autres **Strasburger** et **Guignard**, admettent que les nucléoles
se dissolvent dans le suc nucléaire et sont absorbés par les chromosomes.
A l'appui de cette manière de voir, ils invoquent le changement de coloration que présente la charpente chromatique, après la disparition des
nucléoles. Vous vous rappelez, en effet, que les nucléoles vrais sont érythrophiles, tandis que les chromosomes sont cyanophiles.

Wendt a constaté, chez les Liliacées, que la charpente nucléaire des
noyaux quiescents se colore en bleu verdâtre et les nucléoles en rouge dans
un mélange de fuchsine et de vert d'iode, tandis que pendant la division
indirecte les chromosomes prennent une coloration violette; il semble
donc qu'à ce moment les chromosomes soient formés d'un mélange de
chromatine cyanophile et de substance nucléolaire érythrophile. J'ai pu
vérifier absolument l'observation de **Wendt**. Sur des coupes de radicelles

de Jacinthes, fixées par le liquide de Lindsay ou par l'acide chromique, colorées par la fuchsine acide et le bleu de méthylène, les noyaux au repos sont bleus avec leurs nucléoles rouges, et dans les noyaux en karyodiérèse les chromosomes sont violacés.

Flemming (1884), en traitant des tissus renfermant des cytodiérèses par la double coloration, safranine et hématoxyline, ou safranine et violet de gentiane, a observé chez les animaux des faits identiques. Les noyaux au repos se colorent en bleu violacé avec leurs nucléoles rouges ; ceux en voie de division retiennent plus fortement la safranine et prennent une teinte rouge. **Hermann**, en employant le même mode de coloration a vu que dans les premiers stades de la prophase et les derniers de la métaphase, le peloton dense, à tours de spires rapprochés, se colore à peu près comme le réseau quiescent et est cyanophile, mais que dans le voisinage de la métaphase, lorsque le peloton est lâche, ou que les chromosomes sont indépendants, ceux-ci sont érythrophiles.

Colorabilité des noyaux en voie de division. — Outre ces modifications dans la colorabilité que présentent les noyaux en voie de division indirecte, on sait depuis longtemps que ceux-ci retiennent en général toutes les matières colorantes d'une façon beaucoup plus énergique que les noyaux quiescents. Lorsqu'on décolore des préparations fortement colorées par la safranine, le violet de gentiane ou une autre couleur d'aniline, en employant soit l'alcool absolu, soit la méthode de Bizzozzero — actions successives de l'alcool et de l'acide chromique — on peut arriver à décolorer complètement tous les noyaux à l'état de repos, tandis que ceux qui sont en karyodiérèse conservent une coloration très nette ; ces méthodes permettent de mettre facilement en évidence les cytodiérèses dans une préparation. La chromatine est donc modifiée ou existe en plus grande quantité dans les chromosomes pendant la division indirecte, que dans le réseau des noyaux au repos.

Modifications du cytoplasma. — Le protoplasma lui-même des cellules en division indirecte subit des modifications qui ont été signalées par **Ed. van Beneden** et par **Flemming**. Le premier de ces auteurs a vu que, dans le blastoderme du Lapin, les cellules en mitose se colorent par le carmin ou l'hématoxyline. **Flemming** (1891) a montré de son côté que dans les préparations traitées par l'acide osmique, ou par son mélange d'acide osmique, d'acide chromique et d'acide acétique, le protoplasma des cellules en division prend une teinte plus foncée que celui des autres cellules, et se colore en gris brun, ou en jaune foncé par l'hématoxyline de Delafield ou celle de Böhmer (fig. 275).

Tous ces faits prouvent évidemment que, pendant la cytodiérèse, les substances chromatophiles du noyau et des nucléoles subissent des transformations importantes, qu'elles se condensent en partie dans les chromosomes, mais qu'une petite quantité diffuse aussi dans le cytoplasma. Malheureusement, nous ne sommes pas encore renseignés sur la nature de ces transformations que l'analyse microchimique pourra seule déterminer.

Nous avons vu, lorsque nous nous sommes occupés de l'historique de la division indirecte, que les premiers observateurs avaient suivi sur certaines cellules vivantes les diverses phases du phénomène; ils ont pu en même temps en déterminer la durée, et dans certains cas fixer les conditions dans lesquelles se produit la cytodiérèse. Dans les cellules épithéliales de la Salamandre et du Triton, d'après les recherches de **Flemming**, de **Peremeschko** et de **Retzius**, tout le processus de la division indirecte dure de deux à cinq heures, en général trois heures. **Flemming** admet que chez les animaux à sang chaud les différents stades se succèdent plus rapidement et que la durée du phénomène n'est d'environ que d'une demi-heure.

Durée de la division indirecte d'une cellule.

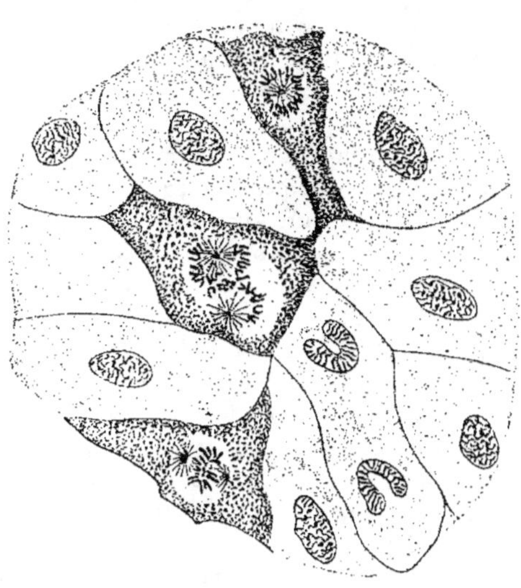

Fig. 275. — Épithélium pulmonaire de larve de Salamandre, renfermant des cellules en division indirecte, dont le protoplasma est plus fortement coloré que celui des cellules au repos. (D'après FLEMMING, 1891).

Les cellules peuvent continuer à se diviser par voie indirecte après la mort de l'animal, mais la marche du phénomène est alors très ralentie, et souvent on n'observe plus que des figures altérées. **Hammer** (1891) a retrouvé des figures cytodiérètiques quarante-huit heures après la mort sur des cadavres humains.

Pour les végétaux, **Strasburger** a trouvé, dans les cellules des poils staminaux des *Tradescantia*, qu'il s'écoule une période de 1 h. 20 m., entre le stade de plaque équatoriale et le retour des noyaux-filles à l'état de repos : en admettant qu'une période égale se soit écoulée entre le début de la division et la métaphase, on arrive comme pour les animaux à sang froid à une durée totale d'environ trois heures. D'après **Demoor** la série des différentes modifications du noyau, chez le *Tradescantia*, ne durerait que 1 h. 30 environ.

Parmi les causes qui influent sur la multiplication des cellules par cytodiérèse, l'état de la nutrition de l'être entier ou de ses différents tissus est la plus importante. D'une manière générale, on peut dire que plus un animal est bien nourri et en voie de croissance, plus ses tissus renferment des cellules en voie de division. C'est ce qu'on peut constater facilement sur

Causes qui influent sur la cytodiérèse.

les différents embryons et sur les larves d'Amphibiens. On peut cependant trouver encore des cytodiérèses chez des animaux soumis au jeûne pendant une période assez longue. **Grandis** (1890) a observé des divisions indirectes dans le testicule du Pigeon après douze jours d'inanition.

Chez les végétaux la lumière exerce une influence sur la division indirecte des cellules. Pendant le jour, les cellules pourvues de pigment chlorophyllien sont le siège d'un travail de synthèse, et fabriquent à l'aide de l'acide carbonique et de l'eau des substances ternaires, qu'elles transforment ensuite en substances albuminoïdes. L'assimilation de ces matériaux nutritifs et l'accroissement du corps cellulaire a lieu surtout pendant la nuit ou à la fin du jour. Aussi est-ce vers le soir que l'on observe principalement les cytodiérèses dans les cellules vertes. Le fait est des plus manifestes chez les Algues. **Strasburger** a montré depuis longtemps qu'on ne trouve des cellules en voie de division, chez les *Spirogyra*, que dans la nuit, en général vers 10 heures du soir. On peut, en plaçant les *Spirogyra* pendant le jour à l'obscurité, changer le moment favorable à la division et le faire apparaître à une heure quelconque.

Certains biologistes ont essayé de déterminer expérimentalement l'action de plusieurs agents physiques et chimiques sur la division cellulaire : telles sont les recherches de **O.** et **R. Hertwig** (1887), de **Galeotti** (1893) et de **Demoor** (1894).

Action de la température et des gaz. **Demoor** a soumis des cellules vivantes à l'action de différents gaz. Dans une petite chambre humide d'Engelmann, renfermant de jeunes poils staminaux de *Tradescantia virginica*, il a fait circuler de l'hydrogène, de l'acide carbonique, de l'oxygène, du protoxyde d'azote, du chloroforme et de l'ammoniaque. L'hydrogène arrête les mouvements du protoplasma au bout de dix à vingt minutes : les courants de granulations dans les travées protoplasmiques, qui réunissent la couche périphérique à celle qui entoure le noyau, cessent, et le protoplasma périphérique de la cellule, ainsi que celui qui forme les travées, prend un aspect hyalin qui tranche sur celui du protoplasma périnucléaire devenu très granuleux.

Dans les cellules en voie de division, lorsque le protoplasma est complètement immobilisé, le noyau continue régulièrement son travail de division : « les mêmes phases se succèdent et tout se passe normalement ; la plaque équatoriale se forme, la division longitudinale des anses se fait, le diaster se produit, les deux noyaux-filles prennent le caractère de noyau au repos.... mais, phénomène étrange, la membrane cellulaire ne se forme pas. Les deux noyaux-filles une fois constitués, les filaments achromatiques persistent tels quels entre les deux noyaux ; l'ensemble du tonnelet reste identique à lui-même et absolument immobile dans le contenu de la cellule. » Si on laisse rentrer l'air dans la chambre humide, la division de la cellule s'achève, la membrane se forme et les deux cellules-filles sont séparées.

La division cellulaire indirecte peut commencer dans une cellule dont le protoplasma a été immobilisé par l'hydrogène, et la durée de la karyodiérèse n'est pas modifiée.

Demoor est arrivé à des résultats identiques avec l'acide carbonique, le vide à une pression de 6 à 7 cent. de mercure, le chloroforme, l'ammoniaque ; ces deux derniers agents ne produisent l'arrêt des mouvements protoplasmiques qu'après avoir donné lieu à une période d'excitation très courte. Le froid, à une température de— 3 à —4 degrés, arrête instantanément le protoplasma : la cellule se remplit de cristaux de glace et meurt rapidement ; cependant le noyau continue encore à se diviser lentement pendant quelque temps.

L'oxygène accélère la cytodiérèse ; le noyau peut se diviser en 50 ou 60 minutes.

En répétant ses expériences sur des leucocytes de Grenouille et sur la plasmodie du *Chondrioderma difforme*, **Demoor** a constaté que, de même que dans les cellules de *Tradescantia*, le noyau conserve ses mouvements réguliers au milieu du protoplasma maintenu à l'état de vie latente.

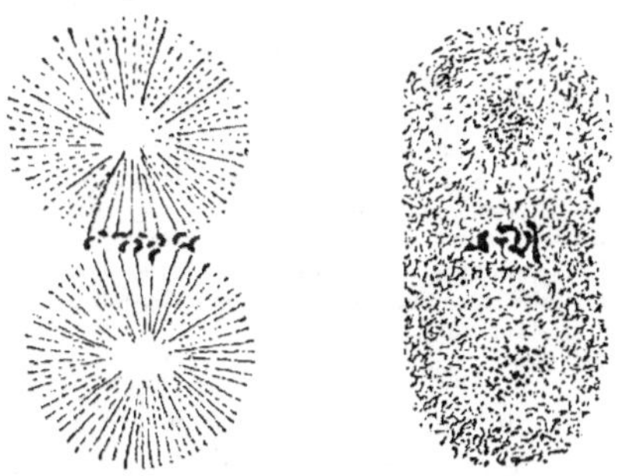

De tous ces faits, **Demoor** conclut que la vie du noyau est essentiellement différente de celle du protoplasma, puisque ces deux parties constituantes de la cellule se comportent d'une manière différente vis-à-vis des agents chimiques et physiques. Pour lui, le noyau commençant et continuant à se diviser quand le protoplasma a perdu son activité, celui-ci n'intervient pas dans la karyodiérèse ; le fuseau achromatique est d'origine nucléaire et les anses chromatiques se déplacent le long des filaments par suite d'une attraction exercée par les pôles de la figure achromatique. L'auteur admet, en effet, que les centrosomes et les sphères attractives ne sont pas influencés par les agents qui détruisent l'activité protoplasmique.

Fig. 276. — A, figure nucléaire d'un œuf de *Strongylocentrotus* une heure vingt minutes après la fécondation. B, figure nucléaire d'un œuf de *Strongylocentrotus* qui, une heure et demie après la fécondation, a été placé pendant deux heures quinze minutes dans un mélange réfrigérant à 2 degrés au-dessous de 0° et a ensuite été tué. (Fig. empruntée à O. HERTWIG).

Les résultats de **Demoor** sont en grande partie en désaccord avec ceux des frères **Hertwig**. Ceux-ci ont fait leurs expériences sur des œufs d'Oursin en voie de segmentation. Ils ont étudié l'action exercée par le froid et certaines substances chimiques, sulfate de quinine à 0,05 % et hydrate de chloral à 0,5 %.

Dans les œufs en train de se segmenter, soumis pendant quinze ou trente minutes à une température de —1 à —4 degrés C. toute la partie achromatique de la figure karyodiérétique disparaît au bout de très peu de temps, tandis que les chromosomes ne subissent que des changements insignifiants et restent en place. La figure karyodiérétique reste dans le même état tant que dure l'action du froid. Si les œufs ainsi refroidis sont placés dans de l'eau à la température normale, au bout de cinq à dix minutes on voit réapparaître les radiations polaires autour des sphères attractives qui n'étaient plus visibles que comme deux taches claires dans le vi-

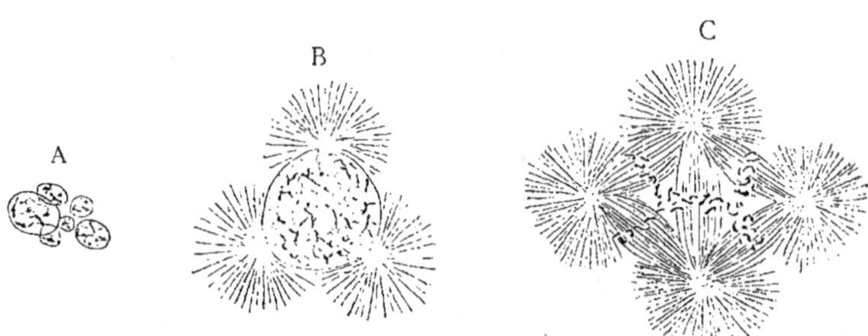

Fig. 277. — Noyaux d'œufs de *Strongylocentrotus* qui, une heure et demie après la fécondation, ont été déposés pendant vingt minutes dans une solution de sulfate de quinine à 0,025 o/o. A, figure nucléaire d'un œuf qui a été tué une heure après avoir été enlevé de la solution. B, figure nucléaire d'un œuf qui a été tué un peu plus d'une heure après avoir été enlevé de la solution. C, figure nucléaire d'un œuf qui a été tué deux heures après avoir été enlevé de la solution. (Fig. empruntée à O. Hertwig).

tellus, puis entre elles se montrent à nouveau les fibres du fuseau et la division continue son cours normal. L'action passagère du froid n'a donc fait que suspendre la division qui reprend ensuite, au point même où elle s'était arrêtée.

Si l'action du froid est prolongée pendant deux ou trois heures, non seulement la division est arrêtée, mais les chromosomes peuvent se fusionner en un petit corps irrégulier, ou passer à l'état vésiculaire et constituer par leur réunion un noyau à l'état de repos (fig. 276, B). La division ne reprend que beaucoup plus tard et souvent d'une façon tout à fait anormale quand les œufs sont replacés à une température ordinaire.

Le sulfate de quinine et le chloral exercent sur le processus de la division une action analogue à celle du froid. Si les œufs sont placés pendant cinq à dix minutes dans une solution de ces substances, les figures achromatiques disparaissent pour réapparaître au bout de quelque temps de repos. Mais quand l'action des substances se prolonge de dix à vingt minutes, on obtient les mêmes effets qu'avec un froid prolongé; le noyau revient à l'état de repos sous forme d'un amas de vésicules (fig. 277, A). Plus tard ce noyau entre de nouveau en division, mais en donnant des figures pluripolaires identiques à celles que nous avons vu se former dans le parablaste des Poissons osseux (fig. 277, B, C, et 278).

Comme vous le voyez, dans ces expériences des **Hertwig**, la division du noyau est arrêtée par le froid et les agents chimiques, tandis que dans celles de **Demoor** elle continue à s'effectuer, bien que ralentie par le froid. Dans les premières, la figure achromatique est détruite presque immédiate-

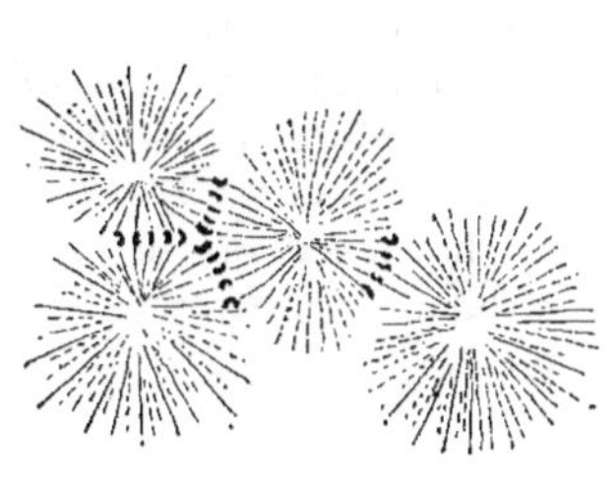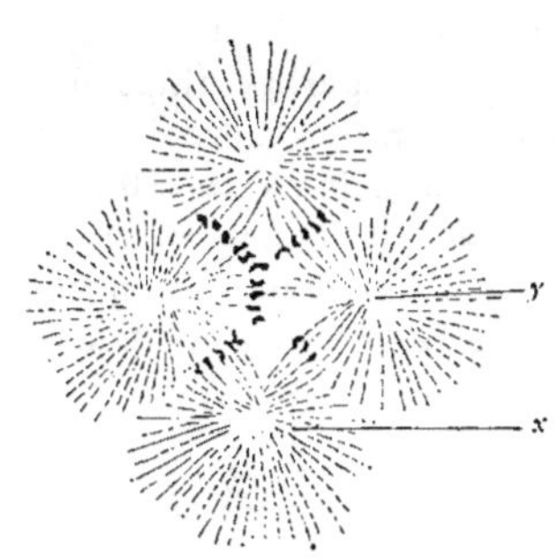

Fig. 278. — Figures nucléaires pluripolaires d'œufs de *Strongylocentrotus* qui, une heure et demie après la fécondation, ont été déposés pendant dix minutes dans une solution de sulfate de quinine à 0,05 o/o et qui ont ensuite été tués deux heures après avoir été enlevés de cette solution. (Fig. empruntée à O. HERTWIG).

ment dès que l'agent physique ou chimique exerce son action sur le protoplasma ; dans les secondes, elle persiste et ne semble nullement influencée par les agents qui arrêtent les fonctions du protoplasma.

Si les faits observés par **Demoor** paraissent être favorables à l'origine nucléaire du fuseau, ceux constatés par les frères **Hertwig** semblent au contraire démontrer son origine protoplasmique, si l'on admet, avec l'auteur belge, que le protoplasma est seul atteint par les agents chimiques. En tout cas il y a contradiction manifeste entre les deux séries d'expériences que je viens de vous indiquer. On pourrait à la rigueur invoquer, pour expliquer cette contradiction, la nature différente des objets et des substances chimiques sur lesquels ont porté les expériences des **Hertwig** et celles de **Demoor** ; mais les lois qui président à la division cellulaire sont trop générales et d'un autre côté le chloral, employé par les uns, et le chloroforme, expérimenté par l'autre, ont une action trop peu différente, pour qu'on puisse adopter cette manière de voir. Ce n'est qu'en entreprenant de nouvelles recherches à ce sujet qu'on pourra trancher la question.

Schottländer (1888) a obtenu des divisions nucléaires anormales dans l'épithélium de la membrane de Descemet en cautérisant la cornée de la Grenouille avec une solution concentrée de chlorure de zinc. Il a observé des figures multipolaires, avec des fuseaux ayant un nombre très variable de chromosomes, de trois à douze.

Enfin, **Galeotti** (1893) a enlevé des portions de l'épithélium sur des queues de Salamandres, qu'il plaçait ensuite pendant la régénération dans différentes solutions irritantes, d'iodure de potassium, de sulfate de zinc, d'acide chromique, d'alcalis, d'antipyrine, de sulfate de quinine, de cocaïne et de peptone. Il a vu que, dans les parties en voie de régénération, les cellules étaient généralement altérées et que l'altération portait tantôt sur le protoplasma, tantôt sur le noyau, tantôt sur les deux à la fois. Souvent il a observé des figures multipolaires et des divisions asymétriques.

La détermination expérimentale des causes qui exercent une influence sur la division indirecte des cellules est une question des plus intéressantes, qui n'a encore été étudiée que par un petit nombre de cytologistes. Elle mérite d'être poursuivie avec plus de soin, et des recherches de cet ordre donneront certainement pour la biologie cellulaire des résultats importants.

21 février 1894.

VINGT-QUATRIÈME LEÇON

CENTROSOMES ET SPHÈRES ATTRACTIVES

Constitution des centrosomes et des sphères attractives. — Microcentre. — Modifications du centrosome et de la sphère attractive pendant la division. — Faits à l'appui de la théorie de Strasburger sur le kinoplasma. — Constitution des spermatocytes; filaments kinoplasmiques. — Origine des Nebenkerne dans les cellules testiculaires. — Restes du fuseau achromatique; union des cellules entre elles. — Télophase. — Transformation de la spermatide en un spermatozoïde; mitosoma. — Transformations de la sphère attractive dans les cellules à noyaux polymorphes. — Origine des centrosomes considérés comme organes indépendants. — Origine oospermatique; origine spermatique. — Origine nucléaire ou nucléolaire. — Centrosomes et sphères attractives considérés comme simple modification physique de cytoplasma.

Messieurs,

L'étude des centrosomes et des sphères attractives est trop récente et trop entourée de difficultés pour qu'on s'étonne de constater actuellement à leur sujet une grande diversité d'opinion. Leur constitution, leur constance, leur nombre, leur origine sont autant de questions encore aujourd'hui discutées.

Nous savons que pour **Ed. van Beneden**, qui, le premier, a appelé l'attention sur ces corps figurés, la sphère attractive se compose d'un *corpuscule central* homogène, entouré d'une *zone médullaire* claire et d'une *zone corticale* plus granuleuse. Les rayons qui constituent l'aster partent en partie du corpuscule central, en partie de la zone médullaire, et traversent la zone corticale, mais la sphère attractive, comme son nom l'indique, est nettement délimitée et se présente sous forme d'un corps sphérique.

Suivant **Boveri**, dans le corpuscule central ou *centrosome*, il y aurait un autre corpuscule extrêmement petit. Le centrosome est séparé par une zone claire de l'*archoplasma* qui correspond à la zone corticale, mais qui est constitué par un protoplasma spécial, mal délimité dans la cellule à l'état de repos, et qui se contracte en boule autour du centrosome, au moment de la division du noyau. Ce sont les granulations de cet archoplasma qui se disposent en séries rayonnantes pour former l'aster et se soudent en cordons homogènes pour constituer les filaments du fuseau.

Guignard (1891) a décrit chez les végétaux la *sphère directrice* ou attractive comme formée d'un centrosome entouré d'une zone claire, délimitée par un cercle granuleux ; les radiations protoplasmiques n'apparaissent que quand le noyau commence à se diviser. **P. Schottländer** (1892) a figuré de même les sphères attractives des *Gymnogramma* et des *Chara*.

Dans beaucoup de cellules, la sphère attractive n'est représentée que par le centrosome qui apparaît comme un point coloré, autour duquel les granulations protoplasmiques prennent une disposition rayonnée. Souvent le centrosome est entouré d'une petite zone claire, qui semble, dans la

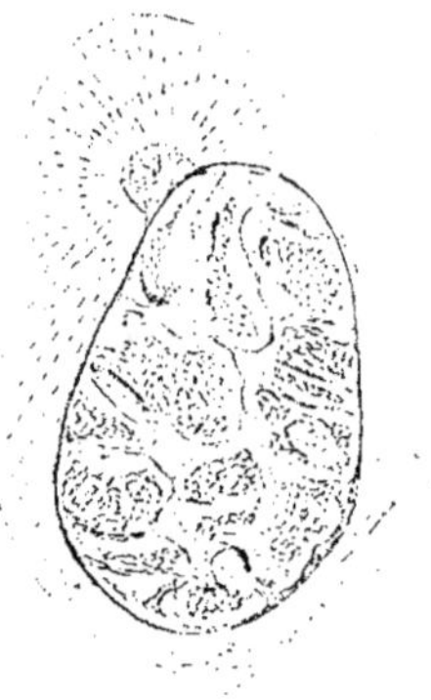

Fig. 279. — Leucocyte de Salamandre fixé par le sublimé, coloré par un mélange de fuchsine acide, de vert de méthyle et d'orange G, montrant, dans le noyau, la lanthanine colorée en rouge et, dans le cytoplasma, une sphère attractive accolée au noyau. (D'après M. Heidenhain, 1892).

Fig. 280. — Leucocyte de Salamandre plurinucléé, renfermant deux sphères attractives réunies par un fuseau achromatique. — La sphère attractive supérieure renferme deux centrosomes ; la sphère inférieure n'en renferme qu'un seul. (D'après M. Heidenhain, 1892).

plupart des cas, n'être qu'un espace vide, dû à la rétraction du protoplasma sous l'influence des réactifs. C'est sous cette forme que **Flemming**, par exemple, a figuré les sphères attractives dans les cellules épithéliales de la Salamandre.

M. Heidenhain (1892) a décrit et figuré les sphères attractives des leucocytes de Salamandre comme formées par un ou, plus généralement, deux centrosomes, desquels partent en rayonnant dans tous les sens des filaments protoplasmiques moniliformes, présentant tous, à égale distance des centrosomes, un renflement plus marqué ; l'ensemble de ces renflements délimite une surface sphérique qui peut être considérée comme la limite de la sphère attractive (fig. 280).

Microcentre.   Depuis lors, comme nous l'avons vu, le même observateur a trouvé qu'il y avait, au centre de la sphère attractive, deux, trois ou quatre centrosomes inégaux, dont l'ensemble constitue le *microcentre*. Enfin, récemment (1894) il a observé dans les cellules géantes de la moelle des os des microcentres formés d'un nombre considérable de granulations.

Déjà avant **M. Heidenhain**, **Ed. van Beneden** avait vu que le centrosome unique peut être remplacé par un groupe de corpuscules. Moi-même (1891) j'ai décrit, dans les grands blastomères de la Truite, des sphères attractives dans lesquelles le centrosome se présente sous forme d'un amas linéaire de granulations inégales. La partie centrale de la sphère attractive, celle qui présente le plus d'affinité pour les matières colorantes et qu'on désigne le plus communément sous le nom de centrosome, peut donc revêtir des aspects divers, et nous ne sommes pas encore fixés sur sa véritable constitution.

On peut en dire autant de la zone protoplasmique entourant le centrosome ou le microcentre, et qui constitue la sphère. Celle-ci paraît ne pas être constante et pouvoir affecter une structure très différente suivant les cellules et les états dans lesquels celles-ci se trouvent.

Hermann (1891) a vu dans les spermatocytes de *Helix pomatia*, autour du centrosome, une zone protoplasmique plus foncée avec de petits bâtonnets con-

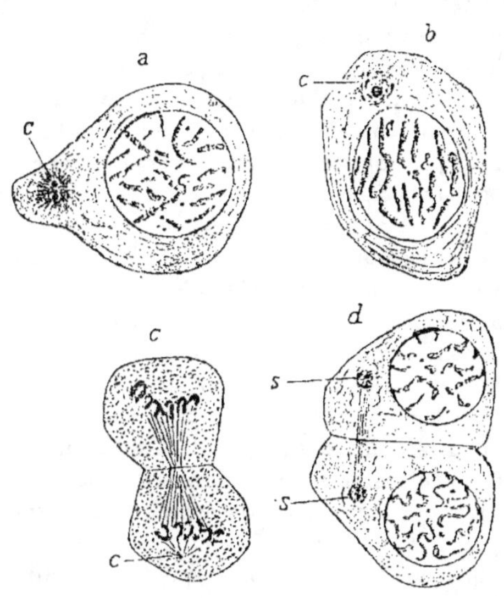

Fig. 281. — Spermatocytes de Salamandre. — *A*, cellule avec une sphère attractive, *c*, renfermant deux centrosomes. — *B*, cellule avec une sphère attractive, *c*, constituée par des bâtonnets entourant le centrosome. — *C*, spermatocyte en voie de division. — *D*, deux spermatocytes-filles, dont les noyaux sont revenus à l'état de repos; les filaments unissants du fuseau ont persisté entre les sphères attractives, *s*, situées à une assez grande distance des noyaux.

tournés en U ou en S. Dans les mêmes cellules du *Proteus*, du centrosome s'irradiaient de nombreux filaments très déliés, formant un aster, et dans cet aster, au voisinage du centrosome, on voyait une douzaine de bâtonnets arqués, beaucoup plus nets que dans le cas précédent. Enfin, dans une spermatogonie de Grenouille, le centrosome était séparé de l'aster par une zone claire.

J'ai rencontré, dans les spermatocytes de la Salamandre, des figures semblables à celles d'**Hermann**. Le centrosome était situé au milieu d'un amas granuleux, plus fortement teinté que le reste du protoplasma et renfermant des bâtonnets contournés, souvent disposés en couches concentriques autour du centrosome. Dans cet amas granuleux, il y avait souvent deux centrosomes.

Modifications du centrosome et de la sphère attractive pendant la division. — **Vom Rath** (1893) et **Häcker** (1893) ont appelé l'attention sur les modifications que subissent le centrosome et la sphère attractive aux différents stades de la division indirecte.

Les recherches de **Häcker** ont porté sur l'œuf d'hiver de *Sida crystallina*. Sur des préparations traitées par une solution alcoolique de sublimé chaude, puis colorées par le picrocarmin et l'hématoxyline, il a vu que, pendant les prophases et au stade de plaque équatoriale, la sphère attractive se présentait avec son aspect le plus ordinaire. Le centrosome homogène est entouré d'une zone claire, en dehors de laquelle se trouve une zone granuleuse de laquelle partent les radiations de l'aster.

Lorsque commence l'anaphase et que les chromosomes se dirigent vers les pôles, la figure change d'aspect. Le centrosome augmente de volume; il montre, à sa partie centrale, une vésicule claire, entourée d'une couche fortement colorable; la zone médullaire incolore a disparu et est remplacée par une couche colorable exactement appliquée à la périphérie du centrosome. En dehors de la couche colorable se trouve une aire incolore occupant la place de la couche granuleuse colorable primitive; enfin, en dehors de celle-ci, on voit une autre zone granuleuse colorable. **Häcker** suppose qu'une substance liquide se sépare par diffusion du centrosome devenu vésiculeux, s'unit avec la substance claire qui l'entoure et rend celle-ci colorable. Le protoplasma ambiant subirait donc des modifications en rapport avec l'accroissement du centrosome pendant la karyodiérèse. La substance émise ainsi par le centrosome exercerait une action chimiotaxique sur les chromosomes qui seraient attirés vers les pôles.

Les centrosomes, très petits et à peine visibles avant la division du noyau, augmentent de volume pendant cette division, deviennent quatre fois plus gros; ils se divisent en même temps que la sphère attractive, puis ils reviennent à l'état primitif ainsi que l'archoplasma qui les entoure.

L'observation de **Häcker** est corroborée par ce que nous savons déjà relativement à la visibilité des centrosomes à partir de la métaphase, alors que souvent ils ne sont pas reconnaissables dans les cellules à l'état de repos et au début de la prophase.

Faits à l'appui de la théorie de Strasburger sur le kinoplasma — Bien que nos connaissances sur la constitution des sphères attractives soient encore bien incomplètes, on doit admettre que la partie la plus importante et la seule constante de ces éléments est le centrosome ou le microcentre. La zone médullaire et la zone corticale qui l'entourent sont des parties du corps protoplasmique plus ou moins différenciées suivant les phases de la vie de la cellule. Je suis cependant tout disposé à admettre, avec **Strasburger**, que le protoplasma qui se rassemble autour du centrosome pour former la sphère attractive est un protoplasma spécial, le *kino-plasma*, qui tient sous sa dépendance les phénomènes moteurs de la cellule et entre autres la formation de la figure achromatique de la cytodiérèse. Je m'appuie pour adopter cette manière de voir sur les observations de **Plat-ner**, de **Henking**, de **Meves** et sur les miennes relativement à la division des cellules testiculaires de différents animaux et à la formation des spermato-zoïdes.

Je ne puis ici m'occuper de la spermatogénèse, sujet des plus vastes et qui nécessiterait un semestre entier pour être traité convenablement. Je ne retiendrai que les faits qui viennent à l'appui de la théorie de **Strasbur-ger.**

Mes recherches ont porté sur les testicules de *Helix aspersa* et *H. pomatia*, de *Pyrrhocoris apterus*, de *Caloptenus italicus*, de Forficule et de Salamandre.

Dans les spermatocytes de Forficule examinés après dilacération du testicule dans le sérum artificiel de Kronecker, légèrement gommé, et après fixation par le liquide de Ripart et Petit, on voit, à côté du noyau à l'état de repos, un amas plus foncé que le reste du protoplasma. Cet amas se montre constitué à un fort grossissement par un ou plusieurs filaments pelotonnés (fig. 282). Sur des préparations fixées par le liquide de Flemming, on ne retrouve pas cette disposition ; elle disparaît du reste rapidement après fixation par le liquide de Ripart et Petit, si l'on cherche à conserver la préparation en la montant dans la glycérine. Je n'ai pu apercevoir de centrosome au milieu de l'amas pelotonné ; il est vrai que je n'ai pu colorer convenablement les cellules pour cette recherche spéciale.

Constitution
des
spermatocytes;
filaments
kinoplasmi-
ques.

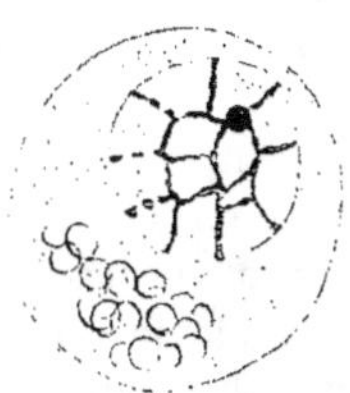

Fig. 282. — Deux spermatocytes de Forficule, traités par le liquide de Ripart et Petit osmiqué, et le vert de méthyle ; à côté du noyau on voit un amas formé par des filaments kinoplasmiques pelotonnés.

Lorsque les spermatocytes se préparent à la division on voit apparaître à la place de l'amas pelotonné un fuseau situé à côté du noyau, et tout à fait semblable à celui décrit par **Hermann** dans le testicule de la Salamandre.

Les spermatocytes d'*Helix*, examinés dans le sang même de l'animal additionné d'une petite quantité de violet 5 B et légèrement fixés par les vapeurs d'acide osmique, montrent au milieu de leur protoplasma homogène, ou finement granuleux, de nombreux petits corps allongés en bâton-nets et légèrement flexueux ou arqués, qui se colorent d'une manière plus intense en violet que le reste du protoplasma (fig. 283 et 284). Tantôt ces corps sont répartis à peu près dans tout le corps cytoplasmique, tantôt ils n'occupent qu'une région de la cellule, tantôt ils sont situés dans le voisinage du noyau et paraissent groupés autour d'un centre, soit irrégulièrement, soit disposés régulièrement suivant les rayons d'une sphère. Pas plus que chez le Forficule, je n'ai pu voir ici de centrosome, mais il est

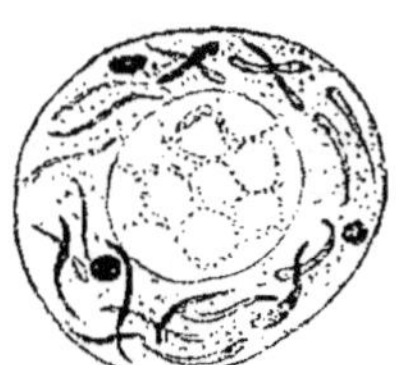

Fig. 283. — Spermatocyte de *Helix pomatia* examiné dans le liquide de Pictet. Le protoplasma renferme des bâtonnets kinoplasmiques et des globules colorés par le violet dahlia : le noyau reste incolore.

Fig. 284. — Deux spermatocytes de *Helix pomatia* fixés par les vapeurs d'acide osmique et examinés dans le liquide de Ripart et Petit, additionné de violet 5 B et montrant des filaments kinoplasmiques.

très vraisemblable que c'est autour de lui que se réunissent les corps en bâtonnets, comme cela se constate nettement dans la sphère attractive des spermatocytes de la Salamandre.

Je n'ai pu malheureusement suivre les transformations des bâtonnets pendant la division indirecte, mais je suis porté à penser que ce sont eux qui entrent dans la constitution du fuseau et des asters.

Origine des Nebenkerne dans les cellules testiculaires ; restes du fuseau achromatique.

Après la division du noyau, lorsque les deux noyaux-filles sont en voie de reconstitution, la figure achromatique persiste entre les deux moitiés de la cellule sous forme d'un cordon composé de filaments parallèles, et renflé à ses deux extrémités en une petite masse granuleuse. Au moment où la cellule-mère s'étrangle, sur le milieu des filaments achromatiques apparaissent de petits renflements qui constituent une plaque cellulaire. J'ai observé souvent, sur des coupes de testicule de *Caloptenus italicus*, des spermatocytes en forme de secteurs de cercles, groupés au nombre de cinq ou six autour d'un centre commun (fig. 286). Ces cellules dont le noyau était situé vers la périphérie, étaient reliées entre elles, dans la partie centrale, par des systèmes achromatiques. A un stade plus avancé, les filaments unissants disparaissent et il ne reste plus dans la partie centrale de chaque cellule qu'un petit amas granuleux, un *Nebenkern*, qui n'est qu'un reste de la figure achromatique (fig. 287).

Finalement, l'amas granuleux ou Nebenkern renferme le centrosome, et n'est par conséquent qu'une sphère attractive. Mais il n'en est pas toujours ainsi : j'ai pu voir nettement dans certains spermatocytes de *Caloptenus*, le centrosome en dehors de l'amas granuleux et à une certaine distance de celui-ci. Il est très probable que dans ce cas l'amas granuleux se rapproche du centrosome ou inversement celui-ci se rapproche de l'amas granuleux, quand le spermatocyte s'apprête à se diviser. Ce fait explique la présence de plusieurs Nebenkerne dans certaines cellules testiculaires, signalée par différents auteurs.

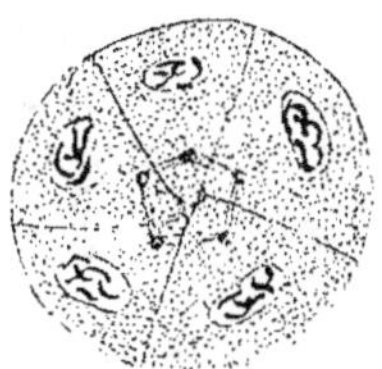

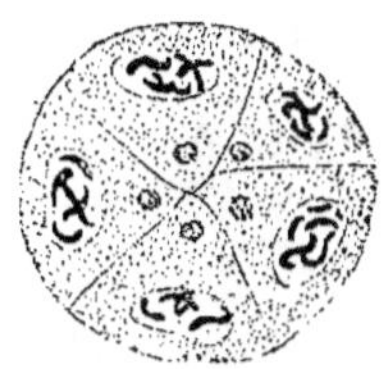

Fig. 285. — Spermatocytes de *Caloptenus italicus*, avec leurs noyaux accessoires à côté du noyau renfermant des filaments chromatiques.

Fig. 286. — Groupe de spermatocytes de *Caloptenus italicus*. Les cellules sont réunies entre elles par des restes des fuseaux achromatiques, qui relient les sphères attractives.

Fig. 287. — Groupe de spermatocytes de *Caloptenus italicus*, montrant chacun un noyau accessoire, provenant de la figure achromatique, dans l'angle interne de la cellule.

Le reste du fuseau achromatique, persistant après le retour des noyaux à l'état de repos et formant comme un trait-d'union, de pont ou de ligament, entre deux cellules-filles, paraît avoir été observé, pour la première fois, par **Platner** (1886), dans les spermatocytes des Lépidoptères et des Gastéropodes pulmonés. Cet auteur a même vu des cellules qui étaient ainsi réunies par une sorte de petit pont à trois de leurs voisines; mais il ne vit pas la relation qui existe entre ce corps unissant et le Nebenkern.

Prenant (1888) retrouva, dans les éléments séminaux des Gastéropodes pulmonés, le corps unissant signalé par **Platner**; **K. W. Zimmermann** (1891) le décrivit aussi chez l'*Helix* et lui donna le nom de *lien cellulaire* (Zellkoppel), le considérant comme indépendant du Nebenkern. **Zimmermann** a observé une disposition analogue à celle que j'ai trouvée chez le *Caloptenus*, à savoir que toutes les cellules d'un même groupe sont réunies entre elles par un cordon protoplasmique.

Comment peut-on expliquer une semblable disposition? Lorsque deux cellules-filles sont reliées par un cordon filamenteux, terminé à ses deux extrémités par un renflement granuleux (fig. 281, D), il n'y a pas de doute sur l'origine de ce cordon, car on peut suivre, sur différentes cellules, l'évolution du fuseau achromatique, depuis le moment où les filaments unissants se séparent des chromosomes-filles pour se placer sur le côté des futurs noyaux, jusqu'au moment où, après leur contraction, ils ne forment plus qu'une petite masse homogène située entre les deux cellules, comme l'a vu **Platner**; mais lorsque plusieurs cellules sont réunies deux à deux comme dans la fig. 286, de telle sorte que l'ensemble des cordons achro-

Union des cellules entre elles.

matiques constitue un polygone régulier dont chaque sommet est situé
dans une cellule, l'interprétation devient très difficile. Bien que je n'aie
pas pu suivre toutes les phases du phénomène, je crois que les différents
systèmes achromatiques correspondant aux côtés du polygone ne sont
pas de même génération et proviennent d'une série de divisions successives d'une même cellule. A chaque division, il se produit un faisceau
unissant (Zellkoppel) qui persiste pendant la division suivante et se soude,
au nouveau faisceau unissant, par l'une de ses extrémités. On pourrait
représenter le processus de la formation du polygone unissant de la
figure 286 par le schéma suivant :

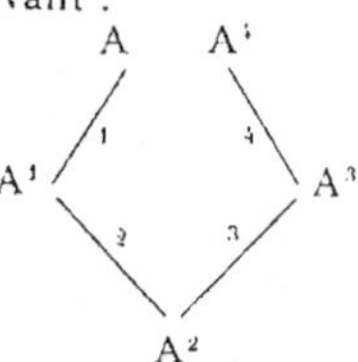

dans lequel A¹, A², A³, A⁴, sont des cellules provenant de quatre divisions
de la cellule A, et les traits 1, 2, 3, 4, représentent les systèmes unissants,
correspondant à ces quatre générations. On obtient ainsi un polygone, mais
dont le cinquième côté entre A et A⁴ manque : or, quand on observe un
groupe de cellules testiculaires le polygone est fermé, et je ne puis m'expliquer la formation du cinquième côté.

Il est intéressant de rapprocher ces faits de ceux que je vous ai fait connaître à propos de la division des cellules embryonnaires de la Truite.
Dans ces cellules nous avons vu persister entre les deux cellules-filles un
faisceau de filaments unissants, provenant du fuseau achromatique, faisceau
qui s'atrophie graduellement et finit par disparaître. Dans les cellules
testiculaires, le faisceau persiste longtemps et peut se transmettre d'une
génération à l'autre; cette différence tient probablement à la différenciation
plus grande que présente le kinoplasma dans les cellules d'origine des
éléments mâles.

Télophase.

M. **Heidenhain** (1894) a reconnu récemment que la division indirecte
de la cellule n'est pas complètement terminée à la fin de l'anaphase,
lorsque les noyaux-filles sont reconstitués, et il propose de désigner sous
le nom de *télophase* la série des phénomènes qu'on observe dans le cytoplasma après l'anaphase, c'est-à-dire la persistance et la regression des
filaments unissants, reste du fuseau achromatique, les modifications des
sphères attractives et des centrosomes etc.; cette distinction me paraît très
justifiée, et l'étude de la télophase, négligée jusqu'ici, est très importante
pour la compréhension du processus si compliqué de la spermatogénèse.

Transforma-
tion
de la sperma-
tide en
spermatozoïde.
Mitosoma.

Quand les spermatocytes se transforment en spermatides après division,
on retrouve dans ces dernières cellules des formations particulières, des
Nebenkerne, dont je vous ai déjà entretenus, et qui ont été bien étudiées

par **Platner** (1889) chez les Mollusques et les Lépidoptères, et par **Henking** (1891) chez le *Pyrrhocoris*. Ces deux auteurs s'accordent à admettre dans la spermatide deux corps accessoires. D'après **Platner**, l'un de ces corps provient de la partie polaire du fuseau de la dernière division et contient par conséquent le centrosome ; l'autre résulte de la transformation de la partie équatoriale du fuseau, c'est le *mitosoma*. Pendant le développement du spermatozoïde, le centrosome se place à la partie antérieure de la tête, s'y loge et devient le *Spitzenknopf*. Quant au mitosoma, il se divise en un petit amas granuleux, le *petit mitosoma*, et en un corps volumineux, arrondi, de constitution filamenteuse, le *grand mitosoma*. Le petit mitosoma se montre sous forme de corps en croissant sur la partie postérieure de la tête du spermatozoïde, à l'extrémité du filament axile ; le grand mitosoma entoure le filament axile de la queue, dont il constitue l'enveloppe.

Henking interprète différemment l'origine des deux corps accessoires ; il distingue, avec **Van Beneden** et **Boveri**, dans la figure achromatique, les filaments du fuseau (*Spindelfasern*) des filaments unissants (*Verbindungsfasern*) renfermant de la chromatine et résultant de l'étirement des chromosomes. Les faisceaux périphériques de ces derniers, avec participation de quelques filaments fusoriels, forment le Nebenkern. Le faisceau central des filaments unissants donne naissance au mitosoma. Le Nebenkern devient l'enveloppe du filament axile, le mitosoma se divise en deux parties, l'une antérieure qui devient le Spitzenknopf, l'autre postérieure qui disparaît par résorption.

Mes propres observations, faites chez les espèces que j'ai citées plus haut, se rapprochent beaucoup plus de celles de **Platner** que de celles de **Henking**. Dans les spermatides dont le noyau commençait à se condenser pour former la tête du spermatozoïde, j'ai trouvé un corps volumineux, d'aspect filamenteux, plus réfringent que le reste du protoplasma, et un autre corps plus petit accolé au noyau. A un stade plus avancé, quand apparaît le filament axile du spermatozoïde, le corps filamenteux ou mitosoma s'allonge et se divise longitudinalement en deux moitiés qui se placent de chaque côté du filament axile (fig. 289). Ce dernier, chez *Pyrrhocoris*, paraît d'abord enroulé en spirale sur lui-même dans le plan séparant les deux moitiés du mitosoma. Celles-ci s'allongent en même temps que le filament axile et deviennent les fibrilles de la queue décrites par **Ballowitz**. Quant au centrosome, il semble disparaître dans la tête du spermatozoïde, probablement à l'extrémité antérieure. J'ai pu, dans un certain nombre de spermatides, observer, outre le centrosome et le mitosoma, un troisième corps granuleux se colorant comme le noyau, par le vert de méthyle par exemple, et qui correspond sans doute au petit mitosoma de **Platner** : ce corps était en contact avec le noyau ; mais je n'ai pu suivre son sort ultérieur.

On peut donc, dans les cellules testiculaires de première génération, dès la formation des spermatocytes, reconnaître dans l'intérieur du cytoplasma des éléments figurés spéciaux, sous forme de bâtonnets ou de filaments, qui se groupent autour du centrosome au moment de la division et constituent la figure achromatique. Ces éléments forment le Nebenkern dans les spermatocytes des générations ultérieures; on les retrouve groupés en faisceaux parallèles dans les spermatides, et ils donnent naissance finalement aux éléments moteurs de la queue du spermatozoïde. Ces éléments figurés représentent le kinoplasma de **Strasburger** dont on peut ici suivre l'évolution, et qui restent différenciés du trophoplasma depuis les premiers spermatocytes jusqu'à la fin du développement du spermatozoïde.

Ces observations démontrent aussi que le centrosome et le kinoplasma peuvent être indépendants, bien que généralement dans les cellules, autres que celles du testicule, le kinoplasma se rassemble autour du centrosome pour constituer la sphère attractive.

Transformations de la sphère attractive dans les cellules à noyaux polymorphes.

Les intéressantes observations de **Meves** (1891) sur les grandes cellules à noyaux polymorphes ou spermatogonies du testicule de la Salamandre, observations que j'ai pu vérifier, montrent que le kinoplasma peut, dans les cellules qui restent longtemps à l'état de repos, se mélanger au trophoplasma pour s'en séparer quelque temps avant la division de la cellule.

Les cellules à noyaux polymorphes, qui avaient été étudiées par **Bellonci**, en 1884, sont caractérisées par leur grand noyau, peu riche en chromatine, qui présente généralement des incisions ou des lobes. Pendant l'automne et l'hiver, on ne trouve dans ces cellules ni centrosome ni sphère attractive, mais on voit souvent autour des noyaux une zone annulaire, irrégulière, granuleuse, qui se colore un peu plus fortement que le reste du protoplasma. Au printemps, cette zone se condense en un amas arrondi ou en forme de croissant dans le voisinage du noyau; elle se transforme en une sphère attractive très petite avec son centrosome; le noyau se divise alors par voie indirecte et la cellule produit des spermatocytes, dans lesquels le kinoplasma reste alors distinct du trophoplasma.

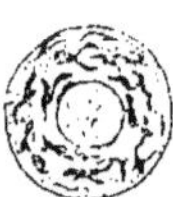

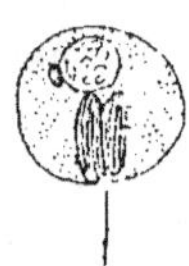

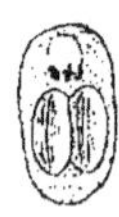

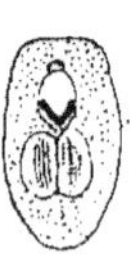

Fig. 288. — Spermatocyte de *Pyrrhocoris apterus*, traité par le mélange de Pictet; montrant des filaments de kinoplasma plus fortement colorés, par le violet 5 B, que le reste de la cellule.

Fig. 289. — Trois spermatides de *Pyrrhocoris apterus*, à divers états de développement; on voit dans le cytoplasma, à côté du noyau, un grand mitosoma divisé en deux parties, et un autre corps plus petit accolé au noyau (petit mitosoma ?).

Les cellules à noyaux polymorphes présentent aussi des particularités intéressantes sur lesquelles je reviendrai à propos des noyaux annulaires.

Lorsque nous avons considéré les sphères attractives et les centrosomes dans les cellules à l'état de repos, nous avons vu que ces éléments n'avaient encore été trouvés que dans un petit nombre de cellules, et que, pour cette raison, certains cytologistes ne considèrent pas les centrosomes comme des organes permanents de cellule, contrairement à l'opinion soutenue par **Ed. van Beneden, Boveri, Flemming, Solger, Guignard, Strasburger** et par moi-même ; ils pensent que les centrosomes n'apparaissent qu'au moment de la division indirecte. Nous avons déjà discuté cette manière de voir, et je vous ai dit que, par suite des difficultés qu'on éprouve à mettre les centrosomes en évidence, il était impossible de se prononcer actuellement sur leur existence constante ou momentanée dans les cellules.

Origine des centrosomes considérés comme organes indépendants.

A cette question s'en rattache une autre sur laquelle les avis sont également partagés, c'est celle de l'origine des centrosomes.

Pour les cytologistes qui admettent que les centrosomes sont des organes permanents de la cellule au même titre que le noyau, ces éléments dérivent de centrosomes préexistants, de même que tout noyau provient d'un noyau préexistant ; les centrosomes des cellules-filles ont pour ori-

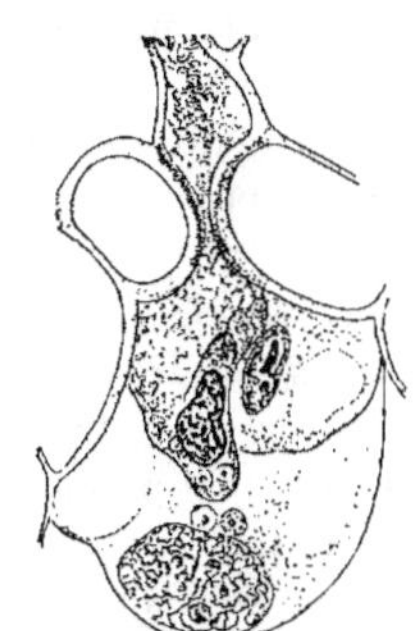

Fig. 290. — Coupe du sac embryonnaire de *Lilium Martagon*. A l'extrémité du tube pollinique, dont la paroi ramollie laisse sortir le contenu, on voit le noyau sexué mâle avec ses deux corpuscules centraux ; le noyau sexué femelle (noyau ovulaire) est également pourvu de ses deux corpuscules centraux. A droite, à l'extrémité du tube pollinique, on remarque une synergide qui commence à se décomposer. (D'après Guignard, fig. empruntée à O. Hertwig).

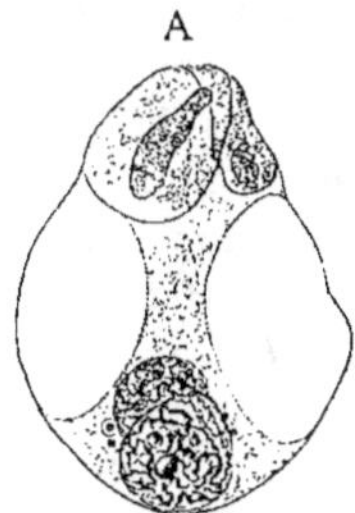
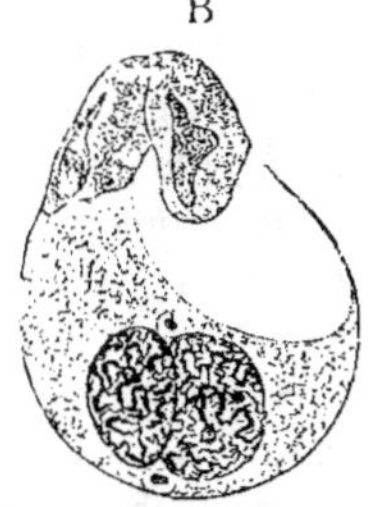

Fig. 291. — Œuf de *Lilium Martagon*. — A. Peu de temps après l'union du noyau sexué femelle et du noyau sexué mâle. — B. Stade ultérieur ; le fusionnement des corpuscules centraux est à peu près complet. (D'après Guignard, fig. empruntée à O. Hertwig).

gine ceux des cellules-mères, et on peut remonter ainsi jusqu'à l'œuf. Mais relativement à l'origine des centrosomes du premier noyau de segmentation, deux manières de voir différentes ont été émises.

D'après les observations de **Fol** (1891) sur la fécondation de l'œuf des Échinodermes et celles de **Guignard** (1891) sur la fécondation chez les Liliacées, observations sur lesquelles nous reviendrons, le noyau mâle, tête du spermatozoïde ou noyau sexué du grain de pollen, introduit dans l'œuf un centrosome mâle ou *spermocentre*, qui se divise et chaque moitié se

Origine oospermatique.

conjugue, se fusionne avec une des moitiés du centrosome femelle ou *ovocentre* qui accompagne le pronucléus femelle pour donner les deux centrosomes du premier noyau de segmentation. Par conséquent, selon **Fol** et **Guignard**, les centrosomes de toutes les cellules de l'organisme, animal ou végétal, proviennent du centrosome de l'élément reproducteur mâle et de celui de l'œuf.

Origine spermatique. **Vejdovsky** (1887-88) et **Boveri** (1888) ont formulé une autre hypothèse. **Vejdovsky**, d'après ses observations sur le *Rhynchelmis limosella*, admet que le pronucléus femelle est dépourvu de centrosome; la tête du spermatozoïde, après son entrée dans l'œuf, s'entoure d'une masse protoplasmique, le *périplaste*, que l'auteur pense être la queue du spermatozoïde. Pendant la conjugaison du pronucléus mâle avec le pronucléus femelle, le périplaste se divise en deux périplastes-filles qui se placent aux deux extrémités du noyau de segmentation et constituent ses deux sphères attractives; celles-ci dériveraient donc uniquement du spermatozoïde, et les sphères attractives des cellules de l'être auraient toutes pour origine le périplaste du noyau mâle.

Boveri a fait des observations semblables sur l'*Ascaris megalocephala*. Le spermatozoïde introduit dans l'œuf un centrosome qui s'entoure d'une masse spéciale de protoplasma, l'*archoplasma;* le centrosome se divise ainsi que l'archoplasma et donne les deux sphères attractives du premier noyau de segmentation. Le centrosome de l'œuf disparaîtrait avant la fécondation. **Boveri** se fonde, pour admettre cette disparition, sur l'absence de radiations polaires aux extrémités du fuseau directeur, dans la plupart des œufs, pendant la formation des globules polaires.

Des radiations polaires et des centrosomes ont été cependant vus aux extrémités du fuseau directeur par **Mark** (1881) chez le *Limax agrestis*, par **Fol** (1879) chez le *Pterotrachea*, récemment par **Blanc** (1893) chez la Truite. **Boveri** ne conteste pas que l'œuf puisse conserver son centrosome; mais pour que sa théorie de l'origine exclusivement mâle des centrosomes puisse tenir debout, il considère le centrosome femelle, qui a pu persister dans l'œuf, comme étant affaibli au point de vue physiologique et ne pouvant plus jouer qu'un rôle accessoire au moment de la fécondation.

Boveri invoque en faveur de son hypothèse des expériences qu'il a faites sur des œufs d'Oursin. Après avoir secoué ces œufs pour les priver de leur noyau femelle, il prétend avoir pu les féconder en les mettant en contact avec des spermatozoïdes, de sorte que dans ce cas, les noyaux et les centrosomes des cellules de l'embryon auraient uniquement pour origine le noyau mâle et son centrosome. Pour quiconque a examiné des œufs d'Oursin et constaté la petitesse du noyau-femelle, les expériences de **Boveri**, quelle que soit l'habileté de cet observateur, paraîtront tellement délicates qu'on ne pourra leur accorder grande confiance.

M. **Balbiani**, qui, ainsi que nous l'avons déjà vu, considère le corps vitellin, comme un centrosome hypertrophié et en voie de dégénérescence, pense, par cette interprétation, apporter un appui à la théorie de **Boveri** : « L'histoire du corps vitellin, dit-il, n'est en réalité qu'un corollaire de la théorie du centrosome femelle de **Boveri**, dont elle démontre la justesse en même temps qu'elle la complète. »

Ayant établi que le corps vitellin dérive de la vésicule germinative de l'œuf, et assimilant ce corps au centrosome, M. **Balbiani** admet naturellement que le centrosome des cellules somatiques provient aussi du noyau. Cette opinion, qui est soutenue également par **Bolles Lee**, **Hermann**, **Hertwig**, **Brauer**, **Julin**, **Wasielewsky**, **Karsten**, est

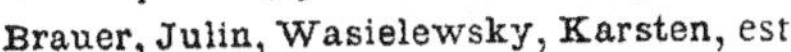

Fig. 292. — Noyau d'une spermatomère d'*Ascaris megalocephala bivalens*. La nucléine est disposée en filaments répartis en deux groupes. Première apparition du corpuscule polaire ; atrophie du nucléole. (D'après O. HERTWIG).

en désaccord avec la manière de voir de ceux qui considèrent les centrosomes comme des organes permanents de la cellule et indépendants du noyau. Voyons quels sont les faits sur lesquels s'appuient ces auteurs.

Il est d'abord à remarquer que c'est seulement dans les cellules testiculaires, pour les cellules ani-

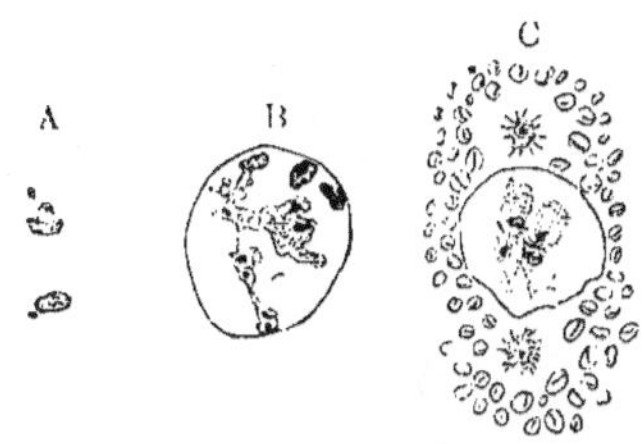

Fig. 293. — A. Nucléoles avec granulations en voie de résorption. — B. Noyau d'une spermatomère d'*Ascaris megalocephala bivalens* pris à l'extrémité de la zone d'accroissement. Mélange chromo-acéto-osmique faible de Flemming. Coloration à la fuchsine acide. — C. Noyau d'une spermatomère d'*Ascaris megalocephala bivalens* pris au milieu de la zone de division, même traitement. (D'après O. HERTWIG).

males, que les observations sur l'origine des centrosomes ont été faites. **Bolles Lee** (1888) a vu sortir du noyau des spermatides de la *Sagitta* un corpuscule tout à fait semblable à un nucléole. **Hermann** (1889), dans les spermatocytes de la Salamandre, a constaté que le noyau envoyait un petit prolongement dans une masse protoplasmique déjà différenciée de la cellule pour former le Nebenkern ; il pense que le Nebenkern est contenu dans le noyau, et en est expulsé avant la division de la cellule.

Suivant **O. Hertwig**, les centrosomes n'apparaissent dans les cellules testiculaires de l'*Ascaris megalocephala*, qu'au début de la division, tout à fait en contact avec la membrane nucléaire ; et leur apparition coïncide dans beaucoup de cellules avec la disparition des nucléoles. **Hertwig** avoue du reste qu'il n'a pu jusqu'à présent se former une opinion certaine sur l'origine des centrosomes.

Brauer (1893) a étudié, comme **Hertwig**, l'évolution des centrosomes dans la spermatogénèse de l'Ascaride du Cheval. Selon lui, dans les spermatocytes de la variété *univalens*, le noyau renferme, outre les quatre chromo-

somes et un ou deux petits nucléoles, un petit corpuscule colorable, entouré
d'une zone protoplasmique de laquelle s'irradient des filaments incolores
qui le réunissent à la membrane du noyau et aux chromosomes. Ce corpuscule n'est autre que le centrosome. Il ne tarde pas à se diviser, ainsi que
la masse protoplasmique. Entre les deux centrosomes-filles les filaments
achromatiques se disposent pour constituer le fuseau qui se trouve dans ce
cas d'abord cantonné dans le noyau, dont la membrane disparaît ensuite aux

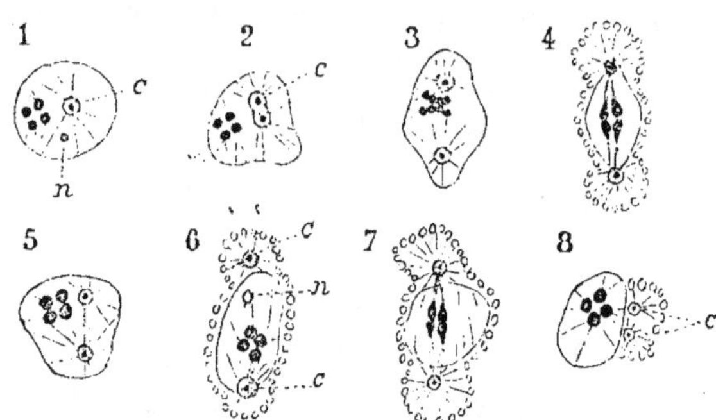

Fig. 294. — *Ascaris megalocephala bivalens*. Apparition du centrosome, sa division, et formation du
fuseau de la première division d'un spermatocyte. 1, 2, 3, 4, stades successifs chez un individu ;
5, 6, 7, 8, stades successifs chez un autre individu. *n*, nucléole ; *c*, centrosome. (D'après BRAUER,
1893).

deux pôles (fig. 294, 1, 2, 3, 4,). Mais les choses ne se passent pas toujours
ainsi : l'un des centrosomes ou tous les deux peuvent sortir du noyau et le

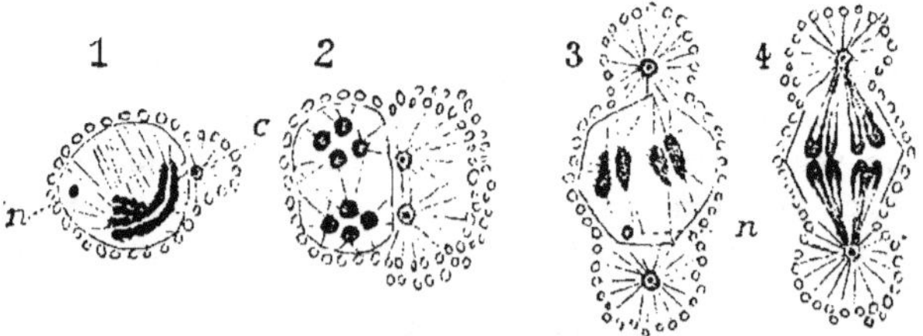

Fig. 295. — *Ascaris megalocephala bivalens*. Apparition du centrosome, sa division, et formation
du fuseau de la première division d'un spermatocyte. *n*, nucléole ; *c*, centrosome. (D'après BRAUER
1893).

fuseau achromatique ne se formera que plus tard (fig. 294, 6). Dans la
variété *bivalens*, **Brauer** a toujours trouvé le centrosome en dehors du noyau
en contact avec la membrane, et il a vu qu'il se comporte comme dans les
autres cellules (fig. 295). Il pense que dans ce dernier cas le centrosome
était aussi au début dans le noyau mais qu'il en sort plus tôt que dans la

variété *univalens*. D'après lui, lorsque les divisions de cellules se succèdent rapidement le centrosome reste en dehors du noyau, si au contraire il y a croissance des cellules entre deux divisions le centrosome est inclus dans le noyau. **Brauer**, plus catégorique que **Hertwig**, admet que le centrosome a une origine nucléaire, mais il considère cet élément comme indépendant des nucléoles avec lesquels **Hertwig** le confond.

Un botaniste, **Karsten** (1893), s'est rangé tout récemment à l'opinion de **Hertwig**. Suivant lui, dans les cellules du tissu sporogène des sporanges du *Psilotum triquetrum*, lorsque le noyau se prépare à la division et a perdu sa membrane, les nucléoles au nombre de deux pénètrent dans le cytoplasma et vont se placer aux deux extrémités du fuseau pour y former les sphères attractives et les centrosomes (1).

Les observations de **Hertwig**, **Brauer** et **Karsten** demandent à être reprises. J'ai essayé de les contrôler sur l'*Ascaris megalocephala*, mais je n'ai rencontré malheureusement que la variété *bivalens* et j'ai toujours vu les centrosomes en dehors du noyau.

Quant aux faits signalés par **Bolles Lee**, **Hermann** et M. **Balbiani**, ils se rapportent, comme je le faisais remarquer tout à l'heure, à des cellules sexuelles, mâles ou femelles, dans lesquelles il existe ces éléments complexes, ces Nebenkerne, encore mal connus, dont les uns dérivent de la figure karyodiérétique, dont les autres au contraire proviennent du noyau quiescent, et sont de nature chromatique. Il est très probable que les corps colorables par les mêmes réactifs qui colorent les nucléoles ou les chromosomes, et qui sont expulsés du noyau des cellules testiculaires et des ovules, rentrent dans cette dernière catégorie et sont distincts des véritables centrosomes avec lesquels on les a confondus.

A côté des cytologistes qui considèrent les centrosomes et les sphères attractives comme des éléments spéciaux, il en est d'autres pour lesquels ces corps ne sont que des parties du cytoplasma, ayant une constitution physique différente du reste du corps cellulaire. Telle est l'opinion de **Eismond** (1890), **C. Schneider** (1891), **Bürger** (1892), **Bütschli** (1892), **Henking** (1891 et 1893), **Watasé** (1893).

Pour **C. Schneider**, dont vous connaissez déjà l'opinion sur la constitution du protoplasma et du noyau, la sphère attractive et le centrosome,

Centrosomes et sphères attractives considérés comme simple modification physique du cytoplasma.

------

(1) **Humphrey** (1894) et **Guignard** (1894) viennent de combattre l'opinion de **Karsten**. **Guignard** a trouvé dans les cellules-mères des spores du *Psilotum* les sphères attractives en dehors du noyau, lorsque celui-ci est encore pourvu de sa membrane ; il a constaté en outre que les nucléoles peuvent pénétrer dans le cytoplasma et se placer près des extrémités du fuseau, ce qui a induit **Karsten** en erreur.

J'ajouterai enfin que la théorie de **Boveri** sur l'origine mâle du centrosome reposant sur l'absence de ces éléments à l'extrémité du fuseau de direction pendant la production des globules polaires, il importe avant tout d'établir, pour pouvoir accepter cette qu'il ne distingue pas l'un de l'autre, ne sont que des parties de la cellule dans lesquelles les fibres constitutives de la trame protoplasmique sont entrecroisées, plus rapprochées les unes des autres que dans le reste de la cellule et réunies par une masse homogène.

Bürger admet que le cytoplasma est constitué par un plasma semi-liquide renfermant des microsomes. Ceux-ci sont attirés vers le centre de la cellule, et tendent à se presser le plus possible, les uns contre les autres ; ils circonscrivent ainsi un petit espace rempli de plasma comprimé, qui est le centrosome. Le cercle de microsomes entourant le centrosome délimite la sphère attractive.

Watasé considère le protoplasma comme constitué par des fibrilles variqueuses, anastomosées, dont les varicosités sont les microsomes. Les centrosomes, d'après lui, ne seraient que des varicosités plus grosses que les autres.

Bütschli et **Henking** se fondent, pour admettre leur opinion, sur la ressemblance de la sphère attractive avec des figures qu'ils ont obtenues artificiellement par différents procédés.

Bütschli, ayant observé que dans les émulsions de matières grasses ou albumineuses il se forme une irradiation autour des bulles d'air, pense que cette irradiation est produite par une contraction de la bulle d'air, dont la diminution de volume exerce une traction sur la substance environnante. Il en serait de même pour le centrosome, qui serait le point de la cellule où la diffusion des liquides contenus dans les alvéoles protoplasmiques est la plus active, et dont les changements de volume, pendant la division, donneraient naissance à une force attractive s'exerçant sur les régions voisines.

Henking, en faisant tomber des gouttelettes d'eau, d'alcool ou de vernis sur une surface enduite de noir de fumée, a obtenu aussi des irradiations rappelant celles qui entourent les centrosomes ; il en conclut que ceux-ci sont des points de la cellule au niveau desquels s'exerce une force de pression répulsive.

Rien n'est plus facile que d'imiter les figures achromatiques de la division indirecte. J'ai pu, à l'aide de la limaille de fer projetée sur une feuille de papier au-dessous de laquelle je disposais, de diverses manières, un certain nombre de barreaux aimantés, obtenir une série de spectres magnétiques représentant très exactement les divers stades de la figure achro-

---

théorie, que le plus généralement les fuseaux de direction sont dépourvus de centrosomes. Or **Häcker** (1894) vient précisément de trouver que, chez l'*Ascaris megalocephala*, c'est-à-dire chez l'animal étudié plus spécialement par **Boveri**, et dans l'œuf duquel le fuseau directeur présente des extrémités tronquées, caractéristiques, dépourvues de systèmes radiés, il existe, à chaque angle de ce fuseau en forme de quadrilatère, un petit centrosome qui avait échappé jusqu'ici. Des observations de ce genre se multipliant, la théorie de **Boveri** deviendrait de plus en plus inacceptable.

matique de la cytodiérèse normale, et de même toutes les figures multipolaires si variées qu'on peut trouver dans le parablaste de la Truite.

Quel que soit le procédé employé, la reproduction artificielle des figures cytodiérétiques ne nous renseigne nullement sur la constitution et la véritable nature des centrosomes et des sphères attractives.

Ces recherches ne prouvent qu'une chose, c'est qu'il existe dans la cellule des forces attractives ou répulsives, qui se manifestent en certains points déterminés et qui exercent une action manifeste sur les molécules protoplasmiques. Nous ignorons, pour le moment, quelle est la nature de ces forces, mais elles paraissent localisées dans des corps particuliers, soit de nature spéciale, soit provenant d'une condensation de la substance protoplasmique.

En résumé, nous nous trouvons aujourd'hui en présence de deux opinions principales sur l'origine des centrosomes et des sphères attractives. Pour les uns ce sont des éléments du noyau, des nucléoles ou des corps particuliers, qui émigrent dans le cytoplasma au moment de la division indirecte ; pour les autres ce sont des corps de nature cytoplasmique ou formés par une substance spéciale, indépendants du noyau et constituant des organes permanents de la cellule. En faveur de la première théorie, il n'existe qu'un petit nombre d'observations isolées et très incomplètes ; la seconde est appuyée sur les nombreuses recherches concordantes des auteurs qui ont vu les centrosomes et les sphères attractives exister en dehors du noyau dans les cellules à l'état de repos, et se diviser en même temps que le noyau pendant la karyodiérèse. La seule objection qu'on puisse faire à cette seconde théorie, c'est que le plus souvent les centrosomes cessent d'être visibles dans les cellules qui ne sont plus en état de division ; je vous ai déjà montré que cette objection n'avait pas une grande portée.

24 février 1894.

VINGT-CINQUIÈME LEÇON

DIVISION DIRECTE OU AMITOSE

Division directe ou amitose. — Fragmentation. — Division directe des leucocytes et des cellules épithéliales. — Recherches récentes sur la division directe. — Rôle des sphères attractives dans la division directe. — Signification physiologique de l'amitose. — Relations entre la division directe et la division indirecte. — Noyaux annulaires ou troués. — Genèse des noyaux annulaires. — Cellules à noyaux polymorphes. — Division du macronucléus des Infusoires ciliés. — Origine de la division directe et de la division indirecte.

MESSIEURS,

Division directe ou amitose.

Après la découverte de la karyokinèse, quand on eut établi que ce processus s'observait chez tous les êtres vivants et dans toutes les cellules, les cytologistes furent naturellement portés à généraliser le résultat de leurs observations, et certains d'entre eux pensèrent que la division indirecte était le seul mode de division cellulaire. On considéra l'ancien schéma de **Remak** comme dû à une erreur d'observation ou à une observation incomplète. Les esprits judicieux se gardèrent cependant d'une généralisation trop hâtive et admirent, à côté de la division indirecte, un autre mode de division, auquel **Flemming**, en 1879, donna le nom de *division directe*, caractérisé par la bipartition du noyau par simple étranglement, sans formation de figure achromatique et sans disposition filamenteuse et pelotonnée des éléments chromatiques.

Déjà avant **Flemming**, **Ed. van Beneden** (1876) avait distingué la *segmentation*, ou division du noyau par étranglement, de la division proprement dite ou karyokinèse. Plus tard **Flemming** (1882) opposa à la mitose, ou division mitotique, *l'amitose* ou *division amitotique*. C'est à ce dernier mode de division que **Carnoy** a donné le nom de *division acinétique*, et **Hertwig** celui de *division nucléaire par étranglement*.

Fragmentation.

Arnold, en 1883, a proposé d'appeler *segmentation* la division du noyau en deux parties égales par un plan passant par l'équateur, et il a distingué la *segmentation indirecte*, dans laquelle il y a production de figures karyodiérétiques, de la *segmentation directe*, dans laquelle le noyau se divise par simple étranglement. Il a réservé le nom de *fragmentation* pour la divi-

sion du noyau en deux ou plusieurs segments inégaux ou en plusieurs
fragments égaux. Comme pour la segmentation, il a distingué la fragmentation indirecte de la fragmentation directe. La distinction entre la bipartition du noyau et sa fragmentation en plusieurs segments égaux ou inégaux
est utile; mais le terme de segmentation s'appliquant plus spécialement à
la division de l'œuf, je crois qu'il vaut mieux réserver le mot de *division*
pour la bipartition égale du noyau, opposer la division directe à la division

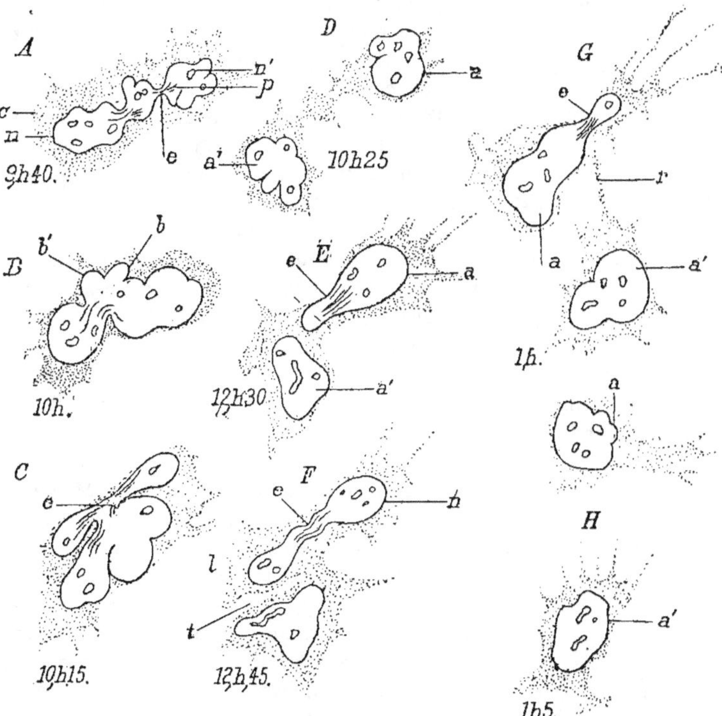

Fig. 296. — Différents stades de la division directe d'une cellule lymphatique d'Axolotl observés
pendant trois heures vingt-cinq minutes à une température qui a varié entre 16° et 18°. (D'après
Ranvier).

indirecte, ou karyokinèse, mitose, cytodiérèse, appeler la division multipolaire la fragmentation indirecte et conserver le mot de *fragmentation*
pour la division directe inégale ou en plusieurs segments.

Le processus de la division directe a été suivi à l'état vivant sur les
leucocytes de la Grenouille par M. **Ranvier** (1875), puis par **Arnold** (1887).

Division di-
recte des
leucocytes.

Il suffit, pour cela, de prendre, à l'aide d'un tube capillaire, un peu de lymphe dans le sac lymphatique dorsal d'une Grenouille et de placer le liquide sur un porte-objet qu'on recouvre d'une lamelle, qu'on borde ensuite avec de la paraffine pour empêcher l'évaporation. A une température de 16° à 18°, M. **Ranvier** a constaté qu'une cellule lymphatique d'Axolotl met à peu près trois heures pour se diviser par voie directe.

Les noyaux des cellules lymphatiques de l'Axolotl présentent, à l'état vivant, des lobes en nombre plus ou moins considérable (fig. 296). La formation de ces lobes se fait sous l'œil même de l'observateur et assez rapidement. « Il se produit un étranglement du noyau en un point ; cet étranglement se resserre peu à peu et se transforme en un pédicule. Le bourgeon une fois formé, deux phénomènes peuvent se produire ; le pédicule, continuant de s'amincir, finit par se rompre et le bourgeon se détache en emportant avec lui un ou plusieurs nucléoles ; ou bien le pédicule, après s'être rétréci, s'élargit de nouveau, et le bourgeon revient se confondre avec le noyau primitif. Dans certaines cellules encore vivantes, on peut voir des noyaux, munis de bourgeons nombreux et variés, reprendre une forme sphérique par l'effacement de tous ces bourgeons. Plus tard, ce noyau sphérique pourra bourgeonner de nouveau... Lorsqu'une cellule lymphatique possède deux noyaux et présente, sous l'œil de l'observateur, des phénomènes amiboïdes, chacun des noyaux semble diriger les mouvements d'une portion distincte de la masse protoplasmique. Cette masse tend à se diviser par une sorte d'étirement en deux parties. La portion étirée intermédiaire s'amincit peu à peu ; elle finit par se rompre, et, au lieu d'une cellule lymphatique, il en existe deux. » (**Ranvier**).

Arnold a employé un procédé d'observation déjà indiqué par M. **Ranvier** : il place des lamelles de moelle de sureau dans le sac lymphatique d'une Grenouille ; les globules blancs pénètrent à travers les pores des membranes cellulaires et on peut les examiner facilement sur des coupes minces de ces lamelles. Il a vu le noyau, qui présente généralement des lobes ou des incisions, s'étrangler en son milieu et se diviser. Souvent les deux moitiés du noyau restent unies pendant un certain temps par des filaments fins. La division du corps protoplasmique du leucocyte suit généralement d'assez près celle du noyau. Le leucocyte s'étire suivant le pédicule qui reliait les deux noyaux-filles et finit par se couper au milieu du pont protoplasmique qui réunit ses deux parties : celles-ci s'éloignent l'une de l'autre en émettant des prolongements amiboïdes. La division du noyau peut n'être pas suivie de celle de la cellule ; c'est ainsi que se produisent les cellules multinucléaires.

Johnson (1892) a étudié la division directe sur les enveloppes des embryons d'un Scorpion du genre *Centrurus*. Ses recherches ont porté sur des pièces fixées par différents réactifs, entre autres ceux de Flemming, de Rabl, de Perenyi et de Kleinenberg, et colorées par l'hématoxyline ou le carmin.

Les cellules de l'enveloppe séreuse beaucoup plus grandes que celles de l'amnios sont plus favorables pour l'observation. Les noyaux de ces cellules de la séreuse présentent une membrane d'enveloppe mince, renferment une

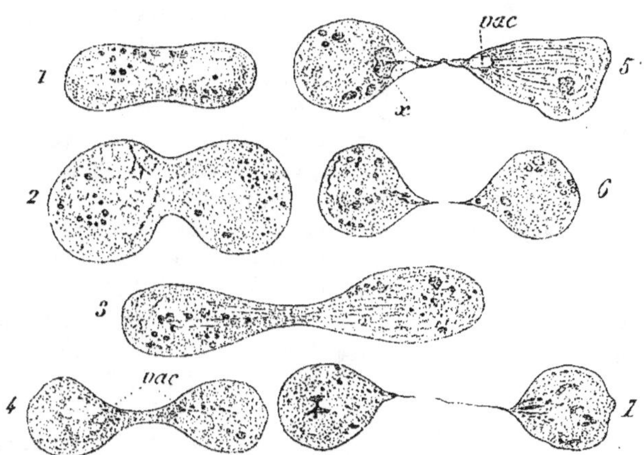

Fig. 297. — Différents stades de la division directe des noyaux dans les cellules de la séreuse de l'embryon de Scorpion. *Vac*, vacuole. (D'après JOHNSON, 1892).

substance chromatique le plus souvent sous forme de granulations et presque toujours plusieurs nucléoles. Beaucoup de cellules contiennent deux, quelques-unes trois et même quatre noyaux. Le premier signe de la division du noyau est l'allongement de celui-ci en général parallèlement au grand axe de la cellule. Les granulations chromatiques et surtout les nucléoles ont une tendance à se placer en séries longitudinales. Il se produit une constriction dans la partie médiane du noyau, qui finit par être partagé en deux moitiés arrondies qui restent presqu'en contact; dans d'autres cas, à mesure que l'étranglement s'accentue, les deux moitiés du noyau, devenues piriformes, s'éloignent l'une de l'autre et restent réunies par un pédicule qui peut s'étirer en un filament très grêle avant de se rompre. Le pédicule offre souvent une striation très marquée (fig. 297).

La division du noyau peut être suivie de celle de la cellule, mais pas toujours immédiatement. Cette dernière se produit par la formation d'une paroi cellulaire, précédée ou non d'un étranglement du corps cellulaire. Quelquefois la cloison cellulaire apparaît avant que le filament réunissant les deux noyaux-filles ait disparu; elle est alors perpendiculaire à l'axe du filament (fig. 298).

La division directe du noyau a été reconnue dans ces dernières années par un grand nombre de biologistes chez des animaux les plus divers, ainsi que chez les végétaux. **Flemming** vient de publier, dans les *Ergebnisse für*

Recherches récentes sur la division directe.

Anatomie und Entwicklungsgeschichte de **Merkel** et **Bonnet** (1892), une revue d'ensemble très détaillée sur la division amitotique, dans laquelle il donne une bibliographie assez complète de la question. Je me bornerai ici à vous signaler les observations de **F.-E. Schulze** (1875) et de **Gruber** (1883-1885) chez les Amibes, de **Chun** (1890) chez les Siphonophores, de **Leydig** (1883-1885) et de **Ziegler** (1885) chez les Mollusques, de **Hamann** (1890) chez l'Échinorhynque, de **Vejdovsky** (1886) chez le *Gordius*, de **Bolles Lee** (1888) dans les cellules séminales des Chétognathes, de **Hoyer** (1890) dans les cellules épithéliales de l'intestin du *Rhabdoñema*, de **Lœwenthal** (1889) chez les Oxyures, de **Blochmann** (1885) dans les enveloppes embryonnaires du Scorpion, de **Claus** (1886) chez les Branchipes et les *Artemia*, de **Frenzel** (1885) dans les cellules intestinales des Crustacés, de **Carnoy** (1885) dans différents tissus d'Arthropodes, de **Platner** (1889) dans les vaisseaux de Malpighi, de **Sedgwick** (1888) dans l'endoderme du *Peripatus*, de **Spichardt** (1886), **vom Rath** et **Ziegler** (1891) dans les cellules

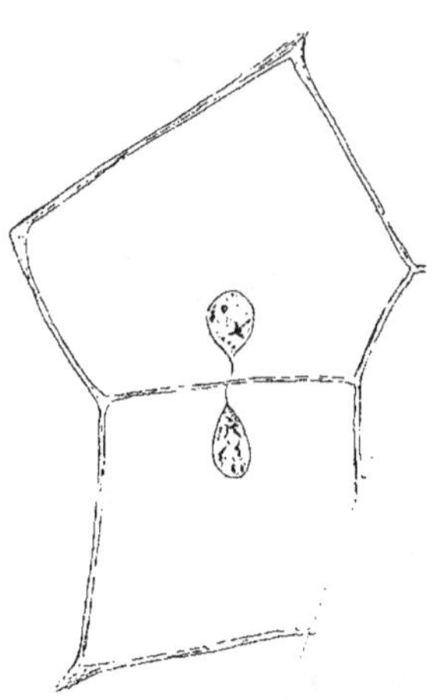

Fig. 298. — Cellule en voie de division directe de la séreuse d'un embryon avancé de Scorpion. Les deux noyaux-filles sont encore réunis par un long pédicule; les deux cellules-filles sont séparées par une plaque cellulaire. (D'après Johnson, 1892).

testiculaires chez les Arthropodes ; de **Mingazzini** (1889), **Solger** (1891), **Ziegler** (1887) chez les Poissons ; de **Bellonci** (1888), **Flemming** (1889), **Meves** (1891), **Nussbaum** (1879), la **Valette St-George** (1878) chez les Amphibiens; de **Dogiel** (1890), **Hess** (1890), **Nauwerck** (1890), **Nissen** (1891), **Overlach** (1885), **Löwit** (1890), **Solger** (1891), **Ströbe** (1891) chez les Mammifères.

Enfin chez les végétaux **Johow** (1880), **Treub** (1879), **Schmitz** (1879), **Strasburger** (1882), **Flemming** (1882), ont décrit également la division directe du noyau.

Nous avons maintenant à examiner, ainsi que nous l'avons fait pour la division indirecte, les divers points controversés qui se rattachent à la division directe.

Rôle des sphères attractives dans la division directe. — Si, comme nous l'avons admis, les centrosomes et les sphères attractives sont des organes permanents de la cellule, que deviennent ces éléments pendant la division directe du noyau ; interviennent-ils dans ce processus de division ? **Flemming**, **M. Heidenhain** et **Meves** se sont posé cette question et ont essayé de la résoudre.

Flemming (1891) a vu que dans les leucocytes de la Salamandre la sphère attractive et son centrosome ne se dédoublent pas pendant la division directe du noyau, mais il pense cependant que cette sphère exerce une influence sur cette division car elle est toujours placée vis-à-vis de la ligne de séparation des deux moitiés du noyau.

M. **Heidenhain** (1892) a trouvé, dans des leucocytes à plusieurs noyaux, deux sphères réunies par des filaments achromatiques constituant un fuseau central de Hermann ; il pense que ce fuseau intervient dans la division du corps protoplasmique, mais n'exerce pas d'action sur le noyau.

Meves (1891), dans les spermatogonies de la Salamandre, a fait des observations très intéressantes sur la division des grands noyaux polymorphes.

Nous avons vu que dans ces noyaux la sphère attractive avait au printemps une forme toute spéciale, qu'au lieu de se présenter sous l'aspect d'un corps arrondi, comme c'est le cas pour les autres cellules, elle revêt une forme annulaire et entoure le noyau.

Suivant **Meves**, lorsque ces noyaux se divisent par voie directe, il se produit en leur milieu un étranglement qui les partage en deux moitiés égales ou rarement inégales. Au niveau de l'étranglement se trouve

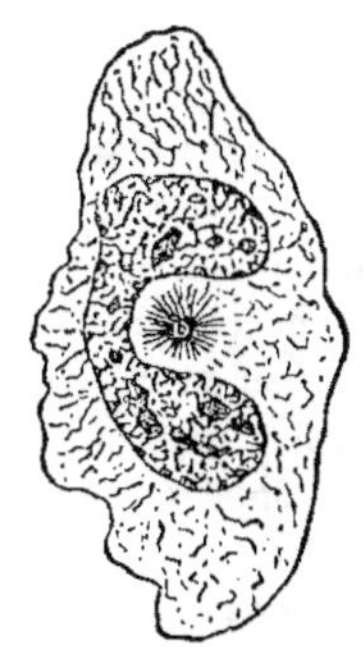

Fig. 299. — Leucocyte du péritoine d'une larve de Salamandre. Afin de rendre la figure plus nette, on a dû entourer le corpuscule central, dans la sphère radiée, d'un halo clair qui en réalité n'existe pas. (D'après FLEMMING, fig. empruntée à O. HERTWIG).

placée la sphère attractive annulaire, dont le plan est perpendiculaire à l'axe longitudinal du noyau. A mesure que l'étranglement s'accentue, l'anneau constituant la sphère se rétrécit et s'épaissit ; lorsque les deux noyaux-filles ne sont plus réunis que par un pédicule, ou lorsque celui-ci est rompu, la sphère s'est concentrée sous forme d'une masse arrondie, située vis-à-vis le milieu de l'axe longitudinal qui réunit les deux noyaux. On pourrait donc comparer l'action de la sphère attractive, dans ce mode de division, à celle d'un lien de caoutchouc placé sur un corps qu'il finit par diviser ; mais la sphère attractive agit sur le noyau à distance, sans être directement appliquée sur lui.

J'ai jusqu'ici vainement cherché à voir les faits décrits par **Meves** relativement à cette disposition de la sphère attractive dans la division directe ; mais comme j'ai pu vérifier ses autres observations sur les noyaux polymorphes et sur la formation des noyaux annulaires, je suis tout porté à admettre les curieux résultats qu'il a annoncés dans son premier travail, d'autant plus que **Flemming** a vu ses préparations et ne semble pas douter de la réalité de ses assertions.

Nous pouvons donc admettre comme probable une action plus ou moins directe de la sphère attractive pendant l'amitose, mais cette question demande de nouvelles recherches avant qu'on puisse la trancher d'une manière définitive.

Signification
physiologique
de l'amitose.

Un autre point sur lequel les avis des auteurs sont partagés c'est la signification physiologique de la division directe et ses relations avec la division indirecte.

Suivant **Flemming**, la mitose est le seul mode physiologique de division des cellules, le seul qui donne des cellules capables de se reproduire. La division directe ou amitose, chez les êtres supérieurs, est un phénomène de dégénérescence, qui le plus souvent n'a pour résultat que d'amener une augmentation de surface du noyau, en produisant des cellules plurinucléées. Lorsque la division directe du noyau est suivie de celle du corps protoplasmique, les nouvelles cellules-filles ne peuvent plus en général se diviser ensuite.

Ziegler émet une opinion semblable ; pour lui, les noyaux qui se divisent directement sont toujours de grande taille, appartiennent à des cellules arrivées au terme de leur évolution, déjà bien différenciées et ayant des fonctions spéciales de sécrétion et d'assimilation. **Vom Rath** dit que toute cellule qui se divise directement a son arrêt de mort et ne se divisera plus. Cette assertion est peut-être trop exclusive, car les observations de **Meves** sur les spermatogonies de la Salamandre prouveraient que des cellules, qui se sont divisées d'abord par voie amitotique, peuvent se diviser ensuite indirectement.

Lœwit, **Verson** et **Frenzel** se sont élevés contre la manière de voir de **Ziegler** et **vom Rath**. **Lœwit** (1891), en s'appuyant sur ses observations relatives aux cor-

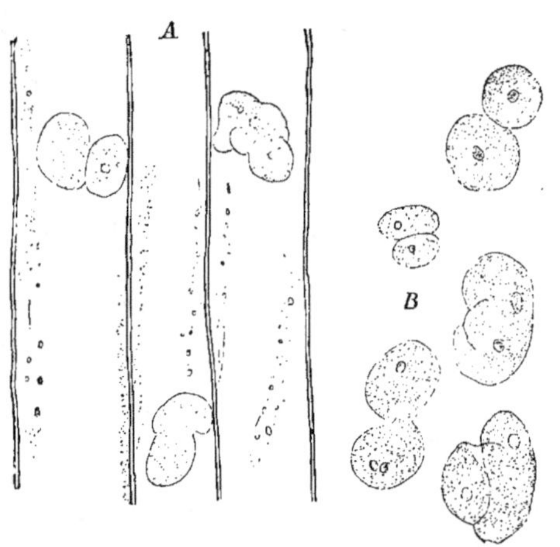

Fig. 3oo. — *Tradescantia virginica*. Noyaux de vieux eutrenœuds en division directe. *A*, d'après le vivant. *B*, après traitement par le vert de méthyle acétique. (D'après Strasburger, fig. empruntée à O. Hertwig).

puscules sanguins de l'Écrevisse, pense qu'à côté d'une division directe dégénérative il en existe une autre régénérative, à la suite de laquelle les cellules peuvent continuer à se multiplier.

Verson (1891) a vu dans les testicules du *Bombyx mori* et d'autres Lépidoptères que les cellules-mères séminales dérivent d'une grande cellule située dans chaque loge testiculaire, et dont le noyau se divise directement. Il est vrai que **Ziegler** et **vom Rath** objectent à cette opinion que la grande cellule n'est pas l'origine des cellules séminales, que celles-ci ne sont pas ses filles, mais ses sœurs, et que la grande cellule ne fournit au testicule que des éléments de soutien.

Frenzel (1891-92) admet que dans l'intestin des Crustacés et des Insectes la division directe joue un grand rôle pour la régénération des éléments, car il n'a jamais trouvé de divisions indirectes. Ce dernier point est assurément inexact ; si les divisions indirectes sont rares dans les éléments du tube digestif des Arthropodes, on peut cependant les y rencontrer ; M. **Balbiani** (1890) en a vu de très nettes chez le *Cryptops*.

Je n'ai pu jusqu'à présent me faire une opinion personnelle sur la question qui nous occupe, n'ayant pas réuni un nombre d'observations suffisant à cet égard. Celles que j'ai faites cependant sur les œufs de Truite en voie de développement me portent à considérer la division directe du noyau comme marquant en général le terme de l'évolution de cet élément.

Dans le parablaste sous-jacent au germe segmenté nous avons vu que les noyaux se multiplient d'abord activement par karyodiérèse, en présentant souvent des figures multipolaires. Autour de certains de ces noyaux, les plus rapprochés des cellules de segmentation, se différencient des cellules qui s'ajoutent au germe. Bientôt, on ne trouve plus de figures karyodiérétiques dans le parablaste ; les noyaux continuent cependant à augmenter de nombre en se divisant par voie directe, mais à partir de ce moment, il ne se forme plus aucune cellule aux dépens du parablaste. Lorsque l'embryon est déjà bien constitué, les noyaux parablastiques qui ont pris de grandes dimensions et un aspect particulier, commencent à présenter des phénomènes de dégénérescence que nous étudierons. Nous voyons par conséquent, dans ce cas particulier, la division directe succéder à la division indirecte et ne se manifester que lorsque les noyaux ont déjà perdu une partie de leur vitalité et de leur fonction, si l'on peut s'exprimer ainsi, c'est-à-dire lorsqu'ils ne peuvent plus devenir centres de formation de cellules. Le même phénomène a été observé dans le sac embryonnaire des Phanérogames, où **Strasburger** et **Guignard** ont vu la division directe succéder à la division indirecte. En est-il cependant toujours ainsi et devons-nous considérer la division directe comme un signe de sénescence, ou de dégénérescence du noyau ? Certaines considérations que je vais vous exposer tout à l'heure ne permettent pas, je crois, de conclure aussi affirmativement.

Une dernière question sur laquelle les cytologistes ne sont pas d'accord est celle de savoir si les deux modes de division du noyau et du corps protoplasmique, la mitose et l'amitose, sont indépendants l'un de l'autre, ou s'il existe entre eux des formes de passage et de transition.

Arnold et **Carnoy**, pour les cellules animales, **Schmitz** et **Johow**, pour les cellules végétales, se sont prononcés pour cette dernière hypothèse, tandis que **Flemming** et ses élèves la repoussent.

Arnold (1883-1889) a décrit, dans les cellules de la moelle des os, les leucocytes, les cellules de la rate, les cellules des sarcomes et des carcinomes, des figures nucléaires aboutissant à une division ou à une fragmentation du noyau, figures dans lesquelles les éléments chromatiques présentent une disposition plus ou moins filamenteuse, et qu'il considère comme intermédiaires entre les figures de division indirecte et celles de division directe. De même **Carnoy**, chez les Arthropodes, admet que ces deux modes de division ne sont pas nettement séparés et qu'ils sont reliés l'un à l'autre par de nombreuses transitions.

Flemming et **Reinke** (1891), qui ont étudié les formes de division signalées par **Arnold**, pensent qu'il s'agit, le plus souvent, de divisions indirectes multipolaires, ou altérées par le mode de traitement des pièces examinées. C'est ainsi que beaucoup des prétendues figures de fragmentation indirecte d'**Arnold** ne seraient que des figures appartenant au stade de dispirem.

Noyaux annulaires ou troués.

A ce propos, je dois vous signaler une forme très particulière de noyau étudiée avec soin récemment par divers auteurs, et qu'**Arnold** considérait comme étant en rapport avec sa fragmentation indirecte, ce sont les *noyaux* dits *annulaires* ou *troués*.

Arnold (1883) signala d'abord ces noyaux dans les leucocytes et les cellules géantes de la moelle des os; **Bellonci** (1886) les retrouva dans les spermatogonies du Triton, parmi les noyaux auxquels il donna le nom de *polymorphes*. **Arnold** (1888) les vit également dans les cellules de la rate de la Souris. Puis ils furent décrits par **Flemming** (1889) dans les cellules épithéliales de la vessie de la Salamandre, et (1890) dans les

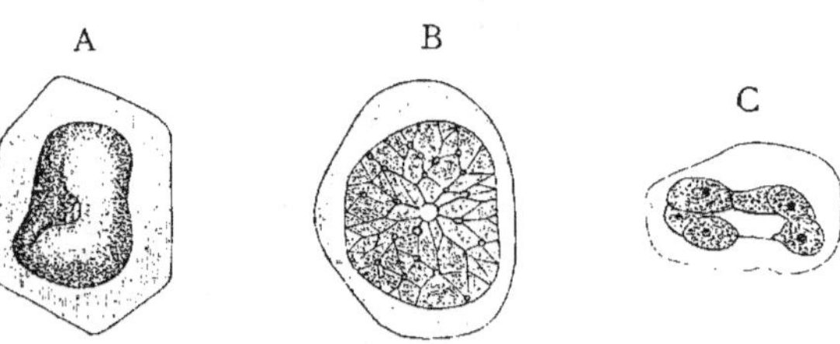

Fig. 301. — A, vue de profil d'un noyau perforé de la couche lymphatique corticale du foie de *Triton alpestris*. Le noyau est aplati dans le sens de la perforation. B, noyau perforé montrant nettement la disposition radiée de la charpente nucléinienne. C, noyau annulaire et divisé par étranglement en plusieurs pièces, cellule lymphatique. (D'après Göppert, fig. empruntée à O. Hertwig).

leucocytes du même animal, par **Hatschek** (1889) dans l'épithélium des larves d'*Amphioxus*, par **Reinke** (1891) dans la rate de la Souris blanche et le mésentère du Rat, par **Göppert** (1891) dans les leucocytes de la couche lymphoïde du foie de la Salamandre, par **von Kostanecki** (1892) chez les Oiseaux et les Amphibiens et enfin, par **Meves** (1893) dans le testicule de la Salamandre.

Ces noyaux annulaires sont caractérisés par l'existence d'un trou plus ou moins grand à leur centre, ce qui leur donne l'apparence de la figure connue en géométrie sous le nom de tore; le trou central est occupé par du cytoplasma. L'anneau nucléaire renferme un réseau chromatique comme les noyaux ordinaires, mais souvent le réseau présente une disposition radiée, les filaments chromatiques étant dirigés vers le centre du tore.

Denys (1887) pensa que ces noyaux pouvaient prendre naissance par la soudure des extrémités libres d'un noyau allongé et en forme de croissant. **Flemming** constata que, dans les noyaux annulaires, la sphère attractive est située dans l'intérieur de l'anneau. **Reinke** admit que de semblables noyaux perforés dérivaient de noyaux en division indirecte, car il avait observé des noyaux fixés au stade de dispirem qui présentaient des trous.

Suivant **Göppert**, la perforation du noyau serait un phénomène secondaire et résulterait d'une invagination infundibuliforme de la paroi, qui s'approfondirait jusqu'à atteindre la face opposée de la membrane nucléaire. Les noyaux annulaires se diviseraient directement, par étranglement, en deux demi-anneaux, qui se sépareraient ensuite en plusieurs fragments également par étranglement.

Von Kostanecki et **Meves** ont trouvé la véritable genèse des noyaux annulaires et ont montré qu'ils dérivent, comme le pensait **Reinke**, de noyaux en karyodiérèse.

Von Kostanecki (1892) a vu que souvent, au moment de la reconstitution des noyaux-filles, pendant la division indirecte, les chromosomes se groupent, au stade de dispirem, autour de l'extrémité du fuseau achromatique, de manière à constituer une couronne. Le centre de celle-ci est occupé par le faisceau de filaments qui réunit encore les deux systèmes polaires, c'està-dire par ce que nous avons appelé avec **Strasburger** le kinoplasma. La membrane du nouveau noyau commence à se former à la partie externe de la couronne et ne se complète que lorsque le kinoplasma s'est retiré vers la sphère attractive. Mais il peut arriver que la disparition du reste fusoriel n'ait lieu que tardivement : dans ce cas, la membrane se forme aussi à la partie interne de la couronne; le noyau conserve une forme annulaire, et le kinoplasma se rassemble en son centre. **Von Kostanecki** donne le nom de hile polaire (*Polhilus*) à l'orifice du noyau tourné vers la sphère attractive, et celui de hile antipolaire (*Gegenpolhilus*) à celui qui regarde la plaque cellulaire.

Meves (1893), en reprenant l'étude des noyaux polymorphes des spermatogonies de la Salamandre, a vu que ces noyaux se divisaient par voie indirecte et que les formes perforées résultaient bien de la persistance de la sphère attractive et de la figure achromatique au centre des noyaux-filles, au moment de leur reconstitution. Ce mode de genèse est-il le seul, ou bien les noyaux annulaires peuvent-ils prendre naissance par un autre processus, de la manière qu'indique **Göppert**, par exemple ? Il y aurait lieu de faire de nouvelles recherches à cet égard.

J'ai pu confirmer entièrement les observations de **Meves** sur les mêmes noyaux annulaires du testicule de la Salamandre. J'ai trouvé une série de

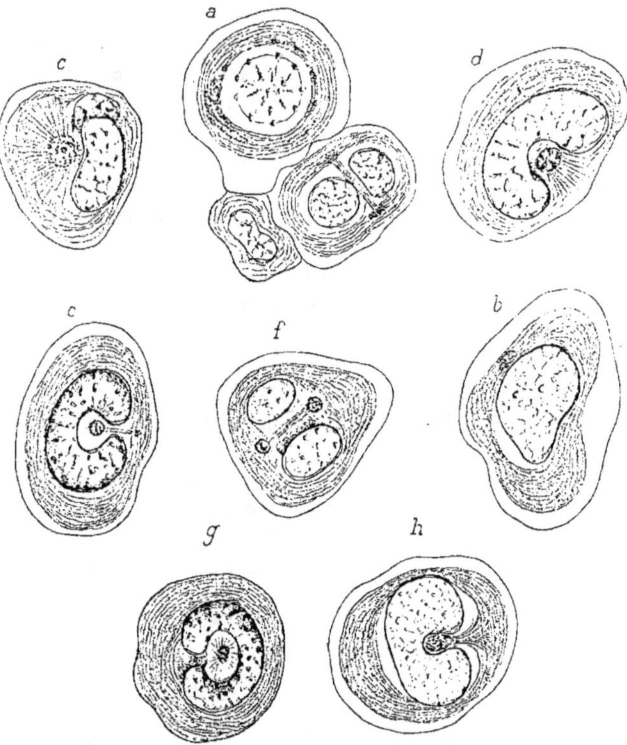

Fig. 3o2. — Cellules à noyaux polymorphes du testicule de la Salamandre, au mois d'avril, fixées par le liquide de Flemming ; le protoplasma a été légèrement contracté par le réactif. — *a*. Cellule supérieure avec sphère attractive diffuse ; cellule inférieure de gauche présentant deux noyaux séparés par un reste de fuseau achromatique. — *b*. Cellule au repos avec sphère attractive condensée. — *c*. Cellule au repos avec sphère attractive et un centrosome très nets. — *d, h*. Cellules avec noyau en forme de croissant, dans la concavité duquel se trouve la sphère attractive. — *e, f, g*. Cellules avec noyau annulaire ; en *f*, le noyau a été coupé perpendiculairement à son plan, on voit qu'il est traversé par un reste du fuseau unissant les deux sphères attractives.

formes intermédiaires entre les noyaux annulaires et les noyaux pleins, c'est-à-dire des noyaux en forme de croissant, ou présentant simplement une échancrure. Dans tous les cas, le centre de l'anneau, la partie concave, ou l'échancrure du noyau renfermaient la sphère attractive ou le reste du fuseau achromatique. Lorsque de semblables noyaux sont vus de côté, perpendiculairement au plan qui les contient, on observe des figures semblables à celles décrites par **Meves** pour la division directe du noyau, c'est-à-dire que le noyau paraît être étranglé par un cordon circulaire, constitué par un protoplasma se colorant plus fortement que le reste du corps cellulaire. Aussi, je me demande si **Meves** n'aurait pas confondu ces noyaux annulaires ou échancrés vus de champ avec des noyaux en voie de division directe et entourés d'une sphère attractive annulaire.

Frenzel (1891) a signalé dans l'intestin des Crustacés un mode de division directe du noyau qu'il considère comme particulier. La substance chromatique se disposerait radiairement autour du nucléole. Celui-ci ne se diviserait pas, mais à côté de lui apparaîtrait un nouveau nucléole, et c'est alors seulement que le noyau se diviserait.

Divisions directes ou indirectes anormales.

Sabatier (1893), dans les cellules testiculaires de l'*Astacus,* a décrit, tout récemment, un mode très particulier de division du noyau qu'il désigne sous le nom de division directe par voie de *pulvérisation nucléinienne.* Il distingue dans le processus de cette division un certain nombre de phases : 1° une phase de condensation et d'agrégation des grains de chromatine en masses plus compactes et plus volumineuses ; 2° une phase de dislocation, de pulvérisation et de dispersion des masses chromatiques soit centrales, soit périphériques, pour aboutir à l'état pulvérulent du noyau ; 3° une phase de concentration d'une partie importante de la poussière nucléinienne en une zone pulvérulente ou *voie lactée nucléinienne,* le reste se portant vers la surface du noyau ou dans l'intérieur du suc nucléaire pour former plus tard des masses chromatiques ; 4° une phase de condensation ou de concentration de la zone pulvérulente en deux couches nucléiniennes parallèles, tandis que d'autres granules se condensent en masses nucléaires et qu'entre les deux couches nucléiniennes apparaît une plaque caryoplasmatique ; 5° une phase de clivage de la plaque caryoplasmatique et de retour des deux noyaux-filles à l'état quiescent par l'achèvement de la concentration des grains de nucléine (chromatine). Pendant tout le processus, la membrane nucléaire persiste, il ne se forme pas de figure achromatique, et le noyau se clive sans présenter de changnements de forme.

Sabatier rapproche ce mode de division de la division indirecte. Ses intéressantes observations demandent à être confirmées ; pour ma part, je n'ai encore rien vu de semblable dans les testicules d'Arthropodes que j'ai examinés.

Enfin **Borel** et **Fabre-Domergue,** dans les cellules de plusieurs tumeurs ont vu des noyaux, dans lesquels la chromatine était sous forme de filaments indépendants et qui paraissaient se diviser par étranglement, en s'étirant. J'ai pu examiner leurs préparations et je crois qu'il s'agit de divisions indirectes plus ou moins altérées.

Suivant **Lœwit** (1891), la teneur du noyau en chromatine et en pyrénine serait variable ; quand la chromatine est plus abondante que la pyrénine la division se ferait par voie indirecte ; si, au contraire, la pyrénine est en plus grande quantité, la division est directe. Il est certain que les noyaux qui se divisent directement sont en général très pauvres en chromatine, mais ils ne paraissent pas renfermer non plus beaucoup de pyrénine.

Jusqu'ici nous n'avons donc pas de preuves certaines de l'existence de

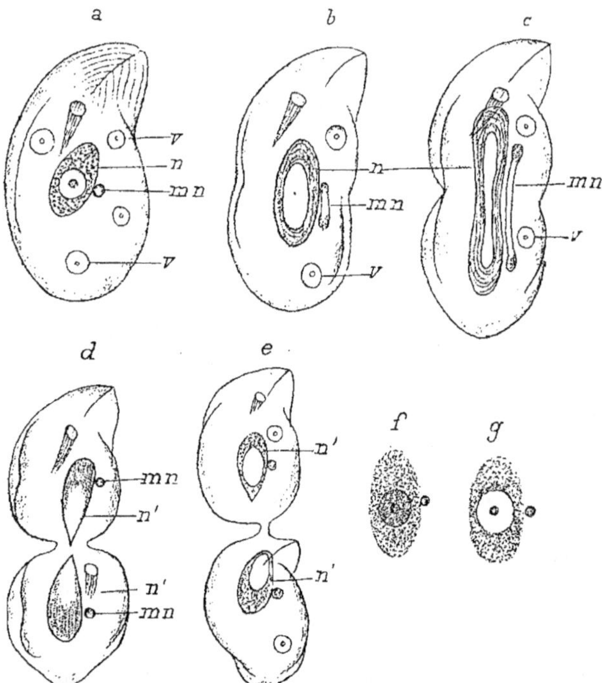

Fig. 3o3. — Division du *Chilodon cucullulus*. — *a, b, c, d, e*. Stades successifs de la division, montrant la division directe du macronucléus, *n*, et du micronucléus *m n* ; *n' n'* les deux moitiés du macronucléus après leur séparation. *v*, vésicules contractiles. Les cils et le contenu de l'Infusoire n'ont pas été représentés. — *f, g*. Macronucléus avec son micronucléus isolés, et colorés, en *f*, par le carmin, en *g*, par le vert de méthyle. (Dessin inédit de M. BALBIANI).

formes intermédiaires entre la division directe et la division indirecte du noyau, au moins chez les êtres pluricellulaires. **Flemming** pense cependant que la division indirecte peut se transformer en division directe en se fondant sur une observation intéressante de **Gerassimoff** (1892). Cet auteur a pris des filaments de *Spirogyra* dont les noyaux étaient en mitose, et les a soumis à l'action du froid. Si le noyau est arrivé au stade de la métaphase, il peut être refoulé dans l'une des moitiés de la cellule, qui continuera à se diviser plus tard, de sorte que l'une des cellules-filles sera privée de noyau. Dans d'autres cas, le noyau revient à l'état de repos, puis se divise par simple étranglement.

Si nous voulons trouver le passage de la division directe à la division indirecte, c'est chez les Infusoires ciliés que nous devons le chercher.

Nous savons déjà que, chez ces Protozoaires, seul le micronucléus se divise par voie indirecte. Le macronucléus se divise au contraire par voie directe mais en présentant des phénomènes très intéressants, mis en lumière par M. **Balbiani**. *Division du macronucleus des Infusoires ciliés.*

Lorsque le macronucléus est simple, comme par exemple chez les Paramœcies, il se place perpendiculairement au plan de division de l'Infusoire, s'allonge, puis s'étrangle en son milieu et se divise en deux noyaux-filles, qui seront les macronucléus des deux nouveaux Infusoires. Si le noyau est sous forme de grains plus ou moins nombreux réunis en chapelet par une membrane commune, comme chez les Stentors, les Stylonychies, etc., le processus est plus compliqué. Le premier phénomène qui indique que le macronucléus va se diviser est la concentration des grains chromatiques du chapelet en une masse unique au niveau du futur plan de division de l'Infusoire. Cette masse nucléaire se divise en deux moitiés égales par étranglement. Chaque masse nucléaire-fille, après la séparation des deux nouveaux Infusoires, s'allonge sous forme de cordon puis se segmente en autant de fragments qu'en contenait le macronucléus de l'individu mère.

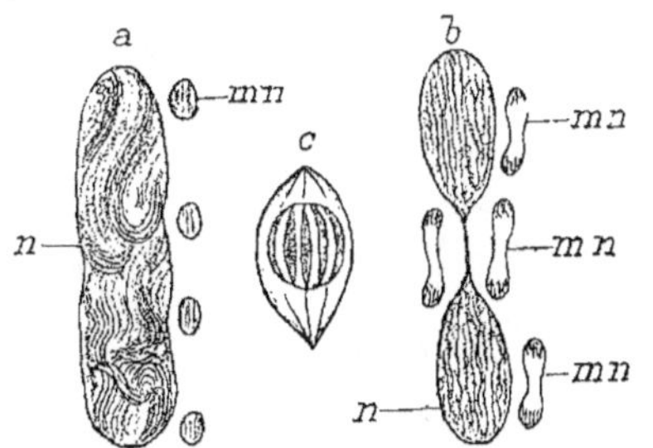

Fig. 3o4. — *a, b*, deux stades de la division du macronucléus, *n*, et des micronucléus, *mn*, du *Stylonychia mytilus*. — *c*, micronucléus du stade *a*, plus grossi. (Dessin inédit de M. BALBIANI).

L'un des exemples les plus remarquables de cette concentration de la substance chromatique du noyau au moment de la division nous est fourni par ce curieux Cilié, l'*Urostyla grandis*, dont je vous ai déjà signalé la constitution du macronucléus à l'état de repos. Vous vous rappelez que ce noyau consiste en un nombre considérable de petits grains répandus dans tout le corps de l'Infusoire, mais réunis par une membrane commune. Quand l'*Urostyla* se prépare à se diviser tous les grains nucléaires se rapprochent de manière à constituer un grand cordon compacte, quelquefois ramifié, qui finit par se condenser en une masse unique centrale, allongée.

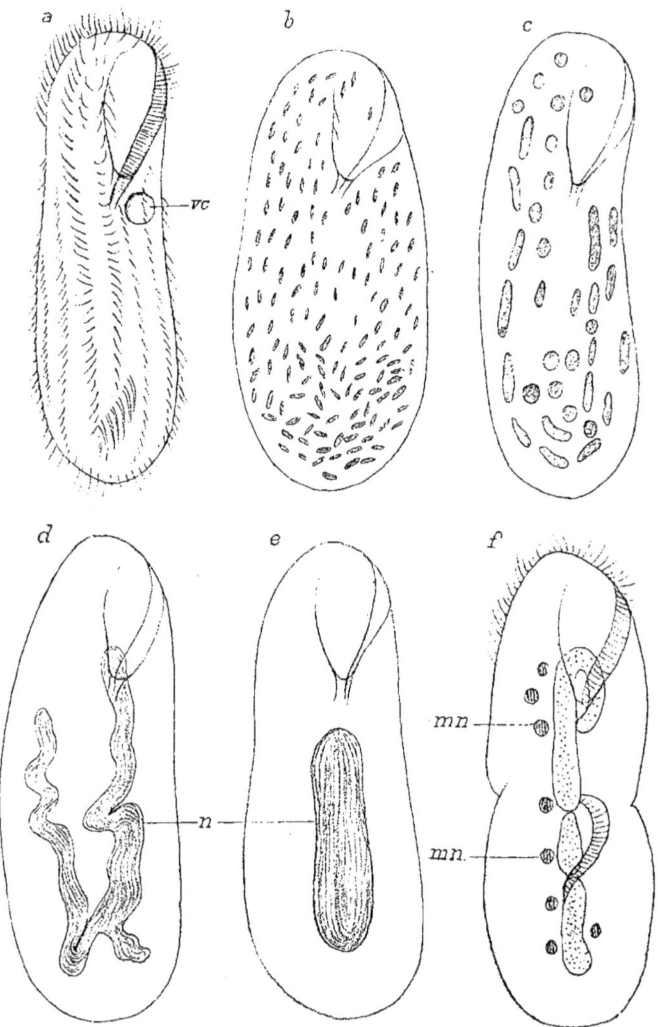

Fig. 3o5. — *Urostyla grandis. a*, individu vu à l'état vivant, dans lequel le noyau n'est pas visible; *b*, le même traité par le vert de méthyle acidulé, montrant les fragments nucléaires sous forme de bâtonnets : le tube qui contient les fragments nucléaires n'est pas visible; *c d e*, individus montrant la concentration graduelle des fragments nucléaires en un gros noyau, *n*, strié; *f*, individu en voie de division; *mn*, micronucleus. (Dessin inédit de M. BALBIANI).

Celle-ci, comme chez les Stentors, se coupe en deux transversalement, puis les noyaux-filles dans les deux individus reprennent petit à petit l'aspect fragmentaire du macronucléus diffus de l'individu-mère.

Outre cette concentration des éléments nucléaires au moment de la division, il faut noter un fait important, signalé par M. **Balbiani** et par **Bütschli**, c'est la transformation que subit la substance chromatique du macronucléus. Celle-ci, dans la masse résultant de la condensation des segments, se présente souvent, chez les *Stylonychia*, *Urostyla*, *Didinium* par exemple, sous la forme d'un véritable peloton de faisceaux fibrillaires entremêlés, rappelant beaucoup le stade de spirem dense d'un noyau en karyodiérèse (1).

La division du macronucléus des Ciliés est donc caractérisée par ce fait que, quelle que soit la disposition des éléments nucléaires dans le corps de l'Infusoire, par suite de leur condensation au niveau du plan de division de l'animal, la quantité de substance chromatique que celui-ci renferme se trouve exactement partagée entre les deux individus-filles. Ce mode de division aboutit au même résultat que la division indirecte, dans laquelle ainsi que nous l'avons vu, la chromatine, par suite de la division longitudinale des chromosomes et le cheminement de chaque moitié de ces chromosomes vers les deux noyaux-filles, se trouve ainsi répartie également entre ces noyaux.

L'apparence filamenteuse du macronucléus rapproche aussi ce mode de division directe de la mitose. La seule différence qui existe entre les deux processus c'est l'absence de figure achromatique dans le premier.

Cette division du macronucléus des Ciliés peut être par conséquent considérée comme une forme intermédiaire entre la division directe, dans laquelle le noyau se sépare en deux parties égales par simple étranglement, sans présenter au préalable de changements appréciables dans sa forme et dans sa constitution, et la division indirecte dans laquelle le noyau subit au contraire un remaniement important.

Que les deux modes de division du noyau et de la cellule, la division directe et la division indirecte, soient indépendants l'un de l'autre ou qu'il existe entre eux des formes de passage, nous devons nous demander lequel des deux est le plus ancien, et dérive de l'autre.

Origine
de la division
directe et
de la division
indirecte.

Si l'on ne considère que les cellules des êtres pluricellulaires, d'après ce que nous avons vu précédemment, la karyodiérèse s'observant presque exclusivement dans les cellules jeunes, surtout dans les cellules embryonnaires, tandis que la division directe ne se montre généralement que dans

---

(1) Chez les Opalines qui possèdent plusieurs noyaux indépendants, ceux-ci, d'après les observations de **Pfitzner** (1886), se divisent comme les micronucléus des autres Ciliés, c'est-à-dire en présentant des figures de division indirecte.

les éléments âgés, arrivés au terme de leur évolution ou en dégénérescence, la division indirecte paraît être le mode de reproduction primitif et le plus important de la cellule. Telle est en effet l'opinion de **Schmitz** et de **Johow** parmi les botanistes, et celle de **Flemming** parmi les zoologistes. Mais si l'on tient compte des faits que nous fournissent les Protozoaires on peut, avec **Strasburger** et **Waldeyer**, regarder la division directe comme le processus primitif de la bipartition du noyau. Chez les Protozoaires, les deux formes de division, directe et indirecte, existent, mais ne se présentent pas avec des caractères aussi tranchés que chez les êtres pluricellulaires ; il est à remarquer que seul le noyau, et en particulier le micronucléus chez les Infusoires ciliés, se divise indirectement : le cytoplasma se divise par étranglement ; il ne se forme que très rarement une plaque cellulaire. Le noyau paraît être plus indépendant du cytoplasma qu'il ne l'est dans les autres cellules, la figure achromatique prenant naissance dans l'intérieur de la membrane nucléaire et celle-ci persistant pendant toute la durée de la division.

On peut donc admettre que la division indirecte du noyau a commencé à apparaître chez les Protozoaires, et dérive de la division directe par simple étranglement ; que chez les êtres pluricellulaires cette forme de division est devenue le mode normal et le plus répandu de la multiplication cellulaire en même temps que les relations qui existent entre le noyau et le cytoplasma devenaient plus étroites, de telle sorte que l'intervention du cytoplasma, ou tout au moins d'une partie de celui-ci, le kinoplasma, devenait nécessaire pour que le noyau pût se diviser. La division directe a perdu au contraire de son importance, et ne s'observe plus que dans les cellules âgées, dont le kinoplasma est détruit ou amoindri, et dont le noyau est plus indépendant du protoplasma. Cette hypothèse qui pour moi est acceptable, parce que je me range à l'opinion des cytologistes qui pensent que le cytoplasma intervient dans la division indirecte du noyau, sera naturellement rejetée par ceux qui admettent que la figure achromatique est d'origine exclusivement nucléaire. Je n'y attache pas du reste plus d'importance que je ne le fais en général à toute vue de l'esprit qui ne repose pas sur un ensemble de faits bien établis, et sur ce point, comme sur beaucoup d'autres en cytologie, nous devons reconnaître que nos connaissances ne sont pas encore assez avancées pour qu'on puisse décider de la valeur physiologique des deux modes de division cellulaire, de leur origine, et des rapports qui existent entre eux.

28 février 1894.

VINGT-SIXIÈME LEÇON

GEMMATION. SPORULATION. CONJUGAISON

Gemmation ou bourgeonnement. — Formation des globules polaires. — Globules polaires dans les œufs parthénogénésiques. — Réduction nucléaire pendant la formation des globules polaires. — Division réductionnelle dans la spermatogénèse et dans les cellules sexuelles des végétaux. — Gemmation du *Spirochona gemmipara*. — Gemmation chez les Acinétiens. — Gemmation de la vésicule germinative de l'œuf. — Sporulation. — Sporulation chez les Thalassicoles. — Conjugaison. — Cellules sexuelles et cellules somatiques. — Divers modes de conjugaison : conjugaison égale et conjugaison inégale. — Éléments sexuels différenciés.

MESSIEURS,

Lorsque, dans une précédente leçon, nous avons établi les divers modes de reproduction de la cellule, nous avons admis que la *gemmation* ou *bourgeonnement* et la *sporulation* ne sont que des cas particuliers de la division. Nous avons déjà vu que, lorsqu'une cellule se divise, les deux moitiés peuvent ne pas être d'égale grandeur; si l'un des produits de division est beaucoup plus petit que l'autre, de manière à ne constituer qu'une petite partie de la cellule-mère, on dit alors qu'il y a bourgeonnement. Ce mode de multiplication peut être simple ou multiple, suivant que la cellule donne naissance à un seul bourgeon à la fois, ou qu'elle en produit plusieurs simultanément. *[Gemmation ou bourgeonnement.]*

La gemmation est assez répandue chez les êtres unicellulaires; elle est normale dans l'œuf, avant sa maturation complète, au moment de la formation des globules polaires; elle est plus rare dans les cellules qui constituent les tissus des animaux et des végétaux.

La manière dont se comporte le noyau d'une cellule en voie de bourgeonnement est la même que celle qui s'observe pendant la division, c'est-à-dire que le noyau du bourgeon provient par division directe ou indirecte du noyau de la cellule-mère.

La division indirecte est de règle pendant le bourgeonnement de l'œuf qui produit les *globules polaires* ou *corps directeurs*, mais elle présente un caractère particulier que nous avons déjà rencontré dans les cellules séminales, c'est la réduction du nombre des chromosomes. *[Formation des globules polaires.]*

Aperçus pour la première fois, en 1824, par **Carus** dans l'œuf du Limnée, les globules polaires furent retrouvés plus tard par **Fr. Müller** (1841) qui, remarquant que ces éléments étaient situés dans le premier plan de segmentation, leur donna le nom de *vésicules directrices* (Richtungsbläschen); **Robin** (1862) les appela *globules polaires*, parce qu'ils apparaissent au pôle animal de l'œuf, et **Flemming** (1874) les désigna plus tard sous le nom de *corps directeurs* (Richtungskörper), terme employé surtout par les auteurs allemands.

Leur origine fut entrevue par **Löwen** (1848) dans l'œuf des Lamellibranches; cet auteur pensait qu'ils résultaient de l'expulsion du nucléole de la vésicule germinative. Plus tard, **Bütschli** (1875) vit qu'ils sortaient de la vésicule germinative sous forme d'un fuseau semblable à celui qui s'observe dans les cellules en karyodiérèse, et, quelque temps plus tard, **O. Hertwig** (1877) et **Fol** (1879) établirent définitivement que ces corps naissent par division indirecte de la vésicule germinative.

Les globules polaires se produisent normalement au nombre de deux; ils sont expulsés successivement de l'œuf, dans la région du pôle animal, et se placent entre le vitellus et la membrane vitelline. Généralement ils

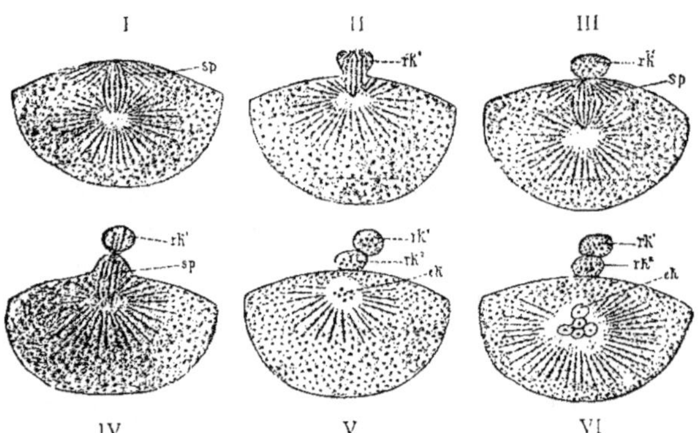

Fig. 306. — Formation des cellules polaires chez l'*Asterias glacialis*. Dans la fig. I, le fuseau nucléaire (*sp*) a atteint la surface de l'œuf. Dans la fig. II, il s'est formé à la surface de l'œuf un petit mamelon (*rk'*), renfermant la moitié du fuseau. Dans la fig. III, ce mamelon s'est séparé par étranglement et constitue une cellule polaire (*rk¹*). Aux dépens de la moitié interne du fuseau nucléaire primitif s'est formé un nouveau fuseau complet (*sp*). Dans la fig. IV, nous voyons la première cellule polaire soulevée par un second mamelon qui, dans la fig. V, s'est à son tour séparé de l'œuf par étranglement et constitue la seconde cellule polaire (*rk²*). Le restant du second fuseau s'est transformé, dans la fig. VI, en noyau ovulaire (*ek*). (Fig. empruntée à O. **Hertwig**).

sont rejetés de l'œuf avant la pénétration du spermatozoïde, c'est ce qui a lieu, par exemple, chez les Mammifères et les Échinodermes; chez d'autres animaux, tels que la Grenouille et la Lamproie, le premier globule polaire est expulsé avant, le second après la pénétration du spermatozoïde; chez l'*Ascaris megalocephala*, les deux globules ne sont expulsés qu'après la fécondation ; enfin, chez la plupart des Insectes, les globules polaires restent normalement dans l'intérieur du vitellus : il est probable qu'il en est de même chez les animaux dans les œufs desquels on n'a pas constaté encore la formation des globules polaires.

Quelquefois leur nombre peut être supérieur à deux, soit qu'un troisième globule se produise comme les premiers, ainsi que **Tafani** (1889) l'a vu chez la Souris, soit que les deux globules sortis de l'œuf se divisent ultérieurement, comme je l'ai constaté chez l'*Asellus* et l'*Oniscus*, comme l'ont vu **Trinchese** et **Giard** chez divers Nudibranches.

Weismann et **Ishikawa** (1888), en étudiant les œufs parthénogénésiques de Daphnides, iremarquèrent qu'ils ne produisaient qu'un seul globule polaire et crurent pouvoir conclure de leurs observations que les œufs capables de se développer sans fécondation ne donnent naissance qu'à un globule polaire, tandis que ceux qui ont besoin d'être fécondés en produisent deux. Les observations de **Blochmann** (1887-1888) sur les œufs parthénogénésiques des Insectes venaient à l'appui de la loi de **Weismann** ; il en était de même de celles de **Lameere** (1890) sur les Pucerons et l'*Asplanchna Sieboldi*. Mais **Blochmann** lui-même (1888), dans les œufs non fécondés des Abeilles, œufs destinés à donner naissance à des mâles, et **Platner** (1888) dans les œufs parthénogénésiques de *Liparis dispar*, ont trouvé deux globules polaires. La loi de Weismann n'est donc pas générale et ne s'applique pas aux cas de parthénogénèse facultative pour les Abeilles et accidentelle pour le *Liparis*.

Je ne vous citerai pas ici les nombreux travaux qui ont été publiés sur le mode de formation et la signification des globules polaires. Cette intéressante question, pour être exposée convenablement, demanderait beaucoup plus de temps que je ne puis en disposer ; j'ai déjà traité le sujet dans un cours précédent, et, de même que pour tout ce qui est relatif à la fécondation, je me bornerai à vous indiquer brièvement les phénomènes morphologiques qui accompagnent la genèse des globules polaires, tels qu'on les connaît aujourd'hui.

Tous les embryogénistes sont d'accord maintenant pour admettre qu'au moment de la maturité de l'œuf, la vésicule germinative se divise par voie indirecte, deux fois de suite, pour donner les noyaux des deux globules polaires et un autre noyau qui reste dans l'œuf, le *pronucléus femelle* ou le *noyau femelle*, destiné à s'unir, au moment de la fécondation, avec le *pronucléus mâle* provenant de la transformation du spermatozoïde.

Ed. van Beneden, en 1883, avait décrit chez l'*Ascaris megalocephala* un mode de formation des globules polaires des plus compliqués ; depuis lors, en 1887, il a rectifié ses premières observations, mais il admet encore que ces éléments et le pronucléus femelle prennent naissance non par karyodiérèse normale de la vésicule germinative, mais par un processus particulier auquel il donne le nom de *pseudo-karyokinèse*.

Dans les œufs primordiaux, comme dans toutes les cellules des tissus de l'Ascaride, le noyau renferme quatre chromosomes, qui, au moment de la division, se disposent en quatre anses au niveau de la plaque équatoriale. Dans les cellules ordinaires, les anses se dédoublent, de sorte que chaque noyau-fille possède le même nombre de chromosomes que le noyau-mère. D'après **Ed. van Beneden**, pendant l'expulsion des globules polaires, la figure karyodiérétique, résultant de la transformation de la vésicule germinative, au lieu d'avoir son grand axe dirigé perpendiculairement à la surface de l'œuf, l'aurait parallèle à cette surface, et la plaque équatoriale se diviserait aussi parallèlement à la surface de l'œuf, sans que les chromosomes se soient dédoublés. « Le pronucléus femelle se constitue aux dépens de deux bâtonnets chromatiques, et il ne fournit que deux anses chromatiques à la première figure dicentrique; il n'est donc, au point de vue de la quantité de chromatine qu'il renferme, qu'un demi-

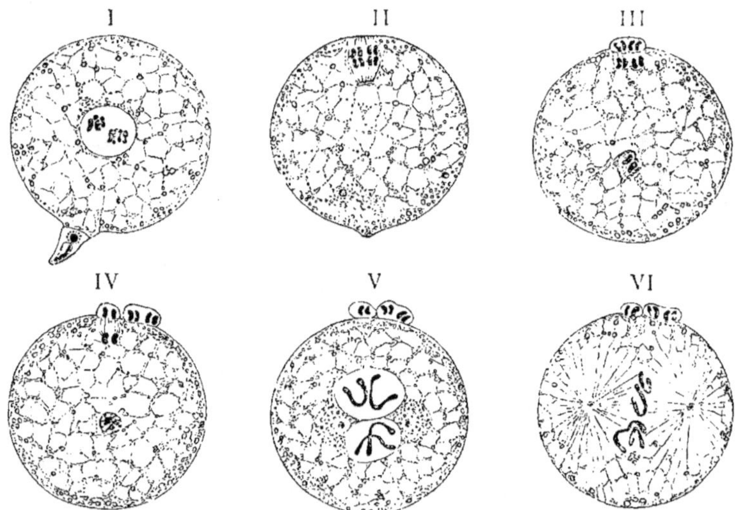

Fig. 307. — Schéma de la formation des cellules polaires et de la fécondation de l'œuf de l'*Ascaris megalocephala*. (Fig. empruntée à O. HERTWIG).

noyau. Pendant la genèse des globules polaires, le noyau ovulaire a donc subi une *réduction nucléaire*. Le noyau ovulaire, après le rejet des globules polaires, n'est plus qu'un demi-noyau. »

Cette réduction nucléaire signalée par **Ed. van Beneden** existe réellement, mais elle s'opère par un autre mécanisme que celui indiqué par l'auteur belge.

Boveri (1887-88) et **Hertwig** (1890) ont reconnu que les globules polaires se produisent bien par division indirecte, mais que la réduction du nombre des chromosomes a lieu par le même processus que dans la spermatogénèse, c'est-à-dire que le noyau, après avoir produit le premier globule polaire, se divise immédiatement une seconde fois, sans stade de repos intermédiaire, et sans que les chromosomes se soient divisés longitudinalement. Voici, en effet, comment **Hertwig** décrit la formation des globules polaires dans l'œuf de l'*Ascaris megalocephala*, variété *bivalens*. Dans la vésicule germinative se trouvent huit segments nucléaires groupés en deux faisceaux (fig. 307. I). Après la disparition de la membrane nucléaire, ils se disposent à l'équateur du premier fuseau de direction qui se place perpendiculairement à la surface de l'œuf (fig. 307. II). En face de l'extrémité distale du fuseau se produit une saillie arrondie du vitellus, dans laquelle pénètre une moitié du fuseau. Le mamelon s'étrangle ensuite à sa base et se sépare du vitellus en entraînant la moitié du fuseau; il se forme ainsi une petite cellule dont le noyau renferme quatre chromosomes (fig. 307. III). Dans l'œuf, il reste l'autre moitié du fuseau avec également quatre chromosomes. Aux dépens des éléments de ce demi-noyau se constitue immédiatement un second fuseau de direction, qui se com-

Fig. 308. — *Ascaris megalocephala*, type *bivalens*. A. Noyau au repos d'une cellule spermatique primordiale. B. Noyau d'une spermatomère recueillie dans la partie initiale de la zone d'accroissement du testicule. C. Noyau au repos d'une spermatomère de la zone d'accroissement. D. Noyau vésiculeux d'une spermatomère recueillie dans la partie initiale de la zone de division et se préparant à se diviser. (Fig. empruntée à O. HERTWIG).

porte comme le premier, mais qui ne possède que quatre chromosomes disposés par paires (fig. 307. IV). Le second globule polaire prend naissance comme le premier sous forme d'un mamelon qui se détache du vitellus, mais son noyau ne contient plus que deux chromosomes, de même que le pronucléus femelle, qui provient de la moitié du second fuseau de direction resté dans l'œuf (fig. 307. V).

Cette *division indirecte réductionnelle,* qui accompagne la formation des globules polaires et de l'œuf fécondable, s'observe aussi dans la spermatogénèse. **Platner** (1889) avait déjà reconnu, chez la Limace, que la seconde division des spermatocytes a lieu immédiatement après la première, sans que le noyau repasse par l'état de repos, et que c'est à ce moment que se produit la réduction du nombre des chromosomes. **O. Hertwig** (1890) a vu qu'il en est de même chez l'Ascaride du Cheval, et que la division des cellules spermatiques suit une marche identique à celle qui s'observe dans l'œuf. La seule différence qui existe entre les cellules sexuelles femelles et les cellules sexuelles mâles, c'est que dans les premières la division du corps cellulaire est très inégale et ne donne naissance qu'à des bourgeons, tandis que dans les secondes les produits de la division sont égaux (fig. 310).

La division réductionnelle, tant dans l'œuf que dans les cellules spermatiques, a été confirmée par **Flemming** (1891), chez la Salamandre, par **Henking** (1891) chez le *Pyrrhocoris apterus*, par **Ishikawa** (1891) chez le *Diaptomus*, par **Hæcker** (1891) chez les Cyclopes, par **Vom Rath** (1892) chez le *Gryllotalpa*. Il existerait cependant une différence suivant les

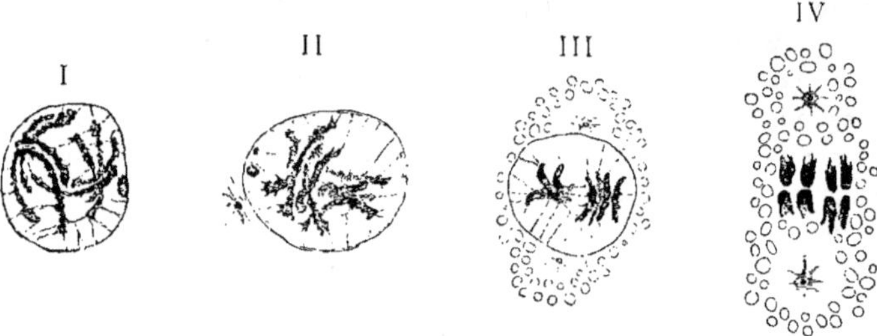

Fig. 309. — Quatre noyaux de spermatomères d'*Ascaris megalocephala bivalens* à différents stades de la préparation à la division. (Fig. empruntée à O. HERTWIG).

espèces animales relativement au moment où se fait la réduction du nombre des chromosomes. Ainsi, suivant **Henking**, elle se produirait au moment de la première division de la cellule-mère séminale. Le noyau de

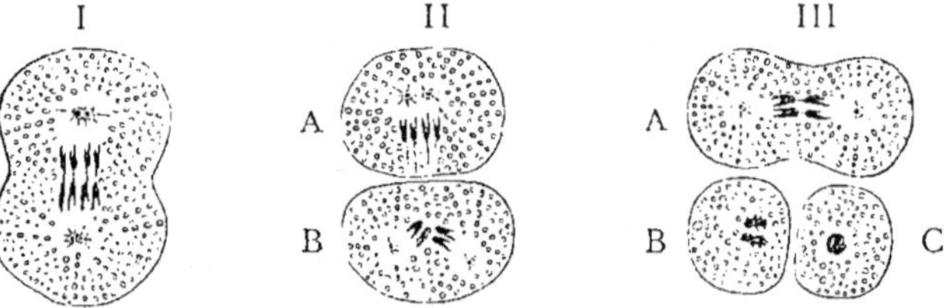

Fig. 310. — Schéma de la formation des cellules spermatiques aux dépens d'une spermatomère chez l'*Ascaris megalocephala bivalens*. I. Division de la spermatomère en deux cellules spermatiques filles. II. Les deux cellules spermatiques filles (A et B) se préparent à une seconde division, immédiatement après la première division. III. La cellule spermatique fille (A) se divise en deux cellules spermatiques petites-filles. B et C sont des cellules spermatiques petites-filles provenant de la division de la cellule spermatique fille B de la fig. II. (Fig. empruntée à O. HERTWIG).

celle-ci renferme 24 chromosomes, les deux premiers noyaux-filles n'en contiennent que 12. Mais ces 12 chromosomes se divisent, de sorte que la seconde division est équationnelle et que chacun des quatre noyaux spermatiques contient 12 chromosomes.

Enfin **Guignard** (1891) a démontré aussi la division réductionnelle dans les cellules sexuelles des Phanérogames. Ses observations sur le *Lilium* et la *Fritillaria* se rapprochent de celles de **Henking** ; d'après lui, « dans le sac pollinique, comme dans le nucelle, c'est toujours au moment de la première division du noyau de la cellule-mère définitive du pollen ou du noyau du sac embryonnaire, que le nombre des segments chromatiques se réduit exactement et brusquement à la moitié de celui qu'on observe dans les noyaux des tissus qui produisent les cellules sexuelles. » Quant à la manière dont s'opère cette réduction du nombre des chromosomes, **Guignard** n'a encore pu la constater ; il a vu seulement que le noyau de la cellule-mère qui s'est constitué aux dépens de 24 chromosomes indépendants n'en offre plus que 12, lorsqu'après le stade de peloton celui-ci se segmente en chromosomes indépendants.

Après cette digression sur la division réductionnelle, qui n'est qu'un cas particulier de la karyodiérèse et qui joue un rôle important dans la théorie de la fécondation et de l'hérédité, je reviens maintenant au bourgeonnement cellulaire (1).

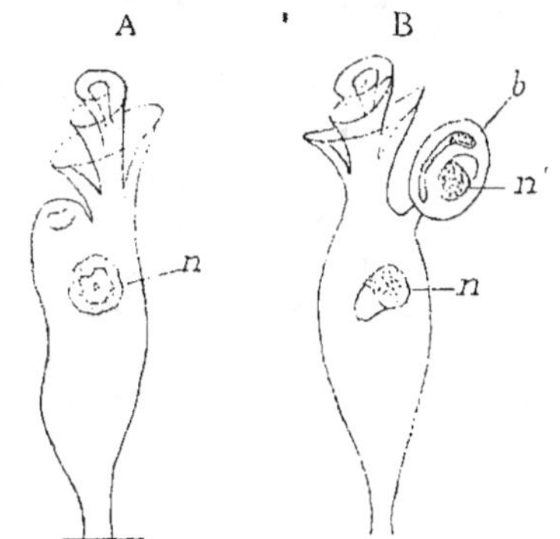

Fig. 311. — *Spirochona gemmipara* en voie de bourgeonnement. — A. Individu dont le noyau, *n*, s'apprête à se diviser, et qui montre un bourgeon en voie de formation. — B. Individu dont le noyau s'est divisé en deux moitiés ; l'une, *n*, est restée dans l'individu-mère, l'autre, *n'*, a passé dans le bourgeon *b*. (Dessin inédit de M. Balbiani).

Un mode de bourgeonnement qui s'accompagne d'une division particulière du noyau a été étudié avec soin par **R. Hertwig** (1877) et **M. Balbiani** (1881) chez un Infusoire cilié, le *Spirochona gemmipara*. Le noyau de cet Infusoire, ainsi que nous l'avons déjà vu, est constitué par une masse granuleuse colorable, au milieu de laquelle se trouve excentriquement située

Division réductionnelle dans les cellules sexuelles des végétaux

Gemmation du Spirochona gemmipara.

---

(1). La réduction chromatique dans les éléments sexuels est une question à l'ordre du jour et qui a donné lieu, depuis deux ans, à de nombreux travaux. Les biologistes sont loin d'être d'accord sur la manière dont se fait cette réduction. **Boveri, Brauer, Häcker, Vom Rath** ont reconnu que les chromosomes, déjà dans les cellules-mères, ne sont pas simples, mais sont en réalité constitués chacun par un groupe de quatre petits bâtonnets plus ou moins distincts. Ils ont donné à cette disposition le nom de *Vierergruppe,* ce qu'on pourrait traduire par *quaternion* en empruntant cette expression au langage mathématique. Lors de la première division réductrice, les deux cellules-filles auraient chacune la moitié d'un quaternion ; dans la seconde division, les cellules petites-filles n'auraient plus qu'un des bâtonnets de chaque quaternion. On ignore encore à quel moment apparaissent les quaternions et de quelle manière ils se forment.

une vésicule claire renfermant un petit corps central, également granuleux et colorable (fig. 312, *a*, *b*). Quand ce noyau se prépare à la division, la masse granuleuse se répand autour de la vacuole centrale comme un anneau. Puis la substance de l'anneau fait irruption dans la vacuole sous forme de trainées, d'abord peu nombreuses et épaisses, puis en plus grand nombre et plus grêles, dirigées suivant les rayons du noyau vers le corpuscule central. Les rayons se multiplient encore, s'incurvent, et la vacuole prend l'aspect d'une sorte de soleil à rayons courbes, ayant pour centre le corpuscule en voie de disparition. Bientôt, le noyau prend une forme elliptique ; la substance de l'anneau chromatique a passé dans la vacuole, ses rayons, d'abord convergents et courbes, se redressent et s'allongent suivant le grand axe du noyau devenu elliptique et se disposent parallèlement. Le noyau présente alors un aspect strié en long. Puis le noyau strié s'étrangle par son milieu ; on voit à ses deux extrémités une masse hémisphérique et transparente dans laquelle ne pénètrent plus les stries et qui coiffe chacun des pôles. L'étranglement se prononce de plus en plus pendant que la masse claire augmente à chaque pôle. Bientôt les deux parties du noyau ne sont plus réunies que par un filament et enfin les deux

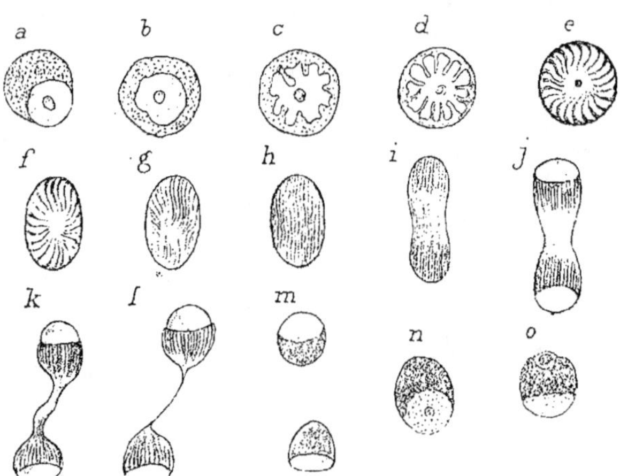

Fig. 312. — Stades successifs de la division du noyau du *Spirochona gemmipara*, pendant la production d'un bourgeon. (D'après BALBIANI, fig. empruntée à GILIS).

noyaux-filles deviennent indépendants l'un de l'autre. La partie chromatique de chacun d'eux perd son aspect strié et finit par entourer complètement la masse claire, qui devient la vacuole excentrique et dans laquelle apparaît de nouveau un corpuscule central (fig. 312, *h*). Pendant que ces phénomènes s'accomplissent dans le noyau, apparaît sur le côté de l'Infusoire, vis-à-vis de l'un des futurs noyaux-filles une saillie qui s'accuse de plus en plus, et à l'extrémité de laquelle se voit une ouverture allongée garnie de cils vibratiles, qui sera le péristome du jeune *Spirochona*. L'un des noyaux-filles pénètre dans le bourgeon qui se pédiculise de plus en plus et finit par se détacher, puis devient un *Spirochona* complet. Il se produit ainsi successivement de la même manière une série de bourgeons semblables, mais, au fur et à mesure de cette production, le corps de l'individu-mère diminue de volume et finit par se réduire à une sorte de petit moignon qui porte le dernier bourgeon.

Le *Spirochona gemmipara* nous offre l'exemple d'un bourgeonnement simple, répété, avec division égale du noyau par un processus intermédiaire entre la division directe et la division indirecte. Ce bourgeonnement se rapproche de celui qui produit les globules polaires dans l'œuf.

Comme exemple de bourgeonnement multiple nous prendrons le type classique fourni par un Infusoire marin du groupe des Acinétiens, le *Podophrya gemmipara*, étudié par **R. Hertwig** (1875). Le noyau des jeunes individus est rubané et contourné en fer à cheval (fig. 313, *b*). Quand l'Infusoire grossit, ce ruban émet des ramifications dans le corps protoplasmique et prend l'aspect des noyaux que nous avons décrits dans les cellules des glandes séricigènes et des tubes de Malpighi des Insectes. Bientôt un certain nombre de ces ramifications se dirigent vers l'extrémité libre du corps de l'Acinète. Ces prolongements se renflent en massue et se recourbent à leurs extrémités, tandis que la partie qui les réunit à la masse du noyau s'amincit. En face de chacune de ces extrémités renflées des ramifications nucléaires, se forme à la surface de l'Infusoire un petit mamelon

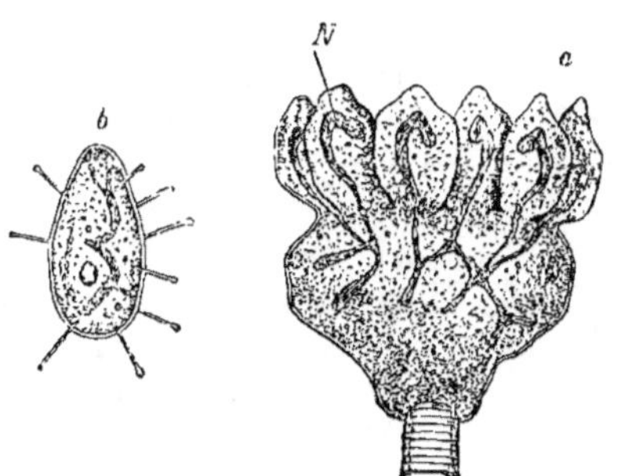

Fig. 313. — Bourgeonnement cellulaire. *Podophrya gemmipara* avec bourgeons. *a*, bourgeons qui se détacheront et se transformeront en jeunes individus libres *b*. *N*, noyau. (D'après R. HERTWIG, fig. empruntée à O. HERTWIG).

qui grossit, se pédiculise et renferme une des ramifications du noyau. (fig. 313, *a*). Finalement chaque bourgeon se détache par étranglement de l'individu-mère et se transforme en un petit Acinète libre, qui, après avoir mené une vie errante, finit par se fixer et revêtir la forme de l'adulte. Dans ce mode de bourgeonnement le noyau ne paraît subir aucune modification dans la répartition de sa substance chromatique.

Outre le bourgeonnement que nous venons de décrire chez les *Podophrya*, les Acinètes présentent un autre mode de gemmation plus fréquent, signalé par **Stein** en 1849, étudié depuis par **Bütschli**, par **Maupas** et par **Fraipont**, et qu'on désigne sous le nom de *gemmation interne*. Chez l'*Acineta tuberosa*, le noyau émet un bourgeon vers la partie antérieure de l'Infusoire ; autour de ce bourgeon le protoplasma subit une différenciation : il devient clair et finement granuleux Cette partie différenciée s'arrondit et se sépare du corps protoplasmique de l'Acinète par la production d'une fine membrane. Au dehors de la membrane apparaît une cavité dans laquelle le bourgeon devient libre ; des cils vibratiles se montrent à sa partie antérieure, une vésicule contractile dans son intérieur ; le jeune Acinète se fraye une voie par effraction et sort du corps maternel.

Chez l'*Acineta fœtida*, quatre embryons se forment de la même manière dans la chambre incubatrice.

Enfin, chez le *Podophrya quadripartita*, on observe un bourgeonnement intermédiaire entre la gemmation externe et la gemmation interne. A la partie antérieure de l'Acinète, se produit une petite dépression qui s'invagine sous forme d'un entonnoir renversé ; la cavité grandit et son fond se soulève en un bourgeon qui finit par remplir à peu près la cavité. A la surface du bourgeon se forme une ceinture verticale de cils vibratiles et dans son intérieur se montrent trois vésicules contractiles, comme chez l'individu-mère. En même temps le noyau de celui-ci prend une structure fibrillaire, se raccourcit et s'élargit ; un prolongement du noyau pénètre dans le bourgeon, qui se pédiculise, devient libre dans la cavité incubatrice, et finalement est expulsé par l'ouverture d'invagination à la suite d'une contraction du corps de la mère.

Certains observateurs, **Fol** (1884), **Roule** (1885), **Sabatier** (1883), **Davidoff** (1889-91), ont décrit dans l'œuf des Ascidies un bourgeonnement multiple de la vésicule germinative, rappelant un peu celui du *Podophrya*. On sait que chez la plupart des Ascidies, l'œuf encore contenu dans le follicule ovarien s'entoure d'une couche de cellules, dite *couche du testa*, située entre le chorion et le vitellus. Suivant les auteurs que je viens de citer, ces cellules prendraient naissance dans l'intérieur de l'œuf ; des bourgeons se détacheraient de la vésicule germinative, deviendraient des noyaux autour desquels se différencierait une petite partie du protoplasma ovulaire pour donner autant de cellules, qui émigreraient à la périphérie de l'œuf, et constitueraient la couche du testa (1). D'après les recherches récentes de **Julin** (1893), les cellules du testa auraient une toute autre origine et viendraient par immigration des cellules épithéliales qui entourent le jeune ovule.

---

(1) D'après **Sabatier,** les noyaux de ces cellules prendraient naissance par formation libre autour de la vésicule germinative.

M. **Balbiani** (1883) a observé aussi la gemmation de la vésicule germinative dans les œufs des Géophiles; il admet, comme **Fol** et **Roule**, que les noyaux qui se détachent de la vésicule, s'entourent de protoplasma et vont à la périphérie de l'œuf former les cellules folliculaires; un certain nombre de noyaux restent dans l'œuf. Il faut évidemment rapprocher ces faits de ceux que je vous ai déjà signalés dans l'œuf de certains Insectes qui renferment, avant la maturation, des noyaux libres dont l'origine et la destinée n'ont pas encore été étudiées d'une façon suffisante : il y aurait à faire sur ce sujet une série de recherches intéressantes.

Le dernier mode de reproduction de la cellule que nous ayons à considérer, c'est la *sporulation*, c'est-à-dire la formation dans une cellule-mère d'un nombre plus ou moins grand de cellules-filles qui sont mises en liberté par déchirure de la membrane cellulaire. Ce mode de genèse cellulaire, qui ne s'observe que chez les organismes inférieurs et les Cryptogames, dérive directement de la division et comprend plusieurs types. *Sporulation.*

Le cas le plus simple de sporulation est celui dans lequel tout le contenu de la cellule subit une série de bipartitions successives, comme dans la segmentation égale et totale d'un œuf, et produit un grand nombre de petites cellules indépendantes, qui, après être sorties de l'enveloppe commune fournie par la cellule-mère, s'accroîtront simplement, ou s'accroîtront et se diviseront ensuite pour reproduire un nouvel organisme. Le noyau dans ce cas subit les mêmes bipartitions que le corps protoplasmique, probablement par voie indirecte, bien que le fait n'ait pas été toujours constaté.

Un autre type de sporulation, plus fréquent que le premier, n'est qu'un cas de ce qu'on appelait autrefois la formation libre des cellules et que nous avons désigné sous le nom de cloisonnement simultané. Seul le noyau de la cellule-mère subit une série de bipartitions par voie indirecte, de sorte que le cytoplasma renferme un plus ou moins grand nombre de noyaux libres. Puis, à un moment donné, chacun de ces noyaux devient le centre de formation d'une cellule par individualisation d'une petite partie du cytoplasma. Tantôt tout le corps cellulaire est employé à la formation des cellules-filles ou spores, tantôt une partie seulement, et le reste demeure à l'état de corps de reliquat, qui généralement est absorbé plus tard par les cellules-filles. Comme exemple de ce mode de sporulation, je vous rappellerai la formation des spores chez les Grégarines, entre autres chez le *Monocystis agilis*, que je vous ai décrite à propos du cloisonnement multiple. Dans les asques des Ascomycètes, les spores prennent aussi naissance dans une masse protoplasmique indivise renfermant des noyaux décrivant par karyodiérèse du noyau de la cellule-mère.

R. Hertwig (1876) et **Brandt** (1890) ont décrit chez les Thalassicoles, appartenant au groupe des Radiolaires, un mode de sporulation tout particulier.

Le noyau des Thalassicoles, désigné par les zoologistes sous le nom de *vésicule interne*, est volumineux, mesure près d'un demi-millimètre et est entouré d'une épaisse membrane poreuse. Dans ce noyau se trouvent des

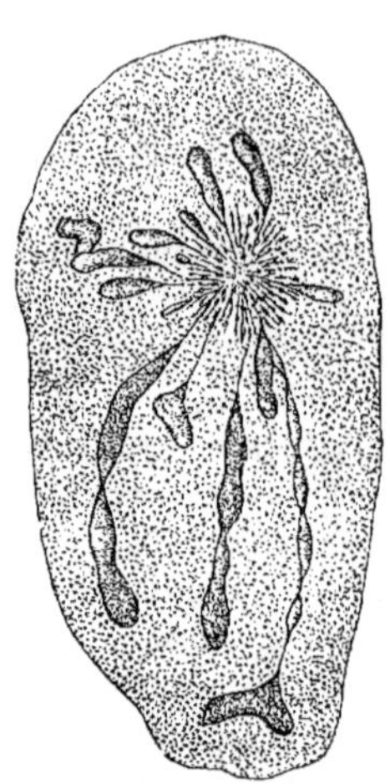

Fig. 314. — Fragment d'une coupe pratiquée à travers le grand noyau (vésicule interne) du *Thalassicola nucleata*; les corps internes, corps nucléaires ou nucléoles, en forme de cordons, s'irradient d'un point central. (D'après R. Hertwig, fig. empruntée à O. Hertwig.)

corps colorables en forme de cordons moniliformes, au milieu desquels existe souvent un corpuscule clair, entouré de lignes rayonnantes et que **Brandt** assimile à une sphère attractive. Suivant cet auteur, au moment de la reproduction du *Thalassicola*, un corpuscule sortirait à travers la membrane nucléaire dans le protoplasma de la capsule interne; mais **Brandt** ignore quel est son sort ultérieur. Bientôt, tout autour de la vésicule interne, apparaissent de petits noyaux au nombre de plusieurs mille, et chacun d'eux devient le centre de formation d'une spore. Pendant le développement de ces noyaux, les corps nucléiniens de la vésicule interne diminuent de nombre, et celle-ci se ratatine. **R. Hertwig** et **Brandt** admettent que les noyaux des spores dérivent de ces corps nucléiniens, qui émigreraient dans le protoplasma de la capsule centrale. Il s'agirait donc ici d'un mode spécial de bourgeonnement du noyau, amenant la formation de spores, c'est-à-dire de cellules-filles dans le corps cellulaire.

Conjugaison. J'arrive maintenant à un mode spécial de reproduction cellulaire que nous connaissons déjà, à celui que nous avons désigné sous le nom de *conjugaison* et que nous avons distingué de la *fusion*.

Tandis que la division est le mode de reproduction le plus répandu et qui s'observe dans toutes les cellules, aussi bien chez les êtres unicellulaires que dans les éléments constituant les tissus et les organes des êtres pluricellulaires, la conjugaison est un phénomène qui n'a pas encore été signalé pour ces éléments, et qui ne paraît être propre qu'aux êtres unicellulaires et aux cellules sexuelles des Métazoaires et des Végétaux.

Abstraction faite des organismes les plus inférieurs, tels que Schizomycètes, qui paraissent pouvoir se reproduire indéfiniment par simple division, les êtres unicellulaires, après s'être multipliés pendant un temps variable par division ou par gemmation, perdent cette faculté. Ils récupèrent cette faculté s'ils se soudent définitivement ou temporairement avec un autre être semblable à eux, de telle sorte que leurs noyaux, ou tout au moins une partie de ceux-ci, se fusionnent complètement. Le produit de cette union constitue un être nouveau identique aux deux individus-mères, qui forme le point de départ d'une nouvelle période de reproduction par division.

Chez les organismes pluricellulaires formés par l'agrégation de cellules toutes semblables entre elles, une cellule quelconque ou toutes les cellules peuvent, à un moment donné, devenir des *cellules sexuelles* ou *gamètes*, c'est-à-dire des éléments jouissant de la propriété des êtres unicellulaires de se conjuguer avec leurs semblables, pour donner naissance à un nouvel organisme. Tandis que chez les êtres unicellulaires, le produit de la congugaison donne, par une série de divisions ou de gemmations successives, d'autres êtres unicellulaires indépendants, chez les êtres pluricellulaires ce produit donne, par bipartitions répétées, des cellules qui restent réunies et forment un nouvel individu. C'est ce qui s'observe chez les *Pandorina* et les Conjuguées par exemple.

Enfin, chez les organismes pluricellulaires constitués par des cellules différenciées les unes des autres, certaines de ces cellules possèdent seules la faculté de se transformer en cellules sexuelles; les autres éléments qui forment le corps de l'individu et que, pour cette raison, on appelle *cellules somatiques*, périssent lorsqu'elles ont perdu la faculté de se reproduire par division. Les cellules sexuelles quittent, en général, l'organisme auquel elles appartiennent pour s'unir et devenir l'origine d'un nouvel organisme.

Ne pouvant traiter ici complètement l'histoire de la génération sexuée qui ressort du domaine de l'embryogénie proprement dite, je me bornerai à vous montrer, par quelques exemples empruntés au règne végétal et au règne animal, comment se différencient les cellules sexuelles et comment elles arrivent, chez les organismes supérieurs, à présenter un aspect aussi différent que celui que revêtent l'œuf et le spermatozoïde, c'est-à-dire la cellule femelle et la cellule mâle.

Considérons d'abord une petite Algue d'eau douce de la famille des Volvocinées, la *Pandorina morum*, chez laquelle **Pringsheim** a découvert, en 1869, la conjugaison des zoospores. Un individu de *Pandorina* est constitué par une colonie arrondie de seize cellules semblables, logées dans une masse gélatineuse commune. Chaque cellule est munie de deux flagellums qui sortent à travers là substance gélatineuse et servent à la locomotion de l'individu. Une cellule quelconque de la *Pandorina* peut, par une série de quatre bipartitions successives, produire une colonie-fille qui sera mise en liberté par rupture de l'enveloppe gélatineuse. Le plus souvent, les seize cellules se divisent en même temps et donnent naissance à seize colonies-filles. Ce mode de reproduction peut se prolonger pendant un temps variable, suivant les conditions dans lesquelles l'Algue se trouve. Au moment de la reproduction sexuée, les cellules de la colonie ne se divisent plus qu'en huit cellules qui, au lieu de rester grou-

Cellules sexuelles.

Divers modes de conjugaison.

Conjugaison égale.

pées, deviennent libres et mènent une vie indépendante. Ces cellules libres ou *zoospores* sont à peu près constituées comme la cellule-mère ; elles possèdent une forme ovalaire, leur corps renferme du pigment chlorophyllien, excepté l'extrémité effilée qui est claire, présente une tache rouge et porte deux flagellums. Les zoospores qui ne sont pas toujours exactement de même taille s'unissent deux à deux, ou s'accolent par leur partie claire ; peu à peu les deux zoospores se fusionnent complètement en une masse unique qui présente pendant quelque temps quatre flagellums. Les flagellums disparaissent ; le produit de la conjugaison prend une forme sphérique, s'entoure

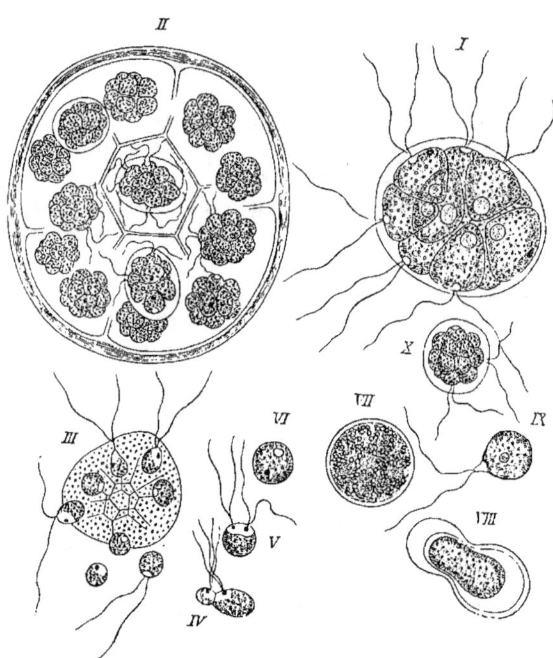

Fig. 315. — Développement du *Pandorina morum*. I. une famille mobile ; II, une famille mobile divisée en seize familles filles ; III, une famille sexuée dont les diverses cellules sortent de l'enveloppe gélatineuse ; IV, V, conjugaison des zoospores ; VI, une zygote qui vient de se former ; VII, zygote complètement développée ; VIII, transformation du contenu d'une zygote en une grande zoospore ; IX, grande zoospore libre ; X, jeune famille issue d'une grande zoospore. (D'après PRINGSHEIM, fig. empruntée à O. HERTWIG).

d'une membrane de cellulose, et de verte qu'elle était devient rouge ; elle constitue alors une *oospore* ou une *zygote*. Celle-ci traverse une période de repos assez longue ; au printemps, de la membrane de l'oospore s'échappe une zoospore verte qui, après s'être divisée, reproduit un individu de *Pandorina* constitué par seize cellules.

Un Flagellé incolore, le *Polytoma uvella*, nous offre des faits semblables à ceux présentés par la *Pandorina*. Ici chaque individu est constitué par une seule cellule dont la membrane, après deux bipartitions, renferme quatre cellules-filles qui deviennent libres ; c'est la reproduction non sexuée. A un certain moment, on voit deux individus se fusionner pour ensuite se diviser et donner une nouvelle série de générations par simple division. **Krassilstschick** (1882) a pu s'assurer que dans cette conjugaison les noyaux des deux individus se fusionnent.

Chez la *Pandorina* et le *Polytoma*, les deux cellules qui se fusionnent sont égales ou à peu près égales en volume, elles ont la même constitution, et il est impossible de distinguer une cellule femelle d'une cellule mâle. Dans ce cas, la conjugaison est dite *égale*.

Parmi les Conjuguées, le genre *Mesocarpus* nous offre un mode de conjugaison égale, mais d'une autre espèce. Entre deux cellules voisines appartenant chacune à un filament différent, il s'établit une anastomose. Pour cela, chacune des cellules envoie vers l'autre une saillie latérale, formée par la membrane de cellulose; les deux saillies arrivent au contact, et la double cloison de cellulose se résorbe au point d'accollement. Pendant ce temps, les corps protoplasmiques des deux cellules se détachent de leur enveloppe, sous forme

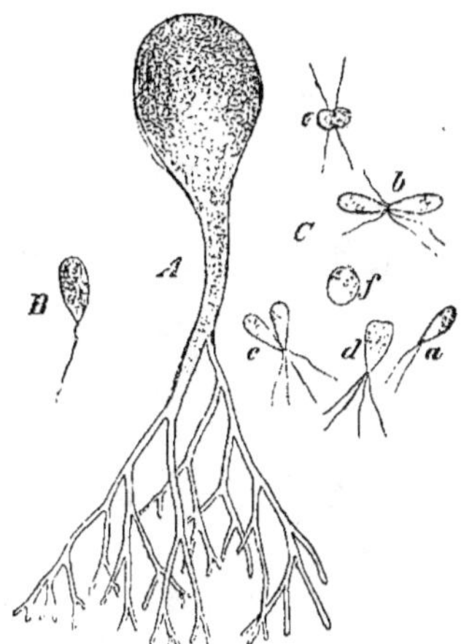

Fig. 316. — *Botrydium granulatum*. A, une petite plante de taille moyenne, gross. 28; B, zoospore fixée par l'iode, gross. 540; C, isogamètes : *a* une isogamète isolée; *b*, deux isogamètes au moment où elles se mettent en contact; *c, d, e*, deux isogamètes en voie de fusionnement; *f*, zygospore résultant du fusionnement complet de deux isogamètes, gross. 540. (D'après STRASBURGER, fig. empruntée à O. HERTWIG).

d'une masse verte ovoïde. Les deux masses marchent à la rencontre l'une de l'autre et se fusionnent dans le canal de communication pour former une oospore, qui devient rougeâtre et ne germera que longtemps après.

Chez les *Spirogyra*, genre très voisin du *Mesocarpus*, les premiers stades de la conjugaison sont identiques, mais le contenu d'une des cellules s'engage seul dans le canal de communication et passe tout entier dans l'autre cellule, où il se fusionne avec son corps protoplasmique contracté qui n'a pas changé de place. Ici, nous voyons l'une des cellules sexuelles douée de mobilité et se déplacer pour aller se conjuguer avec l'autre qui est dépourvue de mouvement; les biologistes sont d'accord pour considérer la première comme une cellule mâle, la seconde comme une cellule femelle.

La sexualité revêt un autre caractère chez un autre organisme intermédiaire pour ainsi dire entre les Algues et les Flagellés, le *Phacotus lenticularis*. Après une période de multiplication par division, on voit le contenu de certaines cellules se diviser en quatre cellules-filles, ou *macrogo-*

Conjugaison
inégale.

nidies, tandis que celui de cellules en apparence semblables se segmente en soixante-quatre cellules-filles beaucoup plus petites, ou *microgonidies*. Quand ces cellules sexuelles sont mises en liberté, elles se meuvent librement dans l'eau à l'aide de leurs flagellums ; une grande se conjugue avec une petite pour former une oospore. Dans ce cas la petite cellule est considérée comme mâle, la grosse comme femelle ; c'est la taille qui différencie les deux sortes de cellules sexuelles.

En général les deux caractères que nous avons vu apparaître séparément, la motilité,

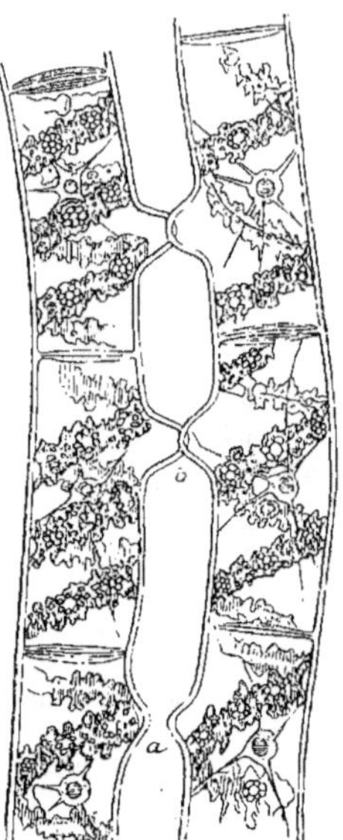

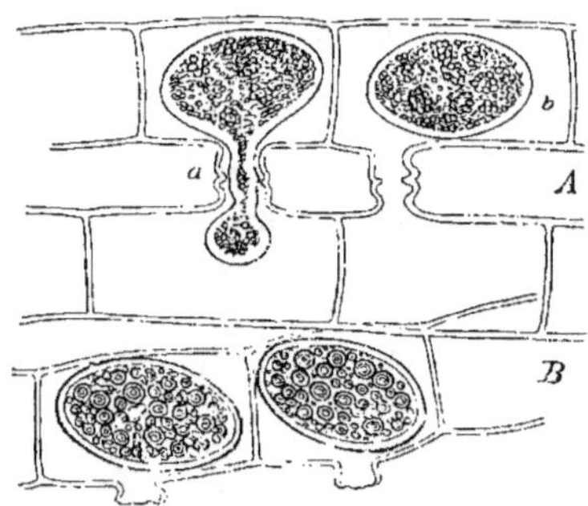

Fig. 317. — *Spirogyra longata*. A gauche quelques cellules de deux filaments qui se préparent à la conjugaison ; elles montrent les rubans de chlorophylle enroulés en spirale et dans lesquels sont plongés des grains d'amidon disposés en cercles ; on y voit aussi disséminées de petites gouttelettes d'huile. Dans chaque cellule, le noyau est entouré d'une couche de protoplasma de laquelle partent des filaments protoplasmiques qui se rendent à la paroi cellulaire. En *a* et *b*, les protubérances qui se forment avant la copulation. A droite, en A, la conjugaison est en voie d'accomplissement : en *a*, le corps protoplasmique d'une cellule pénètre dans l'autre cellule ; en *b*, les deux cellules sont déjà fusionnées. En B, les grosses zygotes sont déjà revêtues d'une membrane. (D'après Sachs, figure empruntée à O. Hertwig).

chez le *Spirogyra*, la diminution de volume, chez le *Phacotus*, se trouvent associés dans les cellules dites *mâles*, tandis que les propriétés inverses, immobilité et augmentation de volume caractérisent les cellules dites *femelles*. Il en est ainsi chez l'*Eudorina elegans* et chez les *Volvox*, Volvocinées voisines des *Pandorina*. Dans une colonie de *Volvox globator*, au moment de la reproduction, certaines cellules prennent un grand développement, perdent leurs organes locomoteurs, se chargent de pigment chlorophyllien, et revêtent une forme sphérique : ce sont des cellules femelles, *oosphères* ou *œufs*. D'autres cellules se divisent plusieurs fois de suite et donnent un faisceau de petites cellules allongées, disposées parallèlement entre elles, de couleur jaunâtre, et terminées à leur extrémité claire et effilée par deux grands cils : ce sont des cellules mâles ou *anthérozoïdes*. Les anthérozoïdes sont mis en liberté, se meuvent rapidement et vont se conjuguer avec les oosphères.

Le même processus s'observe chez le *Volvox minor* et l'*Eudorina elegans*, avec cette particularité en plus que dans ces espèces, certaines colonies produisent des oosphères, d'autres des anthérozoïdes ; la sexualité s'étend donc ici non seulement aux cellules destinées à se conjuguer, mais encore aux colonies, ou aux individus, si l'on considère chaque colonie comme un seul organisme, qui donne naissance aux éléments sexués.

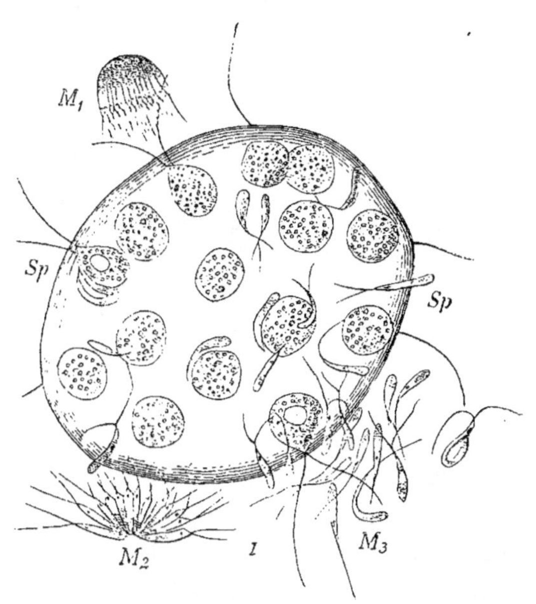

Fig. 318. — *Eudorina elegans*. Colonie femelle (cœnobie) entourée d'anthérozoïdes (*Sp*). M¹, M² faisceaux d'anthérozoïdes. (D'après Gœbel, fig. empruntée à O. Hertwig).

Les œufs et les spermatozoïdes des êtres les plus élevés en organisation ne sont autre chose que des cellules sexuelles chez lesquelles les caractères

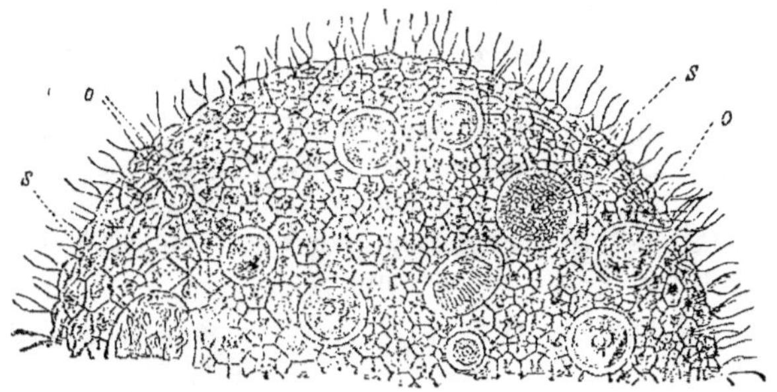

Fig. 319. — *Volvox globator*. Fragment d'une colonie sexuée hermaphrodite. Figure combinée d'après Cienkowsky et Bütschli et un peu schématisée. *s*, gamètes mâles (anthérozoïdes) ; *o*, gamètes femelles (œufs). (D'après Lang, fig. empruntée à O. Hertwig).

différentiels que nous voyons apparaître dans les organismes les plus simples, se sont accentués davantage. Le spermatozoïde d'un Mammifère par
exemple, n'est qu'une zoospore, dont le corps protoplasmique a presque

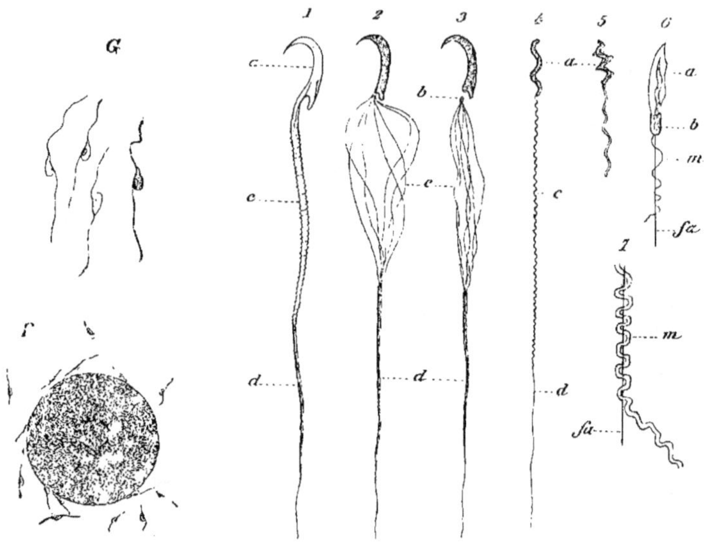

Fig. 320. — G. Anthéro-
zoïdes de *Fucus platy-*
carpus, gross. 540. F. Anthérozoïdes fixés sur
un œuf, gross. 240. (D'a-
près STRASBURGER, fig.
empruntée à O. HERT-
WIG).

Fig. 321. — *1. 2. 3.* Spermatozoïdes de Rat. — *1*, état frais. *2*, dissociation dans l'acide acétique dilué. — *4. 5, 6, 7.* Spermatozoïdes de
Pinson. — *4*, état frais. *5*, partie antérieure traitée pendant quelques
instants par l'eau distillée. *6*, partie antérieure après l'action prolongée de l'eau distillée. *7*, fragment de la queue traitée par l'eau
distillée. — *a*, tête ; *b*, segment unissant ; *c*, segment principal se décom-
posant en fibrilles ; *d*, segment terminal ; *fa*, filament axile ; *m*, membrane ondulante.

entièrement disparu, dont le noyau est fortement condensé et dont les
flagellums se sont transformés en une longue queue mobile. L'œuf n'est
qu'une oospore, dont le corps protoplasmique a pris de grandes dimensions, et dont les organes locomoteurs ont disparu.

On peut donc dire avec **Hertwig** que les cellules-œufs et les cellules
spermatiques se sont formées par différenciation, suivant des directions
opposées, de cellules reproductrices primitivement équivalentes et incapables d'être distinguées les unes des autres.

3 mars 1894.

VINGT-SEPTIÈME LEÇON

CONJUGAISON DES INFUSOIRES. — FÉCONDATION.

Confusion et interfusion (Rolph). — Conjugaison des Infusoires ciliés. — Conjugaison
des Vorticelles. — Conjugaison des Noctiluques et des Clostéries. — Fécondation chez
les Métazoaires. — Pénétration du spermatozoïde dans l'œuf. — Quadrille des centres
(Fol). — Fécondation de l'œuf de l'*Ascaris megalocephala*. — Fécondation chez les
végétaux. — Formation du noyau mâle. — Oosphère ; synergides ; cellules antipodes.
— Union du noyau mâle et du noyau femelle.

MESSIEURS,

Les divers exemples de conjugaison que nous avons examinés dans notre
dernière leçon, et qui nous ont montré les cellules sexuelles de plus en plus
différenciées dans le sens mâle et dans le sens femelle, appartiennent au phénomène que **Rolph** (1882) a désigné sous le nom de *confusion* (confusio) c'est-
à-dire que les corps protoplasmiques des deux cellules conjuguées s'unissent,
s'amalgament pour ainsi dire complètement de manière à ne former qu'une
seule cellule, les deux noyaux s'étant également fondus en un seul. La
fécondation proprement dite, l'union de la cellule mâle avec la cellule
femelle, n'est qu'un cas particulier de la confusion dans lequel la cellule
mâle, anthérozoïde ou spermatozoïde, est très petite par rapport à la cellule femelle ou œuf.

Confusion et interfusion (Rolph).

Nous nous occuperons tout à l'heure des phénomènes essentiels de la
fécondation et de quelques cas particuliers de conjugaison, mais auparavant nous avons à considérer un mode spécial de conjugaison appelé par
Rolph *interfusion* (interfusio) et qui s'observe chez les Infusoires
ciliés.

La conjugaison des Ciliés bien connue aujourd'hui, grâce aux belles
recherches de M. **Balbiani** (1861), de **Bütschli** (1876), de **Gruber** (1886), de
R. Hertwig (1889) et de **Maupas** (1888), présente de nombreuses variétés
suivant les espèces. Nous ne retiendrons ici que l'essence même du
phénomène et nous prendrons comme exemple une espèce chez laquelle la
conjugaison est la plus simple, le *Chilodon cucullulus*.

Conjugaison des Infusoires ciliés.

Lorsque les Infusoires se sont multipliés pendant plusieurs générations par division, il survient, à un moment donné, dans le milieu de culture, ce que l'on a appelé une *épidémie de conjugaison*, c'est-à-dire qu'on voit la plupart des individus se rapprocher deux à deux, et s'unir par leur orifice buccal (fig. 322). Chaque *Chilodon* renferme un macronucléus et un seul micronucléus. Dans les deux Infusoires conjugués que nous appellerons A et B, le micronucléus se divise en deux par voie indirecte.

L'une des moitiés du micronucléus de l'individu A passe dans l'individu B, et réciproquement l'une des moitiés du micronucléus de l'individu B passe dans l'individu A. C'est à l'état de figures fusiformes, ou, comme on les a souvent appelées, de *capsules striées*, que les moitiés de micronucléus sont ainsi échangées entre les conjoints.

Dans chaque individu, la moitié du micronucléus qui est restée se conjugue avec celle qui a émigré de l'Infusoire conjoint. Le nouveau noyau résultant de cette conjugaison se divise en deux parties : l'une devient le micronucléus, l'autre le macronucléus. Le macronucléus primitif disparaît par résorption ; il perd ses contours réguliers, se chiffonne, son contenu se ramasse en fragments de diverses grosseurs ; il devient de moins en moins net et finit par cesser d'être visible.

Les deux *Chilodon* accouplés se séparent, et chacun d'eux devient l'origine d'un nouveau cycle de reproduction par division.

Chez les autres Infusoires, les transformations subies par le micronucléus pendant la conjugaison sont, en général, plus compliquées. Voici comment **Maupas** (1888) décrit le phénomène chez le *Colpidium colpoda*, où il distingue huit stades principaux qu'il désigne par les premières lettres de l'alphabet.

Au stade A, lorsque les deux Infusoires viennent de se réunir, le micronucléus de chaque individu augmente lentement de volume et devient environ huit fois plus gros qu'il n'est habituellement.

Au stade B, le micronucléus grossi se divise une première fois, puis une seconde fois au stade C. Des quatre micronucléus ainsi produits, trois disparaissent par résorption.

Au stade D, le micronucléus restant se divise encore en deux moitiés, dont le volume est égal au micronucléus au début de la conjugaison.

Au stade E, les deux *Colpidium* se trouvent dans le même état que les *Chilodon* conjugués, et le phénomène suit alors la même marche que chez ces derniers. Les deux individus échangent chacun, par leur orifice buccal respectif, une des moitiés de leur micronucléus, et celle-ci va s'unir à l'autre moitié qui est restée dans le corps de l'Infusoire pour former un noyau unique. A ce moment, les deux conjoints se séparent. Le nouveau noyau se divise au stade F, et de nouveau au stade G. Puis, au stade H, le *Colpidium* se divise, chaque moitié emportant deux petits noyaux, dont l'un devient le micronucléus et l'autre le macronucléus.

De même que chez le *Chilodon*, le macronucléus primitif a disparu par résorption pendant la conjugaison.

La plupart des naturalistes sont aujourd'hui d'accord pour considérer la moitié du micronucléus qui reste dans le corps de l'Infusoire conjugué et qu'on peut appeler *noyau sédentaire* ou *noyau stationnaire* comme un noyau femelle, tandis que la moitié échangée avec le conjoint, ou *noyau migrateur*, est un noyau mâle. Le corps de l'Infusoire peut donc être considéré comme une cellule hermaphrodite. Pendant la conjugaison, chaque cellule joue vis-à-vis de l'autre à la fois le rôle de mâle et de femelle, de même que, dans la copulation des *Helix*, chaque conjoint fonctionne à la fois comme mâle et femelle.

La conjugaison des Ciliés diffère de celle

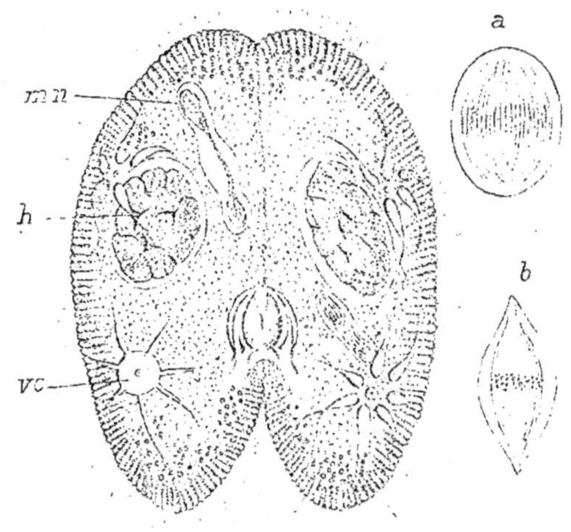

Fig. 322. — *Paramœcium aurelia*. Deux individus en état de conjugaison, légèrement comprimés. Chaque individu renferme un noyau, *n*, lobé, et un micronucléus, *mn*, en voie de division. Dans l'individu de gauche, la vésicule contractile inférieure, *vc*, est en diastole ; dans l'individu de droite, la vésicule correspondante est en systole. — *a*, *b*, deux stades de la division du micronucléus, moins avancés que dans les individus conjugués, et montrant un fuseau achromatique avec une plaque équatoriale. (Cette figure, de même que la figure 191, est empruntée à des planches inédites, de M. Balbiani, qui ont été gravées en 1861, mais qui n'ont jamais été publiées ; ces planches reproduisaient, à une plus grande échelle et avec plus de détails, les figures de M. Balbiani, qui accompagnent son mémoire paru en 1861).

que nous avons considérée chez les autres êtres unicellulaires, en ce qu'elle consiste en une simple fusion des noyaux, sans que les cytoplasmas des deux individus réunis se confondent. Elle diffère aussi à un autre point de vue; la cellule qui constitue le corps de l'Infusoire possède deux noyaux, l'un, le macronucléus, qui tient sous sa dépendance les phénomènes de la vie organique, l'autre, le micronucléus, qui intervient seul dans la reproduction sexuelle et qu'on peut, pour cette raison, appeler, avec **Bütschli**, le *noyau sexuel* (Geschlechtskern). Quand le macronucléus a perdu, pour ainsi dire, sa vitalité et ne peut plus diriger la division du corps cellulaire, il disparaît et est remplacé par le noyau de conjugaison, dont une partie se sépare pour constituer le futur noyau

sexuel, qui reste à l'état passif pendant toute la période de multiplication de l'Infusoire par bipartition, se divise seulement pour se répartir

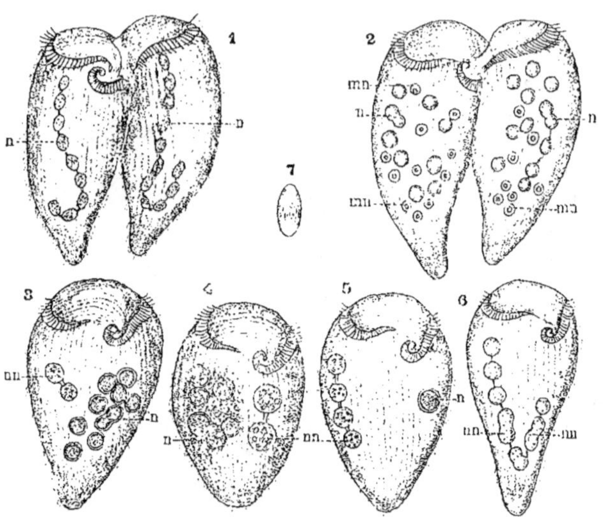

Fig. 323. — *Stlenor cœruleus*. Quelques stades de a conjugaison : *n*, vieux noyau ; *mn*, micronucléus ; *nn*, noyau nouveau ; en 7, micronucléus en voie de division. (D'après BALBIANI, 1893).

également entre les deux moitiés de la cellule, et n'entre en activité qu'au moment de la conjugaison. On peut donc dire, avec **Bütschli** et **R. Hertwig**, que la conjugaison des Ciliés a pour résultat de rajeunir l'appareil nucléaire et de lui rendre sa vitalité.

Conjugaison des Vorticelles. L'échange et la fusion de noyaux qui caractérisent la conjugaison des Ciliés peuvent s'accompagner, dans quelques cas, d'une fusion des corps protoplasmiques ; l'*interfusio* de **Rolph** devient alors une véritable *confusio*. C'est ce qui a lieu chez plusieurs Vorticelles, la *Vorticella nebulifera*, le *Carchesium polypinum*, l'*Epistylis umbellaria*, l'*Epistylis plicatilis*, le *Zoothamnium arbuscula*, etc., où le phénomène a été découvert par **Stein** (1859-1860-1864) et étudié depuis par **Greeff** (1871), **Everts** (1873), **Engelmann** (1875), **Balbiani** (1875), **Bütschli** (1876).

Aux approches de la conjugaison, un certain nombre d'individus se divisent successivement en deux, quatre, huit petits individus, ou *microgonidies*, qui restent réunis en rosette sur un même pédicule, tandis que les autres individus de la colonie conservent leur taille normale et ne se divisent pas. Les microgonidies se détachent de leur pédicule, nagent librement dans l'eau, et l'une d'elles vient se fixer sur un individu normal.

L'appareil nucléaire, le macronucléus et le micronucléus, de la microgonidie et de la Vorticelle sur laquelle celle-ci s'est fixée, subit alors les

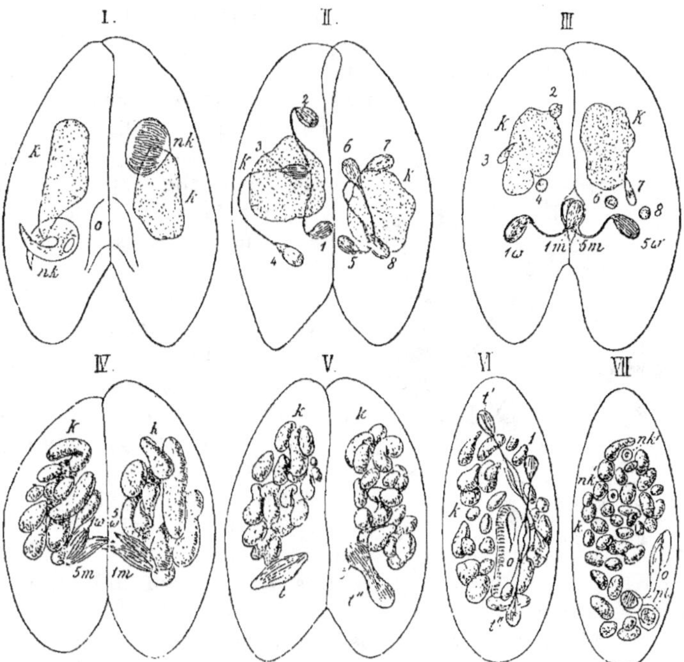

Fig. 324. — Conjugaison des Paramœcies ; *nk*, micronucléus ; *k*, macronucléus des deux conjugués. — I, le micronucléus se transforme en un fuseau ; dans le conjugué de gauche il est au stade décroissant ; dans le conjugué de droite au stade de fuseau. II, seconde division du micronucléus et formation du fuseau principal (à gauche marqué 1, à droite marqué 5) et des fuseaux accessoires (à gauche 2, 3 et 4, à droite 6, 7 et 8). III, les fuseaux accessoires sont en voie d'atrophie (à gauche 2, 3 et 4, à droite 6, 7 et 8) ; les fuseaux principaux 1 et 5 se sont divisés, l'un et l'autre, en un fuseau mâle et un fuseau femelle (à gauche 1 m et 1ω, à droite 5 m et 5 ω). IV, l'échange des fuseaux mâles est à peu près accompli (fécondation) ; ils sont cependant encore rattachés l'un et l'autre par une de leurs extrémités avec le conjugué dont ils dérivent ; leur autre extrémité est unie avec le fuseau femelle de l'autre conjugué : 1 m avec 5 ω et 5 m avec 1ω. Le macronucléus est fragmenté. V, le noyau de division primaire, issu de l'union d'un noyau mâle et d'un noyau femelle, se divise en les fuseaux de division secondaires t' et t" (à droite), VI et VII ; la conjugaison est achevée, les fuseaux de division secondaires se divisent de façon à former les ébauches des nouveaux micronucléus (*nk'*) et celles du nouveau macronucléus (*pt*). L'ancien macronucléus fragmenté commence à s'atrophier. Le *Paramœcium caudatum* présentant des rapports plus faciles à comprendre pour les premiers stades de la conjugaison et le *P. aurelia* pour les derniers stades de la conjugaison, les figures I à III se rapportent au *P. caudatum* et les figures IV à VII au *P. aurelia*. La différence qui existe entre ces deux espèces consiste en ce que le *P. caudatum* n'a qu'un micronucléus, tandis que le *P. aurelia* en a deux. De plus, chez cette dernière espèce le fractionnement du macronucléus commence déjà à se faire au stade I. (D'après R. HERTWIG. fig. empruntée à O. HERTWIG).

transformations que nous avons décrites chez les autres Ciliés ; il y a échange d'une capsule striée entre les deux individus conjugués, mais c'est seulement dans le grand individu que se produit la copulation du noyau migrateur avec le noyau sédentaire; dans la microgonidie, ces éléments s'atrophient : en même temps, la microgonidie diminue progressivement de volume et tout son protoplasma passe dans le corps du gros individu.

Il y a donc, chez les Vorticelles, une véritable conjugaison inégale, avec fusion des noyaux et des corps protoplasmiques de deux individus, dont l'un est de petite taille et mobile et peut être considéré comme cellule mâle, tandis que l'autre plus grand et immobile est la cellule femelle. Mais cette conjugaison diffère de celle des *Phacotus*, par exemple, en ce que la différenciation sexuelle des deux cellules, quoique reconnaissable avant la copulation, ne se produit, en réalité, qu'après celle-ci. Le grand et le petit individu ont chacun un noyau migrateur et un noyau sédentaire, c'est-à-dire un noyau mâle et un noyau femelle; mais, dans chacun d'eux, un seul de ces noyaux entre en fonction, le noyau mâle dans le petit individu, le noyau femelle dans le grand.

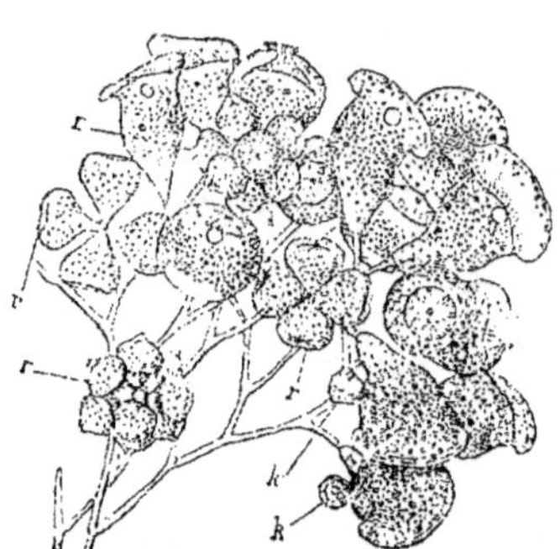

Fig. 325. — *Epistylis umbellaria*. Fragment d'une colonie en conjugaison; *r*, microgamètes nés par division; *k*, microgamètes en conjugaison avec les macrogamètes. (D'après Greeff., fig. empruntée à O. Hertwig).

Conjugaison des Noctiluques.

Un mode intéressant de conjugaison s'observe chez les Noctiluques, et a été étudié récemment par **Ishikawa** (1891) dont l'attention a été plus spécialement attirée sur la manière dont se comportent les noyaux. Deux individus en apparence identiques, A et B, s'accolent par leurs orifices buccaux puis se fusionnent complètement par résorption des deux membranes accolées suivant leur face d'union, de manière à ne constituer qu'une masse protoplasmique renfermant deux noyaux accompagnés chacun d'un centrosome. Ceux-ci se rapprochent mais sans se fusionner. Quand la masse protoplasmique, résultant de la coalescence des deux Noctiluques, va se diviser, les deux noyaux accolés s'étirent parallèlement au futur plan de division, puis se divisent en exécutant un mouvement de rotation de manière à se placer perpendiculairement à ce plan de division. Les deux nouvelles Noctiluques contiennent alors chacune deux moitiés de noyau ayant une origine différente, l'une provenant de l'individu A, l'autre de l'individu B. Nous verrons, tout à l'heure, que semblable phénomène s'observe dans la fécondation de l'œuf de l'Ascaride du Cheval. Après la conjugaison, les Noctiluques deviennent le siège d'une multiplication active par bourgeonnement et d'une formation de zoospores.

Chez les *Closterium*, **Klebahn** (1891) a signalé une conjugaison qui offre des particularités remarquables. Entre deux cellules semblables, réunies par une matière gélatineuse, il s'établit un canal de copulation, dans

Conjugaison
des
Clostéries.

lequel les deux masses plasmiques, comme dans le *Mesocarpus*, se fusionnent. La zygote ainsi formée reste pendant plusieurs mois à l'état de repos en contenant dans son intérieur deux noyaux indépendants.

Au printemps les deux noyaux se fusionnent et à leur place apparaît un long fuseau, qui se divise en deux demi-fuseaux. Ceux-ci, sans passer par un stade de repos se divisent une seconde fois. Pendant ce temps le contenu de la zygote a quitté l'épaisse membrane de cellulose qui l'entourait, et, enveloppé seulement d'une fine membrane

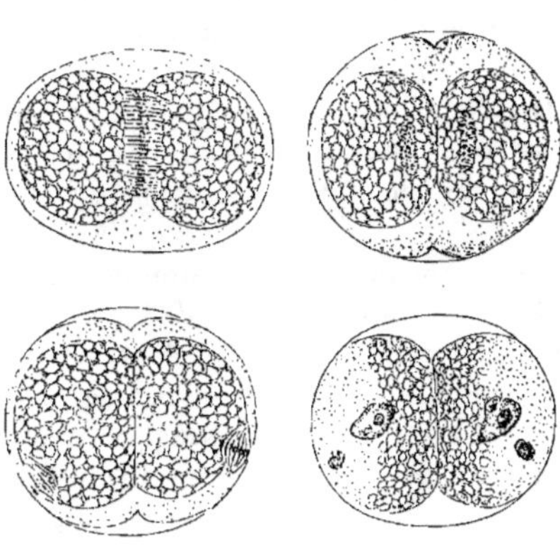

Fig. 326. — Différents stades de la germination du *Closterium*. (D'après KLEBAHN. Fig. empruntée à O. HERTWIG).

il se divise en deux masses renfermant chacune deux noyaux. De ces noyaux, l'un grossit tandis que l'autre s'atrophie et finit par disparaître sans laisser de traces, de sorte que finalement les deux nouveaux individus résultant de la division de la zygote ne renferment chacun qu'un seul noyau.

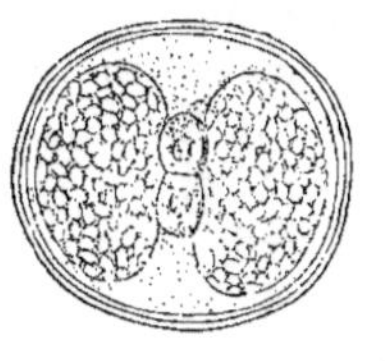

Hertwig pense qu'il s'agit ici d'un phénomène de réduction de la substance nucléaire analogue à celui qui s'observe lors de la formation des globules polaires et des cellules spermatiques.

Tandis que dans ces éléments sexuels la réduction se produit avant la conjugaison, chez les Des-

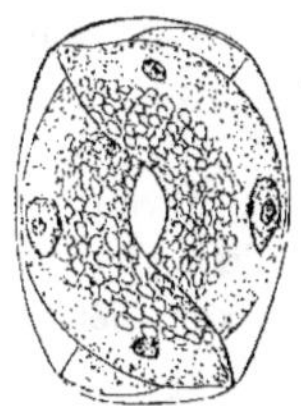

Fig. 327. — Zygote de *Closterium* peu de temps avant la germination. (D'après KLEBAHN, fig. empruntée à O. HERTWIG).

Fig. 328. — Deux *Closterium* nés d'une zygote et pas encore sortis de leur enveloppe commune.(Fig. empruntée à O. HERTWIG).

midiées elle aurait lieu après la copulation des deux noyaux.

La comparaison de la conjugaison des êtres unicellulaires, entre autres des Infusoires, avec la fécondation de l'œuf par le spermatozoïde chez les animaux, comparaison qui ressort de l'exposé même des faits que je viens de vous résumer, a été étendue par quelques auteurs aux phases qui précèdent ces deux processus.

Maupas assimile les divisions du micronucléus, aux stades B, C, D, à la formation des globules polaires dans l'œuf. Je ne puis discuter ici cette manière de voir, qui a du reste été réfutée par **Giard** (1890), parce que cela m'éloignerait trop de mon sujet, mais je ferai remarquer que ces divisions primitives du micronucléus n'existent pas chez tous les Infusoires, témoin le *Chilodon cucullulus*.

D'après **R. Hertwig**, la division du micronucléus, au stade D, en noyau sédentaire et noyau migrateur, s'accompagnerait d'une réduction de moitié des fibres du fuseau. Cette observation demanderait à être confirmée.

Fécondation chez les Métazoaires. — J'arrive maintenant à l'union des cellules sexuelles chez les êtres pluricellulaires. La fécondation de l'œuf des animaux est aujourd'hui connue depuis les belles recherches de **Fol** (1879-91) et de **O. Hertwig** (1875-78) sur les Échinodermes et celles de **Ed. van Beneden** (1884) et **Boveri** (1886) sur l'Ascaride du Cheval, sans parler des nombreux travaux moins importants qui ont contribué cependant à élargir le cercle de nos connaissances. Ayant traité longuement cette question dans un cours précédent, je me bornerai à vous rappeler les faits principaux établis par ces auteurs, sans m'occuper de l'ordre chronologique des découvertes.

Chez les Échinodermes, Étoile de mer et Oursin, le moment le plus favorable pour la pénétration du spermatozoïde dans l'œuf est environ une heure après la production du pronucléus femelle. L'œuf est, en ce moment, entouré d'une couche gélatineuse et le vitellus est dépourvu de membrane vitelline.

Pénétration du spermatozoïde dans l'œuf. — Dès que l'œuf est en contact avec le liquide séminal, les spermatozoïdes s'attachent en grand nombre à sa surface et pénètrent dans la substance gélatineuse qui le recouvre. La plupart ne vont pas plus loin, mais l'un d'eux devance les autres et arrive à peu de distance de la surface du vitellus. Ce spermatozoïde paraît exercer une sorte d'attraction sur la substance périphérique du vitellus. Celle-ci s'élève en une petite protubérance qui forme bientôt une pointe, à laquelle vient se fixer la tête du spermatozoïde et elle paraît l'attirer vers l'intérieur : c'est le *cône d'attraction*. Ce cône présente des formes très diverses. La queue du spermatozoïde perd sa motilité et demeure quelque temps visible, après que la tête a été attirée dans l'œuf. A la place de la queue, apparaît une seconde protubérance, *cône d'exsudation*, qui prend successivement les formes les plus irrégulières et les plus variables, puis rentre dans le vitellus.

Dès que le spermatozoïde a pénétré dans le vitellus, la couche périphérique claire de ce dernier se condense autour du point de pénétration, et forme une membrane à double contour qui s'étend de proche en proche sur la surface du vitellus. C'est la véritable membrane vitelline ; sa formation est très rapide et elle ferme l'accès de l'œuf à tous les spermatozoïdes qui seraient en retard de quelques secondes sur le premier. En même temps que se forme cette membrane, le vitellus se rétracte et éprouve une légère diminution de volume.

Au moment de sa pénétration dans le vitellus, la tête du spermatozoïde a la forme d'un petit cône dont l'extrémité est dirigée vers le centre de l'œuf, elle augmente légèrement de volume et s'arrondit pour devenir le pronucléus mâle. En avant de celui-ci, vers le centre de l'œuf, se trouve un petit corpuscule, découvert par **Fol**, en 1891, et auquel il a donné le nom de *spermocentre*, c'est le centrosome du spermatozoïde qui s'est détaché de la tête et est devenu

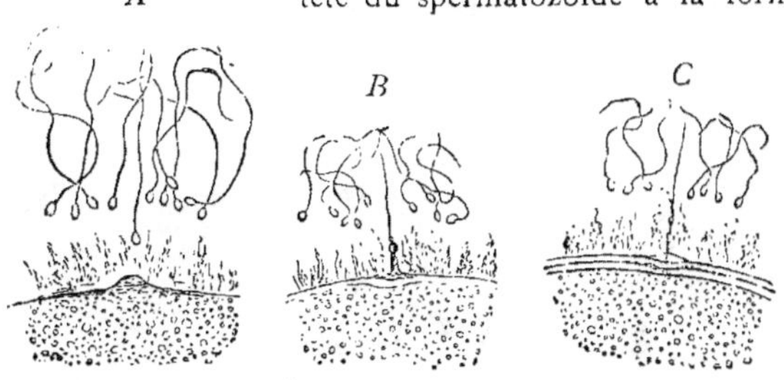

Fig. 329. — *A, B, C*. Fragments d'œufs d'*Asterias glacialis*. Les spermatozoïdes sont déjà engagés dans l'enveloppe muqueuse qui revêt la surface de l'œuf. En A, l'œuf commence à émettre une saillie à la rencontre du spermatozoïde le plus profondément engagé. En B, cette saillie est au contact du spermatozoïde. En C, le spermatozoïde a pénétré dans l'œuf. Il s'est maintenant formé une membrane vitelline avec un orifice cratériforme. (D'après H. Fol, fig. empruntée à O. Hertwig).

libre. Autour de lui, se forme un petit aster dont les rayons s'étendent progressivement de plus en plus dans le vitellus. Au contact du pronucléus femelle, situé au centre de l'œuf, il existe un corpuscule semblable, l'*ovocentre*, situé du côté opposé à celui par lequel le spermatozoïde a pénétré dans l'œuf.

Le pronucléus mâle, précédé de son centrosome, et le pronucléus femelle, suivi du sien, se rapprochent simultanément l'un de l'autre avec une vitesse croissante, le pronucléus mâle cheminant plus rapidement que l'autre. Les deux noyaux se rencontrent et s'entourent d'une zone protoplasmique homogène dont les rayons s'étendent dans le vitellus.

Arrivé au voisinage immédiat du pronucléus femelle, le pronucléus mâle se place de telle manière que le spermocentre soit situé vis-à-vis de l'ovocentre, puis les deux noyaux s'appliquent exactement l'un sur l'autre, perdent leur limite nette, et ne forment plus qu'une seule masse nucléaire, dans laquelle la substance provenant du spermatozoïde se distingue encore

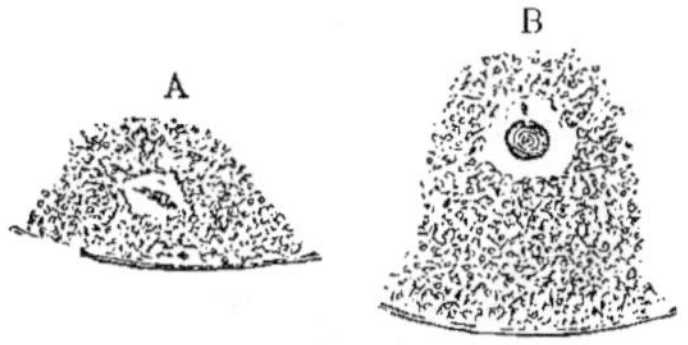

Fig. 330. — A. B. Fragments de coupes pratiquées à travers des œufs fécondés d'Asteracauthion. Le noyau spermatique est précédé d'un corpuscule central (spermocentre). (D'après Fol, fig. empruntée à O. Hertwig).

par son aspect granuleux et sa plus grande affinité pour les matières colorantes. En même temps l'ovocentre et le spermocentre se divisent chacun en deux corpuscules suivant une direction tangentielle à la surface du noyau, en prenant la forme d'une haltère. Ces haltères se placent dans un même plan de chaque côté des pronucléus conjugués. Puis les centro-

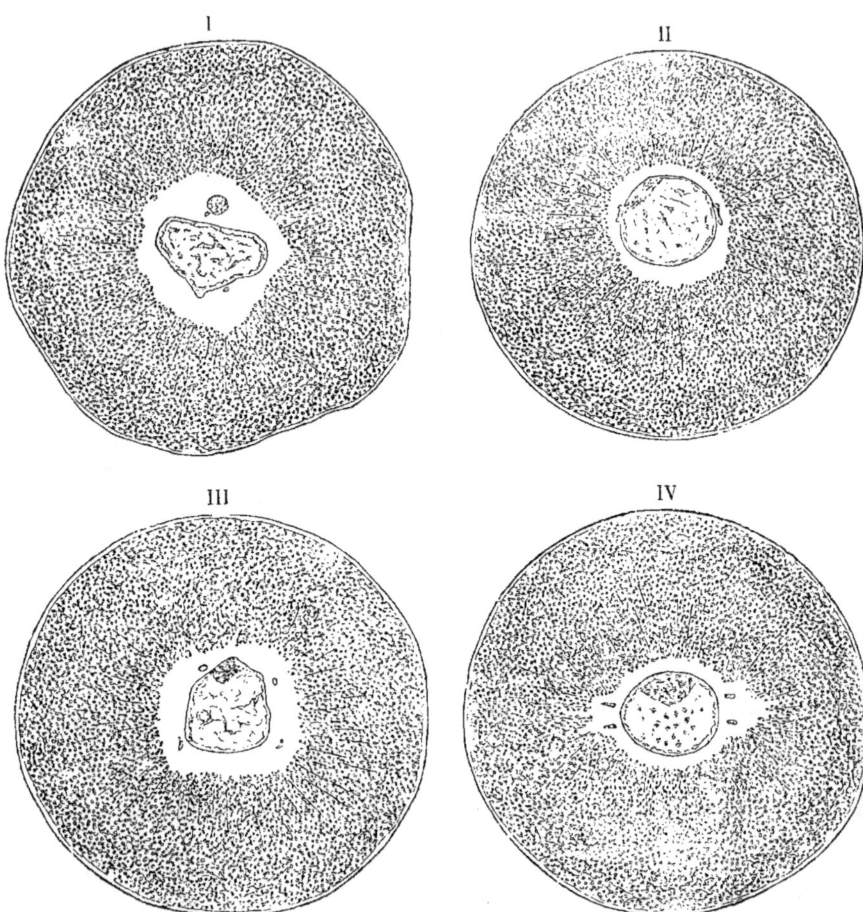

Fig. 331. — Le quadrille des centres. (D'après FOL. Fig. empruntée à O. HERTWIG).

somes-filles de chaque groupe s'écartent et décrivent dans un même plan un quart de circonférence, de telle sorte qu'un spermocentre-fille rencontre un ovocentre-fille aux extrémités d'une même ligne, à moitié de la distance qui

les séparait primitivement, et perpendiculaire à la ligne réunissant les deux
haltères. C'est ce mouvement de déplacement et cette rencontre de deux
demi-centrosomes de provenance diverse que **Fol** a désigné sous le nom de
quadrille des centres (fig. 331).

Chaque demi-spermocentre se fusionne avec un demi-ovocentre correspondant pour former les *astrocentres* qui seront les sphères attractives du
premier fuseau de division du noyau de l'œuf.

« La fécondation consiste donc, dit **Fol**, non seulement dans l'addition
de deux noyaux provenant d'individus et de sexes différents, mais encore
dans la fusion, deux à deux, de quatre demi-centres provenant les uns du
père, les autres de la mère, en deux astrocentres combinés. »

Le processus de la fécondation présente dans l'œuf de l'*Ascaris megalocephala* quelques différences avec celui que nous venons de décrire chez
les Échinodermes.

Le spermatozoïde pénètre dans l'œuf et se transforme en pronucléus
mâle, avant que l'œuf soit complètement mûr : ce n'est, en effet, qu'après
cette pénétration que se forment les globules polaires et le pronucléus
femelle. Celui-ci, qui prend naissance à la périphérie de l'œuf, se dirige
vers le pronucléus mâle qui en occupe le centre. D'après **Boveri**, le pronucléus mâle possède seul un centrosome, situé à côté de lui au milieu
d'une masse protoplasmique finement granuleuse, l'*archoplasma*. Les
deux noyaux, qui sont sensiblement de même taille, se rapprochent l'un
de l'autre, mais sans se fusionner. Dans chacun d'eux, le réseau chromatique se condense en deux anses ou en une seule, suivant qu'on considère
la variété *bivalens* ou la variété *univalens*. En même temps, le centrosome
et l'archoplasma se divisent en deux masses égales qui se placent aux
extrémités d'une ligne située entre les deux noyaux. Bientôt la membrane
de chaque noyau disparaît ; il se forme un fuseau achromatique entre les
deux sphères attractives, et les anses chromatiques se disposent en étoile
à l'équateur du fuseau.

Si nous considérons, par exemple, la variété *bivalens*, la plaque équatoriale comprend deux anses chromatiques femelles et deux anses mâles.
Lorsque l'œuf va se diviser, les anses chromatiques se dédoublent, deux
anses femelles-filles et deux anses mâles-filles se rendent à chaque pôle du
fuseau pour constituer les deux premiers noyaux de segmentation, qui
contiennent autant de substance nucléaire mâle que de substance nucléaire
femelle.

Il n'y a donc pas, chez l'*Ascaris,* fusion du noyau femelle avec le noyau
mâle, mais il se produit seulement entre les deux premiers noyaux de segmentation un départ, à parties égales, de la substance chromatique de ces
deux noyaux. Il résulte de ce fait que le premier noyau de segmentation, tel
qu'on l'observe chez les êtres unicellulaires après la conjugaison et chez
les Échinodermes, c'est-à-dire sous forme d'une masse nucléaire unique

dans laquelle la substance nucléaire mâle et la substance nucléaire femelle, contenues dans une même enveloppe, ne peuvent plus se distinguer morphologiquement l'une de l'autre, il résulte, dis-je, que ce premier noyau manque chez l'Ascaride.

Il n'y a cependant pas de différence essentielle entre les deux processus, puisque l'un et l'autre arrivent au même résultat, c'est-à-dire à répartir également entre les deux premiers noyaux de segmentation et leurs descendants, la substance chromatique mâle et la substance chromatique femelle. Dans l'œuf de l'Ascaride, il se produit une simple abréviation dans la marche du phénomène, le stade de repos du premier noyau de segmentation étant supprimé. Le seul point important dans la fécondation de l'Ascaride, c'est l'existence dans l'œuf d'un seul centrosome d'origine spermatique. Vous vous rappelez que **Boveri** a établi sur cette donnée une théorie de la fécondation, d'après laquelle le centrosome femelle disparaîtrait et perdrait sa signification physiologique, et le centrosome mâle avec son archoplasma interviendrait seul dans la division du premier noyau de segmentation et serait, par conséquent, l'origine du centrosome de toutes les cellules de l'organisme.

La fécondation, chez les végétaux phanérogames, que nous ont fait connaître les beaux travaux de **Strasburger** et de **Guignard**, présente des phénomènes à peu près identiques à ceux que nous venons de voir chez les Métazoaires.

Voici, brièvement résumé d'après **Guignard** (1891), comment a lieu la fécondation chez les Liliacées.

On sait que la cellule-mère pollinique produit, par deux bipartitions successives, quatre grains de pollen, et que c'est au moment de la première de ces divisions qu'a lieu la réduction de moitié du nombre des chromosomes du noyau. Chaque grain de pollen des Angiospermes, avant sa maturité, se divise en deux cellules de grosseur inégale, l'une petite, *cellule génératrice*, l'autre grande, *cellule végétative*. La petite cellule est renfermée dans la grande et présente ordinairement la forme d'un croissant ou d'une lentille (fig. 332). Lorsque le grain de pollen

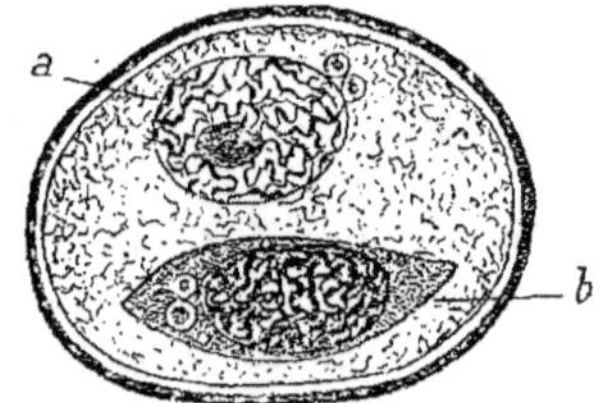

Fig. 332. — Grain de pollen adulte de *Lilium Martagon*, avec son noyau végétatif, *a*, pourvu d'un nucléole assez volumineux et d'une charpente chromatique délicate, et la cellule génératrice, *b*, fusiforme, dont le noyau est fortement colorable, sans nucléole apparent, et recouvert seulement par une mince couche d'un protoplasma propre sur les faces latérales aplaties. A côté de chaque noyau on voit deux sphères attractives avec leurs centrosomes.(D'après GUIGNARD, 1891).

entre en germination sur le stigmate et que le tube pollinique s'insinue dans le style pour pénétrer jusqu'au sac embryonnaire, le noyau végétatif, possédant un réseau chromatique peu colorable et un ou plusieurs gros nucléoles, se porte généralement vers l'extrémité du tube; il est suivi de la cellule génératrice qui se divise. Chacune de ces nouvelles cellules est constituée par un noyau allongé, fortement colorable, accompagné de deux sphères attractives, ne présentant pas de nucléoles et entouré d'une petite zone de protoplasma coloré en rose vif par la fuchsine.

Le noyau végétatif et le noyau générateur-fille le plus éloigné de l'extrémité du tube pollinique s'atrophient et se résorbent; l'autre noyau générateur-fille persiste et devient le noyau mâle, assimilable au spermatozoïde des animaux. Ce noyau mâle est accompagné de deux sphères attractives.

Du côté de l'organe femelle, il se passe également des transformations intéressantes. Le noyau de la cellule-mère du sac embryonnaire renfermant, dans le *Lilium*, 24 chromosomes se divise, comme nous l'avons vu précédemment, en deux noyaux-filles qui ne possèdent que 12 chromosomes. Les deux noyaux d'abord semblables s'éloignent du centre du sac embryonnaire vers ses deux extrémités. Le noyau inférieur devient plus volumineux que l'autre, et tous deux se divisent ordinairement dans un plan différent; mais, tandis que le noyau supérieur ne renferme que 12 chromosomes pendant sa division, on en compte 16, 20 et 24 dans le noyau inférieur.

Une seconde division succède bientôt à la première, de sorte qu'à la partie supérieure du sac embryonnaire se trouve une tétrade de noyaux à 12 chromosomes, tandis que la partie inférieure est occupée par une autre tétrade de noyaux ayant en moyenne de 20 à 24 segments chromatiques.

Trois des noyaux de la tétrade supérieure deviennent centres de formation de cellules qui s'entourent d'une membrane très délicate; deux de ces cellules sont les deux *synergides*, la troisième est l'*oosphère* ou cellule femelle, dont le noyau se conjuguera avec le noyau mâle. Le quatrième noyau reste libre; **Guignard** le désigne sous le nom de *noyau polaire*.

Le même phénomène se passe au niveau de la tétrade inférieure; autour de trois des noyaux se différencient les *cellules antipodes*, le quatrième reste libre et constitue le noyau polaire inférieur.

Les deux noyaux polaires, qui sont plus gros et plus riches en chromatine que les autres, se rapprochent l'un de l'autre, précédés chacun de leurs deux sphères attractives. Celles-ci se réunissent deux à deux, de telle sorte que chaque paire comprend une sphère adjacente au noyau supérieur et une sphère adjacente au noyau inférieur. Les deux couples s'écartent l'un de l'autre pour permettre aux noyaux de se mettre en contact. Ceux-ci, suivant les espèces végétales, se fusionnent ou restent simplement accolés, comme les deux pronucléus de l'*Ascaris*; ils constituent le noyau secondaire du sac embryonnaire, origine des noyaux libres de l'albumen.

Quand le noyau mâle du tube pollinique et l'oosphère sont constitués, commence alors la véritable fécondation. Le tube pollinique traverse le micropyle de l'ovule et l'épiderme du nucelle, puis pénètre dans le sac embryonnaire. Son extrémité renflée passe à côté des synergides ou entre elles, ou bien traverse l'une des synergides pour arriver jusqu'à l'oosphère. Là, le noyau mâle, entouré d'une très mince couche de protoplasma et précédé de ses deux sphères attractives, traverse la membrane ramollie du tube pollinique et celle de l'oosphère. Dans celle-ci, le noyau mâle et le noyau femelle se conjuguent de la même manière que les deux noyaux polaires, c'est-à-dire que leurs sphères attractives se réunissent d'abord deux à deux, puis que les deux

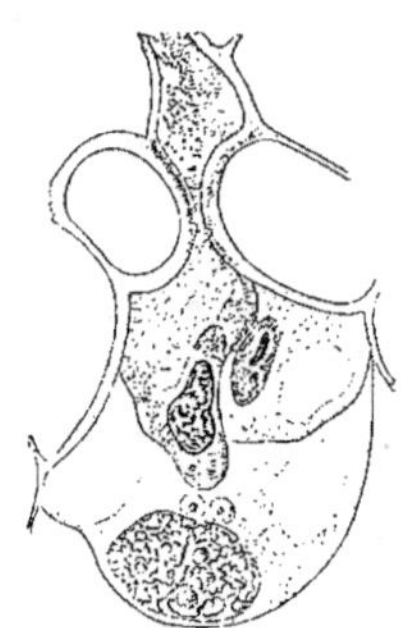

Fig. 333. — Coupe du sac embryonnaire de *Lilium Martagon*. A l'extrémité du tube pollinique, dont la paroi ramollie laisse sortir le contenu, on voit le noyau sexué mâle avec ses deux centrosomes ; le noyau sexué femelle (noyau ovulaire) est également pourvu de ses deux centrosomes. A droite, à l'extrémité du tube pollinique, on remarque une synergide qui commence à se décomposer. (D'après GuiGNARD, figure empruntée à O. HERTWIG).

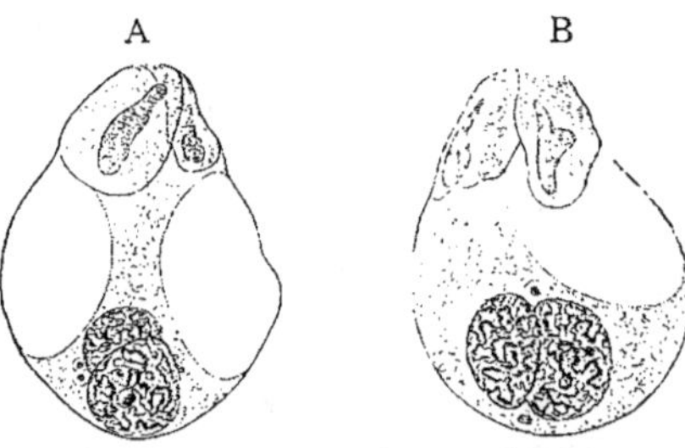

Fig. 334. — Œuf de *Lilium Martagon*. — A. Peu de temps après l'union du noyau sexué femelle et du noyau sexué mâle. — B. Stade ultérieur ; le fusionnement des centrosomes est à peu près complet. (D'après GuiGNARD, fig. empruntée à O. HERTWIG).

noyaux s'accolent.

Au moment de la conjugaison, le noyau mâle est plus petit que le noyau femelle et se colore plus fortement que lui ; mais il grossit et finit par prendre à peu près le même aspect que ce dernier.

De même que chez les animaux, les deux noyaux sexuels arrivés au contact se comportent différemment suivant les végétaux ; tantôt ils se fusionnent complètement en un noyau unique qui se divise ensuite en présentant toutes les phases de la karyodiérèse, tantôt ils restent simplement accolés et entrent tous deux simultanément en division, ne donnant qu'un seul fuseau achromatique, et chaque noyau-fille emporte, comme chez l'*Ascaris megalocephala*, la moitié des éléments chromatiques mâles et la moitié des éléments femelles.

Guignard a montré qu'on trouve tous les passages entre ces deux types ; les *Lilium* et *Fritillaria* offrent le type de l'Ascaride ; chez les *Muscari* et *Ornithogalum*, il y a fusion des deux noyaux, mais les nucléoles restent indépendants ; chez les *Agraphis*, *Alstrœmeria*, les Renonculacées et beaucoup d'autres plantes, il y a fusion des nucléoles, et on ne peut plus distinguer les éléments dérivés du noyau mâle de ceux dérivés du noyau femelle.

Vous voyez que les observations de **Guignard** chez les végétaux sont tout à fait d'accord avec celles de **Fol** chez les Échinodermes (1). Elles montrent, que dans la fécondation, non seulement, il y a copulation du noyau mâle et du noyau femelle pour donner un noyau mixte qui renferme la même quantité de substance nucléaire mâle et femelle, mais aussi qu'il y a également copulation d'éléments protoplasmiques équivalents, du centrosome mâle avec le centrosome femelle.

Nous nous trouvons donc en présence de deux ordres de faits, ceux observés par **Fol** et **Guignard**, ceux observés par **Boveri**, dans lesquels les centrosomes du noyau mixte de copulation dérivent uniquement du spermatozoïde. Existe-t-il deux processus différents de la fécondation suivant les êtres considérés, ou bien y a-t-il erreur d'observation d'un côté ou de l'autre? c'est ce que l'avenir décidera lorsque de nouvelles recherches, entreprises sur un grand nombre d'espèces d'animaux et de végétaux, se seront multipliées.

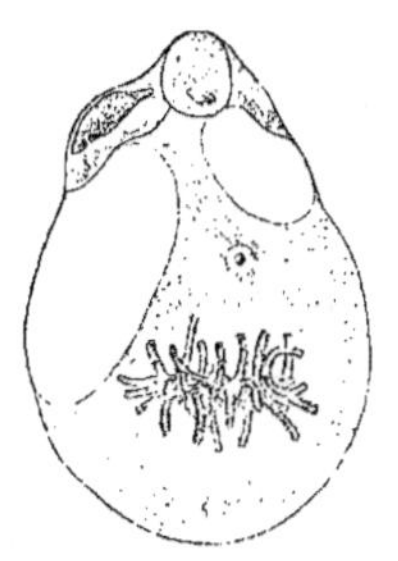

Fig. 335. — Œuf du sac embryonnaire de *Lilium Martagon* avec son noyau en division. La plaque équatoriale renferme 24 chromosomes. (D'après Guignard, fig. empruntée à O. Hertwig).

---

(1) **H. Blanc** (1894) chez la Truite, et **Conklin** (1894) chez un Gastéropode, sont arrivés également aux mêmes résultats que **Fol**.

7 mars 1894.

VINGT-HUITIÈME LEÇON

LOIS DE LA DIVISION. RAPPORTS DES CELLULES
ENTRE ELLES

Segmentation de l'œuf fécondé. — Lois de la division cellulaire : loi de position du noyau; loi de bipartition ; principe de l'intersection perpendiculaire des plans de division ; loi des intervalles entre deux divisions successives. — Rapports des cellules entre elles. — Union des cellules épithéliales. — Filaments d'union. — Ponts intercellulaires. — Cellules grillagées et tubes criblés. — Communications protoplasmiques. — Rôle des communications protoplasmiques.

Messieurs,

Segmentation de l'œuf fécondé.

Le produit de la conjugaison de deux cellules semblables ou très dissemblables, mais d'origine différente, l'oospore, la zygote, où l'œuf fécondé, devient le point de départ d'un nouveau cycle de multiplication cellulaire par voie de division.

Chez les êtres unicellulaires, les produits de bipartitions successives de la cellule restent isolés et constituent autant d'individus nouveaux semblables à ceux qui se sont conjugués pour donner naissance à la zygote.

Les produits de la division de l'oospore ou de l'œuf des êtres pluricellulaires se groupent, au contraire, entre eux pour former d'abord une agrégation de cellules semblables, mais qui, en se multipliant, se différencient les unes des autres, évoluent d'une manière différente, et se groupent à leur tour, de manière à constituer des tissus et des organes et à donner finalement naissance à un être semblable à ceux d'où provenaient les cellules qui se sont conjuguées.

Bien qu'il ne rentre pas dans notre programme de nous occuper du développement de l'œuf et des différenciations cellulaires dont l'étude appartient au domaine de l'embryologie proprement dite et de l'histogénèse, nous devons voir cependant quelles sont les lois qui président à la division de l'œuf fécondé, c'est-à-dire au phénomène qu'on désigne sous le nom de *segmentation de l'œuf*. Cette segmentation n'est qu'un cas particulier de la division cellulaire indirecte, résultant de la constitution même de l'œuf.

Les lois de la segmentation ont été nettement établies par **O. Hertwig**, et elles peuvent s'énoncer sous forme de théorèmes. Ces lois ne sont pas, du reste, propres à la segmentation de l'œuf, elles régissent également la division de toute cellule.

Nous savons que l'œuf n'est qu'une cellule qui a cessé de se multiplier, qui peut être comparée à un animal à l'engrais, et accumule dans son protoplasma une quantité plus ou moins grande de produits dérivés, véritables aliments de réserve, dont l'ensemble constitue le *vitellus proprement dit*, ou le *deutoplasma*. Nous avons distingué, à ce point de vue, un certain nombre de types d'œufs, que nous avons appelés *alécithes*, *homolécithes*, *mixolécithes* et *amictolécithes*, qui ne diffèrent entre eux que par la quantité et la répartition du deutoplasma qu'ils renferment.

Dans les œufs mixolécithes et surtout dans les œufs amictolécithes, le protoplasma actif ou formatif s'accumule à l'un des pôles de l'œuf, tandis que le deutoplasma, généralement plus dense, se condense au pôle opposé. On appelle *pôle animal* la région de l'œuf la plus riche en protoplasma et *pôle végétatif* celle où domine le deutoplasma ; la ligne qui réunit les deux pôles est l'*axe de l'œuf*.

Dans la grande majorité de ces œufs, le deutoplasma étant plus lourd que le protoplasma, le centre de gravité de la masse totale de l'œuf se trouve placé au-dessous du centre géométrique, de sorte que le pôle animal dans un œuf abandonné à lui-même est dirigé en haut et le pôle végétatif en bas, l'axe de l'œuf étant vertical. Cependant, les deux pôles peuvent occuper une situation inverse, dans les œufs flottants par exemple tels que ceux de la Morue et du Macropode parmi les Poissons ; cette exception tient à ce que le vitellus renferme un gros globule huileux qui rend l'ensemble du deutoplasma moins lourd que la région protoplasmique.

Quelle que soit la constitution de l'œuf, seul son protoplasma actif prend part aux phénomènes de division, et son noyau, qui avant la fécondation n'occupait pas de position déterminée, se place toujours après la fécondation au centre de sa sphère d'action, c'est-à-dire au centre de gravité, non pas de la masse totale de l'œuf, mais de la masse de protoplasma actif que celui-ci renferme, comme si le deutoplasma n'existait pas.

La première loi de la segmentation, qu'on peut appeler *loi de position du noyau*, peut donc s'énoncer ainsi : dans un œuf fécondé, s'apprêtant à se diviser, le noyau se place toujours au centre de gravité du protoplasma formatif.

De cette loi découlent les corollaires suivants :

Dans un œuf alécithe ou homolécithe le premier noyau de segmentation occupe le centre géométrique avec lequel coïncide le centre de gravité.

Dans un œuf mixolécithe, le premier noyau de segmentation est situé sur l'axe de l'œuf entre le centre géométrique ét le pôle animal.

Dans un œuf amictolécithe, ce noyau est situé dans le protoplasma actif qui constitue alors le *germe*, sur l'axe de l'œuf, au centre de gravité du germe.

Hertwig formule ainsi la seconde loi, que nous appellerons *loi de bipartition :* les deux pôles de la figure de division viennent se placer dans la

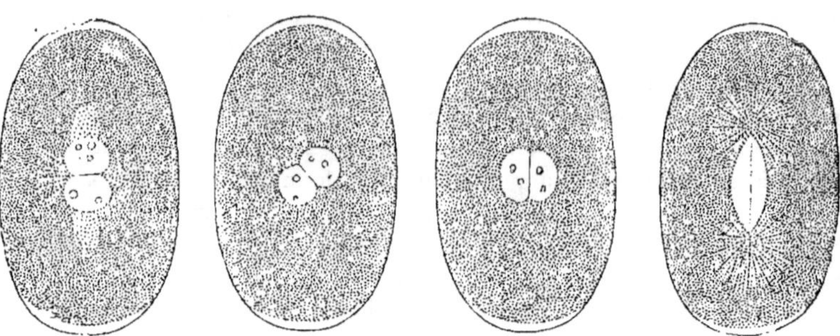

Fig. 336. — Œufs d'*Ascaris nigrovenosa* fortement comprimés et montrant quatre stades différents de la fécondation. (D'après Auerbach, fig. empruntée à O. Hertwig).

direction de la plus grande masse de protoplasma. Il ajoute : « de la même manière que la position des pôles d'un aimant est influencée par les particules de fer qui l'environnent. » Il me semble que la formule serait plus claire si l'on disait : les deux pôles de la figure de division sont situés sur le plus grand axe passant par le centre de gravité de la masse de protoplasma actif (1).

Il résulte de cette seconde loi que, dans un œuf sphérique homolécithe, le premier fuseau de direction est dirigé suivant un diamètre quelconque ; que, dans un œuf homolécithe ellipsoïdal, le fuseau est toujours dirigé suivant le plus grand axe ; que, dans un disque protoplasmique, le fuseau est parallèle à la surface, dirigé suivant un diamètre quelconque si le disque

---

(1). — Le plan de division du noyau et de la cellule est déterminé par la position que prennent, dans le cytoplasma, les centrosomes avec leurs sphères attractives. Nous pouvons légitimement supposer que dans ces éléments se trouve localisée une force, ou mieux un système de forces, les unes attractives, les autres répulsives, variant d'intensité suivant les différentes phases de la division. Chaque sphère attractive exerce sur toutes les molécules du noyau et du cytoplasma une action dont l'intensité varie en raison inverse du carré des distances ; dans chaque moitié d'une cellule en division, c'est-à-dire dans chaque future cellule-fille, la sphère attractive se place de telle sorte que sa distance moyenne à tous les points de la masse protoplasmique active soit aussi petite que possible. Or, il est facile de démontrer soit par l'analyse mathématique, soit par une simple construction géométrique, que, dans une cellule de forme ellipsoïdale, les deux sphères, pour remplir cette condition, doivent se trouver sur le grand axe de l'ellipsoïde. L'observation directe des cytodiérèses, dans les œufs et dans les cellules animales et végétales, prouve que c'est en effet cette position que prennent les sphères attractives.

est circulaire, suivant le plus grand diamètre si le disque est elliptique ; que, dans un œuf mixolécithe, le fuseau est perpendiculaire à l'axe de l'œuf, et que par conséquent le premier plan de segmentation passe par cet axe.

Un dernier corollaire de la seconde loi a été établi par **Sachs** sous le nom de *principe de l'intersection perpendiculaire des plans de division* dans la bipartition.

Considérons par exemple un œuf ou une cellule homogène de forme sphérique. Le premier plan de division passant par un diamètre divise la masse protoplasmique en deux hémisphères. Dans chacun de ces hémisphères, le fuseau de la seconde figure de division sera dirigé suivant une corde passant par le centre de gravité et parallèle à la base de l'hémisphère ; le second plan de division sera donc perpendiculaire au premier, et la masse protoplasmique

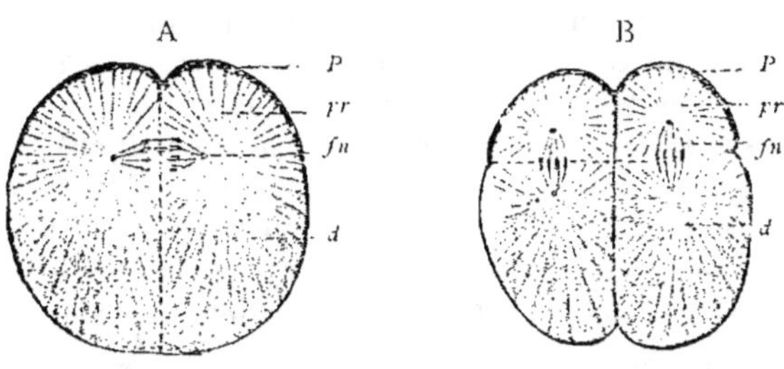

Fig. 337. — Schéma de la segmentation de l'œuf de la Grenouille. A, premier stade de la segmentation. B, troisième stade de la segmentation ; les quatre blastomères provenant du deuxième stade de la segmentation commencent à se diviser en huit blastomères par un sillon équatorial. P, surface pigmentée de l'œuf ou pôle animal. pr, hémisphère riche en protoplasma, d, l'autre hémisphère riche en deutoplasma. fn, fuseau nucléaire. (Fig. empruntée à O. Hertwig).

sera ainsi partagée en quatre quadrants. Dans chacun de ces quadrants, le fuseau de la troisième division sera encore dirigé suivant la plus grande longueur du quadrant, c'est-à-dire parallèlement à l'intersection des deux premiers plans de division, et par conséquent, le troisième plan de division sera perpendiculaire aux deux premiers, et la masse protoplasmique se trouvera partagée en huit octants.

Dans une cellule quelconque dont les dimensions diffèrent peu les unes des autres, l'axe principal lors de la division se trouve diminué de moitié, de telle sorte que l'axe principal des cellules-filles devient parallèle à l'axe secondaire de la cellule-mère. Le plan de division étant toujours perpendiculaire à l'axe principal, il s'en suit que dans les deux bipartitions successives d'une telle cellule, les deux plans de division seront perpendiculaires entre eux.

« En général, les plans de division consécutifs d'une cellule-mère qui se divise par bipartitions successives en 2, 4, 8 cellules-filles, se produisant alternativement dans les trois directions de l'espace, et cela plus ou moins perpendiculairement les unes aux autres » (**Hertwig**).

Ceci n'est vrai bien entendu qu'autant que les divisions se succèdent assez rapidement : s'il s'écoule, en effet, un temps assez long entre deux divisions, la cellule, par suite d'un accroissement inégal, peut s'allonger par exemple dans le sens de l'axe principal primitif, et dans ce cas, le second plan de division sera parallèle au premier.

Loi des intervalles entre deux divisions successives.

La troisième loi relative à la division, ou *loi des intervalles entre deux divisions successives*, a été formulée par **Balfour** (1875) de la manière suivante : la rapidité avec laquelle une cellule se divise est proportionnelle à la concentration du protoplasma ; la dimension des sphères de segmentation est inversement proportionnelle à la quantité de protoplasma. Cette loi résulte de ce fait que le deutoplasma, c'est-à-dire l'ensemble des éléments nutritifs et des produits dérivés, ne joue aucun rôle dans la division. Plus une cellule renferme dans son intérieur de ces éléments passifs, plus l'action des centrosomes devra s'étendre loin, plus par conséquent elle sera affaiblie, et plus lentement aura lieu la division du corps cellulaire. C'est ce qui s'observe dans les œufs mixolécithes ; la segmentation marche beaucoup plus rapidement et donne des cellules plus petites au pôle animal riche en protoplasma actif, qu'au pôle végétatif où ce protoplasma est mélangé à une grande quantité de deutoplasma.

Les expériences intéressantes de **Pflüger**, **Born**, **Hertwig**, **Roux**, **Driesch**, etc., sur les œufs d'Amphibiens et d'Échinodermes, ont montré qu'on pouvait modifier la segmentation normale en plaçant ces œufs dans différentes positions et en les comprimant soit entre des lames de verre, soit dans des tubes étroits. Mais les formes anormales de segmentation observées dans ces expériences s'expliquent très bien par les lois de la division cellulaire lorsqu'on tient compte des diverses déformations subies par les œufs.

Rapports des cellules entre elles.

Les cellules embryonnaires provenant de la segmentation de l'œuf se disposent, comme on sait, en couches ou *feuillets blastodermiques*, dans lesquelles les éléments plus ou moins comprimés les uns contre les autres sont encore indépendants et s'isolent facilement quand on les dissocie dans un liquide indifférent. Bientôt les cellules blastodermiques, en se différenciant davantage, contractent entre elles des rapports plus étroits. Entre elles se déposent des substances albuminoïdes intercellulaires qui jouent le rôle de ciment, réunissent et soudent les éléments entre eux, de manière à constituer des membranes ou des masses résistantes (1). Dans

---

(1) Ce sont ces ciments qui réduisent les sels d'argent quand on imprègne les épithéliums par une solution de ces sels. Les contours des cellules sont alors nettement dessinés par des lignes noires.

les épithéliums, les ciments peuvent être dissous ou ramollis par certains réactifs, tels que le sérum iodé, l'alcool au tiers ou des substances plus énergiques, et les cellules peuvent alors être isolées.

Dans certains tissus, tels que le tissu cartilagineux et le tissu conjonctif, les substances intercellulaires prennent un grand développement, de telle sorte que les cellules se trouvent éloignées les unes des autres.

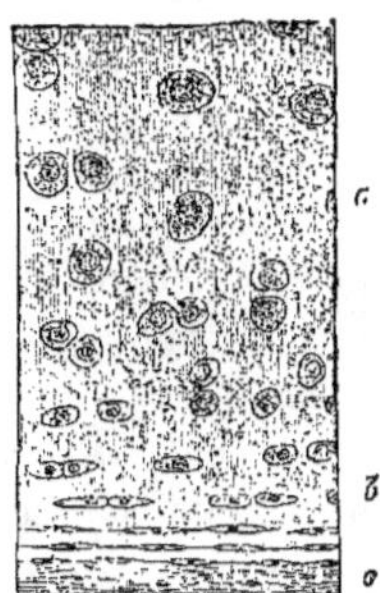

Fig. 338. — Cartilage. c, lamelle périchondrale ; b, transition au cartilage typique a. (D'après GEGENBAUR, fig. empruntée à O. HERTWIG).

Il arrive fréquemment que, pendant le dépôt des substances intercellulaires, les cellules ne conservent pas leur indépendance. Au lieu de présenter des contours nettement délimités, ces cellules poussent de nombreux prolongements protoplasmiques qui s'unissent à des cellules voisines, formant ainsi un plexus anastomotique, parfois très complexe. C'est ce qui s'observe dans le cartilage crânien des Céphalopodes, dans le tissu osseux, dans le tissu muqueux. Je vous ai signalé déjà ces faits à propos de la fusion des cellules. Ces anastomoses sont toujours secondaires et ne s'observent pas entre les éléments embryonnaires qui constituent les tissus au début de leur formation.

Mais il existe un autre mode d'union particulier signalé depuis long-temps entre les cellules du corps muqueux de Malpighi, qui a donné lieu à un grand nombre de recherches, et sur la nature duquel les opinions sont très partagées.

On avait remarqué que, dans certaines tumeurs d'origine épithéliale, les contours des cellules étaient dentelés, ou qu'il existait entre les éléments des fibres unissantes.

Schrön, en 1863, démontra l'existence de cette structure dans l'épithélium normal, et crut que c'étaient des canaux poreux creusés dans la membrane qui constituaient des anastomoses.

Max Schultze (1864) et **F.-E. Schultze** (1867) admirent que les cellules du corps muqueux de Malpighi étaient simplement dentelées et que leurs dents se comportaient avec celles des cellules voisines comme les dents des roues d'un engrenage. Pour **Renaut** (1869), les dents étaient soudées entre elles par leurs pointes.

Bizzozero (1871) prouva qu'il existe entre ces cellules un espace intercellulaire, que **Key** et **Retzius** purent plus tard injecter.

Suivant **Heitzmann** (1873) les anastomoses seraient de simples prolongements protoplasmiques unissant les cellules juxtaposées.

M. le professeur **Ranvier** (1879) reconnut que la striation scalariforme est produite par des filaments étendus d'une cellule à l'autre et que ces filaments présentent vers leur milieu un renflement nodulaire. Outre ces filaments nodulaires, il admet de longs filaments plus grêles implantés à la surface des cellules et se poursuivant en ligne droite vers le milieu des cellules voisines (fig. 339). Depuis, en 1883, il modifia un peu sa manière de voir. D'après lui, les *filaments d'union* sont formés de ponts protoplasmiques dans lesquels pénètrent des fibrilles intracellulaires très fines, constituant un treillis serré dans le corps même de la cellule, comme dans les cellules de la névroglie et les cellules nerveuses. Ces fibrilles, différenciées au sein du protoplasma, et passant d'une

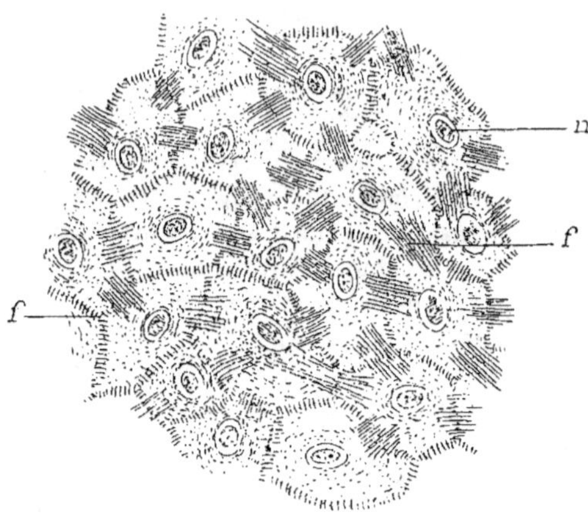

Fig. 339. — Coupe perpendiculaire à la surface de l'épiderme de la plante du pied de l'Homme, faite après durcissement des tissus par l'action successive du bichromate d'ammoniaque à 2 p. 100, de la gomme et de l'alcool, conservée dans l'eau phéniquée ; *f*, filaments d'union entre les cellules ; *n*, noyau. (D'après RANVIER).

cellule à l'autre ont une signification fonctionnelle spéciale ; elles concourent à donner de la solidité au revêtement épithélial de la peau.

Renaut (1885) a soutenu une opinion semblable : il admet dans la cellule une zone endoplasmique et une zone ectoplasmique, dans laquelle se trouvent de longues fibrilles raides qui passent d'une cellule à l'autre.

Sheridan Delepine (1883) considère les filaments d'union comme des restes des filaments connectifs de la figure achromatique de division indirecte des cellules.

Ramon y Cajal (1886) regarde les anastomoses commes formées de trabécules protoplasmiques entourées d'une gaîne d'enchyléma et d'une enveloppe dérivée de la membrane cellulaire. Enfin, d'après **Manille Ide** (1888), chaque cellule possède une membrane d'enveloppe constituée par un feutrage de fibrilles ; des points d'entrecroissement du réticulum fibrillaire partent des trabécules de même nature qui passent dans la membrane des cellules voisines et forment les ponts interfibrillaires.

Kœlliker (1889) s'est rangé à l'opinion de **Manille Ide** et considère les ponts intercellulaires, ou filaments d'union, comme une dépendance de la membrane cellulaire, mais seulement dans les cellules superficielles. Car il pense que dans les couches profondes de l'épithélium les cellules sont dépourvues de membrane et que les ponts sont ici de nature protoplasmique.

Dans un travail plus récent, **Manille Ide** (1890) confirme ses premiers résultats et, contrairement à **Kœlliker**, regarde toutes les cellules épithéliales comme pourvues d'une membrane. Il admet trois variétés de membranes : des membranes simples ponctuées, communes à deux cellules adjacentes ; des membranes propres à chaque cellule, mais intimement appliquées l'une à l'autre, de cellule à cellule ; des membranes propres à chaque cellule et séparées l'une de l'autre par un espace intercellulaire traversé par des ponts. Il cherche à établir l'origine de ces trois variétés de membranes et les fait dériver de la plaque cellulaire qui se forme au moment de la cytodiérèse. Relativement à la troisième variété qui nous intéresse ici, **Manille Ide** admet que les granules de la plaque cellulaire s'allongent et deviennent les ponts, et qu'entre les granules se forme une membrane qui se clive en deux feuillets pour former les parois de deux cellules adjacentes. En somme, la théorie de l'élève de **Carnoy** est très voisine de celle de **Sheridan Delepine**, puisque toutes les deux font dériver les anastomoses intercellulaires de la figure cytodiérétique.

Je n'ai pas fait de recherches personnelles sur ce sujet ; j'ai seulement examiné à l'état vivant les cellules épithéliales de la queue des larves d'Axolotl. J'ai constaté, comme **Flemming** l'avait fait en 1882, que les

Ponts intercellulaires.

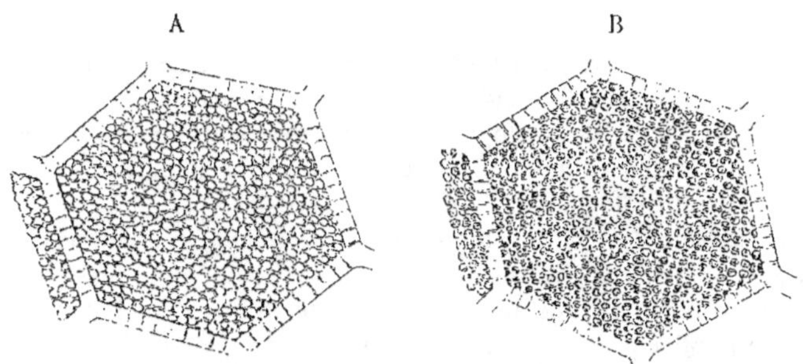

Fig. 340. — Cellule épithéliale de la queue d'une larve d'*Axolotl* examinée sur l'animal vivant.
A : vue de la surface, mise exactement au point. B : vue d'un plan un peu plus profond.

cellules sont séparées les unes des autres par un espace traversé par des filaments très déliés, régulièrement espacés, qui m'ont paru de nature protoplasmique et en continuité directe avec le corps cellulaire (fig. 340). Je ne puis me prononcer sur l'origine de ces ponts intercellulaires, mais la théorie de **Manille Ide** et de **Sheridan Delepine** me semble sujette à des objections.

Outre que les ponts intercellulaires diffèrent assez notablement comme aspect des filaments achromatiques sur le trajet desquels apparaît la plaque cellulaire, ces ponts existant sur tout le pourtour de la cellule ne peuvent être tous de même âge. Les cellules épithéliales vues par leur plus grande surface ont, en effet, la forme d'un polygone plus ou moins régulier, en général à cinq ou six côtés. Lorsqu'une de ces cellules se divise par cytodiérèse, ses contours s'arrondissent, et les ponts intercellulaires, en admettant que ceux-ci dérivent de la figure achromatique ne peuvent prendre naissance que sur le côté commun aux deux cellules-filles. Si nous supposons que la cellule épithéliale était dépourvue au début de connexions avec ses voisines, et si nous supposons que son contour soit hexagonal, ce n'est qu'après six bipartitions successives dans des directions différentes que chacun de ses côtés sera relié aux cellules voisines par des ponts intercellulaires ; ceux-ci appartiendront donc à six générations différentes. Or à chaque division le corps protoplasmique subit des modifications importantes, et on ne comprend pas comment les restes des différentes figures achromatiques pourraient ainsi persister, avec la même valeur, pendant toute une série de divisions.

On s'expliquerait la formation des ponts intercellulaires, si les cellules prenaient naissance par cloisonnement multiple au milieu d'une masse protoplasmique plurinucléée, comme dans le parablaste des Poissons osseux, ou dans l'endosperme des Phanérogames. Mais tel n'est pas le cas pour les cellules épithéliales qui dérivent des cellules embryonnaires par simple bipartition.

Nous devons donc actuellement constater l'existence des filaments d'union entre les cellules épithéliales, mais leur nature et surtout leur origine nous sont encore inconnues. Quant aux espaces intercellulaires traversés par les filaments d'union, ils jouent très probablement un rôle important dans la physiologie des épithéliums où ils représentent un système lacunaire vraisemblablement en rapport avec le système lymphatique.

Sedgwick (1886) a décrit des communications protoplasmiques entre les cellules des différents tissus du *Peripatus capensis*. Dans une lettre écrite à **Spencer** et publiée par celui-ci (1893), il prétendit avoir retrouvé ces communications chez les Céphalopodes, les Sélaciens et les Oiseaux, et les avoir suivies depuis les premières sphères de segmentation jusque dans les tissus de l'adulte. Jusqu'ici les observations de **Sedgwick** n'ont pas été confirmées.

L'étude des cellules végétales, relativement aux relations qui existent entre les éléments des tissus, n'est pas moins intéressante que celle des cellules animales.

Les botanistes connaissent depuis longtemps dans toutes les plantes vasculaires des éléments cellulaires spéciaux, *cellules grillagées* et *tubes criblés*, qui constituent en grande partie le *liber* de ces plantes, et dont certaines régions de leur enveloppe cellulosique sont munies de perforations permettant une communication entre les éléments contigus. Ce sont généralement les cloisons transversales des cellules allongées, placées bout à bout, et formant ainsi des tubes, qui présentent ces perforations. Souvent aussi

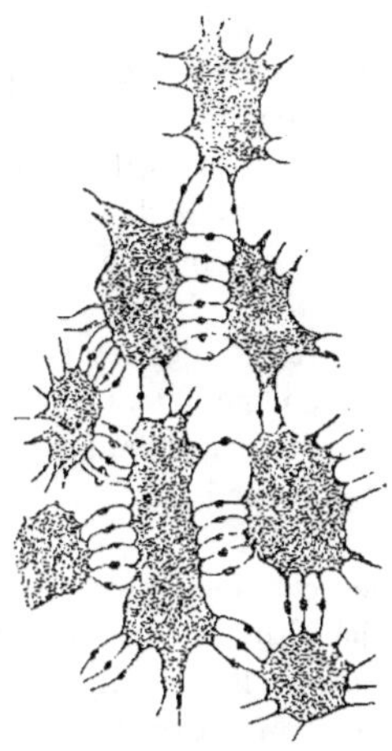

Fig. 341. — Jeunes cellules du parenchyme cortical du *Nerium Oleander*, traitées par le chlorure de zinc iodé et le bleu de méthylène, montrant des anastomoses protoplasmiques. (D'après Kienitz-Gerloff, 1891).

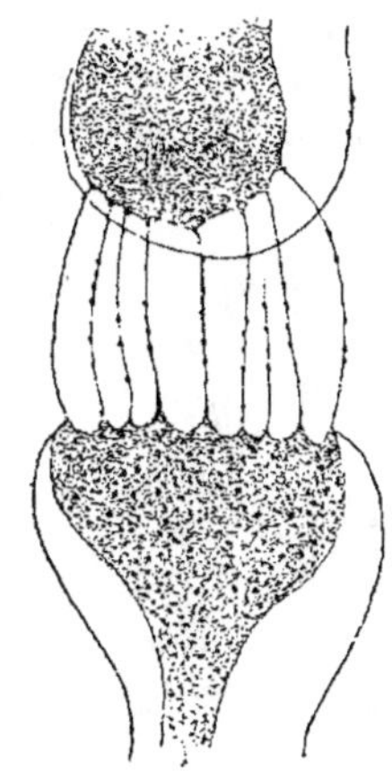

Fig. 342. — Communications protoplasmiques entre deux cellules d'un poil de *Helianthus tuberosus*. (D'après Kienitz-Gerloff, 1891).

on observe ces dernières sur les parois latérales, au contact de cellules semblables. La membrane de cellulose est traversée par des pores plus ou moins étroits, qui tantôt sont permanents, tantôt n'ont qu'une existence temporaire, au printemps et en été, et se bouchent, en automne et en hiver, par le gonflement de ce qu'on appelle le *cal*, c'est-à-dire les parties épaissies de la membrane dans lesquelles sont creusés les pores. Ces cals sont formés d'une substance qui ressemble à la cellulose gélifiée ; elle est insoluble dans le liquide cupro-ammoniacal, fixe le bleu d'aniline et se colore par l'acide rosolique additionné d'un peu d'ammoniaque ou de carbonate de soude.

A travers les pores des cribles, le protoplasma s'étend sans discontinuité d'une cellule à l'autre sous forme de filaments délicats.

Déjà, en 1878, **Thuret** et **Bornet** avaient signalé des perforations dans les cellules des Floridées et depuis une dizaine d'années un assez grand nombre d'auteurs ont recherché les communications protoplasmiques entre les cellules, ailleurs que dans le tissu criblé. **Tangl** (1879) a décrit des perforations dans les membranes cellulaires de l'endosperme des *Strychnos*, *Phœnix* et

Areca. **Olivier** (1881), **Strasburger** (1882), **Russow** (1883). **Gardiner** (1882-87) **Schaarschmidt** (1884) ont retrouvé des canalicules étroits entre les cellules de divers tissus et surtout de l'albumen d'un grand nombre de plantes.

Communications protoplasmiques. **Olivier** (1885) en colorant le protoplasma (1) et à l'aide de la photographie, qui permet de voir des détails que l'examen direct au microscope ne peut percevoir, observa les communications protoplasmiques entre les cellules de beaucoup de Dicotylédones et de Monocotylédones et il admit que chez certains végétaux, tels que le Buis, le protoplasma se poursuit sans interruption à travers des cloisons incomplètes, depuis l'extrémité des racines jusqu'à l'extrémité des feuilles. Depuis, en 1890 et 1891, le même botaniste a poursuivi ses recherches en perfectionnant ses procédés d'investigation et il est arrivé à la même conclusion.

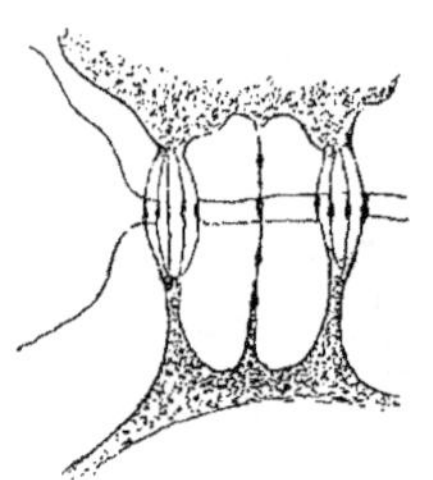

Fig. 343. — Fragments de cellules du parenchyme d'une feuille de *Viscum album*, montrant des filaments protoplasmiques intercellulaires. (D'après **Kienitz-Gerloff**, 1891).

La réunion des cellules entre elles par des filaments protoplasmiques traversant leurs membranes a été reconnue chez les Algues, par **Kohl** (1891) (*Spirogyra*, *Mesocarpus*, *Cladophora*, *Ulothrix*), par **Overton** (1889) (*Volvox globator* et *V. minor*), par **Hick** (1885) (*Laminaria*, *Fucus*), par **Rosenwinge** (1888) (*Polysiphonia*), etc., chez les Cryptogames et les Phanérogames par plusieurs botanistes : **A Fischer**, **Macferlan**, **Boccarini**, etc., et surtout par **Kienitz-Gerloff** (1891) et **Perrault** (1894).

D'après **Kienitz-Gerloff**, on trouve des communications protoplasmiques entre les cellules de la plupart des tissus, sauf dans les vaisseaux et le liège adulte, dans les cellules stomatiques qui sont absolument indépendantes de leurs voisines, entre les tissus de l'embryon et l'albumen, entre les suçoirs des parasites, de la Cuscute par exemple, et les tissus de leur hôte. L'auteur admet de véritables pores dans les membranes cellulaires, pores préformés, et résultant de l'absence de dépôt de cellulose, là ou la plaque cellulaire, au moment de la cytodiérèse, est traversée par les filaments unissants. Les

---

(1) Pour empêcher les filaments protoplasmiques intercellulaires de se rompre, quand on fixe les cellules ou qu'on les coupe à l'état frais, par suite de la contraction du corps cellulaire, **Olivier** anesthésie lentement la plante par un mélange d'air humide et d'éther. Le protoplasma peut alors être fixé, durci, coupé et coloré sans que ses connexions se trouvent modifiées ; sur les coupes, il détruit ou amincit les membranes cellulaires par l'acide sélénique étendu de manière à rendre les filaments protoplasmiques plus visibles.

filaments protoplasmiques qui établissent les communications entre cellules voisines seraient donc, selon la manière de voir de **Kienitz-Gerloff**, déjà émise par **Russow** (1883), des restes des filaments unissants ou connectifs, qui existent pendant l'anaphase entre les noyaux-filles.

Cependant cette origine cytodiérétique des filaments ne serait pas la seule et il pourrait s'établir des communications secondaires entre cellules, comme chez l'Euphorbe, entre les laticifères et les cellules parenchymateuses voisines. De même **Richards** (1891) a trouvé des anastomoses entre les cellules d'une Floridée parasite, le *Chonocolax polysiphoniæ*, et celles de

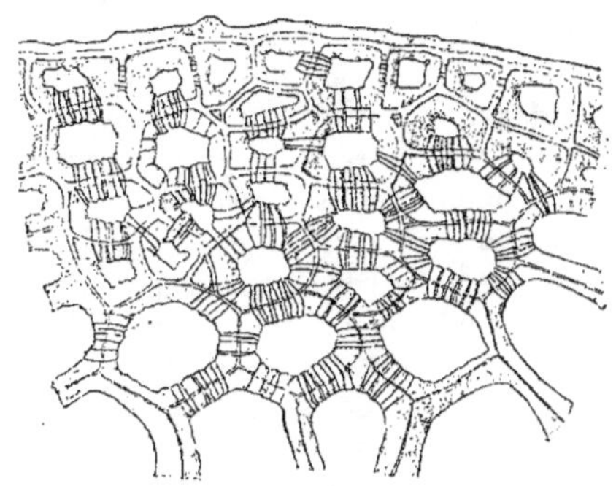

Fig. 344. — *Asplenium prolongatum*. Pétiole : communications protoplasmiques entre les cellules de l'écorce externe. Gross. 550. (D'après POIRAULT, 1894).

son hôte.

Les anastomoses protoplasmiques entre les cellules, dont l'existence paraît aujourd'hui démontrée, tout au moins pour beaucoup de tissus, ont conduit **Kienitz-Gerloff** à nier l'individualité de la cellule. Il considère un végétal comme

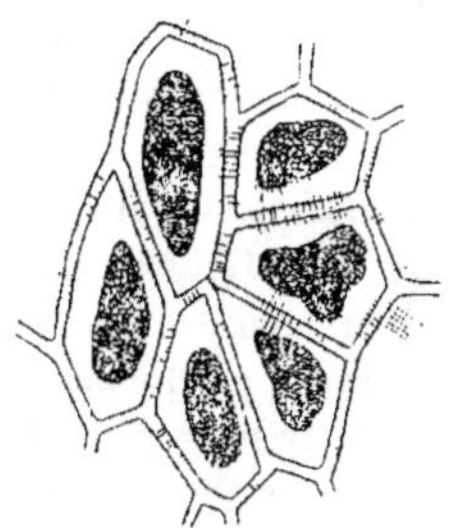

Fig. 345. — *Polypodium phymatodes*. Épiderme recouvrant une terminaison de stèle dans la feuille. Le contenu des cellules est contracté et l'on voit les filaments restés engagés dans la membrane. Gross. 450. (D'après POIRAULT, 1894).

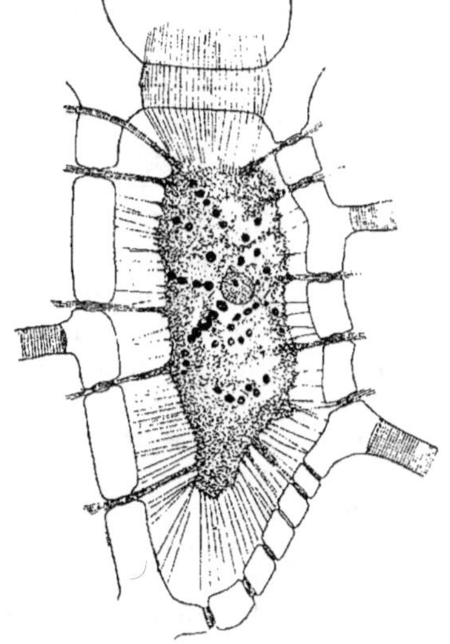

Fig. 346. — *Marattia Brongniarti*. Vue d'ensemble d'une cellule de l'écorce du pétiole, montrant le contenu cellulaire rétracté et les canalicules traversant la membrane. Gross. 680. (D'après POIRAULT, 1894).

ayant une structure continue, et le compare à un plasmode de Myxomycète. La formation des cellules ne serait que secondaire ; celles-ci seraient de simples fragments isolés de la masse totale protoplasmique par un cloisonnement purement mécanique, nécessaire à la stabilité et au soutien de la masse générale. M. Van Tieghem a professé une opinion identique dans son cours de cette année. Avant de discuter cette nouvelle théorie, nous devons examiner la signification attribuée par d'autres botanistes à ces communications intercellulaires.

Rôle des communications protoplasmiques.

Hanstein avait admis que les communications protoplastiques du tissu criblé étaient des voies de transmission pour les excitations produites en un point quelconque du végétal **Russow** et **Schmitz** ont adopté cette manière de voir. **Haberlandt** (1891) a trouvé, en effet, chez la Sensitive, un tissu conducteur spécial, *reizleiten Gewebe*, qu'il a pu suivre dans la feuille, le pétiole, le coussinet et la tige, et qui est formé de longues cellules tubuleuses, situées dans la partie libérienne des faisceaux. Les cloisons, qui séparent ces cellules placées bout à bout, sont percées d'un seul pore traversé par des filaments protoplasmiques ; il y aurait donc continuité du protoplasma dans tout ce tissu conducteur, qu'on pourrait assimiler à une sorte de système nerveux.

Pfurtscheller, au contraire, considère les cordons protoplasmiques des anastomoses comme les voies par lesquelles les substances nutritives passent de cellule à cellule. **Gardiner** n'attribue ce rôle qu'aux tubes criblés et aux cellules de l'endosperme. Les expériences de **de Vries** sur la diffusion des substances les plus dialysables, telles que le sucre et le chlorure de sodium, viennent à l'appui du rôle des anastomoses protoplasmiques pour le transport des substances nutritives. Il a montré, en effet, qu'un milligramme de sel exige 319 jours pour diffuser dans une colonne d'eau d'un mètre, et que la diffusion de 1 milligramme de substances organiques demanderait 14 ans. Il est donc probable que les substances nutritives arrivent aux cellules autrement que par simple diffusion et que les anastomoses protoplasmiques servent à leur transport rapide.

Quelle que soit l'origine des anastomoses cellulaires dans les tissus animaux et végétaux, qu'elles soient primitives, c'est-à-dire qu'elles dérivent de la figure achromatique de la cytodiérèse, ou qu'elles soient secondaires, c'est-à-dire qu'elles se produisent entre des cellules à l'état de repos par formation d'expansions pseudopodiques, quel que soit leur rôle, je ne puis, pour ma part, me ranger à l'opinion de **Kienitz-Gerloff** et du professeur **Van Tieghem**, et considérer l'existence de ces anastomoses comme contraire à l'individualité de la cellule. Je vous exposerai dans notre prochaine leçon une série de faits des plus intéressants qui viennent au contraire à l'appui de la théorie cellulaire et démontrent que la cellule possède une individualité propre.

10 mars 1894.

VINGT-NEUVIÈME LEÇON

RELATIONS ENTRE LE PROTOPLASMA ET LE NOYAU.

Recherches expérimentales sur le rôle du protoplasma et du noyau dans la cellule. — Mérotomie des Infusoires. — Recherches de Balbiani sur les Stentors. — Infusoire coupé transversalement en deux ou trois fragments. — Mérozoïte dépourvu de noyau. — Mérotomie pendant la scissiparité et la conjugaison. — Mérotomie des Paramœcies. — Résultats fournis par l'étude de la mérotomie. — Observations sur le rôle du noyau dans les cellules végétales et animales. — Solidarité entre le noyau et le protoplasma. — Énergide. — Organismes non cellulaires. — Conception de la cellule. — Objections faites à la théorie cellulaire.

MESSIEURS,

Après avoir examiné, dans notre dernière leçon, quels sont les rapports qui peuvent exister entre les cellules constituant un même tissu ou des tissus différents, il nous reste à nous occuper d'une question que nous avons réservée par ce que, pour la traiter, il nous fallait connaître certains faits relatifs à la reproduction de la cellule. Je veux parler du rôle des différentes parties de la cellule dans cet organisme élémentaire. Recherches expérimentales sur le rôle du noyau et du protoplasma.

Lorsque le biologiste a constaté la structure d'un organe, il n'est généralement pas renseigné sur sa fonction. Pour déterminer cette fonction, il a recours à l'expérience : il supprime l'organe et observe sur l'organisme vivant les troubles qui résultent de cette ablation. Cette méthode, si fructueuse en physiologie, est difficilement applicable en cytologie, si l'on s'adresse aux cellules associées qui constituent les divers tissus animaux et végétaux; elle peut, au contraire, être employée sur les cellules libres, et principalement sur les êtres unicellulaires, Protophytes et Protozoaires.

La vivisection ne peut se pratiquer sur un Infusoire comme sur une Grenouille ou sur un Chien. La petite taille de l'animal ne permet pas à la plus fine dissection d'isoler ou d'enlever les organes sans détruire complètement l'être entier. Mais, grâce à la vitalité de ces organismes inférieurs et à la propriété qu'ils possèdent de régénérer les parties qui leur sont enlevées, on peut retrancher d'un Infusoire une portion plus ou moins considérable, renfermant soit le noyau, soit la bouche, soit la vésicule contractile, etc., et observer les modifications anatomiques et physiologiques Mérotomie des Infusoires.

qui surviennent dans la partie enlevée et dans le reste de l'organisme. Cette méthode d'investigation a reçu de M. **Balbiani** le nom de *mérotomie* (de μέρος partie, et τέμνειν couper). Employée au siècle dernier par **Bonnet** et par **Trembley**, pour étudier les phénomènes de régénération chez les Vers d'eau douce et chez l'Hydre, et, plus récemment dans le même but, par plusieurs physiologistes, chez différents Invertébrés et Vertébrés, la mérotomie avait été appliquée, dès 1783, aux êtres unicellulaires, par **Eichhorn**. Ce naturaliste avait divisé en fragments un grand Héliozoaire d'eau douce, l'*Actinosphærium Eichhorni*, et constaté que chaque fragment redevenait en peu d'heures un être complet. C'est seulement depuis 1885 que cette méthode, entre les mains de **Nussbaum** (1885-86), de **Gruber** (1885-86), de **Balbiani** (1888-93), de **Bruno Hofer** (1890), et de **Verworn** (1888-90), a donné les résultats importants que je vais résumer brièvement, d'après les expériences les plus récentes et les plus complètes de M. **Balbiani**.

Les recherches de ces auteurs ont porté sur un certain nombre d'Infusoires ciliés et de Rhizopodes. La technique opératoire est des plus simples. On choisit de préférence des Infusoires de grande taille, mesurant de 1^{mm} à

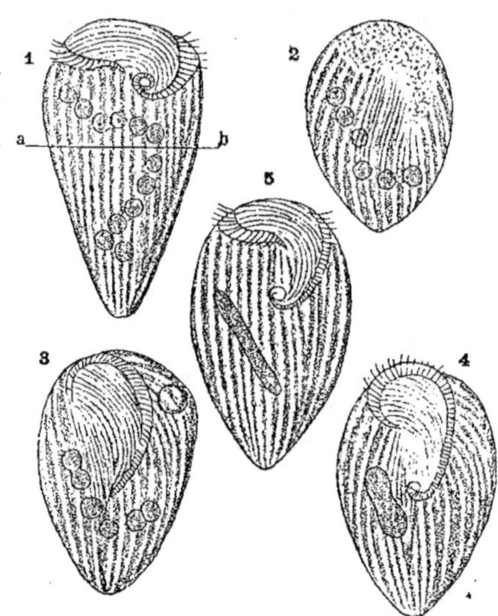

Fig. 347. — *Stentor cœruleus*. Quelques stades de la régénération du mérozoïte postérieur (n° 2 à n° 5), produit par la section transversale du Stentor n° 1 suivant *ab*. (D'après BALBIANI, 1893).

$0^{mm}3$ ou $0^{mm}2$, tels que les *Stentor*, *Bursaria*, *Cyrtostomum*, *Climacostomum*, *Trachelius*, etc. L'animal, placé dans une goutte d'eau sur une lame de verre, est divisé en deux ou plusieurs fragments à l'aide d'un petit scalpel ou d'une lancette bien affilée. Les fragments, isolés sur des porte-objets séparés, sont conservés dans la chambre humide et examinés de temps en temps au microscope afin de suivre les modifications qu'ils présentent.

En raison de ses grandes dimensions en longueur, largeur et épaisseur, le *Stentor cœruleus* est un des Ciliés les plus favorables aux expériences de mérotomie. Le long noyau moniliforme, qui traverse le corps dans une grande étendue, permet presque de séparer à volonté un nombre déterminé d'articles; de plus, ce long noyau se concentrant, aux approches de la fissiparité, en une petite masse ovoïde unique, on peut, à ce moment, obtenir des fragments dépourvus de noyau. Quelques expériences réalisées sur le Stentor nous permettront d'établir les faits démontrés par la mérotomie et d'en tirer des conclusions sur le rôle du noyau.

1ère *Expérience.* — Si l'on coupe transversalement le corps d'un Stentor, on obtient deux segments ou *mérozoïtes* à peu près égaux en volume, mais de constitution bien différente (fig. 347). Le mérozoïte antérieur possède le péristome, la bouche, la vésicule contractile et une partie du noyau du

Stentor; le mérozoïte postérieur ne renferme que l'autre partie du noyau. Presque immédiatement après le section, la plaie de chaque mérozoïte se referme par rapprochement et soudure de ses deux bords opposés.

Le mérozoïte antérieur, qui a pris une forme arrondie, roule pendant quelque temps comme une boule dans le liquide; bientôt son corps s'allonge, devient conique; en moins

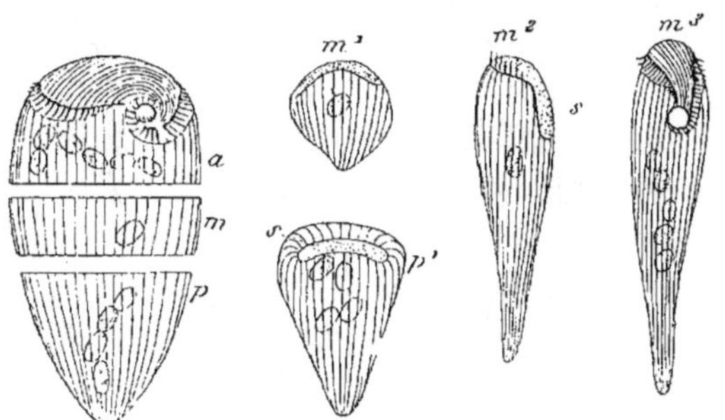

Fig. 348. — Stentor coupé transversalement en trois mérozoïtes nucléés, qui sont régénérés chacun en un individu complet. Le segment moyen, *m*, quoique ne contenant qu'un seul article nucléaire, s'est régénéré aussi rapidement que les segments antérieur et postérieur, dont le premier, *a*, renferme six et le second, *p*, quatre articles du noyau primitif. — *m*1, *m*2, *m*3, stades de la régénération du segment moyen. Dans la figure *m*3, représentant un petit Stentor parfaitement régénéré, on voit que l'article unique de *m* s'est multiplié pour former un petit chapelet de cinq grains. — *p*1, premier stade de la régénération du segment postérieur montrant en *s* une surface allongée transversalement, formée par la plaie incomplètement fermée, où le plasma granuleux apparaît à nu entre les lèvres de la plaie. (D'après BALBIANI, 1893).

de douze heures son extrémité postérieure s'est régénérée, et l'Infusoire se fixe aux corps étrangers par sa ventouse postérieure de nouvelle formation.

Le mérozoïte postérieur prend la forme d'une massue; sur la face ventrale de la plaie en voie de cicatrisation, on voit les bandes ciliées se multiplier et se contourner en avant, parallèlement les unes aux autres, vers le côté gauche du corps, pour former la surface frontale du nouveau péristome, tandis que leur partie postérieure, prolongée vers la face ventrale, constitue la région buccale de ce péristome, qui s'enfonce en spirale dans l'intérieur du corps. Le péristome et la bouche se reconstituent comme dans la division spontanée de l'Infusoire. Il en est de même de la vésicule contractile, qui se forme très rapidement aux dépens de la portion du vaisseau longitudinal que renferme le mérozoïte, vaisseau longitudinal qui s'étendait dans toute la longueur du corps chez l'animal intact. En moins de vingt-quatre heures, le mérozoïte postérieur s'est transformé en un Stentor complet.

2ᵉ *Expérience*. — Un Stentor est coupé transversalement en trois fragments (fig. 348). Le segment médian ne renferme plus aucun des organes de l'Infusoire primitif, sauf une portion variable du chapelet nucléaire ; cette portion du noyau peut, par exemple, n'être composée que d'un seul

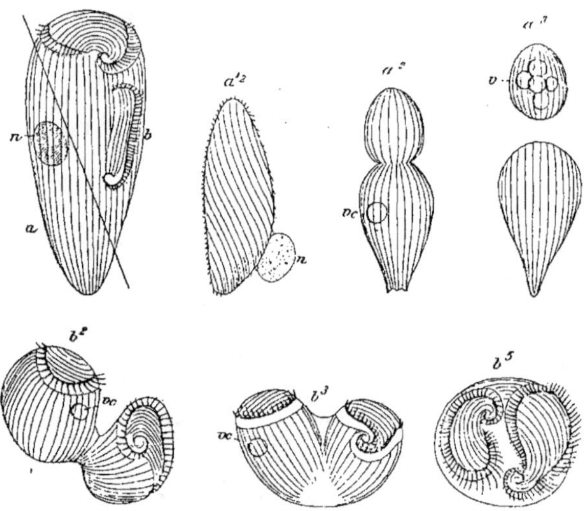

Fig. 349. — Stentor se préparant à la division. La section l'a partagé en deux mérozoïtes obliques, dont l'un, *a*, a conservé le noyau contracté en boule, *n*, tandis que l'autre, *b*, a emporté deux péristomes tout entiers, mais est sans noyau. Quelque temps après l'opération, le noyau, *n*, du mérozoïte *a*' s'étant échappé par la plaie, celui-ci se trouve à l'état énucléé comme le mérozoïte *b*. Nonobstant, chaque mérozoïte tend à se diviser en deux segments comme s'il était resté en place dans l'individu primitif. Les deux segments s'isolent même complètement l'un de l'autre chez *a*¹ (en *a*³), mais sont incapables de devenir des individus complets, à cause de l'absence du noyau ; l'un deux (*a*²) possède une vésicule contractile *vc*. — Chez le mérozoïte *b*, la division s'est continuée jusqu'à un stade assez avancé *b*², et il s'est produit ainsi deux nouveaux rejetons tournés en sens inverse l'un de l'autre. Mais, au lieu de continuer à se séparer, les deux rejetons se sont rapprochés de nouveau, *b*³, et se sont soudés intimement en une masse arrondie unique, *b*⁵, montrant à son pôle antérieur les deux péristomes rapprochés et dirigés en sens inverse. (D'après BALBIANI, 1893).

article. Chaque mérozoïte devient un Stentor complet et le mérozoïte médian ne met pas plus de temps que les deux autres à se régénérer : quoique privé de ses deux extrémités, il reste constamment orienté dans ses mouvements et dans la régénération de ses extrémités, comme lorsqu'il faisait partie de l'animal entier. Lorsque le mérozoïte a reproduit tous ses autres organes, le ou les articles nucléaires qu'il renfermait se multiplient par division pour régénérer un noyau complet.

3ᵉ *Expérience.* — Un Stentor est coupé de telle sorte que l'un des segments ne renferme aucune partie du noyau, qui reste tout entier dans l'autre mérozoïte. Ce dernier se régénère rapidement comme dans les expériences précédentes. Le mérozoïte privé de noyau ferme mal sa plaie, dont les bords ne font que se rapprocher ; il continue à se mouvoir et à ingérer des aliments, s'il possède une bouche ; mais bientôt son plasma se désorganise : il devient spongieux, se creuse de vacuoles remplies de liquide. Le mérozoïte perd sa forme, cesse de se mouvoir et meurt vingt-quatre à quarante-huit heures après la mérotomie. Si le segment, détaché du Stentor et ne renfermant pas de noyau, ne possédait ni péristome, ni bouche, ni vésicule contractile, aucun de ces organes ne se régénère.

4ᵉ *Expérience.* — On coupe transversalement un Stentor se préparant à la division spontanée, c'est-à-dire possédant déjà un rudiment de second péristome, et ayant son chapelet nucléaire réuni en une seule masse arron-

Mérozoïte dépourvu de noyau.

Mérotomie pendant la scissiparité.

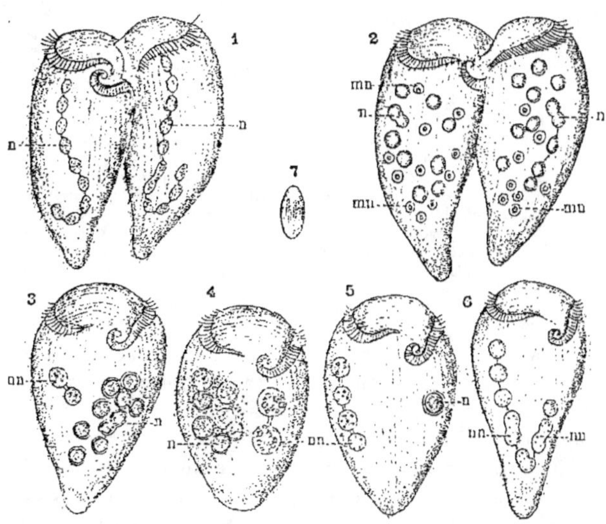

Fig. 35o. — *Stentor cœruleus.* Quelques stades de la conjugaison : *n*, vieux noyau ; *mn*, micronucléus ; *nn*, noyau nouveau ; en 7, micronucléus en voie de division. (D'après BALBIANI, 1893).

die vers le milieu du corps, mais n'offrant encore aucune trace d'étranglement extérieur (fig. 349). L'un des segments renferme le noyau, l'autre en est dépourvu. Le mérozoïte privé du noyau continue à se diviser, comme l'aurait fait l'Infusoire intact ; mais cette division reste généralement incom-

plète et n'aboutit pas à la formation de deux individus nouveaux. Arrivée
à un certain stade, elle rétrograde ; on voit les deux parties du mérozoïte
se confondre de nouveau en une seule masse qui ne tarde pas à se détruire
par dégénérescence. Dans le mérozoïte nucléé, la séparation des deux
moitiés peut avoir lieu.

Mérotomie
pendant la
conjugaison.

5e *Expérience*. — Les Stentors, comme la plupart des Ciliés, se conjuguent à certains moments deux à deux (fig. 35o).

Si l'on pratique la mérotomie sur un couple de Stentors en conjugaison,
les fragments se régénèrent quand les articles du noyau, que ces fragments
renferment, présentent encore leur aspect normal. Dans les stades plus
avancés de la conjugaison, lorsque les articles du noyau commencent à se

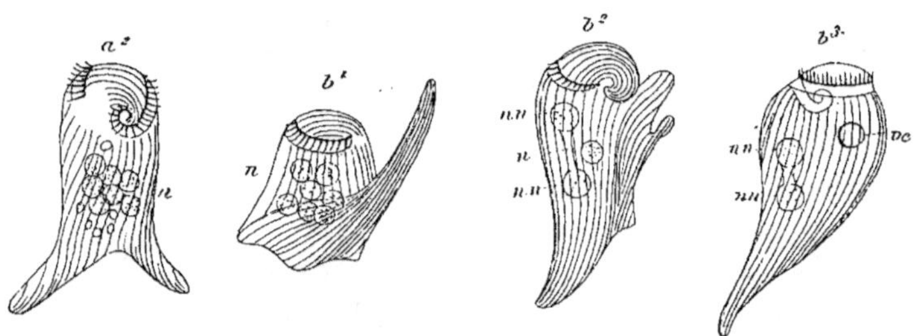

Fig. 351. — Un conjoint d'un couple de Stentors, arrivé à la fin de la conjugaison et renfermant de
nombreux articles du vieux noyau, a été divisé longitudinalement en deux mérozoïtes, dont chacun
renferme un certain nombre de ces articles ; l'un d'eux, après avoir pris une forme irrégulière, *a²*,
meurt sans se régénérer. Chez l'autre, la régénération reste en suspens et le corps présente des
déformations *b¹*, *b²*, tant que le nouveau noyau n'est pas encore visible ; dès qu'il commence à se
montrer (*nn*, *nn* dans *b²*), la régénération marche rapidement et le mérozoïte devient un Stentor
complet, *b³* ; c'est aussi à partir de ce moment que les articles du vieux noyau se sont successivement résorbés dans le plasma ; dans *b³*, on n'en voit plus qu'un seul, *n*, à côté du nouveau
noyau *nn*, *nn*. (D'après BALBIANI, 1893).

désorganiser, la régénération des fragments n'a plus lieu, et ceux-ci se comportent exactement comme les mérozoïtes sans noyau provenant de Stentors isolés. Il en est de même des fragments qui ne possèdent que des
micronucléus isolés. Si, au contraire, on mérotomise des Stentors vers la
fin de la conjugaison, après l'échange des micronucléus, lorsque le nouveau noyau a fait son apparition, le mérozoïte qui renferme ce nouveau
noyau se régénère entièrement (fig. 351). Enfin, dans le mérozoïte dépourvu
de nouveau noyau, les fragments de l'ancien noyau en voie de régression
ne sont plus résorbés et persistent comme corps étrangers.

Les expériences-types que nous venons de résumer ont été répétées un
grand nombre de fois par M. **Balbiani**, en variant les conditions, c'est-
à-dire en coupant les Infusoires transversalement, longitudinalement, obliquement, aux différents stades de la vie de l'animal. Elles ont été faites
également sur d'autres Infusoires . *Stentor polymorphus*, *St. igneus*,

Cyrtostomum leucas, *Trachelius ovum*, *Prorodon niveus*, *Dileptus anser*, *Loxodes rostrum*, *Fabrea salina*. Toutes ces expériences ont donné les mêmes résultats généraux et n'ont différé entre elles que par quelques particularités peu importantes, portant sur la plus ou moins grande facilité avec laquelle la plaie des mérozoïtes se cicatrise, — suivant la constitution des téguments de l'Infusoire et suivant la direction de la section, — sur le temps, très variable d'une espèce à l'autre, nécessaire pour la régénération des mérozoïtes, enfin sur la survie plus ou moins longue des mérozoïtes dépourvus de noyau.

Une seule espèce d'Infusoire, le *Paramœcium aurelia*, constitue jus-qu'ici une exception. Les fragments des individus mérotomisés peuvent vivre un mois et plus sans présenter aucune trace de régénération, même lorsqu'ils renferment le noyau entier et intact. C'est seulement lorsque la perte de substance est légère qu'elle peut se réparer dans la série des générations subséquentes, produites par fissiparité, si le mérozoïte est placé dans un milieu riche en matériaux nutritifs.

Si les Paramœcies sont peu favorables à l'étude de la régénération, elles ont permis à M. **Balbiani** de faire d'autres observations très intéressantes. En faisant ingérer aux fragments sans noyau de l'alizarine sulfoconjuguée violette, réactif très sensible, employé par **Le Dantec** (1891) pour déterminer l'acidité des sucs digestifs des Infusoires, cette matière colorante ne subit pas, dans l'intérieur des vacuoles d'ingestion, un virage au rouge ou à l'orange, indice d'une réaction acide dans ces vacuoles, ainsi qu'on l'observe dans les Paramœcies intactes et les fragments contenant un noyau. Les mérozoïtes privés de noyau ne sécrètent donc plus de sucs digestifs acides.

Pendant la multiplication par division des mérozoïtes de Paramœcies, M. **Balbiani** a observé plusieurs fois une bizarre anomalie consistant en ce que les produits de division, au lieu de devenir libres à chaque génération, restent réunis entre eux et constituent une sorte de colonie qui prend une forme plus ou moins irrégulière par suite des coalescences qui s'établissent entre les individus composants (fig. 352). Les noyaux de ceux-ci restent réunis au centre de la colonie sous forme d'une masse vacuolaire, qui représente sans doute une sorte de noyau colonial, remplaçant physiologi-quement les noyaux individuels absents chez les rejetons périphériques de la colonie.

Abstraction faite de l'exception présentée par les Paramœcies au point de vue de la régénération, exception que de nouvelles recherches rendront probablement explicable, les faits de mérotomie constituent d'importants documents pour l'histoire générale de la biologie cellulaire.

Un fragment d'Infusoire privé de noyau, ainsi qu'il résulte des expé-riences que nous avons rapportées, continue à se mouvoir en conservant son orientation primitive, à ingérer et à expulser des aliments; sa vésicule contractile présente des pulsations régulières. Tous les mouvements qui ont pour siège le protoplasma et ses appendices persistent donc et peuvent s'exercer sans la participation du noyau. Il en est de même de la contraction du protoplasma qui détermine l'étranglement du corps de la cellule

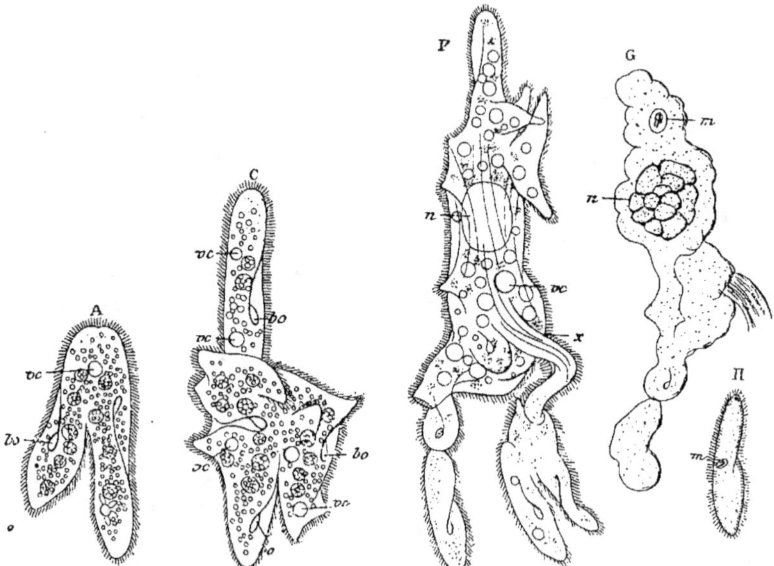

Fig. 352. — Formation d'un agrégat de Paramœcies ayant pour point de départ un mérozoïte postérieur. ACF, états d'accroissement successifs par division du mérozoïte. En F, on voit, à la partie postérieure de l'agrégat, quelques individus ayant la forme de Paramœcies presque normales, dont plusieurs se séparent de la masse commune pour devenir libres. Un de ces individus libres est vu en H ; il est dépourvu de noyau et ne renferme qu'un petit corps strié, *m*, semblable à un micronucléus. La figure G montre l'agrégat F après traitement par les réactifs qui mettent en évidence dans la masse commune un gros noyau mamelonné et un micronucléus, *m*, placé à une certaine distance de celui-ci. — *bo*, bouche ; *m*, micronucléus ; *n*, noyau ; *vc*, vésicule contractile. (D'après BALBIANI, 1893).

dans la multiplication par division naturelle (Expérience 4). Cependant la division s'arrêtant généralement après être arrivée à un stade plus ou moins avancé et les deux parties se réunissant de nouveau en un seul tout, M. **Balbiani** a cru pouvoir en conclure que, si l'initiative de la division et la force qui en provoque les premières phases résident dans le protoplasma lui-même, cette force, pour produire tous ses effets, a besoin d'être appuyée par l'action du noyau.

Un fragment d'Infusoire privé de noyau ne régénère jamais aucune de ses parties ; sa plaie ne se cicatrise pas, par défaut de sécrétion d'une cuticule ; s'il ingère des aliments, ceux-ci ne sont pas absorbés, la sécrétion du suc digestif étant abolie. Les phénomènes de la vie de nutrition de la cellule ne s'accomplissent donc pas en l'absence du noyau.

La quantité de substance nucléaire contenue dans un mérozoïte n'exerce aucune influence sur le degré de perfection ni sur la marche de la régénération.

On pourrait sans doute objecter que des conclusions tirées d'expériences faites sur des Infusoires ciliés, c'est-à-dire sur des organismes unicellaires dont la constitution est très complexe, ne peuvent être considérées comme générales et s'appliquer à toutes les cellules. Les recherches de mérotomie faites par **Hofer** et **Verworn** sur des Protozoaires plus simples, Amibes et Radiolaires, ont cependant donné des résultats identiques à ceux obtenus par **Nussbaum**, **Gruber** et **Balbiani**. De plus, si l'on rapproche ces résultats des faits déjà observés par **Schmitz**, **Klebs**, **Korschelt**, **Haberlandt** et d'autres, dans les cellules végétales et animales, faits qui prouvent que le noyau exerce

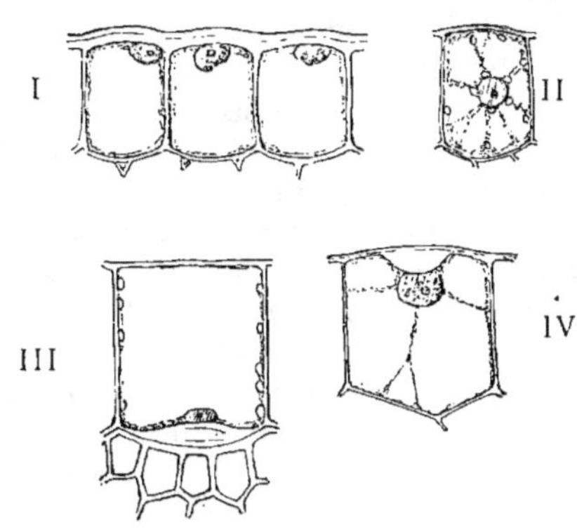

Fig. 353. — I, cellules épidermiques d'une feuille de *Cypripedium insigne*. II, cellules épidermiques de *Luzula maxima*. III, cellule épidermique du tégument séminal du *Carex panicea*. IV, jeune cellule épidermique d'une feuille d'*Aloe verrucosa*. (D'après HABERLANDT, fig. empruntée à O. HERTWIG).

une action évidente sur la direction du protoplasma, on est en droit d'étendre à toutes les cellules les premières données fournies par la mérotomie des Ciliés.

Schmitz (1879) avait constaté que si l'on coupe une grande cellule de *Valonia* en plusieurs fragments, seuls les fragments qui renferment des noyaux se régénèrent, c'est-à-dire se complètent pour constituer une nouvelle cellule avec sa membrane d'enveloppe, tandis que les masses protoplasmiques dépourvues de noyau se désagrègent et meurent.

Klebs (1887) reprit ces observations avec plus de méthode. Il soumit à l'action d'une solution d'eau sucrée à 16 % des filaments de *Zygnema*. Par plasmolyse, le protoplasma des cellules se détache de l'enveloppe de cellulose et se met en boule dans l'intérieur de chaque article. Bientôt, autour de la masse protoplasmique, séparée de sa membrane, se sécrète une nouvelle membrane de cellulose. Quelquefois le protoplasma se sépare en deux masses dont l'une renferme le noyau, tandis que l'autre en est privée. Dans ce cas, seule la masse nucléée s'entoure d'une membrane. Enfin si les deux masses restent réunies par un petit pont de protoplasma, elles sécrètent toutes deux une enveloppe de cellulose commune.

D'un autre côté **Haberlandt** (1887) a démontré que dans les cellules végétales, partout où la membrane de cellulose subit un accroissement local, le noyau vient s'appliquer en ce point. Tel est le cas des cellules épidermiques de *Cypripedium insigne* et de *Luzula maxima*, par exemple, dont l'une des parois présente un épaississement qui fait saillie dans l'intérieur de la cellule (fig. 353).

Dans les poils radicaux, dont l'accroissement est terminal, le noyau est situé à l'extrémité du poil (fig. 355), tandis que dans les poils des organes aériens qui s'accroissent par leur base, c'est dans cette région que se trouve le noyau (fig. 354).

Dans les longs tubes de *Vaucheria*, les corps chlorophylliens sont situés dans la couche protoplasmique la plus superficielle, tandis que les nombreux petits noyaux que renferment ces cellules occupent une position plus profonde. Vient-on à blesser un point de la cellule, une masse de protoplasma incolore, remplie de noyaux, s'accumule en ce point et les corps chlorophylliens émigrent au contraire dans la profondeur.

De tous ces faits **Haberlandt** conclut que le noyau joue spécialement un rôle déterminé dans la formation et l'accroissement en épaisseur et en surface de la membrane cellulaire.

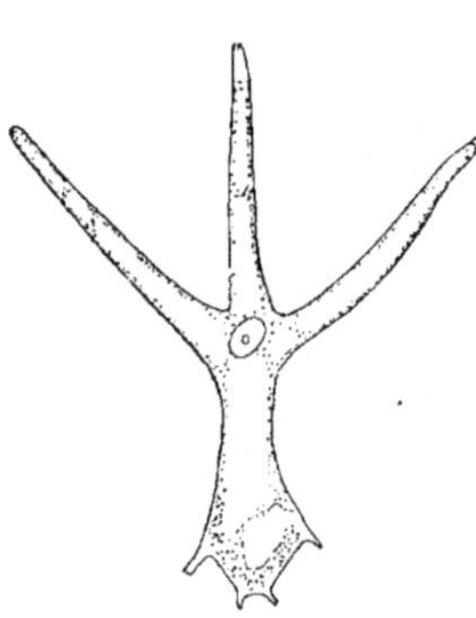

Fig. 354. — Jeune poil étoilé d'*Aubrietia deltoidea*. (D'après Haberlandt, fig. empruntée à O. Hertwig.)

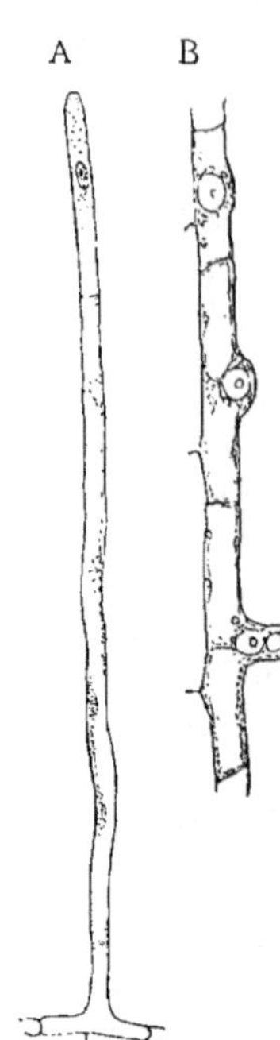

Fig. 355. — A, poil radical de *Cannabis sativa*. B, formation des poils radicaux de *Pisum sativum*. (D'après Haberlandt, figure empruntée à O. Hertwig).

Korschelt (1889) a fait, dans les cellules animales, des observations qui corroborent celles de **Haberlandt**.

Dans les gaînes ovariques de *Dytiscus marginalis* qui, comme on le sait, sont formées de chambres germinatives alternant avec des œufs à divers états de développement, cet auteur a vu que, lorsque les cellules nourricières d'une chambre germinative élaborent de la matière vitelline qui passe dans l'ovule par son pédicule, le noyau de l'œuf, c'est-à-dire sa vésicule germinative, se place dans le voisinage de la masse vitelline, et émet vers elle des prolongements pour se mettre mieux en contact avec ses éléments (fig. 356). Le noyau, dans ce cas, paraît jouer un rôle dans l'assimilation des matériaux nutritifs.

Dans d'autres observations de **Korschelt**, faites sur la formation du chorion de l'œuf des Hémiptères, le noyau intervient au contraire dans la sécrétion du protoplasma. Les œufs pondus des Nèpes et des Ranâtres présentent de longs prolongements chitineux. Chaque prolongement est constitué par une zone externe de chitine opaque et homogène entourant une partie centrale spongieuse et poreuse. Cette chitine spongieuse forme également l'extrémité du filament. Quand les prolongements chitineux du chorion se développpent dans la gaîne ovarique, un certain nombre de cellules folliculaires s'accumulent sur un des côtés de l'œuf, au nombre de 4 chez la Ranâtre et de 14 chez la Nèpe. Ces cellules prennent un grand développement et se réunissent deux à deux en fusionnant leur protoplasma, pour constituer les cellules dites *doubles*. Les deux noyaux de la masse plasmique restent indépendants; ils se replient intérieure-

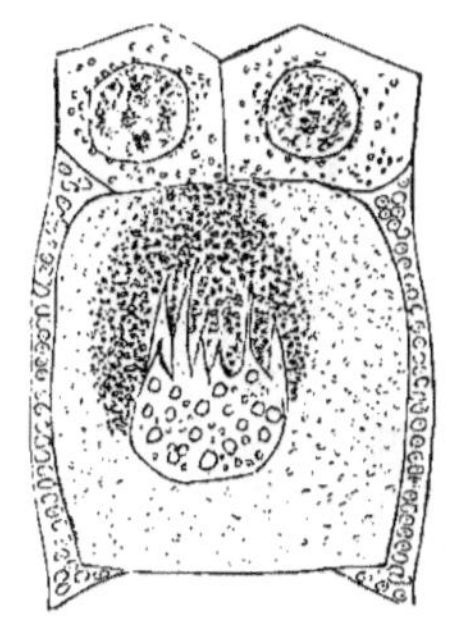

Fig. 356. — Follicule ovarien du *Dytiscus marginalis* avec la loge nourricière voisine. La vésicule germinative de l'œuf émet des prolongements dans la direction des granulations. (D'après Korschelt, fig. empruntée à O. Hertwig).

ment et émettent vers la région centrale de la masse plasmique de nombreux prolongements très déliés (fig. 357). C'est au centre de la cellule double, entre les deux noyaux, que se dépose la chitine qui forme le prolongement du chorion de l'œuf.

Il faut également rapprocher des observations de **Haberlandt** et de **Korschelt** celles déjà anciennes de **Heidenhain**, confirmées par **Hermann** et **Schieferdecker**, sur les modifications présentées par le noyau des glandes salivaires pendant la sécrétion. Ces auteurs ont constaté, en effet, que, dans la période d'activité de la cellule, le noyau est étoilé et envoie des prolongements dans le corps pro-

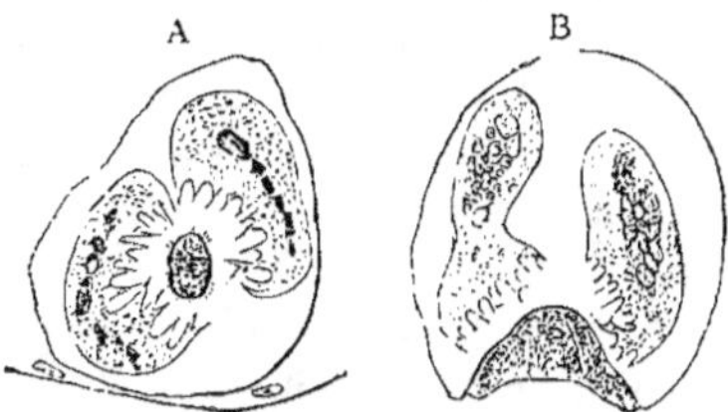

Fig. 357. — A: coupe transversale d'une cellule double du follicule ovarien de *Nepa cinerea*. Le rayon chitineux est en voie de formation; gross. 270. B: coupe longitudinale d'une cellule double du follicule ovarien de *Nepa*. Formation de la base du rayon chitineux; gross. 195. (D'après Korschelt, fig. empruntée à O. Hertwig).

toplasmique, tandis que, lorsque la cellule a cessé de sécréter, le noyau devient arrondi.

Certains physiologistes tels que **Magini** (1890), **Hodge** (1892), **Vas** (1892), **Lambert** (1893), ont recherché qu'elles sont les modifications produites par les excitations électriques sur le protoplasma et le noyau des cellules nerveuses. Bien que les résultats obtenus ne soient pas encore bien nets et très concordants, le cytoplasma des cellules excitées paraît se différencier en deux zones, l'une centrale, claire, homogène ou finement granuleuse, et l'autre périphérique, renfermant de gros grains se colorant fortement par la fuchsine acide, la safranine, etc. Le noyau occupe une position périphérique, tandis que, dans les cellules non excitées, il est dans une situation quelconque. Il y a évidemment là toute une série de recherches intéressantes à entreprendre dans cet ordre d'idées.

Solidarité entre le noyau et le protoplasma. Tous les faits que je viens de vous rapporter, joints à ceux que nous fournit l'étude de la reproduction de la cellule, démontrent que le noyau exerce une action manifeste sur le protoplasma.

Une masse de protoplasma dépourvue d'élément nucléaire est incapable de se reproduire, de sécréter une membrane d'enveloppe et ne peut continuer à vivre qu'un temps très limité. D'un autre côté, un noyau isolé du protoplasma n'est pas capable de vivre par lui-même. La vie cellulaire résulte des rapports réciproques du protoplasma et du noyau. Nous pouvons donc dire, avec M. **Balbiani**, que le protoplasma est le siège de toutes les manifestations vitales de la cellule; mais que parmi ces manifestations les unes ne dépendent que du protoplasma, les autres sont influencées par le noyau. Les fonctions de la vie de relation, mouvement et sensibilité, échoient au protoplasma; les fonctions de nutrition et de reproduction sont exercées concurremment par le protoplasma et le noyau.

Énergide. La solidarité qui existe entre le protoplasma et le noyau est l'un des arguments les plus puissants qu'on puisse invoquer en faveur de l'individualité de la cellule. La cellule n'est pas tant, en effet, une entité morphologique qu'une entité physiologique. Nous avons vu que sa forme et sa constitution peuvent varier à l'infini, et qu'elle peut perdre en apparence son individualité en s'anastomosant ou en se fusionnant avec d'autres cellules, mais les rapports physiologiques entre le noyau et le protoplasma ne changent pas. Aussi est-ce avec raison que **Sachs** a désigné sous le nom d'*énergide*, l'ensemble du noyau et de la masse protoplasmique qu'il tient sous sa dépendance.

Vous vous rappelez que **Strasburger** admet dans le cytoplasma deux substances différentes, le trophoplasma ou plasma nutritif et le kinoplasma ou plasma moteur, qui tient sous sa dépendance la division du noyau et du corps cellulaire. Mes observations, sur la constitution et la division des cellules testiculaires, sont tout à fait favorables à l'hypothèse de **Strasburger**. Ce savant botaniste pense que, dans les cellules à l'état de repos, le kinoplasma sert à transmettre au trophoplasma les impulsions provenant du noyau, impulsions formatives, transmises directement au kinoplasma et impulsions nutritives, transmises au trophoplasma. Le kinoplasma avec le centrosome qu'il renferme est donc, de même que le noyau, un élément essentiel de l'énergide.

Généralement, le noyau et son kinoplasma constituent avec une certaine quantité de trophoplasma, une unité morphologique indépendante, c'est-à-dire une cellule. Mais une masse de trophoplasma peut rester indivise et renfermer plusieurs énergides. C'est le cas d'un certain nombre d'organismes que **Strasburger** appelle *organismes non cellulaires ;* tels sont par exemple, les thalles de *Caulerpa, Valonia* et autres Siphonées. Dans ces organismes, il n'y a pas différenciation du corps en cellules, mais chacun de leurs nombreux noyaux, entouré de son kinoplasma, tient sous sa dépendance une certaine portion du trophoplasma commun, et l'ensemble de ces noyaux dirige les fonctions physiologiques qui s'accomplissent dans ce trophoplasma. On doit donc considérer ces organismes non cellulaires comme des êtres pluricellulaires dans lesquels les cellules ne se sont pas différenciées morphologiquement, mais qui renferment en puissance autant de cellules qu'ils contiennent de noyaux. Ces organismes restent pendant toute leur existence dans l'état par lequel passe le sac embryonnaire des Phanérogames avant le cloisonnement multiple. Ce qui prouve qu'il en est réellement ainsi, c'est que, chez les *Botrydium* et les *Phyllosiphon* par exemple, à un moment donné, tout le protoplasma se partage en autant de zoospores, c'est-à-dire de cellules indépendantes, que le thalle renfermait de noyaux.

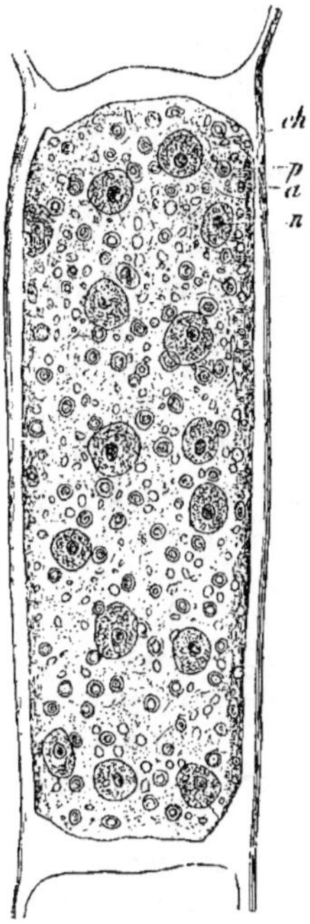

Fig. 358. — *Cladophora glomerata.* Une cellule du filament traitée par l'acide chromique et le carmin. *n*, noyau cellulaire ; *ch*, chromatophore ; *p*, amyloplaste ; *a*, grain d'amidon ; gross. 540. (D'après STRASBURGER, fig. empruntée à O. HERTWIG).

Les cellules uninucléées peuvent devenir plurinucléées, selon **Strasburger**, d'une manière passagère ou durable, lorsqu'elles subissent une croissance énergique ou lorsque leur contenu se spécialise d'une certaine façon.

Strasburger a cherché à déterminer l'étendue de la sphère d'action du noyau et du kinoplasma. En mesurant les dimensions du noyau et du corps cytoplasmique, il a vu que dans une cellule végétale dépourvue de vacuoles, le rapport entre le noyau et le cytoplasma est de 2 à 3.

Dans les cellules plurinucléées, les noyaux sont en général de petites dimensions ; le nombre supplée la taille des éléments nucléaires, de telle sorte que la substance de ceux-ci se trouve également répartie dans la masse protoplasmique.

Vous voyez donc que le noyau, avec une quantité déterminée de protoplasma, proportionnelle à la masse de substance nucléaire, constitue une association bien définie, nécessaire pour des manifestations vitales de la matière organisée. Jusqu'ici aucun fait positif n'a pu être invoqué pour ébranler cette donnée, résultat de l'observation et de l'expérience, qui est la base de la théorie cellulaire. En supposant établie l'existence générale des granulations d'Altmann dans toute structure protoplasmique, tant qu'on n'aura pas démontré qu'une de ces granulations isolée jouit de toutes les propriétés réunies du cytoplasma et du noyau, nous serons en droit de considérer la cellule ou l'énergide de **Sachs** comme l'unité morphologique et physiologique des êtres vivants, et de définir la cellule, avec **Claude Bernard**, le *premier représentant de la vie*.

C'est en tenant compte de ces considérations qu'on peut facilement réfuter les arguments, invoqués déjà depuis longtemps et repris récemment par **Whitman** (1893), contre la théorie cellulaire. Les adversaires de cette théorie lui reprochent de ne pouvoir expliquer un grand nombre de phénomènes biologiques et entre autres la plupart des processus embryogéniques. L'œuf non segmenté, disent-ils, est déjà un organisme dont l'individualité se continue à travers les stades de la segmentation et sa transformation en un groupement de cellules différenciées : l'organisation de l'adulte est identique dans son individualité à celle de l'œuf. Un même organe, ayant une fonction bien déterminée, tel qu'une néphridie, peut se développer aux dépens d'une seule cellule et être un organe intracellulaire, ou aux dépens de plusieurs cellules et, dans ce cas, devenir un organe intercellulaire. Un Protozoaire, considéré comme un être unicellulaire, peut présenter des organes différenciés, jouant le même rôle que des organes pluricellulaires d'un Métazoaire, etc.

Évidemment, la théorie cellulaire, telle qu'elle a été formulée par **Schleiden** et **Schwann** et telle que nous l'acceptons encore aujourd'hui, est impuissante à expliquer pourquoi deux œufs, en apparence identiques, et subissant un même mode de segmentation, donneront deux êtres absolument différents; elle ne peut pas davantage éclairer le développement intra ou intercellulaire des néphridies, pas plus que les différenciations fonctionnelles des Protozoaires.

Comme je vous le disais au début de ces leçons, la théorie cellulaire, contrairement à beaucoup d'autres qui ne reposent que sur des hypothèses, n'est que l'expression même des faits démontrés par l'observation et l'expérience, et il ne faut pas lui demander plus qu'elle ne renferme. Pour ce qui est de l'œuf, par exemple, elle nous démontre seulement que cet élément est, comme un Protozoaire, comme une cellule quelconque d'un végétal ou d'un animal, une petite masse de protoplasma pourvue d'un noyau, se comportant au point de vue des manifestations de la vie, exactement de la même manière qu'une autre cellule, mais elle ne nous apprend pas autre chose.

La théorie cellulaire représente donc un premier ensemble de données positives sur la constitution des êtres vivants : elle laisse le champ libre à toutes les recherches sur les phénomènes intimes dont la matière vivante est le siège, phénomènes que nous ignorons pour la plupart aujourd'hui et dont la connaissance permettra peut-être de donner une solution aux nombreux problèmes que cette théorie n'a pas et ne peut avoir la prétention de résoudre.

14 mars 1894.

TRENTIÈME LEÇON

MORT ET DÉGÉNÉRESCENCE PHYSIOLOGIQUE DE LA CELLULE.

Dépérissement et mort de la cellule. — Durée de la vie de la cellule. — Prétendue immortalité des Protozoaires. — Vie latente. — Vie oscillante. — Cellules en état de sommeil : théorie de Grawitz. — Sénescence de la cellule. — Globules sanguins des Mammifères. — Dégénérescence physiologique des ovules : régression des follicules de Graaf. — Chromatolyse. — Dégénérescence par segmentation. — Dissociation entre la division du noyau et celle du vitellus. — Chromatolyse des noyaux parablastiques. — Glandes mérocrines et holocrines. — Histolyse.

Messieurs,

Dépérissement et mort de la cellule.

Nous avons, à plusieurs reprises, dans le cours de ces leçons, assimilé la cellule à un être vivant : nous avons vu qu'elle a une vie propre, qu'elle se nourrit, s'accroît et se reproduit. De même que tout être vivant, la cellule a une durée limitée : après avoir atteint l'apogée de la manifestation de ses forces vitales, elle vieillit, dépérit et finit par mourir.

Les causes qui déterminent la mort de la cellule sont multiples comme celles qui amènent la fin des êtres vivants. Sans parler des traumatismes accidentels produits par des agents extérieurs, les modifications du milieu dans lequel le protoplasma puise ses éléments constitutifs, et l'usure naturelle de ce protoplasma sont les causes de la mort physiologique de la cellule. Nous ne savons absolument rien de l'usure du protoplasma, nous n'en constatons que les effets. Nous voyons des cellules qui, après avoir vécu un temps plus ou moins long, dépérissent, les conditions physico-chimiques du milieu qui les entoure et qui permettent la synthèse organique n'ayant pas changé, du moins en apparence, et nous les voyons finalement mourir. Nous sommes obligés d'admettre que leur substance a subi des modifications chimiques ou physiques incompatibles avec les manifestations de la vie, et nous supposons que cette substance s'est usée à la longue comme les rouages d'une machine qui a longtemps fonctionné. Mais quelle est la nature de cette usure ? S'agit-il d'une transformation chimique de la matière organisée, ou d'un changement dans le groupement de ses molécules ? Nous l'ignorons. Nous ne connaissons pas plus les causes de la mort que l'origine de la vie. Bornons-nous donc à examiner rapidement les signes de la dégénérescence et de la mort de la cellule.

La durée de la vie d'une cellule est des plus variables ; et d'abord, nous devons nous demander ce qu'il faut entendre par durée de la vie d'une cellule. Cette question, à laquelle il semble très facile de répondre par l'observation, a cependant une haute portée philosophique et a soulevé une discussion des plus intéressantes entre des biologistes éminents. Je ne puis ici vous exposer toutes les considérations invoquées par les biologistes à l'appui des solutions différentes qu'ils ont données de ce problème ; je vous ferai seulement connaître deux de ces solutions en vous engageant à lire les mémoires de **Götte** (*Ursprung des Todes*, 1883) et de **Weismann** (*Ueber Leben und Todt*, 1884) dans lesquels vous trouverez développées ces considérations.

La question, sous sa forme la plus simple, se pose de la manière suivante : une cellule qui se divise meurt-elle ou continue-t-elle à vivre ?

Pour **Götte**, la mort est une conséquence de la reproduction ; pour **Weismann**, au contraire, la reproduction par division transmet la vie et l'organisation sans interruption ; aussi considère-t-il les êtres unicellulaires comme immortels.

Ces deux opinions, en apparence absolument contradictoires, ne sont cependant toutes deux que l'expression de la réalité et se complètent l'une l'autre : elles demandent seulement à être expliquées.

Il est bien évident que si nous considérons la cellule ou l'être unicellulaire comme une individualité, constituant un *moi*, pour employer le langage des métaphysiciens, cette individualité cesse lorsque la cellule se divise en deux. La cellule-mère n'existe plus ; elle est remplacée par deux individualités nouvelles auxquelles elle a transmis toute sa substance et toutes ses propriétés, absolument comme un cristal de sel marin qu'on ferait dissoudre dans l'eau et dont la substance donnerait, par une nouvelle cristallisation, deux nouveaux cristaux. Si au contraire nous ne considérons dans la cellule et l'être unicellulaire que la matière vivante et ses propriétés, la division de cette cellule ne fait que perpétuer cette matière et avec ses propriétés vitales.

Je ne puis considérer avec **Weismann** les Protozoaires comme immortels. Un Infusoire qui se divise meurt, dans le sens que nous attachons à la mort des êtres supérieurs, c'est-à-dire que son individualité disparaît ; l'Infusoire qui recevait du monde extérieur des excitations, le faisant réagir d'une manière déterminée, qui se mouvait volontairement dans telle ou telle direction, qui recherchait tel ou tel autre Infusoire de même espèce pour se conjuguer avec lui, cet Infusoire là n'existe plus ; en un mot, certaines propriétés vitales dont l'ensemble constitue ce qu'on peut appeler les facultés psychiques (1) de l'Infusoire, et qui se manifestent par une série d'actes des plus variés, ces propriétés disparaissent avec l'individu. Elles se retrouvent, il est vrai, dans les deux moitiés de l'Infusoire lorsqu'il s'est divisé. Mais pouvons-nous affirmer qu'elles soient absolument identiques ? Pour ma part, je ne le crois pas ; les deux nouveaux Infusoires ont des facultés psychiques de même nature que celles du premier, comme l'enfant possède les mêmes facultés psychiques que sa mère. Or, comme le fait justement remarquer **Binet**, les éléments anatomiques des tissus ne diffèrent pas autant qu'on pourrait le croire des êtres unicellulaires au point de vue de la vie psychique, ils présentent les mêmes facultés moins développées. Une cellule qui se divise perd donc son individualité, et meurt en se reproduisant.

Ce n'est pas de cette manière que les histologistes entendent la mort de la cellule ; comme **Weismann**, ils ne considèrent que la mort de la substance vivante. Pour eux, une cellule qui meurt est une cellule qui a perdu la faculté de se reproduire et dont le protoplasma se désorganise et perd ses propriétés vitales. C'est qu'en réalité les histologistes ne tiennent pas compte de l'individualité cellulaire et ne s'occupent que des diverses espèces de cellules prises dans leur ensemble.

Vous voyez donc que, lorsqu'on parle de la durée de la vie d'une cellule, il faut distinguer la durée de la vie de l'individu de celle de l'espèce. Une cellule embryonnaire, une sphère de segmentation n'ont qu'une vie très courte, souvent de quelques heures tout au plus, tandis qu'une cellule nerveuse dure peut-être autant que l'être auquel elle appartient.

Vie latente.   Avant de nous occuper de la sénescence et de la mort de la cellule, je dois vous dire quelques mots d'une propriété remarquable que présentent certains protoplasmas, celle de passer à l'état désigné, par les physiologistes, sous le nom de *vie latente*.

Chacun connaît les animaux réviviscents, tels que les Anguillules du blé, les Tardigrades, les Rotifères, qui peuvent être desséchés, et conservés dans cet état pendant des années, résistant à la chaleur, au froid, au vide, pour rentrer en activité dès qu'on les place dans des conditions favorables. Ces animaux ne jouissent évidemment de cette propriété que parce que le protoplasma qui constitue leurs éléments anatomiques peut passer à l'état de vie latente.

Le protoplasma peut donc tomber dans un état indifférent qui lui permet de résister aux changements de conditions de milieu. Cette faculté s'observe dans les êtres unicellulaires. Les Colpodes, dans une infusion qui s'évapore, s'enkystent et, dans cet état, peuvent être conservés à sec ; ils

---

(1) Voir à ce sujet l'intéressante étude de **A. Binet**, *La vie psychique des micro-organismes,* dans *Études de psychologie expérimentale,* Paris, Doin, 1888.

reviennent à la vie et sortent de leurs kystes lorsqu'on place ceux-ci dans l'eau. Beaucoup d'Infusoires se comportent de même ; si les kystes de quelques-uns d'entre eux ne peuvent être desséchés, ils restent du moins pendant longtemps à l'état de vie latente tant que les conditions extérieures ne sont pas favorables. Les spores des Bactéries, des Champignons, des Algues passent ainsi à l'état de vie latente, et l'on sait l'importance de cette faculté pour la dissémination de ces organismes.

A côté de l'état de vie latente, dans lequel le protoplasma perd la plu- *Vie oscillante.* part de ses propriétés vitales, sans cependant cesser de vivre, il existe un autre état, celui de *vie oscillante*, dans lequel le protoplasma ne cesse d'être sous la dépendance du milieu extérieur, mais dans lequel les échanges matériels de l'assimilation et de la désassimilation sont réduits au minimum. Tel est le cas des animaux hibernants et de toutes les plantes dont la végétation s'arrête pendant l'hiver.

Les modifications morphologiques que subit la cellule pendant la vie latente et la vie oscillante n'ont pas encore été étudiées d'une façon suffisante. Il y aurait là évidemment une étude très intéressante à faire.

Les cellules des tissus peuvent-elles se trouver dans un état de vie *Cellules en état* latente ou oscillante chez un animal en pleine activité physiologique ? *de sommeil.* Récemment, **Grawitz** (1892) et ses élèves ont soutenu une théorie très *Théorie* curieuse qui, si elle était démontrée exacte, modifierait complètement *de Grawitz.* nos idées actuelles sur les cellules, théorie d'après laquelle certains éléments anatomiques se trouveraient normalement dans un *état de sommeil* (in schlummerndem Zustand) duquel ils peuvent sortir sous l'influence de conditions pathologiques.

Suivant **Grawitz** et **Viering** (1891), pendant le développement normal du tissu conjonctif ou pendant la formation du tissu de cicatrice aux dépens du tissu de granulations, beaucoup de cellules embryonnaires prennent un aspect fibreux qui leur fait perdre leur caractère cellulaire. Le protoplasma se condense, le noyau cesse d'être visible et toute la cellule se transforme en une fibrille conjonctive ; c'est l'ancienne opinion de **Schwann**, **Robin** et **Boll**. Les fibrilles ne seraient donc pas un produit de de différenciation de la substance intercellulaire ou du protoplasma cellulaire, mais des cellules à l'état de vie latente, en état de sommeil.

Lorsque le tissu conjonctif s'enflamme les fibrilles se réveillent ; elles se raccourcissent, augmentent d'épaisseur, et dans leur intérieur apparaît un noyau dont la forme se dessine nettement, mais qui ne renferme pas de chromatine. Peu à peu, le noyau devient de plus en plus colorable, autour de lui le protoplasma prend son aspect normal, la cellule dormante revient à l'état d'activité, et peut désormais se multiplier comme une cellule embryonnaire.

La manière de voir de **Grawitz** nous ramène à peu près à l'ancienne théorie des blastèmes ; un de ses élèves, **H. Schmidt** (1892), qui a étudié le

tissu adipeux, prétend même que le tissu embryonnaire, dans lequel se dé-
posera la graisse, renferme des noyaux libres, appartenant à des cellules dor-
mantes, autour desquelles se forment plus tard des cellules. Il est difficile
actuellement de se prononcer sur la valeur des observations de **Grawitz** et
de son école ; elles sont tellement contraires à ce que tous les histologistes
ont établi depuis une vingtaine d'années qu'il y a lieu de ne les accepter
qu'avec la plus grande réserve, et de supposer qu'elles reposent sur quelque erreur d'interprétation. Je devais cependant vous signaler cette théorie
qui est aujourd'hui à l'ordre du jour en anatomo-pathologie.

Sénescence de la cellule. — La sénescence de la cellule se manifeste d'abord par la perte de la faculté
de se reproduire. Nous avons vu, à propos de la division directe, que ce
mode de bipartition est considéré par la majorité des cytologistes comme
marquant le terme de la période de reproduction de la cellule. Dans les
cellules âgées, de grande taille, c'est-à-dire dans les cellules qui sont les
derniers représentants d'une longue suite de générations, et qui continuent à s'accroître sans se diviser, la bipartition directe du noyau est souvent suivie d'un autre phénomène auquel on a donné le nom de *fragmentation*.

Chaque moitié du noyau continue à se diviser par voie indirecte en
deux parties égales ou inégales ; celles-ci se divisent à leur tour de telle
sorte que bientôt la cellule renferme un nombre plus ou moins considérable de petits noyaux souvent irréguliers. C'est ce qui se produit normalement dans les grandes cellules internodales des *Chara*, où les noyaux au
début de la fragmentation présentent souvent une forme lobée, contournée
en fer à cheval ou moniliforme. On observe aussi cette fragmentation du
noyau dans les parties les plus âgées du thalle des *Valonia*, et dans les
cellules âgées du parenchyme de divers Phanérogames (*Tradescantia*,
Anthurium, *Orchis*, etc.)

Strasburger pense que la fragmentation du noyau a pour résultat de
répartir la nucléine dans tout le trophoplasma et d'assurer ainsi la
nutrition de la grande cellule.

Dans un grand nombre de cellules végétales âgées, très différenciées et
possédant une enveloppe de cellulose épaisse ou incrustée de lignine, de
subérine etc. la sénescence se traduit par la disparition graduelle de la matière vivante de la cellule, du protoplasma et du noyau. L'élément finit par
n'être plus guère représenté que par son enveloppe, c'est-à-dire par son
squelette, et ne joue plus dans la vie de la plante qu'un rôle mécanique,
de protection, de soutien ou de conduction.

Une transformation analogue se retrouve dans les cellules animales,
dont le protoplasma disparaît peu à peu tandis que la membrane d'enveloppe s'épaissit de plus en plus, se kératinise, comme dans les couches les
plus superficielles de l'épiderme, dans les productions cornées, les poils,
les ongles etc. Les cellules épidermiques les plus superficielles ne renfer-

ment plus trace de protoplasma, et elles se détachent, à un moment donné, des cellules sous-jacentes qui ont conservé encore quelque vitalité.

Un caractère spécial de sénilité s'observe dans les globules sanguins des Mammifères. On sait que ces globules, chez l'embryon, ont la constitution d'une véritable cellule, qu'ils possèdent un noyau et se divisent par voie indirecte. Chez le jeune animal et chez l'adulte, les globules sont dépourvus de noyau ; ils sont cependant vivants, mais ils ont perdu la faculté de se reproduire ; on peut donc les considérer comme de vieux éléments cellulaires. La transformation des globules sanguins embryonnaires en globules sans noyau, l'origine de ceux-ci chez l'adulte, est une question qui a depuis longtemps préoccupé les histologistes : elle a donné lieu à un nombre considérable de travaux et elle est loin d'être élucidée. Relativement à la disparition du noyau, nous nous trouvons en présence de quatre opinions différentes que je me contente de vous signaler.

> *Globules sanguins des Mammifères.*

Pour **Hayem, Pouchet, Malassez, Renaut, Arndt, Bayerl, Affanasieff**, etc., le globule rouge parfait n'est pas une cellule, mais un bourgeon protoplasmique détaché d'une cellule nucléée.

Suivant **Kœlliker, Neumann, Foa** et **Salvioli, Löwit, Cuénot, Mondino**, etc., le noyau du globule sanguin se fragmente en granulations qui se fusionnent avec le protoplasma ; le globule rouge serait donc formé par une sorte de plasson comme nous l'avons admis pour les Bactéries, dans lequel l'élément nucléaire n'est pas différencié du protoplasma ; mais cet état serait secondaire et non primitif comme pour les microrganismes.

D'après **Bizzozero, Rindfleisch, Howell, Van der Stricht**, le noyau serait expulsé du globule sanguin.

Enfin, **Brandt, Böttscher, Stricker** prétendent que le noyau persiste dans le globule sanguin, et qu'on peut le mettre en évidence par l'emploi de certains réactifs.

Je ne m'occuperai pas ici des altérations et des dégénérescences accidentelles de la cellule qu'on étudie en anatomo-pathologie, altérations que **Lukjanow** a exposées récemment dans son ouvrage sur la pathologie cellulaire. Je ne considérerai que les dégénérescences physiologiques, c'està-dire celles qui s'observent normalement dans les éléments de certains organes. De ces organes, l'un des plus intéressants à ce point de vue est l'ovaire.

Parmi les innombrables ovules qui prennent naissance dans l'ovaire, un très petit nombre, surtout chez les animaux supérieurs, arrivent à maturité et servent à la reproduction. Beaucoup d'entre eux avortent, meurent et sont résorbés dans le parenchyme de l'ovaire. D'un autre côté, l'émission des ovules mûrs hors des follicules, dans lesquels ils se sont développés, s'accompagne d'une déchirure des parois de l'ovisac ; cette plaie physiologique se cicatrise et les éléments cellulaires du follicule subissent des trans-

> *Dégénérescence physiologique des ovules.*

formations, des dégénérescences qui aboutissent à la formation de ce qu'on appelle les *corps jaunes.*

Les cellules caractéristiques de ces corps jaunes sont, chez les Mammifères, de gros éléments polyédriques auxquels **Robin** a donné le nom de *cellules de l'oariule.* Elles renferment un pigment particulier, de la *lutéine* d'après **Paladino**, se multiplient pendant la période hypertrophique du corps jaune, puis dégénèrent durant la période de régression, soit en s'atrophiant, soit en se remplissant de fines granulations graisseuses ou pigmentaires, soit enfin en subissant une dégénérescence hyaline. Dans ce dernier cas, tout le protoplasma prend un aspect homogène, vitreux ; le noyau s'atrophie, et la cellule finit par être remplacée par une petite masse hyaline sans structure.

La régression physiologique des follicules de Graaf, dont l'ovule n'arrive pas à maturité, a été signalée, pour la première fois, chez les Mammifères, par **Reinhardt**, en 1847 : depuis, elle a été étudiée par un

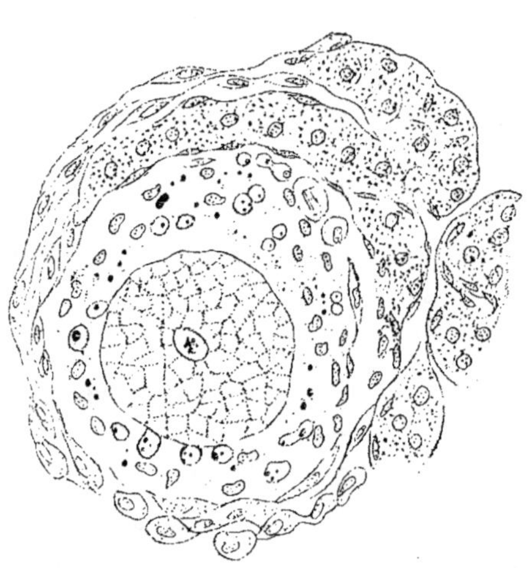

Fig 359. — Coupe d'un follicule de Graaf de Rat en voie de dégénérescence chromatolytique. Les cellules de la granulosa ont perdu leurs limites nettes. Beaucoup de leurs noyaux sont en chromatolyse. La vésicule germinative contient des chromosomes en forme de bâtonnets réunis en son centre.

grand nombre d'auteurs, et elle a été observée chez les autres Vertébrés et chez un certain nombre d'Invertébrés. Dans cette atrésie, la régression porte à la fois sur les éléments constituant les parois du follicule et sur l'ovule lui-même.

Chromatolyse.　Pendant longtemps, on n'a connu qu'un seul mode de régression de l'ovule : la dégénérescence graisseuse. **Slavianski** le premier a fait connaître l'atrophie de l'œuf par l'oblitération du follicule, résultant de l'organisation d'un tissu conjonctif réticulé et sclérosé. **Flemming**, en 1885, a décrit un mode particulier de dégénérescence très intéressant des éléments folliculaires. Dans les cellules de la granulosa le réseau chromatique se condense en une masse compacte ; les contours du noyau disparaissent ; la substance chromatique se résout dans le protoplasma cellulaire en granulations plus ou moins irrégulières ; puis le corps cellulaire, qui a diminué de volume, se dissout dans le liquide folliculaire, et les granulations chromatiques mises en liberté finissent elles-mêmes par disparaître. Ce processus de régression a reçu de **Flemming** le nom de *chromatolyse*.

Dans beaucoup de follicules dont les éléments de la granulosa étaient en dégénérescence chromatolytique, **Flemming** a trouvé des ovules montrant des figures karyodiérétiques, représentées par un fuseau directeur, et quelquefois une sorte de globule polaire entre la membrane de l'œuf et le vitellus. **Flemming** admet qu'il existe une relation entre la formation précoce d'un fuseau directeur dans l'ovule et la dégénérescence de la granulosa.

Paladino (1887) a appelé l'attention sur un quatrième mode de dégénérescence, déjà vu par **Ed. van Beneden**, en 1882, et dont l'ovule est souvent le siège : la dégénérescence hyaline. Le vitellus prend un aspect uniforme, clair et homogène, et diminue de volume ; la zone pellucide s'épaissit généralement, la vésicule germinative disparaît et finalement le contenu de l'œuf devenu réfringent, jaunit par l'iode et le picrocarmin, prend une teinte violacée par la safranine et le rouge de Magdala, bleue d'indigo avec le violet d'Hoffmann.

Les recherches que j'ai faites récemment sur les ovaires de plusieurs Mammifères m'ont amené à considérer un cinquième mode de régression de l'ovule, déjà observé par **Pflüger** (1867), dans lequel le vitellus se divise *Dégénérescence par fragmentation.*

en un certain nombre de masses, qui rappellent les blastomères d'une véritable segmentation. Ce processus de régression, auquel on peut donner le nom de *dégénérescence par fragmentation*, doit être regardé comme la dernière phase de la chromatolyse de l'ovule.

A côté des follicules renfermant un ovule qui présente un fuseau de direction, on en trouve d'autres dans lesquels l'ovule a perdu entièrement ou en partie sa zone pellucide et dont le vitellus est divisé en

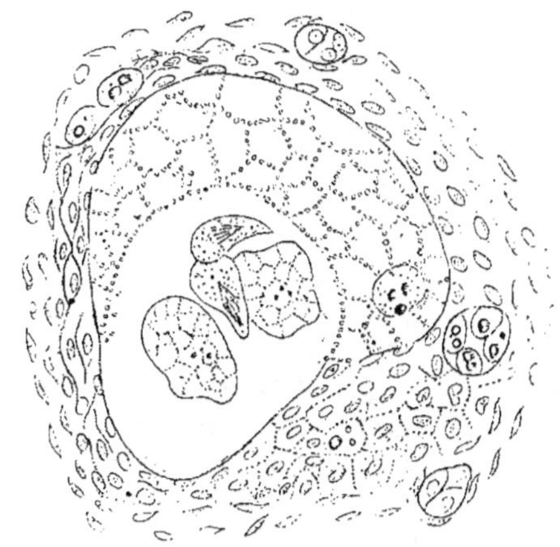

Fig. 360. — Coupe d'un follicule de Graaf de Rat en dégénérescence chromatolytique et fragmentaire. L'ovule a perdu sa membrane vitelline ; son vitellus est segmenté en quatre masses dont deux renferment deux fuseaux karyodiérétiques.

quatre, cinq, six segments, tantôt à peu près égaux, tantôt de volume très différent. Plusieurs des fragments renferment des éléments chromatiques répartis très irrégulièrement. Dans quelques-uns, on reconnaît un noyau à contour net, dont la chromatine condensée tapisse la face interne de la membrane d'enveloppe, ou est dispersée au contraire dans le suc nucléaire, sous forme de fines granulations isolées. Dans d'autres, on observe de petits chromosomes arrondis, disposés en plaque équatoriale au milieu d'un fuseau achromatique. D'autres segments, enfin, ne contiennent aucun élément chromatique (fig. 360).

La fragmentation du vitellus ne paraît pas se faire par une bipartition répétée comme dans la segmentation normale, mais plutôt par gemmation.

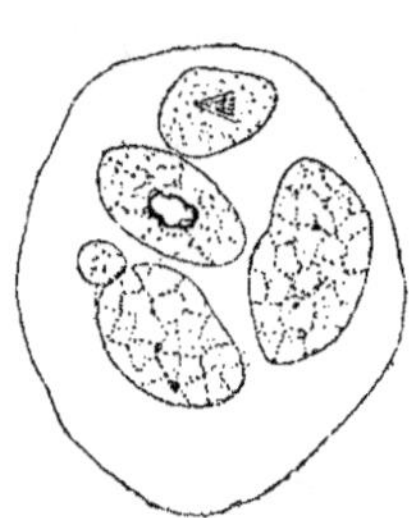

Fig. 361. — Autre coupe de l'ovule de la fig. 360, montrant un blastomère avec un noyau dont la substance chromatique forme une couche continue en dedans de la membrane.

Bien que cette fragmentation soit précédée de celle de la vésicule germinative, les deux phénomènes sont indépendants, ainsi que le prouve l'existence de segments dépourvus d'éléments nucléaires.

La chromatine de la vésicule germinative se résout en petites masses irrégulières qui se dispersent dans le vitellus, de même que dans la chromatolyse des cellules folliculaires. Chaque masse chromatique se comporte alors comme un petit noyau et donne naissance à une figure karyodiérétique rudimentaire, composée d'un petit nombre de chromosomes et d'un nombre correspondant de filaments achromatiques. Je n'ai pu découvrir de centrosomes en rapport avec les masses chromatiques ou avec les fuseaux achromatiques.

A un stade plus avancé de l'atrésie folliculaire, lorsque les cellules de la granulosa ont disparu, soit par chromatolyse, soit par transformation en éléments conjonctifs, le vitellus de l'ovule est divisé en un grand nombre de petits segments, dans lesquels les éléments chromatiques ne sont plus visibles, et qui deviennent la proie des phagocytes, cellules épithéliales du follicule et leucocytes. Les phagocytes se transforment ultérieurement en un nodule de tissu conjonctif.

Quelques ovules d'apparence normale, ou manifestement en voie de chromatolyse, présentent une structure du vitellus tout à fait particulière. Le contenu de l'œuf, au lieu d'être constitué par un protoplasma finement granuleux ou réticulé, suivant le procédé de fixation employé, est constitué par une quantité considérable de petits bâtonnets orientés dans tous les sens, mais souvent parallèles entre eux, au nombre de trois ou quatre, et réunis en faisceaux ayant l'apparence de petits fuseaux achromatiques, dépourvus de chromosomes. Examinés à un fort grossissement, ces bâtonnets paraissent être formés de granulations disposées en séries. Cette structure du vitellus, qui peut s'observer dans l'atrésie folliculaire avec fragmentation de l'ovule, doit être considérée comme un mode spécial de dégénérescence.

Différents processus dégénératifs peuvent se rencontrer associés dans un même ovule : dégénérescences chromatolytique et graisseuse ; dégénérescences chromatolytique et hyaline ; dégénérescence chromatolytique et fragmentation ; dégénérescence graisseuse et fragmentation, etc.

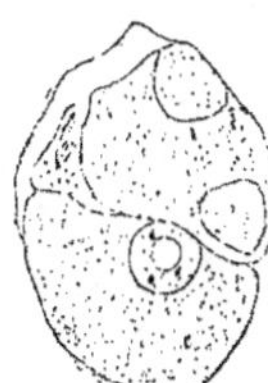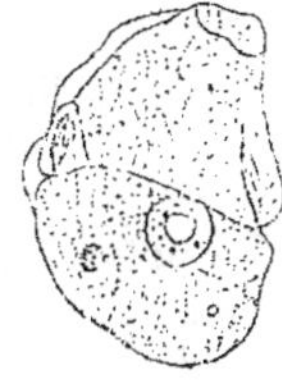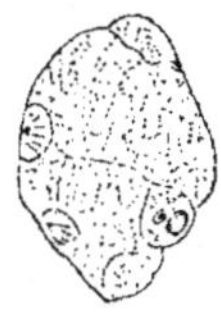

Fig. 362. — Trois coupes successives d'un ovule de Rat en dégénérescence fragmentaire, montrant des figures karyodiérétiques réduites, et une structure bacillaire du protoplasma.

La fragmentation des ovules des Vertébrés (1) en voie de régression ne peut être assimilée à la segmentation véritable qui s'observe après la fécondation. La segmentation est dirigée, en effet, par le noyau de l'œuf résultant de la réunion du pronucléus femelle et du pronucléus mâle. Ce noyau est accompagné de centrosomes et la division du noyau précède toujours celle de la masse vitelline. Quel que soit le stade que l'on considère, toutes les sphères de segmentation, qu'elles soient égales ou inégales entre elles, possèdent un noyau bien constitué. Dans la fragmentation telle que je l'ai observée, le processus est différent.

Il se produit une dissociation entre la division du noyau et celle du vitellus ; les deux phénomènes deviennent indépendants. La substance chromatique du noyau se répartit irrégulièrement dans le protoplasma de l'œuf, sous forme de grains isolés, ou réunis en petits amas.

Dissociation entre la division du noyau et celle du vitellus.

On peut considérer la fragmentation de l'ovule en voie de régression chromatolytique comme un commencement de développement parthénogénésique. L'ovule arrive à un état de maturité prématurée, qui se traduit par la transformation de la vésicule germinative en un fuseau de direction et généralement par la production d'un globule polaire. L'impulsion donnée au protoplasma par la division du noyau persiste pendant un certain temps et amène la division du protoplasma ; mais l'action régulatrice

(1) **Von Brunn**, chez les Oiseaux, **Ruge**, chez les Amphibiens, récemment **Strahl**, chez les Reptiles, ont décrit la fragmentation du vitellus des œufs ovariens pendant la régression des follicules. J'ai pu vérifier les faits signalés par ces auteurs, et constater que dans ces œufs, riches en matériaux nutritifs, la fragmentation s'accompagne de la pénétration dans le vitellus d'un grand nombre de cellules migratrices, qui en activent la destruction.

exercée par le noyau faisant défaut, cette division a lieu d'une manière très irrégulière, et la segmentation normale est remplacée par une fragmentation désordonnée.

Il est très probable que c'est par suite de la disparition des centrosomes que le noyau cesse de se diviser régulièrement et que se produit le fractionnement atypique du vitellus.

Il est intéressant de rapprocher le fractionnement du vitellus, en l'absence d'éléments nucléaires, des faits établis par l'étude de la mérotomie des Infusoires. Vous vous rappelez que si l'on coupe transversalement un Infusoire se préparant à la division spontanée, de telle manière que l'un des fragments ne renferme pas de noyau, ce fragment n'en continue pas moins à se diviser comme l'aurait fait l'Infusoire intact, mais que cette division reste généralement incomplète. M. **Balbiani** en conclut que si l'initiative de la division et la force qui en provoque les premières phases réside dans le protoplasma lui-même, cette force, pour produire tous ses effets, a besoin d'être appuyée par l'action du noyau. Il en est de même dans l'ovule en voie de régression qui offre une sorte de mérotomie spontanée ; le vitellus commence à se diviser, mais, l'action du noyau qui entre en dégénérescence chromatolytique venant à manquer, la division s'arrête ou devient tout à fait irrégulière.

Les figures karyodiérétiques réduites et multiples qu'on observe dans les ovules en voie de régression montrent qu'en l'absence des centrosomes, qui dirigent et régularisent la division du noyau, la substance chromatique, dispersée dans le cytoplasma, continue à exercer une action sur ce dernier. Chaque fragment chromatique se comporte comme un petit noyau rudimentaire, et devient un centre d'attraction pour les filaments achromatiques fomés par le kinoplasma de l'œuf.

Lorsque le vitellus de l'œuf subit une dégénérescence hyaline, la chromatolyse de la vésicule germinative et la formation des figures karyodiérétiques multiples peuvent s'observer au début de la dégénérescence. Mais le protoplasma ovulaire, qui dans ce cas est atteint primitivement par le processus dégénératif, a perdu la faculté de se diviser ; aussi le contenu de l'œuf ne se segmente pas. Le plus souvent, dans la dégénérescence hyaline la vésicule germinative persiste très longtemps et ne disparaît que lorsque le vitellus est déjà très réduit, ainsi que l'a constaté **G. Schottländer** (1891).

Le chromatolyse n'est pas un phénomène propre aux éléments des follicules de Graaf, aux cellules de la granulosa et à l'ovule, on doit la considérer comme un processus général de dégénérescence du noyau et de la cellule.

Chromatolyse
des noyaux
parablastiques. J'ai montré, en 1888, que les noyaux du parablaste des Poissons osseux subissent pendant le développement embryonnaire, une fragmentation irrégulière, accompagnée d'une condensation de leur chromatine sous forme de grains réfringents fortement colorables. Ces fragments de noyaux dégénérés s'entourent d'une petite masse de protoplasma et constituent ce que j'ai appelé des *globules parablastiques* ressemblant beaucoup aux cellules de la granulosa en chromatolyse. Ces globules pénètrent dans l'embryon où ils finissent par être résorbés. Depuis cette époque, la chromatolyse a été signalée par plusieurs histologistes dans les éléments cellulaires les plus divers, dans les cellules testiculaires, les cellules épithéliales de l'intestin, etc. Nous avons vu que beaucoup de prétendus noyaux accessoires n'étaient que le produit de la dégénérescence chromatolytique du noyau.

L'étude microchimique des altérations subies par le noyau et le protoplasma pendant la chromatolyse n'a pas encore été faite ; il est probable que la nucléine subit un commencement de dédoublement, car à sa place, dans les cellules complètement dégénérées et mortes, on ne trouve plus que de la xanthine ou de l'hypoxanthine.

Un mode physiologique de disparition de la cellule également très répandu est celui qui s'observe dans les organes glandulaires. M. **Ranvier** a depuis longtemps distingué deux sortes de glandes, les unes *mérocrines* dans lesquelles les cellules, pour former le liquide de la sécrétion, n'abandonnent qu'une partie de leur substance, celle qu'elles ont élaborée dans leur intérieur, les autres *holocrines* dans lesquelles le produit de sécrétion est formé par les cellules tout entières, arrivées au terme de leur évolution.

Les glandes sébacées sont le type des glandes holocrines. M. **Ranvier** décrit ainsi leur destruction : « Les noyaux des cellules sébacées occupent le centre de ces cellules au lieu d'être refoulés à la périphérie comme dans les cellules muqueuses ; l'hématoxyline les colore en bleu violacé ; ils sont sphériques d'abord, mais à mesure que les gouttes de graisse, en s'accumulant, les compriment, ils deviennent anguleux, s'atrophient, se fragmentent et finissent par disparaître. Lorsqu'ils ont disparu, la cellule meurt, se désagrège pour former le sébum. »

La majorité des histologistes admettent que, dans les glandes mammaires, les cellules se détruisent complètement pour former le lait, et assimilent ces glandes aux glandes sébacées. **Stricker**, **Langer** et d'autres ne pensent pas, au contraire, que les cellules mammaires subissent une fonte totale ; pour eux, elles fabriquent des globules graisseux qu'elles expulsent sans succomber après avoir rempli cette tâche. **Nissen** pense que le noyau subit une dégénérescence chromatolytique et abandonne la cellule avec une partie du protoplasma. **Duclert**, qui a fait dernièrement (1893) d'intéressantes recherches sur la sécrétion du lait, ne considère pas la mamelle comme une glande holocrine ; d'après lui, au moment de la sécrétion, la membrane des cellules, qui ont atteint d'énormes dimensions, se détruit sur une certaine étendue et le contenu cellulaire s'échappe partiellement dans la cavité utriculaire. Il peut arriver ainsi qu'une petite masse de protoplasma se détache de la base de la cellule entraînant avec elle des globules gras et souvent un noyau, mais ce dernier processus lui a paru être moins fréquent que le précédent.

Histolyse. Enfin, je dois vous signaler, en terminant, une dégénérescence physiologique spéciale des éléments cellulaires et des tissus, qui joue un rôle très important dans le développement de certains animaux, Invertébrés et Vertébrés, et qu'on désigne sous le nom d'*histolyse*. **Metchnikoff**, chez les Spongiaires, les larves d'Échinodermes et d'Amphibiens, **Kowalevsky** chez les larves d'Insectes, ont montré que la destruction des éléments histologiques était produite par les cellules amiboïdes du sang, qui pénètrent dans les éléments, s'en nourrissent comme de véritables parasites et amènent finalement leur disparition. **Metchnikoff** a désigné ce phénomène sous le nom de *phagocytose*.

Bataillon (1891), en étudiant la métamorphose des Amphibiens anoures, a décrit, dans les cellules épithéliales de la queue en voie de régression, de curieuses modifications du noyau. Celui-ci, dans les cellules des couches profondes de l'épiderme, émet un *boyau*, coloré d'une façon intense par les réactifs nucléaires, et qui va en s'effilant vers la base de la cellule. Ce boyau naît du nucléole, peut devenir libre dans la cellule et même sortir de celle-ci. L'auteur a vu sortir aussi du noyau des balles chromatiques qui proviennent également du nucléole. Il admet dans le noyau une pénétration du protoplasma qui gonfle la chromatine et change sa composition. Les boyaux et les balles chromatiques se transformeraient en masses pigmentaires ou disparaîtraient par dégénérescence.

J'ai cherché à vérifier les observations de **Bataillon** et j'ai examiné des queues de têtards de *Rana temporaria* en voie de régression. J'ai retrouvé dans les cellules épithéliales les figures décrites par cet auteur, mais je ne puis admettre son interprétation. Les boyaux chromatiques qui, selon lui, sortiraient du noyau, ne sont que des filaments accolés à la membrane de la cellule. Le protoplasma de la cellule subit une sorte de dégénérescence hyaline ; il se condense sous forme de filaments fortement colorables par la safranine, qui sont disposés le plus souvent parallèlement au grand axe de la cellule, mais qui peuvent se contourner sur eux-mêmes. Quelquefois ils sont accolés au noyau et paraissent se continuer avec lui, mais c'est là une simple illusion d'optique. Quant aux boules chromatiques, elles proviennent bien du noyau et résultent de la chromatolyse de cet élément. Dans les préparations colorées par la safranine, les boyaux et les boules se colorent comme les noyaux en rouge foncé, mais si l'on colore par la fuchsine acide et le bleu de méthylène, la chromatine du noyau et des boules prend une teinte bleue, tandis que les boyaux comme le protoplasma se colorent en rouge.

17 mars 1894.

TRENTE-UNIÈME LEÇON

QUESTIONS THÉORIQUES RELATIVES A LA CELLULE.

Constitution hypothétique du protoplasma. — Théorie des micelles de Nægeli. — Unité physiologique, hypothétique. — Idioblastes : idioplasma. — Arguments en faveur des idioblastes. — Isotropie de l'œuf. — Plamas ancestraux de Weismann. — Différenciation spécifique des cellules. — Théorie de Bard. — Théorie de Hansemann. — Théorie de Nægeli et de Hertwig. — État actuel et conquêtes futures de la cytologie.

Messieurs,

Dans l'exposé sommaire que je vous ai fait, au cours de ces leçons, de l'état de nos connaissances sur la morphologie et la reproduction de la cellule, je me suis astreint à ne considérer que les faits d'observation et à vous indiquer les différentes manières dont ils ont été interprétés. Parmi ces faits, les uns paraissent être définitivement acquis à la science, les autres, plus nombreux peut-être que les premiers, sont encore en discussion et demandent à être examinés avec plus de soin. Chemin faisant, je vous ai donné mon opinion sur les sujets que j'avais pu étudier moi-même me bornant pour les autres à vous signaler la manière de voir des cytologistes les plus compétents. J'ai négligé à dessein les questions d'ordre purement théorique qui ne reposent sur aucune observation précise et dont la solution me paraît appartenir à un avenir encore éloigné. Je ne puis cependant me dispenser de vous donner une idée de ces questions auxquelles des savants éminents ont consacré de longues méditations; c'est l'exposé de ces questions qui fera l'objet de cette dernière leçon.

De même que les chimistes cherchent à expliquer les propriétés des corps bruts par leur constitution moléculaire, et admettent que leurs molécules résultent du groupement variable d'atomes, certains biologistes ont tenté d'expliquer les propriétés de la matière organisée par une constitution propre, hypothétique. *Constitution hypothétique du protoplasma.*

Suivant **Nægeli**, qui a développé avec plus de détails et plus de logique que tout autre biologiste sa théorie de la structure moléculaire des corps organisés, ces corps seraient constitués par des unités auxquelles il donne le nom de *micelles*. *Théorie des micelles de Nægeli.*

La micelle, résultant du groupement d'un nombre considérable de molécules, possède une structure cristalline, ce qui explique les phénomènes de double réfraction que manifestent un grand nombre de corps organisés. La forme et le volume des micelles présentent les plus grandes variations.

Les micelles exercent une attraction les unes sur les autres et sur l'eau ; elles sont séparées les unes des autres par une couche d'eau, très mince dans les corps organisés à l'état sec, très épaisse, lorsque ces corps ont absorbé un grand quantité d'eau et atteint le maximum de leur gonflement. Elles sont insolubles dans l'eau, « parce que la force d'attraction pour l'eau, lorsque les micelles s'écartent, diminue plus rapidement que la force d'attraction des micelles entre elles, de telle sorte que, quand les couches d'eau ont acquis une certaine puissance, il s'établit un état d'équilibre, qui correspond précisément à la limite du gonflement. »

Les micelles sont réunies en groupements réguliers ; celles d'un même groupement peuvent être formées d'une même substance, ou de substances différentes : elles peuvent être de volume et de forme différents. Ainsi peuvent s'expliquer les propriétés si variables des corps organisés, et en particulier des divers protoplasmas.

L'eau que renferme un corps organisé peut se trouver sous trois états différents ; à l'état *d'eau de constitution*, c'est-à-dire à l'état de molécules associées à des molécules d'autres substances entrant dans la constitution de la micelle, comme l'eau de cristallisation d'un cristal ; à l'état *d'eau d'adhésion*, c'est-à-dire fixée à la surface des micelles et entre elles dans un même groupement ; à l'état *d'eau de capillarité*, c'est-à-dire remplissant les interstices qui séparent les divers groupements de micelles.

L'eau d'adhésion peut être remplacée par une autre substance, par des sels calcaires, de la silice, etc. qui peut être à l'état dissous dans la substance organique, se dépose sur les micelles ou cristallise en nouvelles micelles entre les micelles de la substance organisée.

L'ingénieuse hypothèse de **Nægeli** s'applique à tous les corps organiques et peut expliquer beaucoup de leurs propriétés physico-chimiques, mais elle est impuissante à nous donner une idée du développement et de la reproduction de la matière vivante, ainsi que de la manière dont se transmettent les propriétés héréditaires de parents à descendants.

Il ne rentre pas dans le cadre de mon cours de cette année de m'occuper des théories de l'hérédité, je dois cependant vous rappeler que les biologistes ont été obligés d'admettre pour établir leurs théories, une unité physiologique, hypothétique, supérieure à la micelle, la *gemmule* de **Darwin**, la *plastidule* de **Hæckel**, *l'unité physiologique* de **Spencer**, la *particule idioplasmique* ou *idioblaste* (**Hertwig**) de **Nægeli**, la *pangène* de de **Vries** et le *plasome* de **Wiesner**.

Ces unités physiologiques sont de très petites particules matérielles résultant du groupement de différentes micelles et constituant la substance héréditaire ou *l'idioplasma*. **O. Hertwig** définit ainsi les idioblastes : « Ils sont, selon la diversité de leur nature matérielle, les porteurs de caractères particuliers et différents, et, par leur action directe ou par la combinaison variable de leur action commune, ils engendrent les caractères morphologiques et physiologiques que nous percevons dans le monde organisé.

« Pour me servir de deux métaphores, je dirai que les idioblastes sont comparables aux lettres de l'alphabet, qui, peu nombreuses cependant, forment en se combinant différemment, des mots différents, mots qui à leur tour en se combinant différemment, forment des propositions de sens différent. Les idioblastes sont encore comparables aux sons, qui engendrent les harmonies si diverses en se succédant ou en se combinant de mille manières. »

Tandis que les micelles, comme les molécules, ne peuvent s'accroître ou se diviser sans perdre leur nature primitive, les idioblastes s'accroissent et se multiplient pendant le développement de la cellule et de l'individu, et peuvent par conséquent être les agents matériels de l'hérédité.

Les défenseurs de cette théorie s'appuient, pour admettre la divisibilité des idioblastes, sur ce fait incontestable que la cellule n'est pas la seule unité morphologique qui ait la propriété de se diviser ; nous savons, en effet, que, dans la cellule, les grains de chlorophylle et d'amidon, les centrosomes, les chromosomes s'accroissent et se divisent par étranglement : il est donc logique d'admettre que les idioblastes, particules beaucoup plus petites que ces éléments et invisibles, peuvent également s'accroître et se diviser.

L'*idioplasma* de **Nægeli** est l'ensemble des idioblastes d'un même organisme ; il constitue un réseau répandu dans tout le corps, traversant les cellules et leurs noyaux. Il varie non seulement suivant les espèces et les individus mais encore suivant la catégorie des tissus d'un même organisme.

En se fondant sur les phénomènes observés pendant la fécondation, la majorité des biologistes admettent aujourd'hui que l'idioplasma, qui sert de support matériel aux propriétés héréditaires, a pour siège le noyau. Je résumerai, d'après **O. Hertwig** les arguments invoqués à l'appui de cette manière de voir.

La cellule-œuf et la cellule spermatique sont des unités correspondantes, douées, l'une comme l'autre, de tous les caractères héréditaires de l'espèce et transmettent, l'une comme l'autre, à l'enfant la même quantité de substance héréditaire. L'enfant est généralement un produit mixte de ses deux parents : il reçoit de son père et de sa mère des quantités égales d'idioblastes ou de particules actives, qui sont porteurs des caractères héréditaires.

Le plus souvent la cellule femelle et la cellule mâle renferment des quantités très différentes de protoplasma ; si elles possèdent la même puissance héréditaire il faut admettre qu'elles renferment côte à côte des subs-

Idioplasma.

Arguments en faveur des idioblastes

tances très inégales pour l'hérédité, les unes idioblastiques et les autres non idioblastiques. Lors de la fécondation, la substance nucléaire et celle des centrosomes sont les seules substances équivalentes en masse qui s'unissent pour former une nouvelle ébauche, le noyau de segmentation ; ce sont donc ainsi les seules qui puissent constituer les substances héréditaires que les parents transmettent à l'enfant. D'un autre côté, les phénomènes de bourgeonnement qu'on trouve chez les végétaux et les animaux inférieurs ainsi que les phénomènes de régénération d'organes perdus prouvent que toutes les cellules, ou du moins la plupart des cellules du corps d'un végétal et d'un animal inférieur, renferment à l'état latent tous les caractères héréditaires de l'espèce. Chez ces êtres toutes les cellules provenant de l'œuf renferment la même quantité de substance héréditaire. Cette substance doit donc avant chaque division se multiplier par accroissement et devenir dans chaque cellule deux fois plus considérable qu'au moment de la formation de la cellule. Tous les idioblastes doivent se diviser et se répartir sur les cellules-filles d'une façon qualitativement et quantitativement égale.

De même que les cellules sexuelles, les cellules somatiques peuvent renfermer des quantités très variables de protoplasma ; si chacune d'elles peut cependant reproduire l'individu en entier ou en partie, c'est, dit **Hertwig**, que la substance héréditaire est localisée dans le noyau ; « le noyau apparaît, en effet, dans toutes les cellules d'un même organisme toujours sous une même forme et sous un même volume » avec une uniformité étonnante de constitution. Les phénomènes compliqués de la division indirecte du noyau n'ont pour but que de répartir également entre les deux cellules-filles la substance nucléaire.

Si cette dernière proposition est évidente et représente l'expression même des faits observés, il s'en faut de beaucoup qu'il en soit de même de la première. Les noyaux d'un même organisme peuvent présenter des différences très marquées au point de vue de leur constitution ; par conséquent l'identité de la structure nucléaire ne peut être invoquée en faveur de l'hypothèse d'une localisation de l'idioplasma dans le noyau.

Un troisième argument à l'appui de l'existence de l'idioplasma nucléaire est tiré de la division de réduction qui précède la maturité des éléments sexuels. Si ceux-ci renfermaient la même quantité de substance nucléaire que les cellules somatiques et que l'œuf dont ils dérivent en même temps que ces dernières, il arriverait nécessairement que le produit de la conjugaison de l'élément femelle avec l'élément mâle, c'est-à-dire l'œuf fécondé, aurait un noyau deux fois plus riche en substance nucléaire et en idioplasma que les noyaux des parents, et que par conséquent tous les noyaux du descendant seraient dans le même cas. A une seconde génération, les noyaux de l'individu renfermeraient quatre fois plus d'idioplasma que ceux des grands parents et ainsi de suite indéfiniment. Or la division de réduction

qui accompagne la formation des globules polaires dans l'œuf et la multiplication des spermatocytes, avant leur transformation en spermatides, a
précisément pour résultat de réduire de moitié le nombre des chromosomes
des noyaux de l'œuf et du spermatozoïde, de telle sorte que, après la fécondation, le premier noyau de segmentation contiendra exactement la même
quantité de substance nucléaire et d'idioplasma que les noyaux des parents.

Enfin pour prouver que la substance héréditaire ne siège pas dans le
protoplasma, mais bien dans le noyau, **Hertwig** s'appuie sur ce que
Pflüger (1882) a appelé l'*isotropie de l'œuf*, c'est-à-dire que l'œuf est homogène et qu'aucune de ses parties ne correspond d'avance à une partie du
futur animal, contrairement à l'opinion de **His**. Les expériences de **Pflüger**
(1883-1884), de **R.** et **O. Hertwig** (1887) de **Driesch** (1892) etc., ont montré,
en effet, qu'on peut d'une part mélanger les différentes parties de l'œuf en
changeant leurs rapports réciproques et obtenir des embryons normaux,
d'autre part qu'un fragment quelconque d'œuf, pourvu qu'il renferme le
noyau, est capable de donner naissance à un organisme complet. « L'isotropie de l'œuf, dit **Hertwig**, est une nouvelle preuve en faveur de cette idée
que l'idioplasma ne réside pas dans le protoplasma, mais dans le noyau. »

La théorie de **Weismann** sur les *plasmas ancestraux*, qui se rapproche
de celle des idioblastes, en diffère à un point de vue essentiel. Tandis que
Hertwig admet que « les idioblastes d'origine paternelle et ceux d'origine
maternelle ne se maintiennent pas comme parties de deux tendances distinctes, mais qu'ils s'unissent d'une façon quelconque en une tendance
mixte », d'après **Weismann**, la substance paternelle et la substance maternelle
restent séparées et constituent des unités ou *plasmas ancestraux*. A chaque
génération sexuelle, les plasmas ancestraux, qui se juxtaposent sans se
fusionner, finiraient par occuper un volume considérable si deux processus de réduction n'intervenaient pour empêcher leur masse d'augmenter. En premier lieu, « au début de chaque fécondation les plasmas ancestraux se rapetissent de moitié avant d'être transmis à la génération suivante.
Mais il y a nécessairement une limite à ce rapetissement des plasmas
ancestraux ; cette limite est atteinte lorsque la quantité de matière nécessaire pour pouvoir contenir en soi les tendances ou ébauches de l'individu
a atteint son minimum. » Alors intervient, au moment de la maturation
des éléments sexuels, un second processus qui porte sur le nombre des
plasmas ancestraux. Une moitié de ces plasmas est éliminée sous forme
de globules polaires, et est remplacée par une moitié de plasmas ancestraux de l'autre parent.

Le temps me manque malheureusement pour vous exposer et discuter
toute l'ingénieuse, mais très compliquée, théorie de **Weismann**, et ses conséquences au point de vue de l'hérédité, question, je le répète, dont je ne
veux pas m'occuper ici. Je ne puis que vous rappeler que cette théorie,
comme celle des idioblastes et autres analogues, est une pure conception

Isotropie de l'œuf.

Plasmas ancestraux de Weismann.

de l'esprit, s'appuyant sur quelques faits encore mal établis, tels que l'existence des divisions de réduction, dont la généralité n'est pas démontrée, et dont la processus est très discuté.

Toutes ces théories sont fatalement destinées à disparaître, mais elles auront eu l'avantage de provoquer une série de recherches spéciales dont les résultats contribueront à enrichir nos connaissances sur la structure et le fonctionnement de la cellule ; à ce titre, elles méritent d'être prises en considération.

Si la constitution intime de la matière vivante est un problème des plus importants à résoudre pour la compréhension des phénomènes de la vie, il en est un autre non moins intéressant et dont la solution est tout aussi difficile, c'est celui de la différenciation spécifique des éléments cellulaires.

Ce problème se rattache intimement à la question de l'isotropie de l'œuf. Comment, en effet, un œuf dont la segmentation est par exemple égale et qui produit d'abord, par une série de bipartitions, un amas de cellules en apparence toutes semblables, arrive-t-il, par simple multiplication de ces cellules, à produire des feuillets différenciés aux dépens desquels se formeront des tissus et des organes très différents ? De quelle manière et à quel moment de l'ontogenèse la spécificité cellulaire s'établit-elle ?

Pour les partisans de la théorie de **His**, qui admettent que l'œuf est anisotrope et que le germe renferme des *districts organoformatifs*, l'évolution de l'embryon et les différenciations cellulaires s'expliquent aisément. L'œuf, comparable à un chantier où les matériaux du futur édifice sont déjà distribués à leurs places respectives, contient l'embryon, non pas préformé avec tous ses organes, comme l'admettaient les anciens évolutionistes, mais en puissance, pour ainsi dire à l'état de plan, tous les organes étant représentés par des particules situées dans des régions distinctes, dont chacune se développera pour donner une région déterminée du corps de l'embryon. Cette explication si simple ne tient pas debout en présence des observations et des expériences qui démontrent l'isotropie de l'œuf, et, dans mes recherches sur l'embryogénie des Poissons osseux, j'ai combattu, avec preuves à l'appui, la théorie de **His** sur le mode de formation de l'embryon aux dépens du bourrelet blastodermique.

D'autres histologistes, sans partager la manière de voir de **His** et sans se prononcer sur l'isotropie ou l'anisotropie de l'œuf, pensent que tous les tissus sont dès leur origine embryonnaire nettement différenciés, et s'élèvent contre la théorie de la *métaplasie* de **Virchow**, d'après laquelle les premières cellules de l'embryon sont absolument indifférentes, et peuvent évoluer, suivant les circonstances, vers telle ou telle différenciation. Selon **Virchow** et la plupart des histologistes qui ont adopté ses idées, le tissu conjonctif devrait être considéré comme le tissu générateur commun ; ses cellules pourraient revenir à l'état embryonnaire et se différencier ensuite en les cellules les plus diverses. **Bard,** l'un des partisans les plus convaincus de la spécificité cellulaire embryonnaire, a exposé sa théorie dans plusieurs mémoires parus depuis 1885 et vient ces jours-ci (10 mars 1894) de publier dans la *Semaine médicale* un long article dans lequel il accuse les cytologistes de se refuser à examiner et à discuter sa théorie.

Voici, d'après les termes mêmes de l'auteur, en quoi consiste sa *théorie de l'arbre histogénique* : « Il existe deux modes de prolifération cellulaire : la *multiplication* et le *dédoublement* ; le premier peut s'appliquer à toutes les cellules et a pour caractère de donner naissance à des cellules semblables entre elles et semblables à leurs cellules-mères ; le second ne peut se produire que sur des cellules *complexes*, c'est-à-dire renfermant en elles, en une sorte de synthèse vitale, des éléments différents, susceptibles de se séparer pour suivre leur propre loi. Les *cellules génératrices* sont les cellules les plus complexes qui existent ; elles renferment les éléments de tous les tissus. Les cellules de l'embryon (*cellules fœtales*) sont des cellules complexes, transitoires, nées des dédoublements de l'ovule fécondé ; elles sont de moins en moins complexes à mesure qu'on les observe plus loin de l'ovule qui leur a donné naissance. Les cellules de l'organisme sont des cellules simples, derniers termes des dédoublements successifs des cellules complexes de l'embryon ; ces cellules simples ne sont plus susceptibles de dédoublements ultérieurs et ne peuvent plus, par leurs proliférations, que se multiplier dans leur type spécifique. On peut comparer ces dédoublements successifs aux divisions d'un arbre qui pousse ses branches et ses rameaux ; les dissociations des cellules complexes sont représentées par les divisions dichotomiques et ces cellules transitoires méritent ainsi par là le nom de *cellules nodales*. Les termes de cellules fœtales, nodales ou complexes, sont synonymes et expriment simplement les divers caractères de ces cellules. »

Je ne puis suivre M. Bard dans les déductions qu'il tire de sa théorie, au point de vue de l'hérédité et de l'anatomo-pathologie ; je n'en retiendrai que la donnée principale à savoir, qu'une cellule simple, dernier terme des dédoublements successifs, ne peut plus engendrer que des cellules semblables à elle-même, ce qui peut se résumer dans cet aphorisme *omnis cellula e cellula ejusdem generis* ; or cette donnée est contraire aux faits d'observation. On sait, en effet, que, dans les phénomènes de bourgeonnement, aussi bien chez les animaux que chez les végétaux, une cellule ou un groupe de cellules — non pas des cellules génératrices, mais des cellules simples — peut produire une série de cellules fœtales, pour employer l'expression de Bard, qui se différencient de plus en plus jusqu'à produire un nouvel individu ; il en est de même dans les phénomènes de régénération. Il est vrai que Bard admet que la régénération se fait aux dépens des tissus similaires, ce qui est inadmissible dans beaucoup de cas, et qu'il ajoute qu'on ne doit pas abuser, dans cette question, des raisons basées sur l'observation des plantes et des animaux inférieurs, « tout en permettant de supposer que la spécificité cellulaire devient plus étroite à mesure qu'on s'élève dans l'échelle des êtres, de même que les fonctions physiologiques se compliquent et se dissocient dans le même sens. » Que doit-on penser d'une théorie générale qui ne peut s'appliquer à la majorité des êtres vivants, alors que toutes les conquêtes de la science moderne prouvent que les phénomènes intimes de la vie sont les mêmes chez tous ces êtres ?

Hansemann (1891-93), partisan lui aussi de la spécificité cellulaire, ne va pas aussi loin que **Bard** et cherche à expliquer les phénomènes de régénération. Il admet dans toutes cellules des plasmas principaux (*Hauptplasmen*) qui leur donnent leur caractéristique dominante, et des plasmas accessoires (*Nebenplasmen*) en petite quantité. Ces différents plasmas, à partir de l'œuf, se localisent de plus en plus dans les cellules, par suite de la division inégale de celles-ci, au point de vue qualitatif. Supposons que l'œuf renferme trois sortes de plasmas différents a, b, c, en quantités égales de telle sorte qu'on ait, par exemple, $6\,a + 6\,b + 6\,c$. Au moment de la première division de l'œuf, les plasmas se répartissent d'une manière inégale entre les deux blastomères, l'un d'eux renfermera $2\,a + 3\,b + 3\,c$, l'autre $4\,a + 3\,b + 3\,c$. Les plasmas s'accroissent dans chaque cellule-fille et celles-ci contiendront lors de la seconde division, $4\,a + 6\,b + 6\,c$ et $8\,a + 6\,b + 6\,c$; la première renferme donc moins de plasma a que la seconde. Après une série de divisions, nous aurons des cellules différenciées, renfermant presque exclusivement des plasmas principaux a, ou b, ou c.

Hansemann appelle *cellules antagonistes* les cellules provenant ainsi de divisions qualitativement inégales. Ces cellules antagonistes sont entre elles dans un état de solidarité qu'il nomme *altruisme*. Les cellules différenciés continueront à se multiplier par division égale, mais il reste toujours dans chacune d'elles une quantité plus ou moins grande de plasmas accessoires, qui, à un moment donné, sous l'influence de conditions particulières, peuvent se développer et diminuer l'importance des plasmas principaux ; la cellule, dans ce cas, perd sa différenciation et retourne à l'état embryonnaire, c'est ce qui constitue l'*anaplasie*, par opposition à la *prosoplasie* qui est la tendance à la différenciation.

L'anaplasie permet donc d'expliquer le bourgeonnement et la régénération, ce qui est impossible avec la spécificité absolue dans la théorie de Bard.

Hansemann a essayé de baser sa théorie sur des observations directes. Il croit avoir établi que chaque tissu présente un mode de cytodiérèse particulier, et il attache une grande importance aux divisions irrégulières, inégales, qui donnent naissance aux cellules hyperchromatiques et hypochromatiques, dont je vous ai déjà parlé. Ses recherches qui demandent à être vérifiées, les résultats auxquels il est arrivé ne concordant pas avec les données généralement admises, constituent la partie la plus originale de son œuvre. Sa théorie, qui repose sur l'existence purement hypothétique de plasmas principaux et de plasmas accessoires, n'explique, en effet, rien du tout; elle n'est que l'expression des faits. Personne ne conteste, sauf les adeptes de la spécificité absolue, que les cellules embryonnaires se différencient progressivement depuis l'œuf jusqu'à l'état adulte, et que beaucoup de cellules différenciées peuvent revenir à l'état embryonnaire.

On peut en dire autant des autres théories qui ont la prétention d'expliquer la différenciation cellulaire.

Hertwig, avec **Nægeli**, **de Vries**, etc., admet que « en général toute cellule d'un organisme reçoit de l'œuf fécondé toutes les tendances héréditaires qu'il contient et que sa nature spéciale est due uniquement à ce fait que, selon les circonstances, telles ou telles tendances, tels ou tels idioblastes entrent seuls en activité dans telle ou telle cellule, tandis que les autres tendances ou idioblastes qu'elle a reçus de l'œuf fécondé restent à l'état latent. » *Théories de Nægeli et de Hertwig.*

Nægeli pense que l'activité spécifique de l'idioplasma entre en jeu suivant qu'un groupe de micelles, ou un complexus de groupes de micelles, entre dans un état d'excitation ou de mouvement. Les circonstances qui provoquent cette excitation dans le cours du développement, sont la configuration de l'idioplasma, les excitations qu'il reçoit et la place qu'il occupe dans l'organisme.

Hertwig préfère à cette hypothèse dynamique de **Nægeli** celle de **de Vries**, qui admet que « dans l'idioplasma la plupart des idioblastes (*pangènes*) restent inactifs, quelques-uns entrent en activité, s'accroissent et se multiplient. Un certain nombre d'entre eux sortent du noyau et s'engagent dans le protoplasma où ils continuent à s'accroître et à se multiplier d'une manière conforme à leur fonction. »

« La transmission d'un caractère et son développement sont deux pouvoirs différents. La transmission est fonction du noyau ; le développement, le rôle du protoplasma. Dans le noyau se trouvent représentées toutes les espèces d'idioblastes de l'individu — le noyau est donc l'organe cat-exogène de l'hérédité ; — le protoplasma de toute cellule ne renferme que les idioblastes qui doivent entrer en action et qui peuvent s'y multiplier d'une façon extraordinaire en vue même de son activité. Nous avons à distinguer deux modes de multiplication des idioblastes ; l'un qui intéresse l'ensemble des idioblastes, conduit à la division nucléaire et à la répartition uniforme des idioblastes dans les deux cellules-filles ; l'autre, qui constitue une sorte de multiplication fonctionnelle, n'intéresse que les idioblastes qui entrent en action ; ce mode de multiplication est en connexion avec des transformations matérielles des idioblastes et s'accomplit surtout en dehors du noyau dans le protoplasma (**Hertwig**). »

Vous voyez par cette citation combien la théorie de **de Vries** et de **Hertwig** se rapproche de celle de **Hansemann** à laquelle elle est du reste antérieure. Elle est seulement plus précise, et, selon moi, à tort, en ce qu'elle localise dans le noyau les tendances héréditaires. Est-il plus facile de comprendre et d'admettre que tous les idioblastes de l'organisme tout entier se trouvent à l'état latent dans le noyau de chaque cellule, que de penser que dans chaque cellule il reste des plasmas accessoires représentant tous les plasmas principaux des autres cellules de l'organisme ?

Toutes les théories émises jusqu'ici pour expliquer les faits incontestables de l'hérédité et de la différenciation cellulaire, pour si ingénieuses et bien échafaudées qu'elles soient, ne vous rappellent-elles pas le mot de **Molière** : *Opium facit dormire quia est in eo virtus dormitiva ?*

Messieurs, pour ne pas rester sous l'impression pénible que produit toujours l'aveu de notre ignorance relativement aux grands problèmes de la vie, arrivés au terme de ce cours, jetons rapidement un coup d'œil d'ensemble sur les sujets que nous avons abordés.

Je n'ai pas la prétention de vous avoir donné un exposé complet de toutes les questions qui se rattachent à l'histoire de la cellule ; je n'ai pu, dans le peu de temps que j'avais à ma disposition, que vous les signaler brièvement. Je vous ai dit au début de ces leçons que la cytologie est devenue une branche spéciale de l'anatomie générale et la base des études histologiques ; je crois avoir prouvé cette assertion, en vous montrant la multiplicité des objets dont s'occupe cette science.

Nous avons d'abord considéré la constitution physique, chimique et morphologique de la substance fondamentale de la cellule, du protoplasma, et nous avons constaté que, malgré les perfectionnements des moyens d'investigation et le grand nombre des observations, cette partie de la cytologie était une des moins avancées. La structure du noyau nous est bien mieux connue que celle du protoplasma, son étude est plus facile ; quelques points de détails restent encore à élucider, mais les cytologistes sont à peu près d'accord sur les traits essentiels de sa constitution. Aussi ne devons-nous pas nous étonner que beaucoup d'entre eux fassent jouer à cet élément un rôle prépondérant dans la cellule ; on est naturellement porté à attribuer plus d'importance aux objets qu'on a le plus étudiés et qu'on connaît le mieux qu'à ceux dont on ignore l'organisation et le fonctionnement.

Nous avons à dessein négligé l'étude des produits dérivés de la cellule, qui ne rentrait pas dans le cadre de notre programme. Vous avez pu cependant saisir, par la simple énumération de ces produits, l'importance de l'étude de l'activité cellulaire au point de vue de la physiologie générale·

La reproduction de la cellule, avec les phénomènes si complexes qui l'accompagnent, nous a arrêté plus longuement. La connaissance de ces phénomènes, qui est une des conquêtes les plus récentes de la cytologie, a fait faire à l'embryogénie des progrès considérables ; c'est grâce à elle que l'on a pu établir et comprendre le processus intime de la fécondation et du premier développement de l'œuf, c'est-à-dire l'origine de tout être vivant.

Si, malgré les progrès de la cytologie, il nous est encore impossible de résoudre un grand nombre de problèmes embryogéniques, nous ne devons pas pour cela nous décourager. Sans perdre notre temps à édifier des théories qui ne reposent que sur des hypothèses, suivons le précepte de **Buffon**, rassemblons d'abord des faits pour avoir des idées. Bien que l'observation directe nous réserve encore des découvertes sans doute importantes, elle ne peut, à elle seule, nous permettre d'établir le fonctionnement de la cellule ; une autre méthode s'impose, celle de l'expérimentation. Un certain nombre de savants sont déjà entrés dans cette voie et je suis convaincu que dans un avenir peu éloigné, grâce à leurs recherches, beaucoup de phénomènes qui nous paraissent aujourd'hui inexplicables deviendront compréhensibles.

Je m'estimerai heureux si, en vous montrant dans ces leçons les nombreuses lacunes que présentent nos connaissances sur la cellule, j'ai réussi à vous donner le désir d'entreprendre des recherches personnelles pour combler ces lacunes. Tel doit être, en effet, le but de l'enseignement de cet établissement.

21 mars 1894.

FIN DES LEÇONS

BIBLIOGRAPHIE

Ackermann. — Die Histogenese und Histologie der Sarkome. *Volkmann's Sammlung klinischer Vorträge*, n° 233, 234............. 1883

Acqua, C. — Contribuzione alla conoscenza della cellula vegetale. *Malphigia*, IV, 1, 2............. 1891.

Agassiz and Whitman. — The development of Osseous Fishes. II. The preembryonic stages of development. *Mem. Mus. Comp. Zool. Harvard College*, XIV..... 1889

Altmann, R. — Einige Bemerkungen über histologische Technik. *Arch. f. Anat. u. Entw*.............. 1881
— Ueber embryonales Wachsthum. *Ibid*.............. 1881
— Beiträge zur histolog. Technik. *Centralbl. f. d. med. Wiss.* n° 44. 1881
— Studien über die Zelle. I. Heft. — Leipzig.............. 1886
— Die Genese der Zellen. *Beiträge zur Physiologie*. Leipzig.. 1887
— Ueber Nucleïnsäuren. *Arch. f. Anat. und Physiol. Physiologische Abtheilung*.............. 1889
— Die Elementarorganismen u. ihre Beziehungen zu den Zellen. — Leipzig.............. 1890
— Ueber Kernstruktur und Netzstrukturen. *Arch. f. Anat. u. Physiol. Physiol. Abth*.............. 1892
— Ein Beitrag zur Granulalehre. *Verh. d. anat. Gesellsch. Wien*. 1892
— Ueber Kernstruktur und Kerntechnik. *Verh. d. anat. Gesellsch. Göttingen*.............. 1892
— Die Granulalehre und ihre Kritik. *Arch. f. Anat. und Physiol. Anatom. Abth*.............. 1893

Apathy, St. — Ueber die Schaumstruktur, hauptsächlich bei Muskel-und Nervenfasern. *Biolog. Centralb.*, XI.............. 1891

Archer, W. — A resume of recent observations on Parasitic algæ. *Quart. Journ. micr. Sc.* 1873

Arndt, R. — Ueber den Zellkern. *Sitzungsber. |d. med. Vereins z. Greifswald*.............. 1876
— Untersuchungen an den rothen Blutkörperchen der Wirbelthiere. *Virchow's Arch.*, LXXXIII...... 1881

Arnold, Fr. — Lehrbuch der Physiologie des Menschen. 2 Theil. — Zürich.............. 1842
— Handbuch der Anatomie des Menschen.............. 1845

Arnold, J. — Ueber die feineren Verhältnisse der Ganglienzellen in dem Sympathicus des Frosches. *Virchow's Arch.*, XXXII........ 1865
— Ein Beitrag zu der feineren Structur d. Ganglienzellen. *Ibid.*, XLI. 1867
— Die Vorgänge bei d. Regeneration epithelialer Gebilde. *Ibid.*.... 1869
— Gewebe der organischen Muskeln. *Stricker's Handbuch der Lehre v. d. Geweben*.............. 1871-72
— Ueber feinere Structur d. Zellen unter normalen u. pathologischen Bedingungen. *Virchow's Arch.*, LXXVII.............. 1879
— Beobachtungen über Kerntheilungsfiguren in den Zellen der Geschwülste. *Ibid.*, LXXVIII..... 1879
— Beiträge zur Anatomie de miliaren Tuberkel. *Ibid.*, LXXXIII. 1881
— Beobacht. über Kerne und Kerntheilungen in den Zellen des Knochenmarks. *Ibid.* LXXXVIII. 1883
— Weitere Beobachtungen über Theilungsvorgänge an den Knochenmarkszellen und weissen Blutkörperchen. *Ibid.* XCVII..... 1887
— Ueber die Theilungsvorgänge an den Wanderzellen. *Archiv f. mikr. Anatomie*, XXX.............. 1887
— Weitere Mittheilungen über Kern-und Zelltheilung in der Milz ; zugleich ein Beitrag zur Kenntniss der von tipischen Mitosen abweichenden Kerntheilungs vorgünge. *Ibid.*, XXXI... 1888
— Alter und neues über Wanderzellen, inbesondere deren Herkunft und Umwandlungen. *Virchow's Archiv.*, CXXXII......... 1893

Artazi, A. — Untersuchungen über Entwicklung und Systematik einiger Protococcoideen. *Bull. Soc. imp. des naturalistes de Moscou*.............. 1892

Ascherson.—Ueber den physiologischen Nutzen der Fettstoffe und über eine neue auf deren Mitwirkung begründete und durch mehrere neue Thatsachen unterstützte Theorie der Zellbildung *Müller's Archiv*.................. 1840

ASP, G. — Zur Anat. u. Physiol. d. Leber. *Berichte d. k. Sächs. Ges. d. Wiss.*........... 1873

ASSMANN. — Zur Kenntniss des Pankreas. *Virchow's Archiv*, CXI...... 1888

AUERBACH. L. — Organologische Studien. — Breslau................. 1874
— Zelle und Zellkern. *Beiträge zur Biologie d. Pflanzen v. F. Cohn*, II............... 1876
— Ueber die streifige Spindelfigur d. Zellkerne. *Münch. Naturforsch. Vers. 1877. - Wien. med. Zeitg.* 1877
— Zur Kenntniss der thierischen Zellen. *Sitz. d. kön. preuss. Akademie d. Wiss. Berlin*............ 1890
— Ueber die Blutkörperchen der Batrachier. *Anatom. Anzeiger*.... 1890
— Ueber zweierlei chromatophile Kernsubstanzen. *Sitz. d. k. preuss. Akad. d. Wiss. Berlin*........ 1890
— Ueber einen sexuellen Gegensatz in der Chromatophilie der Keimsubstanz, u. s. w. *Ibid*.......... 1891

BALBIANI, E. G. — Sur les organes générateurs et la reproduction des Infusoires dits Polygastriques. *C. R. Acad. des Sc.*, XLVII...... 1858
— Etudes sur la reproduction des Protozoaires. Du rôle des organes générateurs dans la division spontanée des Infusoires ciliés. *Journ. de Physiol.*, III................. 1860
— Recherches sur les phénomènes sexuels des Infusoires. *Ibid.*, IV... 1861
— Sur les mouvements qui se manifestent dans le tâche germinative de quelques animaux. *C. R. Soc. de Biologie* 1864
— Sur la constitution du germe dans l'œuf animal avant la fécondation : comparaison avec l'ovule végétal. *C. R. Acad. des Sc.*, LVIII....................... 1864
— Sur le rôle du noyau dans les cellules animales *Ibid.*, LIX..... 1865
— Sur l'embryogénie des Pucerons. *Ibid* 1866
— Mémoire sur la génération des Aphides. *Ann. d. Sc. Nat. Zool.*, 5e série, XI................. 1869
XIV....................... 1870
— Mémoire sur le développement des Aranéides. *Ibid.*, 5e série, XVIII..................... 1873
— Sur la cellule embryogène de l'œuf des Poissons osseux. *C. R. Acad. des Sc*................ 1873
— Observations sur le *Didinium nasutum*. — *Arch. de Zool. expérimentale, II*.................... 1873
— Sur la génération sexuelle des Vorticelliens. *C. R. Acad. des Sc* 1875
— Sur les phénomènes de la division cellulaire. *Ibid*.............. 1876
— Leçons sur la génération des Vertébrés, recueillies par F. Henneguy. — Paris.................... 1879
— Sur la structure du noyau des

cellules salivaires chez les larves de *Chironomus — Zool. Anz*..... 1882
— Les organismes unicellulaires. Les Protozoaires. *Journ. de Micrographie*.................. 1882-84
— Sur l'orgine des cellules du follicule et du noyau vitellin de l'œuf chez les Géophiles. *Zool. Anz*.... 1883
— Leçons sur les Sporozoaires, recueillies par Pelletan. — Paris.. 1884
— Contribution à l'étude de la formation des organes sexuels chez les Insectes. *Recueil zool. Suisse*, II............................. 1885
— Evolution des micro-organismes animaux et végétaux. *Journal de Micrographie*, XI............. 1887
— Recherches expérimentales sur la mérotomie des Infusoires ciliés. Prem. part. *Recueil zoolog. Suisse*, V..................... 1888
— Etudes anatomiques et histologiques sur le tube digestif des Cryptops. *Arch. de Zool. exp.*, 2e série, VIII................. 1890
— Etude sur le Loxode. *Ann. de micrographie*, II.............. 1890
— Sur la structure intime du noyau du *Loxophyllum meleagris*. — *Zool. Anz*. 1890
— Sur les régénérations successives du péristome, etc. chez les Stentors et sur le rôle du noyau dans ce phénomène. *Zool. Anz*........ 1891
— Nouvelles recherches expérimentales sur la mérotomie des Infusoires ciliés. *Annales de micrographie*, IV.................. 1892-93
— Centrosome et « Dotterkern ». *Journ. de l'Anat. et de la Physiol.*, XXIX..................... 1893

BALBIANI et HENNEGUY. — De l'emploi du vert de méthyle en histologie. *C. R. Soc. de Biol.*.............. 1881

BABES, V. — Ueber isolirt färbbare Antheil von Bakterien. *Zeitschr. f. Hygiene*, V............... 1888

BAER, C. E. VON. — De ovi mammalium et hominis genesi. — Leipsig. 1827
— Ueber Entwicklungsgeschichte d. Thiere. Beobactung. u. Reflexion. — Königsberg............ 1837
— Neue Untersuch. über die Entwickl. d. Thiere. *Froriep's Notizen*, XXXIX................. 1846

BALFOUR, F. M. — On the phenomena accompanying the maturation and impregnation of the ovum. *Quart. Journ. of micr. Science*......... 1878
— On the structure and developement of the Vertebrate ovary. *Ibid.*, XVIII.................. 1878
— A monograph on the development of Elasmobranch Fishes. — London..................... 1878
— Notes on the devolopment of the Araneina. *Quart. Journ. micr. Sc.*.. 1880
— Traité d'Embryologie et d'Organogénie comparées. — Paris..... 1883

BALLOWITZ, E. — Untersuchungen über die Structur der Spermatozoen. I Theil : die Spermato-

zoen der Vögel. *Arch. f. mikr. Anat.*, XXXII............ 1888
— Ueber die Verbreitung feinfaseriger Structuren in den Geweben und Gewebselementen des thierischen Körpers. *Biolog. Centralblatt*, IX............ 1889
— Das Retzius'sche Endstück der Säugethier-Spermatozoen. *Intern. Monatschr. Anat. Phys.*, VII..... 1890
— Untersuchungen über die Structur der Spermatozoen. Zugleich ein Beitrag zur Lehre vom feineren Bau der contractilen Elementen. Die Spermatozoen der Insecten. *Zeitschr. f. wiss. Zool.*, L............ 1890
— Ueber das Vorkommen der Ehrlich'schen granulierten Zellen (« Mastzellen ») bei winterschlafenden Säugetieren. *Anat. Anzeiger*............ 1891
— Weitere Beobachtungen über den feineren Bau der Säugetierspermatozoen. *Zeit. f. wiss. Zool.*, LII............ 1891
— Die innere Zusammensetzung des Spermatozoenkopfes der Säugetiere. *Centralbl. f. Physiol.*, V............ 1891
BAMBEKE, CH. VAN. — Sur les trous vitellins que présentent les œufs fécondés des Amphibiens. *Bull. de l'acad. roy. de Belg.*, 2ᵉ sér. XXX. 1870
— De la présence du noyau de Balbiani dans l'œuf des Poissons osseux. *Bull. de la Soc. de Méd. de Gand*.... 1873
— Recherches sur l'embryologie des Poissons osseux. *Bull. de l'acad. roy. de Belg.*, XI............ 1875
— Recherches sur l'embryologie des Batraciens. *Ibid.*, XLI........ 1876
— Nouvelles recherches sur l'embryogénie des Batraciens. *Arch. de Biologie*, I............ 1880
— Contributions à l'histoire de la constitution de l'œuf. I. Rapport médiat de la vésicule germinative avec la périphérie du vitellus. *Bull. Acad. Belg.*, VI et *Arch. de Biol.*, IV............ 1883
— Etat actuel de nos connaissances sur la structure du noyau cellulaire à l'état de repos. *Ann. Soc. de méd. de Gand*............ 1885
— Des déformations artificielles du noyau. *Archives de Biologie*, VII. 1886
— Contribution pour servir à l'histoire de la vésicule germinative. *Bull. de l'Acad. r. de Belgique*, 3ᵉ série, XI............ 1886
— Contribution à l'histoire de la constitution de l'œuf. *Ibid.*....... 1893
BAMBEKE VAN et VAN DER STRICHT. — Caryomitose et division indirecte des cellules à noyau bourgeonnant. *Annales de la Soc. de Méd. de Gand*............ 1891
BARANETZKY. — Die Kerntheilung in den Pollenmutterzellen einiger Tradescantien. *Botan. Zeitung*... 1880
— Epaississements des parois des éléments parenchymateux. *Ann. Sc. Nat. Bot.*, 7ᵉ série, IV...... 1886
BARD, L. — La spécificité cellulaire et l'histogenèse chez l'embryon. *Arch. de Physiol.*............ 1886
— L'induction vitale, ou influence réciproque des éléments cellulaires les uns sur les autre. *Arch. de Méd. exp. et d'Anat. path*... 1890
— Le spécificité cellulaire et ses principales conséquences. *Semaine médicale*............ 1894
BARDELEBEN.— Uber den feineren Bau der menschlichen Spermatozoen. *Verh. d. anat. Ges. zu München.* 1891
BARFURTH. — Zur Regeneration der Gewebe. *Arch. f. mikr. Anat.*.... 1891
BARTHÉLEMY, A. — Sur la Physiologie d'une Planaire verte (*Convoluta Schultzii*). *C. R. Acad. des sc.*, CXIX............ 1884
BARY, A. DE. — Myxomyceten. *Zeitschrift f. wiss. Zool.*............ 1859
— Die Mycetozoen. *Ibid.*............ 1860
— Ueber den Bau und das Wesen der Zelle. *Flora*............ 1862
— Die Mycetozoen IIᵉ Aufl......... 1864
— Ueber apogame Farne u. die Erscheinungen der Apogamie im Allgemeinen. *Botanische Zeitung*, XXXVI............ 1878
— La Symbiose. *Revue internat. des Sc.*, III............ 1879
— Beiträge zur Morphologie u. Phys. der Pilze. *Abhandl. d. Lenkenberg. naturf. Gesellschaft*..... 1881
— Vorlesungen über Bacterien..... 1885
BATAILLON, E. — Recherches anatomiques et expérimentales sur la métamorphose des Batraciens anoures. *Thèse doct. ès-sc. nat. Paris*............ 1891
BAUMANN. — Ueber den von O. Löw und Th. Bokorny erbrachten Nachweis von der chemischen Ursache des Lebens. *Pflüger's Archiv*, XXIX............ 1882
BEAL and CONNAY. — The Continuity of Protoplasm through the Cell Walls of Plants. *Proceedings of the American Assoc. f. the Advancement of Science. Indianopolis, Indiana, Salem*............ 1891
BEALE, LIONEL, S. — Die Structur der einfachen Gewebe des menschlichen Körpers. — Uebersetzt von Carus............ 1862
BÉCHAMP, A. — Les microzymas dans leurs rapports avec la fermentation et la physiologie. *Assoc. p. avanc. des Sc*............ 1875
— Les microzymas dans leurs rapports avec l'hétérogénie, la physiol. et la pathol. Examen de la panspermie atmosphérique continue ou discontinue morbifère ou non morbifère. — Paris.. 1883
BECQUEREL, A. C. — Influence de l'électricité sur la circulation du Chara. *C. R. Acad. des Sc*....... 1837
BEDDARD F. E. — Observations upon an Annelid of the genus

Aclosoma. *Proceed. Zool. Soc.* London...... 1888

BEDOT, M. — Recherches sur les cellules urticantes. *Recueil zoologique Suisse*, IV... 1888

BELLONCI, G. — La Karyokinèse dans la segmentation de l'œuf de l'Axolotl. *Archives ital. de Biol*, VI... 1884

— Sui nuclei polimorfi delle cellule sessuali degli Anfibi. *Mém. d. Accad. d. sc. d. Istituto Bologna.* 1886

— Intorno alla divisione diretta del nucleo. *Ibid...* 1888

BELZUNG, E. — Nouvelles recherches sur l'origine des graines d'amidon et des grains chlorophylliens. *Annal. des Sc. naturelles. Bot.* 7e série, XIII... 1891

BENEDEN, E. VAN — Recherche sur l'embryologie des Crustacés (*Asellus aquaticus*) — *Bull. de l'acad. roy. de Belg.*, XXVIII... 1869

— Recherches sur la composition et la signification de l'œuf. *Mém. cour. de l'Ac. roy. d. Sc. de Belgique.* 1870

— *Gregarina gigantea.* — *Bull. de l'acad. roy. de Belg.*, XXXI... 1871

— Contributions à l'histoire de la vésicule germinative et du premier noyau embryonnaire. *Ibid.*, LXI. N. 1... 1876

— Recherches sur les Dicyémides. — Bruxelles... 1876

— La maturation de l'œuf, la fécondation et les premières phases du développement embr. des Mammifères. *Bull. Acad. Roy. de Belg.* 2· ser., XI... 1876

— Contributions à la connaissance de l'ovaire des Mammifères. *Arch. de Biol.*, I... 1880

— Recherches sur l'embryogénie des Mammifères et la formation des feuillets chez le Lapin. *Ibid.*, I. 1880

— Nouvelles recherches sur la maturation de l'œuf, la fécondation et la division cellulaire. *Ibid.*, IV.. 1883

BENEDEN, E. VAN et JULIN. — La spermatogenèse chez l'Ascaride mégalocéphale. *Bull. Ac. roy. de Belgique...* 1884

— Recherches sur la formation des annexes fœtales chez les Mammifères (Lapin et Chéiroptères) *Arch. de Biologie*, V... 1884

BENEDEN, E. VAN et NEYT. — Nouvelles recherches sur la fécondation et la division mitotique chez l'Ascaride mégalocéphale. *Bulletin Ac. Roy. de Belgique...* 1887

BENEDEN, P. J. VAN. — Les Commensaux et les Parasites dans le règne animal. 2e éd. — Paris... 1878

BERGH, R. S. — Studien über die erste Entwicklung des Eies von *Gonothyræa Loveni.* — *Morph. Jahrb.*, V... 1879

— Recherches sur les noyaux de l'*Urostyla grandis* et de l'*Urostyla intermedia* n. sp. — *Arch. de Biologie*, IX... 1889

— Kritik einer modernen Hypothese von der Uebertragung erblicher Eigenschaften. *Zoolog. Anzeiger..* 1892

BERGMANN. — Die Zerklüftung und Zellenbildung im Froschdotter. *Arch. f. Anat. und Phys.* ... 1841

BERGONZINI. — Ueber das Vorkommen von granulierten basophilen und acidophilen Zellen im Bindegewebe und über die Art, sie sichtbar zu machen. *Anat. Anzeiger.* 1891

BERNARD, CLAUDE. — Introduction à l'étude de la médecine expérimentale. — Paris... 1863

— Leçons sur les phénomènes de la vie communs aux animaux et aux végétaux. — Paris... 1878

BERT, P. — Sur la cause de la mort des animaux d'eau douce qu'on plonge dans l'eau de mer et réciproprement. *C. R. Acad. d. Sc.*, LXXIII... 1871

— Sur les phénomènes et les causes de la mort des animaux d'eau douce qu'on plonge dans l'eau de mer. *Ibid.*, XCVII... 1883

BERTHOLD. — Die geschlechtliche Fortpflanzung den eigentl. Phaeosporeen, *Mittheil. aus der zool. Station zu Neapel*, II... 1881

— Studien über Protoplasmamechanick. — Leipzig... 1886

BERTKAU. — Ueber den Generationsapparat der Araneiden. *Archiv für Naturgeschichte...* 1873

BEYERINCK, M. W. — Culturversuche mit Zoochlorellen, Lichengonidien und anderen niederen Algen. *Botan. Zeitung...* 1890

BIEDERMANN. — Unters. über d. Magenepithel. *Sitzungber. d. k. Acad. d. Wiss. Wien. math. nat. Cl...* 1875

BIGELOW, W. S. — Notiz über d. Theilungsprocess d. Knorpelzellen. *Arch. f. mikr. Anat.*, XVI... 1879

BISCHOFF. — Entwicklungsgeschichte des Kanincheneies. — Braunschweig... 1842

BIZZOZERO, G. — Sulla struttura degli Epiteli pavimentosi stratificati. *Centralbl. f. d. med. Wissenschaften...* 1871

— Ueber den Bau der geschichteten Pflasterepithelien. *Intern. Monatschrift f. Anat. u. Histol.* II... 1885

BIZZOZERO und TORRE, A. A. — Ueber die Bildung der rothen Blutkörper bei den niederen Wirbelthieren. *Centralbl. f. d. med. Wiss....* 1882

— De l'origine des corpuscules sanguins rouges dans les différentes classes de Vertébrés. *Archives italiennes de Biologie*, VI... 1883

BIZZOZERO et VASSALE. — Sur le tissu des glandes excrétantes. *Archives italiennes de Biologie*, IX... 1887

BLANC, H. — Note préliminaire sur la maturation et la fécondation de l'œuf de la Truite. *Bull. d. l. soc. Vaudoise d. sc. nat. Lausanne*, XXVII... 1891

BLOCHMANN, F. — Bermerkungen zu

feinem neuen Erklärungsversuch
der Karyokinese. *Zoolog. Anz*... 1882
— Ueber eine Metamorphose der
Kerne in Ovarialeiern und ü. d.
Beginn d. Blastodermbildung
bei den Ameisen. *Verh. nat.
med. Ver. Heidelberg*.......... 1884
— Ueber directe Kerntheilung in der
Embryonalhülle der Skorpione.
Morphol. Jahrb., X............ 1885
— Ueber die Reifung der Eier bei
Ameisen und Wespen. *Festschr.
zur Feier des 300 jähr. Bestehens
der Univers. Heidelberg. Med
Theil*......................... 1886
— Ueber die Richtungskörper bei
Insekteneiern. *Biolog. Central-
blatt*, VII..................... 1887
— Ueber die Richtungskörper bei
Insekteneiern. *Morphol. Jahrb.*, XII 1887
— Ueber die Richtungskörper bei
unbefruchtet sich entwickelnden
Insekteneiern. *Verh. naturh. med.
Ver. Heidelberg. N. F. IV. H. 2* ... 1888
— Ueber die Zahl der Richtungskör-
per bei befruchteten und unbefru-
cheten Bieneneiern. *Morph.
Jahrb.*, XV.................... 1889
BLUMENBACH. — Ueber den Bildungs-
trieb und das Zeugungsgeschäft.
— Göttingen...... 1781
BOBRETZKY, N. — Zur Embryologie
des *Oniscus murarius*. — *Zeitschr.
f. wiss. Zoologie*, XXIV......... 1874
— Studien über die embryonale
Entwicklung der Gasteropoden.
Arch. f. mikr. Anat., XIII....... 1876
— Ueber die Bildung der Blasto-
derms und der Keimblätter bei
den Insecten. *Zeitschr. f. wiss.
Zoologie*, XXXI................ 1878
BÖHM. — Ueber Reifung u. Befru-
chtung des Eies von *Petromyzon
Planeri*. — *Arch. f. mikrosk.
Anatomie*, XXXII.............. 1888
— Die Befruchtung des Forelleneies.
*Sitzungsber. d. Gesellsch.f. Mor-
phol. u. Physiol. zu München*.... 1891
BOKORNY, TH. — Das Wasserstoff-
superoxyd und die Silberabschei-
dung durch actives Albumin.
Pringsheim's Jahrbücher, XVII... 1886
— Eine bemerkenswerthe Wirkung
oxydirter Eisenvitriollösungen auf
lebende Pflanzenzellen. *Berichte
d. Deutsch. bot. Gesells*.......... 1889
— Ueber Nachweis von Wasser-
stoffsuperoxyd in lebenden Pflan-
zenzellen. *Ibid*,................. 1889
— Zur Kenntniss des Cytoplasmas.
Ibid............................ 1890
— Zur Proteosomenbildung in den
Blättern der Crassulacen. *Ibid*... 1892
BOLL. — Die Bindesubstanz der Drü-
sen. *Archiv f. mik. Anatomie*... 1869
— Beiträge zur mikroskopischen
Anatomie der acinösen Drüsen.
Inaugural Dissertation. Berlin .. 1869
BOLLES LEE, A. — La spermatoge-
nèse chez les Chétognathes. *La
Cellule*, IV..................... 1888
BOLLES LEE, et F. HENNEGUY. —
Traité des méthodes techniques

de l'Anatomie microscopique. —
Paris........................... 1887
BOLSIUS, H. — Recherches sur la
structure des organes segmentai-
res des Hirudinées. *La Cellule*,V. 1889
— Nouvelles recherches sur la
structure des organes segmentai-
res des Hirudinées. *Ibid.*, VII.... 1891
BONNET. — Considérations sur les
corps organisés. - Amsterdam.. 1762
BORN. — Uber die inneren Vorgänge
bei der Bastardbefruchtung der
Froscheier. *Bresl. ärztl. Zeitschr.* 1884
— Biologische Untersuchungen I.
und II. *Arch. f. mikr. Anat.*,
XXIV u. XXVII.............. 1885-86
— Ueber den Einfluss der Schwere
auf das Froschei. *Ibid.*, XXIV.... 1885
— Die Reifung des Amphibieneies
u. die Befruchtung unreifer Eier
bei *Triton tœniatus*. — *Anat.
Anzeiger*, VII.................. 1892
BORNET et FLAHAULT. — Sur quelques plantes vivant dans le test
calcaire des Mollusques. *Congrès
botanique*...................... 1889
BORY DE SAINT-VINCENT. — Encyclo-
pédie zoologique. 1824
BORZI, A. — Le communicazioni inter-
cellulari delle Nostochinee. *Malpi-
ghia*,.......................... 1886
BÖTTCHER, ARTH. — Ueber Bau und
die Quellungsfähigkeit der Fros-
cheileiter. *Virchow's Archiv*,
XXXVII....................... 1866
— Ueber die feinere Structur d.
rothen Blutkörperchen. *Arch. f.
mik. Anat.*, XIV................ 1877
BOURNE, A. G. — On the structure of
the nephridia of the medicinal
Leech. *Quart. Journal of micros.
Sc.*, XX........................ 1880
— On *Pelomyxa viridis* sp. n. and
ou the vesicular nature of Protoplasma. *Ibid*........ 1891
BOURQUELOT. — Sur la composition
des grains d'amidon. *C. R. Ac.
d. Sc.*, CIV..................... 1887
BOUVIER, E. L. — La chlorophylle
animale et les phénomènes de
symbiose entre les Algues vertes
unicellulaires et les animaux.
Bull. de la soc. philomathique,
VIIIᵉ série, V................... 1893
BOVERI, TH. — Ueber die Bedeutung
der Richtungskörper. *Sitzungsber.
d. Ges. f. Morph. u. Phys. in
München*, II................... 1886
— Zellenstudien. Die Bildung der
Richtungskörper bei *Ascaris me-
galocephala* und *Ascaris lumbri-
coides*. — *Jenaische Zeitschr*..... 1887
— Ueber Differenzierung der Zell-
kerne während der Furchung des
Eies von *Ascaris meg*. — *Anat.
Anz*............................ 1887
— Ueber die Befruchtung der Eier
von *Ascaris meg*. — *Sitz.-Ber. d.
Ges. f. Morph. u. Phys. in Mü-
nchen*, III..................... 1887
— Ueber den Antheil des Spermato-
zoons an der Theilung der Eier.
Ibid., III...................... 1887

— Zellenstudien. *Jenaische Zeitschrift*..............1887, 1888, 1890
— Ueber partielle Befruchtung.*Sitz.-Ber. d. Ges. f. Morph. u. Phys. in München*, IV. 1888
— Ein geschlechtlich erzeugter Organismus ohne mütterliche Eigenschaften. *Ibid.*, V................ 1889

BOWER, F. O. — On recent researches into the Origin and Morphology of Chlorophyll corpuscles and allied bodies. *Quart. J. micr. Sc.*, XXIV...................... 1884

BRANDT, A. — Ueber active Formveränderungen des Kernkörperchens. *Arch. f. mikr. Anat.*, X.. 1874
— Bemerkungen über die Eifurchung und die Betheiligung des Keimbläschens an derselben. *Zeitschr. f. wiss. Zool.*, XXVIII. 1876
— Ueber die Eifurchung der *Ascaris nigrovenosa*. — *Ibid.*, XXVIII. 1876
— Vergleichende Untersuchungen über die Eiröhren u. das Ei der Insecten. — Moskau............. 1876
— Bemerkungen über d. Kerne d. rothen Blutkörperchen. *Arch. f. mikr. Anat.*, XIII................ 1877
— Ueber das Ei u. seine Bildungstätte. — Leipzig.................. 1878
— Commentare zur Keimbläschentheorie des Eies. *Arch. f. mikr. Anat.*, XVII..................... 1880
— Neue Radiolarienstudien. *Mittheil. des Vereins Schleswig-Holstein Aerzte, Januar*.............. 1890

BRANDT, K. — Mikrochemische Untersuchungen. *Verhandl. d. Berlin. physich. Gesells*.................. 1878
— Ueber das Zusamenleben von Algen und Tieren. *Biol. Centralbl*, I......................1881-82
— Ueber die morphologische und physiologische Bedeutung des Chlorophylls bei Thieren. Erster Theil. *Arch. f. Physiol*........ 1882
Zweiter Theil. *Mitth. zool. St. zu Neapel.* 1883

BRASS, A. — Biologische Studien. I. Die Organisation der thierischen Zelle. — Halle.............. 1883-84

BRAUER, A. — Zur Kenntnis der Herkunft des Centrosomas. *Biol. Centrabl*....................... 1893
— Die Spermatogenese von *Ascaris megalocephala*. — *Arch. f. mikr. Anat.*, XLII..................... 1893
— Zur Kenntnis der parthenogenetisch sich entwickelnden Eies von *Artemia salina*. — *Ibid.*, XLIII... 1893

BRAUN, ALEX. — Betrachtungen über die Erscheinung der Verjüngung in der Natur. — Leipzig......... 1851

BRAUN. — Beiträge zur Kenntniss der Fauna baltica. *Arch. f. d. Naturk. Liv. Ehst-und Kuslands.* IX................................ 1881

BROCK, J. — Untersuchungen über die interstitiellen Bindesubstanzen der Mollusken. *Zeits. f. wiss. Zoolog.*, XXXIX.................. 1883
— Ueber die sogennanten Augen

von *Tridacna* und das Vorkommen von Pseudochlorophyllkörpern in Gefässsystem der Muscheln. *Zeit. f. wiss. Zool.*, XLVI.............. 1888

BROWN, ROBERT. — Observations on the organs and mode of fecundation in Orchideae and Asclepiadeae. *Transactions of the Linnean Society*. London.................. 1831
— Organs and Mode of fecundation in Orchideæ and Asclepiadeæ. London 1833. Reproduct in *The miscellaneous botan. works of R. Brown, Roy. Society*, London... 1847

BRÜCKE. — Untersuchungen über den Farbenwechsel des afrikan. Chamæleons. *Denkschr. d. math. natur. Classe der Akad. d. Wissensch.*, IV...................... 1854
— Die Elementaroganismen. *Wiener Sitzungsber. Jahrg. XVIV. 2 Abth. math.-nat. Cl*............. 1861

BRUNN, VON. — Ueber die den rothen Blutkörperchen der Säugethiere zugeschriebenen Kerne. *Arch. f. mikr. Anat.*, XIV.............. 1877
— Die Rückbildung nicht ausgestoszener Eierstockseier bei den Vögeln. — *Beitr. z. Anat. u. Embryol. Als Fetsgabe f. J. Henle.* Bonn.......................... 1882

BUCHNER. — Die chemische Reizbarkeit der Leukocyten und deren Beziehung zur Entzündung und Eiterung. *Berliner klinische Wochenschrift.* 1890

BUNGE. — Lehrbuch des physiologischen und pathologischen Chemie. — Leipzig..................... 1889

BÜRGER. — Attraktionssphären in den Zellkörpern einer Liebesflüssigkeit. *Zool. Anzeiger*.......... 1891

BUSCALIONI, L. — Sulla fragmentazione nucleare seguita dalla divisione della cellula. *Giornale della R. Accad. di med.* Torino....... 1892

BÜTSCHLI, O. — Beiträge zur Kenntniss der freilebenden Nematoden. *Nova Acta Acad. Leop-Carol.*, XXXVI...................... 1873
— Bemerkungen zur Metamorphose des Pilidium. *Archiv. f. Naturgeschichte*, IX...................... 1873
— Einiges über Infusorien. *Arch. f. mikr. Anat.*, IX................ 1873
— Vorläufige Mittheilungen über Untersuchungen, betreffend die ersten Entwickelungsvorgänge im befruchteten Ei von Nematoden und Schnecken. *Zeitschr. f. wiss. Zool.*, XXV..................... 1875
— Vorl. Mittheilung einiger Resultate von Studien über die Conjugation der Iufusorien und die Zelltheilung. *Ibid.*............... 1875
— Ueber die Entwicklung des Schwärmsprösslings von *Podophrya quadripatita*. — *Jenaische Zeitschr. f. Naturw.*, X.......... 1876
— Studien über die ersten Entwickelungsvorgänge der Eizelle, die Zelltheilung und die Konjugation

der Infusorien. *Abh. der Senckenb. Naturforscher-Ges.*, X 1876
— Zur Kenntniss des Theilungs-processes der Knorpelzellen. *Zeitschr. f. wiss. Zoologie*, XXIX. 1877
— Beiträge zur Kenntniss der Fla-gellaten und verwandter Organis-men. *Ibid.*, XXX 1878
— Einige Bemerkungen über ge-wisse Organisationsverhältnisse der sogenannten Ciliofiagellaten und der Noctiluca. *Morphol. Jahr-buch*, X.. 1885
— Gedanken über die morpho-gische Bedeutung der sogen. Rich-tungskörperchen. *Biolog. Cen-tralbl.*, IV 1885
— Bemerkungen über einen dem Glycogen verwandten Körper in den Gregarinen. *Zeitsch. f. Biologie.* 1885
— Kleine Beiträge zur Kenntniss einiger mariner Rhizopoden. *Morphol. Jahrb.*, X 1885
— Müssen wir ein Wachstum des Plasma durch Intussusception annehmen ? *Biolog. Centralblatt*, VIII 1888
— Protozoen. 1er volume de Bronn's Classen und Ordnungen des Thierreichs 1889
— Ueber zwei interessante Ciliaten-formen und Protoplasmastruktu-ren. *Tagebl. d. 62. Vers. deutsch. Naturf. u. Aerzte zu Heidelberg* .. 1889
— Weitere Mittheilungen über die Structur des Protoplasmas. *Ver-handl. d. naturhist.-med. Vereins zu Heidelberg*, N. F. IV, 4. Heft. 1889
— Ueber den Bau der Bakterien und verwandter Organismen. — Leipzig 1890
— Ueber die Structur des Protoplas-mas. *Verhandlungen des natur-hist.-med. Vereins zu Heidel-berg*, N. F. IV 1889-90
— Ueber die Structur des Proto-plasmas. *Verhandl. der deutschen zoologischen Ges. zu Leipzig* 1891
— Ueber die sogenannten Central-körper der Zellen u. ihre Bedeu-tung. *Naturhistor.-med. Verein zu Heidelberg* 1891
— Untersuchungen über mikrosko-pische Schäume u. das Protoplas-ma. — Leipzig. 1892
— Ueber die künstliche Nachamung der karyokinetischen Figur. *Verh. d. naturw. Vereins Hei-delberg*, V.................... 1892
BÜTSCHLI und SCHEWIAKOFF. — Ueber den feineren Bau der quergestreif-ten Muskeln von Arthropoden. *Biolog. Centralblatt*, XI 1891
BÜTTNER, RICH. — Ueber Gerbsäure-Reactionen in der lebenden Pflan-zenzelle. *Inaug. Diss.* Erlangen... 1890
CADIAT, L. O. — De la formation des vésicules de Graaf chez l'embryon et chez l'adulte. *Journ. de l'anat. et de la physiol.* 1881
CAJAL, RAMON Y. — Contribution à l'étude des cellules anastomosées

des épithéliums pavimenteux stra-tifiés. *Journ. intern. mens. d'anat. et physiol.*, III 1886
CALBERLA, E. — Befruchtungsvorgang beim Ei von *Petromyzon Planeri.* — *Zeitschrift f. wiss. Zool.*, XXX. 1877
CARNOY, J.-B. — La biologie cellu-laire. — Lierre................. 1884
— La Cytodiérèse chez les Arthro-podes. *La Cellule*, I, Fasc. 2 1885
— La vésicule germinative et les globules polaires de l'*Ascaris megalocephala.* — *Ibid.*, II, f. 1 ... 1886
— La cytodiérèse de l'œuf. La vési-cule germinative et les globules polaires chez divers Nématodes. *Ibid.*, III 1886
— La segmentation de l'œuf chez les Nématodes. *Ibid.*, III, f. 1 1886
— Conférence donnée à la Société belge de microscopie. *Ibid.*, III ... 1887
CARUS, C. G. — Neue Untersuchun-gen über die Entwicklung unserer Flussmuschel. *Nov. Act. Acad. Carol. Leopold.* X... 1832
CARUS, J. V. — Ueber die Entwickl. des Spinneneies. *Zeitsch. f. wiss. Zool.*, II..................... 1850
CASH. — Ueber den Antheil des Ma-gens und des Pankreas an der Verdauunng des Fettes. *Arb. aus d. physiol. Anstalt zu Leipzig*.... 1880
CAVOLINI. — Memoria sulle gene-razione dei Pesci e dei Granchi. — Napoli...................... 1787
CAZIN. — Sur un mode de dégénéres-cence hyaline des cellules du tissu conjonctif. *Bull. d. l. soc. ana-tomique Paris*................. 1891
CERTES, A. — Sur un procédé de colo-ration des Infusoires et des élé-ments anatomiques pendant la vie. *C. R. Acad. d. sc.*........... 1881
— De l'emploi des matières colo-rantes dans l'étude physiologique et histologique des Infusoires vi-vants. *C. R. soc. Biol.*........... 1885
CHABRY. — Contribution à l'embryo-logie normale et tératologique des Ascidies simples. *Journal de l'anat. et de la physiol.*.......... 1887
CHATIN, J. — La cellule animale, sa structure, sa vie ; étude biologique et pratique. — Paris............. 1892
CHICHKOFF, D. — Recherches sur les Dendrocœles d'eau douce (Tricla-des). *Archives de Biologie*, XII.... 1892
CHODAT, B. — Contribution à l'étude des plastides. *Arch. des sc. phy. et natur. de Genève* 3e pér., XXV. 1891
CHUN, C. — Natur und Wirkungs-Weise der Nesselzellen bei Cœlen-teraten. *Zool. Anz* 1881
CIENKOWSKY, L. — Zur Entwicklungs-geschichte der Myxomyceten. *Jahrb. f. wiss. Botanik*, III 1863
— Ueber Schwärmerbildung bei Ra-diolarien. *Arch. f. mikr. Anat.*, VII......................... 1871
CLAPARÈDE, ED. — De la formation et de la fécondation des œufs chez les vers Nématodes. *Mém. de la*

498   BIBLIOGRAPHIE

soc. de Phys. et d'Hist. nat. Genève, XV...................... 1859
CLAPARÈDE et LACHMANN. — Etudes sur les Infusoires et les Rhizopodes. Mém. Inst. nat. Gènevois. 1857-58
CLAUS. — Ueber die Entwickelung, Organisation und systematische Stellung der Arguliden. Zeitsch. f. wiss. Zool., XXV............. 1875
— Untersuchungen über die Organisation und Entwickelung von Branchipus und Artemia nebst vergl. Bemerk. über andere Phyllopoden. Arbeiten d. zool. Institut in Wien...................... 1886
COHN, F. — Nachträge zur Naturgeschichte des Protococcus pluviatilis. — Nova acta Acad. Car. Leop., XXII.................. 1850
— Beiträge zur Entwicklungsgeschichte der Infusorien. Zeitsch. f. wiss. Zoolog., III............. 1851
— Ueber parasitische Algen. Beitr. Biol. der Pflanzen, I. Heft II.... 1872
CONKLIN, E. G. — The fertilisation of the ovum. Biol. Lect. mar. Lab. Wood's Holl. Boston........... 1894
CORNIL. — Sur le procédé de division indirecte des noyaux et des cellules épithéliales dans les tumeurs. Arch. de physiol. norm. et path., 3. sér., VIII.................. 1886
— Sur la multiplication des cellules de la moelle des os par division indirecte dans l'inflammation. Ibid..................... 1887
— Mode de multiplication des noyaux et des cellules dans l'Epithélioma. Journ. de l'anat. et de la physiol., XXVII................ 1891
CORTI, BONAVENTURA. — Osservazioni microsc. sulla Tremella e sulla circolazione del fluido in una pianta acquaiola............... 1774
COSTE. — Recherches sur les premières modifications de la matière organique et des cellules. C R. Ac. d. sc..................... 1845
— Histoire gén. et particulière du dévelop. des corps organisés. — Paris..................... 1853
COULTER. — Continuity of protoplasm. Botanical Gazette, XIV .. 1889
COURCHET, L. — Du noyau dans les cellules végétales et animales ; structure et fonctions. — Paris... 1884
CRAMER, HERM. — Bemerkungen über das Zellenleben in der Entwickelung des Frosches. Müller's Archiv..................... 1848
— Beitrag für Kenntniss der Bedeutung und Entw. des Vogeleies. Verh. d. phys. med. Gesells. in Würzburg.................. 1868
CRATO, E. — Die Physode, ein Organ des Zellenleibes. Ber. d. Deutsch. Bot. Ges..................... 1892
— Beitrag zur Kenntniss der Protoplasmastructur. Ibid............. 1892
CUÉNOT, L. — Etudes physiologiques sur les Gastéropodes pulmonés. Archives de Biologie, XII........ 1892
CUNNINGHAM, J. C. — Review of recent researches on Karyokinesis

and Cell division. Quart. Jour. of micr. science, XXII. N. S......... 1881
DANGEARD, P. A. — Étude des noyaux dans quelques groupes inférieurs de végétaux. Le Botaniste........ 1889
— Mémoire sur les Algues. Ibid.... 1889
— Contribution à l'étude des organismes inférieurs. Ibid.......... 1890
— Les noyaux d'une Cyanophycée. Ibid...................... 1890
— Étude sur l'Ophrydium versatile Bory. — Ibid.................. 1890
— Sur la structure histologique des levûres et leur développement. C. R. de l'Acad. des sciences, CXVII................... 1893
DANILEWSKY. — Recherches sur la parasitologie du sang. Arch. slaves de biologie............. 1886-87
DARWIN. — Effets de la fécondation croisée. —Paris............... 1877
— De la variation des animaux et des plantes à l'état domestique. — Paris.................. 1879
DASTRE. — Des corps biréfringents de l'œuf des ovipares.—Thèse. Paris. 1876
DAVIDOFF, V. — Untersuchungen zur Entwicklungsgeschichte der Distaplia magnilarva, einer zusammengesetzten Ascidie. Mittheil. aus. d. zoolog. Station zu Neapel, IX...................... 1889-91
DECAGNY, CH. — Sur la morphologie cellulaire chez les Spirogyras et sur les phénomènes particuliers qui en résultent chez ces plantes. C. R. Acad. des Sciences, LXVI. 1893
DEHNECKE. — Einige Beobachtungen über den Einfluss der Präparationsmethode auf die Bewegungen des Protoplasmas der Pflanzenzellen. Flora.................... 1881
DEITERS. — Untersuchungen über Gehirn und Rückenmark.... 1865
DELAGE, YVES. — Etudes histologiques sur les Planaires Rhabdocœles Acœles (Convoluta Schultzii). — Arch. Zool. Exp. (2) IV........ 1886
DEMARBAIX. — Division et dégénérescence des cellules géantes de la moelle des os. La Cellule, V. 1888-89
DEMOOR, G. — Contribution à l'étude de la physiologie de la cellule. Indépendance fonctionnelle du protoplasma et du noyau. Archives de Biologie, XIII............... 1894
DENNISSENKO, G. — Ueber den Bau der äusseren Körnerschicht d. Netzhaut b. d. Wirbelthieren. Archiv f. mikr. Anat., XIX..... 1881
DENYS. — La cytodiérèse des cellules épithéliales et des petites cellules incolores de la moelle des os. La Cellule, II................. 1887
— La structure de la moelle des os et la genèse du sang des Oiseaux. Ibid., IV.................. 1887
DERBÈS. — La formation de l'embryon chez l'Oursin comestible. Ann. des sciences nat. Zool., sér. III, VIII.................. 1847
DETMER. — Pflanzenphys. Unters. über Fermentbildung. — Jena... 1884

Dietl. — Die Gewebselemente des Centralnervensystems bei wirbellosen Thieren. *Berichte des naturwiss. Vereins zu Innsbruck*, VII.................................1876-78

Dogiel. — Zur Frage über das Epithel der Harnblase. *Arch. f. mikr. Anat.*, XXXV.................... 1890
— Zur Frage über die Ausführungsgänge des Pankreas des Menschen. *Archiv für Anatomie und Entwicklungsgeschichte*...... 1893

Dostoiewsky, A. — Ueber den Bau des Vorderlappens des Hirnanhanges. *Archiv f. mikr. Anatomie*, XXVI..................... 1886

Drasch, O. — Die physiologische Regeneration des Flimmerepithels der Trachea. *Sitzungsber. d. Wien. Acad. d. Wiss. math-nat. Cl.*, LXXX............ 1879
— Zur Frage der Regeneration des Trachealepithels mit Rücksicht auf die Karyokinese u. die Bedeutung der Becherzellen. *Ibid.*, LXXXIII................... 1881

Drews. — Zellvermehrung in der Tonsilla beim Erwachsenen. *Archiv f. mikr. Anatomie*, XXIV.. 1884

Dreyer, Fried. — Die Principien der Gerüstbildung bei Rhizopoden, Spongien und Echinodermen. *Jenaische Zeitschr.*, XXVI........ 1892

Driesch. — Entwicklungsmechanische Studien. Der Werth der beiden ersten Furchungszellen in der Echinodermentwicklung. Experimentelle Erzeugung von Theil — und Doppelbildungen. *Zeitschr. f. wiss. Zoologie*, LIII............ 1891

Duclert, L.— Etude histologique sur la sécrétion du lait. *Thèse de doct. Montpellier*.............. 1893

Dujardin, F. — Recherches sur les organismes inférieurs. *Ann. Sc. Nat. Zool.*, 2e série, IV......... 1835
— Mémoire sur l'organisation des Infusoires. *Ibid.*, 2e série, X...... 1838
— Histoire naturelle des Zoophytes. Infusoires. — Paris.............. 1841

Düsing, C. — Die Regulierung des Geschlechtsverhältnisses. — Jena. 1884

Dutrochet. — Recherches sur la structure intime des animaux et des végétaux. — Paris............ 1824
— Mémoires pour servir à l'histoire anatomique et physiologique des végétaux et des animaux. 2 vol. avec atlas. — Paris.............. 1837

Duval, Mathias. — Recherches sur la spermatogenèse étudiée chez quelques Gastéropodes pulmonés. *Rev. des Sc. nat. Montpellier*, VII. 1878
— Etudes sur la spermatogenèse chez la Paludine vivipare. *Ibid*, VIII........................... 1879
— Le placenta des Rongeurs. *Journ. de l'anat. et de la physiol*..... 1889-92

Eberdt, O. — Beiträge zur Enstehungsgeschichte der Stärke. *Pringsheim's Jahrbücher*, XXII....... 1890

Eberth, C. G. — Zur Kenntniss des feineren Baues der Flimmerepi-thelien. *Arch. f. path. Anat.*, XXV........................... 1866
— Ueber Kern-und Zelltheilung. *Virchow's Arch.*, LXVII......... 1867
— Die Befruchtung des thierischen Eies nach Untersuchungen am Echinidenei. *Fortschr. d. Med.*, Nr. 14.......................... 1884
— Ueber Einschlüsse in Epithelzellen. *Ibid.*, VIII................. 1890
— Kern-und Zelltheilung während der Entzündung und Regeneration. *Internationale Beitr. z. wissensch. Medizin, Berlin*, II...... 1861

Eberth, C. J. und Müller, Karl. — Untersuchungen über das Pankreas. *Zeitschr. f. wiss. Zoologie*, LIII............................. 1892

Eberth, C. J. und Wadsworth. — Die Regeneration des Hornhautepithels. *Virchow's Avchiv.* 1870

Ebner, V. von. — Ueber die Anfänge der Speichelgänge in den Alveolen der Speicheldrüsen. *Arch. f. mikr. Anat.*, VIII................ 1872
— Die acinösen Drüsen der Zunge und ihre Beziehungen zu den Geschmaksorganen. — Graz. 1873

Ecker, Alex. — Zur Lehre vom Baue u. Leben der contractilen Substanz der niedersten Thiere. *Zeitsch. f. wiss. Zoologie*, I.............. 1849

Ehrlich, P. — Beiträge zur Kenntniss, der Anilinfärbungen und ihrer Verwendung in der mikroskopischen Technik. *Arch. f. mik. Anat.*, XIII.......................... 1877
— Beiträge zur Kenntniss der granulierten Bindegewebszellen und der eosinophilen Leucocyten. *Arch. f. Anat. u. Physiol. Physiol. Abtheil*.............. 1879
— Methodologische Beiträge zur Physiologie u. Pathologie der verschiedenen Formen der Leukocyten. *Zeitschrift f. klin. Med.*, I. 1880
— Ueber die Methylenblaureaction der lebenden Nervensubstanz. *Biologisches Centralblatt*, VI.. 1886-87
— Forbenanalytische Untersuchungen zur Histologie und Klinik des Blutes. — Berlin.............. 1891

Eimer, Ch. — Die Schnauze des Maulwurfs als Tastwerkzeug. *Arch. f. mikr. Anat.*, VII............ 1871
— Untersuchungen über die Eier der Reptilien. *Ibid.*, VIII......... 1872
— Zur Kenntniss vom Baue des Zellkerns. *Ibid.*, VIII.............. 1872
— Ueber den Bau und die Bewegung der Samenfäden. *Würzb. Verhandl.*, VI.............. 1874
— Ueber amoeboide Bewegungen des Kernkörperchens. *Arch. f. mikr. Anat.* 1875
— Weitere Nachrichten über den Bau des Zellkerns. *Ibid.*, XIV.... 1877

Eismond, J. — Ueber die Verhältnisse des Kerns zum Zellleibe und über die Zelltheilung. *Sitz. d. biol. Gesells. zu Warschau*.......... 1890

Elfwing. — Ueber eine Beziehung

500   BIBLIOGRAPHIE

zwischen Licht und Etiolin. *Arbeiten des bot. Instituts in Würzburg*, II 1880

ELLENBERGER. — Vergleichende Histologie der Haussäugethiere. — Berlin 1887

EMERY, C. — Notes physiologiques. 1° De l'absorption cutanée chez les Batraciens. *Ann. d. Sc. nat. Zoologie. 5e série*, XIII 1869
— *Fierasfer*. Studi intorno alla sistematica, l'anatomia e la biologia delle specie mediterranee di questo genere. *Att. dell. Accad. dei Lincei, Ser. 3.* VII 1880

ENGELMANN, TH. W. — Beiträge zur Physiologie des Protoplasmas. *Pflüger's Archiv*, II 1869
— Neue Untersuchungen über die mikroskopischen Vorgänge bei d. Muskelcontraction. *Ibid.*, VII, VIII 1873-74
— Contractilität und Doppelbrechung. *Ibid.*, XI 1874
— Over ontwikkeling en voortplanting van Infusoria. *Onderzoek. physiol. laborat. Utrecht* 1875
— Ueber Entwicklung und Fortpflanzung von Infusorien. *Morpholog. Jahrbuch*, I 1876
— Ueber Reizung contractilen Protoplasmas durch plötzliche Beleuchtung. *Pflüger's Archiv*, XIX 1879
— Ueber die Bewegungen der Oscillarien und Diatomeen. *Ibid.*, XIX. 1879
— Zur Anatomie u. Physiologie der Flimmerzellen. *Ibid.*, XXIII 1880
— Neue Methode zur Untersuchung der Sauerstoffausscheidung pflanzlicher und thierischer Organismen. *Ibid.*, XXV 1881
— Ueber den faserigen Bau d. contractilen Substanzen. *Ibid.*, XXVI. 1881
— Ueber den faserigen Bau d. contractilen Substanzen u. s. w. *in : Onderzoek. gedaan in het Physiol. Lab. Utrecht*, |Deel VI 1881
— Ueber Licht-und Farbenperception niederster Organismen. *Ibid.*, XXIX 1882
— *Bacterium photometricum*. Ein Beitrag zur vergleichenden Physiologie des Licht-und Farbensinnes. *Ibid.*, XXX 1882
— Ueber thierisches Chlorophyll. *Ibid.*, XXXII 1883
— Ueber die Flimmerbewegung. *Jenaische Zeitschrift*, IV 1886

ENTZ, GEZA. — Ueber die Natur der « Chlorophyllkörperchen » niederer Thiere. *Biolog. Centralbl.*, I 1881-82
— Das Konsortialverhältniss von Algen und Thieren. *Ibid.*, II ... 1882-83

ERNST, PAUL. — Ueber Kern-und Sporenbildung bei Bakterien. *Zeitsch. f. Hygiene*, V 1888

EVERTS, B. — Vorläufige Mitth. über *Vorticella nebulifera*. — *Sitz. d. phys. med. Soc. Erlangen* 1873
— Untersuchungen an *Vorticella nebulifera*. — *Zeitschr. f. wiss. Zool.*, XXIII 1873

EWALD. — Ueber Fettbildung durch die überlebende Darmschleimhaut. *Arch. f. Anat. u. Physiol.* 1883

EWALD, A. u. KÜHNE, W. — Ueber einen neuen Bestandtheil des Nervensystems. *Verh. d. nat. hist. med. Vereins in Heidelberg*, I, Heft 5 1859
— Die Verdauung als histologische Methode. *Ibid.* I, H. 5 1859

EWETZKY, TH. V. — Ueber das Endothel der Membrana Descemetii. *Unters. aus dem pathol. Institut in Zürich*, III 1875

FABRE-DOMERGUE. — Sur la structure réticulée du protoplasma des Infusoires. *C. R. Acad. d. Sc.*, CXIV. 1887
— Recherches anatomiques et physiologiques sur les Infusoires ciliés. *Annales Sc. nat. Zoologie*, V 1888
— Sur les substances de réserve du protoplasma des Infusoires. *Ann. de Microgr.*, I 1889-90
— Sur le système vasculaire contractile des Inf. ciliés. *Soc. de Biologie* 1890
— Etude sur le *Trachelius ovum*. — *Jour. de l'Anat. et de la Physiol.* .. 1891
— Sur la désorientation de la cytodiérèse dans les cancers épithéliaux. *C. R. soc. Biologie* 1892

FALKENBERG, P. — Die Befruchtung und der Generationswechsel von *Cutleria*. — *Mittheil. aus der zoolog. Station zu Neapel* 1879
— Die Algen im weitesten Sinn. *Schenk's Handb. der Botanik*, II.. 1882

FAMINTZIN, A. — Beitrag zur Symbiose von Algen und Thieren. Erster Theil. *Mém. Acad. imp. Sc. de Saint-Pétersbourg*, (VII) XXXVI 1889
— Zweiter Theil. *Ibid.*, XXXVIII. N° 4 1891
— Nochmals die Zoochlorellen. *Biol. Centralbl.* XI 1892

FAYOD. — Ueber die wahre Structur des lebendigen Protoplasmas und der Zellmembran. *Naturwissench. Rundschau* 1890
— La structure du protoplasma vivant. *Revue générale de Botanique*, III 1891

FELIX, WALTHER. — Zur Leber und Pankreasentwickelung. *Archiv für Anat. und Entwick.* 1892

FICK, R. — Ueber Reifung und Befruchtung des Axolotleies. *Zeitsch. f. wiss. Zool.*, LV.I 1893

FIRKET. — Note sur les corps colorables de Flemming observés dans les tissus pathologiques. *Acad. Roy. de Méd. de Belgique* 1891

FISCH, C. — Untersuchungen über einige Flagellaten und verwandte Organismen. *Zeitschr. f. wiss. Zool.*, XLII 1885

FISCHER, ALF. — Die Plasmolyse der Bacterien. *Ber. d. k. sächs. Ges. d. Wiss. Math. phys. Classe* 1891

FLEMMING, W. — Weitere Mittheilungen zur Physiologie der Fettzellen.

Arch. f. mikr. Anat., VII, 1871,
und *Virchow's Archiv*...........   1872
— Ueber die ersten Entwicklungsers-
cheinungen am Ei d. Teichmus-
chel. *Arch. f. mikr. Anat.*. X...   1874
— Studien in der Entwicklungs-
geschichte der Najaden. *Sitzungs-
ber. d. Kais. Acad. d. Wiss.
Wien, math. nat. Cl.*, III......   1875
— Beobachtungen über die Beschaf-
fenheit des Zellkerns. *Arch. f.
mikr. Anat.*, XIII............ ...   1876
— Zur Kenntniss des Zellkerns.
Centralbl. f. d. med. Wiss., Nr.
20...................   1878
— Zur Kenntniss d. Gerüste im
Zellkern u. ihrer Veränderung
durch chromsäure Salze. *Ibid.*,
Nr. 23...................   1878
— Zur Kenntniss der Zelle u. ihrer
Theilungserscheinungen. *Schrif-
ten des naturwiss. Vereins zu Kiel*   1788
— Ueber das Verhalten des Kerns
bei der Zelltheilung und über die
Bedeutung mehrkerniger Zellen.
Virchow's Arch.. LXXVII.........   1879
— Ueber Epithelregeneration u.
sogenannte freie Kernbildung.
Arch. f. mikr. Anat., XVIII....   1880
— Beiträge zur Kenntniss der Zelle
und ihrer Lebenserscheinungen,
Theil I. *Ibid.*, XVI. 1878. Th. II.
XIX 1880. Th. III. XX...........   1881
— Ueber das E. Hermann'sche Kern-
färbungsverfahren. *Ibid.*, XIX...   1880
— Zellsubstanz, Kern und Zelltheil-
ung. — Leipzig...............   1882
— Vom Bau der Spinalganglien-
zellen. *Beitr. z. Anat. u. Embryol.
als Festg. f. J. Henle. Bonn*....   1882
— Ueber Bauverhältnisse, Befruch-
tung und erste Theilung der
thierischen Eizelle. *Biolog. Cen-
tralblatt*, ill....................   1884
— Studien über Regeneration der
Gewebe. *Archiv f. mikr. Ana-
tomie*, XXIV...'................   1884
— Ueber die Bildung von Richtungs-
figuren in Säugethiereiern beim
Untergang Graaf'scher Follikel.
Arch. f. Anat. u. Entwickl.......   1885
— Weitere Beobachtungen über die
Entwickelung der Spermatoso-
men bei *Salamandra maculosa.*
— *Arch. f. mikr. Anat.*, XXXI...   1888
— Amitotische Kerntheilung im
Blasenepithel des Salamanders.
Ibid., XXXIV.................   1889
— Neue Beiträge zur Kenntniss der
Zelle. I. Theil. *Ibid.*, XXIX. 1887.
II. Theil. *Ibid.*, XXXVII.........   1891
— Ueber Theilung u. Kernformen
bei Leukocyten und über deren
Attractionssphären. *Ibid.*, XXXVII.   1891
— Neue Beiträge zur Kenntniss der
Zelle. *Ibid.*, XXXVII............   1891
— Attractionssphären u. Centralkör-
per in Gewebszellen u. Wander-
zellen. *Anat. Anzeiger*, VI.......   1891
— Zur Entwickelungsgeschichte der
Bindegewebsfibrillen. *Internatio-
nale Beitr. z. wiss. Med. Fest-
schrift für Rud. Virchow*, I, Berlin.   1891

— Ueber Zelltheilung. *Verhandl.
der. anat. Gesellschaft zu München*   1891
— Ueber Unsichtbarkeit lebendi-
ger Kernstructuren. *Anatomischer
Anzeiger*   1892
— Zur Nomenclatur der Zellthei-
lung. *Ibid.*.....................   1892
— Zelle. *Bericht für 1891. Ergeb-
nisse der Anatomie und Entwick.
von Merkel u. Bonnet*...........   1892
— Zelle. Entwickelung und Stand
der Kenntnisse über Amitose.
*Ergebnisse der Anat. u. Entwick.
von Merkel u. Bonnet*.............   1893
FOCKE, H. — Die Pflanzen Mischlinge.
Botanische Zeitung...............   1881
FOL, H. — Die erste Entwicklung
des Gervonideneies. *Jenaische
Zeitschr.*, VII...................   1873
— Sur le développement des Ptéro-
podes. *C. R. Ac. d. Sc.*, LXXX...   1875
— Sur le développement des Ptéro-
podes. *Archives d. Zool. exp.
et. gén*..................   1875
— Sur le développement des Hété-
ropodes. *C. R. Ac. d. Sc.*,
LXXXI   1875
— Sur le développement embryon-
naire et larvaire des Hétéropodes.
Arch. de Zool. exp...............   1876
— Sur les phénomènes intimes de
la division cellulaire. *C. R. Ac.
d. Sc.*, LXXXIII................   1876
— Sur les phénomènes intimes de
la fécondation. *Ibid.*, LXXXIV...   1877
— Sur quelques fécondations anormales chez l'Etoile de mer. *Ibid.*   1877
— Sur le commencement de l'hénogénie. *Archives des sciences
phys. et nat. Genève*, LXXX.....   1877
— Recherches sur la fécondation et
le commencement de l'hénogénie
chez divers animaux. *Mémoires
de la soc. de phys. et d'hist. nat.
de Genève*, XXVI................   1879
— Sur l'œuf et ses enveloppes chez
les Tuniciers. *Recueil zoologique
suisse*   1884
— Lehrbuch der vergleich. mikroskop. Anatomie. — Leipzig.......   1884
— Le quadrille des centres, un épi-
sode nouveau dans l'histoire de la
fécondation. *Archives des sciences
phys. et natur. Genève*, 3ᵉ période,
XXV.........................   1891
FONTANA. — Traité sur le venin de
la Vipère avec des observations
sur la structure primitive du
corps animal. — Florence.......   1781
FOREL, A. — Der Giftapparat und
die Analdrüsen der Ameisen.
Zeitsch. f. wiss. Zool., XXX,
Suppl........................   1878
FRANKENHAEUSER. — Die Nervendi-
gungen in den glatten Muskelfa-
sern. *Centralbl. f. med. Wiss.*....   1866
FRÉDÉRICQ, LÉON. — Composition saline du sang et des tissus des animaux marins. *Livre jub. de la
Soc. de méd. de Gand*...........   1884
FRENZEL, G. — Ueber Bau und Thätigkeit des Verdauungskanales

der Larve des *Tenebrio molitor.,*
u. s. w. *Berliner entomol.Zeitsch.,*
XXVI...................... 1883
— Ueber einige in Seethieren leben-
den Gregarinen. *Arch. f. mikr.
Anat.*.XXIV.................. 1885
— Zum feineren Bau des Wimper-
apparates. *Ibid.,* XXVIII........ 1886
— Der Zellkern und die Bakterien-
spore. *Biologisches Centralblatt.*. 1891
— Ueber den Bau und die Sporenbildung grüner Kaulquappenba-
cillen. *Zeitsch. f. Hygiene,* XI... 1891
— Die nucleoläre Kernhalbirung,
etc. *Archiv f. mikr. Anatomie,*
XXXIX..................... 1892
Freud, S. — Ueber den Bau der
Nervenzellen und Nervenfasern
beim Flusskrebs. *Sitzungsber. d.
Wiener Acad. math. nat. Cl.,*
3 *Abth*................... 1882
Frey, H. — Traité d'Histologie et
d'Histochimie. — Paris.......... 1871
Friedreich. — Ueber die Structure
von Cylinder-und Flimmerepithe-
lien. *Anat. Bericht ü. d. 34 Ver-
sammlung deutsch. Naturf. u.
Aerzte in Carlsruhe*............ 1859
Frommann, C. — Ueber die Färbung
der Binde-und Nervensubstanz
des Rückenmarks durch Arg. ni-
tric. und über Structur der Nervenzellen. *Arch. f. path. Anat.*
XXXI..................... 1864
— Zur Structur der Ganglienzellen
der Vorderhörner. *Ibid.,* XXXII.. 1865
— Untersuchungen über die nor-
male und patholog. Anatomie des
Rückenmarks. — Jena.......... 1867
— Zur Lehre von der Structur der
Zellen. *Jenaische Zeitschr. f.
Med. und Naturw.,* IX.......... 1875
— Ueber die Structur der Dotter-
haut des Hühnereies. *Sitzungsber.
d. Jen. Ges. f. Med. u. Nat*..... 1878
— Ueber die Structur d. Knorpel-
zellen v. *Salamandra maculosa.*
— *Ibid*.................. 1879
— Ueber Bildung der Stärkekörner
und Zusammensetzung der Zel-
lenmembran. *Ibid*.............. 1879
— Ueber die Structur der Ganglien-
zellen der Retina. *Jenaische Zeitschr.,* XIII.................. 1879
— Weitere Beobachtungen über netz-
förmige Structur des Protoplasmas, des Kerns und des Kernkörperchens. *Ibid.,* XIV.......... 1880
— Ueber die Structur der Epidermis und des Rete Malpighii an den
Zehen von Hühnchen, u. s. w. *Ibid.* 1880
— Ueber die spontane wie nach Dur-
chleiten inducirter Ströme an d.
Blutzellen v. *Salamandra maculata* Veranderungen. — *Ibid*..... 1880
— Differenzirungen und Umbil-
dungen welche im .Protoplasma
der Blutkörper des Flusskrebses
theils spontan, theils nach Einwirkung inducirter electrischer
Ströme eintreten. *Ibid*.......... 1880
— Beobachtungen über Structur
und Bewegungserscheinungen der

Pflanzenzellen. — Jena (Aus : *Sam-
mlung physiol. Abhandl. herausg.
v. W. Preyer*).............. 1880
— Zur Lehre von der Structur d.
Zellen. *Jenaische Zeitschr.,* XIV. 1880
— Ueber die spontan und nach in-
duc. Strömen eintret. Diff. und
Umbild. in d. Blutkörpern v.
Flusskrebs etc. *Ibid*............ 1881
— Ueber Structur, Lebenserschei-
nungen u. Reactionen thierischer
und pflanzlicher Zellen. *Ibid*.... 1882
— Untersuchungen über Structur,
Lebenserscheinungen u. Reactio-
nen thierischer und pflanzlicher
Zellen. *Ibid*.................. 1884
— Veränderungen, welche spontan
und nach Einwirkung inducirter
Ströme in den Zellen aus einigen
pflanzlichen und thierischen Ge-
weben eintreten. *Ibid*.......... 1884
— Ueber die Epidermis des Hüh-
chens in der letzten Woche der
Bebrütung. *Ibid*.............. 1884
— Zur Lehre von der Bildung der
Membran der Pflanzenzellen.
Ibid...................... 1884
— Ueber Veränderungen der Mem-
branen der Epidermiszellen u.
der Haare v. *Pelargonium zonale.*
— *Ibid*.................. 1885
— Ueber Veränder. der Aussen-
wandungen der Epidermiszellen
v. *Euphorbia cyparissias, palus-
tris* u. *mauritanica.* — *Ibid*...... 1886
— Beiträge zur Zellenlehre. *Anat.
Anzeiger*.................. 1886
— Beiträge zur Kenntniss der Le-
bensvorgänge in thierischen Zel-
len. *Ibid*.................. 1889
— Zelle. *Realencyklopädie der ge-
sammten Heilkunde.* 2. *Aufl*...... 1890
— Ueber neuere Erklärungsversu-
che d. Protoplasmaströmungen u.
über Schaumstructuren Bütschli's.
Anatomischer Anzeiger........ 1890
Gabriel. — De Cucullani elegantis
evolutione. *Diss.* Berol.......... 1853
Gabritchevsky. — Sur les propriétés
chimiotaxiques des leucocytes.
Annales de l'Institut Pasteur...... 1890
Galeotti, G. — Beitrag zum Studium
des Chromatins in den Epithelzellen des Carcinom. *Beitr. z. path.
u. all. Pathologie,* XIV.......... 1893
— Ueber experimentelle Erzeugung
von Unregelmässigkeiten des
karyokinetischen Processes. *Ibid.* 1893
Ganin. — Beiträge zur Erkenntniss
der Entwickelungsgeschicte bei
den Insecten. *Zeitschr. f. wiss.
Zool.,* XIX.................. 1869
Gardiner. — On the continuity of the
protoplasm through the walls of
vegetable cells. *Arbeiten des bot.
Instituts zu Würzburg,* III....... 1884
Garnault. — Sur la structure des
organes génitaux, l'ovogenèse et
les premiers stades de la fécondation chez l'*Helix aspersa.* — *C. R.
Ac. d. Sc*.................. 1888
— Contribution à l'étude de la mor-

phologie de l'œuf et du follicule. *Gaz. des Sc. méd. de Bordeaux,* IX...................... 1888
— Recherches sur la structure et le développement de l'œuf et de son follicule chez les Chitonides. *Arch. de Zool. exp.*............. 1888
— Sur les phénomènes de la fécondation chez l'*Helix aspersa* et l'*Arion empiricorum.* — *Zool. Anz*...................... 1888-89

Gasparis, de. — Intorno al nucleo vitellino delle Comatule. *Rendic. Acad. d. sc. fis. e nat. Napoli*... 1881

Gautier, A. — Fonctionnement anaérobie des tissus. *Gaz. hed. de Méd. et Arch. de Physiol*......... 1881
— Du mécanisme de la variation des êtres vivants. *Hommage à Chevreul.* Paris........... 1886

Gaule, J. — Kerntheilungen im Pankreas des Hundes. *Arch. f. Anat. u. Physiol.*...................... 1880
— Ueber Würmchen, welche aus den Froschblutkörperchen auswandern. *Archiv f. Physiol*...... 1880
— Die Beziehungen der Cytozoen (Würmchen) zu den Zellkernen. *Ibid*...................... 1881
— Kern, Nebenkerne und Cytozoen. *Centralbl. f. d. med. Wissenschaft*...................... 1881
— Das Flimmerepithel von *Aricia fœtida.* — *Arch. f. Anat. u. Physiol., physiol. Abth*.......... 1881
— Ueber die Bedeutung der Cytozoen fü· die Bedeutung der thierischen Zellen. *Tageblatt der Naturforscherversammlung in Strassburg*.. 1885

Geberg. — Zur Kenntniss der Flemming'schen Zwischenkörperchen. *Anatom. Anzeiger,* N. 21...... 1891

Geddes, P. — Sur la fonction de la chlorophylle chez les Planaires vertes. *C. R. Acad. Sc*........... 1878
— Observations on the Physiology and Histology of *Convoluta Schultzii.* — *Proceed. roy. Soc. London,* XXVIII...................... 1879
— Sur la chlorophylle animale et sur la physiologie des Planaires vertes. *Arch. de zool. expér.,* VIII...................... 1879-80
— On the Phenomena of Variegation and Cell-Multiplication in a species of Enteromorpha. *Transactions Roy. Soc. Edinburgh*.... 1880
— Sur la nature et sur les fonctions des cellules jaunes des Radiolaires et des Cœlentérés. *Arch. de zool. exp.,* X.......... 1882
— Further researches on Animals containing Chlorophyll. *Nature,* XXV...................... 1882
— Contributions to the Cell-Theory. *Zool. Anzeiger*............. 1883

Gegenbaur. — Zur Lehre vom Generationswechsel u. der Fortpflanzung der Medusen u. Polypen. — Würzburg...................... 1854
— Untersuchungen über Pteropoden und Heteropoden. — Leipzig. ... 1855

— Entwicklung von *Sagitta.* — *Abhandl. d. naturf. Gesellsch. in Halle,* IV...................... 1875
— Ueber den Bau und die Entwicklung der Wirbelthiereier mit partieller Dottertheilung. *Arch. f. Anatomie u. Physiol.*......... 1861

Gehuchten, van. — L'axe organique du noyau. *La Cellule,* V............. 1889
— Recherches histologiques sur l'appareil digestif de la larve de la *Ptychoptera contaminata.* — *Ibid., VI.* 1890

Gerlach. J. — Mikroskopische Studien. — Erlangen............. 1858

Gerlach. W.— Uber das Vorkommen spezifisch färbbarer Körner im menschl. Fettgewebe. *Virchow's Arch.,* CXXV............. 1891

Gerassimoff. — Ueber die kernlosen Zellen bei einigen Conjugaten. *Bull. de la Soc. imp. des naturalistes de Moscou.* 1892

Giannuzzi. — Structure intime du pancréas. *C. R. de l'Acad. des sciences,* LXVIII............. 1869

Giard, A. — L'œuf et les débuts de l'évolution. *Bull. scientifique du Nord et de la Belgique,* VIII..... 1876
— Sur la signification morphologique des globules polaires. *Revue scientifique,* XX............. 1877
— Sur un curieux phénomène de préfécondation, observé chez une Spionide. *C., R. Acad. d. Sc.* 1881
— Sur les globules polaires et les homologues de ces éléments chez les Infusoires ciliés. *Bull. scientif. de la France et de la Belgique,* XXII...................... 1890

Gibbes, Heneage. — On some points in the minute structure of the pancreas. *Quart. J. micr. sc*...... 1884

Gilis. P. — Prolifération de la cellule par karyokinèse. (*Thèse d'agrégation*). Paris............. 1886

Gilson, E. — Les glandes odorifères du *Blaps mortisaga* et de quelques autres espèces. *La Cellule, V....* 1889
— La cristallisation de la cellulose et la composition chimique de la membrane cellulaire végétale. *Ibid., IX*...................... 1893

Girod, Paul. — Recherches sur la chlorophylle des animaux. La mat. colorante de l'Hydre verte. *Trav. du lab. de zool., I*......... 1888

Gœtte. — Beiträge zur Entwicklungsgeschite des Darmkanales im Hühnchen. — Tübingen....... 1867
— Die Entwicklungsgeschichte der Unke. — Leipzig................. 1875

Goodsir. — Anatomical and pathological observations. — Edinburgh.................. 1845

Gœppert. — Die Entwickelung und das spätere Verhalten des Pankreas der Amphibien. *Morphologisches Jahrbuch,* 1891, et *Inaugural Dissertation,* Heidelberg.... 1891
— Kerntheilung durch indirecte Fragmentierung in der lymphatischen Randschicht der Salaman-

derleber. *Archiv f. mikr. Anatomie*, XXXVII.................. 1891
— Die Entwickelung des Pankreas der Teleostier. *Morphol. Jahrb.*, XX. 1893
GOMONT, M. — Monographie des Oscillariées. *Ann. sc. nat. Bot*.......... 1893
GRABER. — Vorläufige Ergebnisse einer grösseren Arbeit über vergleichende Embryologie der Insecten. *Arch. f. mikr. Anat*..... 1888
GRAFF, L. VON. — Monographie der Turbellarien. I. Rhabdocœlida... 1882
— Zur Kenntniss der physiologischen Function des Chlorophylls im Thierreich. *Zool. Anzeiger*, VII.......................... 1884
— Die Organisation der *Turbellaria acœla*. — Leipzig................ 1891
GRANDIS. — La spermatogenèse durant l'inanition. *Arch. ital. de Biologie*, XII..................
GRANT, A. E. — The multinucleated condition of the vegetable cell, etc. *Trans. a. Proceed. of the Bot. Soc.*, XVI.................. 1885
GRAWITZ. — Ueber die schlummernden Zellen des Bindegewebes und ihr Verhalten bei progressiven Ernährungsstörungen. *Virchow's Archiv*, CXXVII.............. 1892
GREEFF, L. — Ueber d. Bau u. d. Fortpflanzung d. Vorticellen. *Verh. d. naturhist. Ver. d. preuss. Rheinl. u. Westphal.*, XXVII..... 1870
— Untersuchungen über d. Bau u. d. Naturgeschichte d. Vorticellen. *Arch. f. Naturgesch.*, XXXVI et XXXVII.................. 1870-71
— Ueber Vorticellen. *Marburger Sitz-Ber*.................. 1873
— Ueber Radiolarien und Radiolarien-artige Rhizopoden des süssen Wassers (Erster Artikel). *Arch. f. mikr. Anat.*, 1869. Zweiter Artikel. *Ibid.*, XI............ 1875
— Ueber den Organimus der Amœben, insbesondere über Anwesenheit motorischer Fibrillen im Ektoplasma in *Amœba terricola*. — *Sitz-Ber. der Nat. Ges. zu Marburg*.. 1890
— Ueber die Erd-Amœben. *Ibid*.. 1891
GREENWOOD, M. — On Digestion in Hydra; with some Observations on the structure of the Endoderm. *Journal of Physiol*............. 1888
GRÉW. — The anatomy of plantes.. 1672
GRIESBACH. — Struktur und Plasmoschise der Amöbocyten. *Verh. d. Anat. Ges. Vers. München*.... 1891
— Beiträge zur Kenntniss des Blutes. *Pflüger's Arch*................... 1891
— Ueber Plasmastrukturen der Blutkörperchen im kreisenden Blute der Amphibien. *Festschrift f. R. Leuckart*. Leipzig............ 1892
GROBBEN, C. — Beiträge zur Kenntniss der männlichen Geschlechtsorgane der Decapoden. — Wien.......... 1878
GRUBE, A. E. — Untersuchungen über die Entwicklung des Clepsineneies. — Königsberg......... 1844
GRUBER, A. — Der Theilungsvorgang

bei *Euglypha alveolata*. — *Zeitschr. f. wiss. Zoologie*, XXXV... 1881
— Die Theilung der monothalamen Rhizopoden. *Ibid.*, XXXVI...... 1881
— Beiträge zur Kenntniss der Amœben. *Zeitschr. f. wiss. Zool.*, XXXVI.......................... 1881
— Beobachtungen an *Actinophrys sol*. — *Zool. Anzeiger*........ 1882
— Ueber die Einflusslosigkeit des Kerns auf die Bewegung, die Ernährung u. das Wachsthum einzelliger Thiere. *Biolog. Centralblatt*, III.................. 1883-84
— Ueber künstliche Theilung bei Infusorien. *Ibid.*, IV et V. 1885
— Beiträge zur Kenntniss der Physiologie und Biologie der Protozoen. *Berichte d. nat. Ges. zu Freiburg i. B*.................. 1886
GRÜTTER, W. — Ueber den Bau und Entwicklung der Samenschalen einiger Lythrarien. *Botan. Zeitung*. 1893
GUIGNARD L. — Recherches d'embryogénie végétale comparée. *Ann. d. Sc. nat. Bot.*, 6e série, XII........ 1882
— Sur la division du noyau cellulaire chez les végétaux. *C. R. Acad. des Sc*. 1883
— Recherches sur la structure et la division du noyau cellulaire. *Annales des scienc. nat., Bot.*, 6 sér., XVII.......... 1884
— Nouvelles recherches sur le noyau cellulaire. *Ibid.*, XX..... 1885
— Sur quelques phénomènes de la division du noyau. *C. R. Acad. d. Sc*.................... 1886
— Sur la formation et la différenciation des éléments sexuels qui interviennent dans la fécondation. *Compt. rend. hebd. Soc. d. Biologie*, 1890. *C. R. Acad. d. Sc.*, CX.................... 1890
— Sur la formation des anthérozoïdes des Characées. *Ibid*......... 1889
— Sur la formation des anthérozoïdes des Hépatiques, des Mousses et des Fougères. *Ibid*............ 1889
— Développement et constitution des anthérozoïdes. *Rev. gén. de Bot.*, I...................... 1889
— Recherches sur la localisation des principes actifs des Crucifères. *Journal de Botanique*, I........ 1890
— Sur la nature morphologique du phénomène de la fécondation. *C. R. Soc. de Biologie* 1891
— Sur l'existence des « sphères attractives » dans les cellules végétales. *C. R. Acad. d. Sc*..... 1891
— Nouvelles études sur la fécondation. Comparaison des phénomènes morpholog. observés chez les plantes et chez les animaux. *Ann. des sc. natur. Botan.*, XIV....... 1891
— Sur l'origine des sphères directrices. *C.-R. Acad. d. Sc*...... 1894
GÜNSBURG. — Die pathologiche Gewebslehre. — Leipzig............ 1848

HABERLANDT, G. — Ueber die Beziehungen zwischen Function und Lage des Zellkerns bei den Pflanzen. — Jena.... 1887
— Das reizleitende Gewebesystem der Sinnpflanze. — Leipzig...... 1890
— Ueber den Bau und die Bedeutung der Chlorophyllzellen von *Convoluta Roscoviensis* : in *Lehrb. von Graff : Organ. Turbell. acæla*.... 1891
HAECKEL, E. — Die Radiolarien. — Berlin.... 1862
— Generelle Morphologie. — Berlin. 1866
— Die Moneren. *Jenaische Zeitschr.* 1868
— Zur Entwicklungsgeschichte der Siphonophoren. *Gekr. Preisschr.* Utrecht.... 1869
— Biologische Studien. Studien über Moneren und andere Protisten — Leipzig 1870
— Die Perigenesis der Plastidule oder die Wellenbewegung der Lebenstheilchen. — Berlin.... 1876
HAECKER, V. — Ueber die Reifungsvorgänge bei Cyclops. *Zool. Anz...* 1890
— Die Furchung des Eies von *Æquorea Forskalea*. — *Arch. f. mikr. Anatomie*, XL.... 1892
— Die Eibildung bei *Cyclops* u. *Canthocamptus*. — *Zool. Jahrbücher. Abth. f. Anatomie u. Ontogenie*, V....
— Die Richtungskörperbildung bei *Cyclops* und *Canthocamptus*. — *Ber. d. Naturf. Ges. zu Freiburg i. B.*, VI.... 1891
— Das Keimbläschen, seine Elemente und Lageveränderungen. *Arch. f. mikr. Anatomie*, XLI et XLII.... 1893
— Ueber den heutigen Stand der Centrosomafrage. *Verh. d. deuts. Zool. Gesells.*... 1894
HAMANN, OTTO. — Zur Entstehung und Entwicklung der grünen Zellen bei Hydra. *Zeit. f. wiss. Zool.*, XXXVII.... 1882
— Die Nemathelminthen. — Jena.. 1890
HAMMER, B. — Ueber das Verhalten von Kerntheilungsfiguren in der menschl. Leiche. *Dissert. Inaug.* Berlin.... 1891
HANSEMANN, DAVID. — Ueber asymmetrische Zelltheilung in Epithelkrebsen und deren biologische Bedeutung. *Virchow's Archiv.* CXIX.... 1890
— Karyokinese und Cellularpathologie. *Ibid*.... 1891
— Ein Beitrag zur Entstehung und Vermehrung der Leukocyten. *Verh. der Anat. Gesellsch. München.* Mai.... 1891
— Ueber pathologische Mitosen. *Virchow's Archiv*, CXXIII.... 1891
— Ueber Zelltheilung in der menschlichen Epidermis. *Festschrift f. Rud. Virchow.* Berlin.... 1891
— Ueber Centrosomen und Attractionssphären in ruhenden Zellen. *Anat. Anz.*, VIII.... 1893
HANSEN, A. — Recherches sur la physiologie et la morphologie des ferments alcooliques. *Meddelser fra Carlsberg Laboratoriet*, II. Heft 4.... 1878
— Der Chlorophyllfarbstoff. *Arb. bot. Institut Würzburg*, III. Heft 1. 1884
— Ueber die Farbstoffe des Chlorophyllkorns. *Ibid.*, Heft II.... 1885
— Weitere Untersuchungen über den grünen und gelben Chlorophyllfarbstoff. *Ibid.*, Heft III.... 1886
— Sur la germination des spores chez les Saccharomyces. *Compte rendu des travaux du laboratoire de Carlsberg*, III.... 189
HANSTEIN. — Die Bewegungserscheinungen des Zellkerns in ihren Beziehungen zum Protoplasma. *Sitz. d. niederr. Gesellsch. Bonn.* 1870
— Das Protoplasma als Träger der pflanzlichen und thierischen Lebensverrichtungen. — Heidelberg. 1880
— Einige Züge aus der Biologie des Protoplasmas. *Botanische Abth.* IV. Heft 2. Bonn.... 1882
HANSGIRG. — Ein Beitrag zur Kenntniss von der Verbreitung der Chromatophoren und Zellkerne bei den Schizophyceen. *Berichte d. Deustch. bot. Gesells.*.... 1885
HARRIS, V. D. and Gow, W. S. — Note upon one or two points on the comparative Histology of the Pancreas. *Journal of Physiology*. 1893
HARTIG, TH. — Die Functionen des Zellkerns. *Botan. Zeitung*.... 1854
— Entwickelungsgesch. der Pflanzenzelle. *Ibid*.... 1855
HARTOG, M. — Some problems of reproduction, a comparative study of gametogeny and protoplasmic senescence and rejuvenescence. *Quart. Journ. microsc. sc*.... 1891
HATSCHEK, B. — Ueber die Bedeutung der geschlechtlichen Fortpflanzung. *Prager Med. Wochenschrift*.... 1887
HAUPTFLEISCH, P. — Zellmembran und Hüllgallerte der Desmidiaceen. *Inaug. Dissert. Greisswald.* 1888
HAYCRAFT. — Termination of Nerves in the Nuclei of the epithelial cells of Tortoise Shell. *Quart. Journ. of micr. Science*.... 1890
HEGELMAIER. — Ueber aus mehrkernigen Zellen aufgebaute Dicotyledonen-Keimträger. *Botan. Zeitung.* 1880
HEIDENHAIN, MARTIN. — Ueber die Centralkörperchen u. Attraktionsphären der Zelle. *Anat. Anzeiger*.... 1891
— Ueber Kern und Protoplasma. *Festschrift für Kölliker. Leipzig.* 1892
— Ueber die Centralkörpergruppen in den Lymphocyten der Säugethiere während der Zellenruhe und Zelltheilung. *Verh. d. anat. Gesells.* Göttingen.... 1892
— Die Hautdrüsen der Amphibien. *Sitz. d. Würzb. phys. med. Ges...* 1893
— Ueber Bau und Funktion der Riesenzellen (Megakaryocyten) im Knochenmark. *Würzburger Verhandl*.... 1894
HEIDENHAIN, R. — Zur Kenntniss des

hyalinen Knorpels. *Studien des phys. Instituts. Breslau*, Heft II.. 1863
— Beiträge zur Lehre von der Speichelabsonderung. *Ibid.*, Heft IV. 1868
— Untersuchungen über den Bau der Labdrüsen. *Arch. f. mikr. Anat.*, VI.,..................... 1868
— Mikroskopische Beiträge zur Anat. u. Physiol. der Nieren. *Ibid.*, X............................... 1874
— Beiträge zur Kenntniss des Pankreas. *Pflüger's Arch.*............ 1875
— Die Bauchspeicheldrüse. *Hermann's Handbuch der Physiologie* 1880
— Physiologie der Absonderungsvorgänge. *Ibid.*, V.............. 1880
— Beiträge zur Histologie und Physiologie der Dünndarmschleimhaut. *Pflüger's Archiv*, XLIII., *Suppl-Heft*.................... 1888
HEIDER, C. — Die Gattung *Lernanthropus.* — *Arbeiten aus d. zool. St. in Triest*, II.................. 1879
HEITZMANN, F. — Untersuchungen über das Protoplasma. I. Bau des Protoplasmas. *Sitz. der k. Akad. d. Wiss. Wien*, LXVII........... 1873
II. Das Verhältniss zwischen Protoplasma und Grundsubstanz im Thierkörper. *Ibid.*............... 1873
III. Die Lebenssphasen des Protoplasmas. *Ibid.*................ 1873
— Mikroskopische Morphologie des Thierkörpers im gesunden und kranken Zustande. — Wien...... 1883
HELLER, A. — Untersuchungen über die feineren Vorgänge b. d. Entzündung. *Hab. Schrift. Erlangen.* 1869
HENKING, H.— Beiträge zur Anatomie, Entwicklungsgeschichte und Biologie von *Trombidium fuliginosum.* — *Zeitsch. f. wiss. Zoologie*, XXXVII................... 1882
— Ueber Reduktionstheilung der Chromosomen in den Samenzellen von Insecten. *Internat. Monatsschr. f. Anat. u. Phys.*, VII..... 1890
— Untersuchungen über die ersten Entwickelungsvorgänge (in den Eiern der Insekten. *Zeitschrift f. wiss. Zoologie*, XLIX, LI, LIV. Theil 1-3....................1889-91
— Ueber plasmatische Strahlungen. *Verh. der deutschen zoolog. Gesellschaft*.................... 1891
— Künstliche Nachbildung von Kerntheilungsfiguren. *Arch. f. mikr. Anat.*, XLI 1893
HENLE, J. — Symbolæ ad anatomiam villorum intestinalium........... 1837
— Ueber die äussere Körnerschicht der Retina. *Göttinger Nachrichten.* 1864
— Handbuch der Eingeweidelehre des Menschen.................. 1870
— Handbuch der systematischen Anatomie des Menschen.—Braunschweig.................... 1855-71
— Zur Entwicklung der Krystallinse u. zur Theilung des Zellkerns. *Arch. f. mikr. Anat.*...... 1881
HENNEGUY, L. F. — Sur la reproduction du Volvox dioïque. *C. R. Acad. des sc.*.................. 1876

— Sur la vitalité des spermatozoïdes de la Truite. *Ibid.*........ 1877
— Germination des spores du Volvox dioïque. *Bull. Soc. Philomathique*...................... 1878
— Formation du germe dans l'œuf des Poissons osseux. *Ibid.*...... 1880
— Note sur quelques faits relatifs aux premiers phénomènes du développement des Poissons osseux *Ibid.*........................ 1880
— Coloration du protoplasma vivant par le brun Bismarck. *Ibid.*...... 1881
— Sur la formation des feuillets embryonnaires chez la Truite. *C. R. Acad. des sc.*.............. 1882
— Formation des cellules embryonnaires dans le parablaste des Poissons osseux. *C. R. Soc. de Biol.*.. 1882
— Division des cellules embryonnaires chez les Vertébrés. *C. R. Acad. d. sc.*.................... 1882
— Note sur la division cellulaire ou cytodiérèse. *Association française pour l'avancement des sc.*...... 1882
— De l'importance des figures karyokinésiques en embryologie. *C. R. Soc. de Biologie*.......... 1882
— Note sur un Infusoire cilié, *Ascobius lentus.* — *Arch. de zool. exp.* 1883
— L'ovogenèse et la fécondation chez les animaux. *Arch. de tocologie*....................... 1884
— Nouvelles observations sur la division cellulaire. *Assoc. fr. pour l'avancement des sc*............. 1884
— Sur la ligne primitive des Poissons osseux. *Zoologischer Anzeiger*...................... 1885
— Sur le mode d'accroissement de l'embryon des Poissons osseux. *C. R. Acad. des sc*.... 1887
— La Vésicule de Balbiani. *Bull. Soc. Philomathique*............. 1887
— Note sur un parasite des muscles du *Palœmon rectirostris.* — *Mémoires du centenaire de la Soc. Phil.*...................... 1888
— Influence de la lumière sur la phosphorescence des Noctiluques. *Soc. de Biologie*............... 1888
— Formation des spores de la Grégarine du Lombric. *Annales de Micrographie*, I 1888-89
— Recherches sur le développement des Poissons osseux. Embryogénie de la Truite. *Journal de l'Anatomie et de la physiol.*.......... 1889
— Sur un Infusoire hétérotriche, *Fabrea salina.*- *Annales de Microg.* 1890
— Note sur la structure de l'enveloppe de l'œuf des Phyllies. *Bull. Soc. Philom.*................. 1890
— Division des cellules embryonnaires des Vertébrés. *C. R. Acad. des sc.*..................... 1890
— Nouvelles recherches sur la division cellulaire indirecte. *Journal de l'Anat. et de la physiol.*........ 1891
— Rôle des sphères attractives. *C. R. Soc. de Biologie*............. 1891
— Contribution à l'embryogénie des Chalcidiens. *Bull. Soc. Phil.* 1891

— Essai de classification des œufs des animaux au point de vue embryogénique. *Ibid*.............. 1892
— Sur la constitution de l'endoderme de l'embryon des Mammifères. *C. R. Soc. de Biol*........ 1892
— Sur la fragmentation parthénogénésique des ovules des Vertébrés pendant l'atrésie des follicules de Graaf. *C. R. Acad. d. Sc*....... 1893
— Le corps vitellin de Balbiani dans l'œuf des Vertébrés. *Journ. de l'Anat. et de la physiol*.......... 1893
— La Biologie cellulaire étudiée par la Mérotomie. *Revue générale des sc*............................. 1893
— Recherches sur l'atrésie des follicules de Graaf chez les Mammifères et quelques autres Vertébrés. *Journ. de l'Anat. et de la physiol*. 1894
HENNEGUY et A. BINET. — Structure du système nerveux larvaire de la *Stratiomys*. — *C. R. Acad. des Sc*., CXIV..................... 1892
— Contribution à l'étude de l'anatomie microscopique du système nerveux larvaire de *Stratiomys longicornis*. — *Ann. soc. entom. de France*, XXI................. 1892
HENNEGUY et FABRE-DOMERGUE. — Article Infusoires in *Dictionnaire encyclopédique des sc. médicales*. 1894
— Article Protozoaires. *Ibid*...... 1894
HENNEGUY et THÉLOHAN. — Sur un Sporozoaire parasite des muscles des Crustacés décapodes. *C. R. Soc. de Biol*................... 1892
— Myxosporidies parasites des muscles chez quelques Crustacés décapodes. *Annales de Micrographie*........................... 1892
HENSEN, V. — Untersuchungen z. Physiol. der Blutkörperchen, sowie über die Zellennatur derselben. *Zeitschr. f. wiss. Zoologie*... 1862
— Ueber die Nerven im Schwanz der Froschlarven. *Arch. f. mikr. Anat.*, IV..................... 1868
— Beobachtungen über die Befruchtung und Entwicklung des Kaninchens u. Meerschweinchens. *Zeitschr. f. Anat. u. Entw*.......... 1876
— Physiologie der Zeugung *Handbuch der Physiologie v. L. Hermann*, VI..................... 1881
— Die Grundlagen der Vererbung nach dem gegenwärtigen Wissenskreis. *Landwirthschaftl. Jahrbücher.*, XIV.................... 1885
HERMANN, E. — Das Centralnervensystem von *Hirudo medicinalis*. *Gekr., Preisschrift*. München.... 1875
HERMANN, F. — Beiträge zur Histologie des Hodens. *Arch. f. mikr. Anat.*, XXXIV................. 1889
— Beitrag zur Lehre von der Entstehung der karyokinetischen Spindel. *Ibid.*, XXXVII......... 1891
HERTWIG, O. — Beiträge zur Kenntniss der Bildung, Befruchtung und Theilung des thierischen Eies I, II, III. *Morphol. Jahrbuch*, I, III et IV............. 1875, 1877, 1878

— Die Chaetognathen, eine Monographie. *Jen. Zeitschr*........... 1880
— Das Problem der Befruchtung und der Isotropie des Eies, eine Theorie der Vererbung. *Ibid*.... 1884
— Welchen Einfluss übt die Schwerkraft auf die Theilung der Zellen? *Ibid*.............................. 1884
-- Ueber das Vorkommen spindeliger Körper im Dotter junger Froscheier. *Morph. Jahrbuch*, X...... 1884
— Vergleich der Ei.-und Samenbildung bei Nematoden. Eine Grundlage für celluläre Streitfragen. *Archiv f. mikr. Anatomie*, XXXVI. 1890
— Experimentelle Studien am thierischen Ei vor, während und nach der Befruchtung. — Jena........ 1890
— Traité d'embryologie. Traduction de Julin. — Paris............. 1891
— Ueber die physiologische Grundlage der Tuberculinwirkung. Eine Theorie der Wirkungsweise bacillärer Stoffwechselproducte. — Jena.............................. 1891
-- Ueber pathologische Veränderung des Kerntheilungsprocesses in Folge experimenteller Eingriffe. *Internationale Beiträge zur wissenschaftl. Medicin. Festschrift für Rud. Virchow*, Berlin....... 1891
— Urmund und Spina bifida. *Archiv f. mikr. Anatomie* XXXIX. 1892
— Die Zelle und die Gewebe.—Jena. 1892
— La cellule. Trad. française.—Paris. 1894
HERTWIG, O. und RICHARD HERTWIG. — Die Actinien, anatomisch und histologisch mit besonderer Berücksichtigung des Nervenmuskelsystems untersucht. *Jenaische Zeitschr*..................... 1879
— Experimentelle Untersuchungen über die Bedingungen der Bastardbefruchtung. *Ibid*............ 1885
— Ueber den Befruchtungs- und Theilungsvorgang des thierischen Eies unter dem Einfluss äusserer Agentien. *Ibid*................... 1887
— Experimentelle Studien am thierischen Ei vor, während und nach der Befruchtung. *Ibid*........... 1890
HERTWIG, RICHARD. — Ueber *Mikrogromia socialis*, eine Colonie bildende Monothalamie des süssen Wassers. *Archiv f. mikr. Anat.*, X. 1874
— Beiträge zur Kenntniss der Acineten. *Morphol. Jahrbuch*, I...... 1875
— Zur Histologie der Radiolarien.— Leipzig......................... 1876
— Beiträge zur einer einheitlichen Auffassung der verschiedenen Kernformen. *Morphol. Jahrbuch*, II 1876
— Ueber den Bau und die Entwicklung der *Spirochona gemmipara*. — *Jenaische Zeitschrift*, XI. 1877
— Ueber die Kerntheilung bei *Actinosphaerium*. — *Ibid*............. 1884
— Ueber die Gleichwerthigkeit d. Geschlechtskerne bei den Seeigeln. *Sitzungsber. d. Gesellsch. f. Morphol. u. Physiol. in München*, IV. 1888

508   BIBLIOGRAPHIE

— Ueber Kernstructur u. ihre Bedeutung f. Zelltheilung u. Befruchtung. *Ibid.*, IV................. 1888
— Ueber die Conjugation der Infusorien. *Abhandl. der bayer. Akad.
der Wissensch.*, II. Cl., XVII.... 1889
HESS. K. — Untersuchungen zur
Phagocytenlehre. *Virchow's Archiv*, CIX..................... 1887
— Ueber Vermehrungs-und Zerfalls-
vorgänge an den grossen Zellen
in der acut hyperplastischen Milz
der weissen Maus. *Beit. z. path.
Anatomie u. allg. Pathologie.*
VIII 1890
HESSLING, V. — Die Perlmuschel und
ihre Perlen — Leipzig.......... 1859
HEUSER, E. — Beobachtungen über
Zelltheiluug. *Botanisches Central-
blatt*........................... 1884
HICK. — Protoplasmic continuity in
the Fucaceæ. *Journ. of Botany*. 1885
— Protoplasmic continuity in the
Florideæ. *Nature*, XXVIII...... 1891
HIERONYMUS, G. — Beiträge zur Mor-
phologie und Biologie der Algen.
*Cohn's Beiträge zur Biologie der
Pflanzen*, V................... 1893
— Ueber die Organisation der He-
fezellen. *Bericht. d. deutsch. bot.
Gesellsch* 1893
HILDEBRAND. — Die Geschlechter-
Vertheilung die den Pflanzen, etc.
— Leipzig...................... 1867
HIS, W.— Die Theorien der geschlecht-
lichen Zeugung. *Archiv f. An-
thropologie.* IV, et V........ 1871-1872
— Unsere Körperform u. das phy-
siologische Problem ihrer Entste-
hung. Briefe an einen befreun-
deten Naturforscher. — Leipzig... 1874
— Die Lehre vom Bindesubstanz-
keim (Parablast). *Arch. f. Anato-
mie und Phys iologie, Anat.
Abtheilung*..................... 1882
HODGE, C.F. — A microscopical study
of Changes due to functionel
activity in Nerve cells. *Journ.
Morph. Boston*, VII............ 1892
HOFER, BRUNO. — Experimentelle
Untersuchungen über den Ein-
fluss des Kerns auf das Protoplas-
ma. *Jenaische Zeitschrift*, XXIV. 1890
HOFFMANN, F. A. — Epitheineubil-
dung auf der Cornea. *Virchow's
Arch*........................... 1870
HOFFMANN, C. K. — Zur Entwicke-
lungsgeschichte der Clepsinen.
Niederl. Arch. f. Zool., IV. — *Zool
Anzeiger* 1880
— Zur Ontogenie der Knochenfis-
che. *Verh. d. K. Akad. d.
Wetens. Amsterdam.......... 1881-83
HOFMEISTER. — Ueber die Mechanik
der Bewegungen des Protoplas-
mas. *Flora*.................... 1865
— Die Lehre von der Pflanzenzelle.
— Leipzig...................... 1867
HOLL, M. — Ueber die Reifung der
Eizelle des Huhns. *Sitz. d. K.
Acad. d. Wiss. in Wien*, XCIX
III* Abth....................... 1890

— Ueber die menschliche Eizelle
Anat. Anz., VI................. 1891
HOOKE, ROBERT, — Micrographia or
some physiologycal descriptions
of minute bodies made by magni-
fing glass. with observations and
inquires thereupon. — London... 1665
HOPPE-SEYLER. — Nuclein in : *Med.
chemische Untersuchungen, H.* 4. 1871
HOWELL, W. H. — Observations
upon the occurrence, structure
and function of the giant cells
of the Marrow. *Journ. Morph.
Boston*, IV..................... 1890
HOYER. — Ueber den Nachweis des
Mucins in Geweben mittelst der
Färbemethode. *Arch. f. mik.
Anat.*, XXXVI.................. 1890
— Ueber ein für das Studium der
directen Kerntheilung vorzüglich
geeignetes Objekt. *Anat. Anzeiger* 1890
HUXLEY. — On the cell theory.
Monthly Journal....,......... 1853
HUMPHREY, J. E. — Nucleolen und
Centrosomen. *Berichte d. deuts.
Bot. Gesells*................... 1894
HUEPPE, — Die Formen der Bak-
terien und ihre Beziehungen zu
den Gattungen und Arten....... 1886
IDE, MANILLE. — La membrane des
cellules du corps muqueux de
Malpighi. *La Cellule*, IV......... 1888
— Nouvelles observations sur les
cellules épithéliales. *Ibid.*, V.... 1890
— Glandes cutanées à canaux in-
tracellulaires chez les Crustacés
édriophtalmes. *Ibid*............. 1891
IHERING, H. VON. — Zur Kenntniss
der Eibildung bei den Muscheln.
Zeitsch. f. wiss. Zool., XXIX. 1877
— Befruchtung und Furchung des
thierischen Eies und Zelltheilung,
nach dem gegenwärtigen Stand
der Wissenschaft dargestellt.
*Pflug. Vorträge für Thierärtze,
Ser. 1. H.* 4. Leipzig........... 1878
IIJIMA, ISAO. — On the origin and
growth of the Eggs and Eggs-strings
in Nephelis, with some observations on the spiral Asters *Quart.
Jour. micr. sc.*, XXII..... 1882
ISHIKAWA. — Studies of reproductive
elements. 1. Spermatogenesis,
ovogenesis and fertilization in
*Diaptomus.— Journal of the college
of sc. Imp. university Japan*, V... 1891
— Konjugation von *Noctiluca mi-
liaris. — Zoologischer Anzeiger.*. 1891
IWAKAWA, T. — The Genesis of the
egg in Triton. *Quart. Journ. of
micr. science*.................. 1882
JANOSIK, J. — Atrofie folliculu a
zvlastni chovani se bunky vajecné.
Bull. de l'Acad. tchèque, Prague.. 1892
— Structure de l'œuf des Mammi-
fères. *Bibliogr. anatomique*, I...,. 1893
JANSSENS, J. E. — Beiträge zu der
Frage über den Kern der He-
tezelle. *Centralbl. f. Bakteriol. und
Parasitenkunde*, XIII........... 1893
JATTA. G. — Sulle forme che assu-
me il nucleo vitellino delle Aste-

rie e di alcuni Ragni. *Atti Accad. Napoli* 1882

JICKELI. — Ueber Hydra. *Zool. Anzeiger*, V 1882

JOHNSON. — Amitosis in the embryonal envelopes of the Scorpion. *Bulletin Museum comp. Zool. at Harvard College*, XXII 1892

JOHOW, Fr. — Untersuchungen über die Zellkerne in den Secretbehältern und Parenchymzellen der höheren Monocotylen. *Diss.* Bonn 1880

— Die Zellkerne von *Chara fœtida*. — *Botanische Zeitung* 1881

JOSEPH. — Ueber einige Bestandtheile der peripher markhaltigen Nervenfaser. *Sitz. K. Akad. Berlin* 1888

JULIN, CH. — Structure et développement des glandes sexuelles, ovogenèse, spermatogenèse et fécondation chez *Styelopsis grossularia*. — *Bull. sc. de la France et de la Belgique*, XXIV 1893

— Le corps vitellin de Balbiani et les éléments de la cellule des Métazoaires qui correspondent au macronucléus des Infusoires ciliés. *Ibid.* 1893

JURANYI. — Beobachtungen über Kerntheilung. *Bull. de l'Acad. de Budapest* 1882

JÜRGENSEN. — Ueber die in den Zellen der *Vallisneria spiralis* stattfindenden Bewegungserscheinungen. *Studien des physiol. Instituts zu Breslau. Heft. i* 1861

KASTSCHENKO. — Ueber den Reifungsprocess des Salachiereies. *Zeitschr. f. wiss. Zool.*, L 1890

KARSTEN, G. — Die Beziehungen der Nucleolen zu den Centrosomen bei *Psilotum triquetrum*. — *Berichte d. deut. bot. Gesells.*, XI 1894

KEBER. — Ueber den Eintritt der Samenzellen in das Ei.-Insterburg. 1853

KEFERSTEIN. — Beiträge zur Anatomie und Entw. einiger Seeplanarien. — Göttingen 1868

KELLER, C. — Ueber den Bau von *Reniera semitubulosa*. — *Zeit. f. wiss. Zool.*, XXX 1878

KENNEL, J. VON. — Die in Deutschland gefundenen Landplanarien, *Rhynchodesmus terrestris* und *Geodesmus bilineatus*. — *Arbeit. a. d. zool. zoot. Institut Würzburg*, V. 1882

KESSLER. — Zoochlorella. Ein Beitrag zur Lehre von der Symbiose. *Archiv f. Physiol.* 1882

KEY, A. u. RETZIUS, G. — Till kännedommen om saftbanorna i människans hud. *Nordisk med. Arkiv*, VIII 1876

KHAWKINE. — Recherches biologiques sur l'*Astasia ocellata* et l'*Euglena viridis*. — *Ann. des sc. nat. Zool.* 1888

KIDD. P. — Observations on spontaneous movements of nucleoli. *Quart Jour. micr. Sc.* 1875

KIENITZ-GERLOFF, F. — Die Protoplasmaverbindungen zwischen benachbarten Gewebselementen in der Pflanze. *Botanische Zeitung* .. 1891

— Protoplasmaströmungen und Stoffwanderungen in der Pflanze. *Ibid.* 1893

KLEBAHN. — Studien über Zygoten. Die Keimung von *Closterium* und *Cosmarium*. — *Pringsheim's Jahrb. f. wissenschaftl. Botanik*, XXII 1891

KLEBS, E. — Die Regeneration des Plattenepithels. *Arch. f. exp. Pathol. u. Pharm.*, III 1874

KLEBS, G. — Beiträge zur Physiologie der Pflanzenzelle. *Untersuch. aus dem botan. Institut zu Tübingen*, II. 1880

— Form und Wesen der pflanzlichen Protoplasmabewegung. *Biologisches Centralblatt*, I 1881-82

— Ueber Symbiose ungleichartiger Organismen. *Ibid.*, II 1882-83

— Ueber den Einfluss des Kerns in der Zelle. *Ibid.*, VIII 1887

— Ueber die Bildung des Kernchromatins. *Fortschritte der Medicin.* 1888

— Zur Physiologie der Fortpflanzung. *Biolog. Centralblatt*, IX ... 1889

KLEIN, E. — Observations on the structure of cells and nuclei. I. *Quarterly Journal of micr. science.* XVIII 1878

— Ein Beitrag zur Kenntniss der Structur des Zellkerns u. s. w. *Centralbl. f. med. Wiss.* 1879

— Observations on the glandular epithelium and division of nuclei. *Quart. Journ. of micr. science.* XIX 1879

— Beiträge zur Kenntniss der Samenzellen u. der Samenfäden bei d. Säugethieren. *Centralbl. f. d. med. Wiss.* 1880

— Atlas of Histology. — London .. 1881

— On the lymphatic system and the minute structure of the salivary glands and pancreas. *Quart. Journ. of micr. science*, XXII .. 1882

KLEINENBERG, N. — Hydra, eine anat. — entwicklungsgeschichtliche Untersuchung. — Leipzig 1872

KLEMM, PAUL. — Beiträge zur Erforschung der Aggregationsvorgänge in lebenden Pflanzenzellen. *Flora* 1892

KLIEN. — Russell'sche Fuchsinkörperchen und Altmann'sche Zellgranula. *Ziegler's Beiträge*, XI 1891

KNAPPE, E. — Das Biddersche Organ. etc. *Morph. Jahrbuch*, XI. 1886

KŒLLIKER, A. VON. — Beiträge zur Kenntniss der Geschlechtsverhältnisse und der Samenflüssigkeit wirbelloser Thiere. — Berlin 1841

— Entwicklungsgeschichte der Cephalopoden. — Zürich 1844

— Die Lehre von der thierischen Zelle. *Schleiden u. Naegeli. Wissenschaftl. Botanik*, *Heft* 2 1845

— Mikroskopische Anatomie oder Gewebelehre des Menschen. — Leipzig 1850-54

— Handbuch der Gewebelehre des Menschen. 1863-65

— Die Entwicklung der Keimblätter des Kaninchens. *Festschrift z.*

510 BIBLIOGRAPHIE

*Feier d. 3oo j. Besteh. d. Univers.
zu Würzburg* 1882
— Contractile Faserzellen mit fi-
brillärem Bau beim Menschen.
*Sitzungsber. d. phys. med. Ges.
Würzburg*.................... 1882
— Embryologie. Traduction de A.
Schneider. — Paris............. 1882
— Bedeutung der Zellkerne für die
Vorgänge der Vererbung. *Zeit-
schrift f. wiss. Zoologie*, XLII.... 1885
— Das Karyoplasma und die Verer-
bung. Eine Kritik der Weismann'-
schen Theorie von der Continui-
tät des Keimplasmas. *Ibid.*,
XLIV 1886
— Handbuch der Gewebelehre des
Menschen. 6. Auflage. — Leip-
zig.......................... 1889
—Æquivalent der Attractionssphären
E. van Beneden's bei Siredon. *Anat.
Anzeiger*...................... 1889
KŒNIGSBORN, VON NATHUSIUS. — Un-
tersuchungen über nicht celluläre
Organismen, namentlich Crus-
taceen-Panzer, Mollusken-Schalen
und Eihüllen. — Berlin......... 1877
KOHL, F. G. — Protoplasmaverbin-
dungen bei Algen. *Berichte d.
Deuts. bot. Gesells*.............. 1891
KOLLMANN, J. — Die Bindesubstanz
der Acephalen. *Arch. f. mikr.
Anat.*, XIII.................... 1877
— Ueber thierisches Protoplasma.
Biol. Centralblatt, II............. 1882
KORSCHELT, E. — Ueber die eigenthüm-
lichen Bildungen in den Zellker-
nen der Speicheldrüsen von *Chiro-
nomus*. — *Zool. Anzeiger*........ 1884
— Ueber Bildung des Chorions und
die Micropylen bei den Insekten-
eiern. *Ibid*. 1884
— Die Gattung *Dinophilus* und der
bei ihr auftretenden Geschlechts-
dimorphismus. *Zoolog. Jahrb.*, II. 1887
— Zur Frage nach dem Ursprunge der
verschiedenen Zellenelemente der
Insectenovarien. *Zool. Anzeiger*. 1885
— Beiträge zur Morphologie u.
Physiol. des Zellkerns. *Zool. Jahr.
Abth. f. Anatomie*, IV 1889
KORYBUTT-DASZKIEWIKZ. — Ueber die
Entwickelung der Nerven aus
Plasmazellen beim Frosche. *Arch.
f. mikr. Anat.*, XV............. 1878
KOSLOWSKIJ, W. — Materialen zur
Algenflora Siberiens. *Arbeiten der
Kiewer Naturf. Gesells.*, IX.... 1888
KOSSEL. — Untersuchungen über die
Nucleine und ihre Spaltungspro-
dukte. — Strassburg............ 1881
— Zur Chemie des Zellkerns. *Zeit-
schrift für physiolog. Chemie
von Hoppe-Seyler*, VII.......... 1882
— Ueber die chemische Zusammen-
setzung der Zelle. *Arch. f. Phy-
siologie* 1891
— Ueber die Nucleine. *Centralb. f.
medic. Wiss*. 1889
— Ueber die Nucleinsäure. *Verh. d.
Berl. physiol. Gesells*........... 1892
KOSTANECKI, VON. — Ueber Central-

spindelkörperchen bei karyokine-
tischer Zelltheilung. *Anat. Hefte*,
I.......................... 1892
— Ueber Kerntheilung bei Riesen-
zellen nach Beobachtungen aus
der embryonalen Säugethierleber.
Ibid........................ 1892
— Ueber die Schicksale der Cen-
tralspindel bei karyokinetischer
Zelltheilung. II. *Ibid*........... 1892
KOWALEWSKY. — Entwickelungsge-
schichte der einf. Ascidien. *Mém.
de l'Acad. de St-Pétersbourg*..... 1866
— Entwickelungsgeschichte der Ho-
lothurien. *Ibid*.................. 1867
— Embryologische Studien an Wür-
mern und Arthropoden. *Ibid*.,
XVI....................... 1869
— Beiträge zur nachembryonalen
Entwickelung der Musciden.
Zool. Anzeiger................. 1885
— Id. *Zeitschr. f. wiss. Zool.*, XLV. 1887
KNOLL. — Ueber protoplasmaarme
und protoplasmareiche Musku-
latur. *Wien. Akadem. Denkschrif-
ten*......................... 1891
KRASSER, FR. — Ueber das angebliche
Vorkommen eines Zellkerns in
den Hefezellen. *Oesterreichische
bot. Zeitsch*................... 1881
— Ueber die Structur des ruhenden
Zellkernes. *Sitz. d. k. Acad. d.
Wiss. zu Wien. Math. natura-
viss. Classe*, CL................ 1892
— Ueber den Zellkern der Hefe.
Oesterreich. bot. Zeitsch., XVIII.. 1893
KRASSILSTSCHIK G. — Zur Entwicke-
lungsgeschichte und Systematik
der Gattung *Polytoma*. — *Zool.
Anzeiger* 1882
KRAUSE, W. — Die Membrana fenes-
trata der Retina. — Leipzig...... 1868
— Allgem. u. mikroskopische Ana-
tomie (Handb. d. menschl. Anat.).
— Hannover................... 1876
— Handb. d. menschl. Anatomie,
Nachträge..................... 1881
— Besprechung von Strasburger,
Zellbildung u. Zelltheilung. III.
Aufl. in *Göttingische gel. Anzei-
gen*......................... 1881
KREHL, L. — Ein Beitrag zur Fettre-
sorption. *Arch. f. Anat. u. Phy-
siol. Anat. Abth*................ 1890
KROHN. — Beitrag z. Entwickelungs-
geschichte der Seeigellarven. —
Heidelberg.................... 1849
— Entwicklung der Ascidien. *Mül-
ler's Archiv*................... 1852
KÜHNE, W. — Untersuchungen über
das Protoplasma und die Contractilität. 1864
KÜHNE, W. u. A. SH. LEA. — Ueber
die Absonderung des Pankreas.
*Verhandl. d. nat.-hist.-med. Ve-
reins zu Heidelberg*. I, H. 5....... 1876
— Beobachtungen über die Absonderung des Pankreas. *Untersuchungen aus d. physiol. Institute
d. Universität Heidelberg*, II.
Heft IV...................... 1882
KULTSCHITZKY. — Ueber Eireifung
und die Befruchtungsvorgänge bei

Ascaris marginata. — *Arch. f. mikr. Anat.*, XXXII...., ... 1888

KUNSTLER. — Contribution à l'étude des Flagellés. *Bulletin Soc. zool. de France*................. 1882

— Nouvelles contrib. à l'étude des Flagellés. *Ibid*.............. 1882

— *Bacterioidomonas sporifera.* — *Journal de Microgr*............ 1885

— La structure réticulée du protoplasma des Infusoires. *C. R. Acd. d. Sc*.................... 1887

— Structure vacuolaire ou alvéolaire. *Bull. Soc. zool. de France*........ 1888

— Les éléments vésiculaires du protoplasma chez les Protozoaires *C.R. Acd. d. Sc*............... 1888

— Recherches sur la Morphologie des Flagellés. *Bull. sc. de la France et de la Belgique*, XX.... 1889

KUPFFER, C. VON. — Beobachtungen über die Entwicklung der Knochenfische. *Arch. f. mikr. Anat.*, IV..................... 1868

— Die Stammverwandtschaft zwischen Ascidien und Wirbelthieren. nach Untersuchungen über die Entwicklung der *Ascidia canina.* — *Arch. f. mikr. Anat.*, VI..... 1870

— Die Speicheldrüsen von *Periplaneta (Blatta orientalis)* u. ihr Nervenapparat. *Beitr. z. Anat. u. Physiol. als Festgabe für Carl Ludwig*.................... 1874

— Ueber Differenzierung des Protoplasma an den Zellen thierischer Gewebe. *Schriften des naturwissenschaftl. Vereins für Schleswig-Holstein. I. Heft 3*..... 1875

— Die Gastrulation an den meroblastischen Eiern der Wirbelthiere u. s. w. *Arch. f. Anat. u. Entw.* 1881-82

— Aktive Betheiligung des Dotters am Befruchtungsakte. *Sitz.-Ber. math.-phys. Klasse der K. bayr. Akad. der Wiss*.................. 1882

— Beobachtungen über die Entwickelung der Knochenfische. *Arch. f. mikr. Anat.*, IV.................. 1868

KUPFFER, C. und BENECKE, B — Der Vorgang der Befruchtung am Ei der Neunaugen. — Königsberg..................... 1878

— Ueber Laichen und Entwickelung des Ostseehärings. *Ber. d. Comm. f. Unters. der deutschen Meere.* Berlin........... 1878

LABBÉ. — Sur les hématozoaires de la Grenouille. *C. R. Acd. d. Sc*... 1891

LACAZE-DUTHIERS, DE. — Mémoire sur les organes génitaux des Mollusques acéphales lamellibranches. *Ann. sc. nat. Zool.*, II........... 1854

LAGERHEIM, G. DE. — *Trichophilus Neniæ.* Lagerh. nov. sp. eine neue epizoïsche Algen. *Berichte deutsch. bot. Gesell*.............. 1892

LAGUESSE. — Développement du pancréas chez les Poissons osseux. *Comptes rend. de la soc. de Biologie*.................... 1889

— Note sur la rate et sur le pancréas du Protoptère et de la Lamproie. *Ibid*................. 1890

— Structure du pancréas et pancréas intra-hépatique chez les Poissons. *C. R. de l'Académie des sciences*. 1891

— Sur la formation des îlots de Langerhans dans le pancréas. *C. R. de la soc. de Biologie*...... 1893

— Développement du pancréas chez les Sélaciens. *Bibliographie anatomique*..................... 1894

— Développement du pancréas chez les Poissons osseux. (Organogénie, Histogénie) *Journal de l'Anatomie et de la physiol.* 1894

LAMBERT, M. — Note sur les modifications produites par l'excitation électrique dans les cellules nerveuses des ganglions sympathiques. *C. R. de la soc. de Biologie.* 1893

LAMEERE, A. — A propos de la maturation de l'œuf parthénogénétique. — Bruxelles............... 1890

— Recherches sur la réduction karyogamique. — Bruxelles...... 1890

LANDOIS, H. — Beiträge zur Entwicklungsgeschichte der Schmetterlingsflügel in der Raupe und Puppe. *Zeitschr. f. wiss. Zoolgie*, XXI..................... 1871

LANGHANS. — Beobachtungen über Resorption der Extravasate und Pigmentbildung in denselben. *Virchow's Archiv*, XLIX...... 1870

— Zur Lehre von der Zusammensetzung des Kerns. *Centralbl. f. d. med. Wiss.* Nr. 50........... 1876

LANGERHANS. — Beiträge zur mikroskopischen Anatomie der Bauchspeicheldrüse. *Inaugural Dissertation.* Berlin................. 1869

LANGLEY. — On the changes in serous glands during secretion. *Journ. of physiol.*, 11.................... 1879

— On the structure of serous glands in rest and activity. *Proceed. of the royal Society*................ 1879

— On the structure of secretory cells and the change with take place in them during secretion. *Journ. intern. d'anatomie*, 1............. 1884

LANKESTER, E. RAY — Preliminary notice of some Observations with the spectroscop on animal substances. *Journ. of Anat. and Physiol.*, 1. 1868

— Abstract of a Report on the spectroscopic Examination of certain animal substances. *Ibid.*, III. 1870

— Remarks on the structure of the Gregarinæ. *Quart. Journ. micr. sc* 1872

— The mode of occurence of Chlorophyll in Spongilla. *Ibid.*, XIV. 1874

— Chlorophyll in Turbellarian Worms and other Animals. *Ibid.*, XIX............................ 1879

— On the Chlorophyll-corpuscles and Amyloid deposits of Spongilla and Hydra, *Ibid.*, XXII..... 1882

— The Chlorophyll-corpuscles of Hydra. *Nature.* XXVII........ 1882-83

— On *Drepanidium ranarum,* the

512   BIBLIOGRAPHIE

Cell-parasite of the Frog's Blood and Spleen (Gaule's Würmchen). *Quart. Journ. of microsc. sc.* N.-S. XXII.......... 1882

LAUTERBORN, ROB. — Ueber Bau und Kernteilung der Diatomeen. *Verh. d. Naturhist.-med. Vereins in Heidelberg*.......... 1893

LEBER. — Ueber die Entstehung der Entzündung und die Wirkung der entzündungserregenden Schädlichkeiten. *Fortschritte der Medicin*.......... 1888

— Die Entstehung der Entzündung u. die Wirkung der entzündungserregenden Schädlichkeiten. — Leipzig.......... 1891

LECLERCQ, EMMA. — Contribution à l'étude du Nebenkern ou corpuscule accessoire dans les cellules. *Bull. Acad. r. d. sc. de Belgique*, 3ᵉ série, XX.......... 1890

LECOMTE, H. — Contribution au liber des Angiospermes. *Ann. des sc. nat. Botanique*, 7ᵉ Série, X.......... 1889

LE DANTEC. — Recherches sur la digestion intracellulaire chez les Protozoaires. — *Thèse de doctorat.* Paris.......... 1891

— Recherches sur la Symbiose des Algues et des Protozoaires. *Ann. Institut Pasteur*, VI.......... 1892

LEEUWENHOEK. — Arcana naturæ detecta.......... 1680-95

— Opera omnia.......... 1722

LÉGER. — Recherches sur les Grégarines. *Tablettes zoologiques*.......... 1892

LEGGE, Fr. — Seconda contribuzione alla conoscenza dell' uovo ovarico nel *Gallus domesticus*. Il nucleo vitellino. *Boll. Accad. med. Roma*, XIII.......... 1887

LEHMANN, O. — Ueber fliessende Krystalle. *Zeitsch. für physikalische Chemie*, IV.......... 1889

— Molekular Physik. II. — Leipzig.......... 1888-89

— Ueber tropfbarflüssige Krystalle. *Annalen der Physik und Chemie*, N. F., XL.......... 1890

LEREBOULLET. — Embryologie du Brochet. *Mém. des savants étrangers*.......... 1853

LEUCKART. — Zeugung, in *R. Wagner's Handwörterbuch der Physiologie*, IV.......... 1853

— Die Fortpflanzung und Entwickelung der Pupiparen. — Halle... 1858

— Die menschlichen Parasiten. 1867, II.......... 1876

LEWASCHEW, S. W. — Ueber eine eigenthümliche Veränderung der Pankreaszellen warmblütiger Thiere bei starker Absonderungsthätigkeit der Drüse. *Archiv f. mik. Anat.*, XXVI.......... 1886

LEYDIG. — Ueber *Argulus foliaceus*. — *Zeitsch. f. wiss. Zool.*, II.......... 1850

— Ueber den Bau und die systematische Stellung der Räderthiere. *Ibid.*, VI.......... 1854

— Lehrbuch d. Histologie des Menschen und der Thiere. — Frankfurt a. M.......... 1857

— Zur Anatomie der Insekten. *Müller's Archiv*.......... 1859

— Vom Bau d. thierischen Körpers. — Tübingen.......... 1864

— Traité d'histologie de l'homme et des animaux. — Traduction de Lahilonne. — Paris.......... 1866

— Ueber Amphipoden und Isopoden. *Zeit. f. wiss. Zool.*, XXX.. 1878

— Untersuchungen zur Anatomie u. Histologie der Thiere. — Bonn.......... 1883

— Zelle und Gewebe. — Bonn..... 1885

— Beiträge zur Kenntniss des thierischen Eies im unbefruchteten Zustande. *Zool. Jahrbücher. Abth. f. Anat. u. Ontog.*, III... 1888

LIEBERMANN, LEO. — Ueber das Nuclein der Hefe und künstliche Darstellung eines Nucleins aus Eiweiss und Phosphorsäure. *Berichte d. deutsch. chem. Gesell.*, XXI..... 1888

— Ueber Nucleine. *Centralb. f. d. med. Wissenschaft*.......... 1889

LILIENFELD, L. und MONTI. A. — Ueber die mikrochemische Localisation des Phosphors in den Geweben. *Zeitsch. f. physiol. Chemie.* XVII.......... 1892

LIST. — Untersuch. über das Cloakenepithel der Plagiostomen. *Sitzungsber. der kaiserl. Acad. der Wissensch. zu Wien*, XCII, III. Abth.......... 1885

— Ueber Becherzellen und Leydig'sche Zellen. *Arch. f. mikr. Anat.*, XXVI.......... 1885

— Ueber Becherzellen. *Ibid.* XXXVII. 1886

— Ueber Structuren von Drüsenzellen. *Biolog. Centralblatt*.......... 1886

LISTER A. — On the division of Nuclei in the Mycetozoa. *Jour. Linn. soc. London*.......... 1893

LOEB, J. — Weitere Untersuchungen über den Heliotropismus der Thiere. *Pflüger's Archiv*, XLVII.. 1896

LÖNNBERG, L. — Kernstudien. *Verhandl. d. biol. Vereins Stockholm*, IV.......... 1892

LÖW, O. — Ueber die physiologischen Functionen der Calcium-und Magnesiumsalze im Pflanzenorganismus. *Flora*.......... 1892

LÖW, O. und BOKORNY, TH. — Die chemische Ursache des Lebens. — München.......... 1881

— Die chemische Kraftquelle im lebenden Protoplasma. — München.......... 1882

— Die chemische Beschaffenheit des protoplasmischen Eiweisses, nach dem gegenwärtigen Stand der Untersuchungen. *Biolog. Centralblatt*, VIII.......... 1888

— Ueber das Verhalten von Pflanzenzellen zu stark verdünter alkalinischer Silberlösung. *Botan. Centralblatt*.......... 1889

— Versuche über actives Eiweiss für Vorlesung und Practicum. *Ibid.*, XI.......... 1891

— Zur Chemie der Proteosomen. *Flora* 1892

LÖWENTHAL, NAT. — Zur Kenntnis des Keimfleckes im Ureie einiger Säuger. *Anat. Anʒeiger*, III.. ... 1888
— Befruchtung, Reifung und Theilung des Eies von *Oxyuris ambigua*. — *Intern. Wochenschr. f. Anat. u. Phys.*, VII........1 ... 1890

LÖWIT. — Die Anordung von Erythroblasten und Leukoblasten in den Blutzellen bildenden Organen. *Anat. Anʒeiger* 1891
— Die Anordnung u. Neubildung von Leukoblasten und Erythroblasten in den Blutzellen bildenden Organen. *Arch. f. mikr. Anat.* 1891
— Ueber Neubildung und Beschaffenheit der weissen Blutkörperchen. Ein Beitrag zur Zellenlehre. *Beitr. Path. Anat. von Ziegler*, X 1891
— Ueber amitotische Kerntheilung. *Biol. Centralblatt*, XI 1891

LOOS, P. A. — Ueber die Eiweissdrüsen im Eileiter der Amphibien und Vögel. *Dissertat.* Leipzig. 1881

LOTHRINGER, S. — Untersuchungen an der Hypophyse einiger Säugethiere und des Menschen. *Archiv. f. mikrosk. Anatomie*, XXVIII... 1886

LOTT, G. — Ueber den feineren Bau und die physiologische Regeneration der Epithelien, insbesondere der geschichteten Pflasterepithelien. *Untersuchungen aus dem Inst. f. Physiol. u. Histol. in Graʒ, v. A. Rollett.* Leipzig..... 1873

LOVEN, S. — Bidrag till Kännedommen om Utvecklingen of Mollusca Acephala Lamellibranchiata. *Kongel. Vetenskaps Akademiens Handlingar, Stockholm* 1848
— Im Auszug durch Creplin. *Wiegmann's Arch. f. Anat.* 1849

LUBAVIN. — Nuclein. *Berichte der chem. Gesellsch.*, X 1877

LUBBOCK, JOHN — Notes on the generative organs and the Formation of the Egg in the Annulosa. *Philos. Transact.* 1861

LUDWIG, H. — Ueber die Bildung des Blastoderms bei den Spinnen. *Zeitschr. f. wiss. Zool.*, XXVI..... 1876

LUKJANOW. — Beiträge zur Morphologie der Zelle. *Archiv f. Physiol. suppl. Band, 1887 et Archiv f. mikr. Anatomie*, XXX 1887
— Ueber die Hypothese von Altmann betreffend die Structur des Zellenkernes. *Biol. Centralblatt*, IX 1889
— Grundzüge einer allgemeinen Pathologie der Zelle. — Leipzig. 1891

LUSTIG und GALEOTTI. — Cytologische Studien über pathologische menschliche Gewebe. *Beiträge ʒur pathologischen Anatomie*, XIV. 1893

MACALLUM, A. B. — On the demonstration of iron in chromatin by microchemical methods. *Proc. of the Roy. Society.* London..... 1892

MAC MUNN, C. A. — Observations on the Colouring matters of the so-called Bile of Invertebrates, on those of the Bile of Vertebrates and on some animal urine Pigments. *Ibid*, XXXV.............. 1883
— On the occurence of Chlorophyll in Animals. *Report brit. Assoc. adv. of Science*, 1883 1884
— Further Observations on Enterophyll and allied Pigments. *Philosoph. Transact. roy. Soc. London*, CLXXVII 1886
— Notes on the Chromatology of *Anthea cereus*. — *Quart. Jour. mic. Science*, XXVII.............. 1887
— On the Chromatology of some British sponges. *Journal of Physiol.*, IX 1888
— Contributions to animal Chromatology. *Quart. Journ. mic. Sc.*, XXX 1890

MACFERLANE, J. M. — The structure and division of the vegetable cell. *Trans. of the Roy. Society of Edinburgh*, XIV 1881
— Contributions to the history of *Dionæa muscipula*. — *Contrib. of the Bot. Latoratory of the University of Pensylvania*, I.... 1892

MAGGI, L. — I plastiduli nei ciliati, i plastiduli liberamente viventi. *Atti d. Soc. it. di sc. nat. Milano* ....1.......... 1878

MAGINI. — Ancora sulla ubicazione del nucleo nella cellula nervosa motoria. *Rendic. Acc. Lincei*, VII. 1890-91

MAGNUS und WILLES. — Ueber die, auf der Süsswasserschlange *Herpeton tentaculatum*. Lac. aus Bangkok in Siam wachsenden Algen. *Sitʒungsberichte Gesell. naturf. Freunde ʒu Berlin* 1892

MALFATTI, HANS. — Beiträge zur Kenntniss der Nucleine. *Zeitsch. f. physiol. Chemie*, XVI.......... 1892
— Zur Chemie des Zellkernes. *Ber. d. Naturwiss. med. Vereines in Innsbruck*, XX................ 1891-92

MALPIGHI. — Anatome plantarum. 1675-79

MANGIN, L. — Sur les réactifs colorants des substances fondamentales de la membrane. *C. R. Acad. d. Sc.* 1890
— Observations sur la présence de la callose chez les Phanérogames. *Bullet. Soc. bot. de France*, XXXIX. 1892

MARCHAL, B. — Recherches anatomiques et physiologiques sur l'appareil excréteur des Crustacés décapodes. *Arch. de Zool. exp. 2e série*, X.. 1892

MARCHAND. — Ueber die Bildungsweise der Riesenzellen um Freindkörper. *Virchow's Archiv* 1883

MARCHI. — Beobachtungen über Wimperepithel. *Arch. f. mikr. Anat.*, II 1866

MARK, E. L. — On early stages in the embryology of *Limax campestris*. — *Zool. Anʒeiger*, II..,. 1879
— Maturation, fecondation and segmentation of *Limax campestris*. — *Bullet. of the Museum of comp. ʒool. at Harvard College*, VI.... 1881

MARSHALL, W. — Ueber einige Leben-

erscheinungen der Süsswasserpolypen und über eine neue Form von *Hydra viridis. — Zeit. f. wiss. Zool.*, XXXVII 1882
— Observations on the structure and distribution of striped and unstriped muscle in the animal kingdom and a theory of muscular action. *Quart. Journ. micr. sc.* 1887
MARTIN, H. — Recherches sur la str. de la fibre muscul. striée et sur les analogies de structure et de fonction entre le tissu musculaire et les cellules à bâtonnets. *Arch. de physiologie normale et path* . . . 1882
MARTIN, W. A. — Zur Kenntniss der indirecten Kerntheilung. *Virchow's Archiv*, LXXXVI 1881
MARX, F. A. — Untersuchungen über die Zellen der Oscillarien. *Inaug. Dissertation*. München 1892
MASSART, J. — Sensibilité et adaptation des organismes à la concentration des solutions salines. *Archives de Biologie*, IX 1889
MASSART, J. et. BORDET. — Recherches sur l'irritabilité des leucocytes et sur l'intervention de cette irritabilité dans la nutrition des cellules et dans l'inflammation. *Journ. de la Soc. R. des sciences médicales et naturelles de Bruxelles* 1890
MAUPAS, E. — Sur le *Coleps hirtus*. — *Arch. de zool. expér.*, III 1885
— Sur les granules amylacés du cytosome des Grégarines. *C. R. Acad. d. sc.*, CII 1886
— Recherches expérimentales sur la multiplication des Infusoires Ciliés. *Arch. zool. expérim.*, VI 1888
— Le rajeunissement karyogamique chez les Ciliés. *Ibid.*, VII 1889
— Sur le déterminisme de la sexualité chez l'*Hydatina senta*. — *C. R. Acad. Sc* 1891
MAYER, PAUL. — Carcinologische Mittheilungen. *Mittheil. aus d. zoologischen Station in Neapel* . . . 1878
MAYER, S. — Beiträge zur Histologie und Physiologie des Epithels. *Lotos, Prag Tempsky* 1892
MAYZEL, W. — Ueber eigenthümliche Vorgänge bei der Theilung der Kerne in Epithelzellen. *Centralblatt f. d. med. Wiss* 1875
— Beiträge zur Lehre von dem Theilungsvorgang des Zellkerns. *Gazeta Lekarska*, N° 27 1876
— Ueber die Regeneration des Epithels und über die Kerntheilung. *Arbeit. aus d. hist. Lab. d. Univers. Warschau* (en russe) . . . 1878
— Weitere Beiträge zur Lehre vom Theilungsvorgange der Zellkerne. *Gazeta Lek.*, XXIII 1877
— Ueber die ersten Veränderungen des befruchteten Eies und über Zelltheilung. *Denkschriften der ärztl. Gesellschaft Warschau*, 1878. Analyse : in *Hofmann u. Schwalbe's Jahresbericht* 1879
— Ueber die Vorgänge bei der Seg-

mentation des Eies von Würmern (Nematoden) und Schnecken. *Zool. Anzeiger*, II 1879
— Zelltheilung bei Insecten und Saügethierembryonen. *Tageblatt der. 3. Versammlung polnischer Aerzte und Naturf. in Krakau.* (en polonais) 1881
— O Karyjomitozie. *Festschrift für Prof. Hoyer* (en polonais) 1884
MECKEL, H. — Micrographie einiger Drüsenapparate der niederen Thiere. *Müller's Archiv* 1846
MEISSNER, G. — Beiträge zur Anatomie und Physiologie von *Mermis albicans.— Zeitsch. f. wiss. Zool.*, III 1853
— Beobachtungen über das Eindringen der Samenelemente in den Dotter. *Ibid.*, VI 1854
— Ueber die Befruchtung des Eies von *Echinus esculentus*. — *Verhandl. d. naturf. Gesellsch. in Basel*, I 1856
MEISSNER, MAX. — Beiträge zur Ernährungsphysiologie der Protozoen. *Zeitsch. f. wiss. Zoolog.*, XLVI 1888
MENSBRUGGHE, G. VAN DER. — Sur la tension superficielle des liquides considérée au point de vue de certains mouvements observés à la surface. *Acad. roy. de Belgique* 1869
— Sur la propriété caractéristique de la surface commune à deux liquides soumis à leur affinité mutuelle. *Acad. roy. de Belgique*, 3ᵐᵉ Série, XX, XXI 1890-91
MERKEL, F. — Ueber die Macula lutea des Menschen u. die Ora serrata. — Leipzig 1870
— Zur Kenntniss des Stäbhenepithels der Retina. *Arch. f. Anat. u. Physiol* 1870
— Erstes Entwickelungsstadium der Spermatozoiden. *Untersuch. aus dem anat. Institut zu Rostock* 1874
MERTENS, H. — Recherches sur la signification du corps vitellin de Balbiani dans l'ovule des Mammifères et des Oiseaux. *Archives de Biologie*, XVIII 1893
MÉRY. — Remarques faites sur la Moule. *Hist. de l'Acad. roy. des Sc. mémoires* 1710
METCHNIKOFF, E. — Embryologische Studien an Insecten. *Zeitschr. f. wiss. Zool.*, XVI 1866
— Recherches sur la spermatogenèse (en Russe) *Arb. Versamml. Russ. Nat. Abth. Anat. Physiol* 1868
— Untersuchungen über die intracelluläre Verdauung bei wirbellosen Thieren. *Arbeiten des zoologischen Instituts in Wien*, V, Heft 2 1883
— Ueber die Beziehung der Phagocyten zu Milzbrandbacillen. *Archiv für Pathologie, Anatom. u. Physiologie* 1884
— Recherches sur la digestion intracellulaire. *Ann. Institut Pasteur*. 1889

— Leçons sur la pathologie comparée de l'inflammation. — Paris... 1892

MEUNIER. — Le nucléole des Spirogyra. *La Cellule*, III, part. 3...... 1888

MEVES. — Ueber amitotische Kerntheilung in den Spermatogonien des Salamanders und das Verhalten der Attraktionssphären bei derselben. *Anat. Anzeiger*....... 1891

— Ueber eine Art der Enstehung ringförmiger Kerne. *Inaug. Dissert.* Kiel............... 1893

MEYEN, J. — Anat. phys. Untersuchungen über d. Inhalt d. Pflanzenzellen. — Berlin................... 1828

— Phytotomie. — Berlin........... 1830

— Einige Bemerkungen über den Verdaunungs-Apparat der Infusorien. *Müller's Archiv*........... 1839

MEYER, ARTHUR. — Ueber die Structur der Stärkekörner. *Botan. Zeitung*. 1881

— Ueber Krystalloide der Trophoplasten und über die Chromoplasten der Angiospermen. *Ibid*... 1883

— Das Chlorophyllkorn in chemischer, morphologischer und biologischer Beziehung. — Leipzig.... 1883

— Kritik der Ansichten von Frank Schwarz über die alkalinische Reaction des Protoplasmas. *Botan. Zeitung*... 1890

MIESCHER. — Nuclein : in *Med-chem. Untersuch. v. Hoppe-Seyler*, H. 4. 1871

— Die Spermatozoen einiger Wirbelthiere. *Verhandl. d. naturforsch. Gesellsch. in Basel*, VI.......... 1874

MILNE EDWARDS, H. — Rapport sur les progrès récents des sciences zoologiques en France. — Paris. 1867

MINGAZZINI. — Ricerche sul canale digerente delle larve dei Lamellicorni fitofagi. *Mitth. d. Zool. Station Neapel*, IX.............. 1889

MINOT, CH.-S. — Theorie der Gonoblasten. *Biolog. Centralbl.*, II.... 1882

MIRBEL, BRISSEAU DE. — Histoire naturelle générale et particulière des plantes, ou traité d'anatomie et de physiologie végétales, servant d'introduction à l'histoire des plantes. — Paris............ 1800-1802

— Exposition de la théorie de l'organisation végétale. — Paris..... 1809

— Recherches sur le *Marchantia*. — Paris................. 1831-1832

— Nouvelles recherches sur le cambium. — Paris................... 1839

MITROPHANOW, P. — Ueber Zellgranulationen. *Biol. Centralblatt*, IX. 1889

— Étude sur l'organisation des Bactéries. *Journ. internat. d'Anat. et de Physiol.*, X............... 1893

MÖBIUS, OTTO. — Zellvermehrung in der Milz beim Erwachsenen. *Archiv f. mikrosk. Anatomie*, XXIV. 1884

MÖBIUS, M. — Ueber endophytische Algen. *Biol. Centralbl*............ 1891

MOHL, H. v. — Ueber die Vermehrung der Pflanzenzellen durch Theilung. *Dissert. Tübingen*, 1835 ; *Flora*...................... 1837

— Ueber die Saftbewegung im Innern der Zellen. *Botanische Zeitung*..................... 1846

— Ueber die Entwicklung der Sporen von *Anthoceros lævis*. — *Vermischte Schriften*. Tübingen..... 1846

— Grundzüge der Anatomie und Physiologie der vegetabilischen Zelle. *Wagner's Handwörterbuch der Physiologie*................. 1851

MOLDENHAWER. — Beiträge zur Anatomie der Pflanzen............... 1812

MOLESCHOTT, J. — Ueber die Entwicklung d. Blutkörperchen. *Arch. f. Anat. u. Physiol*......... 1853

MOLISCH, HANS. — Ueber den Farbenwechsel anthokyanhaltiger Blätter bei rasch eintretendem Tode. *Botan. Zeitung*............ 1889

MOLL, J. W. — Observations on Karyokinesis in Spirogyra. *Verhandl. d. k. Acad. v. Watensch te Amsterdam. Sect. II*, I............ 1893

MÖLLER, R. — Ueber den Zellkern und die Sporen der Hefe. *Centralblatt f. Bakt. und Parasitenkunde*, XII..................... 1892

MONNIER, D. et VOGT. — Note sur la fabrication artificielle des formes des éléments organiques. *Jour. de l'Anat. et de la physiol*......... 1882

MONTGOMERY. — Zur Lehre von der Muskelcontraction. *Arch. f. d. ges. Physiol.*, XXV........... 1881

— Ueber das Protoplasma einiger Elementarorganismen. *Jen. Zeitschr*.................... 1885

MONTICELLI, F. S. — Sul nucleo vitellino delle uova dei Trematodi. Studi sui Nematodi endo-parassiti: sul genere *Notocotyle*. — *Boll. d. Società di Naturalisti in Napoli* Ser. I, VI.................. 1892

MOORE, J. — On the Relationships and Role of the Archoplasm during Mitosis in the larval Salamander. *Quart. Journ. of microsc. Sc.*, XXXIV.................... 1893

MOYNIER DE VILLEPOIX. — Recherches sur la formation et la croissance de la coquille des Mollusques. *Journ. de l'Anat. et de la physiol*.................... 1892

MÜLLER, ERIK. — Untersuchungen über den Bau der Spinalganglien. *Nordisk med. Archiv*, XXIII.... 1891

— Zur Kenntniss der Ausbreitung und Endigungsweise der Magen-, Darm-, und Pankreasnerven. *Archiv f. mik. Anat.*, XL......... 1892

MÜLLER, F. — Zur Kenntniss des Furchungsprocesses im Schneckeneie. *Wiegmann's Archiv f. Nat.*, XIV................. 1848

MÜLLER, H. F. — Ueber Mitose an eosinophilen Zellen. *Arch. für exp. Pathol. und Pharmakol*..... 1891

— Ein Beitrag zur Lehre vom Verhalten der Kern- und Zellsubstanz während der Mitose. *Wiener akadem. Sitzungsberichte math. nat. Kl*.................... 1891

MÜLLER, JOHANNES. — Handbuch der Physiologie des Menschen. 1833-40

516   BIBLIOGRAPHIE

— Ueber *Synapta* und über die Erzeugung von Schnecken in Holothurien — Berlin 1852
— Vergleichende Anatomie der Myxinoiden. — Berlin 1834-45
MÜLLER, JOSEPH. — Ueber Gamophagie. Ein Versuch zum weiteren Ausbau der Theorie der Befruchtung u. Vererbung. — Stuttgart.. 1892
MÜLLER, O. F. — Ueber die Schalenbildung bei Lamellibranchiaten. — Breslau 1885
MUNK und ROSENSTEIN. — Ueber Darmresorption nach Beobachtungen an einer Lymphfistel beim Menschen. *Verhandl. der physiol. Gesellschaft zu Berlin* 1890
NAEGELI, C — Zellkern, Zellbildung und Zellenwachstum bei den Pflanzen. *In Schleiden und Nägeli's Zeitschr. f. wissenschaftl. Botanik*, III et IV 1846
— Primordialschlauch. Diosmose der Pflanzenzelle. *Pflanzenphysiologische Untersuchungen* 1855
— Die Glisibewegung, eine besondere Art der periodischen Bewegung des Inhalts in Pflanzenzellen. *Ibid* 1855
— Die Stärkekörner. *Ibid.*, Heft 2.. 1858
— Rechts und links Ortsbewegungen der Pflanzenzellen und ihrer Theile. *Beiträge zur wissenschaftlichen Botanik*, Heft 2 1860
— Die Bewegung im Pflanzenreiche. *Ibid.* Heft 2 1860
— Ueber den inneren Bau der vegetabilischen Zellenmembran. *Sitzungsber. der bairischen Akademie*, I et II 1864
— Die Bastardbildung im Pflanzenreiche. *Ibid.*, II 1865
— Die Theorie der Bastardbildung. 1866
— Theorie der Gährung 1879
— Das Waschsthum der Stärkekörner durch Intussusception. *Botan. Zeitung* 1881
— Ernährung der niederen Pilze durch Kohlenstoff u. Stickstoffverbindungen. *Untersuch. über niedere Pilze aus dem pflanzenphysiolog. Institut in München* 1882
— Mechanisch-physiologische Theorie der Abstammungslehre. — München und Leipzig 1884
NAEGELI und SCHWENDENER. — Das Mikroskop. Theorie u. Anwendung desselben 1877
NANSEN. — The structure and combination of the histolog. elements of the central nervous system. *Bergen's Museums Arsberetning for 1886*. Bergen 1887
NAUWERCK. — Ueber Muskelregeneration nach Verletzungen. — Jena. 1890
NEUMANN, J. — Ueber Plasmazellen. *Von d. med. Fakultät d. Univ. Rostock gekrönte Preisschrift.* Rostock 1885
NICOLAIDES. — Ueber die mikroskopischen Erscheinungen der Pankreaszellen bei der Sekretion. *Centralblatt für Physiologie* 1886
— Ueber intracelluläre Genese von roten Blutkörperchen im Mesenterium des Meerschweins. *Arch. f. Anat. u. Physiol* 1891
NICOLAIDES und MELISSINOS. — Untersuchungen über einige intra und extranucleare Gebilde im Pankreas der Saügethiere, auf ihre Beziehung zu der Sekretion. *Archiv für Anat. und Entwick.* .. 1890
NICOLAS, A. — Recherches sur l'épithélium de l'intestin grêle. *Internat. Monatsschrift.*, VIII 1891
— Contribution à l'étude des cellules glandulaires. Les éléments des canalicules du rein primitif chez les Mammifères. *Ibid.*, VIII. 1891
— Contribution à l'étude des cellules glandulaires. *Archives de physiologie normale et path.*, 5ᵉ Serie, IV 1892
NUSSBAUM, M. — Ein Beitrag zur Lehre von der Flimmerbewegung. *Arch. f. mikr. Anat.*, XIV 1877
— Ueber den Bau und die Thätigkeit der Drüsen. *Archiv f. mikrosk. Anatomie*, XIII, 1877. XV, 1878. XVI, 1879, XXI 1882
— Zur Differenzirung des Geschlechts im Thierreich. *Ibid.*, XVI 1879
— Ueber die Veränderungen der Geschlechtsprodukte bis zur Eifurchung, ein Beitrag zur Lehre von der Vererbung. *Ibid.*, XXIII. 1884
— Ueber die Theilbarkeit der lebendigen Materie. *Ibid.*, XXVI 1886
— Ueber die Theilbarkeit der lebendigen Materie. II. Mittheilung. Beiträge zur Naturgeschichte des Genus Hydra. *Ibid.*, XXIX 1887
OELLACHER, J. — Beiträge zur Geschichte des Keimbläschens im Wirbelthierei. *Arch. f. mikr. Anat.*, VIII 1872
— Beiträge zur Entwickelungsgeschichte der Knochenfische. *Zeitsch. f. wiss, Zoolog.*, XXII. 1872
— Beiträge zur Entwickelung der Knochenfische nach Beobachtungen am Bachforelleneie. *Ibid.*, XXIII 1873
— Ueber eine im befruchteten Forellenkeime vor den einzelnen Furchungsacten zu beobachtende radiäre Structur des Protoplasmas. *Berichte des naturwissenschaftlichen Vereins zu Innsbruck* 1874
OGATA. — Die Veränderungen der Pancreaszellen bei der Secretion. *Archiv. f. physiol* 1883
OKEN. — Lehrbuch der Naturphilosophie 1809
OLIVIER, L. — Recherches sur l'appareil tégumentaire des racines. *Ann. sc. nat. Bot.*, 6 série, XI... 1881
— Sur la canalisation des cellules et la continuité du protoplasme chez les végétaux. *C. R. Acad. d. sc.* 1885
OPPEL. — Die Befruchtung des Reptilieneies. *Arch. f. mikr. Anat.*, XXXIX... 1892

OVERTON, E. — Beitrag zur Kenntniss der Gattung *Volvox*. — *Botan. Centralblatt*.................... 1889

OWSJANNIKOW. — Entwickelung des Fischeies. *Bull. de l'Acad. de Saint-Pétersbourg*, XIX......... 1874

PALADINO, G. — Dell' endotelio vibratile nei mammiferi ed in generale di alcuni dati sulla fisiologia delle formazioni endoteliche. *Arch. ital. de Biologie*, III...... 1883
— Ulteriori ricerche sulla distinzione e rinovemento continuo del parenchima ovarico dei Mammiferi. — Napoli.................... 1887

PANETH. — Ueber die secernierenden Zellen des Dünndarmepithels. *Archiv f. mikrosk. Anatomie*, XXXI.................... 1888

PARKER. — On the Histology of *Hydra fusca*.— *Quart. Journ. of micr. Science*, XX................... 1890

PAULSEN. — Ueber die Drüsen der Nasenschleimhaut, besonders die Bowman'sche Drüsen. *Arch. f. mikr. Anat.*, XXVI.............. 1885
— Bemerkungen über Secretion und Bau von Schleimdrüsen. *Ibid.*, XXVIII.................... 1886

PENARD, E. — Étude sur quelques Héliozoaires d'eau douce. *Arch. de Biologie*, IX................. 1889
— Sur la présence de la chlorophylle dans les animaux. *Arch. des sc. phys. et nat.*, XXIV...... 1890
— La chlorophyle dans le règne animal. *Ibid.*, XXIV............ 1890

PEREMESCHKO. — Ueber die Theilung der Zellen. Vorl. Mitth. *Centralbl. f. d. med. Wiss*.............. 1878
— Ueber die Theilung der rothen Blutkörperchen bei Amphibien. *Ibid*.................... 1879
— Ueber die Theilung d. thierischen Zellen. *Arch. f. mikr. Anat.*, XVI..................... 1879
— Ueber die Theilung der thierischen Zellen. Fortsetz. *Ibid.*, XVII.................... 1880
— Zur Frage über die Theilung d. Zellenkerns. *Biol. Centralbl*..... 1881

PÉREZ, J. — Protoplasme et noyau. — Bordeaux.................... 1894

PETER, A. — Ueber eine auf Thieren schmarotzende Alge. *Tagebl. d. 59 Vers. deutsch. Naturf. in Berlin*.................... 1886

PETERS, TH. — Unters. über d. Zelkern in den Samen während ihrer Entwickelung, Ruhe und Keimung. *Dissert. Rostock*......... 1891

PEREWOZNIKOFF. — Zur Frage der Synthese des Fettes. *Centr. f. d. med. Wiss*................. 1875

PEYTOUREAU, A. — La constitution du protoplasma, d'après les travaux et l'enseignement de J. Kunstler. — Bordeaux.................... 1891

PFEFFER, W. — Handbuch der Pflanzenphysiologie. I.............. 1881
— Locomotorische Richtungsbewegungen durch chemische Reize. *Untersuch. aus d. botan. Institut zu Tübingen*, I.................. 1885
— Ueber intramoleculare Athmung. *Ibid.* I.................... 1885
— Zur Kenntniss der Contactreize. *Ibid.*, I.................... 1885
— Kritische Besprechung von de Vries « Plamolytische Studien über die Wand der Vacuolen » *Bot. Zeitschr*.................... 1886
— Ueber chemotactische Bewegungen von Bakterien, Flagellaten und Volvocincen. *Untersuch. aus d. botan. Institut zu Tübingen.*, II.................... 1886
— Ueber Aufnahme von Anilinfarben in lebende Zellen. *Ibid.*, II. 1886
— Zur Kenntniss der Plasmahaut und der Vacuolen nebst Bemerkungen über den Aggregat-Zustand des Protoplasmas und über osmotischen Vorgang. *Abhandl. d. mat. phys. A. d. k. Sächs. Ges. d. W.*, XVI.................... 1890
— Ueber Aufnahme und Ausgabe ungelöster Körper. *Ibid.*, XVI.. 1890

PFITZNER, W. — Die Leydigschen Schleimzellen in der Epidermis der Larve von *Salamandra maculosa*. — *Dissertat. Kiel*........... 1879
— Die Epidermis der Amphibien *Morphol. Jahrbuch*, VI........... 1880
— Beobachtungen über weiteres Vorkommen d. Karyokinese. *Arch. f. mikr. Anat.*, XX............ 1881
— Ueber den feineren Bau der bei der Zelltheilung auftretenden fadenförmigen Differenzirung des Zellkerns. *Morphol. Jahrb.*, VII...... 1881
— Nervenendigungen im Epithel. *Ibid.*, VII.................... 1882
— Beiträge zur Lehre vom Bau des Zellkerns u. seinen Theilungserscheinungen. *Archiv f. mikroskop. Anatomie*, XXII............ 1883
— Zur morphologischen Bedeutung des Zellkernes. *Morphol. Jarhb.*, XI.................... 1885
— Zur Kenntniss der Kerntheilung bei den Protozoen. *Ibid.*, XI..... 1885
— Ueber Theilungsvorgänge an den Leukocyten, ihre progressiven und regressiven Metamorphosen. *Archiv f. mikr. Anat.*, XXX......... 1887
— Zur pathologischen Anatomie des Zellkerns. *Arch. f. path. Anat.*, CIII.................... 1886

PFLÜGER, W. — Ueber die Eierstöcke der Säugethiere u. des Menschen. — *Leipzig*.................. 1863
— Die Endigungen der Absonderungsnerven in den Speicheldrüsen, und die Entwicklung der Epithelien. *Archiv f. mikr. Anat.*, V. 1869
— Die Endigung der Absonderungsnerven in dem Pankreas. *Ibid.*.... 1869
— Ueber die Beziehungen des Nervensystem zur Leber — u. Gallensecretion. *Arch. f. d. ges. Physiologie*, II.................... 1869
— Ueber die Abhängigkeit der Leber von dem Nervensystem. *Ibid.*

— Die Speicheldrüsen. *Stricker's Handbuch*.................... 1871-72
— Ueber die physiolog. Verbrennung in den lebendigen Organismen. *Archiv f. Physiologie, X*... 1875
—Ueber Warme und Oxydation der lebendigen Materie. *Ibid., XVIII*.. 1878
— Die Bastardzeugung bei den Batrachiern. *Ibid., XXIX*........... 1882
— Ueber den Einfluss der Schwerkraft auf die Theilung der Zellen. *Ibid., XXXI et XXXII*............. 1883
— Ueber die Einwirkung der Schwerkraft u. anderer Bedingungen auf die Richtung der Zelltheilung. 3 Abt. *Ibid., XXXIV*...... 1884
— Die allgemeinen Lebenserscheinungen. — Bonn................ 1889

PICTET, C. — Recherches sur la spermatogenèse chez quelques Invertébrés de la Méditerranée. *Mitth. a. d. zoolog. Station zu Neapel, X*.................... 1891

PLATEAU, F. — Recherches physico-chimiques sur les Articulés aquatiques. *Mém. Acad. de Belgique, XXXVI*.................... 1870
— Statique expérimentale et théorique des liquides soumis aux seules forces moléculaires.—Gand et Leipzig.................... 1873
— Quelques expériences sur les lames liquides minces. *Bull. Acad. Roy. de Belgique*........ 1882
— Influence de l'eau de mer sur les animaux d'eau douce et de l'eau douce sur les animaux marins. *C. R. Acad. d. sc., XCVII*........ 1883

PLATNER, G. — Die Karyokinese bei den Lepidopteren als Grundlage für eine Theorie der Zelltheilung. *Internationale Monatsschrift., III*. 1885
— Ueber die Befruchtung bei *Arion empiricorum*. — *Arch. f. mik. Anat., XVII*.................... 1886
— Ueber die Entstehung des Nebenkerns und seine Beziehung zur Kerntheilung. *Ibid., XXVI*...... 1886
— Ueber die Bildung der Richtungskörperchen. *Biolog. Centralblatt, VIII*.................... 1888-89
— Beiträge zur Kenntniss der Zelle u. ihrer Theilungserscheinungen. *Archiv f. mikr. Anat., XXXIII*...... 1889
— Ueber die Bedeutung der Richtungskörperchen. *Biolog. Centralbl., VIII*.................... 1889
— Die erste Entwickelung befruchteter und parthenogenetischer Eier von *Liparis dispar*. — *Ibid., VIII*.................... 1889
— Beiträge zur Kenntniss der Zelle. IV. Die Entstehung und Bedeutung der Nebenkerne im Pankreas. Ein Beitrag zur Lehre von der Sekretion. *Arch.f, mikr. Anat.*.... 1889

PODWYSSOZSKI, W. — Contribution à l'étude de la structure fine du pancréas. *Travaux de l'Université de Kief*.................... 1882
— Beiträge zur Kenntniss des feineren Baues der Bauchspeicheldrüse. *Arch. f. mikr. Anatomie, XXI*.................... 1882
— Experimentelle Untersuchungen über die Regeneration des Drüsengewebes. *Beitr. zur path. Anat. u. Physiol., I*............. 1884
— Les lois de la régénération des cellules glandulaires à l'état normal et pathologique. *Bulletin de la soc. anatomique de Paris, LXII*.................... 1887

POIRAULT, G. — Recherches anatomiques sur les Cryptogames vasculaires. *Ann. sc. nat. Bot., XVIII*. 1894

POUCHET, G. — Évolution et structure des noyaux des éléments du sang chez le Triton. *Journ. de l'anat. et de la physiol*............. 1879
— Quatrième contribution à l'histoire des Péridiniens. *Ibid*...... 1885

PRIESTLEY, G. — Recent Researches on the Nuclei of animal and vegetable cells, and especially of ova. *Quart. Journ. micr. science, XVI*. 1876

PRENANT. — Observations cytologiques sur les éléments séminaux de la Scolopendre et de la Lithobie. *La Cellule, III*............. 1887
— Observations cytologiques sur les éléments séminaux des Gastéropodes pulmonés. *Ibid., IV*....... 1888
— Observations cytologiques sur les éléments séminaux des Reptiles. *Ibid., IV*.................... 1889
— Le «corps intermédiaire» de Flemming dans les cellules séminales de la Scolopendre et de la Lithobie. *C. R. de la société de biologie*.................... 1892
— Le «corpuscule central» d'E. van Beneden dans les cellules séminales de la Scolopendre. *C. R. Soc. de Biologie*.................... 1892
— L'origine du fuseau achromatique nucléaire dans les cellules séminales de la Scolopendre. *Ibid*..... 1892

PRINGSHEIM. — Untersuchungen über den Bau und die Bildung der Pflanzenzelle. — Berlin.......... 1854
— Ueber die Befruchtung und Keimung der Algen. *Monatsber. d. Berliner Akad*.............. 1855
— Ueber Paarung von Schwärmsporen, die morphologische Grundform der Zeugung im Pflanzenreich. *Ibid*.................... 1869
— Ueber Lichtwirkung und Chlorophyllbildung in der Pflanze. — Berlin.................... 1881

PRUDDEN. — Beobachtungen am lebenden Knorpel. *Virch. Arch., XV*. 1879

PURKINJE. — *Bericht über die Versammlung deutscher Naturforscher und Aerzte in Prag im September 1837*. Prag.................... 1838
— Uebersicht der Arbeiten und Veränderungen der schlesischen Gesellschaft für väterländische Cultur im Jahre, 1839.— Breslau. 1840
— Jahrbücher für wissenschaftliche Kritik. 1840

QUATREFAGES, A. DE. — Études embryogéniques. Mém. sur l'embryogénie des Annélides. *Ann. des sc. nat. Zool. 3e série, X...*   1848

QUINCKE, G. — Capillaritätserscheinungen an der gemeinschaftlichen Oberfläche zweier Flüssigkeiten. *Poggend. Annal. d. Phys. u. Chemie, CXXXIX*............   1870

— Ueber den Randwinkel und die Ausbreitung von Flüssigkeiten auf festen Körpern. *Ibid.*........   1877

— Ueber periodische Ausbreitung an Flüssigkeitsoberflächen u. dadurch hervorgerufene Bewegungserscheinungen. *Sitzungsber. der Akademie der Wissenschaften zu Berlin*........................   1888

— Ueber Protoplasmabewegung und verwandte Erscheinungen. *Tagebl. der. 62 Vers. deutscher Naturf. u. Aerzte zu Heidelberg.*   1889

RABL. — Ueber Zelltheilung. *Morpholog. Jahrb., X.*...............   1884
— Id. *Anat. Anzeiger., IV*.......   1889

RAINEY, G. — On the artificial production of certain organic forms and the manner in which they are product. *Med- Times and Gazette.*   1868

RANVIER, L. — Traité technique d'histologie. — Paris............   1875
— Nouvelles recherches sur le mode d'union des cellules du corps muqueux de Malpighi. *C. R. Acad. d. Sc.*...................   1877
— Sur la structure des cellules du corps muqueux de Malpighi. *Ibid.*   1882
— Traité technique d'histologie. 2e édition. — Paris............   1887
— Des clasmatocytes. *C. R. Acad. d. sc.*...................   1890
— Sur les éléments anatomiques de de la sérosité péritonéale. *Ibid.*   1890
— Transformation « in vitro » des cellules lymphatiques en clasmotocytes. *Ibid.*....   1891

RATH, O. VOM. — Ueber eine eigenartige polycentrische Anordnung des Chromatins. *Zool. Anzeiger..*   1890
— Ueber die Reduktion der chromatischen Elemente bei der Samenbildung von *Gryllotalpa vulgaris.* — *Berichte der Naturf. Gesellsch. z. Freiburg i. B., VI*.......   1891
— Ueber die Bedeutung der amitotischen Kernteilung im Hoden. *Zoolog. Anz.*...................   1891
— Zur Kenntniss der Spermatogenese von *Gryllotalpa vulg.* Mit besonderer Berücksichtigung der Frage nach der Reductionstheilung. *Archiv f. mikr. Anatomie, XL*...................   1892
— Beiträge zur Kenntniss der Spermatogenese von *Salamandra maculosa.* — *Zeits. f. wiss. Zool., LVII.*   1893

RATHKE. — Zur Kenntniss des Furchungsprocesses an Schneckenei. *Wiegmann's Arch.*.......   1848

RAUBER, A. — Thier u. Pflanze. Akademisches Programm. *Zoolog. Anzeiger*   1881
— Formbildung u. Cellularmechanik. *Morpholog. Jahrbuch, VI*...   1880

— Neue Grundlegungen zur Kenntniss der Zelle. *Ibid. VIII*.........   1882

RAUDNITZ. — Beitrag zur Kenntniss der im Bindegewebe vorkommenden Zellen. *Arch. f. mik. Anat., XXII*...................   1883

RAUM, J. — Zur Morphologie und Biologie der Sprosspilze. *Zeitsch. f. Hygiene, X.*...................   1891

RÉAUMUR. — De la formation et de l'accroissement des coquilles des animaux tant terrestres qu'aquatiques soit de mer, soit de rivière. *Hist. de l'Acad. roy. des sc. Mémoires*   1709

REES, J. VAN. — Beiträge zur Kenntniss der inneren Metamorphose von *Musca vomitoria.* — *Zool. Jahrbücher. Abth f. Anat. u. Ontog., III.*...................   1888

RÉGNARD, P. — De l'action de la chlorophylle sur l'acide carbonique en dehors de la cellule végétale. *C. R. Acad. d. Sc., CI*..........   1885

REICHERT. — Der Furchungsprocess u. d. sogenannte Zellenbildung um Inhaltsportionen. *Müller's Archiv f. Anatomie u. Physiol...*   1846
— Beitrag zur Entwicklungsgeschichte der Samenkörperchen bei den Nematoden. *Ibid.*..........   1847

REIN, G. — Beiträge zur Kenntniss der Reifungserscheinungen und Befruchtungsvorgänge am Säugetierei. *Arch. f. mikr. Anat., XXII*...................   1883

REINHARDT, B. — Ueber die Enstehung der Körnchenzellen. *Virchow's Archiv, I.*...............   1847

REINKE, J. und KRAETZSCHMAR. — Studien über das Protoplasma. *Arch. f. mik. Anat.*............   1883

REINKE, FR. — Untersuchungen über das Verhältniss der von Arnold beschriebenen Kernsformen zur Mitose und Amitose. *Inaug. Diss.*   1891
— Ueber einige Versuche mit Lysol an frischen Geweben zur Darstellung histologischer Feinheiten. *Anat. Anzeiger.*...................   1893
— Ueber einige weitere Resultate der Lysolwirkung. *Ibid.*...............   1893

REINKE, G. und RODEWALD, H. — Studien über das Protoplasma. *Untersuchungen aus dem botanischen Institut der Universität Göttingen.* Heft 2....................   1881

REMAK. — Neurologische Notizen. *Froriep's neue Notizen aus d. Gebiet d. Naturkunde, III*........   1837
— Theilung rother Blutzellen beim Embryo. *Med. Vereinszeitung...*   1841
— Id. *Canstatt's Jahresber.*........   1841
— Ueber den Bau der Nervenprimitivröhren. *Archiv für Anat. u. Phys.*...................   1843
— Neurologische Erläuterungen. *Ibid.*   1844
— Ueber extracellulare Entstehung thierischer Zellen u. über Vermehrung derselben durch Theilung. *Ibid.*....................   1852

— Untersuchungen über die Entwicklung der Wirbelthiere. — Berlin. 1855

— Ueber die Theilung der Blutzellen beim Embryo. *Müller's Arch. f. Anat. u. Phys* 1858

RENAUT, J. — Chapitre : Peau. in *manuel d'histologie pathologique de Cornil et Ranvier*. — Paris... 1869

— Sur les fibres unitives des cellules du corps muqueux de Malpighi. *Assoc. franç. p. l'avancem.des sc.* 1885

— Sur l'évolution épidermique et l'évolution cornée des cellules du corps muqueux de Malpighi. *C. R. Acad. d. sc* 1887

RETTERER, ED. — Protoplasma ; in *Diction. encycl. de Dechambre*... 1888

RETZIUS. — Studien über die Zellentheilung.*Biolog. Untersuchungen.* Leipzig u. Stockholm........... 1881

— Zur Kenntniss vom Bau des Zellkerns. *Ibid*................. 1881

— Muskelfibrille und Sarkoplasma. *Ibid*............... 1890

RIBBERT. — Zur Konservierung der Kerntheilungsfiguren. *Ziegler's Centralbl. für allg. Pathol. u. path. Anat.*, I................. 1890

RICHARDS, H. MAULE. — On the structure and development of *Choreocolax polysiphoniæ*. — *Proceed. of the amer. Acad. of Arts a. Sc.* 1891

RINDFLEISCH. — Knochenmark und Blutbildung. *Arch. f. mikr. Anat.*, 1880

ROBIN, CH. — Sur la production du noyau vitellin. *Journ. de la physiol. de l'homme et des animaux*... 1862

— Mémoire sur les globules polaires de l'ovule. *Ibid*............... 1862

— Sur les corpuscules nucléiformes des leucocytes. *Ibid*............... 1881

— Anatomie cellulaire. — Paris... 1873

— Cellule : in *Diction. encycl. d. sc. méd. de Dechambre*............... 1873

ROGOWITSCH, N. — Die Veränderungen der Hypophyse nach Entfernung der Schildrüse. *Beitr. zur pathol. Anatomie und z. allgem. Pathologie*, IV............... 1889

ROHDE, E. — Histologische Untersuchungen über das Nervensystem der Polychœten. *Zoolog. Beiträge v. A. Schneider*, II............... 1887

— Histologische Untersuchungen über das Nervensystem der Hirudineen. *Ibid.*, III............... 1891

ROLPH, W.-H. — Biologische Probleme, zugleich als Versuch einer rationellen Ethik. — Leipzig..... 1882

ROSSBACH. — Die rhythmische Bewegung. *Arbeit. aus d. zool. zool. Institut zu Würzburg*............ 1872

ROSEN, F. — Ueber tinctionelle Unterscheidung verschiedener Kernbestandtheile und der Sexualkerne. *Cohn's Beiträge zur Biologie der Pflanzen*, V................... 1892

ROSENHEIM. — Ueber das Vorkommen und die Bedeutung der Mastzellen im Nervensystem des Menschen. *Arch. f. Psychiatrie und Nervenkrankheiten*,XVII..... 1886

ROSENWINGE. — Sur la formation des pores secondaires chez les *Polysiphonia*. — *Botan. Tidsckrift udgivet af den Bot. Forening i Kjobenhavn* 1888

ROTHSTEIN. — Zur Kenntniss des Nierenepithels. *Biologiska Föreningens Förhandlingar*, Stockholm.. 1891

ROUGET, CH. — Observations sur le dévelop. des nerfs périph. chez les larves de Batraciens et de Salamandres. *C. R. Acad. d. sc*...... 1874

— Migrations et métamorphoses des globules blancs. *Arch. de Physiol.* 1874

— Mémoire sur le développ.des nerfs chez les larves de Batraciens. *Ibid.* 1875

ROULE, L. — Sur le dévelop. des enveloppes ovulaires chez les Tuniciers. *Recueil zool. Suisse*, II.... 1885

— Étude sur le développement des Annélides. *Annales des sciences naturelles, Zoologie*............... 1888

ROUX, W. — Ueber die Bedeutung der Kerntheilungsfiguren.—Leipzig 1883

— Beiträge zur Entwicklungsmechanik des Embryo im Froschei. *Zeitschrift f. Biologie*, XXI..... 1885

— Ueber die künstliche Hervorbringung halber Embryonen durch die Zerstörung einer der beiden ersten Furchungskugeln. *Virchow's Archiv*, CXIV......... 1888

RÜCKERT, J. — Weitere Beiträge zur Keimblattbildung bei Selachiern. *Anat. Anzeiger*, IV............... 1889

— Zur Befruchtung des Selachiereies. *Ibid.*, VI................. 1891

— Ueber die Befruchtung bei Elasmobranchiern. *Verh. d. anat. Ges. zu München*............... 1891

— (1) Zur Entwickelungsgeschichte des Ovarialeies bei Selachiern *Anat. Anzeiger*, VII............ 1892

— (2) Ueber physiologische Polyspermie bei meroblastischen Wirbelthiereiern. *Ibid.*, VII.......... 1892

— (3). Ueber die Verdoppelung der Chromosomen im Keimbläschen des Selachiereies. *Ibid.*, VIII..... 1892

RUGE, G. — Vorgänge am Eifollikel der Wirbelthiere. *Morph. Jahrbuch*, XV............... 1889

RUSSOW. ED. — Vergleichende Untersuchungen betreffend die Histologie(Histographie und Histogenie der vegetativen u. sporenbildenden Organe u. die Entw. der Sporen der Leitbundel-Kryptogamen mit Berücksichtigung der Histologie der Phanerogamen, ausgehend von der Betrachtung der Marsiliaceen. *Mém. Acad.imp. d. Sc. de St. Pétersbourg*, XIX..... 1872

— Ueber die Perforation der Zellwand und den Zusammenhang der Protoplasmakörper benachbarter Zellen. *Sitz. de Naturf. Gesell. d. Universit. Dorpat*. VI. 1883

— Ueber den Zusammenhang der Protoplasmakörper benachbarter Zellen. *Ibid*............... 1883

RYDER. — On the chlorophylloïd

Granules of Vorticella. *Proceed. U. S. Nat. Mus.* VII........... 1884
SABATIER, A. — Sur le noyau vitellin des Aranéides *C. R. Acad. d. sc.*, XCVII....................... 1883
— Contribution à l'étude des globules polaires et des éléments éliminés de l'œuf en général (Théorie de la sexualité). — Montpellier...... 1884
— De la spermatogenèse chez les Crustacés décapodes. *Trav. de l'Institut de zool. de Montpellier.*. 1893
SACHS, J. — Experimentalphysiologie der Pflanzen. — Leipzig..... 1865
— Geschichte der Botanik......... 1875
— Vorlesungen über Pflanzenphysiologie. — Leipzig.............. 1882
— Die Anordnung der Zellen in jüngsten Pflanzentheilen. *Arbeiten des botan. Instituts in Würzburg* II....................... 1879
— Ueber Stoff und Form von Pflanzenorganen. *Ibid.*, II et III....... 1880
— Physiologische Notizen. II. Beiträge zur Zellentheorie. *Allgem. Botan. Zeitung*,................ 1892
— Beiträge zur Zellenlehre. *Flora.* 1892
SAINT-REMY, G. — Contribution à l'histologie de l'hypophyse. *Archives de Biologie*, XII................. 1892
SALLITT, J. A. — On the chlorophyll Corpuscles of some Infusoria. *Quart. J. micr. Sc.*............. 1884
SCARPATETTI. — Ueber die eosinophilen Zellen des Kaninchenknochenmarkes. *Arch. f. mikr. Anat.*..... 1891
SCHACHT, H. — Lehrbuch der Anatomie und Physiologie der Gewächse, I. — Berlin........... 1856
SCHAARSCHMIDT. — A protoplastok összeköttetéséröl és a sejtközi plasmáról külőnős tekintettel a Loranthaceakra és Coniferáka. *Külőnlenyomat a magy. növ. lapok.*, VIII. 1886
SCHAEFER. — On the structure of the immature ovarian ovum in the common Fowl and in the Rabbit. *Proceedings of the royal Society of London*..................... 1880
— The structure of the animal cell *Brit. med. Journ.*, II........... 1883
— On the structure of Amœboid protoplasm. *Proceed. of the roy. Soc. of London*, XLIX.......... 1891
— On the minute structure of the muscle-columns or sarcostyles wich form the wing muscles of Insects. *Ibid.*................... 1891
— On the structure of cross-striated muscle. *Internat. Monatsschrift f. Anat. u. Phys.*, VIII........... 1891
SCHAEFER and LANKESTER, E.-R. — Discussion on the present aspect of the cell question. *Nature*, XXXVI 1887
SCHAFFER, J. — Ueber das Vorkommen eosinophiler Zellen in der menschl. Thymus. *Centralbl. f. d. med. Wiss*................... 1891
SCHARFF, R. — On the intra-ovarian Egg of some osseous Fishes *Quart. Journ. of micr. Sc.*, XXVIII..................... 1888
SCHEDEL. — Zellvermehrung in der

Thymusdrüse. *Archiv f. mikr. Anatomie*, XXIV................ 1881
SCHENK, L. S. — Die Bauchspeicheldrüse des Embryo. *Anatomische physiologische Untersuchungen.* Wien. 1872
— Lehrbuch der vergleichenden Embryologie der Wirbelthiere. — Wien...................... 1874
— Die Vertheilung des Farbstoffes im Eichen während des Furchungsprocesses. *Sitzungsberichte der Wiener Acad.* III. *Abth.* 1876
— Bildung der homogenen Zwischensubstanz am Eichen der Wirbellosen. *Mitth. a. d. embryol. Institut Wien*.................. 1882
— Grundriss der normalen Histologie des Menschen. — Wien..... 1885
SCHEWIAKOFF. — Ueber die karyokinetische Kerntheilung der *Euglypha alveolata.* — *Morpholog. Jahrbuch*, XIII................. 1888
— Beiträge zur Kenntniss der holotrichen Ciliaten. *Bibliotheca zoologica v. Leuckart u. Chun*...... 1889
— Bemerkungen zu der Arbeit von Professor Famintzin über Zoochlorellen. *Biol. Centralbl*, XI... 1891
— Ueber einen neuen Bacterienähnlichen Organismus. *Naturhist. med. Verein* V. Heidelberg...... 1893
SCHIEFFERDECKER, P. — Zur Kenntniss des Baues der Schleimdrüsen. *Arch. f. mikr. Anat.*, XXIII..... 1884
SCHIEFERDECKER und KOSSEL. — Gewebelehre mit besonderer Berücksichtigung des menschl. Körpers. II. — Braunschweig................ 1891
SCHIEMENZ. — Ueber das Herkommen der Futtersaftes und die Speicheldrüsen der Biene. *Zeitsch. f. wiss. Zool.*, XXXVIII............ 1883
SCHIMKEWITSCH, WL. — Étude sur le développement des Araignées. *Archives de Biologie*, VI......... 1887
SCHIMPER, W. — Untersuchungen über das Waschsthum der Stärkekörner. *Botan. Zeitung*.......... 1881
— Ueber die Entwikelung der Chlorophyllkörner und Farbkörper. *Ibid*...................... 1883
— Ueber Chlorophyllkörner, Stärkebildner und Färbkörper. *Botan. Centralblatt*, XII............... 1883
— Untersuchungen über die Chlorophyllkörner und die ihnen homologen Gebilde. *Jahresb. f. wiss. Bot.*, XVI................... 1885
SCHLEICHER, W. — Ueber den Theilungsprocess der Knorpelzellen. *Centralbl. f. d. med. Wiss.*...... 1878
— Nouvelles communications sur la cellule cartilagineuse vivante. *Bul. de l'Acad. roy. de Belgique.* 2 sér., XLVII...................... 1879
— Die Knorpelzelltheilung. *Arch. f. mikr. Anat.*, XVI............... 1879
SCHLEIDEN, M. J. — Beiträge zur Phytogenesis. *Müller's Archiv. f. Anat. Physiol.*................. 1838
— Grundzüge der wissenschaftlichen Botanik. 2. Aufl.............. 1845
SCHMIDT, H. — Schlummernde Zellen

im normalen und pathologisch veränderten Fettgewebe. *Virchow's Archiv*, CXXVII 1892

SCHMITZ, FR. — Untersuchungen über die Zellkerne der Thallophyten. *Sitzungs-Ber. der niederrhein. Ges. f. Nat. u. Heilk. Bonn* 1879
— Ueber den Bau der Zellen bei den Siphonocladiaceen. *Ibid.* 1879
— Ueber die Zellkerne der Thallophyten. *Verhandl. d. natur. histor. Vereins d. preuss. Rheinlande und Westfalens* 1880
— Untersuchungen über die Structur der Protoplasmas und des Zellkernes in Pflanzenzellen. *Ibid.* ... 1880
— Die Chromatophoren der Algen. — Bonn 1882

SCHNEIDER, AIMÉ. — Contribution à l'histoire des Grégarines des Invertébrés de Paris et de Roscoff. *Arch. de zool. exp.*, X 1875
— Grégarines nouvelles ou peu connues. *Tablettes zool.*, II 1887
— Coccidies nouvelles ou peu connues. *ibid* 1887

SCHNEIDER, ANT. — Zur Kenntniss der Radiolarien. *Zeit. f. wiss. Zool.*, XXI 1871
— Untersuchungen über Plathelminthen. *Jahrb. d. oberhessischen Gesellsch. f. Natur. u. Heilkunde.* 1873
— Ueber die Auflösung der Eier und Spermatozoen in den Geschlechtsorganen, und über Befruchtung. *Zool. Anzeiger* 1880
— Das Ei und seine Befruchtung — Breslau 1883

SCHNEIDER, CAMILLO. — Histologie von *Hydra fusca* mit besonderer Berücksichtigung des Nervensystems der Hydropolypen. *Archiv f. mikr. Anatomie*, XXXV 1890
— Untersuchungen über die Zelle. *Arbeiten aus. d. zool. Institute zu Wien*, IX 1891
— Ueber Zellstructuren. *Zoolog. Anzeiger* 1891
— Einige histologische Befunde an Cœlenteraten. *Jenaische Zeitsch. f. Naturw.*, XXVII 1892

SCHNEIDER, ROBERT. — Ueber Eisenresorption in thierischen Organen und Geweben. *Abhandl. de K. preuss. Acad. der Wissens. zu Berlin* 1888
— Neue histologische Untersuchunger über die Eisenaufnahme in den Körper des Proteus. *Sitz d. k. preuss. Acad. d. Wissens. zu Berlin* 1890

SCHOTTELIUS. — Beobachtung kernartiger Körper im Innern von Spaltpilzen. *Centralbl. f. Bakt.*, IV 1888

SCHOTTLAENDER, G. — Ueber Kerne und Zelltheilungsvorgänge in dem Endothel der entzündeten Hornhaut. *Archiv f. mikr. Anatomie*, XXXI .. 1888
— Beitrag zur Kenntniss der Follikelatresie nebst einigen Bemerkungen über die unveränderten Follikel in den Eierstöcken der Säugethiere. *Ibid.*, XXXVII 1891

SCHOTTLAENDER, PAUL. — Beiträge zur Kenntniss des Zellkerns in den Sexualzellen bei Kryptogamen. *Cohn's Beiträge zur Biologie der Pflanzen*, VI 1892

SCHRÖN, O. — Ueber das Korn im Keimfleck und in dem Kernkörperchen d. Ganglienzellen b. Saügethieren. *Moleschott's Unters. z. Naturl.*, IX 1863
— Ueber die Porenkanäle in der Membran der Zellen des Rete Malpighii beim Menschen. *Ibid.* 1863

SCHRŒTER, J. — Ueber einige durch Bacterien gebildete Pigmente *Beitr. z. Biol. d. Pflanzen*, I 1872

SCHUBERG. — Ueber den Bau der *Bursaria truncatella* mit Berücksichtigung der protoplasmatischen Structuren. *Morphol. Jahrb.*, XII. 1888
— Zur Kenntniss des *Stentor cœruleus*. — *Zoolog. Jahrb.*, IV 1890

SCHULIN, K. — Zur Morphologie des Ovariums. *Arch. f. mikr. Anat.*, XIX 1881

SCHULZE, E. — Zur Chemie der pflanzlichen Zellmembranen. *Zeits. f. physiol. Chemie*, XVI 1892

SCHULZE, E. E., STEIGER, E. MAXEWELL. — Zur Chemie der Pflanzenzellmembranen. *Ibid.*, XIV ... 1890

SCHULZE, F. E. — Epithel- und Drüsenzellen. *Archiv f. mikr. Anat.*, III. 1867
— Rhizopodenstudien. *Ibid.*, XI 1875
— Untersuchungen über den Bau und die Entwicklung der Spongien : die Gattung *Spongelia*. — *Zeit. f. wiss. Zool.*, XXXII 1879

SCHULTZE, HANS. — Achsencylinder und Ganglienzelle. *Arch. f. Anat. u. Phys. Anat. Abth* 1878
— Die fibrilläre Structur d. Nervenelemente bei Wirbellosen. *Arch. f. mikr. Anat.*, XVI 1879

SCHULTZE, MAX. — Der Organismus der Polythalamien. — Leipzig... 1854
— Ueber Muskelkörperchen und das was man eine Zelle zu nennen habe. *Archiv f. Anat. u. Physiol.* 1861
— Das Protoplasma der Rhizopoden und der Pflanzenzelle. — Leipzig 1863
— De ovorum ranarum segmentatione, quæ Furchungsprocess dicitur. — Bonn 1863
— Die Stachel- und Riffzellen der tieferen Schichten der Epidermis, etc. *Virch. Arch*, XXX 1864
— Ein reizbarer Objecttisch u. seine Verwendung bei Untersuchungen des Blutes. *Archiv f. mikrosk. Anatomie*, I 1865
— Zur Anatomie u. Physiol. der Retina. *Ibid.*, II 1866
— Allgemeines über die Structurelemente des Nervensystems. *Stricker's Handbuch der Gewebelehre.* 1871

SCUHLTZE, OSCAR. — Beiträge zur Anatomie des Excretionsapparates der Hirudineen. *Arch. f. mikr. Anatomie*, XXII 1883

— Die vitale Methylenblaureaction der Zellgranula. *Anat. Anzeiger*. 1887

— Untersuchungen über die Reifung und Befruchtung des Amphibien-Eies, I. *Zeitschr. f. wiss. Zool.*, XLV. 1887

Schütt. — Sulla formazione scheletrica intracellulare i un dinoflagellato. *Neptunia, Rivista mensile, etc.* Venezia. 1891

Schütz, Jos. — Ueber den Dotterkern, Enstehung, Structur, Vorkommen und Bedeutung. *Bonner Dissert*. 1882

Schwalbe. — Ueber die contractilen Behälter der Infusorien. *Archiv f. mikr. Anatomie*, II. 1866

— Bemerkungen über die Kerne der Ganglienzellen. *Jen. Zeitschr.*, X. 1876

Schwann, Th. — Mikroskopische Untersuchungen über die Uebereinstimmung in der Structur und dem Wachsthum der Thiere und Pflanzen. — Berlin. 1839

Schwarz, E. — Ueber embryonale Zelltheilung. *Mitth. a. d. Embryol. Institute de k. k. Univ. Wien*. 1888

— Zur Theorie der Kerntheilung. *Virchow's Arch*. 1891

Schwarz, Frank. — Die morphologische und chemische Zusammensetzung des Protoplasmas. *Beiträge z. Biol. der Pflanzen*, V. 1887

Schweigger-Seidel, F. — Ueber die Samenkörperchen und ihre Entwickelung. *Arch. f. mikr. Anat.*, I. 1865

Scott, D. H. — On nuclei in Oscillaria and Tolypothrix. *Journal of the Linnean Society of London, Botany*, XXIV. 1887

Sedgwick, A. — A monograph of the development of *Peripatus capensis*. — *Quart. J. micr. Sc*. 1886

Seidlitz. — Beiträge zur Descendenztheorie. — Leipzig. 1876

Seiller, R. Fr. v. — Ueber die Zungendrüsen von *Anguis, Pseudopus* und *Lacerta*. — *Arch. f. mikr. Anat*. 1891

Selenka, E. — Befruchtung der Eier von *Toxopneustes variegatus*. — Leipzig. 1878

— Ueber eine eigenthümliche Art der Kernmetamorphose. *Biologisches Centralbl.*, I. 1881-82

Semper, C. — Beobachtungen über die Bildung der Flügel, Schuppen und Haare bei den Lepidopteren. *Zeitsch. f. wiss. Zool.*, VIII. 1857

— Das Urogenitalsystem der Plagiostomen. *Würzburg, Arbeit. d. Zool. Zootom. Instituts*. 1875

Sheridan Delepine. — Contribution to the study of nucleus-division based of the study of prickle-cells. *Journ. of Anat. a. Physiol.*, XVIII. 1883

Siebold, von. — Lehrbuch der vergleichenden Anatomie der wirbellosen Thiere. — Berlin. 1848

— Ueber einzellige Pflanzen und Thiere. *Zeit. f. wiss. Zool.*, I. 1849

Siebold und Stannius. — Handbuch der Zootomie. — Berlin. 1845

Sjöbring, Nils. — Ueber Kerne und Theilungen bei den Bakterien. *Centralbl. f. Bakteriologie und Parasitenkunde*, XII. 1892

Slavjansky, Kr. — Recherches sur la régression des follicules de Graaf chez la femme. *Arch. de physiol*. 1874

Solger, B. — Säugethiermitosen im histol. Kursus. *Arch. f. mikr. Anat.*, XXXIII. 1889

— Zur Struktur der Pigmentzellen. *Zool. Anzeiger*. 1889

— Zur Kenntniss der Pigmentzellen. *Anatom. Anzeiger*. 1891

— Die radiären Strukturen des Zellkörpers im Zustande der Ruhe und bei der Kerntheilung. *Berliner klin. Wochenschrift*, Nr. 20. 1891

— Ueber Kernreihen im Myokard. *Mitth. des naturw. Vereins f. Neu-Vorpommern u. Rügen*. 1891

— Zur Kenntnis des « Zwischenkörpers » sich teilender Zellen. *Anat. Anzeiger*. 1891

— Zelle und Zellkern. *Thiermedizinische Vorträge her. von Schneidemühl*, III. Heft 1-2. 1892

Soltwedel, F. — Freie Zellbildung im Embryosack der Angiospermen u. s. w. *Jen. Zeitschr. f. Naturwiss.*, XV. 1881

Sorby. — On comparative vegetable Chromatology. *Proceed. Roy. Soc. London.*, XXI. 1873

— On the colouring Matter of *Bonellia viridis*. — *Quart. J. mic. Sc.*, XV. 1875

— On the Chromatological Relations of *Spongilla fluviatilis*. — *Ibid.*, XV. 1875

Spencer. — Die Principien der Biologie. *Traduction allemande de Velter*. 1876

— The Inadequacy of « Natural selection ». *Contemporary Review*. 1893

Spichardt, C. — Beitrag zu der Entw. d. männlichen Genitalien bei Lepidopteren. *Inaug. Dissert. Bonn*. 1886

Stahl. — Ueber den Einfluss von Richtung u. Stärke der Beleuchtung auf einige Bewegungserscheinungen im Pflanzenreich. *Botan. Zeitung*. 1880

— Zur Biologie der Myxomyceten. *Ibid*. 1884

Steinhaus, G. — Les métamorphoses et la gemmation indirecte des noyaux dans l'épithélium intestinal de la *Salamandra maculosa*. — *Arch. de physiol. norm. et path.*, IV. 1888

— Die Aetiologie der acuten Eiterungen. — Leipzig. 1889

— *Kariophagus Salamandrae*. Eine in den Darmepithelzellkernen parasitisch lebende Coccidie. *Virchow's Archiv*, CXV. 1889

— Ueber parasitäre Einschlüsse in

524   BIBLIOGRAPHIE

den Pankreaszellen der Amphibien. *Beiträge zur pathol. Anat. und allgem. Pathol. Ziegler,* VII.................... 1890

STIEDA, H. — Ueber das Verhalten der Hypophyse des Kaninchens nach Entfernung der Schilddrüse. *Beitr. zur patholog. Anat. und z. allgem. Pathologie,* VII........ 1890

STILLING, B. — Neue Untersuch. über den Bau des Rückenmarks.. 1859

STOCK, G. — Ein Beitrag zur Kenntniss der Proteinkrystalle. *Cohn's Beiträge zur Biologie der Pflanzen,* VI.................... 1892

STOSS. — Zur Entwickelungsgeschichte des Pankreas. *Anatomischer Anzeiger........................* 1891

— Untersuchungen über die Entwickelung der Verdauungsorgane. *Deutsche Zeitschrift f. Thiermedicin und vergl. Path.,* XIX...... 1892

STRAHL, H. — Die Rückbildung reifer Eierstockseier am Ovarium von *Lacerta agilis. — Verh. d. Anat. Gesells..........................* 1892

STRASBURGER, E. — Zellbildung und Zelltheilung. 1 Aufl. — Jena.... 1875

— Studien über das Protoplasma. *Jenaische Zeitschr. f. Nat.,* X... 1876

— Ueber Befruchtung und Zelltheilung. *Ibid.,* XI........... 1877

— Wirkung des Lichts und der Wärme auf die Schwärmsporen. — Jena...................... 1878

— Ueber ein zu Demonstrationen geeignetes Zelltheilungsobject. *Sitzungsber. d. Jenaischen Ges. f. Med. u. Nat...................* 1879

— Neue Beobachtung über Zellbildung und Zelltheilung. *Botan. Zeitung.........................* 1879

— Zellbildung u. Zelltheilung. 3. Aufl. — Jena................. 1880

— Einige Bemerkungen über vielkernige Zellen und über die Embryogénie von *Lupinus. — Botan. Zeitung.........................* 1880

— Ueber den Theilungsvorgang der Zellkerne und das Verhältniss der Kerntheilung zur Zelltheilung. *Arch. f. mikr. Anat............* 1882

— Ueber den Bau und das Wachsthum der Zellhäute. — Jena..... 1882

— Die Controversen der indirecten Kerntheilung. *Archiv f. mikr. Anatomie,* XXIII,.............. 1884

— Neue Untersuchungen über den Befruchtungsvorgang bei den Phanerogamen als Grundlage für eine Theorie der Zeugung. — Jena... 1884

— Das botanische Practicum. — Jena............................ 1884

— Ueber Kern- und Zelltheilung im Pflanzenreich, nebst einem Anhang über Befruchtung. *Histologische Beiträge.............* 1888

— Ursprung der Kernspindel und Ausbildung der Kernplatte. *Ibid..* 1888

— Das Protoplasma und die Reizbarkeit. *Rektoratsrede Bonn.* Jena.. 1891

— Ueber das Wachsthum vegetabilischer Zellhäute. *Histologische Beiträge,* Heft 2................ 1889

— Schwärmsporen, Gameten, pflanzliche Spermatozoiden und das Wesen der Befruchtung. *Ibid.,* Heft IV...................... 1892

— Ueber das Verhalten des Pollens und die Befruchtungsvorgänge bei den Gymnospermen. *Ibid....* 1892

— Ueber die Wirkungssphäre der Kerne und die Zellgrösse. — Jena. 1893

STRICHT, VAN DER. — Division mitosique des érythroblastes et des leucoblastes à l'intérieur du foie embryonnaire des Mammifères. *Anat. Anzeiger........................* 1891

— Le développement du sang dans le foie embryonnaire. Mémoire couronné. *Archives de Biologie,* XI................................ 1891

— Contribution à l'étude de la sphère attractive. *Bull. Acad. r. de Belgique* et *Archives de Biologie,* XII...................... 1892

STRICHT, VAN DER et VAN BAMBEKE. — Caryomitose et division directe des cellules à noyau bourgeonnant à l'état physiologique. *Verhandl. der Anat. Gesellschaft auf der V. Versammlung in München...................* 1891

STRICKER, S. — Handbuch der Lehre von den Geweben. 1. Allgemeines über die Zelle. — Leipzig..... 1871-72

— Beobachtungen über die Entstehung des Zellkerns. *Sitzungs-Ber. d. Wien. Acad. math. nat. Cl.,* LXXVI...................... 1877

— Mittheilungen über Zellen und Grundsubstanzen. *Wien. med. Jahrb.........................* 1881

— Photogramm eines farblosen Blutkörperchens. *Arbeit. aus Inst. f. allg. u. exp. Pathol. Wien........................* 1890

STRICKER und SPINA. — Untersuchungen über die mechanischen Leistungen der acinösen Drüsen. *Sitzungsb. d. Wien. Acad. d. Wiss. math.-nat. Cl.,* LXXX..... 1879

STROEBE. — Ueber Kerntheilung und Riesenzellen. Bildung in Geschwülsten und im Knochenmark. *Diss. Inaug. Freiburg.* Jena...... 1890

— Zur Kenntniss verschiedener cellulärer Vorgänge u. Erscheinungen in Geschwülsten. *Ziegler's Beiträge,* XI.................... 1891

— Celluläre Vorgänge und Erscheinungen in Geschwülsten. *Ibid...* 1891

STUART. — Ueber die Flimmerbewegung. *Diss.* Dorpat 1867. Aussi dans *Zeitschr. f. rationelle Medicin,* XXX...................... 1867

STUHLMANN, FR. — Die Reifung des Arthropodeneies nach Beobachtungen an Insecten, Spinnen, Myriapoden und Peripatus. *Ber. Nat. Ges. Freiburg. i. B.,* I.......... 1886

TANGL, E. — Die Kern- u. Zelltheilungen bei der Bildung des Pollens von *Hemerocallis fulva* L. —

Denkschriften der Wien. Acad. d. Wiss. mat. nat. Cl., XLV.... 1882
— Ueber die Theilung der Kerne in Spirogyrazellen. *Sitz. d. Wiener Academie d. Wiss. math. natur. Cl.*, LXXXV 1882
— Ueber offene Communicationen zwischen den Zellen des Endosperms einiger Samen. *Pringsheim's Jahrbücher*, XII......... 1879-81
— Studien über das Endosperm einiger Gramineen. *Sitz. d. Acad. d. Wiss. zu Wien. mat. naturw. Cl.*, XCII. I............. 1886
TANGL, FRANZ. --Ueber das Verhältniss zwischen Zellkörper und Kern während der mitotischen Theilung. *Archiv f. mikrosk. Anatomie*, XXX 1887
THÉLOHAN, P. — Sur quelques Coccidies nouvelles parasites des Poissons. *Journ. de l'Anat. et de la Physiol*..................... 1892
THOMSON, ALLEN. — Article Ovum. *Todd's Cyclopedia*, V............. 1857
THURET. — Recherches sur les zoospores des Algues. *Ann.d. sc. nat. Bot. 3e série*, XIX............... 1850
TIEGHEM, P. VAN. — Hydroleucites et grains d'aleurone. *Journ. de Bot*..................... 1888
— Traité de botanique, 2me Ed. — Paris. 1891
TIZZONI e POGGI. — Sulla istogenesi del cancro dei testicoli. *Rivista clinica di Bologna*......... 1886
TOLDT. — Die Darmgekröse und Netze im gesetzmässigen und im gesetzwidrigen Zustand. — Wien. 1889
TORNIER.— Ueber den Bürstenbesatz an Drüsenepithelien. *Archiv f. mik. Anat.*, XXVII............... 1886
TÖRÖK, A. v. —Rolle der Dotterblättchen beim Aufbau der Gewebe. *Centralbl. f. d. med. Wiss*...... 1874
— Ueber formative Differenzen in den Embryonalzellen von *Siredon pisciformis*. Ein Beitrag zur Histogenese des Thierorganismus *Arch. f. mikr. Anat.*, XIII...... 1877
TRAMBUSTI und GALEOTTI, G. — Neuer Beitrag zum Studium der inneren Structur der Bakterien. *Centralbl. f. Bakter. und Parasitenkunde*, XI................... 1892
TRAUBE, M.—Experimente zur Theorie der Zellbildung. *Medecin Centralblatt*, 1864 et *Arch. f. Anat*..................... 1867
TREUB. — Quelques recherches sur le rôle du noyau dans la division des cellules végétales. *Naturkund. Verhand. d. Koninklijken Acad. van Wetenschappen*, Amsterdam................... 1878-79
— Sur la pluralité des noyaux dans certaines cellules végétales. *C. R. Acad. d. Sc*............. 1879
— Sur les cellules végétales à plusieurs noyaux. *Archives Néerlandaises*, XV ....
— Notice sur les noyaux des cellules végétales. *Archives de Biologie.* 1880

TREVIRANUS, L. C. — Vom inwendigen Bau der Gewächse......... 1806
TRINCHESE. — I primi momenti dell' evoluzione nei Molluschi. *Att. d. R. Accad. de Lincei.*......... 1875
— Anatomia della *Caliphylla mediterranea* — *Mem. d. Accad. d. scienze d. instituto di Bologna*... 1876
TSCHISTIAKOFF, G. — Beiträge zur Physiologie der Pflanzenzelle. *Bot. Zeitung*, XXXIII............. 1875
TURPIN. — Organographie microscopique élémentaire et comparée des végétaux. — Paris............. 1826
UNGER. — Grundzüge der Anatom. und Physiol. der Pflanzen. — Wien...................... 1846
USKOFF, N. — Zur Bedeutung der Karyokinese. *Arch. f. mikr. Anat.*, XXI.................... 1882
VAHRLICH.—Bakteriologische Studien. *Sep. Abd. aus Scripta botanica.* St Pétersbourg............... 1890-91
VALAORITIS, E. — Die Genesis des Thier-Eies — Leipzig............. 1882
VALENTIN. — Repertorium für Anatomie und Physiologie — Bern. I. 1836, IV...................... 1839
VALETTE-St-GEORGE, V. LA. — Ueber den Keimfleck u. die Deutung der Eitheile. *Archiv f. mikr. Anat.*, II........................ 1866
— Ueber die Genese der Samenkörper. *Ibid.*, II................. 1867
— Die Spermatogenese bei den Amphibien. *Ibid.*, XII............. 1875
— Spermatologische Beiträge I-V. *Ibid.*, XXV, XXVII, XXVIII und XXX. 1885-87
— Zelltheilung und Samenbildung bei *Forficula auricularia*. — Festschrift für Kölliker. Leipzig..... 1887
VARIGNY, H. DE — Influence exercée par les principes contenus dans l'eau de mer sur le développement des animaux d'eau douce. *C. R. Acad. d. Sc.*, XCVII............. 1883
VAS, FR. — Studien über den Bau des Chromatins in der sympathischen Ganglienzelle. *Arch. f. mikr. Anat.*, XL................. 1892
VEJDOVSKY. — Zur Morphologie der Gordiiden. *Zeits. f. wiss. Zool.*, XLIII.................... 1886
— Entwicklungsgeschichtliche Untersuchungen. Heft I. Reifung, Befruchtung und Furchung des Rhynchelmis Eies. — Prag...... 1888
— Bemerkungen zur Mitteilung H. Fol's «Contributions à l'histoire de la fécondation » *Anat. Anzeiger* 1891
VELTEN. — Bewegung und Bau des Protoplasmas. *Flora*............. 1873
— Einwirkung der Temperatur auf die Protoplasmabewegungen. *Flora*..................... 1876
— Einwirkung strömender Elektricität auf die Bewegung des Protoplasmas, u.s.w.*Sitzungsber d. Wiener Akademie*, LXXIII......... 1876
— Physikalische Beschaffenheit des pflanzlichen Protoplasmas. *Ibid.* 1876
VER EECKE. — Modifications de la

526   BIBLIOGRAPHIE

cellule pancréatique pendant l'activité sécrétoire. *Archives de Biologie*............ 1893

VERSON e BISSON. — Cellule glandolari ipostigmatiche nel *Bombyx Mori.—Pubblicazione della R. stazione Bacologica di Padova*...... 1891

VERWORN. — Die polare Erregung der Protisten durch den galvanischen Strom. *Pflüger's Archiv, XLV et XLVI*............ 1889

— Psycho-physiologische Protisten-Studien. — Jena................ 1889

— Studien zur Physiologie der Flimmerbewegung. *Pflüger's Archiv, XLVIII*.............. 1890

— Die physiologische Bedeutung des Zellkerns. *Ibid*............. 1891

— Die Bewegung der lebendigen Substanz. — Jena.............. 1892

VIALLETON. — Recherches sur les premières phases du développement de la Seiche. — Paris...... 1888

VIERING. — Uber die Heilung von Sehnenwunden. Preisschrift, Greifswald. *Virchow's Archiv, CXXV*.. 1891

VIRCHOW, R. — Ueber die Theilung der Zellenkerne. *Virchow's Arch.*, II. 1857

— Die Cellularpathologie in ihrer Begründung auf physiologische und pathologische Gewebelehre.. 1859

VÖCHTING. — Ueber Organbildung im Pflanzenreich. — Bonn....... 1878

VOGT, C. — Embryologie des Salmones. — Neuchatel............ 1842

VOSSIUS, A. — Ueber das Wachsthum und die physiologische Regeneration des Epithels der Cornea. *Graefe's Arch. f. Ophtalm., XXVII*.... 1881

VRIES, HUGO DE. — Untersuch. über die mechanischen Ursachen der Zellstreckung.................. 1877

— Ueber die Bedeutung der Circulation und der Rotation des Protoplasmas für den Stofftransport in der Pflanze. *Botanische Zeitung*. 1885

— Plasmolytische Studien über die Wand der Vacuolen. *Pringsh. Jahrb. f. wissensch. Botanik, XVI*. 1885

— Ueber die Aggregation im Protoplasma von *Drosera rotundifolia*. — *Bot. Zeitung*............... 1886

— Intracelluläre Pangenesis. — Jena................ 1889

WAGENER. — Ueber einige Erscheinungen an d. Muskeln lebender Thiere. *Sitzungsöer. d. Ges. z. Beförd. d. ges. Naturw. z. Marburg*............. 1873

WAGER, H. — On a nuclear structure in the Bacteria. *Annals of Botany, V*.................. 1891

WAGNER, V. — Der Organismus der Acoelen Turbellarien. *Biol. Centralbl., XI*................. 1891

WAKKER, J. H. — Studien über die Inhaltskörper der Zelle. *Jahrb. f. wiss. Botanik, XIX*.............. 1888

WALDEYER, W. — Eierstock und Ei. — Leipzig.................. 1870

— Ueber Bindegewebszellen. *Arch. f. mik. Anat., XI*............. 1875

— Untersuch. über die Histogenese

einiger Horngebilde, insbesondere der Haare und Federn. *Beiträge zur Anat. u. Embryol. als Festgabe für J. Henle*. Bonn........ 1882

— Ueber Karyokinese und ihre Beziehungen zu den Befruchtungsvorgängen. *Arch. f. mikr. Anat., XXXII*................. 1888

— De la caryocinèse et de ses relations avec le processus de la fécondation. *Bull. sc. de la France et de la Belgique, XXII*........... 1890

WALDSTEIN. — Ein Fall von perniciöser Anämie. *Virchow's Arch., XCI*..................... 1883

WALLICH. — On an undescribed indigenous form of Amœba. *Ann. and mag. of. nat. hist.*, II........ 1863

WALTER, G. — Fernere Beiträge zur Anatomie und Physiologie von *Oxyuris ornata*. — *Zeitschr f. wiss. Zool.*, IX.............. 1858

WALTHER. — Zur Lehre von der Fettresorption. *Archiv f. Anat. u. Physiol*...................... 1890

WARNECK, N. A. — Ueber die Bildung und Entwickelung des Embryos bei den Gasteropoden. *Bull. de la soc. impér. des Naturalistes de Moscou, XXIII*............... 1850

WASIELEWSKY. — Die Keimzone in den Genitalschläuchen von *Ascaris megalocephala*. — *Arch. f. mikr. Anat., XXXXI*.................. 1893

WATASÉ, E. — Homology of the centrosome. *Journ. Morph. Boston*, VIII............................ 1893

WEBER, E. H. — Mikroskopische Beobachtungen sehr gesetzmässiger Bewegungen welche die Bildung von Niederschlägen harziger Körper aus Weingeist begleiten. *Pogendorff's Annalén f. Phys. u. Chemie, XCIV*................. 1855

WEBER VAN BOSSE. — Étude sur les Algues parasites des Paresseux. *Naturk. Verhandel. Holl. Madtsch. der Wetenschappen, 2 Verz., Deel V*...................... 1890

— Études sur des Algues de l'Archipel malaisien. *Ann. du Jard. bot. de Buitzenborg*, VIII......... 1890

WEBER et WEBER VAN BOSSE. — Quelques cas nouveaux de Symbiose. *Zool. Ergebn. einer Reise in Niederl. Ost-Indien, Heft 1*. 1890

WEISMANN, A. — Die Entwickelung der Dipteren im Ei, nach Beob. an *Chironomus* sp. *Musca vomitoria* und *Pulex canis*. — *Zeitschr. f. wiss. Zool.*, XIII............. 1864

— Ueber Duftschuppen. *Zool. Anzeiger*, I...................... 1878

— Beiträge zur Naturgeschichte der Daphnoiden. *Zeitschr. f. wiss. Zoologie, XXXIII*......... 1879-80

— Beiträge zur Kenntniss der ersten Entwicklungsvorgänge im Insektenei. *Beitr. z. Anat. u. Embryol. als Festgabe für J. Henle*. Bonn.......................... 1882

— Ueber die Vererbung. — Jena.. 1882

— Die Continuität des Keimplasma

als Grundlage einer Theorie der Vererbung. — Jena.............. 1885
— Die Bedeutung der sexuellen Fortpflanzung für die Selections-theorie.................... 1886
— Ueber die Zahl der Richtungs-körper und über ihre Bedeutung für die Vererbung. — Jena....... 1887
— Amphimixis oder die Vermis-chung der Individuen. — Jena.. 1891
— Essais sur l'hérédité et la sélec-tion naturelle. — Paris.......... 1892
WEISMANN und ISHIKAWA. — Ueber die Bildung der Richtungskörper bei thierischen Eiern. *Berichte der naturforsch. Gesellsch. zu Frei-burg*, III..................... 1887
— Weitere Untersuchungen zum Zahlengesetz der Richtungskörper. *Zoolog. Jahrbücher*, III. *Abth. f. Morph*.................... 1888
WEISS, A. — Ueber spontane Bewe-gungen und Formänderungen von Farbstoffkörpern. *Sitzungsber. d. kgl. Akademie d. Wissensch. Wien*, XC.................... 1884
WEISS, J. — Das Vorkommen und die Bedeutung der eosinophil en Zel-len und ihre Beziehung zur Bio-blastentheorie Altmann's. *Wiener med. Presse.* XXXII... 1891
WELCKER. — Ueber die Entwicklung und den Bau der Haut und der Haa-re bei Bradypus nebst Mitthei-lungen über eine im Innern des Faulthierhaares lebende Alge. *Abhandl. Naturf. Gesell. zu Halle*, IX. 1860
WENT.—Beobachtungen über Kern- und Zelltheilung. *Berichte d. deutsch. bot. Gesells*............. 1886
— Die Vermehrung der normalen Vacuolen durch Theilung. *Jahrb. f. wissensch. Botanik*, XIX....... 1888
WERNECK. — Die mikroskopischen Organismen der Gegend von Salz-burg. *Bericht über die Verh.. kön. Ak. Wiss. Berlin*........... 1841
WESTPHAL. — Ueber Mastzellen. *Inaug. dissert.* Berlin.......... 1880
WHITMAN, CH. O. — Ueber die Em-bryologie von Clepsine. *Zool. Anz*.................... 1878
-- The Embryologie of Clepsine. *Quart. Journ. of micr. science*.. 1878
— Changes preliminary to Cleavage in the egg of Clepsine. *Proc. Americ. Association Adv. Sci.* 27 1879
— The Inadequacy of the Cell-The-ory of developement. *Journ. Morph.* Boston, VIII............. 1893
WIELOWIEJSKI, VON. — Zur Kenntniss der Eibildung der Feuerwanze. *Zool. Anzeiger*................... 1885
— Das Keimbläschenstadium des Geschlechtskernes, etc. *Zool. An-zeiger*.................... 1885
WIESNER, J. — Die Elementarstruc-tur u. das Wachstum der lebenden Substanz. — Wien.............. 1892
WIGAND, A. — Ueber Krystall-Plasti-den. *Botanische Hefte.* Heft V.. 1887
WILDEMAN, DE. — Les recherches

récentes sur la structure cellulaire. *Bull. de la société belge de micros.* 1891
— Sur les sphères attractives dans quelques cellules végétales. *Bull. de l'Acad. roy. de Belgique.* XXI. *S. 3, n. 5*................. 1891
— Sur les sphères attractives dans les cellules végétales. *Ibid.* 1892
WILL. — Vorläufige Mitteilung über Fettresorption. *Pflüger's Archiv*, XX.................... 1879
WILL, LUDW. — Ueber die Enstehung des Dotters und der Epithelzellen bei den Amphibien und Insecten. *Zool. Anzeiger.* VI.............. 1888
WILLE.— Ueber die Zellkerne und die Poren der Wände bei den Phyco-chromaceen. *Bericht d. Deutsch. bot. Gesells*.................... 1883
WINCKLER, W. — Anatomie der Gamasiden. *Arb. a. d. zool. Inst. d. Univ. Wien. u. d. zool. St. in Triest*, VII.................... 1888
WINOGRADSKY. — Beiträge zur Mor-phologie. u. Phys. der Bacterien. — Leipzig. 1888
WISSOZKY, N. — Ueber das Eosin als Reagens auf Hämoglobin und die Bildung von Blutgefässen und Blutkörperchen bei Saügethier-u. Hühnerembryonen. *Arch. f. mikr. Anat.*, XIII.................... 1877
WITTICH, VON. — Dissertatio sistens observ. quæd. de Aranearum ex ovo evolutione. — Halis...... 1845
WOLFF, G. FR.—Theoria generationis — *Halae ad Salam*.............. 1759
— Theorie von der Generation..... 1764
WOODWORTH. — Contributions to the morphology of the Turbella-ria. *Bull. of. the Mus. of comp. zoology*, XXI.................... 1891
WORTMANN, JUL. — Ueber die Bezie-hungen .der intramocularen u. normalen Athmung der Pflanzen. *Arbeiten des botanischen Instituts zu Würzburg*, II.................... 1879
WRZESNIOWSKI. A. — Ein Beitrag zur Anatomie der Infusorien. *Archiv f. mikr. Anat.*, V........ 1867
ZACHARIAS, E. — Ueber d. Spermato-zoiden. *Bot. Zeit*.............. 1881
— Ueber die chemische Beschaffen-heit des Zellkerns. *Ibid*.......... 1881
— Ueber den Zellkern. *Ibid*...... 1882
— Ueber Eiweiss, Nuclein und Plastin. *Ibid*.................... 1883
— Ueber den Nucleolus. *Ibid*...... 1885
-- Beiträge zur Kenntniss des Zell-kerns u. der Sexualzellen. *Ibid*.. 1887
— Ueber die Zellen der Cyanophy-ceen. *Ibid*.................... 1890
— Uber das Wachsthum der Zell-haut bei Wurzelhaaren. *Flora oder. Bot. Zeitung*.............. 1891
— Zellinhalt der Phycochromaceen. *Bot. Zeitung*.................... 1891
— Ueber Chromatophilie. *Berichte d. Deutsch. botan. Gesell*........ 1893
ZACHARIAS, OTTO. — Neue Untersu-chungen über die Copulation der Geschlechtsproducte und den Befruchtungsvorgang bei *Ascaris*

megalocephala. — *Archiv f. mikr. Anat.*, XXX.............. 1887

ZALEWSKI. — Ueber d. Kerntheilungen in d. Pollenmutterzellen einiger Liliaceen *Bot. Zeit*....... 1882

— Eine Arbeit von Waldner, Verhalten d. Kerne bei d. Furchung des Wirbelthiereics. *Ber. d. Innsbrucker nat. — med. Vereins.* 1881 cit. in. Jahresb. v. Hofmann u. Schwalbe.................... 1882

ZANDER, R. — Ueber den gegenwärtigen Stand der Lehre von der Zelltheilung. *Biolog. Centralblatt,* XII................................. 1892

ZERNER, TH. — Ein Beitrag zur Theorie der Drüsensecretion. *Wiener med. Jahrb.*.................. 1886

ZIEGLER, H. E. — Die Entwicklung von *Cyclas cornea*. — *Zeitschr. f. wiss. Zool.*, XLI................. 1885

— Die Enstehung der Blutes bei Knochenfischembryonen. *Arch. f. mikr. Anat.*, XXX............. 1887

— Die biologische Bedeutung der amitotischen Kerntheilung im Thierreich. *Biolog. Centralblatt,* XI................................. 1891

ZIEGLER und VOM RATH. — Die amitotische Kerntheilung bei den Arthropoden. *Ibid.*, XI............ 1891

ZIMMERMANN, A. — Ueber die Proteïnkrystalloide. *Beiträge zur*

Morphologie und Physiologie der Pflanzenzelle. Heft I und II....... 1890

— Ueber bisher nicht beobachtete Inhaltskörper des Assimilationsgewebes. *Ibid*... 1890

— Sammelreferate aus dem Gesammtgebiege der Zellenlehre. *Beihefte zum Botanischen Centralblatt, Jahrg.* III................. 1893

ZIMMERMANN, K. W. — Ueber d. Kerntheilungsmodus bei der Spermatogenese von *Helix pomatia*. — *Verh. d. anat. Gesells*........... 1891

— Studien über Pigmentzellen. Ueber die Anordnung des Archiplasma in den Pigmentzellen der Knochenfische. *Arch. f. mikr. Anat.*, XLI................. 1893

ZOPF, W. — Die Pilze. — Breslau... 1890

ZOJA L. e RAFFAELLE ZOJA. — Intorno ai plastiduli eosinofili. *Memorie del R. Istit. Lombardo di Sc.e.L.*, XVI............................ 1891

ZOJA, R. — Sulle sostanze cromatofile del nucleo di alcuni Ciliati. *Boll. Sc. Pavia*................ 1893

— Contribuzione allo Studio delle sostanze cromatofile nucleari di Auerbach. *Ibid*................ 1893

ZUKAL, H. — Ueber den Zellinhalt der Schizophyten. *Berichte d. Deutsch. bot. Gesells*........... 1892

APPENDICE

Depuis la rédaction de ces « Leçons » et pendant leur impression, il a paru un certain nombre de mémoires relatifs à la cytologie. Nous nous bornons à donner ici l'indication des principaux d'entre eux, ne pouvant en faire une analyse même succincte.

ARNOLD, JUL. — Zur Morphologie und Biologie der Zellen des Knochenmarkes. *Arch. f. path. Anat.*, CXXX. 1895

BALBIANI, E. G. — Sur la structure et la division du noyau chez le *Spirochona gemmipara*. — *Ann. de micrographie*, VII. 1895

BELAJEFF, WL., — Ueber Bau und Entw. der Spermatozoiden der Pflanzen. *Flora*, LXXIX. 1894

— Zur Kenntniss der Karyokinese bei den Pflanzen. *Ibid.* 1894

BENEDEN, ED. VAN et VAN BAMBEKE. — Contribution à l'étude de la forme, de la structure et de la division du noyau. *Bull. Acad. r. sc. l. et b. a. de Belgique*, LXIV 1894

BLANC, HENRI. — Étude sur la fécondation de l'œuf de la Truite. *Berichte d. Naturf. Gesells. zu Freiburg. i. B.*, VIII. 1894

BERGH, R. S. — Vorlesungen über die Zelle und die einfachen Gewebe des tierischen Körpers, etc. — Wiesbaden. 1894

BOLLES LEE, A. — La régression du fuseau caryocinétique. *La Cellule*, XI. 1895

BLOCHMANN, F. — Ueber die Kerntheilung bei *Euglena*. — *Biol. Centralbl.*, XIV. 1894

BORN, G. — Die Structur des Keimbläschens im Ovarialei von *Triton tœniatus*. — *Arch. f. mikr. Anat.*, XLII. 1894

BOVERI, TH. — Ueber das Verhalten der Centrosomen bei der Befruchtung des Seeigel-Eies nebst allgemeinen Bemerkungen über Centrosomen und Verwandtes. *Verh. d. phys. med. Gesells. in Würzburg. N. F.*, XXIX. 1895

BRAUS, H. — Ueber Zelltheilung und Wachstum des Tritoneies, mit einem Anhang über Amitose und Polyspermie. *Jenaische Zeitschr.*, XXIX. 1895

BÜTSCHLI, O. — Vorläufiger Bericht über fortgesetze Untersuchungen an Gerinnungsschäumen, Sphärokrystallen und die Structur von Cellulose-und Chitinmembranen. *Verh. d. naturh. med. Vereins zu Heidelberg. N. F. V.* 1894

CALKINS, GARY N. — Observations on the Yolk-Nucleus in the Eggs of Lumbricus. *Trans. N. Y. Acad. sc.* 1895

CHITTENDEN. — Neuere physiologisch.-chemische Untersuchungen über die Zelle. *Biol. Centralbl.*, XIV. 1894

DELAGE, YVES. — La structure du protoplasma et les théories sur l'hérédité et les grands problèmes de la biologie générale. — Paris. 1895

DRÜNER, L. — Beiträge zur Kenntnis der Kern-und Zelldegeneration und ihrer Ursache. *Jenaische Zeitschr.*, XVIII. 1894

— Zur Morphologie der Centralspindel. *Ibid* 1894

— Studien über den Mechanismus der Zelltheilung. *Ibid.*, XXIX. . 1894

EISMOND, J. — Einige Beiträge zur Kenntnis der Attractionssphären und der Centrosomen. *Anatom. Anzeiger*, X. 1894

FABRE-DOMERGUE. — Discussion de l'origine coccidienne du cancer. *Annales de micrographie*, VI. ... 1894

FAIRCHILD. — Ein Beitrag zur Kenntniss der Kerntheilung bei *Valonia utricularis*. — *Bericht. deutsch. Bot. Gesells.*, XII. 1894

FARMER, J. B. — Ueber Kerntheilung in Lilium-Antheren besonders in Bezug auf die Centrosomen-Frage. *Flora* 1895

FARMER, J. B. and J. E. S., MOORE. — On the essential Similarities existing between the heterotype nuclear divisions in Animals and Plants. *Anat. Anzeiger*, XI. 1895

FLEMMING, W. — Zelle. Morphologie der Zelle und ihrer Theilungserscheinungen. *Ergeb. d. Anat. u. Entw. von Merkel u. Bonnet*, III. 1894

— Ueber die Wirkung der Chromosmiumessigsäure auf Zellkerne. *Arch. f. mikr. Anat.*, XLV. . 1895

FRANCOTTE, P. — L'oxychromatine et la basichromatine dans les noyaux des Vorticelliens. *Bull. soc. belge de microscopie*, XXI... 1895

FRENKEL. — La paranucléine. *Atti dell' XI Congr. med. internaz. Roma*... 1894

— Sur l'origine et le mode de coloration des filaments dits achromatiques dans les divisions indirectes des cellules. *Ibid*... 1894

GALEOTTI, G. — Ricerche sulla colorabilità delle cellule viventi. *Zeitsch. f. wiss. Mik.*, XI... 1894

GAUTIER, A. — La chimie de la cellule vivante. — Paris... 1894

GOLIRESKI. — Ein Beitrag zur Entwick. d. Androceums und Gyneceums der Gräser. *Bot. Centralbl.* 1893

GUIGNARD, L. — L'origine des sphères directrices. *Journ. de Botanique*, VII... 1894

HAECKER, V. — Ueber generative und embryonale Mitosen, sowie über pathologische Kerntheilungsbilder. *Arch. f. mikr. Anat.*, XXXXIII. 1894

— Die Vorstadien der Eireifung. *Ibid.*, XXXXV... 1895

— The Reduction of the chromosomes in the sexual cells as described by Botanists : a reply to Prof. Strasburger. *Annals of Botany*, IX... 1895

HANSEMANN. — Studien über die Spezifizität, den Altruismus, und die Anaplasie der Zellen, mit besonderer Berücksichtigung der Geschwülste. *Biol. Centralbl.*, XIV... 1894

HEIDENHAIN, MARTIN. — Neue Untersuchungen über die Centralkörper und ihre Beziehungen zum Kern - und Zellenprotoplasma. *Arch. f. mikr. Anat.*, XXXXIII. 1894

— Cytomechanische Studien. *Arch. f. Entwickelungsmechanik d. Organismen*, I... 1895

HERLA, V. — Etude des variations de la mitose chez l'Ascaride mégalocéphale. *Archives de Biologie*, XIII... 1894

HUMPHREY. — Nucleoli and Centrosomes. *Ann. Bot.*, VIII... 1894

ISHIKAWA, C. — Studies of reproductive Elements of *Noctiluca miliaris*; its division and spore-formation. *Journ. of the College of Sc. Imp. Univers. Japan*, VI... 1894

— Some recent Cell-Literature. *Botan. Gaz.*, V... 1895

JACCARD, P. — Recherches embryologiques sur *l'Ephedra helvetica*. — *Bull. de la soc. Vaudoise des sc. nat.*, XXX... 1894

KLEBS. — Ueber den Einfluss des Lichtes auf die Fortpflanzung der Gewächse. *Biol. Centralbl.*, XIII. 1893

KROMPECKER, ED. — Die Mehrtheilung und deren Mechanik. *Allg. Path. u. path. Anat.*, V... 1894

— Die mehrfache indirecte Kerntheilung. — Wiesbaden... 1895

KUNSTLER, J. — Fragments de biologie cellulaire. — Bordeaux... 1894

LAUTENBACH, RUD. — Ueber das Verhalten des Centrosoma bei der Befruchtung. *Inaug. Dissert. Würzburg*... 1894

LAUTERBORN. — Protozoenstudien. I. Kern- und Zelltheilung von *Ceratium hirundinella*. — *Zeitschr. f. wiss. Zool.*, LIX... 1895

LAVDOWSKI. — Von der Entstehung der chromatischen und achromatischen Substanzen in den thierischen und pflanzlichen Zellen. *Anatomische Hefte*... 1894

MEAD. — Some observations on Maturation and Fecundation in *Chætopterus pergamentaceus*. — *Journ. of Morphology*, X... 1895

METZNER. — Beiträge zur Granulalehre. 1 Kern- und Zellteilung. *Arch. f. Anat. u. Entw. Physiol. Abth.*... 1894

MEVES, F. — Ueber eine Metamorphose der Attractionssphäre in den Spermatogonien von *Salamandra maculosa*. — *Arch. f. mikr. Anat.*, XXXXIV... 1894

— Ueber die Zellen des Sesambeins in der Achillessehne des Frosches (*Rana temporaria*) und über ihre Centralkörper. *Ibid.*, XXXXV... 1895

— Ueber eigenthümliche mitotische Processe in jungen Ovocyten von *Salamandra maculosa*. — *Anat. Anzeiger*, X... 1895

MEYER, OSCAR. — Celluläre Untersuchungen an Nematoden-Eiern. *Jenaische Zeitschr.*, XXIX... 1895

MIKOSCH, C. — Ueber Structuren im pflanzlichen Protoplasma. *Verh. Ges. d. Naturf.*, LXVI. *Vers. Wien.* 1894

MITROPHANOW, P. — Contributions à la division cellulaire indirecte chez les Sélaciens. *Journ. intern. d'Anat. et de physiol.*, XI... 1894

MOLL, J. W. — Observations sur la caryocinèse chez les Spirogyra. *Arch. néerl. d. sc. exactes et nat.*, XXVIII... 1894

MOORE, J. — Some Points in the Spermatogenesis of Mammalia. *Intern. Monats. f. Anat. u. Physiol.*, XI... 1894

POIRAULT, G. et M. RACIBORSKI. — Sur les noyaux des Urédinées. *Journ. de Botanique*, IX... 1895

PREUSSE. — Ueber die amitotische Kerntheilung in den Ovarien der Hemipteren. *Zeitschr. f. wiss. Zool.*, LIX... 1895

PRZESMYCKI, MARIAN. — Ueber die Zellkörnchen bei den Protozoen. *Biol. Centralbl.*, XIV... 1894

RABL, H. — Ueber das Vorkommen von Nebenkernen in den Gewebezellen der Salamanderlarven. Ein Beitrag zur Lehre von der Amitose. *Arch. f. mikr. Anat.*, XLV... 1895

RACIBORSKI, M. — Elajoplasty Liliowatych (Elaioplastes des Liliacées) *Mém. de l'acad. de Cracovie*... 1893

— Chromatofilia jader woreczka zalazkowego. (La chromatophilie des noyaux du sac embryonnaire.) *Ibid* 1893

RATH, O. VOM. — Ueber die Constanz der Chromosomenzahl bei Thieren. *Biol. Centralbl.*, XIV 1894

— Ueber den feineren Bau der Drüsenzellen des Kopfes von *Anilocra mediterranea* Leach. im speciellen und Amitosenfrage im Allgemeinen. *Zeitschr. f. wiss. Zool.*, LX 1895

RAWITZ. — Centrosoma und Attractionssphære in der ruhenden Zelle des Salamanderhodens. *Arch. f. mikr. Anat.*, XLIV 1895

RÜCKERT. — Zur Eireifung bei Copepoden. *Anat. Hefte* 1894

— Die Chromatinreduktion bei der Reifung der Sexualzellen. *Ergeb. f. Anat. u. Entw. von Merkel. u. Bonnet*, III 1894

— Ueber das Selbständigbleiben der väterlichen und mütterlichen Kernsubstanz während der ersten Entwickelung des befruchteten Cyclopseies. *Arch. f. mikr. Anat.*, XLV 1895

PRENANT, A. — Sur deux sortes de cellules granuleuses chez les Reptiles. *Journ. intern. d'Anat. et de Physiol.*, XI 1894

— Sur le corpuscule central. *Bull. de la Soc. des sc. de Nancy* 1894

REINKE, FR. — Zellstudien. *Arch. f. mikr. Anat.*, LXIII et XLIV 1894

ROMPEL, G. — *Kentrochona nebaliæ* n. g. n. sp. ein neues Infusor aus der Familie der Spirochoninen, zugleich ein Beitrag zur Lehre von der Kerntheilung und dem Centrosoma. *Zeitsch. f. wiss. Zool.*, LVIII 1894

SALA. — Experimentelle Untersuchungen über die Reifung und Befruchtung der Eier bei *Ascaris megalocephala*. — *Arch. f. mikr. Anat.*, XLIV 1895

SARGANT. — Some details of the first nuclear division in the Pollen - Mother - Cells of *Lilium Martagon* — *Journ. of the roy. microsc. soc.* 1895

SCHAUDINN. — Die Fortpflanzung der Foraminiferen und eine neue Art der Kernvermehrung. *Biol. Centralbl.*, XIV 1894

SCHOLTER. — Zur Morphologie der Zelle. *Arch. f. mikr. Anat.*, XLIV. 1894

SIAWCILLO, J. — Sur les cellules éosinophiles. *Ann. Institut Pasteur*, IX 1895

STRASBURGER, E. — Ueber periodische Reduktion der Chromosomenzahl im Entwicklungsgang der Organismen. *Biol. Centralb.* ... 1894

— Karyokinetische Probleme. *Jahrb. f. wiss. Botanik* 1895

STRICHT, VAN DER. — Origine des parties constituantes de la figure achromatique dans l'ovule de *Thyzanozoon Brochii*. — *Verh. d. Anat. Gesells* 1894

— Contribution à l'étude de la forme, de la structure et de la division du noyau. *Bull. Acad. r. d. sc. de Belgique* 1895

— La sphère attractive dans les cellules pigmentaires de l'œil du Chat. *Bibli. anatomique* 1895

THÉLOHAN, P. — Recherches sur les Myxosporidies. *Bull. sc. de la France et de la Belgique*, XXVI. 1895

TRINCHESE, G. — Contribution à la connaissance de la structure du protoplasma. *Arch. ital. de Biol.*, XXI 1894

TOYAMA, R. — On the spermatogenesis of the Silkworm. *Bull. Agric. Coll. Imp. Univ. Tokyo*, II. 1894

WAGER, HAROLD. — On the presence of Centrospheres in Fungi. *Ann. Bot.*, VIII 1894

WATASÉ, S. — On the Nature of Cell-organisation. *Biol. lectures of the marine Biol. Laborat. of Woods Holl, Boston* 1894

WENDT, G. — Ueber den Chemismus im lebenden Protoplasma. *Jenaische Zeitschr.*, XXVIII 1894

WHEELER. — Behaviour of the Centrosomes in the fertilized Egg of *Myzostoma glabrum*. — *Journ. of Morphologie*, X 1895

WILCOX, E. V. — Spermatogenesis of *Caloptenus femur rubrum* and *Cicada tibicen*. — *Bull. of the Museum of Comp. Zool. at Harvard College*, XXVII 1895

WILSON and MATHEWS. — Maturation, Fertilization and Polarity in Echinoderm Egg; new Light on « quadrille of the Centres. » *Journ. of Morphologie*, X 1895

ZIEGLER, H. E. — Untersuchungen über die Zelltheilung. *Verh. d. Deutschen Zool. Gesells* 1895

TABLE ANALYTIQUE (1)

(Les chiffres indiquent la page)

A

Absorption de la graisse dans l'intestin, 238 ;
— des corps solides, 173 ;
— des corps liquides, 174 ;
— des gaz, 187.
Accroissement de la cellule, conditions des causes d', 266.
Achromatium oxaliferum, son noyau, 130.
Achromatine, 69.
Acide nucléique, 85.
Acinétiens, gemmation chez les, 413 ;
— noyau des, 119.
Action de la température et des gaz sur la cytodiérèse, 366 ;
— des agents chimiques sur la cytodiérèse, 367 ;
— des centrosomes sur les chromosomes, 350.
— des matières colorantes sur le protoplasma vivant, 21, 179 ;
— des sels d'argent sur le protoplasma, 22 ;
— du changement de milieu, 184.
Actinosphærium, noyaux de l', 111.
Activité cellulaire, ses produits, 188.
Adénine, 84.
Æthalium septicum, analyse, 26.
Albumen, cellules de l', 203.
Alécithes, œufs, 121.
Aleurone, 202.
Algues unicellulaires, 16, 465.
Algues, matières colorantes des, 192.
— conjugaison des, 275, 417.
— zoospores des, 273.
Altmann, théorie d', 45.
Altruisme, 486 ;
Alvéolaire, couche, 49.
Amictolécithes, œufs, 121.
Amidon, constitution, 205 ;
— constitution chimique, 206 ;
— formation dans les cellules dépourvues de chlorophylle, 207 ;

Amidon, formation des grains d', 205.
Amitose, 388 ; (Voir aussi Division directe).
— son origine, 403.
— sa signification physiologique, 394.
Amœba proteus, 19, 252.
Amphiaster, 282.
Amphibiens, corps fusiformes de l'œuf des, 171.
— corps vitellin, 164.
Amyloleucites, 205 ;
Amylose, 206 ;
Amphipyrénine, 88, 90.
Amyloplastes, 206.
Anaplasie, 485 ;
Anaphase, 297.
Anastomoses entre les cellules, 278, 443.
Anilocra mediterranea, noyaux des glandes salivaires de, 108.
Animaux à chlorophylle diffuse, 195.
Anthérozoïdes, 421.
Antipode polaire, 329.
Anus des Infusoires, 260.
Araignées, corps vitellin de Balbiani chez les, 160 ;
— mouvements des nucléoles, 104.
— origine du corps vitellin chez les, 165.
Argent, action des sels d'argent sur le protoplasma, 22.
Archoplasma, 136, 433.
Arthropodes, formation du blastoderme chez les, 344.
Ascaris megalocephala, constitution de l'aster dans l'œuf, 318 ;
— cytodiérèse chez l', 324 ;
— fécondation de l'œuf, 435 ;
— origine des centrosomes, 384 ;
— réduction nucléaire dans l'œuf, 407 ;
— spermatocytes, 102, 302, 305 ;
— variétés *univalens* et *bivalens*, 302.
Assimilation, 188.
Association à bénéfices réciproques, 200.

---

(1) Cette table ne mentionne, parmi les auteurs cités dans le cours de l'ouvrage, que ceux dont le nom sert à désigner habituellement, soit une théorie soit un détail d'organisation. F. D.

Aster, premières observations constatant sa présence, 281 ;
— formation, 289 ;
— constitution dans l'œuf de la Truite, 316 ;
— différence avec la sphère attractive, 317.
Astrocentres, 433.
AUERBACH, rôle du noyau d'après, 66.
Autoblastes, 45.
Autoplasson, 46.
Axolotl, cellules épithéliales de l', 55, 445.

B

Bactériacées à chlorophylle, 192 ;
— noyau des, 129.
Bacterioidomonas, 128.
BALBIANI, corps vitellin de, 158 et suiv. ;
— chez les Araignées, 160 ;
— chez la Grenouille, 164 ;
— chez les Insectes, 171 ;
— chez les Vertébrés, 163 ;
— considéré comme centrosome de l'œuf, 149.
BARD, théorie de la spécificité cellulaire, 485.
Bioblastes, théorie d'ALTMANN, 145.
Bioplasma, 17.
Bipartition, loi de, 440.
Blastème, 10, 271.
Bordure de poils, 255 ;
— en brosse, 255.
Bouche des Infusoires, 260.
Bourgeonnement, 405.
Boyau nucléinien, 78.
Bradylécithes, œufs, 121.
BRASS, hypothèse sur la constitution de la cellule, 174.
BÜTSCHLI, théorie alvéolaire de, 41.

C

Caliciformes, cellules, 239.
Callose, 211.
Capsules polaires des Myxosporidies, 247.
Caractères chimiques du protoplasma, 20 ;
— physiques du protoplasma, 19.
Carmin, coloration du noyau par le, 64.
CARNOY, théorie sur la constitution du noyau, 78.
Caryoblastes, 45.
Caryocinèse, 295.
Caryodiérèse, 295.
Caryoplasma, 78.
Caryosténose, 295.
Cellulaire, théorie, 7, 464 ;
— objections faites à la théorie, 464.
Cellulaires, filaments, 286.
Cellule, aspect variable, 4 ;
— conception de la, 13, 464 ;
— constitution, 46 ;
— découverte de la, 4 ;
— durée de sa vie, 467 ;
— hypothèse de BRASS sur sa constitution, 174 ;
— mère du sac embryonnaire, 331 ;
— mort, 466 ;
— nutrition, 173 ;

Cellule, pénétration des substances solides, 177 ;
— parties essentielles, 16 ;
— sa définition par LEYDIG par, MAX SCHULTZE, 9 ;
— sa dénomination par HOOKE et par BRISSEAU-MIRBEL., 4 ;
— sénescence, 470 ;
— son individualité, 6.
— spécificité, 484 ;
Cellules à mucus, 239 ;
— antogonistes, 485 ;
— à plateau, 255 ;
— caliciformes, 239 ;
— cartilagineuses, 35 ;
— d'ERHLICH, 148 ;
— en état de sommeil, 469 ;
— épithéliales, division des, 328 ;
— épithéliales, leur division directe, 390 ;
— épithéliales, union des, 278, 443 ;
— fœtales, 485 ;
— fusion de, 138 ;
— géantes, 138 ;
— genèse des, 7, 270 ;
— grillagées, 446 ;
— hyperchromatiques, 351 ;
— hypochromatiques, 351 ;
— mères des grains de pollen, 334, 341 ;
— nodales, 485 ;
— pancréatiques, 152 ;
— parablastiques des Poissons, 343 ;
— plurinucléées, 125 ;
— urticantes, 245.
Cellules végétales, centrosome des, 143.
— produits de l'activité, 189.
Cellulose, animale, 214 ;
— constitution chimique, 211 ;
— membrane de, 208.
Centrosome considéré comme simple modification du cytoplasma, 385 ;
— origine nucléaire ou nucléolaire, 383 ;
— origine oospermatique, 381 ;
— origine spermatique, 382 ;
— ses modifications pendant la division, 374.
Centrosomes, 140, 303 ;
— chez les Protozoaires, 354 ;
— constitution des, 379 ;
— dans les cellules à l'état de repos, 143 ;
— des cellules végétales, 143 ;
— des leucocytes, 144 ;
— leur origine en tant qu'organes indépendants, 381.
Ceratium tripos, noyau du, 112.
Champ polaire, 329.
Chara, noyau des, 102, 470.
Charpente nucléaire, 69.
Chilodon, noyau, 118 ; division, 400.
Chironomus, noyau du, 71, 75, 91, 140.
Chitine, 214, 217.
Chitineuses, productions, 217.
Chlorophylle, 191 ;
— animale, 192 ;
— constitution chimique des grains de, 88 ;
— végétaux dépourvus de, 192.
Chloroplastes, 190.

Chloroplastine, 88, 89, 190.
Chondrioderma difforme, résistance à la pression du, 19.
Chorion de l'œuf des Phyllies, 243;
— de l'œuf du *Smicra*, 216.
Chromatine, 88, 90;
— envisagée comme un pigment, 75;
— quantité variable contenue dans le noyau, 162;
— richesse des noyaux en, 91;
— substance colorable du noyau, 69.
Chromatolyse, 155, 472;
— des noyaux parablastiques, 476.
Chromoleucites, 190.
Chromoplastes, 190.
Chromosomes, dédoublement des, 297;
— fixité du nombre des, 302;
— vésiculeux des cellules de l'œuf de la Truite, 319.
Cils vibratiles, 252.
Circulation du protoplasma, 29.
Cnidoblastes, 245.
Cnidocil, 245.
Cirrhes, 259.
Clasmatocytes, 231.
Cloisonnement centrifuge, 336;
— centripète, 337;
— multiple, 341.
Closterium, conjugaison des, 429.
Coefficient isotonique, 184.
Cohésion du protoplasma, 19.
Collage des coupes sur le porte-objet, 61.
Coloration du noyau, 89, 100;
— du protoplasma, 61.
Communications protoplasmiques, 448.
Cône d'attraction, 430;
— d'exsudation, 430.
Confusion, 423.
Conjugaison, 275, 416;
— des Algues, 416;
— des *Closterium*, 429;
— des Infusoires ciliés, 423;
— des Noctiluques, 428;
— des Vorticelles, 427;
— égale, 417;
— inégale, 417, 419.
Connectifs, filaments, 286.
Consortium, 200.
Coquille des Mollusques, 218.
Corps accessoires, 172;
— cellulaire, 17;
— chlorophylliens des animaux, multiplication des, 198;
— de réserve des Infusoires, 228;
— de réserve des Sporozoaires, 227;
— directeurs, formation, 405;
— falciformes, 345;
— fusiforme, 285;
— fusiformes de l'œuf des Amphibiens, 171;
— intermédiaire, 306, 308, 322;
— sporogènes, 129;
— vitellin de Balbiani, 158.
Corpuscule céphalique, 150;
— de Schrön, 66;

Couche alvéolaire, 49.
Coupes, collage sur le porte-objet, 61.
Cristalloïdes, 203.
Crustacés, noyaux de certaines glandes de, 107.
Cuticule, 215.
Cyanophilie, 94.
Cyanophycées, noyau des, 133.
Cytoblaste, 7, 271.
Cytoblastème, 7, 271.
Cytodes générateurs, 127.
Cytodiérèse, 295; (voir aussi Division indirecte et Karyokinèse);
— causes qui influent sur la, 364;
— des cellules embryonnaires, 324;
— des cellules végétales, 330;
— points controversés de la, 355.
Cytophagus Tritonis, 242.
Cytogène, membrane, 97.
Cytoplasma, 18;
— ses modifications pendant la division indirecte, 364.
Cytoplastine, 89.
Cytozoaires, 151.

D

Dégénérescence par fragmentation, 473;
— physiologique des ovules, 471.
Dermatoplasma, 213.
Dermatosomes, 213.
Deutoplasma, 121.
Développement intra-utriculaire, 270;
— superutriculaire, 270.
Diaster, 293.
Diatomine, 192.
Différenciations fonctionnelles de la cellule, 236.
Digestion, organes de la, 259;
— intracellulaire, 136, 457.
Dissociation entre la division du noyau et celle du vitellus, 475.
Districts organo-formatifs, 484.
Division acinétique, 295;
— anormale des cellules embryonnaires de la Truite, 347;
— cellulaire, historique de la, 280;
— cellulaire indirecte anormale, 341, 348;
— cellulaire, loi de la, 438;
— cellulaire, sa découverte, 10;
— cellulaire, synonymie des phases de la, 297;
— cellulaire, théorie de Spencer sur les causes de la, 267;
— cinétique, 295;
— directe, 388;
— directe des cellules épithéliales, 390;
— directe des leucocytes, 389;
— directe, origine de la, 403;
— directe, recherches récentes, 391;
— directe, relation entre ce mode de division et la division indirecte, 395;
— hétérotypique, 300;
— homœotypique, 300;
— indirecte, action de la température et des gaz, 366;

Division indirecte, action des agents chimiques, 367 ;
— indirecte chez les Protozoaires, 284 ;
— indirecte, choix des matériaux pour l'étude, 309 ;
— indirecte des cellules de l'œuf de la Truite, 311 ;
— indirecte, durée, 364 ;
— indirecte, observations anciennes de, 281 ;
— indirecte, origine, 403 ;
— indirecte, phases, 290 ;
— indirecte réductionnelle, 409 ;
— indirecte, technique pour l'étude, 310 ;
— indirecte, terminologie, 295 ;
— multipolaire, 346 ;
— principe de l'intersection perpendiculaire des plans de, 441 ;
— réductionnelle dans la spermatogénèse, 409 ;
— réductionnelle dans les cellules sexuelles des végétaux, 411.
Divisions anormales, 341.

E

Eau, teneur du protoplasma en, 26.
Échinodermes, nucléoles des œufs des, 105 ;
— fécondation, 430.
Ectolécithes, œufs, 121.
Ectoplacenta, 277.
Ectoplasma des Infusoires, 257.
Eimer, recherches sur le noyau, 65.
Éléments contractiles, 257 ;
— vitellins, de l'œuf des Téléostéens, 221.
Enchyléma, 342.
Enchytrœus albidus, cellules libres de la cavité du corps, 51.
Endoderme ombilical des Mammifères, 223 ,
Endopiaste, 113.
Endoplastule, 113.
Énergide, 462.
Époocyte, 121.
Équatoriale, plaque, 286.
Érythrophilie, 94.
Étoile fille, 330 ;
— mère, 329.
Essence nucléaire, 287.
Euglypha alveolata, constitution du noyau de l', 110.

F

Fayod, théorie de, 44
Fécondation chez les Métazoaires, 430 ;
— découverte du phénomène intime de la, 286 ;
— chez les végétaux, 434.
Figure achromatique, apparence variable de la, 359
— sa constitution, 360.
Filaire, masse, 38.
Filaments connectifs, 286 ;
— d'union, 443 ;
— primaires, secondaires, tertiaires, 76.
Flagellés, noyau des, 112.
Flagellums, 251.

Flemming, sa théorie sur le protoplasma, 34, 37 .
Forficule, spermatocytes de, 375.
Formation pleine, 272.
Formations nucléoïdes, 152
Fragmentation, 388 ;
— dégénérescence par, 473.
Fuseau achromatique, discontinuité des filaments du, 355 ;
— achromatique, origine protoplasmique du, 355 ;
— achromatique, sa formation dans les cellules de l'œuf de la Truite, 313 ;
— central, 357 ;
— central primaire, 360 ;
— central secondaire, 360 ;
— origine nucléaire du, 356.
Fusion, 276 ;
— de cellules, 138.

G

Gemmation, 270, 405 ;
— chez les Acinétiens, 413 ;
— de la vésicule germinative de l'œuf, 414
— du *Spirochona gemmipara*, 411
— indirecte du noyau, 153.
Genèse des cellules, 7 ;
— opinions anciennes sur la, 270.
Glandes holocrines, 477 ;
— mérocrines, 477 ;
— unicellulaires, canal excréteur des, 250.
Glandulaires, granulations des cellules, 234.
Globoïdes, 203.
Globules parablastiques, 477 ;
— polaires, formation des, 405 ;
— polaire, dans les œufs parthénogénésiques, 470 ;
— polaires, réduction nucléaire pendant la formation des, 407 ;
— sanguins, sénescence des, 471.
Glycogène, 219.
Grains de Paneth, 237.
Graisse, 219 ;
— son absorption dans l'intestin, 238.
Granula, 129.
Granulaire, théorie, historique, 12, 129.
Granulations colorables, 233 ;
— des cellules glandulaires, 234 ;
— du suc nucléaire ; 92 ;
— sporogènes, 135.
Grenouille, constitution du corps vitellin chez la, 164.
Grégarines, noyau, 110 ;
— spores, chez les, 345.
Gromia oviformis, 24.
Guanine, 84.

H

Hansemann, théorie de la spécificité cellulaire, 486.
Hanstein, sa théorie sur le protoplasma, 36.
Helix pomatia, centrosomes de, 373.
Heiztmann, théorie d' 33.

Hématoxylophiles, nucléoles, 153.
Hémi-celluloses, 211.
Hexamitus inflatus, 29.
Histolyse, 478.
Homolécithes, œufs, 121.
Hyaloplasma, 37.
Hydre, nucléole de l'œuf de l', 65 ;
— noyau, 97 ;
— éléments vitellins de l'œuf, 226.
Hydroleucites, 181.
Hypochlorine, 192.
Hypoxanthine, 84.

I

Idioblastes, 480.
Idioplasma, 480.
Infusoires, anus des, 260 ;
— bouche des, 260 ;
— ciliés, conjugaison des, 423 ;
— ciliés, membrane du kyste des, 215 ;
— ciliés, noyau des, 113 ;
— conjugaison, 423 ;
— corps de réserve des, 220 ;
— division du macronucléus des, 401 ;
— division indirecte du micronucléus des, 352 ;
— prétendue immortalité des, 467 ;
— réseau contractile, 264 ;
— structure réticulée du protoplasma, 55 ;
— trichocystes des, 248 ;
— tube digestif, 260 ;
— vésicules contractiles, 262
Insectes, noyaux vitellins des, 171.
Intercellulaires, substances, 218.
Interfusion, 423.
Intersection perpendiculaire des plans de division, principe de l', 441.
Intestin, absorption de la graisse dans l', 238.
Intracellulaires, parasites, 241.
Isotoniques, solutions, 183.
Isotropie de l'œuf, 483.

K

Karyokinèse, 289, et suiv.; (Voir aussi Cytodiérèse et Division indirecte);
— ses phases d'après Flemning, 290 ;
— synonymie de ses phases, 296,
Karyolyse, 281.
Karyophagus Salamandræ, 242.
Kernsaft, 175.
Kinoplasma, 359, 374, 404, 462.
Klein, sa théorie sur le protoplasma, 35.
Künstler, théorie de, 39.

L

Lanthanine, 93.
Lécithine, 220.
Leucites, 189 ;
— de réserve, 202.
Leucocytes, centrosomes des, 144, 393
— leur division directe, 389.
Levûres, noyau des, 135.
Leydig, théorie de, 43.

Lilium Martagon, division indirecte des cellules du sac embryonnaire du, 301, 331, 332.
— fécondation, 434 ;
— formation du sac embryonnaire, 331.
Lindsay, liquide de, 61.
Linine, 88, 90.
Liquides indifférents, 53 ;
— fixateurs, 60.
Locomoteurs, organes, 259.
Loi de bipartition, 440 ;
— de position du noyau, 439
— des intervalles entre deux divisions successives, 442.
Loxodes rostrum, noyau du, 119.
Loxophyllum meleagris, noyau du, 117.
Lutéine, 472.

M

Macrogonidies, 420.
Macronucléus des Infusoires, constitution du, 113 ;
— division du, 401.
Masse filaire, 38.
Mastzellen, 229.
Matières colorantes, leur action sur le protoplasma vivant, 21, 179.
Membrane basale, 219;
— cellulaire, 137 ;
— cytogène, 97 ;
— de cellulose, 208 ;
— de cellulose, accroissement de la, 212 ;
— de cellulose, formation de la, 209 ;
— de cellulose, transformation de la, 213 ;
— du noyau, 96, 104 ;
— karyogène, 97 ;
— moyenne, 211 ;
— nucléaire, sa disparition pendant la karyodiérèse, 362 ;
— ombilicale, 223.
Membranelles, 255.
Mégacaryocytes, 351.
Mérotomie des Infusoires, 451 ;
— des Paramœcies, 457 ;
— résultats fournis par l'étude de la, 457
Mérozoïte, 453.
Métachromasie, 242.
Métaphase, 297.
Métaplasie, 484.
Métaxine, 88, 90, 190.
Métoocyte, 121.
Micelles, 47, 479.
Microcentre, 146, 372.
Microchimie, 89, 91.
Micronucléus des Infusoires, constitution, 113.
— division indirecte du, 352.
Microgonidies, 420.
Microzymas, 13, 39.
Milieu, action du changement de, 184.
Mitome, 38.
Mitose, 296; (Voir aussi Division indirecte).
Mitosoma, 172, 379.
Mixolécithes, œufs, 121
Mollusques, coquilles des, 218.
Monaster, 293.

Monériens, 13, 126.
Monocystis du Lombric, 129;
— sporulation du, 345;
— grains amylacés des kystes du, 227.
Mouvement, organes du, 251.
Mucigène, substance, 239.
Mucus, cellules à, 240.
Myéloplaxes, 126.
Myriapodes, corps vitellin de Balbiani chez les, 161.
Myxosporidies, capsules polaires des, 247;
— protoplasma, 56.

N

Najades, vésicule germinative des, 121.
Nebenkern, 149.
— son origine dans les cellules testiculaires, 376.
Nématoblaste, 245.
Nématocystes, 245.
Noctiluques, conjugaison des, 428;
— noyau, 96;
— sa division, 393.
Nosopseudopodes, 248.
Noyau accessoire ou Nebenkern, 149 et suiv.
Noyau, conception et rôle d'après Auerbach, 66;
— constitution chimique, 83;
— constitution d'après Strasburger, 73;
— des Cyanophycées, 133;
— de l'œuf, 120;
— des Bactériacées, 129
— des Protozoaires, 110;
— des Saccharomyces, 185;
— division chez le *Spirogyra*, 337;
— du *Chironomus*, 71;
— étude à l'état vivant, 99;
— existe-t-il des cellules sans noyaux, 126.
— loi de position du, 429;
— mâle, formation du, 434;
— mâle, son union avec le noyau femelle, 436;
— membrane du, 96, 106;
— migrateur, 425;
— opinion de Ed. van Beneden, 74;
— opinion de Leydig, 74;
— polaire, 435;
— recherches microchimiques de Zacharias, 86;
— recherches de Schwarz, 87;
— réticulum du, 64;
— réticulum protoplasmique, 106;
— sa structure dans la glande salivaire de l'*Anilocra mediterranea*, 108;
— sédentaire, 435;
— son importance pour la nutrition de la cellule, 176;
— son rôle dans les cellules animales, 460;
— son rôle dans les cellules végétales, 459;
— substances albuminoïdes du, 88;
— stationnaire, 425;
— théorie de Carnoy, 78;
— théories en présence en 1882, 73
Noyaux annulaires, 391;

Noyaux, leur genèse, 397;
— filles, leur reconstitution dans l'œuf de la Truite, 317;
— multinucléolaires, 66;
— parablastiques, chromatolyse des, 476;
— paucinucléolaires, 66;
— plurinucléolaires, 66;
— polymorphes, cellules à, 397;
— vitellins des Insectes, 171.
Nucléaire, plaque, 286.
Nucléine considérée comme partie essentielle du noyau, 67;
— constitution, 84;
— découverte, 65;
— de la levûre de bière, analyse de Kossel, 84;
— de la laitance du Saumon, analyse de Miescher, 83;
— sa découverte par Miescher, 65.
Nucléinien, boyau, 73.
Nucléique, acide, 85.
Nucléofils, 75.
Nucléoïdes, formations, 152.
Nucléoles hématoxylophiles, 153;
— leur sort dans la karyodiérèse, 363;
— mouvements des, 64, 104;
— noyaux du *Spyrogyra*, 80, 109;
— noyaux, 109;
— plasmatiques et nucléiniens de Carnoy, 82;
— safranophiles, 153;
— vrais, 103.
Nucléolule, 66.
Nucléohyaloplasma, 73.
Nucléomicrosoma, 73, 75.
Nucléoplasma, 18, 73, 75.
Nutrition du protoplasma, 28;
— de la cellule, 173.

O

Œdématine, 93.
Œuf, éléments figurés, 171;
— gemmation de la vésicule germinative, 414;
— son noyau, 120.
Œufs alécithes, 121;
— amictolécithes, 121;
— bradylécithes, 121;
— ectolécithes, 121;
— homolécithes, 121;
— mixolécithes, 121.
Oniscus, striation des cellules intestinales de l', 32.
Oocyte, 121.
Oosphère, 435.
Ophryoglena flava, corps de réserve de l', 228.
Organes de la digestion de la cellule, 259;
— du mouvement, 251;
— excréteurs des Protozoaires, 261;
— locomoteurs de la cellule, 259;
— segmentaires des Vers, 250.
Organules des Protozoaires, 257.
Ostéoplastes, 126.
Ovocentre, 432.
Ovules, dégénérescence physiologique des, 471.

P

Paneth, grains de, 237.
Pangène, 480, 487.
Parachromatine, 78.
Paralécithe, 121.
Paralinine, 88, 90.
Paramæcies monstrueuses, 457.
Paramitome, 38.
Paramylon, 207.
Paranucléaires, corps, 154.
Paranucléine, 68.
Paraplasma, 34.
Parasites intracellulaires, 241.
Parasomes, 172.
Peloton, 297, 329.
Péridiniens, noyau des, 112.
Phagocytose, 177, 478.
Phases de la division cellulaire, synonymie des, 296 ;
 — de la division indirecte, 290.
Phosphore, son importance pour la croissance de la cellule, 86.
Phragmoplaste, 336.
Phronima, noyau des glandes du, 107.
Phycocyanine, 192.
Phycoérythrine, 192.
Phycophéine, 192.
Phycoxanthine, 192.
Phyllocyanique, acide, 191.
Phylloxanthine, 191.
Physodes, 181.
Pigment, 229.
Plaque cellulaire, 286, 322 ;
 — des cellules de l'œuf de la Truite, 322 ;
 — complétive, 308 ;
 — cytoplasmique, 308 ;
 — équatoriale, 286 ;
 — fusoriale, 308 ;
 — marginale, 308 ;
 — nucléaire, 286.
Plasma nucléaire actif, 75.
Plasmas accessoires, 486 ;
 — ancestraux, 483 ;
 — principaux, 486.
Plasmode, 276.
Plasmodiérèse, 295.
Plasmodium, 139.
Plasmolyse, 183.
Plasmosomes, 172.
Plasmazellen, 229.
Plasomes, 17, 47.
Plasson, 127.
Plastidules, 13, 46 ;
 — fuchsinophiles, 46.
Plastine, 86.
Poissons, constitution du corps vitellin chez les, 165 ;
 — cellules parablastiques des, 343.
Pollen, cellules mères du, 334, 341.
Polycaryocytes, 351.
Ponts intercellulaires, 445.
Prophase, 297.

Prochromatine, 78.
Prosoplasie, 485.
Prolifération ovulaire, 120.
Protoblastes, 138.
Protoplasma, 7 ;
 — action des matières colorantes sur le protoplasma vivant, 21, 178 ;
 — action différente des réactifs sur un même élément, 52 ;
 — artificiel de Bütschli, 47 ;
 — caractères chimiques, 20 ;
 — caractère essentiel, 18 ;
 — caractères physiques, 19 ;
 — circulation du, 29 ;
 — cohésion, 19 ;
 — colorations, 61 ;
 — constitution chimique, 24 ;
 — critique des diverses théories, 57 ;
 — état d'agrégation, 19 ;
 — irritabilité, 29 ;
 — liquides fixateurs du, 61 ;
 — motilité, 29 ;
 — nécessité de l'étudier à l'état vivant, 51 ;
 — opinions anciennes sur sa constitution morphologique, 31 ;
 — opinions éclectiques sur sa structure, 58 ;
 — origine du mot, 9 ;
 — pouvoir réducteur, 23 ;
 — propriétés physiologiques, 28 ;
 — réaction alcaline, 87 ;
 — résistance à la pression, 19 ;
 — rétraction, 29 ;
 — striation, 32 ;
 — structure alvéolaire, 33 ;
 — structure fibrillaire, 32 ;
 — structure filamenteuse, 34 ;
 — structure réticulaire, 32, 55 ;
 — structure tubulaire, 33 ;
 — structure vacuolaire, 34 ;
 — substances albuminoïdes du, 89 ;
 — synonymie, 17 ;
 — théorie de Heitzmann, 33 ;
 — théorie granulaire, 39 ;
 — vivant, animaux favorables à son étude, 53.
Protoplastine, 37.
Protozoaires, centrosomes chez les, 354 ;
 — division indirecte chez les, 284 ;
 — noyau des, 110 ;
 — organes de digestion, 259 ;
 — organes excréteurs, 263 ;
 — organes locomoteurs, 259 ;
 — organes reproducteurs ;
 — squelette interne et externe des, 243 ;
 — tube digestif, 260 ;
 — vacuoles alimentaires, 261 ;
 — — contractiles, 261.
Pseudofilaires, 127.
Pseudo-karyokinèse, 408.
Pseudo-nucléoles, 69.
Pulvérisation nucléinienne, division par, 399.
Pus, analyse des globules du, 27.
Pyrénine, 88, 90.
Pyrénoïde, 196.

Pyrénoplasmosomes, 172.
Pyrénosomes, 172.

Q

Quadrille des centres, 432.

R

RABL, constitution du noyau suivant, 76.
Radiolaires, noyau, 111 ;
— sporulation ;
— squelette. 203.
Rajeunissement, 272.
RANVIER, Clasmatocytes de, 231.
Rapport des cellules entre elles, 442.
Réactifs microchimiques pour le noyau, 89, 100;
— pour le protoplasma, 89.
Réactions chimiques du protoplasma mort, 24.
Reconstitution palingénétique, 281.
Réduction nucléaire, 408.
Rénovation partielle, 274 ;
— totale, 272.
Réseau contractile des Infusoires, 264.
Réticulum du noyau, 64 ;
— plastinien, 42.
Réticulum protoplasmique du noyau. 106.
Rhabdites des Turbellariés, 248.
Rhizopodes, noyau des, 110 ;
— fusion, 277.
RIPART et PETIT. liquide de, 54.

S

Saccharomyces, noyau des, 135.
Sac embryonnaire des phanérogames, 342.
Safranophiles, nucléoles, 153.
Salamandre, cellules du foie de la, 155 ;
— cellules cartilagineuses de la, 35 ;
— cellules épithéliales de la larve de la, 70 ;
— cellules endothéliales du péritoine de la
larve de la, 142, 327;
— cellules pancréatiques de la, 155 ;
— centrosomes des cellules du foie de la, 148;
— leucocytes de la, 93, 145.
Salamandres, manière de les tenir en captivité,
68.
Sarcode, 31.
Saumon, analyse de la laitance du, 27.
SCHRÖN, corpuscule de, 66.
SCHWANN et SCHLEIDEN, théorie cellulaire de, 7.
Schwammwerk, 74.
SCHWARZ, études microchimiques de, 87.
Scléroblastes, 245.
Sels d'argent, leur action sur le protoplasma,
22.
Sénescence des globules sanguins des Mammi-
fères, 471.
Somatoblastes, 45.
Sommeil, cellules en état de, 469.
Spécificité cellulaire, 484.
Spermatide, sa transformation en spermato-
zoïde, 378.
Spermatocentre, 431.
Spermatocytes, 375.

Spermatogenèse, division réductionnelle dans
la, 409.
Spermatozoïde, pénétration dans l'œuf, 430.
Sphère attractive, considérée comme simple
modification du cytoplasma, 38;
— constitution, 308, 312, 379;
— ses modifications pendant la division, 374;
— dans la division indirecte, 303;
— dans l'œuf de la Truite, 312, 364.
Sphère attractive, historique, 140;
— sa transformation dans les noyaux polymorphes, 380;
— son rôle dans la division directe, 392.
Sphérulaire, théorie, 39.
Spicules, 245.
Spirem, 329.
Spirochona gemmipara, constitution du noyau
chez le, 118;
— gemmation du, 411.
Spiro-fibrilles, 44.
Spirogyra, constitution du noyau du, 109;
— division du noyau du, 337;
— nucléoles noyaux du, 109;
— protéosomes chez les, 23.
Spiro-spartes, 44.
Spongioplasma, théorie de LEYDIG, 43.
Sporogènes, corps, 128.
Sporozoaires, corps de réserve des, 226;
— sporulation chez les, 345.
Sporulation, 415.
Squelette externe et interne des Protozoaires,
243.
Sténose, 295.
Stenobothrus, division cellulaire chez le, 68, 288.
Stentors, mérotomie des, 452.
Striation du protoplasma, 32.
Structure alvéolaire du protoplasma, 33 ;
— fibrillaire du protoplasma, 32 ;
— filamenteuse du protoplasma, 34;
— réticulée du protoplasma, 32, 55;
— tubulaire du protoplasma, 33;
— vacuolaire du protoplasma, 34, 55.
Substance cellulaire, 17;
— filamenteuse, 38 ;
— du protoplasma, 89 ;
— mucigène, 240.
Substances albuminoïdes du noyau, 88;
— minérales intracellulaires, 229.
Suc cellulaire, 180, 287.
Symbiose, 200.
Symplaste, 276.
Syncytium, 139, 277.
Synergides, 435.

T

Taches germinatives, 123.
Tablettes vitellines, constitution et dévelop-
pement des, 225.
Taches polaires, 305.
Téléostéens, éléments vitellins de l'œuf des,
221.
Telophase, 378.
Tension intracellulaire, 182.

Théorie cellulaire, 7, 218.
Théorie alvéolaire de Bütschli, 41 ;
— cellulaire, objections, 464 ;
— des bioblastes d'Altmann, 45 ;
— filaire, partisans de la, 44 ;
— granulaire du protoplasma, 39 ;
— réticulaire, partisans de la, 41 ;
— sphérulaire de Kunstler, 39 ;
— spiro-fibrillaire de Fayod. 44.
Tonoplastes, 47, 181.
Tradescantia, noyau du. 70.
Trichocystes, 247. 258.
Triton cristatus, 35.
Trophoblastes, 189.
Trophoplasma, 359.
Tubes criblés, 446.
Tube digestif des Infusoires, 260.

U

Union des cellules épithéliales, 279, 376, 443.
Urcéolaires, roue dentée des, 244.
Urodèles, couche lymphoïde du foie des, 147.
Urostyla grandis, noyau de l', 114.
Urticantes, cellules, 245.
Utricule primordial. 9.

V

Vacuoles, 181 ;
— alimentaires des Protozoaires, 261.
Vermicules, 151.

Vertébrés, corps vitellin de Balbiani chez les, 162.
Vésicule contractile, 262 ;
— directrice, 406 ;
— embryogène, 158 ;
— germinative, sa gemmation dans l'œuf, 414 ;
— germinative, transformation pendant la croissance de l'œuf, 124.
— germinative des Najades. 121 ;
— spermatogène, 150.
Vibratiles, cils, 252.
Vie latente, 468 ;
— oscillante, 469.
Vitellins, éléments vitellins de l'œuf des Hydrozoaires, 226.
Vitellines, tablettes, 226.
Vorticelles, conjugaison des, 427.

X

Xanthine, 84.
Xanthophylle, 191.
Xantholeucites, 190.

Z

Zooamyline, 227.
Zoochlorella, 193, 242.
Zooxanthella, 194, 242.
Zwischenmaterie, 74.

FIN

TYPOGRAPHIE

EDMOND MONNOYER

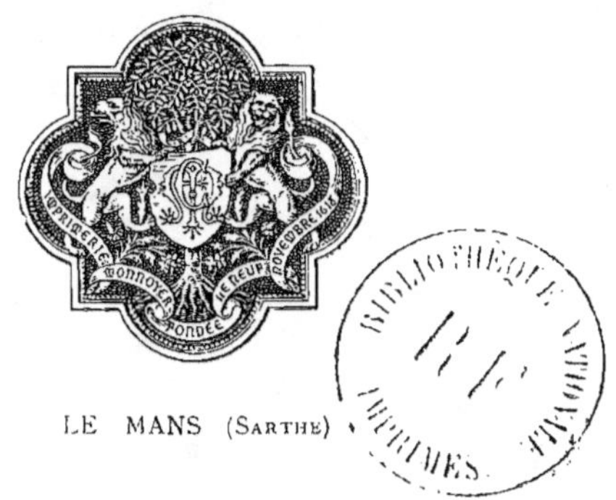

LE MANS (Sarthe)